U0150765

科学 专著：大科学工程

国家科学技术著作出版基金资助出版

大型高功率激光装置设计与研制

朱健强　主编

上海科学技术出版社

图书在版编目（CIP）数据

大型高功率激光装置设计与研制 / 朱健强主编. --
上海 : 上海科学技术出版社, 2020.12
（科学专著. 大科学工程）
ISBN 978-7-5478-5112-8

Ⅰ. ①大… Ⅱ. ①朱… Ⅲ. ①大功率激光器－设计②
大功率激光器－研制 Ⅳ. ①TN248

中国版本图书馆CIP数据核字(2020)第195856号

本书出版受"上海科技专著出版资金"资助

策划编辑　张毅颖
责任编辑　杨志平　张毅颖
装帧设计　戚永昌

大型高功率激光装置设计与研制
朱健强　主编

上海世纪出版（集团）有限公司
上海 科 学 技 术 出 版 社　出版、发行
（上海钦州南路 71 号　邮政编码 200235　www.sstp.cn）
上海中华商务联合印刷有限公司印刷
开本 787×1092　1/16　印张 56.25　插页 34
字数 1 137 千字
2020 年 12 月第 1 版　2020 年 12 月第 1 次印刷
ISBN 978 - 7 - 5478 - 5112 - 8/TH·90
定价：428.00 元

本书如有缺页、错装或坏损等严重质量问题，请向工厂联系调换

内容提要

惯性约束聚变（ICF）是一种核聚变技术，该技术利用激光的冲击波来引发核聚变反应。大型高功率激光装置是开展这方面研究的核心实验平台，是世界各大国积极部署的重要发展方向之一。中国科学院和中国工程物理研究院高功率激光物理联合实验室在我国率先开展了大型高功率激光装置的总体设计与系统集成，30余年来先后成功研制了"神光"系列激光装置，引领我国在该领域的发展，在国际上享有重要影响力与学术地位。本书针对高功率激光装置的物理需求与功能目标，从总体设计、关键技术及核心元器件等方面，按分系统功能作技术分解和介绍，并结合神光系列装置的工程研制过程，总结分析关键技术、演化历程，在此基础上专门介绍神光Ⅱ高功率激光系统在超短脉冲激光、皮秒拍瓦激光、飞秒拍瓦激光以及溶胶-凝胶化学膜制备方面的研发与探索，展示我国大型高功率激光装置开发的前沿目标，将对我国高功率激光装置的工程研制和技术以及更大规模和更高性能的发展起到促进作用。读者可通过本书对"神光"高功率激光装置这一大科学工程有全面、系统的认识。

《科学专著》系列丛书序

进入 21 世纪以来，中国的科学技术发展进入到一个重要的跃升期。我们科学技术自主创新的源头，正是来自科学向未知领域推进的新发现，来自科学前沿探索的新成果。学术著作是研究成果的总结，它的价值也在于其原创性。

著书立说，乃是科学研究工作不可缺少的一个组成部分。著书立说，既是丰富人类知识宝库的需要，也是探索未知领域、开拓人类知识新疆界的需要。特别是在科学各门类的那些基本问题上，一部优秀的学术专著常常成为本学科或相关学科取得突破性进展的基石。

一个国家，一个地区，学术著作出版的水平是这个国家、这个地区科学研究水平的重要标志。科学研究具有系统性和长远性，继承性和连续性等特点，科学发现的取得需要好奇心和想象力，也需要有长期的、系统的研究成果的积累。因此，学术著作的出版也需要有长远的安排和持续的积累，来不得半点的虚浮，更不能急功近利。

学术著作的出版，既是为了总结、积累，更是为了交流、传播。交流传播了，总结积累的效果和作用才能发挥出来。为了在中国传播科学而于1915 年创办的《科学》杂志，在其自身发展的历程中，一直也在尽力促进中国学者的学术著作的出版。

几十年来，《科学》的编者和出版者，在不同的时期先后推出过好几套中国学者的科学专著。在 20 世纪三四十年代，出版有《科学丛书》；自 20世纪 90 年代以来，又陆续推出《科学专著丛书》《科学前沿丛书》《科学前沿进展》等，形成了一个以刊物名字样**科学**为标识的学术专著系列。自1995 年起，截至 2010 年"十一五"结束，在**科学**标识下，已出版了 25 部专著，其中有不少佳作，受到了科学界和出版界的欢迎和好评。

　　为了继续促进中国学者对前沿工作做有创见的系统总结，"十二五"期间，《科学》的编者和出版者决定对**科学**系列学术著作做新的延伸，将**科学**专著学术丛书扩展为三个系列品种，即《**科学**专著：前沿研究》《**科学**专著：生命科学研究》《**科学**专著：大科学工程》，继续为中国学者著书立说尽一份力。

　　随着中国科学研究向世界前列的挺进，我们相信，在**科学**系列的学术专著之中，一定会有更多中国学者推陈出新、标新立异的佳作问世，也一定会有传世的名著问世！

周光召

（《科学》杂志编委会主编）

2011 年 5 月

序

说起激光惯性约束聚变(简称 ICF),很多人会觉得神秘。其实这个领域对核武器物理和高能量密度物理等基础科学研究影响深远,世界各大科技强国早已探索多年。1986 年,在王淦昌和王大珩两位先生的倡议下,中国科学院和中国工程物理研究院在上海光学精密机械研究所成立了"高功率激光物理联合实验室"(简称联合室),成为我国该领域研究的里程碑式新起点。张爱萍将军亲自为我国自主研发的激光 12 号实验装置题名"神光",揭开了"神光"系列高功率激光装置发展的新篇章。这个题词被刻在了装载神光装置的大楼上,每每路过,都觉熠熠生辉。

后来由于激光技术的发展,联合室又历时多年成功研制了神光Ⅱ激光装置和多功能高能激光系统,代表了当时我国高功率激光装置的最高水平,也构建了我国 ICF 研究的五位一体平台,对国防安全研究意义重大。当初觉得建造此装置道阻且长,而今想来,这一路的每个节点皆历历在目。

这本书是联合室几代人在神光系列装置上传承辟新的缩影,看起来厚重,也确实值得"厚重"。几十年的平凡事,在不断追求激光聚变点火的今天拿出来讲一讲,希望能为我们终有一天实现可控核聚变的未来,留下些什么。

范滇元

2020 年 11 月

前　言

在激光发明之后不久,世界各国就争相开展起激光核聚变(laser nuclear fusion)的研究。1963 年苏联科学家 N. 巴索夫和 1964 年中国科学家王淦昌,分别独立提出了用激光照射在聚变燃料靶上,实现受控热核聚变反应的构想,开辟了激光核聚变新途径的探索。中国科学院上海光学精密机械研究所(上海光机所)成立的一大任务,就是开展以高功率激光作为驱动器的惯性约束核聚变研究。

在此 20 余年的攻关阶段,聚变物理研究、高功率激光装置以及相关的单元器件研制,都得到了开创性、奠基性的发展,中国激光聚变研究的体系得以建立。早在 1973 年,在利用高功率激光对氘冰靶和氘化锂靶进行实验时,国内首次实现了中子发射,这一成果标志着中国激光核聚变研究进入世界先进行列。至此,中国成为激光聚变研究国际舞台上重要的一员。

1986 年,中国科学院和中国工程物理研究院为进一步发展中国激光聚变的研究事业,在中国工程物理研究院王淦昌先生和中国科学院长春光学精密机械与物理研究所王大珩先生的倡议下,在上海光机所成立了高功率激光物理联合实验室(联合室),开辟了中国激光聚变研究的新纪元。联合室研制的激光 12 号装置,在中国激光聚变研究中起到了里程碑式的重要作用,1986 年 7 月,张爱萍将军满怀激情地为实验装置提笔命名——“神光”。此后研制的所有大型高功率激光装置,都归入“神光”系列。上海光机所不仅是“神光”装置的发源地,也是中国激光聚变的发源地。

联合室成立以来,先后建成了激光 12 号装置(后称神光 I 装置)、神光 II 装置、多功能第九路激光装置、神光 II 升级装置、高能拍瓦装置、飞秒数拍瓦激光装置等。至 2016 年,神光 II 升级装置全部完成。至此,一个有着数万焦激光输出并配备千焦能量拍瓦激光系统的研究平台搭建完成,随即投入运行。神光 II 装置是开展激光聚变物理等领域研究的国际重要多功能实验平台。2017 年,2 拍瓦的飞秒激光装置投入运行。

20 世纪 80、90 年代,利用列阵透镜实现均匀照明,此方法被国际冠以“上海方法”,为状态方程和 X 射线激光的研究奠定了坚实的基础,联合室在该领域的研究中始终走在世界前列。21 世纪初,在神光 II 装置上配置了多功能主动诊断探针激光,为后续国家任务的确立奠定了三大实验基础。

近期,利用神光Ⅱ升级装置开展了快点火前期研究,获得的中子产额为国际最高值。联合实验室在发展过程中,始终把握着两条主线。第一条主线是为惯性约束聚变研究提供先进的实验平台而进行的高功率激光技术的研究与发展;另外一条主线则是完成装置的高效运行,已累计提供上万发次的有效数据,为中国惯性约束聚变的研究作出了重要贡献。近年来,实验室更加注重国际合作交流,为国际用户提供了数百发次的实验,神光Ⅱ装置的综合性能,得到了国内外用户高度评价,是国际上同类装置中的翘楚。

中国高功率激光装置的发展,经历了三代人、数百位科学家和工程技术人员的不懈努力,达到了自成体系的水平,不仅打破了国外长期的技术封锁,在许多方面还走到了国际前列。本书既是几代人知识的结晶,也是近期科研成果的总结。

本书由朱健强研究员主编和统稿。全书分3篇14章,第1章至第3章由张攀政、陈冰瑶编写,张攀政、谢兴龙审校;第4章由范薇、汪小超编写,汪小超审校;第5章由周申蕾编写、审校;第6章由邬融编写、审校;第7章由杨琳、刘代中、欧阳小平编写,杨琳审校;第8章由刘志刚编写、审校;第9章至第11章由谢兴龙编写,孙美志、杨庆伟、郭爱林、朱海东审校;第12章由沈卫星编写、审校;第13章由张雪洁编写、审校;第14章由李海元编写、审校。中科院GY总体部的刘德安、缪洁、张琰佳、杨亚玲等策划内容,落实写作成员,也为本书的出版作出了贡献。在此,对联合实验室几代科研人员表示敬意。多年的科研积累,才是成书的内因。

感谢上海科学技术出版社的编辑为本书出版所做的努力。

2020 年 11 月 11 日

目　录

第三篇　高功率激光技术

图版

第一篇

神光 II 高功率激光系统

第1章
神光Ⅱ高功率激光综合平台目的和用途

§1.1 引言

人类的能源从根本上说来自核聚变反应,即发生在太阳上的轻核聚变。人类已经在地球上实现了尚未可控的热核反应。要获得取之不尽的新能源,必须使这一反应在可控条件下持续地进行。实现可控核聚变有两种方法,一是科学家们用托卡马克装置开展"磁约束聚变"研究[1],二是利用大功率的激光装置进行"激光惯性约束聚变"研究[2-6]。

惯性约束聚变(inertial confinement fusion, ICF):如图1-1所示,使用强大的脉冲激光束照射在氘、氚燃料的微型靶丸上,在瞬间产生极高的温度和极大的压力,被高度压

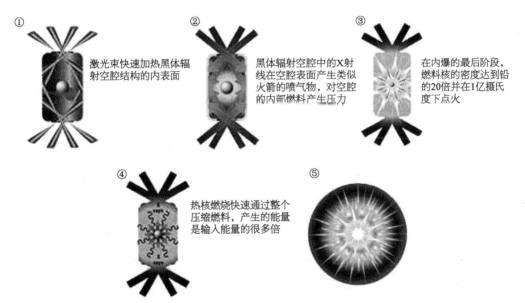

图1-1 惯性约束核聚变示意图

① 激光辐照黑腔壁;② 间接驱动照明;③ 燃料腔压缩;④ 核聚变点火;⑤ 核聚变燃烧。

缩的稠密等离子体在扩散之前,向外喷射而产生向内聚心的反冲力,将靶丸物质压缩至高密度和热核燃烧所需的高温状态,并维持一定的约束时间,完成全部核聚变反应,释放出大量的聚变能[7-10],如图1-2所示。

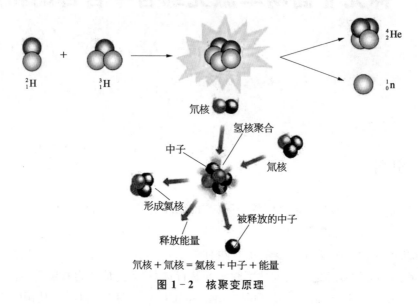

图 1-2 核聚变原理

在希腊神话中,普罗米修斯从太阳神阿波罗处盗下天火,照亮了人类的黑夜,其中的"天火"就是发生在太阳上的核聚变。

人类使用的核电厂和核武器都是采用核裂变的方式来获得能量的。然而,由于这种获得能量的方式采用的是对人体和环境造成极大破坏的放射性物质,核武器已被国际社会禁用,核裂变电厂也将渐渐退出能源舞台,最终登上能源舞台的就是核聚变。核聚变有着诱人的前景。地球上蕴藏着丰富的核聚变原料。据测算,每升海水中含有 0.03 g氘,所以地球上仅在海水中就有 45 万亿 t 氘。1 L 海水中所含的氘,经过核聚变可提供相当于 300 L 汽油燃烧后释放出的能量。地球上蕴藏的核聚变能约为蕴藏的可进行核裂变元素所能释出的全部核裂变能的 1 000 万倍,可以说是取之不竭的能源。如果把自然界中的氘用于聚变反应,释放的能量足够人类使用 100 亿年。至于氚,虽然自然界中不存在,但靠中子同锂作用可以产生,而海水中含有大量的锂。如果能实现可控制核聚变,对能源的寻觅可能到此为止,核聚变发电的成功将使得人类不再受能源匮乏的困扰,因此核聚变反应堆也称为"人造小太阳"[11]。

若要想让氘原子和氚原子在特殊的位置发生碰撞并且发生聚变,需要 1 亿 ℃ 以上的极高温环境,如图 1-3 所示。多少年来,可控核聚变反应的梦想一直被许多人认为不可能实现。但是,科学家们最近进行的一些实验表明,处理如此高温的物质虽然十分困难,但并非不可能完成。激光技术的发展,使可控核聚变的"点火"难题有望解决。目前,世界上最大激光输出功率达 100 万亿 W,使"点燃"核聚变在不久的将来成为可能。除激光技术外，利用超高温微波加热法，也可达到"点火"的温度，有望实现"点火"。

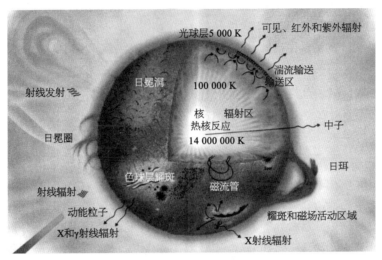

图 1-3　太阳核聚变图

惯性约束聚变又称激光核聚变。激光可以快速加热黑体辐射空腔结构的内表面，从而产生可能满足核聚变的极端物理条件，主要是因为它有四大特点：单色性、相干性、方向性、高亮度。由于这四大特点，激光可以把很大的功率或能量聚焦到一个很小的区域，形成极高的功率密度或能量密度，迅速加热被辐照对象。

"激光"一词是"laser"的意译。laser 原是 light amplification by stimulated emission of radiation 取字头组合而成的专门名词。1964 年，钱学森院士提议取名为"激光"，既反映了"受激辐射"的科学内涵，又表明它是一种很强的新光源，贴切、传神而又简洁。

爱因斯坦(A. Einstein)在玻尔(N. Bohr)工作的基础上，于 1916 年发表《关于辐射的量子理论》(Quantum Theory of Radiation)。文章提出了激光辐射理论，而这正是激光理论的核心基础，因此爱因斯坦被认为是激光理论之父。在这篇论文中，爱因斯坦区分了三种过程：受激吸收、自发辐射、受激辐射。自发辐射是指高能态的原子自发地辐射出光子并迁移至低能态，这种辐射的特点是每一个原子的跃迁是自发的、独立进行的，其过程全无外界的影响，彼此之间也没有关系，因此原子发出的光子的状态是各不相同的。这样的光相干性差，方向散乱，而受激辐射则相反。受激辐射是指处于高能级的原子在光子的"刺激"或者"感应"下，跃迁到低能级，并辐射出一个和入射光子同样频率的光子。受激辐射的最大特点是，由受激辐射产生的光子与引起受激辐射的原来的光子具有完全相同的状态。它们具有相同的频率、相同的方向，完全无法区分二者的差异。这样，通过一次受激辐射，一个光子变为两个相同的光子。这意味着光被加强了，或者说光被放大了。这正是产生激光的基本过程。

从受激辐射的概念来看，激光与普通光源性质相差很多。也因为此，激光被誉为神奇的光：

方向性好——普通光源(太阳、白炽灯或荧光灯)向四面八方发光,而激光的发光方向可以限制在小于几个毫弧度的立体角内,这就使得在照射方向上的照度提高千万倍。激光准直、导向和测距就是利用方向性好这一特性。

亮度高——激光是当代最亮的光源,只有氢弹爆炸瞬间强烈的闪光才能与它相比拟。太阳光亮度大约是 10^3 W/(cm² · sr),而一台大功率激光器的输出光亮度比太阳光高出 7~14 个数量级。这样,尽管激光的总能量并不一定很大,但由于能量高度集中,很容易在某一微小点处产生高压和几万摄氏度甚至几百万摄氏度高温。激光打孔、切割、焊接和激光外科手术就是利用了这一特性。

单色性好——光是一种电磁波。光的颜色取决于它的波长。普通光源发出的光通常包含着各种波长,是各种颜色光的混合。太阳光包含红、橙、黄、绿、青、蓝、紫七种颜色的可见光及红外光、紫外光等不可见光。而某种激光的波长,只集中在十分窄的光谱波段或频率范围内。如氦氖激光的波长为 632.8 nm,其波长变化范围不到万分之一纳米。由于激光的单色性好,为精密仪器测量和激励某些化学反应等科学实验提供了极为有利的手段。

相干性好——干涉是波动现象的一种属性。基于激光具有高方向性和高单色性的特性,其相干性必然极好。

激光与生俱来的特点,使得它在诞生之初,有远见的科学家就对它的应用前景作了十分乐观的预测,并从不同的方面研究试验了它的应用潜力。工业界拟把它发展成多功能的加工工具,信息业界期盼把它发展成新型传感器和通信手段,医学界期待用它诊治疑难病症,军方试图借以研制“死光武器”,科学界指望它成为探索自然界的得力助手,能源界则打算研制激光驱动的核聚变能源。纵观激光应用的发展可以说是日新月异、层出不穷,激光已在工业、信息、医学、能源界取得了辉煌的成就。激光针灸、激光裁剪、激光切割、激光焊接、激光淬火、激光唱片、激光测距仪、激光陀螺仪、激光铅直仪、激光手术刀、激光炸弹、激光雷达、激光枪、激光炮……激光已经渗透到人类生活的方方面面。

激光惯性约束聚变反应所要求的条件极为苛刻,首先要在点火瞬间获得 1 亿 K 左右的高温;其次,参与反应的粒子密度要足够高,并能维持一定的反应时间,即“$n · τ$”值要大于或达到 500 万亿 s/cm³ 以上,这就是著名的劳森判据[12]。所以要实现激光惯性约束聚变,首要条件是研究激光驱动器[13]。

激光惯性约束聚变主要有以下几个目的：

① 武器研究。美国把激光实验模拟作为保证在无须核试验的情况下,保持武器研究的重要手段之一。

② 天体物理研究。利用高功率激光驱动装置可模拟黑洞、行星内爆等环境,进行科学实验,为科学研究提供数据。

③ 解决未来能源问题。在 2009 年落成美国国家点火装置(National Ignition Facility,

NIF)的科学公报中就指出,科学家希望从 2010 年起借助 NIF 来制造类似太阳内部的可控氢核聚变反应,最终用来生产可持续的清洁能源[14]。公报说:"NIF 所产生的能量将远大于启动它所需要的能量,这是半个多世纪以来核聚变研究人员一直梦寐以求的'能量增益'目标。如能取得成功,将是有历史意义的科学突破。"科学家期待将激光聚变能转变成驾驶汽车和家庭生活所需的能源,这将有可能使拥有这项技术的国家的能源结构发生革命性变化。而美国 NIF 的建成,无疑给业内人士带来巨大的鼓舞和信心。惯性约束聚变研究的长远目标是为人类提供干净的聚变能源,彻底解决人类的能源问题。近年来,世界其他国家也对惯性约束聚变研究十分关注,且不同程度地投入到了相关研究中,我国也不例外。

④ 太空垃圾处理。最近,美国提出利用高功率激光装置处理太空垃圾等设想。

⑤ 激光核聚变对其他技术的带动。高功率激光驱动装置是我国光学领域最宏伟的科学工程,是多种学科、多种技术的综合集成,涉及多个技术门类和相关内容,包括激光器和相关单元技术、高速电子学技术、光学材料和光学元件的生长和制作技术(激光玻璃、激光晶体、非线性晶体)、各种光学镀膜技术、激光加工技术(包括高负载元件的损伤和修复等)、精密光学加工和检测技术、高精度诊断和测量技术、电工技术和抗电磁干扰技术、精密机械设计和加工技术[$\lambda/10$ 高平面度、低粗糙度、大口径光学元件研磨技术、金刚石车床飞刀切削大口径磷酸二氢钾(potassium dihydrogen phosphate, KDP)晶体技术]、真空技术、计算机和自动控制技术、实验室环境控制技术以及热管理技术等。

一方面,高功率激光驱动器的研制带动了相关科学技术的发展,有些技术已经在国民经济中显现了相当可观的应用前景。比如激光器技术、在神光Ⅱ项目中的光纤分布反馈激光器技术,已经应用到光纤激光水听器以及光纤布里渊传感技术等领域。在激光化学膜的基础上,太阳能镀膜技术也已经投入使用,可用于提高太阳能发电装置的工作效率。另一方面,相关科学技术的发展也推动了高功率激光驱动器的研究进展,比如高速电子学、计算机技术等的发展。

§1.2　国内外高功率激光发展现状

1. 国内外发展现状

目前,巨型激光驱动器已经成为一个国家综合国力的反映,能够代表一个国家在高技术领域的科技水平。

包括神光Ⅱ装置在内,目前国际上运行的高功率纳秒激光系统共有七台装置,另外是美国的 NIF 装置、OMEGA 装置,英国的 Vulcan 装置,法国的 LMJ 装置,日本的 Gekko-Ⅻ 装置以及中国的神光Ⅲ装置。其中以美国的 NIF 装置规模最大、最具代表性[15]。NIF 装置共 192 路,总输出能量 1.8 MJ/3 ns(三倍频),年运行发次约 300 发。神光Ⅲ装置位于四川绵阳,于 2012 年建成,共 48 路,输出总能量 200 kJ/3 ns(三倍频),年运行能力约 300 发[16]。OMEGA 装置共 60 路,总输出 30 kJ/1 ns(三倍频),每年运行发次约 1 300 发。除神光Ⅱ万焦装置、神光Ⅱ多功能高激光系统(简称第九路)拍瓦(Peta-Watt,PW)装置外,目前国际上运行的最具代表性的其他皮秒拍瓦激光装置主要包括美国的 OMEGA EP 装置和 Vulcan 装置。OMEGA EP 装置包括 4 路激光,其中 2 路激光用于输出皮秒脉冲,总输出能量 2.6 kJ/(10~100)ps。同时,OMEGA EP 装置可与 OMEGA 装置实现长短脉冲联合打靶,每年运行发次约 700 发。Vulcan 装置有 2 束激光用于皮秒短脉冲输出,总输出能量为 600 J/1 ps,可与另外 6 路实现长短脉冲联合打靶,每年可运行约 1 000 发。

2. 神光Ⅱ的国际地位

神光Ⅱ是我国目前唯一能够提供开放研究的高功率激光实验装置。它为国内各研究机构在激光惯性约束聚变、X 射线激光(X-ray radiation laser,XRL)、材料高压状态方程(EOS)、高能量密度物理、天体物理、强场物理、纳米材料和新能源等诸多领域及多学科交叉领域提供了科学研究平台。在装置上开展的多项国际合作,也极大地提升了中国科学院上海光学精密机械研究所(简称上海光机所)在国际上的科技地位,神光Ⅱ已成为一个在国际上有着重要影响力的研究平台。

§1.3 神光Ⅱ平台建造的目的和用途

随着物理实验和高功率激光技术的发展,神光Ⅱ平台的科学目标也随之不断变化。

神光Ⅱ 8 路 1994 年立项,2000 年建成投入运行,项目研制的科学目标如下:

① 加强激光聚变的实验室研究,获得合适的辐射环境并研究辐射驱动下的流体力学、内爆物理的规律与现象。

② X 射线激光研究向饱和增益及"水窗"波段推进,开展××X 射线激光的实验室研究,并为基础科学应用研究创造条件。

③ 发展高功率激光新技术,为探索和开拓强场物理研究新领域创造条件。

神光Ⅱ第九路 2002 年立项,2004 年投入运行,2008 年验收,项目研制的科学目标如下:

① 满足 ICF 物理实验对探针光的需求(包括 X 射线背光照明、紫外探针、汤姆孙探针及 X 射线激光探针)。

② 满足状态方程实验对更大规模激光器的需求,为激光驱动产生高压状态方程的实验测量创造更好的条件。

③ 为"快点火"研究所需的近拍瓦超短脉冲激光研制准备条件。

神光Ⅱ万焦(含第九路拍瓦装置)2009 年立项,2015 年投入试运行,2017 年验收,项目研制的科学目标:

① 支撑"快 DH"前期物理实验以及其他强场物理实验研究。

② 神光 Ⅱ 万焦装置在提升原有惯性约束聚变物理研究打靶能力的基础上,支持更加深入的 ICF 内爆动力学研究。

③ 支撑纳秒级和皮秒级驱动器总体与关键单元技术的发展。

④ 支撑专项的驱动器方案的优化和发展。

神光 Ⅱ 高功率激光综合平台(简称神光 Ⅱ 平台)是我国目前唯一能够提供开放研究的高功率激光实验装置。它能在十亿分之一秒的瞬间发射出功率相当于全球电网总和数倍的激光束,聚集到靶上,形成高温等离子体,进而开展激光与等离子体相互作用物理和惯性约束聚变实验研究。现阶段神光 Ⅱ (8 路和第九路)运行的主要作用有:

① 开展 ICF 各类细化分解实验;在辐射驱动内爆动力学、流体力学、辐射输运及不透明度等涉及国家重大战略安全研究方面的实验研究中取得若干具有标志性的实验结果。

② 利用设施的高质量、高稳定、高重复性为国家培养核物理研究人才队伍,考核各类核物理诊断新技术。

③ 进一步拓宽开放用户研究领域,促进前沿科学发展。

④ 成为激光技术发展研究的重要支撑平台。

神光 Ⅱ 万焦装置现阶段运行的主要作用是:面向国家重大任务,完成专项物理和装置研制阶段目标。

§1.4　神光 Ⅱ 高功率激光平台建造年鉴

惯性约束聚变在国防安全和高能量密度物理等方面有重要应用,是世界大国竞相部署的战略方向。早在 20 世纪 60 年代,中国科学院(简称中科院)和中国工程物理研究院(简称中物院)积极合作,依托上海光机所先后研制发展了万兆瓦激光系统、6 路激光装置、神光 Ⅰ 激光装置、神光 Ⅱ 激光装置、神光 Ⅱ 第九路激光装置、神光 Ⅱ 万焦激光装置等。同时,还为中物院先后援建了星光 Ⅰ 激光装置和星光 Ⅱ 激光装置。研制的系列激光装置是我国 ICF 总体布局的"五位一体"大型综合性实验平台,为我国国防科学研究提供了核心实验平台,发展成为我国激光惯性约束聚变的发源地,为国防安全和前沿基础研究作出了杰出贡献,具有重大国际影响力。相关发展经历了几个主要阶段:

① ICF 研究发源地:20 世纪 60—70 年代,在国内率先建成我国首台高功率钕玻璃激光装置,自主研发的激光钕玻璃、高压氙灯、薄膜和光学加工等核心技术有力支撑了我国激光聚变驱动器的长足发展。上海光机所在千兆瓦激光装置上获得近千万度高温高密度等离子体实验结果,首次利用激光装置获得中子,开启了我国独立自主发展 ICF 的探索之路。

② 联合室成立:随着我国在相关领域研究的深入发展,在王淦昌、王大珩等老一辈科学家倡议,中科院和中物院领导及有关部门大力推动下,两院联合发文于 1986 年 7 月

9 日在上海光机所正式成立"高功率激光物理联合实验室"(简称联合室),从此在 ICF 研究领域开启了 30 余年"强强联合"的历程。

③ 五位一体平台:由联合室基于当前运行的神光 II 激光装置和多功能激光系统的千焦级核物理研究平台,我国形成了内爆物理、辐射输运和状态方程三大标志性实验,为国家重大专项的立项提供了有力支撑。同时在中物院和中科院的领导下,构建"两室一中心"格局,形成我国重大专项核心团队。

④ 重大专项核心单位:自 2009 年国家重大专项工程启动以来,联合室承担并圆满完成了神光 II 万焦装置,构建了我国首个快点火物理实验平台。在集成实验中,实现了超过 40 倍的中子增益,最高中子产额为 9×10^5,比美国 OMEGA 装置相同实验的中子增益高一个量级。神光 II 万焦装置成为重大专项激光技术发展和物理实验的重要平台,在重大专项激光驱动器总体设计与验证中发挥了重要作用。

⑤ 开放运行与国际合作:随着装置功能配置的不断丰富,自 2008 年起逐步向前沿基础研究领域开放共享,在实验室天体物理等方面取得具有国际影响力的创新成果。装置的运行性能不断得到国际合作研究小组的好评。近年来,联合室在积极拓展国内外用户的同时,还筹建了国际用户委员会,为装置更加国际化的开放共享提供了良好环境。近年来,通过国际竞争,联合室承建了以色列国家激光装置,开创了我国向发达国家输出高新技术的新局面,在海外集成的激光装置性能指标得到以色列专家的充分认可,受到国家相关部门的高度关注。2012 年,联合室发起创办了 *High Power Laser Science and Engineering* 英文期刊和以此冠名的国际系列会议,将我国 ICF 对外交流提升到一个新台阶。

因此,上述激光系统具备了纳秒、皮秒和飞秒多档脉冲输出能力,是国际上独具特色的多功能综合实验平台,是我国深入开展聚变物理实验和前瞻基础研究的重要实验平台,也是国内目前唯一对外开放的高功率激光开放共享实验平台。

神光 II 装置建造年历程:

20 世纪 60 年代随着激光的出现,科学家提出了激光惯性约束聚变科学思想。同一时间,我国核物理学家王淦昌院士独立提出激光聚变倡议,同时建议了具体方案。按照这一倡议,在上海光机所开始了高功率激光驱动器的研制和应用。

1986 年,激光 12 号实验装置在上海建成,张爱萍将军为激光 12 号实验装置亲笔题词"神光",该装置正式命名为神光 I,从此开启了我国"神光"系列高功率激光装置发展的新篇章。

神光 I 装置输出由 2 束高功率激光组成,每束激光输出口径为 200 mm,工作波长为 $1.053\,\mu m\,(1\omega_0)$,脉宽为 100 ps 及 1 ns 可变,最大输出能量为 1.6 kJ / 1 ns(1ω),最高输出功率为 2×10^{12} W,聚焦后靶面功率密度最高可达 10^{16} W / cm^2。

神光 I 装置是当时国内规模最大的用于激光等离子体物理和惯性约束聚变研究的实验装置,也是国际上为数不多的大型先进激光器之一。它的建成,标志着我国已成为国际高功率激光领域中具有这种综合研制能力的少数几个国家之一,是我国激光技术发展中的一项重大成就。

神光Ⅰ装置建成并投入运行后进行了多轮重要的物理实验,在激光惯性约束聚变、国家高技术研究发展计划(863 计划)相关项目实验研究中取得了一批具有国际先进水平的重大成果,标志着我国在该领域进入世界先进行列。

1994 年,连续运行了 8 年的神光Ⅰ装置退役,同年 5 月启动神光Ⅱ高功率激光实验装置(简称 8 路系统)的研制工程。联合室采用了自主研制的先进激光技术,于 2000 年建成并投入运行实验。8 路系统其基频激光输出总能力为 6 kJ/1 ns,并可实现倍频或三倍频运行,已经成为我国目前及今后更长时间内在 ICF、X 射线激光和高能量密度物理等前沿科技基础领域开展研究工作的重要实验平台之一。8 路系统在 2002 年获上海市科技进步奖一等奖,2004 年获首届中科院杰出科技成就奖,2005 年获国家科技进步奖二等奖。

2002 年底启动的为神光Ⅱ装置配套的第九路,于 2004 年基本建成并投入试运行。这一束激光的基频输出能力达到 5.2 kJ/3 ns,倍频和三倍频转换效率大于 60%,装置能够提供一束输出能量更大、输出脉冲宽度等特性都不同于神光Ⅱ 8 路系统的激光束作为探针光,能够为物理实验提供主动的诊断手段,使物理实验人员更加全面、准确地了解有关等离子体的物理现象状态,定量地理解有关物理过程和物理规律。同时它也为相关物理实验提供重要的更大能量的驱动激光,而且为研制皮秒拍瓦激光系统创造放大链路的必要条件。第九路在 2013 年获国家科技进步奖二等奖。

2009 年,联合室在专项的支持下,承担了输出能力更高的激光驱动器装置的研制。建成后的驱动器装置激光输出性能得到大幅度拓展和提升,8 束激光每路输出能量达到 5 000 J 以上,第九路具备皮秒拍瓦激光输出的能力。二者结合,将能开展相关重大专项前期物理快点火探索研究及高能高密度物理等前沿基础物理研究。

2014 年,神光Ⅱ万焦装置完成集成调试,全部实现神光Ⅱ研制合同里的关键输出参数。其中,单路基频(1ω)最高输出可达 8.05 kJ/3 ns,近场通量对比度 0.09,三倍频(3ω)最高输出 5 295 J/4.5 ns(基频能量 7 331 J),二倍频最高到靶效率达到 72%;8 路每路 5 000 J 基频输出演示,考核了功率平衡等指标,实现 8 路三倍频到靶 24.8 kJ,每路穿孔效率达 95% 以上。2015 年该装置研制工作全面完成并投入试运行,用以开展综合物理实验。

2016 年起,原神光Ⅱ 8 路装置、第九路(含拍瓦系统)和神光Ⅱ万焦装置组合成新的神光Ⅱ平台,并正式投入运行。新的实验平台具备了纳秒万焦、皮秒千焦等多档脉冲输出能力,可以进一步满足各类用户在神光Ⅱ上开展 ICF、高能量密度物理、实验室天体物理、新型材料机理和生物医学治疗等学科领域的研究需求,更好地提升用户的科研能力。

参考文献

[1] Ongena J, Koch R, Wolf R, et al. Magnetic-confinement fusion[J]. Nature Physics, 2016, 12:

398 - 410.

[2] 王淦昌.21 世纪主要能源展望[J].核科学与工程,1998,18(2):97 - 108.

[3] Cowley S C. The quest for fusion power[J]. Nature Physics, 2016, 12:384 - 386.

[4] 王淦昌.惯性约束核聚变[J].科学中国人,1995,1(6):4 - 6.

[5] 王淦昌,王乃彦.惯性约束聚变的进展和展望(Ⅰ)[J].核科学与工程,1989,9(3):193 - 207.

[6] 王淦昌,王乃彦.惯性约束聚变的进展和展望(Ⅱ)[J].核科学与工程,1989,9(4):289 - 300.

[7] 王淦昌.取之不尽、用之不竭的理想能源——激光惯性约束核聚变[J].现代物理知识,1989(4):
1 - 4.

[8] 张杰.浅谈惯性约束核聚变[J].物理,1999,28(3):142.

[9] Verberck B. Building the way to fusion energy[J]. Nature Physics, 2016, 12:395 - 397.

[10] Betti R, Hurricane O A. Inertial-confinement fusion with lasers[J]. Nature Physics, 2016, 12:
435 - 448.

[11] Skupsky S, Lee K. Uniformity of energy deposition for laser driven fusion[J]. Journal of Applied
Physics, 1983, 54(7):3662 - 3671.

[12] Lawson J D. Some criteria for a power producing thermonuclear reactor[J]. Proceedings of the
Physical Society of London Section B, 1957, 70(1):6 - 10.

[13] 范滇元.惯性约束聚变能源与激光驱动器[J].大自然探索,1999,18(1):31 - 35.

[14] Moses E I. The National Ignition Facility (NIF):A path to fusion energy[J]. Energy Conversion &
Management, 2008, 49(7):1795 - 1802.

[15] Haynam C A, Wegner P J, Auerbach J M, et al. National Ignition Facility laser performance
status[J]. Applied Optics, 2007, 46(16):3276 - 3303.

[16] 郑万国,魏晓峰,朱启华,等.神光Ⅲ主机装置成功实现 60TW/180kJ 三倍频激光输出[J].强激光
与粒子束,2016,28(1):019901.

第2章
神光Ⅱ平台组成及功能介绍

神光Ⅱ多功能激光综合实验平台 2016 年正式运行。该平台是激光驱动器发展和核物理研究的重要平台，对外开放共享。

§2.1 神光Ⅱ平台组成的功能

实验平台实现了纳秒万焦、皮秒千焦等多种脉冲输出能力，可以进一步满足各类用户在神光Ⅱ装置上开展 ICF、高能量密度物理、实验室天体物理、新型材料机理和生物医学治疗等方面的研究需求，更好地提升用户的科研能力[1-3]。

§2.2 神光Ⅱ平台组成的指标

1. 神光Ⅱ 8 路系统

神光Ⅱ 8 路系统实物如图 2-1 所示。

- ◆ 激光束数：8 束（2×2）；
- ◆ 光束口径：ϕ250 mm；
- ◆ 输出能量：6 kJ／1 ns／1ω；

　　　　　　3 kJ／1 ns／2ω，3ω；

- ◆ 激光瞄准精度：±20 μm；
- ◆ 束间同步精度：小于等于 10 ps；

图 2-1　神光Ⅱ 8 路系统实物图

- ◆ 年运行大于 500 发次，成功率大于 90%。

详细技术指标见表 2-1。

表 2-1　神光Ⅱ 8 路系统技术指标

技 术 参 数	神光Ⅱ设计指标	神光Ⅱ实现指标
路数、口径	2 大路 8 束； 主放 ϕ200 mm； 终端 ϕ250 mm	8 路激光分别组合成南北两个 2×2 列阵；主放大器 ϕ200 mm，终端 ϕ240 mm

（续表）

技 术 参 数	神光Ⅱ设计指标	神光Ⅱ实现指标
总能量、脉宽指标	1ω,1～3 ns,4.8～6 kJ； 100 ps,800 J； 20 ps,160 J； 2ω 倍频效率 60%； 3ω 倍频效率 45%； 具有＜3 ps 脉宽激光输出能力	1ω,1 ns,6 kJ； 100 ps,800 J； 20 ps,160 J 能力； ☆3ω 倍频效率 50%
脉冲波形要求	脉冲前沿＜400 ps； 有初级整形能力	1 ns 时,脉冲前沿＜300 ps； 1 ns 单路 750 J 输出,时间波形可为准方波脉冲,具有初步整形能力,波形包络光滑
脉冲宽度涨落	±20%	☆±15%
总输出能量涨落（基频）	±15%	±15%
靶场光学能量损耗（频能量）	15%	☆8%
两大路能量平衡 （每大路为 4 路能量之和）	±10%	±10%
8 路能量平衡 （总能量可下降 30%）	±10%	☆±15%
基频光输出信噪比	10^6	10^6
单路输出 ASE（φ200 μm 靶面内）	≤100 μJ	≤100 μJ
激光角漂移	≤5″ RMS	≤5″ RMS
激光方向性发散角（70%能量）	≤0.1 mrad	☆≤0.05 mrad
多路等光程调整精度时间延迟范围	3 mm 3 ns	3 mm 3 ns
配紫外光探针	—	—
靶空真空度	10^{-4} Pa 级 （靶室内无诊断元件）	$2.8×10^{-5}$ torr（$3.7×10^{-3}$ Pa） （加装主要诊断仪器）
靶心瞄准精度	±10 μm	±10 μm
调焦精度（使用 f/3 靶镜）	±15 μm	±15 μm
靶定位精度	±10 μm	☆±8 μm
主靶架四维调整,其余由副靶架实现	四维主靶架 （可安装副靶架）	四维主靶架 （副靶架二维调整）
大光斑均匀照明 （4 束叠加）	靶面 φ500 μm 均匀性±10%（大 F 数靶镜）	靶面 φ500 μm 宏观均匀性±10%（F 数为 3）； 基频为主,兼顾二倍频
线聚焦	焦线长 10～30 mm；焦线宽（使用 F2 靶镜）≤100 μm； 均匀性±10%	焦线长 10～30 mm；焦线宽（使用 F2 靶镜）≤80 μm； 宏观均匀性±10%； 以基频为主,兼顾 2ω

（续表）

技 术 参 数	神光Ⅱ设计指标	神光Ⅱ实现指标
双靶室	ICF　XRL	ICF　XRL
热像差恢复要求	恢复时间 2 h	恢复时间 2 h
装置运转能力(稳定运转)	300 发/年	300 发/年
打靶成功率	近期(验收指标)50% 远期　　　　70% 最佳工作条件下90%	近期(验收指标)50% 远期　　　　70% 特殊实验　　90%
实验室温控精度	±1°	±1°
实验室湿度	≤60%	≤60%
实验室清洁度	1 万~10 万级	☆1 000~·1 万级
三倍频物理实验要求	—	1 ns,3ω,45°入射两个 380 μm 小孔的总能量≥2 000 J; 根据实验需要,45°入射角可作适当改变

注: 打☆的指标比原技术指标有所提高。

2. 神光Ⅱ第九路系统

神光Ⅱ第九路系统实物如图 2-2 所示。

图 2-2　第九路实物图

◆ 激光束数: 1 束;

◆ 光束口径: φ320 mm;

◆ 输出能量: 4.5 kJ/3 ns/1ω;
　　　　　　2.25 kJ/3 ns/2ω、3ω;

◆ 激光瞄准精度: ±30 μm;

◆ 基频远场: 10 倍 DL 包含 95% 能量;

◆ 年运行大于 500 发次,成功率大于 90%。

详细性能指标见表 2-2。

表 2-2　神光Ⅱ第九路系统主要性能指标

性 能 指 标	第 九 路
长脉冲同步抖动	15.7 ps(PV),4.3 ps(RMS)
输出稳定性	2%(RMS)
路数口径	通光 φ350 mm, 光束口径 φ315 mm(单束)
基频输出能量	5 126 J/3.4 ns(1 束)

（续表）

性 能 指 标	第 九 路
短脉冲基频能量	309 J / 60 ps，＞500 J / 120 ps
3 倍频能量\效率	＞2.7 kJ / 3.4 ns，效率 67％
靶定位瞄准精度	7 μm（RMS）
远场焦斑均匀性	0.21（RMS）
激光束角漂	1.25″（RMS）
激光方向性	2.8 倍衍射极限
激光近场分布	近场填充因子 0.62
运行发次\成功率	3 500（七年物理实验发次统计结果），平均成功率 90％以上

图 2 - 3　神光Ⅱ驱动器升级系统实物图

3. 神光Ⅱ驱动器升级系统

神光Ⅱ驱动器升级系统实物见图 2 - 3。

- ◆ 激光束数：8 束（2×4）；
- ◆ 光束口径：310 mm×310 mm；
- ◆ 输出能量：24 kJ / 3 ns / 3ω；
- ◆ 激光瞄准精度：±30 μm；
- ◆ 输出能量涨落：小于等于 10％；
- ◆ 基频远场：10 倍 DL 包含 95％能量；
- ◆ 年运行大于 300 发次，成功率大于 90％。

神光Ⅱ驱动器升级系统主要设计指标如表 2 - 3、表 2 - 4 所示。

表 2 - 3　8 路纳秒系统技术指标

激 光 参 数	技 术 指 标
光束口径\束数	310 mm×310 mm
单束能量\通量密度（方波）	3 kJ / 3ω / 3 ns； 5 kJ / 1ω / 3 ns； 3.1 J / cm^2 / 3ω / 3 ns； 5.2 J / cm^2 / 3ω / 3 ns
主激光角漂	8.7 μrad（RMS）
远场焦斑质量	10 DL（95％能量）
激光靶面落点精度	30 μm（RMS）
近场填充因子	60％（1％光强）
脉冲时间波形	0.2～5 ns 可调；前沿≤200 ps； 脉冲对比度 400∶1

（续表）

激 光 参 数	技 术 指 标
主激光束间同步精度	10 ps(RMS)
三倍频平均功率不平衡度	8%(RMS,3 ns 方波)
焦斑匀滑	SSD＋位相元件
年运行发次\成功率	大于 300 发;90%以上

表 2-4　皮秒拍瓦激光系统技术指标

激 光 参 数	技 术 指 标
光束口径\束数	ϕ320 mm,1 束
输出脉冲宽度	1～10 ps
压缩脉冲能量	约 1 000 J
输出脉冲功率	拍瓦级
峰值功率密度	约 10^{20} W／cm^2
信噪比	10^6～10^8
与主激光同步精度	10 ps(RMS)
主激光打靶落点精度	20 μ(RMS)

4. 神光Ⅱ皮秒拍瓦激光

◆ 输出能量：1 000 J／10 ps；

◆ 脉冲宽度：1～10 ps 可调；

◆ 聚焦功率密度：5×10^{19} W／cm^2；

◆ 信噪比：10^8；

◆ 靶定位瞄准精度：20 μm(RMS)；

◆ 与 8 路激光的同步精度：小于等于 10 μs (RMS)。

5. 神光Ⅱ飞秒拍瓦激光

◆ 工作波长：808 nm；

◆ 激光束数：1 束；

◆ 光束口径：290 mm×290 mm；

◆ 压缩前能量：250 J；

◆ 压缩后能量：150 J；

◆ 压缩脉冲宽度：30 fs；

◆ 光谱宽度：40 nm 半高全宽(full width at half-maximum，FWHM)；

◆ 输出功率：5 PW；

◆ 聚焦：2 DL 范围内集中 50％能量；

◆ 聚焦功率密度：约 10^{21} W／cm²；

◆ 信噪比：约 10^8。

§2.3　神光Ⅱ平台的协调运行模式

神光Ⅱ平台常规运行装置包括神光Ⅱ 8 路系统、神光Ⅱ驱动器升级系统和神光Ⅱ第九路系统。神光Ⅱ 8 路系统目前已稳定运行十余年，共 8 路，单路常规运行输出能量为 260 J、1 ns、三倍频。神光Ⅱ驱动器升级系统于 2016 年下半年开始常规运行，共 8 路，总输出能力 24 kJ、3 ns、三倍频。第九路为多功能激光装置，具有拍瓦和纳秒两种输出模式，纳秒模式下常规运行能量 1 100 J／1 ns(三倍频)；拍瓦模式下常规运行能量 700 J／10 ps，可实现聚焦功率密度 10^{20} W／cm²以上，是世界上最强的激光装置之一。神光Ⅱ 8 路系统和神光Ⅱ驱动器升级系统分别配置独立的靶场，可同时开展不同的物理实验。第九路拍瓦模式直接注入神光Ⅱ升级靶球；纳秒模式可在两个靶球之间切换，既可以独立进行拍瓦激光相关物理实验，又可以作为探针光束与神光Ⅱ 8 路系统或神光Ⅱ驱动器升级系统实现多种长-长脉冲或长-短脉冲联合打靶，满足复杂的物理实验激光需求。平均每年完成各类组合打靶物理实验 1 000 多发次。目前，神光Ⅱ设施的两个靶球可实现 8 种独立或联合物理实验打靶方式，它是全球为数不多的高功率激光综合物理实验平台。

8 路系统与第九路可提供如下激光参数类型：

◆ 各束激光各个频段的时间波形及 8 路和第九路之间的时序信息；

◆ 各束激光各个频段的能量；

◆ 基频光的近场或远场；

◆ 瞄准精度：小于 20 μm RMS；

◆ 调焦精度：小于 20 μm RMS；

◆ 触发信号：光触发和电信号触发。

1. ICF 靶室

(1) 入射窗口数量：10。

(2) 窗口角度：空间立体角 45°均匀分布 8 个(8 路专用)，东上 45°1 个(第九路专用)，正西水平窗口 1 个(8 路和第九路都可使用)。

(3) 靶架数量：1 个。

(4) 组合方式：

① 8 路组合：8 路同时打靶；8 路南北束组间任意打靶；8 路东西束组间任意打靶。

② 8 路与第九路组合：8 路组束和第九路间任意组合打靶。

2. X 射线靶室

(1) 入射窗口数量：8。

（2）窗口角度：水平方向东南西北各两个，其中第九路从北向入射。

（3）靶架数量：2 个，间距 510 mm。

（4）组合方式：

① 由南北向入射，8 路中的 3 束与第九路组合打靶。

② 可有东向窗口提供探针光。

3. 驱动器升级装置

（1）瞄准精度：小于 30 μm RMS。

（2）触发信号：光触发和电信号触发。

（3）入射窗口数量：9。

（4）窗口角度：极向空间立体角 50°均匀分布 8 个（8 路专用），水平方向东偏北 1 个（PW 专用）。

（5）靶架数量：1 个。

（6）组合方式：

① 8 路组合：8 路同时打靶；8 路南北束组间任意打靶；8 路东西束组间任意打靶。

② 8 路与 PW 组合：8 路组束和 PW 间任意组合打靶。

参考文献

［1］ Zhu J，Sun M，Xu G，et al. Development of ultrashort high power laser in National Laboratory on High Power Laser and Physics（「マルチ-ペタワットレーザーの最前線」特集号）［J］. レーザー研究（The Review of Laser Engineering）：レーザー学会誌，2018，46（3）：129.

［2］ 朱健强，陈绍和，郑玉霞，等.神光 Ⅱ 激光装置研制［J］.中国激光，2019，46（1）：0100002.

［3］ Zhu J，Zhu J，Li X，et al. Status and development of high-power laser facilities at the NLHPLP［J］. High Power Laser Science and Engineering，2018，6：e55.

第3章
神光Ⅱ平台的物理成果

自2000年起,截至2019年年底,神光Ⅱ平台提供了几十种复杂物理目标和靶型的实验打靶共9 000余次(见图3-1),近年来全年运行平均成功率超过90%。与同等规模的激光装置相比,它输出的能量、功率、光束质量、稳定性、可靠性指标全面达到及部分优于国外目前正在运行的装置水平,实现了我国激光驱动器技术发展史上重大的跨越。

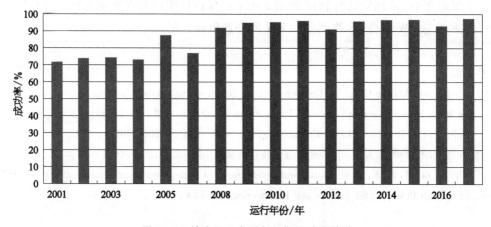

图3-1 神光Ⅱ平台历年打靶成功率统计

该平台自2008年起对外开放共享,是国内外各研究机构在ICF、XRL、材料高压状态方程(EOS)、高能量密度物理、天体物理、强场物理、纳米材料和新能源等诸多领域及多学科交叉研究方面可靠与无可替代的实验平台,得到国内外用户的高度评价。

§3.1 ICF实验研究

神光Ⅱ平台是国家"十五""十一五"及"十二五"ICF研究的重要实验平台,利用装置开展国家战略安全科学实验研究,完成了众多的研究任务,取得了圆满的结果[1]。其中多项成果达到国内领先水平,获得多个部委科技进步奖。在国家重大战略安全研究方面取得了若干具有标志性的重要实验结果,全面支持和保证了国防科研任务的顺利完成,并直接促成国家重大专项的成立。

1. 直接驱动界面不稳定性动态诊断实验

物理实验组借助数值模拟对背光驱动条件的优化,利用百皮秒激光驱动的 4.75 keV Ti 等离子体 X 射线源开展了激光辐照平面靶瑞利-泰勒流体不稳定性动态诊断实验探索,取得了预期的实验结果。利用针孔成像正向诊断方法,观测了铝(Al)平面调制靶的不稳定性增长;利用针孔辅助点投影侧向诊断方法,观测了碳氢(CH)平面调制靶的不稳定性增长,如图 3-2 所示,为今后流体不稳定性的深入研究奠定了基础。

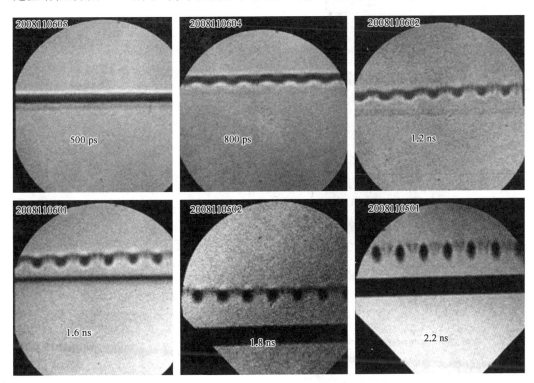

图 3-2　CH 平面调制靶瑞利-泰勒不稳定性侧向诊断图像

图中的时间,表示不同时刻平面靶与等离了体界面的 CCD 影像,显示了不同时刻表面 RT 不稳定性的演化过程。

2. 激光脉冲波形对材料压缩的影响

物理实验组利用 X 射线掠入射镜成像技术,获得了一维空间分辨率优于 5 μm 的静态网格图像,进而采用针孔辅助点投影技术,侧面观测了激光驱动平面靶的压缩状态,通过调节驱动激光脉冲波形,利用强预脉冲有效抑制激光印迹(imprint)不稳定性增长(见图 3-3),同时保证材料的低熵增压缩,从而在实验上获得了更高的材料压缩度。

3. 状态方程实验

初步建成基于神光 II 靶场条件的 VISAR 主动诊断系统,并进行了实验考核。结果表明该系统工作正常,基本达到设计指标,如图 3-4 所示。在实验中首次测量了聚乙烯 $(CH_2)_n$ 材料的冲击绝热线,最高压强达 0.54 TPa,实验数据一致性好,与其他实验数据

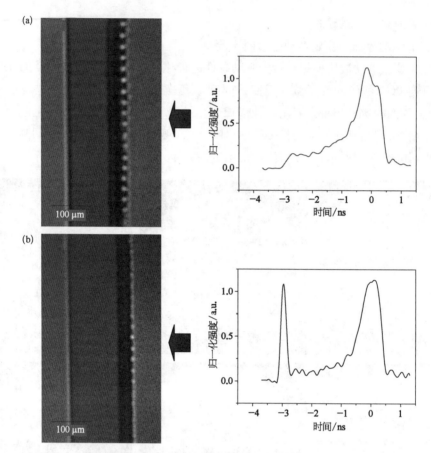

图 3 - 3　材料压缩特性实验中驱动激光脉冲前端尖峰对不稳定性的抑制

（a）正常脉冲驱动时的压缩不稳定性演化结果；（b）含有尖峰的脉冲驱动时的压缩不稳定性演化结果。

图 3 - 4　铝-碳氢阻抗匹配靶

及状态方程模型比较吻合。另外，还研究了聚乙烯材料的冲击加热自发辐射特性及冲击波阵面传播特性[2]，结果表明聚乙烯材料的冲击加热自发辐射强度较高，冲击波在聚乙烯中传播是比较稳定的。此次实验还进行了金（Au）等熵稀疏靶物理参数的优化设计和靶参数测量及表征方式方法的探索尝试。激光打靶实验获得了信噪比较好的实验图像。

4. 流体力学不稳定性及 X 射线源优化实验

针对百皮秒短脉冲及纳秒级长脉冲驱动条件，分别开展了 Ti 等离子体 X 射线背光源优化实验。实验中，利用新设计的石英弯晶配合成像板获得了 Ti 等离子体的 K 壳层谱线，并借此测量了谱线强度随驱动条件的变化。此次实验还开展了 X 射线条纹相机考核实验。

5. 神光Ⅱ激光装置上的柱形靶压缩实验

ICF 的中期结果在国防与科学方面有重要应用价值,但最终目标是解决人类的能源问题。2009 年美国建成了大规模激光装置 NIF,可产生能量达 1.8 MJ 的激光脉冲,设计目标是演示燃料靶丸的间接驱动中心点火,实现能量增益。法国也在建造类似规模的 LMJ(Laser Megajoule,兆焦激光)装置。然而,这样的大型激光装置无论在技术上还是经费上都是一个挑战。

近年来,啁啾脉冲放大(chirped pulse amplification,CPA)技术的发展使我们能获得极强的超短脉冲激光,快点火(fast ignition,FI)就是以此为基础提出的新思路[3]。与中心点火相比,快点火压缩过程不需要产生中心热斑,因而有可能大大降低对驱动激光能量的要求,或在同样驱动能量下产生更高增益,为以较低驱动能量实现点火提供了可能,并且放宽了对辐照靶丸均匀性和靶丸加工精度的要求,快点火成为近几年研究的热点。初步研究表明,在比 NIF 小得多的装置上就有可能以快点火的方式实现点火。

在我国的点火装置建成之前,基于当前的激光装置条件,逐步开展预压缩物理实验研究,建立关键物理量的诊断能力,为理论与数值模拟研究提供实验数据,是十分必要的。课题组结合快点火研究的进展和已有条件,围绕快点火靶丸预压缩所涉及的基础物理问题,从如何实现更为有效的压缩,达到更高的压缩度等目标入手,重点开展原理验证性实验研究。为了便于理解基本物理过程,首先研究了柱形靶的压缩情况。

在这些实验中,X 射线背光或自发光成像是非常重要的诊断手段。这里光子能量一般在几 keV 级,常用的成像方法包括针孔成像、针孔辅助点投影、球面弯晶成像和 KB(Kirkpatrick-Baez)成像等[4]。针孔成像和针孔辅助点投影是应用非常广泛的成像方法,但成像分辨率受针孔孔径限制。球面弯晶成像的应用则受到弯晶制备工艺的限制。为了进一步提高图像质量,课题组在 2013 年发展了 KB 成像技术。

实验采用神光Ⅱ8 路激光(260 J／束、3ω、1 ns)驱动 CH 柱形靶(位于球形靶室中心),每路激光焦斑 $\phi200\ \mu m$。柱形靶中心线东西指向。第九路激光(120 J、2ω、80 ps)东偏上 45°驱动 Ti 背光靶(位于球形靶室中心偏东 20 mm 处),列阵透镜束匀滑,焦斑 $450\ \mu m \times 450\ \mu m$。

在柱形靶的预压缩实验中成功应用 KB 成像技术[5],实验诊断了柱形靶自发光的时间积分图像[见图 3-5(a)],并采用短脉冲背光照明的方法诊断了柱形靶在 8 路激光结束后 0.37 ns 时刻的压缩状态[见图 3-5(b)]。可以看出,在 8 路激光驱动下,柱形靶产生了向心压缩,圆柱中心产生了明显的高温区。因为驱动激光的辐照不均匀性,实验观测到了明显的花瓣状密度分布。在圆柱中心并没有看到高密度区,可能的原因是中心区温度过高,密度压不上去。

6. X 射线源特性研究实验

X 射线源特性研究实验的主要内容是,研究双脉冲驱动方案以及激光驱动疏松材料方案能否在当前的驱动器条件下,提高纳秒级 X 射线背光源强度。

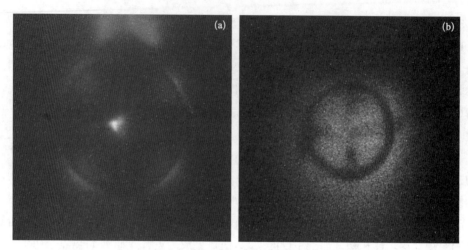

图 3 – 5　CH 柱形靶(壁厚 20 μm)自发光(a)和背光(b)的 KB 成像

(a) ϕ500 μm CH 柱形靶；(b) ϕ260 μm CH 柱形靶。

实验进行顺利,器件运行良好,各诊断设备(弯晶谱仪、针孔相机、X 射线条纹相机)均采集到了理想的数据。

7. 流体力学不稳定性实验[6]

流体力学不稳定性研究在 ICF、天体物理、高温稠密等离子体物理、高能量密度物理等领域都有着十分重要的意义。高功率激光装置的发展为流体力学不稳定性研究提供了优秀的实验平台,并使得流体力学不稳定性的研究推进到高压、高密度、强冲击领域。在这个领域内,流体往往是可压缩的,而其张力和黏滞性往往可以忽略,一些新的物理现象和物理规律有待被发现和证实。

瑞利-泰勒不稳定性(Rayleigh-Taylor instability,RTI)是一种十分重要的流体力学不稳定性现象。高功率激光平台上直接驱动的 RTI 研究,一般利用一束或多束纳秒激光经束匀滑后辐照样品表面,平均功率密度一般在 $10^{13} \sim 10^{15}$ W/cm^2 甚至更高,样品被烧蚀驱动并得以加速,样品轻重介质界面上的扰动因此增长。

在实验(见图 3 – 6)中,利用短脉冲 X 射线点投影侧向诊断实验,得到了周期为 28 μm 的 CH 单介质样品烧蚀面上的 RTI 增长实验图像。此外,利用同样的诊断方法得到周期为 50 μm 的 CH – Al 样品轻重介质界面上的 RTI 增长数据。

利用 X 射线条纹相机开展正向测量实验可以对样品的扰动增长进行连续测量。2015 年度的实验利用 Cu 的 L 壳层谱线作为背光,采用放大约 22 倍的狭缝成像,对三倍频激光直接驱动下的 20 μm CH 样品烧蚀面上的 RTI 增长进行了测量,实验测得了周期为 75、55、28 μm CH 样品的 RTI 增长数据。

8. 柱形靶压缩和热斑状态诊断实验

2010 年神光 Ⅱ 激光装置上的 FI 快点火相关实验在神光 Ⅱ 激光装置球形靶室上进行,8 路激光(3ω)叠加驱动 CH 柱靶或球靶(位于球形靶室中心),每路焦斑>ϕ200 μm。

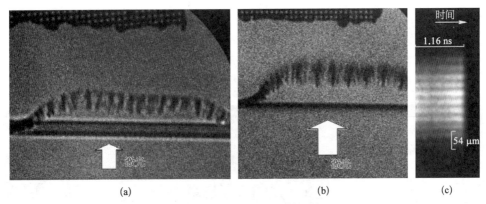

(a)　　　　　　　　　　　　(b)　　　　　(c)

图 3 - 6　流体力学不稳定性实验图

（a）周期为 28 μm CH 样品的 RTI 增长实验图像；（b）周期为 50 μm CH - Al 样品轻重介质界面上的 RTI
增长实验图像；（c）周期为 28 μm CH 样品的 RTI 增长正向测量实验图像。

柱靶中心线东西指向。第九路激光（3ω）东偏上 45°驱动 Ti 背光靶（位于球形靶室中心偏
西 10 mm 处），列阵透镜束匀滑，焦斑 450 μm×450 μm。

实验目的是发展 X 射线 KB 成像和条纹相机动态过程诊断技术，探索 X 射线多通道
成像技术，结果如图 3 - 7 所示。物理人员利用 KB 成像系统 2～3 keV 的低能段通道，诊
断了 8 路激光直接驱动柱靶或球靶内爆的自发光时间积分图像，从两种靶型均看到了明
显的中心发光强区。经初步数据分析后，实验结果表明在 6 μm Ti 滤片滤光的条件下，柱
内强区计数约 2 万，球内强区计数约 4 万。尝试了基于 Bragg 镜和针孔列阵的多通道成
像技术，并利用 Bragg 镜和 X 射线条纹相机，获得了 Au 平面靶在多个能点的自发光（无
针孔列阵成像）随时间的演化过程。

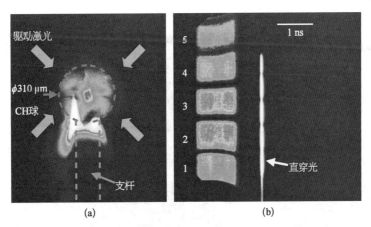

(a)　　　　　　　　　　　　　(b)

图 3 - 7　多通道成像技术实验结果图（彩图见图版第 1 页）

（a）CH 球靶自发光时间积分图像；（b）Au 平面靶多通道自发光（无成像）的时间演化过程。

9. 微焦点短脉冲高能 X 射线源研究

实验小组在神光 II 装置球形靶室上，开展纳秒激光驱动纯铜气凝胶靶实验研究。以热

辐射机制下产生的类氖离子的 L 壳层带谱及类氦离子的 K 壳层能谱作为主要的研究对象,分析了其在不同驱动功率密度条件下的能谱强度及谱分布的变化。实验获得了平面铜薄膜靶和纯铜气凝胶靶在 L 壳层(1~1.6 keV)及 K 壳层(7.6~8.5 keV)波段的能谱分布以及辐射发光区域的时空分布等参数(见图 3-8),为后续的铜背光诊断应用实验提供了有利的分析数据。

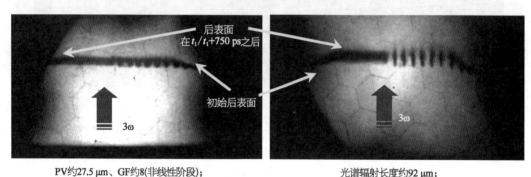

PV约27.5 μm、GF约8(非线性阶段);
二区背面几无差异,飞行距离36.8 μm

光谱辐射长度约92 μm;
背面飞行距离75 μm;
$I = 0.85 \times 10^{14} \text{ W/cm}^2$

图 3-8 实验截图

10. 激光与磁化黑腔相互作用实验

目前,磁场辅助激光聚变研究在国际上是前沿热点,中物院八所相关研究组利用神光Ⅱ装置第九路在兆高斯级脉冲强磁场抑制等离子体填充等方面所开展的工作,具有较强的创新性[7]。2015 年,研究组的实验结果表明,利用磁场抑制腔内等离子体径向运动的效果明显(见图 3-9),有望用磁化真空黑腔替代充气黑腔,对激光惯性约束聚变的靶设计具有潜在的应用价值。

存在磁场的情况 　　　　　　　　　　　　　　　无磁场存在的情况

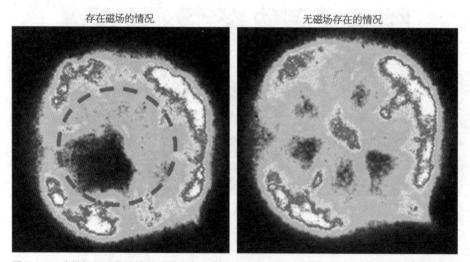

图 3-9 分幅相机沿黑腔轴向观测腔内 X 射线发光区域的时间演化过程(彩图见图版第 1 页)
　　测量结果表明,与普通黑腔相比,磁化黑腔内部出现了等离子体空泡,表明磁场对腔内等离子体径向运动有抑制作用。

11. 基于辐射驱动的强耦合等离子体吸收边特性实验研究

研究小组在神光Ⅱ激光装置上,提出了具有特色的哑铃型黑腔设计方案,用于产生干净的辐射场,实现双面对称驱动冲击波对撞压缩,从而获得了均匀高压缩度的强耦合等离子体。实验中,通过优化平面晶体谱仪参数,提高了实际打靶条件下平面晶体谱仪的谱分辨,结合短脉冲点背光打靶方式建立了时空及高谱分辨吸收边光谱测量技术;通过衍射晶体配接大动态 X 射线条纹相机,结合长脉冲点背光打靶方式,建立了高时间分辨与谱分辨的吸收边光谱连续时间过程测量技术。此项工作为研究惯性约束聚变及其他高能量密度物理领域中广泛存在的强耦合等离子体及其辐射特性,提供了一个强有力的实验研究平台,获国防系统科技进步二等奖。

§3.2　等离子体物理

1. X 射线激光双频光栅干涉法等离子体诊断技术研究

实验内容包括:类镍银 X 射线激光出光、X 射线干涉诊断等离子体方法研究、类氖锗 X 射线激光出光、X 射线汤姆孙散射实验初步尝试等(见图 3 - 10)。软 X 射线波段双频光栅干涉诊断方法和诊断等离子体研究获得了包含等离子体电子密度信息的干涉条纹,同时对其他的一些干涉方法也进行了相应的研究。通过实验,证实了双频光栅干涉诊断方法是一种高效、稳定、实用的方法,它将成为今后诊断等离子体研究的重点。

类氖锗 X 射线激光场图及优化实验研究,通过利用纳秒激光驱动和多靶串对接以及反射镜双通等技术,获得了饱和输出的类氖锗 X 射线激光,以及一系列完整的场图图像,为今后开展利用类氖锗 X 射线激光的应用研究打下了很好的基础。

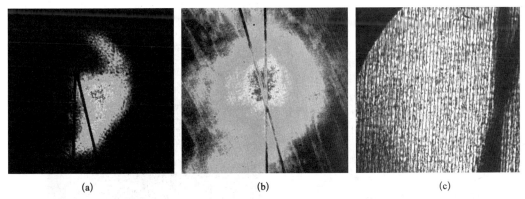

(a)　　　　　　　　　　　(b)　　　　　　　　　　　(c)

图 3 - 10　X 射线激光及其在诊断等离子体方面的应用研究实验结果图(彩图见图版第 2 页)

(a) 类镍银 X 射线激光场图;(b) 类氖锗 X 射线激光场图;(c) 用软 X 射线双频光栅干涉方法获得的静态干涉条纹。

汤姆孙散射相关研究采用类氖锗 23.2 和 23.6 nm 的 X 射线激光作为探针,聚焦后探测 CH 等离子体的散射谱,进而诊断等离子体的电子温度。实验获得了明显的谱线信息,但经过仔细研究,没有发现对应激光探针的散射谱,可能的原因是作为探针的 23.2 和 23.6 nm 的类氖锗 X 射线激光强度不够,这也与理论模拟给出的预测相一致。

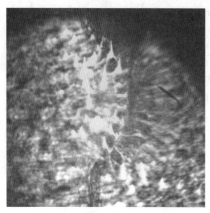

图 3-11 X 射线激光诊断平面调制靶的实验图像

2. X 射线激光在腔靶等离子体诊断中的应用

物理实验组开展了利用 X 射线激光探针诊断平面调制靶、腔靶、碰撞等离子体、针尖、射流等方面的实验研究,其中在腔靶等离子体、射流等方面获得了较好的实验结果,如图 3-11 所示。

3. X 射线激光在平面靶等离子体诊断中的应用

2010 年神光 Ⅱ 激光装置上的 X 射线激光及其在 ICF 中的应用研究课题相关实验从 11 月 19 日开始,至 25 日结束,共进行 15 发次的实验,基本按照预定时间和发次完成。

实验在神光 Ⅱ 激光装置椭球靶室上进行,8 路激光中的 2 路激光驱动 Au 平面靶双靶对接类镍银 13.9 nm 的 X 射线激光。每路激光条件为波长 $1.053~\mu m$,脉冲宽度 70 ps,能量 70 J,主脉冲前 3 ns 位置有强度比约为 1% 的预脉冲。第九路倍频激光辐照不同形式的靶,用于产生待诊断等离子体,通过列阵透镜束匀滑,焦斑约 $450~\mu m \times 450~\mu m$。

实验的主要内容是研究双频光栅干涉诊断方法,并用于诊断与 ICF 相关的等离子体实验。实验获得了较好的结果,不但得到了整齐、清晰的静态干涉图像,而且实现了对激光辐照 Au 平面靶的碰撞、Au 腔(筒)靶内部等离子体的实验诊断,同样获得了清晰的干涉条纹图像,如图 3-12 所示。

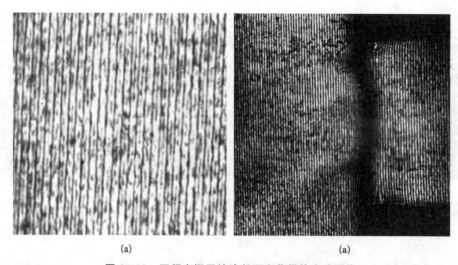

(a)   (a)

图 3-12 双频光栅干涉诊断研究获得的实验图像

(a) 双频光栅干涉静态条纹图像;(b) 双频光栅干涉诊断 Au 平面靶获得的干涉条纹图像。

§3.3　实验室天体物理

1. 中外合作无碰撞冲击波实验

2008 年,由中、日、韩三方 8 个研究单位组成的联合实验小组在神光Ⅱ装置(8 路加第九路)上成功进行了一轮无碰撞冲击波实验。无碰撞冲击波是天体物理中非常重要的现象之一,也是天体物理研究的热点之一。科学家通过对超新星爆发过程的观测,已多次记录到无碰撞冲击波的产生,同时观测到大量的高能宇宙射线和高能离子。但是,该现象形成过程复杂,也存在着大量的不稳定性。

一直以来,科学家只能被动地在天空中观测到上述现象。此次中外联合实验小组进行的一轮无碰撞冲击波实验,是在神光Ⅱ装置上模拟进行的。实验人员通过对感兴趣的部分进行操控以观测实验现象,从而验证天体物理对超新星爆发过程中无碰撞冲击波产生机制的推论,并对伴随其产生的高能宇宙射线及高能粒子的加速过程有了进一步的了解。

由于该物理实验对装置有许多特殊要求,因此装置运行工作面临着新的挑战。在联合室科技人员的努力下,神光Ⅱ装置在要求多变的情况下,激光输出保持了稳定可靠的状态。联合实验小组在神光Ⅱ装置上拍摄了满意的图片,得到了实验预想的结果。联合实验小组认为,神光Ⅱ装置与他们曾使用过的英国卢瑟福实验室的 Vulcan 装置、日本大阪大学的 Gekko XII 装置相比,其输出的激光质量达到国际先进水平,而在靶场运行服务、神光第九路探针光模式多样性方面,更有独到之处。同时,联合实验小组就增强完善装置辅助性设施,扩大开放度,合作开展基础性、探索性研究,提出了建设性的意见,以期在神光Ⅱ装置平台上取得更多世界一流的研究成果。

2. 实验室天体物理光离化过程的实验研究

天体物理的传统研究方法主要包括观测与理论模拟。对天体不同波段的观测,必须借助地面大型望远镜或者空间望远镜。使用观测设备的历程中,以 1990 年哈勃空间望远镜的入轨观测为标志,人类对天文和天体物理的研究进入了一个新的阶段。比如,借助哈勃空间望远镜以及其他空间望远镜,人类能够在红外波段、可见光波段以及 X\γ 波段对超新星(SN1987A)爆发的早期演化进行观测。科学家对海量观测数据进行综合,在已知的天体物理基本规律的基础上,借助大型计算机,可以推知天体的演化历程。然而,对于很多天体和天文现象,有些由于观测资料太匮乏,对其特性的研究仅限于推测;有些由于距离地球太远,不易观测;有些则由于演化时间太长,在有限的时间内很难有一个比较全面的认识。对天体物理的研究,仅靠观测和理论模拟是远远不够的。

随着高能量激光系统投入使用,科学家能够在实验室中获得极端的物理实验条件。这样的实验条件是前所未有的,可以用于模拟某些有代表意义的天体内部或周边条件,从而使得他们可以在实验室内对天体物理中诸多重要和关键的问题进行深入细致的研究。由此出现了一个新兴的研究领域——高能量密度实验室天体物理学（high energy density laboratory astrophysics，HEDLA）。HEDLA 领域引出众多新的研究方向，已在多个方面进行了激动人心的探索，例如研究对行星内部结构有重要意义的物质状态方程、超新星爆发过程中的流体力学、天文观测到的喷流现象的物理机制等。最近，HEDLA 的热点之一是研究致密天体，如吸积盘附近存在的光电离等离子体。这些致密天体可能是黑洞或者中子星，因此受到特别关注。一般来讲，恒星内部及冕区均是碰撞主导电离过程。这种等离子体最高电离态的电离能仅是其电子温度的几倍。但在致密天体周围的冷等离子体的电离过程是由光离化过程主导的，其离化态主要取决于其所处的辐射场，而不是其自身的电子温度。在实验室环境中重现光离化过程，有助于科学家对 X 射线卫星采集到的致密天体周围的谱线结构进行更加细致的研究，对已有的理论模型进行验证，从而认识吸积盘以及不同致密天体的基本特性。

早在 2000 年，中科院物理研究所张杰院士与中科院国家天文台赵刚研究员就共同提出，利用高功率密度激光产生类似天体物理条件，在实验室中深入细致地研究天体物理现象及规律。在过去几年里，他们带领的研究组与国际合作者一起，利用上海神光 Ⅱ 和日本 Gekko Ⅻ 等大型激光装置，针对该课题开展了实验、理论和数值模拟研究。2006 年在神光 Ⅱ 装置上，成功地采用金腔靶产生均匀 X 射线场来辐照样品，研究了 SiO_2 泡沫等离子体随时间的演化特征，相关结果发表在 *PoP* 和《空间动力学杂志》（*Aerospace Power Journal*，APJ）上。之后，他们与日本和韩国合作者利用日本 Gekko Ⅻ 大型激光装置，通过严格控制实验参数，在实验室中产生了类似黑洞或者其他致密天体周边的物理条件，再现了天文上观测到的光离化 Si 等离子体的发射光谱，这个谱线与观测到的双星系统的 X 射线谱对应部分极其相似，如 Cygnus X-3 和 Vela X-1。但实验科学家利用细致 Non-LTE 模型对谱线成分特征进行分析，却给出了与天体物理学家不同的解释，受到了天文学和等离子体学界的高度重视，相关结果发表于 *Nature Physics* 上。

2009 年在上海神光 Ⅱ 装置上进行的光离化 Si 等离子体吸收光谱的测量实验，是上述实验室天体物理光离化过程研究内容的重要组成部分。实验利用神光 Ⅱ 激光辐照金腔靶产生的类黑体辐射，模拟宇宙中致密天体附近的辐射环境，来光离化疏松的 Si 样品等离子体，通过引入背照明光和密度探针光，达到对光离化等离子体的细致诊断。具体地讲，神光 Ⅱ 南边第七路激光小能量作用于 Si 样品等离子体，3 ns 自由膨胀后该等离子体的电子密度为 $10^{19} \sim 10^{18}$，电子温度 T_e 约 30 eV，与宇宙环境中的冷等离子体相当；这时，北 4 路激光以总能量约 1 kJ 注入腔靶，产生峰值约 120 eV 的类黑体辐射，来离化冷的 Si 等离子体，光离化在该过程中起主要作用。神光 Ⅱ 第九路激光（140 ps/100 J）辐照背光金靶产生的背照明光穿过光离化的样品等离子体，样品等离子体的不同离化态对背光产生明显的特征吸收，该吸收谱线由晶体谱仪进行记录；同时第九路分出部分激光，作为密度探针光穿过样品，由诺马斯基（Nomarski）干涉仪对背光照射时刻的等离子体密度进行测量。实验中,通过在近 2 ns 的黑体辐射场的不同时刻加入背照明和密度探针光,对光离化过程的演化进行诊断,仔细研究辐射场对等离子体的离化过程;同时,通过采用不同结构的辐射腔和改变辐射场与样品的作用距离,来研究稀释因子对光离化过程的影响。

实验结果显示,不同强度的辐射场以及辐射场的不同时刻,样品 Si 等离子体的吸收光谱有着明显的变化,如图 3 - 13 所示。在辐射场加入的初期,吸收谱线集中于低能量段,即等离子体处于低的离化状态,如 Si 的类 Li、Be、B 离子吸收峰;在辐射场的峰值功率处,呈现出明显的类 N、O、F 的 Si 离子的吸收谱线,说明辐射场在等离子体的离化过程中起到了很大的影响作

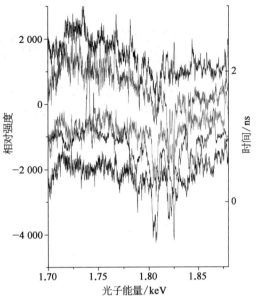

图 3 - 13 不同辐射温度下等离子体吸收谱线的变化(彩图见图版第 2 页)

用。接着,对实验的结果做了初步的理论计算和模拟。利用光离化程序 FLYCHK 模拟了光离化存在的条件下同样状态的等离子体的离化态分布,与实验结果有很好的一致性。同时,分别利用非局部热动平衡(non-local thermodynamic equilibrium,Non-LTE)和纯粹局部热动平衡(LTE)模型对实验谱线进行计算拟合,发现纯粹 LTE 模型不能完全拟合实验中得到的吸收谱线,这从侧面说明,实验中辐射场作用下的等离子体,其状态很大程度上受辐射场的影响,已经不再简单地由周围等离子体的状态来决定。初步的分析显示,在实验室中成功实现了腔靶辐射产生的光离化 Si 等离子体,并对其演化特征进行了测量。通过与之前的光离化发射谱线相结合,可以对光离化过程有全面的理解,从而达到在实验室中对天体物理过程进行研究的目的。

3. 利用神光 Ⅱ 装置强激光模拟太阳耀斑

2009 年,中科院物理研究所、中科院国家天文台和中物院激光核聚变中心等单位在神光 Ⅱ 装置上开展的一轮实验中,巧妙地构造了激光等离子体磁重联拓扑结构。实验中观测到与太阳耀斑中环顶 X 射线源极为相似的结果。通过磁流体标度变换理论分析,发现两个系统的各项物理参数惊人地相似。这项工作已在 *Nature Physics* 上发表(*Nature Physics*,DOI:10.1038/NPHYS 1790),见图 3 - 14。审稿人对本项工作给予了高度的评价,称"如果在实验室和太阳耀斑中观测到的物理过程一致并且数据测量准确,那么这项工作将是伟大的发现,并将开辟实验室天体物理研究的最新领域"。

4. 等离子体不透明度的研究

更加深入地去探究观测到的天文现象背后的物理本质就会发现,宇宙中观测到的巨

LETTERS

PUBLISHED ONLINE: 10 OCTOBER 2010 | DOI: 10.1038/NPHYS1790

nature
physics

Modelling loop-top X-ray source and reconnection outflows in solar flares with intense lasers

Jiayong Zhong[1], Yutong Li[2], Xiaogang Wang[3], Jiaqi Wang[3], Quanli Dong[2], Chijie Xiao[3], Shoujun Wang[2], Xun Liu[2], Lei Zhang[2], Lin An[2], Feilu Wang[1], Jianqiang Zhu[4], Yuan Gu[4], Xiantu He[5,6,7], Gang Zhao[1]* and Jie Zhang[2,8]*

Magnetic reconnection is a process by which oppositely directed magnetic field lines passing through a plasma undergo dramatic rearrangement, converting magnetic potential into kinetic energy and heat[1,2]. It is believed to play an important role in many plasma phenomena including solar flares[3,4], star formation[5] and other astrophysical events[6], laser-driven plasma jets[7-9], and fusion plasma instabilities[10]. Because of the large differences of scale between laboratory and astrophysical plasmas, it is often difficult to extrapolate the reconnection phenomena studied in one environment to those observed in the other. In some cases, however, scaling laws[11] do permit reliable connections to made, such as the experimental simulation of interactions between the solar wind and the Earth's magnetosphere[12]. Here we report well-scaled laboratory experiments that reproduce loop-top-like X-ray source emission by reconnection outflows interacting with a solid target. Our experiments exploit the mega-gauss-scale magnetic field generated by interaction of a high-intensity laser with a plasma to reconstruct a magnetic reconnection topology similar to that which occurs in solar flares. We also identify the separatrix and diffusion regions associated with reconnection in which ions become decoupled from electrons on a scale of the ion inertial length.

A major objective of laboratory astrophysics is to simulate the

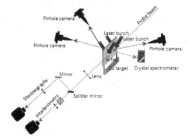

Figure 1 | Experimental set-up. Four bunches of long pulse (1 ns) lasers are focused on both sides of a thin Al foil target. Shadowgraphy and interferometry are used to diagnose the plasma evolution with a short pulse (120 ps) probe beam (shown as a green dotted line). The MR occurs between the two laser focus spots, and is detected by three X-ray pinhole cameras. The reconnection outflow/jet can thus interact with a pre-set Cu

图 3 - 14　利用神光 II 装置强激光模拟太阳耀斑中环顶 X 射线源和
重联喷流实验结果在 *Nature Physics* 上发表

大天体物理行为,其本身几乎完全由微小原子的精细结构特性决定。大家所熟悉的恒星的物理特性依赖于恒星内部核能的向外传输,而辐射场是该能量传输的最重要形式之一,其传输效率和其间物质的辐射不透明度有着重要的联系。通过将更加准确和完整的原子能级数据应用到辐射不透明度的计算中,困扰人们很久的观测结果和理论模型不一致的问题得到了部分解决。例如在铁的不透明度计算中,考虑 M 壳层跃迁能级后,不透明度系数增加到 4,同时,实验上也证明 M 壳层内部的跃迁对不透明度有着重要的贡献。不透明度在恒星质量的标定上也有重要的应用,P. Moskalik 等人利用把铁元素能级跃迁考虑在内的不透明度计算,估计了仙王星座变光星的经典质量,其结果与其他方法得到的估计值相吻合。越来越多的研究表明,精确和完整的原子数据,对于分析高精度光学和 X 射线天文望远镜如 Chandra 观测到的谱线,起着至关重要的作用。从这些谱线的分析中,可以推断相关天体的物质组成和演化速度等重要的物理性质。

不透明度的研究对于建立准确的天体物理模型(包括光谱 Non - LTE 模型以及天体演化模型)具有重要意义。精确的不透明度数据也是人们进行核聚变物理研究必需的参量。通过在大型高功率激光器上进行类似实验,可以有意识地控制等离子体的特性;通过特性已知的背景照明光的吸收谱,可以很好地为以上两个领域的研究提供精确的数据。

中科院物理研究所、中科院国家天文台、中物院激光聚变中心在神光Ⅱ装置上进行了此项实验,其主要内容是测量由辐射场加热的等离子体的时空分辨光谱和其他性质(见图3-15);使用细致结构模型对吸收光谱作分析,掌握等离子体特性和不同离化态离子对吸收谱成分的贡献,以及测量氧元素对 SiO_2 样品等离子体特性的影响。实验结果已发表在国际刊物[*Physics of Plasmas* 17,012701,(2010)]上,见图3-16。

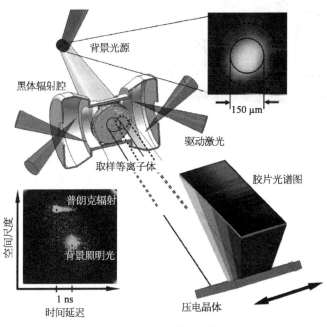

图3-15　实验装置图

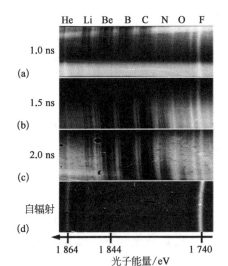

PHYSICS OF PLASMAS 17, 012701 (2010)

Characteristic measurements of silicon dioxide aerogel plasmas generated in a Planckian radiation environment

Quan-Li Dong,[1] Shou-Jun Wang,[1] Yu-Tong Li,[1] Yi Zhang,[1] Jing Zhao,[1] Hui-Gang Wei,[2]
Jian-Rong Shi,[2] Gang Zhao,[2] Ji-Yan Zhang,[3] Yu-Qiu Gu,[3] Yong-Kun Ding,[3]
Tian-Shu Wen,[3] Wen-Hai Zhang,[3] Xin Hu,[3] Shen-Ye Liu,[3] Lin Zhang,[3] Yong-Jian Tang,[3]
Bao-Han Zhang,[3] Zhi-Jian Zheng,[3] Hiroaki Nishimura,[4] Shinsuke Fujioka,[4]
Fai-Lu Wang,[1] Hideaki Takabe,[4] and Jie Zhang[5]
[1]Beijing National Laboratory of Condensed Matter Physics, Institute of Physics,
Chinese Academy of Sciences, Beijing 100190, China
[2]National Astronomical Observatories of China, Chinese Academy of Sciences, Beijing 100012, China
[3]Research Center for Laser Fusion, China Academy of Engineering Physics, Mianyang 621900, China
[4]Institute of Laser Engineering, Osaka University, 2-6 Yamada-Oka, Suita, Osaka 565-0871, Japan
[5]Department of Physics, Shanghai Jiaotong University, Shanghai 200240, China

(Received 16 March 2009; accepted 23 November 2009; published online 6 January 2010)

The temporally and spatially resolved characteristics of silicon dioxide aerogel plasmas were studied using x-ray spectroscopy. The plasma was generated in the near-Planckian radiation environment within gold foils *au* target irradiated by laser pulses with a total energy of 2.4 kJ in 1 ns. The contributions of silicon ion at different charge states to the specific compositions of the measured absorption spectra were also investigated. It was found that each main feature in the absorption spectra of silicon dioxide aerogel plasmas was contributed by two neighboring silicon ionic species. © 2010 American Institute of Physics. [doi:10.1063/1.3274449]

I. INTRODUCTION

Experimental and theoretical determination of plasma properties has long been of interests in astrophysics[1,2] and inertial confinement fusion researches.[3] The plasma opacity, for instance, which determines the energy transport in plasmas, has been studied extensively in laser-plasma experiments in the past two decades.[4–12] In those experiments, low and medium-Z materials are the most early selected as study objects. This is because the K-shell structures and the absorption spectra of low-Z elements are relatively simple. Aluminum is one of the sample materials usually applied in the opacity model benchmark experiments.[4–12] In some experiments, aluminum atoms were also buried in the sample for characterization of plasma conditions. Winhart *et al.*[9] and Mendji *et al.*[10] performed absorption spectra measurements of aluminum plasmas at temperatures T_e between 20 and 50 eV and densities $N_e \sim 2 \times 10^{20}$ cm^{-3}, but in different photon energy ranges of 70–280 eV (L-shell) and 1400–1650 eV (K-shell), respectively. Audebert *et al.*[11] measured the time-resolved absorption spectra of 300 Å laser-produced, strongly coupled aluminum plasmas of $T_e \sim 50$ eV and electron density near 5×10^{22} cm^{-3}. Simulations with collisional-radiative atomic physics model included in hydrodynamic code reproduced fairly well the measured charge state distribution as a function of time.

plasma opacities in the photon energy range between 50 and 300 eV due to M-shell transitions under plasma conditions of $T_e < 60$ eV and densities around 10^{20} cm^{-3}. Bailey *et al.*[17] performed iron opacity measurements over the photon energy range between 800 and 1800 eV associated with the bound-bound transitions involving the iron L-shell, which is important for solar interior radiation transport. Their plasma was determined to have $T_e \sim 156 \pm 6$ eV and electron density near $6.9 \pm 1.7 \times 10^{21}$ cm^{-3}. Foord *et al.*[18,19] measured the absorption spectra of iron L-shell in plasmas with $T_e \sim 150$ eV and density as high as 10^{-4} g cm^{-3} in the two-body recombination regime, and made the first comparison between the measured charge state distributions and that from x-ray photoionization models.

Properties of high-Z element plasmas are also attracting many interests for their wide applications in high power devices such as hohlraums and Z-pinches.[20–22] Foord *et al.* studied the emission spectra of laser-produced Au plasma in order to understand nonlocal thermodynamic equilibrium (non-LTE) processes in the complex M- and N-shell atomic systems. Heeter *et al.*[22] performed benchmark measurements of the ionization balance of well-characterized gold plasmas with and without external radiation fields at electron densities near 10^{21} cm^{-3} and temperatures between 800 and 2400 eV. This is the extension work of the benchmark NOVA

图3-16　等离子体不透明度研究的相关实验结果及论文发表在 *Physics of Plasmas* 上

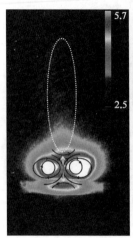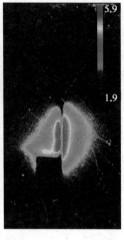

图 3-17　等离子体喷流实验结果
（彩图见图版第 2 页）

5. 等离子体喷流实验

近年来，在实验室中能够利用强激光以及 Z 箍缩（Z - pinch）来构造天体物理学家感兴趣的等离子体环境，并且对相关的物理量进行测量。喷流现象是其中的热点研究之一。它是天文观测中非常普遍和重要的一种现象，理论模拟表明磁场可能是天体喷流的准直的能量来源，然而一直没有观测数据加以证明。喷流磁场的测量将验证天体喷流的准直是磁场主导而不是物质主导，具有重要的意义。

本次实验中观察到了等离子体喷流（见图 3-17），喷流的速度约为 1 000 km／s。

6. "利用强激光成功模拟太阳耀斑中的环顶 X 射线源和重联喷流"开放实验研究

经中国科学院院士、中国工程院院士、"973 计划"顾问组和咨询组专家、"973 计划"项目首席科学家、国家重点实验室主任等专家的无记名投票，2011 年度"中国科学十大进展"评选结果于 2012 年 1 月 17 日在北京发布，"利用强激光成功模拟太阳耀斑中的环顶 X 射线源和重联喷流"位列其中。该成果由中科院国家天文台赵刚研究组、中科院物理所李玉同研究组与上海交通大学张杰研究组以及其他合作者在神光 II 高功率激光实验装置上联合完成。他们的工作证明了利用高功率激光可在实验室中创造与天体现象相似的极端物理条件，为科学家在实验室中对天体问题进行主动、近距离、可控的研究提供了新思路和新方法，给天体物理研究带来了新可能和新方法。

太阳耀斑是离人类最近的天体剧烈释能现象之一，人们普遍认为其能量来源于太阳磁场，而磁重联是主要的释能通道之一。这一认识的直接证据是在太阳耀斑中观测到的环顶 X 射线源和重联喷流。由于天文观测本身的局限性，目前对这些现象的解释大多是定性和唯象的。联合研究组利用中科院重大科技基础设施——神光 II 高功率激光实验装置发射的强激光与特殊构型靶相互作用，巧妙地构造了等离子体磁重联拓扑结构，在实验室中对太阳耀斑中的环顶 X 射线源和重联喷流进行了实验模拟，得到了与太阳表面发生的重联过程极为相似的实验结果，并通过磁流体标度变换理论证明两个系统的各项物理参数有惊人的相似性。

7. 强激光高能量密度物理研究

地球磁场保护地球免受来自太阳及宇宙深处的高能射线的侵害。太阳风与地球磁场作用会造成地磁场由于压缩拉伸甚至交叉而发生重联过程，导致磁场拓扑结构发生改变，并以高能粒子与射线的形式释放出巨大能量。对磁场重联物理过程的研究，对人类的活动具有重要意义。

中科院物理所李玉同、上海交通大学张杰和中科院国家天文台赵刚研究团队在神光 II

装置上,利用激光等离子体实验构造了相似的磁重联结构,来研究重联过程中喷流的特征。

如图 3-18 所示,实验采用双 Al 平面靶,靶间距 $150\sim240~\mu m$ 且位于同一平面内。Al 平面靶尺寸:长×宽×高$=700~\mu m\times300~\mu m\times50~\mu m$。激光参数如下:波长 351 nm,脉宽 1 ns,激光能量 250 J/路。两路激光经过 $F=3$ 的光学聚焦透镜同时聚焦到 Al 表面,聚焦光斑的半高全宽约为 $150~\mu m$,到达 Al 靶表面的激光强度约为 10^{15} W/cm^2。实验中的主要诊断:① 测量等离子体密度的诺马斯基干涉系统和阴影成像系统,放大倍数均为 3.5 倍。上述光学诊断系统所使用的探针光参数:能量 50 mJ,波长 527 nm,脉宽 150 ps。② 测量等离子体自发光的线偏振成像系统,测量波段 532 nm±1 nm,放大倍数为 3.5 倍。③ 测量等离子体 X 射线波段自发光的针孔相机,放大倍数为 10 倍。④ 测量 Al 的 K_α 谱线的晶体谱仪,谱仪的空间分辨约为 $60~\mu m$。

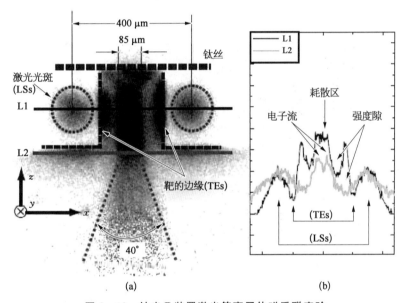

图 3-18　神光 II 装置激光等离子体磁重联实验

(a) X 射线针孔相机测到的实验阴影图;(b) 对应(a)图 x 轴方向的空间等离子体分布。

分析实验结果表明,在磁重联区中心与两侧边缘一共有 3 个喷流,中心喷流的出现时间要晚于两侧喷流,说明其速度明显远高于两侧喷流的速度。根据边缘的移动,可估算出两侧喷流的速度约为 $v=600$ km/s。这一发现揭示了磁重联过程的新特征,为地磁重联观测的解读提供了新思路。也是在这个实验中,研究团队还捕捉到了激光等离子体重联区产生的一个运动的"磁岛",以及其运动导致的二阶电流层和明亮的尖状结构。研究表明,"磁岛"和二阶电流层的产生会导致系统不稳定,提高磁重联的概率。这个发现对人们理解太阳冕区物质抛射以及耀斑过程具有重要意义。这项研究进一步表明,有别于天文物理研究中被动性较强的观测,实验室的天体物理实验使得科学家可以在条件参数可控的情形下,重复、全过程地研究一些与天体相关的物理现象。

8. 无碰撞冲击波的实验室研究[8]

在实验室中研究冲击波,对于理解天体中冲击波的产生机制和宇宙射线的来源是很有意义的。2013 年,中科院物理所、国家天文台等单位组成的联合实验小组在神光Ⅱ装置上对冲击波的产生机制进行了研究。实验布局如下:8 路主激光分为南北两大束,分别聚焦到相对放置的 CH 靶表面产生高速、低密的等离子体束流。第九路激光垂直穿过对流等离子体的相互作用区域,作为诺马斯基干涉和阴影成像的探针光。通过改变探针光和主激光之间的延时,观测对流等离子体的相互作用的演化过程。

在研究对流等离子体相互作用的过程中,实验小组第一次在实验中观测到无碰撞静电冲击波的存在和 Weibel 不稳定性的产生,如图 3 - 19、图 3 - 20 所示。对实验数据进行

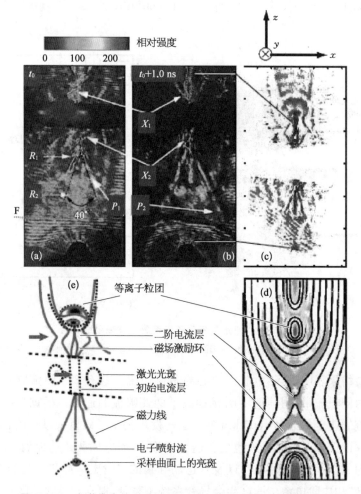

图 3 - 19 光学成像的实验结果和 PIC 模拟(彩图见图版第 3 页)

(a)和(b)分别对应着延时 1 ns 和 2 ns 时刻的干涉原图。电子耗散区(electron diffusion region,EDR)在 X_1 和 X_2 之间。(c)为 2 ns 时刻等离子体自发光像(532 nm)。(d)是粒子模拟结果。(e)是与(c)对应的示意图。上述研究发表在《物理评论快报》[Phys. Rev. Lett. 108, 215001 (2012):http://link.aps.org/doi/10.1103/PhysRevLett.108.215001]上。

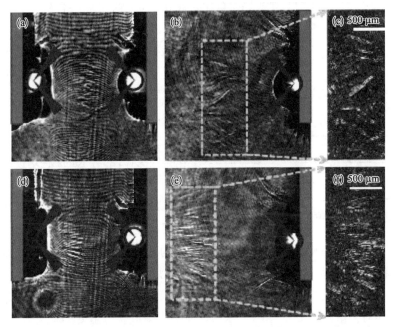

图 3 - 20　延时 5 ns 时利用对称打靶(4 路＋4 路)和非对称打靶(3 路＋ 4 路)所得到的实验结果(彩图见图版第 4 页)

(a)(b)(c)分别为对称打靶得到的干涉图、阴影图以及对(b)图中心区域经过降噪放大处理的阴影图;(d)(e)(f)分别为非对称打靶得到的干涉图、阴影图以及对(e)图中心区域经过降噪放大处理的阴影图。

的理论分析表明:静电不稳定性和 Weibel 不稳定性可以诱导丝状等离子体产生。由静电不稳定性产生的丝状等离子体,其特征长度是电子惯性长度 $d_e \approx \dfrac{c}{\omega_{pe}} = 5.33~\mu m$;由 Weibel 不稳定性产生的丝状等离子体,其特征长度是离子惯性长度尺度 $d_i \sim \dfrac{c}{\omega_{pi}} \approx$ $100~\mu m$。 而在实验中测量得到的丝状等离子体 $L_{min} \approx 140~\mu m$、$L_{max} \approx 450~\mu m$,均大于离子惯性长度。这说明实验观测到的丝状等离子体是由 Weibel 不稳定性引起的。这是第一次在实验中观测到 Weibel 不稳定性的存在。另外,实验中观测到的丝状等离子体长短不一,这是由于 Weibel 不稳定性是一种电磁不稳定性,丝状等离子体之间通过磁重联发生的融合增长最终趋于饱和所致。

利用神光 Ⅱ 装置打靶产生的高速、低密的对流等离子体,是实验室研究冲击波的重要渠道。这对理解天体中冲击波的产生机制是非常有意义的,同时为实验小组以后在实验室中模拟天体中的冲击波加速奠定了基础。

9. 利用冷电子回流产生近千特斯拉磁场的新方法

强磁场在等离子体物理、天体物理、材料科学和原子分子物理等研究中具有重要意义。随着高功率激光技术的快速发展,激光驱动等离子体可以生成千安甚至百万安级的

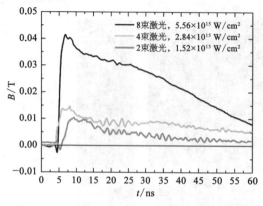

图 3-21　不同入射光强下磁场探针测得的磁场变化曲线(彩图见图版第 4 页)

高电流,这就为瞬态强磁场的生成提供了一条新的途径。2014 年,实验小组利用一种由铜导线绕制而成的线圈靶,在神光 II 装置上依靠强激光加速电子,使其逃离固体靶表面,在靶的两端产生电势差,促使冷电子回流,在靶内产生瞬时强电流,进而产生强磁场。实验结果表明,以双路反极性单匝线圈作为磁探针,结合 Radia 磁场模拟程序,得到了近千特斯拉的强磁场,如图 3-21 所示。

10. 实验室模拟日地空间太阳风与地磁层相互作用

首次利用强激光与靶相互作用,在实验室中构建微型耀斑,并使微型耀斑与静态磁场相互作用,模拟太阳风与地球磁层相互作用的物理环境。通过实验室的诊断测量,得到了等离子体相互作用时刻的物理信息,并对其时间演化进行了实验记录,如图 3-22 所示。这项工作对了解地球磁层等离子体和日地空间磁重联有重要的意义。

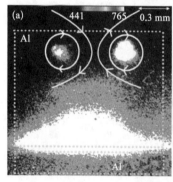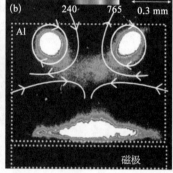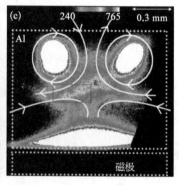

图 3-22　X 射线针孔相机成像(彩图见图版第 4 页)

(a) 铝柱;(b) 3 000 高斯磁场;(c) 4 000 高斯磁场。

11. Herbig-Haro 天体中超音速喷流偏折现象的实验室研究

Herbig-Haro(HH)天体是宇宙中一类具有高对称性、高马赫数和高准直性的喷流,它的产生和演化与恒星的起源密切相关。中科院物理所和中科院国家天文台联合研究组利用神光 II 装置创造的极端环境,近距离、可控制、可重复地对 HH 110\270 系统中的喷流偏折现象进行了实验再现。该研究成果不仅很好地验证了喷流-喷流对撞模型的正确性,也进一步表明实验室天体物理作为新兴的天体物理和激光等离子体物理的交叉学科,可以帮助我们研究天文观测现象和验证天体物理模型。该研究成果发表在 *The Astrophysical Journal* 815:46(6 pp),2015 上(*ApJ*,DOI:10.1088/0004-637X/815/1/46)。

12. 强激光高能量密度物理研究

由于天文事件时空演化尺度大、事件发生的随机性高以及观测技术本身的限制,研究人员很难对天体物理过程形成很全面的认识。通过实验室天体物理定标率,可以将天体参数变换到实验室条件下,从而在实验室中对天体过程进行全面、近距离、可控的研究。

近年来,利用神光Ⅱ多功能激光综合实验平台模拟宇宙中天体物理的相关过程,是研究天文与天体物理过程的又一有效新手段,该方面工作得到了国家基金委、科技部和中科院的资助。2017 年,由中科院国家天文台和中科院物理所组成的研究团队在实验室中对"超新星爆炸过程中冲击波的产生和演化""彗星断尾事件发生机制"等课题进行了实验室研究,均取得理想的实验结果(见图 3 - 23)[9]。相关研究结果已相继发表在《科学快报》上。

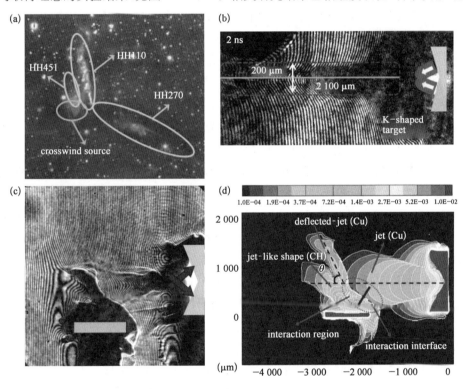

图 3 - 23　喷流偏着现象及物理实验(彩图见图版第 5 页)

(a) 天文望远镜观测到的 HH 110\270 系统;(b) 超音速直喷流的产生;(c) 喷流偏折现象的实验室再现;(d) LARED - S 流体程序模拟结果。HH451 等为宇宙星系编号;crosswind source:侧向风源;K - shaped target:K 形状靶;deflected-jet(Cu):偏转喷嘴(铜);jet-like shape(CH):喷嘴形状结构(碳氢);jet(Cu):喷嘴(铜);interaction region:相互作用区;interaction interface:相互作用界面。

§3.4　高功率激光技术进展

1. 在神光Ⅱ第九路上开展升级终端光学组件首个验证实验

终端光学组件(final optics assembly,FOA)是高功率激光最重要、最复杂的光学组件之一。该组件集真空密封、谐波转换、谐波分离、激光聚焦、焦斑控制和激光参数采样等功能于一体,包括了窗口玻璃、倍频晶体、聚焦透镜、楔形板、衍射光学元件和防溅射板等光学元件。它是激光驱动器工程中与各种因素牵连度最高、最复杂的单元器件之一,其工程设计实现难度很高。世界最先进、规模最大的激光装置——美国 NIF 的 FOA 系统花了 7 年左右时间才实现了基本定型。

神光Ⅱ驱动器升级装置建成后,其每束激光的运行输出能量和能量密度应为 3 000 J/3 ns/$3\omega_0$,激光在 $3\omega_0$ 输出位置约为 3 J/cm^2,为中等通量密度水平。围绕工程目标,为保证在中等通量情况下安全、稳定地运行,神光升级工程 FOA 的设计必须突破原有的设计思路。从 2008 年初开始,FOA 项目组在神光Ⅱ装置升级工程总体技术组的组织协调下,联合国内科技攻关团队,对 FOA 开展了第一阶段的攻关工作。

攻关项目组针对杂散光的管理、FOA 光学排布设计冗余度模拟计算、气溶胶的管理控制与排除等工作难点,展开了深入细致的研究工作,制定了十余款安全措施,以保证 FOA 安全工作。2010 年 4 月到 5 月,在神光Ⅱ装置第九路及神光Ⅱ X 射线激光靶室实施了升级装置 FOA 首个验证实验,获得了若干有实用价值的较好结果。

此次实验利用神光Ⅱ装置第九路系统共打靶 33 发次,第九路系统输出的基频激光能量为 1 000~4 500 J,激光脉冲宽度为 3 ns。对终端光学组件进行了色分离效果、穿孔效率、三倍频转换效率、采样光栅(beam sampling grating,BSG)的能量采样元件破坏、气溶胶成分成因及影响、靶场损耗和剩余光吸收等多项测试。实验过程中,FOA 组件实现 3 J/cm^2 以上三倍频激光输出通量 14 发,其中 $3\omega_0$ 激光输出通量最高为 3.6 J/cm^2,相应三倍频激光输出转换效率最高约为 70%。更重要的是,攻关项目组在 FOA 攻关工作前期就意识到了 FOA 气室中气溶胶及其他有关的问题,并在本轮实验中从多方面确证,在激光打靶瞬间,FOA 低压气室中产生了 20 万级颗粒度的极为有害的气溶胶环境,严重污染了 FOA 光学元件的通光表面。实验首次揭示,气溶胶颗粒在 FOA 元件表面沉积所产生的破坏极可能是 FOA 元件首次遭到损伤的最重要原因。实验中以最高通量密度为 $3\omega_0$/3 ns,3.6 J/cm^2,0°入射的会聚光穿过 500 μm(27DL)的小孔,过孔率为 97%,过孔能量为 2 300 J,获得了较为满意的结果。项目组目前正在研究并采取更有力的措施疏导和排除气溶胶,从而在多层面全面提升 FOA 光学元件的抗激光损伤能力。

实验结果表明,FOA 光路全系统冗余度的数值模拟设计、合理精密装校,为强化 FOA 的高质量传输功能和聚焦穿孔能力奠定了基础;FOA 首个验证的穿孔实验,还具有初步总体验证的意义,将为升级装置达标奠定前期实验基础。

通过本次实验,项目组检验了第一阶段的工作,同时积累了实验数据,对 FOA 的工作也有了新的更深层次的理解,将为即将开展的第二阶段的攻关工作提供有益的指导。

2. 溶胶-凝胶减反射薄膜

2010 年 10 月,《SPIE(国际光学工程学会)7842 卷会议论文集》公布了 2010 年国际膜层激光损伤阈值水平的竞赛结果,由联合室化学涂膜组选送的溶胶-凝胶减反射薄膜样品的激光损伤阈值指标获得最佳结果。该竞赛由美国 SPIE 激光损伤年会(Laser Damage Symposium)组织。

近 20 年来,国际激光膜层领域高度重视高激光损伤阈值膜层的研究,2008 年至今组织了 3 次激光膜层抗损伤水平的竞赛。本次评比的主题是三倍频减反薄膜的损伤阈值(激光测量参数为 355 nm 波长和 7.5 ns 脉宽),共有来自不同国家的 29 家单位寄送了样品,实际参加测试的有 11 家国际著名镀膜(涂膜)公司和研究单位,包括诸如美国劳伦斯利弗莫尔国家实验室(Lawrence Livermore National Laboratory，LLNL)、德国汉诺威激光中心等研究机构。测试采用双盲法,结果如图 3-24 所示。图中左边部分为不同方法制备的膜层阈值情况,右边为空白基片的阈值情况。

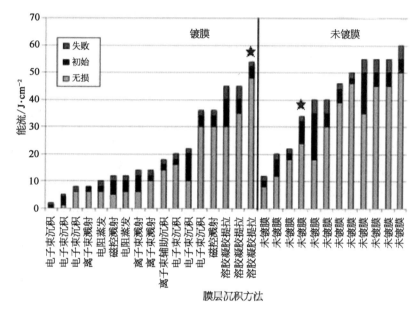

图 3-24　年会公布的竞赛结果

左半部分为不同公司和实验室提供的光学样品,前 14 个为不同公司的镀介质膜样品,后 3 个为化学膜样品。右半部分为未镀膜基片结果。打★为本实验室选送的样品。

化学涂膜组参加测试的样品为溶胶-凝胶多孔性 SiO_2 减反膜。测试结果显示,在激光能量≤47 J/cm^2(351 nm、7.5 ns)时,该样品膜层没有任何损伤;在 47~52 J/cm^2 时,有小于 100 μm 的损伤点,但不增长,损伤点在膜层 1% 范围内,膜层可继续使用;在≥52 J/cm^2 时,有大于 100 μm 的损伤点,超过膜层 1% 范围,损伤点随辐照强度增高而增大,属于严重损伤,膜层不能继续使用。对比如图 3-24 所示裸基底的激光损伤阈值,从 23 J/cm^2(351 nm、7.5 ns)提升到涂膜后的 47 J/cm^2(351 nm、7.5 ns),在三家提供的溶胶凝胶膜层样品中优势明显。

3. 终端光学组件首个验证第二阶段实验

联合室 FOA 攻关项目组在第一阶段验证实验取得较好结果后,继续展开了深入细致的研究工作,提出多项改进方法。2011 年 10 月,攻关项目组在神光 II 装置和 X 射线真空靶室进行了 FOA 首个验证第二阶段实验(见图 3-25),取得新进展。本轮实验主要进行了谐波转换效率、BSG 能量采样、元件损坏、终端损耗等测试。

图 3-25　终端光学组件实验现场图

实验共进行了 64 发大能量打靶,3 ns 的基频激光能量在 1 000~5 000 J 之间。KDP 混频晶体输出的三倍频平均通量密度大于 2 J/cm² 为 26 发,大于 2.5 J/cm² 为 21 发,发次数量为第一轮考核实验的两倍。三倍频激光输出最高通量为 3.71 J/cm²,三倍频激光转换效率最高为 66.4%,与第一轮测试水平相当。终端损耗共进行了 8 发测试,靶场基频导光反射镜损耗为 8.7%(实验前)和 10.3%(实验后期元件损伤),终端损耗为 14.1%(实验前)和 26%(实验后期有极少数元件损坏后)。同时实验过程监测到,从第 45 发开始,倍频效率突然下降了近 8%。实验后分析发现,主要是由于第九路系统预放器件状态发生变化,导致隔离能力下降。

实验结束后,项目组把终端光学组件从 X 射线靶室上拆卸,对元件破坏情况和原因进行了详细分析。CPP 基板、平板窗口和倍频晶体均未出现破坏;混频晶体、楔形镜和聚焦透镜均未出现严重的点状破坏、线状划痕和大块剥离等现象。本轮实验还解决了前轮实验中出现的气溶胶导致破坏的问题。实验中 BSG(光束取样光栅)为终端中所有元件损伤最严重的,主要集中在出射面,即刻蚀面。有较多的 φ1 mm 左右损伤点,以及两道 50 和 10 mm 加工过程遗留的长划痕。DDS(次防溅射板)在基频能量 4 000 J 以上运行 10 发左右就出现较严重损伤,主要表现为明显的坑点、划痕疵病和晶体加工条纹痕迹。

此外,所有光学元件膜层表面均出现激光光束口径痕迹和近场衍射环痕迹,并且前部元件的损伤点或前表面损伤点与后部元件损伤点或后表面损伤点相对应。

对实验结果进行分析后,项目组认为 FOA 的改进已经取得了显著效果。

4. 高能拍瓦激光装置集成演示实验

经过两个多月的精心调试,2011 年 7 月 9 日,高能拍瓦激光装置完成了第一阶段拍瓦激光系统的集成演示联机实验,装置排布如图 3-26 所示。

课题组使用非拼接国产光栅进行了

图 3-26　拍瓦激光装置排布图

联机实验,结果如图 3 - 27 所示,实现了口径为 290 mm×105 mm 椭圆光束 380 J／5 ps 和 370 J／8 ps 压缩脉冲输出,其他详细结果见表 3 - 1,装置能量输出稳定性优于 1％。实验分析结果表明,总体实验数据与物理设计中有关能流、光谱传输和色散控制的理论分析结果相吻合。

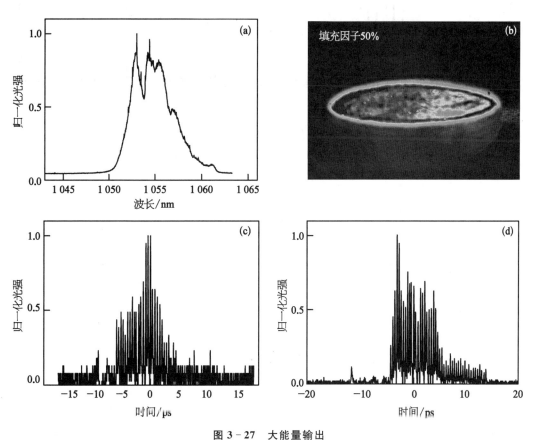

图 3 - 27　大能量输出

(a) 压缩前光谱;(b) 近场;(c) 压缩脉冲 5 ps;(d) 8 ps 自相关曲线。

表 3 - 1　大能量压缩脉冲输出实验结果

发　次	脉宽 /ps	输出能量 /J	发　次	脉宽 /ps	输出能量 /J
1	5	90	5	7	200
2	5	380	6	7.5	295
3	6.5	110	7	8	370
4	8	180			

在啁啾脉冲压缩过程中,通过精细调节装置前端色散压缩器,获得了装置终端主压缩器输出近转换极限的 500 fs 压缩脉冲,如图 3 - 28(b)所示。

饱和增益放大输出能量 85 mJ、稳定性 1％(RMS)的光参量啁啾脉冲放大(optical

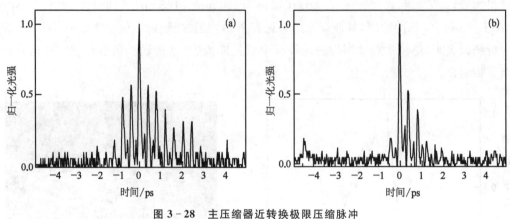

图3-28 主压缩器近转换极限压缩脉冲

(a) 1 ps 压缩脉冲；(b) 近压缩极限 500 fs 脉冲。

parametric chirped amplification，OPCPA)单元作为整个装置的注入种子,在此次长达两个多月的联机调试过程中均保持了较好的工作状态,如图3-29所示。

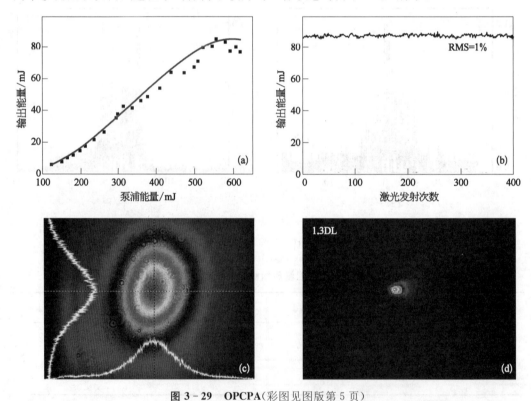

图3-29 OPCPA(彩图见图版第5页)

(a) 能量转换效率曲线；(b) 输出稳定性曲线；(c) 近场；(d) 远场。

由于 OPCPA 单元 1%(RMS)输出稳定性较好,装置在集成联机调试过程中也显示出 1%(RMS)的能量可控性好,见表3-2,有利于装置安全运行和投入精密物理实验。

表 3-2　装置压缩前输出能量稳定性实验数据

输出估算/J	实际输出/J	偏　　差	平均偏差
300	301.49	0.5%	
580	572.9	1.2%	0.69%
620	617.66	0.38%	

5. 神光Ⅱ第九路首次利用短脉冲进行物理诊断实验

2011 年 9 月,神光Ⅱ第九路首次利用其输出的 30 ps 脉宽激光开展物理诊断实验,获得成功。采用种子光注入短脉冲后,多级扩束放大的方式获得最终输出能量。此种方式必须避免激光装置中光学器件因功率密度过高而导致的破坏,因此对激光装置的运行控制能力提出较高要求。此次实验中,激光放大链路中最高平均功率密度 2.8 GW/cm²,峰值功率密度接近 5 GW/cm²。这是国内同类装置首次输出 30 ps 的脉冲激光开展运行打靶实验。该实验的成功完成,标志着神光Ⅱ装置的输出性能有了进一步的提升,同时也拓展了神光Ⅱ装置的功能和实验能力。

利用高能激光装置开展天体物理实验研究是近年来国际上的研究热点,也是当前在实验室研究天体物理的重要方法。在测量较低等离子体密度时采用诺马斯基干涉法,其研究水平和实验精度取决于输出激光的脉宽。激光等离子体产生后,向外膨胀,其中心区域密度梯度大,因此条纹变化剧烈;而在较外部区域,条纹变化相对较缓。

在以往的实验中,当采用脉宽为 150 ps 探针光时,研究人员发现在激光和等离子体相互作用的中心区看不到干涉条纹;用脉宽 100 ps 的探针光来测量其密度,那么在 100 ps 的时间内,由于中心区密度空间变化很快,稍微膨胀就会导致在同一探针光期间形成的干涉条纹交错重叠,不能分辨。为了精确而清楚地测量等离子体密度,用户提出利用更短脉宽的探针光来采集干涉条纹,以提升诊断能力和分辨率。装置运行人员完成前端系统的技术改进,并与物理专业人员密切配合,优化装置运行方式,实现 30 ps 脉宽探针光的稳定输出。实验结果显示,干涉图能够记录的中心区的密度变化时间减小到原来的 1/6 时,因为探针光过长而导致的干涉条纹交叠大大减少,得到了更高密度区域的干涉信号,用户获得满意的实验结果,实现了预期目标。

6. 神光Ⅱ装置第九路首次开展光谱色散匀滑联机实验

2011 年 3 月,联合室在多年开展光谱色散匀滑(smoothing by spectral dispersion,SSD)研究的基础上,首次在神光Ⅱ装置上利用第九路进行了大能量联机实验,获得了较好的物理实验结果。

靶面光强均匀辐照是 ICF 的必要条件,它能够有效抑制 ICF 实验中的多种流体力学不稳定性,从而降低靶耦合过程中的能量损耗。靶面均匀辐照控制的核心是对各叠加子波束作去相干处理,以消除干涉散斑。实现这一目的的诸多技术手段统称为 SSD 技术。联合室的科研人员在国家高技术研究发展计划(863 计划)和国家惯性约束专项资助下,开展了相关课题的研究。

本次实验采用谱色散技术,分别结合空域的透镜列阵(lens array,LA)、连续位相板(continuous phase plate,CPP)及分布式位相板(distributed phase plate,DPP),进行了29 发次大能量打靶实验,激光最高输出能量为 1 997 J/1ω。实验利用电荷耦合器件(charge coupled device,CCD)对焦斑进行了直接测量,如图 3-30 所示。分析结果显示,SSD 技术的应用能够有效降低焦斑的不均匀性,其中,结合 LA 应用时的焦斑不均匀性(RMS)由 66.6% 下降至 19.6%,与 DPP 结合使用后,该值由 60.9% 下降到 22.4%,验证了 SSD 技术在焦斑匀滑中的重要意义。SSD 技术并且在大能量输出实验中,有效解决了高功率激光系统传输放大中的 FM-AM 效应。

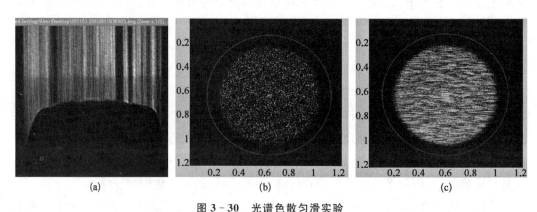

图 3-30　光谱色散匀滑实验

(a) SSD+DPP 冲击波实验测试图;(b) 采用 DPP 获得的焦斑直接测试图;(c) 采用 SSD+DPP 获得的焦斑直接测试图。

SSD 技术在高功率激光系统大能量打靶中的应用,标志着我国高功率激光装置在焦斑控制上有了突破性的进展,为 SSD 技术实现常态化打靶奠定了坚实的基础。

7.“神光Ⅱ多功能高能激光系统”建成并获奖

神光Ⅱ多功能高能激光系统(简称第九路)于 2002 年立项。在第九路的研制过程中,研究团队突破了多项激光技术的物理极限,在多方面取得创新成果。第九路是目前我国唯一可为物理实验提供探针光的高能激光装置,是继美国之后,国际上第二个成功研制的多功能探针光。第九路单独或与神光Ⅱ高功率激光系统组合,开展了各类精密物理实验,为我国国防事业作出了重要贡献,是基础物理研究不可或缺的具有国际影响力的实验平台。

第九路的建成不仅满足了我国惯性约束聚变研究不断发展的需求,也大大促进了我国高功率激光技术的发展,为我国在未来建造更大规模的高功率激光器积累了有益的经验。同时,通过神光系列装置的研制也培养了一支瞄准国际先进水准、具有更强自主创新能力的研制团队。

8.高能皮秒拍瓦激光系统获得千焦能量输出

神光综合实验平台中的高能拍瓦激光系统,应用国产最大口径介质膜压缩光栅

(1 025 mm×350 mm),于 2016 年 7 月完成了全口径脉冲压缩器的实验,分别实现了 1 035 J(8 ps)和 970 J(1.7 ps)千焦级皮秒高能短脉冲输出。这一结果标志着我国高能拍瓦激光系统输出能力已跨入千焦水平。

相关研究单位在此次物理实验中获得了比没有高能拍瓦激光注入时高 200 倍的中子产额输出,超过了在美国 OMEGA EP 装置上所取得的以直接驱动方式所获得 4 倍增加的国际最高水平。此实验取得了我国在"快点火"实验研究上具有里程碑意义的研究结果,有力支持了国家重点研发专项。

迄今为止,系统已成功为物理实验提供了 200 多发次的运行输出,这充分证明高能拍瓦激光系统已完全具备了皮秒及亚皮秒超短脉冲物理实验的打靶运行能力,打靶照相如图 3-31 所示。神光驱动器升级装置高能拍瓦激光系统已为我国高能量密度物理研究提供了一个与世界先进水平相媲美的激光驱动器平台。

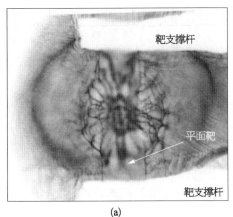 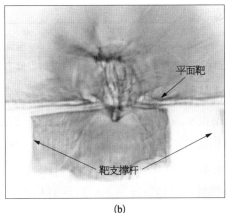

图 3-31 平面靶成像结果

(a) 平面靶正向(face on)照相;(b) 平面靶侧向(side on)照相。

9. A 构型验证系统完成深度饱和放大情况下的综合集成验证与考核

由装置自主研制的 A 构型(大口径隔离组件的多程放大激光驱动构型)验证系统,在一套光学元件不换的前提下,开展了 100 发次输出性能考核,实现了最高通量 19.4 J/cm², 最高功率密度 5.6 GW/cm², 最大能量 17 684 J 的输出。首次获得了国内 A 构型的基频输出能力曲线(见图 3-32),研究并掌握了在深度饱和放大情况下激光驱动器的相关科学与工程技术。

从 A 构型验证系统在上述验证过程中表现出的系统特点和验证输出结果来看,其已具备较高的输出能力、较好的光束质量控制能力和较好的时间波形控制能力。

A 构型验证系统在与美国 NIF 等通量、等功率密度输出的前提下,进一步开展了光束质量控制、时间波形精密控制、基频负载能力考核、装置稳定性和可控性研究等相关工作,各项指标均达到了较高的水平。

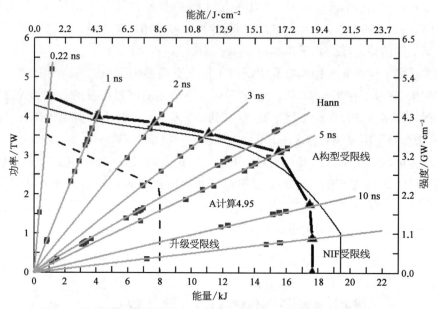

图 3－32　A 构型输出能力和美国 NIF 装置的比较结果

10. 新型激光光束光场在线测量仪的研制

2016 年,刘诚研究员和朱健强研究员团队完成的"新型激光光束光场在线测量仪研制"项目在首届中国军民两用技术创新应用大赛上获得金奖。

新型激光光束光场在线测量仪是在结构和原理上不同于任何现有测量装置的全新设备,具有完全的自主知识产权。它以波前分束编码成像为基本技术,实现激光束特性的快速测量,具有体积小和精度高的特点,体现出传统干涉测量方法所无法实现的优点,极大地拓展了光测领域的技术路线。

测量仪具有多种不同的使用功能,包括用于测量高度不规整大口径光学元件面形、元件在重力和装校应力作用下所导致的变形、温度变化导致的激光光学参数变化等,在国防工程和民用领域有着广泛的应用前景,并打破了发达国家在大型光学精密测量仪器领域的技术垄断。

11. 神光 Ⅱ 皮秒拍瓦激光装置突破性进展

2017 年 12 月,神光 Ⅱ 皮秒拍瓦激光装置取得了突破性进展。在上海光机所、中物院激光聚变研究中心联合进行的激光质子加速物理实验中,获得了超过 50 MeV 的质子能量。

作为神光 Ⅱ 多功能激光综合平台的重要组成部分,神光 Ⅱ 皮秒拍瓦激光装置是国内首个服务于惯性约束聚变物理研究的高能皮秒拍瓦激光系统。它所具备的国际先进的激光输出性能和精准的打靶技术,将推动我国的激光核聚变快点火、实验室天体物理、激光核物理和核医学等前沿基础研究。

在激光质子加速物理实验中,研究人员采用 400 J／1 ps 的激光轰击 10 μm 厚的靶,获得了超过 50 MeV 的质子能量,靶前超热电子温度达到 5.15 MeV。这一物理实验结果表明神光 Ⅱ 皮秒拍瓦激光装置的靶面峰值功率密度超过 10^{20} W／cm^2,综合性能达到了国际先进水平。

§3.5　中韩合作

在上述领域,中韩两国前期在中国科技部等国家部门的支持下已开展了多个项目的合作,建立了良好的学术交流与合作机制。2012 年,中韩双方开展惯性约束聚变能源先期关键技术合作研究。2012 年 4 月,中韩两国科技部部长亲临上海光机所,为中韩高能量密度物理联合研究中心举行揭牌仪式(见图 3 - 33),并参观了神光 Ⅱ 激光装置。中韩双方认为,实验中第九路提供的探针光功能发挥了重要作用,实验中测到明显的等离子体,获得预期结果,并在国际知名期刊发表。

图 3 - 33　中韩高能量密度物理联合研究中心揭牌仪式合影

§3.6　NLF 项目

"中以高功率激光技术项目"(简称 NLF 项目)是以色列 SOREQ 原子能研究中心委托上海光机所承担研制的高功率激光放大装置。中以双方的成功合作,基于上海光机所和联合室在高功率激光领域的长期积累与国际影响。联合室在与以色列研制装置的合作基础上,开拓了更广泛的科学研究渠道。NLF 项目于 2009 年 12 月正式签订合同(见

图 3-34），2011 年 5 月正式启动，2012 年顺利完成工程概念初设和详细工程设计，2013 年如期进入工程实施阶段，并于 2016 年完成在以色列整机验收。合同总研制费用达 4 200 万美元，实现我国最大单笔高新技术出口。

图 3-34　联合室与以色列签订合作协议

NLF 项目的有效实施是我国高技术发展的必然结果，标志着我国在某些高技术领域已经走在国际前沿。项目的实施也将进一步提升我国自主研发能力，打造一支具备国际一流管理理念的工程技术队伍，为后续积极参与高功率激光领域日趋广泛的国际合作奠定基础。本项目先后得到中国科技部、中科院和上海市科委等部门的国际科技合作项目大力支持，为项目的先期启动以及国际合作渠道的建立起到了重要推动作用。国际科技合作项目名为"中以高功率激光技术国际合作研究"，资助金额为 442 万元，用于引进我国急需的关键设备，为高功率激光系统的研制和性能提升提供高性能器件，提升我国高功率激光的总体水平和单元技术水平。

参考文献

［1］　郑万国，魏晓峰，朱启华，等.神光-Ⅲ主机装置成功实现 60 TW/180 kJ 三倍频激光输出［J］.强激光与粒子束，2016，28(1)：28019901.

［2］　黄秀光，傅思祖，吴江，等."神光-Ⅱ"装置倍频激光直接驱动冲击波平面性的实验研究［J］.强激光与粒子束，2006，18(5)：811-814.

［3］　谷渝秋，张锋，单连强，等.神光Ⅱ升级装置锥壳靶间接驱动快点火集成实验［J］.强激光与粒子束，2015，27(11)：110101.doi：10.11884/HPLPB201527.110101.

［4］　陈伯伦，杨正华，韦敏习，等.神光Ⅱ激光装置 X 射线高分辨单色成像技术［J］.强激光与粒子束，2013，25(12)：3119-3122.

［5］　王伟，方智恒，贾果，等.神光Ⅱ装置直接驱动柱形靶压缩［J］.强激光与粒子束，2013，25(9)：

2303 - 2306.

［ 6 ］　缪文勇,袁永腾,丁永坤,等.神光 II 装置上辐射驱动瑞利-泰勒不稳定性实验[J].强激光与粒子束,2015,27(3)：141 - 150.

［ 7 ］　滕建,洪伟,贺书凯,等.神光 II 升级装置激光加速质子照相初步实验研究[J].强激光与粒子束,2017,29(9)：092001.doi：10.11884/ HPLPB201729.170126.

［ 8 ］　Yuan D，Li Y，Liu M，et al. Formation and evolution of a pair of collisionless shocks in counter-streaming flows[J]. Scientific Reports，2017，7：42915. 10. 1038/ srep42915.

［ 9 ］　Li Y F，Li Y T，Wang W M，et al. Laboratory study on disconnection events in comets[J]. Scientific Reports，2018，8(1)：463. 10. 1038.

第二篇

神光 Ⅱ 单元技术

第4章

神光Ⅱ多功能注入分系统

§4.1 注入分系统的功能和总述

ICF 研究领域是目前国际上的重大前沿科研领域,对国防科技和未来能源开发都有着重要的科学意义和应用价值,是当前世界各大国重点关注的战略领域。

在 ICF 研究的平台中,驱动器是领跑者,是高能密度物理研究与国防应用的前沿研究领域。用于 ICF 研究的驱动器主要有三种:激光束驱动器、电子束驱动器和离子束驱动器。激光核聚变是 ICF 研究中最为活跃的领域,激光驱动器的发展水平是 ICF 研究的重要标志和核心能力。

实现高效可控的激光聚变需要对激光参数加以精确控制,参数分别是激光总能量、激光脉冲的时间-功率曲线控制、精确的脉冲同步特性、束间功率平衡、焦斑形态与均匀性,以及瞄靶精度。

为实现对 ICF 驱动器的终端输出激光特性的精确管控,目前世界上的聚变级激光驱动器均采用主振-功放结构(master oscillator power amplifier, MOPA)。该结构的工作机理是利用激光的受激发射特性,首先产生一组激光特性独立精密可控的种子脉冲,再经过一系列的大能量放大器,实现能量规模的放大,最终实现各种激光特性可控的高能量、高品质的激光脉冲输出。

典型的高功率激光装置(如图 4-1 所示)主驱动链,由前端系统、预放系统、主放系统、靶场系统、测量系统、集总控制系统等多个分系统组成。其中,前端和预放系统(统称为激光注入分系统)作为装置的源头,其作用就是产生各项特性独立可控的高品质激光种子脉冲。

在神光Ⅱ系列装置中,前端系统有四大功能:一是为装置提供功能相应、精确同步以及满足各种需求的多档种子脉冲;二是对光束特性实现全域独立调控,包括时域、空域、频域、偏振、信噪比等;三是具有系统运行检测和异常反馈控制的能力;四是为物理实验的相关测量提供光时标、电时标以及其他各种实验设备用的触发信号。预放系统有三大功能:一是脉冲能量预放大功能——实现整形脉冲的焦耳级能量预放大;二是光束或脉

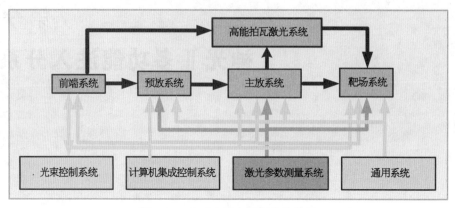

图 4 - 1　高功率激光装置总体构图

冲控制与补偿功能——实现光束近场分布的主动控制与补偿;三是装置服务功能——为后续系统光路自动准直、波前校正、系统运行监测提供具备重复频率的有一定能量的激光脉冲。

§4.2　国外前端预放系统进展

4.2.1　国外前端系统进展

目前比较有代表性的高功率激光装置主要有美国的 NIF 装置和法国的 LMJ 装置。

图 4 - 2 为 NIF 装置前端结构图。整个 NIF 装置包括 192 路激光[1],共有 4 套前端种子源为整个装置提供高质量的种子光。图中所示为单套前端种子系统的结构,单纵模连续激光输出功率 10 mW,经过声光调制器(acousto-optic modulator,AOM)后,连续激光被调制为脉冲宽度在百纳秒的方波脉冲,之后经过光纤放大器(amplifier - A,AMP - A)入射相位调制器(phase modulator),相位调制器对激光脉冲进行光谱展宽,实现抑制受激布里渊散射(stimulated Brillouin scattering,SBS)以及实现 SSD 效果。由于在高功率激光系统中存在激光脉冲光谱未充分展宽情况下被放大后,损伤后续大口径光学元件的风险,因而在前端系统中需要加入光谱展宽监测单元与失效保护控制单元。如图 4 - 2 所示,经过光谱展宽后的激光脉冲,分束后被进一步放大,之后利用光栅来检测激光脉冲光谱是否达到要求,如果没有达到要求,就需要控制后续光开关(optical gate)对激光脉冲进行关断,以保护后续激光装置。经过相位调制器的激光脉冲进入幅频调制补偿(FM-to-AM compensation)单元,对装置中幅频调制进行补偿,之后经过多级放大器,再经过色散补偿(dispersion compensation)单元,对系统中群色散进行补偿。此后,激光脉冲分束为 48 路激光,每一路均由一套振幅调制器与任意波形发生器对激光脉冲时间波形进行整形。2016 年报道,在 NIF 装置中,为了降低偏振模色散所带来的幅频调制,前端系统的传输光纤采用了单偏振传输光纤,而光纤放大器中的增益光纤也采用了单偏

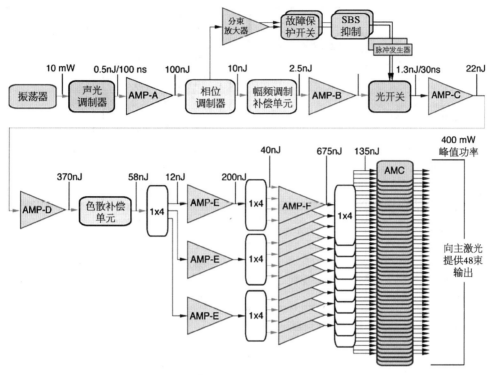

图 4-2　NIF 装置前端系统结构图[1]

图中 AMP-A、B、C、D、E、F 均为光纤放大器。

振掺 Yb+ 光纤[2]。

　　为了提高前端系统的稳定性,LMJ 装置前端系统采用了另外一种方案,其结构如图 4-3 所示。

　　LMJ 装置前端系统采用保偏光纤结构,可用来解决普通单模光纤前端系统中偏振不稳定的问题[3]。在未改进之前,该保偏前端系统采用电光调制器对连续单纵模激光进行抑制 SBS 的光谱展宽和 100 ns 的时间削波。之后,通过光纤放大器将 100 ns 宽的激光脉冲放大到 2 W,再使其经过位相调制器进行光谱展宽,用以配合谱色散匀滑技术,同时具备谱展宽诊断能力(该诊断仅用于抑制 SBS 的光谱展宽诊断)。此后,激光脉冲通过一系列的光纤放大器进行分束放大,并利用振幅调制器和任意电脉冲放大器对其进行时间整形,最后激光脉冲通过光纤放大后进入预放系统。为了进一步提升系统的信噪比,同时简化系统结构,LMJ 保偏前端系统首先将单纵模连续激光放大到瓦量级,之后再通过声光调制器对连续瓦量级激光进行脉冲整形。采用对连续光进行放大的方式,可以提升系统注入连续激光功率,进而减少后续光纤放大器的数目。同时,由于声光调制器的损伤阈值显著高于振幅调制器,而且声光调制器信噪比可以达到 60 dB,因此改进之后的保偏前端系统结构更为简单,并可以显著提升输出脉冲的信噪比。但是,保偏前

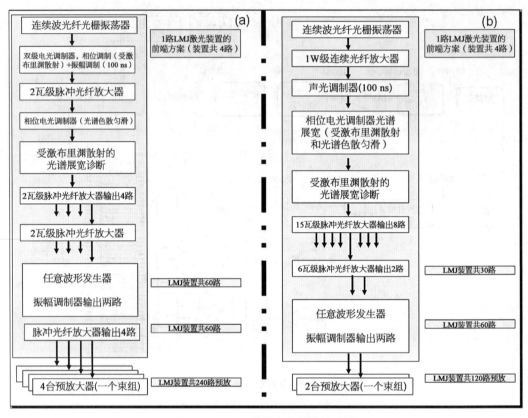

图 4-3 LMJ 装置全保偏前端系统

(a) 未改进前结构;(b) 改进后结构[3]。

端系统在幅频调制的抑制方面存在问题。

4.2.2 国外预放系统进展

1. NIF 预放系统现状

预放系统通常采用多程放大结构,并在光路中使用像传递。例如,NIF 的预放系统中使用了两级放大器——激光二极管(laser diode, LD)泵浦再生放大器和氙灯泵浦的四程放大器,并在两级放大器之间加入了光束整形模块(beam shaping module, BSM),用于精确控制注入光近场光强分布、预补偿主放系统中的泵浦不均匀性。预放系统的光路如图 4-4 和图 4-5[4]所示。

NIF 预放系统的净增益约 10^{10} 倍,输出能量 10 J。来自前端系统的种子光首先注入再生放大器,输出能量为 25 mJ 的高斯光束;然后进入光束整形模块,被整形为口径 16 mm × 16 mm 的方形光斑;最后,方形光束注入四程放大器中,最终输出能量为 10 J。在激光放大方面,NIF 的预放系统主要涉及三项技术:再生放大技术、光束整形技术和四程放大技术[5,6]。

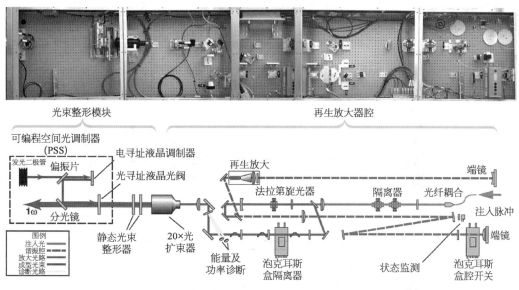

图 4 - 4　NIF 预放系统光路图(再生放大器和光束整形模块)[5]

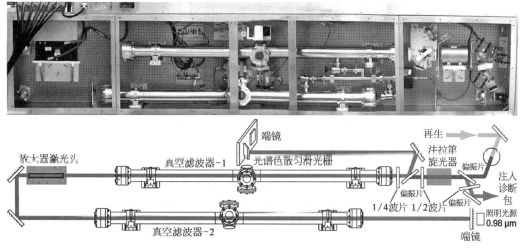

图 4 - 5　NIF 预放系统光路图(四程放大器)[5]

再生放大技术主要包括谐振腔设计技术和增益带宽补偿技术。NIF 再生放大器的谐振腔[见图 4 - 6(a)]有着特殊设计,设计原则主要有四点:谐振腔横模的束腰尺寸对激光棒的热效应、光学元件的面形加工误差等因素不敏感;谐振腔的衍射损耗对腔镜的失调不敏感,即激光棒处模式横移对腔镜失调不敏感;激光棒处的光束口径足够大,能够有效提取能量;避免在激光束的束腰附近出现光学元件,增加光学元件抵御损伤的能力[7-12]。钕玻璃具有较宽的发射带宽(半高全宽约为 20 nm),但再生放大器中光束的放大程数达到了 116 圈,再生放大器有效放大的光谱范围约为 0.2～0.3 nm(输出能量降低

90％）；在高功率激光系统中，为了抑制大口径光学元件中横向受激布里渊散射（SBS）造成的损伤，前端系统需要对单纵模的种子光进行光谱展宽，因此再生放大器需要具有较宽的增益谱。增益带宽补偿技术是指在再生放大器中插入损耗色散元件，在较宽的光谱范围内实现均匀放大。NIF 的再生放大器中插入双折射的石英晶体，实现较宽光谱范围内（约 2 nm）的均匀放大[5]。

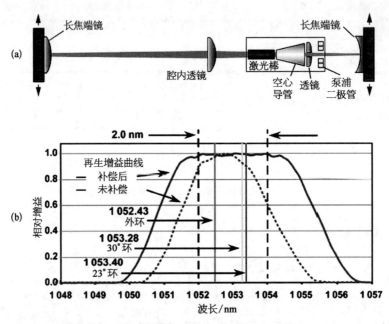

图 4 - 6　NIF 装置的再生放大器及实验结果

（a）再生放大器的谐振腔腔形；（b）增益带宽补偿效果[5]。

　　光束整形模块包含三个主要部件：锯齿光阑、静态透过率板和光寻址液晶光阀。锯齿光阑的主要作用是从扩束后的高斯光束中间选取光强均匀分布的部分作为种子光，呈锯齿状的边缘可以降低衍射效应所产生的光强调制，锯齿光阑为激光链路的初始像面，如图 4 - 7(a)[13]。静态透过率板通过改变板上挡光点密度的分布来控制板的透过率分布，从而对入射光的强度进行控制，预补偿主放大器的增益不均匀性，如图 4 - 7(b)。高功率激光器中光学元件在高能激光脉冲的照射下，会产生初始损伤点；当光学元件的损伤点较小、较少时，系统仍可以正常运行，但如果不及时采取措施，初始较小的损伤点在强激光辐照下会迅速生长，并在光路下游产生新的损伤点。光寻址液晶光阀的作用是对注入光的光强分布进行实时控制。当光学元件某处产生损伤点时，通过光液晶光阀将损伤点对应位置的透过率降低，对损伤点进行预屏蔽，达到保护光学元件的目的，如图 4 - 7(c)[2]。为降低衍射效应的影响，静态透过率板和光寻址液晶光阀都紧邻锯齿光阑放置[5]。

　　四程放大器的光路如图 4 - 5 所示。四程放大技术包括自激振荡抑制、笔形光束规避

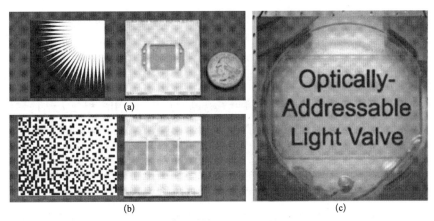

图 4－7　光束整形器件

(a) 锯齿光阑；(b) 静态透过率板；(c) 光寻址液晶光阀[2]。

以及离轴四程放大等。四程放大器的主要功能是将注入的数毫焦激光放大到约 10 J。NIF 的四程放大器使用氙灯泵浦，放大器设计为单发工作模式，平均间隔为 12 min，脉冲间的能量稳定性在 3%，近场对比度约 5%，满足了预放系统的设计要求[5]。

2. 预放系统发展趋势

作为世界上规模最大的高功率激光驱动装置，NIF 引领了 ICF 高功率激光驱动器的发展潮流，世界上其他的高功率激光驱动器的预放系统一般都借鉴了 NIF 的设计思路。例如，法国 LMJ 系统的预放系统和上海光机所彭宇杰、王江峰等研制的焦耳级预放系统等都采用了类似结构，并具有类似的输出性能[14,15]。

随着 ICF 高功率激光驱动技术的发展，下一代高功率激光驱动器需要具有更大的输出能量、更高的工作频率，预放系统也要相应地提高工作频率（5～10 Hz）[16,17]。当前预放系统的发次间隔约为 12 min，增益介质中的热效应可以忽略不计。当工作频率提高到约 1 Hz 量级时，系统中的热效应会明显增加，并对光束质量产生显著影响。面对严重的热效应，研究人员探索使用新的增益介质材料和散热方式来减小热效应对激光放大器的影响。

劳伦斯利弗莫尔国家实验室（Lawrence Livermore National Laboratory，LLNL）的 Mercury 装置，使用 Yb：S－FAP 晶体代替钕玻璃作为增益介质，Yb：S－FAP 晶体具有更高的热导率、负的温度折射率系数，有助于减小热致波前畸变；使用高速氦气冷却片状放大器（如图 4－8 所示）代替侧面冷却棒状放大器，与侧面冷却相比，端面冷

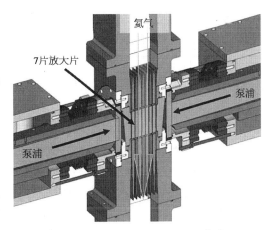

图 4－8　高速气冷片状放大器[18]

却温度梯度沿光束传输方向,进一步减小了热效应;使用 LD 端面泵浦代替氙灯泵浦,减小增益介质中的热源;预放系统使用了基于电光开关的多程放大技术,种子光在放大器中放大 8 圈,获得相同增益时减小了系统对泵浦的需求,最终实现了单脉冲能量 61 J、重复频率 10 Hz 的激光输出[18,19]。

日本的 HALNA 装置混合使用了多种增益介质,并结合使用多程放大结构和板条放大器。第一级放大器使用 LD 泵浦的棒状 Nd∶YLF 作为激光增益介质,Nd∶YLF 是强双折射晶体,可以减小热致双折射对光束质量的影响。与钕玻璃相比,Nd∶YLF 具有更大的发射截面,在预放阶段获取相同的增益对泵浦量的需求更小;放大器使用基于电光开关的多程放大结构,增加放大器的提取效率。第二级放大器使用 LD 泵浦的钕玻璃板条作为增益介质;放大器使用基于角度复用的多程放大结构,并配合使用相位共轭镜补偿热效应产生的波前畸变,最终实现了重复频率 10 Hz、单脉冲能量 21.3 J 的激光输出[20-23]。

从上述装置可以看出,高功率激光驱动器已向更高重复频率的方向发展。面对系统中严重的热效应,通常采取以下措施:① 使用新型激光增益介质,增加增益介质热导率;② 使用 LD 泵浦替代氙灯泵浦,减小增益介质中的热源;③ 使用多程或甚多程放大结构,增加系统的提取效率;④ 使用新型散热方式,增加散热能力,例如端面冷却、片状放大器、板条放大器等;⑤ 使用主动补偿技术,对热效应进行补偿。

§4.3 神光Ⅱ装置前端预放系统的发展历程

4.3.1 第一代前端预放系统

在高功率激光装置建设之初,种子源攻关的重点是获得光滑的时间包络,避免由跳模引起激光脉冲峰值激光输出及其对光学元件带来的损伤。基于固体激光技术的前端系统攻关重点集中在时间域:时间包络匀滑的整形脉冲和各档脉冲的精确同步。

神光装置在 20 世纪 90 年代就采用了 LD 泵浦单纵模激光器和光触发的同步技术,所包含的四个技术难题是:单纵模种子源的发生技术;短脉冲种子源发生技术;长短脉冲的同步技术;时间脉冲整形技术。

神光装置在 20 世纪 80、90 年代成功地研制了准连续预激光调 Q 和脉冲预激光调 Q Nd∶YAG 和 Nd∶YLF 单纵模振荡器,首次解决了调 Q 单纵模振荡器腔长控制的物理和技术问题,实现了长时间稳定的单纵模运转,并应用于大型高功率激光聚变系统[24]。采用高压电脉冲经过微带传输线后所形成的整形电脉冲驱动泡克耳斯盒(Pockels cell,即电光开关),实现了激光脉冲的时间整形[25]。采用 Nd∶YAG 被动锁模技术实现了短脉冲发生技术[26],并利用砷化镓(GaAs)光电导开关电阻随照射光强的增加而线性减少的特性,首次研制成高灵敏度、超快激光正反馈回路,并在此基础上实现了 Nd∶YAG 激光的锁模、自动跟踪选单纵模、调 Q 和两台激光器的输出同步,同步精度达到纳秒级[27]。

上述工作作为神光Ⅰ和神光Ⅱ装置的成功运行起到关键作用。

4.3.2　第二代前端预放系统

随着通信技术的发展,神光装置在国内率先开展了基于集成波导前端系统的研制攻关[28,29],完成了神光Ⅱ系列装置第一代前端种子源工程样机的研制工作,集成了单纵模光纤激光器[30,31]、光纤放大器等,发展了基于高速集成波导调制器的时间整形[32]等前沿技术,系统指标与性能全面满足工程设计的需求,并采用短脉冲触发结合硅光电导开关技术,实现了多档脉冲的高精度同步输出[33,34]。

第二代前端预放系统如图 4-9 所示,仅实现神光Ⅱ纳秒和第九路的同步运行模式。其中,第九路可以提供各种注入方式,激光波长(基频光、二倍频光、三倍频光)和脉冲宽度及各种焦斑形式,为物理实验提供作为背景光源和探测光源的激光。此时,前端系统包含 2 路长脉冲整形激光(120 ps~3 ns)和 1 路短脉冲(30 ps/80 ps)激光。1 路长脉冲整形激光经过后续预放之后,分为 8 路,进入后续主放系统;另外 1 路长脉冲整形激光和短脉冲激光将根据物理实验需求,输入第九路中作为背景光源和探测光源。长短脉冲之间采用短脉冲光触发的方式,实现长短脉冲之间的精确同步。

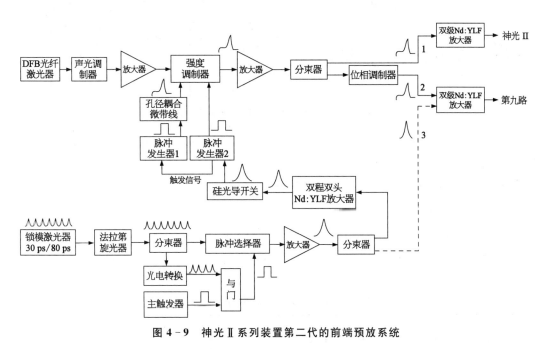

图 4-9　神光Ⅱ系列装置第二代的前端预放系统

4.3.3　神光Ⅱ装置前端预放系统

随着高功率激光驱动器的发展以及物理实验对激光控制技术的进一步需求,近几年来,神光Ⅱ装置前端系统(见图 4-10)在光谱控制技术、近场控制技术、高稳定预放系统技术、时间-功率曲线的精确控制技术、同步技术等相关控制技术方面,取得了一定进展。

在这些技术进展的基础上,新一代神光Ⅱ装置前端系统已经形成了具备光谱控制、

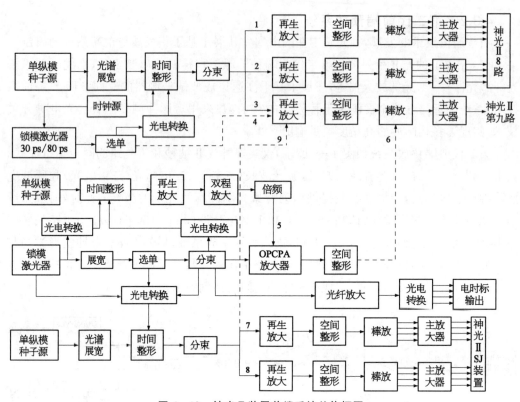

图 4-10 神光Ⅱ装置前端系统总体框图

时间-功率曲线的精确控制、近场控制、能量稳定性控制的多档脉冲高精度同步的前端系统。

当前的神光Ⅱ系列装置包括 2 个具备 8 路输出的束组和 1 路第九路激光输出,其中第九路光束作为诊断光束,可以根据物理实验需求,输出整形脉冲和皮秒脉冲,作为高能拍瓦激光或者诊断光源。

有关神光Ⅱ装置前端系统所输出的信号具体参见 67 页有关内容。

神光Ⅱ装置前端预放系统与当前国外同类研究、同类关键技术的综合比较如表 4-1 所示。

表 4-1(a)　间接驱动参数对比[2,29,50]

单 元 技 术	技 术 参 数	装 置	
		NIF	神光Ⅱ
时间波形控制技术	对比度	大于 275 : 1	大于 500 : 1
	波形精度	±3%(任意 2 ns 范围)	±3%(每 120 ps)
	上升沿(ps)	150	100
	波形稳定性		1%(RMS)
	脉冲宽度(ns)	23	0.12~30

（续表）

单 元 技 术		技 术 参 数	装　　置	
			NIF	神光 Ⅱ
近场控制技术	静态近场控制技术	分辨率（$\mu m \times \mu m$）	12×12	24×24
		损伤阈值（J/cm^2）	$\times 10^{-1}$	15(5 ns)
	动态近场控制技术	通光口径（mm×mm）	22×34（光斑 18×18）	22×22
		透过率	90%	90%
		波前畸变	0.5λ	λ
高增益预放技术		输出能量（mJ）	16	＞10
		能量稳定性	0.5%	0.3%
离轴四通放大器		输出能量（J）	6(2010 年)	10
		能量稳定性	1%（RMS）	2%（RMS）
光谱控制			具有光谱闭环反馈控制能力	具有光谱闭环控制能力

表 4 - 1（b）　直接驱动参数对比[35-37]

单 元 技 术	技 术 参 数	装　　置			
		OMEGA		神光 Ⅱ	
同步控制	同步精度（ps）	10（RMS）		3（RMS），20（PV）	
体位相调制技术	工作频率（GHz）	3.3	10.412	3.25	10.3
	通光孔径（mm×mm）	5×6	3×2	5×5	3×2
	调制带宽（nm/kW）	0.15/3.5	1.1/300	0.12/1	0.67/300

由表 4-1 可见，神光 Ⅱ 装置前端预放系统的全域光束控制能力达到了国际先进水平，可有效支撑聚变级驱动装置的激光物理参数的调控能力。

§4.4　神光 Ⅱ 装置前端系统功能和技术指标

4.4.1　神光 Ⅱ 装置前端系统功能概述

神光 Ⅱ 装置要求前端系统能提供不同脉冲宽度的优质激光种子脉冲，分别是纳秒种子脉冲、100 ps 种子脉冲、超短脉冲。

其中,要求纳秒种子脉冲应具有脉冲时间形状可控、空间强度分布和脉冲光谱宽度可控、输出能量稳定的特点,以满足高通量输出和不同物理实验的需求;并要求超短脉冲与主激光脉冲具有 10 ps(RMS)的同步能力。

4.4.2　神光Ⅱ装置前端系统主要技术指标

根据上述功能需求,在前端系统中输出三大类第九路种子激光,工作波长均为 1053 nm;OPCPA 的泵浦激光工作波长为 1064 nm,倍频输出波长 532 nm。

1. 输出纳秒整形脉冲要求:7 路纳秒整形脉冲

(1) 6 路为 1053、0.1 nm 带宽整形脉冲,具体技术指标如下:

◆ 前沿小于 150 ps;

◆ 整形对比度大于 400∶1;

◆ 可实现灵活的整形能力;

◆ 输出光谱带宽单纵模至 0.1 nm 可调;

◆ 脉冲宽度:0.2~5 ns;

◆ 输出脉冲稳定性:3% RMS;

◆ 输出能量:10 mJ。

(2) 1 路单纵模整形激光脉冲作为 OPCPA 泵浦源,具体技术指标如下:

◆ 前沿小于 150 ps;

◆ 脉冲宽度:8 或 5 ns;

◆ 脉冲形状:方波;

◆ 能量稳定性:3% RMS;

◆ 能量与信号光:700 mJ@532 nm;

◆ 同步精度:10 ps(RMS)。

2. 探针及时标短脉冲

◆ 脉冲宽度:80/30 ps;

◆ 脉冲稳定性:3% RMS。

3. 宽带超短脉冲

◆ 中心波长:1053 nm;

◆ 光谱宽度:4~6 nm;

◆ 输出脉冲稳定性:3%(RMS)。

4. 束间同步精度:10 ps (RMS)

4.4.3　神光Ⅱ装置前端系统工作模式

对应不同的物理实验需求,神光Ⅱ装置前端系统具有的几种工作模式见表 4-2。

表 4 - 2　神光 II 装置前端系统工作模式

工作模式	所服务的物理实验
8 路纳秒脉冲＋第九路纳秒脉冲	快点火基础物理实验 间接驱动物理实验
第九路纳秒脉冲	30°注入物理实验 状态方程物理实验
8 路纳秒脉冲＋第九路皮秒拍瓦	快点火总体物理实验
8 路纳秒脉冲＋第九路皮秒脉冲	不透明度物理实验
8 路纳秒脉冲或百皮秒脉冲＋第九路纳秒脉冲	X 射线激光物理实验

§4.5　神光 II 装置前端系统总体技术方案和核心技术问题

整个前端系统总体技术方案要解决三大关键问题：一是主脉冲激光的时间-功率曲线控制能力，以保证主放大器输出梯形脉冲以及其他特定的脉冲形状；二是主激光脉冲与探针激光脉冲、超短激光脉冲间的同步问题，主激光与超短脉冲的同步精度 10 ps（RMS）是必须保证的；三是主脉冲激光的光谱控制能力。而在确定总体技术方案时，上述三个问题是彼此关联的。

4.5.1　神光 II 装置前端系统总体技术方案

4.5.1.1　前端系统总体技术方案介绍

神光 II 系列装置的前端预放系统包括 9 路光信号以及 4 路电时标信号和 1 路光时标信号，其中

第一、二路：纳秒整形脉冲为升级后的 8 路装置提供两路脉冲种子；

第三路：纳秒整形脉冲为第九路提供长脉冲探针种子；

第四路：30 ps／80 ps 脉冲为第九路提供短脉冲种子；

第五路：为 OPCPA 提供焦耳级、纳秒级单频泵浦光源；

第六路：为拍瓦系统的 OPCPA 装置提供宽谱超短种子脉冲；

第七、八、九路：纳秒整形脉冲为神光 II SJ 8 路及第九路装置提供脉冲种子。

根据方案设计可同时输出近 100 ps 宽带啁啾脉冲以及多路纳秒整形脉冲。多档脉冲的同步精度优于 10 ps（RMS）。

前端系统总体上采用"基于时分复用和高速电光调制技术实现小宽带脉冲精确整形以及各类各束脉冲高精度同步输出"的单模光纤传输技术路线，以便在完成全域脉冲精确控制的基础上，实现多光束的长程"柔性"传输、稳定分束与高能量放大（见图 4 - 11）。

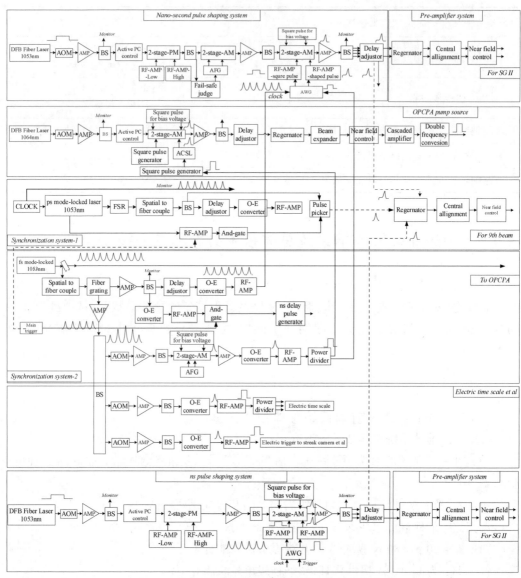

图 4-11　装置的前端预放系统总体技术方案图[50]

DFB fiber laser 1 053：1 053 nm 的分布反馈式光纤激光器；AOM：声光调制器；AMP：放大器；BS：分束器；active PC control：自动偏振控制器；2-stage-PM：双级位相调制器；RF-AMP(-low/high/square/shaped pulse)：射频信号(低频/高频/方波/整形脉冲)；AFG：任意函数发生器；2-stage-AM：双级振幅调制器；AWG：任意波形发生器；delay adjustor：可调延时器；regenerator：再生放大器；central alignment：对中器；square pulse generator：方波脉冲发生器；ACSL：孔径耦合微带线；beam expander：光斑扩束器；cascaded amplifier：级联放大；double frequency conversion：倍频转换；fs mode-locked laser：飞秒锁模激光器；FSR：法拉第旋光器；spatial to fiber couple：空间-光纤耦合；fiber grating：光纤光栅；O-E converter：光电转换；RF-AMP：射频信号放大；and-gate：与门；ns delay pulse generator：纳秒级延时发生器；monitor：监控端；square pulse generator：方波脉冲发生器；square pulse for bias voltage：方波偏置电压；power divider：功分器；pulse picker：脉冲选择器；near field control：近场控制；fail-safe judge：失效保护监控；clock：时钟信号；trigger：触发信号；monitor：监控端；square pulse for bias voltage：方波偏置电压。

在高增益预放系统方面,对纳秒激光信号采用与光谱展宽技术相适应的钕玻璃再生放大器技术,对超短脉冲采用高增益 OPCPA 技术。同时,前端预放系统将提供小波前畸变的空间强度分布补偿技术。

方案要点如下:

① 方案基于单模光纤传输体系设计,以便实现激光脉冲柔性传输。

② 方案中采用"时分复用"结合"高速电光调制",实现多路高对比度精确的时间整形脉冲输出。

③ 采用基于温度调谐的分布反馈式光纤激光器作为系统最初的种子光源,采用两级波导相位调制器实现小宽带脉冲的产生,满足系统抑制横向受激布里渊散射(transverse Brillouin scattering,TSBS)和光谱色散匀滑(smoothing by spectral dispersion,SSD)需求。

④ 两级波导相位调制器置于种子脉冲产生组件之后、脉冲整形模块和分束之前,保证系统光谱控制宽度一致,降低全系统造价,而且安全连锁信号数量少,从而提升全系统的运行可靠性。

⑤ 3 GHz 位相调制器的调制频率由任意脉冲波形发生器(arbitrary waveform generator,AWG)产生,因此可以实现激光脉冲前沿和调制频率的初始位相之间同步锁定。在此条件下,光谱调制(FM-to-AM)所导致的时间波形调制,其纹波位置是固定的,有利于驱动器的功率平衡调节。

⑥ 采用再生钕玻璃放大器实现宽带高稳定脉冲高能量放大,满足系统能量输出稳定性的要求。

⑦ 采用三级空间整形技术方案实现对整个高功率激光装置的近场强度分布控制。

4.5.1.2 功能模块与技术分解

1. 功能模块概述

在升级装置中,多功能前端系统由以下功能模块构成。

(1) 纳秒整形组件

2 组 6 路独立整形 1 053 nm 主激光纳秒脉冲整形功能模块,其主要作用是提供 2 组各 2 路给神光 Ⅱ 8 路和神光 Ⅱ 升级 8 路系统作为主压缩激光脉冲的种子;同时这两组分别提供 1 路给第九路作长脉冲探针。

(2) OPCPA 泵浦源组件

1 064 nm OPCPA 单纵模泵浦纳秒脉冲整形功能模块与放大器模块,其主要作用是为 OPCPA 泵浦源系统提供时间波形与空间强度分布可控的单纵模种子脉冲。

(3) 选单与同步模块,其功能是实现长短脉冲的同步控制。

(4) 100 ps 脉冲种子源功能模块,其功能是为第九路短脉冲探针提供种子信号。

(5) 高增益放大模块,其功能是为位相调制展宽的激光提供高增益(60 dB)的稳定放大能力。

(6) 空间整形模块,其功能是通过激光近场空间强度分布的精确控制,实现驱动器终端空间的均匀输出。

(7) 前端远程诊断与控制,其功能是提供前端单元组件的状态与系统输出参数的测量以及相关单元的远程控制。

2. 功能模块接口指标

(1) 纳秒整形模块

◆ 波长:1 053 nm;

◆ 提供 0.2~25 ns 的整形脉冲输出;

◆ 输出能量:纳焦;

◆ 输出稳定性:3% RMS;

◆ 单模光纤输出。

(2) 1 064 nm OPCPA 单纵模泵浦模块

◆ 输出能量在焦耳级,倍频(532 nm)输出 0.7 J;

◆ 输出能量稳定性:3% RMS;

◆ 时间波形:近平顶脉冲输出。

(3) 超短脉冲源提供波长近 1 053 nm 的宽带光源

◆ 提供 100 ps 种子光源;

◆ 工作波长:1 053 nm;

◆ 输出脉冲宽度:80 ps;

◆ 输出稳定性:3% RMS;

◆ 单模光纤输出。

(4) 同步用短脉冲光触发功能模块

◆ 输入:100 pJ 近 100 ps 短脉冲;

◆ 光脉冲输出能量:数微焦光脉冲;

◆ 光脉冲输出稳定性:3% RMS。

(5) 光电转换输出接口

◆ 电脉冲幅度:6 V;

◆ 脉冲前沿:小于 300 ps;

◆ 脉冲幅度稳定性:2% RMS。

(6) 高增益放大器的接口参数

◆ 输入:纳焦级纳秒激光脉冲——光纤输入;

◆ 输出:毫焦级纳秒激光脉冲——空间输出;

◆ 脉冲输出稳定性:3% RMS;

◆ 输出脉冲空间分布:近高斯空间分布;

◆ 增益:大于 60 dB。

(7) 空间整形模块

◆ 输入：近高斯空间分布；

◆ 输出：近平顶空间分布或实现系统强度分布预补偿的特定空间分布(最大空间预补偿透射比小于 5∶1)。

(8) 参数诊断与参数控制

根据系统的设计需求实现前端输出激光参数和前端系统状态的远程诊断与控制。

4.5.2　前端系统核心技术问题

4.5.2.1　时间-功率曲线控制

总体来说,高功率激光装置发展到现在,对激光信号的时间-功率曲线控制能力,即时间波形的整形技术主要有：高压泡克耳斯盒脉冲削波技术方案、美国 NIF 装置首次采用的集成光学波导调制器的任意整形长脉冲削波方案、日本大阪大学激光工程研究所(Institute of Laser Engineering, ILE)的锁模脉冲光纤堆积方案[51],以及我国神光Ⅱ早期使用的时空变换整形削波方案(图 4-12)[52,53]。

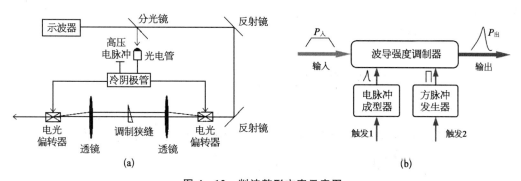

图 4-12　削波整形方案示意图

(a) 神光Ⅱ早期使用的时空变换整形削波方案；(b) 基于波导强度调制器的长脉冲削波时间整形技术方案。

在锁模脉冲光纤堆积方案中,作为基元的短脉冲与堆积整形获得的主脉冲可认为是零同步。但此方案整形输出脉冲包络光滑性受到基元脉冲的稳定性以及相邻脉冲叠加所引起的干涉的限制,对锁模激光器的性能要求很高,特别是要求输出脉宽稳定,功率幅度稳定(见图 4-13)。

美国的 NIF 装置[5]、法国 LMJ 装置[3]均采用基于波导电光调制器的长脉冲削波方案。

基于 NIF 方案[5],在利用低压电脉冲驱动铌酸锂波导振幅调制器的脉冲整形工作方面,有坚实的实验技术基础,同时得益于国内在集成光学和快速电子学技术与工艺方面的快速发展,神光Ⅱ装置在采用类 NIF 的波导调制器长脉冲削波整形方案上,有了可靠的技术保证。

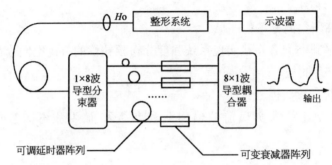

图 4-13　基于短脉冲堆积的时间整形技术方案示意图[52]

4.5.2.2　同步控制技术

为了获得皮秒及亚纳秒短脉冲激光与纳秒整形的主激光脉冲之间的优良同步性能，可考虑以下几种解决方案。

一种是最为理想的情况，就是利用快速削波器件，同时从同一长脉冲中削出短脉冲和纳秒整形长脉冲，如图 4-14 所示。目前，从长脉冲中削出短脉冲，限于光电子器件的带宽和采样率(目前，任意电脉冲发生器的带宽 12 G，采样率达到 25 GS/s)，最小输出光脉冲宽度约在 40 ps。如此，长短脉冲可以达到的同步精度，取决于电脉冲发生器的基准时钟，原理上在飞秒级。

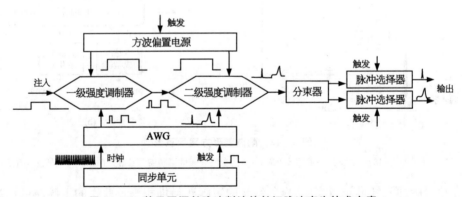

图 4-14　基于同源长脉冲削波的长短脉冲产生技术方案

另一种是利用另外一台激光器提供皮秒级或者亚纳秒级的锁模激光脉冲信号。该技术是早期神光Ⅱ装置提出并采用的同步技术方案，如图 4-15 所示。采用短脉冲激光取出部分信号，经过固体双程放大器放大，推动硅光电导开关去触发整形纳秒脉冲的削波器件工作，从而实现长短脉冲同步，同步精度可以达到 15.7 ps(峰谷值，PV)[33,54]。

基于该技术方案的长短脉冲同步精度，短时间可以达到高精度同步，但是在运行过程中，同步精度的稳定性和可靠性受限于短脉冲激光、光束耦合以及固体放大器的稳定性，很难确保长期的高精度同步。因此，对其进行了改进，对短脉冲输出的激光进行了光

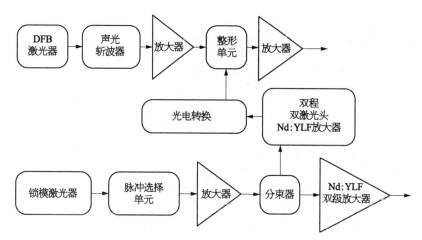

图 4 - 15 基于双种子源的光脉冲触发的同步技术方案

电转换和数模转换,以此去推动脉冲整形单元,实现长短脉冲同步,如图 4 - 16 所示。改进后,该同步精度 2 h 内可达到 3 ps(RMS)、20 ps(PV)[34,54]。

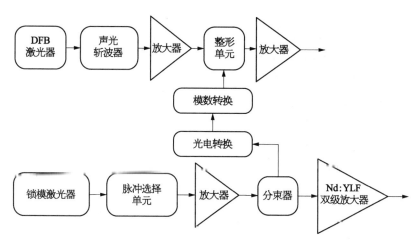

图 4 - 16 基于双种子源的光脉冲触发的改进型同步技术方案

但是在运行过程中发现,锁模激光器脉冲序列的稳定性,也会影响长短脉冲之间同步精度的长期稳定性。因此,提出采用时钟锁定、锁相分频的同步技术方案。同步精度由光电转换过程和削波器件引入的时间晃动(jitter)来共同决定,长期同步精度可达 3 ps(RMS)、20 ps(PV)[54]。

对于光纤堆积整形方案,就同步精度而言,光纤堆积方案是一个可选的方案,但所获得的整形脉冲光滑性和稳定性,受到基元宽度和幅度抖动以及偏振干涉的限制,因此该技术方案基本不考虑。

基于以上的分析和考虑,神光 Ⅱ 装置前端系统技术方案确定了以三台输出不同脉宽

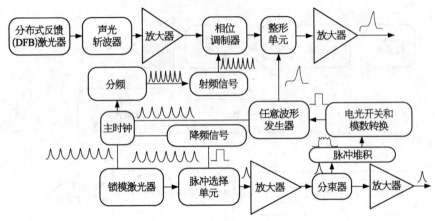

图 4 - 17　基于同源时钟锁定、锁相分频的同步技术方案[54]

的激光器件为基础。它们分别是：输出脉冲宽度约为 250 fs 的锁模激光器作为拍瓦短脉冲激光装置的前端种子源；输出脉冲宽度为 30 ps／80 ps 的锁模激光器作为短脉冲诊断光源的种子源；输出脉冲宽度 120～25 ns 基于单纵模激光器结合波集成波导调制整形脉冲作为主激光的种子源。

　　在多档脉冲同步技术方面，由于 30 ps／80 ps 激光器具备腔长锁定控制能力，因此当物理实验需要 30 ps／80 ps 激光源和长脉冲整形源同时使用时，系统采用同源时钟锁定、锁相分频的技术方案，如图 4 - 17 所示。当物理实验需要 1～10 ps 的激光源时，由于采购的 1 053 nm@250 fs 锁模激光器不具备腔长锁定控制功能，因此采用双振荡器的主从式光触发同步技术方案来实现，如图 4 - 16 所示。但是主从式光触发同步技术方案的稳定性，不能够长期确保在高精度范围内，需要实时监控并进行反馈调节。

4.5.2.3　光谱控制技术

　　光谱控制，即频域控制，在高功率激光装置中有三个作用：

　　一是避免模式干涉，获得时间包络光滑的时间-功率曲线，前端系统的种子源需要单频输出。

　　二是单频种子源激光的线宽太窄，在高功率激光驱动器中会引起大口径光学元件产生横向受激布里渊散射，从而造成元件损坏，因此前端系统需要将激光光谱展宽，降低功率谱密度。

　　三是为了实现焦斑束匀滑，满足 ICF 高功率激光装置焦斑束匀滑需求的光谱展宽，需要在激光上施加高速的相位调制，实现在一定时间范围内的焦斑束匀滑。

　　1. 抑制横向受激布里渊散射的光谱设计

　　受激布里渊散射（SBS）是高功率固体激光装置中容易产生的一种非线性效应，这是入射到介质的光波场与介质内的弹性声波发生相互作用而产生的一种光散射现象。根据 SBS 作用过程中散射光与入射光传播方向的不同，SBS 又可分为纵向和横向两种。纵向受激布里渊散射是指入射和散射光波的传播方向在同一条直线上,而横向受激布里渊散射是指入射和散射光波的传播方向相互垂直。

介质中声子振动激发的自发布里渊散射的偏振态和传输方向都是随机分布的,在其最大的增益方向上可产生竞争优势,以激发该方向的受激布里渊散射,而抑制其他方向的散射。受激布里渊散射也是一种三波耦合的非线性过程,在一定的激发强度下,会不断地转化为散射光能量,同时在介质中产生强烈的弹性声波场。尤其在高功率固体激光驱动器的末级输出端,元件的横向尺寸远远大于纵向尺寸,当泵浦脉宽足够长时,就会在元件内部形成振荡,造成泵浦光大量转换为 Stokes 光,其能量转换可能高达 80% 以上。这样不仅造成强烈的能量损耗,而且弹性声波引起的应力一旦超过材料的抗拉强度,将直接造成光学元件的力学破坏,或者高频声子发生强烈衰减后产生巨大的热量而造成光学元件的热弹破坏。

抑制受激布里渊散射的有效措施,是采用相位调制器(见图 4-18)来增加主激光带宽。相位调制一般是采用一个电光调制器来实现的,它能产生 10~30 GHz 范围的带宽,同时保持脉冲幅度几乎不受调制的影响。

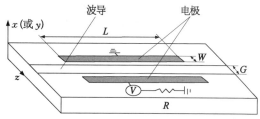

图 4-18　波导型相位调制器原理示意图

相位调制器向主激光施加正弦型的相位调制,即

$$E(t) = E_0(t)\exp[i\sigma\sin(2\pi\Omega t)] \qquad (4-1)$$

其中 σ 是调制深度,Ω 为调制频率。窄带超高斯脉冲施加相位调制后,激光频率成分增多,光谱变宽。可见,通过向单频脉冲施加相位调制后,产生若干边频成分,各边频成分的频率间隔等于相位调制频率 Ω,如图 4-19 所示。

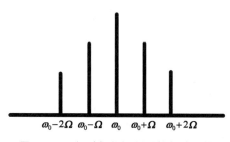

图 4-19　经过相位调制后的频域特性

相位调制脉冲抑制 SBS 的原理是:将单频脉冲的能量分配到其他各个边频成分上,如果频率间隔>SBS 的增益半高全宽(熔融石英中 SBS 的增益半高全宽约为 200 MHz),且频率成分达到一定数量时,任一频率成分的谱强度均低于某一阈值,则所有频率成分都无法建立起受激布里渊散射。为满足抑制 TSBS 低频调制展宽的要求,一般需要调制频率为 2~3 GHz,光谱宽度 0.1 nm 左右。但是 NIF 在 2016 年的 *Fusion Science and Technology* 中报道[2],光栅溅射防护板(grating disintegration shield, GDS)破坏的主要原因是 SBS,所以 NIF 装置把光谱带宽增加到 0.15 nm。

由于高功率激光装置在光谱未被展宽的情况下必定会出现 TSBS 破坏,为了保障装置的安全性,对相位调制的工作状态必须进行安全连锁控制,一旦出现问题,装置立即停止运行。

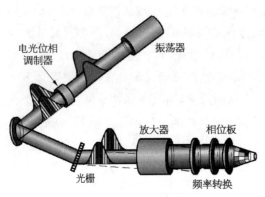

图 4 - 20 光谱色散匀滑的光谱设计

2. 光谱色散匀滑的光谱设计

为了抑制靶丸在压缩过程中产生的不稳定性(主要包括瑞利-泰勒流体力学不稳定性和等离子体不稳定性),要求焦斑匀滑。通常采用连续相位板与光谱色散匀滑相结合的手段,来实现焦斑匀滑。光谱色散匀滑通常采用相位调制器和光栅的组合来实现,如图 4 - 20 所示。受色散光栅的大小和损伤阈值限制,光谱色散一般在前端预放系统实现,提供约 0.3 nm 的宽带纳秒激光。

综上,光谱控制单元主要解决三个问题:一是将光谱展宽至 0.1～0.15 nm,降低功率谱密度,用于抑制大口径光学元件的 TSBS 效应;二是将光谱经过高频调制展宽到大约 0.3 nm,以满足 ICF 高功率激光装置在一定时间尺度内的焦斑束匀滑需求;三是相位调制状态要实现安全连锁。

§4.6 神光Ⅱ装置前端系统关键技术

4.6.1 神光Ⅱ装置前端纳秒脉冲整形组件

激光脉冲整形组件根据激光驱动装置后续系统对前级注入脉冲时间分布的基本要求,完成各类脉冲的时域与频域控制。激光脉冲整形组件应按前端系统配置模式实现有效、稳定的整形,满足能量平衡和功率平衡的基本调节要求。

组件必须具备任意整形脉冲输出能力,要求长期稳定可靠。组件必须具备安全联锁功能。

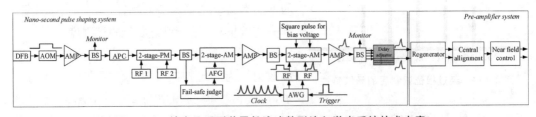

图 4 - 21 神光Ⅱ系列装置长脉冲整形注入激光系统技术方案

DFB:分布反馈式激光器;AOM:声光调制器;AMP:放大器;BS:分束器;APC:自动偏振控制器;2 - stage - PM:双级位相调制器;RF:射频信号;AFG:任意函数发生器;2 - stage - AM:双级振幅调制器;AWG:任意函数发生器;delay adjustor:可调延时器;regenerator:再生放大器;central alignment:对中器;near field control:近场控制;fail-safe judge:失效保护监控;clock:时钟信号;trigger:触发信号;monitor:监控端;square pulse for bias voltage:方波偏置电压

前端系统总体上采用"基于时分复用和高速电光调制技术实现小宽带脉冲精确整形以及各类各束脉冲高精度同步输出"的技术路线,总体技术方案如图 4-21 所示。

首先,分布反馈(distributed feedback,DFB)布拉格光纤激光器采用掺镱相移光纤光栅作为谐振腔,在 LD 泵浦下产生单纵模连续激光输出,通过对光纤光栅的温度控制,实现输出激光中心波长的调谐。激光器输出功率 10 dBm(10 mW),波长调谐范围 0.6 nm,之后进入声光调制器调制为 200 ns~1 μs 的脉冲激光,并经过光纤放大后注入后续的激光脉冲整形组件,作为激光脉冲整形组件的注入信号。由于在神光 Ⅱ 中采用的传输光纤是普通单模光纤,其输出的偏振会随周围温度的变化而变化,而后续的相位调制器和强度调制器都是偏振相关元件,因此在声光调制器后增加了一个主动偏振控制元件。

激光脉冲整形组件基于"单纵模光源+频率调制+幅度调制"实现激光的光谱展宽和时间整形。

种子脉冲组件产生的信号,进入调制频率分别约为 3 GHz 和 20 GHz 的级联位相调制器模块。其中,约 3 GHz 的位相调制将光谱展宽至 0.1 nm,用于抑制大口径石英元件的 SBS 效应;而约 20 GHz 的位相调制将光谱展宽到约 0.3 nm,以满足 SSD 的高速带宽控制需求。约 3 GHz 的调制信号由 AWG 提供,可以实现激光脉冲前沿和调制频率初始位相之间的同步锁定。在采用位相锁定的情况下,可以确保装置幅频效应束间的同步性和发次间的一致性。

在位相调制器后,经过光纤放大器之后,分束为 2 束,其中一束为安全连锁监控端口,对光谱进行展宽监测。经过光谱监测单元后,输出一个方波信号作为后续强度调制器的开关信号,从而实现系统安全联锁;另外一束作为主激光,输出到强度调制器。

高速电光调制结合电任意脉冲发生器,实现 4 束激光脉冲的任意精确整形。通过 1×4 分束后,输出 4 路激光至光纤放大传输组件。经过光纤放大后进入后续再生放大器,经讨空间整形后输出到后续放大链。

4.6.1.1　种子脉冲产生模块

种子脉冲组件是前端系统的"种子",其主要功能是输出满足系统要求的高稳定激光光源。作为激光脉冲整形组件的前级种子光源,组件必须具备激光脉冲的产生与放大能力。

种子脉冲产生组件的主要设计指标为:

◆ 工作波长:1 053 nm;

◆ 单纵模概率:100%;

◆ 偏振消光比:20 dB;

◆ 运行功率:10 mW;

◆ 功率稳定性:2%。

种子脉冲产生组件由① 连续单纵模激光器;② 光纤准直器、声光调制器与射频驱动器;③ 光纤放大器三部分组成,结构如图 4-22 所示。

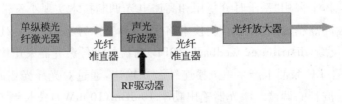

图 4-22　种子脉冲光源单元结构框图

其中连续单纵模激光器为整个激光系统提供高质量的单纵模激光光源。光纤准直器完成激光由光纤到空间再到光纤的耦合。声光调制器利用它的一级 Bragg 衍射削波，实现由连续激光到 200 ns~1 μs 脉冲激光的变换。光纤放大器对激光信号进行放大。

1. 连续单纵模激光

在高功率激光系统中，要求前端系统提供时间波形平滑并且光束质量高的种子激光源。目前光纤激光器的光束质量明显优于其他固体激光器，而且光纤结构紧凑，稳定性高。得益于光通信技术的发展，全光纤器件例如光纤耦合器、分束器、波分复用器、高速振幅调制器以及高速相位调制器等均已成熟，因此前端系统均采用全光纤结构，从而保证输出种子接近衍射极限的光束质量。此外，为了得到时间平滑的整形波形，前端系统采用单纵模连续激光作为初始种子激光。由于单纵模激光器只输出单个纵模，因而避免了由于模式干涉引起的时间波形调制，由此可以提供高质量、高稳定性的初始种子光。单纵模激光的产生，可以通过超短腔结构、分布布拉格反馈以及外加选模器件的方式来实现。从激光器种类上，单纵模激光可以分为固体单纵模激光器、半导体单纵模激光器、气体单纵模激光器以及光纤分布反馈（DFB）激光器。相比于其他单纵模激光器，光纤 DFB 激光器的增益介质为掺镱光纤，与高功率激光系统 1 μm 光纤波段符合，同时光纤 DFB 激光器结构简单、稳定性高，还可以通过温度或者应力的方式对输出激光中心波长进行一定范围的调谐，因而在前端系统中均采用光纤 DFB 激光器作为种子激光。目前在前端系统中使用的 DFB 激光器，线宽一般低于 100 kHz，相位噪声低于 -100 dBc/ Hz。

连续单纵模激光器采用 $\lambda/4$ 相移分布反馈光纤激光技术[30,31]。其工作原理如下：分布反馈激光器主要是靠内部光栅的模式选择作用，来实现激光器的单纵模输出。通过在掺镱石英光纤上直接刻写相移光纤光栅，可以消除均匀分布反馈激光器的模式兼并，实现激光器的单纵模输出。该方案的突出优点是激光输出的单纵模稳定性好。其光路图如图 4-23 所示。

图 4-23　光纤激光器原理结构图

λ/4 相移光纤光栅的制作,采用相位掩模法,将光纤放置在掩模板后面,利用 193 或者 248 nm 紫外激光,通过掩模板进行曝光制作而成,如图 4-24 所示。其中光纤光栅的长度为 10 cm。采用上述结构装置,获得 1 053 nm 单纵模运行的激光器。

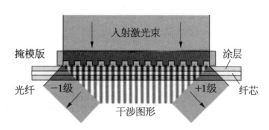

图 4-24　相位掩模板写入光栅的原理

图 4-23 中,泵浦源为带尾纤的半导体激光器(LD),其中心波长为 976 nm(该波长为掺镱光纤的吸收峰)。泵浦光经过波分复用器(WDM)后进入刻写 λ/4 相移光栅的掺镱光纤。在进入光纤光栅之前没有掺镱光纤,在光纤光栅之后有一段未刻写光栅的掺镱光纤,其主要作用是吸收剩余泵浦光对激光信号进行放大。为了防止光纤光栅与光纤的输出端面之间由于菲涅尔反射而形成 F-P 腔,出现激光器自激振荡从而影响激光器的输出稳定性,在光纤光栅的输出端接入隔离度为 30 dB 的带光纤尾纤的隔离器。

2. 声光调制器

声光调制器采用成熟的二氧化碲(TeO$_2$)声光调制器和配套的射频(RF)驱动器,如图 4-25 所示。声光调制器工作在一级衍射条件下。该驱动器可随外加的晶体管-晶体管逻辑(TTL)电平输入信号而改变输出功率,从而改变加在声光晶体上的功率,达到调制输出功率的目的。当给入一个门信号时,单纵模激光器输出的连续激光,被声光调制器调制为 200 ns～1 μs 的脉冲信号。

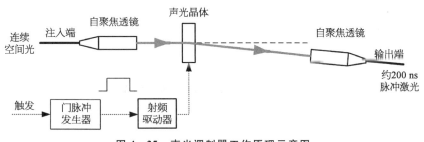

图 4-25　声光调制器工作原理示意图

利用一级 Bragg 衍射光作为信号光,可以获得 50 dB 的信噪比。该信噪比是指一级衍射光和背底连续光的功率比。

(1)耦合器件

商品化光纤准直器。

(2)光纤放大器

光纤放大器的结构采用单程放大的结构,如图 4-26 所示。

光纤放大器由泵浦激光器、波分复用器、掺镱光纤、两个光纤隔离器、光纤滤波器以及分束器组成。其放大过程是入射激光经隔离器后通过波分复用器进入光纤放大系统。

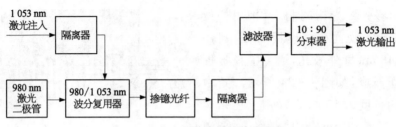

图 4 - 26   光纤放大器结构原理图

经过掺镱光纤将信号进行放大后,为了减小自发辐射产生的噪声,提高放大系统的信噪比,在掺镱光纤后接入一个 3 dB、带宽为 1 nm 的光纤滤波器,信噪比可高于 30 dB。在光纤滤波器后接入光纤隔离器,以防止高增益激光光纤放大器中产生自激振荡。在放大器的输出后接一 10:90 的分束器,其中 10% 的端口作为监视端口。

4.6.1.2   光谱控制与安全反馈监控模块

通过对激光信号进行位相调制,实现光谱展宽,根据系统要求需实现频率约 3 GHz 和约 20 GHz 的两个位相调制过程(见图 4 - 27)。

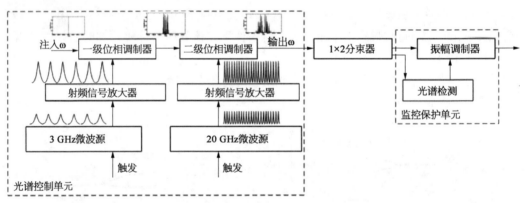

图 4 - 27   激光光谱展宽与监控保护模块原理框图

设计要求:

可实现最大 0.1~0.3 nm 的相位调制光谱展宽;

微波调制频率:约 3 GHz、约 20 GHz;

具备安全连锁功能。

光谱控制技术方案:

在激光光谱展宽的实现中,采用波导相位调制技术,实现对单频激光的光谱展宽。该技术已十分成熟。假设入射激光脉冲为 $E_0(t)$,为了简单起见,不考虑激光脉冲的时间波形,认为其为随时间不变的连续光。向主激光施加正弦型的相位调制,即

$$E(t) = E_0(t)\exp[i\sigma\sin(2\pi\Omega t)] \tag{4-2}$$

其中 σ 是调制深度,Ω 为调制频率。这里的分析中仅考虑一个调制频率,但是在实际中

调制频率可以是多个。经过相位调制,激光脉冲的光谱具有多个分立的频谱成分,如图 4-28 所示。其中图 4-28(a)为单频种子源输出的光谱;图 4-28(b)为激光经过 3 GHz 相位调制后的激光输出光谱图,其主要作用是将单一频率成分上的功率分散到其他频率上,从而降低功率谱密度,抑制 TSBS 的发生;图 4-28(c)是激光仅经过 22 GHz 相位调制后的输出光谱图;图 4-28(d)是激光先后经过频率为 3 GHz 和 22 GHz 相位调制后的输出光谱图。3 GHz 的相位调制主要是为了降低激光的功率谱密度,而 22 GHz 的相位调制主要是为了提升焦斑束匀滑的匀滑速度,在更短的时间内达到一定的匀滑效果。采用这种技术方案,如果要在 10 ps 范围内达到焦斑束匀滑,则相位调制需达到 100 GHz。

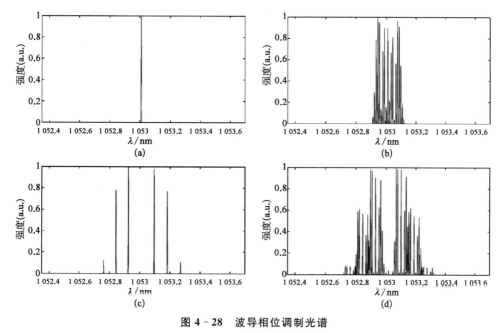

图 4-28　波导相位调制光谱

　(a) 单频激光输出光谱;(b) 3 GHz 相位调制后激光光谱;(c) 22 GHz 相位调制后激光光谱;(d) (3＋22)GHz相位调制后激光光谱。

　　光谱展宽监测技术是避免在激光装置高能量密度条件下,大口径石英元件 SBS 损伤的保护器。该技术的难点一是光谱展宽信号和未展宽信号的区分;二是及时给出控制信号,对后续装置进行控制,确保主光路的输出信号不会对后续元件造成破坏。

　　在光谱展宽监控中,采用窄带光纤光栅来实现对激光信号光谱是否展宽的判断。当激光光谱未达到必要的光谱展宽时,波导强度调制器不导通,激光信号不能通过。这有效实现了对光谱展宽的闭环控制。该技术是在高通量输出条件下抑制 SBS 效应对大口径光学元件破坏的必要手段。

　　光谱展宽监控单元已经应用于神光 Ⅱ 装置,多年来有效保护了大能量运行时高功率激光装置中的大口径光学元件,如图 4-29 所示。

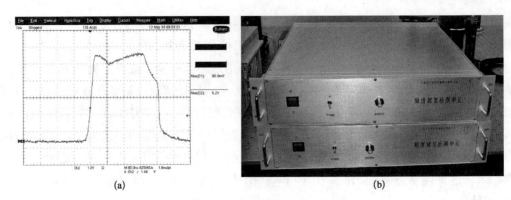

图 4 - 29　光谱展宽监控单元

（a）光谱展宽监控单元在位相调制工作中的输出；（b）频谱展宽检测单元实物图。

光纤位相波导调制器是实现光谱展宽的关键器件，但是只能实现一维的光谱调制，而体位相调制器是高功率激光驱动器二维 SSD 技术的关键单元。神光Ⅱ装置研制团队在国内首次实现了较大口径体位相调制器核心单元的研制，建立了从设计、加工到综合集成的初步工艺，实现了高性能的原理样机。

4.6.1.3　体位相调制器技术[35]

衡量高频体位相调制器效率的重要参数是调制深度。调制深度值越高，即半波电压越低，在相同的驱动功率下，可以获得越高的调制光谱带宽。提高体调制器的效率，重点要解决三方面的难题：① 速度匹配。在高频段，调制器中光波与微波要实现相速度匹配，否则会严重影响调制效率。图 4 - 30（a）为在不同速度匹配条件下晶体有效长度和实际长度关系的模拟结果图。② 微波耦合效率。在高频段，需要通过特殊的结构设计才能确保高的耦合效率。③ Q 因子。调制器中微波损耗的量度，在其他条件一定的情况下，

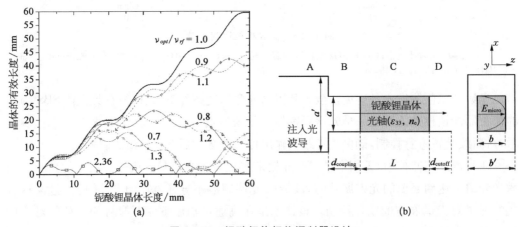

图 4 - 30　铌酸锂体相位调制器设计

（a）在不同速度匹配条件下晶体有效长度与实际长度的关系图（设计频率 10.5 GHz，晶体为铌酸锂）；（b）基于截止波导耦合谐振腔的调制器结构示意图。图中，A：注入波导；B、D：截止波导；C：电光晶体。coupling：耦合；cutoff：截止；micro：微。

调制器的效率与 Q 因子成正比。

神光Ⅱ装置采用了基于截止波导耦合谐振腔式的调制器设计,其结构如图 4 - 30(b)所示。通过以下技术途径,成功地解决了上述三方面的难题,获得了高效率的高频体位相调制器。

(1) 在调制器晶体材料铌酸锂介电常数(ε_{33})不确定的情况下(文献报道为 23～30 之间),通过理论模拟计算和实验数据相校核的手段,优化设计了调制器微波谐振腔体的关键参数,解决了光波与微波的相速度匹配问题。其中 3.25 GHz 调制器微波工作在 TE_{101} 模,10.3 GHz 调制器微波工作在 TE_{104} 模。同基于材料周期畴反转的体调制器技术相比,后者达到的是准速度匹配,并且受制于晶体畴结构的加工工艺,调制器的口径只能做到大约 1 mm。

(2) 通过采用基于截止波导耦合的结构,优化设计了晶体的镀金电极,极大地提高了调制器的微波耦合效率,S11＜－15 dB。该结构明显优于采用微带线耦合的结果,后者的 S11 通常在－4 dB 左右,约有一半的微波功率被反射,微波利用率低,同时威胁微波驱动源的长期安全使用。

(3) 上述基于截止波导耦合谐振腔式结构的成功运用,确保了调制器有高的 Q 因子,使得调制器在较大口径的情况下,仍有高的调制深度值(即较低半波电压)。该结构的 Q 值远高于行波结构的体调制器。

联合室完成了 3.25 GHz 和 10.302 GHz 工作频率的高频体位相调制器,最大调制带宽约 0.67 nm/ 240 W,最大通光孔径约 5 mm 的高频体位相调制器的研制,其技术指标和 OMEGA 装置报道的技术指标相当。该技术单元的成功研制,为突破我国 2D - SSD 技术发展的制约瓶颈,为后续相关的研究,奠定了坚实的器件基础(见图 4 - 31)。

根据当时的文献调研[36,37],10 GHz 的体位相调制器技术水平与罗切斯特大学激光

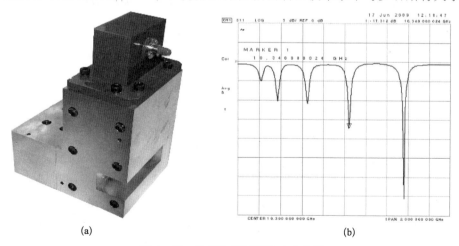

(a)　　　　　　　　　　　　　　(b)

图 4 - 31　体相位调制器及实验结果

(a) 调制器样机实物图;(b) 10.3 GHz 体位相调制器的 S11 曲线。

能量学实验室(Laboratory for Laser Energetics，LLE)报道的技术指标相当，3 GHz 的体位相调制器在调制深度上超过 LLE 实验室的报道(见表 4 - 3)。

表 4 - 3　体相位调制器和国外同类器件的关键参数比对

参　数	SG Ⅱ		OMEGA[36,37]	
工作频率 /GHz	3.25	10.3	3.3	10.412
通光孔径 /mm	5×5	3×2	5×6	3×2
调制带宽	0.12 nm /1 kW	0.67 nm /300 W（双程）	0.15 nm /3.5 kW	1.1 nm /300 W（双程）
调制深度 /(rad /V)	0.025	0.072	0.015	0.118

4.6.1.4　脉冲整形模块

在惯性约束聚变高功率固体激光驱动器系统中，物理实验对激光脉冲形状有着不同的要求；同时，由于受固体放大器结构、增益介质物理特性以及所输出能量等因素的影响，激光脉冲通过后续脉冲放大链时，会由于增益饱和而发生时域畸变。因此，为了抵消放大链给激光脉冲带来的时域畸变，以及充分提取放大器中的能量，同时满足物理实验对时间-功率曲线的各种需求，要求注入主放大器的激光脉冲具备任意的精确时间整形能力。

对于时间整形能力，一是要求脉冲上升沿快，二是要求整形对比度高，三是要求对时间-功率曲线加以精确控制。

纳秒脉冲整形组件是激光脉冲整形技术的核心，该模块决定了系统最终输出的脉冲时间特性，特别是脉冲的上升时间、形状、同步精度以及稳定性。因此，纳秒脉冲整形模块是前端系统的重要技术单元。

1. 整形脉冲关键技术指标

① 前沿＜150 ps；

② 整形对比度＞400∶1；

③ 可实现灵活的整形能力；

④ 脉冲宽度 100 ps～25 ns 可调。

2. 整形技术方案

惯性约束聚变高功率激光装置前端系统的整形技术路线有两种：一种是基于单纵模长脉冲削波的脉冲整形技术路线，另一种是基于短脉冲堆积的技术路线。而基于单纵模长脉冲削波的路线又有两个阶段：一是基于体材料的高压电脉冲成型的泡克耳斯盒(Pockels cell)削波整形技术，二是随着集成光波导技术而发展起来的低电压调制的脉冲整形技术。

采用集成光学波导调制整形技术为基础的方案,具有以下优点:

◆ 利用低压电脉冲成形技术,避免了高压电脉冲整形技术可控性差和高压脉冲放电带来干扰的问题,因此系统可靠性高,并具有相对灵活的整形能力。

◆ 利用当前最先进的低压电脉冲波形发生器,结合集成光学波导技术,可达到更高的同步精度,优于 10 ps(RMS)。

◆ 整形后脉冲在光纤内传输,光束质量好,便于控制,系统相对稳定。

脉冲整形有一个由两级强度电光调制器和电波形发生器组成的模块,如图 4-32 所示。电光调制是基于线性电光效应,即光波导的折射率正比于外加电场变化的效应。电光效应导致光波导折射率的线性变化,使通过该波导的光波有了相位移动,从而实现相位调制。单纯的相位调制不能调制光的强度。电光强度调制器是由两个相位调制器和两个 Y 分支波导构成的马赫－曾德尔 (Mach-Zehnder) 干涉仪调制器组成。输入光波经过一段光路后,在一个 Y 分支处被分

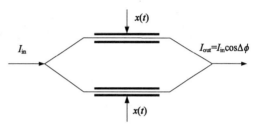

图 4-32　单级强度电光调制器示意图

成相等的两束,分别通过两个光波导传输。光波导为铌酸锂电光材料,其折射率随外加电压的大小而变化,从而使两束光信号分别到达第二个 Y 分支处产生相位差。若两束光的光程差是波长的整数倍,两束光相干抵消,调制器输出光很小,因此通过控制加载在铌酸锂波导上的电压,就能对光信号进行调制。

一束光经过强度调制器后,其输出强度可以由下式表示:

$$I_{out} = I_{in} \cos^2(\Delta\phi) \qquad (4-3)$$

$$\Delta\phi = \frac{2\pi}{\lambda} \Delta n \cdot L = \quad \pi n_e^3 \gamma \frac{\Gamma L}{\lambda G} V \qquad (4-4)$$

n_e 为晶体折射率,L 为电极长度,G 为两电极间距,Γ 为考虑到电场、光场不均匀性而引入的一个重叠因子,γ 为晶体电光系数,V 为加在晶体上的电压。

对于电光强度调制器,其关键技术指标为:

(1) 半波电压:指强度调制器从关态到开态的驱动电压。

(2) 调制带宽:强度调制器的调制带宽反映器件工作的频率范围,其定义为调制深度落到最大值的 50%(3 dB)所对应的上下频率之差。调制带宽在通信领域是量度调制器能使光载波携带信息容量的主要参数。在高功率激光驱动器装置中,调制器的调制带宽影响该时间脉冲整形技术所能够获得的最短脉冲和最快上升沿。

(3) 透过率:调制器的输出光与输入光之比称为透过率。如式 4-3 所示,对于线性调制器,要求信号不失真,调制器的透过率与调制电压应有良好的线性关系。

(4) 消光比:定义为 $K = \dfrac{I_{max}}{I_{min}}$。消光比是衡量电光开关性能的指标。消光比越高,

关态时通过的光越小。该技术指标直接影响高功率激光装置中前端系统输出激光的信噪比。

(5) 插入损耗：是反映调制器插入光路引起光功率损耗程度的参数，该值越小越好。

高质量电光调制器的设计要求为：调制器应有足够宽的调制带宽；调制器消耗的电功率小；调制特性曲线的线性范围大；工作稳定性好。在高功率激光装置中，电光强度调制器采用两级马赫-曾德尔干涉仪，主要目的是提升系统信噪比。

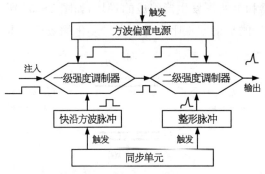

图 4－33 两级强度电光调制器脉冲整形原理图

如图 4－33 所示，两级强度调制器的初始 0 电压相位差，很难控制到完全干涉相消，因此对两级强度调制器分别加载一个脉冲偏置电压，使得两级强度调制器都处于初始干涉相消状态，即"全关"状态。

注入脉冲激光依次进入强度调制器 1、2 级，与此同时，电方波脉冲源输出 1 个快前沿门脉冲到电光调制器的第一级，门脉冲的宽度决定了整形后激光脉冲的时间宽度。任意电脉冲发生器输出一个具有一定时间包络的电脉冲，该电脉冲决定着整形光脉冲的时间形状。在整形电脉冲输入强度调制器的第二级之前，需要使用电脉冲放大器对其进行适当放大，以与调制器的半波电压相匹配。如果忽略有限的频率带宽以及调制的相位常数的话，从电光调制器出射的激光脉冲的时间形状为

$$I_{\text{out}}(t) = I_{\text{in}}(t)\sin^2\left[\frac{\pi}{2} \cdot \frac{V_{\text{gate}}(t)}{V_\pi}\right]\sin^2\left[\frac{\pi}{2} \cdot \frac{V_{\text{shape}}(t)}{V_\pi}\right] \tag{4-5}$$

式中 I_{in} 为激光输入脉冲，V_{gate} 为门电脉冲，V_{shape} 为整形电脉冲，V_π 为电光调制器的半波电压，I_{out} 为整形后的激光输出脉冲。整形脉冲的形状取决于加载在波导强度调制器上的电压形状。

应用于时间脉冲整形系统的电脉冲发生技术主要有三种。

一种是基于微波砷化镓场效应管（GaAs field effect transistor，GaAs－FET）的电脉冲堆积技术。采用射频 GaAs 场效应管作为开关器件，充分利用其电压控制电流和开关的两个特性。整个电脉冲整形系统由多个 GaAs 场效应管构成，每一个 GaAs 场效应管构成一个基元电路，每一个基元电路都可以在输出脉冲传输线上产生一个基元脉冲，如图 4－34 所示。整形电脉冲的产生，主要利用基元脉冲在传输线上叠加。相互独立的各基元脉冲，在脉冲传输线上按时间顺序依次叠加，最终构成所需的整形电脉冲，如图 4－35 所示[38]。当触发脉冲到达第一个场效应管时，第一个场效应管立即导通，输出脉冲传输线上产生一路基元脉冲，幅度可通过调节 V_{b1} 电压进行调节；触发脉冲继续向前传输，经过一定的传输时间到达第二个场效应管的栅极，第二个场效应管导通，脉冲传输线

上产生第二路基元脉冲,两路基元脉冲之间的时间间隔由两路脉冲传输线的长度之差决定。以此类推,诸多相互独立的基元脉冲共同叠加,最终构成所需的整形电脉冲。但是这种技术的时间包络上有纹波,难以精确控制时间-功率曲线。

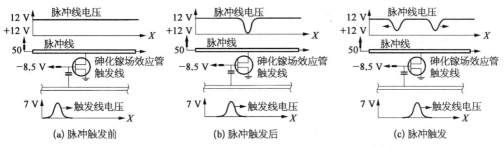

图4-34　电脉冲堆积整形器的基元电路工作原理[38]

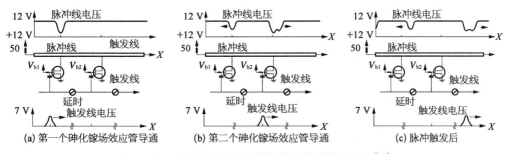

图4-35　电脉冲堆积整形器的整形脉冲产生原理[38]

　　第二种是孔径耦合微带线(aperture-coupled strip line,ACSL)技术[39]。孔径耦合微带线电脉冲整形器是一个四层、四端口装置,如图4-36所示。外侧为两块双面附铜的高频电路板,其内向一面的附铜层被制成一条50 Ω的传输线,其外面的附铜层分别作为两条传输线的接地板,内侧两块电路板中只有一块的一面有附铜层,这一层附铜层作为两条传输线的公共接地板。端口2、3分别接以50 Ω的匹配电阻。在孔径耦合带状线中,快前沿的方波脉冲输入端口1,后沿传输线1传播到端口2并被匹配负载所吸收。当快前沿的方波脉冲在传输线1上传播时,一个耦合电信号通过耦合孔径被耦合到传输线2上,这个耦合电信号最终在端口4从孔径耦合微带线中输出。通过适当设计耦合孔径的形状,就可以从端口4得到任意形状的电波形。采用孔径耦合微带线实现任意形状的电波形,成本低,时间脉冲包络光滑,整形时间脉冲宽度范围为120 ps~8 ns,主要取决于高频电路板材的尺

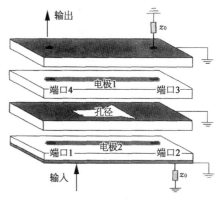

图4-36　孔径耦合微带线电
脉冲整形结构图[39]

寸和光刻加工尺寸。在系统中,如果不需要实时调节时间-功率曲线,该技术方案不失为一种低成本的时间脉冲整形技术方案。

第三种电脉冲整形技术是基于数模转换器和现场可编程门阵列器件(field programmable gate array,FPGA)技术的灵活可控的电脉冲整形器。

由于电光强度调制器的半波电压一般在 5 V 左右,而电脉冲整形器的输出幅度一般在 1~2.5 V,因此为了保证最小的插损并且工作在电光强度调制器的线性区,在电脉冲整形器后采用射频电放大器对电整形脉冲进行放大。其工作过程如下。

如图 4-37 所示,百纳秒方波激光脉冲输入 LiNbO$_3$ 光波导强度调制器,在外触发信号和时钟的作用下,任意波形发生器(AWG)输出的整形电脉冲和方波门脉冲放大后分别加载在光波导调制器的两极。在这两个电信号的驱动下,百纳秒方波激光脉冲被整形成特定形状的激光脉冲输出,其中整形光脉冲的时间特性受整形电信号的时间特性控制。

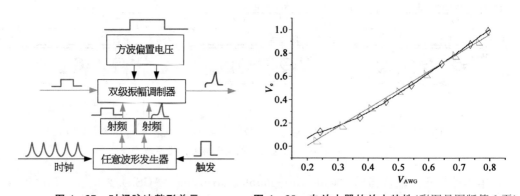

图 4-37 时间脉冲整形单元　　图 4-38 电放大器的放大特性(彩图见图版第 6 页)

为了进行精确的脉冲整形,必须对整形系统的状态进行标定[54]。图 4-38 中黑线菱形给出了电放大器的放大特性,其中 V_{AWG} 为 AWG 的输出,经过电放大器放大后输出 V_e,红线三角是对电放大器的放大特性的线性拟合。可见,系统中的电放大器存在严重的非线性效应,在脉冲波形的闭环控制中,必须对其进行补偿。

加载在振幅调制器上的整形电脉冲,决定了整形光脉冲的时间形状。整形光脉冲的时间波形由下式决定:

$$I_{out} = I_{in} \times \sin^2 \left[\frac{\pi V_e(t)}{2V_\pi} \right] \tag{4-6}$$

式中 $V_e(t)$ 为加载在振幅调制器上的整形电脉冲,V_π 是波导强度调制器半波电压。因此,输出光脉冲就取决于 AWG 输出加载在振幅调制器上的整形电脉冲的形状。图 4-39 黑色菱形线为实验测得的振幅调制器输出特性,红色三角线为振幅调制器的输出特性 $\sin^2$ 关系的拟合。

AWG 采样间隔精确标定如图 4-40 所示。整形信号上人为添加一系列的周期调制信号,通过测量调制信号的周期,反演出 AWG 的采样间隔为 111.2 ps。

为了实现脉冲时间波形的闭环控制,建立了闭环控制方案如图 4-41 所示。再生放大器输出采样后,用光电管及高速示波器测量脉冲波形。计算机实时远程采集示波器测量到的脉冲波形数据并进行处理。根据数据处理结果,计算机自动地反馈控制 AWG(任意波形发生器)的整形输出。

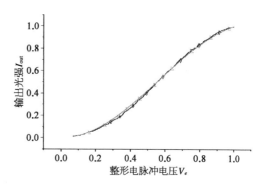

图 4-39　振幅调制器的输出特性
(彩图见图版第 6 页)

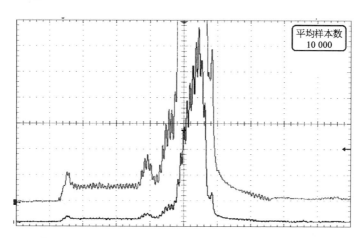

图 4-40　AWG 采样间隔的精确标定(彩图见图版第 6 页)

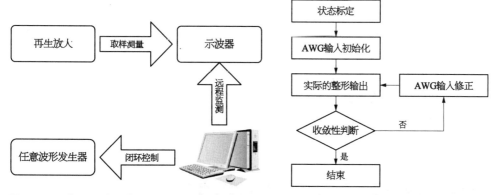

图 4-41　前端预放系统脉冲整形的闭环控制系统　　**图 4-42　整形脉冲的闭环控制过程**

整形脉冲的闭环控制过程如图 4-42 所示。在确定的工作状态下(AWG 的采样频率、电放大器的偏置电压),首先对脉冲整形系统进行状态标定,包括振幅调制器的输出特性曲线和电放大器的放大特性曲线。根据要求的再生输出波形,通过再生放大逆问题的求解,得到再生注入脉冲波形。依次根据振幅调制器的输出特性曲线、电放大器的放大特性曲线,得到 AWG 整形电脉冲,并作为脉冲整形的初始条件。

整形过程中采用循环的闭环控制以减小噪声、标定误差和电放大器非线性对整形精度的影响。每次迭代过程根据目标功率、测量功率间的偏差来改变脉冲电压:

$$V'_j = V_j \frac{G_j}{M_j} \tag{4-7}$$

$$\Delta V_j = V'_j - V_j = V_j \left(\frac{G_j}{M_j} - 1 \right) g \tag{4-8}$$

其中 V_j 为子脉冲电压,目标功率为 G_j,测量功率 M_j。由于实际强度调制器光电响应的非线性,引入电压修正因子 g。子脉冲电压改变量修正为

$$\Delta V_j = V_j \left(\frac{G_j}{M_j} - 1 \right) g \tag{4-9}$$

迭代过程中修正因子 g 随着目标功率 G_j 以及 G_j / M_j 的变化而动态调整。在脉冲整形过程中,迭代过程反复进行,直至收敛判定标准实现。在迭代过程中,积分误差 E 表示为

$$E = \sum_{i=0}^{n} (M_i - G_i) \tag{4-10}$$

M 为测量波形,G 为目标波形,通常将收敛标准定为 6 次迭代过程积分误差的标准差 σ 小于阈值,其中 σ 可以表示为

$$\sigma = \sqrt{\frac{1}{n} \sum_{i=1}^{n} (E_i - \bar{E})^2}, \text{其中 } n = 6 \tag{4-11}$$

图 4-43 为 Hann 脉冲整形的实验结果。预放注入波形以及 AWG 闭环后的偏差,采用 2 ns 窗口误差分析时,闭环后的脉冲波形全窗口的偏差基本控制在 10% 以内,主脉冲偏差在 3% 以内。

图 4-44 为主放输出波形,两条曲线分别为实际输出与期望输出。采用 2 ns 窗口误差分析时,在全窗口内的时间波形偏差可以控制在 10% 以内,主脉冲偏差在 3% 以内。

4.6.2 短脉冲选单与长短脉冲同步控制组件

高功率激光装置要求前端系统具备多档脉冲输出能力,包括 1 053 nm 整形激光脉冲、1 053 nm 皮秒级短脉冲激光、1 053 nm 百飞秒级短脉冲激光以及 1 064 nm OPCPA 泵浦源,并且各档脉冲之间精确同步。

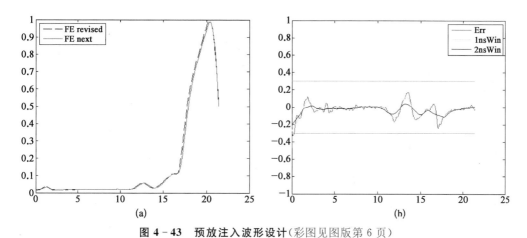

图 4 - 43　预放注入波形设计(彩图见图版第 6 页)

（a）预放注入波形；（b）AWG 闭坏后的偏差。FE revised：目标波形；FE next：实测波形；Err：误差；1nswin：1 ns 窗口误差分析；2nswin：2 ns 窗口误差分析。纵轴为归一化强度，无量纲；横轴为时间，单位：ns。

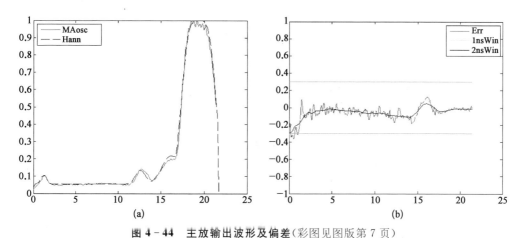

图 4 - 44　主放输出波形及偏差(彩图见图版第 7 页)

MAosc：实测主放输出；Hann：高足脉冲；Err：误差；1nswin：1 ns 窗口误差分析；2nswin：2 ns 窗口误差分析。纵轴为归一化强度，无量纲；横轴为时间，单位：ns。

4.6.2.1　超短脉冲耦合与选单

1. 短脉冲种子源描述

拍瓦激光系统种子光源的技术指标：

◆ 中心波长：1 053 nm；

◆ 光谱宽度：6.5 nm；

◆ 输出选单脉冲稳定性：3%（RMS）；

◆ 输出啁啾脉冲宽度：2～3 ns。

2. 100 ps 短脉冲探针光源

◆ 中心波长：1 053 nm；

◆ 输出脉冲稳定性：3%（RMS）；

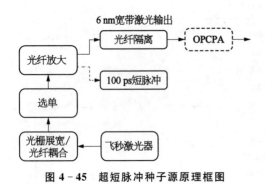

图 4 - 45　超短脉冲种子源原理框图

◆ 脉冲宽度：约 100 ps。

3. 超短脉冲耦合与选单

在神光 II 装置中,利用商品化的半导体可饱和吸收体固体飞秒锁模激光器作为种子源。该种激光器具有输出稳定性高和易于操作的突出特点。激光器输出的飞秒锁模脉冲,先经光栅啁啾展宽器展宽至 2～3 ns 后耦合进光纤(见图 4 - 45),再由声光调制器与集成波导强度调制器共同进行选单操作,作为纳秒长脉冲的精确同步触发光脉冲,整体结构框图如图 4 - 46 所示。

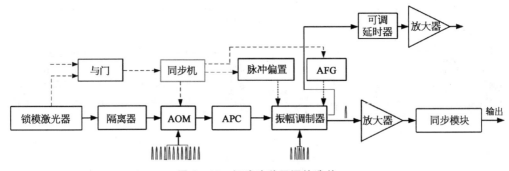

图 4 - 46　短脉冲种子源的选单

AFG：arbitrary function generator：任意函数发生器；AOM：acousto-optic modulator：声光调制器；APC：active polarization controller：自动偏振控制器。

与门工作原理如图 4 - 47 所示：由总控同步机给出的 1 Hz 触发信号和锁模激光器输出的激光,经过光电转换后产生 70 MHz 的电信号,同时输入到与门。如果两个输入信号都是高电压,则与门输出一个触发信号。这样,1 Hz 的信号就和锁模激光器的脉冲信号同步起来了。

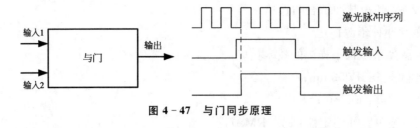

图 4 - 47　与门同步原理

4.6.2.2　长短脉冲同步

长短脉冲同步控制技术见小节 4.5.2.2"同步控制技术"。锁模激光器脉冲序列的稳定性,也会影响长短脉冲之间同步精度的长期稳定性问题。针对这个问题我们提出采用时钟锁定、锁相分频的同步技术方案[34,54]。锁模激光器输出的激光脉冲序列,经由光纤耦合系统和光纤光栅之后分为两路,其中透射端经由光纤放大器传输至光纤分束器进行分束,一部分光通过光电转换并且放大之后输入"与门",作为 FPGA 电路的时钟信号。当时钟信号为上升沿,总控系统的触发信号为高电平时,便同步输出高电平信号,作为锁模激光器短脉冲序列选单系统的触发信号和纳秒整形脉冲门信号产生组件的触发信号,这实现了纳秒整形脉冲信号与锁模激光器输出的短脉冲信号之间的初步同步。而上述锁模激光器输出的百飞秒级短脉冲信号,经过光纤光栅滤波后展宽为百皮秒级,其反射端经光纤放大器、光纤分束器、声光调制器,输入强度调制器进行选单。选单的门脉冲由"与门"输出的电脉冲进行控制,选单后的短脉冲信号经由光电转换通过功分器分别作为拍瓦短脉冲前端系统 OPCPA 泵浦源(激光波长 1 064 nm)的时间整形单元和主压缩脉冲(激光波长 1 053 nm)的时间整形单元的外触发,从而实现整个高功率激光装置中拍瓦短脉冲与主压缩脉冲之间的精确同步。详细的同步框图如图 4 - 48 所示。

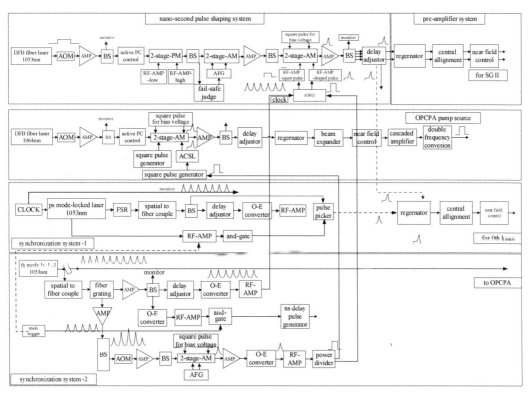

图 4 - 48　详细的同步框图(图内标注请参考图 4 - 11)

4.6.3　钕玻璃再生放大器

预放系统是高功率激光装置的最大增益段,总增益>80 dB。新型预放系统由二到三级放大器组成。第一级采用再生放大构型,后级多采用多程构型。

钕玻璃再生放大器具有带宽宽、高稳定、高效率等显著优点,作为预放单元在高功率装置的输出能量稳定性和功率平衡的精确控制方面具有突出优势。

4.6.3.1　主要技术指标

◆ 输入能量：约 1 nJ；

◆ 输出能量：约 10 mJ；

◆ 增益：约 10^7；

◆ 输出信噪比：1 000∶1；

◆ 输出能量稳定性：约 3%（RMS）；

◆ 输出光束质量：高斯、基横模；

◆ 输出光谱特性：单纵模；

◆ 输出光束口径：$\phi 3$ mm；

◆ 工作波长：1 053 nm。

4.6.3.2　单元设计与相关考虑

1. 光路实现（见图 4 - 49）

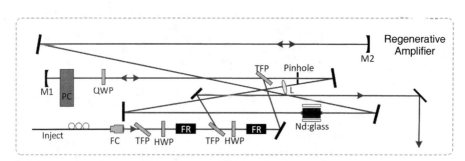

图 4 - 49　再生放大器光路排布图

Regenerative Amplifier：再生放大器；M2：端镜；M1：端镜；PC：电光开关；QWP：1/4 波片；TFP：薄膜偏振片；Pinhole：小孔；Inject：注入信号；FC：光纤准直器；FR：法拉第隔离器；HWP：半波片；Nd：glass：钕玻璃。

放大器使用 6 kW 二极管半导体激光器泵浦钕玻璃。二极管激光器中心波长 801 nm，谐振腔单程增益 1.8。放大器输入端加入两级光纤隔离器，谐振腔输入端使用一级法拉第隔离器，以保证再生放大器与前端系统有极好的反向光隔离。再生放大器输出经过一级电光隔离器，以提高输出激光脉冲信噪比。

为了避免最大脉宽 3 ns 的输入激光脉冲在激光介质中发生交叠，出现增益干涉和不必要的波形失真，二极管泵浦的钕玻璃棒放置在距离端镜 60 cm 的位置。

电光开关采用 KD＊P 晶体。对于纳秒级的激光脉冲，其破坏阈值为 850 MW/cm²。为了防止再生放大器在饱和状态时工作，能量过大而破坏电光开关，采用两种措施：① 放大器谐振腔使用非对称腔结构，保证腔内光束通过电光开关的光斑尺寸为通过钕玻璃光斑尺寸的两倍以上；对短于 3 ns 的激光脉冲，增加后级脉冲，以降低峰值功率。② 输出稳定性：在线性放大区域内，输出稳定性对泵浦电源精度提出了很高的要求。假设激光脉冲在放大器内往返 30 次,仅仅考虑泵浦源的不稳定因素,如果要达到 10% 的输出能量稳定度,就需要高于 0.3% 的电源精度。再生放大器属于多程放大,随着激光脉冲在腔内的不断往返放大,激光介质的能量被耗尽而引起单程增益下降,再生放大器逐渐进入增益饱和区(见图 4-50)。再生放大器进入增益饱和区后,激光脉冲最大限度地提取工作介质中的储能,激光脉冲的输出波动将受到抑制而逐渐变小。此外,进入增益饱和区后,再生放大器输出对于输入种子激光的幅度变化不敏感,这有利于提高输出稳定性。所以,为了保证再生放大器输出高稳定的激光脉冲,再生放大器必须在饱和状态下输出激光脉冲。通过对短脉冲附加后缀脉冲的方式,可实现放大器在饱和状态下输出不同脉宽的激光脉冲。

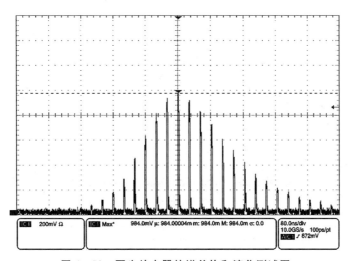

| IC1 | 200mV Ω | | IC1 | Max* | | 984.0mV μ: 984.00004m m: 984.0M M: 984.0M σ: 0.0 | 80.0ns/div 10.0GS/s　100ps/pt MC1 ♪ 872mV |

图 4-50　再生放大器的增益饱和演化测试图

2. 方波扭曲

再生放大器进入增益饱和区后,由于工作介质的增益饱和效应,其输出脉冲会出现时间波形失真。如果注入方波激光脉冲,则这种失真表现为输出脉冲前沿高于后沿。我们使用方波扭曲(square-pulse distortion,SPD)表征这种由于饱和效应而引起的失真。方波扭曲表示为失真的方波脉冲前沿与后沿的百分比。方波扭曲不利于后续激光器放大,前端系统可以通过调整种子激光的时间波形加以预补偿。但是,过大的方波扭曲增加了预补偿的难度和准确度。对输入脉冲附加后缀脉冲,可以降低方波扭曲。

3. 后缀脉冲

对短于 3 ns 的激光脉冲,在输入再生放大器之前需要附加后缀脉冲。后缀脉冲设计为 3 ns 激光脉冲。在放大器后的电光隔离器实现后缀脉冲与主脉冲的分离。加后缀脉冲的目的是:

① 保证放大器能够实现不同脉宽的激光脉冲的饱和输出;

② 防止电光开关的阈值破坏;

③ 降低 SPD。

4. 抗干扰及电磁屏蔽

考虑到工作环境周围的高电压以及大电流氙灯放电很严重,可采取两种方法作为抗干扰及电磁屏蔽的措施:

① 整个再生放大器放在一个金属屏蔽罩之内,金属屏蔽罩单独接地;

② LD 电源与电光开关采用带电池组的不间断电源(uninterrupted power supply,UPS)供电。

前端分系统在长脉宽钕玻璃再生放大器领域进行了多年的开发与改进[44,54],完成了放大器的研制:输出能量 10 mJ / 1 Hz,稳定性优于 1‰(RMS);并进行了长期的工程化运行考核。目前它已具备和国际水平相当的高性能、高稳定钕玻璃长脉宽再生放大器的生产能力。再生放大器实物如图 4 - 51 所示,能量稳定性测试结果如图 4 - 52 所示。

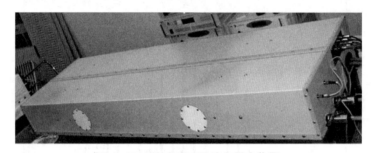

图 4 - 51 钕玻璃再生放大器实物图

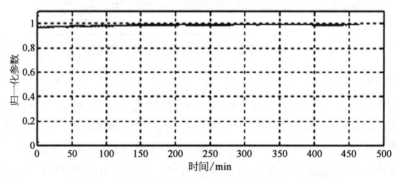

图 4 - 52 能量稳定性测试结果

4.6.4 神光 Ⅱ 装置注入系统信噪比分析[55,56]

4.6.4.1 注入系统简述

神光 Ⅱ 激光注入系统主要采用的是单纵模长脉冲削波整形方法和钕玻璃再生放大技术,以产生时间波形平滑、对比度极高、光束质量优良的纳秒激光脉冲。其基本结构如图 4 - 53 所示。

由 1 053 nm 的单纵模 DFB 光纤激光器产生 10 mW 连续激光源,经消光比 60 dB 和插入损耗 3 dB 的声光调制器,调制成对比度>53 dB、上升沿 13 ns、宽度为 510 ns 的方波

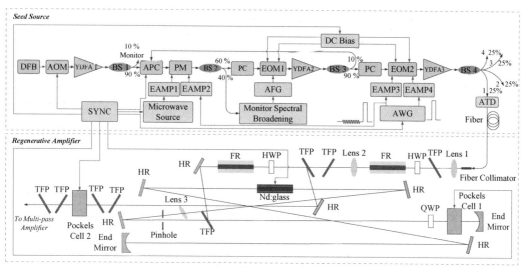

图 4-53　神光Ⅱ激光注入系统

DFB：分布式反馈激光器；AOM：声光调制器；BS：分束器；APC：自动偏振控制器；PM：位相调制器；PC：偏振控制器；EOM：电光强度调制器；YDFA：掺镱光纤放大器；EAMP：电放大器；AFG：任意函数发生器；SYNC：同步控制器；microwave source：微波源；monitor spectral broadening：光谱检测模块；AWG：任意波形发生器；ATD：可调延时器；fiber collimator：光纤准直器；lens：透镜；TFP：薄膜偏振片；FR：法拉第旋光器；HWP：半波片；HR：高反镜；QWP：1/4波片；Nd glass：钕玻璃增益介质；Pockels cell：泡克耳斯盒；end mirror：端镜；pinhole：小孔。

脉冲,再经 10：90 的分束器分束,送入掺镱光纤放大器 1 进行能量提升。由于该激光注入系统为单模光纤连接,其偏振模式的稳定性和光纤快慢轴间耦合引起的随机幅频调制的波动,主要由偏振控制器和主动偏振控制器进行控制。双级位相调制器对宽度 510 ns 的方波脉冲进行 3 GHz 和 22 GHz 的位相调制,以展宽其光谱。其中 3 GHz 的位相调制信号是由任意波形发生器产生,加载在 3 GHz 位相调制器上,以降低光谱功率密度,来抑制传输过程中的横向受激布里渊散射。由微波源产生的 22 GHz 位相调制信号被电放大器放大之后作用于波导相位调制器上,用于增加远场焦斑扫描速度,在大约 50 ps 的时间间隔内实现焦斑束匀滑的目的。集成了光栅和低通滤波器的光谱展宽监测模块和任意函数发生器以及双级电光强度调制器 1,组成了相位调制检测单元,主要用于检测 3 GHz 的相位调制是否正常。

同时,电光调制器 1(electro-optic modulator 1,EOM1)将 510 ns 的方波整形成对比度＞47 dB、宽度 310 ns 的方波。此方波经 YDFA 2 放大后,送入 EOM 2 进行时间波形的精确整形。整形输出的 3 ns 激光脉冲被 YDFA 3 放大至纳焦级后输入钕玻璃再生放大器进行能量提升,提升后的能量可达毫焦级。其中,EOM 2 的整形信号和门信号由 AWG 提供。通过改变 AWG 的整形信号,可精确调制光信号的波形。同时,同步控制器对 AOM、AWG、双级 EOM1 和 EOM2 和 LD 泵浦激光头及电光开关的时间进行皮秒级同步控制,最终输出毫焦级的纳秒激光脉冲。

4.6.4.2　噪声源分析与测试

激光注入系统噪声主要由电光器件和光放大器件的放大自发辐射(amplified

spontaneous emission，ASE)产生，所以整个系统有五个方面的噪声源，分别是：AOM
和各掺镱光纤放大器(ytterbium-doped fiber amplifier，YDFA)的连续背底噪声；相位调
制器(phase modulator，PM)调制引起的噪声；EOM 的脉冲偏置电压的漂移引起消光比
的下降；AOM 和 EOM 整形信号的门宽差异；EOM 的整形脉冲和门脉冲的延时未对齐，
引起主脉冲前有两个台阶；再生放大中，腔内\外电光开关和薄膜偏振片(thin film
polarizer，TFP)以及 1/4 波片(quarter wave plate，QWP)的组合(combination of
Pockels and TFPs，CPCT)的消光比不足引起的漏光。

1. AOM 和各 YDFA 的连续背底噪声

AOM 的调制原理是基于 Bragg 衍射效应，如图 4 - 54 所示。ν_{RF}(RF：radio frequency，
射频)是调制电信号，ν_{in} 是入射光信号。当合适的调制电信号 ν_{RF} 施加于超声波发生器时
产生超声波源，该超声波源作用于声光晶体，入射的光信号 ν_{in} 将发生 Bragg 衍射，并且以
1st 衍射为主，0st 衍射占少部分。调制后的光信号对比度可以达到 AOM 消光比的标称值
60 dB。但是，如果调制电信号 ν_{RF}、声光晶体的物理尺寸、材料特性以及制作工艺等不合
理，调制后的光信号对比度将大大下降，如图 4 - 54(b)所示。不合适的调制电信号 ν_{RF} 使
得宽度 650 ns 的方波信号的对比度＜60 dB。因此，影响 AOM 消光比的因素主要是 ν_{RF}、
物理尺寸、材料特性和制作工艺等。

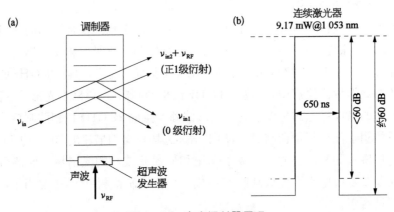

图 4 - 54 声光调制器原理

调制 AOM\EOM 后的方波能量低，需要 YDFA 进行放大，其噪声主要是 ASE，功率
P_{ASE} 为

$$P_{ASE} = 2n_{sp}(G-1)h\nu\Delta\nu \tag{4-12}$$

n_{sp} 是自发辐射光子数(Yb^{3+} 的 $n_{sp}=1.2$)，G 是 YDFA 的增益，h 是普朗克常数，ν 是中心
频率，$\Delta\nu$ 是光谱宽度[45,46]。

在测试过程中，选择 AOM 的最佳调制信号和合适型号，用光纤功率计进行测量。
结果显示，AOM 和各 YDFA 的荧光背底噪声与其他噪声相比不是很大，可以不予考虑。

2. PM 调制引起的噪声

由于 AWG 通道数不足,方波脉冲的整形信号和相位调制的电驱动信号需要共用通道。这导致整形信号和相位调制信号必须进行复合,使得 EOM 2 整形出来的 3 ns 激光脉冲带有相位调制信号,此调制的相位信号即使被 EOM 2 的门信号隔离,其噪声大小也有几十分贝。如图 4-55 所示,AOM 产生的 650 ns 方波经 PM 和 EOM 1 调制成具有相位信息且对比度为 50 dB(标称值)的 310 ns 方波,此方波再由 EOM 2 整形成 3 ns 的激光脉冲。由于 3 ns 的整形信号和位相调制信号被复合,因此调制出的 3 ns 激光脉冲前会携带有相位调制造成的类似正弦噪声的信号。

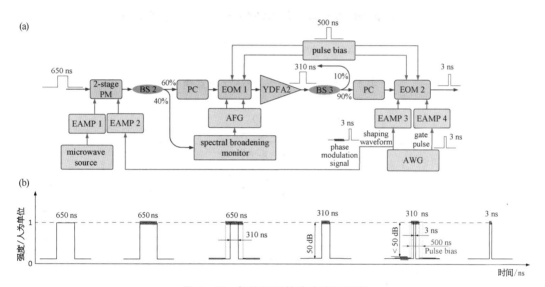

图 4-55　相位调制的脉冲波形演变

2-stage PM:双级相位调制器;EAMP:电放大器;microwave source:微波源;PC:偏振控制;AFG:任意函数发生器;spectral broadening monitor:光谱展宽检测;YDFA:掺镱光纤放大器;pulse bias:脉冲偏置;BS:分束器;phase modulation signal:相位调制信号;shaping waveform:整形波形;gate pulse:门脉冲;AWG:任意波形发生器。

在实验测试过程中,利用 12 GHz 的光电管和可调衰减器以及示波器,在注入再生前测得因相位调制引起的噪声与脉冲的对比度<25 dB,如图 4-56 所示。如果合适地调节相位调制信号和门脉冲以及脉冲偏置电压的上升沿的相对延时,可以消除此噪声。

3. EOM 的脉冲偏置电压的漂移引起消光比的下降

激光脉冲在时域上实现脉冲形状的精确整形,这通常是利用高速电脉冲信号驱动高消光比电光强度调制器来实现的。电光强度调制器的工作介质一般为铌酸锂晶体,其电光效应能够调制光场的幅度、相位、频率等参数。典型的电光强度调制器是马赫-曾德尔(M-Z)干涉仪,如图 4-57(a)所示。信号光 E_{in} 在第一个 3 dB 光波导分支处被分成两个完全相等的分量 E_{in1} 和 E_{in2}。E_{in1} 和 E_{in2} 分别经过两支路被外加电场 $x(t)$ 进行相位调制,调制后的 E_{in1} 和 E_{in2} 在第二个 3 dB 光波导处相干叠加,输出强度调制信号 E_{out}。假设外加电场 $x(t)$ 是含有直流偏置 V_{DC} 和交流部分 $V_{AC}(t)$ 的一电场,即 $x(t)=V_{DC}+V_{AC}(t)$,

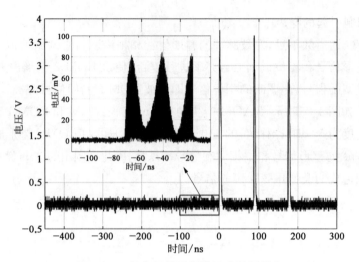

图 4-56 位相调制引起的正弦调制噪声

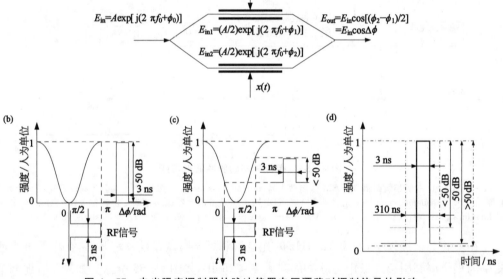

图 4-57 电光强度调制器的脉冲偏置电压漂移对调制信号的影响

则输出的强度调制信号为

$$E_{\text{out}} = E_{\text{in}}\cos\left[\frac{\pi}{2V_\pi}V_{\text{DC}} + \frac{\pi}{2V_\pi}V_{\text{AC}}(t)\right] \qquad (4-13)$$

两支路的相位差为

$$\Delta\phi = \frac{\pi}{V_\pi}x(t) \qquad (4-14)$$

其中 V_π 是半波电压,即引起光信号相位变化量为 π 时所需的电压分量。由此可见,通过

外加电场 $x(t)$ 的直流偏置 V_{DC} 和交流部分 $V_{AC}(t)$，可以改变信号光被调制的工作点和调制形状。调制后，电光强度调制器输出的光强 $I_{out} = |E_{out}|^2 = |E_{in}|^2 \cos^2(\Delta\phi)$。 当 $\Delta\phi = \pi/2$ 时，两支路干涉相消，输出光强最小，为 0；当 $\Delta\phi = 0$ 或 π 时，两支路干涉相长，输出光强最大，为 $|E_{in}|^2$。

对于电光强度调制器，外加电场和输出光强之间有着严格的对应关系。当在电光强度调制器上施加一个沿时域变化的电脉冲时，输出光强在时域上也将发生相应的变化。但是在实际使用过程中，随着工作时间变长，EOM 的脉冲偏置电压会发生漂移。现以系统中的 EOM 2 为例，当施加一脉冲偏置电压，使得 EOM 2 的两支路发生干涉相消时，在 RF 端施加 3 ns 的整形信号，使其输出 3 ns 激光脉冲的消光比达到标称值 50 dB，如图 4-57(b) 所示。但是，随着工作时间变长，该脉冲偏置电压已完全不能使 EOM 2 两支路发生干涉相消，输出的 3 ns 激光脉冲的消光比远远达不到标称值，如图 4-57(c) 所示，整个调制波形的过程如图 4-57(d) 所示。

在实验测试时，将相位调制消除后，同样，在注入再生前利用 12 G 的光电管和可调衰减器以及示波器测得，因脉冲偏置电压漂移(此时偏置电压分别为 6 900 和 2 050 mV)引起的噪声与主脉冲的对比度大约为 35 dB，如图 4-58(a) 所示。如果将偏置电压修正(此时偏置电压为 6 930 和 2 180 mV)，噪声背底将不存在，如图 4-58(b) 所示，信噪比接近两级 EOM 的消光比标称值(约 50 dB)。因此，在实际使用 EOM 时，需要精确实时控制脉冲偏置电压，这样在时域上才能够实现高信噪比的光信号整形。

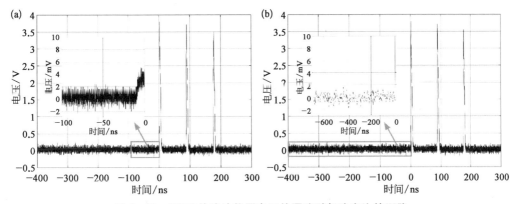

图 4-58　EOM 的脉冲偏置电压的漂移引起消光比的下降

4. AOM 和 EOM 整形信号的门宽差异以及 EOM 的整形脉冲和门脉冲的延时未对齐，引起主脉冲前存在台阶

在 3 ns 激光脉冲的调制过程中，AOM 调制出对比度约为 60 dB、门宽为 650 ns 的方波，尔后 EOM 1 将其调制成对比度 50 dB、门宽 310 ns 的方波脉冲，最后经由 EOM 1 调制成对比度 50 dB、门宽 3 ns 的激光脉冲。由于各电光器件调制门宽的不同，在它们上升或下降沿之间均存在台阶，如图 4-59 所示。此台阶是由于 AOM 和 EOM 1 及 EOM 2

的整形信号门宽不同造成的。在电光器件的整形信号和门信号延时对齐的情况下,各台阶与主脉冲的对比度,取决于输出窄门宽电光器件的消光比。也就是说,脉宽 650 ns 和 310 ns 之间的台阶与主脉冲的对比度,等于 EOM 1 的消光比;脉宽 310 ns 和 3 ns 之间的台阶与主脉冲的对比度,等于 EOM 2 的消光比。此外,各电光器件的整形信号和门信号的上升沿在未对齐的情况下,其输出脉冲的前沿台阶上会再出现一个窄台阶,且此台阶与主脉冲的对比度,等于双级 EOM 中门信号一级的消光比,宽度等于整形信号和门信号的上升沿之间的宽度。

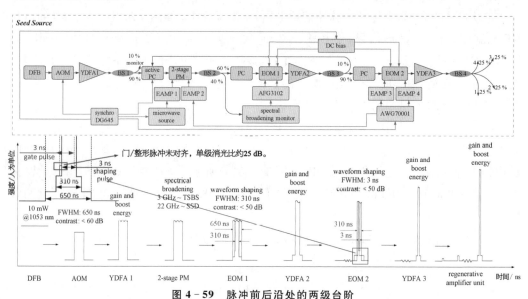

图 4 - 59 脉冲前后沿处的两级台阶

DFB:分布式反馈激光器;AOM:声光调制器;BS:分束器;monitor:监控器;active PC:主动偏振控制器;2-stage PM:双级位相调制器;PC:偏振控制器;EOM:电光强度调制;YDFA:掺镱光纤放大器;EAMP:电放大器;AFG:任意函数发生器;synchro DG645:同步机;microwave source:微波源;spectral broadening monitor:光谱展宽检测;AWG:任意波形发生器;DC bias:直流偏置;gate pulse:门脉冲;shaping pulse:整形脉冲;FWHM:半高全宽;contrast:对比度;gain and boost energy:增益能量;regenerative amplifier unit:再生放大单元。

在再生注入前(种子源输出)测试台阶的结果如图 4 - 60(a)所示。由于能量较小,未有任何噪声信号。尔后,在再生输出端测试台阶的结果如图 4 - 60(b)所示,存在两个台阶。其中,宽度为 1.2 ns 的台阶是由于 EOM 2 的整形脉冲和门脉冲的上升沿未对齐引起的,与主激光的对比度为不足 30 dB,恰好为两级 EOM 中一级门脉冲的消光比。利用可调衰减器、能量计、光电管以及示波器,测得第二级台阶与主脉冲的对比度大约为 50 dB,这就是双级 EOM 2 的消光比。

5. 再生放大单元中,腔内\外电光开关和 TFP 以及 QWP 的组合(CPCT)的消光比不足而引起漏光

在再生放大单元中,腔内的电光开关和薄膜偏振片(TFP)组合(CPCT)主要用于控制 3 ns 激光脉冲经过钕玻璃增益介质的次数。但是,由于再生腔内的漏光,且 TFP 的消光比为 200∶1,因此 4 片 TFP 和电光开关的组合消光比为 29.03 dB,直接输出的毫焦级

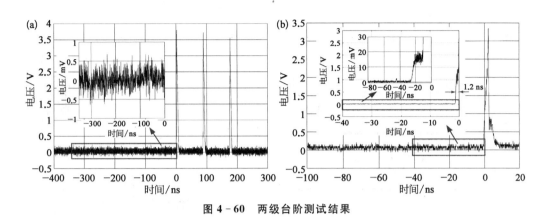

图 4 - 60　两级台阶测试结果

激光脉冲前会有一周期固定的脉冲序列,其信噪比最大为 29.03 dB,如图 4 - 61 所示。若在再生腔外加一级电光开关和 4 片 TFP 的组合,可将脉冲序列衰减 29.03 dB,大大提高输出激光脉冲的信噪比。

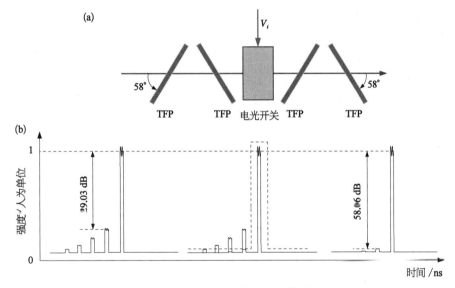

图 4 - 61　再生放大单元输出激光脉冲的对比度示意图

在实验测试再生放大单元输出时,利用可调衰减片、能量计、5 G 光电管和示波器,测得了未加第二级 CPCT 时的再生输出。如图 4 - 62(a) 所示,测得噪声与主脉冲的对比度<30 dB。图 4 - 62(b) 是加入第二级 CPCT 的再生输出,测得噪声与主脉冲的对比度>55 dB。但是,电光门内仍存在与主激光对比度为 50 dB 的台阶。因此,整个激光注入系统的信噪比为 50 dB。

4.6.4.3　总结分析

从以上分析来看,对纳秒激光脉冲信噪比影响较大的分别是 EOM 脉冲偏置电压的漂移、相位调制引入的调制、EOM 本身的消光比,以及电光开关组合 TFP 和波片的使

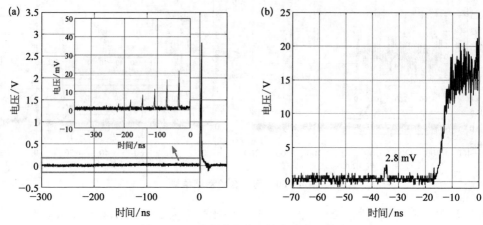

图 4 - 62　再生放大单元输出的激光脉冲

用。具体提高信噪比的措施(注意事项)如下。

① EOM 的脉冲偏置需要经常性的校准,或建立 EOM 脉冲偏置电压的自动反馈补偿装置,确保其始终工作在全关状态。

② 调节好 EOM 整形信号和门信号的上升沿,二者对齐与否直接影响种子源输出、激光脉冲的信噪比。

③ 精确调节共用 AWG 输出通道的位相调制信号与整形信号以及脉冲偏置电压上升沿的相对延时,以消除 3 ns 激光脉冲之外的位相调制;最好是相位调制信号由 AWG 单独供给。

④ 尽量使用更高消光比的 EOM,至少要大于 50 dB。

⑤ 在再生放大单元末端要使用第二级电光开关,否则信噪比会降为 30 dB。

对于 SG - Ⅱ 系列装置的激光注入系统来说,其信噪比是由各个分系统的最小信噪比决定的。所以,目前该系统信噪比取决于种子源输出的脉冲对比度,换句话说,就是取决于 EOM 2 的消光比,为 50 dB。

4.6.5　空间强度分布控制组件

4.6.5.1　系统功能

空间整形系统的主要功能是对前端注入系统输出的激光光束进行空间整形,整形后的激光光束经过预放系统和主放大器系统放大后,在驱动器终端得到空间均匀分布的激光光束。

对于近场光束质量,从光束边沿轮廓、光束大面均匀性、光束局部的中高频调制三个方面综合要求,具体采用软化因子、近场光强调制度、近场通量对比度、近场通量概率密度曲线来定量描述。

高功率激光装置对近场整形控制的需求,包括对光束近场边沿轮廓的控制、近场均匀性补偿,以及基于抑制损伤点增长的近场遮挡。

强激光在系统传输过程中,一方面要求激光束强度的空间分布应为高阶超高斯平顶分布,即具有较大的光束填充因子,以提高系统能量抽取效率;另一方面,有限束宽的光束边沿,可看作“障碍物”,会由于光束衍射造成近场调制,破坏光束近场均匀性,最终导致装置负载能力的下降。因此,既要保证光束具有较高的填充因子,又要减小光束衍射效应引入的调制,这就必须合理设计光束近场的边沿轮廓。同时,在高增益条件下,放大器的增益不均匀性会影响激光光束的近场强度分布,因此需要预补偿增益不均匀性造成的近场强度分布不均匀。另外,激光装置在高通量运行时,会因光学元件污染、光学元件加工疵病、光强局部调制、鬼光束等原因,发生某些光学元件的局部损伤,在损伤尺度不大且数量较少的情况下,可以通过近场遮挡的方式来避免损伤点损伤情况的进一步加剧,从而延长光学元件的使用寿命。

近场强度控制主要包括三方面的内容。

(1) 实现近场均匀化分布,进而优化光束质量

在钕玻璃放大器的自发辐射效应比较小,不足以影响空间增益分布的情况下,为了有效地利用激光光束口径,提高高功率激光系统的整体效率和充分利用光能,需要把从再生放大器输出的高斯光束,整形为平顶输出的均匀光束。

在拍瓦前端系统中,为了得到高稳定的啁啾放大脉冲输出,也要求输入激光束的空间强度分布为平顶分布。

(2) 实现特殊近场分布,用于预补偿后续放大器的增益不均匀性

在主放大器中,片状大口径钕玻璃的高增益能力和长增益距离会带来严重的自发辐射效应(ASE)。ASE 效应不仅会降低激光介质的储能效率,而且会对增益均匀性产生严重影响,使钕玻璃放大器在横向方向上和纵向方向上由于激光的传输距离不同而具有不同的增益分布。在横向方向上由于激光的传输距离较长,边缘自发辐射效应明显,消耗了部分反转粒子数,造成中心部位的增益高、边缘部位的增益低;而在纵向由于激光的传输距离相对较短,自发辐射效应不明显,增益分布基本一致。为此,必须在空间上进行一维的增益预补偿,使放大器的高增益区对应于输入光束的低强度区,最后在高功率激光驱动器的终端得到空间强度分布均匀的激光光束。

(3) 实现多个实时可调的遮挡点,用于屏蔽后续元件上的损伤点,延长器件使用寿命

当后续光学元件有损伤点时,通过近场整形元件在对应位置进行屏蔽,从而避免后续光学元件的损伤点进一步扩大。

(4) 对光束近场边缘进行二次整形,以提升后续系统的能量利用率。

4.6.5.2　设计要求

① 工作波长:1 053 nm;

② 近场校正能力:对比度优于 100∶1;

③ 近场校正空间分辨率:优于 1% 光斑尺寸;

④ 屏蔽点定位精度：小于 1% 光斑尺寸。

4.6.5.3　技术路线

近场强度控制技术是提升高功率激光系统运行通量水平的关键技术之一。近场强度控制器件的技术难点主要是：高精度的近场强度控制能力、小波前畸变、高透射率以及高破坏阈值。

国内外用于 ICF 高功率激光系统的空间整形技术，从历史上看主要有三种：一是 LLNL 实验室在子束（beamlet）中使用的双折射透镜组结合中性可变灰度滤波器的技术[57]；二是 LLNL 在 NIF 中使用的镀铬玻璃二元光学技术[58]；三是电寻址空间光调制器技术[59]和光寻址空间光调制器技术[60]。

双折射透镜组空间整形技术可以将高斯光束或者超高斯光束整形为平顶分布的圆形均匀光束。它要求输入光束空间强度分布中心对称，它的引入会改变激光光束的波前和波面以及光束指向，但是通过合理设计，可以极大地减小在这方面的影响。据目前我们得到的最好结果，双折射透镜组的整体透射波前<0.1λ，但是该技术只能对称调节近场空间强度分布，在高功率激光装置中使用并不方便[61]。

中性灰度滤波器主要是通过控制膜层密度来控制光学元件不同部位的透射率分布，但是这种连续镀膜的加工工艺难度较大，而且很难精确地调节激光光束的空间分布。

二元光学技术[40]是将光学面板设计成由许多小的像素组成的光学元件，每个像素的透过率或者是 0 或者是 1，通过控制光学基板上像素的大小和透过率为 1 的像素的密度分布，结合空间滤波器来达到调节光束空间光强的目的。它相对于连续镀膜的控制透射率的中性灰度滤波器技术来说，由于单个像素的大小和位置更容易控制，因此可以更精确地调制光束的空间分布。二元光学元件的制作，采用电子束刻写或者激光刻写的方法，即先在玻璃基底上镀一层氧化铬，然后在铬层上镀一层光刻胶。通过电子束或激光束曝光，经过曝光的光刻胶在腐蚀清洗后，图像转移到光刻胶上，然后再进行金属腐蚀，没有光刻胶保护部分的铬被腐蚀掉。然后去掉铬层上的光刻胶并进行清洗后，制成二元光学面板。目前，电子束刻写的精度可以达到 0.3 μm，激光束刻写的精度可以达到 0.1 μm。但是这种基于铬板的二元光学近场整形器件虽然可控精度高，但是破坏阈值受限于金属铬的破坏阈值（约 100 mJ/cm²）。

上海光机所的联合室已实现了小波前畸变的介质膜二元振幅整形器件的设计、加工以及工程应用，通光区域透过率达 99.9%，损伤阈值约 15 J/cm²（脉冲宽度 3 ns），分辨率 20 μm×20 μm，最大通光口径 50 mm，开关比高于 300∶1。该器件一是可以作为激光系统中软边光阑使用，对激光近场的边缘轮廓进行整形；二是可以实现激光系统中近场强度分布的精确控制，实物和整形效果见图 4-63[40]。目前，该类元件已在神光Ⅱ升级、神光Ⅱ第九路等装置上得到成熟运用，并提供给其他领域的多家单位使用。

图 4-64 所示为神光Ⅱ第九路拍瓦装置设计的椭圆软边光阑，(a)为软边光阑设计图，(b)为拍瓦终端输出的椭圆近场分布图。

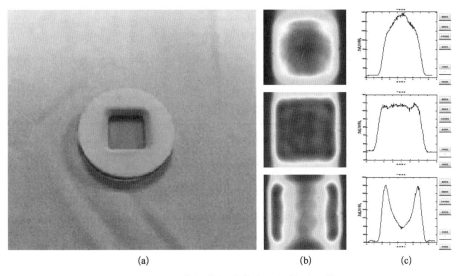

图 4 - 63　高损伤阈值静态近场控制元件

（a）实物图；（b）整形效果图；（c）水平方向一维分布。

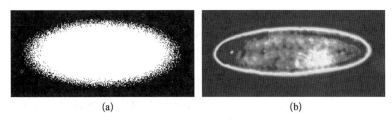

图 4 - 64　椭圆形软边光阑（彩图见图版第 7 页）

（a）椭圆软边光阑的设计；（b）拍瓦装置终端输出的椭圆近场分布图。

但是基于介质膜的近场整形器件，不能够实时控制近场强度分布，因此研制了基于光寻址空间光调制器的高效集成化近场主动控制器件[41-43]，以满足高功率激光装置对激光的实时近场控制需求。

光寻址空间光调制器作为一种透射式、振幅型空间光调制器，与目前现有的 TFT 型透射式液晶空间光调制器相比，具有透过率高、填充因子高、无黑栅效应、后续光路无衍射斑等优点。在 ICF 高功率激光系统中，通过使用该调制器可以优化光束质量，提升激光系统的运行通量水平，从而提升系统的造价比。

工作原理如图 4 - 65 所示，光导层与液晶层呈串联结构，通过控制光导层上的光敏光强度来调节液晶层上的分压，进而控制液晶层的位相延迟，再通过后续检偏器的解

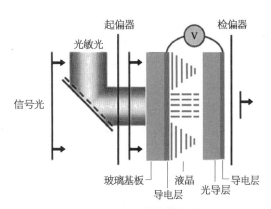

图 4 - 65　空间光调制器的控制原理图

调,便可实现对信号光空间强度分布的控制。

课题组从液晶模式优化选择、以晶体为基板的液晶制盒工艺、光敏光成像系统设计、集成化设计等方面进行技术攻关,目前达到的技术指标与国际上相关器件作比较,结果如表 4-4 所示。

表 4-4　光寻址空间光调制器和国外同类器件关键参数比对

关　键　参　数	美国 NIF 装置	中国神光 II 装置
工作波长	1 053 nm	1 053 nm
通光口径	22 mm×34 mm （光斑 18 mm×18 mm）	22 mm×22 mm
波前畸变	0.5λ	0.3λ(13 mm×13 mm) 1.0λ(22 mm×22 mm)
透过率	90%	90%
损伤阈值		100 mJ/cm²(5 ns)
开关比	100∶1	100∶1

调制器主体部分的实物图如图 4-66 所示。

(a)   (b)

图 4-66　光寻址液晶空间光调制器实物图(a)和软件操作界面图(b)

自此,联合室实现了灵活的近场强度控制技术,既有高损伤阈值的静态近场控制元件,又有在线可实时调控的透射式空间光调制器技术。目前,上述两类器件均已经应用在神光 II 系列装置上。

在神光系列装置上,近场控制系统采用"灵活主动控制+静态分布控制"的技术方案,通过三级空间整形来实现[50]。三级空间整形模块分别为:近场整形模块(beam shaping, BS)、光寻址空间光调制器和二次整形模块。三级空间整形模块依据光束通过顺序,其功能描述如图 4-67 所示。

1. 光束近场整形模块

对激光束进行预近场整形,形成软化因子<0.1 的整形光束,用于抑制像传递过程中

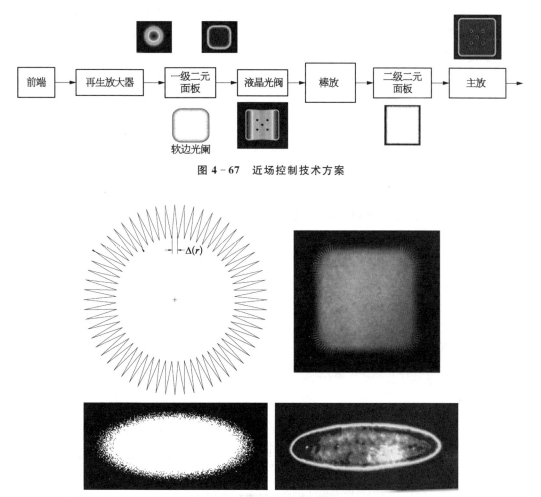

图 4 - 67　近场控制技术方案

图 4 - 68　不同形状的软边光阑

的菲涅尔衍射,如图 4 - 68 所示。光束近场整形模块输出的整形光束为方形光束。近场整形模块实现较人软化因子的方形光束,二次整形模块进一步降低软化因子。

2. 光寻址空间光调制器

光寻址空间光调制器对光束有效区内的近场分布进行灵活修正,以实现以下几项功能:

① 补偿前置放大组件和后级放大组件放大过程中引入的增益不均匀性;

② 配合二次整形模块,灵活调整主放系统注入光束的空间整形光束近场分布,以匹配主放系统在不同运行状态下的增益分布补偿要求;

③ 配合后续系统的光学件损伤屏蔽需求,实现光束近场的"挖孔"功能。

3. 二次整形模块

二次整形模块采用基于二元 MASK 技术的软边光阑。二次整形模块位于主放系统主放注入模块,对预放系统光束进行最后一次整形,以满足主放系统对预放系统输出光束的要求。二次整形模块提高了光束的边缘陡峭度,可进一步提升光束的有效利用面积,从而提升了系统总输出能力。

4.6.6　OPCPA 泵浦组件

4.6.6.1　功能描述

在高能短脉冲激光装置中,为满足物理实验的研究需要,不但要求极高的输出激光峰值功率,而且对脉冲信噪比提出了更高的要求。光参量啁啾脉冲放大(OPCPA)具有高增益、宽带宽、高信噪比以及低热效应等突出优点,使得 OPCPA 技术成为预放大啁啾脉冲的理想手段。通过提高 OPCPA 在整个固体激光放大链中的增益比重,可减少后级所需钕玻璃放大器的级数,有效减小系统的 B 积分,使得自发辐射放大(ASE)、增益窄化等因素的影响降低,同时可有效抑制预脉冲的影响,从而保证整个系统的信噪比和输出能量。

由于 OPCPA 输出稳定性与泵浦源的稳定性密切相关,一台高稳定度的焦耳级 OPCPA 泵浦源是关键技术之一。它为 OPCPA 提供一个高稳定度、高时间同步精度、时间和空间均经过整形的焦耳级 532 nm 单纵模激光脉冲。由于泵浦光在时间、空间上经过充分整形,且同步精度控制在 10 ps 量级,在良好匹配晶体长度、信号光强及泵浦光强的基础上,将有效提升 OPCPA 输出稳定性(见图 4-69)。

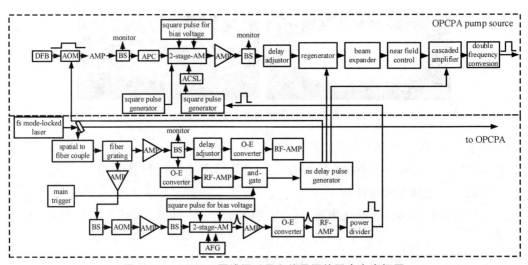

图 4-69　OPCPA 泵浦源以及和信号源的同步方案框图

DFB:分布反馈式激光器;AOM:声光调制器;AMP:放大器;BS:分束器;APC:自动偏振控制器;2-stage-AM:双级振幅调制器;ACSL:孔径耦合微带线;AFG:任意函数发生器;delay adjustor:可调延时器;regenerator:再生放大器;beam explander:扩束器;near field control:近场控制;cascaded amplifier:级联放大器;double frequency conversion:倍频转换;fs mode-locked laser:飞秒锁模激光器;spatial to fiber couple:空间-光纤耦合;fiber grating:光纤光栅;O-E converter:光电转换器;RF-AMP:射频信号放大;and-gate:与门;ns delay pulse generator:纳秒级延时发生器;monitor:监控端;square pulse generator:方波脉冲发生器;square pulse for bias voltage:方波偏置电压;power divider:功分器。

4.6.6.2　主要技术指标需求

◆ 单脉冲能量：700 mJ；

◆ 输出波长：532 nm（倍频）；

◆ 输出波形：近似平顶；

◆ 脉宽：8 ns；

◆ 输出稳定性：2%（RMS）；

◆ 重复工作频率：1 Hz；

◆ 输出光束口径：10 mm。

4.6.6.3　技术路线

高稳定焦耳级 OPCPA 泵浦源的制作，是基于高稳定单纵模光纤激光器、脉冲时间整形技术、光纤激光放大器、半导体激光阵列（laser diode array，LDA）泵浦 Nd：YAG 再生放大器、二元光学空间整形技术、氙灯泵浦 Nd：YAG 行波放大器、倍频器等。

1. 主振荡器

主振荡器采用掺镱 $\lambda/4$ 相移分布反馈光纤激光器，中心波长 1 064 nm，输出功率 10 mW，输出功率稳定性约为 2%，偏振度优于 20 dB，单纵模概率接近 100%。

2. 声光调制器

为了提高输出激光脉冲信噪比，以及避免背景光使光纤放大器饱和，在光纤激光器（主振荡器）输出端采用一台声光调制器进行削波。声光调制器利用它的一级 Bragg 衍射削波，实现由连续激光到 100～400 ns 时间宽度脉冲激光的变换。

3. 时间整形单元

其核心器件为集成波导型振幅调制器，所需驱动电信号由 ACSL 整形电脉冲发生器提供。整形脉冲前沿大约 150 ps，脉冲宽度 100 ps～8 ns，外触发同步精度约为 10 ps RMS，对比度大于 10∶1。

4. 光纤放大器

使用两台掺镱光纤放大器，将整形脉冲从 1 pJ 放大到 1 nJ，总增益 10^3，每台光纤放大器泵浦的功率为 250 mW。

1 064 nm 的掺 Yb 光纤放大器与 1 053 nm 掺 Yb 光纤放大器采用同样的结构，但将窄带滤波器更换为 1 064 nm 工作波段。

5. 再生放大器

再生放大器采用 Nd：YAG 作为增益介质，输入能量约为 1 nJ，输出能量约为 10 mJ，总增益 10^7，输出稳定性约为 3%（RMS）。

6. 空间整形处理

在拍瓦前端系统中，为了得到高稳定的啁啾放大脉冲输出，要求泵浦激光束的空间强度分布为平顶分布。利用二元光学近场整形器件，把从再生放大器输出、空间分布为高斯分布的光束，整形为平顶光束。

7. 四程放大器

四程放大器把整形脉冲从 2 mJ 放大到 200 mJ。四程放大器内部包含一级电光开关、一级空间滤波器,分别用于防止自激振荡和改善光束质量。

四程放大器光路结构如图 4-70 所示。

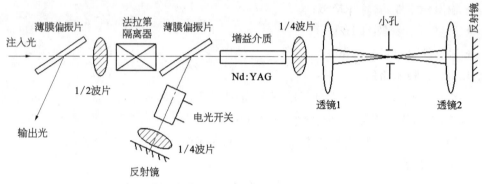

图 4-70 四程放大器的结构示意图

入射激光首先经过一级法拉第隔离器,进入 Nd∶YAG 晶体进行第一次放大,然后由末端的全反射镜反射回来,进行第二次放大。接着依次经过电光开关、1/4 波片,再由另一块全反射镜反射回来,进行第三、第四次放大,最后穿过法拉第隔离器,由薄膜偏振片反射输出。

8. 双程放大器

四程放大器、双程放大器之间采用一级法拉第隔离器,以抑制级间振荡。双程放大器进一步把整形脉冲从 200 mJ 放大到 800 mJ。双程放大器工作在深度饱和区,以提高稳定性。

双程放大器光路结构如下:入射激光首先经过一级法拉第隔离器,进入 Nd∶YAG 晶体进行第一次放大,然后由末端的全反射镜反射回来进行第二次放大,最后由薄膜偏振片反射输出(见图 4-71)。

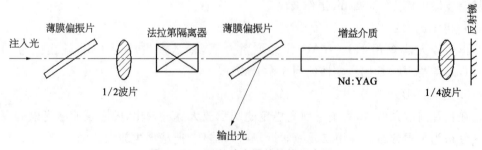

图 4-71 双程放大器的结构示意图

9. 倍频器

最后，用 KDP 晶体作为倍频晶体，将 800 mJ、1 064 nm 激光倍频后得到 400 mJ、532 nm 绿光。

为了获得较好的 OPCPA 输出稳定性，要求 OPCPA 泵浦源脉冲时间波形为方波，光强近场分布近平顶，时间同步精度高，输出能量稳定。我们采用基于单纵模激光器结合波导调制器和电脉冲整形的种子源技术、半导体阵列（LDA）泵浦 Nd：YAG 再生放大器技术、二元光学空间整形技术、氙灯泵浦 Nd：YAG 行波放大器技术以及倍频等，完成了高稳定度焦耳级 OPCPA 泵浦源的研制，已于 2010 年 5 月开始投入运行使用（见图 4 - 72），达到的主要技术指标如下：

图 4 - 72　泵浦源固体放大链实物图

依次包括：Nd：YAG 再生放大器；扩束器和软边光阑；空间滤波器；三级 Nd：YAG 棒状放大器；倍频器。

① 输出能量（倍频）：大于 1 J；

② 输出能量稳定性：1%（RMS）（见图 4 - 73）；

③ 时间同步精度：小于 5 ps（RMS）（见图 4 - 74）；

④ 输出波长：532 nm，单纵模；

⑤ 输出激光脉冲时间波形：约 8 ns 方波（见图 4 - 75）；

⑥ 光束口径：约 ϕ10 mm；

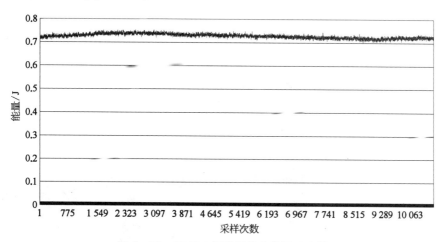

图 4 - 73　OPCPA 泵浦源输出能量稳定性

⑦ 近场光强空间分布：近似平顶（见图 4 - 76）；

⑧ 重复工作频率：1 Hz。

所完成的高稳定焦耳级 OPCPA 泵浦源为 OPCPA 高性能输出提供了关键的技术支撑。

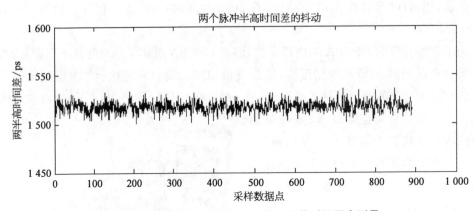

图 4 - 74　OPCPA 泵浦源和信号源之间的时间同步测量

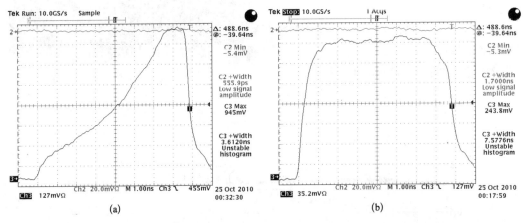

(a)　　　　　　　　　　　　　　　　　　(b)

图 4 - 75　OPCPA 泵浦源前端系统输出时间波形(a)和泵浦源最终输出时间波形(b)

low signal amplitude：低信号振幅；unstable histogram：不稳定性直方图；width：宽度。

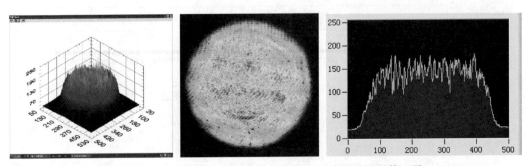

图 4 - 76　OPCPA 泵浦源近场光强空间分布(彩图见图版第 7 页)

§4.7　总结

前端预放系统是高功率激光装置的源头,其作用是产生各项特性独立可控的高品质激光种子脉冲。经过近 30 年的积淀,神光 II 装置前端预放系统已能够为装置提供具备光束全域控制能力、具有相应功能、精确同步的多档种子脉冲,能够实现焦耳级的能量放大输出,同时具备系统运行监测和异常反馈控制的能力,并为整个激光链路提供不同精度的触发信号,其各项技术指标已达到国际先进水平,可满足聚变级驱动器的功能和性能需求。另外,经多年的攻关,在单元技术和系统集成技术方面取得了多项关键技术突破。

展望未来,高能密度物理与应用研究物理实验对驱动器的需求也会进一步提高,期望着高功率激光装置具备更为灵活和更加精益求精的光束控制能力,比如更加灵活可控的光谱控制能力[47]、具备更高损伤阈值的灵活的近场控制器件[48]、具备一定重复频率的焦耳级预放大技术[49]。

参考文献

[1]　Haynam C A, Wegner P J, Auerbach J M, et al. National Ignition Facility laser performance status[J]. Applied Optics, 2007, 46(16): 3276.

[2]　Spaeth M L, Manes K R, Kalantar D H. Description of the NIF Laser[J]. Fusion Science & Technology, 2016, 69(1): 25 – 145.

[3]　Jean-François G, Hares J, Vidal S, et al. Recent advances in the front-end sources of the LMJ fusion laser[J]. Proceedings of SPIE — The International Society for Optical Engineering, 2011, 7916(6): 79160I – 79160I – 10.

[4]　Crane J K, Martinez M D, Moran B D, et al. Description and performance of the preamplifier for the National Ignition Facility (NIF) laser system[J]. Proceedings of SPIE — The International Society for Optical Engineering, 1997, 3047: 601 – 609. DOI:10.1117/12.294350.

[5]　Bowers M, Burkhart S, Cohen S, et al. The injection laser system on the National Ignition Facility[J]. The European Physical Journal C — Particles and Fields, 2006, 48(1): 3 – 13.

[6]　Hopps N W, Wilcox R B, Hermann M R, et al. Optimization of the alignment sensitivity and energy stability of the NIF regenerative amplifier cavity[J]. Proc SPIE, 1999, 3492.

[7]　Kogelnik H, Li T. Laser beams and resonators[J]. Proceedings of the IEEE, 2005, 54(10): 1312 – 1329.

[8]　Sanderson R L, Streifer W. Laser resonators with tilted reflectors[J]. Appl Opt, 1969, 8(11): 2241 – 2248.

[9]　Halbach K. Matrix representation of gaussian optics[J]. American Journal of Physics, 1964, 32(2): 90 – 108.

[10]　Hauck R, Kortz H P, Weber H. Misalignment sensitivity of optical resonators[J]. Applied Optics, 1980, 19(4): 598 – 601.

[11]　Magni V. Resonators for solid-state lasers with large-volume fundamental mode and high alignment stability[J]. Applied Optics, 1986, 25(13): 2039.

[12]　吕百达, Weber H. 多元件光学谐振腔的失调灵敏度[J]. 中国激光, 1985(09): 513 - 517.

[13]　Auerbach J M, Karpenko V P. Serrated-aperture apodizers for high-energy laser systems[J]. Applied Optics, 1994, 33(15): 3179 - 3183.

[14]　Julien X, Adolf A, Bar E, et al. LIL laser performance status[J]. Proceedings of SPIE — The International Society for Optical Engineering, 2011, 7916(6): 791610 - 791610 - 13.

[15]　Peng Y, Wang J, Zhang Z, et al. Multifunctional high-performance l0-J level laser system[J]. 中国光学快报: 英文版, 2014, 012(004): 43 - 47.

[16]　Orth C D, Payne S A, Krupke W F. A diode pumped solid state laser driver for inertial fusion energy[J]. Nuclear Fusion, 1996, 36(1): 75.

[17]　Caird J, Agrawal V, Bayramian A, et al. Nd: glass laser design for laser ICF fission energy (LIFE)[J]. Fusion Science and Technology, 2009, 56(2): 607 - 617.

[18]　Bibeau C, Bayramian A J, Armstrong P, et al. Full system operations of mercury: A diode-pumped solid-state laser[J]. Fusion Science & Technology, 2005, 47(3): 581 - 584.

[19]　Orth C D, Beach R J, Bibeau C M, et al. Design modeling of the 100 - J diode-pumped solid state laser for Project Mercury. Proc SPIE 3265, Solid State Lasers VII, 1998 - 05 - 27. doi: 10. 1117/12. 308664.

[20]　Sekine T, Matsuoka S-I, Yasuhara R, et al. 84 dB amplification, 0. 46 J in a 10 Hz output diode-pumped Nd: YLF ring amplifier with phase-conjugated wavefront corrector[J]. Opt Express, 2010, 18(13): 13927 - 13934.

[21]　Bagnoud V, Puth J, Zuegel J D, et al. High-energy, 5 - Hz repetition rate laser amplifier using wavefront corrected Nd: YLF laser rods. Proceedings of the Advanced Solid-State Photonics, Santa Fe, New Mexico, F 2004/02/01, 2004[C]. Optical Society of America.

[22]　Yasuhara R, Kawashima T, Sekine T, et al. 213 W average power of 2. 4 GW pulsed thermally controlled Nd: glass zigzag slab laser with a stimulated Brillouin scattering mirror[J]. Opt Lett, 2008, 33(15): 1711 - 1713.

[23]　潘淑娣. Nd: YLF 晶体特性及全固态激光器研究[D]. 济南: 山东师范大学, 2007.

[24]　曹渭楼, 陈庆浩, 朱智敏, 等. 用于激光核聚变的可长时间单纵模稳定运转的 Nd: YAG 和 Nd: YLF 激光振荡器的研究. 光学学报, 1986, 6(9): 669 - 775.

[25]　谢兴龙, 陈绍和, 林尊琪, 等. 利用高压微带传输线驱动光电开关实现激光脉冲的任意整形. 激光与光电学进展增刊, 1999, 9: 71 - 73.

[26]　陈绍和, 陈有明, 陈韬略, 等. 一种新的锁模技术. 科学通报, 1991, 36(20): 1542 - 1543.

[27]　陈绍和, 陈韬略, 陈有明, 等. 长短脉冲振荡器输出同步研究. 光学学报, 1991, 11(12): 1091 - 1095.

[28]　沈磊, 陈绍和, 刘百玉, 等. 利用集成光学技术的新型时间脉冲整形系统. 2003, 23(5): 598 - 603.

[29]　Li X C, Fan W, Wei H, et al. The progress of the front-end source of SG - Ⅱ high power laser system. The Review of Laser Engineering, 2008, Supplemental Volume: 1168 - 1171.

[30]　Fan W, Yang X T, Li X C. Stable single frequency and single polarization DFB fiber lasers

operated at 1053 nm. Optics & Laser Technology，2007，39：1189 – 1192.

[31] 陈柏,范薇,李学春,等.稳定运行的相移 DFB 单纵模单偏振掺镱光纤激光器[J].中国激光,2002,
29(6)：512.

[32] 高云凯,蒋运涛,李学春.基于孔径耦合带状线的激光脉冲整形系统[J].中国激光,2005,32(12)：
1619 – 1622.

[33] 王江峰,朱海东,李学春,等.整形激光脉冲与激光探针同步技术.中国激光,2005,35(1)：1619 – 1621.

[34] 张妍妍,李国扬,范薇,等.基于大能量拍瓦系统的高精度同步触发技术.激光与光电学进展,
2016,53：081405.

[35] Jiang Y E, Li X C, Zhou S L, et al. Microwave resonant electro-optic bulk phase modulator for two-
dimensional smoothing by spectral dispersion in SG – II. Chin Opt Lett, 2013, 11(5)：052301.

[36] Zuegel J D, Jacobs-Perkins D W. Efficient, high frequency bulk phase modulator. Applied
Optics, 2004, 43：1946.

[37] Microwave phase modulators for smoothing by spectral dispersion. 192 LLE Review, 1996, 68：192.

[38] 李东,刘百玉,刘进元,等.用于高功率激光装置中的电脉冲整形系统[J].光子学报,2005,34(9)：
1304 – 1306.

[39] 高云凯,蒋运涛,李学春.基于孔径耦合带状线的激光脉冲整形系统[J].中国激光,2005,32(12)：
31 – 34.

[40] 谢杰,范薇,李学春,等.二元振幅面板用于光束空间整形.光学学报,2008,28(10)：1959 – 1966.

[41] Huang D J, Fan W, Li X C, et al. Performance of an optically addressed liquid crystal light valve
and its application in optics damage protection[J]. Chinese Opt Lett, 2013, 11(07)：072301.

[42] Huang D J, Fan W, Li X C, et al. Beam shaping for 1053 – nm coherent light using optically
addressed liquid crystal light valve. Chinese Opt Lett, 2012, 10(s2)：S21406.

[43] Huang D J, Fan W, Li X C, et al. An optically addressed liquid crystal light valve with high
transmittance. Proc SPIE, 2012. 8556：855615.

[44] 王江峰,朱海东,李学春,等.高稳定激光二极管抽运 Nd：YLF 再生放大器[J].中国激光,2008,
35(2)：187 – 190.

[45] Giles C R, Desurvire E. Modeling erbium-doped fiber amplifiers[J]. Journal of Lightwave
Technology, 1991, 9(2)：271 – 283.

[46] Dawson J W, Messerly M, Phan H H, et al. High-energy, short-pulse fiber injection lasers at
lawrence livermore national laboratory [J]. IEEE Journal of Selected Topics in Quantum
Electronics, 2009, 15(1)：207 – 219.

[47] Qiao Z, Wang X C, Fan W, et al. Suppression of FM-to-AM modulation by polarizing fiber front
end for high-power lasers[J]. Applied Optics, 2016, 55(29)：8352 – 8358.

[48] Lindl J D, Moses E I, Spaeth M L, et al. Overview：Development of the National Ignition
Facility and the transition to a user facility for the ignition campaign and high energy density
scientific research[J]. Fusion Science & Technology, 2016, 69(1).

[49] Lawrence Livermore National Laboratory. New optical fiber both polarizes and amplifies[EB/
OL]. https：// lasers. llnl. gov/ news/ science-technology/ 2016/ october.

［50］ Fan W, Jiang Y, Wang J, et al. Progress of the injection laser system of SG – II［J］. High Power Laser Science and Engineering, 2018, 6(e34)：1 – 27.

［51］ Nakano H, Miyanaga N, Yagi K, et al. Partially coherent light generated by using single and multimode optical fibers in a high-power Nd：glass laser system［J］. Appl Phys Lett, 1993, 63(5)：580 – 582.

［52］ 许发明,陈绍和,陈兰荣,等.复杂激光脉冲波形的整形［J］.光学学报,1996,16(7)：943 – 947.

［53］ 王春,陈绍和,许发明,等.ICF固体激光驱动器前级系统中的脉冲整形［J］.量子电子学报,2000, 17(6)：479 – 492.

［54］ Zhang P, Jiang Y, Wang J, et al. Improvements in long-term output energy performance of Nd：glass regenerative amplifiers［J］. High Power Laser Science and Engineering, 2017, 5(e23)：1 – 7.

［55］ Xia G, Fan W, Wang X, et al. Detection and analysis of the signal-to-noise ratio in the injection laser system of the Shenguang-II facility［J］. Applied Optics, 2018, 57(34).

［56］ 夏刚.高损伤阈值液晶器件研究与纳秒激光信噪比分析（博士生论文）［D］.中国科学院大学,2019.

［57］ Van Wonterghem B M, Salmon J T, Wilcox R W. Beamlet pulse-generation and wavefront-control system［J］. UCRL – LR – 105821 95 – 1, Lawrence Livermore National Laboratory, 1995.

［58］ Bowers M W,.Henesian M A. NIF Beam Shaping Masks［J］. UCRL – ID – 146152, LLNL, 2001.

［59］ 陈怀新,隋展,陈祯培,等.采用液晶空间光调制器进行激光光束的空间整形［J］.光学学报,2001, 21(9)：1107 – 1111.

［60］ Heebner J, Wegner P, Haynam C. Programmable beam spatial shaping system for the National Ignition Facility∥SPIE LASE［A］. International Society for Optics and Photonics, 2011.

［61］ 杨向通,范薇.利用双折射透镜组实现激光束空间整形［J］.光学学报,2006,26(11)：1698 – 1704.

第5章
神光Ⅱ高功率激光放大系统

§5.1 放大系统的功能和总述

高功率固体激光驱动器的主体是由各种型号的放大器分系统组合而成,每个放大单元由放大器、隔离器和空间滤波器组成,实现光束放大、整形控制、传输扩束、隔离保护等多种功能。其中的核心器件就是放大器,包括脉冲式氙灯、各种形状的钕玻璃及机械框架等组成部分,其目标是将脉冲激光尽可能放大。作为高功率激光装置核心组成部件,放大器的技术水平、性能及造价对装置有着巨大的推动和制约作用,不同时期的放大器系统技术直接反映了各型激光装置的性状。

放大系统是高功率激光装置的核心部分,首先它是把电能转化为光能的器件,包含放大器、隔离器和空间滤波器等不同的功能单元。对于一个高功率激光装置,超过99.9%的基频输出能量来源于放大器系统中的各类钕玻璃放大器,而其中又有超过80%能量是由各类片状放大器提供;其次,放大系统是获得高质量光束的关键点。高功率激光不仅要求能量高,而且要求质量好,也就是通常说的"能放大、能聚焦",几百毫米的光束只有分布均匀才能够得到充分放大,这远超一般激光器的要求;此外,放大系统的一致性要求高。由于高功率激光装置包含了多束光甚至上百束光,这就要求输出的每束光的品质尽可能相同,包括大小、能量、功率、路径长度等参数。这依靠放大器系统的合理设计、元件的一致性等来保障实现,有些类型的元件会多达数千件。

激光放大系统包括小口径的预放系统以及大口径的主放系统,它们将前级高增益的小口径放大器输出的具有特殊时间和空间特性的激光束进一步放大至设计要求,并传输到靶场;其主要由棒状放大器、片状放大器、空间滤波器、磁光隔离器和若干反射镜组成。放大系统是激光驱动点火装置的核心部分,也是决定激光驱动点火装置总体规模与布局的主体部分之一,主要包括激光脉冲能量放大、光束控制与补偿两大功能。图5-1、图5-2所示为神光Ⅱ升级装置的主放系统主要功能示意图。

主放系统实现功能如下:

① 激光脉冲能量放大功能:将前级再生放大器注入的激光脉冲由毫焦级放大到万

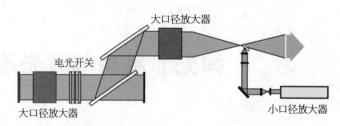

图 5 - 1　类 NIF 的大口径多程放大器系统

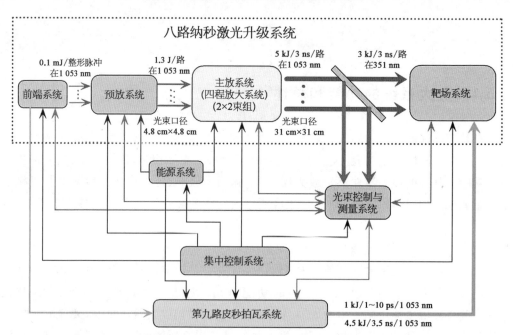

图 5 - 2　主放系统在神光Ⅱ8 路纳秒级升级系统中与其他各系统的关系

焦级（1ω／5 ns／束，平顶脉冲）。

② 光束控制与补偿功能：利用相关光束控制与补偿技术的优化组合，确保系统输出的光束质量（包括近场分布与远场分布）满足高效三倍频和靶面能量集中度的基本要求。

放大系统不仅是激光驱动点火装置规模最大的系统，也是占用实验室面积最多的系统，其总体性能直接决定装置总体的主要指标和性价比。在 50 多年的激光技术发展史上，大型激光驱动器的构型仅有过两种类型，一种是逐级放大扩束的 MOPA 技术，另一种是大口径多程放大技术，它们都直接与放大系统的构型相关。上海高功率激光物理联合实验室是我国最早开展各类钕玻璃放大器及放大系统研究的单位，不同时期研制的神光系列装置代表不同的技术构型，创造了我国高功率激光发展史上的多项第一。

① 设计并研制神光Ⅰ装置，其大口径片状放大器不仅是国内第一个系列片状放大器

（见图 5 - 3、图 5 - 4），同时 200 mm 的口径在之后十多年时间内也是国内最大口径的片状放大器；神光Ⅰ装置依托该系列片状放大器实现 ϕ200 mm 口径、500 J 的每束输出能力，放大器口径及系统输出能力当时仅次于美国 NOVA 激光装置。

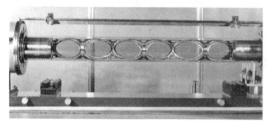

图 5 - 3　神光Ⅰ装置 100 mm 口径和 200 mm 口径放大器

② 提出具有独创性和中国特色的"组合式同轴双程放大＋小圆屏滤波"技术（见图 5 - 5），神光Ⅱ装置成为国际上第一个投入应用的多程放大技术的高功率激光装置，实现每束 800 J 输出，同时也是我国第一次掌握了组合式多程放大关键技术，为后来驱动器的升级换代奠定了技术基础。

③ 神光Ⅱ多功能激光系统在国内首次实现了单束数千焦三倍频激光输出、ϕ350 mm 口径片状放大器（见图 5 - 6）的成功研制，实现了 4.7％/cm 的增益系数。这不仅是当时国内最大口径的片状

图 5 - 4　神光Ⅰ片放链路

放大器，也为国家其他项目的实施奠定了 400 mm 口径片状放大器的关键技术基础。

图 5 - 5　神光Ⅱ 2×2 组合式 200 mm 口径 6 - 片组主放大器

④ 神光Ⅱ万焦激光装置第一次在国内实现 2×2 组合口径"大口径开关＋四程腔放＋双程助推"构型（见图 5 - 7）输出，350 mm×350 mm 的方形片放实现了 4.42％/cm 的增益能力，单束能量输出达 8 700 J。A 构型验证装置实现了该口径下的片状放大器 5.30％/cm 的增益系数，其单束输出能量也达 17 kJ。

图 5 - 6　神光Ⅱ多功能光束 350 mm
口径 2 -片组片状放大器

图 5 - 7　神光Ⅱ万焦激光装置 2×2 组合式
350 mm 口径 8 -片组腔放大器

§5.2　放大系统的组成与设计

5.2.1　棒状放大器设计

5.2.1.1　引言

棒状放大器是高功率激光驱动器中十分重要的单元器件之一,在预放系统中起着能量放大的关键作用,是前端系统和主放大器之间不可或缺的衔接纽带。纵观国外高功率固体激光装置的发展历程,无论是早期的小规模、低能量装置(如 Argus、Shiva、NOVA、OMEGA)[1-3],还是目前世界上工程实施中综合技术水平最高的装置——美国国家点火装置(NIF)[4],棒状放大器一直担负着无可替代的重要角色,对神光系列装置也不例外。

目前神光系列棒状放大器包括了不同规格的系列放大器,一般按照放大器的口径分成三种规格,分别是 ϕ20 mm、ϕ40 mm、ϕ70 mm 口径棒状放大器。神光系列装置通过这些不同口径的棒状放大器逐步使前端系统中经过时空整形的标准光束实现高增益的均匀放大,以满足后续主放大器的注入条件。在目前运行的神光Ⅱ高功率激光装置中,棒系列的激活介质长度占总长度的 2/3、总放大倍数的 $10^5 \sim 10^6$,可见棒状放大器的优劣对总体系统的影响。

5.2.1.2　工作原理

棒状放大器是一种激光放大器,是获得高功率、大能量激光的手段之一。放大器的激光工作物质在外界激励源的作用下,将下能级的粒子抽运到上能级并产生粒子数反转,具体到棒状放大器就是首先对能源系统中的电容器充电,然后通过触发开关对放电回路中的氙灯放电,氙灯产生的光直接照射后经聚光腔反射到钕玻璃工作物质,钕玻璃中的钕离子吸收相应的光子后被激发到上能级,实现钕离子的粒子数反转,此时相应波长的激光通过工作物质就会被放大。

5.2.1.3　棒状放大器设计

1. 设计原则

为了实现高增益均匀放大,首先需合理设计能源和氙灯放电系统,使其匹配优选过的激光工作介质能级寿命,以得到最大的能量转换;其次采用多灯直射,并经聚光腔反射产生的强光区和弱光实现对激光工作介质的均匀泵浦;最后合理优化的冷却系统使棒状放大器快速回复至初始状态,以满足激光装置的高频次使用要求。

2. 钕玻璃增益介质选择

放大器最主要特性参数就是增益和输出能力,这都与放大器的工作介质特性直接相关,主要是介质本身的增益系数和饱和能密度。小信号时放大器能量增益公式为

$$G_{\mathrm{E}} = \mathrm{e}^{(\sigma_{21}\Delta n_0 - \alpha)l} \tag{5-1}$$

式中 σ_{21} 为增益介质的发射截面,α、l 分别为它的损耗系数和有效增益长度,这三个参量是由增益介质的本身特性来决定的。而 Δn_0 由放大器的泵浦效率和增益介质的本身特性共同决定。钕玻璃的荧光峰值波长、荧光线宽、寿命、吸收谱、受激发射截面以及掺杂浓度都是目前高功率固体激光器工作介质的最佳优选。磷酸盐玻璃与原来使用的硅酸盐玻璃比较,最大的优势在于较大的受激发射截面($\sigma = 3.5 \times 10^{-20}$ cm^2)和较小的非线性折射率($n_2 = 1.16 \times 10^{-13}$ e.s.u,比硅酸盐下降了 $60\% \sim 70\%$),而总体增益比硅酸玻璃提高了 1.7 倍,这对于提高增益和负载功率密度起了极其有效的作用。在此类预放系统设计中,一般只需要低能量的输出,增益饱和不明显,因此设计棒状放大器时可以不考虑饱和能密度的影响。

选择合适掺杂浓度的钕玻璃棒,直接影响介质内的增益分布,即会改变增益均匀性。在不改变其他条件的情况下,实际测量了钕离子浓度分别为 3% 和 1.2% 放大器的增益分布,发现增益分布形态有明显改变[5]。图 5-8 给出了两种浓度下横轴上的增益分布曲线。曲线表明,3% 浓度棒边缘的高增益区变成了低增益区,且增益分布呈不规则分布,而 1.2% 的浓度呈类高斯分布,增益分布形态规则。此外,由于边缘吸收要大于中心,口径较大的放大器,选用浓度相应较低,因此低浓度有利于提高放大器的径向均匀性。

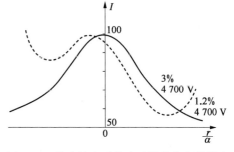

图 5-8　掺杂浓度对钕玻璃增益分布的影响

3. 大能量高功率氙灯

放大器能够将通过的激光放大,这需要能量来源,一般称为放大器的激励源。在高功率大能量激光系统中选择的是脉冲氙灯,主要是从下列几方面考虑:

◆ 脉冲氙灯辐射的光谱分布广,可以从紫外一直延伸至红外,能够覆盖钕玻璃的整个吸收光谱带。

◆ 脉冲氙灯是高亮度光源,并具有从电能输入到辐射输出的较高转换效率,可以为钕玻璃激光器提供所需的辐射强度,以获得足够的储能密度。

◆ 在适当的工作条件下,脉冲氙灯作为钕玻璃激光系统的泵浦源可以有比较好的可接受的寿命。

在似稳态条件下,氙灯的辐射可以认为是充满氙灯内径的均匀加热的等离子体辐射。氙灯内的等离子体用温度 T 和与波长有关的辐射吸收系数描述。在非稳态条件下,即泵浦脉冲初期,氙灯内的等离子体温度处于快速变化的过程中,等离子体存在径向温度梯度。在一个很小的时间段 Δt 内可以认为氙灯处于似稳态条件,符合似稳态条件下的辐射特点。氙灯的放电辐射过程可以近似为沿时间方向的无数个这样的似稳态条件的跃变过程。选取合适的时间元 Δt,求解泵浦脉冲中不同时刻对应的似稳态条件下的氙灯辐射,即可得到与实际情况相符的变化过程。具体某一时刻 t,氙灯似稳态条件下辐射光谱强度的求解过程如下:

根据基尔霍夫定律,氙灯的辐射光谱强度为

$$M(T, \lambda) = [1 - e^{-\alpha(\lambda)l}] \times M_B(T, \lambda) \tag{5-2}$$

其中 $M_B(T, \lambda)$ 是普朗克黑体辐射函数,与等离子体的温度 $T(K)$ 有关。$T(K)$ 是瞬时电流密度(kA/cm^2)、氙灯内径(cm)和充气气压($Torr$)的函数。$\alpha(\lambda)$ 是与波长有关的氙灯等离子体的吸收辐射系数,是两个展宽的高斯型连续谱 $\alpha_c(\lambda)$ 与多个洛仑兹分裂谱 $\alpha_l(\lambda)$ 的叠加:

$$a(\lambda) = [a_c(\lambda) + a_l(\lambda)] \times S(J, d, p) \tag{5-3}$$

其中 $S(J, d, p)$ 为规范化因子,与氙灯的参数及电流密度有关。从上述公式可以看出,氙灯的辐射光谱随辐射光线角度的不同而发生变化,因此需要将氙灯的辐射光谱强度方程对所有辐射角求平均。则氙灯的辐射光谱强度($W/cm^2/\mu m$)为

$$W(\lambda) = \int M(T, \lambda) \cos \phi d\Omega \tag{5-4}$$

其中 Ω 是立体角,ϕ 是表面法线方向与光线方向的夹角。

4. 腔体设计

为了让最大化的氙灯发光能量沉积到钕玻璃工作介质中,且使能量均匀分布在工作介质内部,腔体的合理设计非常重要。要将能量最大化地沉积到钕玻璃中,采取的方法是将钕玻璃棒和氙灯利用水套管隔离开,由于周围冷却水的折射率大于空气的折射率,折射使进入钕玻璃棒中的泵浦光更多地进入棒体内部,全反射使其不容易从内部逸出,大大增加钕玻璃的吸收效率。以 $\phi 40\ mm$ 棒状放大器为例(见图 5-9),该类设计可以增加超过 30% 的储能密度;为了充分利用氙灯发出的光能,反射聚光腔是必不可少的设计,一般采用灯棒共焦的柱形几何设计,即把灯和棒的中心分别置于椭圆柱的两条焦线或在

其附近作一定的微调。钕玻璃棒和氙灯的直径之间有一个最佳的配合,以实现增益均匀性,而多灯与棒的共焦,更容易补偿强弱的分布,进一步提高增益的均匀性。

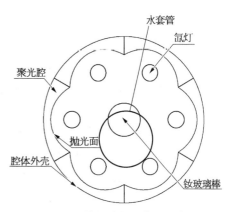

图 5-9　棒状放大器截面示意图

一般有如下经验:腔体的传输效率正比于 $(A+RB)\times 2\pi$,其中 A 是指直接入射的工作物质的光线张角,B 是指经过聚光腔一次反射后进入工作物质的光线张角,R 是指聚光腔的反射率。因此,为了提高腔体传输效率,必须尽可能提高 A、B、R 的大小[6]。

设计需要调整氙灯、钕玻璃棒和聚光腔的距离以及聚光腔本身的结构参数,并利用计算机仿真模拟计算钕玻璃棒能量沉积的过程和结果。一般采用光线追踪和蒙特卡罗方法计算能量沉积,这是模拟计算的通常方法。一般将空间上的三维模型简化为二维模型以大大加快计算过程,通过完整的光线追踪,包括界面的反射、透射菲涅尔定律以及前文的氙灯光谱辐射公式,测定钕玻璃对不同光谱成分的吸收系数,最终得到钕玻璃棒内部的能量沉积分布,结果如以下公式表达:

$$\Delta E = E \frac{\iint\limits_{\Delta L}^{\Delta\lambda}[1-\mathrm{e}^{-\alpha(\lambda)l}]\zeta(\lambda)\mathrm{d}\lambda\,\mathrm{d}l}{\int_{-\infty}^{+\infty}\zeta(\lambda)\mathrm{d}\lambda}f_{\mathrm{cav}}(\theta) \tag{5-5}$$

式中 E 为氙灯发出的总能量,$\alpha(\lambda)$ 为钕玻璃的吸收系数,$\Delta\lambda$ 为钕玻璃的吸收光谱范围,ΔL 为光线在介质内的行进长度,$\zeta(\lambda)$ 为氙灯的光谱。表达式 5-5 还与氙灯脉冲时间有关,但可以简化为氙灯瞬时工作。而 $f_{\mathrm{cav}}(\theta)$ 表示与腔体结构有关的函数,聚光腔的反射率也会在很大程度上影响最终的能量沉积。为了获得最大能量反射,聚光腔一般选择银作为反射载体。如图 5-10 所示,银在钕玻璃吸收谱内的波长范围有超过 90% 的反射率[7]。

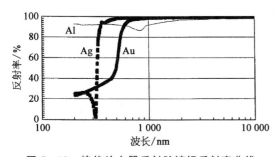

图 5-10　棒状放大器反射腔镀银反射率曲线

银的反射率稳定性直接影响了放大器的增益分布和稳定性。空气中含有各种各样的气体,其中 O_2、Cl_2、H_2S 等都对银有强烈腐蚀作用,与银反应产生 Ag_2O、$AgCl$、Ag_2S 等,并引起反射率急剧下降。实际使用中的观察发现,棒状放大器使用一段时间后,聚光腔反射层的镀银部分发黄,部分发黑且有胶状物粘附。聚光腔重新抛光清洁前后,增益确有变化,其中变化最大的增益增加了30%。对聚光腔结构的优化设计使其有一定密封性,避免使用致使腔内含有高分子化合物的器件,聚光腔设置氮气的出入口,对放大器进行氮气的微量充放,这些不仅能够去除放大器工作时产生的悬浮颗粒,保证聚光腔内有一定的洁净度,也能够保证放大器每次工作时其腔内的热平衡快速恢复,有助于保持其增益稳定性。

聚光腔机械结构不能完全保证银反射层不与空气接触,因此需要在镀银层表面覆盖保护膜,在不降低镀银层的反射率的同时,具有一定机械强度特性和化学惰性,有效保证银反射层具有很高的反射率和较好的持久性,设计如下膜系:

◆ 在反射膜从紫外的 300 nm 到远红外 10 000 nm 这样的宽度范围内,都要有很高的反射率;

◆ 承受几万发次的工作频率,保持其反射率。

5. 棒放的冷却系统设计

磷酸盐玻璃棒被高压氙灯辐照后,激光介质因热象差产生畸变。自然状态下热象差的恢复时间约需数小时,在科学研究和工业运用上的效率极低。目前采用玻璃套管通水冷却棒的激光介质的方法,减少热象差的恢复时间,如图5-11所示。钕玻璃棒的外围套上一根玻璃套管,将钕玻璃棒封接在水套管中。水套管和钕玻璃棒间充满洁净冷却水,在水泵驱动下与外围水箱冷却水循环,快速带走由于氙灯泵浦过程中钕玻璃棒吸收而产生的热量。

图 5-11　棒状放大器冷却水套管示意图

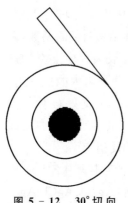

图 5-12　30°切向
"流入-流出"棒放冷
却水流方式

增益均匀性是激光放大器的一个重要性能指标,它对总体光束质量有很大的影响。放大器增益系数的不均匀,将使工作物质产生非球面透镜效应和应力分布不均,引起激光束波面的严重畸变和偏振态的显著破坏,特别是它使光束的空间强度和相位产生微扰。经非线性介质中的传输,微扰迅速增大,导致光束小尺寸自聚焦,甚至造成光路中的光学元件严重破坏。将进水管改装成沿棒体的切线方向注入水流,切向水流在水管壁的作用下能使水流在水套管内形成螺旋型水流旋转前进。出水口改装成切线方向排出,并使进出水口的夹角形成特定角度(30°)[8,9],如图5-12所示。这样,棒套内的所有水都旋转流动着,从而使棒能够充分均匀而迅速地降温冷却,激光介质热象差恢复时间将大为缩短,保证了激光增益的均匀性。

5.2.2　片状放大器设计

5.2.2.1　概述

片状放大器是高功率激光装置最重要的器件之一,也是高功率激光最重要的能量获取途径。国际上目前普遍采用多程放大构型,高功率激光装置输出的能量中超过 99% 的部分来自系统中的片状放大器[10,11]。在高功率激光装置的总建造成本中,片状放大器及与之匹配的能源约占 30%[12];片状放大器的热恢复时间决定了高功率激光装置的工作时间间隔[13];片状放大器的热致波前畸变是影响高功率激光装置输出光束质量的最重要因素之一[13]。

5.2.2.2　片状放大器设计

1. 片状放大器工作原理

片状放大器的工作原理与棒状放大器相同,但片状放大器的口径可以更大,且为了控制热效应增益介质的厚度相对更薄。一般而言,泵浦源将能库中储存的电能转化为光能辐射出来,其中 400～1 000 nm 波段内的光能将被增益介质吸收,使增益介质中位于低能态的粒子被激发到高能态,从而将泵浦源的一部分能量储存起来。低能量激光通过片状放大器时,诱使储存在增益介质中的能量以光子的形式释放出来,而释放出的光子与入射种子激光的光子完全一致,从而使种子激光中的光子数量大幅增加。于是,通过片状放大器的种子激光得到放大。

2. 片状放大器分类

按照通光口径排列方式,片状放大器可以分为单口径片状放大器和组合口径片状放大器。顾名思义,单口径片状放大器就是只有一个通光口径的片状放大器,而组合口径片状放大器则是通过机械的方式将几个单口径片状放大器组合在一起,通过共用部分泵浦源实现更经济、性价比更高的能量获取和激光放大。图 5-13 是单口径片状放大器和组合口径片状放大器的实物图。

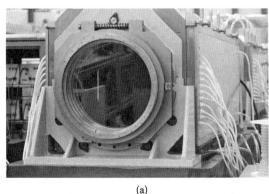

(a)　　　　　　　　　　　　　　(b)

图 5-13　单口径片状放大器(a)及组合口径片状放大器(b)的实物图

按照工作频率,片状放大器可以分为单次工作的片状放大器和重复频率工作的片状放大器。选用不同的泵浦源以及放大器参数,可以使片状放大器以不同的重复频率工作。目前世界上已经建成的主要高功率激光装置中的片状放大器,绝大多数采用氙灯作为泵浦源。受限于氙灯和增益介质的热效应,使用氙灯泵浦的大口径片状放大器一般都是单次工作的片状放大器,即放大器工作一次后等待 2～4 h,使工作过程中产生的热量耗散到可忽略的水平后才能开始下一次的工作。而重复频率工作的片状放大器一般都选用半导体激光二极管作为泵浦源。由于其发射光谱能够与增益介质的吸收光谱更好地重叠,发射能量转化为热的比例大幅度降低,从而支持片状放大器以重复频率的方式工作,这也是片状放大器的发展趋势。

3. 片状放大器组成部分

目前氙灯泵浦片状放大器的主要组成部分包括钕玻璃(增益介质)、氙灯(泵浦源)、反射器(泵浦光传输部件)、隔板玻璃(防护玻璃)以及机械支撑密封结构。

(1) 钕玻璃

钕玻璃是一种掺杂了钕离子的玻璃,室温下呈现紫色,如图 5 - 14 所示。

钕玻璃需要吸收来自氙灯的光能才具备对于入射激光的放大能力。钕玻璃利用来自氙灯的光能将钕离子从低能级输运到高能级;当入射激光经过时,诱使钕离子从高能级跃迁到低能级,从而将吸收的能量释放出来,使入射激光得到放大。

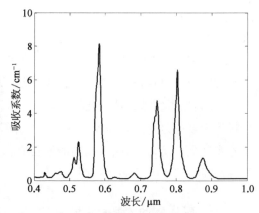

图 5 - 14　钕玻璃的实物图(彩图见图版第 7 页)　　图 5 - 15　N31 - 22 钕玻璃的吸收光谱

钕玻璃吸收的有效氙灯光能越多,输运钕离子的能力越强。影响钕玻璃吸收能力的因素包括:钕玻璃的吸收光谱、钕离子的掺杂浓度和钕玻璃的厚度。目前国内高功率激光装置广泛使用的 N31 型钕玻璃,其典型吸收光谱如图 5 - 15 所示,其特点是存在几个显著的吸收波段。

钕离子的掺杂浓度决定了钕玻璃中钕离子的数量。铵离子掺杂浓度越高,相同体积的钕玻璃中钕离子越多,对氙灯光的吸收越强,但掺杂浓度提高会对钕玻璃的其他参数带来负面影响。因此,从放大器总体性能角度分析,并不是钕离子越多越好,而是存在最优化的掺杂浓度比值。而钕玻璃越厚,可吸收能力越强,但受限于钕玻璃的热性能,厚度不能过大。

高功率激光对钕玻璃的光学性能要求非常高,钕玻璃表面的凹凸起伏都会体现在被放大的入射激光中,使入射激光的光束质量变差。为了减小钕玻璃表面起伏的影响,必须在使用钕玻璃之前对表面进行高精度加工,使其表面起伏一般不超过 0.2 μm,这相当于要求在一条 5 km 长的飞机跑道上,路面起伏不超过 2 mm。

（2）氙灯

氙灯是一种在石英管内充入了稀有气体——氙气的气体放电灯,外形上与我们日常生活中用于照明的日光灯很接近。氙灯承载着全部输入电能,并将其有效地转换为光能辐射出来,从电能到光能的转换效率可以达到 70% 以上。氙灯辐射出的光具有非常宽的光谱,覆盖了紫外光、可见光以及近红外光三个波段,其在 400～1 000 nm 之间的典型输出光谱如图 5-16 所示[14]。

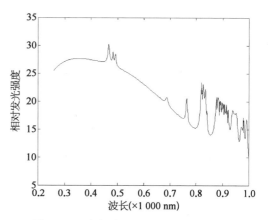

图 5-16　氙灯在 400～1 000 nm 之间的
典型输出光谱

高效激光放大器对于氙灯的基本要求是:氙灯能够承载脉宽更窄、功率更高的输入电流脉冲。电流脉宽从毫秒级降低到 400 μs 左右,氙灯管壁承载的功率从 10 kW/cm^2 增加到 60 kW/cm^2 以上;氙灯的直径增加,从而在保证能量供应不减少的条件下大幅度降低氙灯的排布密度。这是由于氙灯除了释放光能,也会吸收光能,排布密度降低会减少氙灯的吸收,提高能量利用效率。

（3）反射器

氙灯辐射出的光能,一部分可以直接辐照到钕玻璃表面,还有一大部分无法直接达到。为了使无法直接达到的能量尽可能多地传递到钕玻璃片表面,并使钕玻璃表面的氙灯能量呈现所期望的分布,需要在放大器内腔引入不同形状的反射器。按照反射器放置的位置,可以分为三种:侧面反射器,用于侧面氙灯辐射光的反射,截面通常为渐开线、仿渐开线等;中灯反射器,用于中间氙灯辐射光的反射,截面一般为菱形;底面反射器,用于反射入射到放大器上下底面上氙灯光的反射器,一般为三角形平板。三种反射器的相对位置如图 5-17 所示(为显示清楚起见,上底面反射器未画出)。

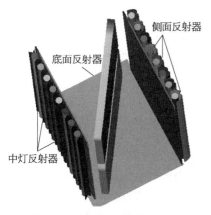

侧面反射器

底面反射器

中灯反射器

图 5-17　三种反射器及相对
位置关系示意图

制作反射器所用的材料一般是金属,常用的是铜、铝和不锈钢,然后在其上面镀银,这样可以使其对于氙灯光的反射率大幅度提升,图 5 − 18 是国产反射器镀银反射光谱。

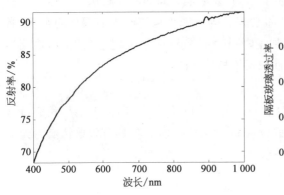 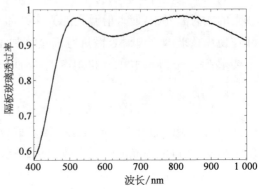

图 5 − 18　国产反射器镀银反射光谱的对比

图 5 − 19　片状放大器隔板玻璃在 400～
1 000 nm 内的透过率曲线

（4）隔板玻璃

隔板玻璃是指在氙灯与钕玻璃之间还存在一片薄薄的玻璃,由于氙灯工作时会产生声波振动,需要对其进行隔离,降低钕玻璃的损伤概率,此外氙灯工作时,氙灯周围产生大量的微米级悬浮粒子(气溶胶),为避免其对钕玻璃造成污染,需要将氙灯与钕玻璃隔离。考虑到氙灯光需要有效传递到钕玻璃上,隔板玻璃必须对氙灯光具有良好的透过性能。通过在隔板玻璃表面镀膜,可以将其对氙灯光的透过率提升到 90％以上。图 5 − 19 给出了目前常用隔板玻璃在 400～1 000 nm 内的透过率曲线。

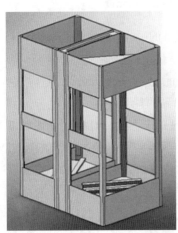

图 5 − 20　2×2 组合式片状
放大器的机械框架

此外,放大器的组成部分还包括用于支撑和保持组件相对位置关系的机械结构,如图 5 − 20 所示。

4. 片状放大器的设计原则

为了获得高效、高增益的片状放大器,氙灯泵浦的钕玻璃放大器在进行设计时需要遵循以下原则:

① 氙灯工作在最佳电流密度附近。最佳电流密度的确定是通过将可被钕玻璃吸收的泵浦总量最大化来实现的。

② 反射器能够将氙灯辐射的光能有效传递到钕玻璃表面。通过合理选择反射器的参数实现最大化的传递过程,并在传递中对氙灯发射的光能进行空间整形,为实现最终的均匀增益分布奠定基础。

③ 有合适的钕玻璃参数。钕玻璃对于传递到其表面的氙灯光具有尽可能高的吸收效率,这要求钕玻璃具有大的光学厚度（"掺杂浓度–厚度"积）。在钕玻璃厚度保持不变的情况下,高的掺杂效率虽然会提高吸收效率,但是也会缩短钕离子位于激光上能级的

寿命,因此这需要钕玻璃的掺杂浓度在吸收效率和荧光寿命之间进行平衡。

5.2.2.3　神光Ⅱ装置片状放大器性能

1. 全光纤增益测量仪[15]

为了对大口径片放增益性能进行有效准确的测量,采用激光放大器增益分布及平均增益测量的全光纤在线增益测量仪方案,其目的是摒弃常见全口径测试系统所采用的光束口径匹配系统,简化放大器增益测试系统中滤除杂散光的方法,实现放大器增益性能的在线测量。全光纤在线增益测量仪由光纤激光器、分束器、光发射器、光接收器、合束器以及数据采集系统和计算机程序组成。该装置结构简单、稳定可靠、测量精度高,相对于已报道的全口径测量仪,可避免使用大口径光束匹配望远镜以及结构复杂的滤波系统;其利用阵列发射、接收器以及时域复用技术,避免了单点光探针测量系统测量时间过长的缺点;其采用全光纤的结构,能屏蔽强电干扰,且体积小巧,可实现大口径片状放大器增益的在线准确测量。

如图 5 - 21 所示的全光纤在线增益测量仪工作原理如下:光纤激光器产生的脉冲激光经分束器分为若干子束,选择其中的一束 Ir 作为参考光直接经光纤传输到数据采集和处理系统中,其他子束作为探测光束,经光纤传输到光发射器阵列中;经过光发射器阵列中光纤准直器的子束,变为平行光,入射到待测放大器中;放大后的探测信号被光接收器阵列中的光纤准直器接收,并耦合到传输光纤中。利用时分复用的方法,多个探测子光束被光纤合束器合成为一个脉冲序列 Ip,经光纤传输到数据采集系统,被采集传输至计算机后储存,并自动计算得到探测光束和参考光束的能量比值(即为放大器的增益倍数),定标放大器中增益介质的长度,就可以得到不同位置的增益系数。

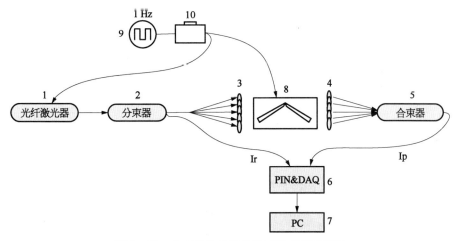

图 5 - 21　大口径片放增益测试组成原理框图

1:光纤激光器;2:光纤分束器;3:发射端光纤准直器;4:接收端光纤准直器;5:光纤合束器;6:光强采集单元;7:终端处理计算机;8:待测放大器;9:1 Hz 电脉冲时钟;10:延时控制器。

数据采集主要由与快响应 P-N 结二极管(简称 PIN 管)探测器匹配的采集卡完成。当测量用的光纤激光器为脉冲信号工作模式时,采集卡和计算机一直处于等待外同步信号的状态;收到外同步信号后,PIN 管探测器接收到时域延迟的光脉冲信号,并通过采集卡传送至计算机。

2. 数据处理流程

图 5-22 为计算机程序处理数据的流程,具体步骤如下:

① 读取采集卡传送的信号数据;

② 对信号中的脉冲序列进行分割,区分各脉冲所对应的信号来源;

③ 对分割后的各脉冲进行积分,得到各脉冲的能量;

④ 将其中各探测脉冲能量与参考脉冲能量进行比值,得到归一化能量并储存;

⑤ 判断静态数据和动态数据是否都已储存,若未储存完备,则回到步骤①,若均已储存,则进入下一步;

⑥ 调取动态数据和静态数据,算出比值,得到放大倍数;

⑦ 输入放大器介质的有效长度;

⑧ 将步骤⑥得到的放大倍数取自然对数,并除以步骤⑦得到的有效长度,得到放大器的增益系数。

放大器的放大倍率 G 定义为探测光束动态归一化脉冲能量 E_D(定义为动态探测脉冲信号 E_{Dp} 与动态参考光信号 E_{Dr} 的比值)与静态归一化脉冲能量 E_S 的比值(定义为静态探测脉冲信号 E_{Sp} 与静态参考光信号 E_{Sr} 的比值),即

$$G = \frac{E_D}{E_S} = \frac{E_{Dp}/E_{Dr}}{E_{Sp}/E_{Sr}} \tag{5-6}$$

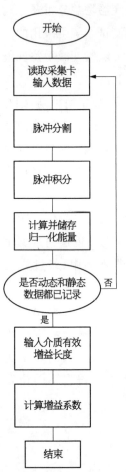

图 5-22 片状放大器增益测试数据处理流程图

增益系数 β 定义为放大倍数与放大器中增益介质的有效长度 L 之比

$$\beta = \frac{\ln G}{L}$$

当放大器不工作时,增益倍数的理论值为 1,系统的测试精度可以通过放大器不工作时测得的增益倍数来表征。表 5-1 给出了测试系统 9 个测试通道、10 个发次的测试值。所有通道测试值的峰谷(PV)偏差不超过 1%。

3. 氙灯最佳工作电流密度的确定

优化氙灯工作电流密度的目的,是使氙灯的发光光谱与钕玻璃的吸收光谱匹配得更好,

表 5-1　放大器不工作时增益测试结果

P1	P2	P3	P4	P5	P6	P7	P8	P9
0.994	0.997	0.995	0.999	0.998	0.996	0.998	0.999	0.995
0.998	0.999	1.001	1.001	0.998	0.998	0.998	0.997	0.997
0.996	1.002	1.003	1.000	1.002	1.000	1.002	1.001	1.002
0.997	0.997	1.001	0.996	0.998	0.999	0.998	0.997	0.999
1.001	1.001	1.004	1.002	1.000	1.000	1.002	1.003	1.001
0.996	1.004	1.000	1.002	0.998	0.997	0.998	0.996	0.999
1.000	1.002	1.000	1.004	1.002	1.003	1.000	1.002	1.002
1.000	0.997	1.003	0.999	1.004	0.999	1.002	1.004	1.003
0.997	0.994	1.001	1.001	1.001	1.002	1.003	1.001	1.000
1.002	1.001	1.002	1.002	1.002	1.003	1.002	1.002	1.002

提升可被钕玻璃吸收的氙灯光比例。在低电流密度下,两种谱线重叠较好,钕玻璃吸收效率较高,但是氙灯辐射的抽运光总量较低,导致被钕玻璃吸收的抽运光总量不高;而高电流密度条件下氙灯辐射的抽运光总量较高,但是两种谱线重叠较差,钕玻璃吸收效率较低,导致被钕玻璃吸收的抽运光总量也不高。因此,理论上存在最佳电流密度,使可被钕玻璃吸收的抽运光总量最多。

根据 LLNL 提出的氙灯发光光谱模型[14],依据实体模型中的氙灯参数采用 $D=31\ mm$,$P=200\ Torr$,假设放大器工作时放电回路的峰值电流为 $2.65\ kA/cm^2$,计算了 $0\sim2.65\ kA/cm^2$ 内不同电流密度下的瞬态氙灯发光光谱。图 5-23 显示了部分电流密度对应的发光光谱,氙灯光谱随电流增大光辐射而增大,并发生了明显的蓝移。

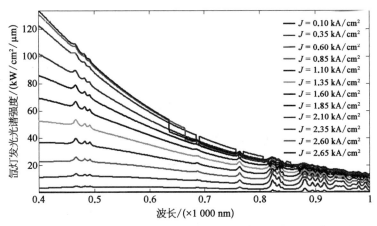

图 5-23　氙灯在不同电流密度下的辐射光谱(彩图见图版第 8 页)

以神光Ⅱ装置 350 mm 口径的 2×2 组合式片状放大器为例,其三维结构模型如图 5-24 所示,主要包括氙灯、钕玻璃、上下平板反射板、中灯反射器、侧灯反射器、隔板玻璃和机械支撑框架等。

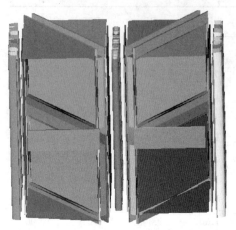

在该放大器模型中,氙灯作为抽运光源,有 12 支中灯和 16 支侧灯(每单侧 8 支)。氙灯直径为 37 mm(有效内径 31 mm),气压为 200 Torr。由于内径和气压固定,氙灯发光光谱由电流密度唯一决定。氙灯被视作非标准的朗伯发光体,其发射光的空间分布可以表示为[16]

$$I = \frac{2\cos\theta}{(1+\cos\theta)^2} \qquad (5-7)$$

图 5-24　组合口径片状放大器三维结构模型

氙灯辐射光经放大器腔内的中灯、侧灯反射器反射后,透过隔板玻璃直接照射或经反射板反射到钕玻璃表面,被钕玻璃吸收。使用 702 mm×382 mm×40 mm 的 N31 型矩形片钕玻璃作为增益介质,上下反射板和中、侧灯反射器采用铜衬底镀银面工艺制成。由于蒙特卡洛法的计算精度与取样数 $N^{-0.5}$ 成正比,计算中每支氙灯随机产生 200 万条光线,有足够多的光线采样数目保证算法精度。模型中考虑了以下几点:① 再次入射到氙灯的光线会被其内部的等离子体以一定的吸收系数 $\alpha(\lambda)$ 吸收;② 氙灯发射出的光线入射到钕玻璃分界面上时按照菲涅耳公式被分裂,分裂次数一般不低于 20 次,以确保足够的追迹精度,并且由于介质的色散效应,计算时不同波长对应不同的折射率;③ 为了提高追迹效率,追迹之前设置了截止条件:当光线的能量低于初始能量的百万分之一时,停止追迹该光线。钕玻璃沿长度、高度和厚度方向被划分为许多小长方体,入射到钕玻璃表面的光线会被其以一定的吸收系数吸收,未被吸收的部分按照菲涅尔定律反射或透射。

在上述的放大器基本结构和相应条件下,钕玻璃能够吸收的抽运光能量随电流密度的变化曲线如图 5-25 所示。可以看出钕玻璃可吸收的抽运量随着电流密度的增加先增加,达到最大值后开始下降,这是由于电流密度的增加会导致抽运光总量的增加,同时引起光谱发生蓝移现象,进而影响钕玻璃的吸收效率。初始阶段抽运总量的增加速度大于吸收效率的降低速度,钕玻璃可吸收抽运量增加;当抽运总量的增加速度与吸收速率的降低速度相同,可吸收的抽运量达到

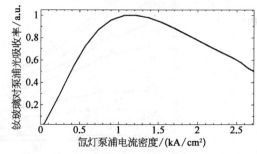

图 5-25　组合式 350 片状放大器可吸收抽运光量随抽运电流密度的变化

最大,此时对应的电流密度即为最佳电流密度;超过最佳电流密度后,抽运总量的增加速度无法弥补由于光谱严重蓝移造成的吸收速度的快速下降,因此可吸收的抽运量呈现下降趋势。从图 5-25 中可以看出针对该放大器模型的最佳电流密度为 1.20 kA/cm² 。

为了确定各抽运波段的影响,依据钕玻璃的五个吸收波段,将整个抽运波长范围(400~1 000 nm)划分为五个波段,各波段内可吸收的抽运量随电流密度的变化曲线如图 5-26 所示,各波段对应的最佳电流密度统计如表 5-2。对比图 5-25 和图 5-26 发现,最佳电流密度主要由前两个波段(图中对应深红线和深绿线的标记)决定,而量子效率最高的第五个波段(图中对应品红线的标记)对最佳电流密度的影响最小。

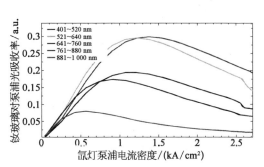

图 5-26　不同波段内可吸收的抽运光能量随电流密度的变化
(彩图见图版第 8 页)

表 5-2　各波段对应的最佳电流密度

波段/nm	最佳电流密度 $I/(kA/cm^2)$
401~520	1.39
521~640	1.22
641~760	1.22
761~880	0.90
881~1 000	0.57

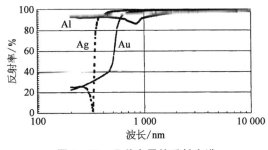

图 5-27　几种金属的反射光谱

4. 片放内的各类反射器

（1）提升反射器的反射率

一般情况下不锈钢的反射率约为 60%,若上下反射器的反射率提升到 90%,从已有的 350SSA(单口径)的实验结果可知增益系数约提升了 5.8%;若采用纯银的反射器,其反射率在 400~1 000 nm 范围内都可以保持较高的水平,如图 5-27 所示。因此,采用银质反射器来提高反射率非常必要。

（2）反射器形状的设计

组合口径片状放大器中使用的反射器包括侧灯反射器、中灯反射器、上下底面反射器以及一些位于角落里的反射器。其中,上下底面反射器以及角落里的反射器大多为平面。因此,反射器形状的设计主要是指对侧灯反射器和中灯反射器进行优化设计。

侧灯反射器的类型包括：① 由标准渐开线变化而来的仿渐开线反射器；② 由标准渐开线变化而来的短翼渐开线反射器；③ 由标准渐开线变化而来的短翼仿渐开线反射器；④ Rabl 反射器；⑤ 具有一定倾斜角度的修正的渐开线反射器。光线追迹仿真表明 Rabl 反射器具有最高的反射效率。要实现对于泵浦光的整形，前 4 种反射器需要旋转一定的角度，而第五种反射器只要设置合适的倾斜角度即可。

中灯反射器的类型包括：① 由部分椭圆反射弧构成的中灯反射器；② 由部分渐开线反射弧构成的中灯反射器；③ 菱形中灯反射器。其中前两种的目的是使从氙灯发出的光束尽量少被自己吸收。而菱形中灯反射器是前两种中灯反射器的一种简化。光线追迹仿真表明，这种简化对于增益系数的影响很小，并且大大降低了中灯反射器的加工难度，因此中灯反射器的优化设计主要是针对菱形中灯反射器的参数进行优化，包括菱形的内角和边长。

图 5-28、图 5-29 给出了 400 mm 组合口径片放中灯反射器的优化设计结果以及对应的泵浦分布。

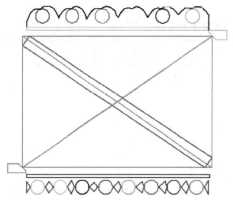 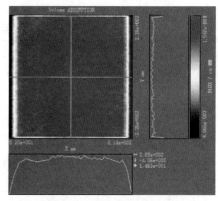

图 5-28　400 mm 组合口径片放反射器的优化结果(彩图见图版第 8 页)　**图 5-29　400 mm 组合口径片放反射器优化后的泵浦分布**(彩图见图版第 8 页)

5. 钕玻璃参数

(1) 钕玻璃厚度的选择

在保证片状放大器增益倍数的条件下，钕玻璃越薄越好。以 LLNL 的参数为例，单片钕玻璃放大器模块具有 1.27 倍的增益能力，对应的厚度-增益系数积为 20%。

(2) 掺杂浓度的选择

掺杂浓度增加会使钕玻璃对于氙灯光的吸收增加，从而提高片状放大器的增益系数；同时，掺杂浓度的提升会使钕离子位于激光上的能级寿命缩短，这会导致片状放大器的增益系数降低。基于同等泵浦条件下不同浓度钕玻璃的增益测试结果，采用放大器增益系数预测程序估算了 N31 钕玻璃在不同掺杂浓度下的增益系数，设泵浦能量密度为 14 J/cm² ，结果如表 5-3 所示。在该泵浦密度下，在钕离子掺杂浓度不高于 $4.2 \times 10^{20}/cm^3$ 的条件下，片状放大器增益系数随掺杂浓度的提升而增加。

表 5 - 3　不同掺杂浓度下 N31 钕玻璃增益系数分析结果（相对比较）

掺杂浓度/(×10²⁰/cm³)	1.2	2.2	3.0	3.5	4.2
荧光寿命/μs	360	340	330	310	300
增益系数变化	1	1.105	1.144	1.146	1.157

6. 神光 Ⅱ 装置不同片状放大器增益性能

（1）椭圆 350 mm 单口径片放（350E - SSA）的增益性能

不同参数下 350E - SSA 的增益性能如下：

① 将单回路的抽运能量增加了 20% 后，增益系数增加到 4.90%/cm。

② 将钕玻璃厚度 45 mm 减薄至 40 mm 后，增益系数提升到 5.18%/cm。

③ 电流回路的参数保持不变，将上下底板反射器的反射率增加到 90%，增益系数由此增加到 5.48%/cm。

④ 将钕玻璃掺杂浓度从 2.2% 增加到 3.5% 后，抽运能量为 177.744 kJ 时，350E - SSA 的全口径平均增益系数为 5.70%。

（2）矩形 350 mm 单口径片放（350R - SSA）的增益性能

相对于椭圆口径的钕玻璃，理论上方口径钕玻璃 ASE 的衰减速率会增加 12%，而实验中模块的平均增益系数随充电电压的变化如图 5 - 30 所示。当充电电压为 23 kV 时，平均增益系数达到 5.30%/cm，与理论预期 5.31%/cm 一致。随抽运的能量增加，增益系数的增加速率降低，出现了典型的 ASE 受限特征。

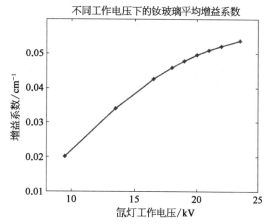

图 5 - 30　350R - SSA 的增益系数随充电电压的变化曲线

平均增益系数随充电电压变化的具体数值见表 5 - 4，每个数据点是 2～3 发次的平均数据。各数据点几个发次之间的相对变化不超过 2%。

表 5 - 4　增益系数随充电电压的变化

充电电压/kV	增益系数/(%/cm)	充电电压/kV	增益系数/(%/cm)
9.5	1.97	20	4.94
13.5	3.43	21	5.08
16.5	4.30	22	5.21
18	4.62	23	5.30
19	4.81		

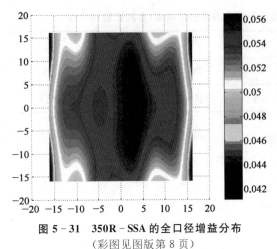

图 5 - 31　350R - SSA 的全口径增益分布
（彩图见图版第 8 页）

平均增益系数最大时，ASE 效应最为显著，由此导致增益分布边缘塌陷，此时对应的增益均匀性最差。图 5 - 31 为平均增益系数最大时对应的增益分布。参照 LLNL 的增益均匀性定义，即增益峰值与平均值的比值，23 kV 时的增益均匀性约为 6.7%。

以上述数据为基础，平均到每一片钕玻璃，再累积到 54($11\times4+5\times2$)片次的钕玻璃后的峰值归一化处理，得到图 5 - 32，可以表征主放全链路的相对增益分布模拟结果。

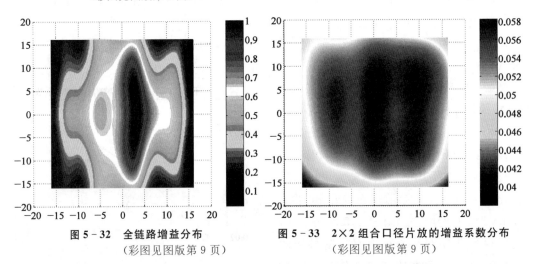

图 5 - 32　全链路增益分布
（彩图见图版第 9 页）

图 5 - 33　2×2 组合口径片放的增益系数分布
（彩图见图版第 9 页）

（3）矩形 2×2 350 mm 组合口径片放的增益性能

矩形 2×2 350 mm 组合口径片放采用 N41 钕玻璃进行 2×2—1 的增益测试，泵浦密度 16.3 J／cm³ 的 V 型结构[17]时，平均增益系数为 4.94%／cm；通光面加反射器构成 X 型时[17]，平均增益系数为 5.24%／cm；通光面加反射器构成 D 型时[17]，平均增益系数为 5.29%／cm。由以上三种构型下的数据，可以计算出内部片的平均增益系数为 5.59%／cm，最终平均增益系数 5.37%。此时对应的增益分布如图 5 - 33 所示，增益分布均匀性为 8.4%，储能效率约为 1.6%。

5.2.3　空间滤波器及像传递

光束质量的好坏是决定高功率激光系统输出功率大小的关键，如何提高光束质量是高功率激光传输的重要研究话题。1976 年，美国劳伦斯利弗莫尔国家实验室率先在 Argus 激光装置上利用多级空间滤波器成功地实现光束低通滤波[18-20]，减小光束传输的衍射调制效应,有效提高了光束质量,至此空间滤波器成为高功率激光装置中必不可少的关键器件。国内研究者也较早地展开了对空间滤波器应用特性的研究[21-23],王桂英等[23]对滤波小孔的选择进行了细致的理论探讨和数值计算,并对多级空间滤波器的景深提出了新的观点。传统空间滤波器一般为两个正透镜与一个小孔结构,小孔位于透镜的焦平面上,以滤除高频空间噪声。其主要作用[24]为:

① 消除光束横截面强度分布上的高频空间调制,抑制小尺度自聚焦;

② 由于像传递作用增加激光放大器的有效利用孔径,即增大填充因子,以便提高激光系统的输出功率;

③ 可控制光束的波面曲率半径和发散角;

④ 由于空间滤波器具有有限的孔径角,具有隔离超辐射和反激光的作用;

⑤ 在对激光束波前精测的基础上,可实现对光束像差的部分补偿。

5.2.3.1　单级空间滤波器像传递关系

单级空间滤波器组成示意图如图 5 - 34 所示,由两个透镜 L_1 和 L_2 组成,焦距分别为 f_1 和 f_2,两个透镜之间的距离为 L_0。物面距离为 d_1,像面距离为 d_2。

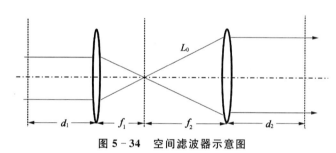

图 5 - 34　空间滤波器示意图

从物面到像面的总传输矩阵,由每个光学元件的光线传输矩阵相乘得到

$$T \begin{bmatrix} A & B \\ C & D \end{bmatrix} = \begin{bmatrix} 1 & d_2 \\ 0 & 1 \end{bmatrix} \begin{bmatrix} 1 & 0 \\ -\dfrac{1}{f_2} & 1 \end{bmatrix} \begin{bmatrix} 1 & L_0 \\ 0 & 1 \end{bmatrix} \begin{bmatrix} 1 & 0 \\ -\dfrac{1}{f_1} & 1 \end{bmatrix} \begin{bmatrix} 1 & d_1 \\ 0 & 1 \end{bmatrix} \tag{5-8}$$

矩阵系数的最终表达式为

$$A = \left(1 - \frac{d_2}{f_2}\right)\left(1 - \frac{L_0}{f_1}\right) - \frac{d_2}{f_1}$$

$$B = \left(1 - \frac{d_2}{f_2}\right)\left[d_1 + L_0\left(1 - \frac{d_1}{f_1}\right)\right] + d_2\left(1 - \frac{d_1}{f_1}\right)$$

$$C = -\left(\frac{1}{f_1} + \frac{1}{f_2} - \frac{L_0}{f_1 f_2}\right)$$

$$D = -\left[d_1 + L_0\left(1 - \frac{d_1}{f_1}\right)\right] \bigg/ f_2 + \left(1 - \frac{d_1}{f_1}\right) \tag{5-9}$$

上式对任何输入面和出射面都适用,当二者满足成像关系时,必须有 $B = 0$,由此导出满足像传递要求的 d_1、d_2,得到

$$d_2 = \frac{f_2(d_1 f_1 + L_0 f_1 - d_1 L_0)}{L_0 f_1 - d_1(L_0 - f_1 - f_2) - f_2 f_1} \tag{5-10}$$

此时其他矩阵元分别为

$$A = \frac{1}{C d_1 + 1 - \dfrac{L_0}{f_2}}$$

$$D = \frac{1}{A} \tag{5-11}$$

C 反映了透镜组的组合焦距 F,即

$$\frac{1}{F} = -C = \frac{1}{f_1} + \frac{1}{f_2} - \frac{L_0}{f_1 f_2} \tag{5-12}$$

对于空间滤波器实际使用情况来说,满足 $L_0 = f_1 + f_2$,令 $M = f_2/f_1$,可得到

$$T = \begin{bmatrix} A & B \\ C & D \end{bmatrix} = \begin{bmatrix} -M & -M d_1 - \dfrac{d_2}{M} + f_1 + f_2 \\ 0 & -\dfrac{1}{M} \end{bmatrix} \tag{5-13}$$

当满足成像关系时,$B = 0$,得到

$$d_2 = -M^2 d_1 + M(f_1 + f_2) \tag{5-14}$$

当物象空间存在放大器、光开关等介质时,成像关系需要修正,设滤波前后各有长为 L_1 和 L_2 的介质,则成像关系式中的 d_1 和 d_2 分别要用以下公式代换:

$$d_1 \rightarrow d_1 - L_1(n-1)/n$$
$$d_2 \rightarrow d_2 - L_2(n-1)/n$$

其中 d_1 为实际距离,也即平板的作用相当于拉近了距离,亦即减小了物距。折射率为 n 介质的平板,其传输矩阵为 $\begin{bmatrix} 1 & L/n \\ 0 & 1 \end{bmatrix}$。如果 d_2 代表实际像点相对于透镜的实际距离,那么 $d_{\text{eff}} = d_2 - L_2(n-1)/n$,也即像面的实际位置比等效的距离要大。

菲涅尔数对衍射的宏观物理性质有决定性影响,它综合反映了发生衍射的程度和衍射场的基本形貌特征,将其定义为从轴上观察点看到入射波面上的半波带数目。

自由空间的菲涅尔数:

$$N = \frac{a^2}{\lambda}\left(\frac{1}{L} + \frac{1}{R}\right) \tag{5-15}$$

其中，a 是光束半径，L 是传输距离，R 是波前曲率半径。

存在光学系统时，可利用传输矩阵方法计算边缘光线和轴向光线的程函，菲涅尔数可以写为

$$N = \frac{a^2}{\lambda}\left(\frac{A}{B} + \frac{1}{R}\right) \tag{5-16}$$

公式中 A、B 分别是系统传输矩阵的矩阵元。从表达式可见，B/A 相当于自由空间中的空间传输距离 L，因此等效传输距离可以写为 $L_{\text{eff}} = B/A$。它表示经过任何一个复杂光学系统传输后，衍射场特征相当于在自由空间中传输的距离。当满足成像关系时，$B = 0$，菲涅尔数 N 为无穷大，相当于传输的距离为 0，因而不发生衍射，从而物象不失真地传输。在满足像传递的情况下，利用波动光学计算可得

$$U_2(x, y, z) = e^{ik_0\frac{C}{2A}(x^2+y^2)}U_1(x/A, y/A)/A \tag{5-17}$$

其中 U_1 为输入光场，U_2 为出射光场。上式表明像面上的衍射场是入射面光场的无畸变放大或缩小，适用条件是傍轴条件，系统中没有光阑。

5.2.3.2　多级空间滤波器像传递关系

多级空间滤波器由多个单级空间滤波器组成。从上面几何光学的概念出发，很容易理解空间滤波器的级联像传递作用。在高功率激光系统中，由初始的硬边光阑为基准物面进行像传递，含有几个单元的系统的光线传输矩阵为

$$T_k = \begin{bmatrix} -m_k & -m_k d_k^1 - \dfrac{d_k^2}{m_k} + f_k^1 + f_k^2 \\ 0 & -\dfrac{1}{m_k} \end{bmatrix} \tag{5-18}$$

其中 m_k 为第 k 级空间滤波器的放大倍率，$m_k = f_k^2/f_k^1$，f_k^i 表示第 k 级第 i 块透镜的焦距，d_k^1 和 d_k^2 分别表示物距和像距。对于一个具有 N 个空间滤波器的系统，其传输矩阵为

$$T = \prod_{k=1}^{N} T_k$$

其矩阵子单元满足关系

$$m_k d_k^1 + \frac{d_k^2}{m_k} - f_k^1 - f_k^2 = 0 \tag{5-19}$$

J.H. Hunt 根据光线追踪法给出了光线经过多级空间滤波器以后的出射情况[18]。若以 θ 表示光线通过每一个非线性元件时的空间角坐标，r 表示其位置坐标，在一般情况下光线最后出射的位置与角坐标为

$$r_N = r_1 + d \sum_{k=1}^{N-1} (N-k) \Delta \theta_k$$

$$\theta_N = \sum_{k=1}^{N} \Delta \theta_k$$

$$\Delta \theta_k = -\Delta B_k \frac{\partial F_k(r)}{\partial r} \Big|_{r=r_k}$$

上式中 $\Delta B_k = \frac{2\pi}{\lambda} \cdot \gamma \int_0^t I_k \mathrm{d}z$，$F_k(r)$ 为归一化的光束形状，r_1 为入射光线位置。所有光线相对位置的变化，影响最终的强度分布。上式显示了传输距离和非线性折射率会影响光束分布。若在传输中根据像传递规律排布光路，则有效传输长度为 0，此时光线的位置与角度为

$$r_N = r_0$$
$$\overline{\theta}_N = \sum \Delta \overline{\theta}_k \qquad\qquad (5-20)$$

上式说明，尽管在像面上出射光线偏离了原来的方向，但是光线在像面的出射位置是不变的，因此强度分布也是不变的。

研究多级空间滤波器的景深问题，使空间滤波器经过下一级放大倍率为 M 倍的空间滤波器。该级空间滤波器输出光束从像面起的菲涅尔数的表达式为

$$N_F^2 = a_2^2 / \lambda l_2 \qquad\qquad (5-21)$$

式中 a_2 表示第二级空间滤波器的输出光束的横截面半径，l_2 为从第二级空间滤波器几何像面开始传输的距离。由于 $a_2 = Ma_1$，则

$$N_F^2 = M^2 N_F^1 l_1 / l_2 \qquad\qquad (5-22)$$

也正由于第二级空间滤波器把原光束扩束了 M 倍，为了保证与前级滤波器的空间调制波长相同，衍射调制的空间特征频率为 $f = F_n / a$，只要使菲涅尔数也增加 M 倍即可，则有

$$N_F^2 = M N_F^1$$

则有

$$l_2 = M l_1$$

多级空间滤波器像传递的景深与第一级空间滤波器景深的关系为

$$l_N = \prod_{k=1}^{N} M_k l_1 \qquad\qquad (5-23)$$

根据上式，应使滤波器之间的距离刚好等于或小于景深区的长度，这样可以把放大器和隔离器等放入其中。在多级空间滤波器像传递系统中，各级空间滤波器的景深主要取决

于滤波小孔的大小和滤波器的放大倍率。对于逐级扩束的滤波器像传递系统,其景深区一般都长达几米到十几米,足够安排其他元件。高功率激光系统在采用空间滤波器的像传递技术时,可根据器件占地面积和放大器与隔离器的尺寸来排布光路,没有必要考虑严格的像传递问题。假如光路中的激活介质和其他光学元件质量良好而且环境的确达到超净级的话,实际上用少量的空间滤波器也可以达到像传递的目的。

5.2.3.3　空间滤波器重要参数的选取

1. 透镜焦距

由空间滤波器的光学结构图可知,空间滤波器两透镜的口径比等于其焦距比。入射透镜的焦距一旦确定,出射透镜的焦距也就确定了,可见入射透镜焦距的选择在空间滤波器的设计中占据着重要地位。计算入射透镜焦距时主要考虑以下两个问题[25]:

(1) 滤波器的真空度要求。在入射光束发散角一定的条件下,入射透镜像在方焦面上的光斑尺寸与透镜焦距成正比,此光斑即为滤波小孔处的光斑。同时,光斑的功率密度与光斑尺寸平方成正比。当光斑功率达到一定程度时,小孔处将产生空气击穿。要避免这种情况发生,就要求滤波器具有一定的真空度,并配以相应的机械结构和真空设备。为减少系统的真空度要求,简化结构,应尽量增大入射透镜焦距。

(2) 使球差最小。在激光系统中,透镜球差是影响透镜波前的最重要因素,因此应通过合理选取空间滤波器的透镜焦距,使得球差最小。

2. 滤波小孔的选择

在激光聚变驱动装置中引入空间滤波小孔的核心目的,是滤除非线性增长较快的空间频率成分,由此限定了小孔尺寸的上限。在高功率激光装置中,空间滤波器滤波小孔的孔径尺寸的选择,需要综合考虑高频滤波和堵孔效应。若孔径过大,无法有效滤除主光束中最快增长率的高频调制;若滤波小孔过小,又会损失过多的能量,很容易激发等离子体,造成堵口效应。减小空间滤波器的滤波小孔的尺寸,关系到滤波效果以及像系统的景深问题,直接影响激光系统输出光束的亮度。焦斑光强分布主要取决于入射光束强度与相位的空间调制波长 Λ(或频率 f)。空间调制波长为 f_l 的成分,其所对应的发散角 θ_l(半角)为

$$\theta_l = \lambda f_l \tag{5-24}$$

其中 λ 为激光波长。若截止频率为 f_M,则对应的小孔尺寸为

$$r_M = \lambda F f_M \tag{5-25}$$

其中 F 为焦距。艾利斑直径 $Df = 2.44\lambda \dfrac{F}{D}$。其中,$D$ 为入射光斑口径。当入射光斑是圆形时,D 取其直径;若入射光斑是正方形,则 D 取其对角线长度。一般小孔的尺寸按衍射极限倍数进行定义。

(1) 光束强度对小孔选择的影响

非线性折射率引起波面位相变化及光强分布变化。当光照达到 5×10^9 W/cm² 功率

密度时，这种变化尤为显著，而且这种变化与光束强度和空间调制频率有关。为此必须选择合适的小孔，使之滤掉强度增长较快的空间频谱。另一方面，考虑到孔材的烧蚀情况，滤波小孔对光强的截止强度不可超过 10^{10} W/cm²，否则小孔边缘的负载激光功率密度大于烧蚀阈值，孔材被烧蚀，而且喷溅出的等离子体将使激光发生散射和折射，使光折射到比滤波器输出透镜还要大的角度中，造成较大的光能损耗。

（2）激光束脉冲宽度对小孔尺寸的影响

当滤波小孔边缘被激光烧蚀并喷溅出等离子体时[24]，其等离子体的喷射速度为 3×10^7 cm/s。在激光与小孔作用期间（脉冲宽度），这种等离子体的运动距离直接影响滤波小孔尺寸的选择。假如小孔的直径小于 2 倍的喷溅距离，则将没有激光透过小孔。因此，选择小孔的直径尺寸，必须加上 2 倍的脉冲经过期间等离子体的喷溅距离。

（3）级联空间滤波器小孔的选择

滤除掉快速增大的频率成分后，需要关注透过空间滤波器后剩余的低频调制特性。空间调制的增长可以分为两个部分，一个是空间散射点引起的剩余调制，另外是光束频率滤波截断引起的调制（主要是总体自聚焦效应引起光束的聚焦口径增大）。空间截断引起的低频调制幅度[18] 为

$$\Delta\psi_{RMS} = (1-T)^{\frac{1}{2}}\psi_i \qquad (5-26)$$

T 为功率透过比率，ψ_i 为空间滤波前的光束振幅。在级联空间滤波器中，小孔的尺寸不能依次减小，因为 B 积分的增长使光束截断部分的强度增加，从而导致强度的增加。在级联空间滤波器中，小孔的尺寸不能依次增大，因为散射点引起的调制将会增大。合适地选择小孔使得每一段两种源头引起的调制能够近似相等。一般在光束口径 $f/10$ 为 2~20 cm 时，小孔选择在 10~20 倍的衍射极限。

（4）小孔的形状

目前认为，锥形孔可有效缓解等离子体堵孔问题[26]。锥形孔的设计思路为：开口较大的一面为迎光面，出光口的尺寸为小孔设计尺寸，放置于空间滤波器的焦平面上。锥孔内部的锥形结构将中高频成分的光通过一次反射导出小孔。锥孔的迎光面大开口设计减小了迎光面上激光与小孔材料的作用面，所产生的等离子体也需要更长的时间才能扩散到小孔中心。

5.2.4 冷却系统设计

5.2.4.1 热波前畸变的产生原理和影响

片状放大器的主要功能是利用氙灯泵浦的钕玻璃对激光进行能量放大。氙灯泵浦能量的绝大部分以热量的形式沉积在放大器的各个部件上，特别是氙灯壁、隔板玻璃和钕玻璃片等。泵浦氙灯是通过灯内等离子体发光，将注入氙灯的高压电脉冲能量转化为脉冲光能量，氙灯发射的脉冲光通过隔板玻璃、反射器等元件到达钕玻璃，处在钕离子吸收带内的

光谱成分被钕玻璃吸收,将基态钕离子泵浦到跃迁态,而其他能量则转化为热沉积在钕玻璃上。由于放大器结构本身决定了钕玻璃不同位置受到不同强度的氙灯辐照,因此钕玻璃不同位置沉积的热量不同。沉积在钕玻璃中的热量导致钕玻璃内部产生温度梯度,钕玻璃发生机械变形,钕玻璃由原来的平面玻璃变为"S"形,从而形成马鞍形的透过波前畸变。同时片内机械应力和温度梯度引起折射率变化,进一步引起波前畸变。另外,由于 ASE 的吸收,钕玻璃包边的温度要远远高于相邻的钕玻璃温度,尤其是钕玻璃四角包边相接的地方,这些区域往往成为应力的集中区域,从而在钕玻璃周边大约一个片厚度的尺寸范围内引入较大的波前畸变。另外,沉积在放大器其他部件上的能量会导致放大器放电完成之后,放大器内部各个部分之间形成温度差,表 5 - 5 为一般放大器放电之后的温度升高情况。由于温差的存在,各个部分之间会发生热交换,尤其是温度较高的氙灯壁会进一步地部分以辐射能的形式对钕玻璃进行加热,从而进一步加大钕玻璃的波前畸变。

表 5 - 5　放大器不同部件的升温

部　件	氙灯壁	隔板玻璃	钕玻璃	水平包边	竖直包边
温度升高量/℃	15	2	0.7	1.2	3

氙灯辐照引起的热波前畸变主要对高功率激光系统产生两个方面的影响:① 瞬时热波前畸变对当前发次输出产生影响;② 钕玻璃的残余热量和残余机械形变影响下一发次的输出质量。

5.2.4.2　放大器主动冷却技术

高功率激光系统中克服热波前畸变的手段如下:① 在系统中通过采用变形镜(AO)来补偿光学元件自身加工、装夹等带来的静态波前畸变;② 采用 AO 补偿氙灯泵浦引入的瞬态热波前畸变和上一发引入的残余热波前畸变;③ 采用钕玻璃包边技术,在钕玻璃包边中掺入铜,在抑制 ASE 导致的寄生振荡从而提高放大器增益均匀性的同时,增加包边热传递系数,尽快带走包边热量;④ 放大器运行结束后,采用主动冷却技术,带走放大器各部分沉积的热量,使放大器各部分温度与环境温度尽快达到相同,使钕玻璃的机械形变尽快恢复。

放大器内部各部分之间的热量交换系数如下:钕玻璃包边与钕玻璃金属框之间的热传导系数约为 2 W/(cm² · K),钕玻璃材料本身的热传导系数约为 0.6 W/(cm² · K),钕玻璃和周围气体之间的热传导系数约为 0.5 W/(cm² · K),钕玻璃和放大器窗口玻璃之间的热辐射系数约为 0.4 W/(cm² · K),钕玻璃和隔板玻璃之间的热辐射系数约为 2.5 W/(cm² · K)。放电结束后,钕玻璃主要通过与隔板玻璃之间的热辐射以及包边和框架之间的热传导来实现热交换。所以,针对片状放大器钕玻璃热波前畸变问题,主要采用灯腔主动冷却结合包边冷却的技术加以解决。

钕玻璃的包边玻璃围绕在钕玻璃四周,与中心区域的增益介质直接接触,对放大器的增益均匀性及稳定性产生重要影响,所以钕玻璃包边必须满足多项严格的要求:① 包边的折射率应与钕玻璃的折射率相等。实际情况下,这一条件只能近似满足。为避免发生全内反射,包边的折射率最好略高于激光玻璃的折射率。② 包边与激光玻璃必须均匀接触,避免小孔、气泡等缺陷产生的散射和反射中心降低包边效率。③ 包边必须具有足够的吸收系数,能够吸收 ASE 及抑制寄生振荡的发生。ASE 可以通过选择掺杂浓度和厚度合适的包边来实现充分吸收。④ 包边必须经受住放大器内的氙灯强光辐照而不被损坏,且在多次激光照射后性能不发生退化。如果发生喷胶、脱落等现象,则会严重影响放大器增益能力和导致光束质量的破坏。⑤ 包边与玻璃之间要有很高的粘合强度,必须经受住包边后钕玻璃片面形加工和抛光过程中产生的机械应力,以及放大器工作过程中由于吸收 ASE 产生的热应力。

高功率激光系统采用的主要冷却手段是向放大器片腔和灯腔内充入洁净干燥的氮气,将热量带走。美国 NIF 装置的实验结果表明,通过在特定的充气时间内适当降低充入放大器的氮气温度,可以更加有效地提高放大器热波前畸变恢复速度。对氮气要求如下:纯净度为 99.99%;洁净度<10 级(US209D,1988);温度为 20℃;放大器氮气入口气压为 2 atm。具体流速和吹扫时间根据放大器不同口径具有不同的要求。以 ϕ200 mm 单口径 1×3 片状放大器为例,一般要求 0.9 m³/min 的氮气流速,吹扫时间一般在 20 min 左右。

为了兼顾片腔内洁净度的要求,氮气吹扫方向采用上进下出的方式。同时,为了避免灯腔内污染物向片腔内扩散,采用片腔和灯腔分别充气的方式,如图 5-35 所示。

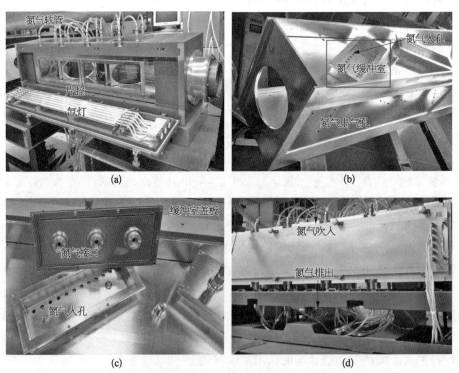

图 5-35 实验用片状放大器结构示意图

(a) 片腔结构图;(b) 气室及吹扫孔分布;(c) 气室及吹扫孔实物图;(d) 氮气软管及连接图。

如图 5 - 36 所示,氙灯放电之后的早期,主要是氙灯、隔板玻璃通过热辐射对钕玻璃进行持续加热的过程。由于钕玻璃不同位置与隔板玻璃的距离不同,因此接收到的热辐射量会有所不同,进一步增加了钕玻璃片的热波前畸变。虽然钕玻璃包边的大部分热量会通过和金属外框之间的传导消耗,但同时热量也会向温度相对较低的相邻钕玻璃材料传导,进一步增加钕玻璃的波前畸变。所以,由于其他部分的持续加热,钕玻璃波前畸变在相对放电瞬间进一步增加,这是氙灯泵浦片状放大器的一大特点。随着冷却氮气不断充入放大器,各部分热量被氮气不断带走,氙灯和隔板玻璃的温度逐渐降低,钕玻璃和隔板玻璃之间的热传递方向会发生逆转,热量从温度较高的钕玻璃向温度较低的隔板玻璃辐射,最终放大器内各部分温度达到平衡,钕玻璃残余热波前畸变达到系统要求。

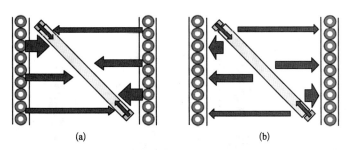

图 5 - 36　放大器内各部分热量传递方向

(a) 早期;(b) 冷却后期。

图 5 - 37 为实验记录的氙灯放电后 2 min 内钕玻璃波前分布的变化情况,可明显反映钕玻璃早期的被加热过程。

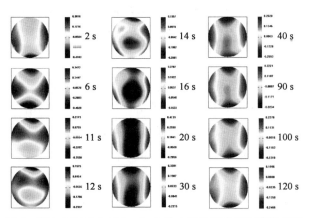

图 5 - 37　氙灯放电后 2 min 内放大器热波前畸变变化情况

图 5 - 38 所示为采用氮气吹扫主动冷却技术和放大器自然冷却两种情况下放大器热波前畸变的变化情况。可以看出,无论是自然冷却还是氮气吹扫主动冷却,钕玻璃都表现出明显的早期加热效应。对于实验中采用的 $\phi130$ mm 单口径片状放大器,自然冷却达到波前恢复要求(PV＜0.1 波长)所需要的时间约为 120 min;如果充入

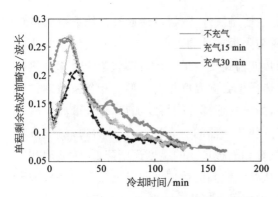

图 5-38　φ130 mm 单口径片状放大器热波前畸变变化情况（彩图见图版第 9 页）

15 min 氮气,放大器热恢复时间可缩短到 80 min;如果充入 30 min 氮气,放大器热恢复时间可缩短到 60 min,可以看出氮气主动冷却对于放大器热恢复起重要作用。

图 5-39 为实验记录的氙灯放电后自然冷却和氮气主动冷却情况下,钕玻璃波前分布变化情况,可明显反映氮气主动冷却对钕玻璃早期被加热过程起到了很大的抑制作用,从而大幅缩短了放大器的热恢复时间。

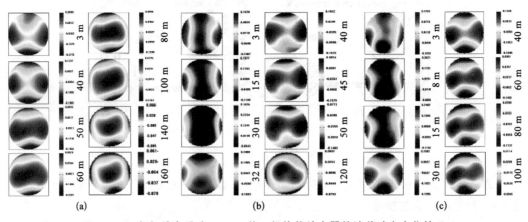

图 5-39　氙灯放电后 φ130 mm 单口径片状放大器热波前畸变变化情况

（a）自然冷却;（b）氮气冷却 15 min;（c）氮气冷却 30 min。

5.2.4.3　放大器洁净概述

高功率片状放大器采用氙灯对钕玻璃的面泵浦方式,同时钕玻璃泵浦面也是激光系统的通光面,直接接受约 10 J/cm² 的高强度泵浦光的辐照,如果表面洁净度不够,极易引起通光面的损伤[27],所以片状放大器的洁净控制是高功率激光驱动器污染控制的首要任务[28]。

片状放大器的洁净控制覆盖设计、加工、超净清洗、超净装校、运行期间的洁净控制等各个环节。在运行过程中钕玻璃包边黏结材料、片腔密封材料以及在清洗和装校过程中残留的有机污染物,在氙灯辐照下会发生热化学分解,产生大量的微米级的悬浮碳颗粒(气溶胶)[29]。这些悬浮颗粒在缓慢的自然沉降过程中容易再次聚合形成更大的颗粒并粘附在钕玻璃表面,在后续运行的氙灯辐照下,易引起钕玻璃的表面损伤[27]。这不仅要求从结构上进行优化,使其有利于污染物的控制[30,31],并通过超净清洗工艺和装校中的洁净控制[32,33],获得尽可能高的初始洁净度,还需采取有效措施,尽快去除运行中片腔内氙灯辐照产生的气溶胶,避免钕玻璃污染。

　　尽管目前已有的相关研究工作显示,钕玻璃损伤主要由表面污染物吸收氙灯光所致,且损伤点大小和损伤点密度都与腔内气溶胶污染有关[34,35],但仍无法得出损伤与放大器洁净度之间的定量关系。同时离线实验工作也证明了在洁净度得到有效控制的情况下,钕玻璃无损伤运行的可能性[34]。虽然没有给出确保钕玻璃无损运行对片腔洁净度的明确要求,工程上也无法实现放大器的绝对洁净,无法避免运行中氙灯辐照下片腔内气溶胶的产生,但是高功率激光装置在发展超净清洗和装校洁净工艺的同时,在放大器清洗中引入光清洗过程[29],利用氙灯光的热化学分解作用清除腔内残余有机污染,提高初始洁净度。同时在放大器运行后通入洁净氮气(空气)及时清除片腔内气溶胶,尽可能维持放大器运行中的洁净度。所以,在氙灯放电之后充入干燥洁净氮气既可以带走热量,快速实现放大器热恢复,也可以迅速带走氙灯辐照在腔内产生的气溶胶,保持钕玻璃表面的洁净度,增加钕玻璃使用寿命,大幅降低装置的运行成本。

5.2.4.4　放大器钕玻璃损伤原理

　　钕玻璃不同放置角度的损伤测量结果表明,片腔内颗粒污染物对钕玻璃的损伤产生重要影响。其中一台放大器水平放置,如图 5 - 40(a)所示,片腔内钕玻璃处于竖直状态;另一台放大器沿通光轴旋转 45°放置,如图 5 - 40(b)所示,片腔内的钕玻璃与竖直方向约成 30°倾斜状态。两台放大器采用同样的氙灯泵浦能量密度,约为 9 J/cm²,泵浦脉冲宽度 450 μs。每次氙灯放电结束后,都向片腔充入氮气进行吹扫,当洁净度达到 1 000 级左右时停止氮气吹扫,并经过一段时间的自然沉降以后进行下一发次的氙灯放电。在无激光入射的情况下,进行了 10 次氙灯放电并观察钕玻璃的损伤情况。

(a)　　　　　　　　　　　　　　　　(b)

图 5 - 40　片状放大器放置状态图

(a) 水平放置;(b) 轴向旋转 45°放置。

　　只计入 500 μm 以上的表面损伤点,比较了竖直状态钕玻璃表面、倾斜状态钕玻璃上表面和下表面的损伤点密度,结果如图 5 - 41 所示。处于倾斜状态的钕玻璃下表面损伤程度最小,损伤点分布密度在 6/ft² 以下,即每个 φ130 mm 口径的面上最多有一个损伤点;上表面的损伤程度最严重,损伤点分布密度在 50 ~ 110/ft² 之间,即平均每个

φ130 mm 口径的面上有 12 个损伤点；竖直状态的钕玻璃表面损伤点分布密度在 12～28/ft² 之间，即平均每个 φ130 mm 口径的面上有 3 个损伤点。在腔内存在一定气溶胶污染的情况下，钕玻璃不同放置角度通光面的损伤点密度有明显差异，尤其对于倾斜状态的钕玻璃，下表面损伤点最少，甚至没有，而上表面损伤则非常严重，分布密度远远超出下表面。这是由于残留在片腔内的气溶胶在自然沉降的过程中会发生再次聚合，形成几十微米大小的颗粒。而且由于自然沉降的作用，气溶胶更容易粘附在倾斜向上的钕玻璃表面而造成后续损伤。

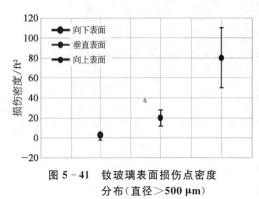

图 5-41　钕玻璃表面损伤点密度
分布（直径＞500 μm）

用显微镜对钕玻璃片的损伤点形貌特征进行了观察，如图 5-42 所示。损伤点都分布在钕玻璃表面，主要分为以下两种形貌类型：① 损伤点的中心或接近中心处有明显的核（爆破中心），玻璃裂纹从中心扩散，裂纹密度较低，但深度较大，损伤点大小为爆破中心大小的 10 倍左右；② 损伤点中心区域有一个裂纹的密集区，裂纹以该区域为中心向四周扩散，在损伤点边缘处形成更加密集的裂纹带。两种情况都有一个共同的特点，即有一个裂纹的扩散中心，说明钕玻璃表面损伤是由表面污染物吸收氙灯光，形成表面局部高温点和热应力，从而导致材料破裂。形貌不同在于污染物自身的体积、密度与钕玻璃的贴合程度，以及对氙灯光的吸收特性不同所致。

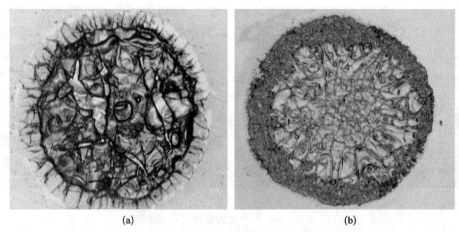

(a)　　　　　　　　　　　　　　　(b)

图 5-42　钕玻璃表面损伤点形貌（100×）（彩图见图版第 9 页）

(a) 有明显的裂纹核心；(b) 有明显的裂纹中心密集区。

通过以上钕玻璃面损伤密度分布与钕玻璃放置角度有关的实验结果以及损伤点的形貌特点可以看出，钕玻璃损伤主要来自表面污染物对氙灯光能量吸收产生的热应力；片腔内气溶胶在沉降过程中会对钕玻璃表面产生污染并导致后续的损伤；如果氙灯放电后不及时将腔内气溶胶清除(氙灯放电产生的腔内气溶胶初始浓度可达 10 万级,远远高于实验中的 1 000 级),气溶胶造成的钕玻璃污染将严重影响钕玻璃的使用寿命。

5.2.4.5　放大器光清洗技术

片放腔内气溶胶的产生,主要由腔内有机污染物或密封材料在氙灯光辐照下发生高温热化学分解所致[27],说明通过氙灯辐照可以有效地使腔内残留的有机污染物减少,从而达到对有机物的清洗作用[27,28],即为光清洗。将实验中的片状放大器进行了初次超净清洗和超净装校(钕玻璃不安装)之后,进行了光清洗实验,并测试了气溶胶的产生浓度。光清洗共进行了 50 发次氙灯放电,氙灯充电电压依次为 19、20、22 kV,对应的放电发次分别为 5、10、35 发。如图 5 - 43 所示为光清洗过程中对应测试发次产生的气溶胶浓度的测试结果,横坐标为

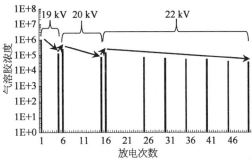

图 5 - 43　片状放大器光清洗气溶胶浓度

运行发次,纵坐标为该发次所产生的粒径不小于 0.5 μm 的气溶胶浓度等级(US209D,1988)。

首先,相同运行电压下氙灯放电产生的气溶胶浓度在逐渐降低。尤其第一发产生的气溶胶浓度达到 100 万级,而相同电压(19 kV)运行到第五发时,产生的气溶胶浓度则降为 13 万级。这是因为初始超净装校后腔内残余的有机污染物极少,同一色温下能够分解的有机物在第一次氙灯辐照下大部分已经分解,以至于后续同等强度氙灯辐照时产生的气溶胶会大幅下降。另外,当运行电压增加时,氙灯辐照产生的气溶胶要比前一发较低电压时产生的气溶胶浓度高。图 5 - 43 中第六发 20 kV 运行电压产生的气溶胶浓度为 25 万级,高于第五发 19 kV 时产生的 13 万级;第十六发 22 kV 运行电压产生的气溶胶浓度为 15 万级,高于第 15 发 20 kV 运行电压产生的 7.5 万级。这主要是因为氙灯运行电压升高,则发光强度升高,因而辐射产生的色温也越高,越有利于大分子有机物的分解。

放大器腔内产生气溶胶的浓度从第一发 19 kV 电压的 100 万级降到了第五十发 22 kV 电压下的 3.5 万级,说明经过 50 次光清洗之后,片放腔内的残余有机污染物大幅减少,确实起到了片腔清洁的作用。另外,光清洗效果除了与氙灯辐照发次相关,与氙灯的运行电压也有很大的关系。所以在条件允许的情况下,应该适当增加光清洗氙灯放电发次并适当提高氙灯运行电压,以达到更好的清洗效果。同时也可以看出,气溶胶的产生是一个持续的过程,每次氙灯放电都会在腔内不同程度地产生大量气溶胶。就目前技术而言,只能尽量降低而无法完全避免气溶胶的产生。所以采用洁净气体对运行后的片腔进行吹扫,清除腔内气溶胶,是目前高功率放大器在线运行所必不可少的洁净控制手段。

5.2.4.6　放大器在线洁净技术

虽然采用严格的机械清洗工艺和光清洗技术,但由于时间、成本等原因,工程上无法

实现完全抗损伤、完全无污染、完全无气溶胶产生的大口径片状放大器。为了能够尽量避免钕玻璃的损伤，延长使用寿命，放大器在线运行时，氙灯放电之后必须采用洁净氮气对片腔进行吹扫，恢复腔内的洁净环境，避免气溶胶再聚合形成大颗粒并污染玻璃表面。影响氮气吹扫清除气溶胶洁净效果的因素主要包括氮气流速、吹扫时间、吹扫方式、片腔氮气吹扫口排布以及流场分布等。

1. 氮气流速和吹扫时间的影响

图 5-44 为某放大器腔内气溶胶浓度的变化斜率在不同氮气流速下的对比情况。可以看出，腔内气溶胶浓度的变化斜率在不同的氮气流速下明显不同：气体流速越小，腔内气溶胶浓度降低速率越慢，达到 100 级洁净所需的吹扫时间也越长。这说明在进行氮气吹扫时，洁净氮气对腔内原有气体的置换作用所引起的气溶胶清除效果，要远大于气溶胶自然沉降的作用（气溶胶具有非常缓慢的自然沉降速度，沉降 100 mm 的竖直距离需要数小时的时间）。当氮气流速减小到一定程度，腔内气溶胶浓度降低到百级左右以后，下降速度开始变得非常缓慢[对应图 5-44(a)中 20 SL/min 的情况]，此时的氮气流速为对应该放大器的吹扫氮气流速的下限值（该下限值对不同放大器应该有不同的具体值）。放大器之所以对氮气流速存在最低要求，应该是由于片腔内钕玻璃支撑结构、上下三角反射板、钕玻璃包边遮挡结构等复杂的机械结构阻碍了氮气在片腔内的充分流动，因而在低流速和出气口通畅的情况下，氮气较难抵达片腔内各个空间部分的缘故。

图 5-44(b)中比较了不同氮气流速下，片腔气溶胶浓度从初始的 5 万级降到 100 级所需要的氮气总体积。可以看出，虽然不同流速下需要的吹扫时间不同，但所需要的氮气总流量却基本相近，主要分布在 3 100～3 600 L 之间，平均 3 300 L。实验中放大器的片腔体积约为 270 L，则需要的氮气总量为腔体积的 12 倍。氮气总流量在不同氮气流速下的一致性，进一步说明在气溶胶清除方面吹扫氮气的作用要远远大于气溶胶自然沉降的作用。

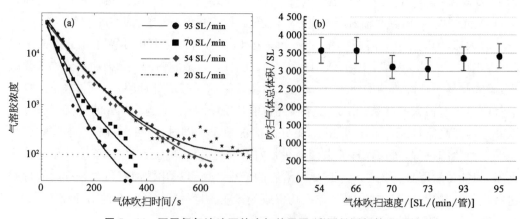

图 5-44 不同氮气流速下的吹扫效果图（彩图见图版第 10 页）

(a) 腔内气溶胶浓度随吹扫时间的变化；(b) 不同氮气流速下气溶胶浓度达到 100 级所需的吹扫气体总体积。

2. 片腔内流场的必然存在

为了增加片状放大器的能量转换效率,片腔上下表面往往都设置有高反射率的三角反射板,导致氮气吹扫气孔无法均匀遍布片腔上下表面。图 5 - 45(a)为根据放大器实际氮气孔分布采用计算流体力学(computational fluid dynamics,CFD)数值模拟得出的氮气吹扫时片腔内局部气体流场。可以看出,由于出气孔的有限性带来的阻力,氮气吹扫过程中很容易在片腔内产生涡流。图 5 - 45(b)为模拟得出的涡流区内污染颗粒的运动轨迹,可以看出,一旦有稳定的涡流形成,则处于其中的气溶胶颗粒将滞留在涡流区内,而无法随吹扫氮气排出腔外。片状放大器的气体流场实验观测,进一步证明了腔内气体涡流的存在。

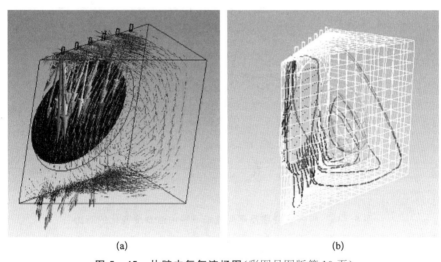

(a)　　　　　　　　　　　　　(b)

图 5 - 45　片腔内氮气流场图(彩图见图版第 10 页)
(a) 片腔内氮气流场模拟结果;(b) 涡流场内的粒子运动轨迹。

3. 涡流场对放大器在线洁净度的影响

如图 5 - 46(a)所示为 ϕ130 mm 单口径片状放大器片腔内的气体流场实验观测图,可以明显观察到涡流的存在。为了说明涡流对片状放大器在线洁净度的影响,采用相同的连续吹扫时间,分别测试对比了不同出气口分布和不同氮气流速时片腔排出气体的洁净度及吹扫结束后片腔内的洁净度,结果如图 5 - 46(b)(c)所示。

在连续吹扫情况下,无论改变出气口分布还是更改吹扫氮气流速或吹扫时间,吹扫结束后腔内洁净度都会变差,说明腔内含有大量的残留颗粒,无法满足放大器在线洁净度要求。同时,吹扫后期排出气体都不含气溶胶颗粒,说明通过延长氮气吹扫时间无法进一步减少腔内颗粒残留。只是不同情况下腔内形成涡流所需要的时间、涡流区域的大小以及将涡流区域以外颗粒排出片腔所用的时间会略有差别,所以表现为排出气体达到零颗粒所用的时间不同且吹扫结束后腔内洁净度变差的程度也略有不同。其中,采用 35 L/min 的进气口流速进行 30 min 连续吹扫后 1 h,腔内洁净度逐渐稳定在 2 500 级左

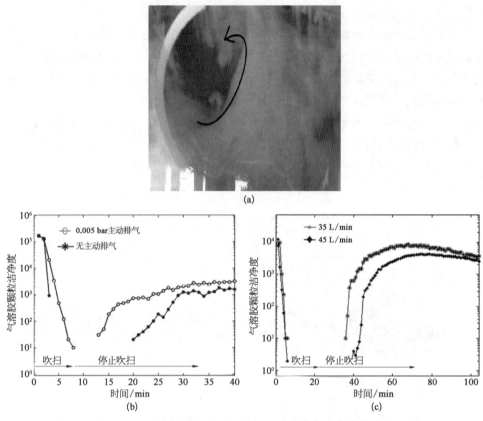

图 5 - 46　腔内涡流场及不同流场下腔内洁净度变化的对比

（a）腔内涡流场烟雾实验图；（b）不同出气口分布的洁净度对比结果；（c）不同氮气流速的洁净度对比结果。

右，说明腔内仍然残留了约 25% 的气溶胶颗粒。

4. 氮气吹扫方式

由于片腔内涡流场的必然存在及其对在线洁净度的影响，通过采用间断氮气吹扫的方式，克服腔内涡流对气溶胶清除效果的影响，是高功率片放在线运行洁净控制的关键。

间断多次吹扫实验的具体过程如下：放大器运行之后，保持粒子计数器始终处于监测状态，开启氮气吹扫并保持 35 L／min 的进气口流速，当粒子计数器测得颗粒数为 0 时说明腔内已经建立稳定涡流并且涡流场外气溶胶颗粒已经充分排出片腔，此时停止氮气，第一次吹扫结束；当粒子计数器重新监测到气溶胶颗粒，说明腔内残留气溶胶已经充分扩散，此时重新开启吹扫氮气，第二次吹扫开始；当粒子计数器测得颗粒数再次降为 0 时，说明腔内又重新建立稳定涡流并且涡流场外气溶胶颗粒已经充分排出片腔，此时停止氮气吹扫，第二次充气吹扫结束。如此循环直至吹扫结束后测得片腔内颗粒浓度不再出现上升。

针对 $\phi 130$ mm 单口径片状放大器，间断吹扫实验的具体参数为：间断吹扫 4 次，单次吹扫时间分别为 9、5、3、3 min，间隔时间均为 5 min。图 5 - 47（a）（b）所示为间断多次氮气吹扫过程中测得的片腔洁净度变化过程。吹扫过程中排出气体重复出现的临时性的洁净状态,正是腔内涡流不断形成和破坏的具体表现。同时,单次吹扫初期排出气体的气溶胶颗粒浓度也在不断降低,表明随着吹扫次数的增加,片腔内滞留的气溶胶颗粒浓度不断得到稀释。

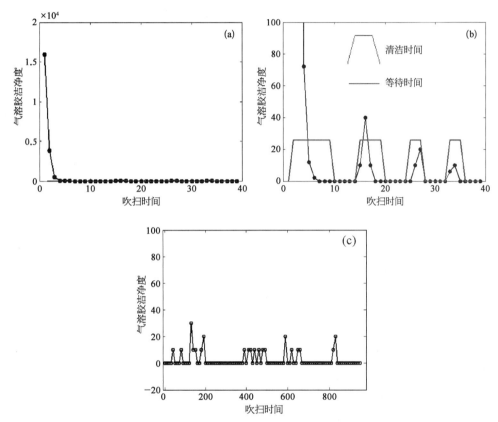

图 5 - 47　间断多次氮气吹扫片腔洁净度变化情况

(a) 片腔洁净度变化整体过程;(b) 间断多次氮气吹扫过程及对应的片腔洁净度变化细节;(c) 吹扫结束后片腔洁净度的长时间监测结果。

图 5 - 47(c)为吹扫结束后片腔洁净度的长时间监测结果,放大器片腔洁净度在超过 900 min 的监测时间里始终保持在 40 级以内。与图 5 - 47(c)中 30 min 连续吹扫的洁净效果相比,通过采用间断多次吹扫的在线洁净方法,腔内气溶胶残留量至少降低到 1%,为片状放大器的运行提供了良好的片腔在线洁净环境。对比吹扫前 1.6 万级的腔内洁净度,吹扫后腔内气溶胶残留量约为 0.25%,片腔的洁净度可以得到大幅提高,满足放大器在线洁净度需求。

两种吹扫方式下片腔洁净度的鲜明对比,证明了间断多次氮气吹扫在线洁净方法的科学有效性。但必须指出的是,间断吹扫能够大幅改善片腔在线洁净度的前提条件,是吹扫过程中的单次吹扫都能够使片腔内的气溶胶颗粒得到充分稀释,即吹扫流速及单次吹扫时间满足腔内建立涡流并将涡流区外的气溶胶颗粒充分排出腔外的要求。由于不同规格片状放大器的片腔规格、内部结构、气孔配置等有所不同,因此不同放大器所必需的氮气流速、吹扫时间会有所不同。同时,氮气停止以后腔内气溶胶颗粒充分扩散所需的具体时间也会有所不同。所以,针对具体不同规格的片状放大器,在采用间断多次吹扫在线洁净方法时,须对吹扫氮气流速、单次吹扫时间、间隔时间等通过具体实验进行优化选择。这样既能充分达到片放在线洁净效果,又不会造成洁净氮气资源的浪费。

5.2.5 能源系统设计

5.2.5.1 概述

固体高功率激光器作为 ICF 驱动器[5],其输出能量必须稳定可靠才能满足 ICF 物理研究的需要。影响激光输出能量的因素很多,注入激光器的电能量是决定性的因素。因此,高可靠、高稳定的能源系统是固体高功率激光器作为 ICF 驱动器必不可少的技术装备。

神光Ⅰ/Ⅱ装置的能源规模的发展变化(见图 5 − 48)如下:

◆ 神光Ⅰ能源分系统:2 束光总储能 6 MJ;

◆ 神光Ⅱ能源系统:8 束光总储能 12 MJ;

◆ 第九路能源系统:1 束光总储能 4 MJ;

◆ 神光Ⅱ万焦装置能源系统:8 束光总储能 15.8 MJ;

◆ 神光Ⅱ A 构型能源系统:1 束光总储能 4 MJ。

图 5 − 48　神光装置不同能源系统实物图

5.2.5.2 能源系统功能与组成

能源系统是高功率激光装置的重要基础设备,为激光放大器提供泵浦能量。能源模块是能源系统中的关键单元,关系到整个能源装置的安全可靠运行[36,37]。能源模块由多个棒状放大器能源模块和主放大器能源模块组成,每个模块均可以脉冲形式为相应的放大器提供泵浦能量。主放系统采用预电离点灯技术、开关式 LC(电感电容)串联谐振恒流充电机、自愈式金属化电容器、均流良好的平衡电感、高压低衰减的传输电缆、光纤通信、计算机集总控制和监测、数据波形的采集、显示和打印;采取切实有效减少电磁干扰的措施,提高系统运行的稳定性和可靠性,使之便于维护并有较高的性价比[5,38]。放电系统由传输电缆和脉冲氙灯组成,为激光器提供合适有效的电能。

市电供电部分通过配电柜为储能模块供电,具体如图 5-49 所示。

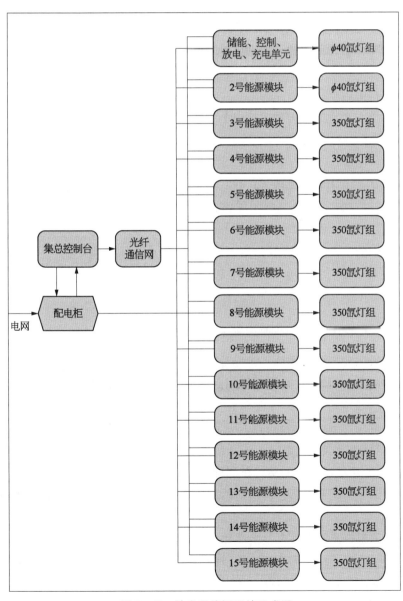

图 5-49 神光Ⅱ能源系统组成图

5.2.5.3 能源系统单元组件

1. 能源模块

以神光Ⅱ装置为例,根据储能大小和被供能放大器组成和具体使用方式的不同,储能模块有两种:片状放大器能源模块和预放能源模块。

组合式 2×2 片状放大器单个储能模块的主要技术要求为:

◆ 系统工作电压:23 kV(最高充电电压 24 kV);

◆ 放电脉冲形状:工作在临界阻尼状态;

◆ 充电重复精度:±0.2%;

◆ 能量传输效率:大于等于 80%;

◆ 充电时间:小于等于 60 s;

◆ 最小可供电单元为 2×2 组合中的四张片;

◆ 具有强抗电磁干扰能力。

单个预放能源模块的主要技术要求为:

◆ 储能:612.5 kJ;

◆ 系统工作电压:15 kV;

◆ 放电脉宽:$\tau \leqslant 400 \ \mu s \pm 10\%$;

◆ 放电脉冲形状:工作在临界阻尼状态;

◆ 充电重复精度:±0.2%;

◆ 能量传输效率:大于等于 80%;

◆ 充电时间:小于等于 60 s;

◆ 最小可供电单元为单台棒状放大器;

◆ 具有强抗电磁干扰能力。

储能模块主要包括两部分:主泵浦电路和预电离电路。其中预电离电路提供一个高压、低能的电脉冲,使氙灯在主脉冲通过之前击穿,以增大主脉冲能量的转换率,并且可以减小主脉冲对氙灯的瞬时冲击,以起到保护氙灯的作用。模块中的硬件主要包括储能单元、充电单元、放电单元、高压开关单元等部分。

参考其他的能源模块结构与布局,合理安排电容器、引燃管开关、脉冲形成电感、快速熔断器、安全放电开关、泄放电阻、罗氏线圈、充电机、高压触发器、放电电流检测抽屉,进入柜架里,使整个能源模块的结构布局做到:

◆ 模块内部结构紧凑,安装维修方便,高压连接接触良好,保证在放电过程中不出现打火现象。

◆ 模块内部所有元部件具有互换性和可维护性,单台设备可脱离模块异地单独维修。

◆ 模块内部的高压线应远离低压信号线,低压信号线放置在屏蔽走线槽内。

◆ 模块中的高压触发器、单片机、放电电流检测电路都放在电磁屏蔽的机柜里,与充电机高压电容器引燃管开关隔开。

◆ 模块主体外部整体全封闭式屏蔽,面板均可拆卸。

◆ 所有进出屏蔽箱的控制信号均分管屏蔽,内部与外部电噪声环境在电气上隔离。

◆ 控制计算机与能源模块之间的控制和数据采集均采用光纤传送。

◆ 模块采用软接地,保证能源系统在运行过程中地电位的抬高控制在 500 V 以下。

◆ 模块中充电用的电源与控制用电源分开。

◆ 模块中的脉冲功率接地与控制电路的接地端子分开。

（1）储能电容器

储能电容器是能源模块中的重要单元,它的性能好坏直接影响整个能源系统的性能和造价。LLNL 首次在子束(beamlet)装置上使用"自愈"式金属化介质电容器作为驱动闪光灯的储能元件。由于采用了金属化介质技术,使电容器储能密度大幅度增加[39,40]。金属化介质电容器与传统的箔式电容器相比,在结构上和失效机理上都有所不同。金属化介质电容器的改进主要在于介质层的自恢复功能,从而消除了电容器和电容器组的早期失效。金属化介质电容器通过数千次的"自恢复"才会导致容量较为明显的减小。正是这种"软失效"模式使我们能够预期电容器的寿命,从而提高运行的安全可靠性。由于"自愈"电容器可在高场强(介质绝缘强度附近)下工作,因而提高了储能密度,减小了体积和重量,进而降低了能源模块的体积和造价。

电容器的性能指标:

◆ 介质:金属化聚丙烯膜;

◆ 单台容量:125 μF;

◆ 容差:−10%;

◆ 额定工作电压:25 kV;

◆ 寿命(容量下降 5%):大于 20 000 次(额定负载正常工作);

◆ 储能密度:大于 500 J/L。

（2）充电单元

在传统的能源系统中,均采用了 LC 谐振恒流充电方案。此方案已采用多年,技术十分成熟可靠,但体积大、笨重,而且充电重复精度差。随着高频逆变技术和功率半导体器件的发展,大功率的高频逆变装置已不难制造。由于高的工作频率,可使用高效的铁磁材料,使充电机体积小、重量轻。在神光Ⅱ升级能源模块中我们采用了串联谐振高频逆变器构成充电电源。由于开关工作在软开关状态,故开关损耗小,电路变换效率明显提高,一般在 85% 以上,且开关的通、断均在电流过零时刻,电路产生的电磁干扰小,工作安全可靠。

充电单元由恒流充电机和充电电路组成。

1）恒流充电机电路原理

其电路框图如图 5-50 所示。

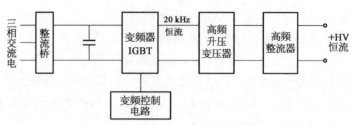

图 5 - 50 充电机电路原理框图

IGBT：insulated gate bipolar transistor，绝缘栅极双极性晶闸管；HV：high voltage，高电压。

2）充电电路

充电电路分棒状放大器和片状放大器两种电路。棒状放大器充电电路框图如图 5 - 51 所示。

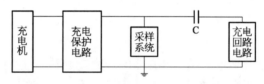

图 5 - 51 棒状放大器充电电路框图

片状放大器的充电电路框图如图 5 - 52 所示。

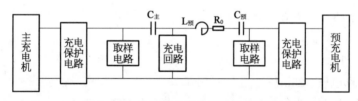

图 5 - 52 片状放大器的充电电路框图

（3）放电单元

放电单元由高压大电流引燃管开关和放电电路组成。引燃管开关由引燃管、高压触发器、引燃烘烤装置、同轴引流装置 4 个部件组成。

（4）放电开关

引燃管应用于 ICF 驱动器能源系统已有很长的历史[36]。这种开关的优点是，具有自愈的水银池阴极。引燃管开关有极宽的触发范围，其触发通过对浸入水银池的引燃极施加 100～3 000 V 电压，注入极少的能量（毫焦级）就可实现。目前，Size"D"引燃管峰电流可达 130 kA、工作电压 12 kV，寿命可达 20 000 次，在 NOVA 和其他激光聚变能源系统中采用两管串联，工作电压 22 kV，其通过电荷量为 50 C/shot（发次）。Size "E"的峰电流可达 230 kA，工作电压为 12 kV，寿命仅为 1 000 次；而改进后的 NL - 9000，其峰电流可达 400 kA，但预期的寿命只有 500 次。

（5）高压触发器

◆ 输出路数：2 路；

◆ 输出电压：3 kV（开路）；

◆ 输出脉冲宽度：20 μs 左右，峰值电流 100 A；

◆ 极性：正极性，反向电压为零；

◆ 延时：2 路相对输出时间 50～200 μs 可调。

启动高压触发器的信号通过光纤输入，保证输入高压触发器的触发信号不受干扰，高压触发器的电子线路安装在电磁屏蔽盒内，不受电磁场的干扰，保证高压触发器不会产生误动作，触发器的高压脉冲变压器采用环氧灌封，初次级和对地绝缘应达到 60 kV。

（6）引燃管烘烤装置

采用红外灯烘烤，烘烤时间温度由自动控制电路控制，使引燃管的温度经常保持在高于室温 5 ℃ 左右，引燃管中水银的升华很难在管壁凝结，防止引燃管管壁绝缘电阻下降，造成引燃管自闪。

（7）同轴引流装置

当引燃管通过大电流（大于 100 kA）时，管中的水银在不对称的电磁场中会飞溅到管壁上，造成管壁的绝缘电阻下降。同轴引流装置可以使引流的电缆线在引燃管周围 360° 的方向上均匀对称分布，这样管中水银飞溅的情况要好得多，引燃管不易发生自闪。

（8）放电电路

棒状放大器的放电电路框图如图 5-53 所示。储能电容器 C、脉冲形成电感 L、放电引燃管开关 K、低损耗传输电缆和负载氙灯，组成了棒状放大器的放电电路。

片状放大器的放电电路框图如图 5-54 所示。

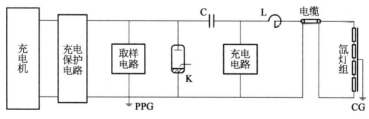

图 5-53　棒状放大器放电电路框图

C：电容；L：电感；K：引燃管；PPG：功率接地端；CG：安全接地端。

2. 能源控制系统

能源系统的总控制由一台工业控制计算机来实现对整个能源系统的集总控制，通过光纤传递控制信号和接收信号对能源系统中的各个模块实现远程控制。模块中单片机的控制功能都可以在总控制计算机上进行，即充放电控制检测储能电容器上的充电电压

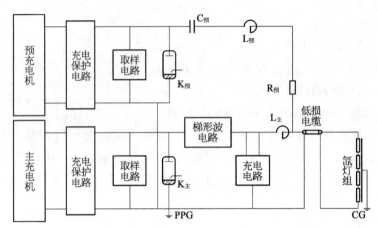

图 5 - 54　片状放大器的放电电路框图

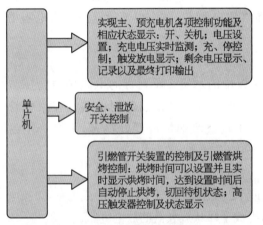

图 5 - 55　单片机对能源模块控制的框图

和放电后的剩余电压,对各台引燃管开关进行烘烤控制和同步触发控制,记录触发时间和各个放电回路中的电流波形,寄存各个模块运行的各种数据,显示能源系统运行的实时情况。其目标是运行可靠,控制有效,操作灵活方便,测量准确快速,显示明显醒目,以保证整个能源系统运行的安全可靠。

能源模块中的控制单元由一台单片机和通信接口、控制执行电路、执行元件组成。对充电单元、放电单元进行监控,执行上位机的命令,输出记存的数据,输出上位机需要的实时信息。单片机对能源模块控制的框图见图 5 - 55。

3.氙灯电流波形监测系统

能源系统的稳定可靠运行必须基于一个稳定可靠的计算机监控系统。能源监控子系统是通过专用的局域网络与能源集总监控计算机系统相连的,在托管的情况下由能源集总监控系统实现对能源子系统的监控。能源集总监控系统的网络拓扑图如图 5 - 56所示。

能源监控子系统如图 5 - 57 所示。在脱离网络的情况下,它就成为一个独立的监控系统,包含下面的软硬件组成部分:

◆ 上位机、下位机(充电机的智能控制器);

◆ 现场数据传输网络[由 CAN(控制)总线、光 HUB(路由器)等组成];

监控子系统软件的基本功能,概要地说包含两大部分:

◆ 人机界面,接受和处理子系统操作员的指令,并返回相应的数据;

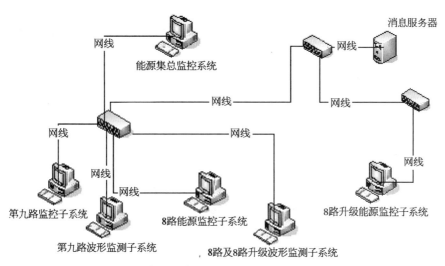

图 5 – 56　神光Ⅱ装置能源集总监控系统网络拓扑图

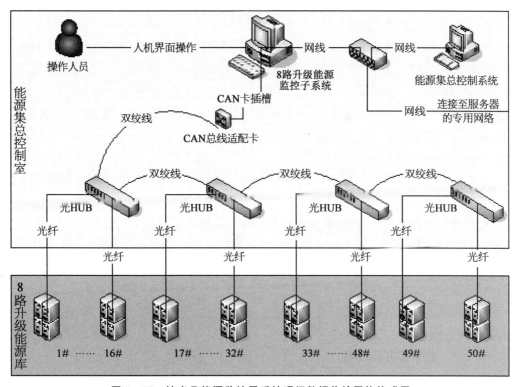

图 5 – 57　神光Ⅱ能源监控子系统现场数据传输网络构成图

◆ 与下位机进行通信,实现对下位机的测控。

现场数据传输网络是指能源升级监控子系统与下位机(充电机智能控制器)用以传输指令和数据的现场通信网络。上下位机采用光纤通信,通信协议根据实际的使用情况制定。该网络必须具备以下特征以满足实际需要：

◆ 高抗干扰性：测控现场是强电磁环境。电传输信号必须转换为光信号进行传输，以避免干扰；

◆ 实时性：系统对实时性要求较高，传输网络应有较高的传输率和较小的传输包。

4. 辅助单元

（1）能源系统的接地

能源系统的接地问题也是一个需要十分重视的问题，接地问题处理得不好，能源系统无法工作，还要损坏设备。无论是 NIF 或神光Ⅰ能源系统，每个模块在电气上是独立的，并具有各自的单点接地点。由于能源模块属高压大电流装置，在充电、开关导通、过压点燃闪光灯及放电过程中均将产生强的电磁场。通过分析，其频谱为几千到几百万赫。

（2）抗电磁干扰

电磁干扰的消除应从两个方面着手：降低电磁干扰源的强度和提高电子仪器设备抗干扰的性能，缺一不可。降低电磁干扰源强度的措施有：

◆ 建造良好的接地系统。

◆ 规范正确的接地方式和接地点，大电流放电的接地端接脉冲功率地线端，控制电路仪器设备、激光器件、工作平台等接安全地线端。防止地电位整体升高，防止把干扰信号引入控制电路和电子仪器设备。

◆ 减少高压元件的电容电流、电晕电流、绝缘介质的漏电流。能源模块整体屏蔽，降低空间电磁干扰辐射的强度，降低地电位的抬高。

提高电子仪器设备抗干扰的性能：

◆ 能源分系统中所有使用的单相或三相电源，都经过隔离变压器控制电源再加上滤波器，防止干扰信号从电源引入。

◆ 对能源总控制室的墙壁、顶棚和地面应做电磁屏蔽。升级后的控制部分将安放在已做屏蔽的能源控制室。能源模块中的控制电路都放置在屏蔽柜里，能源系统中使用的电子仪器都要有电磁屏蔽的外箱。

◆ 计算机的监控信号，都通过光纤传送。

◆ 对能源系统和激光器大厅中的大量高低压引线，统一规划分道走线，高压进电缆沟，低压进走线槽。

5.2.5.4 技术提升及发展

激光能源系统是一个较复杂的课题，所涉及的专业包括供电、电器、电源、自动控制、电力电子、高电压、微电子、机械设计以及电磁兼容等多种专业。神光Ⅱ升级能源系统的研制工作不仅为即将建造的下一代激光装置提供极为宝贵的科学技术经验，而且带动我国相关学科（机械加工、大电流开关、半导体、电容器等行业）的飞快发展。但还存在以下急需解决的技术问题。

1. 充电机的充电应用和限流保护

在能源模块中,充电机属于重要部件。高压电容器充电机的性能指标、可靠性、结构形式等直接代表能源模块的水平。事实上,高压电容器充电机目前仍然存在潜在的技术问题,有待进一步解决。

(1) 功率密度的提升

结合高压电容器充电机的实际工况,功率密度和重量可以再提升一个台阶。在能源模块的实际应用中,从时间上说,发次可以达到 5 min 一发,充电 1 min,停 4 min,所以说充电机在热设计上,应该更多考虑实际工况,这样可以进一步压缩体积和重量,从而有效地提高功率密度。

(2) 潜在能量意外泄放的保护措施。

目前的高压电容充电机,多是工作在高重频状态,电容器的储能并不高。虽然变压器作为高压隔离的环节已经考虑了绝缘裕量,但是即使发生对地的绝缘击穿,虽然影响可靠性,却并不会带来灾难性的后果。所以,该类应用的输出,基本只注重反压保护,以保护升压整流组件中的高频整流二极管组件。但是在储能达到 1～2 MJ 的系统里,就截然不同了。在 NIF 的设计文献里可以看到如图 5 - 54 所示的电源保护组件,其中 3 A 的保险丝是重要的保护元件,其作用是:在故障情况下,比如变压器初次级短路,就会发生负载电容储能通过变压器泄放能量。快速保险丝可以迅速熔断,断开初级回路,防止因此导致灾难性事故的发生。

但诸如此类的设计,在目前众多设计中未引起重视,这是在未来工程化设计中应该注意的问题。高可靠、高性价比的产品,是未来商业化的要求。

2. 阻尼元件技术

随着电容器制造水平的提高,大批量高可靠性的电容器已经以极高的性价比在国内市场上出现,为以器件数量最少、工程造价最低的电容器接地为特征的能源模块技术的可靠应用提供了可能,因为左右的电容都直接并联了。电容器比以前可靠了,不代表就肯定不会发生损坏,尤其是在使用数量巨大的情况下。因此,研制与电容器直接串联的高可靠的阻尼元件就成为当务之急了。阻尼元件中的感性成分,限制母排或者单个电容短路时的峰值电流;阻尼元件中的阻性成分,用来沉积单个电容短路时基本全模块的能量,确保不发生结构性破坏而造成二次损伤。

3. 半导体放电开关技术

理想的功率半导体器件具有以下特性:

- ◆ 断态时,能承受高电压而无漏电流;
- ◆ 通态时,能导通大电流而无压降;
- ◆ 开关时,能高速转换而无开关损耗;
- ◆ 易于驱动控制,驱动损耗低;
- ◆ 其他优点:可靠性、温度特性、抗干扰能力。

目前以晶闸管为代表的硅基半控型器件，已经在 1.2 MJ 的能源模块上获得了一定发次的初步实验数据。今后此类产品有较好的应用前景，特别是在高电压、大电流领域。相对来说，晶闸管优点突出，比如：具大的电流过载能力，无触点，具抗电磁干扰(electromagnetic compatibility，EMC)能力，体积小。所以说，晶闸管放电开关技术是具有代表性的新方向，值得继续探索。

从目前国内外的惯性约束核聚变实验情况看，增加激光束数是一种必然，因此随着能库储能的规模增大，运行可靠性和造价将成为突出问题，也是未来要解决的工作问题。要解决这两个问题，就要从工程化、模块化、标准化等多方面入手。

能源模块的模块化、标准化是有利于能源模块的工程化发展的。标准化体现为设计、图纸、接口、功能的标准化；模块化体现为能源模块内部所有组件的模块化组成。按照统一的标准要求进行加工制造，体现在接口、结构安装、功能等方面。未来模块的工程化显而易见，在理想情况下，设计人员无须下车间，同时能源模块的维护会变成简单的更换操作。

§5.3 关键技术

5.3.1 大口径光束隔离技术

神光Ⅱ装置中采用了多种光束隔离技术，尤其在大口径光束的隔离方面存在很多的技术难点。神光Ⅱ装置上先后采取了不同的技术方案，实现了对光束直径 200 mm 以上的反激光及级间振荡的隔离，推动了激光技术发展，并实现了对相关专项的技术支持。

激光隔离由偏振元件、旋光元件及其他配套组件共同组成。在高功率激光系统中，大口径激光隔离组件有多重作用：一是对激光偏振状态的控制，从而控制激光的多程放大状态；二是有效抑制多程放大器中的自激振荡；三是隔离反激光，保护光学元件和前级系统的安全。尽管有不同类型的主放系统，其隔离单元均包含下列基本元件：

（1）偏振元件

偏振元件为各类线偏振器件，其作用是对通过的激光偏振态选择投射或反射，在大口径激光系统中一般以布儒斯特角放置、表面镀偏振膜的玻璃作为偏振元件，有时也用布儒斯特角放置的钕玻璃片代替。偏振元件的特性和参数直接决定隔离系统的基本隔离能力。

（2）旋光元件

旋光元件是利用光学介质的相关旋光特性，在外场的作用下对光束的偏振方向加以旋转控制的器件，一般有磁致旋光和电致旋光两类。大口径电光开关就是其中一种重要的运用。

隔离器工作原理示意图如图 5 - 58 所示。

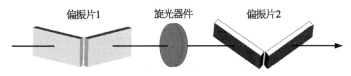

偏振片1　　旋光器件　　偏振片2

图 5 - 58　磁光隔离器结构示意图

其中,偏振片 1 为起偏器,偏振片 2 为检偏器,偏振片 2 相对于偏振片 1 在光轴方向上旋转了相应角度;旋光器件对偏振光始终提供相同角度的偏转。正向偏振态的激光在穿过旋光器件后通过检偏;后级反射的同偏振片 2 的偏振光穿过旋光器件后则相对偏振片 1 为正交状态被反射,从而达到了隔离反向激光的目的。

5.3.1.1　大口径法拉第旋光器技术

神光Ⅱ装置在 200 mm 口径下采用的磁光法拉第旋光器,利用大口径直流线圈产生均匀磁场,大口径掺铽的玻璃作为旋光介质,旋光角度设置为 45°;利用电容脉冲放电提供脉冲磁场,脉冲的间隔一般在毫秒级,可以满足该时间段对脉冲激光的正向导通、反向隔离要求。

在研制神光Ⅱ多功能激光系统时,研究人员精心设计研制了大口径线圈,实现 200 mm 直径、纵向 40 mm 内磁场不均匀性优于 1%,并且合理配置电容及放电电流,最终在通光口径内实现了超过 16 000 G 的磁场强度。而通光口径为直径 200 mm 的掺铽旋光玻璃,也是迄今为止国内研制的最大口径旋光玻璃,这是光学材料研制及加工等综合能力的体现,目前为止只有中国和日本能够提供,且中国能够批量提供。

1. 设计的总体性能

静态透过率:大于等于 86%;

动态透过率:大于等于 85%;

动态隔离比:大于等于 200∶1。

2. 设计依据

如果将法拉第系统视作黑箱系统,则在整个装置上起作用的参数为静态透过率 $T_{\text{静}}$、动态透过率 $T_{\text{动}}$ 和隔离比 η。静态透过率为法拉第旋光器不工作且将 P_0 与 P_1 转为平行时 FR 系统的透过率,动态透过率为对法拉第旋光器加正向工作电流时法拉第系统的透过率,隔离比为动态透过率 $T_{\text{动}}$ 与对 FR 旋光器加反向工作电流时法拉第系统的透过率 $T_{\text{反}}$ 之比。

因为磁光介质的转角满足

$$\theta = V \cdot l \cdot H \tag{5 - 27}$$

式中 V 为费尔德常数,l 为旋光介质工作程长,H 为磁场强度。

对该式两边同时微分得

$$d\theta = V \cdot l \cdot dH$$

则
$$d\theta / \theta = dH / H$$

由于我们期望磁场的径向分布相对均匀,法拉第系统旋角 $\theta = 45°$,若选取

$$dH / H \approx 5\%,\ 则\ d\theta = 2.25°$$

将线偏振光转角 θ 作为垂直径向半径 R 的函数,则光束截面上任一点的反向透过率和正向透过率分别为

$$T_{反} = \cos^2[\theta(R) + 45°]$$
$$T_{正} = \cos^2[\theta(R) - 45°]$$

由于系统各处磁场强度误差不超过 5%,取 $\theta(R) = \theta + d\theta = 45° + 2.25°$,则隔离比为

$$\eta = \overline{T_{正}} / \overline{T_{反}} \approx \cot^2(2.25°) \approx 648 \tag{5-28}$$

一般情况下 $\phi 200\ \text{mm}$ 磁光隔离器设计要求隔离比应不小丁 $200:1$。同时按照原器件要求,要求静态与动态透过率均不小于 85%。

3. 设计结果

(1) 磁场的均匀性

螺线管中心磁场强度 $H_0 = 108.6\ \text{G}$(模拟电流 $I = 12\ \text{A}$);$Z = \pm 20\ \text{mm}$ 的范围内磁场不均匀最大值为 $\Delta H / H_0 = 1.19\%$,满足均匀性的要求 $\Delta H / H_0 < 5\%$;磁场的径向分布如图 5-59 所示。

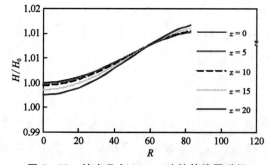

**图 5-59 神光Ⅱ $\phi 200\ \text{mm}$ 法拉第线圈磁场
径向分布**(彩图见图版第 10 页)

(2) 磁场强度

不考虑磁场均匀性的影响,入射光偏转 $\theta = 45°$ 时,所需磁场强度为 $H_0 = 17\ 286\ \text{G}$。由于磁场的不均匀性,为获得高隔离比的最佳中心磁场强度为 $H_0 = 16\ 400\ \text{G}$。

5.3.1.2 大口径泡克耳斯盒(PEPC)技术

对于更大口径($>250\ \text{mm}$)的光束来说,采用等离子体电极技术的泡克耳斯盒实现光束偏振方向的旋转。神光Ⅱ装置中采用了 $350\ \text{mm} \times 350\ \text{mm}$ 口径的泡克耳斯盒,是国内

第一次将大口径泡克耳斯盒应用到大型激光装置中,基本原理如图 5 - 60 所示。该器件由我国的中国工程物理研究院激光聚变中心研制而成,也是继美国之后第二个掌握该技术的国家[41]。

1. PEPC——电光效应

在外界强电场的作用下,某些本来是各向同性的介质会发生双折射现象,而本来有双折射性质的晶体,它的双折射性质也会发生变化,这就是电光效应。电光效应在工程技术和科学研究中有许多重要的运用。由于电光效应的弛豫时间极短,即施加外电场时,晶体的折射率瞬间就发生变化,故外电场撤销后,晶体的折射率立即又恢复原值。

一级电光效应,又称泡克耳斯效应,此时外加电场引起的双折射只与电场的一次方成正比。用作电光晶体的主要有 KDP 和 KD * P 晶体等。根据外加电场与传播方向是平行还是垂直,泡克耳斯效应分为纵向和横向两种。以 KDP 晶体为例,其纵向电光效应如图 5 - 60 所示。

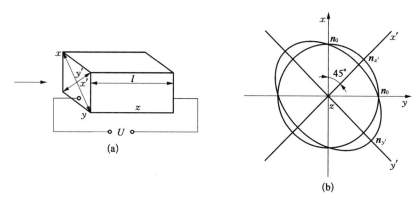

图 5 - 60　KDP 晶体的纵向泡克耳斯效应

(a) 纵向运用;(b) KDP 晶体的折射率椭球($z = 0$ 截面)。

KDP 晶体是负单轴晶体,取垂直于 z 轴(光轴)的切割情况。在与晶轴方向一致的主轴坐标系中,当外加电场平行于 z 轴的方向时,折射率椭球方程为

$$\frac{x^2}{n_o^2} + \frac{y^2}{n_o^2} + \frac{z^2}{n_e^2} + 2\gamma E_z xy = 1 \tag{5 - 29}$$

式中 γ 是 KDP 晶体的电光系数。上式表明,z 轴仍是主轴,但 x、y 已经不再是新椭球的主轴了。因为方程中 x、y 可以互换,所以新椭球的另外两个主轴 x' 和 y' 为 x、y 轴的角分线,如图 5 - 60 所示。在新的主轴系 $x'y'z$ 中,上式变为

$$\left(\frac{1}{n_o^2} + \gamma E_z\right) x'^2 + \left(\frac{1}{n_o^2} - \gamma E_z\right) y'^2 + \frac{z^2}{n_e^2} = 1 \tag{5 - 30}$$

于是,三个新的主折射率为

$$n'_x = n_o - \frac{1}{2} n_o^3 \gamma E_z, \quad n'_y = n_o + \frac{1}{2} n_o^3 \gamma E_z, \quad n_z = n_e$$

此时在感应主轴 x' 和 y' 方向振动的两束等振幅的线偏振光引起的相位差为

$$\delta = \frac{2\pi}{\lambda}(n'_y - n'_x)d = \frac{2\pi}{\lambda}n_o^3 \gamma E_z d = \frac{2\pi}{\lambda}n_o^3 \gamma U \qquad (5-31)$$

式中 λ 是真空中波长；d 是光在晶体中通过的长度；U 是外加电压。

为了使相位差达到 π 所需施加的电压称为半波电压 U_π，其值为

$$U_\pi = \frac{\lambda}{2n_o^3 \gamma} \qquad (5-32)$$

该类型的电光效应具有开关电压与口径无关的优点，使得纵向泡克耳斯盒电光开关成为快速光开关的最佳候选。

如图 5-61 所示，平行偏振光垂直通过放在两偏振器之间厚度为 h 的平行平面晶体。晶体使入射的线偏振光分解成初始相位相同、电位移 D 矢量互相垂直的两个分量。由于二者在晶体中的波速不同，出射时两分量将产生一定的相位差 δ。当其入射到检偏器 P_2 时，两个分量各自平行于 P_2 偏振方向的分量，产生相干。

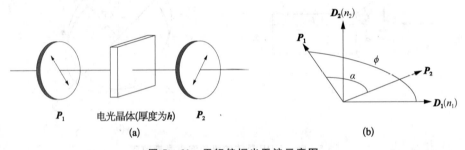

图 5-61 平行偏振光干涉示意图

图 5-61(b)中，D_1 和 D_2 代表晶体中两个互相垂直的振动方向，P_1 和 P_2 分别代表起偏器和检偏器的偏振方向，其中 D_1、D_2、P_1、P_2 在同一个平面内。令 P_1 与 D_1 之间的夹角为 ϕ，P_1 和 P_2 间的夹角为 α，当 α 为 $90°$ 时，则透过 P_2 偏振方向的光强为

$$I/I_0 = \sin^2(2\phi)\sin^2(\delta/2) \qquad (5-33)$$

式中 I_0 为入射光强，δ 为两正交分量通过晶体产生的相位差。

当 $\alpha = 0°$ 时，透过 P_2 偏振方向的光强为

$$I/I_0 = 1 - \sin^2(2\phi)\sin^2(\delta/2) \qquad (5-34)$$

2. PEPC 基本原理

在常规的泡克耳斯盒（plasma electrode Pockels cell，PEPC）中，纵向电场是通过外部的环形电极加到晶体上的，有高的损伤阈值，且晶体的纵横比（直径∶长度）必须小于1∶1，但对于 24～40 cm 的通光口径，此时电光晶体具有严重的光吸收、严重的应力退偏和极高的成本。通过在晶体表面上镀透明导电膜的方法，可以使用薄晶体设计泡克耳斯

盒,但是这种导电膜损伤阈值达不到要求,并且其表面电阻率较高,使得开关速度较慢,而且开关均匀性差。

等离子体电极电光开关就是以高电导率、透明等离子体作为电极的纵向泡克耳斯盒电光开关。图 5 - 62 为等离子体电极泡克耳斯盒及其外围设备的示意图,包括泡克耳斯盒主体、等离子体脉冲发生器、开关脉冲发生器、真空及配气系统。在泡克耳斯盒的电光晶体(KDP 或 KD * P)两侧充上最佳工作压力(30 ~ 40 mtorr)下的工作气体 He + 1%O$_2$。等离子体脉冲发生器以高电流产生辉光放电形成的大面积等离子体,作为施加开关驱动脉冲的电极,将泡克耳斯盒置于两个相互正交或平行的偏振器之间而构成光开关。一块薄的 KDP 晶体夹在两层气体放电产生的等离子体之间,等离子体作为导电电极,可以实现在 100 ns 内对整块晶体的均匀

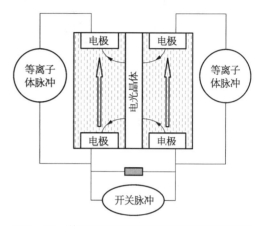

图 5 - 62　等离子体电极泡克耳斯盒及外围设备

充电。等离子体非常稀薄,对通过泡克耳斯盒的高功率激光束不会产生影响,等离子体或者电荷不会降低 KDP 晶体的损伤阈值。

由于等离子体直接同晶体面接触,因而晶体全口径上电场分布均匀,使这种开关既可使用薄晶体,又可以定标到任意口径与形状,这就使建造大口径多通放大器成为可能。

与传统的等离子体电极电光开关相比,神光 II 采用了优化后的泡克耳斯盒技术,如

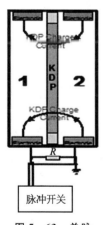

图 5 - 63　单脉冲驱动电光开关原理图

图 5 - 63 所示。由于没有等离子体发生器单元,因此具有更高的可靠性,并减少了放电电极溅射对晶体和光窗的污染。每个气体放电腔只有一个放电电极,电光开关中间是 KDP 电光开关晶体,其两边是放电腔。KDP 晶体垂直于 Z 轴切割,在光路中光束沿 Z 轴方向通过晶体,晶体上不加电压脉冲时保持单轴晶体特性,光脉冲通过时光的偏振方向不发生任何改变。当给晶体两边加上一定电压时,晶体在电场的作用下产生电致双折射效应。这时光束通过晶体后其偏振态将发生改变,其变化受所加电压大小的控制。若所加电压为晶体的半波电压,则透射光束的偏振方向将旋转 90°。当单脉冲过程驱动电光开关工作时,首先将两放电腔中的气压调节到理想的工作点,然后将开关脉冲高压加在两气体放电腔的电极上。该开关脉冲高压导致气体击穿,并通过雪崩过程使放电腔气体电离,形成覆盖全口径的等离子体,并通过它将开关脉冲高压加到 KDP 晶体两侧,从而实现对传输光束偏振方向的控制。

大口径等离子体开关涉及光、机、电的综合应用。图 5 - 64 为 350 mm 组合口径电光开关的任务结构分解,包括组合口径泡克耳斯盒模块、开关驱动源模块、充排气单元、控制单元等。

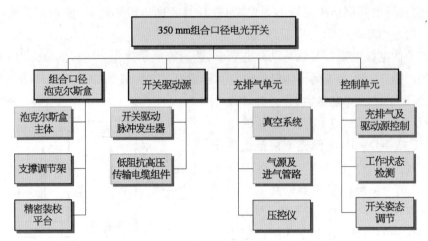

图 5-64 350 mm 组合口径电光开关结构分解

泡克耳斯盒采用单脉冲驱动技术,驱动电压采用半波电压工作点。对于 KDP 电光晶体,半波电压 V_π 约为 16.4 kV,实际施加到放电电极上的电压约为 20 kV。为得到快的开关时间和提高电光开关的工作可靠性,电光开关采用低阻抗高压开关脉冲发生器独立驱动。

泡克耳斯盒的脉冲发生器包括直流充电、开关部件、触发回路、脉冲成形、脉冲传输、取样与显示等几个部分。其设计需要采取绝缘与隔离措施,以提高其抗干扰、耐冲击的能力。譬如,采用隔离变压器供电,氢闸管栅极接负偏压等。驱动源的电源开关、充放电设置均可实现自动控制,能够实现远程控制和本地控制之间的切换,实现高压的设置和获取,满足远程计算机自动控制和现场手动操作的需要,充电脉冲高压波动小于 0.1 kV。对外通信和同步触发采用光纤传输,避免与控制系统之间的相互干扰。

泡克耳斯盒的气体控制单元的功能是使电光开关内的工作气体在一定的压力范围内维持动态平衡状态。它主要包括真空泵、储气罐、压电阀、压控仪和充排气管线等。等离子体放电的稳定性和均匀性受工作气体纯度的影响,因此需要选用真空性能好的管线,焊接和阀门处密封性能要好,以保证工作气体的纯度。

泡克耳斯盒的控制单元主要实现对泡克耳斯盒的运行状态和参数的控制和监测,包括开关脉冲发生器运行参数调整和运行控制、放电脉冲波形数据的采集和处理、真空和配气系统的控制、真空测量和工作气压的自动稳定等。为提高可靠性,其工作频率要求为 0.1 Hz,控制系统需在 10 s 内完成电流感应线圈采集的开关脉冲波形数据的处理,自动判定开关工作状态正常与否以及和主激光的同步情况。如发现异常,立即采取措施,停止激光发射。为避免高压气体放电对控制线缆的干扰,所有控制线缆均采用光纤。

神光 II 装置对等离子体开关的"开启""关闭"状态控制,在时间上的要求极为严格(见图 5-65)。为满足高功率激光装置对大口径等离子体泡克耳斯盒的要求,需要解决的关键技术问题和难点主要包括:稳定的单脉冲驱动大口径等离子体放电技术;低抖动的高压、低阻抗开关脉冲发生器技术等。稳定的单脉冲驱动大口径等离子体放电技术，是大口径电光开关实现时间上"开启""关闭"精密控制的前提。另一个难点在于低抖动的高压、低阻抗开关脉冲发生器技术。组合口径的泡克耳斯盒模块中，要求在综合因素作用下，其开关时间小于 100 ns。

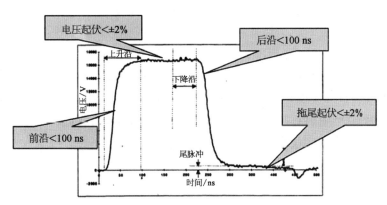

图 5 - 65　激光系统对大口径 PEPC 波形的整体要求

3. 大口径光束偏振控制

大口径透反偏振片是大口径隔离系统中不可或缺的元件，也是整个 ICF 驱动器中最大的平面光学元件，对于材料和加工的要求都很高；表面的偏振膜的特性也是决定大口径隔离组件系统性能的关键指标。目前而言，同样也只有美国、中国和法国掌握了该类元件的加工和镀膜。

在神光 II 升级的研制中，已由上海光机所完成该类元件的研制。从加工、镀膜到装夹等过程实现 370 mm×695 mm 类大口径片的应用及相关测试，主要元件指标达到设计值。该类型的隔离组件在装置中已完成各类测试并实现四程放大有效控制和稳定输出，系统的光学和电学指标满足装置需求。透射型大口径偏振片也已应用于神光 II 第九路中，并完成系列物理实验，成功实现数千焦基频能量输出下的反激光隔离，大口径隔离组件的静态消光比超过 2 000 ∶ 1，透过波前和隔离比也均满足装置输出要求。

静态消光比是描述隔离性能的参数之一，主要由偏振片的消光比决定，但同时受其他元件的退偏影响而下降。影响消光比的主要因素有：偏振片偏振性能、PEPC 偏振性能、元件应力退偏分布，这些因素对大口径元件来说影响更明显。

偏振片在腔内以布儒斯特角放置，由菲涅尔定律可知，其 p 光和 s 光的透射率、反射率为

$$R_s = \frac{\sin^2(\theta_1 - \theta_2)}{\sin^2(\theta_1 + \theta_2)}$$

$$T_s = \frac{n_2 \cos\theta_2}{n_1 \cos\theta_1} \cdot \frac{4\sin^2\theta_2 \cos^2\theta_1}{\sin^2(\theta_1 + \theta_2)}$$

$$R_p = \frac{\tan^2(\theta_1 - \theta_2)}{\tan^2(\theta_1 + \theta_2)}$$

$$T_p = \frac{n_2 \cos\theta_2}{n_1 \cos\theta_1} \cdot \frac{4\sin^2\theta_2\cos^2\theta_1}{\sin^2(\theta_1 + \theta_2)\cos^2(\theta_1 - \theta_2)} \qquad (5-35)$$

式中 θ_1 表示入射角，θ_2 表示折射角。将基底材料的折射率代入（$n=1.516$），由上述公式可知，其 p 光反射率约为 0.15，因此需在基底材料上镀偏振膜。偏振膜就是在基底上交替地镀上高折射率 n_H 和低折射率 n_L 的膜层，这些膜层起反射和投射型偏振器的作用。通过选择合适的膜层材料（一般选用 HfO_2 作为高折射率材料，SiO_2 作为低折射率材料）、厚度及层数，以便最终实现 p 光的高反和 s 光的高透。此外，附加应力作用也将导致材料的双折射退偏，对于偏振片应力的主要来源是镀膜的附加应力、自重应力及安装应力，其中膜层应力可以通过镀膜技术及消应力技术来减缓和消除，而对于自重应力及安装应力则需要通过对元件装夹的精确设计和控制来消除。通过合理的技术措施，上述应力导致的局部退偏可以控制在 0.5% 以下。

5.3.2 光束控制——焦斑匀滑技术

惯性约束聚变实验、高压状态方程研究、X 射线激光实验研究等当今重大基础科研课题，要求入射激光束对特定的靶面区域进行辐照，且被辐照区域的光强分布要尽可能均匀，因此激光靶面均匀辐照技术的研究，在这些领域具有重要意义。高功率激光系统中的光束经过多级放大器后能量不断增大，但放大链中的衍射、干涉、光学器件缺陷及破坏等，也会造成激光场分布不均，并对激光束产生振幅和位相调制，影响近场强度分布。这些调制最终在靶面位置又相互叠加，严重破坏辐照的均匀性，导致靶面焦斑的质量下降以及焦斑的分裂和调制等。此外，高功率激光系统要求尽可能利用入射激光的能量，并对焦斑大小和形态也有不同的要求。这些都需要采取其他的技术方法来改善焦斑质量，控制焦斑形态及降低焦斑中的调制。

对于上述物理需求，有不同的焦斑控制技术来实现，但就总体而言，可以分类为两类基本技术：空域整形平滑技术和时域平滑技术。空域平滑技术依靠连续相位板（continuous phase plate，CPP）技术[42]和偏振平滑（polarize smoothing，PS）技术[43]来实现；时域平滑技术采用光谱色散平滑技术（smoothing by spectral dispersion，SSD）[44]来实现。

5.3.2.1 光谱色散平滑技术

1989 年美国罗切斯特（Rochester）大学激光动力实验室（Laboratory for Laser Energetic，LLE）的 S.Skupsky 等人首先提出一种新的光束均匀辐照方法，即光谱色散平滑技术[44]。该技术能在保持均匀化强度包络的同时，减小子光束间的相互干涉效应对靶面光强分布的影响。这一技术的基本出发点是：在与靶面材料反应的响应时间 t_h 相比较小的时间间隔 Δt 内，改变激光束的干涉图样。虽然在任一时刻靶面上是高度调制的光强分布，但在时间平均后，靶面上可获得均匀的光强分布。因此 SSD 的主要思想是：

在具有角色散的宽带激光入射衍射光学元件上,理想条件下每个衍射列阵元的入射频率不同,从而使从不同单元出射的子光束因频率不同而相对位相随时间快速变化,每个子光束在远场非相干叠加,在很短的相干时间里聚焦光束的散斑迅速变化,达到平滑中小尺度的不均匀性的目的。基本光路如图 5-66 所示。

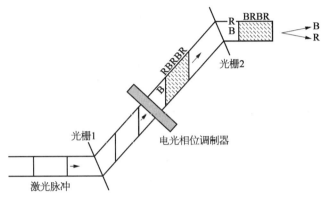

图 5-66　光谱色散平滑原理示意图

SSD 所需的光谱色散、频带展宽和位相调制等,可用一个电光调制器和一对光栅来实现,如图 5-66 所示。激光经电光晶体的位相调制后谱宽被展宽,形成时间上的周期性调制,即时间上的"色循环"。设入射激光的电场为 $E(t) = E_0(t)e^{i\omega t}$,经位相调制器后电场为

$$
\begin{aligned}
E_M(t) &= E_0(t)\exp[i\omega t + i\delta\sin(\omega_m t)] \\
&= E_0(t)\sum_n J_n(\delta)e^{i(\omega + n\omega_m)t}
\end{aligned}
\tag{5-36}
$$

ω_m 为调制角频率,δ 为调制幅度,频带有效宽度 $\Delta\nu - 2\delta\nu_m$。

经光栅色散(设色散方向沿 Y 方向)后光场为

$$
E_D(t) - E_0(t)\sum_n J_n(\delta)e^{i(\omega + n\omega_m)t - ik_n \cdot R}
\tag{5-37}
$$

式中 $k_n \cdot R = (1/c)(\omega + n\omega_m)Y\sin\theta_n$,$\theta_n = \dfrac{\mathrm{d}\theta}{\mathrm{d}\omega}n\omega_m = -\dfrac{\Delta\theta}{\Delta\lambda} \cdot \dfrac{\lambda}{\omega}n\omega_m$ 对应于第 n 个谐波的光栅发散角。$n\omega_m / \omega$ 很小时,

$$
\begin{aligned}
E_D(t) &= E_0(t)e^{i\omega t}\sum_n J_n(\delta)e^{in\omega_m\left(t + \frac{\Delta\theta}{\Delta\lambda}\frac{\lambda}{c}Y\right)} \\
&= E_0(t)\exp[i\omega t + i\delta\sin(\omega_m t + \alpha Y)]
\end{aligned}
\tag{5-38}
$$

其中 $\alpha = 2\pi\dfrac{\Delta\theta}{\Delta\lambda} \cdot \dfrac{\omega_m}{\omega}$。

光束在 Y 方向上受到光栅的时间延迟作用,延迟时间为

$$t_D = D \cdot \frac{\Delta\theta}{\Delta\lambda} \cdot \frac{\lambda}{c} = \beta D$$

如果该延迟时间 t_D 大于电光晶体的调制周期 $1/\nu_m$，瞬时频率 $\omega(t)$ 在 Y 方向出现，那么在光束的截面上将出现空间上的"色循环"，并且此方向上的色循环数目为

$$N_c \equiv t_D \nu_m = D\Delta\theta / 2\lambda\delta \qquad (5-39)$$

在实际的应用中，SSD 技术通常和其他的光滑技术（如随机位相板：random phase plate，RPP[45]）结合使用，使具有一定角色散和谱宽的激光束入射到位相片列阵元上。焦斑的基本形状由 RPP 决定，其直径为 $2\lambda f/d$，但由于 SSD 技术中的频谱展宽和光栅色散使各频率的子光束产生的干涉散斑在色散方向上发生一个位移，因此实际的光束焦斑将比 $2\lambda f/d$ 大；不同频率之间的相对振幅为 J_n^2，它们之间是非相干的强度叠加。

SSD 的实现需满足下列条件：

① 产生的宽带没有高强度的尖峰脉冲破坏激光介质；

② 有高的谐波转换效率；

③ 保证宽带激光通过衍射光学元件的弥散不会明显改变光束的瞬时分布；

④ 能在足够短的时间内改善光束均匀性。

SSD 的特点是所有新增加的元件均在激光驱动器之内，终端无附加元件；用电光调制器展宽频谱，避免了"混沌"（chaotic）带宽中有可能出现的强尖峰对系统元件的破坏；有较高的高次谐波转换效率。

5.3.2.2　衍射光学元件焦斑整形技术

1. 相位板技术

多阶梯分布位相板（distributed phase plate，DPP）[46] 是在二元光学技术基础上实现的靶面均匀辐照。衍射光学就是针对特定的应用需求和使用条件，在平面光学元件上制作出特定的多阶梯浮雕结构。当光束入射到位相板上时，光场的位相分布受到调制，在预定的传输面上产生预定的光场分布。理论上利用衍射光学元件可以获得任意光强分布的焦斑。

从广义上讲，RPP 也是利用二元光学技术原理来实现均匀辐照的，只不过其位相元是 0 和 π 两种相位的随机分布，由此导致大量的高频成分在远场区域的产生。DPP 是一种位相分布更为细密、设计更为周全的位相板，其位相元不只是单纯的 0 和 π 相位的阶跃变化，而是在这之间更为细化的分布，如 8 阶、16 阶变化等，其原理如图 5-67 所示。DPP 的基片的一面做成傅里叶光栅，另一面做成基于特定相关长度和均方根分布的准连续分布的随机位相板，使入射激光产生一定分布的空间频率，经靶镜聚焦后在靶面上得到相干叠加的光束。这种经过合理设计的位相板，能将光束的空间频率控制在一定的范围之内，抑制了更高频成分，因此它的焦斑没有旁瓣，如图 5-68 所示。此外，光束因衍射产生的强度分布起伏比 RPP 小，降低了因衍射造成的高强度调制对光学元件发生破坏的概率。

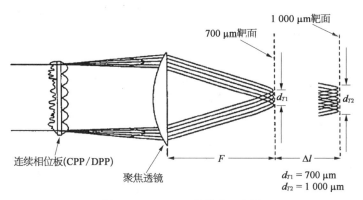

图 5 - 67　DPP 工作原理示意图

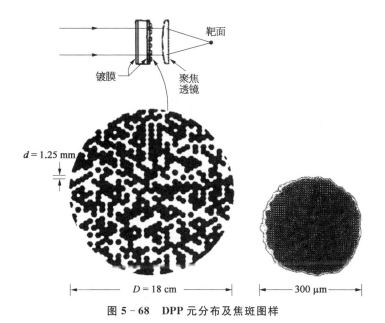

图 5 - 68　DPP 元分布及焦斑图样

　　然而,在 DPP 等二元衍射光学元件的应用方面,依然存在一些不足:作为一种纯位相型元件,对入射光场的频率和位相分布很敏感,而从高功率激光系统输出的激光束往往不是一个理想光束,振幅、位相都存在一些畸变,严重制约靶面的辐照均匀性。为克服位相元间的干涉效应,光场也需要有一定的带宽。因此,一个实用的二元光学均匀辐照系统,必须对入射光的振幅、位相和频率有一定的宽容度。

　　连续位相板(continuous phase plate, CPP)是由 Y. Lin 等人于 1995 年提出的[42]。基于混合型分布位相板设计,通过连续变化的位相分布,焦斑的能量利用率达到 95% 以上。目前,成熟的磁流变的加工工艺,可以比较容易地完成 CPP 的制作。CPP 由于具有类似于 DPP 的焦斑整形效果,同时能量利用率高,是目前最为理想的一种焦斑整形技术。由于 CPP 是纯位相型元件,入射激光的复振幅分布(即振幅和位相)对焦斑的整形效果影响较大。

　　无论是位于基频段、倍频段还是三倍频段,高功率激光装置均对衍射光学元件提出了高通量要求,故在使用前需要对元件的通量指标进行考核。

　　◆ 基频段:元件口径 430 mm×430 mm,通光口径＞400 mm×400 mm,承受基频光的破坏阈值＞30 J/cm²;元件所引发的近场强度调制增大量,在 1.5 m 距离内小于 2 倍。

　　◆ 倍频段:元件口径 430 mm×430 mm,通光口径＞400 mm×400 mm,承受倍频光的破坏阈值＞20 J/cm²。

　　为达到上述目标,在连续缓变的表面位相结构的设计中,深度 PV 值等效必须控制在 5～8λ(λ 为 CPP 工作波长),横向尺寸为厘米级的随机缓变起伏。因此,几乎没有突变位相,并且是大尺度的表面起伏,故对光束的散射较小,引起的近场调制相对较小,在终端组件系统的设计不是很大(＜1.2 m)的方案中,可以处在任意位置;但考虑通量分布、谐波转换效率、系统 B 积分控制及系统鬼像设计,放在基频段和倍频段更佳。

　　为实现 8 J/cm² 以上的 3ω 通量,兼顾 2ω 打靶能力,可采用如下设计:

　　◆ 基频段:一般位于晶体前,CPP 的位相深度和梯度不能太大,否则引起的近场调制仍不能忽视。基频段的好处是,方便终端光学元件的排布,以避免鬼像破坏,并且基频光的破坏也远低于三倍频,故对衍射光学元件的破坏阈值要求降低。但是,置于基频段必然意味着衍射光学元件远离主透镜,其后方的倍频晶体、色分离元件等很可能由于衍射光学元件带来的近场强度调制而遭到破坏;同时该位置的优点是降低元件的使用条件及加工精度,无须在高通量三倍频的条件下使用。

　　◆ 倍频段:从现有的设计和使用方式来看,置于倍频晶体后、三倍频晶体前的位置是可行的,该位置的使用可以有效降低 CPP 对三倍频转换效率的影响,对组件中的鬼像影响不大,但是 CPP 的加工精度需提高。同时对于特定的较大焦斑,建议在此段工作。

　　◆ 三倍频段:在此阶段工作的最大难点是三倍频应用下的通量破坏,同时对系统的鬼像也更加难以有效控制,但是就 CPP 本身而言,其应用的结果是最佳的,不过总体而言一般不在此区域直接使用。

　　针对不同设计目标,CPP 设计结构会有所变化,CPP 相应焦斑如图 5-69、图 5-70 所示。

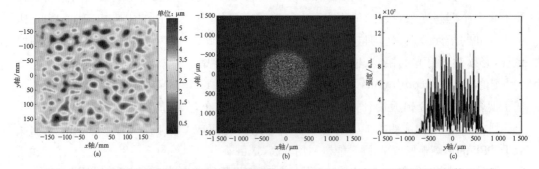

图 5-69　小焦斑 CPP 面形分布(a)及焦斑结构(b)、一维强度分布(c)(彩图见图版第 11 页)

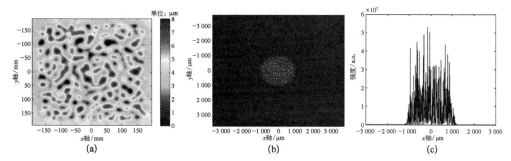

图 5 - 70　大焦斑 CPP 面形分布（a）及焦斑结构（b）、一维强度分布（c）（彩图见图版第 11 页）

2. CPP 的工艺实现

CPP 加工是通过磁流变工艺实现的，因此 CPP 的设计方案必须在加工工艺的边界条件下实现；同时加工中也需减少和避免磁流变工艺引起的中频调制。

制作完成的 CPP 检测，对于焦斑束匀滑的实现非常重要，其位相结构也往往超出了常规干涉仪检测的精度和能力。因此，对于 CPP 的检测通常采用下述几种方法：

- 大口径干涉仪检测与小口径干涉仪拼接检测相结合；
- 组建与设计参数相近的离线测试平台直接测试焦斑，分析其数据与设计是否一致；
- 采用相干衍射成像（coherent diffractive imaging，CDI）技术。

5.3.2.3　焦斑平滑技术总体方案

在前端和预放系统应用相位调制等技术，实现光束的光谱展宽，进而降低光束的时间相干性，利用光栅对输出光谱在空间上展宽，实现远场焦斑时间平均上的平滑；同时在终端采用 CPP 技术，实现光束空间相位调制，降低空间相干性，并配合采用 PS 技术。通过上述三种技术的综合应用，实现了对靶面光强的有效控制，如图 5 - 71 所示。终端衍射光学［包括透镜阵列（lens array，LA）］实现空间域平滑技术，是主要手段，实现对焦斑形态包络的控制，并实现散斑叠加上的平滑；前级光谱色散平滑实现的时间域平滑，是在此基础上对小尺度（或中高频成分）时间平均上的改善。因此，不同需求下对焦斑控制技术应该采取不同的参数设计和平滑方式，以获得最佳效果。

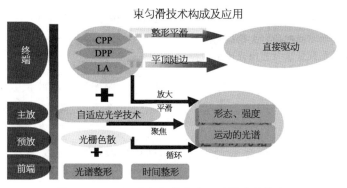

图 5 - 71　不同束匀滑技术在驱动器中的构成

　　束匀滑技术的基本技术路线为：以空域平滑技术为焦斑控制的基本出发点，满足形态、大小、能量利用率和热斑分布的基本要求，配合使用时域平滑技术（主要为 SSD）平滑焦斑内中高频空间调制，改善焦斑的均匀性，有效控制各类不稳定性，同时应用偏振平滑控制。

　　光谱色散平滑技术由光谱展宽单元和光谱色散单元组成，同时需要考虑色散光束在高功率激光系统中的传输，包括 FM－AM 效应控制、近场光束强度调制、输出波形控制、空间滤波器小孔效应、谐波转换等主要问题。

1. 设计思路

　　利用前端和预放的光路构型和设计，完成光谱展宽，同时在预放系统中的适当位置引入小口径光栅，完成光谱的空间色散，其特点是充分利用前端系统的集成波导相位调制器完成光谱的展宽，同时利用小口径光栅色散，大大降低工程的应用难度。

2. 技术难点

　　前端系统集成波导相位调制技术完成光谱展宽，调制频率要求在 17 GHz 或更高，这样可以避免采用高线度的光栅，从而减小光栅对脉冲波形的影响。采用 1－D SSD 技术来实现，不考虑时间的预补偿等问题，降低系统复杂度。

　　在集成波导的前端系统中，采用波导相位调制器实现光谱展宽，采用一级或多级联用的波导相位调制器获得更为连续的光谱成分。在此基础上，使用较低的输出带宽就可以达到高带宽输出条件下的效果。调制频率分别为 3、17 GHz 或更高。受系统制约，展宽光谱宽度不大于 0.3 nm，同时两种相位调制器间需要相位匹配和锁定，以实现光谱的有效控制和稳定输出。输出光谱具有特定形态，以实现更好的平滑效果；输出光谱需要监控、整形及反馈控制单元，避免输出光谱过小或过大。

　　为满足物理实验的需求，对输出时间波形的不同位置有不同的时间匀滑特性要求，因此具备高速切换功能从而实现分时光谱控制，如图 5－72 所示。

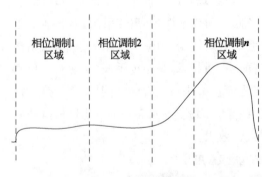

图 5－72　脉冲的不同时段对光谱调制的不同配置需求及输出光谱结构

　　采取周期相位调制技术会导致系统传输中的 FM－AM 效应，其主要由于传输放大过程中光谱的缺失，大体包括以下因素：

◆ 偏振色散：主要存在于光纤中，其次在波片、偏振片等对波长敏感的元器件中；

◆ 增益窄化：由放大器的增益线宽决定，存在于所有放大器中，尤其是进入饱和放大区间；

◆ 空间滤波器小孔：光谱在空间滤波器的远场分离，必然导致部分光谱滤波之后的缺失；

◆ 谐波转换：发散角和波长影响谐波转换效率，导致光谱强度分布的变化。

图中标注（图内）：相位调制1区域　相位调制2区域　相位调制n区域

（1）光谱色散

光谱展宽利用光栅来实现。在激光装置中的适当位置来放置光栅非常重要，受限于光栅的破坏阈值和色散量的匹配，光栅所处位于一个低功率密度区域，同时光栅必须处位于系统的像面位置。

（2）技术应用

神光Ⅱ多功能激光系统已实现完整的束匀滑能力，它采用 1-D SSD 结合 CPP 的实验方案（总体技术方案的示意图如图 5-73 所示），并实现在神光Ⅱ激光系统中多种应用下的匀滑效果。

◆ 前端输出波形由三个尖峰脉冲（单个脉冲的脉宽约为 200 ps）和 3 ns 的主脉冲组成，它们分别采用了不同的位相调制策略，在光束口径 30 mm 处引入光栅色散；终端二倍频输出后，采用 CPP 进行焦斑整形。

◆ 可实现预脉冲、主脉冲以及复合脉冲的焦斑匀滑。

◆ 在主脉冲后沿加入约 200 ps 的冲击脉冲，可实现激光系统的冲击脉冲输出能力。

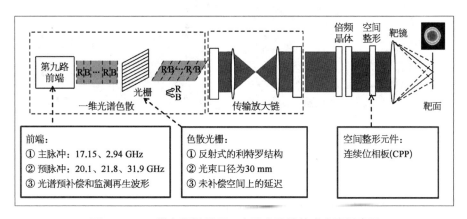

图 5-73　一维多频调制 SSD 在线实验的技术方案示意图

实现了结合脉冲控制技术下的束匀滑，实验结果如图 5-74、图 5-75 所示，可以满足许多物理实验的需求。

5.3.3　全系统仿真

高功率激光系统是一个庞大而又复杂的系统，其设计、研制和运行是关系到若干因素的集合体，全系统的激光驱动器的仿真模拟，对于分析高功率激光系统非常重要，而放大系统作为该系统的主体部分，也是仿真模拟的主体部分。通过建立各类模型，实

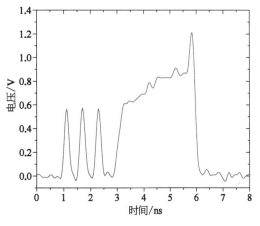

图 5-74　束匀滑应用下的复合脉冲

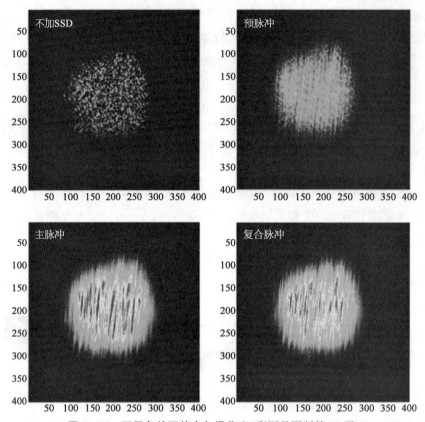

图 5 - 75　不同条件下的束匀滑焦斑(彩图见图版第 11 页)

现驱动器的模拟分析、优化设计,以及运行策略的评估和实施。国内外的大型激光驱动器都有相应的仿真分析模型。我国高功率激光系统的模型经历了从神光Ⅰ装置中的单元器件设计,到神光Ⅱ装置的系统设计,再到神光Ⅱ升级装置的全系统仿真模型等发展过程,现在已经实现激光装置运行模拟(laser performance operation model,LPOM)的基础功能,并在积累数据的过程中不断提升。

5.3.3.1　线性传输基本公式

激光在光学系统中的传输,遵循 Maxwell 方程。对于稳态脉冲激光,进一步可以过渡到波动方程,通常它所形成的解为积分解。标量近似下,主要的衍射传输公式包括:傍轴条件下基于 ABCD 律的 Collins 公式、菲涅尔衍射积分公式、夫琅禾费衍射积分公式,非傍轴条件下的 Rayleigh-Sommerfeld 衍射积分公式等。上述理论归属于线性光学范畴,也包括光学的傅里叶分析。在本小节中,将直接给出各个公式的数学表述形式,以及适用于它们的快速算法。

1. 均匀介质中的衍射积分公式

(1) Collins 公式

参考 Collins 公式 ($B \neq 0$)[47]:

$$E_2(x_2, y_2) = \frac{\exp(ikL_0)}{i\lambda B}\exp\left[\frac{ikD}{2B}(x_2^2+y_2^2)\right]$$

$$\times \iint E_1(x_1, y_1)\exp\left[\frac{ikA}{2B}(x_1^2+y_1^2)\right]\exp\left[-i2\pi\left(\frac{x_2}{\lambda B}x_1+\frac{y_2}{\lambda B}y_1\right)\right]dx_1 dy_1$$

$$(5-40)$$

写成傅里叶变换的数学表达形式,则为

当 $B \neq 0$ 时,

$$E_2(x_2, y_2) = \frac{\exp(ikL_0)}{i\lambda B}\exp\left[\frac{ikD}{2B}(x_2^2+y_2^2)\right]$$

$$\times \left.\mathrm{fft}\left\{E_1(x_1, y_1)\exp\left[\frac{ikA}{2B}(x_1^2+y_1^2)\right]\right\}\right|_{\substack{f_x=\frac{x_2}{\lambda B}\\ f_y=\frac{y_2}{\lambda B}}}$$

$$(5-41)$$

当 $B = 0$ 时,

$$E_2(x_2, y_2) = \frac{\exp(ikL_0)}{A}\exp\left[\frac{ikC}{2B}(x_2^2+y_2^2)\right]E_1\left(\frac{x_2}{A}, \frac{y_2}{A}\right) \qquad (5-42)$$

(2) 角谱公式

线性光学系统的传递函数为[48]

$$H(f_x, f_y) = \exp\left[ikz\sqrt{1-(\lambda f_x)^2-(\lambda f_y)^2}\right] \qquad (5-43)$$

传输一段距离 z 的光场分布为

$$E_2(x_2, y_2, z) = \mathrm{ifft}\left\{\mathrm{fft}[E_1(x_1, y_1, 0)]\exp\left[i2\pi z\sqrt{\left(\frac{n}{\lambda}\right)^2-f_x^2-f_y^2}\right]\right\}$$

$$(5-44)$$

(3) 菲涅尔衍射公式

傍轴条件下,菲涅尔衍射公式为

$$E_2(x_2, y_2) = \frac{\exp(ikz)}{i\lambda z}\exp\left[\frac{ik}{2z}(x_2^2+y_2^2)\right]$$

$$\iint_{\infty} E_1(x_1, y_1)\exp\left[\frac{ik}{2z}(x_1^2+y_1^2)\right]\exp\left[-\frac{ik}{2}(x_2 x_1+y_2 y_1)\right]dx_1 dy_1$$

$$(5-45)$$

其卷积算法为

$$E_2(x_2, y_2) = \text{ifft}\{\text{fft}[E_1(x_1, y_1)] \times H(f_x, f_y)\} \qquad (5-46)$$

$$H(f_x, f_y) = \exp(\text{i}kz)\exp[-\text{i}\pi\lambda z(f_x^2 + f_y^2)]$$

其快速傅里叶算法为

$$E_2(x_2, y_2) = \frac{\exp(\text{i}kz)}{\text{i}\lambda z}\exp\left[\frac{\text{i}\pi}{\lambda z}(x_2^2 + y_2^2)\right]$$

$$\times \text{fft}\left\{E_1(x_1, y_1)\exp\left[\frac{\text{i}k}{2z}(x_1^2 + y_1^2)\right]\right\}\Bigg|_{\substack{f_x = x_2/\lambda z \\ f_y = y_2/\lambda z}} \qquad (5-47)$$

适于傍轴条件的长距离传输

$$z_{\min} = \frac{(\Delta x_1)^2 n_x}{\lambda} n$$

$$\Delta x_{\min} = \Delta x_1 \frac{n_x}{2} - \sqrt{\left(\Delta x_1 \frac{n_x}{2}\right)^2 - \frac{\lambda z}{n}}$$

$$\Delta x_2 = \frac{\lambda z}{n n_x \Delta x_1}$$

（4）夫琅禾费衍射公式

傍轴条件下，夫琅禾费（Fraunhofer）衍射公式为

$$E_2(x_2, y_2) = \frac{\exp(\text{i}kz)}{\text{i}\lambda z}\exp\left[\frac{\text{i}\pi}{\lambda z}(x_2^2 + y_2^2)\right]\text{fft}\{E_1(x_1, y_1)\} \qquad (5-48)$$

上式为菲涅尔衍射公式的进一步近似

$$\Delta x_2 = \Delta x_1\left(1 + \frac{z}{z_{\text{sph}}}\right)$$

2. 传输计算中须注意的几个问题

（1）使用 Collins 公式计算时，需要传输全过程的 $ABCD$ 矩阵。于是要建立各个光学元件的 $ABCD$ 矩阵，以备模块作用。

（2）输入光的横模分布

径向分布

$$E(x_1, y_1) = \exp\left[-\left(\frac{x_1^2 + y_1^2}{2\omega_0^2}\right)^N\right] \qquad (5-49)$$

对称分布

$$E(x_1, y_1) = \exp\left[-\left(\frac{x_1^2}{2\omega_{0x}^2}\right)^N - \left(\frac{y_1^2}{2\omega_{0y}^2}\right)^N\right] \qquad (5-50)$$

式中光束束腰半径为 ω_0。当 $N = 1$ 时，为高斯光束。

当 $N > 1$ 时,为平顶光束,通常取 $6 \leqslant N \leqslant 8$。

（3）抽样定理

已知光束宽度 $W \times L$,若 CCD 的最小分辨率为 $\mathrm{d}x \times \mathrm{d}y$,则采样点数为 $(W / \mathrm{d}x) \times (L / \mathrm{d}y)$。频谱截止频率 $f_c = (1 / \mathrm{d}x) / 2$,以上分析满足 Nyquist 抽样定理,由此可确定谱面上的范围和采样。

程序操作如下:

光束记作全宽度 $W \times W$,采样点数为 $N \times N$,抽样间隔为 $\mathrm{d}x = W / N$,于是频谱截止频率 $f_c = (1 / \mathrm{d}x) / 2$,可以在 $(-f_c, f_c)$ 内取大于等于 N 个样点。考虑到 fft 算法,建议取 $N = 2^n$。

3. 空间滤波器

空间滤波器传输模型如图 5 - 76 所示。

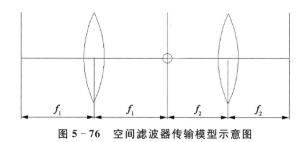

图 5 - 76　空间滤波器传输模型示意图

半径为 b_1 的圆孔在平面 x - y 内,其表达式为

$$\mathrm{circ}\left(\frac{\sqrt{x^2 + y^2}}{b_1}\right) = \begin{cases} 1, & \sqrt{x^2 + y^2} \leqslant b_1 \\ 0, & \sqrt{x^2 + y^2} > b_1 \end{cases} \tag{5-51}$$

第一个透镜的前焦面到后焦面的 $ABCD$ 矩阵可以写出来,根据 Collins 公式计算出后焦面上的分布,然后用圆形孔透射函数滤波,此后又可以写出第二个透镜的前焦面到后焦面的 $ABCD$ 矩阵,再一次使用 Collins 公式即可求解出滤波后的横模分布。

方法之二是采用离散数值描述小孔的透射函数。至于生成不同小孔透射函数的方法,因小孔类型的不同而有所差异,具体问题具体分析,这里从略。

这里,特别要注意扩束和缩束过程中的能量守恒问题,这决定了光束的采样点数目比例。

4. 球面波的聚焦场计算

透镜的透过率函数为

$$T(x, y) = \mathrm{e}^{-\frac{ik}{2f}(x^2 + y^2)} \tag{5-52}$$

（1）利用菲涅尔公式（一步傅里叶变换）计算到焦点及焦点附近的场（距透镜的距离 z）,表示为

$$U_z = \frac{\exp\left[i\frac{k}{2z}(x_z^2 + y_z^2)\right]}{i\lambda z} \mathrm{fft}\left\{U_1(x_1,\ y_1)\cdot\exp\left[\frac{ik(x_1^2+y_1^2)}{2z} - \frac{ik(x_1^2+y_1^2)}{2f}\right]\right\}\Bigg|_{\substack{F_x = x_z/\lambda z \\ F_y = y_z/\lambda z}}$$

$$(5-53)$$

（2）Talanov 变换求焦点及焦点附近的场[49]

一般通过透镜后传播距离 z 的光场，利用菲涅尔计算公式得

$$U(x_2,\ y_2,\ z) = \frac{i}{\lambda z}\iint U_0(x_1,\ y_1,\ 0)e^{-\frac{ik}{2f}(x_1^2+y_1^2)}e^{\frac{ik}{2z}[(x-x_1)^2/z+(y-x_1)^2]}\mathrm{d}x_1\mathrm{d}y_1 \quad (5-54)$$

对上式公式进行化简，可写为

$$U(x_2,\ y_2,\ z) = \frac{1}{1-\frac{z}{f}}e^{-i\frac{k}{2}\left(\frac{x^2+y^2}{f-z}\right)} U_a\left(\frac{x}{1-\frac{z}{f}},\ \frac{y}{1-\frac{z}{f}},\ \frac{z}{1-\frac{z}{f}}\right)$$

$$= \frac{1}{1-\frac{z}{f}}e^{-i\frac{k}{2}\left(\frac{x^2+y^2}{f-z}\right)} U_a(X,\ Y,\ Z) \quad (5-55)$$

由上式可得 U_a 为

$$U_a(X,\ Y,\ Z) = \frac{i}{\lambda Z}\iint U_0(x_1,\ y_1,\ 0)e^{i\frac{k}{2}[(X-x_1)^2+(Y-y_1)^2/Z]}\mathrm{d}x_1\mathrm{d}y_1 \quad (5-56)$$

此公式和菲涅尔公式表现形式相同，但进行了坐标变换

$$X = \frac{x_2}{1-\frac{z}{f}},\ Y = \frac{y_2}{1-\frac{z}{f}},\ Z = \frac{z_2}{1-\frac{z}{f}}$$

所以，求焦点附近的场 $U(x_2,\ y_2,\ z)$ 分布，为去掉二次因子的场 $U_0(x_1,\ y_1,\ 0)$ 在等效距离 Z 的自由光场分布。这时需要注意坐标轴的变换。式 5 - 56 可以提高焦点处光场的分辨率。如果利用 Talanov 变换求焦点处的场分布，需要再传输一段 $f-z$ 的距离，利用角谱传输计算公式求场分布。

5.3.3.2 放大传输模块

放大的各种模型包括简单的 F - N 放大模型以及速率方程，最后到宽带放大模型等。宽带放大模型可以过渡到速率方程，更进一步可以退化到 F - N 模型。为了激光链路的反馈，即给定的预输出、反演输入波形，有必要对放大逆问题的模型进行分析。放大模型的考核只以宽带放大模型为例，不同于法国 Miro 软件的宽带放大的短时傅里叶算法。基于一种新的算法，在精度相同的条件下，计算速度优于 Miro 软件两个数量级。

1. F - N 放大理论

F - N 模型描述了激光放大动力学的最基本物理过程，是理解和掌握激光放大物理

的基础。不考虑各种能级弛豫效应,参与受激放大的能级简化为激光上能级(亚稳态)和下能级。放大过程中能级粒子数变化由速率方程描述[50]。

$$\begin{cases} \dfrac{\partial N_1(t)}{\partial t} = \phi c\sigma [N_2(t) - N_1(t)] \\ \dfrac{\partial N_2(t)}{\partial t} = -\phi c\sigma [N_2(t) - N_1(t)] \end{cases} \tag{5-57}$$

光子输运方程为

$$\frac{\partial \phi(z,t)}{\partial t} = -c\frac{\partial \phi(z,t)}{\partial z} + \sigma c\phi(z,t)[N_2(t) - N_1(t)] - \alpha c\phi \tag{5-58}$$

方程左边是单位时间、单位体积中光子数的增加量。方程右边第一项代表由于光子的流动而引起的光子密度减少,第二项代表受激辐射对光子数增加的贡献,第三项是吸收造成的光子数减少。式中 σ 是受激辐射截面,α 是光吸收系数。

通过对上述方程进行变换,可得到 F-N 模型的典型放大方程组

$$\begin{aligned} \frac{\mathrm{d}\beta}{\mathrm{d}t} &= -\beta I / E_s \\ \frac{\mathrm{d}I}{\mathrm{d}z} &= (\beta - \alpha) I \end{aligned} \tag{5-59}$$

其中光强 $I = h\nu\phi c$;小信号增益系数 $\beta = \sigma\Delta N = \sigma(N_2 - N_1)$,线性吸收系数 α,饱和能密度(饱和通量)$E_s = h\nu / 2\sigma$。可进一步求解得到能量输运方程为

$$F_{\text{out}} = T_i E_s \ln\{G_0[\exp(F_{\text{in}}/E_s) - 1] + 1\} \tag{5-60}$$

其中小信号增益 $G_0 = \exp\left[\int_0^l \beta_0(z)\mathrm{d}z\right]$,损耗 $T_i = \exp(-\alpha \times l)$。

2. F-N 放大模型的正逆算法实现

从 F-N 方程出发,在集中损耗近似下,描述多程放大第 $k+1$ 程的能量密度和增益的表达式为[51]

$$\begin{aligned} F_{k+1} &= TE_s \ln\left\{G_k\left[\exp\left(\frac{F_k}{E_s}\right) - 1\right] + 1\right\} \\ G_{k+1} &= G_k \exp[-p(F_{k+1}/T - F_k)/E_s] \end{aligned} \tag{5-61}$$

式中 E_s 为饱和能量密度;T 为损耗因子;p 为恢复系数,它描述多程放大器的弛豫效应和脉冲时间间隔对增益的影响。通常 $0.5 \leqslant p \leqslant 1$,当 $p = 1$ 时,放大器增益完全没有恢复,当 $p = 0.5$ 时,放大器增益完全恢复。

从上两式也可以得到

$$G_{k+1} = \frac{G_k \exp\left(p \dfrac{E_k}{E_s}\right)}{\left\{G_k\left[\exp\left(\dfrac{E_k}{E_s}\right) - 1\right] + 1\right\}^p} \qquad (5-62)$$

注意上述方程为单程脉冲激光放大，采用切片和脉冲分割的思想，可以解决多程放大问题。

3. 脉冲分割模型

在分析激光脉冲通过放大介质的传输特性时，可采用多程放大器的公式进行计算。计算时可将激光脉冲分割成 m 个子脉冲，子脉冲的脉宽为

$$\delta = \frac{D}{m}$$

式中，计算时间 D 应大于脉宽 2τ。值得注意的是，由于子脉冲间隔为零，描述放大器增益恢复情况的参数 $p = 1$，即增益完全未恢复。

利用脉冲分割模型，放大系统输入和输出脉冲的能量密度可表示为

$$E_{in}(r, 0) = \int_{-\infty}^{+\infty} I_{in}(r, 0, t)dt = \sum_{l=-m/2}^{m/2} I_{in}(r, 0)I_{in}(l\delta)\delta = \sum_{l=-m/2}^{m/2} E_{in}^l(r, 0)$$

$$(5-63)$$

$$E_{out}(r, z) = \int_{-\infty}^{+\infty} I_{out}(r, z, t)dt = \sum_{l=-m/2}^{m/2} I_{out}(r, z)I_{out}(l\delta)\delta = \sum_{l=-m/2}^{m/2} E_{out}^l(r, z)$$

$$(5-64)$$

式中 $E_{in}^l(r, 0)$、$E_{out}^l(r, z)$ 分别为第 l 个子脉冲所对应的输入和输出能量密度。

4. 介质薄片损耗模型

薄片损耗模型是将放大介质分成许多等厚的薄片，每一个薄片均存在损耗和增益分布，并将整个放大介质视为许多薄片介质的串接。

放大方程的逆问题解的方程为

$$\begin{cases} E_{k-1}^l = E_k^l \ln\left\{1 + \left[\exp\left(\dfrac{E_k^l}{T_k^l E_s}\right) - 1\right](G_k^l)^{-1}\right\} \\ G_k^{l+1} = G_k^l \exp\left(-p \dfrac{E_k^l / T_k^l - E_{k-1}^l}{E_s}\right) \end{cases} \qquad (5-65)$$

5.3.3.3　频率变换模块

不同于放大介质的各向同性，脉冲激光在晶体中的传输是各向异性的。这一特点使得光的传输规律有了较大的差别，而二者的主要区别体现在电极化强度的处理上。对于各向同性介质，介电常数为标量描述；对于各向异性介质，介电常数为张量描述。对 KDP

晶体中的倍频和三倍频物理过程进行建模
分析,之后给出相应的算法考核,以此验证
模型的正确性。

1. 矢量法求晶体非共线位相匹配角

位相匹配如图 5 - 77 所示,它满足

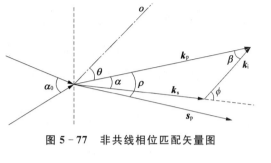

图 5 - 77　非共线相位匹配矢量图

$$\begin{cases} 动量守恒 & \hbar\boldsymbol{k}_\mathrm{p} = \hbar\boldsymbol{k}_\mathrm{s} + \hbar\boldsymbol{k}_\mathrm{i} \\ 能量守恒 & \hbar\omega_\mathrm{p} = \hbar\omega_\mathrm{s} + \hbar\omega_\mathrm{i} \end{cases}$$

位相匹配角

$$\begin{cases} \cos\alpha = \left[\dfrac{n_\mathrm{e}(\lambda_\mathrm{p})}{\lambda_\mathrm{p}} - \dfrac{n_\mathrm{o}(\lambda_\mathrm{i})}{\lambda_\mathrm{i}} \cos\beta \right] \Big/ \dfrac{n_\mathrm{o}(\lambda_\mathrm{s})}{\lambda_\mathrm{s}} \\ \sin\beta = \dfrac{k_\mathrm{s}\sin\alpha}{k_\mathrm{i}} \end{cases} \tag{5-66}$$

式中下标 o、e 分别为晶体中寻常光和非寻常光的物理量,下标 p、s、i 分别代表泵浦光、信
号光和伴生光的物理量,n 为折射率,λ 为波长,α 为信号光与晶体匹配角,β 为信号光与
晶体的方位角。

折射率椭球面

$$n_\mathrm{e}(\theta) = \left(\frac{\cos^2\theta}{n_\mathrm{o}^2} + \frac{\sin^2\theta}{n_\mathrm{e}^2} \right)^{-\frac{1}{2}}$$

对 KDP 晶体中Ⅰ类匹配的二倍频过程,谐波转换的耦合波方程组[52]为

$$\begin{cases} \begin{aligned} \dfrac{\partial F_\mathrm{1o}}{\partial z} &= \dfrac{\mathrm{i}}{2k_\mathrm{1o}} \nabla_\perp F_\mathrm{1o} + \dfrac{\mathrm{i}\omega_\mathrm{1o}}{2n_\mathrm{1o}c} \bar{\chi} F_\mathrm{1o}^* H_\mathrm{2e} \mathrm{e}^{\mathrm{i}\Delta kz} - \dfrac{\mathrm{i}}{2}\beta_\mathrm{1o} \dfrac{\partial^2 F_\mathrm{1o}}{\partial t^2} \\ &\quad + \dfrac{\mathrm{i}\omega_\mathrm{1o}\varepsilon_0 n_\mathrm{1o}}{2}(\gamma_{11} \mid F_\mathrm{1o} \mid^2 + 2\gamma_{12} \mid H_\mathrm{2e} \mid^2)F_\mathrm{1o} - \dfrac{1}{2}\alpha_\mathrm{1o} F_\mathrm{1o} \\ \dfrac{\partial H_\mathrm{2e}}{\partial z} &= \dfrac{\mathrm{i}}{2k_\mathrm{2e}} \nabla_\perp H_\mathrm{2e} - \rho_\mathrm{2e} \dfrac{\partial H_\mathrm{2e}}{\partial y} + \dfrac{\mathrm{i}\omega_\mathrm{2e}}{2n_\mathrm{2e}c} \dfrac{\bar{\chi}}{2} F_\mathrm{1o}^2 \mathrm{e}^{-\mathrm{i}\Delta kz} - \dfrac{\mathrm{i}}{2}\beta_\mathrm{2e} \dfrac{\partial^2 H_\mathrm{2e}}{\partial t^2} - \left(\dfrac{1}{v_\mathrm{2e}} - \dfrac{1}{v_\mathrm{1o}} \right) \dfrac{\partial H_\mathrm{2e}}{\partial t} \\ &\quad + \dfrac{\mathrm{i}\omega_\mathrm{2e}\varepsilon_0 n_\mathrm{2e}}{2}(2\gamma_{21} \mid F_\mathrm{1o} \mid^2 + \gamma_{22} \mid H_\mathrm{2e} \mid^2)H_\mathrm{2e} - \dfrac{1}{2}\alpha_\mathrm{2e} H_\mathrm{2e} \end{aligned} \end{cases} \tag{5-67}$$

其中 F_1o、H_2e 分别为 o 光和 e 光的复振幅,n_j 为折射率,ε_0 为自由空间介电常数,c 为真空
中的光速,波数 $k_j = \dfrac{n_j\omega_j}{c}$,$\rho_j = \dfrac{1}{n_j(\omega, \theta)} \cdot \dfrac{\partial n_j(\omega, \theta)}{\partial\theta} = \tan\varepsilon$ 为走离系数。v_2e 为群速度,
α_j 为晶体吸收系数,$\Delta k = k_3 - k_2 - k_1$ 为位相失配量,γ_{22} 是非线性折射率系数,$\bar{\chi}$ 是有效非
线性系数,对于 KDP 晶体Ⅰ类二倍频过程 $\bar{\chi} = -\chi\sin\theta\sin(2\phi)$,$\chi = 0.78 \ \mathrm{pm/V}$

$\Big($方程项$\dfrac{\mathrm{i}\omega_{1\mathrm{o}}}{2n_{1\mathrm{o}}c}\bar{\chi}F_{1\mathrm{o}}^{*}H_{2\mathrm{e}}\mathrm{e}^{\mathrm{i}\Delta kz}$ 系数不同,这个值会有 2 倍的差异$\Big)$, θ 是光传播方向与光轴的夹角, ϕ 为方位角。对于 KDP 晶体 II 类和频过程,有效非线性系数 $\bar{\chi}=\chi\sin(2\theta)\cos(2\phi)$。

对 KDP 晶体中 II 类匹配的三倍频过程,谐波转换的耦合波方程组为

$$\begin{cases}\dfrac{\partial F_{1\mathrm{e}}}{\partial z}=\dfrac{\mathrm{i}}{2k_{1\mathrm{e}}}\ \nabla_{\perp}F_{1\mathrm{e}}-\rho_{1\mathrm{e}}\dfrac{\partial F_{1\mathrm{e}}}{\partial y}+\dfrac{\mathrm{i}\omega_{1\mathrm{e}}}{2n_{1\mathrm{e}}c}\bar{\chi}G_{3\mathrm{e}}H_{2\mathrm{o}}^{*}\mathrm{e}^{\mathrm{i}\Delta kz}-\dfrac{\mathrm{i}}{2}\beta_{1\mathrm{e}}\dfrac{\partial^{2}F_{1\mathrm{e}}}{\partial t^{2}}\\[4mm]
\qquad+\dfrac{\mathrm{i}\omega_{1\mathrm{e}}\varepsilon_{0}n_{1\mathrm{e}}}{2}(\gamma_{11}\mid F_{1\mathrm{e}}\mid^{2}+2\gamma_{12}\mid H_{2\mathrm{o}}\mid^{2}+2\gamma_{13}\mid G_{3\mathrm{e}}\mid^{2})F_{1\mathrm{e}}-\dfrac{1}{2}\alpha_{1\mathrm{e}}F_{1\mathrm{e}}\\[4mm]
\dfrac{\partial H_{2\mathrm{o}}}{\partial z}\ =\dfrac{\mathrm{i}}{2k_{2\mathrm{o}}}\ \nabla_{\perp}H_{2\mathrm{o}}+\dfrac{\mathrm{i}\omega_{2\mathrm{o}}}{2n_{2\mathrm{o}}c}\bar{\chi}G_{3\mathrm{e}}F_{1\mathrm{e}}^{*}\mathrm{e}^{\mathrm{i}\Delta kz}-\dfrac{\mathrm{i}}{2}\beta_{2\mathrm{o}}\dfrac{\partial^{2}H_{2\mathrm{o}}}{\partial t^{2}}-\Big(\dfrac{1}{v_{2\mathrm{o}}}-\dfrac{1}{v_{1\mathrm{e}}}\Big)\dfrac{\partial F_{2\mathrm{o}}}{\partial t}\\[4mm]
\qquad+\dfrac{\mathrm{i}\omega_{2\mathrm{o}}\varepsilon_{0}n_{2\mathrm{o}}}{2}(2\gamma_{21}\mid F_{1\mathrm{e}}\mid^{2}+\gamma_{22}\mid H_{2\mathrm{e}}\mid^{2}+2\gamma_{23}\mid G_{3\mathrm{e}}\mid^{2})H_{2\mathrm{o}}-\dfrac{1}{2}\alpha_{2\mathrm{o}}H_{2\mathrm{o}}\\[4mm]
\dfrac{\partial G_{3\mathrm{e}}}{\partial z}=\dfrac{\mathrm{i}}{2k_{3\mathrm{e}}}\ \nabla_{\perp}G_{3\mathrm{e}}-\rho_{3\mathrm{e}}\dfrac{\partial G_{3\mathrm{e}}}{\partial y}+\dfrac{\mathrm{i}\omega_{3\mathrm{e}}}{2n_{3\mathrm{e}}c}\bar{\chi}F_{1\mathrm{e}}H_{2\mathrm{o}}\mathrm{e}^{-\mathrm{i}\Delta kz}-\dfrac{\mathrm{i}}{2}\beta_{3\mathrm{e}}\dfrac{\partial^{2}G_{3\mathrm{e}}}{\partial t^{2}}-\Big(\dfrac{1}{v_{3\mathrm{e}}}-\dfrac{1}{v_{1\mathrm{e}}}\Big)\dfrac{\partial G_{3\mathrm{e}}}{\partial t}\\[4mm]
\qquad+\dfrac{\mathrm{i}\omega_{3\mathrm{e}}\varepsilon_{0}n_{3\mathrm{e}}}{2}(2\gamma_{31}\mid F_{1\mathrm{e}}\mid^{2}+2\gamma_{32}\mid H_{2\mathrm{o}}\mid^{2}+\gamma_{33}\mid G_{3\mathrm{e}}\mid^{2})G_{3\mathrm{e}}-\dfrac{1}{2}\alpha_{3\mathrm{e}}G_{3\mathrm{e}}\end{cases}$$

$$(5-68)$$

此方程的时间坐标已经采用了运动坐标系,其相对时间 $t=t_{\mathrm{e}}-v_{1\mathrm{e}}z$, t_{e} 为瞬时时间。此方程用分步方法和四阶龙格库塔方法求解。

2. 频率变换模型的正逆问题考核

传统的频率变换逆问题算法,是先由任意给定的输入电场计算输出电场,通过输出电场与预设电场的比较,进而修正输入电场,经过多次迭代比较之后,直到满足工程精度为止。由于 RK4 算法的计算精度为步长的四阶小量,因此将 RK4 算法修成改进的预测校正算法(method of prediction correction,MPC),该算法是步长的六阶小量,这就进一步提高了计算精度。反过来讲,在满足同样工程精度的条件下,改进的预测校正算法所计算的步数远小于 RK4 算法。

(1) 晶体 KDP 共线 II 类和频逆问题

神光 II 装置采用 KDP 晶体实现三倍频转换。对于 KDP 而言,II 类($e_{\mathrm{s}}+o_{\mathrm{i}}\to e_{\mathrm{p}}$)位相匹配条件满足以下关系式

$$\left\{\left[\frac{n_{\mathrm{o}}(\omega_{\mathrm{p}})}{\cos\theta}\right]^{-2}+\left[\frac{n_{\mathrm{e}}(\omega_{\mathrm{p}})}{\sin\theta}\right]^{-2}\right\}^{-1/2}=\frac{1}{3}\left(2n_{\mathrm{o}}(\omega_{\mathrm{i}})+\left\{\left[\frac{n_{\mathrm{o}}(\omega_{\mathrm{s}})}{\cos\theta}\right]^{-2}+\left[\frac{n_{\mathrm{e}}(\omega_{\mathrm{s}})}{\sin\theta}\right]^{-2}\right\}^{-1/2}\right)$$

$$(5-69)$$

式中 θ 为位相匹配角,下标 s、i、p 分别代表基频光、倍频光与三倍频光, $n_{\mathrm{o}}()$ 和 $n_{\mathrm{e}}()$ 分别代表不同频率下的折射率椭圆的主折射率。

晶体 KDP 光学口径 310 mm，厚度 10 mm，倍频光为零。基频和三倍频电场时空分布均为六阶超高斯，时空束腰半径分别为 1.55 ns 和 160 mm。初始能量比为 1∶4，总能量 3 666 J，即要求实现 80% 的三倍频转换效率。为了程序编制的方便，沿电场行进方向取正号，所以反演计算和正向传输时的晶体长度是反向对称的。图 5-78 给出了和频过程的逆向计算结果：三波能量与三倍频光转换效率随着晶体长度而变化。从图 5-78 可以看出，给定初始三倍频和基频光时，随着晶体长度的增加，三倍频光减少，相应的基频和倍频光增加，这说明逆向算法是有效的。输出的总能量为 3 623 J，与输入能量偏差 1.17%。此处偏差主要是由于晶体切片少导致的，次要因素是脉冲时域离散化序列数目少。随着切片数目增多，能量偏差趋于零，说明逆向算法满足能量守恒。图 5-79 给出了以图 5-78 获得的输出数据作为初始条件的三波和频过程中，三波能量与二倍频光转换效率随着晶体长度的变化曲线。与图 5-82 比较，不论是耦合过程的能量转移曲线，还是转换效率曲线，都是反向对称的。这说明逆向算法的正确性和稳定性。另外，图 5-83 中的输入和输出能量分别为 3 623 J 和 3 620 J，能量偏差为 0.08%，说明基于可逆的分步傅里叶和 RK4 算法的耦合波求解是可靠的、收敛的。

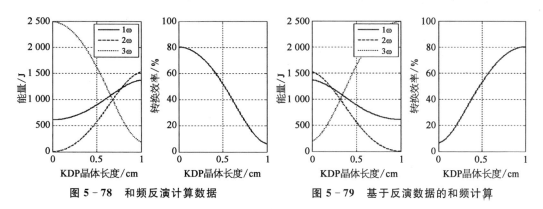

图 5-78　和频反演计算数据　　　　图 5-79　基于反演数据的和频计算

（2）晶体 KDP 共线Ⅰ类倍频逆问题

神光Ⅱ装置采用 KDP 晶体实现倍频转换，其相应的Ⅰ类(o+o→e)位相匹配条件满足以下关系式

$$\sin^2\theta = \frac{n_o^{-2}(\omega) - n_o^{-2}(2\omega)}{n_e^{-2}(2\omega) - n_o^{-2}(2\omega)} \qquad (5-70)$$

式中 θ 为位相匹配角，$n_o()$ 和 $n_e()$ 分别代表不同频率下的折射率椭圆的主折射率。

晶体 KDP 光学口径 310 mm，厚度 12 mm，基频和倍频电场的时空分布均为六阶超高斯，时空束腰半径分别为 1.55 ns 和 160 mm。初始能量比为 1∶3，总能量 3 424 J。图 5-80 给出了倍频的逆向计算结果：基频光与倍频光能量以及倍频转换效率随晶体长度而变化。从图 5-80 中可以看出，给定初始倍频和基频光时，随着晶体长度的增加，倍频光减少，而基频光增加，说明逆向算法有效。输出的总能量为 3 478 J，与输入能量偏差 1.58%，能量偏差同样是因晶体切片少所致。图 5-81 给出了以图 5-82 获得的输出数据作为初始条件的倍频过程中,基频光与倍频光能量以及倍频转换效率随着晶体长度的变化曲线。耦合过程的能量转移曲线和转换效率曲线对于逆向计算和正向传输来说都是反向对称的,说明逆向算法是正确的、稳定的。另外,图5-81中的输入和输出能量同为3478 J,无能量偏差,能量守恒。倍频及其反演的模拟计算再次说明,不采用迭代算法,直接基于可逆的分步傅里叶和RK4算法的耦合波求解,是可靠的、收敛的。

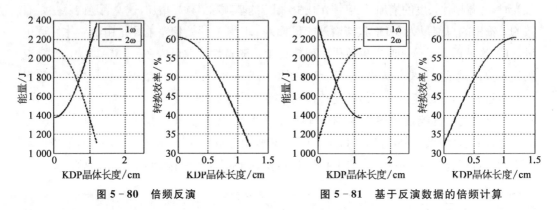

图5-80 倍频反演   图5-81 基于反演数据的倍频计算

(3) 神光Ⅱ终端光学组件频率变换的分析

基于神光Ⅱ装置实验数据的比对,设输入基频光4 483 J/1ω/3 ns,输出三倍频光2 742 J/3ω/3 ns。假设电场的时空分布满足六阶超高斯,时空束腰半径分别为1.55 ns和160 mm,倍频KDP晶体厚12 mm,和频KDP晶体厚10 mm。加工能够引起晶体表面周期性调制,采用正弦位相调制近似,其调制深度为0.01。换算后的基频光电场振幅峰值102.8 MV/m,理论计算的倍频转换效率为65.5%,三倍频转换效率为79.7%,耦合过程的能量转移曲线和频率转换效率曲线如图5-82所示。图5-83为初始电场经过终端光学系统后的各个电场情况,其空间分布同时相对于三倍频光峰值归一化,而时间分布各自归一化。从图5-83中可以清楚地看出,基频光的中心能量基本被抽空,三倍频的时

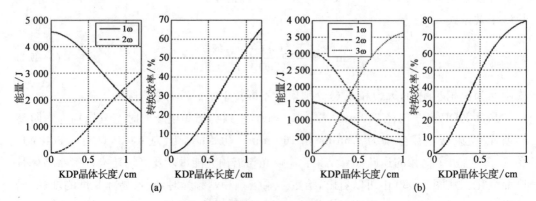

图5-82 终端光学系统中的频率变换

(a) 倍频;(b) 和频。

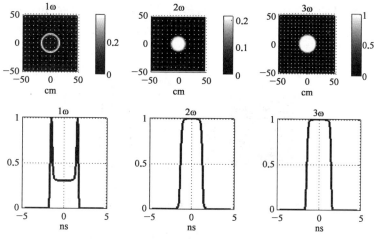

图 5 - 83　倍频及和频后的电场时空分布

空分布保持了六阶超高斯形态。倍频过程中,两个 1ω 光子转换成一个 2ω 光子;和频过程中,一个 1ω 光子和一个 2ω 光子转换成一个 3ω 光子,上述过程满足能量守恒。对于 SGⅡ 终端,输入光场只有基频光,因此倍频转换效率达到 2/3(≈66.67%)后的三倍频转换效率有望达到最大值。理论计算的三倍频输出 3 572 J 比实验值 2 742 J 高出近 830 J,相应的三倍频转换效率比实验值 61.2% 高出近 18.5%。实验后的数据分析表明,位相匹配、晶体夹持和抛光引起的晶体表面质量等,是影响三倍频转换效率的主要因素。弱光场调制基本不影响谐波转换效率,但它严重影响光束质量。上述结论为后续实验的提高和改进提供了方向。

　　图 5 - 84 是在倍频及和频输出的基础上,重新进行和频及倍频的计算,即将正向传输的结果作为逆向计算的初始条件,得到了相应三波的能量与三倍频光转换效率随晶体长度的变化曲线。图 5 - 84 与图 5 - 82 所得到的曲线完全反向对称,这一结论充分表明,基于可逆的分步傅里叶和 RK4 算法的耦合波求解是可靠的、收敛的。逆向计算的基频光时空分布如图 5 - 85 所示,此时的基频光能量 4 470 J,与实际输入基频光能量 4 483 J 偏

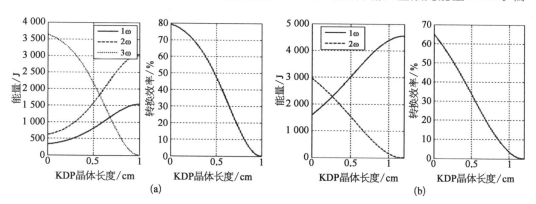

图 5 - 84　终端光学系统中的频率变换反演

(a) 和频；(b) 倍频。

差仅为 0.3%。通过能量偏差程度可以知道理论计算中的晶体切片数目和脉冲序列数目是否满足工程设计所需要的精度。逆向计算的基频光电场时空分布近似满足六阶超高斯,光束质量优良。

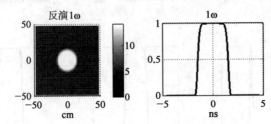

图 5 - 85　倍频及和频反演的基频光电场时空分布

通过频率变换耦合波正逆问题之间的相互验证,证明了基于可逆的分步傅里叶算法和 RK4 算法的耦合波逆向求解是稳定且可靠收敛的。考虑到非线性晶体内的损耗以及高阶非线性效应,频率变换模型其至宽带频率变换模型都需要进一步深入研究。

5.3.3.4　B 积分理论

从 B - T 理论之后,多数高功率激光装置的设计都将系统的 B 积分作为装置设计安全运行的一个重要参考指标。因此,强激光与物质相互作用的非线性效应,应当引起足够重视。除此之外,受激弹性散射(受激拉曼散射、受激布里渊散射等)、终端大尺寸晶体的横向受激拉曼散射,也需仔细研究,一方面是控制波前,另一方面是保证器件安全运行。

1. 小尺度自聚焦效应

小尺度自聚焦效应的产生及演变如图 5 - 86 所示。

光束横向光强分布小幅度起伏(光束横向空间的变化)

⇓

折射率横向变化(折射率光栅)

⇓

光束能量的小角度散射＋源光束

⇓

干涉

⇓

源光束强度的起伏增长

⇓

自聚焦加聚,从而又导致光束横向光强分布小幅度起伏
(光束横向空间的变化),形成循环自聚焦持续增强

⇓

光束分裂成丝状或者自聚焦焦斑(光束横向面严重畸变)

⇓

横向光强分布不均

⇓

光学损伤、光学击穿、非线性效应……

图 5 - 86　小尺度自聚焦效应演变过程

2. 非线性薛定谔方程

(1) 非线性薛定谔方程

标量条件下,从麦克斯韦方程组出发,得到的非线性薛定谔方程为

$$\nabla^2 \boldsymbol{E} - \frac{n_0^2}{c^2} \cdot \frac{\partial^2 \boldsymbol{E}}{\partial t^2} - \frac{2n_0 n_2}{c^2} \cdot \frac{\partial^2}{\partial t^2} (\langle \boldsymbol{E} \cdot \boldsymbol{E} \rangle \boldsymbol{E}) = 0 \tag{5-71}$$

其中 c 为光速, $\boldsymbol{E} = \vec{E}(r; t)$。 此方程是研究自聚焦的理论基础。

(2) 稳态自聚焦和准稳态自聚焦

设电场沿 z 方向传播,偏振方向沿 x 方向,则

$$\boldsymbol{E} = \frac{1}{2} [A(r, z; t) \exp(ik_0 z - i\omega_0 t) + c.c.] \hat{e}_x \tag{5-72}$$

其中 k_0 为介质中波数, $k = k_0/n_0 = 2\pi/\lambda$ 为真空中波数, n_0 为介质线性部分折射率。 对于要研究的物质,假定满足以下条件:

① 立方型非线性介质,其二阶极化率为零;

② 准单色,可分离光场的快变部分(光频部分)和慢变部分(光脉冲包络);

③ 缓变近似,即可忽略对空间坐标 z 的二阶导数;

④ 标量近似,即可忽略 $\nabla \cdot \boldsymbol{E}$ 项。

对于稳态光场, $A(r, z; t) = A(r, z)$,与时间无关。

对脉冲光束的准稳态条件如下:

① 光载频为 ω_0, $A(r, z; t)$ 是时间的缓变函数,可忽略对时间的二阶导数。对于纳秒级的光脉冲,满足该条件。

② 一个光频周期内,非线性极化率相对变化很小,可忽略对时间的偏导。

③ 介质极化时间(对外场的响应)足够短,可不考虑极化的弛豫。

将入射电场代入线性薛定谔方程,且对于稳态光场,很容易得到

$$\nabla_\perp^2 A + i2k_0 \frac{\partial A}{\partial z} + k_0^2 \frac{n_2}{n_0} |A|^2 A = 0 \tag{5-73}$$

其中 $A = A(r, z)$。

对于准稳态光场,得到

$$\nabla_\perp^2 A + i2k_0 \frac{\partial A}{\partial z} + k_0^2 \frac{n_2}{n_0} |A|^2 A = 0 \tag{5-74}$$

其中 $A = A(r, z; t')$, $t' = t - n_0 z/c$,使用了运动坐标。

3. 弱畸变光场 B-T 理论

V. I. Bespalov 和 V. I. Talanov 首次提出了小尺度自聚焦的线性扰动不稳定性理论[53],即 B-T 理论。该理论假定了横截面上平均光强是常数,并在传输过程中不随传输

距离的增长而增长（或衰减），在此基础上推导出小尺度扰动的传输方程，进而得到最快增长频率、最大增长系数以及 B 积分等著名结果。随后，一系列实验验证了 B-T 理论的正确性，从此该理论被用于指导高功率激光驱动器的设计，也成为小尺度自聚焦的理论基础。

将受调制的光场分解为强的本底场与弱的扰动场之和

$$\boldsymbol{E}(x, y, z, t) = \boldsymbol{E}_s(z, t)[1 + \varepsilon(x, y, z, t)] \tag{5-75}$$

$\boldsymbol{E}_s(z, t)$ 是电场在横截面上的平均值。在垂直于光束传输方向的 xy 平面上，振幅与位相均匀分布。$\varepsilon(x, y, z, t)$ 是扰动场的归一化值，无量纲，且满足弱调制条件：$|\varepsilon| \ll 1$，于是求解 $\boldsymbol{E}(x, y, z, t)$ 的问题，分解为分别求本底场 $\boldsymbol{E}_s(z, t)$ 和扰动场 $\varepsilon(x, y, z, t)$。对于本底场，容易求出近似解析解；对于扰动场，可以借助线性化近似得到简化的传输方程，并通过傅里叶变换最终得到物理意义明晰的解析解。

根据本底场的含义，可以认定它在横向是均匀的，从而在非线性介质中传输时不发生空间自聚焦，但它的传输位相中要计入非线性折射率的附加贡献。在弱调制条件下，可以合理地忽略本底场与扰动场之间的交叉相互作用，于是令扰动场 $\varepsilon(x, y, z, t) = 0$，化简得

$$\frac{\partial \boldsymbol{E}_s}{\partial z} = \mathrm{i}k_0 \left(\frac{n_2 |\boldsymbol{E}_s|^2}{2n_0} \right) \boldsymbol{E}_s \tag{5-76}$$

其解为

$$\boldsymbol{E}_s(z) = \boldsymbol{E}_0 \exp\left(\mathrm{i}k_0 \frac{n_2}{n_0} |\boldsymbol{E}_0|^2 z \right) = \boldsymbol{E}_0 \exp\left(\mathrm{i} \frac{8\pi^2 n_2}{\lambda_0 cn_0} I_0 z \right) \tag{5-77}$$

其中 $\boldsymbol{E}_0$ 是本底场的初值，I_0 是相应的光强，扰动场 $\varepsilon(x, y, z, t)$ 不仅是 (z, t) 的函数，而且也是横向坐标 (x, y) 的函数，且一般为复函数，可分解为实部和虚部

$$\varepsilon(x, y, z, t) = u(x, y, z, t) + \mathrm{i}v(x, y, z, t)$$

应当指出，这种表达不是唯一的。文献先把 $\varepsilon(x, y, z, t)$ 作坐标分离：$\varepsilon(x, y, z, t) = a(z, t)b(x, y)$，然后把 a 分解为实部和虚部：$a = u + \mathrm{i}v$。这里的 u, v 相当于本文下面对调制场作傅里叶展开后的频谱分量 U 和 V，而横向函数 b 相当于傅里叶展开的基底函数 $\exp(\mathrm{i}q_x x + \mathrm{i}q_y y)$。二者的最后结果是一致的。

为推导出小尺度扰动 $\varepsilon(x, y, z, t)$ 所满足的传输方程，将总电场表达为

$$\boldsymbol{E}(x, y, z, t) = \boldsymbol{E}_0 \exp\left(\mathrm{i}k_0 \frac{n_2}{2n_0} |\boldsymbol{E}_0|^2 z \right)[1 + u(x, y, z, t) + \mathrm{i}v(x, y, z, t)]$$

$$\tag{5-78}$$

式 5-78 代入非线性傍轴波动方程，利用弱调制条件：$\varepsilon \ll 1$，略去 u 和 v 的二次项，分离实部与虚部，通过推导化简，得小尺度扰动 $u(x, y, z, t)$ 和 $v(x, y, z, t)$ 满足的传输方程为

$$
\begin{cases}
\nabla_{\perp}^2 u - 2k\,\dfrac{\partial v}{\partial z} = -2k^2\,\dfrac{n_2}{n_0}E_0^2 u \\[3mm]
\nabla_{\perp}^2 v + 2k\,\dfrac{\partial u}{\partial z} = 0
\end{cases}
\tag{5-79}
$$

这是一个关于 u 和 v 的线性微分方程组,可以利用傅里叶变换方法求解。对小尺度扰动函数 u 和 v 在 xy 平面上作傅里叶变换

$$
\begin{cases}
u(x,\,y,\,z) = \iint U(q_x,\,q_y,\,q_z)\exp(\mathrm{i}q_x x + \mathrm{i}q_y y)\mathrm{d}q_x\,\mathrm{d}q_y \\[3mm]
v(x,\,y,\,z) = \iint V(q_x,\,q_y,\,q_z)\exp(\mathrm{i}q_x x + \mathrm{i}q_y y)\mathrm{d}q_x\,\mathrm{d}q_y
\end{cases}
$$

式中 q_x 和 q_y 分别代表 x 方向和 y 方向空间调制频率,U 和 V 分别为 u 和 v 的傅里叶变换谱。将式 5-79 代入方程组,得到小尺度扰动的频谱分量所满足的传输方程为

$$
\begin{cases}
\dfrac{\mathrm{d}V}{\mathrm{d}z} = \left[\left(\dfrac{2\pi I_0}{W_1} - q_\perp^2\right)\Big/(2k_0)\right]U \\[3mm]
\dfrac{\mathrm{d}U}{\mathrm{d}z} = \dfrac{q_\perp^2}{2k_0}V
\end{cases}
\tag{5-80}
$$

其中 $q_\perp^2 = q_x^2 + q_y^2$ 是横向波矢,$W_1 = \dfrac{\lambda_0^2 c}{32\pi^2 n_2}$ 具有自聚焦临界功率的物理意义(高斯单位制下的表达式)。可求得小尺度扰动空间频谱的解析解

$$
\begin{cases}
U(q_\perp,\,z,\,t) = U_0\cosh(gz) + V_0\,\dfrac{q_\perp^2}{2k_0 g}\sinh(gz) \\[3mm]
V(q_\perp,\,z,\,t) = U_0\,\dfrac{2k_0 g}{q_\perp^2}\sinh(gz) + V_0\cosh(gz)
\end{cases}
\tag{5-81}
$$

其中 g 是增长因子,$g^2 = \left(\dfrac{q_\perp}{2k_0}\right)^2\left(\dfrac{2\pi I_0}{W_1} - q_\perp^2\right)$。 令 $q_c^2 = \dfrac{2\pi I_0}{W_1} = 4k_0 B/z$ 为临界频率,则有

$$
g^2 = \left(\dfrac{q_\perp}{2k_0}\right)^2(q_c^2 - q_\perp^2)
\tag{5-82}
$$

上式描述了小尺度扰动空间频谱分量在非线性传输过程中的演变过程,由此可求出小尺度扰动场的解析表达式

$$
\begin{aligned}
\varepsilon(x,\,y,\,z,\,t) &= u(x,\,y,\,z,\,t) + \mathrm{i}v(x,\,y,\,z,\,t) \\[2mm]
&= \mathrm{Re}\left\{\iint U(q_\perp,\,z,\,t)\exp[\mathrm{i}(q_x x + q_y y)]\mathrm{d}q_x\,\mathrm{d}q_y\right\} \\[2mm]
&\quad + \mathrm{jRe}\left\{\iint V(q_\perp,\,z,\,t)\exp[\mathrm{i}(q_x x + q_y y)]\mathrm{d}q_x\,\mathrm{d}q_y\right\}
\end{aligned}
\tag{5-83}
$$

上式构成了小尺度自聚焦的完整解,成为研究小尺度自聚焦基本规律和模拟高功率激光驱动器光束传输的基础。

非线性介质中的传输矩阵可写为

$$\begin{bmatrix} \tilde{u} \\ \tilde{v} \end{bmatrix} = \begin{bmatrix} M_{11} & M_{12} \\ M_{21} & M_{22} \end{bmatrix} \begin{bmatrix} \tilde{u}_0 \\ \tilde{v}_0 \end{bmatrix}$$

矩阵中的元素为

$$M_{11} = \cosh(gz)$$

$$M_{12} = \frac{q_\perp^2}{2k_0 g} \sinh(gz)$$

$$M_{21} = \frac{2k_0 g}{q_\perp^2} \sinh(gz)$$

$$M_{22} = \cosh(gz)$$

其中 $g = \dfrac{q_\perp}{2k_0} \sqrt{\dfrac{4k_0^2 \gamma I_0}{n_0} - q_\perp^2} = \dfrac{q_\perp}{2k_0} \sqrt{\dfrac{4k_0 B}{L} - q_\perp^2}$,k_0 为介质中的波数,n_0 为介质的线性折射率。γ 为非线性介质的非线性系数。增益最大的频率为 $q_{\perp \max}^2 = \dfrac{2k_0 B}{L}$,对应的最大增益系数为 $g_{\max} = B/L = k_{00} \gamma I_0$,增益系数为 $G_{\max} = \exp(gL) = \exp B$。非线性介质中的 B 积分为 $B = k_{00} \gamma I_0 L$。

4. 数值求解

这种数值求解的方法基于分步傅里叶变换,中心思想是:将衍射效应和非线性效应区别对待。具体操作分三步:① 每一个被分割的小段在前 1/2 步长只考虑衍射效应;② 利用第一步的场分布,在该小段 1/2 步长处,计算全步长的非线性效应;③ 利用第二步的场分布,在后 1/2 步长仅计算衍射效应。如此循环,直到满足要求为止。

具体步骤如下

$$\nabla_\perp^2 A + \mathrm{i}2k_0 \frac{\partial A}{\partial z} + k_0^2 \frac{n_2}{n_0} |A|^2 A - \mathrm{i}k_0 \beta A = 0 \qquad (5-84)$$

第一步,在前 1/2 步长内,衍射效应:

$$\nabla_\perp^2 A + \mathrm{i}2k_0 \frac{\partial A}{\partial z} = 0 \qquad (5-85)$$

在光场横向分布截面内,将空域 (x, y) 变换到频域 (f_x, f_y) 得

$$\frac{\partial \tilde{A}}{\partial z} = -\frac{\mathrm{i}q^2}{2k_0} \tilde{A}$$

其解为

$$\widetilde{A}_{11}(z+h/2)=\widetilde{A}_{0}(z)\exp\left(-\frac{\mathrm{i}q^{2}}{2k_{0}}\cdot\frac{h}{2}\right) \tag{5-86}$$

第二步，在全步长内仅考虑非线性效应

$$\mathrm{i}2k_{0}\frac{\partial A}{\partial z}+k_{0}^{2}\frac{n_{2}}{n_{0}}\mid A\mid^{2}A-\mathrm{i}k_{0}\beta A=0 \tag{5-87}$$

此方程在空域内求解。因为涉及光强度，而它未知，为了保持计算精度，可以用该步长的初末电场进行两次迭代。

第三步，在后 1/2 步长内，衍射效应

$$\widetilde{A}_{13}(z+h)=\widetilde{A}_{12}\left(z+\frac{h}{2}\right)\exp\left(-\frac{\mathrm{i}q^{2}}{2k_{0}}\cdot\frac{h}{2}\right) \tag{5-88}$$

以上反复操作，直到切片结束。

5. 评价标准

(1) 高阶对比度(M_n)研究光束的小尺度自聚焦

定义

$$M_{n}=\frac{\iint(I-I_{\mathrm{avg}})^{n}\,\mathrm{d}x\,\mathrm{d}y}{\iint I_{\mathrm{avg}}^{n}\,\mathrm{d}x\,\mathrm{d}y} \tag{5-89}$$

式中 I_{avg} 为光场平均强度。

三、四阶对比度在光束发生自聚焦前后有明显变化，其值同时也描述了光束近场均匀性程度。

(2) 近场

定义对比度(C)

$$C=\sqrt{\frac{\iint(I-I_{\mathrm{avg}})^{2}\,\mathrm{d}x\,\mathrm{d}y}{\iint I_{\mathrm{avg}}^{2}\,\mathrm{d}x\,\mathrm{d}y}} \tag{5-90}$$

(3) 远场

定义桶中功率(PIB)

$$\mathrm{PIB}=\frac{\int_{0}^{b}\mid E(r,z)\mid^{2}r\,\mathrm{d}r}{\int_{0}^{\infty}\mid E(r,z)\mid^{2}r\,\mathrm{d}r} \tag{5-91}$$

式中使用柱坐标系。

定义 β 参数

$$\beta = \sqrt{\frac{S_a}{S_0}} \qquad (5-92)$$

其中 S_a 和 S_0 是 PIB＝0.63 时实际光束和理想光束所对应的面积。

定义环围能量比

$$BQ = \sqrt{\frac{P_0}{P_a}} = \sqrt{\frac{E_{e0}}{E_{ea}}} \qquad (5-93)$$

其中 P_0 为规定尺寸内理想光束光斑的环围功率，P_a 为实际值。

实际工程应用中，参考的理想光束选取与发射系统主镜尺寸相当的实心平面波，这反映了远场的集中度，最适于评价目标处的光束质量。

衍射极限倍数因子：

$$\beta = \frac{\theta_a}{\theta_0} \qquad (5-94)$$

其中 θ_a 为被测实际光束的远场发散角，θ_0 为理想光束的远场发散角，且理想光束选取圆形实心均匀光束。

一般情形下，$\theta_0 = 1.22\lambda/D$ 为与发射望远镜主镜口径相对应的在衍射极限情况下的平面波的远场发散角。研究表明，选取与被测光束发射孔径或者面积相同的圆形实心均匀光束为参考光束，得到的远场发散角是所有相同孔径光束中衍射角最小的，适用于以 β 因子来评价高能激光系统的光束质量，即用于 θ_0 的选取。由于激光本身和激光传输过程中众多因素的影响，远场光束的强度分布中含有较多的高阶空间频率分量，由高阶弥散引起的能量损失不能被 β 值真实反映。β 值的准确测量对探测系统要求较高，不适于评价远距离传输的光束。

（4）光束宽度

定义一阶矩给出质心的位置坐标

$$\begin{cases} \bar{x} = \dfrac{\displaystyle\iint_{\pm\infty} x I(x,y,z)\,\mathrm{d}x\,\mathrm{d}y}{\displaystyle\iint_{\pm\infty} I(x,y,z)\,\mathrm{d}x\,\mathrm{d}y} \\[4mm] \bar{y} = \dfrac{\displaystyle\iint_{\pm\infty} y I(x,y,z)\,\mathrm{d}x\,\mathrm{d}y}{\displaystyle\iint_{\pm\infty} I(x,y,z)\,\mathrm{d}x\,\mathrm{d}y} \end{cases} \qquad (5-95)$$

定义二阶矩给出光束宽度

$$\begin{cases} w_x^2 = \dfrac{4\iint_{\pm\infty}(x-\bar{x})^2 I(x,y,z)\mathrm{d}x\,\mathrm{d}y}{\iint_{\pm\infty}I(x,y,z)\mathrm{d}x\,\mathrm{d}y} \\[4mm] w_y^2 = \dfrac{4\iint_{\pm\infty}(y-\bar{y})^2 I(x,y,z)\mathrm{d}x\,\mathrm{d}y}{\iint_{\pm\infty}I(x,y,z)\mathrm{d}x\,\mathrm{d}y} \end{cases} \tag{5-96}$$

（5）光强分布均匀性

定义不均匀度（η）

$$\eta = \frac{I_{\max} - I_{\min}}{I_{\max} + I_{\min}} \tag{5-97}$$

定义填充因子（F）

$$F = \frac{I_{\mathrm{avg}}}{I_{\max}} \tag{5-98}$$

（6）光学元件波面质量

高频段,周期小于 0.12 mm,相当于微观粗糙度;中频段,周期在 0.12～33 mm;低频段,周期大于 33 mm,相当于空间域波面面形。

光学元件低频段的波前畸变误差将直接决定激光束的焦斑质量。当周期大于176 mm时,可直接用全口径透射或者反射波前畸变来描述这一段的质量要求;当周期在33～176 mm时,纹波调制对焦斑光强分布有直接的影响,可采用波前位相梯度来描述这一段的质量要求。另外,光学元件的高频纹波调制不但会造成焦斑旁瓣,还会引起非线性自聚焦破坏,降低激光损伤阈值和增加散射损耗。

中频段空间频率成分将导致光束的高频调制与系统的非线性增长,造成光学元件的丝状破坏和降低光束的可聚焦功率。用功率谱密度（power spectral density，PSD）来描述这一段的质量要求。

定义均方根值（RMS）

$$\mathrm{RMS} = \sqrt{\frac{1}{N}\sum_{i=1}^{N}(x_i - \bar{x})^2} \tag{5-99}$$

其中 $\bar{x} = \left(\sum_{i=1}^{N} x_i\right)\Big/ N$ 为样本均值。RMS 在概率统计中又叫样本方差。

$$\mathrm{RMS} = \sqrt{\sum (C_n^m)^2}$$

其中 C_n^m 为 Zernike 系数。

定义功率谱密度（PSD）,适于中频段。在一维情况下

$$\text{PSD} = P(f_x) = \left\langle \frac{|\text{FT}\{z(x)\}|^2}{L} \right\rangle \tag{5-100}$$

离散之后，

$$\text{PSD} = P(f_m) = \frac{\Delta x}{N} \left| \sum_{n=0}^{N-1} z(n) \exp(-\text{i}\pi mn / N) \right|^2$$

其中 $x_n = n \times \Delta x$，为第 n 个采样点坐标；Δx 为空间域的采样间隔。共有 N 个采样点，并且空间域和频率域采样点数目相同。

定义斯特列尔比（SR）

$$\text{SR} = \frac{I_a}{I_0} = \exp[-(\Delta\phi_{\text{RMS}})^2] \tag{5-101}$$

其中 I_0 为理想光束焦斑的峰值光强，I_a 为实际值。$\Delta\phi_{\text{RMS}}$ 为波前的均方根位相误差。

用于实际光束的波前位相误差为高斯分布，则 SR 比仅取决于波前位相误差，能比较好地反映光束波前畸变对光束质量的影响；但只反映光束焦斑中央峰上的能量集中度，不反映轴外的光强分布情况，不适于作为一般的光束质量评价标准。多用于大气光学、自适应光学系统。

本节主要讨论了强激光的自聚焦现象。文献表明，一般小尺度自聚焦丝为数十微米，因而对于大口径光束来说，其采样后的空间步长至少要小于数十微米，这样才能量化光束变化的细节。

§5.4　总结与展望

放大系统是高功率激光驱动器的主体构成，包含了各类放大器、空间滤波器和隔离器，以及其他各类辅助系统。放大系统实现了高能量、高质量光束的输出，是高功率激光的能量来源。不仅如此，放大系统的总体结构与布局也会影响装置的总体性能及驱动器整体布局、支撑配套设施的建设，决定了装置效费比。因此，高功率激光驱动器激光放大系统的发展方向也直接决定着高功率激光系统的发展方向，主要体现在以下方面：

① 高性价比的总体构型，具备足够的激光能量放大和输出能力，主要涉及激光放大器的储能效率、系统储能抽取效率、谐波转换效率，以及各类损耗的有效控制。

② 在输出所需激光能量的条件下安全稳定地运行，具备较高的工作负载能力。

③ 能够输出高品质的激光光束，对光束质量及其他参数进行有效控制，具备精密化工作能力。

在高功率激光发展过程中，神光系列装置的口径越来越大，输出能力和负载能力也越来越高，但激光放大的增益与效率一直是核心问题，而高光束质量的输出则是前提和基础。合理优化结构和参数选型，提升放大器的综合性能，对于大型激光装置至关重要；

提高放大器的输出激光带宽和工作频率,极大提升了高功率激光的应用领域;此外,研究新的放大系统构型,满足聚变级能源需求,也是未来的发展重点。高功率激光系统发展和突破的重点体现在以下方面:

① 新型材料的研发及工程应用。包括在放大增益介质、低非线性折射率及高损伤阈值光学材料等方面的突破,将能够显著改善当前激光驱动器的性能,解决当前存在的输出能力、效率及规模庞大等基础性问题。

② 研究新型光束控制技术,提升输出光束近场波前。ICF 对激光光束质量的要求非常苛刻,结合束靶耦合等关键技术要求,提升驱动器输出光束的控制能力,满足激光对物质加载过程的控制需求;结合驱动器的构型创新,实现激光束性能的提升,这是当前 ICF 研究中的放大器研究之重点内容。

③ 大口径高重频、宽谱的激光放大系统的研究。随着科学研究的深入发展,未来高功率重频激光器的应用将是能源应用、国防技术等方面的主要方向;同时针对新型泵浦技术的激光重频放大等问题将越来越凸显。开展此类研究不仅是 ICF 后点火时代的需求,也支撑了激光技术在超短超强方面的发展需求。

参考文献

［1］ Coyle P E. Laser program annual report, 1976. Lawrence Livermore National Laboratory, Livermore, Calif, UCRL－50021－76: 2－9, 2－55－2－57. DOI: 10. 2172/5500232.

［2］ Coleman L W, Strack J R. Laser program annual report, 1979. Lawrence Livermore National Laboratory, Livermore, Calif, UCRL－50021－79: 2－58－2－59. DOI: 10. 2172/6876205.

［3］ Hoose J. The Omega fusion laser system. Proc SPIE, 1977, 0103: 27. DOI: 10. 1117/12. 955392.

［4］ Wisoff P J, Bowers M W, Erbert G V, et al. NIF injection laser system[C]. Pro SPIE, 2004, 5341: 146－155.

［5］ 中科院上海光机所.激光 12＃实验装置(LF12)研制工作报告,1987.

［6］ 黄镇江,等.棒状激光放大器增益分布的精密测量.中国激光,1980,7(11): 55－57.

［7］ Powell H l, Erlandson A C, Jancaitis K S, et al. Flashlamp pumping of Nd:glass disk amplifiers. SPIE, 1277: 103.

［8］ Thomas N L, Erlandson A C, Farmer J C, et al. Protected silver coatings for flashlamp-pumped Nd:glass amplifiers[J]. Proceedings of SPIE the International Society for Optical Engineering, 1999, 3578. DOI: 10. 1117/12. 344462.

［9］ 管富义,林康春.激光放大器冷却实验研究[J].激光技术,1996,20(004): 250－252.

［10］ Haynam C A, Wegner P J, Auerbach J M, et al. National Ignition Facility laser performance status[J]. Applied Optics, 2007, 46(16): 3276.

［11］ Zhu J, Zhu J, Li X, et al. // Awwal A A S. SPIE Photonics West, SPIE, San Francisco, California, 2017. Washington: SPIE Pr, 2017. 10084－4.

[12] Paisner J. LLNL report. 1993，NIF－93－030 L－15864－1：1.

[13] Alger T，Erlandson A，Fulkerson S，et al. LLNL report. 1999，UCRL－ID－132680：1.

[14] Powell H T，Erlandson A C，Jancaitis K S，et al. High-power solid state lasers and applications (1990)，SPIE，The Hague，The Netherlands，1990. Washington：SPIE Pr，1990：1277－16.

[15] 谢静,王利,张志祥,等.基于光纤的在线增益测量仪.中国专利：CN06802231A，2017－06－06. Int CI：G01M11／02(2006.01)I.

[16] Smith B∥Schuda F. Proceeding of SPIE，SPIE，Los Angeles，California，1986. Washington：SPIE Pr，1986：609－701.

[17] Erlandson A C，Rotter M D，Frank D N，et al. LLNL Report，1995. UCRL－LR－105821－95－1：18.

[18] Hunt J T，Renard P A，Simmons W W. Improved performance of fusion lasers using the imaging properties of multiple spatial filters[J]. Applied Optics，1977，16(4)：779.

[19] Simmons W W，Speck D R，Hunt J T. Argus laser system：Performance summary[J]. Applied Optics，1978，17(7)：999－1005.

[20] Simmons W W，Hunt J T，Warren W E. Light propagation through large laser systems. IEEE J Quantum Electron，1981，QE－17(9)：1727.

[21] 陈时胜,毕尤忌,王笑琴,等.空间滤波器在提高光束亮度中的作用[J].光学学报,1983(03)：259－264.

[22] 王桂英,陈时胜,余文炎,等.窄频带及宽频带激光束的传输特性[J].光学学报,1984,4(1).

[23] 王桂英,赵九源,张明科,等.钕玻璃高功率激光系统中的空间滤波器的基本研究[J].物理学报,1985(02)：171－181.

[24] 上海光学精密机械研究所.神光Ⅰ研制报告[R].

[25] 聂喻梅,邱基斯.高功率激光系统空间滤波器的重要参数[J].科技导报,2011(10)：53－56.

[26] Erlandson A C，Rotter M D，Frank D N，et al. Design and performance of the beamlet amplifiers [J]. LLL Report UCRL－LR－105821－95－1，1994：1－10.

[27] Stowers I F，Horvath J A，Menapace J A，et al. Achieving and maintaining cleanliness in NIF amplifiers[R]. Third Annual International Conference on Solid State Lasers for Application SPIE [C]，1998，3492：609－620.

[28] 程晓峰,王洪彬,苗心向,等.高功率固体激光驱动器污染控制及片状放大器洁净度改进[J].强激光与粒子束,2013,25(5)：1147－1151.

[29] Honig J. Cleanliness improvement of nation ignition facility amplifiers as compared to previous large-scale lasers[J]. Opt Eng，2004，43(12)：2904－2911.

[30] Horvath J A. NLF／LMJ prototype amplifier mechanical design[R]. Proc SPIE，1996，3047：148－157.

[31] 於海武,郑万国,唐军,等.高功率激光放大器片腔洁净度实验研究[J].强激光与粒子束,2001,13(003)：272－276.

[32] Shen T H. The cleaning of aluminum frame assembly units[R]. UCRL－ID－14393，2001.

[33] Sommer S C，Stowers I F，van Doren D E. Clean construction protocol for the national ignition

facility beampath and utilities[J]. Journal of the IEST，2003，46(1)：85 – 97.

[34] Honig J. Offline slab damage experiments comparing air and nitrogen purge[R]. NIF – 0070328，2001.

[35] Honig J，Ravizza D. Nova retrospective and possible implications for NIF[R]. NIF – 0110227，1999.

[36] Kihara R. Evaluation of commercially available ignitrons as high-current，high — coulomb transfer switch[A]. Presented at the IEEE 6th Pulser Power Conference[C]. Arlington，Virginia，1987.

[37] Galakhov I V. Capacitor bank 120MJ，22kV for high-power Nd—glass laser of facility ISKRA—6：Conceptual design[A]. Proe Ⅻ th IEEE International Pulsed Power Conference[C]. USA：Montercy，CΛ，I999.

[38] Larson D Beamlet pulsed—power system[R]. UCRL LR 105521—95：162 – 167.

[39] Larson D W，Yang X H，Hardy P E. The impact of high energy density capacitor with metallized electrode in large capacitor banks for nuclear fusion applications. IEEE Xplore，1993. DOI：10.1109/PPC. 1993. 514026.

[40] Lippincott A C，Nelms R M. A capacitor-charging power supply using a series—resonant topology，constant on time/variable frequency control and zero-current switching[J]. IEEE Transactions On Industrial Electronics，1991，38(6)：438 – 447.

[41] Kruschwitz B E，et al. High-contrast plasma-electrode Pockels cell[J]. Applied Optics，2007，46(8)：1326 – 1332.

[42] Arieli Y. A continuous phase plate for non-uniform illumination beam shaping using the inverse phase contrast method. Opt Commun，2000，180：239 – 245.

[43] Rothenberg J E. Polarization beam smoothing for inertial confinement fusion[J]. Journal of Applied Physics，2000，87(8)：3654 – 3662.

[44] Okupsky S，Short R W，Kessler T，et al. Improved laser-beam uniformity using the angular dispersion of frequency-modulated light[J]. Journal of Applied Physics，1989，66(8)：3456 – 3462.

[45] Kato Y，Mima K，Miyanaga N，et al. Random phasing of high-power lasers for uniform target acceleration and plasma-instability suppression[J]. Physical Review Letters，1984，53(11)：1057 – 1060.

[46] Lin Y，Kessler T J，Lawrence G N. Distributed phase plates for super-Gaussian focal-plane irradiance profiles. Optics Letters，1995，20(7)：764 – 766.

[47] Collins J R，Stuart A. Lens-system diffraction integral written in terms of matrix optics[J]. J Opt Soc Am，1970，60(9)：1168 – 1170.

[48] Coodman J W. 傅里叶光学导论. 北京：电子工业出版社，2011.

[49] Feigenbaum E，Sacks R A，Mccandless K P，et al. Algorithm for Fourier propagation through the near-focal region[J]. Applied Optics，2013，52(20)：5030 – 5035.

[50] Simmons W，Hunt J，Warren W. Light propagation through large laser systems[J]. IEEE

Journal of Quantum Electronics, 1981, 17(9): 1727 - 1744.

[51] Lowdermilk W H, Murray J E. The multipass amplifier: Theory and numerical analysis[J]. Journal of Applied Physics, 1980, 51(5): 2436 - 2444.

[52] Milonni P W, Auerbach J M, Eimerl D. Frequency-conversion modeling with spatially and temporally varying beams [J]. Proceedings of SPIE the International Society for Optical Engineering, 1995, 2633.

[53] Bespalov V I, Talanov V I. Filamentary structure of light beam in nonlinear liquids[J]. JETP Letters, 1966, 3(3): 307 - 310.

第6章
神光Ⅱ高功率激光靶场技术

§6.1 靶场系统概述

如前所述,科学家们利用激光聚焦打击各类材质,以激发冲击波、电磁辐射等,模拟研究核试验环境和条件;无辐射的聚变发电具有广阔的应用前景,可替代现有的核裂变发电,清洁安全,资源丰富。可以说,激光聚焦打靶是远期民用聚变发电及高端科研的重要驱动应用。而靶场系统就是在激光器末端提供精密打靶功能,为上述各类高能极端实验提供高功率激光驱动力。

靶(target),顾名思义是目标的打击点,其打击行为俗称打靶。靶主要分为平面靶和腔靶两类。平面靶的形态相对简单,一般由某种材料制作成平面形态;腔靶即为激光注入打击到某种柱腔或者球形腔中,其材料和结构相对复杂。两类靶型的尺寸一般都是毫

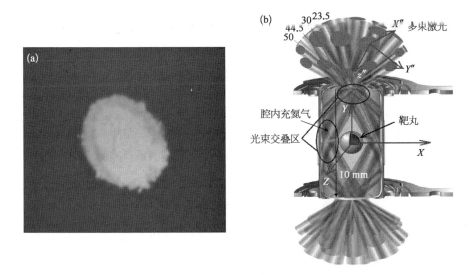

图 6 - 1 激光打靶模型图

(a) 单束激光打击平面靶;(b) 多束激光多角度打击柱腔靶。

米级,图 6-1(a)所示激光束聚焦打靶的光斑尺寸一般是百微米级[1]。

平面靶一般由基底和膜构成。基底一般是某种金属(比如铝、铜、钨、金等),薄膜一般是由氢原子构成的化合物(比如碳氢膜等)。通过打击不同材料的平面靶,可以研究相关的冲击波、等离子体喷射、X 射线\γ 射线等电磁辐射效应。而腔靶的腔内靶丸为氘氚小球,腔体由原子序数较大的高 Z 材料制备而成(比如钨、金、铅等),腔壁则镀有一些利于吸收和转换激光能量的复合材料。类似图 6-1(b)所示的柱腔靶尺寸一般为数毫米级,故其制备过程较为复杂和精细,通常由人工或机械臂在显微放大镜下操控制作而成。

靶场,亦即打靶所在的场地。首先要将靶放置于固定位置。由于常压下大气流体阻力太大,杂质颗粒太多,因此靶通常"生活"在一个密闭的高真空环境,以获得最佳的探测条件。最常见的方式是用一个类似金属球体的结构将靶点完全包住。多年来,围绕物理实验的变化发展,激光装置的靶球形态、结构和尺寸都有很大改变。20 世纪 90 年代初,神光 I 是一个柱球形靶室(中间圆柱,两侧半圆),尺寸约 1 m;21 世纪初,神光 II 制作了一个更大的柱球形靶室和一个圆形靶室,尺寸扩大约 2 m;2010 年后,神光 II 升级装置的圆形靶球接近 3 m。虽然靶点很小,但考虑到聚焦前激光束口径尺寸(通常 200~400 mm)、数十上百的激光束数量,以及各类探头的安装位置等因素,对靶球形态、尺寸不断有所改进,如图 6-2 所示。

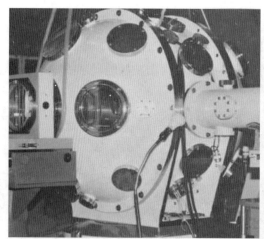

图 6-2　左为神光 I 的柱球形靶室,右为神光 II 升级的球形靶室

那么如此细小的靶是怎么放置与固定,又是如何实现高真空环境的呢? 我们制作了一套类似机械臂的结构,称为靶架,如图 6-3 所示,它能将靶固定在其特定支点上,并通过运动机构将该支点置于靶室中心(精度一般是 10~20 μm 量级)[1]。

高真空环境,就类似日常生活中的抽真空包装袋一样,使用超大功率的抽真空机器,将靶室中的气体抽走,一般达到 10^{-3} Pa(常态一个大气压状态为 10^5 Pa)。抽真空技术,从最初神光 I 的分子泵到现在的冷泵,也有所进化。

仅有靶球还不足以构建装置的靶场系统。为了将多束激光打击到靶上,需要配置各类导引机构,包括反射镜及其支撑结构,将空间滤波器出射激光自靶球上各个注入口打击到目标靶上。由此,高功率激光装置的靶场系统才具有完备的功能。

§6.2　靶场系统的功能与组成

6.2.1　靶场系统功能

靶场系统是自末级传输空间滤波器开始,把主激

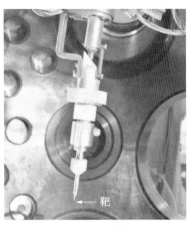

图 6 - 3　靶架

光导引、倍频、会聚、瞄准到高精度定位靶上的全部主要及配套光学分系统的总和,是装置与物理实验、物理诊断结合最紧密的系统,是装置的重要组成部分。它不仅要性能稳定、高精密化,而且应具有灵活性,来满足多种物理实验方案的打靶要求。如图 6 - 4,利用 4 块反射镜和终端光学组件将主激光束精确、稳定地导入外径约 $\phi 3\,000$ mm 的真空靶室,并与靶定位瞄准组件、光束导引组件结合,实现实验靶的精确定位、激光瞄准和各种物理实验方案的实施。图 6 - 4 中,深浅不一的线束表示不同激光束的走向。由于靶场区域过大,现场操作以及光路排布设计等都以东南西北四个方位来描述方向,故图 6 - 4 中标有"正西侧视"字样。

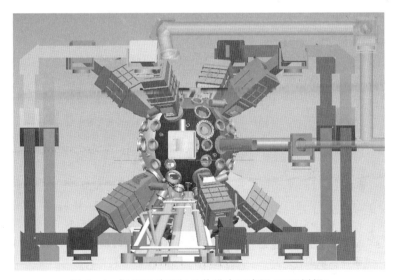

图 6 - 4　靶场系统现场总体排布示意图(正西侧视)

图 6 - 4 中 8 个灰色类似机械臂的称为终端光学组件,它集焦斑控制、真空密封、谐波转换、谐波分离、激光聚焦、能量采样和防溅射等功能于一体,并融合温度、气流和气压平衡等控制。真空靶室组件包括真空靶室、支撑桁架、工作平台和真空机组。真空靶球由

铝焊接而成,具有 94 个不同口径和分布的法兰孔。靶定位瞄准组件包括靶室参考单元(chamber center reference system,CCRS)、靶定位器、靶准直器(target alignment sensor,TAS)和拍瓦辅助瞄准单元,可实现锥腔靶的定位、瞄准;光束导引组件包括桁架、四种规格反射镜架和光管道,提供主激光稳定传输。

6.2.2　靶场系统组成

如上节所述,为实现靶场系统的功能目标,靶场分系统主要的组成组件为:终端光学组件、真空靶室组件、靶定位瞄准组件、光束导引组件。相关功能模块需按照工程设计的工艺要求,以实现功能和性能稳定、经济有效、具有可扩展性为原则,进行有效研制。各功能组件的基本情况简介如下。

1. 终端光学组件

神光Ⅱ装置共有 8 束激光,光束口径为 $\phi240\,\text{mm}$,输出总能量达到 6 kJ(基频 3 ns)和 3 kJ(紫外三倍频 3 ns),可以实现基频、倍频和三倍频等不同波长的激光物理实验,靶镜焦距为 0.75 m。靶场的终端光学组件主要实现聚焦、大焦斑均匀照明以及真空密封,而谐波转换位于高精度伺服反射镜前,色分离是由反射镜的分离膜层实现,如图 6-5 所示。整个组件的结构包括列阵透镜调节机构、聚焦透镜调节机构和锥形真空套筒。在设计过程中应用有限元法进行了分析,稳定性达到 5 μrad。但组件为在线调试,各机构为多维调节,就显得结构复杂化。同时组件未包括色分离元件和三倍频晶体,使得 3ω(三倍频简称)激光在大气中传输较长距离而影响激光近场分布,而且 3ω 激光色分离膜的破坏阈值仅为 2 J/cm^2 左右。

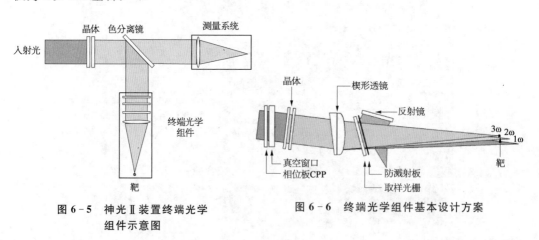

图 6-5　神光Ⅱ装置终端光学
组件示意图

图 6-6　终端光学组件基本设计方案

随着激光能量越来越高,神光Ⅱ激光装置面临升级机遇,其终端光学组件也需要重新优化设计。首先,根据激光三倍频能量密度 3 J/cm^2 的要求,确定谐波分离和激光聚焦的方式和元件。目前最为成熟可靠的就是楔形透镜,该方式也可为后期更高通量要求提供认识,并进行工程上的技术参数判断。现就以楔形透镜作为谐波分离和激光聚焦的元件,确定终端光学组件物理设计的基本方式,如图 6 - 6 所示。现进行相关物理设计的边界条件分析。

机械套筒做成可以方便取放最多 9 块光学元件,包括连续相位板(CPP)、平板窗口、倍频晶体、楔形透镜、光束采样光栅(BSG)\主防溅射板、次防溅射板、能量采样反射镜和采样窗口等。其中各元件功能为:

① CPP:提供焦斑束匀滑功能,整形焦斑尺寸为 300~1 000 μm 不等。

② 平板窗口:起到真空密封作用,与 BSG\主防溅射板之间构成 10 Torr 低真空环境(约 1.33 kPa)。能安全承受压强差为 1 个大气压。

③ 倍频晶体:为 I 类和 II 类 KDP 晶体,通过失谐角配置,能高效地将基频 1 053 nm 激光转换为三倍频 351 nm 激光,转换效率超过 60%。

④ 楔形透镜:带有一定楔角的聚焦透镜,能实现对 351 nm 激光的聚焦功能,同时也能将剩余基频 1 053 nm 和倍频 527 nm 激光分离到远离光轴的方向。

⑤ BSG\主防溅射板:提供三倍频激光能量采样和组件内元件防护溅射,同时与平板窗口组合构成 10 Torr 低真空环境。能量采样效率 0.2%~0.5%,采样角度 40°,能安全承受的压强差为 0.5 个大气压。

⑥ 次防溅射板:直接防护打靶时的飞溅颗粒,提供组件内元件安全防护。更换便捷,一定打靶发次后需要及时更换。

⑦ 能量采样反射镜:将 BSG 采样光束有效导入测量卡计。

⑧ 采样窗口:起高真空密封作用,并保证 BSG 采样光束有效透过。

2. 真空靶室组件

除了图 6 - 2 中的圆形靶球之外,真空靶室组件还有很多其他设备,以便能对靶球抽高真空,故该组件主要包括真空靶球、支撑桁架、工作平台和真空机组等单元。其中:

① 真空靶球:创造物理实验要求的高真空环境,并提供终端光学组件、靶定位瞄准组件和物理实验诊断探头的固定接口和稳定支撑。真空靶球外径约 3 m,实现真空环境为 5×10^{-3} Pa,有不同口径和规格的球体法兰口接近 100 个,便于激光束注入以及多种探头设备的安装接入。

② 支撑桁架:能够稳定支撑真空靶球及其上的载荷。

③ 工作平台:指靶球内的工作平台,便于构建测量和其他功能的系统。

④ 真空机组:包括前级真空系统和两台冷凝泵。实现 1.5 h 内真空靶室满负载情况下真空度达到 5×10^{-3} Pa。

3. 靶定位瞄准组件

包括 CCRS、靶架、TAS 和拍瓦瞄准监视系统等单元,其中:

① CCRS:两台正交,提供 TAS 单元状态监测和调整基准。具有很高的系统分辨率,便于将目标靶精确定位到靶球中心。

② 靶架：水平稳定支撑实验靶，实现靶的六维调整。

③ TAS：水平稳定支撑于真空靶球上，实现靶的五维监测和模拟光精确瞄准。

④ 拍瓦瞄准监视系统：利用离轴抛物面镜，和消色差成像透镜构成成像系统，实现锥腔靶的锥靶监测和模拟光精确瞄准。

4. 光束导引组件

包括桁架、反射镜调整架和光管道等单元。其中：

① 桁架：大型钢架结构围绕着真空靶球，提供反射镜调整架稳定支撑和光管道固定。

② 反射镜调整架：每路共有 4 块，实现光束导引。

③ 光管道：沿着每束激光的传输，构建类似水管的稳定管道，以降低主激光传输过程中受空气漂流引起的角漂。

后续各节将分别从这四大块详细介绍它们。

§6.3 靶场系统的单元组件

6.3.1 光束导引组件

1. 组件的功能和组成

靶场是激光装置系统末端，服务于打靶的场地。别看只有区区毫米级的目标区域，为了将多束（通常约 10～200 束）激光从四面八方各个角度聚焦打击到靶点上，需要很多的光学组件、很大的场地空间，才能达到实验打靶的目的。

一般到达靶场的多束激光是以 n 条平行线排布的，为了从靶球上各个孔注入，需要将它们分别导引到不同角度，最终达到注入靶室的目标[2]。实现这一目标最简便的方法就是用镜子。大家都知道光的镜面反射原理，故我们根据入射角度要求，在每一束光的传播路径上适当地配置好反射镜，就能将激光束导引好。我们装置的靶场光路构建原理也是如此，图 6-7 所示为靶场整体结构，反射镜被放置到围绕靶球钢架上的特定位置，缺一不可，整体在一起就形成了靶场区域。

图 6-7 神光 Ⅱ 升级靶场模型（深色为激光束路径）

光束导引组件将 8 路主激光精确、稳定地传输，引导入真空靶室，并满足主激光瞄准精度 30 μm 的要求；同时将第九路作为探针光或者拍瓦激光引导到不同方向入射，来满足物理实验的要求。

8 路光分两组 2×2 矩阵排布传输到靶场后，根据物理实验要求上下分别相错 45°，入射真空靶室。其光路排布如图 6-8 所示。

由图 6 - 8 可见,组件由导光反射镜、支撑桁架和光管道组成,每路光由 4 块反射镜传输,反射镜架分为高精度伺服和一般精度导光两种。其中第 1、2、3 块为导光,第 4 块为高精度伺服调整。支撑桁架分上下两层,环抱于真空靶室,用于支撑反射镜架和其他元器件,但在靶室赤道面周围和特殊角度上必须留有足够的空间。

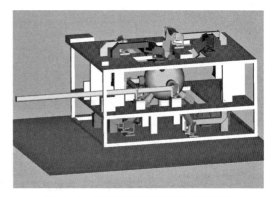

图 6 - 8　靶场光路排布(东向侧视图)

2. 导引组件的优化设计

光路导引可以简化为如下过程:主激光从末级空间滤波器出射后,经光束导引系统中多块反射镜反射,穿过位于靶壁上的终端光学组件,到达靶室中心,如图 6 - 7 所示。因此,光路导引系统对传输空间滤波器出射的激光进行编组和重新排布,使其满足球形入射到靶室的构型要求,同时保证所有光路基本等光程。另外在传输过程中,需维持所有反射镜上的激光线偏振要求。导引系统中,所有光路是没有相互重叠或交叉的,从而避免激光束之间的相互干扰。

以图 6 - 9 所示的 6 个激光束组为例,说明光路导引系统排布需要解决的基本问题。经过光路导引系统,6 个束组分别传输到靶室上的 6 个入射法兰口,然后进入靶室,如图 6 - 10 所示。入射法兰口的分布由物理实验要求决定,激光出射口的位置由主激光的放大传输链路决定,因此求出入射法兰口之间的对应关系,即图 6 - 10 中 $E_\#$ 和 $I_\#$ 的一一对应,从而保证所有激光能够满足物理要求。

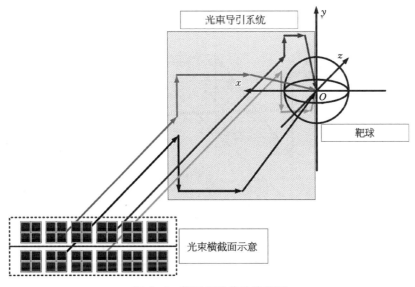

图 6 - 9　靶场光路传输简化图

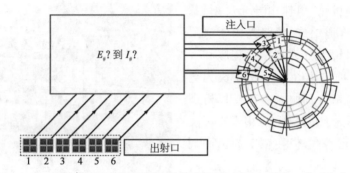

图 6-10　光路导引排布需要解决的基本问题,即出入射端口的对应关系

在解决光路导引系统的基本问题时,每个激光驱动器的环境不一样,这就对求解过程提出了很多的限制条件。首先是驱动器靶场以及靶室大小对系统排布提出了空间约束;然后是反射镜膜层的要求,所有光路在反射镜上的入射角小于、等于或大于 45°;出于经济和安装角度的考虑,光路需要尽可能简单、易于安装,反射镜使用的数量越少越好;最重要的限制来自靶室不同注入方式和整体构型(U 型、H 型或其他)。

3. 两端注入方式

对于 192 甚至 288 路激光系统,一般要求激光以四个环带入射柱形腔靶。角度要求:≥30°、约 35°、约 50°和≤60°。所有光路基本等光程,存在的偏差在前端可调节的范围内。在光路排布上,所有光路之间没有相互交叉和重叠。总光路要求尽可能短,减少光路在传输中的损耗。

单束激光的排布构型如图 6-11 所示。为了避免空间相互交叠,采取空间分层排布的方法,按照不同 θ 角分为三层,其中内环两个环带并为一层。考虑到对称性,我们以 1/8 的排布为例子,其他可以类推,一个束组的传输抽象为穿过中心的一条光线。

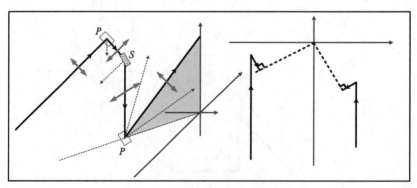

图 6-11　单束激光排布构型

为了避免光束的相互交叉和交叠,不仅在竖直方向上进行了分层排布,在激光进入靶场的部分、在水平方向上同样进行了分层,解决了光路交叠问题。经过上面的分析和讨论,可得到整个靶场传输光路的排布情况,如图 6-12 所示。

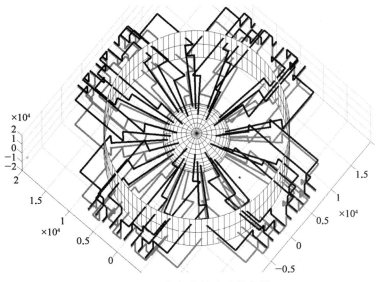

图 6 - 12　靶场传输光路排布图

整个靶场占用空间 40 m×40 m×30 m,靶室直径 11 m,圆柱为屏蔽墙,高 30 m、直径 30 m。所有光路的光程范围为 33.68～43.23 m,在前端可调节范围内。就单束激光而言,通过 6 面反射镜进行导引,其中前 3 面在屏蔽墙外,后 3 面在内部,第 1、2、3、5 面反射镜为 45°入射角,第 4、6 入射角与所在环带的 θ 和 ϕ 角有关。三层光路的高度分别为 8、10 和 12 m,三层光路中,从靶室中心到第 6 面反射镜的距离分别为 14.65 (13.86)、15.56 和 16.00 m,空间足够在反射镜和靶室入口之间放置终端光学组件以及其他物理诊断设备等。

根据间接驱动的要求,激光束分内环和外环注入腔靶,外环激光数量是内环的两倍。以束组为单位,共有 72 个束组。这些结合注入激光的均匀性,可以得到靶室上激光入射法兰口的角度分布情况,如表 6 - 1 所示。θ 角是与 z 轴正方向夹角,定义绕其逆时针旋转的角度为正,考虑到对称性以及防止上下激光对穿,靶室下半球部分所有开口法兰与上半部分呈中心对称分布。

表 6 - 1　靶室上半球激光入射法兰口角度分布表

			$\phi/°$											
$\theta/°$	内	30	6			96			186			276		
		35		36	66		126	156		216	246		306	336
	外	50	12	42	72	102	132	162	192	222	252	282	312	342
		60	18	48	78	108	138	168	198	228	258	288	318	348

4. 六端注入方式

在球形腔靶中,两极方向为 Z 轴,分别有两个注入端口,为 LEH1(laser entrance hole 1)和 LEH6,赤道上两个相对的注入端口连线为 X 轴,分别为 LEH3 和 LEH5,另外两个端口连线为 Y 轴,分别为 LEH2 和 LEH4,整个球形腔靶如图 6 - 13(a)所示。

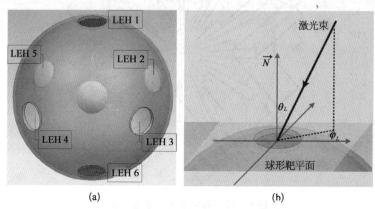

图 6 - 13   6LEH 球形腔靶示意图

定义 θ 和 ϕ 分别为极轴角和方向角,激光束入射时四束光为一组束,每组光的入射方向由 θ_L 和 ϕ_L 决定,其中 θ_L 为组束与激光入射口法线方向夹角,ϕ_L 为方向角,如图 6 - 13(b)所示。为了保证组束在激光入射口上的光斑截面最小,所有的组束的 θ_L 相同。激光入射到球形腔靶时遵循以下几条原则:

首先,$\theta_L > 45°$,为了防止激光束入射到另外半球上,保证腔内最短的光束传输,抑制激光等离子体相互作用(laser plasma interaction,LPI)的产生。其次,激光入射时角度不能过大,防止内壁喷溅导致对入射口的阻塞,吸收后续的激光。最后,所有激光不能与其他激光束交叉和重叠。

定义 N_Q 为每个入射口的入射激光组束数量,组束方向角 ϕ_L 满足下式:

$$\phi_L = \phi_{L0} + k \cdot 360°/N_Q, \quad k = 1, 2, \cdots, N_Q \qquad (6-1)$$

其中 ϕ_{L0} 为初始的偏转角,它是为了防止激光光斑相互重叠以及激光从相邻的入射口中射出。考虑对称性,要求 $0° < \phi_{L0} < 360°/2N_Q$,一般取 $360°/4N_Q$ 左右。根据以上要求,以 192 路激光为例,取 $\phi_{L0} = 15°$,$N_Q = 8$,$\theta_L = 55°$,得到激光入射球形腔靶的结构,如图 6 - 14 所示。据此可以得到整个终端在靶室上的排布。

与 NIF 传统的间接驱动终端排布略有不同,终端类似于 5 个环带注入,各环带角度需要重新计算。根据激光入射口在靶室上分布情况,结合实际靶场空间尺寸大小、导光反射镜尺寸以及镀膜要求、入射激光偏振态以及满足所有光路等光程的需求等,提出了分层定基线的算法,设计整个靶区光束导引系统的光路排布方案,从而得到每块导光反射镜的空间位置、姿态等具体参数,实现所有光路等光程传输到靶。图 6 - 15 为 192 束激

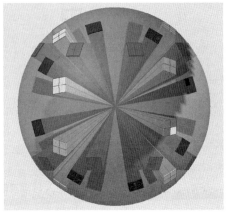

图 6-14　激光注入球靶以及入射口在靶室上分布的示意图

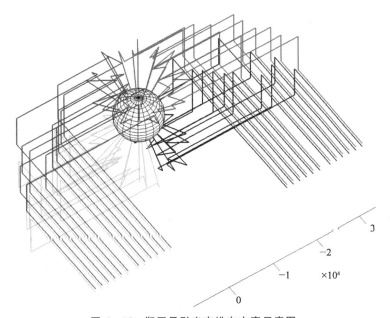

图 6-15　靶区导引光束排布方案示意图

光装置的靶区光束排布方案示意图,和 NIF 的排布结构类似。

　　以 NIF 现有装置为例,对比图中六端口注入的靶室上终端分布与 NIF 靶室上直接驱动和间接驱动的终端分布,它们之间非常相似,有些是重叠的,有些只需稍微转动终端即可实现切换。如图 6-16 所示,在保证终端指向不变的情况下,尽量在靶室外壁沿着经度和纬度方向旋转,转过的弧长与终端截面大小相当。如此,可以考虑终端法兰口开得更大一点,安装相关转动机构,实现终端的转动。沿经度和纬度方向旋转,可以保证在切换靶区导光反射镜时只需在 z 和 x 方向上移动反射镜即可,最大限度降低切换难度。

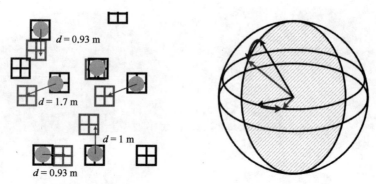

图 6 - 16   六端口注入与常规驱动方式之间的终端切换示意图

6.3.2   反射镜架及其支撑结构

1. 反射镜架

高精度伺服反射镜调整架为引导激光光束入射真空靶室的最后一块反射镜的镜架，镜片与光束入射角一般呈 45°放置，就可以向上或向下偏折导光。该镜片的空间姿态对后续光路的精确瞄靶很重要，因此对该镜片需高精度调整，且两维角度不能相互产生联动。

图 6 - 17 即为高精度伺服反射镜调整架的结构示意，由于对镜架整体要求角度调整范围较大，其调整采用粗、微、精三重调整来分步实现。俯仰方向30°粗调：松掉微调处锁紧螺钉，将角度调整到大概所需角度，再锁紧微调处锁紧螺钉。接着进行微调时，采用调杆和精度 $10~\mu\mathrm{m}$ 的测微器及紧顶螺钉等，拧动大手柄的螺杆手柄来带动调节杆，从而小范围转动角度，实现角度的调整。精调利用十字片簧支承弹性元件，通过弹性极限范围内的变形和驱动机构，达到所要求的调整角度和调整精度。该镜架设计要求：整体框架采用两对相互对立的轴，保证两维调整正交性，从而实现镜架在进行一维角度调整时，另外一维不会带来干扰。对于两维正交轴支承所

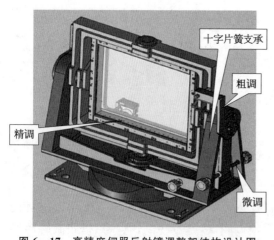

图 6 - 17   高精度伺服反射镜调整架结构设计图

选用的机构，由于反射镜的调整需要无间隙，故而使用十字片簧机构来作为正交轴，支承高精度伺服反射镜调整架采用的十字簧板，如图 6 - 18 所示。由于最大反射镜片重约 50 kg，要求支承本身能承受的力矩较大，因此刚性要很好才行。支承所用的十字片簧尺寸通过有限元分析，厚度 2.5 mm 为理想。

图 6‐18　十字簧板挠性支承机构

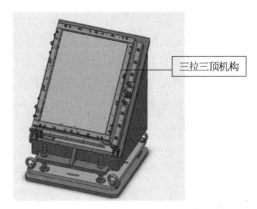

图 6‐19　导光度反射镜调整架结构设计图

支撑架称为导光反射镜调整架,要求实现<40 μrad 的调节分辨率、±100 mrad 的调节范围和<0.68 μrad/2 h 的稳定性。其具有微调和粗调结构,直接固定于支撑桁架上。结构设计如图 6‐19 所示。45°放置,用于上下或水平 45°角度转折光束的镜架。底座可设计成 45°角度,调整框架采用两板式微量角度调整机构,利用三拉三顶机构支撑两板机构调节两维角度,可调角度 3°左右,利用螺杆的螺距达到粗调精度。

2. 大口径反射镜片的安装

镜架到位后,我们需要将反射镜安装放置于镜架上。一般来说,反射镜片的安装主要需解决两个问题:一是机械夹持应力引入的镜面安装波前畸变,不得大于 $1/6\lambda$;二是保证反射镜安装时反射镜面与镜框安装面之间的平行度公差。针对这两个方面的问题,可采取的措施分别如下:

(1) 镜框与镜片之间灌注硅胶或垫橡皮垫。为了减小机械夹持应力引入的镜面安装波前畸变,侧面采用硅胶封装或垫橡皮条的方式,即在反射镜片四周与镜框相接的区域灌注一定厚度的硅胶或垫橡皮垫,反射镜片和镜框之间即可形成一弹性层,从而实现反射镜片与镜框之间的大面积柔性接触,使反射镜片受力均匀,避免产生应力集中,如图 6‐20 所示。灌硅胶时硅胶层厚度的选取会对镜面安装波前畸变的程度有一定的影

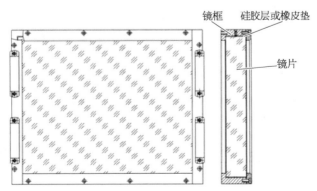

图 6‐20　镜框灌胶或垫橡皮垫的结构示意图

响,在设计时选取硅胶层厚度为 2 mm。

(2) 为保证反射镜安装定位的精度要求,反射镜在镜框中安装时应保证反射镜面与镜框底面之间的平行度公差,如此可以减小反射镜框的安装调节范围,更好地保证反射镜框在更换时的互换性。在镜框的设计中,在镜框的底面设计有调节用螺钉,用于调整反射镜片与镜框的相对安装位置。在安装反射镜时,通过平行光管控制调节螺钉的伸出长度,以保证镜框底面与反射镜面之间的夹角小于 10″～20″,然后灌注硅胶,待硅胶固化后拧松螺钉(避免形成局部应力集中区),如此即可控制反射镜面与镜框底面之间的平行度公差。

3. 支撑桁架的功能和组成

支撑桁架主要用于支撑靶场的导光反射镜调整架,诊断设备和人行通道。共三层,采用模块化设计,并具有设备吊装行车。支撑桁架分上下两层,环抱于真空靶室;考虑现场操作的可行性和安全性,在平台外围架设辅助桁架和栏杆。

图 6-21 为靶场桁架结构示意图,主要由上下两层和支撑立柱组成。总高 4.9 m,下层距地面 2.0 m,上层距下层 2.9 m。其中下层用于支撑靶场反射镜系统和诊断设备,上层用于支撑反射镜调整架。安装反射镜或承载重物的区域采用 20 mm 厚不锈钢板进行铺设,其余则采用不锈钢栅格板进行铺设。桁架设计时,也必然要考虑操作人员的行走安全,当然最重要的是减振、消振,目的是为了稳定反射镜架,使得主激光能稳定传输,故对桁架的振动指标提出了很高要求,需要在有限元计算分析下,开展设计和加工。

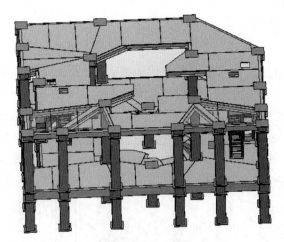

图 6-21　靶场桁架系统结构示意图

6.3.3　终端光学组件

1. 组件的功能和组成

类似于单反相机的镜头组,将相关 7～8 块透过型光学元件集中"串"在一起,封闭在整套机械结构中[2]。图 6 - 22 是多个终端光学组件(final optics assembler，FOA)宏观图，它们与靶球结合在一起，可视为一个全副武装的巨型机器人：心脏在靶点，躯干是靶球，肢体是 FOA 系统。

图 6 - 22　多个 FOA 挂载示意图

FOA 集焦斑控制、真空密封、谐波转换、谐波分离、激光聚焦、能量采样和防溅射等功能于一体，并融合温度、气流和气压平衡等控制，包括连续相位板(CPP)、平板窗口、倍频晶体、楔形透镜、光束采样光栅(BSG)\主防溅射板、次防溅射板、能量采样反射镜和采样真空窗口等约 8 块光学元件。

其中，谐波转换采用 Type Ⅰ KDP 12.5 mm(200 μrad) SHG\Type Ⅱ KDP 10.5 mm THG 角度失谐方案，来满足方口径和较高通量的要求；谐波分离方式采用棱镜色散原理，由楔形板结合聚焦透镜的方案实现；激光聚焦采用楔形透镜，能有效获得目标焦斑，并同时将剩余基频和倍频光分离到靶面之外。同时，组件上提供水浴温控系统、氮气控制系统和气压调节系统，改善组件内工作环境，可以提高谐波转换效率、延长化学膜工作寿命和吹除气溶胶等。

图 6 - 23 为 FOA 的光路排布设计图。终端光学组件的制造，要遵循稳定性、气密性、可靠性、经济性和易维护性等原则。其中稳定性、气密性和易维护性是最基本的保

图 6 - 23　终端光学组件结构示意图

障,稳定性由设计模拟分析确定,气密性是靠选材和焊接质量来保证,易维护性的确定设计需模块化。根据激光焦斑靶面落点精度误差分析,确定组件稳定性在聚焦透镜处优于 $5\,\mu rad/2\,h$。这是结构设计和有限元分析优化的目标,并兼顾真空状态下组件的静态变形,确定结构设计方案和卸载方式。同时考虑离在线调试和运行维护的需要,组件进行单元化设计,即分为平板窗口、三倍频、楔形透镜机构、锥形套筒和工作环境等单元。

2. 组件的色分离和聚焦功能

由于激光有 1 053、527 和 351 nm 三种波长,物理实验通常需要的是紫外 351 nm 激光,故需要将它们在靶面上分离开来,否则不同波长作用到同一落点,无法区分。为了实现这个目标,一般是利用棱镜色散的特性,如图 6-24 所示,不同波长激光经过棱镜色散后在空间上就分开了。

如果在棱镜后面,再增加一块普通的平凸透镜,则相当于额外增加了 2 个反射面,对于高通量激光运行来说是有害的。另一方面,分立的两块元件对于调节激光的指向和焦点来说,多了一块元件的 3 个角度的自由度,导致调节起来困难度增大很多,故可以将棱镜结构结合平凸透镜,组合在一起形成简称为 WFL(wedged focus lens)的楔形透镜,如图 6-25 所示。图中竖直虚线只是为了表示该器件的整体结构是由平凸透镜和楔形板(类似棱镜)构成,并非由两个独立元件粘合出来。它是由一块大玻璃坯采用先进光学加工工艺加工而成。由于楔角的存在,加工过程中与普通平凸透镜加工有很大不同,我们研究并开发了技术来确保楔角的精度和检测[3,4]。从现有报道来看,也仅仅是美国和中国掌握了大口径楔形透镜的加工技术。

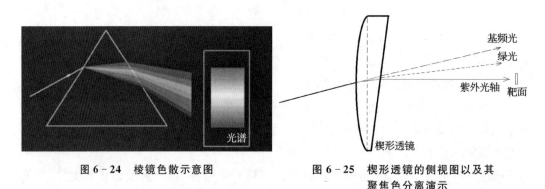

图 6-24　棱镜色散示意图　　　　图 6-25　楔形透镜的侧视图以及其
　　　　　　　　　　　　　　　　　　　　　　　　聚焦色分离演示

故楔形透镜在实现三倍频光聚焦功能的基础上,可将剩余基频和倍频光分离开来。对于激光打靶来说这是先决条件。图 6-26 为 WFL 的实物图,其曲面形态是对应抛物面的分切,并采用非球面设计,聚焦光斑质量更好。

3. 组件的谐波转换功能

如前所述,终端光学组件具有频率转换功能,俗称谐波转换,它能将输入的 1 053 nm 激光(1ω),转换为 351 nm 激光(3ω)。高功率激光器谐波转换,利用了非线性光学的二阶

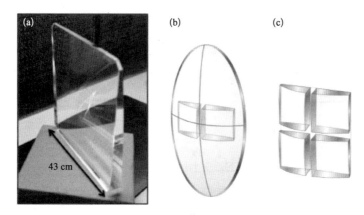

图 6 - 26　楔形透镜图

(a) 实物；(b) 一维离轴 WFL；(c) 二维离轴 WFL 概念图。

效应：倍频和混频，将钕玻璃激光器输出的基频 1ω 光经过倍频得到 527 nm 光(2ω)，2ω 光再次与 1ω 光混频得到 3ω 紫外光[5]。谐波转换器设计的实现，是利用两块晶体来达到目标，遵循了上述原理，如式 6 - 2 所示。

$$k_{1o} + k_{1o} = k_{2e}$$
$$k_{1e} + k_{2o} = k_{3e}$$

(6 - 2)

式中下标 o 是晶体中的寻常光，e 是晶体中的非寻常光。

通过Ⅰ类晶体，2 个基频 o 光子和频成绿光 e 光子(2ω)，剩余基频 e 光子和新产生的绿光 o 光子继续通过Ⅱ类晶体倍频成紫外光子。具体如图 6 - 27 所示。可以发现，

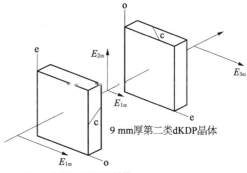

9 mm 厚第二类 dKDP 晶体

11 mm 厚第一类 KDP 晶体

一旦达到最佳状态，输出将只有 3ω 的紫外光，意味着转换效率达到理想的 100%。实际应用中，光子数的调控无法达到理想状态，故输出总是会有剩余的基频 1ω 光和倍频 2ω 光，转换效率达到 70%～80% 就能满足工程使用。

图 6 - 27　Ⅰ＋Ⅱ类 KDP 晶体的谐波转换示意

所有的非线性光学过程都涉及一个极为重要的问题——相位匹配，它直接决定了非线性光学过程的效率，以及整个非线性过程中的诸多特点，所以有必要就这个问题进行一些说明。可以从辐射相干叠加的观点引入相位匹配的概念。假定基频 1ω 光入射至非线性介质，由于二次非线性效应，将产生频率为 2ω 的二阶非线性极化波。该极化波作为激励源产生频率为 2ω 的二次谐波辐射，并由介质输出，这就是二次谐波产生的过程或倍频过程。设介质对基频和二次谐波的折射率分别为 $n1$ 和 $n2$，则基频的电场为

$$E_\omega = E_1 \cos(\omega t - k_1 z) = E_1 e^{ik_1 z} e^{i\omega t} + c.c.$$

(6 - 3)

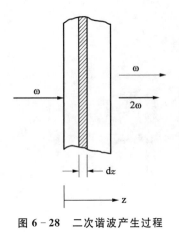

图 6-28　二次谐波产生过程

如图 6-28，距入射端 z 处，厚度为 $\mathrm{d}z$ 的一薄层介质，在输出端将辐射出频率为 2ω 的电磁波场，即

$$\mathrm{d}E_{2\omega} \propto \cos[2\omega(t-t')-2k_1 z]\mathrm{d}z \qquad (6-4)$$

对式 6-4 做积分就得到介质输出端总的二次谐波电场为

$$E_{2\omega} = \int_0^L \mathrm{d}E_{2\omega} \propto \int_0^L \cos[2\omega(t-t')-2k_1 z]\mathrm{d}z$$
$$\qquad (6-5)$$
$$= 2\cos\left[2\omega t - \frac{2k_1+k_2}{2}L\right]\frac{\sin(\Delta kL)/2}{\Delta k}$$

式中 $\Delta k = 2k_1 - k_2$。只有当 $\Delta k = 0$ 时，此时相位因子才与 z 无关。这时不同坐标 z 处的薄层二次谐波辐射在输出端能够同相位叠加，并使总的二次谐波输出功率达到最大。$\Delta k = 0$ 称为相位匹配，而 $\Delta k \neq 0$ 称为相位失配。利用晶体双折射的性质可以达到相位匹配目标[5]。

实验与理论研究表明，DKDP（磷酸二氘钾）的透光波段为 200~2 000 nm。通过调整 DKDP 的氘含量，可以实现折射率的连续变化，进而实现相位匹配角的连续变化（DKDP 非临界相位匹配温度约 207 K，KDP 非临界相位匹配温度约 443 K）。进一步，我们可利用 70% 掺氘的 DKDP 在近室温条件下实现 1 053 nm 波长，实现非临界相位匹配的四次谐波转换。在大约 1 GW/cm² 的绿光泵浦条件下，类似地，倍频到四倍频的谐波转换效率约 70%~80%。对于当前三倍频打靶来说，四倍频技术是 FOA 系统扩展功能的一个发展方向。

因此，终端光学组件中实现谐波转换功能是依靠两块 KDP 晶体，其学名为磷酸二氢钾。如果晶体中还掺有氘，则成为 DKDP 晶体。它们是娇嫩的非线性材料，其特性依赖于晶轴以及入射光的功率和失谐角。失谐角就是使两块晶体晶轴夹角偏离的值。不同功率密度所对应的转换效率曲线，有不同的角宽和峰值转换效率。在 3 GW 的基频激光辐照功率密度下，失谐角在倍频晶体 220 μrad（内部角）处有最高的峰值转换效率 89.4%，如图 6-29 所示。

KDP 和 DKDP 晶体具有较大的非线性系数和较高的损伤阈值，特别是可以生长出大尺寸、高质量的晶体，是目前任何其他非线

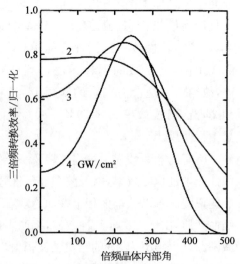

图 6-29　不同功率密度、不同失谐角情况下晶体的转换效率

性晶体所不及的,虽然其他的一些非线性晶体如 BBO(BaB_2O_4)、LBO(LiB_3O_5)、CLBO(CsB_3O_5)在某些单项上如非线性系数、透光波段、损伤阈值等方面优于 KDP 和 DKDP,但都很难生长出大尺寸的单晶,因此 KDP 和 DKDP 成为目前唯一应用于高功率激光驱动器三次谐波转换过程的晶体。故我们的 FOA 组件采用了 KDP 晶体作为三倍频转换器件。

① Ⅰ类二倍频晶体

◆ 几何尺寸:350 mm×350 mm×12 mm;

◆ 通光口径(D_0):330 mm×330 mm;

◆ 加工精度:通过波前畸变 $\lambda/3$,面形精度<7λ(检验波长 $\lambda=632.8$ nm,P-V)。

② Ⅱ类二倍频晶体

◆ 几何尺寸:350 mm×350 mm×12 mm;

◆ 通光口径(D_0):330 mm×330 mm;

◆ 加工精度:通过波前畸变 $\lambda/3$,面形精度<7λ(检验波长 $\lambda=632.8$ nm,P-V)。

为了将两块晶体安装到终端光学组件中,我们只做了一套倍频器,它用于调整和固定Ⅰ类和Ⅱ类晶体,主要包括调整结构、晶体和电控制,设计指标有:

① 晶体精调整参数

调整方向:俯仰(绕水平轴,horizontal axis)、方位(绕垂直轴,vertical axis)、旋转(绕光轴转动)三自由度的精密调节能力,并具有自锁和限位功能。

调整行程和精度:俯仰和方位 20 mrad,精度约 2 μrad/step(无缺漏步);旋转100 mrad,精度 3 mrad/step。

晶体最近面之间的距离:15 mm。

材料:铝合金。

② 固定框架及粗调整方式和参数

◆ 用于晶体与调整架的连接,方便晶体的安装。

◆ 调整晶体使晶体的 o 或 e 轴与固定外框平行。

◆ 固定方式:侧边多点夹持,硅胶固定。

终端光学组件中整个倍频器单元设计形态如图 6-30 所示。俯仰、方位、旋转的精调整均采用正切机构实现调整功能,且均采用真空步进电机+丝杆-螺母调节器的结构。倍频器单元离线调试后,利用安装板将整个倍频器单元安装在楔形板模块的外套筒上。

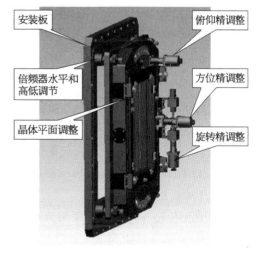

图 6-30　倍频器单元结构

4. 组件的焦斑整形功能

单纯的激光聚焦的焦点可能无法满足物理实验需求。根据不同实验目标来看,物理实验对聚焦到靶点的光斑尺寸和轮廓有着严苛的要求。很多时候,激光打靶要求有一定尺寸(如 0.5 mm 左右)的均匀光斑,而经过透镜聚焦的焦斑一般不到 0.05 mm,因此需要光束控制技术(通常是插入一类光学元件,俗称束匀滑元件)将聚焦光斑调控到所需的尺寸[6-9]。

20 世纪 90 年代初,联合室邓锡铭院士提出"列阵透镜技术"(lens array, LA),如图 6 - 31(a)所示,成功解决了这一问题。它由一系列小透镜胶合而成,俗称"上海方法",能产生较大尺寸的均匀光斑,为国内外学术界所推崇[7]。

为了解决 X 射线实验中的线聚焦问题(需要将光斑变换为一条狭长的细线),老一辈靶场组的课题组长黄宏一、陈万年、王树森等,采用类似列阵透镜的思路,开发了由一些柱条形的透镜胶合而成的柱面镜子[6,8],如图 6 - 31(b)所示,为 X 射线物理实验开拓了方向。直到现在,尽管更先进的连续相位板已能实现更方便的光斑控制,但是在某些实验领域,二者仍有良好的使用价值。

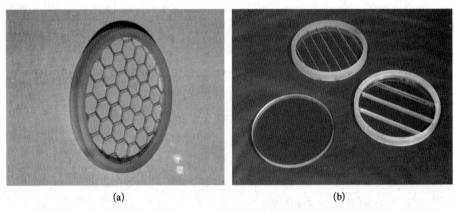

(a)   (b)

图 6 - 31　列阵透镜实物照片

(a) 列阵透镜 LA;(b) 柱面透镜。

2010 年之后,随着柔性磁流变加工技术的发展,具有连续相位结构的 CPP 逐渐成为主流的束匀滑元件。它具有很好的光斑调控功能,同时因为相位是缓变的,对光束几乎没有发散作用,故整形焦斑的光能集中度非常高,超过 99%。与具有突变和粘合的 LA 透镜相比,存在明显的优势。LA 因小透镜粘合,其抗激光破坏的阈值能力较差,此外小透镜结合处的缝隙或者突变引起的能量损失较大,一般只有 90% 左右的光能利用率。图 6 - 32 为 CPP 器件的微观结构示意图,其"小山丘"的平均尺寸约 10～20 mm,山丘的起伏峰谷 PV 值约 5～10 μm。

CPP 相位设计方法通常采用位相恢复(phase retrieve)算法。顾名思义,即给定目标焦斑光强分布,计算束匀滑元件的位相结构。由于此类算法基于正向和逆向传输的循环迭代,因此也称为位相恢复。比如 G - S(Gerchberg-Saxton)、I - O(input-output)等算

图 6 - 32　CPP 相位结构的微观示意图

法,流程由下面公式描述:

$$I_{理想}(x_o,\ y_o)=\exp\left[\ln 0.05\cdot\left(\frac{x^2}{\omega_x^2}+\frac{y^2}{\omega_y^2}\right)^n\right] \tag{6-6}$$

$$U_o^{(k)}=\mathrm{FT}\{E_{\mathrm{in}}\cdot\exp[\mathrm{i}\cdot\phi^{(k)}]\}\Leftarrow I_o^k=\mid U_o^{(k)}\mid^2 \tag{6-7}$$

$$U_o^{(k)}=\sqrt{I_o^k+\beta(I_o^k-I_{理想})}\cdot\exp\{\mathrm{i}\cdot\arg[U_o^{(k)}]\} \tag{6-8}$$

$$U_{\mathrm{in}}^{(k+1)}=\mathrm{FT}^{-1}[U_o^{(k)}] \tag{6-9}$$

$$\phi^{(k+1)}=\arg[U_{\mathrm{in}}^{(k+1)}] \tag{6-10}$$

式中下标 o 表示 output 即输出面,下标 i 表示 input 即输入面,上标 k 表示第 k 次迭代计算。式 6 - 10 即为恢复出来的相位,多次迭代后收敛到一个较好的相位结构。然后将其掩膜化,转换为磁流变加工所需的数据格式,交给设备加工制作。需要指出的是,式 6 - 10 中 arg 的相位范围是 0~2π,求出的都是被包裹的有很大突变的相位值,需要采用相位连续化的算法将其解包裹出来,如图 6 - 33 所示,以便于磁流变加工。可以看到,左图是相位包裹在 -π 到 π 之间,不少相邻点之间存在很大的峰谷跳变。这样的突变相位, 是会引发很多的散射,导致光能损失;二是磁流变设备也没法加工出来。故使用解包裹算法平滑后,能得到图 6 - 33 右图等效的连续缓变的相位结构,其峰谷连接平滑,整体相位深度变大。故相位解包裹为 CPP 设计和加工打下了坚实基础。

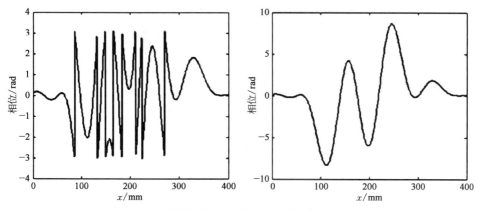

图 6 - 33　相位解包裹的示意

CPP 调控焦斑能力很强,从圆形到椭圆再到矩形都是方便整形的,图 6 - 34 给出另一个设计面形和对应的输出圆形焦斑。图 6 - 34 左图展示了面形数据轮廓(单位是弧度),深色表示相位延迟多,浅色表示相位延迟少,可见整体相位起伏 50 rad 即约 8 个波长,通过一定数据转换而得的刻蚀深度约 6 μm。右图为该面形调制状态下,焦面上光斑的强度分布,可见是一个标准的圆形焦斑,其光强分布均匀性很好,数值统计上考虑 10 μm 尺度的滤波,RMS<20%。

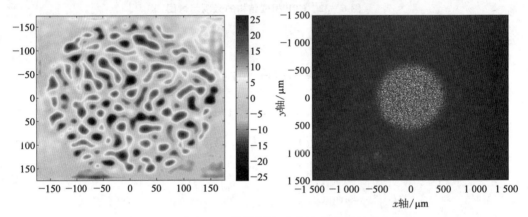

图 6 - 34　左为 CPP 设计面形,右为该 CPP 的输出焦斑

图 6 - 35 是 CPP 整形 1 mm 的圆形焦斑的实验采集效果,左图是单纯使用 CPP 的焦斑轮廓,右图是再结合时间扫描 SSD 技术后的焦斑轮廓,可以看到二者结合后的光斑均匀性更好。一般来说 RMS 值可以优于 20%,能满足实验的束匀滑需求。

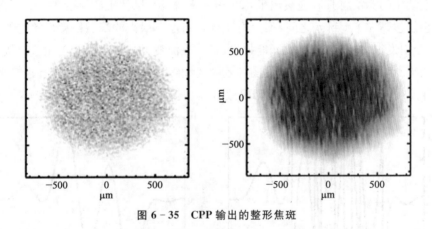

图 6 - 35　CPP 输出的整形焦斑

关于具有连续山丘状相位起伏的结构,根据当前加工技术能力,其山丘块状尺寸均值约为 10~20 mm,再结合相位起伏 PV 值,以及束匀滑焦斑尺寸和均匀性的需求,其面形特点和远场焦斑息息相关。相关研究表明,面形相位梯度均方根(gradient root mean square, GRMS)起到了决定性作用。设 ϕ 为二维 CPP 相位函数,可定义两正交方向的一

维梯度

$$g_x(x_{nf}, y_{nf}) = \frac{\partial \phi_{CPP}(x_{nf}, y_{nf})}{\partial x_{nf}} \tag{6-11}$$

$$g_y(x_{nf}, y_{nf}) = \frac{\partial \phi_{CPP}(x_{nf}, y_{nf})}{\partial y_{nf}} \tag{6-12}$$

则整个 CPP 面形的梯度函数为

$$g(x_{nf}, y_{nf}) = \sqrt{g_x(x_{nf}, y_{nf})^2 + g_y(x_{nf}, y_{nf})^2} \tag{6-13}$$

记式 6-14 为 GRMS,也即梯度函数 g 的均方根值

$$GRMS_{CPP} = \sqrt{\sum_{i=1}^{N} g_i(x_{nf}, y_{nf})^2 / N} \tag{6-14}$$

当前研究表明,在子块均值尺寸 10～20 mm 条件下,GRMS 取值为 0.2～0.8 波长／mm,可以输出约 50～100 倍衍射极限的束匀滑焦斑。此外,根据当前文献报道的研究工作,结合时域 SSD 后,焦斑一定空间尺度内的毛刺可以匀滑得很好,具体来说在 10～100 μm 空间周期内,焦斑毛刺可被抑制,如图 6-36 所示(SSD+CPP 共同作用时匀滑尺度集中为 10～100 μm)。

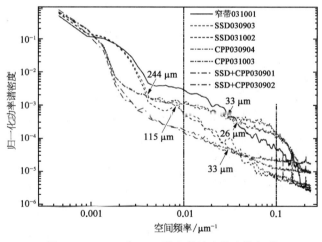

图 6-36　CPP 和 SSD 结合的输出焦斑的频谱

最后来介绍终端光学组件中 CPP 器件安装的位置和方法。考虑低真空密封性,包括平板窗口、CPP 和真空铝罩。其中,平板窗口与主光轴俯仰角度成 5°,用真空铝罩固定于楔形板模块。CPP 元件固定于平板窗口外 10 mm,固定于平板窗口外侧可方便拆装;有光管道接口。该单元模块的结构示意如图 6-37 所示。

5. 组件的能量采样功能

能量采样功能模块位于终端组件的末端锥筒部分,其涉及的光学元件主要是 BSG

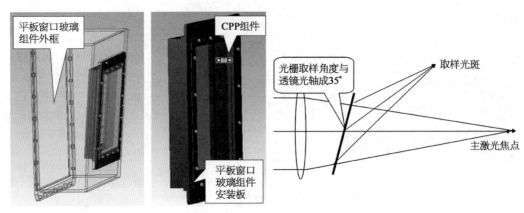

图 6-37　含 CPP 和平板窗口玻璃的单元模块　　　图 6-38　BSG 工作光路图

采样光栅(beam sampling grating)。在熔融石英基片上,刻蚀一定形态的光栅,达到某一级次能量取样的目标,同时作主防溅射和真空密封使用。其光学功能如图 6-38 所示。绝大部分能量(>99.5%)聚焦到目标靶点,仅极少量光能(<0.5%)偏离主光路之外,方便测量系统对取样光斑进行能量和时间测量[10]。光栅各衍射级次的方向由光栅方程给出,如式 6-15 所示。各级次的能量份额由刻蚀深度决定。

$$n\sin\theta + \sin\theta_m^{空气} = m\,\frac{\lambda}{d} \tag{6-15}$$

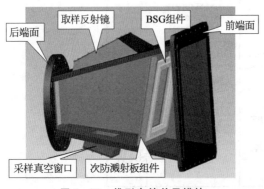

图 6-39　锥形套筒单元模块

BSG 和最末端的次防溅射板都放置于锥筒单元模块里。锥筒用于真空靶室与终端功能模块的连接,其中楔形透镜固定于锥筒的外法兰端,内部固定安装 BSG\主防溅射板、次防溅射板、取样反射镜和取样窗口等元件,并具有真空密封作用(5×10^{-3} Pa)。其主要由锥形套筒、BSG\主防溅射板固定框、次防溅射板固定框、取样反射镜固定框和取样窗口固定框等组成。如图 6-39 所示的结构,其技术指标为:

① 锥形套筒总体为方形,在相应部位开有窗口,用于固定和调节光束取样反射镜以及采样真空窗口。

② 锥形套筒两端面法兰口的形状、大小不一样,与真空靶室法兰口相接的为圆形,用于固定楔形板模块的为方形。

③ 两端法兰口同轴度:平行度(俯仰和方位)为±0.15 mm,平移偏差 ϕ0.2 mm。

④ 由于各路终端光学组件姿态不一致,以及卡计在真空靶室上的空间位置不同,锥形套筒的空间姿态会不同。

⑤ BSG\主防溅射板元件：固定于聚焦透镜内侧 310 mm，与主光轴俯仰角度成 10° 位置，考虑方便拆卸和高真空密封。

⑥ 次防溅射板元件：置于 BSG 后方，与 BSG 平行放置，考虑与 BSG\主防溅射板装夹框相互独立，便于经常性拆卸而不影响组件工作环境。

⑦ 光束取样反射镜：空间位置由结构设计确定，反射面与水平方向成一定角度，保证采样真空窗口在锥形筒上的空间位置。

6.3.4　真空靶室组件

1. 组件的功能和组成

为物理实验提供真空环境的场所，同时为终端光学组件单元和靶定位瞄准系统以及物理诊断仪器等，提供真空接口和稳定支撑。可提供 94 个不同口径的法兰盘接口，且真空度为 5×10^{-3} Pa。真空靶室组件主要包括真空靶室、工作平台、支撑桁架、真空机组和剩余光吸收器。具体结构设计见图 6 - 40，功能简述如下：

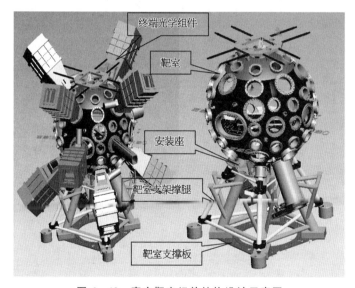

图 6 - 40　真空靶室组件结构设计示意图

① 真空靶室：由真空靶球、安装座、支架、工作平台、外部加固组件等构成。各个组件之间用螺栓连接。其中靶室、支架为焊接结构，提供稳定的支撑，工作平台和外部加固组件为螺栓连接的拼装结构，方便安装。

② 工作平台：处于靶室内部，平台上留出孔以便实验光线通过。工作平台设计为拼接结构，下方 3 条支腿从靶球的下方 3 个法兰盘口伸出，直接固定于地面。工作平台可方便实验方在其中搭建部分测量光路，也能为短脉冲光离轴抛物面镜提供支撑平台。原则是不遮挡光和诊断口。

③ 支撑桁架：为钢件焊接结构，能承受 5 t 重量并保证真空靶室的稳定性。通过安

装底座和真空靶室固定支撑,四周有 8 个托板结构可从下方托住下部 4 路光学组件。

④ 真空机组:包括真空前级泵和冷凝泵。在 1 h 内满负荷的条件下,能提供并保持动态真空达到 5×10^{-3} Pa 指标。

⑤ 剩余光吸收器:位于 8 路主光路对面法兰窗口上,用 ZAB00 作为光吸收材料。它们的作用是吸收穿过目标靶的光能,避免打坏真空靶球内壁。

2. 组件的机械设计

真空靶球材料为铝 5052,总重量约 2.86 t。由六块球壳材料及 96 个法兰盘焊接而成。焊接后加工法兰面,法兰面螺孔安装钢丝螺套。结构如图 6-41 所示。

需说明的是,连接真空机组的法兰为短法兰上连接长筒的结构,不用加波纹管仍可以达到稳定性要求。闸板阀与支架等其他组件无干涉,并为靶室正下方的物理诊断设备留有足够的空间。安装座连接球壳和支架,因铸件有较好的减振效果,采用铸钢结构。铸造后加工出上部球形面及底平面,总重量 0.4 t。结构如图 6-42 所示。

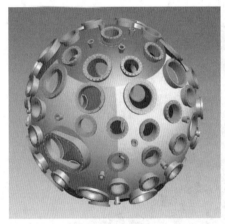

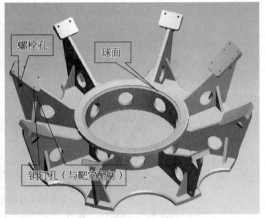

图 6-41 真空靶室结构设计图　　图 6-42 安装座结构示意图

在安装座 4 个经度正方向上刻标记线并打销孔,以便在下端的支架安装时确定经度方向。将靶室与安装座接触部分铣削出球面,与安装座球面接触。安装时,用工艺块保证安装座中心轴线与靶室南北极轴线重合,并打销钉。在靶室与安装座连接好并配打销钉后,就联为一体不再拆分开。支架为钢件焊接结构,重 1.4 t,外表面涂底漆及面漆。顶部平面与安装座连接,四周有 8 个托板结构可从下方托住下部 4 路光学组件。整体焊接后,加工上下表面及上表面台肩,并在下部底脚处车内圆,使台肩及内圆同轴,同时支架上平面打销钉孔并刻经度标记线,便于和安装座对齐方向。具体如图 6-43 所示。

支架底端安放平板,用地角螺栓把平板固定在地面上,平板上放置机床垫铁,可以调整支架 4 个支腿的高度,调整范围在 0~10 mm。将支架上平面调整到水平后,用螺栓固定。

图 6-43　支架结构图

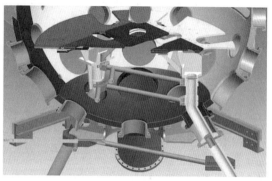

图 6-44　工作平台结构设计示意图

工作平台为钢件拼装结构,总重 1.64 t,外表面镀锌。顶部工作台面分割为 7 块钢板,厚度 20 mm。为满足安装需要,工作平台下方 3 条支腿从 3 个南纬 60°的法兰口伸出,支撑于地面,如图 6-44 所示。在支腿和靶室之间安装波纹管保证密封。整个工作平台与靶室之间仅在波纹管处存在接触,其余部分都没有接触,以减少相互之间的振动影响。

外部加固组件主要由钢管构成,将 8 路光学组件锥段部分互相连接起来,起到分解光学组件自重的作用,总重约 0.3 t。上部卸载由 8 根钢管位置完全对称,且所有钢管为塔状结构,使光学组件自重形成的拉力方向相反且作用在相同的轴线上,很大程度上互

图 6-45　上部组件卸载方式

相抵消了各个光学组件的自重。中间的转接支架由钢件焊接成,下部圆形,安装在靶室球体上,上部是方形,可容纳外径 620 mm 的设备,四周有直径 140 mm 的孔,可以让开观测孔位置。四周可安装钢管;钢管末端用螺钉连接,可调整连接长度。结构如图 6-45 所示。

下部卸载由 4 个光学组件的锥段支撑。在锥段上焊接带有圆柱面的钢板,焊接后加工外圆柱面使之与光学组件的中心轴同轴。采用带有圆柱面的托板结构从下方托住光学组件,使光学组件可以沿切向方向旋转。旋转到位后,用螺栓固定。另外,在托板上有腰形孔,可对托板位置进行微调。结构见图 6-46。

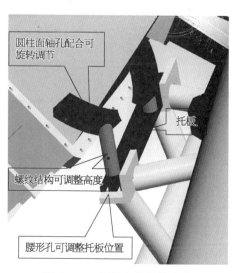

图 6-46　下部组件卸载方式

剩余光吸收装置,在主激光经过楔形板分离以后,1ω 和 2ω 激光绕开主靶一定距离后对穿于测量窗口;为了避免剩余光对实验和器件造成破坏,在测量窗口处安装剩余光吸收陷阱。为了确定光吸收陷阱所使用的材料,特选取了两种宽波段吸收的有色玻璃进行实验判断,最终确定材质型号为 ZAB00 的吸收玻璃。

6.3.5 靶定位瞄准组件

1.组件的功能和组成

靶定位瞄准组件就是要实现目标靶的精确定位和 8 路主激光的精确指向控制。简单来说,一是先将目标靶放置于靶球中心(精度在 10 μm 尺度),二是将 8 束主激光的焦斑落点瞄准到目标靶上(落点精度 30 μm 尺度)。其主要包括靶室参考系统(CCRS)、靶定位器、靶准直器(TAS)和拍瓦瞄准监视系统,分布于真空靶球赤道面相应位置,如图 6 - 47 所示。其功能实现是由正交的 CCRS 建立一个稳定可靠的靶室中心参考坐标系,来精确定位 TAS 的姿态;定位后的 TAS 进行高精度定位和模拟光瞄准锥腔靶的中腔靶。而锥腔靶中的锥靶定位和瞄准由拍瓦瞄准监视系统实现。靶定位器实现实验靶的六自由度调整和稳定定位,另有拍瓦辅助瞄准监视系统对实验靶的锥靶和拍瓦激光进行成像和瞄准。

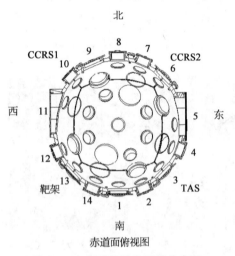

图 6 - 47　靶定位瞄准组件分布图

2. CCRS 功能组成和指标

由两台正交的 CCRS 建立一个稳定可靠的靶室中心参考坐标系来精确定位 TAS 的姿态,要有高的光学分辨率和高的机械稳定性。主要由卡塞格林望远镜和内调焦望远镜构成。其技术指标为:

- ◆ 具有四维调节:二维平移和二维角度,调整机构为手动,需要有锁紧功能。
- ◆ 调节范围:二维平移±10 mm;二维角度±2°。
- ◆ 调节精度:平移为 0.1 mm,角度为 100 μrad。
- ◆ 中心高度位于靶室赤道面上。
- ◆ 2 台 CCRS 分别位于北偏西 45°和北偏东 45°。
- ◆ 自振频率:10～20 Hz。
- ◆ 视场范围:4 mm。
- ◆ 系统分辨率 12 μm,角分辨率 5″。
- ◆ 分划板成像系统与科视达显微望远镜系统同轴,像面共轭。
- ◆ 有挡光板保护和防尘外罩。

（1）CCRS 的光学设计

主要使用卡塞格林望远镜作为主成像系统进行高分辨率、大视场成像，内调焦望远镜系统作为辅助成像系统提供自准直光源和十字叉丝，其中由一套光学成像传递系统将二者有机结合起来，如图 6-48 所示。系统成像分辨率为在 1 m 工作距离上 10 μm。

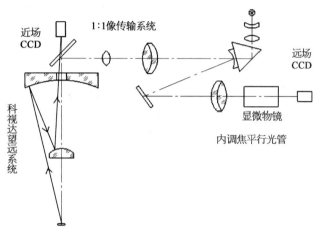

图 6-48　CCRS 光路排布图

（2）CCRS 的机械设计

根据光学设计要求，在相应位置上摆放内调焦望远镜（充当分划板成像系统）、科视达显微望远镜和 CCD，将三者结合起来，组成 1∶1 的成像系统，即 CCRS。内调焦望远镜要求实现三维平移，两维角度调整，普通丝杆即可达到精度范围要求。整个 CCRS 支架要求实现两维平移、两维角度调整。两维平移采用普通丝杆即可达到精度范围要求，两维角度调整采用测微头实现。具体设计如图 6-49 所示。

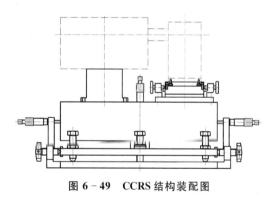

图 6-49　CCRS 结构装配图

3. 靶架的功能组成和指标

靶定位器俗称靶架，具有六维调整功能，即三维平移加三维旋转，实现调整、插入、定位并稳定靶于特定位置和主激光辐照误差范围内；同时具有副真空靶室，实现真空状态下换靶。其技术指标为：

◆ 工作方式：水平支撑；

◆ Z 轴大行程：大于 1 200 mm；

◆ 靶心调准范围：三维平移范围：$\Delta X = \Delta Y = \Delta Z = \pm 10$ mm；

◆ 绕靶架的旋转：精调 $\theta_z = \pm 3°$，分辨率 2 μrad / step，粗调 $\theta_z = \pm 20°$，分辨率 40 μrad / step；

◆ 其余两维旋转范围：$\theta_x = \theta_y = \pm 3°$，分辨率 2 μrad/step；

◆ 真空度：10^{-3} Pa；

◆ 稳定性：小于 2 μm/2 h。

（1）靶架的机械设计

靶定位器总体结构如图 6-50 所示。外形尺寸：直径 ϕ400 mm×外部长 1 290 mm×总长 1 820 mm。其包括靶球内和靶球外两大部分，由真空阀门隔开。靶球内部分包括滚轮架及其附带的磁性固定器组件。

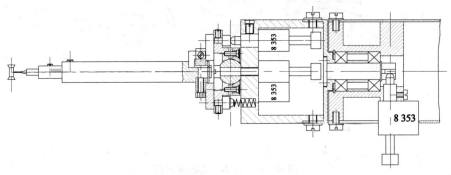

图 6-50　靶架头部组件示意（单位：mm）

靶球外部分由 θ_x，θ_y，θ_z 三维偏转运动的头部、连接套筒、XYZ 三维平移工作台、上层 Z 方向移动台、下层 Z 方向移动台、内箱体以及外箱体等组成；外箱体通过真空阀门密封连接于靶球法兰盘端面，整体结构如图 6-50 所示。设置靶点的行程距离为 1 480 mm。换靶时，通过 2 台步进电机驱动的上层 Z 方向和下层 Z 方向移动台的运作，可将实验靶直接移送至球体外的换靶位置。关闭真空阀门后，打开外箱体顶面上的门盖，更换实验靶。然后，重新开启真空阀门，再由上下两层移动台的运作，将新的实验靶送回靶球球心，进行打靶。其中，上层 Z 方向移动台进入靶球内后，移动台的底面可在滚轮架上导向滑行，其重量由滚轮架卸载，抵达行程位置后，由磁性固定器的吸引力将其锁定。

头部组件是一个 θ_x、θ_y、θ_z 三维偏转的机械手。组件的左端是靶杆组件，中间为 θ_x、θ_y 头部两维机械手，右端是头部 θ_z 旋转台。头部组件通过连接套筒与 XYZ 三维平移工作台连接。

更细致地，其头部的实验靶装夹固定机构如图 6-51 所示。靶杆前端提供插入孔，实验靶与套筒连接后，插入靶杆孔内，套筒可沿 Z 方向平移，套筒上有刻线，刻线间距 1 mm，以保证纵向调整范围±3 mm、精度 1 mm 的要求指标。最后用紧定螺钉将其与靶杆固定。靶杆另一端是燕尾导向块，其上含有正切机构，通过螺钉及复位弹簧可以使靶杆绕自身轴线转动。燕尾导向块可以方便地插入二维旋转机械手机构端面上的燕尾槽内，并由滚花螺钉锁紧。可以制作多个备份方便换靶。

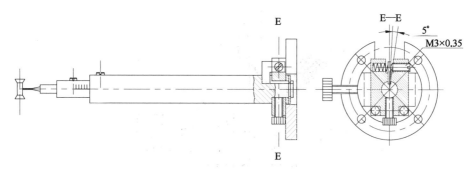

图 6 - 51　实验靶装夹固定机构(单位：mm)

靶点总行程 1 480 mm 由上下两层 Z 方向移动台实现。上层 Z 方向移动台，采用 THK – LM KR4510AA＋840LP 型导轨引动器，台面最大行程 840 mm。下层 Z 方向移动台，采用 THK – LM KR4610D＋940.5LP 导轨引动器，台面最大行程 940 mm。

（2）TAS 的功能组成和指标

靶准直器俗称 TAS，为水平支撑，与靶架成 90°，具有六维调整功能，即三维平移加三维旋转，实现靶精确成像和模拟光瞄准，包括六维调整机构、伸缩平台和成像系统。其技术指标为：

◆ 工作方式：水平支撑；

◆ 结构稳定性：小于 2 μm／2 h；

◆ 六维马达驱动调整：三维角度，即俯仰、方位、旋转；三维平移，即 X、Y 和 Z 方向的精调；三维角度调节范围±2°，分辨率 5″，三维平移调节范围±5 mm，调节精度 10 μm／step；

◆ 机构沿 Z 方向可以用马达驱动伸缩，行程＞500 mm，复位精度≤30 μm；机构具有整体保护功能，避免受激光辐照。

◆ 六维监视由二组两维正交的 CCD 组件完成，如图 6 - 52 所示，其中 A 与 B 同轴，C 与 AB 处于同一平面，各自成像透镜光轴构成两维正交的直角坐标系，这样对于柱腔靶，A 和 B 构成的轴实现两维平移和两维俯仰、方位角度监视，C 垂直于 AB 实现一维平移和一维旋转角度监视。

◆ 三组两维正交的 CCD 组件中，A 装校后固定不动，B 与 C 可以沿各自光轴方向调节。其中，B 的调节范围为－2～5 mm，与 A 同轴度为 80 μrad；C 的调节范围为－1～2 mm，与 AB 的垂直度为 80 μrad。

◆ 为避免模拟光在瞄靶过程中对实验靶的直接辐照，TAS 应提供两块小反射镜（在 A 和 B 相应位置），模拟光经其反射后直接照射在 CCD 成像面上。

◆ 具有提供靶面照明的功能，波长为 632.8 nm。

首先介绍 TAS 的光学设计，它通过 3 个成像透镜和 CCD，实现腔靶的成像和模拟光的瞄准，其排布光路如图 6 - 52 所示。其中成像镜要求对 632.8 nm 波长光实现 2 倍成像，设计的共轭距为 40 mm，元件尺寸为 10 mm，系统设计图如图 6 - 53 所示。

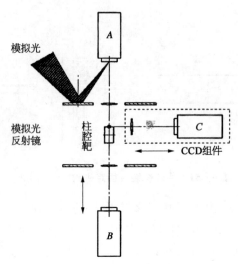

图 6 - 52　TAS 光路排布图

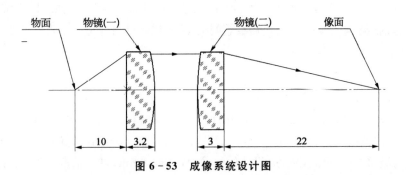

图 6 - 53　成像系统设计图

接下来介绍 TAS 的机械设计,其总体结构见图 6 - 54。上图为头部伸出时,下图为头部缩进后。当头部缩进后,符合≤25°锥体角要求。为便于安装和调整,TAS 在设计中分为 TAS 本体、外箱体和后盖三部分。TAS 本体离线组装完成后,作为一个整体用螺钉

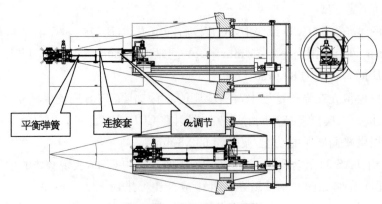

图 6 - 54　TAS 机构的结构

安装在靶球法兰处,用锥销定位。然后用螺钉安装外箱体,同样用锥销定位;用螺钉安装后盖,同样用锥销定位。在外箱体与靶球法兰、外箱体与后盖处均采用 O 型密封圈密封。

六维运动机械结构由三维偏摆机构和三维平移机构两部分组成,其中俯仰角 θ_x 和旋转角 θ_y 位于 TAS 的头部,绕 Z 轴的方位转角 θ_z 位于 TAS 的中部。三维平移由 XYZPG - 80 型三维工作台实现,三维工作台安装于内箱体内的大 Z 方向移动的工作台面上。Z 方向的大行程移动,总体要求＞500 mm。根据结构设计,对沿 Z 方向的总行程要求为 708 mm。为了满足 Z 方向的重复精度要求,采用 OMRON(型号 E6F - C)1000 细分编码器,安装在电机的后输出轴上,实现 10 μm 的位移测量。台面后端装有限位块。

TAS 头部中安装有 A - CCD、B - CCD 和 C - CCD,并保证 A - CCD(C - CCD)和 B - CCD 的 Y 向相向运动,以及 C - CCD 的水平移动及其所需的精度和分辨率要求。A - CCD(连同 C - CCD)光学成像组件和 B - CCD 光学成像组件,分别固定于垂直滑台的上\下滑台面上,上下二者均在同一直线导轨基座上滑行,并由同一丝杆传动。丝杠两端具有左右螺纹,上段右螺纹带动上滑台面,下段左螺纹带动下滑台面,丝杠顶端由同一个 VSS - 25 - 200＋VGP22\5 - FV 真空步进电机＋减速器驱动,从而实现 A - CCD(C - CCD)和 B - CCD 之间的上下相对同步移动,其位移信息通过步进电机的脉冲数感知。

（3）拍瓦辅助瞄准系统的功能组成和指标

由于装置提供了短脉冲的拍瓦激光,故还需要一套辅助瞄准系统,用来使得拍瓦激光能够顺利瞄准目标金锥靶。

该辅助靶定位瞄准系统由一台科视达显微望远镜和利用离轴抛物面反射镜组成的大口径望远镜系统构成。科视达显微望远镜用于金锥的姿态粗调整(工作距离约 1.5 m,光学分辨率约 12 μm)。大口径望远镜系统由离轴抛物面反射镜和消色差透镜组成。该望远镜系统有一块平行度良好的平板插入主光路,打靶时该平板移出主光路。

由于插入平板的平行度要求非常高,采用 300 mm×400 mm 口径、平行度为 0.4″(引入的主激光偏差约为 2 μm)的标准平板。由此确定了大口径望远镜系统的通光口径为 ϕ200 mm,对应的理论光学分辨率为 2.8 μm。消色差(对 0.555 μm 和 1.053 μm 的消色差)透镜的焦距 f = 2.5 m。此时大口径望远镜系统的横向放大率约为 3.1 倍。如果采用普通 CCD 作为观测元件,其接收面约 3 mm×3 mm,像元大小约为 6 μm×6 μm,对应的靶面视场约为 1 mm×1 mm,像元对应尺寸为 2 μm×2 μm。锥孔的照明采用同轴照明方式,如图 6 - 55 所示,中心波长 λ = 0.555 μm。其中 F600 准直系统如图 6 - 56 所示,技术参数为:

◆ 工作波长：550 nm,1 053 nm;

◆ 入射光束口径：ϕ200 mm;

◆ 焦距：550 nm,f = 598.81;1 053 nm,f = 607.81;

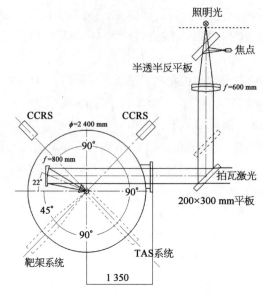

图 6 - 55　拍瓦辅助瞄准系统光路排布图

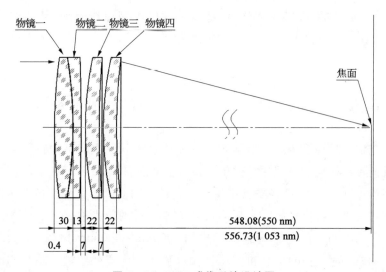

图 6 - 56　F600 成像系统设计图

◆ 焦斑大小：550 nm，<1 倍衍射极限；1 053 nm，<2.5 倍衍射极限。

1 053 nm 十倍成像系统如图 6 - 57 所示，技术参数为：

◆ 工作波长：1 053 nm；

◆ 入射光束口径：ϕ50 mm；

◆ 焦距：137.07 mm；

◆ 物距：133.58 mm；

◆ 放大倍率：10 倍；

◆ 物方分辨率：小于等于 4 μm。

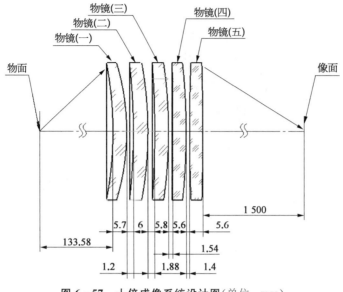

图 6 - 57　十倍成像系统设计图（单位：mm）

§6.4　关键技术

6.4.1　杂散光控制技术

终端光学组件要实现真空密封、焦斑控制、谐波转换、激光聚焦、谐波分离、参数取样和防护溅射等功能，就需要 7 块以上大口径光学元件，其中各光学元件均涂有基频、二倍频和三倍频激光的化学减反膜，单面反射率小于 0.5%。但对高功率激光装置输出千焦以上能量来说，经讨组件中光学元件表面的多次反射、会聚，将产生一定能量的杂散光聚焦点，即"鬼像"。定义 n 阶"鬼像"为经过 n 次反射聚焦产生的"鬼像"，例如一阶"鬼像"为经过一次反射、聚焦而产生的，二阶"鬼像"为经过二次反射、聚焦而产生的。"鬼像"位置的计算，实际上就是计算光线在多个光学元件表面之间反射、聚焦后的成像问题，其不同的能量密度辐照在材料上会产生不同程度的破坏[11]。

在物理设计中，终端光学组件杂散光规避主要有两种方式[12]：一是调整终端光学组件内元件之间距离和部分元件法线与主光轴的夹角，保证杂散光鬼点不落在光学元件表面和体内，或仅可能偏离主光轴；二是增加杂散光吸收阱或漫反射隔离器，使杂散光鬼点不落在机械结构表面而产生间接污染颗粒。

在研究过程中，我们开发了一种用于大口径高功率激光杂散光防护吸收的装置，其特点在于，是由多块漫反射玻璃互相连接而围成的多边形，或者由多块位于内侧的漫反射玻璃与中性吸收玻璃组合体互相连接而围成的多边形[13]，具体如图 6 - 58 所示。

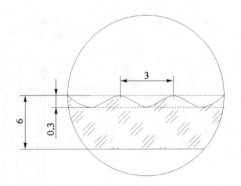

图 6-58　终端光学组件漫反射玻璃杂散光
　　　　吸收示意图

图 6-59　漫反射玻璃表面正弦结构
　　　　示意图(单位：mm)

漫反射玻璃与中性吸收玻璃组合体包括两块互相平行的漫反射玻璃和中性吸收玻璃,以及连接该漫反射玻璃和中性吸收玻璃的玻璃条。漫反射玻璃设计结构厚度 D 为 6 mm,表面为正弦结构,周期 l 为 $2\sim12$ mm,峰谷值 d 为 $0.3\sim1$ mm,玻璃材料为熔融石英,其结构如图 6-59 所示。

采用漫反射玻璃可以全方位、多能量级地进行杂散光防护,同时在漫反射玻璃的加工过程中采用超声辅助 HF 酸处理工艺,提供抗激光损伤阈值,可以在多能量级的杂散光辐照下而不损伤。在如图 6-60 所显示的电子显微镜图中,是漫反射玻璃经过 HF 酸处理前后的表面变化。处理前表面出现如河滩石垒状的破损结构,处理后表面平滑,显示熔融石英加工本底。

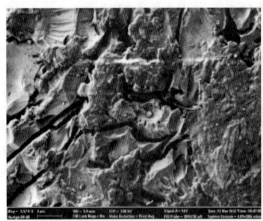

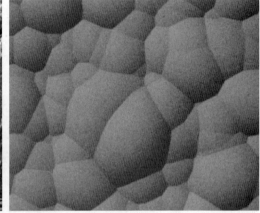

图 6-60　漫反射玻璃经 HF 酸处理前后的表面结构比较

6.4.2　高效谐波转换技术

高功率激光系统的谐波转换技术经过多年的发展,已经比较成熟。研究主要集中在如何提高谐波转换效率和光束传输过程中的三倍频光束质量变化上。但随着 ICF 物理实验的深入,要求对输入激光脉冲进行时间和空间整形。在高强度的主脉冲前有一个十几纳秒的比较低的脉冲前沿,脉冲时间强度变化很大,预主脉冲强度比达到 1∶9,利用 SSD 和 CPP 进行焦斑控制,焦斑一般在几百微米,远大于平面波近似条件下的焦斑。目前高功率激光谐波转换系统设计应该注重大动态范围、大的光谱和空间角谱的接受范围。具体可归纳为如下几点:

1. 大动态光强范围

在高强度的主脉冲前有一个十几纳秒的比较低的脉冲前沿,脉冲时间强度变化很大,预主脉冲强度比达到 1∶9;NIF 装置在 2012 年的运行中三倍频动态范围实际达到 1∶300,同时基频光束空间分布具有一定调制,实际运行需要在 $0.3\sim3\ \mathrm{GW/cm^2}$ 的动态光强范围内具有相对高的转换效率,同时在峰值 $3\ \mathrm{GW/cm^2}$ 附近,转换效率大于 80%。

2. 基频角谱与三倍频远场均匀性

焦斑中的高频调制会导致成丝效应的产生,由于其峰值光强远高于平均值,从而加强受激拉曼散射和受激布里渊散射等非线性过程,不仅降低激光的能量转换率,还会产生大量有害的超热电子,提前加热靶丸,影响压缩靶丸的过程对称性,因此要求远场焦斑必须能够均匀照明,目前采用的技术有 CPP、DPP、LA 等。对光束波前角谱进行一定调控,使远场焦斑能够保证均匀,NIF 远场焦斑大小接近 1 mm,对应的发散角在 $\pm50\ \mu\mathrm{rad}$ 左右,而高效谐波转换过程中,实际的接受角谱范围是非常有限的,如三倍频过程一般要求入射基频角谱在 $\pm50\ \mu\mathrm{rad}$ 内,否则转换效率就会出现明显下降,同时出射三倍频光的振幅和位相分布相对于入射基频光均有明显变化,因此远场焦斑的控制必须充分考虑系统设计的合理性。NIF 设计中考虑使用两块连续相位板(continuous phase plate, CPP)分别进行两维匀滑,一块用于基频控制沿倍频晶体 o 轴发散,在倍频晶体和三倍频晶体之间插入另一块,控制沿混频晶体 o 轴发散,这样保证对效率影响下降到最低。三倍频传输还对元件加工质量提出非常苛刻的要求。晶体的加工质量会影响输出三倍频近、远场分布,比如 NIF 要求三倍频光学元件表面加工质量引起的近场对比度下降控制在 5% 以内,要求把晶体表面加工 PSD1 段的 RMS 控制在 5 nm,晶体表面加工粗糙度约为 1 nm。间接驱动为保证黑洞靶腔内的高温状态,对黑腔靶的尺寸有严格限制。在穿孔过程中,如果光束与孔边缘存在相互作用,激发产生的等离子体将高速向孔中心膨胀,从而阻碍后续激光进入靶腔而造成等离子体堵口效应,其主要原因是激光焦斑旁瓣的存在,因此对激光传输过程中高频调制以及 B 积分控制提出了明确要求,主要体现在光学元件特别是晶体加工的质量上。

3. 宽带三倍频

为了抑止大口径熔融石英元件的横向布里渊散射和利用 SSD 技术实现对靶面的均匀辐照,需要激光具有一定的带宽(0.1~0.3 nm)。传统的三倍频方案受 DKDP 晶体色散的影响,位相匹配条件和群速度匹配条件无法同时满足。高效率三倍频转换局限于 0.1 nm 以内。受制于材料,目前可选的方案一般为晶体级联,其他方案有啁啾调制匹配和角谱色散补偿等方法。

4. 高度的工程集成

由于 ICF 所用高功率激光驱动器规模巨大,要求采用最少的元件,故系统设计采用模块化与高度紧凑的形式,以提高运行的可维护性和性价比。但传统的三次谐波转换效率与脉冲强度的变化关系很大,$\eta \propto l^2$ 高效谐波转换的强度动态范围受限于晶体厚度,同时由于光束的时间和空间匀滑技术的采用,要求基频光束至少拥有 0.1~0.3 nm 谱线带宽,且有较大的空间波前畸变(GRMS),而传统的三次谐波转换设计中,高效谐波转换接收带宽只有 0.1 nm,且泵浦场接近平面波,其接受角谱与光谱范围 $\propto 1/l$,工程设计需要根据实际需求在其动态范围与允许的角谱和频谱之间平衡选择。

工程设计要求三倍频光能通量大约在 8 J/cm²@3 ns。基于此考虑,设计中基频泵浦峰值光强工作点为 1~3 GW/cm²。考虑填充因子、整形脉冲等因素,基频光强动态范围选择 0.3~3 GW/cm²,同时还必须考虑束匀滑技术的应用影响,焦斑匀滑对应接受角宽需要达到 ±(45~80)μrad(晶体内部角度)。

理想情况下,最佳谐波转换的过程为(不考虑吸收):每三个 1ω 入射光子中的二个光子倍频后生成一个 2ω 光子,此 2ω 光子与剩余的一个 1ω 光子经过混频生成一个 3ω 光子,对应最佳过程倍频效率约为 66.7%。此时的三倍频转换效率,理论上可以达到最大,但是考虑到倍频晶体对基频"o"光吸收要远大于倍频光,以及目前晶体采用提拉法镀化学膜,难以兼容多个波长,对基频的损耗稍大,根据经验和理论分析,要实现的高效转换倍频效率应该在(61±6)%范围内。

6.4.3 多束束靶耦合技术

分析组束相干合成的 1×2、2×2 方式,以便探索输出超高峰值功率聚焦激光的实施路线、单元技术途径等。第一个模型是将多个子光束近场拼接成基本无缝的单个整体光束,再由同一块离轴抛物面镜聚焦打靶,比如 4 个扇形合成为圆形,或者 4 个矩形合成为方形。下面两个图简单展示了该模型的架构,其中图 6-61 为光束合成的正视简图,图 6-62 则为在靶场终端聚焦打靶的光路俯视简图。把该模型用于高功率激光装置,源于大口径脉冲压缩光栅的制作困难,压缩后输出光束口径在某一维度总是偏小,使得子光束输出

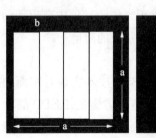

图 6-61　4 束长方形或扇形合成
为方形光束的正视图

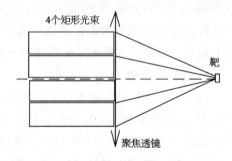

图 6-62　方形合成光束聚焦打靶俯视图

口径为矩形,故存在这种近场合成组束后再聚焦的方案。简单起见,称之为模型 1。

在这种拼接合成技术中,各光束波长相同、偏振一致,必须通过指向锁定和相位锁定技术使各光束的相位一致干涉输出,远场光束质量才能接近于衍射极限。

1. 束间倾斜相位差

在组束聚焦各子光束中,以某一子光束相位为基准,其他光束相对在 x、y 两方向上的线性变化的相位差,称为倾斜相位差,其中 x、y 两个正交方向描述的是子光束的横截面。

以更为简洁的一维示例,倾斜相位差(tilt)可以如图 6-63 所示。从正面来看,第二束光相对第一束光在水平 x 方向有倾斜的相位偏差,如果采用干涉测量,则观测到的干涉条纹间距能反映 tilt 误差量的大小。此外,若在远场测量焦斑,则可观测到光斑能量分散,随着倾斜起伏 $|\phi2-\phi1|$ 的变大,Strehl 比会变差,直至接近 0。

2. 束间平移相位差(piston)

即子光束间相位存在一定量的整体偏差,也称为指向误差(piston error)。如图 6-64 所示,两束激光存在 $\mathrm{d}\phi$ 的平移误差。对于此种偏差,合成光束在远场的焦斑分布极易出现光斑分裂的状态,随 piston 偏差量的大小而有不同尺度的分裂状态。光斑分裂导致能量可能在斑点中分布较为广阔,且各斑点中能量相差不多,导致实验上可利用的中心焦斑的峰值功率下降,这是必须矫正回来的。

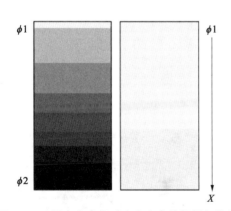

图 6-63　下方光束相对上方光束的倾斜相位差

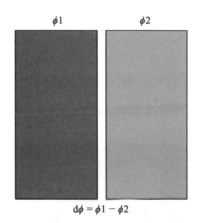

图 6-64　两束光存在平移相位差

3. 脉冲聚焦计算

对于模型的 1×2 组束聚焦,假定两脉冲激光完全等光程并且等相位,则分别将二者在等效焦面的光斑复数场求出。由于入射光一致,因此等效焦面上的复数光场将相同,令为 U,然后将其映射到靶(target)平面上。由于空间尺寸相对非常小,两聚焦光束在图 6-65 所示阴影区域内视为两平行光束,根据两束平行光干涉场计算方式,有

$$U_1^{\mathrm{T}} = U \times \exp[\mathrm{i} \times k \times \tan(\theta) \times x]$$

$$U_2^{\mathrm{T}} = U \times \exp[\mathrm{i} \times k \times \tan(-\theta) \times x] \qquad (6-16)$$

其中 i 为虚因子，k 为波数，θ 为其中一等效焦面和靶接收面的夹角，x 为到中心 O 的距离。对于 2 束 300 mm×300 mm 方光束相干聚焦来说，1×2 聚焦计算结果如图 6-65 所示。

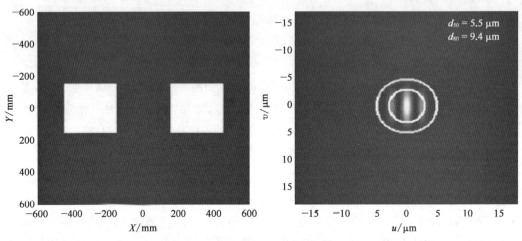

图 6-65　1×2 相干聚焦，靶面光斑形态

类似地，对于 2×2 的情况，靶接收面位于四束近场激光的中心，故有

$$U_1^{\mathrm{T}} = U \times \exp\{\mathrm{i} \times k \times [\tan(\theta) \times x + \tan(\theta) \times y]\}$$
$$U_2^{\mathrm{T}} = U \times \exp\{\mathrm{i} \times k \times [\tan(-\theta) \times x + \tan(\theta) \times y]\}$$
$$U_3^{\mathrm{T}} = U \times \exp\{\mathrm{i} \times k \times [\tan(\theta) \times x + \tan(-\theta) \times y]\} \qquad (6-17)$$
$$U_4^{\mathrm{T}} = U \times \exp\{\mathrm{i} \times k \times [\tan(-\theta) \times x + \tan(-\theta) \times y]\}$$

对于四束 300 mm×300 mm 方光束相干聚焦，其计算结果如图 6-66 所示。最理想

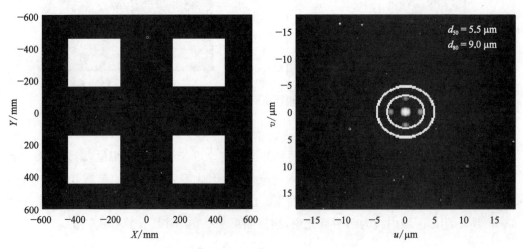

图 6-66　2×2 相干聚焦，靶面光斑形态

的状态是,离轴量 $b=D/2$,这样各子束之间间距接近于 0,组合为整体一束,从而转化为模型 1 的配置形态。这是模型 2 的最理想状态。不过,对于采用不同离轴抛物面镜的聚焦方式来说,是永远无法配置成这样的照射方式的。

6.4.4　高通量终端光学组件技术

1. 终端光学组件物理设计

如前所述,首先根据传输通量 3 J／cm² @ 351 nm 以上,确定谐波分离和激光聚焦的方式和元件。目前最为成熟可靠的就是楔形透镜,该方式也可为后期更高通量要求提供认识,并进行工程上的技术参数判断。现就以楔形透镜作为谐波分离和激光聚焦的元件,确定终端光学组件物理设计的基本方式如图 6-67 所示。

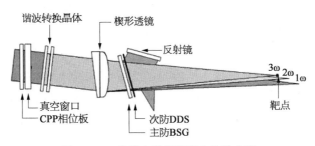

图 6-67　终端光学组件基本设计方案

这里利用光学设计分析软件 ASAP 进行杂散光分布建模分析,分析的条件是:① 三倍频激光通量为 4 J／cm²。以谐波转换效率 60％ 计算,入射激光的基频激光通量为 6.7 J／cm²、时间脉宽 3 ns。② 入射基频激光近场为超高斯光束,尺寸为 310 mm×310 mm。③ 化学减反膜考虑到一定周期后实验性能会逐渐退化,其单面反射率由 0.5％ 提高到 1％。④ 组件分析考虑四阶鬼像,其能量在 10 μJ 量级,对元件仍存在一定的威胁,但是五阶鬼像的能量只有 0.1 μJ 的量级,对材料影响可以忽略。⑤ 聚焦透镜的调焦行程为 ±15 mm。最终分析确定的"鬼像"分布情况如图 6-68 所示。

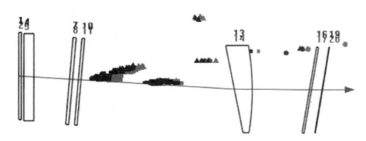

图 6-68　最终优化方案的"鬼像"分布情况(单位：mm)(彩图见图版第 12 页)

这里对图 6-68 的"鬼像"分布图需要进行三点说明:
① 红色为三倍频"鬼像"点,蓝色为"基频"鬼像点;

② 四阶"鬼像"图标为：三角状为一阶，方形为二阶，点状为三阶，圆形为四阶；

③ 各元件表面虚线为分析计算的安全区，即离元件表面 10 mm。

通过"鬼像"分析确定了终端光学组件的结构设计排布图，即各个光学元件的排布间距和部分元件与光轴的倾斜角度，以及聚焦透镜的基本参数。

终端光学组件的焦斑分布分析，是结合杂散光分布分析同时进行的，基本参数为：① 入射基频光为超高斯光束，尺寸为 310 mm×310 mm；② 终端光学组件中各熔融石英材料光学元件透过波前为 $1/3\lambda(\lambda=632.8$ nm)，晶体和次防溅射板透过波前为 1λ。

由于在进行杂散光分布分析时，基本确定了聚焦透镜为楔形透镜的基本参数和 BSG\主防溅射板与次防溅射板的倾斜角度，对焦斑分布的优化方法只有：① 修正楔形透镜的非球面系数；② 减小聚焦光路中 BSG\主防溅射板厚度、次防溅射板厚度；③ 调整聚焦透镜与 BSG\主防溅射板的相对角度。通过不同条件的优化比较，再将 BSG 与主防溅射板结合为一块元件而减少元件厚度，聚焦透镜的非球面系数为 -1.18，透镜相对 BSG\主防溅射板反向偏转 160 μrad，可以平衡远场的像散，获得良好的焦斑分布，具体结果如图 6 - 69 所示。95% 激光焦斑能量集中于 2.2 DL(diffraction limit，衍射极限)中，同时以焦斑相对变大 0.5 DL 为边界条件，聚焦透镜的入射激光光轴可倾斜角度范围为 ±180 μrad。

 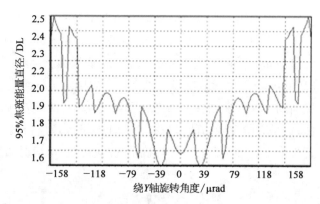

图 6 - 69　终端光学组件远场焦斑强度分布

95%焦斑能量集中于 2.2DL($f=2\,234$ mm)。

B 积分用来度量小尺度自聚焦严重程度，并用作设计和评价激光系统总体性能的判据之一，因此可作为终端光学组件实现三倍频激光安全传输的重要指标。分析时终端光学组件的激光传输强度为常数，同时非线性晶体和硼硅酸盐材料的 2 mm 厚次防溅射板均以熔融石英材料考虑，其 $n_2=0.88\times10^{-13}$ esu(高斯单位)，并且谐波转换后的剩余基频光和二倍频光各占 50%。计算参数如表 6 - 2 所示，可计算得两个 B 积分增量：平均 B 积分增量为 1.307，峰值 B 积分增量为 1.801。

表 6‑2 B 积分增量计算参数

3ω₀能密度 /(J/cm²)	3ω₀脉宽 /ns	谐波转换 效率	光束近场 填充因子	光学元件总厚度 /mm
4	3	60%	0.6	162

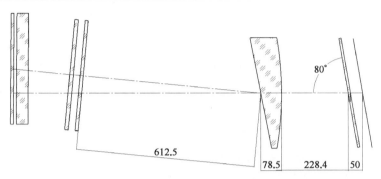

图 6‑70 终端光学组件元件排布参数（单位：mm）

通过以上四级杂散光分布、焦斑能量集中度和 B 积分增量的分析，确定楔形透镜的参数为：焦距$(2\,234\pm3)$mm，楔角$11.22°\pm10''$，塔差$\pm10''$；BSG\主防溅射板和次防溅射板与主光路成 10°、CPP 和真空窗口与主光路成 5°；还有各光学元件排布尺寸，如图 6‑70 所示。相关光学元件参数如表 6‑3 所列。

表 6‑3 终端光学组件光学元件基本参数

名　　称	波长	材料	数量	通光口径/ (mm×mm)	外形尺寸/ (mm×mm×mm)
真空窗口	1ω	石英	8	330×340	370×380×40
CPP	1ω	石英	8	330×340	360×370×10
楔形靶镜	3ω	石英	8	330×340	370×370× (10～115.2)
BSG\主防溅射板	3ω	石英	8	330×340	360×370×8
次防溅射板	3ω	石英	8	330×340	360×370×2
光束取样反射镜	3ω	K9	8	250×250	270×270×20
采样窗口	3ω	K9	8	100×100	120×120×18
倍频晶体	1+2ω	Ⅰ类	8	330×330	350×350×12.5
		Ⅱ类	8	330×330	350×350×10.5

2. 终端光学组件结构设计

基于终端光学组件需实现的物理目标，机械结构设计就是对该物理目标的具体实现，需具有工程可靠性、可维护性和便于实施。终端光学组件整体真空度分别达到 5×

10^{-3} Pa（BSG／主防溅射板与真空靶室构成整体,满负荷情况下 1.5 h 内达到）和 1 333.2 Pa（10 Torr,BSG／主防溅射板与平板窗口段）；稳定性达到≤5 μrad／2 h［与真空靶室构成整体,并以靶镜为测试点,这里：（旋转＋平移）／2.234 m≤5 μrad／2 h］；组件透镜焦距 2.234 m,三倍频器光轴与聚焦透镜光轴成 5.48°,整体可绕靶镜光轴旋转±3°和可实现主激光落点在靶室中心上下和左右均偏移±20 mm 的高性能控制；组件结构采用模块化设计,其中晶体、楔形透镜、BSG／主防和次防四块元件可在线快速插拔或更换功能,各元件需具有一定重复精度。组件自身可进行低真空密封,保证内部光学元件上化学膜的性能稳定,同时所有涂化学膜的光学元件,装夹时不触摸；组件具有 4D 干涉仪调试基准,可针对离线或在线方便地建立组件基准轴；组件需为工作环境所涉及的气流吹扫、温度控制、

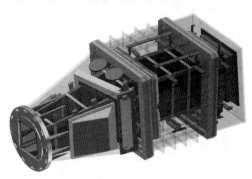

图 6 - 71　终端光学组件结构设计示意图

压力监测与平衡控制、杂散光吸收、光学元件侧边照明等留有安装接口并方便拆卸；组件中需考虑真空油污染、超净装校和杂散光吸收规避等问题,以及在线的上下姿态与靶场现场环境对整体结构设计和附属工作环境的影响。同时整体模块化设计便于离线装校,并留有相关模块吊装接口和组件整体在线卸载功能,材料建议采用铝合金,并作一定表面处理。具体结构设计如图 6 - 71 所示。

　　实现主激光靶面落点精密控制、透镜焦距调整、高效谐波转换、组件稳定性和快速更换等功能,终端光学组件的楔形透镜和谐波转换机械模块非常关键。可以再细分为楔形透镜调整模块、倍频晶体调整模块、支撑与真空密封模块。其中,楔形透镜调整模块、倍频晶体调整模块均固定于支撑与真空模块上。为实现组件稳定性和便于工程维护,建议结构设计采用支撑框架结构和真空密封板分离的方式。

6.4.5　酸洗匀滑去除亚表面缺陷技术

　　为降低元件表面缺陷和残留杂质的数量或密度,J. A. Menapace 等人采用柔性 MRF（magneto-rheological finishing）磁流变技术改进加工工艺[14,15],L. Lamaignere 等人用激光预处理[16,17],T. I. Suratwala 等人用 HF 酸刻蚀等方法,平滑元件表面缺陷并去除颗粒杂质[18,19]。特别是 HF 酸刻蚀,能有效去除表面嵌入的杂质颗粒,钝化表面缺陷,各实验室都开展了相应研究,获得很好效果,但发现存在刻蚀残留物沉积的次生问题。美国劳伦斯利弗莫尔国家实验室的先进缓冲工艺（advanced buffer processing,ABP）[20]就引入超声辅助 HF 酸刻蚀,可以解决该问题,并提高刻蚀速率,提高钝化效果,且更易于剥离嵌入的亚微米级杂质粒子。该工艺已应用到 NIF 所有熔融石英聚焦透镜的加工处理中。我国章春来、陈猛等人开展了 HF 酸蚀去除抛光层杂质、钝化缺陷、提高熔融石英激光损伤阈值的理论分析与实验研究[21,22]。

现基于 HF 酸刻蚀去除污染和钝化元件表面缺陷的机理,引入超声波搅拌,进行熔融石英元件和熔融石英取样光栅的 HF 酸刻蚀实验研究,确定各类元件表面缺陷平滑的实验参数和具体工艺。

1. 元件加工亚表面缺陷

对于光学玻璃表面来说,理想、完美的平整表面,无论镀膜前还是镀膜后,激光辐照后表面附近都不会有因干涉而出现的局部光场增强。但是在实际加工过程中,研磨、抛光颗粒总是会在表面留下各种坑点、划痕等亚表面缺陷,其宽度、深度各异。这些亚表面缺陷因为形态结构随机混乱,故激光辐照在它们上面后,各种反射尤其是全内反射的出现会导致干涉叠加增强的概率剧增。值得注意的是,对于同样的亚表面缺陷来说,其位于出光面还是迎光面(即后表面还是前表面),局部光场增强的效果相差很大。理论分析计算表明,处于后表面时局部光场增强更大,也就更易诱导激光破坏光学元件表面。

熔融石英元件在研磨、抛光过程中,表面会发生诱导性损伤,自上而下为三层:$0\sim0.2~\mu m$ 抛光重沉积层、$0.2\sim10~\mu m$ 亚表面缺陷层和 $10\sim200~\mu m$ 与元件基底连接的变形层,如图 6-72 所示。元件表面损坏影响最大的是 $0.2\sim10~\mu m$ 亚表面缺陷层,包括各种坑点、裂纹,以及可能嵌入其中的抛光粉颗粒或者其他杂质粒子等。裂纹的存在弱化了光学元件表面的机械强度,此外它引发的光强调制又使得局部强度达到较高水平。杂质颗粒对激光吸收很强,急剧升温而炸裂元件表面。

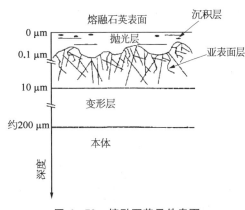

图 6-72　熔融石英元件表面

2. 几何光学模拟

下面就相同类型亚表面缺陷进行建模分析。为了突出干涉增强效果,并且在理论计算上简化起见,考察两个比较靠近、形态规则的三角形划痕,如图 6-73 所示。

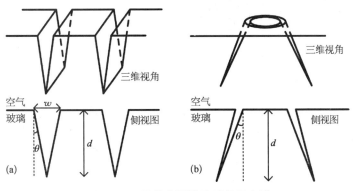

图 6-73　元件表面缺陷形貌示意图

其中, d 为划痕深度、w 为划痕宽度, θ 为划痕相对激光入射或者光学元件表面的夹角。一般来说,深度和宽度都是微米级。角度 θ 则各异,显然对于随机的不规则划痕来说,会分布在 $[0°, 90°]$ 区间,因此简化模型可以考察极易引发全内反射的角度区间 $(21.3°, 45°)$,其中全反临界角 $\theta_c = 42.6°$。

下面针对图 6 - 72,激光从两个方向辐照,即前表面和后表面,作如下的简单光线追迹,如图 6 - 74 所示。(a)为后表面入射,(b)为前表面入射。可以看到(a)图中红色五角星表示最大有五条光线交叠,(b)图中橘色三角形表示最大有三条光线交叠。按照相干叠加理论,光程差匹配时,二者最大局部光场增强为 25 和 9 倍。因此从量化因子来看,同一亚表面缺陷处于后表面,激光诱导损伤的概率远大于处于前表面。

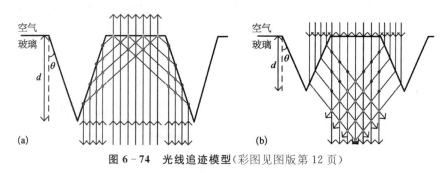

图 6 - 74　光线追迹模型(彩图见图版第 12 页)

(a) 后表面入射;(b) 前表面入射。

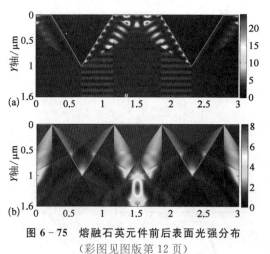

图 6 - 75　熔融石英元件前后表面光强分布
(彩图见图版第 12 页)

图 6 - 75 模拟计算分析了前后表面入射的光强局部增强量化因子,可以看到后表面入射增强因子约为 24,前表面入射增强因子约为 8.2,与上图未考虑相干叠加的几何追迹,预计是相当的。整体来说,缺陷处于后表面导致的光强局部增强为前表面的 3 倍左右,故后表面是更容易被激光诱导损伤的。

可以发现,上述后表面光场增强因子相对很大的原因在于:对于特定界面来说折射只会由空气表面到玻璃介质出现一次,而全内反射只要满足一定条件,可以在多个分界面上来回出现全内反射,导致干涉增强的概率和幅度增大。因此,为了降低全内反射次数或者概率,使用酸腐蚀的方法匀滑亚表面缺陷,使得匀滑后缺陷分界线与入射光夹角 θ 都能小于全反临界角 θ_c,则后表面激光诱导损伤的概率将大幅下降。因此有

$$\begin{cases} y = -d\sin(\pi x / W) \\ \phi = \tan^{-1}[-\pi d\cos(\pi x / W) / W] + \pi / 2 \end{cases} \tag{6-18}$$

其中 ϕ 为酸匀滑后正弦形态界面的法线，故激光入射角为 $\left|\dfrac{\pi}{2}-\phi\right|$。在匀滑曲线两端具有最大入射角，使得它 $<\theta_c$，故有

$$\frac{W}{d}>\pi\cot(\theta_c) \tag{6-19}$$

对于紫外辐照熔融石英元件来说，$\theta_c=42.6°$，代入可得宽深比 W/d 应该大于 3.5。是否刻蚀越多越好？显然过刻蚀也是不太好的，因为开口过宽，会使得表面粗糙度大幅增加，散射激光能量份额就会大到无法接受。故考虑到一定冗余度，匀滑后划痕、坑点和裂纹的宽深比处于 4～5 之间是比较合适的。此时可以预计后表面场增强因子下降为 4～5 左右，相对于未酸蚀前下降到 1/5 左右，其光强分布如图 6-76 所示。

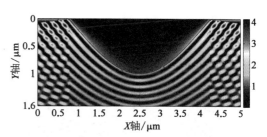

图 6-76　缺陷被酸蚀匀滑后模型

3. 时域有限差分法模拟

对于亚表面缺陷的模拟，除了上述几何光线追迹结合相干叠加的方法外，还有时域有限差分方法(finite difference time domain，FDTD)。对电介质中电磁波的传输进行求解，其基本方程为麦克斯韦方程，采用网格差分方式来进行离散化计算。

$$\nabla\times H=\frac{\partial D}{\partial t}+J$$
$$\nabla\times E=-\frac{\partial B}{\partial t}$$
$$\nabla_g B=0$$
$$\nabla_g D=\rho \tag{6-20}$$

FDTD 方式是将时间进行差分，并且磁场与电场交替迭代计算。以一维麦克斯韦方程为例

$$\frac{\partial E_x}{\partial t}=-\frac{1}{\varepsilon_0\varepsilon_r}\cdot\frac{\partial H_y}{\partial z}\qquad\frac{\partial H_y}{\partial t}=-\frac{1}{\mu_0\mu_r}\cdot\frac{\partial E_x}{\partial z} \tag{6-21}$$

利用一阶导数的二阶中心差分近似，上面的方程变为(n 为迭代次数，k 为空间网格元)

$$\frac{E_x^{n+1}(k)-E_x^n(k)}{\Delta t}=-\frac{1}{\varepsilon_0\varepsilon_r(k)}\cdot\frac{H_y^{n+\frac{1}{2}}\left(k+\frac{1}{2}\right)-H_y^{n+\frac{1}{2}}\left(k-\frac{1}{2}\right)}{\Delta z} \tag{6-22}$$

$$\frac{H_y^{n+\frac{1}{2}}\left(k+\frac{1}{2}\right)-H_y^{n-\frac{1}{2}}\left(k+\frac{1}{2}\right)}{\Delta t}=-\frac{1}{\mu_0\mu_r\left(k+\frac{1}{2}\right)}\cdot\frac{E_x^n(k+1)-E_x^n(k)}{\Delta z} \tag{6-23}$$

经过一系列推导可用计算机语言表示为

$$H_y[k] = H_y[k] - ca[k] * (E_x[k+1] - E_x[k]) \qquad (6-24)$$

$$E_x[k] = E_x[k] - cb[k] * (H_y[k] - H_y[k-1]) \qquad (6-25)$$

式中,时间变量已隐含在迭代公式中,以及

$$H_y[k] = \tilde{H}_y\left(k+\frac{1}{2}\right) ; \ E_x[k] = E_x[k] ;$$

$$ca[k] = \frac{c\Delta t}{\Delta z \mu_r\left(k+\frac{1}{2}\right)} ; \ cb[k] = \frac{c\Delta t}{\Delta z \varepsilon_r(k)} \qquad (6-26)$$

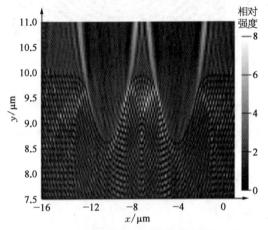

图 6-77 后表面正弦缺陷形貌的光场分布

只要给定了所有空间点上电\磁场的初值,就可以一步一步地求出任意时刻所有空间点上的电\磁场值。图 6-77 求解了两个正弦缺陷在后表面的光场分布,最大增强因子约为 8 左右,相对未匀滑前仍能下降到 1/3 左右。

4. 超声波辅助 HF 酸蚀机理

如前所述,通过电场或者光场强度的增大来表述亚表面缺陷带来的影响,其量化因子可以用光强增长因子 LIEF(the light intensity enhancement factor)来描述。J. Neauport 经过计算发现[23],裂纹附近的最大光强因子 LIEF 约为 n^4(n 为元件折射率,对于熔融石英而言 LIEF 约为 5)。F.Y. Genin 将光的传播效应加入光学场强增强的计算中[24],并使用基于时域有限差分 FDTD(计算结果与软件的商业属性无关)软件计算得到 LIEF=10.2,如果再考虑相邻缺陷的叠加,LIEF 可能高达 27。因此,降低亚表面缺陷带来的光强调制是关键,目前主要手段是采用 HF 酸刻蚀,即熔融石英 SiO_2 与 HF 酸进行化学反应

$$SiO_{2(solid)} + 6HF_{(aq)} \longrightarrow SiF_6^{2-}{}_{(aq)} + 2H_2O_{(aq)} + 2H^+_{(aq)} \qquad (6-27)$$

式中 solid 表示固体,aq 表示液体。

研究发现,对于光滑表面,HF 酸是整体向下匀速刻蚀,而对于存在各种缺陷的表面来说,首先是最上方的抛光重沉积层迅速被刻蚀,缺陷开口宽度增大,深度刻蚀后剖面由尖锐形态变为缓变的近余弦结构,达到 HF 酸刻蚀的钝化效果[25]。更简单来说,亚表面层存在孤立的划痕或裂纹,其并不会在刻蚀中消失,而是以一定速率变宽,剖面形态表现为“壁”变得更为水平而非陡峭,如图 6-78 所示。这样既能提高其附近的机械强度,又能

大幅降低缺陷处电场或光场。伴随 HF 酸刻蚀过程，产生反应物是 SiF_6^{2-}（六氟硅），因难溶解而形成颗粒，易沉积于光学元件表面。

超声波应用于清洗，是利用液体的空化作用，即液体分子受到超声波能量的传递，分子相互作用而产生大量气泡。能量聚集到一定程度时，气泡破裂产生巨大能量，把整个液体爆裂，作用效果如图 6 - 79 所示。因此在国内，早期就将超声波应用于光学元件表面的油污、火漆、柏油、抛光粉、玻璃粉、保护漆等污物

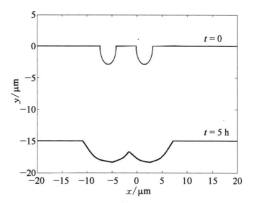

图 6 - 78　HF 酸刻蚀熔融石英表面裂纹示意图

去除，但将超声波辅助 HF 酸去除表面嵌入的杂质颗粒以钝化表面缺陷的研究刚刚起步。现利用超声波搅拌 HF 酸，使得式 6 - 27 化学平衡态常数增大，提高六氟硅溶解度，或者通过气泡破裂产生的冲击波迅速促使微粒从表面剥离。气泡直径 d_b 决定了它靠近表面和发生作用的尺度或范围，显然越小越好，也就意味着超声频率越高越好，最好达到百万赫。实验研究发现，超声波辅助 HF 酸刻蚀的速率会加快，并且频率越高则催化速率越快，一般比静态刻蚀速率快 1～2 倍。

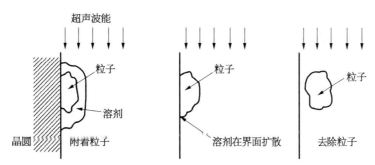

图 6 - 79　超声波作用元件表面去除杂质粒子示意图

5. 实验研究确定工艺参数

实验所用的熔融石英材料为康宁公司 7980 牌号，熔融石英元件尺寸为 50 mm×50 mm×5 mm，熔融石英取样光栅尺寸为 200 mm×200 mm×8 mm[光栅线密度 2 000 lines(线)／mm]。使用 AR 分析纯 40% 浓度的 HF 酸与去离子水进行配比，比例为：熔融石英基板 1：8～1：10 不等，熔融石英取样光栅 1：37。超声波频率 40 kHz，环境温度 22℃。改变样品的刻蚀溶液、刻蚀时间和超声波作用时间，具体实验参数如表 6 - 4 所示。

采用场发射扫描电子显微镜(scanning electron microscope，SEM)和原子力显微镜测试样品任意 5 点，观察样品表面形貌结构；采用 ZYGO 干涉仪测量样品透过波前 PV 值；损伤实验所用的实验装置为中科院上海光机所薄膜中心搭建的符合 ISO11254 国际

表 6 - 4　样品实验参数

样　品	熔融石英平板元件							熔融石英光栅	
	1	2	3	4	5	6	7	8	9
体积配比	na	1∶10	1∶10	1∶9	1∶9	1∶8	1∶8	na	1∶37
超声搅拌时间/min	na	2	5	0	15	20	20	na	5
刻蚀时间/min	na	6.5	40	20	200	330	825	na	5

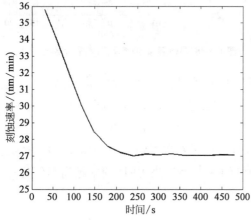

图 6 - 80　熔融石英表面 HF 酸刻蚀速率（1∶9）

损伤测试标准的自动化激光损伤测试平台。测试激光波长为 355 nm，脉宽 6 ns，样品处光斑面积为 0.62 mm^2，入射角度为近正入射，测试方法为 1 - on - 1 测试，每个能量台阶取样点数为 15 个。

图 6 - 80 为 HF 酸刻蚀熔融石英的速率曲线图（配比比例 1∶9），3 min 刻蚀深度约 100 nm，可见元件表面的抛光重沉积层最易刻蚀，4 min 后刻蚀速率保持约 27 nm/min，对元件亚表面缺陷以下刻蚀趋近于稳定。

图 6 - 81（a）为实验 2♯样品刻蚀 160 nm 深度的 SEM 图，可见各种划痕裂纹暴露出来并有一定程度的钝化匀滑，此时抛光重沉积层并未完全被剥离；图 6 - 81（b）为实验 3♯刻蚀 10 μm 深度的 SEM 图，亚表面缺陷层被完全剥离，无明细尖锐的裂纹。

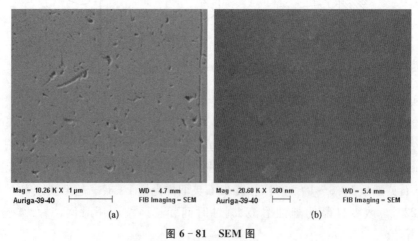

图 6 - 81　SEM 图

(a) 2♯样品；(b) 3♯样品。

对于熔融石英取样光栅来说，其刻线密度 2 000 线/mm，制作过程会嵌入光刻胶等有机杂质粒子，而且等离子体刻蚀注入会使其外壳碳化成硬膜，无论是有机溶剂还是 HF

酸都无法将其剥离。一般来说,需要借助机械外力比如超声波来摧毁硬膜,可以使 HF 酸刻蚀液将光刻胶等有机杂质粒子从基板表面剥离。由于实验采用超声波频率 40 kHz, 从取样光栅实验片测试来看,获得了一定的实验效果。图 6-82(a) 是 8♯样品未经 HF 酸刻蚀的原子力显微图,刻蚀光栅占宽比约为 0.47,深度约为 31.3 nm;图 6-82(b) 是 9♯样品进行 HF 酸刻蚀后的原子力显微图,刻蚀深度约 65 nm,光栅脊线较 8♯样品变窄, 占宽比减少 0.33 左右,深度变为 30.5 nm 左右。实验测量各自能量取样效率,8♯样品 为 0.31%,9♯样品为 0.25%,二者差异对样品实际用于能量取样测试没有影响。

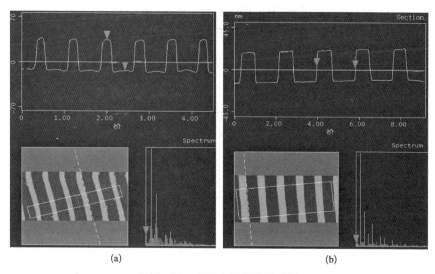

图 6-82　原子力显微镜测试图

(a) 8♯样品;(b) 9♯样品。

测定的 355 nm 波长激光抗损伤阈值数据如表 6-5 所示。从测试数据分析,超声波 辅助 HF 酸刻蚀深度 25 μm 熔融石英基片的抗激光损伤阈值提高了 70.6%,刻蚀深度 65 nm 熔融石英取样光栅抗激光损伤阈值提高了 20%。

表 6-5　HF 酸刻蚀不同样品深度的抗激光损伤阈值测试

样　品	熔融石英平板元件							熔融石英光栅	
	1	2	3	4	5	6	7	8	9
刻蚀深度/μm	0	0.16	1.0	3.2	5.4	10	25	0	0.07
抗激光损伤阈值/(J/cm²@355 nm)	5.1	6.5	6.8	7.2	7.5	8.2	8.7	3.5	4.2

HF 酸刻蚀光学元件,在去除亚表面缺陷的同时,会引起表面粗糙度变化[26]。对于 超声波辅助 HF 酸刻蚀光学元件,由于超声波场均匀性问题,存在表面局部刻蚀速率不 一致,从而更加影响表面粗糙度,同时会引起光学元件透过波前的变化。在实验过程中,

对 4# 样品的表面粗糙度进行了测试，HF 酸刻蚀前 Rq_{RMS} 为 1.8 nm，HF 酸刻蚀 3.2 μm 后 Rq_{RMS} 为 4.3 nm。

表 6-6 列出 3#、4#、5#、6#、7# 等样品的 HF 酸刻蚀前后在 ZYGO 干涉仪上测量的透过波前值。将刻蚀后的值减去刻蚀前的值，获得如图 6-83 的曲线，图中负值表示变好，正值表示变差。可见刻蚀 1 μm 以上的 5 块样片，酸洗前后透过波前的变化量均小于 0.15λ，说明超声波场均匀性对透过波前有一定影响。如对透过波前值要求高的光学元件，需控制超声场均匀性和频率稳定性，以及全过程多次间隔超声波的辅助时间周期。

表 6-6　熔融石英基板 HF 酸刻蚀前后 PV_T 值 ($\lambda=632.8$ nm)

样　　品	3	4	5	6	7
PV_T（酸洗前的透过波面）/λ	0.919	0.932	0.921	0.688	0.639
PV_T（酸洗后的透过波面）/λ	0.803	0.780	0.919	0.685	0.649

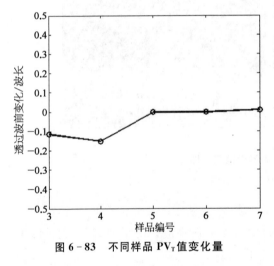

图 6-83　不同样品 PV_T 值变化量

6. 熔融石英预处理工艺及设备要求

通过 7 块熔融石英基片和 2 块熔融石英取样光栅的表面形貌结构、透过波前、激光损伤阈值等的对比测试，实验研究了超声波辅助 IIF 酸刻蚀对熔融石英抗激光损伤阈值的影响。研究结果表明：超声波场的引入能催化 HF 酸的刻蚀速率、提高钝化效果，并且更易剥离嵌入的亚微米级杂质粒子，进而提高熔融石英元件的抗激光损伤阈值。具体来说：

① HF 酸刻蚀去除因熔融石英表面缺陷而产生的大量难溶解颗粒六氟硅（SiF_6^{2-}）或六氟硅酸铵，通过超声波搅动避免其沉积于光学元件表面，并且提高 HF 酸刻蚀速率。

② 超声波辅助 HF 酸刻蚀熔融石英基片的刻蚀量不同，对元件表面形貌结构、抗激光损伤阈值均有影响，而 PV_T 值变化量相近。其中，刻蚀深度越大，表面形貌结构越平滑，抗激光损伤阈值从 5.1 J/cm² 提高到 8.7 J/cm²，增加了 70.6%。

③ 由于熔融石英取样光栅的占宽比约为 0.5（光栅深度 30 nm），故 HF 酸溶液需要更为稀释，刻蚀时间需较短，同时超声波场需全程搅拌，避免颗粒嵌入光栅隙缝处。通过实验测试，抗激光损伤阈值在刻蚀前后提高了 20%，能量取样效率从 3.1% 降低到 2.5%。

HF 酸刻蚀熔融石英玻璃，可暴露隐藏于表面破碎处而影响亚表面损伤，并且减少石英玻璃加工抛光量。但如化学反应式中显示，在刻蚀过程中产生 SiF_6 残留物，其粘附在元件表面就会减低刻蚀效果，严重的话会成为元件损伤的另一种污染颗粒与诱因。因此在工艺确定过程中,如已确定采用超声波搅拌,可以剥离元件表面 SiF_6 的浓度,并且保证 HF 酸刻蚀匀速。因此,研制的超声波辅助 HF 酸刻蚀设备就集 HF 酸腐蚀、超声波搅拌、清洗烘干、自动装卸和安全控制等功能于一体,能满足楔形镜 360 mm×370 mm×160 mm、BSG 360 mm×370 mm×8 mm、CPP360 mm×370 mm×10 mm、次防 360 mm×370 mm×2 mm,及未来专项所需口径的元件尺寸要求。主要实现三点功能要求。

① 多频段超声波频率集成:在一台设备上集成超声频率 68 kHz 和 132 kHz,以及兆声频率 950 kHz,并实现大口径元件的长时间清洗。

② HF 酸腐蚀防护:HF 酸能对 SiO_2 玻璃材料、金属材料进行腐蚀,但设备中必然有金属构成,采用纯天然聚丙烯实现设备的整体防护。

③ 清洗流程自动控制:熔融石英元件在清洗过程中要实现上下料、超声波清洗、兆声波清洗、酸与去离子水清洗,以及清洗液自动配给和排放等功能,这些均需要实现流程化自动控制和安全报警处理,是本设备必须实现的功能。

研制的超声波辅助 HF 酸刻蚀设备的工艺流程和现场设备如图 6-84 和图 6-85 所示:上料位→1♯槽→2♯槽→3♯槽→2♯槽(慢提拉)→下料位。系统处理工艺槽体可编程选择,处理工艺顺序可任意编程设定。机械手在各个槽位具有上下抖动功能,可编程选择。有抖动功能时,自动盖不盖。机械手返回过程中在 2♯ 快排冲洗(quick dump rinse,QDR)槽以热水慢提拉方式出槽。

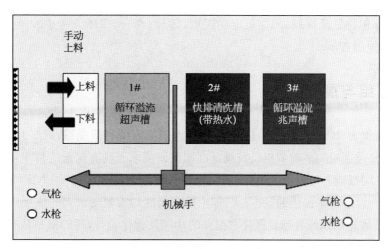

图 6-84　超声波辅助 HF 酸刻蚀设备工艺流程图

(1) 清洗方式及步骤:

① HF 酸腐蚀:HF 酸或与 NH_4F 混合液(6∶1),加超声 950 kHz,恒温控制在 25℃,腐蚀 15 h,全程或最后 0.5 h 加超声搅拌。

② 元件清洗:因元件含有 HF 酸,需在超纯水中浸没清洗 30 min,加超声 68～132 kHz,可多挡调,全程超声搅拌。

图 6-85 超声波辅助 HF 酸预处理大口径光学元件设备现场安装图

③ 元件冲刷：采用喷雾方式，用超纯水全方位冲刷 30 min。

④ 元件干燥：百级超净室中自然风干，或以纯氮气吹扫干燥。

（2）清洗设备要求：

① 三个槽并排。第一槽用 HF 酸溶剂清洗，需 950 kHz，恒温；第二槽超声浸没漂洗，需 68 和 132 kHz 两挡；第三槽喷雾清洗，全立体喷雾。

② 工艺要求：第一、二槽以及元件侧边固定抓取，需考虑 HF 酸腐蚀、槽用聚丙烯材料和传感器外包特氟隆材料；元件可电动提取、转移；第一、二槽需考虑酸蒸发、排放的防护；第一槽需恒温控制。

§6.5　总结与展望

惯性约束聚变(ICF) 作为当今国际上的重大前沿基础科研领域，对于开发、利用新能源，解决地球日益严重的能源危机以及满足高端科研需求都具有深远的科学意义和重要的应用价值。各国都增大科研力度，并作出完整的科研规划，其中以美国 NIF 中心点火计划最具代表性，同时以日本提出的"快点火"理论掀起惯性约束聚变研究的热潮。本章介绍了我国神光Ⅱ装置靶场系统各单元器件和组件的功能及优化设计，目的就是从高通量三倍频激光终端光学组件集成技术研究入手，抓住高谐波转换效率、高稳定安全传输、高性能激光焦斑这三个性能目标，对终端光学组件的总体设计、物理机制和单元技术进行分析研究。

介绍了靶和靶球，同时展开了光束导引排布设计以及相关组件的论述。提升熔融石英抗激光损伤阈值的预处理工艺，主要是利用超声波辅助 HF 酸改善熔融石英亚表面缺陷形貌，去除和匀滑各类亚表面缺陷。利用漫反射玻璃管理，散射和吸收杂散光，防止其辐照光学元件和机械表面而引起直接和间接污染损伤。终端光学组件的集成优化设计与构建，为激光打靶提供了精密物理实验的能力。

　　国际上高功率激光驱动器研究的进展和我国相关领域的发展,促进和深化了驱动器的集成性能技术。特别是目前提出的装置负载能力问题,最根本的就是光学元件损伤问题。从现在取得的成就和美国 NIF 装置依然存在的问题来看,终端光学组件的集成性能问题依然是该领域中需要持续研究解决的问题。本文虽然较为系统地分析讨论了需关注的高安全稳定传输和高效激光聚焦等目标,并分析了各自的物理机制,提出了相应解决方法或技术,但比起满足高功率激光驱动器总体性能,或者物理实验研究的要求,仍然存在差距或有待继续解决的问题。

　　激光聚焦打靶,凝聚了多代科学家的心血和努力。当前,神光Ⅱ装置的靶球最多是 9 束激光打靶。为了最大化聚焦打靶能量,以便接近理论聚变点火条件,一是要增加激光路数,二是要进一步提高单束激光的能量,故新建一套 192 束甚至更多束的超大型激光装置,已经提上日程。对于靶场来说,这将对靶球、反射镜和 FOA 系统提出更高的要求。如何优化配置 FOA 光路,提升光学元件性能,管控最佳工作环境等,已然成为今后靶场需要攻克的重大技术难关。FOA 的优势是集成模块化后,方便组装调试,整体环境可控。但是在高功率激光辐照下,多个面的剩余反射光对机械和光学元件的破坏逐渐呈现,这已成为 FOA 系统必须面对和无法回避的技术挑战。

参考文献

[1]　周洋,邵平,赵东峰,等.神光Ⅱ升级装置纳秒靶瞄准定位技术研究[J].中国激光,2014,41(12): 169 - 175.

[2]　赵东峰,王利,林尊琪,等.在神光Ⅱ装置第九路系统开展 351 nm 波长激光高通量传输的实验研究[J].中国激光,2011,38(07): 1 - 8.

[3]　邵平,夏兰,居玲洁,等.楔形透镜的检测及校正方法(G01B11/00).中国专利: CN201310554406, 2014.

[4]　邵平,夏兰,赵东峰,等.高功率激光装置终端楔形透镜的测量与调试[J].中国激光,2015,42(04): 260 - 265.

[5]　季来林,刘崇,唐顺兴,等.大口径 KDP 晶体加工相位扰动与三次谐波转换[J].中国激光,2012,39 (05): 68 - 72.

[6]　丘悦,黄宏一,范滇元,等.可变焦列阵柱面透镜均匀线聚焦系统[J].光学学报,1994,(11): 1198 - 1203.

[7]　丘悦,钱列加,黄宏一,等.用消衍射方法改善透镜列阵的辐照均匀性[J].中国激光,1995(1): 27 - 31.

[8]　陈万年,王树森,陈斌,等.用于 X 射线激光实验研究的列阵柱面透镜线聚焦系统[J].光学学报, 1991(9): 829 - 833.

[9]　邬融,华能,张晓波,等.高能量效率的大口径多台阶衍射光学元件[J/OL].物理学报,2012,61 (22): 241 - 247.

[10]　邬融,田玉婷,赵东峰,等.透射衍射光栅内全反射级次[J/OL].物理学报,2016,65(5): 106 - 114.

[11]　Sun M Y, Zhu J Q, Lin Z Q. Modeling of ablation threshold dependence on pulse duration for

dielectrics with ultrashort pulsed laser. Optical Engineering, 2017, 56(1): 011026.

[12] Hendrix J L, Schweyen J C, Rowe J, et al. Ghost analysis visualization techniques for complex systems: examples from the NIF final optics assembly[C]. Third International Conference on Solid State Lasers for Application to Inertial Confinement Fusion, International Society for Optics and Photonics, 1999.

[13] 赵东峰,林尊琪,邬融,等.大口径高功率激光杂散光防护吸收装置及其构件强化方法.中国专利: CN20141042802.9,2015 - 01 - 28.

[14] Menapace J A, Penetrante B, Golin D, et al. Combined advanced finishing and UV-laser conditioning for producing UV-damage-resistant fused-silica optics. Laser-Induced Damage in Optical Materials, SPIE Proc, 2002, 4679: 56 - 66.

[15] Menapace J A. Developing magnetorheological finishing (MRF) technology for the manufacture of large-aperture optics in megajoule class laser systems. Proc SPIE 7842, Laser-Induced Damage in Optical Materials: 2010, 78421.

[16] Lamaignere L, Bercegol H, Bouchut P, et al. Enhanced optical damage resistance of fused silica surfaces using UV laser conditioning and CO_2 laser treatment[J]. Proceedings of SPIE the International Society for Optical Engineering, 2004, 5448: 952 - 960. DOI: 10.1117/12.547071.

[17] Mendez E, Baker H J, Nowak K M, et al. Highly localised CO_2 laser cleaning and damage repair of silica optical surfaces. Proceedings of SPIE the International Society for Optical Engineering, 2005, 5647. DOI: 10.1117/12.585293.

[18] Suratwala T I, Miller P E, Bude J D, et al. HF-based etching processes for improving laser damage resistance of fused silica optical surfaces. J Am Ceram Soc, 2011, 94(2): 416 - 428.

[19] Suratwala T, Wong L, Miller P, et al. Sub-surface mechanical damage distributions during grinding of fused silica[J]. Journal of Non-Crystalline Solids, 2006, 352: 5601.

[20] Miller P, Suratwala T, Bude J, et al. Methods for globally treating silica optics to reduce optical damage. US Patent Application, 2009: 12572220.

[21] Zhang C L, Wang Z G, Xiang X, et al. Simulation of field intensification by pit-shaped crack on fused silica surface. Acta Phys Sin, 2012, 61(11): 114210.

[22] Chen M, Xiang X, Jiang Y, et al. Enhancement of laser induced damage threshold of fused silica by acid etching combined with UV laser conditioning. High Power Laser and Particle Beams, 2010, 22(6): 1384 - 1387.

[23] Neauport J, Ambard C, Cormont P, et al. Subsurface damage measurement of ground fused silica parts by HF etching techniques[J]. Optics Express, 2009, 17 (22): 20448 - 20456.

[24] Genin F Y, Salleo A, Pistor T V, et al. Role of light intensification by cracks in optical breakdown on surfaces. J Opt Soc Am A, 2001, 18 (10): 2607 - 2616.

[25] Wang F R, Huang J, Liu H J, et al. Laser induced real-surface-crack damage properties of fused silica etched with HF solution[J]. Acta Phys Sin, 2010, 59(7): 5122 - 5127.

[26] Yang M H, Zhao Y A, Yi K, et al. Subsurface damage characterization of ground fused silica by HF etching combined with polishing layer by layer[J]. Chinese J Lasers, 2012, 39(3): 0303007.

第7章
激光参数测量与光束控制

§7.1 概述

在各类科学研究中，测控是一个重要的研究领域，譬如在我们熟悉的航天领域中，火箭在发射前后，各关键部件所处状态、飞行轨道的实际反馈与控制、卫星在天际的运行等，都必须依靠现代测控技术来实现监控。它是我们观察世界、认识世界的另一扇窗口。测控，顾名思义就是指测量与控制，在激光技术里，就是指激光参数测量与光束控制。

激光参数测量就是测量各种表征激光特性的参数，如表征时间、空间和频谱分布特性的激光参数。

光束控制，则是根据激光的具体应用，将激光束发射出去，作用到指定目标上，并达到预定要求的一个环节。在这个环节上，要根据目标特性变化和传输特性变化来控制激光光束参数。例如在将激光束聚焦在目标上以获得尽可能高的功率密度的场合，需要对激光束聚焦距离、聚焦焦斑尺寸、焦斑能量分布实行控制，以便达到预期目标。而激光聚焦距离、焦斑大小和焦斑上的能量分布，是要通过对激光参数进行变换和控制来实现的；激光聚焦距离是通过激光波阵面曲率半径的变化、修正来实现；激光焦斑大小是通过对光束孔径大小和光束质量的控制来实现；焦斑能量分布特性可通过激光孔径上能量分布和波阵面相位起伏来实施控制[1]。

对于一个大型高功率激光驱动器而言，其结构与功能均极为复杂，其内部各分系统、子系统、组件、模块都不是各自孤立地运行，且易受内部和外部变化的影响，需要实时感应装置内外各类变化的信息，及时对装置内各分系统、子系统的相关单元不断进行迅速而完善的调整，使装置适应不同的功能需求。而其中主要对激光参数进行测量和光束控制的分系统简称激光测控分系统，犹如"人体神经系统"，在其直接或间接的管理与控制下，各分系统互相联系、互相作用、密切配合，使装置成为一个完整而统一的整体，实现并维持正常的运行。它不仅仅是一个高功率激光驱动器的数据信息的采集者，同时它还是整个装置正常运行的控制者和安防卫士。可见，激光测控分系统是整个装置必不可少的一个系统，扮演着极为重要的角色。

1. 系统功能要求

高功率激光驱动器的目标是通过激光惯性约束聚变实验，在初始激光条件参数与复杂等离子体物理参数之间建立规律性的关联，并用实验结果来校验所建立的模拟计算程序。这就要求把作为驱动器的激光装置输出的初始参数，控制在严格指定并且可重复的范围内。再则高功率激光驱动器是一个复杂、综合性的科学装置，整个激光链路动辄数十甚至数百米。经过多级放大，整个装置处在高通量、高负载的状态下，任何一处的异常或不稳定，都将影响装置的安全稳定运行。因此，建立激光参数测量与光束控制分系统（测控分系统）有三大目的：一是通过光束控制，满足各类物理实验对作为驱动源的激光光束质量和打靶精度等的基本要求；二是评价和衡量装置输出特性，为物理实验校核模拟程序与装置稳定运行提供确切的激光参数；三是检测关键位置的元件状况，及时排除装置运行器件出现的各类不稳定因素，确保装置具备较高的可用性。

图 7-1 为激光参数测量与控制分系统主要功能示意图，其主要基本功能如下：

① 在装置运行准备阶段，系统具备并联工作模式，实现光束快速自动准直和光束动态波前控制。

② 在装置运行发射时，系统必须具备对前端、预放、主放、靶场系统关键位置各类激光参数的实时测量功能。

③ 在装置维护期间，具备对装置技术状态抽样诊断的能力，确保装置具有较高的可维修性和可用性。诊断内容主要包括光学元件损伤状态检测、终端输出参数精密诊断、大口径取样光学元件标定，以及关键位置参数测量组件的在线标定等。

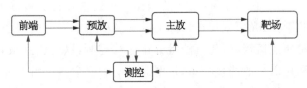

图 7-1 测控分系统主要功能示意图

2. 组成

在高功率激光驱动器中，激光测控分系统是一个综合装置全链路自动准直、波前校正和全场参数诊断功能三位一体的多功能系统。它通常采用分层分布式控制模式，利用计算机网络技术，实现装置激光参数的精密化、集成化和自动化的测量与控制，并实时进行数据管理与服务。激光测控分系统根据具体职能的不同，可分为激光参数测量子系统、光束自动准直系统、自适应光学（adaptive optics，AO）波前子系统以及计算机集总控制总控平台，其组成框图如图 7-2 所示。激光参数测量子系统是由分布在整个激光装置链路上的各类传感器组成的复杂"感官系统"，不仅能及时准确地感知并反映各关键环节上的激光器状态，表征激光装置输出的整体性能，可为激光光束控制提供真实的参数测量结果与反馈，还能为物理实验实时提供作为驱动源的确切激光状态。

通过该子系统所测量得到的激光参数,不仅是物理实验开展模拟计算与实验校核的基础,同时也为全面、细致地研究装置的总体性能提供技术保障。光束自动准直子系统属于光束控制,是装置"神经系统"的"外周运动神经",又像"导航仪",能够快速、准确地引导由光纤种子光源产生的激光脉冲种子按照指定路线,通过近百米的光路进行放大和光路折返,直至导入靶室,压缩至微米级的靶丸上,是装置可靠和安全运行的有力保障。自适应光学波前子系统也属于光束控制,采用 AO 波前采集与控制技术,通过控制波前形态而趋近理想分布,对于改善焦斑形态、提高远场能量集中度以及增加激光在靶点聚焦时的功率密度都有很大帮助。而集总控制分系统则相当于装置"神经系统"的中枢部分,是一个涉及多学科、多项目、大数据量的数据采集和处理的应用系统。它不但要在装置的不同运行需求条件下,实现装置集中式的自动化控制管理,还需要满足高速度、高精度、高可靠性的综合数据采集和处理的要求,是装置绝对的指挥控制中心。

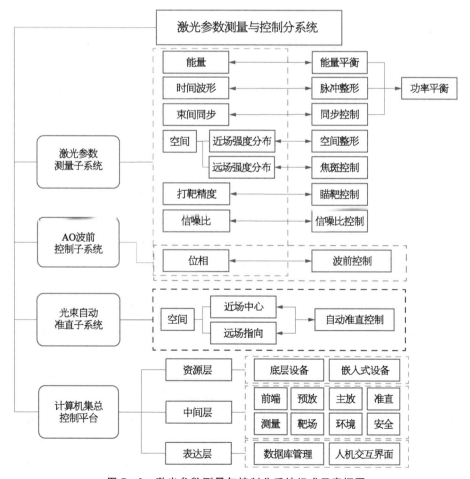

图 7 - 2　激光参数测量与控制分系统组成示意框图

本章首先从基本概念、原理、功能与组成单元等方面分别介绍激光参数测量子系统、光束自动准直子系统、AO 波前控制子系统和集总控制子系统（总控平台）。而后对比列举我国几代装置上的各子系统开展工作的情况，以及国外同类装置上的最新进展，最后对研制过程中的关键技术进行简要阐述，并对未来发展进行展望。

§7.2　激光参数测量

科学技术是第一生产力，但是"科学始于测量"。无论从宇宙航天、卫星探测到超大规模集成电路生产，还是从纳米原子微观探测到跨海大桥、高铁精密建造，无一不需要高分辨率、高动态特性的仪器设备，在人工智能控制下进行超高精度的测量控制、定位加工等工作。测试仪器设备的精度愈高，所获取信息的量值精度就愈高，设备愈可靠，其使用价值也愈高，科学技术就会愈快发展。

随着 1960 年世界上第一台激光器的问世，激光的出现是对传统光源的一场革命。它具有亮度高，方向性、单色性和相干性好等特性，被广泛应用于工业、农业、国防、交通、医疗、科研以及日常生活等几乎所有的国民经济领域。激光技术涉及光学、机械、电子、计算机、材料等多门学科的综合技术，是 20 世纪科学技术发展的重要标志。随着激光技术的广泛应用，激光光束的参数对激光器的应用起到了决定性作用。深入研究激光光束基本参数，对其与物质相互作用的影响变得尤为重要，因此激光参数测量技术是激光技术发展的一个重要方面，也是激光器的研究、生产和应用中的一项基础工作。

7.2.1　常用激光参数与测量方法

为了全面掌握激光器的特点和内在规律，需要从不同的侧面来测量激光器的有关参数，这样才能有效地把激光技术广泛应用到不同生产生活领域中去。这些参数可以是衡量激光器输出光束的各种参数，如激光波长、谱宽、功率、能量、发散度、空间分布，也可以是测量反映激光器内部作用过程的参数，如增益、损耗、噪声等，还可以是测量表征激光器可用性的参数，如寿命、稳定性等。

而用于惯性约束聚变的高功率激光驱动器，是在实验室条件下，以强激光作为驱动源来实现聚变的装置。它既是具有相当规模和难度的一项大科学系统工程，也是体现国家安全、能源、科学研究和加工工艺技术水平的一个重要标志。对于这样一个涉及惯性约束聚变、强激光、光学、材料、机械、电子、计算机等多种技术的复杂系统，衡量其性能的指标有很多。总的来说，根据高功率激光驱动器的运行特性和功能需求，它有一套自成体系的评价指标与标准，主要包括：一类是宏观综合性指标，如系统总的造价比、运行成本、可用性和可靠性、寿命与可维护性；一类是标志性指标，如表征负载能力的能通量密度、系统总体输出能力、增益能力、谐波转换效率等；还有一类则是光束控制类指标，如光束脉冲整形能力，束间同步和功率平衡的"时域"控制能力，与中心波长、幅频效应和宽带传输相关的"频域"控制能力,近远场质量和靶面光强分布的"空域"控制能力,以及指向稳定性和瞄靶精度的"打靶"控制能力。这些都可以称为高功率激光驱动器的参数。它们与激光参数密切相关,或可直接由仪器测量得到,或可通过测量结果计算得到。本章所涉及的激光参数,主要是针对装置输出光束性能指标的有关激光参数。

1. 常用激光参数

评价高功率激光驱动器的常用参数有:激光光束口径、能量、脉冲波形、空间强度分布、相位、光谱、信噪比等。下面首先从基础术语、空间几何参数、空间分布参数、能量参数、功率参数、时间参数、光谱参数等方面,分别介绍各类参数的名称及其定义[2]。

(1) 基础术语

◆ 激光束数:激光装置输出激光光束的数量。

◆ 激光了束:装置中一束独立的光束。

◆ 激光束组:按一定规律和数量排布的激光光束的组合。

(2) 空间几何参数

光束口径:强度为峰值强度指定百分比位置的光束口径。如零强度光束口径指强度为峰值强度 1% 处的光束口径;10% 强度光束口径指强度为峰值强度 10% 处的光束口径;半强度光束口径指强度为峰值强度 50% 处的光束口径;全强度光束口径指强度为峰值强度 90% 的光束口径。

◆ 光束软化因子:由全强度光束口径处至零强度光束口径处的几何间距与零强度光束口径的比值。

◆ 光束面积:光束在规定强度口径内的面积。

◆ 环围半径:在激光光束远场强度分布中,以光斑能量(功率)质心位置为中心画圆,当圆内的能量(功率)为总能量(功率)的规定比例时对应的半径。

(3) 空间分布参数

近场填充因子 F:激光指定强度口径(通常指全强度口径)内的光束近场光斑平均强度(I_{avg})与峰值强度(I_{max})的比值。

$$F = \frac{I_{avg}}{I_{max}} \qquad (7-1)$$

空间光强度调制度 M:激光指定强度口径内(通常指全强度口径)近场空间光强的峰值强度(I_{max})与平均强度(I_{avg})之比。它是近场填充因子的倒数。

$$M = \frac{I_{max}}{I_{avg}} \qquad (7-2)$$

空间强度对比度 C:激光指定强度口径(通常指全强度口径)内光束空间强度分布起伏的均方根值。

$$C = \sqrt{\frac{1}{N_0} \sum_{i=1}^{N_0} \left(\frac{I_i - I_{\text{avg}}}{I_{\text{avg}}} \right)^2} \tag{7-3}$$

其中 I_i 为测量点 i 处的实测光强；I_{avg} 为平均光强；N_0 为测量点数。

近场强度分布功率谱密度：激光光束全强度口径内单位空间频率内空间通量分布的傅里叶变换频谱强度分布。

近场通量分布曲线：光束近场通量的直方图统计分布曲线。

近场平均功率(能量)密度：激光近场光斑总功率(能量)与光斑面积的比值。

远场发散角：包含规定能量的远场光斑所对应的光束发散角。通常有 95% 能量远场发散角和 50% 能量远场发散角。

焦斑：输出激光焦平面处的光斑。

衍射极限：激光束夫琅和费衍射光强第一极小所包围区域对应的发散角大小。

衍射极限倍数：输出激光远场发散角与衍射极限的比值。

旁瓣强度：输出激光远场强度分布规定区域以外的最大激光通量。

远场平均功率(能量)密度：激光远场光斑环围半径以内的功率(能量)与环围面积之比。

斯特列尔比：激光远场实际峰值强度与衍射极限光斑峰值强度的比值。

远场强度分布功率谱密度：激光远场指定区域内单位空间频率内空间强度分布的傅里叶变换频谱强度分布。

焦斑顶部不均匀性：平顶焦斑 90% 峰值强度所包含区域内的不平整度，通常用相对 RMS 值表标定。

FOPAI(fractional power above intensity)曲线：焦斑强度分布中超过设定光强的功率占比，通常用作焦斑均匀性评价参数概率函数。

$$\text{FOPAI}(I_0) = \frac{\iint_{A_{I(x, y) > I_0}} I(x, y) \mathrm{d}x \mathrm{d}y}{\iint_A I(x, y) \mathrm{d}x \mathrm{d}y} \tag{7-4}$$

其中 A 为焦斑有效区域，$I(x, y)$ 为焦斑实际光强分布，I_0 为设定光强。

光束角漂移：在规定时间内，光束多次发射指向偏差的均方根值。

$$\Delta \theta = \sqrt{\frac{1}{N} \sum_{j=1}^{N} (\theta_j - \bar{\theta})^2} \tag{7-5}$$

波前畸变：实际波前相对于参考波前的偏离。

波前畸变峰谷值：被测波前相对于参考波前的最大偏差与最小偏差的差值。

波前畸变均方根值：被测波前相对于参考波前的各点偏差的均方根值。

波前畸变梯度均方根值：一定空间周期范围波前梯度的均方根值。

波前畸变功率谱密度：激光在指定区域（全强度束宽）内波前相位畸变分布的傅里叶变换频谱强度分布。

（4）时间参数

脉冲时间波形：持续时间小于 1 μs 的激光脉冲功率随时间变化的曲线。

脉冲前沿：激光脉冲从峰值功率 10% 处上升至峰值功率 90% 处之间的时间间隔。

脉冲后沿：激光脉冲从峰值功率 90% 处下降至峰值功率 10% 处之间的时间间隔。

脉冲持续时间：脉冲时间波形上升和下降到峰值功率规定百分数之间的时间间隔。

脉冲宽度：激光脉冲上升和下降至峰值功率 50% 处之间的时间间隔。

脉宽调节范围：激光脉冲宽度可调节的时间范围。

整形脉冲对比度：整形脉冲的主脉冲峰值功率与最低预脉冲功率之比。

脉冲信噪比：激光脉冲信号峰值功率与规定时间范围内噪声峰值功率的比值。

束间脉宽分散度：各子束间输出脉冲宽度偏差的均方根值。

束间同步误差：各子束输出脉冲到达指定位置的时间偏差的均方根值。

（5）能量参数

脉冲能量：装置各子束输出的脉冲能量。

环围能量（能量集中度）：以激光远场焦斑质心为圆心，环围半径内的激光能量。

能量密度（通量）：光束单位面积内的激光能量。

输出总能量：装置所有子束输出能量的算术和。

输出能量偏差：光束输出能量与预定能量的相对偏差。

子束能量分散度：相同运行条件下，所有子束输出脉冲能量偏差的均方根值。

束间能量分散度：系统同一次发射时，各子束间输出能量起伏的均方根值。

（6）功率参数

脉冲功率：子束输出能量与其脉冲宽度的比值。

束间功率不平衡度：系统同一次发射时，各子束间输出脉冲瞬时功率起伏的均方根值。

（7）光谱参数

光谱分布：按激光频率分布的激光功率（或能量）相对强度。

峰值波长：光谱分布的功率（能量）最大值处对应的波长。

中心波长：光谱分布半高宽中心位置对应的波长。

谱线宽度：谱功率（能量）为其峰值一半处对应波长（或频率）的最大间隔。

（8）其他

打靶精度：光束瞄准弹着点与实际弹着点之间的距离偏差的均方根值。

$$\Delta r = \sqrt{\frac{1}{N} \sum_{j=1}^{N} (r_{i,j} - r_0)^2} \qquad (7-6)$$

式中：$r_{i,j}(x_i,y_i)$ 为实际弹着点的位置；$r_0(x_0,y_0)$ 为瞄准弹着点的位置；N 为有效束次。

三倍频转换效率：三倍频器输出的三倍频激光能量，与输入到三倍频器入口处的基频激光能量之比。

靶场传输效率：入射到靶面的激光能量与末级输出的激光能量的比值。

瞄准偏差：靶面激光束平均质心位置与设点瞄准点位置的偏差。

2. 常用测量方法

不同的激光参数有不同的测试方法，所采用的探测器也各不相同。本节将着重介绍几项重要激光参数测量的常用方法和基本原理。

（1）脉冲能量

激光能量是针对脉冲激光而言，表征激光输出的有无强弱，是评价高功率激光驱动器输出能力的一项最主要指标，通常采用子束输出能量和总输出能量来表征。

测量激光能量的方法有多种，按激光光束在接收元件上所产生的物理效应，可分为光热法和光电法，其探测器根据原理不同可以分为热电堆式、热释电式、光电式及半导体光电二极管式等几种。光热型探测器以热电堆、热敏电阻或热释电材料为吸收型探测器而作为传感器件，当激光辐射入射到用来吸收激光的黑层或其他特殊材料时，引起敏感材料升温，从而使热电偶或热释电晶体等热敏元件与温度相关的物理量发生变化从而被探测得到。光热型探测器的响应时间长，对各种不同波长的辐射有较平坦的响应，稳定性好，适合宽波段工作。光电法则是利用辐射入射光子与材料的束缚态电子相互作用，产生光电效应如光伏、光电导、光发射等，从而使探测器输出信号。其响应速度快、灵敏度高，适用于快速瞬态测量[3]。

不同种类的激光需要不同灵敏度的探测器进行测量。强激光和脉冲激光的测量须防止激光对接收面的损伤，弱激光的测量则须屏蔽对激光探测器件的干扰。在低能量量级常采用热释电或光电探测器，在较高能量量级通常采用吸收体升温感应的热电探测器，大功率激光测量常采用流水式量热能量计，调 Q 激光能量测量常用体吸收型和多次反射量热式能量计。在强激光量级则采用扩大吸收体接收面的方法，减小激光与物质作用产生的不确定态引入的空气击穿、等离子体、燃烧等不可测定的现象。在高功率激光驱动器上通常采用热电堆式能量计作为绝对能量测量，选择较灵敏的热释电或光电探测器进行取样后相对能量测量。各种不同等级的激光能量测量仪器，还需在标准装置上进行检定和标准传递。

（2）脉冲时间

脉冲时间是指激光在时域上的分布特性。与之相关的指标参数有脉冲宽度、脉冲时间波形。其中脉冲宽度指激光功率维持在一定值时所持续的时间，通常指激光脉冲上升和下降到峰值功率 50% 的时间间隔。脉冲时间波形是指脉冲激光持续时间内，瞬时功率随时间变化的曲线。不同的激光器，其脉冲宽度可以在很大范围内变化，如在微秒至飞秒级内变化。

纳秒级以上的脉冲信号,通常使用商用光电二极管配合快速示波器对其进行测量。光电二极管的工作原理是光电效应。当能量为 $h\nu$ 的光子(需要大于禁带宽度)入射到 p-n 结上时,价带上的电子就会吸收光子而跃迁到导带上,产生一个电子空穴对。在外加电场作用下,电子向 n 区漂移,空穴则向 p 区漂移,从而在外电路上形成光电源,其大小随入射光功率变化而线性变化。光电二极管的模型如图 7-3 所示。

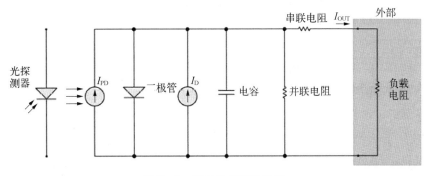

图 7-3　光电二极管的模型

亚纳秒级脉冲信号测量通常采用条纹相机。影响其精度的主要因素是结电容与负载电阻所构成的时间常数以及载流子的渡越时间[4]。通常,PIN 管的响应带宽较窄,对于 InGAs 材料,响应带宽可以达到 3～5 GHz。这是一种直接测量方法,将时序图像通过偏转在记录面上扫描开,使时间顺序转化成空间位置顺序,从而给出脉冲的时间宽度和光场强度。变像管是条纹相机的关键部件,主要由光阴极、聚焦电板、加速栅网电极、阳极、偏转板、内微通道板、增强器(MCP)和荧光屏等组成[5],其工作原理如图 7-4 所示。

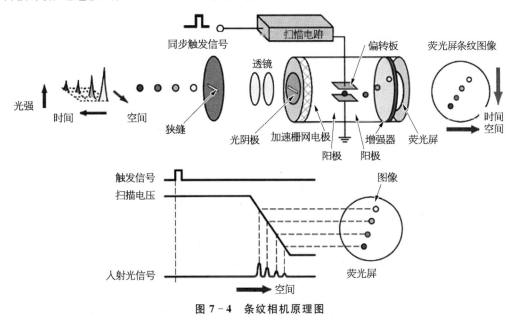

图 7-4　条纹相机原理图

光脉冲沿着特定方向经由狭缝进入仪器而被探测器收集,不同时间到达的光子在探测器上投射的位置不同,时域的瞬态脉冲也就可以转换为在探测器上的空间分布。通过探测器上的光学"条纹"分布,光脉冲的持续时间以及其他瞬态性质就可以通过反推而得出[6]。

对于皮秒或飞秒级的超短脉冲信号采用自相关法,将激光的时间量转换成空间量进行测量。该技术无须借助电学手段,而是使用激光脉冲作为参考光,是一种全光方法。单次自相关技术是通过两束具有一定夹角的宽光束在二次谐波晶体中产生和频信号,通过分析和频信号的空间宽度来计算入射脉冲的时间宽度。基于二次谐波晶体的单次自相关技术,最早是由J. Janszky首先从理论[7]上提出之后在实验上被广泛验证的。图7-5是典型的单次自相关仪示意图[8],其中产生二

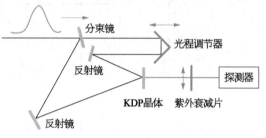

图 7-5 单次自相关仪示意图[8]

次谐波的晶体使用的是 KDP 晶体。当然,原则上任何一种二次谐波晶体都可用于该单次自相关仪,比如 BBO 晶体也广泛应用于单次自相关仪中。

从测量所需的脉冲重复频率角度划分,自相关技术可以分为单次相关技术和重复频率相关技术;从测量所需参考光的角度划分,可以分为自相关技术和互相关技术;从测量所使用的非线性晶体的非线性阶次划分,分为二阶相关技术、三阶相关技术,甚至更高阶相关技术。

测量飞秒脉冲宽度的方法还有基于自相关法的频率分辨光学快门法(frequency-resolved optical gating,FROG)和光谱相位相干直接电场重构法(spectral phase interferometry for direct electric-field reconstruction,SPIDER)。频率分辨光学快门法就是测量光谱分辨的自相关函数之后,利用迭代的方法从频谱图中还原出脉冲的电场分布。通过这种方法可以获得该脉冲的强度和相位信息。这种采用 FROG 法的装置相对简单,只需要把单脉冲单次自相关仪和光谱仪结合起来,如图7-6所示。但由于它的计算时间长,需要多次迭代才能得到近似解[9]。

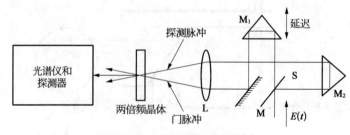

图 7-6 FROG 装置示意图[9]

光谱相位相干电场重构法,原理图如图 7-7 所示,将被测脉冲复制成为两个有着固定延迟的脉冲,分别与一强啁啾脉冲(由被测脉冲扩展得到)的不同准单色频率分量在一非线性晶体中发生频率转换,从而在两个脉冲之间形成频率差,用光谱仪检测两脉冲的干涉信号,经过快速非迭代算法得到脉冲的时间相位。SPIDER 法作为自参考型的光谱干涉技术,其脉冲重建算法简单,可实现脉冲的实时测量。

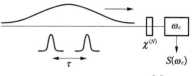

图 7-7　SPIDER 原理图[9]

(3) 空间分布

在评价激光器性能时,还有一个叫"光束质量"的词被广泛使用,但是到目前为止,因为激光器应用目的的不同,仍没有一个明确而统一的定义,其物理含义也经常被模糊。如用于激光切割、激光打孔的激光器,需要高能量、高功率和接近基模的高斯光束;用于雷达和遥感的激光器,则对激光的方向性更为偏爱;用于全息应用的激光,更注重其相干性。影响光束质量的因素较多,诸如激光介质非均匀增益分布、光学元件的静态像差和动态热像差(热畸变)、光腔的失调和抖动、硬边光阑衍射、光学传输系统的像差及装校误差、工作物质的双折射、高阶模输出、大气湍流、系统像差和抖动等,都会降低光束质量。

在高功率激光驱动器中,高质量的激光光束有助于提高系统的工作通量、频率转换效率以及光束能量的可聚焦度,使激光装置满足直接驱动和间接驱动物理实验的需求,从而提高系统的性价比。为了提高放大介质储能的提取效率,需要降低所通过激光光束的软化因子,从而在其有效口径内增大激光的有效光束口径。这就要求激光光束质量有均匀的近场光强分布(即平顶高斯分布)。而为了保证实现激光的高能量密度压缩,则要求作为驱动的聚焦激光束具备高强度的能量集中度,其远场发散角应接近理想的单模高斯光束的衍射极限。光束焦斑能量分布由聚焦前光束截面上的能量分布和相位分布特性所决定。对高功率激光而言,在光束传输过程中,光学系统的像差、传输介质折射率的不均匀、大气湍流、由强激光引起的热效应及其他非线性效应产生的折射率变化,都将引起理想波面上凹凸不平,此起彼伏,即产生相位畸变,从而影响焦斑上的能量分布。

在高功率激光驱动器中,评价光束质量通常指光束的空间参数,包括光束的近场空间强度分布、远场空间强度分布、相位分布等。下面将具体介绍一些与之相关的定义以及测量方法。

1) 远场空间强度分布

波动光学认为,当光波传输距离相对于衍射孔径只留下一层菲涅尔波带片后(即菲涅尔数不大于 1),光场进入夫琅和费衍射区。此时光场的模式遵循傅里叶变换算法,因此也成为远场衍射。脉冲激光远场焦斑的物理意义与上述远场衍射无本质区别,足够的传输距离可使经有限孔径衍射的电磁场进入远场,但为了使用的方便,通常利用正透镜的傅里叶变换特性,将无穷远处的远场拉回有限远处,也就是透镜焦面上。远场焦斑的可聚焦功率是衡量激光器输出能力的重要指标。

常见的激光光束远场质量评价[10]指标有远场发散角、聚焦光斑尺寸、光束传播因子 M^2、斯特列尔比、环围能量比、光束传播因子、衍射极限倍数 β 等。高功率激光驱动器通常采用衍射极限倍数作为衡量远场光束质量的一项重要指标。

聚焦光斑尺寸 ω_f 定义为在远场平面内,包含激光总能量 83.8% 或 86.5% 的焦斑半径(或直径)[11]。远场发散角 θ 定义为实际光束的聚焦光斑尺寸 ω_f 与聚焦系统有效焦距 f 的比值。聚焦光斑尺寸和远场发散角虽然能够比较简单和直观地描述光束质量的好坏,但其大小与聚焦光学系统的具体参数有关,这不便于不同光学系统间的横向比较。光束传播因子 M^2 为实际光束的光束参数积($\omega\theta$)与理想基模高斯光束的光束参数积($\omega_0\theta_0$)二者的比值。该评价指标被广泛用于评价高斯光束的质量,但因为其在理论和测量两个方面均存在难以克服的局限性,在国内外大型激光装置中实际上用得并不多。斯特列尔比定义为实际远场轴上最大光强 $\max(I)$ 与理想参考光束的远场轴上最大光强 $\max(I_0)$ 之比,它关心的是远场轴上的峰值光强度,可在一定程度上反映实际光束远场的可聚焦能力。但由于未提供其他位置的光强分布信息,不太适合能量型应用的场合。环围能量比定义为远场平面内理想参考光束在某一"桶"内的功率(或能量)与实际光束在相同的"桶"内的功率(或能量)比值的平方根。常见的规范桶尺寸有 $0.53\lambda L/D$、$1.22\lambda L/D$、$2.23\lambda L/D$、$3.24\lambda L/D$ 等(λ 为激光波长,L 为光束传输距离,D 为光束口径)。光束传播因子(beam propagation factor,BPF)[12]是由刘泽金教授等国内学者在近些年提出的,并用于评价相干合成光束质量的评价参数,其定义为实际光束在远场平面环围能量 $1.22\lambda L/D$ 桶内的功率(或能量)与相同发射孔径的均强平面光束在远场相同环围半径桶内的功率(或能量)的比值,即 $BPF=1.19P/P_{total}$。其中,比例系数 1.19 为理想参考光束的环围能量 83.38% 的倒数。衍射极限倍数 β 定义为实际光束的远场发散角 θ 与理想参考光束的远场发散角 θ_0 的比值,表征实际光束质量偏离理想光束质量的程度,其值不随理想光学系统的变换而变化,可以从本质上反映实际光束在远场平面内的能量集中度和可聚焦能力,常作为进行横向比较时评价高功率激光驱动器的一项重要指标。β 越接近 1,光束质量越好。

2) 近场空间强度分布

光场进入夫琅和费区之前的衍射分布称为菲涅尔衍射,即近场衍射。根据傅里叶光学理论,在菲涅尔数大于 1 的传输距离上,各角谱成分并未在空间上完全分离,因此衍射场尚不稳定,随传输距离不断变化。在高功率激光驱动器中,基于这个基本原理,我们关注脉冲传输方向上某些特殊光阑位置的场强分布,通过实像传递系统将特殊光阑处的光束二维分布成像在探测器上完成测量。优质的近场分布在像传递系统中尤为重要,保证着高功率固体激光装置的安全运行。近场测量也是激光参数测量工作的重要组成部分。

在高功率激光中,常用采用近场空间强度分布的激光参数包括调制度、对比度、填充因子、功率谱密度、近场通量分布曲线等。有关其定义与公式,前面小节已作介绍,这里就不再赘述。

针对平顶高斯光束的传输特征,必须保证像面上进行数据后处理的衍射场是待测面光场分布的无畸变放大或缩小,即要求测量平面光强分布和像面满足"衍射成像"的共轭成像关系,通常在高功率激光驱动器中光束近场测量采用 4f 系统进行成像,只需在像面位置放置探测器进行二维空间分布测量即可,如图 7 - 8 所示。

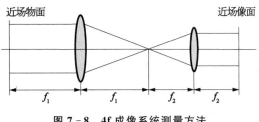

图 7 - 8　4f 成像系统测量方法

通常对光束空间强度分布测量的方法有烧蚀法、感光法和 CCD 阵列探测法等。烧蚀法是指被测激光在一定时间内辐照已知烧蚀能的材料,通过测量材料上产生的烧蚀分布,结合烧蚀深度、辐照时间、材料密度和烧蚀能,便可计算出材料上的激光强度分布。需对材料的烧蚀量与激光功率或能量、脉宽的关系进行标定,才能根据被烧蚀材料的质量变化计算得到激光的输出功率或能量。该种测量是基于对材料烧蚀程度的观察,存在较大的误差,只能做定性分析,而不能准确定量。感光法是由照相胶片或感光纸对被测激光的感光来记录其强度分布的。由于感光材料的线性范围有限,只能根据经验来判断,误差较大,只能进行粗略测量。CCD 阵列探测法是让像面落在 CCD 感光面上,直接测量光斑空间分布。其优点是空间分辨率高、响应速度快、结构紧凑、光谱响应范围宽等。缺点是 CCD 灵敏度高,而高功率激光在测试时功率极强,需要注意衰减的线性控制以及 CCD 背景噪声和暗电流噪声等,同时选择 CCD 时还要注意其动态范围和线性度。不管采用何种测量方法,近场则是传输中某一特定位置的直接测量或者等效像传递测量;而远场均采用聚焦光学系统将待测激光束的远场移至聚焦系统的焦平面上,然后在焦平面上对光斑进行测量。远场还可以通过近场反演计算得到,这是通过测量激光近场相位,以及根据激光近场与远场之间服从傅里叶变换关系,计算得到远场的信息。例如,采用哈特曼-夏克传感器,通过测波前和强度分布,反演计算得到远场。该传感器将在下面波前测量部分详细介绍。

3) 相位分布

在光束传输过程中,光学系统的像差、传输介质折射率不均匀性、大气湍流、由强激光引起的热效应及其他非线性效应产生的折射率变化,都将造成理想波面上凹凸不平、此起彼伏,即产生相位畸变。

对于激光光束波前相位的测量方法很多,如基于测量波前斜率反演波前的哈特曼-夏克波前测量法,基于测量波前曲率反演复原波前的曲率波前传感法,基于测量波前的聚焦光斑强度分布反演波前的线性相位反演传感法,基于干涉条纹反演波前的如迈克耳孙干涉法、斐索干涉法、剪切干涉法等。哈特曼波前测量技术是目前应用最广的一种激光近场相位测量手段。哈特曼波前测量法利用哈特曼光阑分割被测波面,通过波前斜率记录对波面进行测量,能以高的时间分辨率提供光束相位和振幅(光强)的动态时空分布。哈特曼-夏克波前测量法则是在其基础上加以改进,将哈特曼光阑改成一个微透镜阵列,减少光强损失,提高测量精度。哈特曼-夏克传感器是由微透镜阵列和高速 CCD 组成,其基本工作原理如图 7-9 所示。待测的激光波面经微透镜阵列分束后聚焦在 CCD 焦面上,当含有波前畸变的入射波面聚焦到 CCD 时,得到的光斑质心偏离参考波前质心,经过质心计算以及波前重构算法就可以得到被测波面。它除了能测量出激光的波前相位分布信息外,还可根据 CCD 所测得的光斑阵列,计算各子孔径的能量;运用抽样定理还可拟合得到离散的光斑强度分布。因此,哈特曼-夏克传感器可同时获得激光近场的相位和振幅分布,通过近场可直接反演出待测量激光的远场光强分布。该方法检测结构简单,灵敏度高,动态范围大,适合大口径光学系统的检测。但由于微透镜阵列的子孔径数目有限,空间分辨率不高,存在采样误差,因此重构出的波前相位只能反映中低频波前畸变。通常高功率激光驱动器上的波前测量,也采用该技术[13,14]。

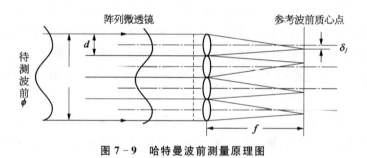

图 7-9　哈特曼波前测量原理图

(4) 光谱

光谱测量通常采用光谱仪,这是一种采用光电倍增管等光探测器测量谱线不同波长位置强度的设备。它将入射到光谱仪输入狭缝上的光波,经过棱镜或光栅折射或衍射色散后,成像在输出狭缝附近焦平面上。不同的波长在焦平面上对应于不同的位置,在焦平面处用光探测器接收记录。常用的棱镜光谱仪和光栅光谱仪原理示意图如图 7-10所示[15]。

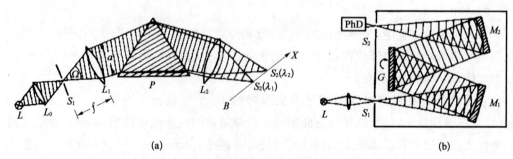

(a)　　　　　　　　　　　　　　(b)

图 7-10　光谱测量采用的光谱仪示意图[15]

(a) 棱镜光谱仪;(b) 光栅光谱仪。

　　光谱仪具有四个主要指标：① 分辨率：指光谱仪能分开两条波长相近光谱线的能力，它与棱镜或光栅色散性能以及成像的距离长短有关；② 光谱测量范围；③ 集光率：接收被测量光源辐射能量的能力，由光谱仪的最大收集角决定；④ 光谱透射率：反映对入射光信号的损耗程度，是入射光波长的函数。光谱仪的分辨率主要与光栅的角色散率有关；另外与输入、输出狭缝的宽度有关，通常输入狭缝越小，分辨率越高。

　　以使用光栅单色仪为例，注意满足入射匹配条件。入射光束需保持与光谱仪光轴重合，保证被测光进入单色仪后刚好充满色散元件，可得到最高的分辨率和最小的杂散光干扰。虽然选用的狭缝越小，其测量分辨率越高，但由于衍射效应，入射狭缝还有一最小宽度。一般在保证分辨率前提下，尽量增加狭缝宽度，以便充分利用光能。根据所测光波范围，选择适当的光栅，同时预防短波长高级次光的十扰。还应注意激光的高功率密度对光栅可能造成的损坏。

　　在超短脉冲 FROG 测量中，也会用到光谱仪测二次谐波信号的光谱强度分布，但是在本节中将不对 FROG 技术进行展开介绍，有兴趣的读者可以自行阅读相关文献。

　　(5) 信噪比

　　信噪比就是主脉冲峰值强度与其前沿最大噪声强度的比值。在激光与等离子体的相互作用过程中，往往期望有一个足够峰值强度的脉冲，并要求该脉冲前沿足够干净。然而激光脉冲在产生、放大和传输过程中伴随着各种畸变，使得到达靶面的脉冲前沿会出现一些预脉冲或者本底噪声。而这些预脉冲或本底噪声的强度如果高于预等离子体产生的阈值，就会先于主脉冲与靶材发生作用，激发出与主脉冲作用完全不同的等离子体类型。因此，高功率激光驱动器往往对信噪比提出了较高的要求。

　　使用光电探测器、示波器和衰减器，可以测量脉冲前沿百皮秒以外的信噪比，但对于百皮秒以内的信噪比，测量已无法分辨。而常用的超短脉冲测量技术，如频率分辨光学快门 FROG、光谱相位相干直接电场重构 SPIDER 和自参考光谱干涉 (self-referenced spectral interferometry，SRSI)，动态范围约在 10^5，测量范围约在皮秒，也无法用于信噪比测量。商用扫描型三阶互相关仪，采用一束待测脉冲的倍频光与待测脉冲在非线性晶体中进行和频互相关，然后使用光电倍增管 (photomultiplier tube，PMT) 接收三倍频信号，调节两束光的延时并记录每个延迟点下的相关信号大小，即可得到待测脉冲的信噪比。PMT 约具有 10^{10} 动态范围，扫描延时线的长度决定了测量的最大时间范围[16]。

　　但随着激光峰值功率越来越大，脉冲的重复频率越来越低，尤其在高功率激光驱动器中，末级输出就是单次运行。对于低重复频率的脉冲，商用扫描型信噪比测量已无法满足测量的需求，需要开展实时信噪比单次测量技术的研究，实现基于光学互相关、大时间范围的单次测量。下面介绍几种有代表性的技术。

　　1) 光脉冲复制技术

　　取样倍频光经过一块光脉冲复制器 (由一面高反和一面部分反射组成的小楔板) 后，

经历多次反射,形成一系列空间分离、时间延迟的取样信号。该取样信号在三倍频晶体处相交,与待测基频光发生互相关,这样待测光可以在不同时刻被取样,且经过互相关过程后,其不同时刻的强度信息转换成空间信号,被 CCD 接收记录。其测量原理如图 7-11 所示[17]。

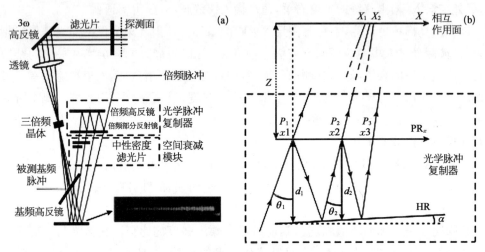

图 7-11　光脉冲复制技术原理示意图[17]
(a) 总图;(b)局部放大图。

2) 非共线互相关技术

当两束宽光束以一定的非共线角入射非线性晶体时,在晶体的不同位置,两束光到达的时间是不同的,如图 7-12 所示。二者在晶体内到达时间的最大差别就是单次测量的时间窗口。经过非线性作用后,两束光不同延时下的作用信息转换成了相关信号空间的分布,这就是时空编码。通过使用线阵或面阵探测器接收相关信号的空间分布,即可得到待测信号的时间信噪比信息。

图 7-12　非共线互相关原理示意图[17]

3) 脉冲前端倾斜技术

通过衍射光学元件,使取样倍频光束的等时间面倾斜,然后与待测光互相关作用,也可进行单次测量。可同非共线互相关配合使用,增大单次测量时间窗口,如图 7-13 所示[18]。但因为引入了衍射光学元件,在实际单次激光上调试非常困难,可靠性较差。

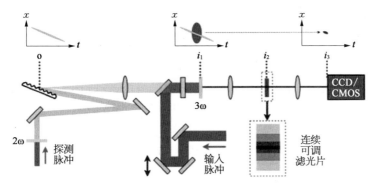

图 7 - 13　基于脉冲前端倾斜技术的信噪比测量原理图[18]

4）非相关测量技术

以阶梯式光栅和克尔效应为基础的非相关信噪比测量技术，原理如图 7 - 14 所示。由取样倍频光作用于光克尔介质，使介质的电偶极矩量值发生变化。当待测光和取样光在时间和空间上与介质内重合时，待测光的偏振态发生变化，产生光开关效应，并被记录。但其动态范围受限于偏振光学元件的消光比，时间分辨率同时受限于产生时空分离脉冲的阶梯光栅的空间栅数[19]。

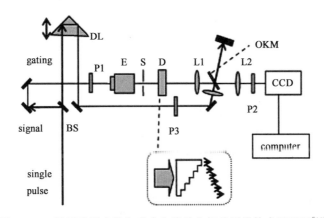

图 7 - 14　基于阶梯光栅和光克尔门的非相关测量技术原理图[19]

single pulse：单个脉冲；BS：分束器；signal：信号脉冲；gating：门控脉冲；DL：可调光束延迟器；P1\P2\P3：偏振片；E：光束扩束器；S：狭缝；D：单脉冲光学延迟单元；L1\L2：柱面镜；OKM：光学克尔材料；CCD：CCD 接收器；computer：计算机。

7.2.2　功能与组成

激光参数测量子系统是由分布在整个激光装置链路上的各类传感器组成的复杂"感官系统"，不仅能及时准确地感知并反映出各关键环节上的激光器状态，表征整个激光装置输出的整体性能，还能实时为物理实验提供作为驱动源的确切激光状态。通过该子系统所测量得到的激光参数，不仅是物理实验开展模拟计算与实验校核的基础，同时也为全面、细致地研究装置的总体性能提供了技术保障。

激光参数测量子系统按照被测激光参数种类,由取样组件、能量测量组件、脉冲时间测量组件、近场强度分布测量组件、远场强度分布测量组件、焦斑测量组件、束间同步测量组件、波前测量组件、信噪比测量组件、抽样测量组件、在线标定组件、衰减控制组件、参数测量集总控制组件等部分组成,其组成框图如图 7 – 15 所示。

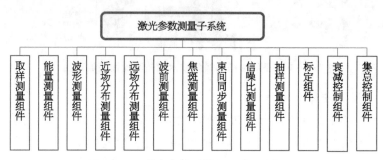

图 7　15　激光参数测量子系统组成框图

7.2.3　发展历程

激光参数测量伴随着神光系列装置的发展而开展针对不同需求的技术研究工作,逐步形成多参数、集成化、规模化、精密化、实时监控与反馈等能力。随着装置日益成熟,驱动器升级装置中的激光参数测量更注重测量范围的扩展、精密化测试,以及可靠性、空间优化和模块化设计。本节将介绍神光系列装置激光参数测量的相关发展历程。

1. 神光Ⅰ装置参数测量

在神光Ⅰ装置主要瞄准激光光束的大能量输出指标上,激光参数测量也相应地重点关注激光能量测量,为此研制开发了系列激光能量卡计和在线能量测量仪。

20 世纪 60 年代初一直沿用的碳斗能量计因灵敏度低、面响应均匀性较差以及抗激光破坏阈值低等,确定已经不能满足高功率激光能量测量的要求。根据激光能量测量的发展趋势,重点开展了激光能量卡计的研制,采用光学抛光的中性玻璃作为吸收体,研制了不同规格的新型体吸收型激光能量计,实现了具有灵敏度高、稳定性好、响应迅速、复原快等特点的激光能量的绝对测量。

自主研制的新型激光能量计,主要性能指标如表 7 – 1 所示。其中接收口径为 $\phi 10$ mm 规格的能量计,用于激光系统放大的自发辐射能量测量;接收口径为 $\phi 20$ mm 和 $\phi 25$ mm 规格的能量计,用于激光前部和中部定点能量测量;接收口径为 $\phi 80$ mm 规格的能量计,用于末级输出激光能量测量[20]。

神光Ⅰ装置的在线能量测量包括激光系统末级输出激光能量测量、激光系统前部和中部定点激光能量测量、激光系统放大的自发辐射能量测量四种。在神光装置激光系统前部和中部加设了几个激光能量检测点,它们涵盖如下几个目的:一是在进行激光聚变的打靶物理实验时,可以检测激光系统前部和中部各个区域输出能量的稳定性情况,有

表 7 - 1　自主研制的能量计性能表

口径 /mm	$\phi 10$	$\phi 20$	$\phi 25$	$\phi 80$
灵敏度/(μV/J)	56 000	13 000	10 000	4 000
波长/μm	0.3~11	0.3~11	0.3~11	0.3~11
响应时间/s	1.5	2.0	2.5	4.0
面响应不均匀性	$<\pm 1\%$	$<\pm 1\%$	$<\pm 1\%$	$<\pm 2\%$
重复精度	$<\pm 1\%$	$<\pm 1\%$	$<\pm 1\%$	$<\pm 1\%$
测量不确定度	$<\pm 5\%$	$<\pm 5\%$	$<\pm 5\%$	$<\pm 5\%$

助于确定产生不稳定的区域,及时排除装置运行器件出现的各类不稳定因素;其二,在进行激光聚变打靶物理实验时,可以有意识地增加或减少激光系统前部和中部放大器的泵浦电压值,从而控制末级输出激光能量的量值,以满足各种物理目标打靶实验的需要;其三,在进行两路激光同时相对打靶物理实验时,为了获得均匀照明的压缩效果,可以调节南北两路激光系统前部和中部放大器光泵电压的比值,使两路激光输出能量达到理想平衡。

通过该在线能量测量以及泵浦电压的调节,可以使南北两路激光系统的能量不平衡度小于 10%RMS。还通过二倍频能量测量模块和基频能量测量模块,实现倍频转换效率和倍频能量测试。

神光 I 装置没有设置激光近场在线诊断组件,其近场强度分布主要是通过烧蚀法,激光直接辐照被烧蚀材料,通过烧蚀程度进行直观的定性判断。对于远场强度分布的测试,采用了二维劈板测试仪,用乳胶片成像拍摄,可以获得原始焦斑。

2. 神光 Ⅱ 装置参数测量

随着国际上 ICF 固体激光驱动器和光束质量研究的进展[21],神光 Ⅱ 装置激光参数测量主要针对神光 Ⅱ 装置以及随后神光 Ⅱ 的精密化,实现大能量稳定输出,改善光束质量,并满足精密化测量的需求。主要从以下三个方面开展研究。

其一,发展高灵敏度、接收面高均匀性的大口径体吸收卡计[22],可实现大口径高功率激光光束的直接能量测量。建立了 59 台套激光能量测量组件,并针对能量计输出信号特点,研制了 64 路低噪声、低漂移、高增益的集中式采集仪,可用 RS232 通信协议实现实时能量测量与采集的计算机集总控制。

其二,随着装置光学元件口径的增大,制造装校引入的像差、中频纹波等波面误差都会影响光束的近场与远场分布,这就要求对装置关键位置进行在线近场强度分布和远场分布的抽测。因此,神光 Ⅱ 装置上共研制了 16 台科学 CCD 激光近场诊断仪,可在线监测多个空间位置激光近场分布的变化;研制了 2 台科学 CCD 激光远场诊断仪[23],可选择抽测各束激光远场分布轮廓;并使用两步测试法,通过线性拟合,获得 6 个数量级以上激光聚焦功率区域及远场旁瓣的强度分布。

神光Ⅱ装置近场仪主要采用高灵敏度科学 CCD 相机,其被测光束截面位置与 CCD 相机接收面物像共轭。仪器设计在大幅度衰减光强的情况下保证对被测光束光强分布的线性响应,衰减片组合与不镀膜楔板转接反射镜提升了仪器的量程范围,采用三级暗箱隔离以防止氙灯光与杂散光的干扰,降低了背景噪声。数据处理引入光束填充因子作为近场分布的评价参数,描述的是光束几何体积与光束峰值为高构成的长方体体积的比值。近场仪的监测使神光Ⅱ装置光路严格按像传递排布,大大改进了光束质量。

神光Ⅱ装置远场仪采用两步测试法,用长焦透镜成像放大直接测量远场主瓣分布,用小金球遮挡住焦斑中心点以测量远场旁瓣的方案,实现了大动态范围的远场焦斑强度分布。

由于光束近远场监测的作用,神光Ⅱ装置长期保持较好的光束质量:近场填充因子50%以上、远场焦斑95%的能量在三倍衍射极限内,测试结果如图 7-16 所示。高品质的光束质量使得神光Ⅱ装置至今仍保持稳定运行状态。

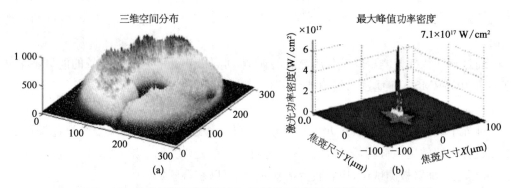

图 7-16   神光Ⅱ装置的近场(a)、远场(b)分布图(彩图见图版第 12 页)

其三,随着神光Ⅱ精密化工程的深入开展,为实现装置束间功率平衡,针对装置现有增益不平衡、束间系统透过率特点,增加了多级小能量测量系统[24]和脉冲波形测试组件,对各级放大器进行小信号增益测试[25],并通过调节注入能量和放大器增益控制,进行分段式功率平衡调试,最终达到峰值功率不平衡度优于 10%RMS、前沿功率不平衡度优于20%RMS 的束间功率平衡指标要求。

3. 驱动器升级装置参数测量

驱动器升级装置参数测量具有以下几个特点:

◆ 驱动器升级装置参数测量子系统从功能方面看,因装置本身就包括了 8 路纳秒和单路皮秒两个系统,相应的参数测量子系统的在线测量范围从纳秒激光束扩展至皮秒激光束,增加了单次皮秒脉宽、皮秒信噪比、光谱等测量功能;并且为了开展高通量三倍频研究,准确评估衡量装置三倍频输出激光的光束质量,还新增了三倍频精密诊断功能。

◆ 随着光学元件口径增大,制造装校引入的像差、中频波纹等波面误差会影响近场与远场分布,因此在线监测光束质量需要同时兼顾近场、远场和波前相位等参数才完备,如能检测同一时刻、同一位置的三个参数则最理想。因此,在驱动器升级装置基频输出位置的诊断包内,新增了波前测量功能,实现了激光基频输出的近场、远场和波前测量的功能。

◆ 针对装置方光束的特点,研制了方形大能量卡计。经过中国计量院的标定,可实现大口径方光束(400 mm×400 mm)在线绝对能量的测量。

◆ 在单束验证装置的激光参数测量中的基频输出诊断包,采用了分时复用技术,实现用同一 CCD,分时进行光束自动准直和近场分布测量;采用光纤取样耦合技术,实现脉冲时间波形的单次光纤取样测量;还采用了新型相干调制成像(coherent modulation imaging,CMI)波前测量技术,同时测量出了单次脉冲的近远场光场分布,实现了 500 μm 的近场分辨率。

◆ 建立了激光参数测量集总控制系统,实现了多参数自动采集与控制。采用多倍率衰减控制技术,实现高动态范围的基频输出近远场分布在线实时监测,为器件故障分析与维护提供了有利的"护航"。

7.2.4　国内外发展现状

高功率激光驱动器以美国劳伦斯利弗莫尔国家实验室(Lawrence Livermore National Laboratory,LLNL)的 NIF 装置为例,需要把多路激光传输到靶点。物理实验需要对每一路激光都控制,并能对激光参数进行精密测量。装置光束控制和精密诊断的工作量是空前的[26-28]。NIF 共有 192 束子束,每一子束包括 110 个主要的光学组件,光路展开长度达 510 m,包含 160 个诊断单元、825 个 CCD、9 500 个电机、250 个光敏二极管、215 个能量计、192 个波前测量单元和变形镜控制单元。

NIF 在线监测诊断包主要包括注入诊断包(input sensor package,ISP)、输出诊断包(output sensor package,OSP)、靶场诊断包(drive diagnostics,DrD)。注入诊断包 ISP 可提供基频(1ω)连续准直光源,OSP 主要提供 1ω 光束自动准直、1ω 时间波形、1ω 能量波前测量与反馈控制,主放段关键元件损伤的在线检测等功能。靶场诊断包采用三倍频(3ω)光衍射率大致 0.1%～0.3%的取样光栅从终端光学组件中将光取样,进行 3ω 能量、3ω 波形和近场分布测量。三类诊断包的结构分别如图 7－17(a)(b)(c)所示[29]。

为了精确测量 NIF 各子束的输出 3ω 光束质量,在建造考核期间,还研制了独立的精密诊断包(precision diagnostic system,PDS)对其进行测量[30]。PDS 系统的结构示意如图 7－18 所示,RMDA 的反射镜将激光子束中的 1.053 μm 基频光束引入 PDS 中,平行光经过终端光学组件中的倍频晶体,转换为 0.351 μm 的 3ω 光,再经过连续相位板(continuous phase plate,CPP)的匀滑及取样光栅(beam sample grating,BSG)的取样后,主激光通过一个焦距为 7.7 m、F 数约为 20 的靶镜进行聚焦。远场诊断系统的功能即对这个焦点进行近似无像差的完美成像,并在成像光路中插入取样反射元件,兼顾近场、时间波形、基频能量、三倍频能量以及光谱等参数的测量,具有强大的诊断功能。

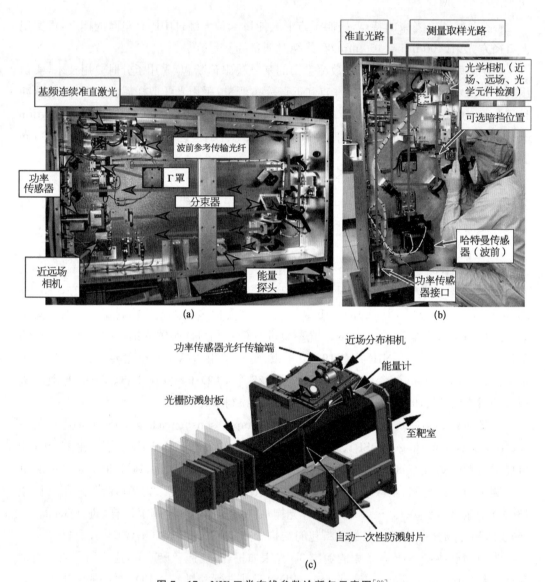

图 7 – 17　NIF 三类在线参数诊断包示意图[29]

（a）注入诊断包 ISP；（b）输出诊断包 OSP；（c）靶场诊断包 DrD。

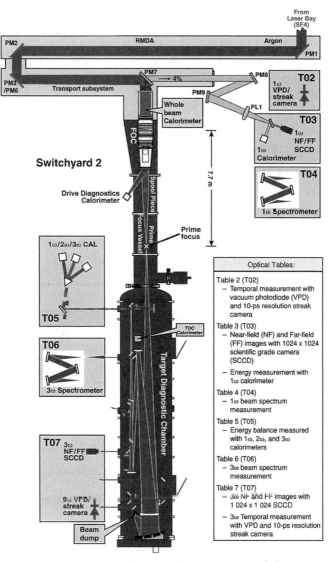

图 7 - 18　NIF 装置 PDS 光路及位置示意图[30]

RMDA：Roving Mirror Diagnostic Assembly，转镜诊断平台；From Laser Bay (SF4)：自激光束空间滤波器 SF4 后；RMDA，Transport subsystem：光束传输子系统；Whole beam Calorimeter：大口径能量计；Switchyard 2：2 号编组站；Drive Diagnostics Calorimeter：在线测量能量计；Spool Piece：短管；Prime Focus Vessel，聚焦区；Prime Focus：主焦点；streak camera：条纹相机；Calorimeter：能量计；Spectrometer：光谱仪；Beam dump：光束吸收陷阱；Target Diagnostic Chamber (TDC)：靶场诊断区；TDC Calorimeter：靶场诊断区能量计；Optical Tables：光学元件列表；Table 2(T02)，Temporal measurement with vacuum photodiode (VPD) and 10-ps resolution streak camera：图 2：采用真空二极管和分辨率 10 ps 的条纹相机进行时间测量；Table 3(T03)：Near-field(NF) and Far-field(FF) images with 1 024×1 024 scientific grade camera(SCCD)：图 3：采用 1 024×1 024 像素的科学级 CCD(SCCD)测量近场和远场；Energy measurement with 1ω calorimeter：采用基频能量计测量能量；Table 4 (T04)：1ω beam spectrum measurement：图 4：基频光谱测量；Table 5(T05)：Energy balance measured with 1ω, 2ω, and 3ω calorimeters：图 5：采用基频、二倍频、三倍频能量计测量能量平衡；Table 6(T06)：3ω beam spectrum：图 6：三倍频光谱测量；Table 7(T07)：3ω NF and FF images with 1 024×1 024 SCCD；3ω Temporal measurement with VPD and 10-ps resolution streak camera：图 7：采用 1 024×1 024 像素的科学级相机测量三倍频近场和远场图像；用真空二极管和分辨率 10 ps 的条纹相机测量三倍频时间。

2016 年先进辐射光源（advanced radiographic capability，ARC）的输出性能如图 7-19 所示。其中，ARC 前端输出预脉冲测试结果如图 7-20 所示，在 200 ps 以外低于 10^{-8}，能够满足靶面上预脉冲输出 70 dB 的要求[31]。ARC 每束光能量由 NIF 的 OSP 测量得到，同时还可获得分束后 A、B 光子的近场分布。由安装在 ARC 诊断平台（ARC diagnostic table，ADT）上的能量测量模块，测量其中之一束到靶能量，其标定系数采用放置在最后一块导光反射镜位置的全口径能量计进行标定。在 30 ps、1 kJ 的条件下，测得近场分布和在全链路静态（放大器未工作）条件下的焦斑测量结果，分别如图 7-21 所示。实测半峰值强度对应的焦斑尺寸为 $100 \ \mu m \times 37 \ \mu m$，优于 5 DL（diffraction limit，衍射极限）。单次脉宽由安装在 ADT 的二次谐波频率分辨光学快门（SHG FROG）进行测量，20~40 ps 啁啾脉冲被安装在 ADT 的小压缩器上，压缩至极限 1~3 ps，直接导入已校正的商用单次 SHG FROG 仪进行测量。图 7-22(a)显示了发次编号为 N151029-002 的 FROG 测试的原始光谱图，图 7-22(b)为用光谱强度计算得到的脉冲形状[32]。

ARC 当前输出性能				
ARC 子束	**当前具备能力**			
束数	4			
脉冲宽度	3 ps(1)	5 ps(1)	10 ps(1)	30 ps
能量	0.3 kJ(1)	0.4 kJ(1)	0.6 kJ(1)	1 kJ
焦斑(~30 ps，~1 kJ)	10%~30%能量≥10^{17} W/cm² ≥30%~50%能量集中在 150 μm 内			
准直精度(2) RMS(X_{ARC}，Y_{ARC})	(42, 31)μm			
TCC 指向范围	(±50, ±50, +10\-45)mm			
束间指向	1.5 mm			
预脉冲对比度	80 dB(<-1 ns)，60~70 dB($t\approx -1$ ns)，70 dB($t<-200$ ps)			
ARC 之间的时间精度	10 ps RMS(任意子束与其他子束间)			
ARC 和 NIF 之间的时间精度	30 ps RMS(任意子束与 NIF)			
相对 NIF 的延迟量(3)	高达 70 ns[NIF(4)任意子束间]			
A 子束和 B 子束间延迟量	高达 30 ns(B 在 A 之后)			
B354 相对 B353 的延迟量	高达 1.8 ns(B353 在 B354 之后)			
(1) 当前光学元件的预计能量根据调试和损坏测试给出 (2) 基于两个 90-015 靶进行定位瞄准发射(其中 90-239 不合格) (3) 不影响 35B(即下降 Q35B) (4) 不需要开发平台来扩展现有能力				

图 7-19 2016 年先进辐射光源的输出性能[31]

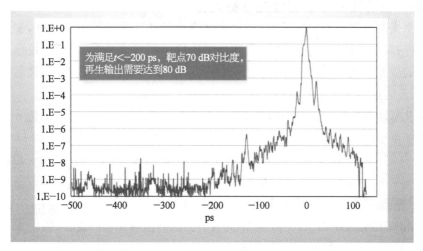

图 7-20　前端输出脉冲在 200 ps 以外信噪比优于 10^8 [31]

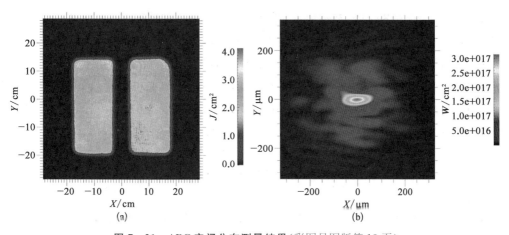

图 7-21　ARC 空间分布测量结果（彩图见图版第 13 页）

（a）1 kJ@30 ps 近场分布（左 B 束激光，右 A 束激光）；（b）ARC 静态焦斑分布图。

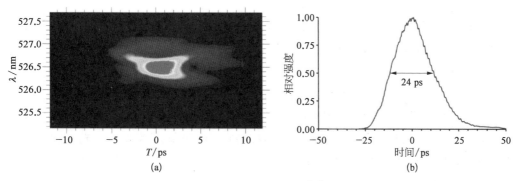

图 7-22　ARC 采用 FROG 法测量皮秒脉宽[32]（彩图见图版第 13 页）

（a）原始图像；（b）计算脉冲波形。

7.2.5　驱动器升级装置激光参数测量

建立激光参数测量子系统三大目的,一是为评价和衡量装置输出特性,测试激光各项输出指标;二是为物理实验实时提供激光终端输出的激光参数,为实验校核模拟程序提供确切的激光参数;三是在各关键节点位置监测相应的激光参数,确定装置产生不稳定的区域,及时排除装置运行器件出现的各类不稳定因素。

神光Ⅱ驱动器升级装置是中国最重要的高功率激光驱动器之一,它包括8束纳秒激光系统和单束皮秒激光系统。纳秒激光系统每个光束的输出孔径为310 mm×310 mm,输出能量24 kJ(3ω、3 ns平顶方波)。该装置采用了类NIF的四程放大、加大口径等离子体电极泡克耳斯盒(plasma electrode Pockels cell,PEPC)的结构,完全不同于以前的传统MOPA光路。单束皮秒系统采用光参量啁啾脉冲放大(optical parametric chirped pulse amplification,OPCPA)+传统MOPA+大口径压缩光栅的设计,输出为ϕ310 mm口径,能量1 kJ(1ω、1~10 ps脉冲)。因此,驱动器升级装置上激光参数测量子系统的主要基本功能如下:

◆ 在装置运行准备阶段,系统根据实验要求,通过数值模拟程序计算出各测量点相关参数的预估值,完成相关测试仪器或设备的准备工作。

◆ 在装置运行发射时,系统需具备相关测量点各参数的实时测量功能。

◆ 在装置运行发射后,系统需具备各参数实时测量结果的快速采集、处理和储存,及时反馈控制,为稳定与安全运行提供必要的参数,为物理实验提供必要的激光输出参数。例如,监测器件和靶场各重要节点的运行状态和性能水平,同时进行数据分析与评估,及时为运行人员精密控制束间能量平衡、脉冲整形、束间同步、光束空间整形等方面提供准确的测量数据,同时可为运行人员判断可能出现故障的位置以及出现故障的原因提供及时的数据反馈。

◆ 在装置维护调试期间,系统具备对装置技术状态抽样诊断的能力,以及在线参数标定和可维护的能力,确保装置具有较高的可维修性和可用性。诊断内容主要包括光学元件损伤状态检测、终端输出参数精密诊断、大口径取样光学元件标定,以及关键位置参数测量组件的在线标定等。

激光参数测量子系统还具备集成化、精密化、模块化、标准化、兼容性、扩展性、远程控制与现场调试功能,以减小测量组件的体积,提高模块集成度以及仪器化程度,降低成本,提高性价比。

驱动器升级装置包括8束纳秒激光系统和单束皮秒激光系统,激光参数测量子系统也分别根据功能需求开展相应的研究工作,主要研究内容包括直接测量用于标定和校准的标准能量计、8束纳秒激光参数测量、三倍频精密诊断研制、单束皮秒激光参数测量、参数测量集总控制五个部分,如图7-23所示。

1. 系列标准能量计

激光能量测量是激光参数测量中一个最基本的单元。准确测定打靶激光能量,对物

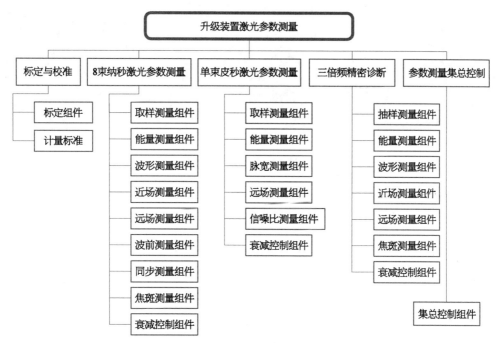

图 7-23　升级装置激光参数测量研究内容

理实验数据的分析处理,具有非常重要的意义。高功率激光神光系列装置,在其研制过程中就采用开发研制了一系列量热式能量计,其能量测量范围在 1 mJ~10 000 J,测量口径范围在 5~400 mm,实现了装置全链路各关键位置的绝对能量测量。经中国计量院测试标定,它们在灵敏度、均匀性、稳定性等方面,达到或超过美国阿波罗激光器公司制造的同类型激光能量计水平。

在为神光Ⅱ装置研制的 ϕ300 mm 大口径能量计中,采用了有足够吸收深度的中性离子着色玻璃作为吸收体,提高了接收器的能量功率负载密度;采用新型的半导体热电转换元件,提高了能量计的响应度;同时还采用了成对设计的热电堆差分结构和双层热屏蔽的隔离措施,解决了大口径能量计的灵敏度与均匀性、灵敏度与稳定性两大矛盾,使研制的大口径激光能量计性能优良。

升级驱动器中针对 310 mm×310 mm 方光束的绝对能量的直接测量,又研制开发了 420 mm×420 mm 口径的方形标准卡计,如图 7-24 所示。并在升级驱动器上经受住了基频输出能量 8 050 J、三倍频输出能量 5 000 J 直接测量的考核。

2. 纳秒在线激光参数测量

(1) 功能需求与指标要求

驱动器升级装置 8 束纳秒激光参数测量,主要指在纳秒激光系统中的在线参数测量诊断,是在神光Ⅱ装置上分离式的近场、远场测量仪和能量组件、时间组件的基础上,进行了功能集成、动态范围扩展、模块化结构等设计,对装置整体输出关键参数进行在线诊

(a)   (b)   (c)

图 7 – 24　自研系列能量计图片

(a) $\phi100$ mm 能量计；(b) $\phi300$ mm 和 $\phi400$ mm 能量计；(c) 420 mm×420 mm 方形能量计。

断，同时对反映装置各器件整体状态的各关键节点激光参数，进行在线实时监测，实现了分布式多参数综合集成化测试的功能。在线监测的激光参数包括：激光能量、时间波形、近场分布、波前畸变、远场分布等。对各参数的测量精度要求：

激光能量：（波长 1.053 μm \0.351 μm）绝对精度±5%，相对精度 2%（RMS）；

时间波形：（波长 1.053 μm \0.351 μm）时间分辨率≤150 ps，相对精度 3%；

近场分布：（波长 1.053 μm）空间分辨率优于 0.5%光束口径；

波前畸变：（波长 1.053 μm）测量精度优于 $\lambda/10$；

远场测量：（波长 1.053 μm）动态范围≥1 000∶1。

根据物理实验和激光系统设计的需求，结合激光系统总体的排布，在整个激光装置上共有 5 个光束运行监测点，其中 3 个监测点用来监测预放部分的（见图 7 – 25）运行情况，另外 2 个监测点用于测量激光基频和三倍频的输出参数（见图 7 – 26）。

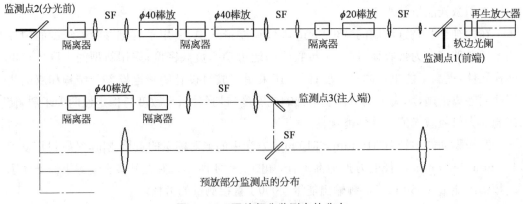

图 7 – 25　预放部分监测点的分布

图中 SF：spatial filter，空间滤波器。

5 个监测点分别对应前端测量单元、分光前测量单元、注入测量单元、终端输出测量单元、靶场测量单元 5 个单元，表 7 – 2 给出各个测量单元所测量的激光参数。

表 7 – 3 是各测量单元所对应的激光输出参数。

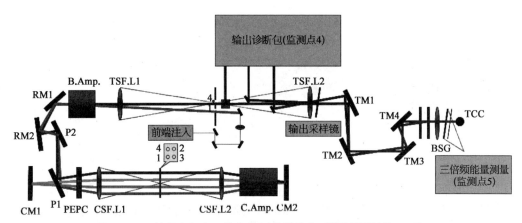

图 7 - 26　基频末级和三倍频监测点的分布(彩图见图版第 13 页)

表 7 - 2　各测量单元被测激光参数

监 测 项 目	前端测量单元	分光前测量单元	注入测量单元	输出测量单元	靶场测量单元
激光能量	实时	实时	实时	实时	实时
时间波形	实时	实时	抽测	实时	实时
近场分布	实时	—	实时	实时	—
远场分布	—	—	抽测	实时	离线测量
波前分布	—	—	抽测	实时	—
数　量	2	2	8	8	8

表 7 - 3　各测量单元对应主光路位置处激光参数

	前端输出	分光前输出	预放输出	终端输出	靶场 3ω
常规运行能量	0.03~1 mJ	0.5~6 J	1~10 J	约 5 000 J	约 3 000 J
调试测试能量	0.03~1 mJ	0.1~10 mJ	1~100 mJ	0.05~1 J	约 10 mJ
时间波形／ns	1~3.5	1~3.5	1~3.5	1~3.5	1~3.5
光束口径／(mm×mm)	10×10	24×24	48×48	310×310	310×310
测量波长／μm	1.053	1.053	1.053	1.053	0.351

　　驱动器升级装置 8 束纳秒激光系统在线监测诊断包,共配置了前端输出诊断包 2 套、分光前诊断包 2 套、注入诊断包 8 套、基频输出诊断包 8 套、靶场输出诊断包 8 套,共计 28 套激光参数测量诊断包。单个诊断包内即可实现能量、时间波形、近远场分布的同时测量,共包含 90 个光电探测器、26 台仪器设备、32 个衰减控制器、200 余个测试和控制信号。各诊断包经过在线安装调试与标定后,可实现关键点基频或三倍频如能量、时间波形、近远场分布等激光参数的实时测量。各诊断包在激光链路中的空间位置和实物如图 7 - 27 所示。

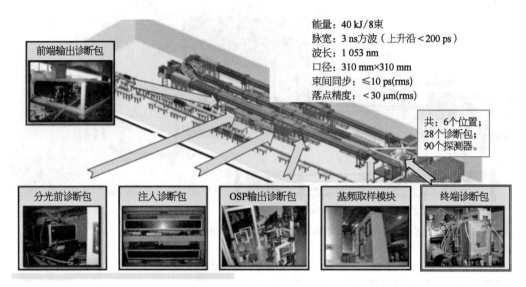

能量：40 kJ/8束
脉宽：3 ns方波（上升沿＜200 ps）
波长：1 053 nm
口径：310 mm×310 mm
束间同步：≤10 ps(rms)
落点精度：＜30 μm(rms)

共：6个位置；
28个诊断包；
90个探测器。

前端输出诊断包

分光前诊断包　　注入诊断包　　OSP输出诊断包　　基频取样模块　　终端诊断包

图 7 - 27　各诊断包在激光链路中的空间位置分布和实物图

（2）能量测量方案

1）测量原理

纳秒在线激光参数测量中，脉冲能量测量均采用能量计，其基本原理如图 7 - 28 所示。激光束经过取样和衰减后，将一定强度的激光入射到能量计探头上，将其接收到的能量转化成一定的电压，经线性放大后，得到相应的电压值并显示出来，经过在线标定，从而得到激光脉冲能量。取样及衰减方式需要根据待测点的激光能量输出强度来确定。能量计探头对准取样光束，为保证测量精度和设备安全，要注意规避光学系统中的一阶、二阶鬼像。

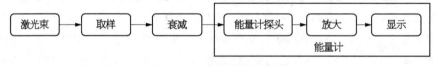

激光束 → 取样 → 衰减 → 能量计探头 → 放大 → 显示
能量计

图 7 - 28　能量测量原理图

2）设备与元件

◆ 能量计

根据测量点被测能量范围、取样率和衰减倍率，选择不同类型的能量计作为接收器件，如热电堆式吸收性能量卡计、热释电能量计、光电式能量计，可实现取样后 pJ 至 J 之间不同量程范围的能量测量。

◆ 取样

在高功率激光驱动器中，为满足激光参数实时监控的要求，需要在基本不影响主光束的前提下，将少量取样光束从主光束中分离出来进行测量。根据实际光路的空间排布和测量点确定取样方式,通常有菲涅尔平板取样、反射或透射镀膜取样、衍射取样等几种。

菲涅尔平板取样是一种最常用、最便捷可靠的取样方式。它利用菲涅尔定律小角度反射率相对稳定的特性,在主光路上插入光学平板(反射取样面不镀膜),利用小角度反射进行取样测量。它的优点有:由于取样表面不镀膜,不存在膜层质量或损伤造成的取样率变化;取样角度小,可以忽略激光退偏对取样率的影响,有利于更好地控制取样光强的动态范围。由于取样光和主激光不在一条直线上,对标工作比较容易进行。而通过对取样板背面镀增透膜或将取样板加工成微角度楔板,就可以避开取样板背面反射光的干扰。所以,采用此方案基本上不用考虑鬼像破坏问题。其局限性在于需要损失约4%的主激光能量,而且插入平板取样板会引起主激光光轴移动,且需要占据一定的狭长空间位置,并且精度要求越高,占据的空间就越长。

反射或透射镀膜取样,采用主光路中高透过率元件的剩余反射光或高反射率元件的剩余透射光进行测量,其优点是不损耗主激光能量,不对主光路指向有任何影响,不额外占用空间。其缺点是对所镀膜层质量有较高的要求;膜层容易受环境温湿度以及真空度影响,取样率不稳定;取样光的光强与入射光偏振相关,需要注意激光传输中退偏以及空间变换所造成的影响。图7-29列举了神光Ⅱ装置上所采用以上两种取样方式的光路示意。在单路皮秒系统中压缩后能量测量的取样方式,就是采用导光反射镜的漏光取样。在8路纳秒系统中基频输出诊断包OSP则采用在传输空间滤波器TSF后,插入小角度约1%反射率的取样镜进行分光取样。此外,还可以用镀其他定量反射膜的分束镜进行取样,可用于对主激光损失要求不高和主激光能量较弱的测量场所。前端输出诊断包所采用的就是这种取样方式。

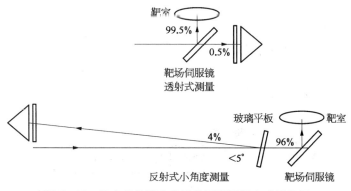

图 7 - 29　神光Ⅱ装置上常用的两种取样方式示意图

衍射光栅取样是利用相位闪耀光栅结构,与离轴菲涅尔波带片结构相同,其取样原理如图7-30所示,其焦距取决于其菲涅尔波带的离轴距离,取样率则取决于取样光栅的刻蚀深度。取样光栅(BSG)是适用于不同波长范围的取样元件;可应用于大口径光束的取样,本身具有聚焦功能,不需要额外增加大口径聚焦透镜;方便光路的调试,可节约成本;且其元件厚度相对较薄,对主激光的非线性相位贡献小;抗损伤阈值较高,取样率较稳定。在实际应用时,根据刻蚀深度的不同,还可以分为两种,一种是使用深刻蚀深度的光栅,对光束同时进行色分离和取样,此种光栅存在像差;另一种则是使用浅刻蚀深度的光栅在色分离后进行取样[33]。美国LLNL实验室最早开始进行取样光栅研究,并在 Beamlet、NIF 等激光装置上成功运用了相位型取样光束进行光束取样[34]。我国苏州大学、四川大学也先后对取样光栅开展

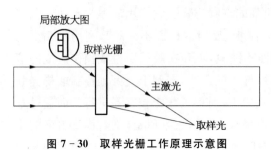

图 7-30　取样光栅工作原理示意图

了相应研究工作[35,36],目前国内驱动器升级装置和神光Ⅲ装置的三倍频取样测量均采用BSG 取样光栅。

- ◆ 衰减

通常在高功率激光驱动器里,主激光即使通过低取样率分光取样后,其被测脉冲能量密度仍大于被选能量计的能量负载密度。为不造成探测器感光面的损伤,必须再次通过分束镜和衰减片进行衰减。当被测能量较大时,应首先采用多块分束镜或反射镜进行组合衰减;当被测能量较小时,用吸收性滤光片进行衰减。

- ◆ 口径匹配

在高功率激光驱动器里,为改善光束质量,在光束传输过程中,光束口径是不断扩大的。而一般用于在线测量能量计的口径,都很难与被测激光的口径匹配。且在用能量计法测量脉冲能量时,为保证测量精度,一般要求入射到能量探测器接收面的光束口径为能量计有效口径的 1/3～1/2,最大不得超过 2/3。因此,在能量测量组件中还需要增加提供口径匹配的扩束或缩束光学系统。

3) 在线标定方案

测量能量时,需要对测量光路的分光比、光学系统透过率以及衰减倍率进行在线标定,从而得出从取样镜到能量测量组件内能量计的相应标定系数。能量测量组件的在线标定光路示意图如图 7-31。

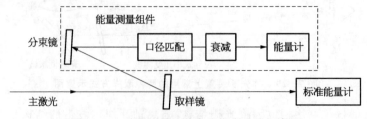

图 7-31　能量测量组件在线标定光路示意图

高功率激光器能量测试点主要在预放输出、主放输出和倍频晶体后,通过不同位置能量值来确定激光输出状态、倍频晶体转换效率、靶点处激光能量等直接反映激光性能

的参数。高功率激光系统能量测试要求在正式实验开始前,进行一定发次的系统发射,对在线能量系数进行标定,其能量标定系数的精度是能量测试结果可靠性的关键。目前采用对测试能量卡计和标准能量卡计读数比值的多发次平均,作为卡计系数标定结果;认为卡计标定是在等精度的条件下进行,测试能量卡计和标准能量卡计读数呈线性关系,不考虑卡计对激光的吸收和散射等因素的影响;卡计系数标定按照等精度的加权平均法求解。

以驱动器升级中三倍频能量在线标定方案为例,标准能量计放置在靶室对应的窗口上,采用放置在靶室中心的平面孔靶,屏蔽其他波长的激光,只将 351 nm 激光全部通过小孔传输到标准能量卡内,在三倍频输出能量约为 1 000 J 条件下,同时获得标准能量计和靶场诊断包内能量计的读数,取其多发比值的平均值作为靶场诊断包能量测量单元的在线标定系数。在实际发射时,三倍频能量测量单元的读数乘以标定系数的计算结果,就表征了靶点处的三倍频能量。三倍频能量测试和在线标定光路图如图 7 – 32 所示。注意标定系数的计算中还需考虑不镀膜真空窗口的反射损耗。

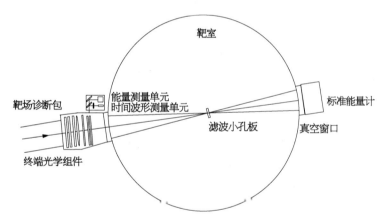

图 7 – 32　三倍频能量在线标定光路排布示意图

(3) 时间测量方案

1) 测量原理

纳秒在线激光参数中脉冲时间波形测量组件,通常采用快响应光电转换器和数字示波器的测量方案。其工作原理如图 7 – 33 所示。被测激光束经过光束取样、口径匹配、衰减,以指定强度辐照于光电转换器的接收面上,该光电转换器在特定的偏置电压下将光信号线性转换为电压(电流)信号。该信号经过电衰减,以一定幅值输入数字示波器而被

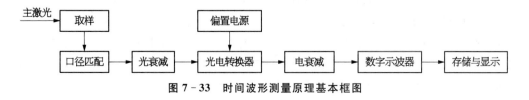

图 7 – 33　时间波形测量原理基本框图

采集、存储，并显示输出。

2）设备与元件

① 数字示波器

注意所选数字示波器的带宽和采样率均应满足被测激光脉冲前沿的要求，且单通道记录长度需要根据采样点数和记录时间来确定。

② 快响应光电转换器

用于进行光电转换的快响应光电转换器，在选型上需要考虑其光谱响应范围应覆盖被测激光的波长，其时间响应应满足被测激光脉冲时间波形上升沿的要求，其接收口径应大于被测激光的光束口径，且注入光强应满足光电转换器的动态范围的要求。

③ 取样

取样方式通常采用光学楔板和分束镜进行反射式或透射式取样，或用散射板进行散射取样。还可以采用分时复用技术，减少数字示波器和快响应光电转换器的使用数量，降低成本造价，分时复用技术一般采用聚焦式光纤耦合取样。同时，通过光纤选型，保证传输带宽不出现明显的波形失真。

④ 光衰减

光衰减方式同能量测量中的衰减方式，有膜层衰减、吸收衰减和衍射衰减，确保进入快响应光电转换器的信号光强度在探测器的动态范围内。

⑤ 口径匹配

同样，被测激光束口径应小于快响应光电转换器的有效口径，一般需提供口径匹配的缩束光学系统。为了更好地模拟整束激光的输出，利用透镜将光束会聚到光电探头，而不是测量光束的一部分，这样可以避免由于光束分布不均匀带来的误差影响。而在光纤取样中，为保证全口径取样，则需要考虑光束匀化处理。

⑥ 电衰减

因数字示波器的电信号输入有限压的要求，需要通过标准电衰减器对快响应光电转换器输出的电压信号进行衰减，尤其在纳秒脉冲信噪比测量中，当需要充分利用光电转换器的动态范围时。电衰减器的功率和带宽应与快响应光电转换器和数字示波器的带宽相匹配。

由数字示波器和快响应光电转换器等组成脉冲时间测量组件，在使用前，需要采用脉宽相对系统响应时间可以忽略的超短脉冲，以便对整个组件的系统响应时间进行测试评估。

3）高对比度整形脉冲测量

通常数字示波器单通道的垂直 A\D 转换为 8 bit。考虑到噪声的影响，其有效位数一般为 6 位；采用示波器单通道测量脉冲，其测量的动态范围只有大约 30：1。而示波器自身都自带低噪声的放大器，每个通道都具备多个挡位的测量切换，且有高挡位高噪声和低挡位低噪声的特点。基于示波器的自身特点，采用双通道复用技术测量激光脉冲时间波形，从而扩大脉冲波形测量系统的动态范围。将光电转换器输出的电信号通过功分器分成两路,分别连接到数字示波器的两个通道上。两个通道采用不同的挡位,高挡位用于测量信号的主脉冲波形,低挡位用于测量信号的底部预脉冲波形,数字示波器的低挡位引入的电噪声小,而高挡位保证了数字示波器的测量范围。最后将两个通道的数据利用计算机软件进行合并,重构激光脉冲时间波形。这样,可以获得高对比度的时间波形测试,以满足高功率激光驱动器束间功率平衡和物理实验对台阶整形激光脉冲精密测量的要求[37]。

4）束间同步测量

为实现靶丸的对称压缩,作为驱动器的多束激光不但要求各束的时间波形和能量一致,而且到达靶点的时间也必须一致。脉冲时间测量的一种类型——束间同步测量,就是测量到靶各束激光的时间同步关系。它是衡量装置综合性能的一项重要指标参数,也是关系到惯性约束聚变物理实验成败的关键参数。美国 OMEGA 装置采用光纤延迟时分复用技术,由双扩散器、高带宽紫外光纤、光纤成像耦合器、P510 条纹管和 CCD 相机组成。用 6 个多通道条纹相机记录多束的到靶时间[38],每个条纹相机可记录 10 束激光信号。以其中一束为基准,其束间同步测量精度可达 10 ps。美国 NIF 装置采用了准直静态 X 射线成像器和 X 射线条纹相机测量,束间同步调整精度达到 6 ps[39]。在驱动器升级装置束间同步测量方案中,采用快响应光电管结合示波器,测量激光脉冲到达靶心的束间同步精度。以任一路作为时间基准,测量时间基准信号与其他任意一路激光束的波形;通过等光程调节器调整相应光束的光程,实现两路时间同步,再利用条纹相机进行多路激光时间差的精确测试。

（4）近远场测量方案

1）测量原理

激光近场强度分布测量采用 4f 成像原理,如图 7-8 所示,其结构框图如图 7-34 所示。采用像传递技术,被测激光依次通过取样分束、口径匹配、衰减控制,成像至光电接收器件 CCD 相机上,再通过数据处理得到表征激光近场分布的如对比度、调制度、填充因子等结果。

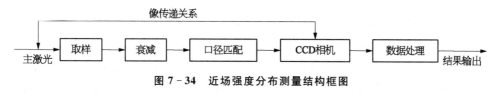

图 7-34　近场强度分布测量结构框图

远场强度分布测量原理采用单透镜成像法,利用长焦距聚焦透镜对被测激光进行会聚,再采用成像放大透镜对焦斑进行放大成像;通过光电接收器 CCD 相机记录成像焦斑,其原理示意如图 7-35 所示。被测激光经过取样分束、衰减、聚焦,通过成像放大透镜,将焦斑放大并成像至 CCD 相机得到记录,再通过数据处理,计算出表征远场强度分布的衍射极限倍率等结果,其结构框图如图 7-36 所示。

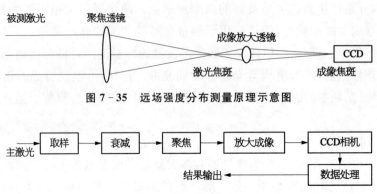

图 7 - 35　远场强度分布测量原理示意图

图 7 - 36　远场强度分布测量结构框图

2）设备与元件

① CCD 相机

选用 CCD 相机主要参数如下：

光谱响应范围：300～1 100 nm；

像素：512×512 或 1 024×1 024；

响应非线性：优于 3%；

面响应均匀性：优于 3%RMS；

信噪比：大于等于 70 dB；

灰度值：不小于 12 bit。

② 取样

取样分束通常采用反射式光楔或透射式分束镜，其取样元件的表面应无明显的灰尘点、膜层损伤和其他污渍，且有一定面形精度要求。

③ 衰减

光衰减器将光强衰减至 CCD 接收面能够承受的安全范围内，通常采用膜层衰减、吸收衰减等。同样，衰减光学元件的表面有面形和洁净度的要求。带楔角的镀膜元件一般应成对使用，防止产生光轴偏移。多个衰减元件使用时，还应注意摆放的位置与角度，以消除被测光束因衰减多次反射后产生的干涉条纹对测量结果的影响。

④ 口径匹配和聚焦成像

近场测量中的口径匹配主要起光束口径匹配和成像两个作用，应具有严格的共轴、共轭的特性。通常采用像差小的缩束望远系统，保证对被测光束指定位置成像，且满足近场分辨率的要求。远场测量中聚焦透镜的 F 数要适宜，以保证透镜焦斑位置的确定。成像放大透镜的 F 数应与 CCD 相机的有效口径和像元尺寸匹配。

3）标定方案

近场测量中应注意近场像面位置的确定和近场空间分辨率的标定。像面位置确定是在被测激光像传递物面处放置一物（常用鉴别率板），用 CCD 相机采集物的图像，调整

CCD 相机的前后位置,使图像清晰。该位置即像面位置、固定其 CCD 的位置。近场空间分辨率采用 CCD 相机采集图像对应的像元个数和已知物的尺寸计算得到,其最小空间分辨率为近场 CCD 图像上能分辨清晰最小物的尺寸。

远场测量中要注意远场焦斑位置的确定和成像放大倍率的标定。焦斑位置确定是采用刀口法:将刀口放置在聚焦透镜焦点附近,移动刀口,并用 CCD 相机对刀口遮挡的激光远场焦斑图像进行实时采集。当刀口从"上"方向切入并遮挡焦斑时,若 CCD 上的焦斑图像切入方向为"上",则表示刀口位置位于聚焦透镜的"焦后",反之则为"焦前"。移动刀口的前后位置,重复刀口切入检测,直到 CCD 相机采集图像上已无法判断方向为止。此时,该刀口的位置就是聚焦透镜的焦点。

成像放大倍率的标定:对放置在焦斑位置的已知尺寸的物进行放大成像,移动成像放大透镜和 CCD 相机的前后位置,使 CCD 相机采集到的图像边缘最清晰,并满足放大倍率要求。利用 CCD 相机的采集图像像元个数和单个像元尺寸,以及已知物的尺寸,即可计算得到成像放大倍率。

(5) 波前相位测量方案

本小节内容详见 7.4 节"自适应光学波前"。

(6) 取得的成果

完成了前端输出诊断包 2 套、分光前诊断包 2 套、注入诊断包 8 套、基频输出诊断包 8 套、靶场输出诊断包 8 套,共计 28 套激光参数测量诊断包的研制;单个诊断包内即可实现能量、时间波形、近远场分布的同时测量。各诊断包共包含 90 个光电探测器、26 台仪器设备、32 个衰减控制器、近 200 余个测试和控制信号。各诊断包经过在线安装调试与标定后,可实现关键点基频或三倍频如能量、时间波形、近远场分布等激光参数的实时测量。实现了分布式多参数综合集成化测试功能。其诊断包内各测量组件测量不同激光参数的主要精度如表 7-4 所示。

表 7-4　各诊断包内测量组件的主要精度

序号	参数内容	组 件 达 到 精 度
1	激光能量	绝对能量测量扩展不确定度 3%($k=2$),相对测量精度优于 2%(RMS)
2	时间波形	系统响应时间优于 90 ps,测量精度优于 3%
3	脉冲功率	优于 2.5%RMS
4	近场分布	空间分辨率优于 0.5%光束口径
5	远场分布	动态范围≥1 000∶1,远场品质因子优于 2 DL

以纳秒在线激光参数测量中最为关键的基频输出诊断包为例。其中近远场测量单元性能指标的测试数据如图 7-37 所示。基频输出的近远场测量组件主要对基频末级输出激光束进行近场和远场空间分布的实时测量,其空间分辨率、远场成像品质因子等关

键性能指标：近场空间分辨率优于 0.5％光束口径,远场品质因子优于 2 DL,满足测试
需要。

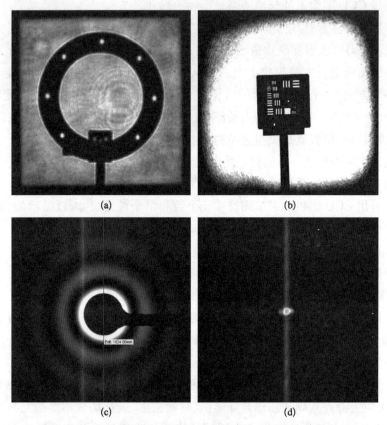

(a)　　　　　　　　　　(b)

(c)　　　　　　　　　　(d)

图 7 - 37　基频输出诊断包近远场测量单元在线标定典型图像

(a) 近场空间分辨率在线标定图;(b) 鉴别率板近场成像图;(c) 远场放大倍率在
线标定图;(d) 远场品质因子在线标定图。

利用基频输出诊断包(OSP)近远场测量组件,通过衰减组合控制,可以实现大动态范围内
近远场空间分布的实时监测。例如在发射前,实现静态(AO 校正前后)近远场空间分布的监
测;而在发射时,实现动态近远场空间分布等激光参数的测量。可以为器件安全成功运行
和故障分析提供高效技术手段。图 7 - 38 分别展示了在不同条件下的基频输出的近远场情
况。如基频输出在毫焦水平时,可以实时测量系统静态 AO 加静态和动态电压校正前后的
近远场空间分布,也可在基频输出千焦水平时,实测 AO 动态校正后的近远场分布。

利用各诊断包测试功能对器件进行激光输出口径、能量、时间波形、近远场分布、角
漂、束间功率平衡等关键指标的验收测试,其中不同脉冲波形典型测试数据如图 7 - 39 所
示。当基频输出最大为 8 051 J 时,第六路 OSP 近远场空间分布实测数据的处理后结果
如图 7 - 40 所示。北 4 路基频整形波形在平均能量输出 5 000 J 时,束间功率平衡情况如
图 7 - 41 所示。

激　光　条　件	近 场 图 像	远 场 图 像
发射前毫焦水平 AO 未加电压		
发射前毫焦水平 AO 加静态电压		
AO 加动态电压		
发射时约 5 000 J AO 加动态电压		

图 7 – 38　第六路 OSP 近远场测量单元不同激光输出条件下测试图像

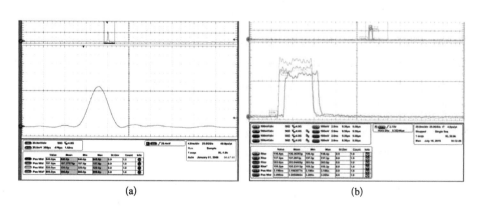

(a)　　　　　　　　　　　　　　　　(b)

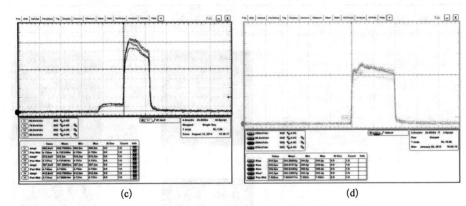

图 7 - 39　基频诊断包波形测量组件不同波形的测量结果

(a) 650 J @1ω 180 ps 高斯波形；(b) 5 100 J@1ω 3 ns 方波；(c) 5 000 J@1ω 10 ns 台阶波形；
(d) 1 000 J@1ω 8 ns 方波。

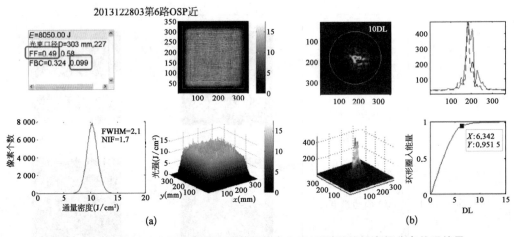

图 7 - 40　编号 2013122803 北第六路基频输出 8 051 J 时近远场空间分布处理结果

(a) 近场数据；(b) 远场数据。

　　针对点火物理中纳秒级、多台阶、高对比度激光脉冲的需求，采用级联式光电探测脉冲拼接技术来实现纳秒级、高对比度激光脉冲时间波形的精密测量。目前在升级驱动器上具备了对比度 1 000：1 的能力，并已实现基频输出能量 6 684 J 时，对比度为 125：1 的台阶整形脉冲波形的测试结果，如图 7 - 42 所示。通过以上输出脉冲波形的测量结果，采用快速高精度波形反演方法，经放大过程中的时空演变分析，实现了对注入脉冲波形的反演预测，如图 7 - 43 所示[40]。

　　3. 三倍频精密诊断

　　为满足驱动器升级装置对三倍频（3ω）激光参数测量的要求，2014 年，上海光机所联合室的科研人员以美国国家点火装置（NIF）3ω 精密诊断系统（precision diagnostic system，PDS）为蓝本，设计并完成建造三倍频精密诊断系统样机[41,42]。

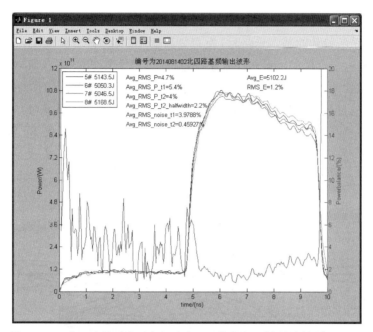

图 7－41　北 4 路整形波形束间功率不平衡数据(彩图见图版第 14 页)

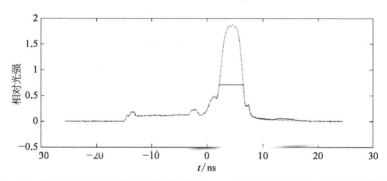

图 7－42　编号为 20160825002 基频输出 6 684 J 时高对比度台阶时间波形测量结果

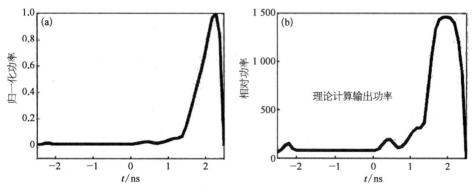

图 7－43　复杂波形对注入脉冲波形的反演预测图[40]

(a) 反演注入脉冲波形；(b) 输出波形。

（1）技术方案

精密诊断系统设计的基本思路是，为避免高功率 3ω 脉冲在介质中产生有害非线性效应，需要选择一个合理的反射式成像系统，对终端光学系统的 3ω 焦斑以及像传递面进行成像，并在成像的过程中通过不镀膜表面的反射作用，使被测光束的能量衰减到适合探测器件记录的量级。其基本结构如图 7-44 所示：由终端光学系统（FOA）和反射式成像系统组成，终端光学组件完成谐波转换与聚焦，在（0，0）位置形成 3ω 焦斑，而后通过 M1、M2 和 M3 组成的反射式成像系统对（0，0）处焦斑进行成像，并在反射式成像系统的像面使用 CCD 进行像采集。

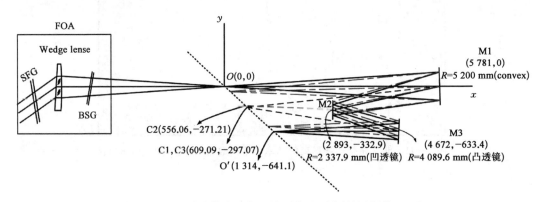

图 7-44　3ω 脉冲精密诊断系统示意图（彩图见图版第 14 页）

M：反射镜；FOA：终端光学系统；Wedge lens：楔形透镜；BSG：取样光栅；SFG：谐波转换晶体。

按上述思路，我们以三块球面反射镜为基本结构，如图 7-45 所示。其中红色光线和蓝色光线为两条第一近轴光线，利用蓝色光线计算相关参数；绿色区域为成像系统实际

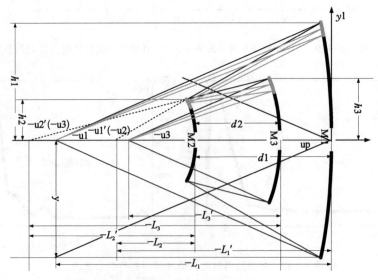

图 7-45　对有限远物面成像的球面三反成像系统（彩图见图版第 14 页）

使用的区域,棕色光线为第二近轴光线。利用三级像差理论,设计了一套满足实验室边界条件,对有限远物面成像的球面三反成像系统。设计过程中,先按照对称系统设计各结构参数与位置参数,再取边缘区域作为无遮拦的离轴系统,如图 7 - 45 中绿色光线所示。

为在物面的垂轴方向有一定的视场范围,从而使轴外点与轴上点成像具有同等的像差水平,即像面上有较大的平场区域,首先应该满足 Petzval 条件:

$$S_{\mathrm{IV}} = J^2 \sum (\phi_i / n_i) = 0 \qquad (7-7)$$

即系统的赛德场曲函数 S_{IV} 应为零。其中,$\phi_i = 2 / R_i$。

为满足 Petzval 条件,R_1、R_2、R_3 不能同时为凹面镜或凸面镜。至少有一个反射面的凹凸性与其余两面相反。为使光路结构紧凑,令 M2 为凸面,M1、M3 为凹面。由于焦斑测量系统物像与被测焦斑的耦合应具有一定的轴向容差,因此该系统还应满足 Herschel 条件和正弦条件,即需要同时满足

$$n'y' / ny = \sin(U) / \sin(U') \qquad (7-8)$$
$$n'y' / ny \neq \sin(U/2) / \sin(U'/2) \qquad (7-9)$$

以及

$$n'y' / ny = \sin(U/2) / \sin(U'/2) \qquad (7-10)$$
$$n'y' / ny \neq \sin(U) / \sin(U') \qquad (7-11)$$

因此当没有近轴这个限制条件时,只有当系统放大率 $\beta = -1$ 时才可同时满足上述两个条件(此时 $U' = -U$)。进一步,我们希望被测焦斑的位置在设计值附近沿轴向出现偏差时,在像方相应位置的放大率也近似满足 $\beta = -1$,即系统物距和像距在成实像的区间内发生变化时,放大率近似不变。同时满足上述条件,等价于设计一个缩束比为 -1 的无焦球面三反系统。

为使系统同时满足 Petzval、Herschel 以及 $\beta = -1$ 三个条件,我们设计出一组无焦系统如图 7 - 46 所示。

根据计算,此时 M1、M2 和 M3 的 R_1、R_2、R_3 是共心的。利用图 7 - 47,我们可以根据实验场地的空间要求确定 R_1、R_2、R_3、d_{12}、d_{23} 五个参数。其中图 7 - 47(a)为严格共心的球面三反系统,其全口径存在遮挡,最后无法应用于工程实际;而图 7 - 47(b)通过微调 M2 位置(即微调 d_{12}、d_{23}),使物像点远离球心,从而使边缘口径覆盖的区域

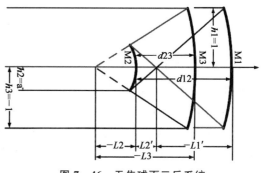

图 7 - 46　无焦球面三反系统

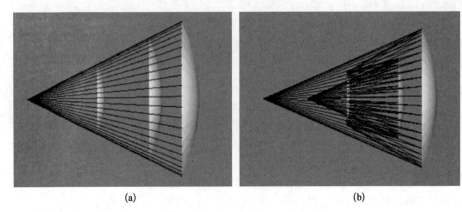

图 7 - 47　球面三反系统设计模拟图

(a) 严格共心的球面三反系统；(b) 通过微调 M2 后的球面三反系统。

无遮挡，得到边缘口径无遮挡的效果。

d_{12}、d_{23} 的选取最终取决于图 7 - 46 中的 L'_1 和 L_3 是否满足实验场地尺寸要求。最终，对应于图 7 - 45，我们优化得到成像系统的一组完整参数。

$$
\begin{cases}
L_1 = -5\,894 \text{ mm} \\
R_1 = -5\,180.5 \text{ mm} \\
R_2 = -2\,338.2 \text{ mm} \\
R_3 = -4\,261.7 \text{ mm} \\
d_1 = 2\,867.4 \text{ mm} \\
d_2 = 1\,948.3 \text{ mm}
\end{cases}
$$

通过 ZEMAX 对离轴三反球面成像系统有限远垂轴物面小视场成像质量进行模拟评估，其中主镜 M1 口径为 500 mm，其他参数如上，分别对垂轴物面上的(−50, 50)(50, 50)(0, 0)(−50, −50)(50, −50)五个视场进行成像模拟，以黑色圆圈为 1 DL 的尺度。如图 7 - 48 所示，图(a)为离轴三反球面成像系统结构图，图(b)为消球差物点处的成像质量，图(c)、图(d)分别为物点沿轴向前后移动 50 mm，相应视场的成像情况。

与原点(0, 0)相比，至少在沿轴向±50 mm 以及垂轴±10 mrad 的空间范围内，像差无明显恶化，可保持较好的成像质量(对应于图 7 - 44 所示红色虚线的视场)。很明显，无论是轴向还是垂轴方向，球面三反成像系统较之于其他反射系统，都有更大的近衍射极限成像的空间范围，这将极大地方便成像系统与被测焦斑的耦合过程。

在调试过程中，沿直线导轨推动刀口仪，即可将 3 个球面反射镜的球心，精确地约束在 c 轴的对应坐标上。如图 7 - 49 所示，C1、C2 和 C3 分别为 M1、M2 和 M3 的球心。成像系统调试完毕，并与终端光学系统完成耦合。实验装置如图 7 - 50 所示。

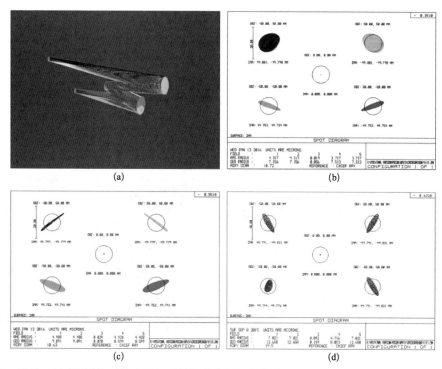

图 7‑48　离轴三反球面成像系统有限远垂轴物面小视场成像质量 ZEMAX 模拟图（彩图见图版第 15 页）

（a）离轴三反球面成像系统结构图；（b）消球差物点对应的不同视场；（c）向前移动 50 mm；（d）向后移动 50 mm。

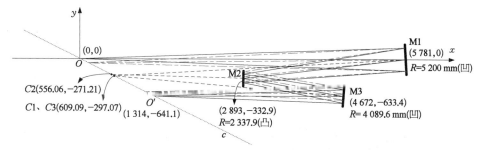

图 7‑49　假离轴球面三反成像系统结构及调试方法示意图

图 7‑50　驱动器升级装置三倍频精密诊断系统

(2) 取得的成果

该系统于 2014 年底建造完成,2015 年进行了初次实验,实验对成像系统的远场品质因子(即系统的点扩散函数)及近场成像分辨率进行了标定,确定了诊断系统近远场测量的极限能力。其结果如图 7-51 所示,其中图 7-51(a)为成像系统品质因子,84% 能量集中于 3.8 倍衍射极限;图 7-51(b)(c)两图分别为低分辨率近场(全口径)和高分辨率近场(局部区域)的标定结果,分别可以达到 2 pl/mm(物方 500 μm)和 4 pl/mm(物方 250 μm)的分辨能力。

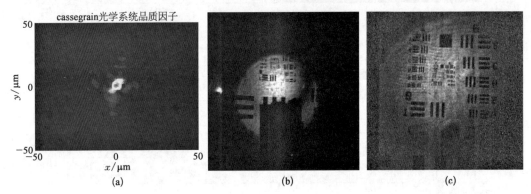

图 7-51　三倍频精密诊断系统近远场测量的成像质量在线标定结果(彩图见图版第 15 页)

(a) 远场品质因子;(b) 低分辨率近场;(c) 高分辨率近场。

利用该系统对驱动器升级装置第二路三倍频远场焦斑进行测试,其 80% 能量集中于 15 倍衍射极限,如图 7-52 所示。剔除成像系统像差影响,80% 能量集中于 12 倍衍射极限内,60 GHz 展宽光束 SSD 匀滑焦斑在 100 μm 滤波后,匀滑方向上 RMS 值小于 10%,如图 7-53 所示。考虑成像系统的成像品质,理论模拟显示该成像系统品质因子对 SSD 焦斑的测量效果几乎不产生失真的影响[43]。

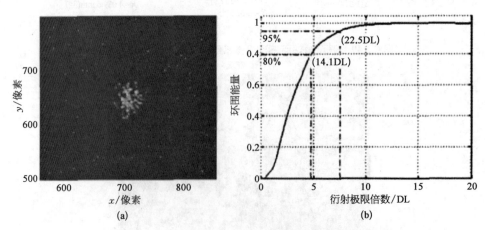

图 7-52　采用三倍频精密诊断包第二路三倍频远场焦斑测量结果(彩图见图版第 15 页)

(a) 三倍频远场焦斑图像;(b) 环围能量计算结果。

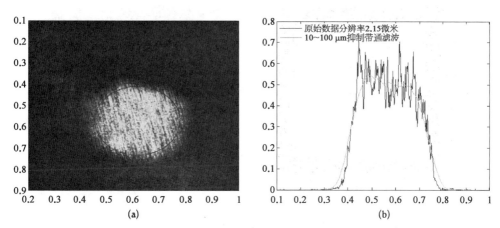

图 7 - 53　第二路大能量(2 055 J@1ω)351 nm SSD 匀滑焦斑测量结果(彩图见图版第 16 页)

(a) SSD 焦斑；(b) 匀滑方向一维焦斑轮廓。

此后,分别于 2017 年 3 月和 8 月进行了两轮三倍频高通量状态下的实验。在三倍频 3 251 J 运行状态下,同时获得激光脉冲远场焦斑、近场图像、3ω 能量以及时间波形等参数的测量结果,分别如图 7 - 54 和图 7 - 56 所示[44],其中图 7 - 54 为远场焦斑测量结果

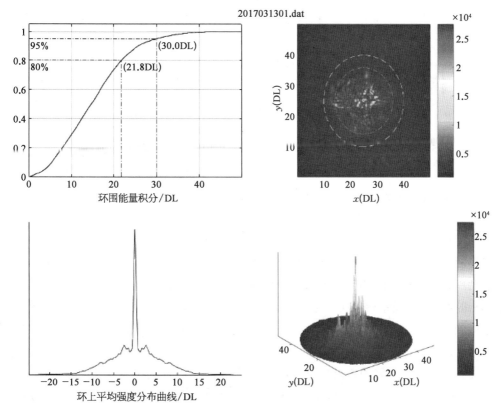

图 7 - 54　3 251 J@3ω 三倍频远场焦斑测量结果(彩图见图版第 16 页)

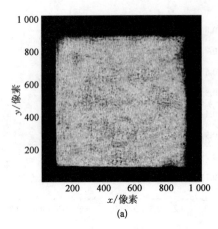 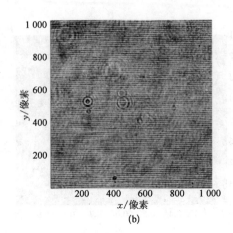

(a)　　　　　　　　　　　　　　　(b)

图 7 - 55　3 251 J@3ω 近场测量结果(彩图见图版第 17 页)

(a) 低分辨率近场；(b) 局部高分辨率近场。

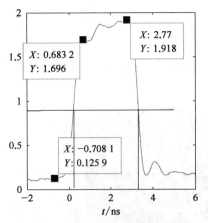

**图 7 - 56　3 251 J@3ω 时间波形测量
结果**(彩图见图版第 17 页)

图，经数据处理，计算得到三倍频远场焦斑 84% 能量集中于 21.8 倍衍射极限，95% 能量集中于 30 倍衍射极限。图 7 - 55 为三倍频近场测量结果，其中图 7 - 55(a)为低分辨率近场测量图像，其 70% 面积(绿框内)FBC 为 0.35；图 7 - 55(b)为局部[对应于图 7 - 55(a)中红框区域内]高分辨率近场，光束内 1 mm 周期调制清晰可见，该周期调制是由终端光学组件 FOA 聚焦透镜加工引入。图 7 - 56 为 3 251 J@3ω 时间波形测量结果，其脉宽约为 3 ns。

采用球面三反卡塞格林望远系统，实现了大口径高功率激光驱动器三倍频精密诊断测量。与椭球反射面方案比较，极大放宽了成像系统调整精度，拥有更大的视场，降低了光学元件加工难度，保证成像品质可达到衍射极限。

4. 皮秒参数测量

高能拍瓦单束皮秒激光系统，在压缩超短脉冲进入靶室之前，需要对其进行测量，以精确控制打靶物理实验条件。这就是皮秒参数测量的主要功能，需要对单次脉冲能量、峰值功率、脉宽、信噪比和光谱等激光参数进行测量。由于目前能够制造的光电探测器的响应时间和动态范围不足以支持脉宽和信噪比的直接测量，需要研制开发特殊的仪器来进行测量，因此本节主要只对脉宽和信噪比进行重点介绍。这也是当前超短脉冲的研究热点之一。

皮秒脉冲诊断包采用透射式取样，可实时监测压缩后单次超短脉冲的能量、脉宽、远场等，并经过一定发次的单次调试，实现单次信噪比测量。具体测量光路排布如图 7 - 57 所示。

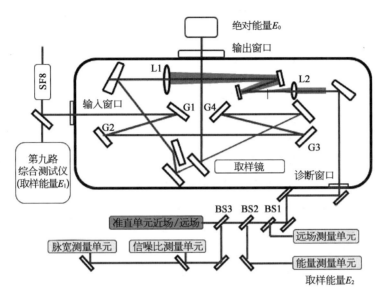

图 7 - 57　单束皮秒激光系统压缩后在线测量诊断的光路示意图

（1）能量测量方案

单束皮秒激光系统能量测量组件，由取样、缩束、传输、能量测量单元和标准能量计组成，如图 7 - 57 所示。SF8 为传输空间滤波器，G1、G2、G3、G4 为压缩光栅，L1 和 L2 为透镜，组成参数测量系统的主缩束系统，BS1、BS2、BS3 为分光镜。能量测量组件里取样光路中的能量计，测量得到的取样能量为 E_1。大口径标准能量计测量的绝对能量为 E_0，考虑到窗口前后表面的 4% 反射损耗，吸收损耗 $\delta_{absorb(吸收)}$ 为 $\delta_{absorb} = 1 - \exp(-\alpha z)$，其中 α 为玻璃材料的光吸收系数，通常情况下为 0.008，z 为玻璃材料的厚度。测量得到真空窗口之后的绝对能量 E_0，就可以计算入射到离轴抛物面镜上的能量 E_2 为 $E_2 = E_0 / (1 - 4\% - 4\% - \delta_{absorb})$。当激光装置正式投入使用时，无法在主光路中设置大口径能量计测量每一发次的能量，因此需要对取样能量计进行在线标定[45]，确定 E_2 和 E_1 二者之间存在的标定系数 k，即 $E_2 = k \cdot E_1$。

单束皮秒激光系统的设计目标是输出能量达到 1 000 J、脉宽为 1～10 ps、光束口径为 $\phi 320$ mm。如果通过直径为 400 mm 玻璃窗口输出到空气中，使用常规方案进行能量测量，则功率密度为 12.4 GW/cm² 的拍瓦激光经过厚度为 40 mm 的玻璃窗口所产生的 B 积分 87.2。如此高的 B 积分会产生强烈的自聚焦和吸收效应，甚至破坏。所以，准确可靠的测量方案是在真空环境下测量其绝对能量。由于目前暂无国产大口径真空能量计，因此只能通过玻璃窗口将皮秒拍瓦激光引导到空气中，由常规标准能量计进行绝对能量的测量。在此前提条件下，需要考虑 B 积分和材料破坏的可能性，避免玻璃窗口的吸收和损伤对测量精度产生影响。一旦玻璃窗口出现损伤，该损伤点就会持续扩大，绝对能量和取样能量之间的比例系数就会出现极大的不稳定性，降低参数测量系统的可靠性。

为了避免石英窗口的损坏，需要考虑自聚焦效应可能造成的损伤，控制定标实验中压缩脉冲输出的最大能量。

评估自聚焦效应的一个重要参数是 B 积分，即

$$B(\tau, r) = \frac{2\pi}{\lambda} \int n_2 I(\tau, r) \mathrm{d}z \tag{7-12}$$

式中 τ 为脉冲宽度，r 为光束横截面上的极坐标，λ 为波长，n_2 为非线性折射率，z 为光学介质的厚度，$I(\tau, r)$ 为被测脉冲光强分布。忽略石英窗口的损耗和不均匀性，$I(\tau, r)$ 为常数。为了避免自聚焦产生的材料破坏，需要将 B 积分控制在 3.94 以内。根据上式可以计算出，标定实验时压缩脉冲的能量应小于 60 J。

采用该标定方案，单束皮秒激光系统脉冲压缩后参数测量中能量测量组件的能量在线标定实验数据如表 7-5 所示。从表中的数据分析可以发现，标定系数的均方根偏差 RMS 为 2.2%，说明能量测量单元的测试数据具有良好的稳定性和可靠性。

表 7-5　皮秒压缩后能量标定实验数据

时间	$E_1/\mathrm{\mu J}$	E_0/J	E_2/J	$k/(\mathrm{J/\mu J})$
20110706—17:27	21.45	33.5	37.70	1.76
20110706—19:41	29.1	47.87	53.88	1.85
20110706—21:45	35.1	55.87	62.88	1.79
平均值				1.80
RMS				2.2%

（2）单次脉宽测量方案

在激光脉冲的时间波形精密测试中，一般采用快响应光电管和数字示波器，可实现 200 ps 以上的脉冲测量；采用条纹相机实现 30～200 ps 的脉冲波形测量，30 ps 或更短的脉冲采用单次自相关方法测量。由快响应光电管和高速示波器组成的常规配置测量系统，其脉冲响应约为 100 ps。常见条纹相机的时间分辨率分别为 2.85 ps/像素（2 ns 扫速挡）、1.43 ps/像素（1 ns 扫速挡）。考虑到条纹相机的狭缝、成像系统的误差和荧光屏的噪声等因素的影响，采用 1 ns 扫描速度时的脉冲响应为 28 ps。

为了满足拍瓦激光 1～10 ps 的脉宽实时测量的需求，对单束皮秒激光系统压缩后皮秒参数测量中的脉宽测量单元采用专用的大口径皮秒自相关仪，型号为 P_sWidth20[46,47]（已经在 1 030 nm 的激光系统中得到了应用[48,49]），进行了实时测量。

皮秒单次脉冲宽度的测量，是基于二阶自相关原理，将被测脉冲分成相同的两个子光束，在它们之间引入时间延迟量，然后将两个子光束投射到同一块非线性晶体上，利用非线性作用实现二阶自相关过程，如图 7-58 所示。

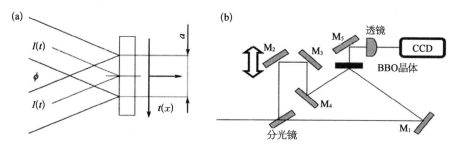

图 7 - 58 皮秒单次脉宽测量自相关仪

(a)原理图;(b)光路示意图。

对于被测脉冲 $I(t)$,其自相关信号为

$$I_A(\tau) = \int I(t)I(t-\tau)\mathrm{d}t \tag{7-13}$$

其中 τ 为时间延迟量。当被测脉冲 $I(t)$ 为高斯脉冲时,

$$I(t) = I_0 \exp[-4\ln(2\,t^2)/\tau_{\mathrm{FWHM}}^2] \tag{7-14}$$

I_0 为脉冲的光强,在皮秒脉冲的时间宽度测试中,可以认为 $I_0=1$。τ_{FWHM} 为被测脉冲的半高全宽(full width half maximum,FWHM),即脉宽。基于上式,可以得到相应的自相关信号为

$$I_A(t) = \exp[-4\ln(2\,t^2)/(\sqrt{2}\,\tau_{\mathrm{FWHM}})^2] \tag{7-15}$$

根据上式,可以推导出自相关信号的 FWHM 为 $\sqrt{2}\,\tau_{\mathrm{FWHM}}$,即自相关信号的宽度是被测脉冲宽度的 $\sqrt{2}$ 倍。

在重复频率的超短脉冲测试中,可以基于大量脉冲的统计平均值,动态地改变时间延迟 τ,从而得到一条自相关曲线。为了能够实现单次脉冲的测量,只能采用倾斜相交的两束子光束,基于分波前原理,在空间上的不同位置,产生不同的时间延迟。

皮秒参数测量中实时单次脉宽测量采用自相关技术,单次自相关仪的量程和分辨率与所使用的晶体厚度、晶体尺寸、探测器尺寸、光束夹角以及光束尺寸均有关。典型的单次自相关测量得到的实验曲线如图 7-59 所示,图中的非对称结构源于实际光路中的误差。单次自相关技术作为一种简单快捷的技术,能够对脉冲时间宽度进行相对准确的测量。但是因为自相关函数是

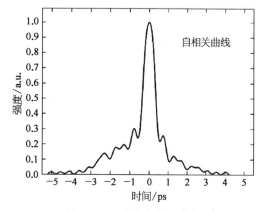

图 7 - 59 单次自相关曲线

对称的,所以无法测量脉冲的时间波形和信噪比。

1) 时间分辨率标定

自研的大口径单次自相关仪作为测试仪器在使用之前,必须首先对其时间分辨率进行标定,确定仪器自身的时间分辨能力与示波器最大采样率类似。目前采用的离线时间分辨率标定是利用鉴别率板来标定自相关仪时间分辨率的方法。该方法的基本原理是,基于单次相关测量过程中的时间-空间变换关系,采用鉴别率板上的条纹间距作为虚拟移动量,代替超短脉冲尖峰的真实移动量。其中时间分辨率 ρ_1 与鉴别率板条纹尺寸 $x = 500\ \mu m$、非共线夹角 ϕ、CCD 光速 c、像面上的条纹间距 y 之间的关系为

$$\rho_1 = 2x\tan\left(\frac{\phi}{2}\right) / (cy) \tag{7-16}$$

与自标定方法相比,该方法的相对误差为 3.3%。离线标定实验结果如表 7-6 所示。

表 7-6　自相关仪离线标定数据(2015 年)

序　号	CCD 上的条纹间距 y /像素	非共线夹角 ϕ /°	脉宽分辨率 $\left(\rho_1 \times \frac{\sqrt{2}}{2}\right)$ /ps /像素
1	22	54	/
2	21	55	/
3	21	53	/
平均值	21.33	54	0.056 3

设备上线后,因为加入多个光学元件,可能会降低其时间分辨能力,因此还需要对该单次自相关仪进行在线时间分辨率标定。自标定方法是在实验中保持拍瓦激光系统的状态不变,通过调节自相关仪内部的光程延迟器,旋转光程延迟器 M2 和 M3 的螺旋测微头,使自相关过程中的一臂产生定量时间延迟,从而在探测器的接收面上得到移动的自相关信号。当延迟器的平移量为 x 时,CCD 上的自相关信号平移量为 y。因此,可以得到该自相关仪的分辨率为

$$\rho_2 = \frac{2x}{cy} \tag{7-17}$$

式中 c 为光速。

在线标定时间分辨率时,在单束皮秒激光系统输出脉宽为 1 ps 时,两发次为一组,在线标定数据测量结果如表 7-7 所示,实验过程中的信号移动情况如图 7-60 所示。在线标定和离线标定结果一致,其分辨率为 0.05 ps/像素。

2) 时间测量范围

采用超限法标定皮秒自相关仪的时间测量范围。用该测量仪器去测量一个脉宽已知并且脉宽大于测量仪器的假定测量范围 10 倍以上的脉冲。在此条件下,测量仪器的测量窗口内将充满了该信号,即可以得到该测量仪器的最大可测量时间范围。

表 7 - 7　自相关仪在线标定数据(2015 年)

序号	延迟器空间移动量 Δz /mm	延迟器时间移动量 ΔT /ps	探测器像素移动量 N /像素	脉宽分辨率 $\left(\rho_2 \times \dfrac{\sqrt{2}}{2}\right)$ /ps /像素
1	1	6.667	85	0.055 4
2	1.07	7.133	93	0.054 2
		平均值 $\bar{\rho}$		0.054 8

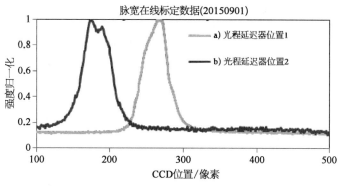

图 7 - 60　在线标定实验中的自相关信号移动图示

根据单次自相关测量的单侧时间窗口-有效束宽关系

$$D_{\text{beam(光束)}} \geqslant c\tau / \tan\left(\frac{\phi}{2}\right) \qquad (7-18)$$

由此,可以得到自相关信号的空间宽度为

$$a = c\tau / \sin\left(\frac{\phi}{2}\right) \qquad (7-19)$$

其中 τ 为被测脉冲宽度,ϕ 为自相关过程的夹角,D_{beam} 为被测脉冲的直径。自相关过程中晶体的直径为 10 mm,根据公式能够得到的最大时间窗口为 33.33 ps,但在实际光路中,由于晶体的装夹方式和被测光束的口径限制,晶体的有效尺寸不能够得到充分的利用,因此可以采用纳秒级的脉冲标定自相关仪的时间测量范围。

在标定实验中,采用 100 mJ、8 ns 的激光脉冲作为被测对象。8 ns 激光脉冲,假设其形状为高斯型,其自相关信号的时间宽度为 11.2 ns。当 $\phi = 60°$ 时,结合自相关仪的时间分辨率,8 ns 激光脉冲对应的自相关信号的宽度为 4.8 m。该尺寸远远超出了自相关仪的测量范围,因此纳秒级的自相关信号将充满该自相关仪的测量窗口,从而能够反映自相关仪的最大时间测量范围。实验数据如图 7 - 61 所示,自相关信号的宽度为 9.55 mm,可以得到自相关仪的时间窗口为 26 ps,对应的高斯型脉冲最大可测量宽度为 18.4 ps。

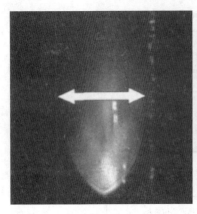

图 7‑61　自相关仪时间测量
范围标定图像

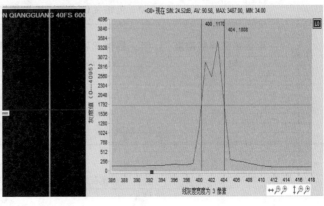

图 7‑62　自相关仪的脉冲响应特性标定结果

3）脉冲响应特性

单次自相关仪的脉冲响应特性，与示波器的带宽类似，即采用极值法来标定测量仪器的脉冲响应特性。采用一个无穷小的 δ 脉冲作为被测对象，通过该测量仪器得到一个参考值，此数值为该皮秒自相关仪的最小灵敏度，即脉冲响应特性。

采用 40 fs 超短脉冲能够作为一个 δ 函数来实现脉冲响应特性的标定。当被测脉冲的宽度为 40 fs 时，基于空间宽度的公式，可以得到 40 fs 超短脉冲自相关信号的空间宽度为 24.0 μm。由于光束具有衍射效应，使用了一块成像透镜，通过移动 CCD 改变像距，从而得到一个最小自相关信号。CCD 的像素尺寸为 20 μm×20 μm。实验得到自相关信号的最小空间宽度为 3 像素（即 60 μm），因此对应的脉冲响应特性的值为 300 fs，如图 7‑62 所示。

在拍瓦实验中，随着压缩器的调整，皮秒自相关仪得到的脉冲宽度也在不断变化，如图 7‑63（a）所示。被测脉冲的宽度分别为 11.3、9.4、5.7、4.1 ps。通过研究图 7‑63（a）的

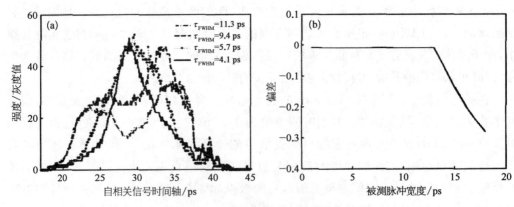

图 7‑63　皮秒自相关仪相关测试数据

（a）测试数据；（b）高斯线性脉冲产生的误差。

自相关曲线可以发现,啁啾脉冲具有一个双峰结构($\tau_{FWHM}=11.3\ ps$ 和9.4 ps),表示在脉冲的光谱相位上具有两个相对较强的部分,通过压缩器的精密调整,它们被修正到等相位面附近之后,脉冲的双峰逐渐向中间靠拢($\tau_{FWHM}=5.7\ ps$),最终合并成一个类高斯型曲线($\tau_{FWHM}=4.1\ ps$)。

从图 7-63(a)中还可以发现,脉宽为 11.3 ps 和9.4 ps 的曲线边缘非常陡峭,与高斯型曲线没有相似性。因为 PsWidth20 型皮秒自相关仪的时间范围为 26 ps,换算成高斯型被测脉冲之后的时间范围为 18.4 ps,所以当被测脉冲的宽度接近 18 ps 时,有限的测量窗口会对曲线产生截断效应,引入系统误差。根据自相关公式开展高斯型被测脉冲的自相关曲线的模拟分析,结果如图 7-63(b)所示。从图中可以观察到,当被测脉冲宽度为 1～13 ps 时,测量数据的系统误差$<$1%。该系统误差来自$\sqrt{2}$取值为 1.414 的计算过程中。当被测脉冲宽度大于 13 ps 时,高斯线型引入的系统误差开始增加。比如,被测脉冲为 14 ps 时,测量数据的系统误差为 7.5%。在激光参数的精密测量中,测量误差应当控制在 5% 以内。因此,当被测脉冲为高斯型时,该皮秒自相关仪适用于测量脉冲宽度为 1～13 ps 的啁啾脉冲。测量范围与千焦拍瓦激光系统的脉宽技术指标 1～10 ps 相吻合,能够满足皮秒参数测量系统的功能需求。

单束皮秒拍瓦激光系统共发射了四次中等能量(约 75 J)的脉冲,其状态不变,采用皮秒参数测量中的脉宽测量组件对皮秒脉宽进行了在线测量。表 7-8 列出了该四发次中等能量激光脉冲的脉冲宽度测量数据,脉宽平均值为 3.9 ps。由于脉宽≤13 ps,基于上文的分析,这里可以忽略高斯线性引入的系统误差。

表 7-8　脉宽测量组件在系统状态不变时的测量结果

时　　间	20120525—10:59	20120525—14:39	20120525—17:05	20120525—19:25
脉冲宽 /ps	4.0	3.9	3.0	3.7
平均值 /ps		3.9		
RMS		3%		

从表 7-8 可以看出,当压缩器保持不变时,皮秒自相关仪的测试数据保持了相当良好的稳定性,多次测量数据的均方根偏差 RMS 为 3%。综上所述,脉宽测量单元的测量结果是稳定可靠的。

(3)远场焦斑测量方案

为了实现单束皮秒拍瓦激光聚焦特性的在线诊断功能,在 OMEGA EP 装置上研制了焦斑测量单元(focal spot measurement,FSM)和基于波前传感器的远场测量单元(focal spot diagnostic,FSD)。通过焦斑测量单元的直接测量数据,校验远场测量单元的间接测量数据[50]。其远场测量单元的工作原理,是通过波前传感器测量被测脉冲的波前信息,然后反推出远场分布特性。通过精密可靠的光学设计和调试过程,OMEGA EP 装置上的焦斑测量单元和远场测量单元之间的相似度可达 95%±2%。

在单束皮秒拍瓦激光系统中,在靶室内离轴抛物面镜焦点附近配置了焦斑监测组件,能够实现压缩后皮秒脉冲焦斑聚焦特性的直接分析和测量。考虑到皮秒拍瓦激光系统的啁啾特性,为了实现压缩后脉冲远场强度分布的在线监测功能,研究拍瓦激光的可聚焦能力,在压缩后皮秒参数测量中设计有远场测量组件,实现取样光束的实时监测功能。焦斑测量组件被设置在靶室焦点附近,其优点在于能够直接测量分析焦平面处的焦斑分布特性,缺点在于无法实现正式运行时的实时监测功能。通过标定焦斑测量组件和远场测量组件的测量图像的相似度,能够弥补该缺点,实现靶面焦斑的实时分析和诊断功能。

在压缩后皮秒参数测量中,为了匹配皮秒参数诊断系统的能量、脉宽、信噪比等各个功能组件的输入光束,需要采用缩束系统,将被测的大口径、高能量的皮秒拍瓦激光束转换为小口径、低能量的诊断光束。能量的变换和衰减通过高反射率介质膜的剩余透过部分以及专用的衰减片来实现,光束的口径变换通过缩束系统来实现。所采用的技术方案如图 7-64 所示。

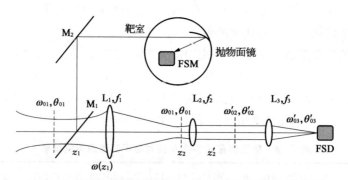

图 7-64　单束皮秒激光系统压缩后远场焦斑测量方案[51]

通过单束皮秒拍瓦激光系统的像传递面与远场测量单元的缩束系统主透镜优化设计,缩束系统的调试精度控制在 $10~\mu m$,再结合剪切干涉仪,实现缩束系统输出光束平行度的监测,最终确保缩束系统输出的诊断光束发散角与入射被测光束的发散角之间的倍率,近似于平行光束的放大率,整个缩束系统的组合误差小于 0.14%。在经过该高精度、低误差的缩束系统之后,诊断光束的衍射极限倍率等于入射的被测光束的衍射极限倍率,即聚焦特性不发生变化。在忽略反射镜和透镜的面形误差的前提下,在图 7-64 中采用远场成像透镜 L3 得到的焦斑分布情况,就等于入射的被测脉冲的焦斑分布情况。

当单束皮秒拍瓦激光系统输出能量为 90 J 时,远场测量组件测得的远场图像如图 7-65 所示,其 50%环围能量半径为 5.1 DL(衍射极限)。当单束皮秒拍瓦激光系统放大链不工作,输出能量为毫焦时,焦斑测量组件的测试结果如图 7-66 所示,其 50%环围能量半径为 4.0 DL[51]。实验结果表明,该高精度、低误差的远场测量组件,与焦斑测量组件的测试数据之间具有非常好的相似度,可以用作实时远场焦斑测量的手段。

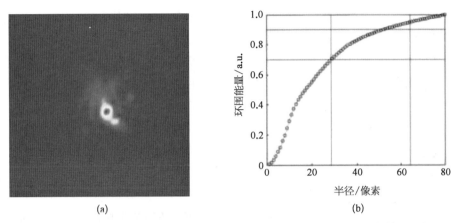

图 7-65　输出能量为 90 J 时远场焦斑测量组件测量结果（彩图见图版第 17 页）

（a）测试图像；（b）环围能量曲线。

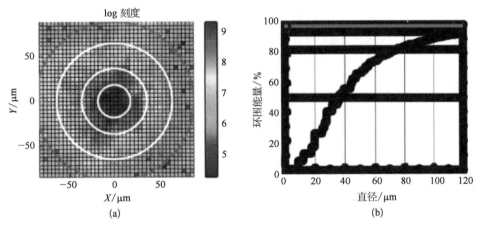

图 7-66　输出毫焦时焦斑测量组件测量结果（彩图见图版第 18 页）

（a）测试图像；（b）环围能量曲线。

（4）信噪比测量方案

单束皮秒拍瓦激光系统的信噪比是一项非常重要的激光参数，直接影响着快点火等物理实验的作用效果。而且单次脉冲的高动态范围信噪比测量技术，也是一项世界性的难题。

由于时-空编码，沿横向空间分布的脉冲互相关信号需要并行探测的系统进行测量记录。一般采用 CCD 作为探测器，但是 CCD 的灵敏度太低，而且电噪声很高，限制了系统的动态范围（仅数十倍）。为了使信号强度处于探测器的动态范围之内，必须对强的互相关信号进行衰减，这就需要加工复杂且不具有可重复使用性的空间可变衰减器，而且边缘散射将影响测量的准确性。光电倍增管（PMT）的探测灵敏度高，但它是单点式探测器，无法进行多数据同时并行测量。针对这个问题，目前提出使用基于光纤阵列和光电倍增管的高灵敏度的并行探测系统，光纤阵列（fiber array，FA）由多根不同长度的光纤组成，它们的一端按长度顺序排成一排，另一端做成光纤集束。相邻光纤长度的间隔必须保证脉冲传输的时间差大于 PMT 的响应时间。按时间先后次序分布的空间上的互相关信号同时进入 FA，经过不同光纤的传输，从光纤集束出射后变成时间上串行的信号，被 PMT 接收，然后经过模拟数字（A\D）转换，输入电脑进行数据处理。此探测系统灵敏度高，而且每根光纤上可以方便地增减光纤衰减器，使信噪比的高动态范围（≥10^9）成为可能[52]。

在驱动器升级单束皮秒激光系统中，压缩后的信噪比就采用以上技术方案，基于互相关原理将时间延迟转换为空间上的延迟，实现脉冲前沿和后沿的分辨功能，通过 PMT 的极高灵敏度实现高动态范围的探测能力，并且通过宽光束的非共线方式实现单次脉冲的实时诊断功能。产生的互相关信号经过光纤阵列和 PMT 传输到示波器，通过示波器读取时间窗口内的光纤阵列的电压值和衰减倍率，计算得到时间窗口内的强度曲线。单次信噪比的测量原理如图 7 - 67 所示。

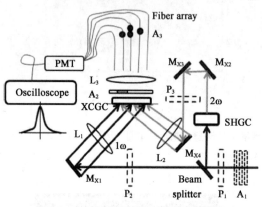

图 7 - 67　单次信噪比测量原理图[52]

A：衰减片；P：偏振片；Beam splitter：分束器；SHGC：倍频晶体；M：反射镜；L：透镜；XCGC：非共线晶体；Fiber array：光纤阵列；PMT：光电倍增管；Oscilloscope：示波器。

单束皮秒激光系统的压缩脉冲通过反射镜透过取样、缩束并传输到皮秒在线综合测量包的信噪比测量组件中，测试光路如图 7 - 57 所示。皮秒在线综合测量包设计了大小能量切换的取样设计，其取样率在大能量状态时为 0.05%，在小能量状态时为 0.44%。典型值为，当压缩脉冲能量为 1 000 J 时，从诊断窗口输出的能量为 50 mJ；当压缩脉冲能量为 5 J 时，从诊断窗口输出的能量为 23 mJ。

作为信噪比测量组件中的关键仪器，单次信噪比测量仪需要采取自标定方法完成时间分辨率的离线标定。通过移动单次信噪比测量仪内部的光程延迟器，能够观察到互相关信号峰值的移动。当移动光程延迟器增加扫描光路的光程时，互相关信号的最大值出现在屏幕右侧，即脉冲后沿。当移动光程延迟器减少扫描光路的光程时，互相关信号的最大值出现在屏幕左侧，即脉冲前沿。

离线标定结果如图 7 - 68 所示。单次信噪比测量仪的光程延迟器移动量 z 为 5.5 mm，屏幕上的光纤移动数量 $N_{Fiber(光纤)}$ 为 49 根，因此时间分辨率为

$$\rho = \frac{z \times 2}{c \times N_{Fiber}} \qquad (7 - 20)$$

$$= \frac{5.5 \text{ mm} \times 2}{0.3 \text{ mm/ps} \times 49 \text{ 根}} = 0.75 \text{ ps/ 根}$$

单次信噪比在高功率激光系统中使用时，还需要注意由于取样镜上的 B 积分和准直

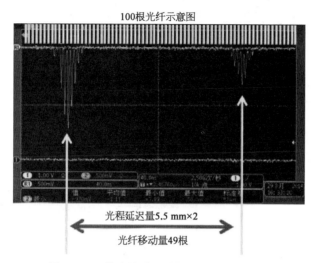

图 7 - 68　单次信噪比测量仪的时间分辨率

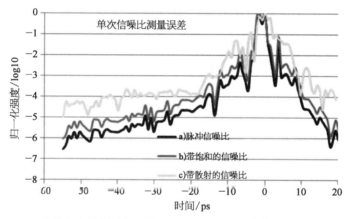

图 7 - 69　由饱和和散射引起的单次信噪比测量误差[53]（彩图见图版第 18 页）

头引入主信号的饱和、散射对信噪比测量结果的影响[53]，如图 7 - 69 所示。

　　单次信噪比测量仪在实际工程应用中，因其内部采用了非线性晶体实现非共线互相关过程，有对光束偏振态的要求，为此在压缩后皮秒参数测量中，采用了一对具有空间立体角结构的反射镜，将倾斜的线偏振光旋转为竖直偏振。且由于该单脉冲信噪比测量仪中的非线性晶体为周期性极化铌酸锂（periodically poled lithium niobate，PPLN），工作窗口尺寸（宽×高）为 20 mm×0.5 mm，在高度这一维提出了高精度的准直要求。利用人工光路进行调整时，每次实验仪器的校正需要 1 h，拍瓦实验时信噪比测量仪的数据获取成功率仅为 10%。为解决应用问题，在压缩后皮秒参数测量中增加基于立体空间激光光路的快速自动准直方案，其光路示意如图 7 - 70 所示。该方案可以解决立体空间光路中出现的反射镜和近远场 CCD 图像之间的坐标系扭曲问题，保证单次信噪比测量仪的高

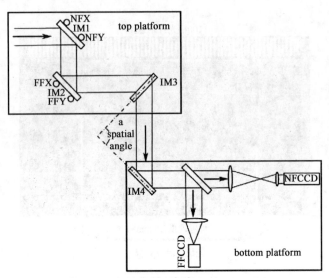

图 7 - 70　立体空间自动准直光路示意图[54]

top platform：上层平台；IM：反射镜；NFX：近场 x 方向；NFY：近场
y 方向；FFX：远场 x 方向；FFY：远场 y 方向；a spatial angle：空间立体
角；NFCCD：近场相机；FFCCD：远场相机；bottom platform：下层平台。

精度调试要求，从而大大提升系统工作效率[54]。

（5）取得成果

皮秒参数测量系统用于提供皮秒拍瓦激光系统的各项状态参数，协助激光系统达到预期的技术指标。针对皮秒拍瓦激光系统的技术指标，皮秒参数测量系统将提供压缩脉冲的能量、脉宽、远场、信噪比等参数。能量测量单元的测量范围为 $10 \sim 1\,000$ J，定标系数稳定性 RMS 为 2.2%。脉宽测量单元的时间测量范围为 $0.5 \sim 18$ ps，时间分辨率为 0.05 ps/ 像素，系统误差<1%，数据稳定性 RMS 为 3%。远场测量单元的空间测量范围为 150 DL，空间分辨率为 0.3 DL，与焦斑测量单元相比较，测量结果的相似度约为 1。信噪比测量单元的时间测量范围为 70 ps，动态范围为 10^{-9}。基于拍瓦正式实验提供的测试数据表明，皮秒参数测量系统能够稳定可靠地提供以上参数的实时测试数据，用于拍瓦装置的运行状态诊断。

采用单次脉宽测量组件，在单束皮秒激光系统的实时脉宽测量中，不同脉宽输出时的测量结果如图 7 - 71 所示。

采用压缩后皮秒参数测量的信噪比测量组件，在激光输出脉宽约 1 ps 条件下，在大能量状态下对皮秒拍瓦激光的信噪比进行了测试，得到了两个信噪比曲线，如图 7 - 72（a）和（b）所示。在测试过程中，信噪比测量单元借助—31.5 ps，—28.5 ps 位置的尖峰作为参考值，通过移动光程延迟器，将时间测量范围从（—60 ps，10 ps）扩展到（—90 ps，10 ps）。测量结果如图 7 - 72 所示。两发次测量数据的平均值为图中的实线。根据平均值可以认为，在—51 ps 位置的信噪比已经大于 10^6，在—82 ps 位置的信噪比已经大于 10^8。

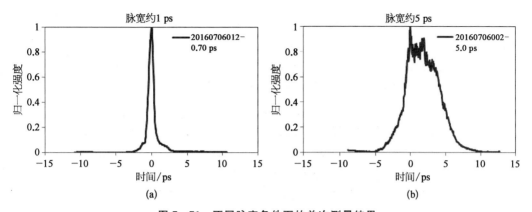

图 7 - 71　不同脉宽条件下的单次测量结果

(a) 脉宽 0.7 ps；(b) 脉宽 5.0 ps。

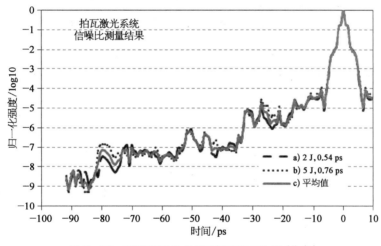

图 7 - 72　实测信噪比曲线(彩图见图版第 18 页)

5. 参数测量集总控制

　　激光参数测量集总控制是为了多位置、多参数的集中控制与数据采集、分析诊断，并确保整个测量子系统运行在理想安全的工作状态。驱动器升级装置中激光参数测量子系统在实验期间需要获取、传输大量的信息数据，包括实验命令和实验状态数据、实验参数和实验结果数据。为了实现测量中的主动诊断，必须进行分布式集总控制管理。集总控制可以提供各类测量设备的管理与控制，各类参数数据的采集、计算与存储查询管理等功能。而分布式技术是将应用程序逻辑分布到两台或者更多台计算机或底层单板机上，采用 Intranet 内部连接的特性，使多台计算机或设备同时为一项任务服务成为可能。

　　激光参数测量子系统集总控制示意如图 7 - 73 所示。其中，数据通道用来将各种测量仪器测得的数据传送到分系统的集总控制室，进行分析处理。由于现在的测量仪器都可以 RS232、USB、网口等方式实现与电脑的联接，在集总控制室里，我们可以按照不同的需要作出不同的判断。既可以将处理结果直接提供给外界，也可以对测量结果进行处理与分析,以控制测量仪器的工作状态。控制通道是用来联接传动设备的。运用微处理器、步进电机等机电设备,可以调整测量仪器的功能设定、空间位置等(如可进行滤光片的更换)。信号通道用来和外界进行联系,以达协同工作目的。它可以接收外部事件,提交给集总控制室进行处理,也可以将自身的请求发送给外部的相关单元,等待处理。

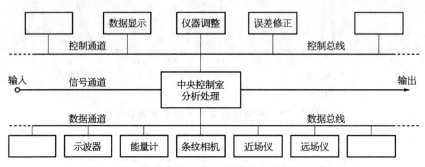

图 7 - 73 激光参数测量子系统的集总控制示意图

激光参数测量集总控制系统主要由能量测量模块、时间波形测量模块、CCD 图像采集模块、步进电机控制模块、束间分光比和衰减控制模块、设备状态监测与反馈模块、计算机控制与管理模块、电源管理模块、测量数据库管理与计算处理模块等组成,其系统组成示意如图 7 - 74 所示。

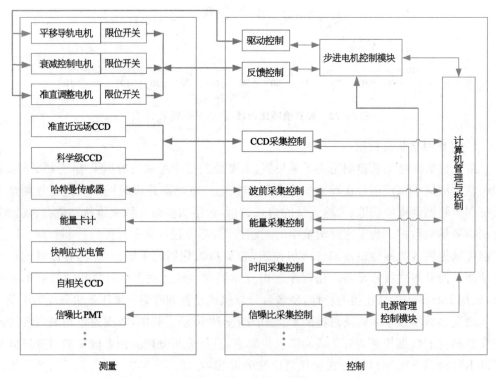

图 7 - 74 激光参数测量分系统集总控制组成

　　能量测量模块主要是经过光束缩束后,进入能量计接收全口径的激光光束,通过在线或离线标定取样率来进行激光能量测量。所有在线测量诊断包内都包含能量的测量,控制系统在能量测量过程中主要负责能量计表头的供电、能量衰减、测量量程选择与调整及能量测量结果的读取与处理。脉冲波形测量是在一定的偏置电压下将激光的光强信号线性地转换为电压(电流)信号并输出,该电压信号经过电衰减器衰减后,以一定的幅值输入数字示波器,经过示波器的采集、处理、存储并输出,实现时间波形测量。CCD 图像采集系统主要进行系统中近远场的空间分布测量。所有的 CCD 都直接连接到现场的工业以太网,对 CCD 的管理和控制通过 IP 地址实现。设备状态监测与反馈通过设备连接、网络通信、阈值分析等方法判断设备工作状态是否正常,为参数测量系统的工作提供保障。电机控制模块由衰减控制、能量调节控制、安全连锁控制、限位控制等子模块组成。束间能量控制模块通过控制半波片角度改变偏振方向,改变各束激光的分束比,进而改变束间能量。实际运用时,根据激光装置性能运行模拟程序(laser performance operation model,LPOM)计算的预期值和参数,测量诊断实际测得的实际值与理想值的偏差,进行计算修正。各束电源管理模块主要为系统各测量模块中的各测试设备和控制对象提供电源,可以实现电源的本地和远程两种模式下的切换与控制。电源模块的设计要满足输出功率充足、抗干扰能力强、输出稳定等要求,系统测试设备和模块的接地要满足设备安全、抗电磁干扰强和运行稳定等要求。

　　驱动器升级装置参数测量子系统的集总控制软件、实现了单台联网(联服务器)的计算机,可同时、全面控制完成装置参数测量所有参数的采集、控制与数据的交互等多个功能。软件包括了能量数据采集与控制集中软件、分布式近远场空间分布测量软件、脉冲时间波形数据集中采集软件、数据库构建与设计、多级衰减远程控制软件、多路束间能量控制软件等子程序的设计。

　　参数测量集总控制软件实现了单台联网计算机升级纳秒参数测量分系统集总控制,能反馈各测量点当前状态,并向上级系统反馈是否准备好的状态标识,图 7-75 所示是测量集总控制系统界面。通过该软件仅需要一名操作人员,即可在中控室内实现常规运行中激光参数测量的数据采集与控制。集总控制软件内包含了分布式能量数据采集与衰减控制集总程序、近远场空间分布测量程序、脉冲时间波形测量程序以及数据库发次管理程序等。

　　数据库发次信息管理程序是器件总指挥根据物理实验需求或器件需求,通过一维模拟放大理论程序,计算各测量位置的激光参数(如能量、时间波形等),设置该发次的系统配置,上传至数据库,并发送给全系统各相关分系统。目前,在线性增益放大的基础上完成了系统放大器配置的框架网页表,如图 7-76 所示,能为提供参数测量分系统衰减控制提供一定的指导。通过装置 LPOM 中一维放大模拟程序,可为测量分系统提供不同发次需求时较为准确的数值模拟结果。

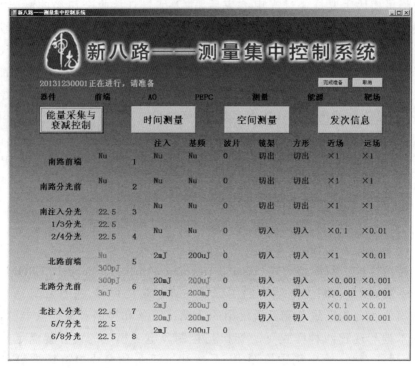

图 7 - 75　测量集总控制系统软件界面图

图 7 - 76　纳秒测量数据网页报表界面

能量测量与衰减控制程序包括多种能量计集总采集与控制、多束功率平衡控制、测量系统衰减控制等功能。能量测量完成了四套测量诊断组件中三种不同厂家、不同类型、不同测量范围的能量计的集总管理与单一软件集成采集的功能,如图 7-77 所示。其中还实现了基频输出诊断包 OSP 内针对纳秒装置不同能量发射时,自动采用两类能量探头分段测量,有效扩展了能量测量范围,保证了大动态范围内在线能量测量的数据有效可靠。该程序已经通过多轮物理实验的近千发次考核,无故障;并根据采集时间自动获取并建立相应的能量数据报表,上传至集总控制数据库。

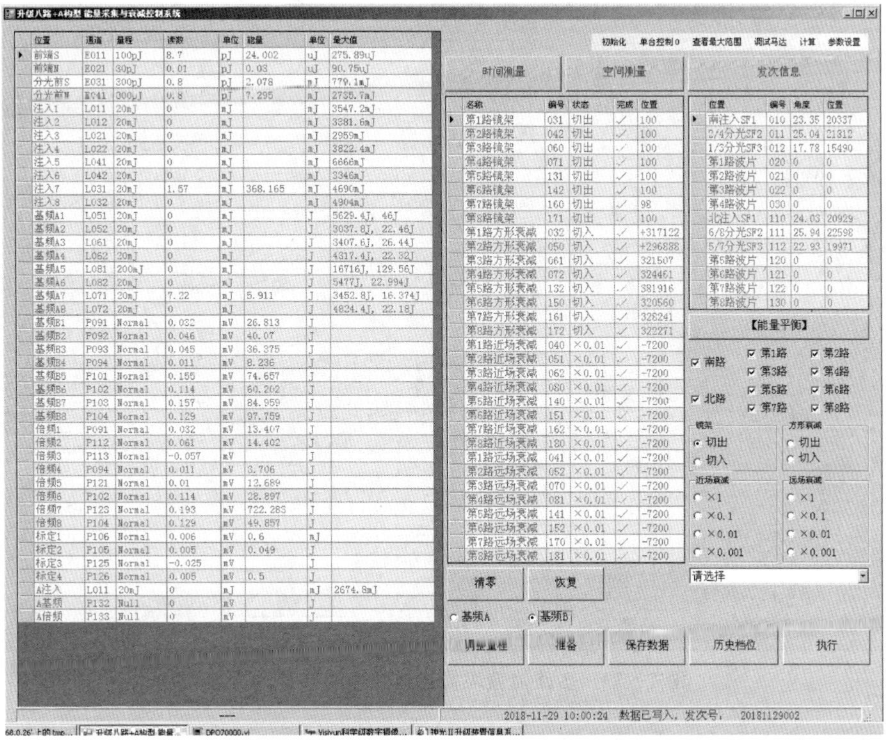

图 7-77　能量测量与控制软件界面

束间能量控制包括对两类半波片(half wave plate,HWP)的控制,一类是分光半波片,共有 6 个驱动电机需要控制,分光光路如图 7-78 所示,主要通过偏振控制和偏振分光,可以控制分光比。另一类则是衰减半波片,共有 8 个驱动电机需要控制,通过旋转半波片,使光束偏振方向发生改变,再通过固定偏振方向的检偏器实现对各束激光的注入能量的控制。在实际应用时,根据待平衡各路特定测量点的能量数据,通过对放大器的一维放大数值模拟,可计算出各路注入的能量值,即半波片的平衡位置,再根据待平衡半波片的当前位置,计算出半波片控制电机的驱动步数,因此,需要控制的状态参数有 14 个。半波片能量控制软件界面如图 7-79 所示。可通过调用数据库特定发次的某特定位置的能量数据,选择待平衡的路数和方式,自动计算平衡需驱动的半波片电机步数。

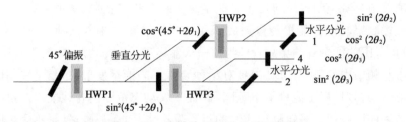

图 7 - 78　半波片（HWP）分光示意图

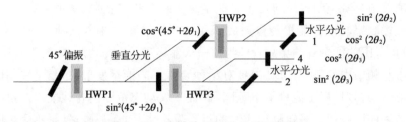

图 7 - 79　多路能量平衡半波片控制软件的界面

　　2010 年 10 月对分光后南 4 路 403 棒状放大器的增益进行了测试，并通过调节各放大器的泵浦光触发延迟时间，以及分光比和衰减控制器调节，实现了南 4 路预放部分输出（主放大器注入）的能量平衡，为整个装置总体能量平衡提供了有力保障。能量平衡调试后南 4 路预放输出能量平衡测试结果如图 7 - 80 所示，各路输出能量平衡优于 2%RMS。

　　能量测量与衰减控制程序中的测量衰减控制功能，是为满足自适应光学 AO 和大口径电光开关 PEPC 的在线调试，以及大能量范围的基频输出近远场测量的需求。如在基频输出诊断组件中的衰减控制模块，分为大能量衰减切换、方形衰减组件切换、近场衰减转盘、远场衰减转盘四类，共使用 32 个电机，可同时实现基频输出能量在 0.1 mJ～10 kJ 范围内的近场和远场同时测量，并针对不同能量段采用不同型号能量计，在保证测量线性度的前提下扩大测量范围，提高能量测量的准确性和可靠性。该软件可以同时实现南

发次	1# /J	2# /J	3# /J	4# /J	RMS
1	3.79	3.78	3.84	3.88	1.25%
2	3.42	3.42	3.49	3.45	0.96%
3	3.32	3.31	3.37	3.39	1.22%
4	3.28	3.26	3.33	3.35	1.21%
5	3.31	3.31	3.37	3.37	1.00%
6	4.30	4.23	4.21	4.28	0.93%
7	3.61	3.58	3.60	3.66	0.96%
8	3.61	3.58	3.58	3.67	1.19%
9	3.57	3.54	3.57	3.61	0.76%
10	4.41	4.39	4.39	4.43	0.43%
11	4.93	4.91	4.91	4.95	0.39%
12	4.46	4.50	4.62	4.59	1.65%

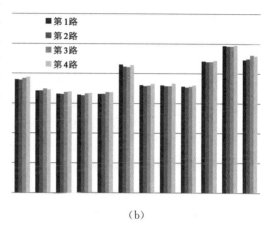

(a) (b)

图 7 - 80　南 4 路注入能量平衡测试数据结果(彩图见图版第 19 页)

(a) 连续 10 发 4 路注入能量数据;(b) 南 4 路各发次的能量平衡图。

北路共 32 台衰减控制电机、共计 96 种状态的控制与监测。且可以在数据库发次建立时,根据模拟计算出各测量点能量分布情况,计算匹配衰减配置和安全挡位设置,并提供相应的反馈建议。

时间波形测量软件采用 LABVIEW 可视化软件,实现了多台示波器的远程控制与数据采集,并根据发次编号实现与 Oracle 数据库的数据接口,实时将波形数据传输至数据库。初始设计的时间波形测量软件界面如图 7 - 81 所示,目前仅针对常规监测点的示波

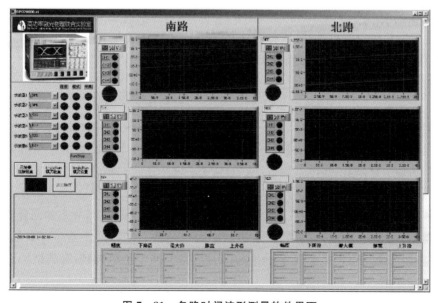

图 7 - 81　多路时间波形测量软件界面

器数据采集,即前端输出、基频输出、三倍频输出三个位置点示波器上的时间波形采集,可继续扩展采集数据示波器的数量。

空间分布测量软件是利用现有科学级 CCD 自带 CCD 控制采集程序,进行测量窗口扩展;新增了集成化设计功能,如一键连接功能,通过 IP 绑定的方式,可直接勾选所需测量点的名称,同时连接、启动;如一键保存功能,可将已连接的 CCD 图像、数据,按固定命名方式存入本机指定目录下,再通过数据传输的方式,上传到数据库中。

升级数据库基于 Windows 的 WEB 应用系统开发。通过建立发次的相关信息,可实现数据库中相应发次的数据标识,并可通过 WEB 形式访问归档的参数测量结果。该数据库还具备发次管理、器件状态检索查询、数据结果报表生成与输出等功能。

7.2.6 关键技术

1. 标准传递

为保证其结果的准确性,所有测量组件都需要在计量标准的基础上,建立一套相关的标准传递机制,对其测量结果的不确定度进行分析评估。

(1) 标准能量计

作为目前高功率激光驱动器输出绝对能量的测量标准的是大口径激光能量计。目前大能量激光能量计主要分面吸收型和体吸收型。对于体吸收型能量计,激光能量是在其吸收体内按指数规律衰减吸收的,因此具有更高的功率和能量破坏阈值,更适合高功率激光能量测量。同时考虑到差分结构的能量计所具有的稳定性,而且虽然它降低了能量计的灵敏度,但在可接受的程度以内。最终我们自行研制的大口径激光能量计选择采用差分结构体吸收型能量计的方案。主要技术方案是用温差电动势 $>200\ \mu V/℃$ 的半导体 Bi-Te-Se-Sb 合金材料组成的 PN 元件作热电堆,用中性有色玻璃作吸收体(对激光波长没有明显的吸收选择性)。吸收体吸收被测光能转换成热能,热电堆将热能转换成电信号,并用高精度数字电压表测量处理探头传来的电信号和进行数据处理。

技术难点:

◆ 激光能量计热电堆焊接的平整度、吸收体与导热体之间粘合的均匀性,对激光能量计的性能影响极大。随着光束口径的增大,大面积热电堆制作工艺和均匀导热胶层制作的难点也随之增大,作为吸收材料的中性玻璃材料缺陷、加工缺陷也随之增加。这就需要对整个制作工艺(包括热电堆焊接、吸收体与导热体之间的粘合等)进行优化、改进和提升。同时,对吸收材料的质量进行严格把控。

◆ 外壳对能量计稳定性非常重要,它起到隔绝热电堆、吸收体与导热体同外界环境热交换的作用。为了达到这一效果,以往研制的大口径激光能量计外壳都有很大的筒深,体形笨重,造成使用不便。新型卡计研制中,需要选择新型绝热材料,对其结构进行优化设计。

◆ 现有大口径激光能量计在真空环境下使用时,还需要在真空污染、热平衡恢复以及标定方案等方面,开展进一步实验验证与设计优化。

(2) 稳定取样

在高功率激光系统中,为满足终端大口径光束激光参数实时监控的要求,在不对主光路指向有任何影响、不额外占用空间的前提下,通常采用主光路中使用的大口径光学元件的漏光部分或低取样率衍射或反射进行取样测量。这就对该类取样光学元件的膜层,不但有对主激光损伤阈值和指定透反射率的要求,同时对小量低取样率也提出了高稳定性的要求。如多波长分离膜的透过率,取样容差较小,易受温湿度和偏振变化的影响,且取样元件在强激光作用下,容易造成局部损伤,从而引起取样率的变化;而取样率的微小变化,会导致测量(尤其是能量测量)结果产生很大误差。因此,为保证取样元件的取样率稳定性,在取样膜系设计、元件使用环境以及损伤实时的检测与评估等方面,提出了较高的要求。

(3) 标定平台

激光参数标定技术应该遵循"先离线精密标定,再在线快速校核"的原则,因此需要建立激光参数测量离线的标定平台和快速在线校核的方法。主要内容包括:绝对能量标定、时间脉冲响应标定、波前畸变测量系统标定、取样元件取样率校核、参数测量组件内部功能检测、传感器动态范围内的线性度标定。

热电式能量计离线标定,采用不确定度传递法,以大能量激光器输出作为大口径标准能量计标定的基础光源,经过衰减控制器、扩束和楔形分束器分光,分别入射标准能量计和监测能量计,计算出分光比,再用被测能量计代替标准能量计,读出待测能量计和监测能量计的能量值后,根据分光比计算得到待测能量计的灵敏度。微弱能量探头的标定则需要以纳秒级激光器作为基础光源,测量方法与大能量计的标定方法一致。基于光纤点光源和平行光管产生标准波面,实现测量组件中各模块的光束质量和系统像差的离线标定;基于皮秒光源实现脉冲时间波形测量模块的时间响应特性的标定,以及完成条纹相机和自相关仪的静态调试。在多参数标定平台的设计上可以考虑多用分光镜,将不同光源的光引入同一测量光路,减少测量光路的重复建设,节约成本与空间,实现其综合化和多功能化。

快速在线校核则由快速切换导光系统、快速标准设备插入系统等组成,可实现测量组件的在线快速校核与标定。

2. 衰减杂散光管理技术

衰减杂散光管理是影响及激光参数在线测量精度的关键因素。在高功率激光驱动器中,同一激光参数测量组件同时对多个激光参数进行测量,通常含有多个分光光路和不同类型的光电探测器,且各探测器的灵敏度各不相同。即便对于低取样的强激光测量来说,为保证探测器安全使用,还需要不同程度的衰减。在实际应用时,通常参数测量组件中衰减程度可能达到 9～12 个量级。这种被衰减的大量激光,就是影响测量精度杂散光的主要来源。

杂散光是光学系统中非正常传输光的总称，主要产生于漏光、透射光学表面的残余反射和镜筒内壁、机械外壳等非光学表面的残余反射或散射，以及由于光学表面质量问题产生的散射光。常用的杂散光管理方法，首先要对光学系统进行优化设计，选择匹配的数值孔径，规避多级鬼像可能产生的影响；需要对探测器或相应的光学系统进行适当的屏蔽，如增加光阑、遮光罩、消光环、滤光片，减少杂散光进入光学系统；通过涂消光漆、镀减反膜或磨毛处理，降低光学系统内部或隔板边缘的反射；测量环境的洁净度控制，减少光学元件的污染、损伤。

3. 时分复用技术

随着装置规模的扩大、装置功率的提升，被测激光参数量相应地成几何级数增长。考虑到工程造价，减少同类设备的数量，时分复用技术就优先被考虑进来。这种多通道复用测量技术是指同一传感器实现多路同一参数的测量。例如在脉冲时间波形的在线测量组件中，各路取样光束通过聚焦耦合进入光纤。通过不同长度光纤，将不同光路脉冲从时间上分离开来，再合束进行光电转换后进行时间波形测量。光纤脉冲时间波形取样集成测量示意，如图 7 - 82 所示。技术难点在于光纤耦合取样率的稳定性和高保真传输光纤的选型。

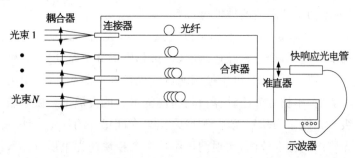

图 7 - 82 时间波形光纤取样集成测量

又如在同一位置的激光参数诊断包内，近远场自动准直和激光参数测量所采用的探测器均是 CCD，且光束自动准直是工作在装置打靶前的调试时间段，而激光参数测量则是工作在打靶后的激光输出状态监测中。综合考虑测量动态范围、成像分辨率以及传输速率等因素，选择适当的 CCD 作为成像探测器，通过光学设计优化，实现近远场的准直与测量的时分复用功能。

4. 皮秒脉宽测量技术

由于高功率激光驱动器的系统复杂性，其输出的脉宽和信噪比等时间特性参数具有一定的起伏性，因此超短脉冲测量本身的精确性和稳定性尤为重要。由单次自相关的原理可知，自相关信号是由倍频光束空间强度分布的时间积分表征的，因此基频光空间光强分布对自相关信号有影响，即近场空间分布不均匀会影响单次脉宽测量的结果。目前单次脉宽测量由于在线取样光束的近场空间分布问题，其精度还不能完全满足物理实验测量的需求；且受谐波转换晶体尺寸和非共线匹配角的限制，单次脉宽测量范围不能完全满足物理实验的需求;单次脉宽测量中的空间分布图像处理还有进一步优化改进的空间。

5. 单次信噪比测量技术

基于三阶互相关技术,以及分振幅产生多个脉冲序列的原理,可实现单次大动态范围信噪比测量。其技术要点包括非线性开关技术、非线性互相关技术、脉冲复制技术、脉冲精密同步与控制技术、脉冲波形重构技术、多套测量单元的集成控制技术,以及远程数据采集与处理技术。

超短脉冲的测量对于超短脉冲的实验具有至关重要的意义,在其测量中最具有特色的部分是其时间特性的测量。目前,超短脉冲的时间特性包括脉宽和信噪比的测量,仍然是研究的热点。

7.2.7　总结与展望

激光参数测量子系统是 ICF 高功率激光驱动器的重要组成部分,包括了脉冲激光能量、时间、功率、近远场空间分布、信噪比、波前等参数的测量。本节从高功率激光驱动器中常用激光参数的定义和测量方法开始,详细介绍了其功能组成、国内外发展现状,并针对神光驱动器升级装置中参数测量系统的设计方案、取得的成果以及关键技术进行了介绍。

在高功率激光驱动器的建设过程中,激光参数测量不仅需要通过参数测量新技术的研究,完善各类参数测量的技术手段,完成物理实验和装置某些关键位置的相关参数测量工作,还必须通过对各类参数测量实验数据的分析与研究,提高对器件与装置的规律性认识,尤其是加强在超高功率、高通量条件下对器件所出现新情况的认识,从而对参数测量提出新的要求。随着装置建设的规模逐步扩大,激光束数倍增,光束口径和输出功率增大,被测激光参数的数量也成几何数量级的增长,需要在保证测量组件精度与可靠性的同时,实现其集成化、工程化、模块化的功能,降低工程总体造价,提高其可用性和可维护性。因此,随着国内外高功率激光驱动器的高通量、高负载的发展特点,并针对自身装置特点,激光参数系统将继续跟踪国际前沿技术,合理应用成熟的测量技术,发展适合中国国情的参数测量技术和总体技术。

今后激光参数测量技术的发展,主要集中在靶面激光特性综合精密诊断、单次皮秒脉宽和高动态范围信噪比测量、相干调制成像测量、大口径光学元件在线损伤检测等关键环节上,通过不断创新与应用新的测试技术,拓展测试功能,完善测试手段,优化测量方案,提高测量精度,规范测试流程,来满足装置高效稳定运行和精密物理实验的需求。

1. 参数测量技术研究

对于高通量的装置,激光参数技术基本分为常规和新型参数测量技术两类。常规参数测量技术包括分光取样技术(大口径光学元件稳定取样技术、大口径光学元件取样率离线测量与标定技术、取样率在线监测与快速校正技术）、能量测量（高通量大口径标准能量计研究、多路能量计数据集成采集与控制技术、小口径微弱能量探头实验研究）、瞬时功率测量（小宽带高对比脉冲时间波形测量技术、高动态范围快响应光电转换器实验研究、高带宽数字示波器与数字化仪实验研究）、近远场空间分布测量（高质量成像技术、高动态范围科学级 CCD 线性度标定、杂散光与鬼像控制技术）、光谱测量、波前畸变测量（像传递技术、波前传感器、静态修正技术、动态补偿技术、衰减控制技术）、束间同步测量（快速靶面束间同步测量技术）等；新型参数测量技术是针对装置高通量、高功率的特点，在靶面激光特性综合精密诊断、单次皮秒脉宽和高动态范围信噪比测量、相干调制成像测量、大口径光学元件在线损伤检测等方面开展研究。

（1）超短脉冲测量技术

超短脉冲测量技术的发展，远远滞后于超短脉冲技术自身的发展。时至今日，所使用的测量方法与 40 年前比，并没有显著区别。在高功率激光驱动器中，超短脉冲的脉宽测量一直采用传统的基于近场光束的单次自相关技术，该技术的测量精度受限于光束轮廓均匀性[55]。在高功率激光驱动器中，由于光学元件面形的不完美以及热畸变效应，光束轮廓的均匀性往往不是很理想。另外，由于时间和空间耦合效应[56,57]，基于近场光束的单次自相关技术所得到的脉宽，往往并非物理实验所关注的焦点处脉宽[58]。

为克服基于近场光束的单次自相关技术的局限性，发展了基于远场焦斑的单次自相关技术[59]。其基本原理是采用铁电晶体中的随机相位匹配效应，实现非共线角度为 180°的横向二次谐波产生，通过分析横向二次谐波的空间宽度来计算脉宽，如图 7-83 所示。

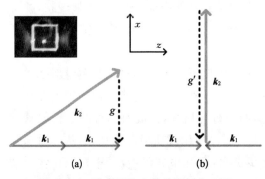

图 7-83　铁电晶体中的随机相位匹配

远场单次自相关技术具有量程大、对近场光束空间轮廓畸变不敏感以及能够反映具有时空耦合效应的超短脉冲光束的焦点处脉宽的特点。图 7-84 和图 7-85 所示的分别是超短脉冲光束无时空耦合效应的焦点处脉宽和具有时空耦合效应的焦点脉宽。相比于基于近场光束的单次自相关技术，基于远场技术的脉宽测量也对光束指向性提出了更高要求，但是在高功率激光驱动器中，往往采用自动准直技术对光束位置和指向进行精确控制[60-64]，因此能够满足远场单次自相关技术的基本要求。

同样，现有的时间域互相关均工作在脉冲近场，而物理实验却是在脉冲远场焦平面上。由于展宽器和压缩器中光学元件表面的不理想、其角色散和空间啁啾的存在，会产生一个高频调制，该调制会在脉冲远场引起具有时间-空间耦合特性的噪声，要求具备应用在远场同时具有时-空分辨率的互相关器，确保在单次测量中实现高动态范围和较大时间窗口的信噪比测量。

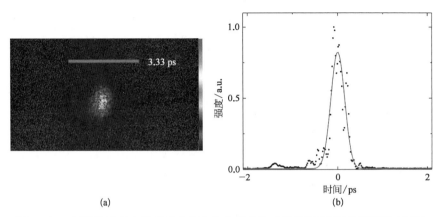

图 7-84　超短脉冲光束没有时空耦合效应时的焦点处脉宽（彩图见图版第 19 页）

（a）原始图像；（b）处理后的脉宽结果。

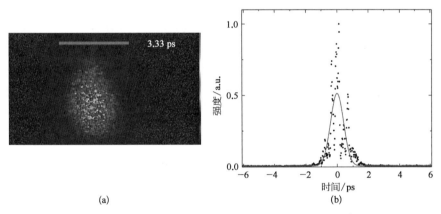

图 7-85　超短脉冲光束具有脉冲波前倾斜时焦点处脉宽（彩图见图版第 20 页）

（a）原始图像；（b）处理后的脉宽结果。

（2）相干调制成像技术

相干调制成像（CMI）技术是利用一块结构已知、高度随机分布的相位板，对待测波前进行相位调制。由 CCD 记录下单幅衍射光斑，然后通过迭代算法对待测光的振幅和相位同时进行重建。利用 CMI 方法研制的仪器具有结构小巧、测量速度快和精度高等诸多优点，并克服了现有直接成像法和哈特曼传感器的不足，能够解决只能通过干涉仪离线测量中高空间频率的难题。目前该技术已经在 NLF 合作项目中首次验证成功，同时获得单脉冲的近场强度分布、远场强度分布、近场相位等信息。在今后的实际应用中，需要大量的数值模拟和实验验证，对其波前位相和复现的近远场分布结果进行校核，同时还需要通过算法优化，构建快速恢复程序，实现驱动器内任何位置对光束波前的实时精密检测功能。具体参见第 7 章和第 13 章有关新型波前检测技术的内容。

（3）损伤检测技术

在高功率激光驱动器中，由于光学元件表面缺陷和内部杂质以及非线性效应，在激光的高强度辐照下,光学元件容易出现表面损伤和内部自聚焦丝等现象。而这些损伤又会导致诸如光束质量下降、光学元件点状爆炸以及损伤点的衍射造成下游其他元件进一步损伤等各种危害,影响装置的安全、有效运行。随着高功率激光驱动器的逐步发展,在其高通量、高负载下的状态运行,尤其是三倍频靶场终端组件出现的损伤,越来越成为制约装置高效稳定运行的"瓶颈"。

建立大口径光学元件损伤在线检测系统,结合快速图像处理技术,在激光发射间隔时间内进行大口径光学元件的在线损伤检查,快速检测出损伤点的形貌、位置、尺寸等相关参数,为后续装置安全评估体系和运行维护体系的建立提供基础实验数据。进一步通过损伤点的性质进行分析与评估,实时给出元件受损伤情况的评估结果。并通过大口径光学元件损伤数据库和评估体系的建立,跟踪其受损历史、修复及处理过程,建立相应元件更换和维护的标准,保障系统高效安全运行。

大口径光学元件损伤在线检测系统采用暗场成像技术,用主动式光源照明被测光学元件,利用元件上损伤点产生的后向散射光,经过成像后在暗背景下得到明亮的损伤图案,以提高系统的分辨率和图像的对比度。

基于暗场成像原理的大口径光学元件损伤在线检测技术,需要解决硬件和软件两方面的技术问题。其硬件主要包括:主动照明系统、光学成像系统、高速高精度多维自动定位系统和数字图像采集系统等。

主动照明拟采用侧边均匀照明技术,需根据各大口径光学元件的在线使用情况进行照明设计;光学成像系统是为了获得高分辨率、无像差的光学元件表面或内部图像,需要对终端光学元件损伤检测和主放系统光学元件损伤检测分别设计;高速、高精度多维自动定位系统是为了满足多路终端光学组件在发次间隔时间内完成全链路扫描检测,需要根据各路光束的方位预先设定并校准,并建立多维定位数据库。在每次测量中,自动定位系统读取数据库的定位信息进行定位,既可用设定程序进行指定路数的抽样测量,也可进行每路的系统测量;数字图像采集系统的核心部件是高分辨率科学级CCD,协同高速自动高精度多维定位系统工作,采集的数字图像和定位信息对应。

其软件主要包括:高速高精度多维自动定位系统定位数据库、大口径光学元件损伤检测数据库、高速数字图像处理系统、大口径光学元件损伤评估体系和标准等。

高速、高精度多维自动定位系统定位数据库,包含多维自动定位系统的定位参数、基于装置的系统设计和损伤检测系统的设计参数,并结合实际情况进行校准;大口径光学元件损伤检测数据库记录每次检测的数字图像,提供各光学元件的损伤历史记录和维护情况;高速数字图像处理系统的主要任务是自动识别数字图像记录的光学元件损伤信息,并根据光学元件损伤评估标准自动给出评估结果;根据各大口径光学元件的工作情况和性能,通过理论计算和样品破坏实验,确定相应的损伤控制标准,制定大口径光学元件损伤评估体系和标准,对超过标准的光学元件需要进行维护或更换。

2. 激光参数测量的重要性

激光参数测量是大型高功率激光驱动器研究中一项至关重要的科学技术。参数测量与激光器件的关系是螺旋上升式相互作用的关系。器件一方面提出参数测量要求,参数测量通过技术手段的应用来实现,同时通过所得到的广义参数测量数据进行分析,可以得到并掌握规律性认识,从而为器件整体水平的提升提供指导。通过对气溶胶、油污染来源的定量测量和激光辐照污染物产生破坏等进行实验研究,开展分析光学材料、膜层损伤产生机理的研究;通过光学元件激光损伤检测获取的损伤图像数据开展分析与研究,建立损伤评价体系,并可逐步开展抑制损伤增长的实验研究;通过靶场三倍频高精度近场空间分布等光束质量测量实验研究,可以开展晶体、大口径熔融石英玻璃的横向非线性效应(TSBS、TSRS)的研究,分析高功率密度激光横向破坏大口径光学元件的机理,从而提出抑制横向受激布里渊散射(TSBS)、横向受激拉曼散射(TSRS)等有害增益的可行性技术方案。通过对放大器增益系数和脉冲波形畸变等参数的测量,可以开展放大器饱和增益特性等技术研究,从而为束间功率平衡的数值模拟与控制提供实验指导依据。

3. 模块化、集成化、精密化

随着装置进一步发展,相关被测激光参数的数量成几何数量级的增长,如果仍按以前"点-点"的设计方案,则所需光电探测器、高精度模数转换器和高端测试设备也相应增加,造成巨大的成本负担。因此,参数测量系统走"精密化""模块化""集成化"是唯一的道路。这就要求激光参数测量系统在具备较高的准确度、置信度、大动态测量范围的同时,提高系统的集成化、模块化、综合性和可靠性。

今后激光参数测量子系统还需要从以下几个方面进行功能扩展:

◆ 集成化功能——为减小测量组件的体积、以提高模块集成度和仪器化程度为目标,如将光路自动准直、波前校正与参数诊断进行三位一体的综合性诊断模块的光学与结构设计是组件多功能集成化的体现之一,或采用新技术实现多参量集成测量,或者采用分时复用技术,实现多束集成化测量,以提高系统的性价比,降低成本,优化空间。

◆ 精密化功能——随着物理实验的精密化需要的提升,靶面激光参数精密诊断能力会越来越不满足精密物理实验和装置精密控制的需要,如对靶面功率密度、焦斑匀化、精密同步、束间功率平衡等需求,都需要参数测量组件具备相应的精密测量功能。

◆ 模块化功能——系统结构上各单元、组件或模块应具备一定的互换性,各类组件和模块还必须具备离线标定和在线检验的能力,并优化结构设计,减少模块更换和校准的时间,以便提高整个系统工作的可靠性与可维护性,降低运行维护费用。

◆ 兼容性功能——测量采用多参数集成化设计,在系统结构设计中具备良好的电磁兼容性和安全联锁功能。设计时要考虑电磁干扰与辐射对诊断设备的影响,尤其在高能拍瓦装置的强电磁干扰和强辐射环境下的抗干扰设计。

§7.3 光束自动准直

激光系统要瞄得准,就得从光路自动准直系统做起。想想一个狙击手从几十公里外击中一个乒乓球大小的目标,是不是有点不可思议? 没有做不到,只有想不到。下面,就带领大家走进精密技术——光束自动准直技术。

本节首先简要介绍光束自动准直技术的基本概念、原理和组成单元,对世界各个国家主要装置和我国装置自动准直的特点和发展进行阐述,然后归纳光束自动准直主要关键技术,并对未来发展进行展望。

7.3.1 基本原理

对于一个已先期调整好的激光系统,元器件的位置均已固定,但由于温度变化、反射镜机械结构蠕变、棒状放大器和片状放大器的热畸变、地基和支撑框架微振动、振荡器输出光束方向漂移和其他随机因素的影响,都容易造成光束偏离原定光路。因此,在激光系统发射前需要重新进行光路校正。光路自动准直的任务就是通过逐段检测光束位置和方向的误差,并反馈控制光路中的一对反射镜,使光束恢复到原定光路上。逐段是指系统由前端输出到靶点整个光学链路上的串行调整,从前向后依次调整,直至靶点。为实现这一要求,作为高功率激光 ICF 驱动器控制光束稳定性和瞄准精度的主要手段,光路自动准直系统包含很多调整技术,包括一段光束的平移、一段光束的角移、一段光束的全状态(包括光束的平移、光束的角移甚至光束的旋转)及其两段不同光束的同轴调整(包括光束的平移和光束的角移)等。由于光束的平移调整和角移调整是基础,下面主要就一段光束平移和角移的准直方法作一介绍。

激光光路中引起光轴偏离的因素很多,所有这些都可以归结为光轴的失调,也就是说可以假设所有光学元件是固定不动的,但入射的光束发生了角移和平移,即光束的入射角度和位置发生了偏移。这样光轴的失调可以由两块反射镜改变其倾角而得到纠正,即入射的光轴虽然发生了角移和平移,但从两块反射镜后出射的光轴确是和理想的光轴一样的。

光束自动准直是通过调整伺服反射镜来校正光束的。两个反射镜调整一段光轴,这是几何上两点成一线的原理。两点的距离越大则精度越高,因此通常将一点取在一特定的有限位置处,称为近场;另一点取在焦点处,相当于无穷远的位置,称为远场。光束自动准直系统是一个闭环控制系统,如图 7-86 所示。一般先在光路中建立参考基准,然后在主光路以外(如反射镜后面)设置光学探测系统,监视光束的偏移:在近场监视光束的平移,在远场监视光束的角移。工作时计算机采集近远场的光束探测信号,经过一系列的图像处理,找到偏移光束和参考基准的平移误差和角移误差,根据这些误差驱动伺服反射镜上的马达,改变反射镜的两维角度,从而调整光束的位置,直至误差小于允许误差。

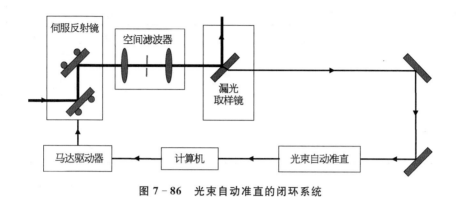

图 7-86　光束自动准直的闭环系统

7.3.2　组成单元

光束自动准直子系统是集光、机、电和计算机于一体的精密系统工程,其组成相当庞杂,下面就基本的组成单元进行阐述。

1. 准直光源

准直光源是指用于光路调整准直的光源,通常采用和主激光波长相近或相同的激光光源。为保证调整精度,其口径和波面等都要求达到和主激光一致,主要包括基频光准直光源和二倍频或三倍频准直光源。基频光准直光源主要用来调整主光路中的基频光束,而二倍频和三倍频准直光源则是提供给靶场多波长打靶的光束准直调整。由于色差的存在,基频光源不能用于靶场二倍频或三倍频光束的准直和瞄准。基频光准直光源一般以系统自身的振荡器为光源,或另设准直光源耦合到主光路中,而二倍频或三倍频准直光源必须另外设计,并使之和主光路同轴。

高功率激光 ICF 装置按光束准直位置可分为前端、顶放、主放和传输靶场四大部分,准直光源一般按照表 7-9 进行选择。前端系统的准直光源必须直接用主振荡器,因为其后另设的准直光源同轴调整必须以主振荡器的光束作为基准。预放和主放大系统的准直光源的选择要根据光束路数的多少来决定:光束路数多造成主振荡器光束的光强减弱,探测器探测不到,必须另设功率大的准直光源;光束路数少则可以使用主振荡器,由于使用主振荡器大大减少其使用寿命,也可以另设 1ω 准直光源。靶场的准直光源由实验打靶的激光频率而定。

表 7-9　光束自动准直系统的准直光源

激光频率	光束位置	光束路数	准　直　光　源
1ω(红外)	前端	单路	主振荡器
	预放	多	另设 1ω 光源
		少	主振荡器或另设 1ω 光源

（续表）

激光频率	光束位置	光束路数	准 直 光 源
	主放	多	另设 1ω 光源
		少	主振荡器或另设 1ω 光源
1ω（红外）	传输靶场	多	另设 1ω 光源
2ω（绿光）			另设 2ω 光源
3ω（紫外）			另设 3ω 光源

准直光源和主光路耦合有很多方法，一般在主光路分光光路前通常通过同轴准直方法耦合准直光源，而在主光路分光光路之后要先用分光光路或者分光光纤使准直光源分光，然后使分光后的准直光束插入主光路，和主光路同轴（包括角移和平移）。例如，NOVA 装置和我国的神光 II 装置的基频光准直光源就是插入主光路分光镜之前。而NIF 装置则普遍采用光纤点光源插入分光后的光路中作准直光源。

目前耦合的准直光源趋向于使用 LD 泵浦的固体光源和光纤光源，这些光源最好是连续光源，强度上更加均匀，光斑截面的精细结构变化少，更利于图像处理，可以达到很高的精度。

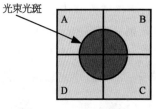

光束光斑

图 7-87 硅四象限管

2. 探测器

早期的激光信号探测器使用的是硅四象限管，例如美国的 Shiva 装置和日本的 Gekko XII 装置。它们的特点是具有宽的耗尽区，响应速度快，对 1.06 μm 的波长有最佳探测灵敏度，而且光敏面大、暗电流小。硅四象限管以和差方式工作，激光光斑照射在元件的光敏面上，按能量分布，各个象限都占一部分，如图 7-87 所示。

四象限管可以探测能量中心，但光束准直的要求是探测光斑的轮廓中心，所以如果光斑能量不均匀，光束的强度发生变化，就会引起较大的探测误差。随着技术的发展，从20 世纪 80 年代中期开始，光束准直系统中激光信号的探测元件被电荷耦合器件（charge coupled device，CCD）所替代。

CCD 是电荷耦合器件的简称，是从 20 世纪 70 年代发展起来的新型半导体器件。它的基本工作原理是将光信号转变成一维电信号的输出。CCD 相机属于弱光探测器，需在光路中加入适当衰减率的、光学质量高且不引入畸变的衰减器。为防止 CCD 工作在饱和区，需调整衰减，使光斑最大灰度值保持在 200 左右。另外，在探测脉冲激光时必须在脉冲激光输出脉冲的时刻冻结当时的那一幅图像，才能探测得到激光光斑，即必须为 CCD 提供同步信号。简单的同步方法是把激光脉冲同步信号经放大、整形和延时后送入计算机内置的同步卡，由同步卡向图像卡发出中断信号冻结图像，即取出当时存于图像板中的那一帧图像。由于 CCD 电荷包的积分时间为 20 ms 左右，因此对持续时间为几纳秒的激光脉冲,只需经试验确定好最佳延时时间,就可以很好地捕捉光斑和进行测量了。

3. 光学信号采集系统

激光信号的采集大致有三种方式:一种如图 7-88 所示,在主光束(main beam)的反射镜(mirror)后进行采样光(sample)的采集。由于主光路中的反射镜的膜层反射率在99%左右,因此通过的漏光比较少,造成了准直光源的能量损失。第二种方式如图 7-89 所示,可以在光路中插入反射镜,这种反射镜可以是固定在光路中的不镀膜的白板,利用白板的4%的反射率进行信号采集,但打主激光时会引

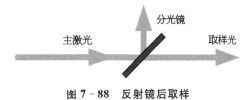

图 7-88　反射镜后取样

起能量的损失及光束的干涉,因此一般采用临时插入的镀膜反射镜,但需要重复精度很高的插入机构。第三种方式如图 7-90 所示,可以在主光路中临时插入透射光栅或者反射光栅,然后收集光栅的一级衍射或者其他更高级衍射光作为取样光束。

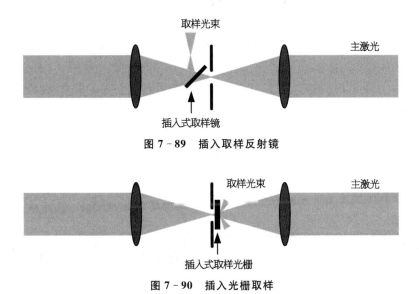

图 7-89　插入取样反射镜

图 7-90　插入光栅取样

取样后的光束经光学成像系统得到所需要的近场光斑像和远场光斑像。近场的光学系统,见图 7-91,是将主光路中某一特定平面成像在近场的探测器上。由于近场光斑比较大,探测器光敏面小,因此一般来说,近场的光学成像系统放大率小于 1。远场的光学系统是一个将主光束焦点(空间滤波器小孔面)成像在探测器上的成像系统,见图 7-92。为保证精度,它的放大率大于 1,一般需要长焦距的放大透镜或者利用组合透镜缩短光路长度。

4. 执行元件

伺服反射镜是光路中直接影响光轴角度和方位的元件,如图 7-93 所示,反射镜上的

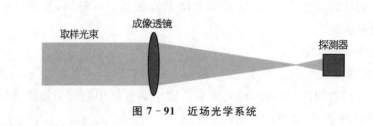

图 7 - 91　近场光学系统

图 7 - 92　远场光学系统

电机是它的执行元件。一般在伺服反射镜的俯仰和方位两个方向上安装电机,通过反射镜分别控制光轴的 X 方向、Y 方向的变化。电机的种类很多,如直流电机、交流电机和步进电机。光束准直系统中一般选择步进电机,主要原因如下:其一,电机的旋转角与输入脉冲数成正比,角度误差小,不会产生累积误差;其二,利用脉冲的频率高低即可作转速的调整;其三,步进电机的结构简单,可靠性高,几乎不需作太多的保养,使用寿命长。步进电机的驱动方式可以采用单相、两相、半步激磁控制,其中半步方式的步进角度为单相的一半,可以作更为精确的定位。但如果调整精度要求更高,则需要采用步进电机的细分状态。所谓细分状态是指利用驱动电路使电机的一步分成 N 步来完成,一个脉冲下马达前进 $1/N$ 步。

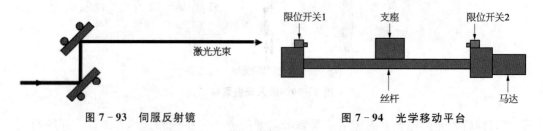

图 7 - 93　伺服反射镜　　　　　图 7 - 94　光学移动平台

　　临时插入件是光束准直系统的重要辅助执行元件,包括光学移动平台、精密定位器等。光学移动平台可以把照明负透镜、取样反射镜等插入主光路中,保证小孔的照明和光束的取样。光学移动平台一般由丝杆、马达和限位开关等组成,如图 7 - 94 所示。精密定位器可以精确插入光纤点光源和取样光栅等小体积元件,但不能影响主光路的光束传输,可以是多维移动机构。

　　5. 计算机控制系统

　　一套完整的光束自动准直计算机控制系统应该分为三级结构,如图 7 - 95 所示:第

一级为中心控制机,它是一台工作站或高
性能的微型计算机;第二级是专用于自动
准直工作的前端处理机(front end
processor,FEP),可为 1—N 台;第三级为
执行控制元件,主要为多种底层设备。第
一级与第二级通过高速的局域网互联,第
二级与第三级通过弱电控制信号线互联。

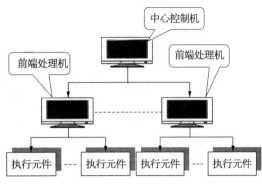

图 7 - 95 光束自动准直计算机控制系统

7.3.3 国内外研究进展

早期的激光聚变装置没有光束自动准直系统,光束的准直都靠人工调整。最早的光
束自动准直系统开始于美国 LLNL 实验室的 Shiva 装置。本节就先后介绍 LLNL 实验
室的 Shiva 装置、NOVA 装置、国家点火装置(NIF)、Rochester 大学的 OMEGA 装置,日
本 Gekko Ⅻ 装置和我国神光 Ⅱ 装置的光束自动准直系统简况和特点。

1. Shiva 装置准直系统

LLNL 实验室的 Shiva 装置是比较早期的激光惯性约束聚变装置,它的自动准直是目
前成熟的自动准直方案的雏形和基础。其准直系统大致分为四部分:振荡器光源准直;输
入光束的准直;空间滤波器小孔的准直;输出光束的准直[65]。其准直精度如表 7 - 10 所示。

表 7 - 10　系统准直精度

精度　　系统	振荡器-预放	分光镜	输入光束	空间滤波器小孔	输出光束	靶球定位
平移	0.3 mm	0.5 mm	0.2 mm	10%小孔直径	1 mm	10 μm
指向	10 μrad	无	15 μrad		5μrad	无
焦移	无		无		0.1 mm	

(1)振荡器光源的准直

Shiva 装置振荡器光源包括三台激光器:一台脉冲主振荡器;一台连续激光器作准
直光源;另一台脉冲激光器用来做 20 束激光的等光程。后两台激光器都需要和主振
荡器作同轴准直。如图 7 - 96 所示,这两台振荡器光源通过插入的反射镜耦合到主光
路中。

振荡器光源的准直方法如图 7 - 97 所示,使两个振荡器的光束的指向基准和平移基
准相同,即拥有相同的近场光学探测器和远场光学探测器。

(2)输入光束的准直

输入光束的准直系统主要用于探测输入光束相对于放大器和空间滤波器的指向角
度误差,探测器是以固定在放大器和空间滤波器上的机械桁架作为基准的。如图 7 - 98
所示,通过插入反射镜将取样光聚焦到探测器上,探测器所得电信号送入积分器和数字

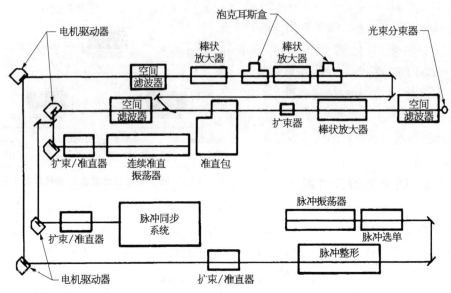

图 7-96　Shiva 装置的准直光源[65]

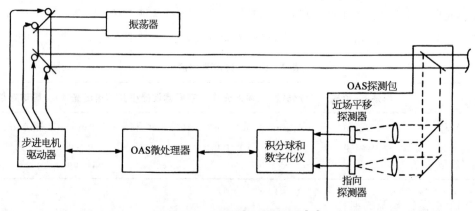

图 7-97　振荡器的同轴调整[65]

化仪处理,处理后的数字信号进入微处理器计算,再由微处理器发信号给步进马达控制器来转动反射镜上的马达。

(3) 输出光束的准直

输出光束的调整分为近场、远场和调焦,其中只有近场和远场准直设计了自动准直系统。如图 7-99 所示,近场准直时,在聚焦打靶镜前垂直插入一个向后反射的反射镜,反射光束聚焦在一硅光二极管上。二极管固定在靶桁架上来提供基准参考,两块伺服反射镜同时驱动调整光束的平移,但不影响光束指向;远场准直时,将一个直径为 5 mm 的球状代用金靶准直放入靶室中心,入射光被金球反射回硅光二极管上,如果输出光束的光轴垂直于代用靶的球心,则指向偏差为零,否则几个毫弧度的指向误差都将被探测到,

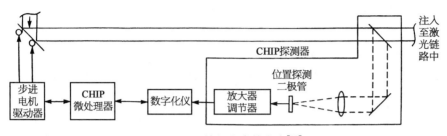

图 7 - 98 输入光束的准直[65]

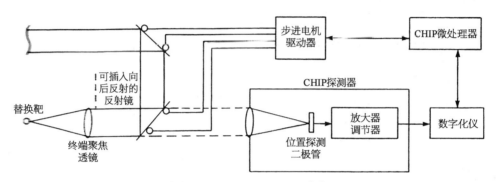

图 7 - 99 输出光束的准直[65]

然后用最后的靶聚焦镜(final focus lens)来消除指向误差。近场和远场的误差信号经数字化后送入微处理器计算,再由微处理器发信号给步进马达控制器来转动步进马达。

(4) 空间滤波器小孔的准直

空间滤波器小孔的准直采用了摄像机作为探测器,放在反射镜的后面,监视空间滤波器的小孔(焦)平面。如图 7 - 100 所示,调整前先将所有空间滤波器小孔都移开,把小孔由上的聚焦光斑调整到探测系统的参考基准(十字叉丝)上。然后在输入光束后插入一块正透镜,使激光会聚在所有空间滤波器小孔面的前面某一点。然后,将小孔依次由电机送入,使小孔被发散的激光照明。当一个小孔像的中心到达摄像机参考用的十字叉中心时,记下这时的电机状态,再退出这个小孔,送入另外一个小孔。全部小孔处理完毕

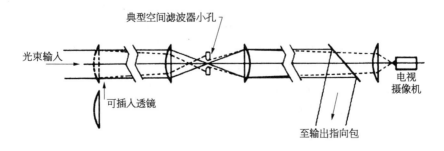

图 7 - 100 空间滤波器小孔准直[65]

以后，最后按照确定的电机状态放入全部的小孔。

2. NOVA 准直系统

NOVA 装置的准直系统是在 Shiva 装置上发展完善的一套自动化程度更高的准直系统，它要求同时准直 20 束激光。它的激光信号探测器改用先进的 CCD 代替了 Shiva 的四象限管、硅光二极管等，增加了对倍频光和三倍频光的准直，提高了系统的自动控制技术，并发展了一套成熟的数字图像处理技术，应用于各种图像的中心定位，包括十字叉丝、空间滤波器的圆形小孔或矩形小孔、激光焦斑及其 KDP 晶体的安装框架等。它的光束准直和诊断任务主要由三个探测包完成：输入探测包、中间探测包和输出探测包，如图 7 - 101。其准直功能包括：光束的指向、平移和焦移的调整，靶球、空间滤波器小孔和光束近场的监视。光束准直系统的精度要求：光束的平移精度为光束直径 1%，振荡器到预放的指向精度为 $\pm 15\ \mu rad$，靶场光束的指向精度 $\pm 4\ \mu rad$[66]。

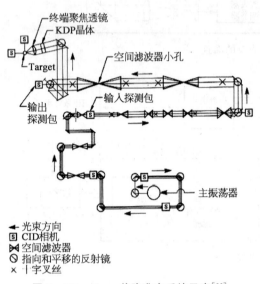

图 7 - 101　Nova 单路准直系统示意[66]

（1）输入探测包

输入探测包主要监视和调整主振荡器和分光镜阵列的光束，位于各放大器的入口处。图 7 - 102 是输入探测包的示意图，主要用来探测光束相对于插入的十字叉丝的位置和指向，还可以测量发射时的激光能量，记录近场的强度分布[67]。

（2）中间探测包和输出探测包

NOVA 装置的中间探测包在光束折向输出光路的拐角处，它的功能和输入探测包一样，不过这个探测包对于近场和远场探测具有灵活的变焦能力。这样，其同一成像系统就具有不同的放大倍数，例如可以同时用来探测小孔和激光焦斑。

输出探测包是为靶场的光束准直和诊断设计的多功能探测系统，如图 7 - 103 所示。它放在一个部分透射的反射镜后面，可以探测从主振荡器和从靶场（通过反射）两个方向过来的激光束。输出探测包的近场准直基准靠近靶球。探测光束的近场平移时，需要在基准后垂直插入中心反射镜（centering mirror），使激光反射进入输出探测包。准直光束指向靶球中心时，可以通过在靶球对面设置探测器接收靶球的阴影轮廓来准直，也可以通过一个全反的球状代用靶反射光束进入输出探测包，该光束包含了光束的指向和焦移的信息[68]。

3. OMEGA 装置准直系统

OMEGA 装置（升级前）共有 24 束激光，它的光束自动准直系统承包给了 Raytheon

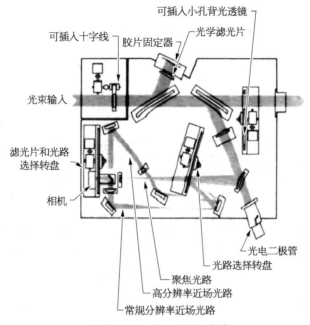

可插入小孔背光透镜

可插入十字线　胶片固定器　光学滤光片

光束输入

滤光片和光路
选择转盘

相机

光电二极管

光路选择转盘

聚焦光路

高分辨率近场光路

常规分辨率近场光路

图 7 - 102　输入探测包[67]

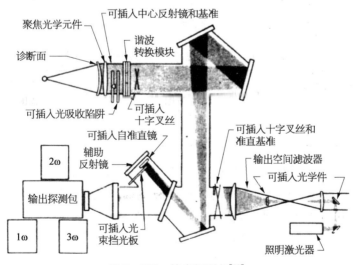

可插入中心反射镜和基准

聚焦光学元件

诊断面

谐波
转换模块

可插入光吸收陷阱

可插入
十字叉丝

可插入自准直镜

可插入十字叉丝和
准直基准

输出空间滤波器

可插入光学件

2ω

辅助
反射镜

输出探测包

1ω　3ω

可插入光
束挡光板

照明激光器

图 7 - 103　输出探测包[68]

公司,装置的光路示意见图 7 - 104[69]。作为直接驱动装置,该装置对光束自动准直系统的要求很高:靶点横向平移不超过 ±5 μm,在靶上 4 mm 的调焦范围内调焦精度达到 ±5 μm,光束中心平移精度 ±1 mm,整个装置的准直时间 30 min,准直系统的主要功能包括光束的平移、指向和焦移的调整。为此,Raytheon 公司研发了三个子系统为准直系

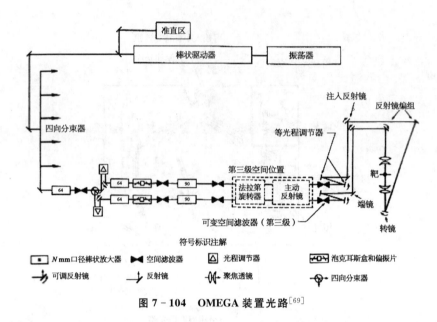

图 7 - 104　OMEGA 装置光路[69]

统服务:第一个是指向、焦移和平移探测系统,第二个是激光器同轴调整系统,还有一个光束诊断系统[70]。

(1) 指向、焦移和平移探测系统

指向、焦移和平移探测系统是由 Eastman Kodak 公司设计开发的,用来探测连续的 YAG 激光束,其主要性能指标如表 7 - 11 所示。

表 7 - 11　指向、焦移和平移探测系统的性能

指向精度	指向监测范围	平移精度	平移监测范围	焦移精度	焦移监测范围	输入光斑口径
$7\ \mu\text{rad}$	$\pm 2\ \text{mrad}$	$0.2\ \text{mm}$	$\pm 6\ \text{mm}$	$5\ \mu\text{m}\ (f/1.6)$	$\pm 20\ \mu\text{m}$	$70\ \text{mm}$

该系统包含一个四象限管和两个自扫描的线性 Reticon 阵列。两个 Reticon 阵列互相垂直正交,位于两个互相垂直的柱面透镜的焦点附近,见图 7 - 105。这样可以通过四象限管探测光束的平移,而通过两个线性 Reticon 阵列采集聚焦光斑的位置信息,来探测光束的指向。同样,从聚焦光斑在线性 Reticon 阵列上的宽度,可以得到焦移的大小。

(2) 激光器同轴调整系统

OMEGA 装置的激光器同轴调整是通过两个相距 3 m 的四象限管探测器实现的,一个是光束平移探测器,另一个是光束指向探测器,如图 7 - 106 所示[71]。连续的 YAG 激光器就和主振荡器共用相同的这两个四象限管探测器,这就使得两个激光器实现同轴耦合。

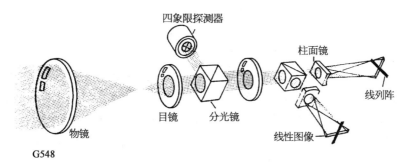

图 7 - 105　指向、焦移和平移探测系统

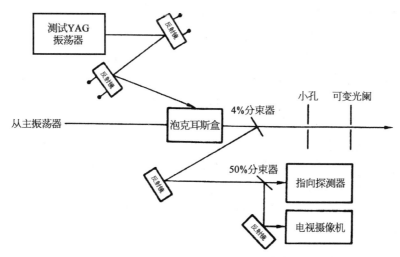

图 7 - 106　激光器的同轴调整[71]

（3）光束诊断系统

光束诊断系统位于主放大光路的最后一块反射镜后，该反射镜 2% 透射，如图 7 - 107 所示。该系统用一个电视摄像机观察光束远场，其中的一对折叠反射镜可以使得探测系统聚焦点和靶点的光程相等，这样就可以诊断靶上的焦斑光强分布，让后面的感光胶卷面积和相机的光敏面相同，用来记录焦斑的光强分布。系统的四象限管用来探测光束的指向偏差。

4. Gekko Ⅻ 装置准直系统

Gekko Ⅻ 装置（升级前）的准直系统

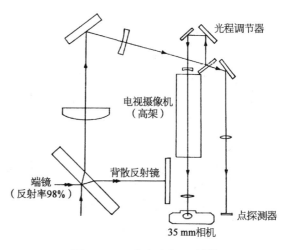

图 7 - 107　光束诊断系统[71]

精干实用,有自己的特点:

其一,光束取样都在反射镜后进行,反射镜的反射率98%,保证准直和诊断有足够的能量,这样使准直取样光路不影响主光路。

其二,指向探测传感器用摄像机,其输出光束指向精度达到1 μrad,平移传感器采用低廉的四象限管,精度达到光束直径的0.8%。用四象限管对光束强度均匀性的要求很高,光束的强度中心务必和轮廓中心相重合,但一般来说轮廓中心和强度中心是有偏移的,而且强度分布变化使偏移量也会有变化。该装置作了两方面的改进,一方面改善光束质量,另一方面调整光束的轮廓分布。其手段是将准直光源的光束放大30~50倍,然后由直径为30 mm的孔径切出,这样可以大大改善轮廓中心的偏移量和稳定性。大部分光路的调整都由另设的准直光源来完成,只有前面的光路由主振荡器来准直。

其三,空间滤波器的小孔调整采用切割法。将小孔的位置来回移动,小孔的边缘做刀口仪。小孔在透镜的焦斑前或后,光线都不能全视场通过空间滤波器;小孔边缘作上切或下切时,光线也不能全视场通过空间滤波器。在空间滤波器的光轴上放置四象限管,接受通过空间滤波器的光能量,用电机控制小孔作上下左右自动扫描,测定小孔边缘导致的衰减信号,找出小孔位置和光束能量的相对关系,计算出小孔相对最好的位置。其测量精度达到小孔半径的5%。不测量时电机电源切断,以防止任何热效应的影响。

其四,在光路到靶场之前几乎不监视和调整光束的指向,只监视和调整光束的平移;到靶场以后,采用指向和平移并联调整的方式,保证准直精度。

其五,在靶透镜前插入一块中心反射镜将激光按原路返回,进行输出光束的指向和平移的准直。KDP的平移调整探测器设在靶场最后一块反射镜后,通过代用靶的反射使光原路返回进行监视。

5. NIF 装置准直系统

美国NIF装置要将192束激光同时聚焦于靶点,510 m长的光路上分布着110个主要光学元件,光束自动准直系统碰到了前所未有的难题。准直系统的主要指标包括:光束平移小于0.5%的光学元件通光口径,穿空间滤波器小孔偏差小于5%的小孔直径,靶点上光束横向平移小于50 μm,倍频晶体匹配角误差小于10 mrad。该装置光路结构不同于以往Shiva和NOVA的直线型光路,它采用了一种多程放大的总体结构,多程放大光路充分发挥了高功率激光驱动器的主放大器的放大作用,使主激光在主放大器里面来回多次穿过空间滤波器的多个小孔,如图7-108所示,同时经过了多次放大,提高了主放大器的工作效率[72]。

(1) 准直探测包

这种多程放大光路使得光束的准直和调整更加困难。NIF准直系统融合了诊断和测量、自适应控制,使得系统更为庞大,准直系统的排布如图7-109所示[73]。由图7-109可见,其准直系统有两个主要的探测包来完成准直任务:输入探测包和输出探测包。

输入探测包位于预放模块输出口之后,提供预放段的参数诊断和光束自动准直功能,见图7-110。

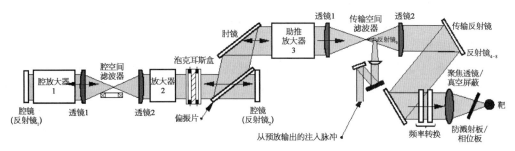

图 7 - 108　NIF 的多程放大器

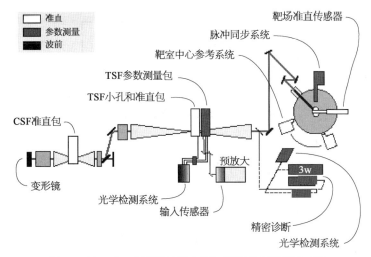

图 7 - 109　NIF 准直系统排布[73]（彩图见图版第 20 页）

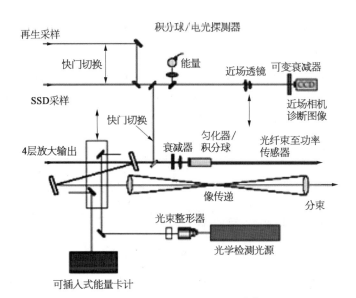

图 7 - 110　输入探测包光路[73]

该探测包使用一个 CCD 相机通过可插入透镜分别获得光束的平移和指向信息,从而通过闭环准直调整使得预放输出光束进入传输空间滤波器,准直光源为预放模块的再生放大器的输出光。

输出探测包位于传输空间滤波器下面,它提供光束准直和波前校正的功能。一个倾斜的分光镜紧贴着传输空间滤波器的输出透镜后面,反射 0.1% 的输出光返回空间滤波器,见图 7-111。分光镜的倾斜角度正好使得返回的光束通过取样镜和像传递元件进入输出探测包。同理,探测包也通过输出透镜的平面表面反射,来收集三倍频的取样光。

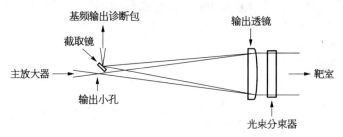

图 7-111　输出探测包的取样光路

(2) 准直系统的特色

NIF 装置的光束自动准直系统作为目前最庞大、最先进、自动化程度最高的集成系统,主要有以下五大特色。

其一,采用了插入或固定的光纤点光源作准直光源。192 束光路的准直光源仅仅依靠主振荡器和另外一台准直振荡器是远远不够的。光纤点光源具有光束稳定、位置灵活和使用方便的优点,可以提供基频和三倍频的准直光束。从激光器出来的激光先用分束器分束,再耦合到光纤进头的一端,每一根光纤的输出头都熔接有两个出口,一个用来输出,另一个用来监视输出能量,整个系统的耦合效率达到 40%。

其二,全系统采用分布式并联调整方式。全光路的准直系统分为预放、主放和传输靶场三部分,三个部分可以分别同时独立进行调整,其中平移参考基准和指向参考基准都在像传递面上,如图 7-112 和图 7-113 所示[74],这样可以使得近场和远场的调整互不关联,可以分开单独调整,大大缩短调整时间,提高效率。

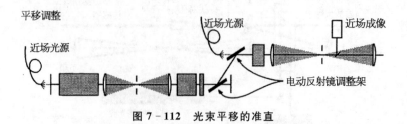

图 7-112　光束平移的准直

其三,平移调整的参考基准选用一对光纤点光源,指向调整的参考基准选用插入空间滤波器小孔中心的一个光纤点光源。采用光纤点光源的小光束作近场参考基准,可以

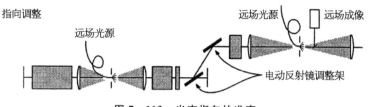

图 7 - 113　光束指向的准直

减小近场探测系统的体积,有利于近场图像的计算机处理,减少系统造价,提高精度。

其四,具有先进的计算机控制系统。NIF
装置的光束准直控制系统是一个完整庞大的
系统,被称为集成计算机控制系统(integrated
computer control system,ICCS),它结合了公
共对象请求代理体系结构(common object
request broker architecture,CORBA)而成为
一种分布式、客户–服务器结构的网络体系,见
图 7 - 114[75]。整个网络包括管理系统和前端
处理器:管理系统负责中心操作控制和各种
激光元件的状态控制;前端处理器负责 NIF
装置内大约 36 000 个控制点的工作。

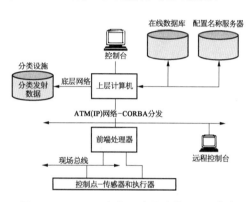

图 7 - 114　NIF 准直系统的计算机控制[75]

7.3.4　神光发展历程

1. 神光 I 装置准直

我国早期的 ICF 装置神光 I 的光束自动准直系统主要包括三个部分的功能:

① 模拟光源和主振荡器的同轴准直调整;

② 靶场的光路准直,实现两路激光光束和靶室的聚焦透镜同轴;

③ 两路光束可进行等光程准直调整。

(1) 特点

准直使用的传感器主要是四象限管和电视摄像机,控制机主要使用单片机。仪器
设备的简陋导致准直精度差,耗时长,效率比较低,大部分操作需要人的主观判断和
干预。

(2) 技术方案

1) 模拟光和振荡器的同轴准直方案

模拟光和振荡器的同轴准直原理框图如图 7 - 115 所示,其准直光路示意如图
7 - 116 所示。该方案使模拟光和振荡器共有相同的近场和远场探测的四象限管 G_1 和
G_2,然后通过调整相应的反射镜 M_1、M_2 和 M_3,达到两个光源同轴的要求。

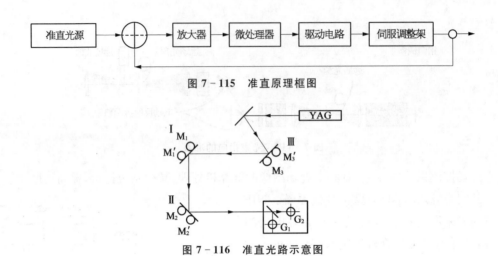

图 7-115 准直原理框图

图 7-116 准直光路示意图

2）靶场光路准直方案

靶场光路准直光路图如图 7-117 所示。神光 I 装置末级放大输出直径 200 mm 的激光束，这两束激光经过 G_1 和 G_2 反射镜的精确微调，得以精确地对准聚焦靶镜中心，并与光轴重合。

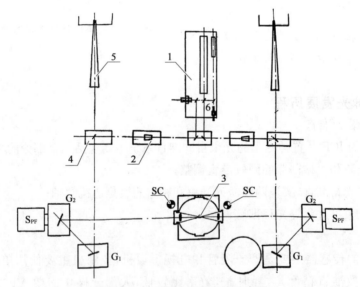

图 7-117 靶场准直光路示意图

1：连续 YAG 激光器；2：扩束望远镜；3：模拟金属靶球；4：可调整 1.06 μm 全反镜；5：末级空间滤波器；6：$T=50\% \phi 50$ mm 分光镜；SC：对中传感器；S_{PF}：调焦、共焦传感器。

（3）取得的成果

准直光源和主振荡器的同轴调整结果：远场指向精度＜1.8%，近场对中精度＜1.4%。

靶场光路调整结果：瞄准误差，X 方向小于 5 μm，Y 方向小于 5 μm；对中误差小于 0.5 mm。

2. 神光 II 装置准直系统

我国早期的 ICF 装置例如神光 I 装置,在放大链中没有光束自动准直系统,放大链光路调整全部由手工完成。由于光路较少,虽然工作繁重,但还能胜任。神光 II 装置的 8路装置使得放大链光路自动准直的建设成为必需。

(1) 特点

神光 II 装置的准直系统认真吸取其他国家同类装置的先进经验,从零开始发展和研究准直光源、光电探测技术及其计算机处理控制技术等单元技术。其最大特点是使用CCD 面阵器件作为光电探测器,取代原来的硅四象限管。原有的硅四象限管探测的是能量中心,当光路中有光学元件损伤或激光场图变化,将带来较大的探测误差。而 CCD 面阵器件探测到的是光束截面的几何中心,可以通过计算机图像处理,精确定位光束的位置,进一步提高光束自动准直的精度。总体技术路线采取"采用成像技术,选好基准,以动制动"的方案。

(2) 技术方案

该系统主要分为三个部分:振荡器的同轴调整、放大器的调整和末级输出调整。

1) 振荡器的同轴调整

为了增加激光强度,系统另设激光振荡器作准直光源,代替主振荡器进行准直,因此需要对两个振荡器进行同轴调整,如图 7 – 118 所示。准直激光振荡器 OS_2 产生的激光束经过 g_3g_4 伺服反射镜、透镜 L_1 和透镜 L_2 分束后,分别进入角移探测器 QD_1 和平移探测器 QD_2。准直光源的光束一旦发生变化,QD_1 和 QD_2 就有误差信号,由计算机控制g_3g_4 使光束恢复原来位置。使用主振荡器 OS_1 时,将伺服反射镜 g_4 推出光路,依照上述过程对 g_1g_2 进行调整,使其光束在角移探测器和平移探测器上的位置一致。

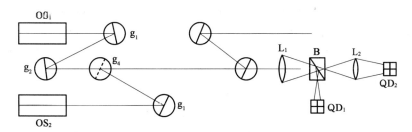

图 7 – 118　振荡器同轴调整

2) 放大器光路的调整和末级输出调整

放大器光路的调整如图 7 – 119 所示,以物镜和 CCD 相机组成近场探测器,探测光束中心位置,计算机控制光束中心精度在 1%。振荡器输出的激光,经伺服反射镜 AG_1 反射,光束进入下一级空间滤波器,再由 AG_2 反射进入再下一级空间滤波器。在 AG_2 后面配置近场光束探测器,探测 AG_1—AG_2 光束的位置,进行由计算机控制的调整。以此类推,调整 AG_2,使下一级光束中心位于调整中心。调整过程中,还需要 AG_1 和 AG_2 联调,

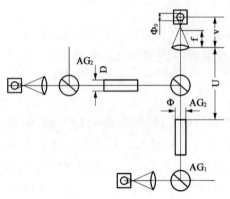

图 7 - 119　放大器光路的调整

使光束的角移和平移在误差范围内。

在末级输出调整过程中，如图 7 - 120 所示，为了提高末级的输出精度，采用近远场交替调整的方法，将光束引向靶场。

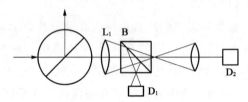

图 7 - 120　末级输出调整

（3）取得的成果

顺利实现了神光 II 装置的准直技术指标：主放大器的最后输出光束角移小于 $2''$，全系统的光路自动准直时间不超过 10 min。

◆ 创新的 CCD 图像处理闭环控制技术；

◆ 创新发展的动态光强阈值跟踪法；

◆ 创新的成像技术对 8 路小圆屏小孔的准确调整；

◆ 创新发展的快慢自动调整法；

◆ 创新的自动保护装置。

3. 驱动器升级装置准直系统

驱动器升级装置是中国最重要的高功率激光驱动器之一。它包括 8 束激光束（分 2 束，每束 4 束），每个光束的输出孔径为 310 mm×310 mm。它被设计成获得能量 24 kJ（3ω、3 ns 平顶脉冲）。该装置包括许多子系统，包括前端、预放、主放、靶场终端、光束准直和测量子系统以及集成的计算机控制子系统。由于该装置采用了类 NIF 的四程放大结构，完全不同于以前的传统 MOPA 光路，相应的光束准直系统具有不同的特点和技术方案。

（1）特点

◆ 在准直系统中实施了基于衍射元件的远场基准定位技术和激光远场取样技术，该技术在单程空间滤波器和四程空间滤波器中得以应用和实施，并大幅提高了系统的准直精度和稳定性。

◆ 在光路中建立了近场和远场的绝对基准，区别于传统的以传感器作为基准的准直探测包。

◆ 在准直系统硬件方面实施了基于以太网的交互式网络控制技术，大大提升了装置的数据交互性、可操作性和可维护性。

（2）技术方案

1）预放准直方案

预放段光路的自动准直方案利用近场基准和远场基准，通过 CCD 成像采集，利用光束和基准的中心误差,逐段实现光束准直的闭环控制,其光路示意如图 7 - 121 所示。

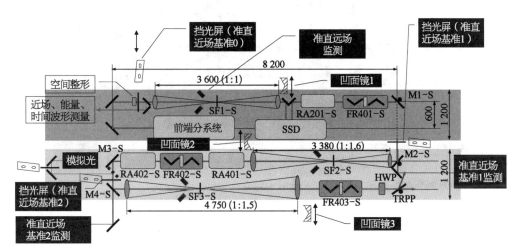

图 7 - 121　预放准直光路示意图

2) 主放准直方案

由于升级装置采用四程放大的总体结构设计,腔空间滤波器的准直系统必须同时检测光束的远场指向位置,使得四个远场焦斑能够顺利准确地穿过腔空间滤波器的四个小孔中心,而总体给准直系统的预留空间非常狭小,准直精度要求小于毫米级小孔直径的5%。该方案利用光栅取样原理,同时对四个焦斑采样成像,在国内首次实现大口径光电开关式的四程空间滤波器的远场准直。

在传输空间滤波器(TSF)的准直方案中,升级装置输出参数诊断包 OSP 的准直包需要实现如下功能:① TSF 的 1 孔远场监测;② TSF 的 4 孔远场准直监测;③ 倍频晶体匹配角的远场监测;④ TSF 4 孔输出光斑的近场监视和近场基准监视;⑤ TSF 4 孔位置基频模拟光源的远场耦合监视调整。总体给准直系统的预留空间非常狭小。

准直系统充分利用主放透镜的缩束、直角棱镜和光栅,实现远场取样。通过透镜组的切换、直角棱镜和光栅的移动及 CCD 的移动实现了上述功能,其光路示意如图 7 - 122 所示。

(3)取得的成果

◆ 国内首次实现了基于 NIF 构型的激光装置的四程放大器远场准直穿孔调整,总体技术上通过实施 4F 系统近场远场独立调整的准直方法,提高了装置的准直速度和常规运行效率。

◆ 国内首次在准直系统中实施了基于衍射元件的远场基准定位技术和激光远场取样技术,该技术在单程空间滤波器和四程空间滤波器中得以应用和实施,并大幅提高了系统的准直精度和稳定性。

◆ 国内首次实现了空间滤波器焦点附近的远场准直取样技术,该方法通过插入式直角棱镜建立多功能近远场准直成像包,并利用同一成像系统实现了双程空间滤波器

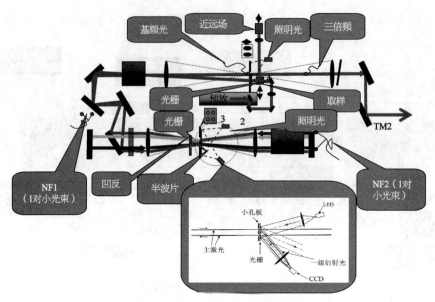

图 7 - 122　主放准直光路示意图

(TSF)的远场准直监测和近场准直监测。该方法充分利用主光路的透镜实现远场取样，大大缩减准直系统的采样体积和成本造价。

◆ 在准直系统硬件方面实施了基于以太网的交互式网络控制技术，大大提升了装置的数据交互性、可操作性和可维护性。

7.3.5　主要关键技术

1. 远场采样准直技术

远场采样准直技术与传统的近场采样技术相比，具有体积小、造价低、不需要大口径缩束元件的优点，但光路结构相对复杂。具体参数对比如表 7 - 12 所示。

表 7 - 12　远场采样与近场采样对照表

对 比 参 数	远场采样准直	传统近场采样
方式	光栅衍射、棱镜、斜劈反射	反射镜漏光缩束
空间体积	小	大
造价	低	高
光路结构	复杂	简单
大口径缩束透镜	无	有

（1）光栅衍射采样准直

准直系统中实施了基于衍射元件的远场基准定位技术和光斑远场采样技术，该技术在单程空间滤波器和四程空间滤波器中得以应用和实施，大幅提高了装置的准直精度和稳定性。其光路示意图和实物图分别如图 7 - 123 和图 7 - 124 所示。

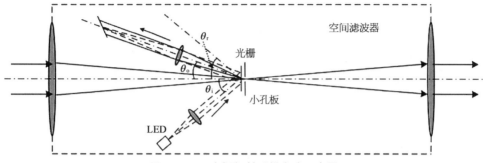

图 7 - 123 光栅衍射采样光路示意图

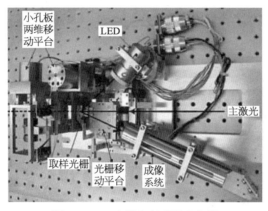

图 7 - 124 光栅衍射采样实物图

（2）直角棱镜远场取样

通过插入式直角棱镜建立多功能近远场成像包,利用同一成像包实现 TSF 空间滤波器的双程(1 孔、4 孔)远场监测、晶体自准直监测和近场监测。该方法充分利用土光路的透镜实现远场取样,大大缩减准直系统的采样体积和造价成本。直角棱镜远场取样光路示意如图 7 - 125 所示。

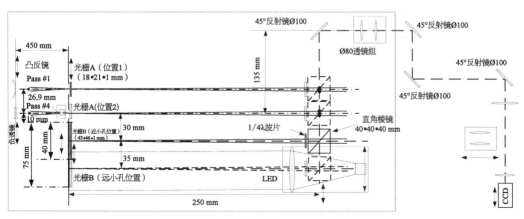

图 7 - 125 直角棱镜远场取样光路示意图

（3）斜劈反射取样

在飞秒数拍瓦激光项目中，在泵浦光空间滤波器准直中实施斜劈反射镜的远场准直取样方案，实现对大口径光束的远场和近场的准直取样系统的同一化和小型化，满足该项目对准直系统提出的小空间和高精度的要求。斜劈反射取样光路示意如图7-126所示。

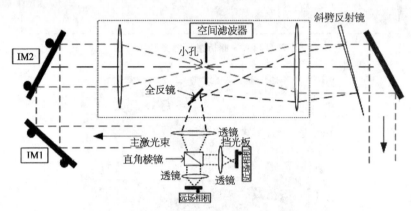

图7-126　斜劈反射取样光路示意图

图中 IM1、IM2 为可调反射镜。

2. 多功能集成化技术

在以色列 NLF 项目中，国际上首次利用光栅（40 mm×40 mm）和高分辨率相机（2 048×2 048 像素）远场成像技术，实现了光束远场准直和晶体自准直两种功能，其光路结构示意如图7-127所示。结果表明：准直精度小于5%的滤波器小孔，晶体自准直精度优于10 μrad，晶体的三倍频平均效率69%。

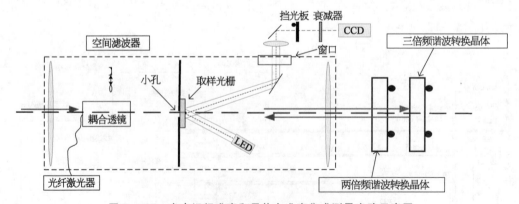

图7-127　光束远场准直和晶体自准直集成测量光路示意图

3. 近远场基准定位

远场监测：① 绝对基准；② 远心望远斜成像；③ 体积小巧；④ 准直精度<3%／小孔

直径(优于 NIF 的 5%)。

近场监测：① 绝对基准；② 远心望远成像；③ 准直精度<0.4%/光束口径(优于 NIF 的 0.5%)。

远场和近场监测图像如图 7-128 所示。

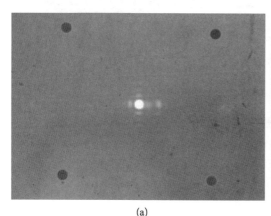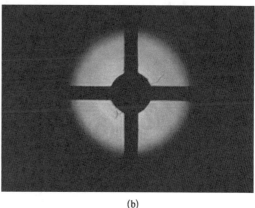

(a)　　　　　　　　　　　　　　　　　　　(b)

图 7-128　准直远场和近场监测图像

(a) 远场图像；(b) 近场图像。

4. 高精度图像处理

传统处理方法：阈值法+重心法=光斑中心,处理精度约 1 个像素。

新型处理方法：阈值法+重心法+模板匹配+中值滤波+圆拟合+椭圆拟合=光斑中心+基准中心,处理精度约 0.5 个像素,如图 7-129 所示。

5. 快速收敛马达驱动矩阵算法

皮秒参数诊断中,针对皮秒测量平台的立体空间分布结构和对单脉冲信噪比测量仪快速精确的在线准直要求,推导出马达调整的 4×4 维线性矩阵的数学模型算法,如图 7-130 所示,实现皮秒测量平台立体空间激光光路的快速精确准直。

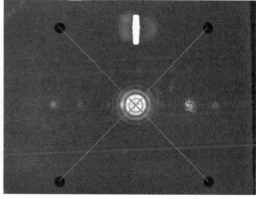

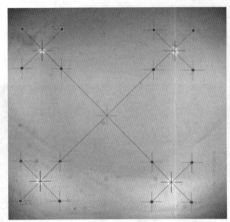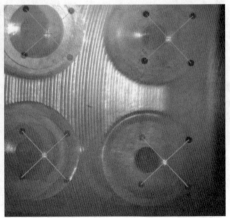

图 7 - 129　光斑近远场图像处理

$$\begin{bmatrix} \Delta xf \\ \Delta yf \\ \Delta xn \\ \Delta yn \end{bmatrix} = \begin{bmatrix} k_{11}, k_{12}, k_{13}, k_{14} \\ k_{21}, k_{22}, k_{23}, k_{24} \\ k_{31}, k_{32}, k_{33}, k_{34} \\ k_{41}, k_{42}, k_{43}, k_{44} \end{bmatrix} \begin{bmatrix} \Delta f_{FFX} \\ \Delta f_{FFY} \\ \Delta f_{NFX} \\ \Delta f_{NFY} \end{bmatrix} \quad \begin{bmatrix} \Delta f_{FFX} \\ \Delta f_{FFY} \\ \Delta f_{NFX} \\ \Delta f_{NFY} \end{bmatrix} = B^{-1} \begin{bmatrix} \Delta xf \\ \Delta yf \\ \Delta xn \\ \Delta yn \end{bmatrix}$$

图 7 - 130　快速收敛马达驱动矩阵算法

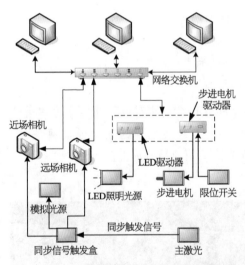

图 7 - 131　自动准直网络化共享和远程控制图

6. 数字化网络化

搭建了基于以太网络的图像传输和马达控制分布式网络通信和传输平台,实现准直系统图像和数据的网络化共享和远程控制,如图 7 - 131 所示。它替代了传统的基于图像采集卡和数据输入输出卡的工控机管理模式。大大提升了装置的数据交互性、可操作性和可维护性。

7.3.6　总结与展望

随着国内外高功率激光驱动器的发展,准直系统将继续跟踪国际前沿技术,紧盯国内的战略需求,发展适合中国国情的准直单元技术和总体技术,将主要围绕皮秒激光装置,发展以下技术。

1. 近远场多功能探测包及图像处理技术

研发多功能的近远场探测包,其结构如图 7 - 132 所示,可在同一探测包内实现光束的远场准直和近场准直,即近场位置信息和远场指向信息在同一幅图中出现,这样就需要发展相应的图像处理技术,从同一图像中提取近场中心和远场中心,如图 7 - 133 所示。

图 7 - 132　近远场多功能探测包示意图

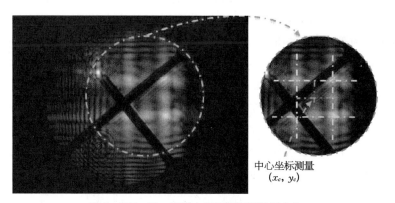

中心坐标测量
(x_c, y_c)

图 7 - 133　同一图像中同时获取近远场中心

2. 压电陶瓷电机驱动技术

压电陶瓷电机相比于传统的步进电机具有反应快、精度高、体积小巧的特点,特别适用于小的反射镜架,以及需要快速光束准直的高重频激光器装置,常见商用小型反射镜架如图 7 - 134 所示。

型号8886
小型边角调整架
0.5英寸直径

型号8887
小型边角调整架
1英寸直径

型号8885
小型中心调整架
0.5英寸直径

型号8852
边角调整架
2英寸直径

型号8816
稳定型调整架
1英寸直径

型号8817
真空稳定型调整架
1英寸直径

图 7 - 134　常用小型反射镜架

§7.4　自适应光学波前

7.4.1　综述

在高峰值功率激光领域,可以将大型激光系统分为两个类型,一类是脉宽在纳秒到皮秒级、脉冲能量在兆焦级的大能量系统,另一类是脉宽在皮秒到飞秒、能量在焦到千焦级的超短超强激光系统。

第一类装置的典型代表就是 LLNL 的美国国家点火装置(National Ignition Facility, NIF)和法国兆焦激光(Laser Megajoule,LMJ)装置[76],这类激光装置主要用于等离子体物理、热核聚变和天体物理等领域的研究。第二类超短超强激光系统则主要用于粒子物理、强场科学、等离子体物理、阿秒科学等研究。这两类激光系统都为各个领域的科学研究提供了新手段。

但不论是大能量还是短脉冲的激光系统,在靶场聚焦时都对焦斑的形态和能量分布有着极高的要求。由于大型高功率激光系统通常具有口径大、传输链路长、光学元件多、系统复杂等特点,容易产生光学元件装校误差、夹持应力、光学元件面形缺陷或材料不均匀等累积效应。因此,大型激光系统一般具有较大的输出波前畸变,而波前畸变恰恰是导致光束的传输与聚焦特性偏离理想情况的根本原因之一。

激光光束质量下降,会给高功率激光系统带来很多负面影响。例如对于 ICF 系统而言,光束质量下降将导致光束聚焦时能量发散,在通过空间滤波器时可能产生等离子体堵孔问题[77]。光束质量变差还可能造成 ICF 系统三倍频效率下降等问题。对于超短超强激光系统而言,光束质量下降不仅将直接影响最终聚焦的功率密度,也可能使 CPA 系统产生空间啁啾,影响光束传输特性[78]。由于聚焦光斑质量与激光光束波前分布直接相关,因此波前控制系统对于大型高功率激光器是非常必要的。控制波前形态,使之趋近理想分布,这对于改善焦斑形态,提高远场能量集中度,以及增加激光在靶点聚焦时的功率密度,都有很大帮助[79]。因而,在大型激光系统中必须使用自适应光学技术来实现波前的检测与控制,以此提升系统性能和运行稳定性。

2007 年,高功率激光物理联合实验室正式启动驱动器升级项目,其中就包括单束皮秒拍瓦和 8 束纳秒激光系统的研制。2014 年,神光飞秒拍瓦激光装置开始筹建并进行工程制[80-83]。上述高功率激光驱动器装置,对性能均提出了更高的要求,主要包括装置的输出能力、光束波前质量和控制能力等方面。本章节介绍驱动器升级装置纳秒、皮秒和飞秒拍瓦激光系统中运用自适应光学(adaptive optics)波前技术控制激光系统输出波前质量,提升远场可聚焦能力,满足装置自身三倍频高转换效率以及运行稳定性和安全性的基本要求。

7.4.2　自适应光学在激光驱动器上的发展

自适应光学是一种通过克服光学系统中各种因素产生的波前像差来改善和提高光学系统性能的技术,常用于天文高分辨力成像观测和大型高功率激光系统中,本章节讨论的自适应光学技术主要是指后者。

　　自适应光学技术的想法最早是在 1953 年由 Babcock 提出来的,这个最早用于天文观测的设想,已经包括了闭环校正波前的思想。他的自适应光学设想原型如图 7-135 所示。Babcock 提出在焦面上用旋转刀口切割星像,再用析像管探测刀口形成的光瞳来测量波前畸变,得到反馈信号发送到电子枪,电子轰击光阀上的油膜,改变其厚度来补偿经过反射的接收光的相位。虽然这一设想当时由于技术所限,在相当长的一段时间内并没有实现,但是通过这种测量-控制-校正的反馈,闭环校正波前畸变的想法,成了自适应光学的基本思想。

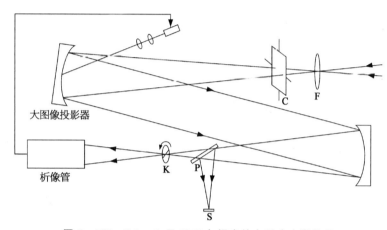

图 7-135　Babcock 于 1953 年提出的自适应光学设想

　　到 20 世纪 90 年代,自适应光学系统日趋成熟,世界上大型天文望远镜都开始采用自适应光学技术,以提高观测的分辨率,如图 7-136 所示。同时另一方面,随着大口径高

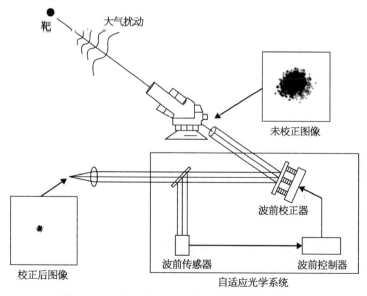

图 7-136　自适应光学系统在天文观测中的应用

功率激光器的发展和对其性能越来越高的要求,自适应光学技术也开始进入激光工程中,用来校正激光系统波前畸变,改善焦斑质量和提高远场能量集中度。

1985 年,中科院光电技术研究所为中科院上海光学精密机械研究所的神光 I 高功率激光聚变装置研制了一套 19 单元的自适应光学系统,该系统采用爬山法优化原理,是国际上最早在激光核聚变装置上应用的自适应光学系统之一。

在 NIF 中,采用了 39 个驱动单元尺寸为 400 mm×400 mm 的大口径变形镜组成的自适应光学系统来控制光束质量,如图 7-137 所示。该图为 NIF 装置光路示意图,左边的 LM1 即为变形镜。

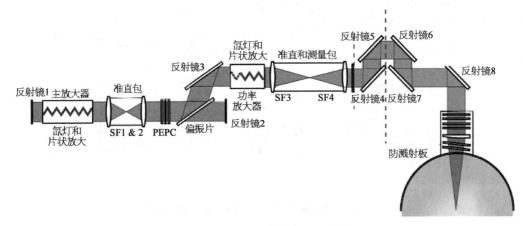

图 7-137 NIF 装置光路示意图

图中 SF:空间滤波器;PEPC:等离子体电极泡克耳斯盒。

在 OMEGA EP 装置上,该系统采用了两块大口径变形镜来进行光束质量控制,优化波前畸变,如图 7-138 所示。在日本的 Gekko XII 中,该系统则采用了一块大口径的变形

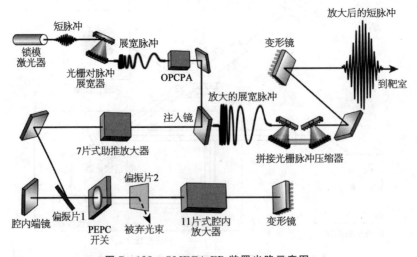

图 7-138 OMEGA EP 装置光路示意图

镜和两块小口径的变形镜来实现系统自适应光学波前控制。

7.4.3　组成单元

在高功率激光系统中通常利用多级空间滤波技术对光束高频成分截止,改善光束质量,而对于中低频成分则除了采用优化装置和光学元件等被动方法来提升光束质量以外,更重要的是采用自适应光学波前控制系统进行波前像差主动校正,优化波前畸变,进一步提升光束质量。

自适应光学系统的组成部分如图 7 - 139 所示,其中主要包括三个最关键的器件,分别是波前传感器、波前控制器和波前校正器。其中波前传感器主要用于采集和测量波前;波前控制器用于根据传感器测量到的畸变波前与标定的理想波前进行比对,计算出波前校正器所需的一组控制信号;波前校正器则负责接收这些信号,并将其转换成高压驱动电压组,施加在校正器表面,使之产生与畸变波前共轭的面形,对波前畸变实施校正。光束波前通过这个反馈回路就得到了测量-控制-校正的完整闭环控制。

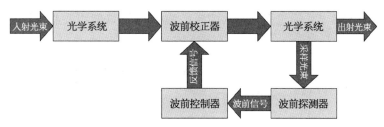

图 7 - 139　自适应光学系统示意图

1. 波前探测器

目前波前检测技术主要有干涉测量法、曲率波前传感器、相干衍射成像和哈特曼波前传感器。由于哈特曼传感器体积小,结构简单,成本较低,操作简便,测量时间快,抗干扰性较好,不仅能用于连续光束测量,也能用于脉冲光束测量,因此哈特曼传感器广泛应用在高功率激光器的波前测量系统中。神光皮秒驱动器升级装置和神光Ⅱ系列飞秒拍瓦激光装置自适应光学系统中皆使用哈特曼波前传感器。

哈特曼波前传感探测技术的想法是由德国科学家哈特曼(Hartmann)最早于 1900年提出的,但是在实际使用中存在很大缺陷,直到 1971 年夏克(R.K.Shark)对其作了改进后才大大提高了光能利用率和测量精度,因此这种波前传感器也称为夏克-哈特曼波前传感器。

哈特曼传感器测量波前的原理如图 7 - 140 所示,图中从左至右分别是理想平面波、微透镜阵列和科学级 CCD。入射的光波经过微透镜阵列被分割为若干个小的次波前,各自经过微透镜聚焦到焦面处的 CCD 上,形成聚焦的光斑阵列。当入射波前为理想平面波时,在 CCD 上观察到的聚焦光斑阵列和 CCD 上划分的子孔径中心完全对应,即每个微透镜聚焦的光斑都落在其焦点处,表示入射光波为标准平面波,如图 7 - 140 右边 CCD 子孔径图所示。

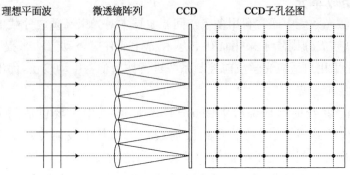

图 7 - 140　理想情况下标准平面波入射哈特曼传感器

当入射波前带有畸变时,由于波面不再是标准平面波,因此经过微透镜阵列分割后,聚焦在焦平面上的光斑阵列,与理想状态下的子孔径中心并不重合,即发生不同程度的偏移,如图 7 - 141 所示。这些不规则排布的光斑阵列与子孔径中心的偏移量,记录了所有波前低频畸变的信息。通过光斑阵列的质心偏移量,可以利用波前重构算法将入射波前恢复出来。

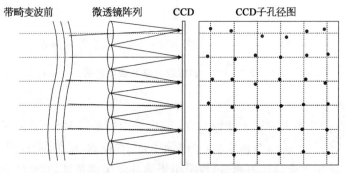

图 7 - 141　带畸变的波面入射哈特曼传感器

用于波前重构的算法主要有区域法和模式法两种。区域波前重构算法是从局部波前出发,得到离散的采样点中心的相位信息。根据重构点与相位测量点之间相对位置的区别,区域重构法又可以分为三种不同的模型,分别是 Hudgin 模型、Fired 模型以及 Southwell 模型。这三种模型各有特点,由于第三种模型的解法具有存储量要求低和计算复杂度低的特点,因此应用比较广泛。虽然区域模式重构法具有很好的拟合面形精度,但是由于计算复杂,速度较慢,并且不能直观得出各种初级像差的大小,而这些恰好是模式法的优点。

模式重构法是将波前用一系列的多项式的和来表示,即采用 Zernike 多项式作为接收区域上的正交基函数,利用测量到的数据计算出各阶模式系数,重构出完整的波前相位信息。由于模式法的拟合速度快,且 Zernike 函数与 Seidel 像差具有对应关系,因此可以快速得到各阶初级像差的系数,在实际应用中具有很大优势。虽然模式法对于高频像差成分有一定的平滑作用,但是在以低频像差为主的大型激光系统中并无影响,因此得到广泛应用。

根据模式重构法的原理,在方形域上一个带有任意畸变的波前 $\phi(x,y)$ 可以表示为

$$\phi(x,y) = \sum_{i=1}^{N} C'_i S_i(x,y) + \varepsilon \qquad (7-21)$$

式中 C'_i 是方形域上的模式系数,N 为模式个数,$S_i(x,y)$ 为第 i 阶方形域 Zernike 多项式,ε 是拟合残差。当用于拟合的多项式足够多时,即 N 趋于无穷时,ε 趋于 0。因此模式法对丁波前重构的问题就转化为对上式的模式系数进行求解,得到各阶模式系数后,再代回式中即可得到重构波前。下面进一步考虑畸变波前经过微透镜阵列聚焦后的斜率。假设微透镜阵列的子孔径数为 $P \times P$,共有 Q 个有效子孔径。对任意一个微透镜来说,入射波前与聚焦光斑在 CCD 上的位置有如图 7-142 中所示的空间关系。

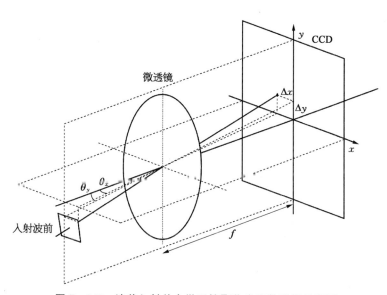

图 7-142　波前入射单个微透镜聚焦光斑偏移量示意图

图 7-142 中 f 为微透镜的焦距,x 轴与 y 轴组成 CCD 焦平面,θ_x 与 θ_y 分别对应波前在 x 方向与 y 方向的倾斜角度,Δx 与 Δy 则为聚焦光斑在 CCD 上 x 方向与 y 方向的偏移量。对于任意一个光斑 k $(1 \leqslant k \leqslant Q)$,设其理想标准无偏移坐标为 (x_{k0}, y_{k0}),由于波前畸变而偏移后的光斑位置为 (x_k, y_k),则有偏移量 Δx、Δy 为

$$\begin{cases} \Delta x_k = x_k - x_{k0} \\ \Delta y_k = y_k - y_{k0} \end{cases} \qquad (7-22)$$

根据图 7-142 中光斑聚焦位置偏移的几何关系，可以得到第 k 个微透镜聚焦的波前斜率为

$$\begin{cases} G_{kx} = \dfrac{\Delta x_k}{f} \\[3mm] G_{ky} = \dfrac{\Delta y_k}{f} \end{cases} \tag{7-23}$$

根据第 k 个微透镜聚焦的波前的平均斜率定义有

$$\begin{cases} G_{kx} = \dfrac{1}{A}\iint\limits_A \dfrac{\partial \phi(x_k,\ y_k)}{\partial x}\mathrm{d}x\,\mathrm{d}y \\[4mm] G_{ky} = \dfrac{1}{A}\iint\limits_A \dfrac{\partial \phi(x_k,\ y_k)}{\partial y}\mathrm{d}x\,\mathrm{d}y \end{cases} \tag{7-24}$$

式中 A 为微透镜的面积，把式 7-16 代入式 7-19 中，得到归一化的矩阵展开形式为

$$\begin{bmatrix} \dfrac{\partial S_1(x_1,\ y_1)}{\partial x} & \dfrac{\partial S_2(x_1,\ y_1)}{\partial x} & \cdots & \dfrac{\partial S_N(x_1,\ y_1)}{\partial x} \\[3mm] \dfrac{\partial S_1(x_1,\ y_1)}{\partial y} & \dfrac{\partial S_2(x_1,\ y_1)}{\partial y} & \cdots & \dfrac{\partial S_N(x_1,\ y_1)}{\partial y} \\[3mm] \vdots & \vdots & \ddots & \vdots \\[3mm] \dfrac{\partial S_1(x_k,\ y_k)}{\partial x} & \dfrac{\partial S_2(x_k,\ y_k)}{\partial x} & \cdots & \dfrac{\partial S_N(x_k,\ y_k)}{\partial x} \\[3mm] \dfrac{\partial S_1(x_k,\ y_k)}{\partial y} & \dfrac{\partial S_2(x_k,\ y_k)}{\partial y} & \cdots & \dfrac{\partial S_N(x_k,\ y_k)}{\partial y} \\[3mm] \vdots & \vdots & \ddots & \vdots \\[3mm] \dfrac{\partial S_1(x_Q,\ y_Q)}{\partial x} & \dfrac{\partial S_2(x_Q,\ y_Q)}{\partial x} & \cdots & \dfrac{\partial S_N(x_Q,\ y_Q)}{\partial x} \\[3mm] \dfrac{\partial S_1(x_Q,\ y_Q)}{\partial y} & \dfrac{\partial S_2(x_Q,\ y_Q)}{\partial x} & \cdots & \dfrac{\partial S_N(x_Q,\ y_Q)}{\partial x} \end{bmatrix} \begin{bmatrix} C_1' \\ C_2' \\ \vdots \\ C_Q' \end{bmatrix} = \begin{bmatrix} G_{1x} \\ G_{1y} \\ \vdots \\ G_{kx} \\ G_{ky} \\ \vdots \\ G_{Qx} \\ G_{Qy} \end{bmatrix} \tag{7-25}$$

其中 N 是 Zernike 多项式的模式数，Q 则如上文所述是有效子孔径数目。令 D 为式 7-20 中的 $2Q \times N$ 的导数矩阵，C 为 N 行的模式系数矩阵，G 为 $2Q$ 行的波前斜率矩阵，上式可以简写为

$$DC = G \tag{7-26}$$

上式建立了波前斜率和各阶模式系数之间的联系，通过求解上述矩阵方程得到像差模式系数矩阵 C，常用的解法有最小二乘法和奇异值分解法。将 C 的值代入式 7-21 中即可

得到多项式描述的重构波前,并且利用各阶模式系数可以对系统中低阶像差进行分析和研究,对光学系统的像差缺陷得到更直观的认识。这在自适应光学波前控制的实际应用中具有很大意义。

哈特曼传感器经过长时间的发展,是应用最广泛的一类波前传感器。它的优点有检测系统光路简单,对光源时间相干性和亮度的要求较低,动态范围大等,适合作为大口径光学系统中的测量设备,因此在高功率激光器中得到广泛应用。它的缺点是空间分辨率不高,对细节部分损失较大,不能测出波前的全部信息。

通过对以上几种波前测量技术的介绍可以看出,哈特曼波前传感器最适合在高功率激光器中应用,不仅因为哈特曼传感器测量在应用中能使测量光路复杂性降低,易于实时测量和小型集成化,而且在高功率激光器中通常存在空间滤波器,将光束中的高频信息截止,使之更适合哈特曼传感器。

2. 波前校正器

波前校正器是自适应光学中的核心元件之一,采用的主要技术形式有:分立驱动器连续镜面变形镜、高速倾斜镜、液晶空间光调制器等。其中分离驱动器连续镜面变形镜是通过改变自身面形,即改变光束不同部分光程差的方法实现波前校正;高速倾斜镜是用电压驱动刚性镜面,使光束改变方向;而液晶空间光调制器则是通过改变折射率来实现波前控制。

在高功率激光系统中,目前主要采用分立驱动器连续镜面变形反射镜(以下简称变形镜)进行波前校正,因为这种技术具有响应速度快、对各阶像差拟合能力好、校正动态范围大和技术成熟等优点。

变形镜的基本结构如图 7 - 143 所示,变形镜表面是柔性反射面板,可在驱动器的推动下发生形变,生成畸变波前的共轭面形。反射面板后面是多个压电陶瓷(PZT 或 PMN)驱动器,按照一定的规律分布,并固定在后面的基板之上,当波前探测器和波前控制器通过采集入射波前,并计算出所需的反馈信号施加到变形镜驱动器上,使驱动器推动柔性的反射面板,产生微小的形变,让最终反射光波前得到校正,趋于所需的面形,通常是接近理想平面波。

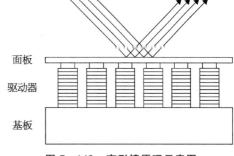

图 7 - 143　变形镜原理示意图

面板
驱动器
基板

3. Zernike 多项式与像差拟合

在光学波前和像差分析中,理论上可以作为波前展开的基函数有很多种,但是由于Zernike 多项式中低阶几项和 Seidel 像差有很好的对应关系,而且 Zernike 多项式在圆形域上具有正交性,因此 Zernike 多项式在光学像差分析中得到了广泛的应用。但是在很多高功率激光系统中光束都是方形口径,而在方形域上不再能使用圆域 Zernike 多项式,因为其正交性在方形域上得不到满足,所以必须使用 Gram - Schmidt(格兰-施密特)正交化后的方域 Zernike 多项式进行拟合。

(1) 圆形域 Zernike 多项式

Zernike 多项式是一系列定义在单位圆上的多项式的总称,并且 Zernike 多项式在圆形域上具有正交性。Zernike 多项式易在极坐标中表示,其表达式为:

$$
\left.\begin{cases}
Z_k = \sqrt{n+1}\, R_n^m(\rho)\, \sqrt{2}\cos(m\theta) \cdots k = 2j \\
Z_k = \sqrt{n+1}\, R_n^m(\rho)\, \sqrt{2}\sin(m\theta) \cdots k = 2j-1
\end{cases}\right\} \cdots m = 0 \qquad (7-27)
$$
$$
Z_k = \sqrt{n+1}\, R_n^0 \cdots\cdots\cdots\cdots\cdots\cdots\cdots\cdots\cdots\cdots m \neq 0
$$
$$
j = 1,2,3,\cdots
$$

其中

$$
R_n^m(\rho) = \sum_{s=0}^{\frac{n-m}{2}} \frac{(-1)^s (n-s)!}{s!\,[(n+m)/2 - s]!\,[(n-m)/2 - s]!} \rho^{n-2s} \qquad (7-28)
$$

在上述 Zernike 多项式中,k 为模式序数,n 和 m 为非负整数,并且分别表示单位圆上的径向频率和角向频率,n 和 m 还满足如下关系式:

$$
n - m = 2p, \quad p = 0,1,2,\cdots \qquad (7-29)
$$

根据以上三个公式可以得到完整的 Zernike 多项式的数学表达形式,它在所定义的单位圆上具有完备的正交性,多项式中的每一项就是用于拟合的一个基函数或者模式。在实际应用中,Zernike 多项式可以有多重不同的排列顺序,比如干涉仪数据分析和人眼自适应光学中就采用不同排序,因此在不同的应用中根据实际需求或者该领域的约定和习惯来选择。本书采用的是亚利桑那大学标准 Zernike 表达式定义,前 15 项如表 7-13 所示。该表中给出了前 15 项的表达式和各项与光学系统中的低阶像差之间存在的对应关系,低阶像差包括倾斜、离焦、像散、彗差和球差。通过对比 Seidel 像差和 Zernike 多项式二者的表达式可以看出,Seidel 像差是 Zernike 多项式的一个子集,通过对 Zernike 多项式的系数进行一定的变换,就可以得到 Seidel 的像差参数。以常见的圆形光瞳和口径的光学系统为例,当系统中不考虑高阶像差时,可由 Zernike 多项式的模式系数,计算出系统的平均离焦和像散

$$
D = 4C_4 / r^2 \qquad (7-30)
$$

$$
A = 4\sqrt{C_5^2 + C_6^2} / r^2 \qquad (7-31)
$$

其中 D 与 A 分别代表离焦和像散,C_4 为多项式第四项对应的离焦系数,C_5 和 C_6 分别为 $\pm 45°$ 和 $0°\backslash 90°$ 方向像散系数,r 为系统圆形光束半径。对于存在高阶像差的光学系统,

变换关系变得复杂,但仍然可以建立。为了保持像差的平衡,需要在高阶模式里引入低阶模式的分量。

表 7 - 13　低阶 Zernike 多项(15 项)式及其对应像差

阶数	项数	n	m	表达式(极坐标)	对应像差类别
0	1	0	0	$Z_1 = 1$	整体平移
1	2	1	1	$Z_2 = 2\rho\cos\theta$	x 方向倾斜
2	3		1	$Z_3 = 2\rho\sin\theta$	y 方向倾斜
3	4	2	0	$Z_4 = \sqrt{3}(2\rho^2 - 1)$	离焦
4	5		2	$Z_5 = \sqrt{6}\rho^2\sin 2\theta$	$\pm 45°$方向像散
5	6		2	$Z_6 = \sqrt{6}\rho^2\cos 2\theta$	$0°$和$90°$方向像散
6	7	3	1	$Z_7 = \sqrt{8}(3\rho^2 - 2\rho)\sin\theta$	y 方向彗差
7	8		1	$Z_8 = \sqrt{8}(3\rho^2 - 2\rho)\cos\theta$	x 方向彗差
8	9		3	$Z_9 = \sqrt{8}\rho^3\sin 3\theta$	三瓣叶状像差
9	10		3	$Z_{10} = \sqrt{8}\rho^3\cos 3\theta$	三瓣叶状像差
10	11	4	0	$Z_{11} = \sqrt{5}(6\rho^4 - 6\rho^2 + 1)$	初级球差
11	12		2	$Z_{12} = \sqrt{10}(4\rho^4 - 3\rho^2)\cos 2\theta$	x 方向二级像散
12	13		2	$Z_{13} = \sqrt{10}(4\rho^4 - 3\rho^2)\sin 2\theta$	y 方向二级像散
13	14		4	$Z_{14} = \sqrt{10}\rho^4\cos 4\theta$	四瓣叶状像差
14	15		4	$Z_{14} = \sqrt{10}\rho^4\sin 4\theta$	四瓣叶状像差

表 7-13 中给出了项数、阶数(阶数与项数对于同一个多项式来说没有区别)、对应的 n 和 m 以及极坐标下的表达式与对应的像差形式。利用表中的数学表达式可以得到 Zernike 多项式的三维模拟图,如图 7-144 所示。图中给出了前 16 项的三维像差图,便于对 Zernike 多项式的几何形式以及对像差的拟合有更直观的认识。

(2) 方形域 Zernike 多项式

通常所说的 Zernike 多项式一般指定义在圆形域上的多项式,因为其在圆形域上具备正交性。但是在许多大口径激光系统中,都采用方形口径的光束,要研究此类光学系统的像差情况,就不能再直接使用 Zernike 多项式,因为在方形域上其正交性无法得到满足,所以不能和 Seidel 像差形成对应。因此,需要对圆域 Zernike 多项式进行正交化而得到一组方形域上的标准正交基,得到的新的函数系列才能用于方形口径波前畸变的描述。通常采用 Gram-Schmidt 正交化算法对圆形域上的 Zernike 多项式进行处理。

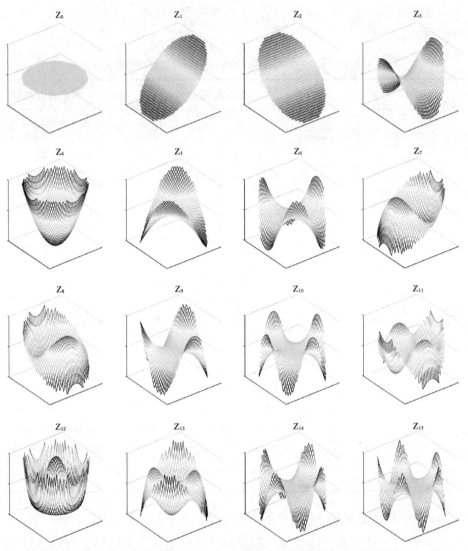

图 7 - 144 单位系数的低阶圆形域 Zernike 多项式三维模拟图(彩图见图版第 21 页)

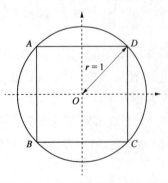

图 7 - 145 方形域正交化区域示意图

从几何上看,方形定义域可以看作是在圆形口径的光束中内接了一个方形口径的光瞳,正交化过程即在单位元的内接正方形上进行,如图 7 - 145 所示。

用 Zernike 多项式描述波前,实际上是用无穷多个 Zernike 多项式(即基本面形)进行线性组合得到一个确定的波面。若用 Zernike 多项式前 N 项来描述波面 $\phi(x, y)$,则有

$$\phi(x, y) = \sum_{i=1}^{N} C_i Z_i(x, y) \qquad (7 - 32)$$

其中 C_i 表示第 i 阶的模式系数，Z 为该阶 Zernike 多项式。在方形域上需要对多项式 $Z_i(x, y)$ 进行 Gram‒Schmidt 正交变换，设新的正交基多项式为 $S_i(x, y)$，则有

$$S_1(x, y) = \frac{Z_1(x, y)}{\| Z_1(x, y) \|},$$

$$S_2(x, y) = \frac{Z_1(x, y) - \langle Z_2(x, y), S_1(x, y) \rangle S_1(x, y)}{\| Z_2(x, y) - \langle Z_2(x, y), S_1(x, y) \rangle S_1(x, y) \|}, \cdots,$$

$$S_k(x, y) = \frac{Z_k(x, y) - \sum_{i=1}^{k-1} \langle Z_k(x, y), S_i(x, y) \rangle S_i(x, y)}{\| Z_k(x, y) - \sum_{i=1}^{k-1} \langle Z_k(x, y), S_i(x, y) \rangle S_i(x, y) \|}, \quad k = 2, 3, \cdots, n$$

$$(7 - 33)$$

因此利用新生成的多项式作正交基，方形域上的波前表达式变为

$$\phi(x, y) = \sum_{i=1}^{\infty} C'_i S_i(x, y) \tag{7-34}$$

由于 $S_i(x, y)$ 为正交多项式集，因此有

$$C_i = \iint_{\Sigma} \phi(x, y) S_i(x, y) \mathrm{d}x \mathrm{d}y \tag{7-35}$$

其中 C'_i 为方形域上正交多项式 $S_i(x, y)$ 的模式系数。方形域 Zernike 多项式的正交性如下

$$\frac{1}{A} \iint_{S_{ABCD}} S_i(x, y) S_{i'}(x, y) \mathrm{d}x \mathrm{d}y = \delta_{ii'} \tag{7-36}$$

其中 A 是定义域中正方形 $ABCD$ 的面积。

方形域上 Zernike 多项式有如下递推关系

$$S_1 = G_1 = Z_1$$

$$G_{i+1} = \sum_{j=1}^{i} a_{i+1, j} S_j + Z_{i+1}$$

$$a_{i+1} = -\frac{1}{A} \iint_{S_{ABCD}} Z_{i+1} S_j \mathrm{d}x \mathrm{d}y \tag{7-37}$$

$$S_{j+1} = \frac{G_{i+1}}{\| G_{i+i} \|} = \frac{G_{i+1}}{\sqrt{\dfrac{1}{A} \iint_{S_{ABCD}} G_{i+1}^2 \mathrm{d}x \mathrm{d}y}}$$

综上所述，可以通过圆形域 Zernike 多项式推导出方形口径上正交的方形域 Zernike

多项式基底 $S_i(x, y)$，并且也与 Seidel 像差成对应关系。方形域 Zernike 多项式在直角坐标系下的前 15 项如表 7-14 所示。

表 7-14　低阶方形域 Zernike 多项式表达式

项　数	表　达　式
1	$S_1 = 1$
2	$S_2 = \sqrt{6}\,x$
3	$S_3 = \sqrt{6}\,y$
4	$S_4 = \sqrt{\dfrac{5}{2}}(3x^2 + 3y^2 - 1)$
5	$S_5 = 6xy$
6	$S_6 = 3\sqrt{\dfrac{5}{2}(x^2 - y^2)}$
7	$S_7 = \sqrt{\dfrac{21}{31}}\,y(15x^2 + 15y^2 - 7)$
8	$S_8 = \sqrt{\dfrac{21}{31}}\,x(15x^2 + 15y^2 - 7)$
9	$S_9 = \sqrt{\dfrac{5}{31}}\,x(27x^2 - 35y^2 + 6)$
10	$S_{10} = \sqrt{\dfrac{5}{31}}\,x(35x^2 - 27y^2 - 6)$
11	$S_{11} = \dfrac{1}{2\sqrt{67}}(315x^4 + 315y^4 + 630x^2y^2 - 240x^2 - 240y^2 + 31)$
12	$S_{12} = \dfrac{15}{2\sqrt{2}}(x^2 - y^2)(7x^2 + 7y^2 - 3)$
13	$S_{13} = \sqrt{42}\,xy(5x^2 + 5y^2 - 3)$
14	$S_{14} = \dfrac{3}{4\sqrt{134}}(490x^4 + 490y^4 - 360x^2y^2 - 150x^2 - 150y^2 + 11)$
15	$S_{15} = 5\sqrt{42}\,xy(x^2 - y^2)$

从表 7-14 中可以看出，正交化过程除了使多项式系数发生变化外，许多项的表达式基本具有相同的形式。因此前几项同样代表着基本像差，包括整体相移、倾斜（x 和 y 方向）、离焦、像散（$\pm 45°$ 和 $0°\backslash 90°$ 方向）。定义在方形域上的单位系数的低阶方形域 Zernike 多项式三维模拟如图 7-146 所示。

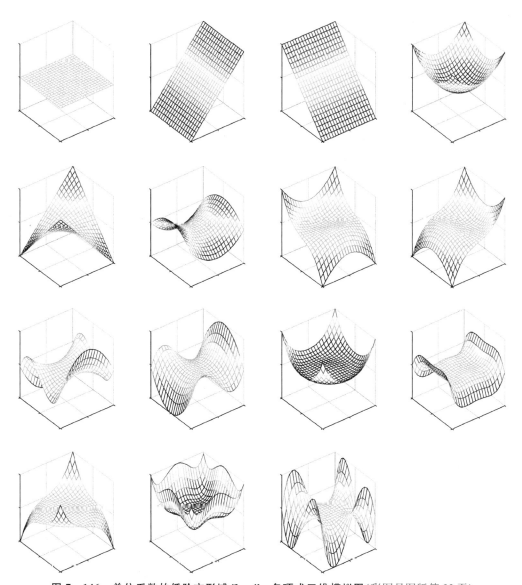

图 7 - 146　单位系数的低阶方形域 Zernike 多项式三维模拟图（彩图见图版第 22 页）

7.4.4　波前系统设计

单束皮秒激光系统和单束飞秒拍瓦激光系统皆为单束激光链路,装置中均采用单套自适应光学系统;驱动器升级装置 8 束纳秒激光系统具备 8 束激光链路,采用 8 套集控式自适应光学系统。下面将逐个进行系统设计的介绍。

1. 单束皮秒激光系统波前系统设计

单束皮秒激光系统中,我们引入能够长期稳定工作的闭环控制自适应光学系统,从而有效地补偿整个系统低阶波前畸变,提高光束输出波前质量,保证在物理打靶实验过

程中靶面具有 10^{20} W/cm² 的功率密度。

(1) 关键元件的主要参数指标

① 变形镜技术指标如下：

输入能量：1 700 J；

光束口径：ϕ320 mm；

能量密度：2.1 J/cm²；

输入脉冲宽度：1.6 ns；

功率密度：1.32×10^9 W/cm²；

能量损伤阈值(填充因子 0.6)：大于等于 4.2 J/cm²；

功率损伤阈值：2.6×10^9 W/cm²；

变形镜变形量(P-V 值)：±3 μm；

主要校正空间频率：小于四阶；

变形镜入射角度：小于等于 10°；

变形镜驱动器单元数：58。

② 哈特曼波前传感器的主要技术指标如下：

光束入射口径：ϕ40 mm；

阵列数：约 20×20；

波前测量动态范围(PV 值)：大于等于 10 μm；

波前测量精度：约 0.1 μm(RMS)。

神光皮秒装置系统中，光束口径经空间滤波器 SF8 扩束为 ϕ320 mm 后从主放输出，电场偏振方向为水平方向。而光栅压缩器要求输入光束偏振方向为垂直方向，因此光束到达变形镜之前需要进行偏振转换，即光束电场水平偏振改变为垂直方向。光束偏振改为垂直方向后入射到变形镜。此处变形镜补偿主放大链的波前畸变，同时对光栅压缩器引入的波前畸变进行预补偿。光束入射角度为 8°，波前传感器位于拍瓦装置的参数测量系统诊断包内。该诊断系统利用压缩器内最后一块反射镜的漏光对主激光的有关参数进行测量，漏光比例为 0.5%，光束口径缩束比为 8∶1。参数测量系统要求在缩束系统引入衰减，因而进入参数测量诊断包的光强约为 90～180 mJ，光束口径为 ϕ40 mm。神光皮秒装置自适应光学排布如图 7-147 所示。变形镜和波前传感器实物如图 7-148 所示。

(2) 皮秒波前控制

单束皮秒激光系统中动态波前源于 CPA 放大链路，静态波前包括所有光学元件。神光 Ⅱ 皮秒装置研制过程中，首先利用自适应光学系统对放大链输出端(压缩器入口处)进行实时波前补偿。实验中，利用哈特曼波前传感器采集放大链输出的静态波前畸变和动态波前畸变，如图 7-149 所示，同时利用 CCD 相机测量远场焦斑形态，如图 7-150 和图 7-151 所示。静态波前和动态波前特征均以离焦和像散为主要特征，波前校正后远场焦斑峰值功率提升约 12 倍，静态波前和动态波前校正残差控制在一个波长。

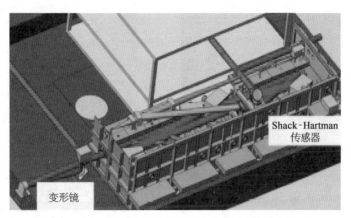

图 7 - 147　单束皮秒激光系统自适应光学系统布局

图 7 - 148　单束皮秒激光系统变形镜和波前传感器实物图

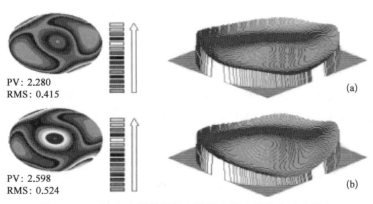

图 7 - 149　神光皮秒装置放大链输出静态波前和动态波前

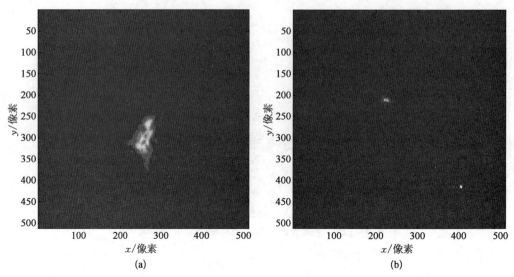

图 7 - 150　神光皮秒装置放大链静态输出远场焦斑（彩图见图版第 23 页）

（a）未经波前校正；（b）波前校正。

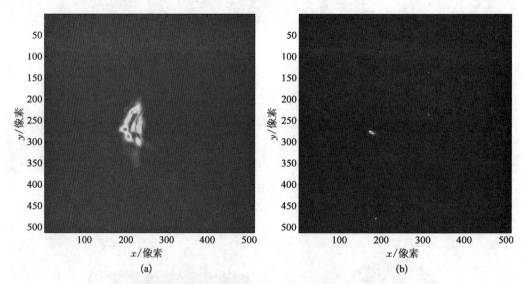

图 7 - 151　神光皮秒装置放大链动态输出远场焦斑（彩图见图版第 23 页）

（a）未经波前校正；（b）波前校正。

　　单束皮秒激光系统工程实施后，哈特曼波前传感器至于压缩器输出端，实时共轭成像采集光束波前畸变，数据传输至计算机，完成变形镜闭环控制，同时利用光束质量分析仪监测离轴镜远场焦斑。图 7 - 152 为神光皮秒装置放大链动态输出远场焦斑在开环和闭环控制下的环围能量曲线图。图 7 - 153（a）为神光皮秒装置离轴镜采集静态波前校正后的远场焦斑，其中静态波前畸变 PV 值和 RMS 值由（3.1λ，0.58λ）缩小至（1.09λ，0.178λ）。图 7 - 153（b）为 X 射线针孔相机拍摄神光Ⅱ皮秒装置大能量发射时（动态波前

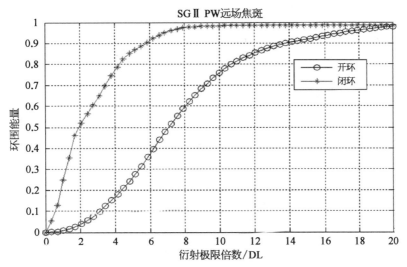

图 7-152　神光皮秒装置放大链动态输出远场焦斑环围能量曲线图

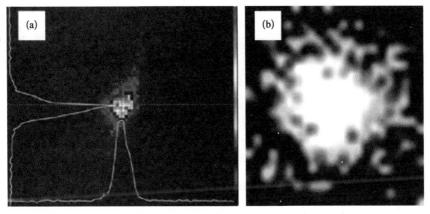

图 7-153　神光皮秒系统离轴镜采集远场焦斑(彩图见图版第 24 页)

(a) 静态波前校正远场；(b) X 射线针孔相机采集大能量发射远场焦斑。

校正条件下)的远场焦斑,50% 的能量集中到 $29\,\mu m \times 29\,\mu m$。

2.8 束纳秒激光系统波前系统设计

驱动器升级装置 8 束纳秒激光系统中,以提高输出光束质量与光束控制能力为基本要求,以高效三倍频、高效腔靶注入能力和高效运行能力为牵引目标,研究与解决基于"组合口径＋多程放大＋方形光束"技术路线的波前控制技术,掌握光束波前补偿系统总体设计技术,解决光束传输、波前检测、控制算法等关键技术,建立光束波前补偿器件性能检测与校正的方法与手段,支撑驱动器升级装置总体设计和工程实施,满足基频输出远场能量集中度达到 95% 的能量集中到 10 倍衍射极限以内的目标需求。

驱动器升级装置 8 束纳秒激光系统的波前控制总体实施方案与多程放大光路构型、

等效光学元件数量以及光束的口径变化、旋转角度变化和靶场系统光学排布等均有直接关联。波前控制技术实施方案具有如下工作：

◆ 协调与驱动器升级装置的光学设计，提高光学元件面形加工精度，提高装校精度，完善光学元件面形互补配片，提高主动波前实时补偿技术等波前措施的技术匹配性，建立波前控制功能、技术指标与需求之间的匹配关系。

◆ 开展大口径波前主动控制单元器件研制，对其综合能力进行全面测试，包括波前检测、控制算法和闭环控制等离线和在线总体技术指标和单项技术指标检验，确保工程实施的可靠性。

◆ 在驱动器升级装置波前控制系统中，变形镜位于腔放大器的腔镜处，进一步提升波前校正能力。波前传感器位于 OSP 诊断包内，实时采集系统的静态和动态波前畸变，通过闭环计算机完成子光束波前预补偿。

◆ 开展纳秒激光系统的波前控制技术工程实施验证，对静态和动态波前畸变进行有效补偿，使光束波前质量满足高效谐波转换和高效腔靶注入能力，使装置具备高效运行能力。

在驱动器升级装置纳秒激光系统中，激光光束的波前像差将会导致光束的传输特性改变，聚焦能力和倍频效率下降，并可能导致实验打靶过程中发生堵孔问题，破坏装置的光学元器件和降低装置的使用寿命。因此，对存在于系统中的静态波前和动态波前进行模拟和实验分析十分重要，了解波前像差的特征及其规律可以帮助我们寻找提高光束波前质量的方法，为系统的进一步改进提供数据支撑，同时也为自适应光学系统的设计和效果评价提供参考。另外，对动态波前的研究还能为组合式放大器优化、激光发射后的合理快速冷却方式提供依据。

（1）关键元件主要参数指标

驱动器升级装置纳秒激光系统的自适应光学系统由哈特曼波前传感器、波前控制装置和反射式变形镜组成。哈特曼波前传感器位于测量光路中，其测量光路和测量原理在前面章节已经详细研究过，哈特曼波前传感器的技术指标如下所示：

◆ 入射光束口径：大于等于 5.5 mm×5.5 mm；

◆ 离焦像差测量动态范围：大于等于 16 μm；

◆ 测量精度：0.1 μm；

◆ 中心透射波长：1 053 nm，干涉滤光片带宽：小于等于 20 nm。

变形镜（deformable mirror，DM）采用中国科学院成都光电研究所研制的大口径变形镜对低频像差进行有效波前校正，其在驱动器升级装置中的位置如图 7−154 所示。具体技术指标如下：

◆ 中心波长：1 053 nm；

◆ 光束口径：大于等于 290 mm×290 mm；

◆ 能量损伤阈值：大于等于 5 J/cm² (1 053 nm，3 ns)；

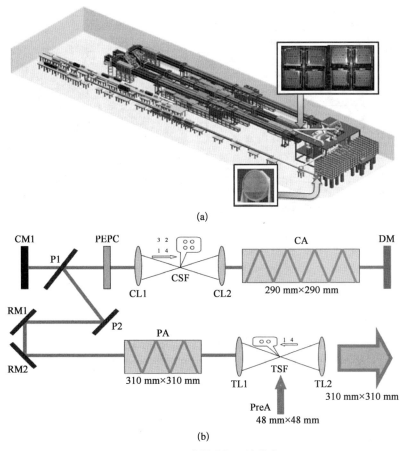

(a)

(b)

图 7 - 154　驱动器升级系统排布图

（a）系统三维排布图；（b）光路结构图。PreA：预放输出；TSF：传输空间滤波器；TL1、TL2：传输空间滤波器透镜 1、2；PA：助推放大器；RM1、RM2：反射镜 1、2；P1、P2：偏振片 1、2；CM1：片后反射镜；PEPC：等离子体电极泡克耳斯盒；CSF：腔空间滤波器；CL1、CL2：腔空间滤波器透镜 1、2；CA：腔放大器；DM：变形镜。

◆ 驱动器行程：$\pm 3\ \mu m$；

◆ 校正空间频率：小于等于四阶像差（方域 Zernike 多项式前 10 项）；

◆ 偏振要求：p 偏振；

◆ 变形镜入射角度：$0°$；

◆ 反射膜层反射率：大于等于 99.5%，膜层带宽：大于等于 20 nm。

变形镜、哈特曼传感器和波前控制系统共同构成反馈系统，对驱动器的波前进行测量和校正，图 7 - 155(a) 和 (b) 分别为变形镜和哈特曼波前传感器的实物图。激光驱动器常规运行时，哈特曼波前传感器测量的波前主要有三种状态：静态波前、变形镜加压输出波前和大能量发射输出波前。在接下来的部分，将对驱动器的上述三种波前测量结果进行处理，得到驱动器的静态波前、瞬时动态波前和热恢复波前，同时使用方域 Zernike 多项式分析波前特性，为放大器优化和光束质量改善提供数据参考。

图 7 - 155 驱动器升级装置自适应光学系统关键元件实物图
(a) 变形镜;(b) 波前传感器。

(2) 静态波前

静态波前是指在正常实验条件下(温度为 20℃,湿度为 30%,压强为 101.325 kPa)激光系统固有像差。激光器系统输出静态像差通常可利用哈特曼波前传感器在主激光百微焦、1 Hz 注入条件下进行同步采集。驱动器升级装置 8 束纳秒激光系统的各束静态波前结果如图 7 - 156 所示,静态波前主要源于系统中光学元件的固有像差,束间光路像差存在差异。图 7 - 157 所示为 8 束静态输出时对应的远场焦斑。

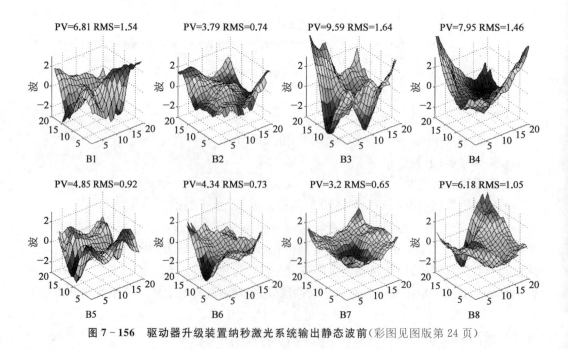

图 7 - 156 驱动器升级装置纳秒激光系统输出静态波前(彩图见图版第 24 页)

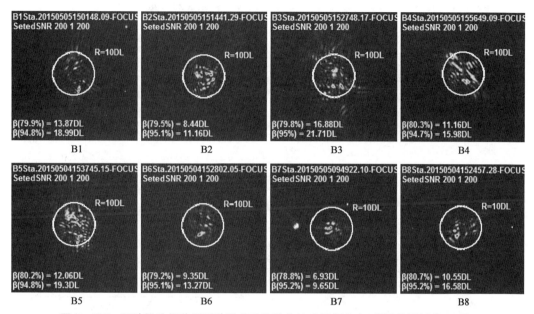

图 7 - 157　驱动器升级装置纳秒激光系统静态输出远场焦斑(彩图见图版第 25 页)

（3）动态波前

瞬时动态波前是激光发射时由于氙灯抽运不均匀导致片状钕玻璃内不均匀温度分布引起的光束波前畸变,瞬时动态波前不能被哈特曼传感器直接测量出来,只能通过间接计算方式得到

$$w_3 = w_0 + w_2 + \Delta w_1 \qquad (7-38)$$
$$w_1 = w_0 + \Delta w_1 \qquad (7-39)$$

其中 w_3 为激光发射瞬间的测量波前, w_0 为系统静态波前, w_2 为瞬时动态波前, Δw_1 为变形镜加压预校正的波前增量, w_1 为变形镜加压预校正后的测量波前,根据上两式可得到

$$w_2 = w_3 - w_1 \qquad (7-40)$$

根据上式则可通过间接计算得到瞬时动态波前。

以纳秒激光系统第 4 束 5 000 J 能量发次(5 000 J/3 ns)为例,利用上式间接计算得到动态波前。图 7 - 158 中(a)(b)(c)(d)分别为变形镜加压预校正输出波前、激光发射瞬间的测量波前、瞬时动态波前和方域 Zernike 多项波前拟合系数。

据图 7 - 158 可知,激光发射瞬间输出波前较小: $PV = 2.547\lambda$、$RMS = 0.46\lambda$,这是因为大能量输出时自适应光学中变形镜加载校正电压改变面形,校正了部分静态像差和动态像差。间接测量计算得到的瞬时动态波前的 PV 值为 4.793λ、RMS 值为 1.18λ,分析其方域 Zernike 多项式系数,第四项和第六项的系数较大,由方域 Zernike 多项式的定义表

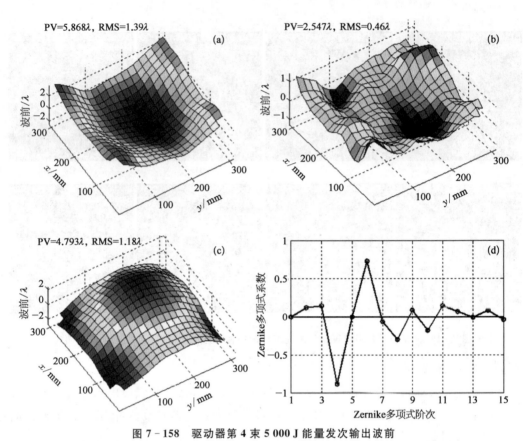

图 7 - 158 驱动器第 4 束 5 000 J 能量发次输出波前

(a) 变形镜加压预校正后输出波前；(b) 激光发射测量波前；(c) 动态波前；(d) 动态波前的方域 Zernike 多项式系数。

达式可知：瞬时动态波前以离焦和像散为主。

(4) 波前校正

驱动器升级装置运行频率为 4～6(h^{-1})，但激光发射却在百微秒时间内完成，因而无法对系统输出波前进行实时反馈并有效加以控制，因此在实验中通过模拟计算和多次激光发射实验数据预估驱动器当前发次输出波前特征，并依此生成并加载预校正电压，再利用自适应光学系统(AO)进行波前补偿。通过基于四程放大的高功率激光驱动器动态波前的模拟计算和实验研究，得到动态波前特征规律，为 AO 波前校正系统提供数据参考，并最终提高激光驱动器的输出光束质量。图 7 - 159 为驱动器升级装置 8 束纳秒激光系统大能量输出时，光束经波前校正后输出结果和远场焦斑结果。数据表明，驱动器升级装置纳秒激光系统经过波前校正后，满足了基频输出远场能量集中度达到 95% 的能量集中到 10 倍衍射极限以内的指标要求。

驱动器升级装置在研制和实际工程运行过程中，实验室人员解决了波前控制技术多个难点，显著提升了升级装置输出光束波前质量、三倍频转换效率和装置的运行效率。

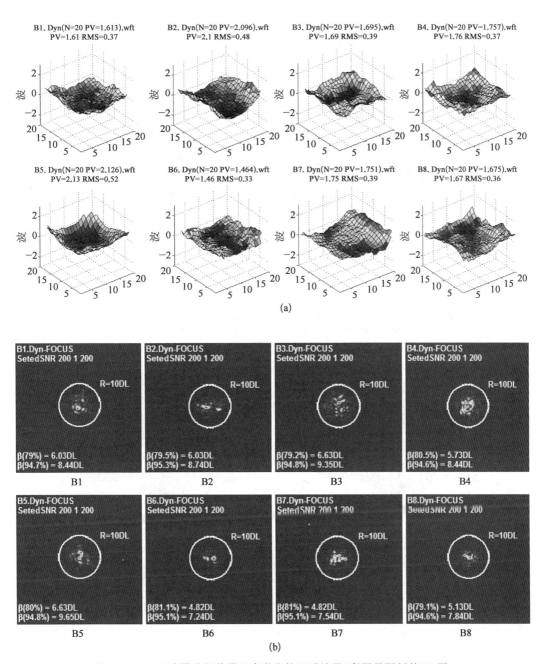

图 7 - 159　驱动器升级装置 8 束激光校正后结果（彩图见图版第 26 页）

（a）残余像差；（b）输出远场焦斑。

（5）光束波前传输模拟分析

1）光束波前特征分析

利用波前理论分析模型和波前重构模式方法，结合激光光束传输特性，对升级装置纳秒激光系统的光束波前特征进行分析，并与实验结果相对比。如图 7 - 160 所示，

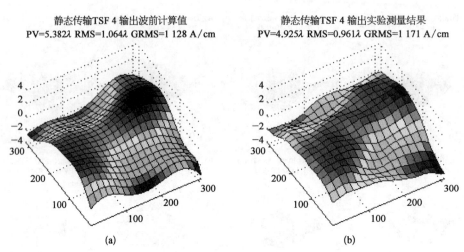

静态传输TSF 4 输出波前计算值
PV=5.382λ RMS=1.064λ GRMS=1 128 A/cm

静态传输TSF 4 输出实验测量结果
PV=4.925λ RMS=0.961λ GRMS=1 171 A/cm

(a)   (b)

图 7 - 160　静态传输 TSF4 输出波前计算与实验测量结果对比(彩图见图版第 27 页)
(a) 理论计算值;(b) 实验测量值。

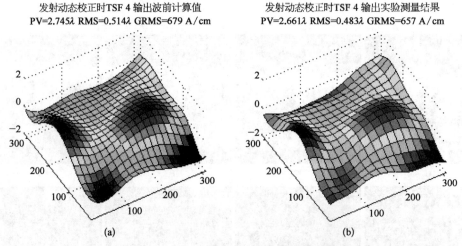

发射动态校正时TSF 4 输出波前计算值
PV=2.745λ RMS=0.514λ GRMS=679 A/cm

发射动态校正时TSF 4 输出实验测量结果
PV=2.661λ RMS=0.483λ GRMS=657 A/cm

(a)   (b)

图 7 - 161　5 135 J 发射动态校正时 TSF4 输出波前计算与实验结果(彩图见图版第 27 页)
(a) 理论计算值;(b) 实验测量值。

理论计算和实验测量的 TSF 输出静态波前像差的形态以及 GRMS 值具有一致性。图 7 - 161 所示为单路输出 5 000 J 以上激光系统波前校正后实验和模拟计算结果。

数据对比表明,波前传输分析模型和实验结果具有准确性,也体现光束波前传输理论模型对激光装置具有重要的科学工程应用价值。

2) 动态波前理论模拟与热恢复

驱动器升级装置纳秒激光系统的腔放大器和助推放大器由片放钕玻璃组合构成,片状放大器与光束方向成布儒斯特角放置,两侧为氙灯泵浦阵列。氙灯泵浦时,钕玻璃激光介质吸收的氙灯泵浦光一部分会转化为热能。由于泵浦过程具备非均匀性,导致热片状放大器膨胀并发生形变,弯曲成"S"形。其动态波前是由激光驱动器瞬态和热恢复过程中放大器的热梯度不均匀性引起的。动态波前可以分为瞬态像差和热恢复像差,瞬态像差为激光发射时氙灯泵浦不均匀性造成的波前畸变,热恢复像差为激光发射后主放大器剩余热能带来的波前畸变。

以热源函数为基础,用有限元软件 ANSYS 分析片状放大器的温度、应力和形变,然后计算折射率 $n(x,y,z)$ 和光程差(optical path difference,OPD),最后用方域 Zernike 多项式拟合得到波前 $w(x,y)$。上述模拟方法计算了片放钕玻璃瞬态动态波前的三维模型,分别得到了其边界条件、应力形变和光程差。

图 7 - 162 显示,片放钕玻璃在激光发射时存在"S"微形变,纳秒激光系统的瞬态动态波前 PV$=5.7\lambda$(1 053 nm),瞬态动态波前形态呈现"瓦片"型。图 7 - 163 所示为驱动器升级装置纳秒激光系统热恢复像差的变化规律。

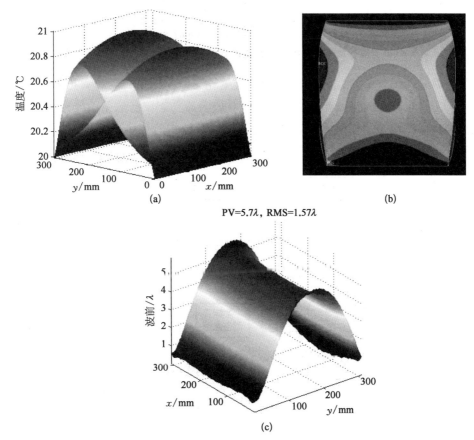

PV=5.7λ, RMS=1.57λ

(c)

图 7 - 162　动态波前二维模拟(彩图见图版第 28 页)

(a) 表面温度;(b) 片放应力形变;(c) 光程差。

3)改进波前控制算法

在驱动器升级装置 8 束纳秒激光系统的实验中,用闭环预校正技术能明显改善大能量发射时输出激光的波前质量,但波前残余像差偏大且具有不确定性,无法保障大能量

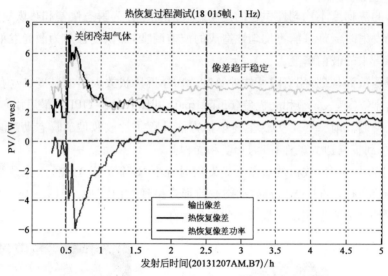

图7-163 纳秒激光系统的动态波前热恢复特征曲线(彩图见图版第28页)

激光发射时装置的安全,其主要原因是激光装置输出波前随机抖动和动态波前闭环预校正偏差。为了提升大能量激光发射时变形镜对放大器动态波前像差预校正的准确性,我们提出集传统闭环控制和基于衍射理论的波前控制技术的优点于一体的自适应光学波前控制技术路线,其改进的波前控制算法如图7-164所示。

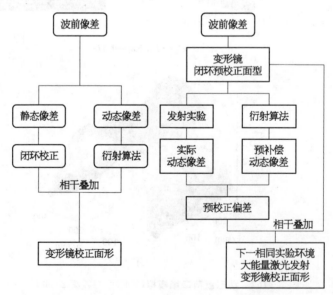

图7-164 神光Ⅱ升级装置改进的波前控制算法

4) 纳秒激光系统的波前控制实验验证

在驱动器升级装置8束纳秒激光系统中,首先开展了单束波前有效控制的研究,重点考核单束激光输出负载能力和输出光束质量。依据前期实验数据,我们利用非闭环波前控制技术修正自适应光学变形镜校正面形,以保证输出光束具备更好的波前质量。图7-165 显示单束激光输出 8 050 J 条件下的波前和远场焦斑结果,波前残差 PV 值 1.32λ,RMS 值 0.24λ,GRMS 值 78.7 nm/cm,远场焦斑 95% 的能量集中到 6.03 DL。激光系统输出能量、远场光束质量等技术水平同时达到和超过升级装置设计技术指标要求。图 7-159 所示为升级装置纳秒激光系统全部 8 束激光链路大能量输出时波前校正的实验结果。数据表明,驱动器升级装置 8 束纳秒激光系统的波前补偿的技术能力,已具备了美国 NIF 装置的波前补偿的同等水平。

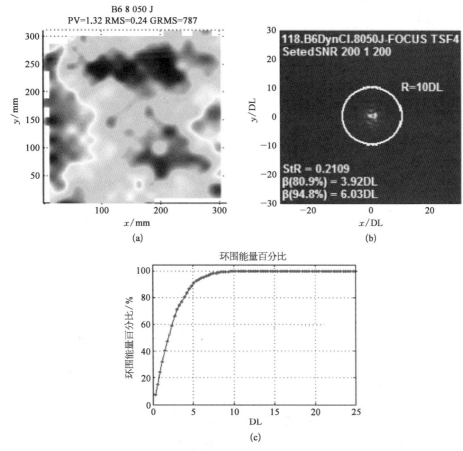

图 7-165　升级单束 8 050 J 输出波前和焦斑数据结果(彩图见图版第 29 页)

(a) 残余像差;(b) 远场焦斑;(c) 环围能量。

5) 自适应光学国内外同类系统技术性能综合比较

驱动器升级装置纳秒激光系统的构型采用类 NIF 技术路线,波前补偿技术方案和路线也与 NIF 装置基本相同。2013 年年底,驱动器升级装置取得了多束 5 000 J 输出和单束 8 000 J 输出波前有效控制。实验数据显示,驱动器升级装置波前控制能力达到了 NIF 装置技术水平。

驱动器升级装置的工程实施中,实验室波前控制研究人员对光学元件加工和镀膜执行了较严格的技术要求,并利用自适应光学主动波前控制系统和非闭环波前控制技术完成四束基频光束的波前有效控制,达到了 NIF 装置基频远场的控制水平和能力。波前控制技术能力提升了驱动器升级装置的运行打靶能力,推动了专项高功率激光驱动器工程性和科学性的实验研究工作。

3. 单路飞秒拍瓦激光波前系统设计

自适应光学系统是神光飞秒拍瓦激光装置的重要组成部分,波前控制需依据光束口径、像差空间频率、光路排布、器件特征和靶场聚焦等特征的原则,进行科学和工程技术的研究并开展实施,最终满足聚焦光斑在二倍衍射极限内集中 50% 能量的技术指标。在设计与实施光路排布时,应先对激光系统小口径和大口径元件的面形质量与装校工艺进行控制,尽可能降低系统带来的固有像差;在此基础上再采用主动波前控制技术对光束波前畸变,实时校正和预校正压缩器后续光学元件波前,保证聚焦光束波前残差为波长量级,达到接近衍射极限的光束质量。自适应光学波前控制系统主要包括哈特曼波前传感器、变形镜和集成控制系统三个主要单元。

(1) 自适应光学波前控制系统光路排布

神光飞秒拍瓦激光装置中自适应光学系统光路排布如图 7 - 166 所示。从空间滤波

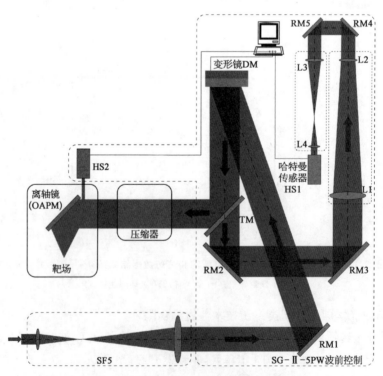

图 7 - 166　SG - Ⅱ - 5PW 装置波前控制系统

OAPM:off-axis parabolic mirror,离轴抛物面镜,简称离轴镜。

器 SF5 出射的光束口径已扩大至 290 mm×290 mm,光束经过 RM1 反射到达变形镜 DM,变形镜反射光束抵达透反镜 TM。TM 的反射率为 99%,因此主光束经过 TM 后反射进入真空压缩器,1% 的漏光进入测量光路。漏光经过 RM2 和 RM3 两块反射镜进入测量光路缩束系统。

透镜 L1 和透镜组 L2 组成伽利略结构的第一级缩束系统,透镜 L1 与透镜组 L2 均镀 808 nm 增透膜,透过率大于 99.5%。第一级缩束系统的出射光经过 RM4 和 RM5 两块平面反射镜后进入第二级缩束系统。透镜组 L3 和透镜 L4 组成开普勒结构的第二级缩束系统,镀膜同样为对 808 nm 增透,透过率大于 99.5%。

经过两级缩束系统后,测量光路光束口径从 290 mm×290 mm 缩束至 5 mm×5 mm,即在该处放置哈特曼传感器 HS1,另一个哈特曼传感器 HS2 放置在靶场处,两个哈特曼传感器以及变形镜 DM 都连接至控制计算机,实现波前的实时采集、标定,变形镜的闭环以及施加电压信号等功能,完成对系统波前畸变的闭环控制。

(2)哈特曼传感器参数

测量光路光束经过两级缩束系统后进入哈特曼传感器,SG-Ⅱ-5PW 装置自适应光学系统中采用的哈特曼传感器为中国科学院光电技术研究所研制提供,如图 7-167 所示。该传感器具有如下特征:

图 7-167 神光飞秒拍瓦激光装置波前传感器实物图

◆ 入射光束口径:5 mm×5 mm;

◆ 微透镜阵列:22×22;

◆ 测量动态范围:大于等于 10λ;

◆ 测量精度:小于等于 0.05λ;

◆ 功能:提供波前畸变测量图像和波前 16 项 Zernike 多项式分解系数。

(3)变形镜

变形镜作为自适应光学波前控制系统中的核心,是工艺要求最为严格的器件,同样需要严格考虑光束口径、像差空间频率、脉冲光束的峰值功率以及变形镜膜层的损伤阈值等因素。

SG-Ⅱ-5PW 装置中的变形镜为中国科学院光电技术研究所研制提供。光束在变形镜表面进行单次反射,变形镜镜面与激光系统具有共轭成像关系,进而有效提高波前校正能力,提升激光光束波前质量。变形镜驱动单元设计采用刚性连接,驱动器单元布局由系统波前畸变的空间特性和校正技术指标所决定。在变形镜光学设计中,参照了神光Ⅱ装置静态输出波前的特征,并进一步增加了驱动器单元数量以提升校正空间频率和波前校正精细化,以满足系统波前校正后聚焦波前残差为波长量级,具备近衍射极限的光束波前质量。

变形镜的主要指标如下:

◆ 中心波长:808 nm;
◆ 光束口径:大于等于 290 mm×290 mm;
◆ 能量损伤阈值:大于等于 5 J/cm²;
◆ 入射角度:小于等于 10°;
◆ 偏振要求:p 偏振;
◆ 反射膜层带宽:大于等于 70 nm;
◆ 波前畸变校正量:±3 μm;
◆ 校正空间频率:Zernike 多项式描述的前 16 项像差;
◆ 驱动器数量:77 个,其分布如图 7-168 所示。

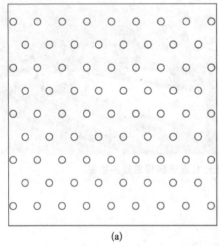
(a)

(b)

图 7-168 神光飞秒拍瓦激光装置变形镜
(a) 驱动器分布形式;(b) 实物图。

(4) 集成控制单元

自适应光学波前控制系统中采用的集成控制器由计算机和集成控制机箱组成。计算机与集成控制器相连,通过系统程序可以控制系统电源、波前传感器 CCD 开关,测量

图 7 - 169　自适应光学集成控制器

光路衰减控制器以及显示波前传感器的测量结果,同时还具备计算闭环电压信号和控制变形镜、施加校正电压等功能。实验中的集成控制器如图 7 - 169 所示。

(5)波前像差闭环校正

神光飞秒拍瓦激光装置自适应光学波前控制系统采用的是中国科学院光电技术研究所研制的 77 驱动单元大口径变形镜。光束从振荡器发射,经过展宽器、三级 OPCPA 放大器、五级空间滤波与扩束以及为数众多的不同尺寸反射投射镜片后,得到的全口径光束在系统装置调节至稳定状态下的波前畸变约为 10 个波长,并且以像散为主要特征。利用自适应光学变形镜可以对其进行校正。在测量光路中加入衰减和消色差元件以后,利用计算机控制集成控制机箱给变形镜施加以当前波前畸变,计算出校正高压,重复多次闭环校正获取实验结果。

1)压缩器前主光路波前像差闭环校正

对于压缩器前的波前畸变闭环校正结果,如图 7 - 171 所示。图中四次闭环校正结果的 PV 值分别为 0.665、0.766、0.685 和 0.622λ,RMS 值分别为 0.111、0.144、0.112、0.112。闭环校正后系统波前残余 PV 值在 0.7 个波长左右,波前残余像差的分布的不同和 PV 值的抖动来源于气流扰动和机械振动,若能排除气流和振动的干扰,闭环校正残余像差能降至更低水平。

对比图 7 - 170 主光路波前像差测量结果和图 7 - 171 波前闭环校正结果,可以看出,系统像差得到了大幅改善,PV 值和 RMS 值降低为原来的 1/10 左右,并且波前像差分布趋于均匀,对脉冲的压缩和聚焦将更有利。

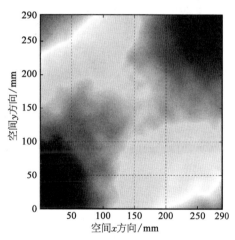

图 7 - 170　主光路波前像差测量结果
(彩图见图版第 29 页)

PV= 7.080λ,RMS=1.235。

闭环校正后 SG - Ⅱ - 5PW 装置波前畸变如图 7 - 172 所示,波前畸变很小,很接近理想平面波。压缩器前段光路中固有的 7 个波长左右的像差以及主要像差像散都被校正,残余输出波前的波面趋于平滑,没有大面积的剧烈起伏变化,波前质量得到了大幅提升。分析闭环后波面的 Zernike 模式系数可以得到如图 7 - 173 所示的结果。结果显示前 15 阶模式系数都很小,从随机选出的四组结果中绝对值最大的一项 Zernike 模式系数也仅为 0.072。各阶像差都得到了非常好的控制,并且分布均匀,变化起伏在误差范围内,没

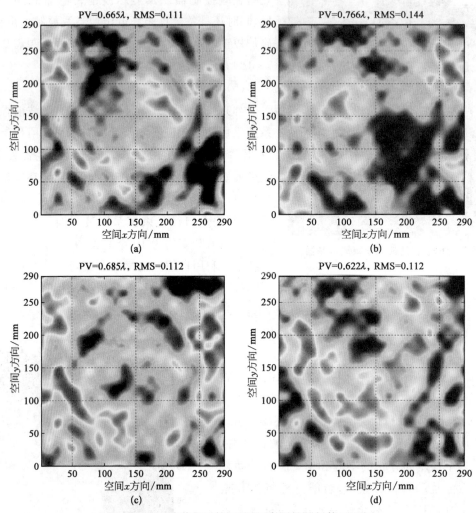

图 7 - 171　波前闭环校正结果(彩图见图版第 30 页)

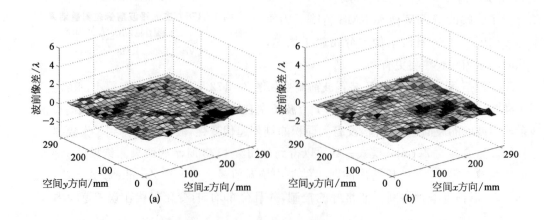

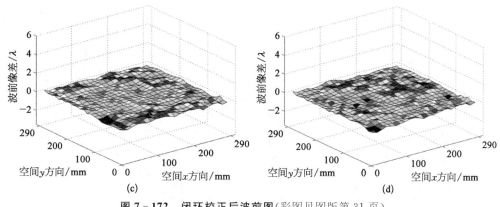

图 7 - 172　闭环校正后波前图（彩图见图版第 31 页）

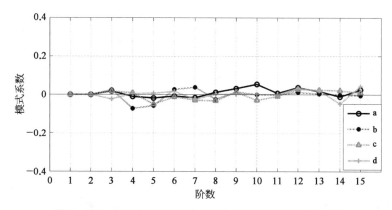

图 7 - 173　闭环校正波前模式系数（彩图见图版第 31 页）

有某一种像差占据明显优势，说明校正效果较好，在主光路中大量存在的像散几乎完全被校正。

2）全系统像差闭环校正实验结果分析

对于全系统链路的波前畸变闭环校正结果如图 7 - 174 和图 7 - 175 所示，图中四次全系统闭环校正结果的 PV 值分别为 0.898、0.897、0.917 和 1.075λ，RMS 值分别为 0.132、0.149、0.151、0.173。闭环校正后系统波前残余 PV 值在 0.9～1 个波长左右。

对比图 7 - 175 全系闭环校正后波前图和图 7 - 176 全系统像差测量实验结果，可以看出，通过自适应光学变形镜的校正，使系统像差得到了大幅改善，PV 值和 RMS 值降低为原来的 1/10 左右，并且全系统波前像差分布趋于均匀，这将更有利于光束在靶室进行聚焦。

闭环校正后 SG - Ⅱ - 5PW 装置波前畸变如图 7 - 175 所示，波前畸变降低，比较接近平面波，全系统中固有的 10 个波长左右的像差以及主要像差像散都被校正，残余输出波前的波面趋于平滑，没有大面积的剧烈起伏变化，波前质量得到了有效控制。

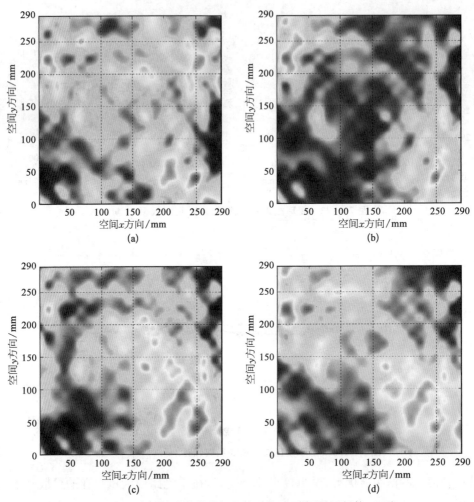

图 7 - 174　全系统波前像差闭环校正结果（彩图见图版第 32 页）

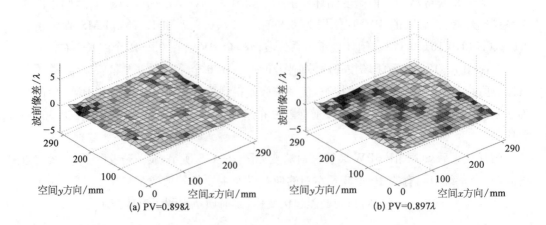

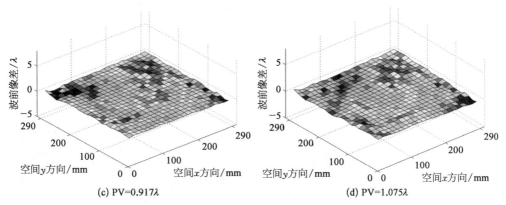

(c) PV=0.917λ　　　　　　　　(d) PV=1.075λ

图 7-175　全系闭环校正后波前图(彩图见图版第 33 页)

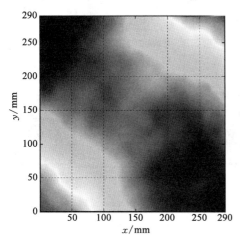

图 7-176　全系统像差测量实验结果

(彩图见图版第 33 页)

PV=10.018λ，RMS=1.767。

分析闭环后波面的 Zernike 模式系数，可以得到如图 7-177 所示的结果。结果显示前 15 阶模式系数的绝对值都很小，四组实验结果中绝对值最大的一项 Zernike 模式系数为第四组的第四项，值为 0.153，其他各阶像差都被抑制得很好，并且分布均匀，变化起伏在误差范围内，原来系统中存在的大量像散也得到了有效控制。对全系统的真空光路进行管道密封和真空处理，能降低部分气流和振动的干扰，理论上可以取得更好的校正结果。

（6）聚焦与实验结果分析

神光飞秒装置的波前测量实验、闭环实验结果表明，利用自适应光学波前控制系统使装置的波前质量得到大幅改善。30 J 输出条件下，自适应光学闭环控制后，降低了系统的剩

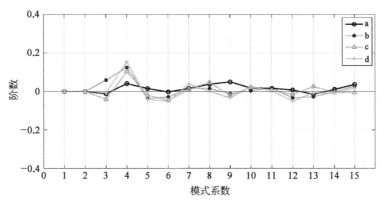

图 7-177　全系统像差 Zernike 模式系数分布(彩图见图版第 34 页)

余残差,离轴镜远场焦斑处 808 nm 波长上获得静态聚焦焦斑直径(半高全宽)由原来的 10 μm 减小到 4.4 μm,全光谱聚焦焦斑直径(半高全宽)约 15 μm。图 7 – 178 中对比展示了静态和动态校正后的远场焦斑。

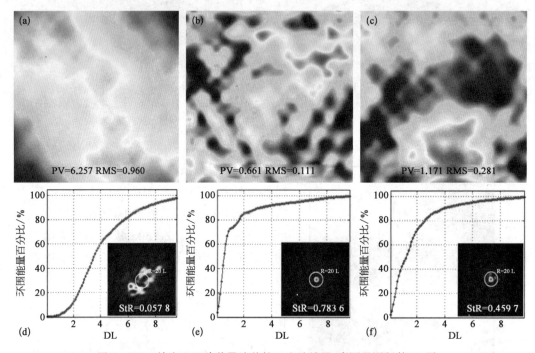

图 7 – 178　神光 Ⅱ 飞秒装置波前校正实验结果(彩图见图版第 34 页)

　　(a) 静态波前;(b) 静态波前校正残差;(c) 30 J 输出动态波前校正残差;(a)(b)和(c)对应的能量环围曲线、远场焦斑和斯特列尔比显示于(d)(e)和(f)。

7.4.5　总结与展望

　　利用主动波前技术有效控制驱动器升级装置的单束皮秒系统、8 束纳秒激光系统和神光飞秒拍瓦激光系统三种输出光束的波前质量,其中单束皮秒激光系统输出波前残差 PV 值约一个波长,50%的能量集中到 29 μm × 29 μm;8 束纳秒激光系统输出波前残差 PV 值控制在 1～2 个波长,95%的能量集中到 6～10 DL;神光飞秒拍瓦激光系统输出波前残差 PV 值控制在 0.6～1 个波长,808 nm 单色波聚焦焦斑直径 4.4 μm,全光谱聚焦焦斑直径(半高全宽)约 15 μm。通过运用自适应光学技术,大幅提升驱动器的远场可聚焦能力,满足了装置自身三倍频高转换效率以及运行稳定性和安全性的基本要求,提升了宽带光谱激光系统远场聚焦功率和斯特列尔比值,具有较高的工程应用价值。

§7.5　集总控制

　　集总控制系统是为适应驱动器装置的不断发展而开展的能够实现装置集中式的自

动化控制管理的一系列研究工作。由于驱动器装置可开展进行的实验种类很多,根据实验内容的不同,相应需要控制的设备也不同,这就要求集总控制系统是可以按照装置的不同运行需求高度自动化且连续运行的系统,它能够随着实验手段的不断改变而适应。集总控制系统同时还是一个大数据量、多学科、多项目测量的数据采集和反馈处理的应用系统,它还要满足高速度、高精度、高可靠性的综合数据采集和处理的要求。

7.5.1　基本概念

驱动器集总控制系统就是利用计算机对一个驱动器装置进行多方面、多层次的集总控制,使整个系统的资源得到有效整合,协同发挥作用,从而使整个装置能够高效、稳定和安全地工作。类似这样的大系统已经在很多大规模工业自动化生产系统、大型机场的自动导航和指挥系统等当中得到普遍的应用。对神光装置而言,集总控制系统集成了对激光大厅和靶场子系统的各个要素的统一控制,形成了一个完整的运行控制系统。它既要能控制和调度激光打靶事例的进行,又要为一个持续运行的实验系统提供重要的实时控制。具体到神光装置而言,虽然相邻两次大能量激光打靶的时间间隔一般在 2 h 以上,对于每发打靶试验采集到的数据进行传输与处理则不需要很高的实时性,但打靶的瞬间要求采集系统有很高的实时性能。此外,对各种持续运行设备的监控、状态信息的回馈与处理、预控信号的发出,也需要具有比较高的实时性能。整个系统由一个完整的软件体系结构和一个完整的硬件体系结构组成,软件体系结构和硬件体系结构之间是平行的。软件体系结构为驱动器实验提供所需要的应用服务,而硬件体系结构则是软件体系结构的物理映射和运行载体;除此之外,还需要一个数据库系统来存储各种运行数据和实验数据,以便进行实验分析和供将来查询使用。

7.5.2　国内外研究发展现状

激光驱动器的发展,经历了从简单小规模逐渐发展到目前 240 束超大规模的一个过程。对于早期的小规模激光驱动器,采用人工监控的方法就可以满足运行需求。在这一时期,主要依靠实验装置运行工作人员对激光驱动器各组件进行单独的运行参数调整和实验参数测量,而实验数据以及运行参数的记录也用相对独立的少数监测仪器来完成。这种模式下,驱动器的运转与维护主要依靠实验操作以及维护人员的经验积累和对参数数值的密切关注,而监测仪器则仅仅作为辅助工具在激光系统中相对独立运转,只负责实现运行及测量参数的采集显示工作,参数的保存则需要操作员通过手动记录存储。

随着激光驱动器技术的发展,装置的规模逐渐向多束中等规模发展。这一时期的典型代表是美国 LLNL 实验室于 1995 年开始运行的 OMEGA 装置,其激光路数达到了 60 束。由于这一时期的电子技术和计算机技术得到了飞速的发展,直接带动了实验诊断测量仪器系统的发展,一些简单的智能单元被植入仪器设备中,能够实现诸如信号分析处理、状态监测、故障检测诊断、数据存储等一系列的处理功能。而计算机控制技术的发展,解决了以往控制系统各子系统间分散且相互独立的状况[84]。通过借助现代通讯基础如现场总线技术带来的数据传输能力,借助计算机强大的数据处理能力、逻辑判断能力、存储能力以及良好的上下行通信兼容性,可以使计算机的超强处理能力和现代控制技术有机结合起来,使其取得了传统控制系统所达不到的效果和性能[85]。

目前的激光驱动器正在向着巨型化的趋势发展,如美国 NIF 装置和法国 LMJ 装置分别达到了 192 路和 240 路。这不仅对激光材料、激光单元技术提出了新的要求,也对装置的运行控制提出了新的要求。与此同时,计算机软硬件技术的飞速发展,也带动了大规模科学装置控制技术的提升。软件技术的不断发展直接促进了各类控制软件的出现,如现在广泛使用的 CORBA 中间件、EPICS 软件框架、Tango 软件框架等。而计算机硬件技术和大规模集成电路技术的发展,不仅使得各种仪器设备功能越来越强大,而且可以通过内嵌的软件开发,实现众多智能控制功能。这一时期的激光驱动器控制系统不仅仅局限于对装置的监控功能上,还发展到对装置运行的模拟计算和虚拟运行领域,典型的代表如 NIF 装置在其计算机集总控制系统(integrated computer control system,ICCS)的基础上,进一步开发出了数字化仿真和虚拟再现技术(laser performance operations model,LPOM)[86],通过软件就能实现对装置的虚拟运行。

1. 美国 NIF 装置控制系统

NIF 即国家点火装置,又称国家点燃实验设施[87],是美国于 1997 年开始建造的激光型核聚变装置(ICF),由劳伦斯利弗莫尔国家实验室负责建造,位于美国加利福尼亚州的利弗莫尔市。在法国的 LMJ 装置建造完成之前,NIF 是人类史上最大的 ICF 装置和世界上最大的激光装置。

NIF 装置的控制系统为采用 CORBA 中间件技术构建的计算机集总控制系统,整个系统为基于事件驱动的面向对象结构,该控制系统由近 30 个工作站、300 个前端处理单元(front-end processor,FEP)和数百个嵌入式控制器组成[88],能够实现对整个装置 60 000 多个控制点、600 台相机、3 000 个激励源的控制,并能同时分析 3 000 幅图像的数据。在 1 h 中,系统还要传递 FEP 与管理层之间大约 48 000 条各类信息,在一次打靶中,软件要求收集从传感器阵列上来的约 400 MB 数据,高度分布式的结构还要求有足够的灵活性以适应在 30 年的设计寿命中允许控制、诊断、计算机和电子学系统等方面的升级。

ICCS 的控制终端计算运行的是 Solaris 或者 VxWorks 操作系统,通过快速以太网和异步通信模式共同组成的网络互联。其中异步通信模式主要用于将传感器获取的数字视频数据传输至操作终端。从 NIF 装置 2003 年年度报告[89]中可知,ICCS 的中央控制室设置有 14 个操作员终端,每一个操作员终端由 1 台 Unix 工作站和 3 台显示器组成,操作员界面为采用 Java 开发的 GUI,已经能够实现装置的运行状态显示、数据检索和处理、协调各分系统的控制功能等。NIF 的 ICCS 中央控制室实物照片如图 7 - 179 所示。管理层的软件被划分为若干个相互关联的子系统,每个子系统负责实现对 NIF 装置的一个分系统的控制管理,如光路准直、能源系统等。数据库系统和文件服务器也开始投入使用,用于实现对实验数据、运行数据的管理和维护,在完成基本的装置控制功能后将扩展开发 LPOM 系统,实现对装置实验的虚拟运行。

图 7 - 179　NIF 计算机综合控制系统中央控制室

ICCS 系统使用多种软件语言共同进行开发,其中主要使用 Ada98 进行控制功能开发,使用 Java 实现用户界面和后台数据库开发[90],利用 CORBA 中间件技术实现对不同开发语言和硬件设备的数据通信。整个系统的代码超过 160 万行,实现的主要功能有:控制激光打靶,为操作者提供状态和控制的人机接口,处理和存储激光和靶场的数据,协调手动设备的控制。其系统结构和分系统功能划分如图 7 - 180 所示。

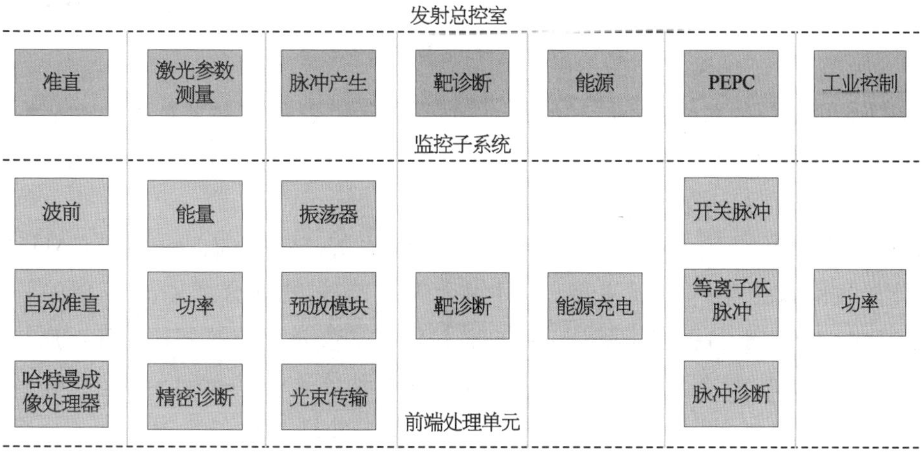

			发射总指挥			
			发射总控室			
准直	激光参数测量	脉冲产生	靶诊断	能源	PEPC	工业控制
			监控子系统			
波前	能量	振荡器			开关脉冲	
自动准直	功率	预放模块	靶诊断	能源充电	等离子体脉冲	功率
哈特曼成像处理器	精密诊断	光束传输			脉冲诊断	
			前端处理单元			

图 7 - 180　NIF 装置控制结构图

ICCS 是一个可扩展的软件框架系统,它提供了多层次的抽象化的模板和服务功能,以便实现各种应用程序的开发,并通过 CORBA 进行数据互通。常用的框架服务如报警功能、事件功能、消息日志功能、用户接口、状态传递都有模板可以直接使用,通过一定的扩展开发后就可以供各个应用程序直接使用。其他的框架服务如数据库归档服务、命名服务系统、处理器管理等,则由服务器内的集中式服务器程序提供。

2. 法国 LMJ 装置控制系统

法国 LMJ 装置是法国原子能委员会于 1993 年批准建造,于 2010 年基本完成建设的超大规模 ICF 固体激光器,其规模超过美国 NIF 装置,达到了 240 束光路。它位于波尔多市附近的原子能委员会实验室阿基坦科学技术研究中心[91]。

LMJ 装置控制系统是基于 Corda 公司开发的 Panorama E2 商业化监控与数据采集系统(supervisory control and data acquisition,SCADA)开发研制而成。该系统同样使用基于事件驱动的方式,实现对设备的控制管理。控制系统是由 700 多个前端处理器、150 000 个报警变量、500 000 个控制点组成的庞大控制系统,负责对装置的将近 10 000 个光学设备、10 000 个马达、2 000 个 CCD 进行控制和数据采集[92,93]。图 7 - 181 为 LMJ 装置的控制室图。

图 7 - 181　LMJ 装置中央控制室

LMJ 装置的控制系统由不同功能的 10 个子系统组成,里面包含有诸如激光准直、真空控制、靶场准直、能源控制等按照装置运行功能划分的子系统,也包含有人员安全系统、同步系统等辅助子系统。

LMJ 控制系统使用 Panorama E2 作为开发框架,它是一个商业化的 SCADA 系统软件[94]。按照该框架的构建需要,LMJ 装置从逻辑上被划分成一个 4 层的控制结构[95],从上到下分别为管理维护层(N3)、总控层(N2)、分系统控制层(N1)、底层设备控制层(N0)。其中对 N1—N3 层的构建和功能实现是通过 Panorama E2 软件及其内置工具包完成的,而 N0 层的底层设备控制则需要另外进行相关开发工作。该框架能够支持多种软件语言和多种开发平台进行开发,如 Java、C＋＋、Python、Matlab、

LabView 等,其中主要使用 Python 进行 N0 层的底层设备开发工作,利用 Tango 软件总线实现对不同开发语言和硬件设备的数据通信。其系统结构和分系统功能划分如图 7 - 182 所示。

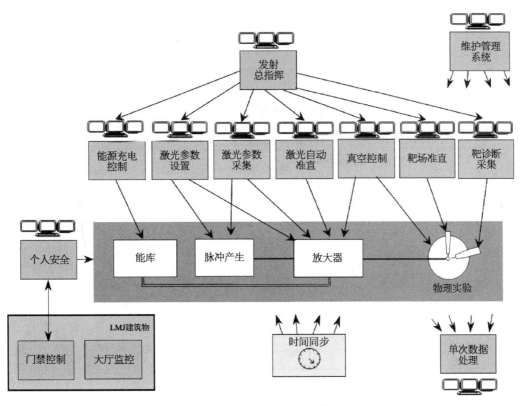

图 7 - 182　LMJ 装置分系统结构图

LMJ 装置控制系统在构建的过程中,为了保证不同开发人员、开发分系统能够在 Panorama E2 的环境下协同工作,在控制系统设计之初就在控制系统软硬件方面作出了强制性规范要求,要求不同的开发人员和开发承包商在满足该规范要求的前提下进行相关的开发工作,从而保证各自开发出来的功能模块能够组装起来共同工作。这一行为规范的使用,为日后系统的不断扩展升级提供了对接保证,同时在软硬件上的使用保证了一致性,同时也便于系统的维护和更改。

7.5.3　功能与组成

1. 系统构成与逻辑结构

神光装置主要用于进行 ICF 及相关物理研究实验,属于典型的"用户级"装置。根据实验的需求平行排布有若干束光路,经过能量放大后,汇聚于靶场区域的靶室内。每束光路排布通常采用双面桁架设计,光学元件挂在桁架两侧。其主要子系统通常按照功能划分为：前端、预放、主放、准直、激光参数测量、靶场、能源等分系统，常用辅助系统有环境保障系统、安全连锁分系统等，结构示意如图 7 - 183 所示。

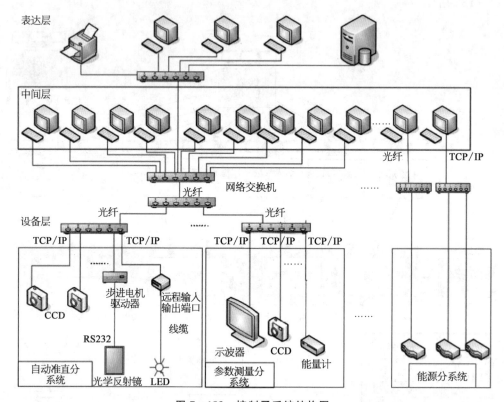

图 7 - 183 控制子系统结构图

神光装置控制系统采用的是基于计算机网络的现代分布式控制结构，整个结构是按照三层结构来进行逻辑划分的：资源层、中间层以及表达层。资源层即底层设备和控制层，由控制装置的各设备层组成。中间层由输入输出控制器或各类服务器组成，用于完成各种控制动作，实现子系统或某些全局闭环控制，提供各类控制系统服务、数据服务及各类接口等。中间层是控制系统功能的主要实现层。表达层即各类操作员界面以及各类访问接口层，用于实现对装置整体运行情况的了解和分析，并为其他的例如数据库系统、网络系统等提供访问和管理的接口。

（1）资源层

资源层用于控制系统的底层设备连接。各种不同的探测器、仪器均通过前端控制计算机连入整个控制系统网络，一般可由设备控制单元计算机或嵌入式控制器组成。在此基础上，还将采用工业界已广泛使用的成熟产品，如直接接入以太网的工业控制器，像可编程逻辑控制器（programmable logic controller，PLC）、串口服务器等设备，可减少控制计算机的数量，降低系统的造价。设备层大致包括如下设备：

◆ 各类现场执行和测量设备,如真空阀、真空泵、能量采集仪、示波器等。

◆ PLC 系统:部分功能可以直接采用以太网连接的 PLC 实现,如安全联锁等。

◆ 各种嵌入式控制器、工业级远程 I/O 等,用于实现某些特定控制功能。

（2）中间层

中间层是整个控制系统的心脏,通常由若干服务器或控制计算机系统组成,它们在整个系统中扮演输入输出控制器（input and output controller, IOC）的角色,上面运行着各类控制系统服务,如充放电控制,数据存储服务,还将运行全局闭环控制服务等。不仅所有显示层的数据都依赖中间层,外部系统也通过中间层访问控制系统的各类数据。中间层运行所有装置的相关应用服务,如:

◆ 整个控制系统各类账户服务器、文件服务器系统;

◆ 运行控制系统全局闭环服务、数据采集服务等应用的服务器;

◆ 应用服务器如光路准直、冷却系统控制、存档服务、日志服务、数据库等;

◆ 时间同步服务器,提供对整个系统的时标系统。

在上一节提到装置通常分为前端、预放、主放、准直、激光数据采集（测量）、靶场、能源等分系统,这些分系统的控制功能都在中间层通过各种方式实现。通常一个分系统有一个专用的服务器系统进行工作,该服务器由 1 台或多台计算机组成,用于控制和实现该分系统的各种功能需求。

（3）表达层

表达层是由一系列的显示系统组成,包括在中控室以及子系统设备附近的 GUI 系统,操作员通过统一身份认证系统使用表达层来控制整个装置,并通过人机界面的操作来控制装置提供实验所需的激光束,另外,一些固定的大屏幕显示器系统可用来显示机器运行或维护的关键运行参数及状态等。

2. 控制系统功能

集总控制系统主要实现单元及高功率激光驱动器总体的控制,完成实验数据采集、处理、传输和管理。具体体现在各子系统的集总控制和管理;装置整体控制、检测以及对实验大厅环境的监测;激光运行及打靶控制,打靶实验数据的采集、存储和管理;物理方案及实验参数定义;系统安全联锁及报警系统等。

（1）前端控制分系统功能描述

前端计算机控制需要对 1 053 nm 单纵模激光系统和飞秒宽带激光系统的激光参数、工作状态进行采集,同时需要对两个激光系统进行相应的控制。主要功能有:监测激光系统的运行健康状态,如连续激光功率、位相调制器后光谱、时间整形后激光波形、双程放大器以后光束空间分布和光谱、空间整形后输出能量和时间波形是否符合要求;前端分系统各类开关控制,如激光器,激光放大器,时间、空间、频谱整形单元等单元模块,小功率半导体激光电源,大功率半导体激光电源,快速上升沿信号发生器,电光开关电源,示波器,能量计,CCD 等;调整前端分系统的输出能量。

（2）预放和主放分系统功能描述

预放和主放分系统用于实现对激光的放大，通常包含有空间滤波器真空控制、水冷控制、氮气控制、放大能量控制、充放电同步控制、安全控制等方面的要求。具体功能有离子泵、真空机组的远程开关和状态检测；冷却水泵的远程开关和运行状态监测；氮气流量、开关控制，氮气输出温度、湿度、洁净度监测；液氮库存量显示、外风机控制、电磁阀开关、出气管道开关控制；氮气充气系统阀门开关的远程控制及状态判定；对器件输出能量的控制，通过三级小放大器的电流设置，完成输出能量的粗调，通过电光开关电压设置，完成输出能量的精确控制；实现对同步机信号的在线控制，通过对同步信号系统的控制实现触发控制、参数修改、读取、同步机单元选通控制。

（3）测量和准直分系统功能描述

实现光路的自动准直控制、波前校正控制，实现预放、反转器、主放、靶场激光参数测量和光束综合诊断，光学元件在线检测，为远程集总控制提供控制监测接口；实现光束准直与参数测量控制单元的诊断测试及现场调试功能。测量分系统需要实现的基本功能为激光脉冲的空间、能量、时间波形、信噪比等参数的测量。

（4）靶场分系统功能描述

靶场分系统是整个激光装置的终端部分，是物理实验、物理诊断和激光装置结合最紧密的系统，是装置的重要组成部分，其控制分系统要求实现真空靶室系统、光传输系统、终端光学系统、靶瞄准定位系统、晶体调整系统的控制、监测，为远程集总控制提供控制监测接口；实现靶场控制单元的诊断测试及现场调试功能。

（5）环境保障和安全连锁系统功能描述

实现激光大厅、靶场、能库等区域的环境参数集中监测和数据管理，为装置实验结果分析提供环境参数。环境监测参数主要考虑对激光器运行有重要影响的环境参数，如温度、湿度、气体浓度等。通过采集测量数据并集中存储于系统数据库中，借助分析处理软件可以从数据库中提取信息用于实验分析。

安全连锁系统实现对激光大厅、靶场区域、能库等区域的联锁点的监测和人员进出监测，同时对关键设备\设施给出是否允许运行控制的信号。只有在确保设备、人员达到安全的条件下才允许装置发射运行。同时为各区域提供双向点对点通信及广播功能、系统运行时的各类背景音乐、报警声光信号等。实现激光大厅、靶场和重要区域的视频实时监视、滚动记录、回放检索和自动报警功能。

7.5.4　集总控制系统现状

1. 中央控制室

神光中央控制室长约 20 m，宽约 9 m，由西向东依次为网络及数据机房、控制大厅、UPS 电源机房，其中控制大厅约 135 m²。中央控制室是神光装置控制系统的神经中枢，大多数控制和状态信息通过控制网络传送到控制室，工作人员通过控制台上的操作终端监视这些信息,并发送各种控制指令。中央控制室主要完成的功能有:控制神光装置整个系统的开启运行;监控机器的运行状态;调整设备运行参数达到最佳运行状态;远程音视频系统监控实验运行环境,提供安全监测保护。

整个平面功能布局如图7-184所示,机房设三个标准机柜,其中一个作为网络柜,安装网络线缆、配线架核心交换机,其余作为控制系统数据库服务器、应用服务器等使用。配置一个操作监控台。控制大厅除大屏幕监控墙外,分为三个区域:主控台、辅助控制区、讨论区。主控台主要安放控制系统终端计算机供控制人员使用;辅助控制区供公用设施控制、网络系统控制人员使用;讨论区提供小型工作讨论功能。中央控制室实际效果如图7-185所示。

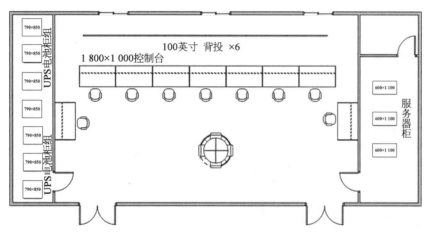

图 7-184　中央控制室平面结构图

图 7-185　中央控制室实际运行图

2. 服务器系统建设

服务器系统是控制系统中间层的物理承载,用于运行整个装置控制系统环境,提供

包括关键系统的服务及数据存储。由于大量采用了基于网络的设备控制,服务器上运行装置运行需要的各种应用服务,主要包括如下:

◆ 主网络信息服务器(master network information server, master NIS server):用户账户管理服务器。

◆ 辅助 NIS 服务器(slave NIS server):辅助用户账户管理服务器。

◆ 文件服务器[NFS(network files system) server]:用于存放运行环境文件、公用软件等。

◆ IOC 服务器(EPICS IOC server):运行控制系统 EPICS IOC 服务。

◆ 数据库服务器(database server):用于存放装置各类参数及运行、实验数据。

(1) 服务器系统硬件组成

服务器系统采用 HP 刀片服务器,可以最大限度地减少机柜空间及占地。实际选型

图 7 - 186　HP 刀片服务器系统

为 HP BL460C G6 1 槽位刀片服务器,具体配置包 2 块 INTEL E5550 四核处理器、16 GB内存、2 块 146 G SAS 硬盘。实际安装中只需一个机柜,配置一个专门的多计算机切换器(KVM:keyboard, video, mouse)即可。它配备有一个双端口万兆位以太网适配器,能够为管理人员提供更高性能和可扩展性,满足数据中心应用的苛刻需求。此外,它还能提供行业领先的扩展和管理解决方案,以及针对密集计算环境的最新节能技术。图7 - 186 是服务器系统实物图。

(2) 数据库系统

整个神光装置在运行过程中产生大量的数据,除装置本身的数据之外,打靶实验及数据分析系统均将产生和保存大量的数据,需要一个集中存储系统来满足各部分的数据存储要求。另外,类似存档服务、数据库应用之类的系统需要大量的数据访问。数据存储系统就是用于实现数据的永久物理存放和管理的系统。

目前初步建成一个万兆 IP 存储局域网络(IP storage area network, IPSAN)架构的集中存储系统,如图 7 - 187 所示,并在其上建立网络附属存储(又称网络存储器,network attached storage, NAS)网关,满足基于 NAS 访问的需求。NAS 网关设备(提供四个千兆网口,网关和后端 IPSAN 存储之间如若需要,可以采用万兆网卡,以提供更高的传输性能)可自动识别到 SAN 环境中的 IPSAN 设备,从而可以对 SAN 环境中的 IPSAN 设备进行共享配置,进而满足不同的存储需求。SAN 环境的配置使得整个存储系统具备高度的灵活性和可扩展性。当客户需要增加存储容量的时候,可以在 IPSAN 中增加设备(可以使用不同厂家的 IPSAN)。这样的使用方式,使得用户可以在起初只购

买需要的存储容量,以后按需追加投资,从而节约用户成本。可以方便地实现存储虚拟化。当网关后面有多台 IPSAN 设备的时候,NAS 网关可以把这些 SAN 上的卷虚拟成一个大的卷,这样一个大的文件可能会分布在多个 SAN 设备上面,不仅实现了虚拟化,而且可以把相应的磁盘阵列(redundant arrays of independent disks,RAID)技术应用到后台所有的 SAN 设备上,从而提高系统的整体性能。

图 7 - 187　数据库存储系统

图 7 - 188　冗余配置的数据服务器

由于装置运行时产生大量数据,这些数据被作为调整装置性能参数的重要依据,因此除了建立数据存储系统外,数据的安全是非常重要的。为了保证数据的安全性,我们分析了数据损失的原因有多种,针对不同原因采取不同的解决方案来保证数据安全。首先我们通过配置核心服务器双机容错,提高系统冗余程度,保证系统和数据的高可用性(见图 7 - 188)。其次,为防止由于人为或应用软件的错误导致数据的错误,建立备份系统,定期备份数据。

神光装置数据库系统用于实时记录装置及打靶实验产生的大量数据及运行参数,并存储各类控制系统配置等数据。通过数据库,可分析各种历史数据,提供装置最优化的打靶方案。我们采用 Oracle RAC 架构(见图 7 - 189)来实现数据的管理,此种架构能最大限度地提高数据库的写入性能及查询性能,满足装置控制系统的实时需求。并可提供极高的数据吞吐能力,满足物理实验大量数据分析的要求。在数据库系统建设中我们重点强调存放装置及物理实验相关数据并确保数据的完整性,确保提供安全的远程访问能力来供实验人员查询相关数据,同时开发出 web 访问界面提供在线数据查询功能(见图 7 - 190)。使用人员只需要在局域网方位内访问数据库 IP 地址,即可实现数据的查询功能。

3. 网络系统建设

神光 Ⅱ 装置的整个控制系统基于骨干为 1 000 M 的快速以太网,通过使用可管理交换机,分为不同的控制子网,通过 VLAN 方便地进行网络分割和重组,可按系统或者不同的光路使用分离的段。

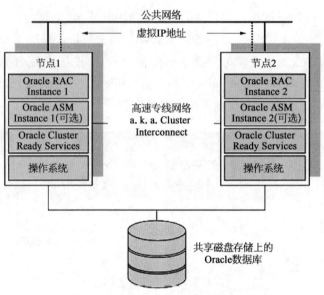

图 7 - 189　Oracle RAC 数据库结构

instance：实例；cluster ready services：集群就绪服务；cluster interconnect：集群互联。

图 7 - 190　web 数据访问界面

网络系统的具体应用体现为大量的小包传输，并且全局自动化实时反馈系统均基于控制系统网络，因此对交换机的包处理能力及延迟特性提出了很高的要求，在设备选型上采用 Force - 10 公司的产品，核心由 1 台 Force10E300 核心交换路由器构成，用于实现所有数据的存储转发，该核心路由器为三层路由交换机，能够实现数据的自动路由和交换功能，同时通过自带的小型可插拔（small form-factor pluggable，SFP）光口能够实现向下交换机的堆叠管理工作,E300 向下连接分布在各个工作节点 S50 交换机,每台 S50 用万兆以上连到 E300。通过 TeraScale 体系结构,Force10E300 实现了 400 G 的交换能力,该体系包含了交换矩阵、背板、ASIC 和系统控制平面等方面的设计,使得整个网络的数据处理能力有较好保证。核心交换位于中央控制室左侧机房内,如图 7-191 所示。而用于实验大厅的 S50 交换机则更根据现场设备的分部,布置在四个现场机柜中,用于实现对现场设备的网络接入。

图 7-191 核心交换机

(1) 虚拟局域网的应用

在传统分布式控制系统中,为确保系统之间的通讯相对独立,相关设备被设计成一个物理独立的子网,再通过上联接入控制系统网络。但是这种方式带来了维护及扩展的困难,神光 II 控制系统网络采用 VLAN 取代专门的设备控制子网,各设备控制系统可任意划分为不同的子网。VLAN(virtual local area network)即虚拟局域网,是一种通过将局域网内的设备逻辑地而不是物理地划分成一个个网段从而实现虚拟工作组的新兴技术。VLAN 技术允许网络管理者将一个物理的 LAN 逻辑地划分成不同的广播域(或称虚拟 LAN),每一个 VLAN 都包含一组有着相同需求的网络客户端,与物理上形成的 LAN 有着相同的属性。但由于它是逻辑地而不是物理地划分,因此同一个 VLAN 内的各个网络客户端无须被放置在同一个物理空间里。一个 VLAN 内部的广播和单播流量都不会转发到其他 VLAN 中,从而有助于控制流量,减少设备投资,简化网络管理,提高网络的安全性。控制系统控制对象主要有光路准直、器件系统、靶场、测量系统、能源系统等,而具有同一属性的对象又分布在不同物理地点,因此通过划分 VLAN 将同一类别的设备对象划到同一 VLAN 段内可以更有效、更可靠地保证通信。

VLAN 逻辑上把网络资源和网络用户按照一定的原则进行划分,把一个物理上实际的网络划分成多个小的逻辑的网络。这些小的逻辑的网络形成各自的广播域,也就是虚拟局域网 VLAN。虚拟局域网将一组位于不同物理网段上的用户在逻辑上划分到一个局域网内,在功能和操作上与传统 LAN 基本相同,可以提供一定范围内终端系统的互联。VLAN 的应用解决了许多大型二层交换网络产生的问题:限制广播包,提高带宽;增强通信的安全性;增强网络的鲁棒性。

(2) 访问控制列表

访问控制是网络安全防范和保护的主要策略,它的主要任务是保证网络资源不被非法使用和访问。它是保证网络安全最重要的核心策略之一。访问控制列表(access control list, ACL)技术是一种基于包过滤的流控制技术。标准访问控制列表把源地址、目的地址及端口号作为数据包检查的基本元素,并可以规定符合条件的数据包是否允许通过。ACL 技术可以有效地在三层上控制网络用户对网络资源的访问,它可以具体到两台网络设备间的网络应用,也可以按照网段进行大范围的访问控制管理,为网络应用提供一个有效的安全手段。

通过设置 ACL,我们可以控制不同的光路之间设备的安全互访,也可以在将来实施远程维护时针对不同维护级别及维护范围进行安全控制。控制系统网络采用物理隔离的网络,使用私有 IP 地址,确保外部无法访问控制系统网络。为了避免未授权的直接EPICS 通道访问,使用 VLAN 来限制直接的 EPICS 通道访问。另外,由于 EPICS 系统本身提供了一组标准的安全特性,包括基于主机 IP 和用户身份的访问控制,这些技术将保证网络的安全运行。

4. 辅助系统建设

音频系统、视频监控系统投入使用,操作人员在中控室内可根据需要对相关画面进行浏览、回看和存储。视频监控系统的存储时间可根据需要进行设置,最长保留时间为 1个月。音频系统可根据装置运行需要,将中央控制室内的运行指令下发至实验运行大厅,同时为实验人员的人身安全提供保障。

该监控系统覆盖联合室、中央控制室、实验室主要出入口,实验室重要设备,具体包括 8 路大厅、第九路大厅、第九路小厅、靶场、前端控制室、中央控制室等区域的重要设备。系统功能设计达到以下要求:

◆ 系统能支持录像功能和回放功能,并保存图像 7 d,自动循环更新存储图像。

◆ 摄像机选用海康威视公司的智能数字视频摄像机(digital video recorder,DVR)系统,摄像机采用升谷电子 600 线高清摄像头。

◆ 系统分布线具有较强的抗干扰能力。

◆ 系统提供标准以太网接口,支持局域网浏览和监看,支持图像报警侦测功能。

根据系统设计要求结合经济适用和耐用可靠、系统扩展的原则,视频系统选用海康威视公司产品;考虑到铺设线路的长度和稳定性,从中央控制室监控主机到各个探头分布点均采用抗干扰能力强的双屏蔽线缆铺设,同时在靶场、8 路大厅、第九路大厅各预留一路摄像机线路作为后续扩展使用。每个扬声器配置独立的音量控制器,可以独立调节音量,扬声器间采用菊花链方式连接,互相独立。

7.5.5　关键技术

集总控制系统硬件平台(见图 7-192)作为整个装置集总控制系统的物理承载,直接肩负着整个装置控制系统的运行,提供包括关键系统服务、软件应用服务、数据传输、数据存储与处理等一系列工作,为确保控制系统高效、高速运行,我们在服务器系统和网络系统的构建上进行了大量优化设计,来满足这一需求。

考虑到神光装置大量采用了基于以太网的底层设备控制,为确保未来较长一段时间

图 7 - 192　集总控制硬件与视频监控系统

内的网络带宽足够可用,网络系统在设计初期就提出了点对点网络不低于 1 000 M,主干网络不低于 10 000 M 的带宽要求,并采用双核心交换的冗余配置方案,正常工作状态下可以均衡负载网络流量,在突发故障时可以确保核心交换正常工作,不会导致核心网络的中断而造成整个网络系统的停顿。控制网络中通过使用 VLAN 对网络进行分割和重组,按照系统或者光路排布的要求进行网络的隔离与互通。

　　服务器系统作为集总控制系统的核心硬件平台,直接负责全装置各种应用服务的运行。为了提高设备的使用效率,我们将服务器的主要运行工作模式设置为 Soft IOC,从而可以根据实际需要将一台刀片服务器划分给多个应用程序使用,也可以将多台刀片服务器划分给一个应用程序使用。这种工作模式的使用,可以使得硬件设备随时能够按照实际情况需要进行调整,摆脱了传统工作模式的限制。

7.5.6　总结与展望

　　本章主要围绕高功率激光驱动器集总控制系统进行了描述,通过对驱动器装置进行特性分析,总结了驱动器装置集总控制系统的特点和技术要求。高功率激光驱动器控制系统是一个大型的复杂软硬件综合系统,它负责将驱动器的各个设备有机地组织起来,有效地完成实验运行与数据测量等工作,并从服务器系统、网络系统、辅助系统等方面对集总控制系统的硬件平台进行了具体的描述。

　　驱动器集总控制系统的构建及应用,是涉及激光驱动器全系统的工程和科学问题。在本章所涉及的内容中,还需要开展进一步的研究工作,具体情况为:

　　① 已进入具体实施的集总控制系统改造及建设方案,需要进一步开展在线的实验和设计开发工作,对相关的参数进行验证和优化;同时还需要对操作界面进行更加细致的开发工作。

　　② 对装置的各个分系统,还需要进行进一步的控制系统实现工作和在线调试工作。

如何顺利完整地集成至装置集中系统,还有待于从技术路线上进行进一步的分析和验证工作。

③ 在完成了集总控制系统的基础上,如何构建基于全程物理模拟的数字化仿真和虚拟再现技术的激光装置运行性能模拟程序(laser performance operations model, LPOM),来实现对驱动器装置运行的计算机集成精密控制,将是下一阶段需要开展的主要研究工作。

参考文献

[1] 《高技术要览》编委会.高技术要览.激光卷[M].中国科学技术出版社,2003.

[2] 中国工程物理研究院.高能量、高功率激光参数术语:ZWB 232 - 2006[S/OL].中国工程物理研究院,2006.

[3] 龚祖同,李景镇,苏世学,等.光学手册[M].陕西科学技术出版社,1986.

[4] 谢树森,雷仕湛.光学技术[M].北京:科学出版社,2004.

[5] 有清.条纹相机的新应用[J].激光与光电子学进展,1996,(7):31 - 32.

[6] 滕永禄,雷仕湛.一种新颖的光电测量仪器——条纹照相机[J].物理,1984(10):616 - 619.

[7] Janszky J, Corradi G, Gyuzalian R N. On a possibility of analysing the temporal characteristics of short light pulses[J]. Optics Communications, 1977, 23(3): 293 - 298.

[8] Salin F, Georges P, Roger G, et al. Single-shot measurement of a 52 - fs pulse[J]. Appl Opt, 1987, 26(21): 4528 - 4531.

[9] 鄞达,李铮,唐丹.高速光脉冲的测量方法[J].强激光与粒子束,2003,15(9):863 - 868.

[10] 高卫,王云萍,李斌.强激光光束质量评价和测量方法研究[J].红外与激光工程,2003(01): 61 - 64.

[11] 贺元兴.激光光束质量评价及测量方法研究[D].国防科学技术大学,2012.

[12] 刘泽金,周朴,许晓军.高能激光光束质量通用评价标准的探讨[J].中国激光,2009,36(4): 773 - 779.

[13] Salmon J T, Bliss E S, Byrd J L, et al. An adaptive optics system for solid state laser used in inertial confinement fusion. Proe Soe Photo-Opt Instrum Eng, 1995, 2633: 105. https://doi. org/10.1117/12.228319

[14] 杨甫英.可用于瞬态激光波前畸变实时检测技术的研究[D].浙江大学,2002.

[15] 陈扬骎,杨晓华.激光光谱测量技术[M].上海:华东师范大学出版社,2006:36.

[16] 马金贵.脉冲信噪比单次互相关测量的新技术研究[D].复旦大学,2014.

[17] Dorrer C, Bromage J, Zuegel J D. High-dynamic-range single-shot cross-correlator based on an optical pulse replicator[J]. Optics Express, 2008, 16(18): 13534 - 13544.

[18] Jovanovic I, Brown C, Haefner C, et al. High-dynamic-range, 200 - ps window, single-shot cross-correlator for ultrahigh intensity laser characterization// Quantum Electronics and Laser Science Conference, 2007. MA: Baltimore, 2007.

[19] He J, Zhu C, Wang Y, et al. A signal to noise ratio measurement for single shot laser pulses by

use of an optical Kerr gate[J]. Optics Express, 2011, 19(5):4438 - 4443.

[20] 林康春,沈丽青,田莉,等.神光装置的激光能量测量[J].光学学报,1991,15(5): 444 - 447.

[21] 吕百达.新一代 ICF 固体激光驱动器和光束质量研究的进展[J].激光杂志,1999,20(1): 1 - 8.

[22] 林康春,田莉,等.用于多波长高功率激光能量测量的体吸收能量计[J].应用光学,1998,19(4): 22 - 25.

[23] 支婷婷,黄奎喜,林尊琪,等.激光远场 CCD 诊断仪[J].激光与光电子学进展,1997,376(4). 29 - 35.

[24] 于天燕,蔡希洁,刘仁红,等.高功率激光精密小能量测量系统研究[J].中国激光,2002,29(3): 267 - 270.

[25] 杨琳,蔡希洁,张志祥,等.神光Ⅱ各级放大器小信号增益的在线测量[I].中国激光,2004,31(12): 1483 - 1486.

[26] Holderner F R, Ables E, Bliss E S. Beam control and diagnostic function in the NIF transport spatial filter[J]. SPIE, 1996, 3047: 692 - 699.

[27] Thomas S, Boyd B, Davis D T, et al. Temporal multiplexing for economical measurement of power versus time on NIF[J]. SPIE, 1996, 3047: 700 - 706.

[28] Bliss E S, Boege S J, Boyd R D, et al. Design progress for the National Ignition Facility laser alignment and beam diagnostics[J]. SPIE, 1999, 3492: 285 - 292.

[29] Spaeth M L, Manes K R, Kalantar D H, et al. Description of the NIF Laser[J]. Fusion Science and Technology, 2015, 69: 25 - 145.

[30] Haynam C A, Wegner P J, Auerbach J M, et al. National Ignition Facility laser performance status[J]. Applied Optics, 2007, 46(16): 3276.

[31] ARC Laser IPT. Current ARC performance capabilities[R]. PRES of Lawrence Livermore laboratory, LLNL-PRES-XXXXXX, 2016: 1 - 9.

[32] Chen H, Hermann M R, Kalantar D H, et al. High-energy ($>$ 70 KeV) X-ray conversion efficiency measurement on the ARC laser at the National Ignition Facility[J]. Physics of Plasmas, 2017, 24(3): 033112.

[33] Britter J A. Low efficiency gratings for 3rd harmonic diagnostics application[J]. Proceedings of SPIE, 1997, 2633: 121 - 128.

[34] Britter J A. Diffractive optics for the NIF. LLNL Monthly Report, 1999(2): 125 - 134.

[35] 王成程,马驰,郑万国,等.70mm×70mm 光束取样光栅性能测试研究[J].光学与光电子进展, 2004,2(5): 27 - 29.

[36] 刘全.用于 ICF 驱动器的取样光栅的研制[D].苏州大学,2004.

[37] 孙志红,吕嘉坤,张波,等.高功率激光装置三倍频脉冲时间波形测量技术[J].中国激光,2016,43 (3): 1 - 6.

[38] Sampat S, Kelly J H, Kosc T Z, et al. Power balance on a multibeam laser[C]. SPIE, 2018, 10511: 1 - 14.

[39] Moses E I. National Ignition Facility: 1. 8MJ 700 - TW ultraviolet laser[C]. SPIE, 2004, 5341: 13 - 24.

[40] 张艳丽,张军勇,尤科伟,等.高功率激光多程放大系统中的快速波形预测[J].光学学报,2016,36(7):0714001.

[41] Liu C, Ji L, Yang L, et al. Studies on design of 351 nm focal plane diagnostic system prototype and focusing characteristic of SG Ⅱ - upgraded facility at half achievable energy performance[J]. Applied Optics, 2016, 55(10):2800.

[42] 刘崇,季来林,朱宝强,等.高功率激光终端 KDP 晶体非共线高效三倍频及远场色分离方案数值模拟分析[J].物理学报,2016,65(14):144202.

[43] 孔晨晖,季来林,朱俭."神光Ⅱ"装置三倍频离线调试系统设计与测试精度分析[J].激光与光电子学进展,2010(10):87-90.

[44] 何荣斌,刘崇,季来林,等.高通量脉冲三倍频激光参数精密诊断[J].中国激光,2017,44(009):50-55.

[45] 欧阳小平,杨琳,彭永华,等.皮秒拍瓦激光的参数测量系统可靠性分析[J].中国激光,2013(01):198-205.

[46] 欧阳小平,杨琳,彭永华,等.皮秒自相关仪的性能测试研究[J].中国激光,2012(04):154-157.

[47] Ouyang X, Ma J, Yang L, et al. Accuracy of single-shot autocorrelation measurements of petawatt laser pulses[J]. Appl Opt, 2012, 51(18):3989-3994.

[48] 瞿叶玺,潘雪,黄文发,等.1030 nm 皮秒级光参量啁啾脉冲放大抽运源[J].中国激光,2012(08):12-16.

[49] Ouyang X, Cui Y, Zhu J, et al. Temporal characterization of petawatt class laser at Shen Guang Ⅱ facility[J]. Appl Opt, 2016, 14(27):7538-7543.

[50] Bromage J, Bahk S W, Irwin D, et al. A focal-spot diagnostic for on-shot characterization of high-energy petawatt lasers[J]. Optics Express, 2008, 16(21):16561-16572.

[51] 欧阳小平,华能,杨琳,等.皮秒参数测量系统中聚焦特性的在线诊断方法[J].中国激光,2014,41(2).

[52] 马金贵,王永志,袁鹏,等.高强度激光脉冲信噪比的单次测量技术[J].激光与光电子学进展,2013,050(008):74-80.

[53] Ouyang X, Liu D, Zhu B, et al. Diagnostics of pulse contrast for petawatt laser in SG Ⅱ[J]. SPIE, 2015, 9345:93450R.

[54] 秦海棠,刘代中,欧阳小平,等.拍瓦装置皮秒测量系统立体空间激光光路的快速自动准直[J].中国激光,2015(05).

[55] Trebino R. Frequency-resolved optical gating: The measurement of ultrashort laser pulses. Kluwer Academic, 2002.

[56] Pretzler G, Kasper A, Witte K J. Angular chirp and tilted light pulses in CPA lasers[J]. Applied Physics B, 2000, 70(1):1-9.

[57] Heuck H M, Neumayer P, Kuehl T, et al. Chromatic aberration in petawatt-class lasers[J]. Applied Physics B, 2006, 84(3):421-428.

[58] Bourassin-Bouchet C, Stephens M, De Rossi S, et al. Duration of ultrashort pulses in the presence of spatio-temporal coupling[J]. Optics Express, 2011, 19(18):17357-17371.

[59] Jianwei Y, Xiaoping O, Li Z, et al. Experimental study on measuring pulse duration in the far field for high-energy petawatt lasers[J]. Appl Opt, 2018, 57(13): 3488 – 3496.

[60] Boege S J, Bliss E S, Chocol C J, et al. NIF pointing and centering system and target alignment using a 351 nm laser source. Proc SPIE, 1997, 3047: 248 – 258.

[61] Holdener F R, Ables E, Bliss E S, et al. Beam control and diagnostic functions in the NIF transport spatial filter [J]. Proceedings of SPIE- The International Society for Optical Engineering, 1997, 3047: 692 – 699.

[62] Liu D, Zhu J, Zhu R, et al. Laser beam automatic alignment in multipass amplifier[J]. Optical Engineering, 2004, 43(9): 2066 – 2070.

[63] Burkhart S C, Bliss E, Nicola P D, et al. National Ignition Facility system alignment[J]. Applied Optics, 2011, 50(8): 1136 – 1157.

[64] Roberts R S, Awwal A A S, Bliss E S, et al. Automated alignment of the Advanced Radiographic Capability (ARC) target area at the National Ignition Facility[J]. SPIE Optical Engineering + Applications, 2015 – 09 – 09. DOI: 10.1117/12.2190252.

[65] Boyd R D. Evolution of shiva laser alignment systems[C]. SPIE, 1980, 251(Optical Alignment): 204 – 209.

[66] Bliss E S, Ozarski R G, Myers D W, et al. Nova alignment laser diagnostics. Laser Program Annual Report of Lawrence Livermore laboratory, 1980, 2: 119 – 130.

[67] Ozarski R G, Bliss E S, Jones B C, et al. Nova alignment and diagnostics. Laser Program Annual Report of Lawrence Livermore laboratory, 1982, 2: 16 – 25.

[68] Swift C D, Bliss E S, Jones W A F, et al. Three wavelength optical alignment of the Nova laser [J]. Proceedings of SPIE the International Society for Optical Engineering, 1984, 483.

[69] Boehly T R, Craxton R S, Hinterman T H, et al. The upgrade to the OMEGA laser system[J]. Review of Entific Instruments, 1995, 66(1): 508 – 510.

[70] Boeh T R, 郭小东. 欧米伽激光装置的升级[J]. 强激光技术进展, 1994, 000(002): 1 – 8.

[71] Bunkenberg J, Boles J, Brown D, et al. The omega high-power phosphate-glass system: Design and performance[J]. IEEE Journal of Quantum Electronics, 1981, 17(9): 1620 – 1628.

[72] Boege S J, Bliss E S, Chocol C J, et al. NIF pointing and centering systems and target alignment using 351nm laser source. SPIE, 1997, 3047: 248 – 259.

[73] Holdener F R, Ables E, Bliss E S, et al. Beam control and diagnostic functions in the NIF transport spatial filter [J]. Proceedings of SPIE- The International Society for Optical Engineering, 1997, 3047: 692 – 699.

[74] Bliss E S, Feldman M, Murray J E, et al. Laser chain alignment with low-power local light sources. SPIE, 1995, 2633: 760 – 767.

[75] Bliss E S T. Davis S D. Laser control system. The ICF Quarterly Report, 1997, 3: 180 – 222.

[76] Cavailler C, Camarcat N, Kovacs F, et al. Status of the LMJ Program[J]. Fusion Science and Technology, 2003(Sup): 523 – 528.

[77] Bikmatov R G, Boley C D, Burdonsky I N, et al. Pinhole closure in spatial filters of large-scale

ICF laser systems[J]. Proceedings of SPIE the International Society for Optical Engineering, 1998, 3492.

[78] Gu X, Akturk S, Trebino R. Spatial chirp in ultrafast optics[J]. Optics Communications, 2004, 242(4 - 6): 599 - 604.

[79] 谢娜,王晓东,胡东霞,等.超短脉冲激光装置波前校正实验研究[J].强激光与粒子束,2010,22 (07): 1433 - 1435.

[80] Ping Z, Xinglong X, Jun K, et al. Systematic study of spatiotemporal influences on temporal contrast in the focal region in large-aperture broadband ultrashort petawatt lasers[J]. High Power Laser Science and Engineering, 2018, 6: e8.

[81] Xie X, Zhu J, Sun M, et al. Theoretical and experimental study of 808nm OPCPA amplifier by using a DKDP crystal // High-Power, High-Energy, and High-Intensity Laser Technology Ⅲ [C]. International Society for Optics and Photonics, 2017.

[82] Xie X, Zhu J, Yang Q, et al. Introduction to SG - Ⅱ 5 PW laser facility // Lasers & Electro-Optics[C]. IEEE, 2016.

[83] Xie X, Zhu J, Yang Q, et al. Multi petawatt laser design for the Shenguang Ⅱ laser facility[C]. SPIE Optics + Optoelectronics, 2015 - 05 - 12. DOI: 10.1117/ 12.2178621.

[84] Cripps W C, Rae J G. Impact of a dedicated computer control system on a fine paper mill[J]. PULP and PAPER-CANADA. 1974, 75(3): 125 - 128.

[85] Zhou W, Liu J, Guan S. Innovation and research for courses of computer control system, 5th International Conference on Computer Science and Education. ICCSE 2010, August: 24 - 27.

[86] Shaw M, Kahan M A, Williams W, et al. Laser performance operations model (LPOM): A tool to automate the setup and diagnosis of the National Ignition Facility[J]. Proceedings of SPIE - The International Society for Optical Engineering, 2005, 5867: 58671A - 58671A - 12.

[87] Haynam C A, Wegner P J, Auerbach J M, et al. National Ignition Facility laser performance status[J]. Applied Optics, 2007, 46(16): 3276.

[88] Lagin L, Bryant R, Carey R, et al. Status of the National Ignition Facility Integrated Computer Control System (ICCS) on the path to ignition// IEEE/ NPSS Symposium on Fusion Engineering [C]. IEEE, 2008(83): 530 - 534.

[89] Lagin L J, Bettenhausen R C, Carey R A, et al. The overview of the National Ignition Facility distributed computer control system[EB / OL]. https: // arxiv. org / ftp / cs / papers / 0111 / 0111045.pdf, 2020 - 04 - 02.

[90] Arsdall P J, Bryant R, Carey R, et al. Status of the National Ignition Facility and control system. Proceedings of the ICALEPCS' 2005, Geneva, Switzerland, October, 2005.

[91] Ebrardt J, Chaput J M. LMJ on its way to fusion[J]. Journal of Physics Conference, 2010, 244 (3): 032017.

[92] Michel L André. The French Megajoule Laser Project (LMJ)[J]. Fusion Engineering & Design, 1999, 44(1 - 4): 43 - 49.

[93] Estrailler P. The megajoule front end laser system overview// Solid state lasers for application to

inertial confinement fusion ICF［C］. Second Annual International Conference，Paris，October，1996：22－25.

［94］　Nicoloso J，Dupas J J. Configuration and sequencing tools for the LMJ control system［C］. Proceedings of ICALEPCS2009，Kobe，Japan，2009.

［95］　Arnoul J P，Signol F. The laser Megajoule facility：control system status report［C］. Proceedings of ICALEPCS2007，Knoxville，Tennessee，USA，2007.

第8章
神光系统工程工艺支撑技术

§8.1 概述

高功率激光驱动器装置是一项巨型光机装置,是综合光学、精密机械、能源及控制等诸多技术领域的系统工程,是物理极限和精密技术有机结合的典范。激光驱动装置由前端、预放、主放、靶场、能源、参数测量与准直、集总控制、工程工艺等多个系统组成,各系统之间的相互关系如图8-1所示。这些系统在实现自身功能同时也提出相应的工程技术需求,各主要系统的主要需求如表8-1所列,其中既有现代光学系统的普适需求,又有高功率、高通量激光系统所特有的要求。工程工艺系统作为激光驱动器装置八大组成系统之一,其主要功能是从高功率、高通量激光系统特有的需求出发,在激光驱动器装置结构设计、安装集成、运行维护等阶段为装置的建设和运行提供各类所需的工程保障,实现激光驱动器装置的高效设计、稳定传输、精确指向、洁净集成,主要内容包括装置总体结构和系统单元模块功能结构的协同设计与优化,光机系统的洁净精密装调与安装集成、装置辅助设备与环境保障以及大口径光学元件的超精密加工等。总而言之,物理设计实

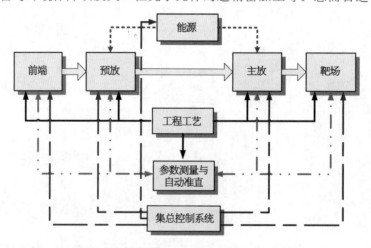

图8-1 激光驱动器装置各系统之间的关系

现了激光驱动器的性能,而工程工艺则保障了激光驱动器物理功能的实现。

表 8-1 激光驱动器装置主要系统对工程工艺的需求列表

分系统名称	系统功能	主要需求	解决问题
前端系统	为后续系统提供数十个已初步整形,并具有一定能量、带宽、高信噪比和高光束质量的激光脉冲	◆ 高精度多维数空间精密调整 ◆ 热稳定 ◆ 精密洁净	◆ 实现光纤系统的精密对接 ◆ 解决环境因素对系统输出性能的影响,确保其稳定
主放系统	实现主激光整形脉冲能量的逐级放大,精确控制输出激光脉冲的形状并保持好的光束质量	◆ 大口径光学元件无应力精密装校 ◆ 高重复定位精度的模块阵列结构 ◆ 强辐照条件下的精密洁净要求 ◆ 光束精密准直	◆ 保证激光传输过程中光束保持高的激光质量 ◆ 实现装置的大规模集成,提高装置的维护性 ◆ 确保系统在高通量条件下的可靠运行 ◆ 保证激光光束指向的一致性
靶场系统	提供物理实验平台,实现靶的精确定位	◆ 晶体元件的精密装校与精密定轴 ◆ 靶场导光元件光束指向的高稳定性 ◆ 多路靶瞄准与定位 ◆ 空间靶的姿态控制 ◆ 强辐照条件下的精密洁净要求	◆ 提供高的频率转换效率 ◆ 确保光束传输方向,实现靶的均匀辐照 ◆ 确保高通量条件下的可靠运行,减少维护频次
皮秒拍瓦激光系统	提供进行快点火物理实验的平台	◆ 大口径光栅的高精度、高稳定拼接 ◆ 特殊面形元件的空间定位与调整 ◆ 强辐照条件下的精密洁净要求	◆ 确保激光脉冲的高效压缩,并获得优良的光束聚焦能力 ◆ 确保高通量条件下的可靠运行,降低光学元件损坏的概率

§8.2 装置总体结构设计关键技术

激光驱动器总体结构设计是装置研制的重要环节,一方面确定装置结构与光学设计、控制流程、安装集成流程以及受控环境的相互关系,实现装置所要求的功能,另一方面通过对影响装置功能实现的关键技术分析和设计,确保装置设计的合理性与可行性,包括提高结构稳定性,保证装置打靶精度,提高装置洁净度,保证装置高通量运行,控制光学元件的形变,获得光束的优良聚焦,采用集成分析技术优化光机结构的性能。

8.2.1 稳定性

激光驱动器装置作为一个大型的超精密光学系统,光束传输距离长,涉及的光学器件多,光学系统中光学器件的微小误差都会影响输出光束的光束指向稳定性和光束聚焦性能,直接影响打靶的精度和成功率,其中影响光束指向稳定性的重要因素是受外界随机激励引起的结构振动等,常规的环境随机激励如图8-2所示[1]。

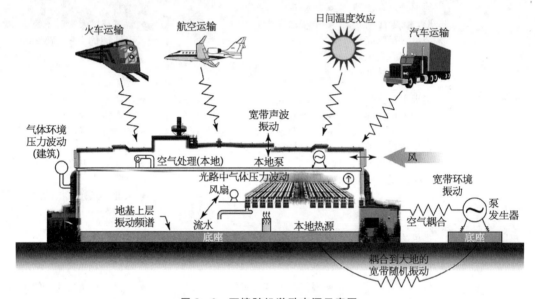

图 8 - 2 环境随机激励来源示意图

环境随机激励根据特征频率可以分为两类,一类为漂移指向误差,特征频率小于2 Hz,主要是由温度、局部升温以及空调供热通风与空气调节(heating,ventilation and air conditioning,HVAC)等因素引入;另一类为振动指向误差,特征频率大于2 Hz,主要表现为环境振动、设备振动、声振、风振、气流等。受到随机激励的光学元件会与理想位置发生偏差,从而导致光束传输到靶点的偏差,这二者之间的关系可用下列公式进行计算[2]。

1. 大口径光学元件

透镜类:

$$\Delta X_{LM} = n \cdot \Delta X_L \cdot \left(\frac{f_{Target}}{f_{Lens}} \right) \tag{8-1}$$

式中:n—光束通过透镜的次数;

　　　f_{Target}—靶镜焦距;

　　　f_{Lens}—透镜焦距;

　　　ΔX_L—透镜偏离理想位置的偏差(位移量);

　　　ΔX_{LM}—落点偏差(位移量)。

反射镜类：

$$\Delta X_{\mathrm{MM}} = n \cdot (2 \cdot \Delta \theta_{\mathrm{mirror}}) \cdot f_{\mathrm{Target}} \qquad (8-2)$$

式中：n—光束通过反射镜的次数；

$\qquad f_{\mathrm{Target}}$—靶镜焦距；

$\qquad \Delta \theta_{\mathrm{mirror}}$—平面镜偏离理想位置的偏差（角度量）；

$\qquad \Delta X_{\mathrm{MM}}$—落点偏差（位移量）。

2. 小口径光学元件

透镜类：

$$\delta_{\mathrm{td}}^2 = \left[n_{\mathrm{lens}} \cdot \left(\frac{D_{\mathrm{system}}}{D_{\mathrm{main}}} \right) \cdot \left(\frac{f_{\mathrm{Target}}}{f_{\mathrm{L}}} \right) \cdot \Delta X_{\mathrm{3L}} \right]^2 \qquad (8-3)$$

式中：D_{system}—小口径光学元件的通光口径；

$\qquad D_{\mathrm{main}}$—主光束通光口径；

$\qquad \Delta X_{\mathrm{SL}}$—小口径透镜偏离理想位置的偏差（位移量）；

$\qquad n_{\mathrm{lens}}$—光束通过透镜的次数；

$\qquad \delta_{\mathrm{td}}$—落点偏差（位移量）。

反射镜类：

$$\delta_{\mathrm{td}}^2 = \left[n_{\mathrm{m}} \cdot \left(\frac{D_{\mathrm{system}}}{D_{\mathrm{main}}} \right) \cdot f_{\mathrm{Target}} \cdot 2 \cdot \Delta \theta_{\mathrm{SM}} \right]^2 \qquad (8-4)$$

式中：$\Delta \theta_{\mathrm{SM}}$—小口径平面镜偏离理想位置的偏差（角度量）；

$\qquad n_{\mathrm{m}}$—光束通过平面镜的次数。

根据激光驱动器装置的光学设计、主激光落点精度的指标以及准直精度和靶定位精度，依据总误差为正态分布的假设，可以评估各个光学元件的允许偏差，从而为各个光机组件的稳定性设计提供优化目标。

单个光机组件由地基、支撑桁架、镜架以及镜箱这四部分组成，其结构如图 8-3 所示。进行稳定性设计时需要考虑以下因素[3]：

① 地基的柔性，即土壤与地基的相互作用。考虑在地基柔性的条件下，计算所得的支撑桁架系统的基频频率下降 30%，响应位移提高 1.3～1.5 倍；

② 支撑桁架与镜架的刚性和阻尼特性，通过下列公式可以估算支撑桁架在固有频率处的振动响应：

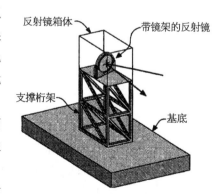

图 8-3　单个光机组件结构组成

$$E(y^2) = (\pi/2) \cdot (S_0 / \xi \cdot \omega_n^3) = (W_0/8) \cdot [1/(\xi \cdot (2 \cdot \pi \cdot f_n)^3)] \quad (8-5)$$

式中：W_0—环境激励加速度功率谱；

  ξ—阻尼比；

  f_n—固有频率。

③ 镜箱的刚性和阻尼特性，一般采用阻尼特性好的材料制作箱体结构来降低结构的激励响应。

设计初期，一般依据下列原则进行结构设计：

④ 支撑桁架要有高的基频，>10 Hz；

⑤ 独立镜架要有高的基频，50～200 Hz，最好在 100 Hz 以上；

⑥ 采用刚性隔离地基系统；

⑦ 在结构中增加被动阻尼或其他能量耗散材料或结构，以减少运动幅度；

⑧ 保证温度稳定。

在完成初步设计后，通过将所有的组件（地基、支撑、光学元件）受力条件、质量分布、边界条件以及与其他系统的连接条件建立有限元分析模型，利用功率谱密度（power spectral density，PSD）分析方法计算振动响应，利用热分析评估温度分布，利用静态分析评估热形变、风载形变和重力形变，利用响应谱分析评估地振响应，针对振动响应过大的结构，通过增加结构刚性，通过材料的耗散特性和连接细节、混合结构（混凝土和钢）以及黏弹性材料来提高结构的模态阻尼，振动响应改变如图 8-4 所示。

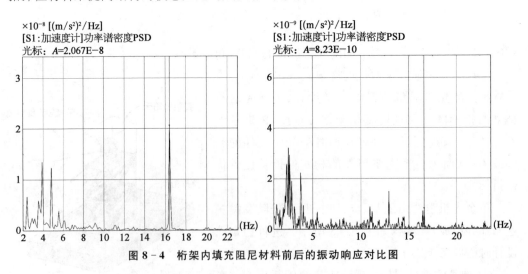

图 8-4 桁架内填充阻尼材料前后的振动响应对比图

8.2.2 洁净控制

为防止激光诱发的破坏，降低光学元件的质量，工作在高能强激光辐照下的高功率激光装置需要控制分子和颗粒物污染，包括光路中的气溶胶（airborne molecular contamination，AMC）、可挥发凝聚物（volatile condensable material，VCM）以及元器件表面的颗粒和不挥发残留物（non-volatile residue，NVR）。

气溶胶是指沉降速度可以忽略的固体粒子、液体粒子或固体和液体在气体介质中的悬浮体，粒径一般为 $0.001\sim100\ \mu m$。来源主要有两个：其一是外部污染源即大气尘——固态微粒和液态微粒的多分散气溶胶；其二是内部起尘，包括操作人员散发尘、室内表面产尘、生产设备和生产过程产尘。洁净房的内部起尘主要来自操作人员的活动，占 90% 左右，其他占 10%。

高功率激光装置中有机物污染主要是可挥发凝聚物，是指特定条件下（温度、压强）释放的气体挥发物和在其他特定条件（温度、压强）下凝聚在表面的污染物（标准：IEST-STD-CC1246D-2002），例如高真空环境有机物挥发和材料表面放气产生的高分子有机物污染源、放大器腔体中长时间氙灯强光辐照材料挥发的有机物污染源、有机物颗粒凝结在光学元件表面形成的污染[4]。

高功率激光装置的元器件表面污染主要为颗粒污染和不挥发残留物 NVR，其中颗粒污染的主要来源是磨损产生的颗粒物，特别是在集成安装阶段洁净环境下的工作过程中产生的。其次是装置在线运行过程中材料表面特定条件（温度、压强）下产生的再生颗粒污染物，例如真空壁和器件表面的残留物受强光辐照后的脱落物[5]。

8.2.2.1　洁净控制目标

当光学元件表面有颗粒污染物时，在强光辐照下，颗粒污染物吸收热量融化分解，与光学元件体表面形成温度梯度，导致光学元件表面龟裂损伤，如图 8-5 所示。放大器颗粒物污染光照损伤实验证明：气溶胶悬浮颗粒尺寸为 $0.1\sim0.2\ \mu m$，可以凝结成 $20\ \mu m$ 的颗粒（环境中气溶胶浓度 $<0.1\ g/cm^3$），钕玻璃表面凝聚的颗粒污染尺度与氙灯光照后形成表面损伤尺度为恒定比值 7.8，一个 $20\ \mu m$ 的污染颗粒可以导致 $150\ \mu m$ 直径的损伤。根据实验得出结

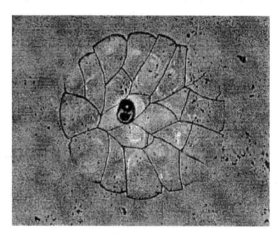

图 8-5　污染物导致的光学元件损伤

论，要去除大于 $5\ \mu m$ 的表面污染，特别要注意的是大于 $30\ \mu m$ 的污染物不允许存在，高功率激光装置允许的直径 $\geqslant250\ \mu m$ 光学元件表面损伤点的数目不得超过 $5\sim8$ 个$/ft^2$[6]。

光学元件表面的污染物同时造成传输过程中的光学元件表面形成暗斑和散射损失，NIF 要求散射损失在前端（超过 2 000 个小口径光学元件）小于 0.1%，在大口径光学元件（192 路共 7 300 个）部分小于 0.2%。每个光学元件表面污染造成的散射能量损失不超过 2.5×10^{-5}[7]。

高功率激光装置洁净，在空间上主要控制气溶胶水平，采用标准 ISO 14644-1 1999，国标 GB/T-21915-2010[8]。

空气中的气溶胶水平洁净度用等级编号 N 表示,每种关注粒径 D 的最大允许粒子浓度 C_n,如表 8-2 所示。若 ISO 5 级指在每立方米体积中大于 $0.5\ \mu m$ 的颗粒最大浓度限值是 3 530 个,则洁净度可以用等级公式计算:

$$\text{ISO}\quad C_n=(0.1/D)^{2.08}\times 10^N \qquad C_n=(0.1/D)^{2.08}\times 10^N \tag{8-6}$$

式中:C_n —某等级下,粒径 $\geqslant D$ 的微粒最大浓度限值,单位:个/m^3;

D —关注粒径,单位:μm;

N —ISO 等级的数字编号,最大不超过 9。

表 8-2　洁净室及洁净区域空气洁净度等级

$\dfrac{\text{关注颗粒数}}{0.1\ m^2}=10^{0.926}$ $(\log_{10}^2(\text{洁净等级})-\log_{10}^2(\text{关注粒径}[\mu m]))$ ISO 等级 N	大于或等于关注粒径的粒子最大浓度限值/(个/m^3)					
	$0.1\ \mu m$	$0.2\ \mu m$	$0.3\ \mu m$	$0.5\ \mu m$	$1\ \mu m$	$5\ \mu m$
ISO 1 级	10	2	—	—	—	—
ISO 2 级	100	24	10	4	—	—
ISO 3 级	1 000	237	102	35	8	—
ISO 4 级	10 000	2 370	1 020	352	83	—
ISO 5 级	100 000	23 700	10 200	3 520	8 320	29
ISO 6 级	1 000 000	237 000	102 000	35 200	83 200	2 930
ISO 7 级	—	—	—	352 000	832 000	29 300
ISO 8 级	—	—	—	3 520 000	832 000	29 300
ISO 9 级	—	—	—	35 200 000	8 320 000	293 000

注:按测量方法相关的不确定度要求,确定等级水平的浓度数据的有效数字不超过 3 位。

空气中气溶胶洁净度要求:大厅、靶场 ISO 7 级,精密洁净装校房间 ISO 5 级,精密洁净清洗房间、支撑设备和指定区域 ISO 6 级,相对应的光束传输通道内 ISO 3 级。

高功率激光装置洁净控制在元件表面上主要控制表面颗粒物和不挥发残留物,采用标准 IEST-STD-CC1246D-2002 来规定表面洁净度,表面洁净度用 Level-A 分级,表示表面颗粒物和不挥发残留物,其中 Level 定义了超过某种颗粒物尺寸的表面颗粒物浓度限值,如表 8-3 所示。A 定义了表面不挥发残留物 NVR 水平。每个洁净度 Level 表示在 $0.1\ m^2$($1ft^2$)表面中的最大颗粒尺寸。如 Level100 表示在 $0.1\ m^2$($1ft^2$)面积中,只能有 1 个 $100\ \mu m$ 的微粒,或者 1 780 个大于 $5\ \mu m$ 的颗粒。表面洁净度等级公式如下:

$$\frac{\text{关注颗粒数}}{0.1\ m^2}=10^{0.926(\log_{10}^2(\text{洁净等级})-\log_{10}^2(\text{关注粒径}[\mu m]))} \tag{8-7}$$

表面不挥发残留物 NVR 水平定义为表面冲洗溶液过滤蒸发干燥后的表面不挥发残

留物,NVR 在零件表面形成的薄膜污染,用每 0.1 m² 面积中不挥发残留物的质量表示,如表 8-4 所示。在实际洁净度表述中,NVR 水平作为洁净度表达式的附属说明,例如 Level 100-A/10 中,表示每 0.1 m² 上不挥发残留物的质量小于 0.1 μg,等效于表面覆盖 0.37 nm 厚的碳原子膜层。

表 8-3　表面颗粒洁净度水平

等　级	颗粒物粒径 /μm	每平方英尺颗粒数	每 0.1 m² 颗粒数	每升颗粒数
1	1	1.0	1.08	10
5	1	2.8	3.02	28
5	2	2.3	2.48	23
5	5	1	1.08	10
10	1	8.4	9.07	84
10	2	7.0	7.56	70
10	5	3.0	3.24	30
10	10	1.0	1.08	10
25	2	53	57	530
25	5	23	24.8	230
25	15	3.4	3.67	34
25	25	1.0	1.08	10
50	5	166	179	1 660
50	15	25	27.0	250
50	25	7.3	7.88	73
50	50	1	1.08	10
100	5	1 785	1 930	17 850
100	15	265	286	2 650
100	25	78	84.2	780
100	50	11	11.9	110
100	100	1.0	1.08	10
200	15	4 189	4 520	41 890
200	25	1 240	1 340	12 400
200	50	170	184	1 700
200	100	16	17.3	160
200	200	1.0	10	1.0
300	25	7 455	8 050	74 550
300	50	1 021	1 100	10 210
300	100	95	103	950
300	250	2.3	2.48	23
300	300	1.0	1.08	10

表 8 − 4　表面不挥发残留物单位面积上的浓度限值

洁净度等级	μg/cm²
A/100	0.01
A/50	0.02
A/20	0.05
A/10	0.1
A/5	0.2
A/2	0.5
A	1.0
B	2.0
C	3.0
D	4.0
E	5.0

表面不挥发残留物洁净度控制要求如表 8 − 5 所示。

表 8 − 5　表面不挥发残留物洁净度要求

	清　洁　后	装　配　后	运　行　后
大口径光学元件表面	Level 50 − A/10	Level 50 − A/10	每个表面有 1 个 2 μm 破坏点或表面遮挡比小于 2.5×10^{-4}
小口径光学元件表面	Level 100 − A	Level 100 − A	每个表面有 1 个 250 μm 破坏点或表面遮挡比小于 2.5×10^{-4}
大口径光学元件相邻结构表面	Level 83 − A/10	Level 100 − A/10	Level 100 − A/10
小口径光学元件相邻结构表面	Level 300 − A	Level 300 − A	Level 500（可见灰尘）

　　空气中的气溶胶洁净度和表面洁净度之间不能转换,气溶胶洁净度是指立方英尺空间中的颗粒浓度限值,表面洁净度是指平方英尺面积中的最大颗粒物限值。当要求空气中的气溶胶洁净度为 Class 100 时,可以不用关心和保持表面洁净度 Level 100;当要求表面洁净度 Level 100 时,保持环境洁净度 Class 100 是比较关键的因素。空间中的颗粒物会凝聚并沉降在表面,需要关注器件暴露在环境空气中的时间,最好的办法是隔离环境污染,罩起来或放置在密闭容器中,或者放置在环境空气洁净度要求更高的洁净区域。

8.2.2.2　洁净控制流程

　　高功率激光装置洁净要求贯穿在装置研制维护运行的全流程,需要从装置设计、加工、洁净清洗、包装运输、洁净房控制、集成安装、运行维护等环节建立标准体系和规范操作,严格控制装置的洁净度。

洁净控制的原则：

① 控制污染来源：减少颗粒污染和有机物污染的产生。

② 移除污染物：采取例如擦拭、高压喷淋、超声清洗等处理方式。

③ 隔断污染传递：密闭包装或者放置到较高洁净度等级的环境中，减少在低洁净度环境中的暴露时间。

1. 洁净设计

对于高功率激光装置这样的复杂系统，成功预防污染的关键在于设计之初就预先计划和安排，从源头进行洁净控制，否则一旦装置建成，再来减小污染破坏将事倍功半。例如排除磨损和其他非常规污染源造成的机械破坏，需要从结构设计、工艺过程中的洁净安排计划、洁净房中的采购供应物遴选等环节开始，预先认清可能造成洁净污染的因素，并规避污染破坏风险。

（1）减少造成颗粒污染源的磨损机构

NIF 的实验光路经验证明，颗粒污染源主要来自磨损产生的污染。强激光辐照表面颗粒污染物，会在光学元件表面形成龟裂碎片，表面碎片会降低激光传输效率，如图 8-6、图 8-7 所示。为保证光学元件的传输效率和诊断效率，高功率激光系统需要投入大量的时间和精力，用于降低光学元件表面的污染。

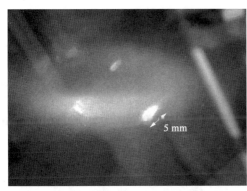
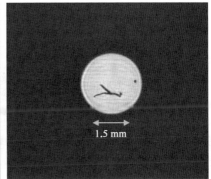

图 8-6　基频 15 J/cm² 的照射下污染物　　图 8-7　纤维织物在诊断镜片上
　　　　在传输镜片上引起的破坏图　　　　　　形成表面污染

磨损产生的污染在结构设计中经常出现，如图 8-8 和图 8-9 所示，为铝镜框与铝镜框滑槽组成的滑动运动副和滑动磨损产生的颗粒污染。虽然框架和滑槽滑动摩擦接触在测试中满足了功能要求，但磨损产生的颗粒污染已经很明显。铝滑槽没有达到导轨的硬度，表面粗糙度低，表面有毛刺等突起，刮削铝表面形成颗粒污染。因此在设计中需要更改思路去除滑槽机构。

螺纹运动副是另一个产生磨损污染的主要来源。事实上润滑油因为挥发和产生附加油污不能使用，螺纹紧固广泛应用在盖门的频繁开关和替换。由于螺纹副产生很多碎

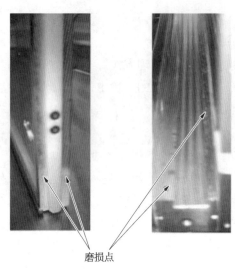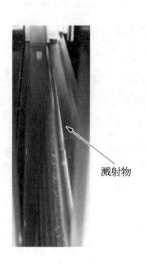

溅射物

磨损点

图 8-8   NIF 装置镜框和镜框滑槽的磨损　　　　**图 8-9   NIF 装置镜框滑槽表面的颗粒染**

片,频繁使用会加剧污染,通常在这种情况下会在螺纹副镀银提高润滑,但还是会产生磨损污染。在测试中发现,干摩擦技术二硫化钨和二硫化钼虽然使插入和拔出更容易,它们还是会产生磨损污染。显然,解决问题的关键不是提升螺纹副本身,而在于变革接触方式。许多紧固方法的测试结果证明,快连接结构降低磨损污染时有用,但快连接的紧固力不大。紧固连接有两种发展方向,一种基于螺纹副,另一种不用螺纹副,如图 8-10 所示。

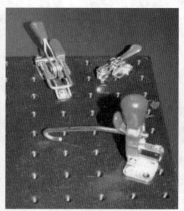

图 8-10   NIF 装置紧固连接方式示意

左图紧固连接,中图快连接搭扣,右图外部销连接。

普遍认为,真空腔体封盖必须使用螺纹紧固。比螺栓更好的方法是在真空腔体外使用紧固螺母,这样在大多数情况下,即使产生磨损污染也是在真空腔体外面远离内部的光学元件。放置和移出盖板时使用定位销可以减少滑移磨损接触。当紧固力要求不大时,建议使用快连接方式如铰接搭扣夹或者是铰链门销连接。但是,通常这些连接需要较大的空间。

（2）其他设计相关的污染源

1）材料的选用

设计中选用过的材料是否产生污染，是必须重点考虑的，如金属材料以及表面处理后在激光辐照下膜层受激产生颗粒污染物，有机物在激光辐照下会挥发污染。

例如有机物硅橡胶泡沫海绵可能脱落颗粒物如图 8-11 所示，使用聚四氟乙烯垫替代，既便宜又能解决颗粒脱落问题。

2）机械电子设备运行污染

机械电子设备如泵组和驱动器传动机构，也会产生磨损污染，如图 8-12 所示，需要定期检查以确定污染产生的趋势规律，在设计阶段考虑定期维护保养规范；真空环境中的传动部件，要设计罩壳结构，如图 8-13 所示，阻止颗粒物扩散，再定期维护擦洗清洁。

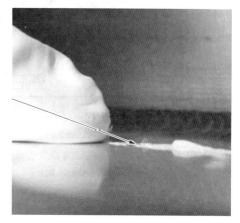

图 8-11　硅橡胶海绵脱落物（NIF 装置）

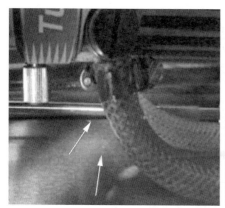

图 8-12　NIF 装置真空泵运转中振动
脱落的金属颗粒物

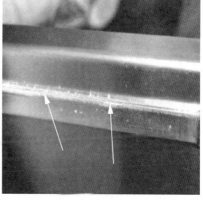

图 8-13　NIF 装置盖板和真空箱体
之间的颗粒捕捉条

3）光管道设计

在设计之初就要考虑合适的光管道，将光束传输通道罩起来，隔离环境空气中的气溶胶污染。各个器件在结构设计时要考虑光管道合理结构形式，方便拆装维护方式；要考虑各种器件之间光管道的接口连接形式等。

4）主动洁净控制工艺设计

设计主动洁净控制措施，如在装置的不同区域充填洁净气体，用 25 cm 直径的管道为主激光区域（大厅）提供清洁干燥空气，激光转换区域（靶场反射镜管道）为氩气，靶场区域（真空靶球）为真空。

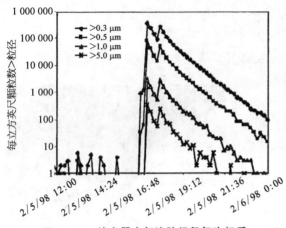

图 8 - 14　放大器内气溶胶经氮气吹扫后
浓度变化（NIF 装置）

放大器每次氙灯放电后，腔体内部产生大量的气溶胶颗粒物，腔体内部洁净度瞬间达到 Class100 000 级，采用流速为 4 ft³/ min 的氮气持续吹扫，气溶胶浓度快速下降，从而提高洁净度，如图 8 - 14 所示。在结构设计时要考虑密封性、气流速度、流量大小、进出口尺寸等影响氮气吹扫效果的结构参数。

在真空环境中主动控制措施有：真空容器放气时，腔体回充气体使用高效空气过滤器（high efficiency particulate air，HEPA）和碳过滤器过滤达到洁净要求的洁净空气，阻止环境颗粒物进入真空容器。在真空腔内摆放硅胶干燥剂，吸附内部气态分子级污染物（airborne molecular contamination，AMC，也即气溶胶），并使用声表面波传感器进行环境 AMC 检测，评估洁净要求。

2. 加工洁净控制

加工工艺洁净控制，目的是要在零件加工后，表面没有重油污染和洁净清洗不能去除的颗粒污染，主要分为以下几方面。

① 表面粗糙度要求：要求洁净清洗的零件表面粗糙度小于 3.2。表面微观不平度越小，洁净清洗后，表面洁净度越高。

② 切削液的选择：不使用重油，不选用含硫元素的切削液；建议选用水基切削液；并经过实验分析验证洁净清洗后切削液表面残留量。

③ 表面处理工艺大多包含酸碱溶液清洗工序，如电解抛光工艺：酸洗去除表面油污—水洗—除锈—水洗—电解抛光—水洗—中和—水洗—钝化—包装。零件在溶液浸泡过程中可能发生化学反应，解析出微小颗粒，如果在后续精密清洗时不能去除，就可能留存在零件表面形成颗粒污染物，例如不锈钢使用硝酸酸洗时解析出硫元素颗粒残留在零件表面，因此需要溶液浸泡的工艺流程，需要进行精密洁净清洗试验和洁净检验，判断表面处理工艺的可靠性。

外协加工环节的洁净控制效果是和加工任务承揽单位的洁净认知程度密切相关的，需要对承揽方管理层、相关操作人员、辅助保障人员等进行培训，让他们明白加工零件洁净控制要求的目的和重要性、洁净控制工艺流程、零件加工工序之间流转时的洁净保护等，才能从主观上配合并贯彻实施洁净控制操作规范。

3. 洁净清洗

洁净清洗是为了去除元件表面的有机物、油污、粉尘、锈、织物等表面和亚微表面有机物和颗粒污染物的工艺过程。

　　洁净清洗根据洁净度要求分为粗清洗和精密清洗,粗清洗去除零部件表面有机物、粉尘和碎屑等零部件表面目视可见污染物,是清洗效果可见的洗净过程。粗清洗去除的污染物主要包括:焊疤、热影响斑、腐蚀铁锈、氧化膜、油、油脂、灰尘、燃料、表面集碳等。粗清洗不需要特殊环境条件和人员专门培训。粗清洗方法包括酸洗、碱洗、清洗剂溶液清洗、有机溶液清洗、机械打磨抛光、电解抛光、有机溶剂擦洗、去离子水冲洗、中和钝化处理等方法。粗清洗在普通洁净房间完成,可以采用一种或者几种方法混合使用。粗清洗验收使用白手套擦拭法和亮光光照法检验。粗清洗洁净度验收:在亮光辅助照射下,眼睛观察零件表面没有黑色焊疤、热影响斑、锈斑、油、油脂、灰尘。使用百洁布浸酒精或丙酮擦拭表面,百洁布表面不变色,无明显可见污渍。

　　工件经过粗清洗后进行精密清洗,清洗过程需在洁净受控环境中进行,主要去除表面导致产品性能下降或进程失败的污染物,如微粒、膜层、生物菌类、纤维等其他不可见污染物。精密清洗后需要借助仪器检验洁净度,规定接收合格标准高功率激光装置要求的产品,例如机械零部件表面要求清洗到小于 IEST - STD - CC1246D - 2002 规定的 Level 83 - A/10,必须使用显微镜和分析天平才能进行检测。精密清洗后需要包装保护,才能从受控环境中移走。

　　精密清洗过程中使用的清洗液不能和被清洗物发生反应、结合、刻蚀等其他立即发生或者随后发生的反应。清洗液需要过滤和控制洁净度,经检验证明能够满足清洗要求。清洗液的选择应考虑被清洗污染物的性能,其清洗过程是健康安全的,清洗废液的处理要满足环保要求。清洗液使用和再利用保证操作人员健康安全并满足环保要求。

　　高功率激光装置采用的洁净清洗方法有:超声波清洗,高压喷淋清洗,高温烘烤蒸发去除有机物,洁净擦洗、光照清洗以及激光或等离子体清洗等。

　　常用的精密清洗流程是精密擦洗、超声波清洗和高压喷淋清洗工艺相结合,其中高压喷淋清洗机的喷淋压力为 19 MPa。超声清洗常规采用多槽清洗流程线,图 8 - 15 为神光 II 升级装置所使用的四槽超声清洗干燥设备,清洗流程如下:一槽超声清洗(清洗液)—二槽高压喷淋—三槽超声漂洗—二槽高压喷淋—四槽热风干燥。

　　高温烘烤目的是使零件表面的有机物受热挥发,是真空行业常用的加热除气的方法。

　　擦洗法是将经过超声波清洗或高压喷淋清洗后的零件表面用百级洁净房专用的无尘擦拭布擦洗,是一种安全有效的方法,以减少对表面的微粒污染。擦拭一般分为干擦拭和蘸 10% 的异丙醇擦拭。

　　光照清洗主要用于放大器,为提高放大

图 8 - 15　四槽超声波清洗

器腔内洁净度,离线对不装配钕玻璃片的放大器进行空载氙灯放电光照清洗,激发出表面和亚微表面的有机物污染,再进行精密洁净清洗去除污染,提高放大器运行状态洁净水平。

激光清洗是利用低能量激光照射在机械件表面产生等离子体效应清除表面污染,需要的激光(1.053 μm)能量大约是 $100\sim200$ mJ/cm^2。

4. 洁净度检验

洁净度检验采用紫外灯光照法、颗粒度计数法和表面接触角测量法。

紫外灯光照:在洁净度检测过程中采用紫外灯光照观察表面颗粒物,人眼可以分辨 10 μm 的颗粒物,图 8-16 为传输空间滤波器(transport spatial filter,TSF)真空管道内壁在清洗过程中紫外灯光照表面颗粒污染物。

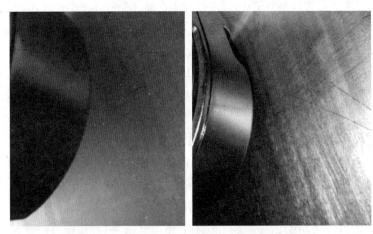

图 8-16 使用紫外灯观察工件表面颗粒污染物

左图为清洗前,右图为清洗后。

颗粒度计数法:一般采用显微成像计数法,即使用滤膜收集表面污染物,再使用高倍显微镜成像和图像处理获得粒径大小和统计分析,如图 8-17 所示。

图 8-17 表面颗粒物显微成像计数系统示意图

图 8 - 18 为 TSF 端镜接筒的表面颗粒物检验。端镜接筒在外协单位进行洁净清洗和真空包装,到实验室后进行颗粒度检验。图 8 - 18 所示检测结果表明表面颗粒物超标,

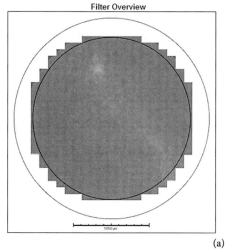

(a)

Length:			all features			Particles[*1]			Fibres[*2]		
Size Range [μm]	WF	Limit	all	refl.	non-refl.	all	refl.	non-refl.	all	refl.	non-refl.
5		1884	177	70	107	177	70	107	0	0	0
15		304	41	9	32	41	9	32	0	0	0
25		79	14	3	11	14	3	11	0	0	0
50		11	3	0	3	3	0	3	0	0	0
100		1	1	0	1	1	0	1	0	0	0

[*1]Particle length = feret max. [μm]　　　[*2]Fibre length = elongated fibre length [μm]

Total Number of Particles on filter
177

	%
Reflective Particles	40
Non-refl. Particles	60
Reflective Fibres	0
Non-refl. Fibres	0

(b)

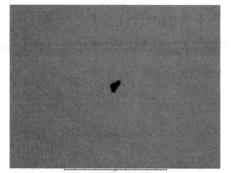

Length [μm]	Breadth [μm]	Height [μm]
139.40	81.17	
非反光的		颗粒

Length [mm]	Breadth [μm]	Height [μm]
62.97	41.52	
非反光的		颗粒

(c)

图 8 - 18　端镜接筒高压喷淋清洗表面洁净度检测结果

(a) Filter overview:过滤器概览;Total number of particles on filter:滤网上粒子计数;Reflective particles:反光粒子;non-Reflective particles:非反光粒子;Reflective Fibres:反光纤维;non-Reflective Fibres:非反光纤维;(b) Length:长度;all features:所有特征;particles:粒子;Fibres:纤维;size range:尺度;WF:权重因子;Limit:上限;all:所有;refl.:反光的;non-refl.:非反光的;Particle length = ferret max.:粒子长度=粒子线度的最大值;fibre length = elongated fibre length:纤维长度=纤维长度方向上的尺度;(c) Length:长度;Breadth:宽度;Height:高度。

显微成像显示表面有纤维和金属屑颗粒。该产品经过高压喷淋清洗流程后进行再检,检测结果如表 8-6 所示,检测结果是表面颗粒洁净度检验达标。

表 8-6　TSF 端镜接筒真空内表面洁净度 /(个/0.1 m²)

端 镜 接 筒	>5 μm	>15 μm	>25 μm	>50 μm	>100 μm
喷淋清洗前	856	354	216	96	42
喷淋清洗后	177	41	14	3	1

表面接触角测量:接触角测量方法是将定量的水滴在受检表面上,通过接触角测量仪测量水滴和工件表面接触角的大小来评价表面洁净度,主要用于检测零件表面油污残留。疏水性材料的表面接触角大于 65°,亲水性材料的表面接触角为 0°～65°,钢铁、不锈钢和玻璃表面与水的表面接触角,理论上可以达到 10°以下,实际上经过清洗后表面有机溶剂、表面活性剂水溶液和碱液等清洗液在工件表面还有几个分子厚度的表面附着,接触角低于 30°就是洁净的。图 8-19 和图 8-20 分别为 TSF 中箱体和箱内支架组件的表面接触角检测和测试结果。

图 8-19　表面接触角测量仪测量表面洁净度

左图为 TSF 中箱体,右图为箱内支架。

5. 包装运输

精密洁净清洗完成后,不能直接进行装配的零件以及离线精密洁净装校的部件在线可替换单元(online replaceable unit, ORU)都需要密封包装以隔离环境污染,运输到洁净仓库进行存储,等待集成安装。存储时间超过一定时限要定期检查包装是否完好,检查包装薄膜是否有撕裂、微孔等缺陷,发现包装膜有破损要进行洁净度检验,判断是否需要重新清洗。

包装材料选用洁净的聚乙烯薄膜缠绕包裹零部件,用专用胶带紧缚,并仔细检查是否有遗漏缝隙和破损微孔,如真空管道采用内外层包装。内层采用洁净聚乙烯(polyethylene, PE)膜,外层使用气泡膜缠绕包装 2～3 层,保护运输时碰撞包装不会破裂,如图 8-21 所示。

6. 精密洁净装校

机构装配要求在洁净清洗前进行预装配,避免在百级环境中的修配装校。在百级环

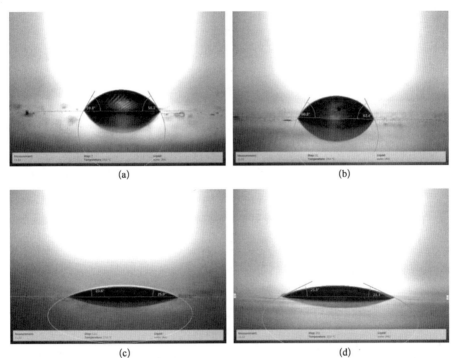

（a）　　　　　　　　　　　　　　（b）

（c）　　　　　　　　　　　　　　（d）
TSF中箱体清洗前后接触角（多次采样取均值）　　TSF箱内支架清洗前后接触角（多次采样取均值）

图 8 – 20　精密清洗接触角值

（a）清洗前 59°；（b）清洗前 61°；（c）漂洗后 24°；（d）漂洗后 23°。

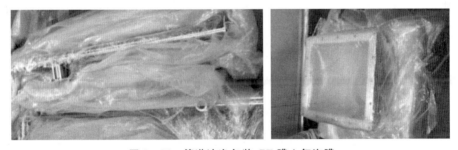

图 8 – 21　管道洁净包装，PE 膜＋气泡膜

境装配过程中，零部件要轻拿轻放，避免拖拉导致磨损污染。所有洁净区域中使用的工具必须经过精密洁净清洗。

　　洁净房用品或附属物不能直接看作是洁净的。例如，一些洁净房手套号称适用 Class100 洁净区域，却发现可能是污迹和颗粒污染的来源。因此，需对洁净房中使用的附属物，如洁净房手套、衣服、胶带、笔记本、棉签、抹布等进行洁净测试，遴选满足洁净要求的产品。例如，高吸收性抹布容易破碎，最好用于特别光滑表面的擦拭；抹擦不光滑的平面例如螺纹或光学元件安装基片时，就要更换吸收性低一点但更结实的抹布。

　　多数装校活动常常会破坏洁净保护，洁净房内部的起尘，90％来自人员的活动，因此要减少百级洁净房的人员活动，无关闲杂人员不得进入百级洁净装校车间。

7. 集成安装

集成安装过程需要进行洁净度控制,控制原则主要如下所列:

① 控制洁净环境中的装校活动。

② 控制集成安装暴露时间。

③ 贯彻执行"在清洁中"(clean as you go)规范。

在集成安装过程中,器件的洁净表面不可避免会暴露在不同空间洁净水平等级的环境中,环境的微粒和分子污染气溶胶会累积在表面,使表面洁净等级水平增大。通过限制暴露的等级-时间,可以在一定程度上控制人员带来的微粒污染和环境带来的微粒及分子污染。暴露限制与在一段时间内特定环境的气溶胶沉积和气溶胶等级相关,一般时间以小时计,物体表面暴露在气溶胶水平更高的空气中或者暴露时间更长导致更高的暴露值;对于 1 000~5 000 的环境等级,每个洁净装配步骤需在 1~5 h 内完成。集成安装通常是在 100 000 级洁净度环境中进行的;如果需要更长时间的复杂装配,需要设置 100 级洁净或者更佳的受控洁净环境。

在集成安装过程中不可避免会出现磨损及颗粒污染源,例如螺纹紧固方式在光学元件组件内部,而且清洗组装好的光学组件是不彻底的,因为污染会堆积在无法清洗的面上。当组件离开洁净房间看起来是清洁的,许多组件运到目的地后表面又覆盖了无数的颗粒物,这些颗粒物是被振动脱落的,这些颗粒物即使再次清洗后还会继续出现,解决这种困境的方法是"在清洁中"。

"在清洁中"(clean as you go),即装配的同时执行洁净操作规范,利用亮光检查表面洁净度,及时采取清洁措施去除表面污染。

在洁净房间中进行真空吸尘和其他周期性洁净操作,目的是为了去除墙壁和其他不易接触区域的灰尘,阻止在后期操作中灰尘进入洁净区域。

在光学元件装配进程中及时清洁,例如在每次起吊结束时,利用真空吸尘器清洁,使用干布擦灰尘(被证明比湿布去除颗粒更有效),利用非常洁净的气体吹除灰尘。

使用亮光照明表面碎片非常有效。人眼的敏感性和亮光的结合,使人通过区分颗粒物和背景,看清 10 μm 的颗粒,可以经常使用亮光判断装配组件是否被污染,如图 8-22 所示。

图 8-22　在普通灯光(左图)和亮光(右图)照明下的器件表面颗粒

在装配活动完成后,留下小零件的现象比较常见,如图 8‑23 所示。一旦零件直接掉落在光学元件上,将造成严重后果,特别是直接暴露在激光照射下会形成大的光路阻挡,需要建立规则减小这类事件的发生:① 小零件要放在容器中,例如不锈钢盘,而不是放在器件上,即使只有几分钟。② 移出零部件,立即放进容器中,不要等到工作结束。③ 进入大容器中装配操作时,记录工具和拿进的器件条目,出来后再次检查是否有遗漏。

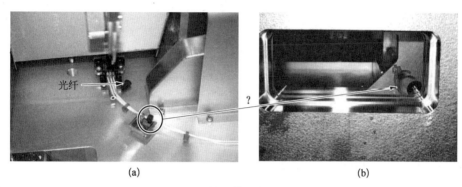

图 8‑23　NIF 装置装配中遗留小零件图

(a) 光纤组件安装时遗留的光纤接头盖帽;(b) 准直窗口处发现的电缆线扎带。

8.2.3　波面控制

高功率激光驱动装置结构复杂,大口径光学元件众多,对光学元件的支撑系统要求严格。大口径光学元件的面形质量是影响光束质量的重要因素之一。为满足焦斑聚焦要求,光束质量必须满足在 $150~\mu m$ 的焦斑内集中大于 95% 的激光能量,则加工误差必须满足 $PV<\lambda/3$、$RMS<0.079\lambda$。大口径光学元件由于加工中引入的和安装中重力作用产生的面形误差,将导致低阶波前畸变以及像散问题。

大光学元件的通光口径大、厚度小,导致比刚度低,但是对面形精度要求又很高。众多的大口径光学元件的面形质量,决定了高功率激光驱动装置的光学系统光束波前质量。由于大口径光学元件已接近加工精度极限,加工困难,采用先进的数控加工方式虽可提高加工精度,但是加工中会引入一定的光学调制。安装方式不当极易引起大口径光学元件的表面面形畸变,同时重力作用下的大口径光学元件表面变形,也会造成面形质量下降。传统方式是在光路中加入主动变形镜系统以校正因光学元件表面面形畸变引起的低阶光束畸变。但是众多大口径光学元件的安装精度仍是主动变形镜系统的工作基础,因此控制大口径光学元件工作过程中的安装精度,是影响高功率激光系统性能的关键性因素。

传统的大口径光学元件支撑方案受限于通光区域,提高光学元件的光学表面面形质量的程度有限。目前的大型透射式镜片的装夹方式有:吊带支撑方式[9]、切向挠性支撑方式[10]等。J. A. Horvath 等[11‑13]研究了消除边界约束的过约束,采用波纹钢板或者硅胶等材料,以消除因实际支撑过程中的过约束而产生的附加变形。另一方面,对于大口径反射式镜片的背部支撑方法进行了大量的研究工作积累。在伯克利同步辐射光源中,M. R. Howells 等[14]曾对整体镜片的主动光学支撑进行了深入研究,但是他们的研究仅仅局限于反射式镜片的背部主动支撑,对透视式镜片的主动支撑未有涉及。国内的孙振等[15]研究了主动支撑方式消除投影物镜像差,王汝冬等[16]提出一种补偿大口径反射式光学元件的重力变形的方法,能够有效地降低光学元件的波前畸变。边界约束支撑方案因为对光学元件通光口径内的面形具有良好的校正能力,国内外学者对此进行了初步的研究[17]。而大尺寸光学元件,尤其是透射式大尺寸光学元件,由于其制造过程中要求达到的面形精度导致制造难度大大提高,同时由于自重变形引起的面形误差增大,研究了大口径光学元件在满足通光区域的前提下,基于边界约束支撑的主动光学支撑。

8.2.3.1 主动光学支撑理论及建模

偏振组件是激光驱动器装置中非常重要的单元之一,其中透反偏振镜的几何尺寸为762 mm×400 mm×100 mm,其主要功能包括:

一是反射垂直偏振的激光,透过水平偏振的激光,配合电光开关的使用,实现腔区段激光束的四程放大和最后的导出;

二是有效地隔离腔放大器第四程放大后通过偏振片的剩余水平偏振光反射回传输滤波器;

三是抑制在腔放大器区段内的自激振荡。

透反偏振镜用于与水平方向成33.4°转折光束,结构上整体框架采用两板式微调整结构,螺杆调节,镜框与镜片之间灌注硅胶。两板机构通过转接板与桁架的联接,有安装定位块。由于镀膜工艺会导致偏振膜角度的误差,为保证光束中心的高度,在桁架上设计有高度调节机构,基本结构框架如图 8 - 24 所示。在设计时不仅要保证透反偏振镜的偏振性能,同时还必须减少透反偏振镜机械装夹引起的透反偏振镜的位置误差和面形误差。由于透反偏振镜放置方向是与水平方向呈 33.4°,透反偏振镜的自重对变形影响必须通过有效的支撑方式加以减弱直至消除。

由于光学镜片的支撑方式对光束质量的影响很大,因此设计合理的支撑方式是保证光束质量的前提。

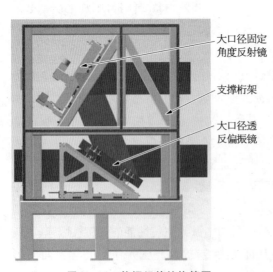

大口径固定角度反射镜

支撑桁架

大口径透反偏振镜

图 8 - 24 偏振组件结构简图

理论上,三维空间的物体有 6 个自由度,为防止镜片的自由度出现欠约束和过约束的情况,在实际工程应用中常常利用固定约束和弹性约束相配合的方式进行。

$$
\begin{Bmatrix} \sigma_x \\ \sigma_y \\ \sigma_z \\ \tau_{xy} \\ \tau_{yz} \\ \tau_{zx} \end{Bmatrix} = \frac{E}{(1+\nu)(1-2\nu)} \begin{bmatrix} 1-\nu & \nu & \nu & 0 & 0 & 0 \\ \nu & 1-\nu & \nu & 0 & 0 & 0 \\ \nu & \nu & 1-\nu & 0 & 0 & 0 \\ 0 & 0 & 0 & \dfrac{1-2\nu}{2} & 0 & 0 \\ 0 & 0 & 0 & 0 & \dfrac{1-2\nu}{2} & 0 \\ 0 & 0 & 0 & 0 & 0 & \dfrac{1-2\nu}{2} \end{bmatrix} \begin{Bmatrix} e_x \\ e_y \\ e_z \\ e_{xy} \\ e_{yz} \\ e_{zx} \end{Bmatrix} - \frac{E\alpha\Delta T}{1-2\nu} \begin{Bmatrix} 1 \\ 1 \\ 1 \\ 0 \\ 0 \\ 0 \end{Bmatrix}
$$

$$(8-8)$$

$$
\begin{Bmatrix} e_x \\ e_y \\ e_z \\ e_{xy} \\ e_{yz} \\ e_{zx} \end{Bmatrix} = \frac{1}{E} \begin{bmatrix} 1 & -\nu & -\nu & 0 & 0 & 0 \\ -\nu & 1 & -\nu & 0 & 0 & 0 \\ -\nu & -\nu & 1 & 0 & 0 & 0 \\ 0 & 0 & 0 & 2(1+\nu) & 0 & 0 \\ 0 & 0 & 0 & 0 & 2(1+\nu) & 0 \\ 0 & 0 & 0 & 0 & 0 & 2(1+\nu) \end{bmatrix} \begin{Bmatrix} \sigma_x \\ \sigma_y \\ \sigma_z \\ \tau_{xy} \\ \tau_{yz} \\ \tau_{zx} \end{Bmatrix} + \alpha\Delta T \begin{Bmatrix} 1 \\ 1 \\ 1 \\ 0 \\ 0 \\ 0 \end{Bmatrix}
$$

$$(8-9)$$

通过上述公式,可以分别计算所需变形的外力大小以及外力作用下光学元件的变形。

倾斜放置的透反偏振镜外形尺寸为 762 mm×400 mm×100 mm,与水平方向呈 33.4°放置。透反偏振镜与支撑块的材质如表 8-7 所示。

表 8-7　透反偏振镜与支撑块材质

名　称	材　料	密度/(kg/m³)	弹性模量/Pa	泊松比
透反偏振镜	UBK7	2 510	8.1×10^{10}	0.208
支撑块	殷钢	7 910	2.11×10^{11}	0.3

透反偏振镜主动光学支撑下有限元模拟结果如图 8-25 所示,光学元件通光区域的大部分区域在合理的预紧力控制下可以获得极小的变形数值。

从图 8-25 中可以看出,随着施加预紧力的增大,透反偏振镜的中心因为自重变形而产生的沿着重力方向的变形逐渐变小。在底部板条支撑,上部不施加力矩情况下,由于重力影响,透反偏振镜边缘变形最小,通光区域产生与重力方向一致的变形,如图

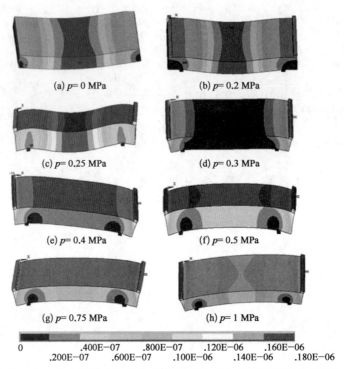

(a) $p=0$ MPa　　　　　　　　(b) $p=0.2$ MPa

(c) $p=0.25$ MPa　　　　　　　(d) $p=0.3$ MPa

(e) $p=0.4$ MPa　　　　　　　(f) $p=0.5$ MPa

(g) $p=0.75$ MPa　　　　　　　(h) $p=1$ MPa

| 0 | .400E-07 | .800E-07 | .120E-06 | .160E-06 |
| .200E-07 | .600E-07 | .100E-06 | .140E-06 | .180E-06 |

图 8 - 25　施加预紧力后透反偏振镜变形云图(彩图见图版第 35 页)

8-25(a)所示。透反偏振镜上部施加预紧力,预紧力产生的微小弯矩抵消了重力的影响,通光区域由于重力作用而产生的变形量随之降低。当预紧力达到 0.1 MPa 时,透反偏振镜通光区域的中心变形值在 $0\sim0.02\ \mu m$ 之间,最大变形区域移动到边缘施加预紧力的地方,如图 8-25(d)所示。随着上部预紧力继续增大,则透反偏振镜通光区域产生与重力变形相反方向的变形。虽然最大变形区域仍然是边缘施加预紧力的部分,但是通光区域部分的变形值相比于恰好抵消重力影响的情况,仍是有所增大,并且随着施加预紧力的增大,透反偏振镜在弯矩的作用下变形也逐渐增加,如图 8-25(e—f)所示。

8.2.3.2　主动光学支撑的实验研究

采用干涉仪测量通光口径为 200 mm 的偏振片的主动光学支撑对通光口径处变形的影响,实验装置如图 8-26 所示。

对图 8-26 中的施力板条施加不同预紧力,在边缘形成对偏振片的弯矩,以抵抗重力引起的变形,测量所得的光学元件表面的变形图,如图 8-27 所示。

可以看到,在偏振片边缘未施加预紧力情

图 8 - 26　主动光学支撑测试装置

1—施力板条;2—偏振片;3—支撑板条;4—支撑装置;5—干涉仪。

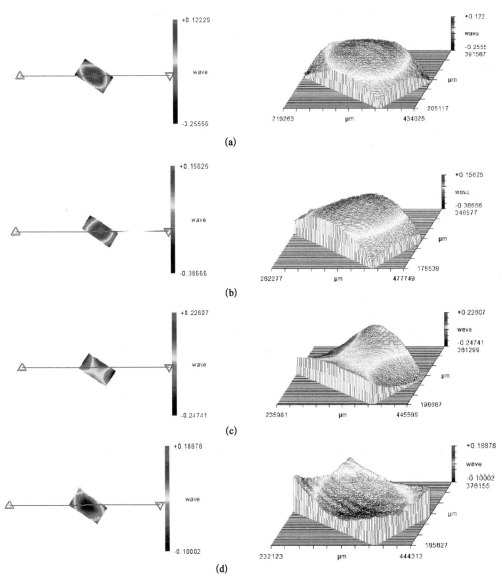

图 8 - 27　边缘施加弯矩测试结果图（彩图见图版第 36 页）

a：$p=0$ MPa，b：$p=0.2$ MPa，c：$p=0.275$ MPa，d：$p=0.3$ MPa。

况下，如图 8 - 27(a)所示，通光区域的中心处变形最大。底部支撑同时上部施加预紧力，在对偏振片形成小挠性变形的过程中，偏振片通光区域在重力作用下的变形被附加力矩降低。预紧力的大小对面形有直接影响，如表 8 - 8 所示。随着施加预紧力的增大，偏振片通光区域中心的变形逐渐减小。当力达到 0.3 MPa 时，如图 8 - 27(d)所示，通光区域中心区域的变形达到最小值。最大变形区域转移到边缘位置，通光区域内总体的 PV 值比未施加预紧力时降低 40% 左右。

表 8 - 8 预紧力与表面光束质量之间关系

预紧力 /MPa	0	0.2	0.25	0.275	0.3	0.4	0.5	1
PV /波长	0.793	0.633	0.471	0.289	0.454	0.854	0.969	1.038
RMS /波长	0.152	0.109	0.077	0.054	0.087	0.146	0.18	0.195

通过测试获得了口径为 200 mm 的中等口径的偏振片的面形质量参数,施加预紧力为 0.3~0.4 MPa 情况下,PV 值以及 RMS 值分别比未施加预紧力情况下减小 63.6% 和 64.5%。PV 和 RMS 值最小变形为 1/5 波长,如图 8 - 28 所示。

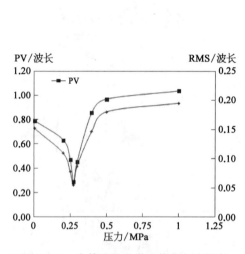

图 8 - 28 中等口径光学元件在主动约束
支撑下的实验结果

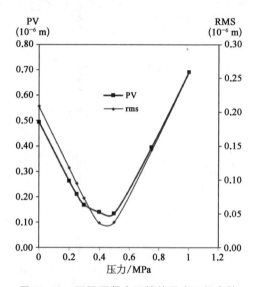

图 8 - 29 不同预紧力下镜片通光口径内的
RMS 值和 PV 值

采用主动约束支撑方式对水平放置的 690 mm ×400 mm × 100 mm(长×宽×高)大口径镜片边缘施加预紧力,以消除重力载荷对镜片变形的影响。大口径镜片在通光口径 350 mm 内的 RMS 值和 PV 值有显著变化,变化趋势见图 8 - 29。

8.2.4 集成分析

在 20 世纪,随着结构力学的巩固,这一领域几乎被对非结构应用感兴趣的研究人员所抛弃,几乎所有的发展都有对应特定力学问题的一种解决方案。同时,统一起来的力学领域被划分成一系列越来越多的学科,出现了多个力学分支:结构力学、流体力学、热力学、波动力学、量子力学等。近年来,各学科需要在跨学科的项目中进行合作已成为一种趋势。通过输出文件传递,相互进行解释与评价,使结果文件成为另一个计算的程序或者源代码。这种方法适应了对技术问题进行统一分析的需求,适应了计算机时代将各个独立的软件集成在一起,所以称为"集成分析方法"[18],如图 8 - 30 所示。

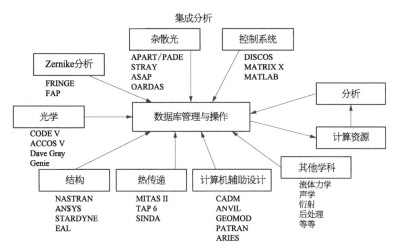

图 8-30　集成分析模型

在高功率激光装置中,驱动部件的机械装置由于重力的影响会产生变形,同时激光工作阶段会有热量产生,这种机械的变形和热变形会引起光学元器件的光束质量的变化。将这种力或热引起的变形量传递给光学分析软件,进行光束质量的计算。集成分析在光学工程中的应用越来越普遍。

利用泽尼克(Zernike)多项式作为结构和光学软件之间的数据接口,可以克服光学软件不能读取结构分析中有限元分析结果以及坐标系不一致的缺点,将结构分析结果作为光学分析的源数据,从而实现光机集成分析。由于结构分析过程中光学表面是光滑和连续的,一定可以将面形变化表示为以泽尼克系数作为基底函数系的拟合离散像差[19-23]。离散像差函数定义为 $W(x_i, y_i)$,由连续函数 $W(x, y)$ 表征大口径光学镜片的面形。将变形后的大口径镜片面形用 n 项泽尼克多项式表示为

$$W(x, y) = a_1 Z_1(x, y) + \cdots + a_n Z_n(x, y) = A^\top Z \tag{8-10}$$

其中 $A = (a_1, a_2, \cdots, a_n)$ 为泽尼克多项式系数, $Z = [Z_1(x, y), Z_2(x, y), \cdots, Z_n(x, y)]$ 为 n 项泽尼克多项式。

现有 m 个离散数据点 $W_i(x_i, y_i)$,令 $q_{ij} = z_j(x_i, y_i)$, $i = 1, 2, \cdots, n$。代入上式得到矛盾方程组 $(m > n)$

$$\left.\begin{array}{l} q_{11}a_1 + q_{12}a_2 + \cdots + q_{1n}a_n = W_1 \\ q_{21}a_1 + q_{22}a_2 + \cdots + q_{2n}a_n = W_2 \\ \cdots \\ q_{m1}a_1 + q_{m2}a_2 + \cdots + q_{mn}a_n = W_m \end{array}\right\} \tag{8-11}$$

通过 Householder 变换把系数正交三角化,在克服矛盾方程组出现病态问题从而影响计算误差前提下,获得泽尼克多项式系数。通过提取结构分析结果,通光口径内所有表面

节点的数值,归一化到单位圆内。

8.2.4.1　棒状放大器流场分析

在高功率激光驱动装置中,棒状放大器作为放大级的一个关键部件,如图 8-31 所示,其放大性能对激光光束的近场和远场性能有很大的影响。泵浦过程中的废热的产生,会导致应力双折射和热透镜效应,因此棒状放大器的冷却装置是制约激光光束质量的一个关键因素。首先对棒状放大器的工作原理进行概述;通过建立棒状放大器的控制方程和边界约束条件,在建立的数值模型上求解棒状放大器水冷装置中的流场分布;通过对传统的直流式流场的分析,提出旋流式进出口的改进方案。改进后的棒状放大器的进出口方式,使棒状放大器的流场分布更加均匀,换热效果更佳。

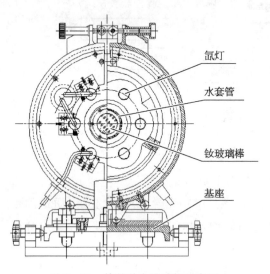

图 8-31　棒状放大器结构示意图

(图中标注:氙灯、水套管、钕玻璃棒、基座)

1. 棒状放大器数值模型

在高功率激光驱动装置中,棒状放大器作为预放系统中实现大增益的主要部件,其冷却系统是影响增益系数和光束质量的一个关键因素。整个棒状放大器包括机械支撑系统、冷却系统以及增益放大系统。结构如图 8-32 所示。棒状放大器的冷却系统主要包括三部分,分别是密封系统、水流通道和增益介质。密封系统主要由压板、压圈、密封圈、水套管及分流圈构成,其中分流圈是密封系统的一个关键部件,通过改变分流圈的小孔的结构和分布,可以直接影响冷却介质在冷却通道中的流动状态。增益介质为圆棒状钕玻璃棒。水流通道由密封系统和增益介质之间所形成的腔体构成。

根据棒状放大器的冷却系统的几何结构,根据流场分析的需要,在几何模型的基础上建立需要分析的物理模型如图 8-33 和图 8-34 所示。

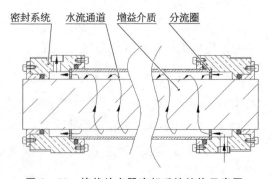

图 8-32　棒状放大器冷却系统结构示意图

(图中标注:密封系统、水流通道、增益介质、分流圈)

图 8-33　棒状放大器整体流场分析物理模型

图 8-34　棒状放大器棒状介质部分流场分析物理模型

2. 棒状放大器冷却系统流场优化

(1) 直流式进口流场分析

最常见的棒状放大器的进出口设计中,进出口的角度常常设计成与钕玻璃棒的轴线方向一致,也即进出口方式为直流方式。这种方式下冷却流体在冷却通道的三维各个方向上的速度分布如图 8-35、图 8-36 及图 8-37 所示。从图中可以看出,流体在 X、Z 方向上的速度分布均有较大的梯度。

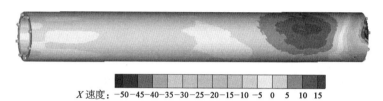

X 速度：-50 -45 -40 -35 -30 -25 -20 -15 -10 -5 0 5 10 15

图 8-35　直流式进口 X 方向速度分布图(彩图见图版第 36 页)

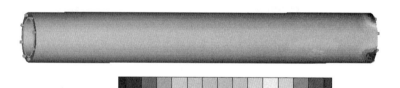

Y 速度：-30 -25 -20 -15 -10 -5 0 5 10 15 20 25 30 35

图 8-36　直流式进口 Y 方向速度分布图(彩图见图版第 37 页)

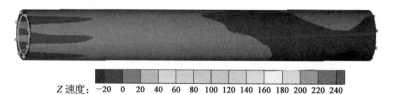

Z 速度：-20 0 20 40 60 80 100 120 140 160 180 200 220 240

图 8-37　直流式进口 Z 方向速度分布图(彩图见图版第 37 页)

从图 8-35、图 8-36 及图 8-37 的 X、Y、Z 三个方向的速度分布图上可以看出,X、Z 方向上速度分布在进口后不远处,出现了较大的速度梯度。这种速度梯度将导致棒状放大器的冷却系统中的冷却流体出现压力波动,而压力波动将会导致冷却系统中空穴和漩涡的产生,这种现象将会导致气泡的产生。同时,气泡的破灭会对棒状放大介质产生空蚀,对棒状放大介质造成破坏;另一方面,气泡影响了氙灯的泵浦效率以及冷却系统的冷却性能。从图 8-38 压力分布图可以看出,冷却介质在冷却通道内压力分布并不均匀,并且在出口处根据流线可以看到有漩涡的产生。产生这种现象的根本原因在于冷却介质本身重力的影响导致流体在冷却通道内的分布并不均匀。

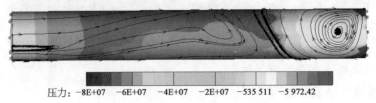

压力：－8E＋07　　－6E＋07　　－4E＋07　　－2E＋07　　－535 511　　－5 972.42

图 8 - 38　直流式进口压力分布图（彩图见图版第 37 页）

（2）斜流式进出口分析

为了加速棒状放大器的冷却效率，让分流圈的进口方向与棒状放大器轴线在水平方向呈 45°。这样的进口方式下，冷却流体在经过分流圈以后速度将有一个垂直分量产生，相当于有角度的喷射冷却方式。这种方式无疑对进口处的棒状放大器的冷却效果有积极的影响。流体介质在冷却通道内的速度分布如图 8 - 39、图 8 - 40 及图 8 - 41 所示。

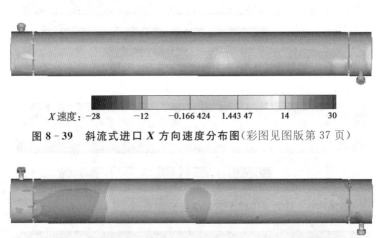

X 速度：－28　　　－12　　　－0.166 424　　1.443 47　　　14　　　30

图 8 - 39　斜流式进口 X 方向速度分布图（彩图见图版第 37 页）

Y 速度：－18　　　－2　　　0.561 129　　　10　　　26　　　42

图 8 - 40　斜流式进口 Y 方向速度分布图（彩图见图版第 37 页）

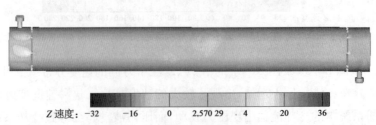

Z 速度：－32　　　－16　　　0　　　2.570 29　．4　　　20　　　36

图 8 - 41　斜流式进口 Z 方向速度分布图（彩图见图版第 37 页）

从图 8 - 39、图 8 - 40 及图 8 - 41 中可以看到，三个方向上的速度分布明显沿着棒状放大器的轴线方向存在速度的梯度。在图 8 - 40 中 Y 方向的速度分布图上，可以看出速度在出口区域相比其他区域更小,这是由于喷射角度的变化在 Y 方向上产生了一个速度分量,导致出口区域在 Y 方向上随着流体的流动而产生了较大的速度衰减。同时从速度分布图上可以看出,冷却系统的整个区域的速度分布并不是很均匀,存在着几个速度明显降低的低速区。这种现象的产生主要是由于喷射角度和重力的双重影响。

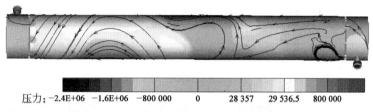

压力: -2.4E+06　-1.6E+06　-800 000　　0　　28 357　29 536.5　800 000

图 8 - 42　斜流式进口速度分布矢量及压力分布图(彩图见图版第 38 页)

从图 8 - 42 中的压力分布及流线分布可以看出,进入棒状放大器的冷却通道内,在进出口端各有一个漩涡区。在靠近出口处,速度漩涡区这种现象更为明显,速度漩涡区与压力梯度骤降区是重合的。由于斜流进口的影响,水平和垂直的速度分量在冷却流体从进口向出口流动过程中,由于重力的影响而产生扰动,这种扰动的形成机制是复杂的而且是随机的,但是这种现象的产生却又是必然的。一旦这种漩涡区形成,直接的后果就是导致流体流动的不畅,这种流动的破坏因素是产生气泡和影响冷却效率的直接原因。而这种区域对流场分布的影响显而易见是不利的。

(3) 旋转流动

从以上的分析结果中可以看出,不管是直流式进口还是斜流式进口,冷却介质在冷却通道内的流场分布都存在漩涡区。漩涡区的存在,不仅仅影响冷却介质的冷却效率,同时由于漩涡区的压力梯度较大,并且在冷却介质不断的流动中,由于压力的波动,会产生气泡。气泡产生后会影响泵浦光的泵浦均匀性,进而影响激光光束的质量。因此,冷却介质对棒状放大器冷却通道内的流场分布均匀具有重要的意义。为了消除重力的影响,优化了分流圈进出口的轴线,将分流圈进出口轴线同时旋转 45°。分流圈的设计简图如图 8 - 43 所示。

X、Y、Z 方向上的流场分布图及速度分布图如图 8 - 44、图 8 - 45 和图 8 - 46 所示。

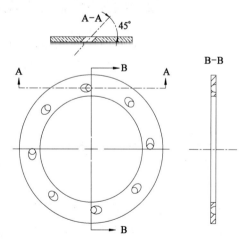

图 8 - 43　分流圈结构简图

从速度分布图上可以看出,冷却介质在棒状放大器的冷却通道内的分布很均匀,没有产生明显的速度梯度。从图 8 - 47 压力及流场分布图上可以看出,压力虽然沿着进口到出口的整个冷却区域呈现从大到小的变化趋势,但是均匀的环流在冷却通道内

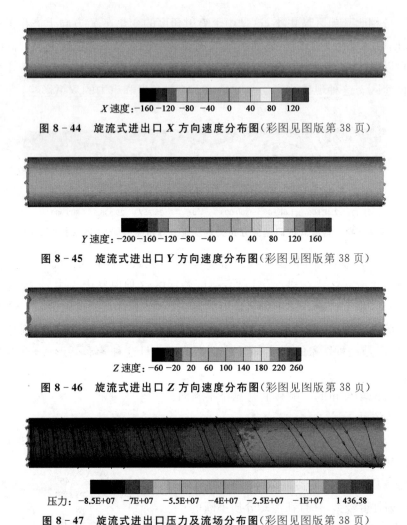

X 速度：−160 −120 −80 −40 0 40 80 120

图 8 - 44　旋流式进出口 X 方向速度分布图（彩图见图版第 38 页）

Y 速度：−200 −160 −120 −80 −40 0 40 80 120 160

图 8 - 45　旋流式进出口 Y 方向速度分布图（彩图见图版第 38 页）

Z 速度：−60 −20 20 60 100 140 180 220 260

图 8 - 46　旋流式进出口 Z 方向速度分布图（彩图见图版第 38 页）

压力：−8.5E+07 −7E+07 −5.5E+07 −4E+07 −2.5E+07 −1E+07 1 436.58

图 8 - 47　旋流式进出口压力及流场分布图（彩图见图版第 38 页）

的流动消除了流场中漩涡的产生，说明分流圈的进出口同时旋转 45°的优化方案是积极有效的。

8.2.4.2　组合式片状放大器热管理

在固体激光系统中，热管理系统的性能会直接影响输出激光的光束质量、激光器的运行效率以及工作稳定性。可以说，热管理技术的发展伴随着激光技术的发展虽然有长足的进步，但仍然是限制高功率激光驱动器发展的瓶颈之一。在高能量激光驱动器系统中，热管理主要涉及两个方面：一是抽运源氙灯的热管理，二是激光增益介质的热管理。由于氙灯的发射波长会随温度产生漂移，为保证高效率抽运，对氙灯进行温度控制非常必要[24]。同时，抽运源向激光增益介质提供产生激光所需能量时，也会在介质中造成废热。在高能激光驱动器装置中，产生废热的主要原因为[25]：① 量子亏损发热；② 下能级与基态之间的能差转化为热能；③ 激光跃迁荧光过程的量子效率小于 1，因此除了产生激光能量以外,其余的能量由于激光猝灭而产生热。

在主放大器装置中,放大器内部采用钕玻璃片作为抽运介质,利用氙灯对钕玻璃片进行抽运。在抽运过程中,片状放大器中的各个部件均不同程度地吸收来自氙灯的辐射能。钕玻璃本身的量子亏损效应以及吸热效应,会使钕玻璃片本身温度升高;钕玻璃片由于温度应力的作用产生扭曲变形,从而影响光束质量和频率转换效率,导致打靶能量下降;同时,各个部件的热特性不同导致在组合式放大器内部的部件温度不同,这种温差导致放大器内部的流体产生自然对流扰动。为了消除钕玻璃片的温度梯度对光束质量的影响,必须在下一次工作之前,对钕玻璃进行有效的冷却,使钕玻璃片恢复到抽运前的温度。目前,美国的 NIF 实验室进行了大量的理论计算和试验测试工作,对放大器的冷却气体的温度和冷却气体的流速进行优化,达到了加快热恢复的目的,并且提出了前热恢复时间和后热恢复时间的概念。

1. 影响钕玻璃冷却的物理因素分析

对流换热过程不是基本传热方式,它是靠导热和热对流两种作用完成热量传递的。显然,一切支配这两种作用的因素和规律,诸如流动的起因、流动状态、流体物性、物相变化、壁面的几何参数等都会影响换热过程,可见它是一个内涵复杂的物理现象。

换热系数将是众多因素的函数,即

$$h = f(u, T_s, T_\infty, k, C_p, \rho, \beta, \mu, l, \smallint) \tag{8-12}$$

式中：u—气体进口速度；

　　　T_s—钕玻璃表面温度；

　　　T_∞—冷却气体温度；

　　　k—气体导热系数；

　　　C_p—气休定压比热容；

　　　ρ—气体密度；

　　　β—气体膨胀系数；

　　　μ—气体动力黏度；

　　　l—钕玻璃表面定型尺寸长度；

　　　$\smallint$—钕玻璃几何形状因素或流体与壁面的相对位置的影响。

由于钕玻璃本身尺寸及结构是无法改变的,因此改进传热效果,可以改变的因子有:钕玻璃几何形状因素或流体与壁面的相对位置的影响、气体进口速度、冷却气体温度、气体导热系数、气体定压比热容、气体密度、气体膨胀系数、气体动力黏度。气体导热系数、气体定压比热容、气体密度、气体膨胀系数、气体动力黏度在冷却气体种类确定后即对应一个特定参数。因此,可以改变的因子有:钕玻璃壁面与流体的相对距离与角度、气体进口速度、冷却气体温度和气体种类五个独立因子,如表 8-9 所示。

表 8 - 9 影响换热系数因素分析

物理表达	气体导热系数	气体比热容	气体密度	气体膨胀系数	气体黏性系数	与壁面相对位置		壁 面 性 质		进气温度	进气速度	进出气嘴数量	进出气嘴组合方式
	气体种类					距离	角度	壁面几何形状	壁面温度				
是否可控			√			√	√	×	×	√	√	√	√

由于多程放大器本身结构的对称性,为了节省计算时间,取放大器对称结构的一半进行分析。结构简图如图 8-48 所示。

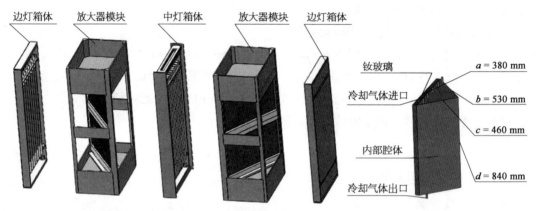

图 8 - 48 片状放大器结构示意图

图 8-48 所示的计算模型包括冷却流体进口、放大器内部空腔、钕玻璃边界面、冷却流体出口。在计算过程中我们进行了如下假设:① 冷却流体的热特性是稳态的;② 冷却流体的流动状态依赖于进口速度决定的雷诺数,流动状态是稳态的;③ 由于重点考察进出口结构及流体状态对传热影响,因此认为除了钕玻璃表面参与换热,其他表面是绝热表面。这里忽略腔体内冷却流体在其他表面的热交换。

2. 影响换热效果因素分析

(1) 气体流量对换热系数的影响

首先考虑增大气体的流量,气体流量的增加导致冷却气体的流动速度加快,根据公式

$$h = 0.664 \left(\frac{ux}{v} \right)^{0.5} Pr^{0.33} \frac{k}{x} \qquad (8-13)$$

其中:h—对流换热系数(热对流传热系数);

u—冷却气体流速;

x—钕玻璃片的长度;

υ—动力黏度；

Pr—普朗特数；

k—冷却气体热传导系数。

由此可知,随着气体流速的增加,换热系数逐渐增大。

以氮气作为冷却介质,得到不同气体流量下的对流换热系数。

从图 8 - 49 中可看出,在相同的进气喷嘴结构和气体状态下,随着流量的增加,对流换热系数逐渐变大。这是因为随着流量的增加,喷嘴进口的流速增加,流经钕玻璃表面的冷却气流的速度的增加,导致换热边界层厚度的减小,从而增大了对流换热系数。但是对流换热系数的增加并不是无限制的,因为流速的增加受到出口边界条件和湍流度的制约,当流量增

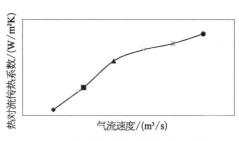

图 8 - 49　气体流量与对流换热系数关系

加到一定程度,冷却气流会在放大器内部腔体内形成较大的涡流,这种涡流不但影响钕玻璃表面的对流换热,同时增大的涡流也增加了腔体内部气体的湍流度,这对后续的打靶光束质量是不利的。最重要的是,从工程实用的角度考虑,最佳的优化模式是在相同的气体流量的状态下考量改变影响对流换热系数的参数对于换热效果的影响。因此,下面优化的前提都是在相同的气体流量状态下进行的。

（2）气体种类对换热系数的影响

不同的气体由于本身物理性质的不同,即使在相同的流量和压力以及冷却通道的情况下,也会有很大的不同。选择冷却气体的种类时要考虑放大器的工作环境：首先冷却气体的洁净度必须高于放大器本身工作时的等级；其次由于氙灯泵浦及激光发射过程中的高能状态,因此易燃易爆的气体如氢气,是绝对要避免的；最后还要考虑冷却气体的经济性。综合上述考虑,选择空气、二氧化碳、氮气及氦气作为冷却气体,研究这四种气体在相同的冷却通道及进口温度和流量情况下的换热性能。表 8 - 10 为待分析气体的热物性。

表 8 - 10　温度为 300 K 条件下各种气体的热物性

气体种类	密度 /(kg/m³)	比热 /[kJ/(kg·K)]	黏度 /(10⁶ m²/s²)	热导率 /(10³ W/m²·K)	热扩散系数 /(10⁶ mm²/s)
空气	1.161 4	1.007	15.89	26.3	22.5
CO_2	1.773 0	0.851	8.4	16.55	11
N_2	1.123 3	1.041	15.86	25.9	22.1
He	0.162 5	5.193	122	152	180

由于气体冷却完成后将充满放大器内部空间,因此要考虑在非稳定状态下激光光束

通过填充气体的光束畸变。温差导致的光束的光程差表达式为

$$\Delta \text{OPL} = \delta \sqrt{\frac{L}{\delta}} \beta \frac{\Delta T}{T} \qquad (8-14)$$

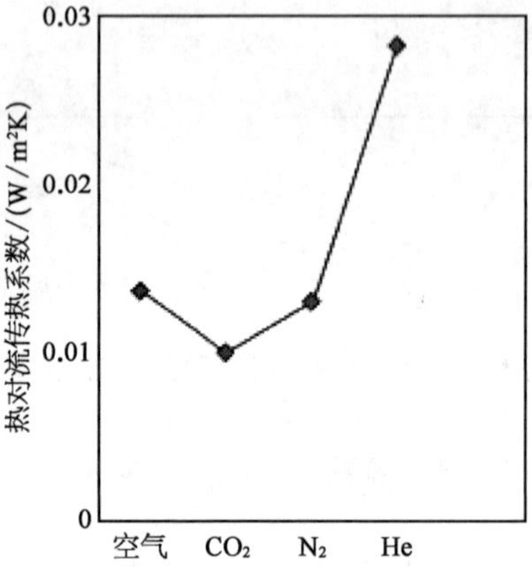

式中：ΔOPL——光程差；

δ——光束通过气体的扰动影响因子；

L——光束传输距离；

β——葛戴二氏常数。

在上式中，不同的气体具有不同的葛戴二氏常数（格拉斯通-戴尔常数，Gladstone-Dale constant）。氦气的葛戴二氏常数最低，为氮气的 $1/8$。

通过数值模拟，得到四种气体的对流换热系数如图 8-50 所示。

在图 8-50 中可以看出，在相同的进气喷嘴结构和气体流量的情况下，氦气的对流换热系数最高。同时由于氦气比较稳定，在光束通过过程中，在相同的温度梯度情况下，它对光束质量的影响要小于其他气体。空气的对流换热系数比氮气的略高，但是考虑到空气中含有氧气，不利于高功率激光的工作环境，所以如果氮气和空气二者选其一的话，则优先考虑氮气。

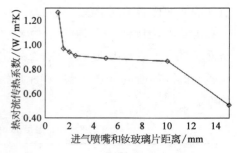

图 8-50　对流换热系数与气体种类的关系

（3）与壁面相对位置对于换热系数的影响

进气喷嘴与壁面相对位置包括两个参数，分别为进气喷嘴与钕玻璃片的相对角度和距离。改变进气喷嘴与钕玻璃片之间的距离，得到的对流换热系数如图 8-51 所示。

在相同的进气喷嘴结构和气体流量的情况下，随着进气喷嘴距钕玻璃表面之间距离的增加，对流换热系数减小。这种变化是由于距离会影响流经钕玻璃表面的气体在其上形成的热边界层厚度。距离越小，热边界层越薄，对流换热效果越理想。但是考虑到工程实用性，距离为 $2 \sim 10$ mm 的区间内，对流换热系数比较大，同时变化不太明显，所以选择喷嘴距钕玻璃表面距离为 10 mm 是可行的。

图 8-51　进气喷嘴和钕玻璃片距离与对流换热系数关系

改变进气喷嘴与钕玻璃片之间的相对角度，0°代表喷嘴进气方向平行于钕玻璃片的表面，90°代表进气喷嘴垂直于钕玻璃片。

从图 8-52 可以看出，进气角度与对流换热系数之间的关系并不是线性的关系。在进气角度平行于钕玻璃的情况下对流换热系数最大；增加到相对角度为 15°以下时，对流换热

系数逐渐降低;继续增加相对角度,对流换热系数又有所增加。出现这种结果的原因在于我们所考量的对流换热系数为平均对流换热系数。对于进口处的局部对流换热系数,随着相对角度的增加,局部对流换热系数增高;但是进口处以外的区域会因为相对角度的增加,对流换热系数逐渐降低。这导致整个钕玻璃片的平均对流换热系数出现随着角度的变化而发生以上的情况。

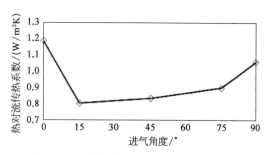

图 8－52　进气角度与对流换热系数关系

从图 8－53 所示的温度分布云图和图 8－54 所示的速度分布图上可以看出,随着喷嘴与钕玻璃片相对角度的增加,冷却气体在喷嘴出口处的速度集中区域越来越大。一方面,在喷嘴出口处,速度越大,对流换热的边界层越薄,对流换热效果越好,即局部的对流

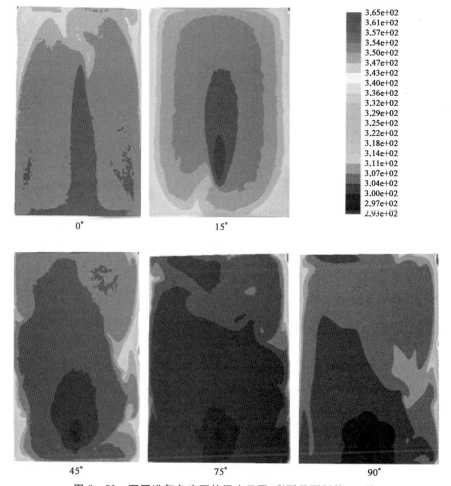

图 8－53　不同进气角度下的温度云图(彩图见图版第 39 页)

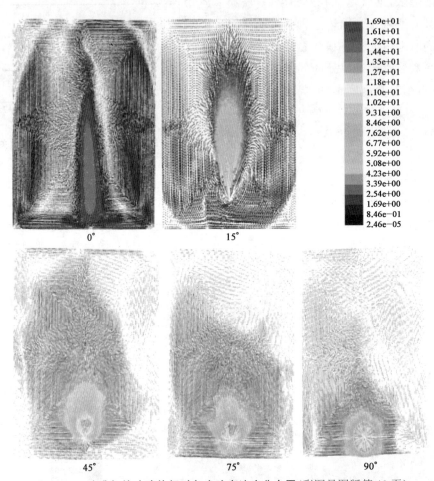

图 8 - 54　喷嘴与钕玻璃片相对角度改变速度分布图(彩图见图版第 40 页)

换热系数越低;另一方面,局部的速度不代表整体的速度,局部的对流换热系数也不代表整体的换热系数。而且,局部的对流换热系数的增加,是以牺牲总体的对流换热系数为代价的。喷嘴在与钕玻璃片成 15°的情况下,对流换热系数最低,是由于在这个角度下,冷却气体比较容易形成环流,环流的影响就是冷却气体不易从出口处排出,气流的流动不畅导致了换热系数的降低。

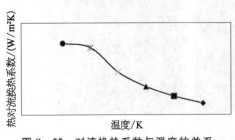

图 8 - 55　对流换热系数与温度的关系

(4) 进气温度对换热系数的影响

从图 8 - 55 中可以看出,在相同的进气喷嘴结构和气体流量的情况下,随着冷却气流温度的升高,对流换热系数逐渐降低。但是进气温度的降低受到钕玻璃表面应力及放大器内部气流热恢复的制约。冷却气流温度低于钕玻璃表面的温度越多,钕玻璃内部的热应力越大,这种情况对钕玻璃的质量及使用寿命是有影响的。同时,当所有部件温度恢复到同环境温度一致时,必须使用与环境温度相同的气体对存在于放大器内部腔体的过冷气体进行热恢复,使其温度与环境温度达到一致。所以,如果过冷气体温度低于环境温度太多,反而会增加冷却气体用量和热恢复的时间。实践表明,过冷气体低于环境温度 2℃ 是可行有效的。

（5）进气速度对换热系数的影响

在相同的进气量的情况下,通过改变喷嘴数量改变冷却气体的入口速度。因为放大器内部结构较大,气体在放大器腔体内部随着流速增加,流场产生较大的变化。对于单个喷嘴,改变喷嘴的口径,随着喷嘴口径的减小,气体进口流速增加,对流换热系数随之增大。

在相同气体流量的情况下,随着进口直径的增加,气体进口速度会降低,导致了对流换热系数减小。从图 8－56 和图 8－57 中可以看出,对流换热系数的减小并非线性降低的过程。这是因为当喷嘴直径较小时,进口速度较大,但随着喷嘴进口直径进一步增大到 15 mm 后,流经钕玻璃表面气体的状态由湍流态变为层流态。而气体的流动状态对于对流换热系数的影响是很大的,这就导致了当喷嘴直径大于 15 mm 以后,对流换热系数急剧降低。从结果中可以看出,喷嘴直径选择 5～15 mm 是对钕玻璃的热恢复比较有利的。

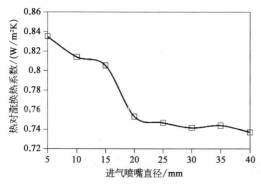

图 8－56　喷嘴直径与对流换热系数关系

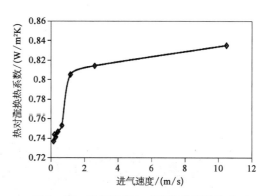

图 8－57　进气速度与对流换热系数关系

（6）喷嘴数量对换热系数的影响

从图 8－58 和图 8－59 中可以看出,在进气流量一定情况下,增加喷嘴的数量,随着喷嘴数量的增加,进气速度减小。理论上对流换热系数应该随之减小,但是从模拟结果可以看出,实际情况是随着喷嘴数量的增加,对流换热系数没有较大的改变。在五个喷嘴情况下,对流换热系数达到最大值。继续增加喷嘴数量,对流换热系数会急剧降低。

对流换热系数与流过钕玻璃表面的速度不是线性关系,说明对流换热系数不仅仅与速度有关,还与冷却气体在钕玻璃表面的流动状态有关。当喷嘴数量超过五个,进口速度将由湍流变成层流,换热效果迅速降低。

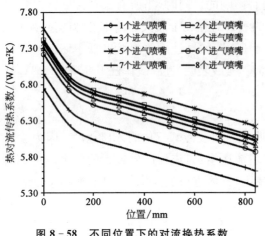

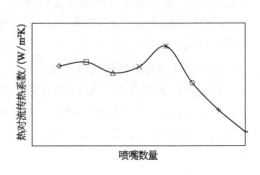

图 8-58 不同位置下的对流换热系数   图 8-59 喷嘴数量与换热系数关系

从图 8-60 的温度云图和图 8-61 的流场分布图可以看出，流场的分布对放大器的温度梯度有很大的相关性。钕玻璃表面上流场分布比较均匀，没有漩涡的区域，钕玻璃的温度较低；当流场分布出现漩涡，势必影响漩涡周围的流场，导致漩涡周围出现冷却流体不能达到的区域，这会导致钕玻璃表面温度较高，从而产生温度梯度。

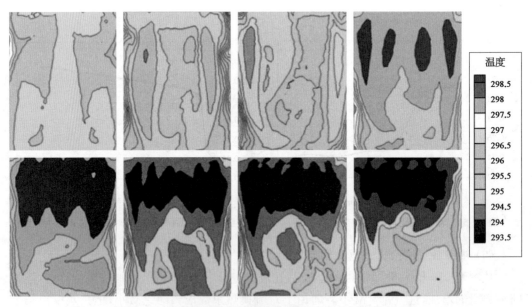

图 8-60 不同喷嘴数量下的温度云图（彩图见图版第 40 页）

从左至右、从上到下喷嘴数量分别为 1、2、3、4、5、6、7、8。

从图 8-62 中可以看出，流场的速度云图与图 8-61 的流场流线图是一致的，流场中速度为零的区域说明冷却流体在这里滞止或者说流体未达到此区域，此区域即为冷却的死点。流场分布得越均匀，即速度为 0 的区域越小，说明流动越顺畅，从而冷却也更有效

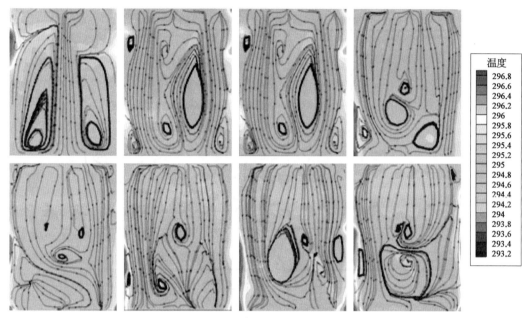

图 8-61　流场分布云图（彩图见图版第 41 页）

从左至右、从上到下喷嘴数量分别为 1、2、3、4、5、6、7、8。

果。在相同的进气体积流量情况下，喷嘴越多，进气速度越小。从四个图中可以看出，一个喷嘴的情况下，中心区域流速较大，但是在钕玻璃边缘形成的涡流团也大，导致流速为 0 的区域同时也比较大；而多喷嘴的情况下，相比其他喷嘴，5 个喷嘴时速度为 0 区域为最小，这也很好地解释了 5 个喷嘴的整体传热系数最大的原因。

　　从流场分布来看，当流场中存在漩涡时，在漩涡附近，钕玻璃表面的温度低于其他处的温度。这是因为漩涡处流场的湍流度较大，局部的换热系数会较高。但是由于漩涡的存在影响了其他部分的流场分布，因此流场中未冷却区域增多，整体上流场的平均换热系数会因为流场死区的存在而降低。所以，流场中的漩涡与流场整体的均匀性是一对矛盾的因素。多个喷嘴情况下，必然有一种情况流场的漩涡与整体流场分布均匀性达到平衡最优的情况。5 个喷嘴情况下，钕玻璃表面虽有漩涡，但是流场中漩涡较小，同时流场分布在分析的情况中是最优的，表面流速分布最为均匀，因此整个钕玻璃表面的平均换热系数最高。流场在此流量状态下，在喷嘴从 1 个增加到 5 个过程中，流场中漩涡区变得越来越小，流场分布也会随喷嘴增加变得更均匀，在 5 个喷嘴情况下达到最优。但当喷嘴数量超过 5 个后，由于流速的降低，流场由湍流变为层流，流场的换热系数会迅速降低，流场的平均换热系数随之有较大的减小。涡流区的存在，虽然在涡流区有较大的局部换热系数，但会影响气体在腔体内的流动，从而影响边界层中热量由边界层传递给腔体内的自由流，即影响正常的热量输运，从而降低整体的平均换热系数。

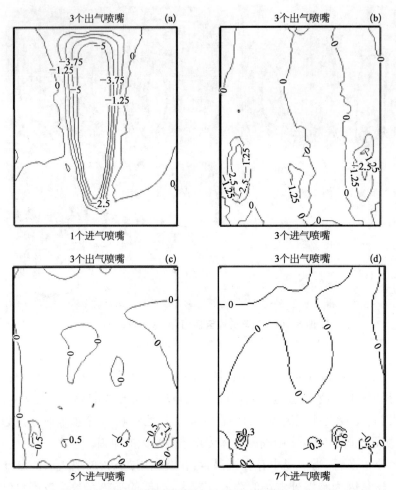

图 8 - 62　喷嘴数量分别为 1、3、5、7 时速度梯度分布图

　　钕玻璃表面初始温度比冷却氮气温度高 5 K，经过冷却后，温度梯度为 3 K。在模拟结果中，如有适合的喷嘴数量及喷嘴直径，温度梯度会更低。因为模拟的过程为瞬态的，如果考虑一段时间的持续冷却，由于冷却气体的热对流效应以及钕玻璃本身的热传导作用，钕玻璃本身的温度梯度能够逐渐消失。优化的喷嘴数量以及直径，会使整个热恢复的时间大大缩短。为了有效消除泵浦过程中在放大器内部产生的热沉积，通过数值模拟的方法和有限元分析，得到了相同气体流量下，通过改变喷嘴数量从而产生的不同温度梯度，在放大器内部腔体及钕玻璃表面产生的不同流动形态，同时得到了不同的换热系数。通过分析，得出在现有结构的情况下，对放大器进行对流换热时使用五个喷嘴的情况下对流换热效果最好。

　　片状放大器的热恢复对整个高功率激光驱动装置有重要的影响，我们提出在不改变进气体积流量的情况下，分析组合式片状放大器的热恢复的影响因素，结果表明：

① 对流换热系数在不同气体条件下从大到小分别为：He＞空气＞N_2＞CO_2。同时，氦气相比其他气体还有一个优点，当氦气填充于片状组合放大器内部时，在相同的温差条件下，激光通过氦气填充区域所产生的光程差是最小的。

② 改变进气喷嘴与钕玻璃片之间的距离，模拟了从 0.5 mm 到 15 mm 之间各个状态下的换热方式，得到的对流换热系数表明，随着距离的增大，对流换热系数降低。考虑到工程实际，距离在 2～10 mm 之间均是可行的；影响相对位置的另一个参数是喷嘴与钕玻璃之间的角度，在其他参数相同的情况下，相对角度为 15°时对流换热系数最小，相对角度为 0°时对流换热系数最大。

③ 改变进气温度相对于高功率驱动装置的工作温度的大小，相对温度越低，对流换热系数越高。但是相对温度低的负面效果是在放大器完成热恢复后，需要更多的时间和气体来令过低相对温度气体恢复到与放大器工作温度一致的状态。过冷气体的相对温度为 2℃是比较合理的冷却方式。

④ 通过改变进气喷嘴的直径，改变冷却气体的进气速度。在进气气体流量为 1 m^3/ s 情况下，进气喷嘴直径减小到 20 mm 以下时，气体流动状态由层流转变为紊流，对流换热系数明显增大。进气喷嘴直径取 5～15 mm 之间的数值对热恢复是非常有利的。

⑤ 改变进气喷嘴的数量。分析结果表明，进气喷嘴数量越多，钕玻璃表面的流场分布越均匀。同时，由于存在流场由层流到湍流的转变，喷嘴数量小于五个的情况下对流换热系数较高。综合以上两个因素，喷嘴数量为五个的情况下既可以获得较佳的流场分布，又可以获得最大的对流换热系数。

⑥ 对进出气喷嘴的组合方式研究表明：多喷嘴进排气冷却系统的换热性能优于单喷嘴的换热性能。同时，下进上出的五进气喷嘴、三出气喷嘴冷却系统性能为最佳。

§8.3　装置关键单元设计

8.3.1　预放系统设计

8.3.1.1　棒状放大器

棒状放大器是预放分系统的核心器件之一，主要功能是使用钕玻璃棒状增益介质对前端提供的种子激光源进行预放大，为主放分系统提供所需的能量，使光束获得足够的能量增益。在整个预放分系统中，它将提供 $10^6 \sim 10^7$ 倍的净增益，增益介质的长度占系统介质总长度的约 60%。

预放系统内按钕玻璃棒口径分有三种规格的放大器，它们是：ϕ20 mm×460 mm、ϕ40 mm×460 mm、ϕ70 mm×460 mm。棒状放大器主要包括调节底座组件、钕玻璃棒、氙灯、聚光腔、能源和冷却系统，如图 8 - 64、图 8 - 65 所示。

主要设计指标(以 ϕ20 mm 棒状放大器为例)：

① 小信号增益 G：100；

② 增益系数 $\beta(\mathrm{cm^{-1}})$：0.12；

③ 每台放大器使用六支氙灯，三支为一组，呈环状排列在增益介质两侧；

④ 灯管外径 $\phi20\pm0.3$ mm，两端部为不锈钢金属外套，灯头同轴性公差 $<\pm1$ mm，灯极间距 380 ± 2.5 mm，灯总长 580 ± 2.5 mm；

⑤ 工作方式为三灯串联；

⑥ 聚光腔采用六块 $60°$ 的板料拼成，见图 8-63；

⑦ 纯石英水套管密封增益介质，蒸馏水作为冷却水，使用金属软管水管和接口即插件。

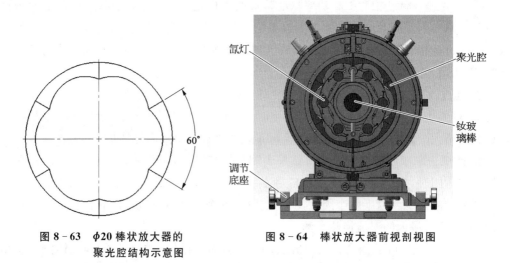

图 8-63　$\phi20$ 棒状放大器的
聚光腔结构示意图

图 8-64　棒状放大器前视剖视图

设计中，最主要是使用尽可能短的增益介质和尽可能少的供电，获得尽可能高的能量增益。在实际设计和使用中，如何选取工作介质的尺寸和参数，并使增益介质、氙灯、聚光腔达到几何结构的最佳配合和使用均匀有效的冷却系统，对于光束通过放大器能否获得优良的增益特性和增益均匀性是极其重要的，对输出光束的质量也有重大影响。

① 基于聚光腔反射面面形几何形状应具有高的聚光效应的目的，聚光腔采用多片椭圆柱形的反射片组合而成，这些椭圆柱形反射片共用一条焦线，钕玻璃棒置于这条公共焦线上，氙灯则分别置于椭圆柱的另一条焦线上。考虑到增益均匀性，氙灯可在焦线附近作一定微调。

② 椭圆柱形反射片的反射表面采用银材质，经加工后能达到尽可能高的反射率。

③ 纯石英水套管套在钕玻璃棒外面，蒸馏水作为冷却水，下进上出，整个水循环系统采用密封设计。使用金属软管水管和接口即插件，防止污染并方便冷却水更换。

④ 壳体采用左右开合的方式，方便聚光腔反射面擦拭及氙灯更换维护。

⑤ 调节底座高低、左右向可调节，调节量为 ±15 mm。

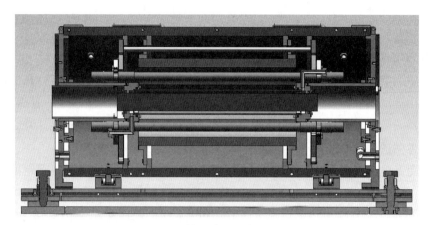

图 8 - 65　棒状放大器右视剖视图

8.3.1.2　预放系统空间滤波器

1. 滤波器的概述

空间滤波在高功率固体激光装置中,对抑制高频成分的非线性增长,改善光束传输质量,提高能量密度,降低工程造价,缩短研制时间具有重要意义。

无论在美国 LLNL 的 NIF 高功率激光装置,还是我国的神光Ⅱ、神光Ⅲ高功率激光系统中,空间滤波器都是主要的光学系统之一。

如图 8 - 66 所示,空间滤波器在光学上由一对共焦正透镜和滤波小孔组成,其物理作用概括起来主要有以下几点:

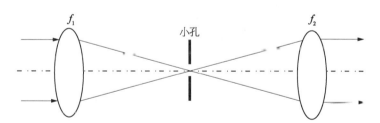

图 8 - 66　空间滤波器工作原理简图

① 空间滤波:在其傅里叶频谱面上,利用合适的小孔滤除入射光束中的高频分量,抑制高频成分的非线性增长;

② 光束控制:根据系统光路设计,扩大光束口径,控制放大器填充因子;

③ 像传递:将前级由软边光阑整形出的优质光束无畸变地逐级传输,以缩短光束的有效传输距离,减小衍射效应;

④ 级间隔离:空间滤波器的小孔板具有一定的光隔离能力,有利于抑制自激振荡,隔离反激光和鬼光束等杂散光。

从接触到的神光Ⅱ和神光Ⅱ升级激光系统的空间滤波器来看,根据光束在空间滤波器中的传输方式大致可分为：单通式、组合式。单通式具有结构简单、设计方便等优点；组合式机构紧密，能有效利用空间。

2. 预放空间滤波器的结构和调整原理

预放单通空间滤波器的入射光束经输入透镜入射，聚焦后经过滤波小孔滤波，扩束后通过输出透镜出射。在大型高功率激光装置中，光束从小到大扩束，一般需经过多级空间滤波器。随着光束口径的增大，透镜尺寸、焦距也随之增大，须保证空间滤波器的三个关键元件两透镜和滤波小孔在安装、调整完成后稳定不漂移。

为避免高能激光束聚焦后带来空气击穿效应，空间滤波器必须具有一定的真空度，空气的击穿阈值为 10^8 W/cm²，当激光的焦斑功率密度超过 10^8 W/cm² 时，需要抽低真空 10^{-1} Pa 以下，当激光的焦斑功率超过 10^{11} W/cm² 时，需抽高真空 10^{-3} Pa 以下。两端透镜和管道一起构成一定真空度要求的真空容器。

因此，空间滤波器既是光学系统，要求具有较高的结构稳定性和调整精度，同时又是真空容器，结构设计、制造工艺有一定的特殊性。在结构设计时须保证：

① 两透镜的同轴度和较高的焦距精度，使其共焦面；

② 滤波小孔位于两端透镜的共焦面上；

③ 较高的洁净度、密封性，有一定的真空度要求；

④ 高稳定性和高调节分辨率。

3. 预放空间滤波器的机械设计

在大型高功率激光装置中，光束从小到大扩束，经过多级空间滤波器，一般选取末级空间滤波器作为整条光路的基准，而滤波小孔又是每一台空间滤波器的光路基准，所有小孔必须在同一轴线上。因此，需要滤波小孔板具有 $\bar{x}$ 和 $\bar{y}$ 两维平移调整功能，使滤波小孔调节到预定光轴位置后稳定锁紧。

为实现小孔板的两维平移调整功能，一般将小孔板固定在中部掏空的两维平移台上；平移台采用精度高、直线度好、负载能力强的交叉滚柱导轨或燕尾副导轨作为导向，以保证其高稳定性和高调节精度。由于滤波小孔在真空容器内部，根据其驱动方式的不同，可以分为手动调整和电动调整，如图 8-67、图 8-68 所示。

手动调整采用微分头为驱动元件，用金属波纹管来补偿调节运动元件与固定的真空管壁之间的相对运动以及真空密封。

电动调整，采用步进电机带动丝杆螺母的机构，实现真空容器中的内部调整，具有真空密封简单、调节精度高、有利于自动控制等优点。电动调节的分辨率可以用如下公式计算：

$$\text{分辨率} = \frac{\text{丝杆螺距}}{\dfrac{360}{\text{电机步距角}} \times \text{电机驱动器细分数}} \tag{8-15}$$

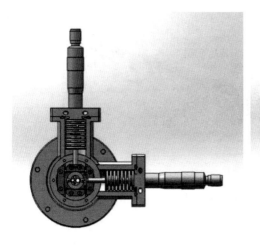

图 8-67　小孔板手动调整机构

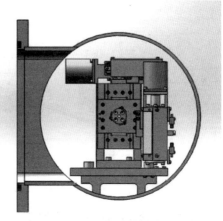

图 8-68　小孔板电动调整机构

在丝杆螺距为 1 mm,电机步距角为 1.8°,8 细分的情况下,分辨率可以达到 0.6 μm。但电动调整须注意选用放气量小的材料,马达使用前要预抽真空,除油处理。

为了对光束进行自动准直控制,一般在小孔板前需加入相应的模块,组成一个组件,整体密封于中段箱体。

滤波器小孔调节到预定光轴位置,稳定锁紧,定好光轴 Z 向基准后,要使入射光束和出射光束以及滤波小孔同轴,两透镜共焦在滤波小孔处,所以要求两端透镜需具有 $\hat{x}$、$\hat{y}$、$\hat{z}\hat{x}$、$\hat{y}\hat{x}$、$\hat{y}$、$\hat{z}\hat{x}$、$\hat{y}$ 五维调整功能,以补偿透镜焦距加工误差(0.3%)、管道机加工误差和集成安装误差(X、Y 方向平移调节范围±5 mm,俯仰、摆动调节角度±3°)。

如图 8-69 所示,Z 方向透镜焦距通过螺纹套筒带动透镜安装板前后移动来实现。X、Y 方向平移调节范围小,精度为 0.5 mm,所以采用三点约束圆的平面运动的定位方法来实现。俯仰、摆动角度调节采用传统的两板调节机构。选用金属波纹管作为相对运动补偿元件。

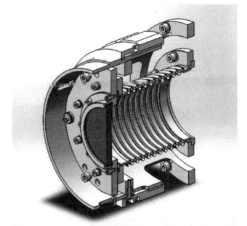

图 8-69　空间滤波器透镜调整架剖面图

空间滤波器的两端透镜和管道一起构成一定真空度要求的真空容器,根据要求在管道上,设计合适的获得真空、维持真空及检测真空度的接口;这些接口一般采用标准的 CF 接口与外购设备相连,以减少漏率。小孔调节部件及准直系统部分的滤波器中段管道设计本着方便拆卸的原则,开设大法兰口,以保证内部组件可以方便地拆装与维护,而无须拆除两侧管道,如图 8-70 所示。

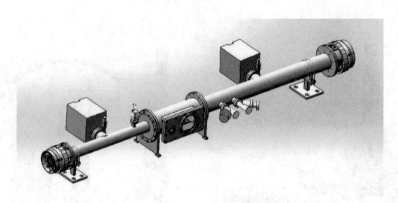

图 8 - 70　空间滤波器整体图

4. 预放空间滤波器的真空容器无油控制

在"神光Ⅱ"装置运行维护过程中,发现空间滤波器真空容器内的光学元件表面会出现油污染,在强光多次辐照下造成光学元件破坏,一旦油污染造成光学元件破坏,不仅经济上受损失,而且导致整个装置停机来更换元件进行维护,严重影响装置运行效率。所以,对这类真空容器必须进行无油控制,从真空获得设备、材料选用、洁净装配、运行维护各个环节采取措施,保持真空容器内部洁净度,避免油污染。

空间滤波器内小孔调节组件及准直系统组件均用不锈钢材料制造,步进电机及导轨采用真空专用的;管道均使用不锈钢管料,管道内壁经机械抛光后钝化处理;制定严格的洁净清洗和装配流程,以达到无油控制。

8.3.2　主放系统设计

8.3.2.1　片状放大器

片状放大器是激光驱动器装置中重要组成部分之一,其主要功能是将前端-预放级注入的激光脉冲由焦耳级放大到约十几千焦级(1 053 nm@3 ns/束),并保持好的光束质量。在初期,片状放大器采用单程放大技术方案;而后期要求提高全能量转换效率和集成度,缩小安装控件,降低装置造价和运行费用,采用多程放大技术方案,基本构型为腔内四程放大+腔外助推二程放大。

1. 片状放大器的组成

每套片状放大器模块主体由主框架构件(frame assembly unit,FAU)、钕玻璃片框、灯箱、级间密封等部件构成,如图 8 - 71 所示。此外,位于放大链两端的片状放大器组件还安装有端镜部件。所有片状放大器模块安装于支撑架上。

2. 片状放大器的主要设计指标

片状放大器单元模块的主要技术指标与结构参数如下:

◆ 光束束数:8子束(2 组 2×2 束组);

◆ 光束口径：290 mm×290 mm 与 310 mm×310 mm；

◆ 通光口径：350 mm×350 mm；

◆ 钕玻璃片尺寸：383 mm×702 mm×45 mm(含包边 10 mm/边)；

◆ 氙灯排布配置：外侧 8 支,中间 12 支；

◆ 子光束间距：垂直方向 480 mm,水平方向 575 mm(532 mm)；

◆ 钕玻璃片表面法线与通光方向的夹角(布儒斯特角)：56.8°；

◆ 组件冷却方式：循环干燥的高纯度氮气,气体流经途径是进气管—钕玻璃片—灯箱—出气管。

◆ 洁净度要求：片箱 100 级。

3. 片状放大器的机械设计

(1) 主框架

主框架结构是片状放大器模块的基础构件,其他部件均安装在它上面；结构将整个主框架分为左右两个钕玻璃片框安装区和一个中灯箱安装区,图 8-72 为框架结构示意图。

在进行主框架结构设计时,需考虑超净清洗设备的尺寸,框架结构采用两个 2×1 框架(及左右钕玻璃片框安装区)拼接而成,以降低配套设施的费用,同时两 2×1 框架的拼接处形成一封闭空间以供中灯箱安装之用。

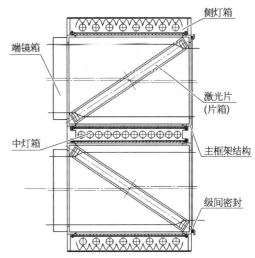

图 8-71　2×2 片状放大器模块的结构示意图

整个框架采用四根斜面立柱以及矩形面板焊接拼接而成,一方面提高了材料的利用率,另一方面通过四根立柱来提高整个框架的刚性,避免其在任何方位吊装时产生较大的变形。另外,利用立柱的斜面作为钕玻璃片框的摆放角度的粗基准。

框架的底部设有下气箱,在顶部设计有上气箱,洁净氮气由片腔下部进入,从上部的通气孔排出进入灯箱区域。气孔沿钕玻璃片表面平行排布,以保证氮气能够均匀地进入钕玻璃片两表面区域,最大限度地清洁钕玻璃并防止气溶胶飘浮到钕玻璃表面。

为保证泵浦光在钕玻璃片通光面上的分布均匀性,在框架内的上下方设计有反射器,同时斜面立柱的表面也要求加工到较高的表面粗糙度,从而在一定程度上也可以改善泵浦光在钕玻璃片通光面上的分布。

(2) 钕玻璃片框

钕玻璃片框是钕玻璃片的安装框架,为方便安装,采用单片框的形式垂直排列。钕玻璃片在主框架内成布儒斯特角放置,即钕玻璃片的表面法线方向与光束传播方向成 56.8°±0.5°(针对所有模块),其精确的角度通过调整位于两主框架斜面立柱上的导向条

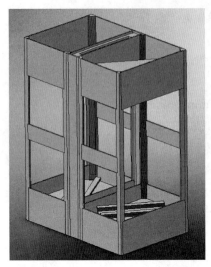

图 8-72 主框架结构（FAU）示意图

的相对位置来实现。另外,钕玻璃片安装到框架后通过位于主框架下气箱底部的调整部件使其与水平基准呈垂直状态放置。

为把钕玻璃片通光面因装夹所产生的微小形变控制在 1/6 波长以下,钕玻璃片的夹持采用侧面定位的方式,在片的侧面以及底边都安装有多个弹性垫片或弹性支承块,以避免硬接触引入的装夹变形,片外面的压框则起固定和保护作用。

由于钕玻璃片框在同一片框安装区内为垂直排列,为保证上下钕玻璃片框安装角度的一致性,在每个片框的上端均安装有定位用的圆柱销和菱形销,利用销孔配合精度来保证钕玻璃片框安装定位的快速性。

(3) 灯箱

灯箱主要用于安装脉冲氙灯,分为中灯箱和侧灯箱两种结构。每个灯箱由氙灯安装结构、灯箱主体框架、高压大电流连接件、镀银反射器、冷却用气体通气嘴、灯箱密封结构等组成。

侧灯箱与放大器主框架的安装固定方式采用"下部定位、上部卡紧"的方式,中灯箱则采用从主框架中部自上而下插入、上端压紧的方式,同时灯箱四周布有密封结构,以保证其具有一定的气密性。

由于氙灯在片状放大器组件中损坏概率最大,同时数量众多,因此氙灯箱的结构设计除考虑完成其功能外,还要保证氙灯运行的可靠性以及出现故障时维修的便捷性。为此在灯箱设计时,一是保证氙灯的合理夹持,采用悬挂式氙灯弹性夹持方式,这样一方面氙灯的预紧力足够小,另一方面又能保证氙灯在放电时有足够的缓冲,避免氙灯的破坏。二是采用足够厚度的聚四氟乙烯材料作为氙灯电缆连接座的外壳,保证器件的绝缘要求。三是保证灯箱内的有效冷却,在结构设计中最大限度地使进入灯箱的冷却气体完全流经氙灯表面,避免流入其他无用的区域(如反射器的背面等)。

在侧灯箱中,为改善氙灯对钕玻璃片的泵浦均匀性,采用了双曲渐开线式的反射器,其采用模压工艺加工而成,同时为避免反射器在安装时留有接缝,反射器四周都采用线切割工艺进行修整。

(4) 级间密封

级间密封是指相邻的片状放大器组件之间的密封,其一方面应能保证模块连接时产生足够的密封夹持力,另一方面又能保证在维修时便于拆卸,不影响模块之间的相互脱离。为了保证放大器结构具有高的泵浦光传输效率,相邻片状放大器组件之间的距离在设计时要求尽可能小,为保证在狭小的空间内能便利地进行级间密封结构的安装,同时该安装又能在移动的百级环境内进行。

(5) 放大器支撑架

为保证放大器安装调试基准的统一性,在设计时采用了统一的大地水平基准作为参考基准。放大器支撑架在安装时须通过水准仪进行校准,首先是片状放大器组件的安装底座应水平等间距地安装在支撑架的圆柱导轨之上,其次是片状放大器组件中主框架结构与底座相连,通过调整主框架片箱内的调整架,保证钕玻璃片框的安装面水平。

为统一接线位置,同时也出于美观的考虑,片状放大器组件内的氙灯接口(即高压接线盒)均应布设在支撑架上。

为了保证安装过程中也能获得百级洁净环境,因此在安装过程中需使用移动层流罩,但是助推放大器与腔放大器的安装离地高度之间存在差别,为保证移动层流罩规格的统一,在助推支撑架边缘设计有可拆卸式支撑垫脚,以便保证移动层流罩与片状放大器模块之间的净空高度,从而便于片状放大器模块的安装与维护。

4. 片状放大器的装配集成

片状放大器组件由加工完成至投入运行,须经过金工初装、精密装校、现场安装、综合调试等相互衔接的几个工艺阶段。在运行期间,还将留出必要的检修维护时间,以及对故障进行处理。

(1) 金工初装

金工初装的主要目的,一是初步检验所有组件、模块的加工和装配精度是否达到设计要求,二是检验组件之间以及模块之间的可互换性是否达到设计要求。

(2) 精密装校

精密装校的主要任务是将片状放大器组件的各类元器件(包括光学、机械零部件等)在洁净条件下按照设计要求精确地组装为各类单元模块,如主框架结构、钕玻璃片框、灯箱、端镜框、级间密封连接件等,以满足现场安装与系统运行的基本要求。片状放大器组件的主要模块以及主要光学元件都将在超净装校实验室内完成精密装校,主要的工艺流程包括元器件的精密检验、前期处理、洁净装校和模块检验等环节。

(3) 现场安装

现场安装是将超净装校完成的片状放大器模块安装于片状放大器支撑架上,其主要流程如下:

① 将第一套片状放大器模块在密闭条件下(指用压板封闭模块上所有通光孔)运输至大厅,进行吊装与支撑架连接定位;

② 开启安装片状放大器模块所用的现场百级层流装置;

③ 安装第一套端镜框;

④ 关闭层流装置,吊装第二套片状放大器模块,与支撑架连接定位;

⑤ 开启层流装置,将其移动到位于两台片状放大器模块中间,拆卸连接处的压板后连接级间密封装置;

⑥ 重复前两个步骤直至所有放大器模块安装完毕;

⑦ 安装第二套端镜框;

⑧ 连接所有氮气管路;

⑨ 检验放大器组件的管路性能与气密性,直至满足要求;

⑩ 重复上述过程,完成助推放大器组或腔放大器组的安装;

⑪ 完成所有氙灯电缆线与高压接线盒的连接;

⑫ 将放大器与支撑架、与接地保护接口连接。

(4) 综合调试

综合调试包括气密性调试与检验、电气调试和光学调试三个部分。气密性调试包括检测放大器组件的主框架的气密性以及片腔内气流流动的均匀性,检测放大器组件自身以及级间密封装置的气密性和检测放大器组件灯箱的气密性以及灯箱内气流流动的均匀性。电气调试包括检查所有氙灯连线和地线的连接,以及单个放大器模块与所有放大器模块的预电离与主放电检验与调试。光学调试包括钕玻璃片安装定位调试与光束口径测试,以确保放大器全光路通光口径达标和钕玻璃片安装于水平面垂直放置,并与主光路成布儒斯特角位置。

8.3.2.2　组合式空间滤波器

1. 模块组成与工作原理

主放大级两台空间滤波器,包括传输空间滤波器(TSF)和腔空间滤波器(cavity spatial filter, CSF)、真空机组、支撑系统,如图 8-73 所示。每台空间滤波器主光路包括两端大口径透镜和透镜共焦点滤波小孔,整体构型为前后中三个真空箱体及其中间连接真空管道,两端透镜安装在前后箱体上,滤波小孔在中箱体内,中箱体内支架组件上除了有滤波小孔转盘调整架,还有准直用反射镜、透镜和基频光纤光源,远场测量用反射镜和透镜,杂散光束截止器、光陷阱等。真空机组包括一台低温泵和爪式干泵机组,两台滤波器上下层真空管道之间用波纹管连接成为一套真空系统。

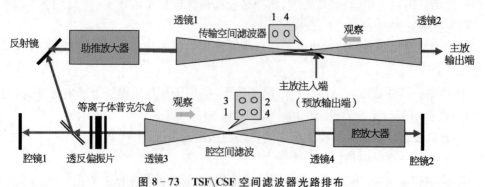

图 8-73　TSF\CSF 空间滤波器光路排布

2. 设计方案

(1) 透镜和滤波小孔共焦同轴总体调整方案

两端透镜和滤波小孔作为空间滤波器的关键元件,其调整方法是相互关联的。以往空间滤波器的设计中,多数选择其中一个作为光路基准,如神光Ⅱ装置组合式空间滤波器,以输入透镜光路 Z 向基准,滤波小孔要求三维平移,输出透镜五维调节。第九路装置空间滤波器以滤波小孔为光路基准,两端透镜均要求五维调节。8 路升级装置中,2×2 阵列组合式空间滤波器的滤波小孔作为基准,在现场装配过程中,精确测量透镜焦距,加工补偿接筒调整透镜焦距。

受透镜焦距加工和测量误差限制,两端透镜要求光轴 Z 向大范围调整,如透镜焦距加工误差为 0.3%,透镜设计焦距为 16 000 mm 时,加工误差达到 48 mm,设计时 Z 向调节范围定为 ±50 mm,同时为实现共轴调节,透镜还要求 X 向、Y 向平移调整和 X 向、Y 向旋转调整。基于刀口法的大口径长焦距高精度测量,精确测量大口径长焦距透镜的焦距。绝对值误差小于 3 mm 时,根据透镜焦距设计加工箱体管道,并在现场装配后,将透镜安装在管道端口,精确测量透镜焦距和偏摆角度后加工补偿接筒,补偿箱体管道加工装配产生的直线度和端面垂直度误差,实现透镜的共焦和同轴要求。现场测量安装补偿接筒的调整方法,彻底避开了大口径波纹管的研制瓶颈,简化了结构,从而可以显著提高整体稳定性。

滤波小孔调整方案:根据物理要求,要求在真空中更换滤波小孔,设计转盘安装多种规格滤波小孔,电动高精度旋转换孔,小孔复位精度 1 μm,而实际加工装配可能无法满足要求。在距离滤波小孔 1 mm 处插入高复位精度的光栅,作为光路调试、运行维护时的光路精确基准,实时监控模拟光和滤波小孔的位置。滤波小孔增加两维高精度平移调整,当滤波小孔位置偏差时调整复位。

(2) 箱体和真空管道

整体构型和支撑结构根据调整要求,空间滤波器的整体构型如图 8-74 所示。

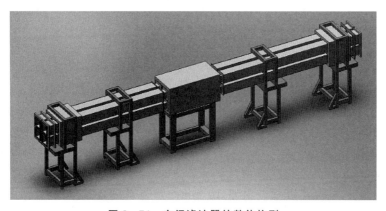

图 8-74　空间滤波器的整体构型

中间为长方形箱体,箱体两侧排布 2×2 阵列方管道,透镜安装在管道端头,透镜四维安装调整,X 向、Y 向平移和角度。管道和中箱体之间连接直径约为 $\phi200$ mm 的圆波纹管,补偿透镜光轴 Z 向调整,箱体两侧安装插板阀,当中箱体内部元件维修更换时,使用插板阀节省真空抽气时间。管道在 Z 向移动过程中要求透镜偏摆角度≤10 mrad,因此管道和管道支撑之间要求导轨配合,保证严格沿光轴移动,同时管道支撑要求稳定牢靠地固定在地面上。

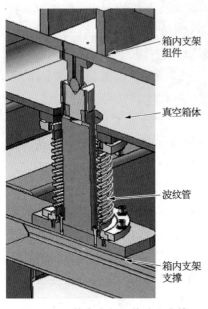

箱内支架组件

真空箱体

波纹管

箱内支架支撑

图 8-75　箱内支架组件独立支撑

滤波小孔安装在中箱体内部的支撑架上,滤波小孔转盘上安装模拟光焦距测量刀口仪,以及光路准直用反射镜和透镜、远场测量用反射镜和透镜、杂散光束截止器、光陷阱等。滤波小孔作为光路基准,稳定性要求受外界振动影响的位移小于 10 μm,内部支撑架与中箱体支撑采用各自独立支撑直接与地面固定,用波纹管软连接,避免箱体真空变形影响滤波小孔支撑架稳定性,对周围振源要采取隔离措施,如图 8-75 所示。

真空机组采用低温泵为主泵,安装在 TSF 中箱体上。前级干泵组采用爪式干泵和罗茨泵机组,干泵机组与中箱体之间用波纹管连接,补偿安装误差和隔离机组振动。

3. 重要指标和参数的计算分析

(1) 真空箱体和管道设计

滤波器整体构型为前中后三个箱体,箱体之间用管道连接,箱体和管道用不锈钢材料。根据主光路和准直测量光路排布,确定箱体和管道的外形尺寸。箱体和管道要进行真空承压分析计算,以某构型的传输空间滤波器 TSF 为例说明有限元分析计算过程。TSF 中箱体外形尺寸为 527 mm×520 mm×2 740 mm(高×宽×长),前后箱体 550 mm×550 mm×800 mm(高×宽×长)。中箱体相当于长管道,口径 527 mm×520 mm 小于前后箱体口径 550 mm×550 mm。当承受一个大气压、壁厚相同时,中箱体的安全系数大于前后箱体。以 TSF 前箱体为对象进行真空承压静力分析,计算结果如图 8-76、图 8-77 所示,外形尺寸为 550 mm×550 mm×768 mm,壁厚 10 mm。

前后箱体满足真空承压要求,中箱体壁厚选用 12 mm,口径小于前箱体,也满足真空承压要求。

真空管道连接前中后三个箱体,透镜聚焦光束通过管道,管道口径大于光束口径单边余量,最小 30 mm,包括光束通光口径扩大 10 mm、管道内壁加工误差 5 mm、管道安装误差 5 mm 和光束准直指向误差 10 mm。管道长度小于 3 m,便于加工、运输和安装。

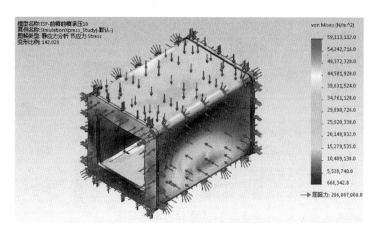

图 8-76　箱体应力分布图（最大应力 25.9 MPa）（彩图见图版第 41 页）

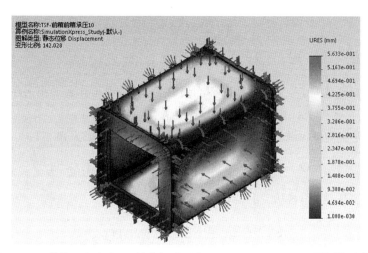

图 8-77　箱体形变分布图（最大位移形变量 0.56 mm）（彩图见图版第 41 页）

（2）中箱体内支架组件

中箱体内部调整架组件（如图 8-78 所示）包括主光路的注入反射镜调整架、孔板转盘调整架、光束陷阱、准直光路的基频光纤模拟光源、基准光栅调整架、取样棱镜调整架、向后反射镜架、准直透镜组。调整架要求在真空环境中在线电动调整，马达电缆线要合理简洁排布。中箱体内部支撑结构比较复杂，如某构型的 TSF 中箱体内部支架上安装滤波小孔调整架，滤波小孔转盘上安装透镜焦距测量刀口仪，距离滤波小孔 1 mm。安装高复位精度可移入移出基准光栅，光路准直用取样棱镜、反射镜和透镜组，远场测量用反射镜和透镜、杂散光束截止器、光陷阱等。孔板组件和移入移出光路调整架要求在真空环境中在线电动调整，马达电缆线要合理简洁排布。中箱体内部支撑结构比较复杂，滤波小孔和位置基准光栅作为空间滤波器的光路基准，要求具有高稳定性。

（3）真空系统

为防止空气击穿效应，空间滤波器需保持真空度 5×10^{-3} Pa，以 A 构型 TSF 系统为

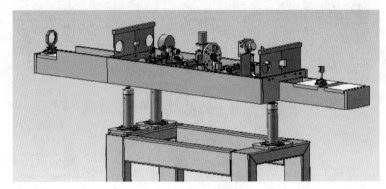

图 8-78　TSF 箱内支架组件

例进行真空系统分析计算：

总容积

$$V_\Sigma = 6\ 852.2\ \text{L} \tag{8-16}$$

总内表面积

$$F_\Sigma = 1.5F_{\text{cl}} + F_{\text{T1}} + F_{\text{T2}} = 897\ 233\ \text{cm}^2 \tag{8-17}$$

在此需要说明的是，考虑中箱体内部的仪器与部件，中箱体表面积采用 1.5 的系数进行修正。

室温下真空室内壁不锈钢原材料 1 h 后的材料出气率为 $3.8 \times 10^{-6}\ \text{Pa} \cdot \text{L}/(\text{s} \cdot \text{cm}^2)$，

$$Q = 3.8 \times 10^{-6} \times 897\ 233 = 3.38\ \text{Pa} \cdot \text{L}/\text{s} \tag{8-18}$$

确定真空室保持 1.3×10^{-3} Pa 真空度所需的有效抽速

$$S = \frac{Q}{P_{\text{g}}} = \frac{3.38}{1.3 \times 10^{-3}} = 2\ 600\ \text{L}/\text{s} \tag{8-19}$$

空间滤波器内不能有油蒸气返流，选用低温冷凝泵作为主泵。根据计算结果，泵的有效抽速应大于 2 600 L/s，选取 CTI On-board 400 低温泵，对空气的抽速为 $S_{\text{p}} = 6\ 000\ \text{L}/\text{s}$，可满足要求。泵的进气口直径为 DN400，排气口接口为 40KF 快换法兰。

为避免油污附着在光学元件上，以致在高能激光辐照时损坏光学元件表面质量，空间滤波器内部要求无油污染。为从源头上控制油污，前级泵选用干泵和无油罗茨泵。低温泵的启动真空为 0.3 Pa，所以，低真空为从 1×10^5 Pa 抽至 1×10^{-1} Pa 的时间，若设定低真空抽气时间不超过 15 min。

$$T = 2.3 \times (V/S) \times \log_{10}(P_i/P) \tag{8-20}$$

令 $T = 900$ s，则 $900 = 2.3 \times (6\ 852/S) \times \log_{10}[1 \times 10^5/(1 \times 10^{-1})]$

$$S = 105\ \text{L}/\text{s}$$

系统选用前级干泵机组：爱德华 GV80＋EH500 干泵机组。GV80 爪式干泵抽速：

80 m³/h,约为 22 L/s,极限真空<1 Pa。增压罗茨泵 EH 500 抽速：505 m³/h,约为 140 L/s。极限真空 1.5×10⁻¹ Pa,满足需要。

8.3.2.3　大口径反射镜

大口径反射镜主要用来安放大口径反射元件,调整反射元件的空间姿态来控制激光的传输方向,实现激光光束的传输放大。

1. 反射镜结构

(1) 正交式

正交式调整架结构如图 8-79 所示。采用串联方式,保证各个维度的独立性,驱动方式简单,软件可以单独调整每一维角度,各个维度的正交性由设计加工保证。

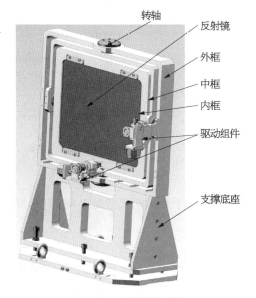

图 8-79　正交式调整架　　　　　**图 8-80　NIF 并联式调整架**[26]

(2) 并联式

在空间受限的条件下,反射镜不能采用串联的方式,采用并联的方式能够使反射镜镜架的体积最小。如图 8-80 所示,并联方式由于驱动组件相互关联,因此需要通过理论计算将两维角度解耦,并根据实验验证,在软件上设置解耦条件和补偿措施,使得两维角度的调整保持正交。

2. 主放大口径反射镜的主要设计指标

(1) 90°大口径反射镜

◆ 结构形式：2×2 组合式；

◆ 通光口径：330 mm×330 mm；

◆ 腔镜尺寸：370 mm×370 mm×65 mm；

◆ 子光束间距：垂直方向 480 mm,水平方向 575 mm；

◆ 四束中心到地面的高度：1.3 m；

◆ 整体镜架(四块镜片阵列)高低方向可调±20 mm,沿光路方向可调±100 mm。

单块镜片调整要求：

◆ 调节维数：两维角度(俯仰和方位)粗、精调,粗调手动,精调正交电动调节,带自锁；

◆ 粗调范围：±1.5°；

◆ 精调范围：±5 mrad；

◆ 精调精度：1.0 μrad/步(0.2″/步)；

◆ 结构稳定性：小于1 μrad/2 h；

◆ 单块腔镜沿光路方向前后可调±30 mm,左右、高低方向可调±5 mm,精度1 mm。

(2) 45°大口径反射镜：

◆ 结构形式：2×2 组合式；

◆ 通光口径：340 mm×480 mm；

◆ 反射镜尺寸：380 mm×510 mm×60 mm；

◆ 子光束间距：垂直方向480 mm,水平方向575 mm；

◆ 四束中心到地面的高度：2.4 m；

◆ 整体镜架(4 块镜片阵列)：高低方向可调节±20 mm。

单块镜片调整要求：

◆ 调节维数：两维角度(俯仰和方位)粗、精调,粗调手动,精调正交电动调节,带自锁；

◆ 粗调范围：±1.5°；

◆ 精调范围：±5 mrad；

◆ 精调精度：1.0 μrad/步(0.2″/步)；

◆ 结构稳定性：小于1 μrad/2 h；

◆ 单块反射镜沿光路方向前后可调±30 mm,左右、高低方向可调±5 mm,精度1 mm。

(3) 结构方案

90°大口径反射镜组件中的2×2腔镜模块形成一个整体,固定在一定高度的桁架上,2×2腔镜模块形成的整体,可在桁架上前后沿光束传播方向粗调平移±100 mm。整体外形尺寸约为1 400 mm×1 100 mm×1 800 mm(长×宽×高),并将整体镜架安装在焊接桁架上,保证所需的中心高度,如图8-81所示。整体镜架依据腔镜设计指标,先对整体镜架有初装调整,即整体高低平移,整体调平,保证2×2阵列光束中心大致在需要的位置。再对单块镜片高低、左右小范围平移,沿光束轴线方向平移,进行大行程、高精度的两维角度调整来调整2×2阵列光束的子光束空间姿态,满足四程放大光束传输对阵列腔镜的空间姿态要求。整体高低平移及调平是通过4根粗螺杆与球面垫圈的配合达到使用要求。对单块镜片高低、左右小范围平移则采用下方圆头螺钉的顶紧作用达到要求,平移可调±5 mm;沿光束轴线方向平移则是在过渡框上铣一定长度的槽孔,利用该槽孔将安装有镜片的镜框与过渡框相对挪动,前后平移可调±30 mm,调整到位锁紧。对单块腔镜粗、精调两重角度进行调整,且角度精调时要求相互调整达到无干涉、无联动,则考虑用两对片簧作支承轴,保证相互之间无干扰。

角度粗调:在后框与立板之间设置三拉三顶螺钉调整机构,实现±1.5°手动调整,所有粗调到位后锁紧。

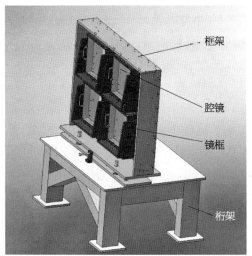

图 8 - 81　90°大口径反射器示意图

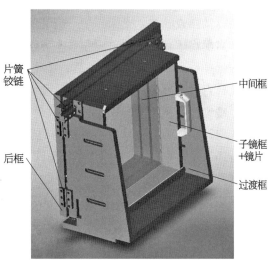

图 8 - 82　90°大口径反射器子腔镜镜架示意图

角度精调:两维角度正交电动调节(俯仰和方位),由于90°大口径反射器要求两维角度(俯仰和方位)正交调整,整体结构要求很高的稳定性,因此采用两对相互独立的片簧铰链,支承起三块板机构,实现理论上的两对支承轴完全正交来支承和调整单块镜片,同时片簧铰链支承稳定性好,保证调整过程中达到需要的稳定性要求。片簧铰链支承能实现的调整范围较小,但精调±5 mrad 范围能保证。对要求的调整精度 1.0 μrad/步(0.2″/步),采用减速比 1:50 细分蜗轮蜗杆、滚珠丝杆以及步距角 1.8°太平洋电机组合来达到调整精度要求。

该90°大口径反射器要求对每块子镜片 θ_x、θ_y 方向高精度、高稳定的性能调整,则支承结构形式是最为关键的设计。一般的轴承偏转机构无法达到使用要求,因为存在间隙,不但精度达不到,而且稳定性也差,因此设计拟采用上述弹性片簧铰链作为调整支承,这种支承能作无间隙微量偏转,它是利用材料在拉伸状态下比例极限内的弹性变形来完成的,具有无间隙位移、稳定性好、偏转量极小的特征。根据主要技术指标和要求,选择弹性片簧铰链作为支承结构显然是最合理的方案。

子腔镜镜架的主体是两对呈垂直位置的弹性片簧铰链,如图 8 - 82 所示。支承起三个调整框架,它们分别是后框、中间框、过渡框。后框与中间框在右侧用一对方位偏转支承(弹性铰链)连接,中间框与过渡框在顶部两侧用一对俯仰偏转支承连接。在驱动器的作用下,组成一个空间可以沿 $X-X$ 轴线和 $Y-Y$ 轴线微量偏转的调整机构,这种调整机构 θ_x、θ_y 二维调整互不干扰,偏转轴线清楚,而且精度高、稳定性好,尤其是结构简单,占用的空间也小。

弹性片簧铰链材料选用 65Mn 钢,厚为 2.5 mm,两侧用压板,中间最薄处为片簧厚度 2.5 mm,在装校时根据实际调试工况再进行修正。弹性铰链的热处理最为关键,将按照规范的弹性元件热处理工艺进行,选择热处理效果大致相同的两片为一组。

在驱动器设计技术上采用了一副减速比为 1∶50 小型蜗轮蜗杆(参考靶场高精度驱动机构),提高了伺服电机每步角最小分辨率的精度,并且运用汉江机床厂 1602-2.5 微型滚珠丝杆作为调节杆,操纵灵活。由于同蜗轮蜗杆配合使用,蜗轮蜗杆的自锁克服了滚珠丝杆自锁性差的缺点。

腔镜镜片与镜架间的固定,是构成模块高稳定性的一项十分重要的技术。首先必须消除任何调整外力对镜片直接或间接的影响,在具体操作上将腔镜固定在腔镜框中,腔镜框再插入过渡框里,并用螺钉在侧面固定。当需要换镜时,只要将腔镜框取下即可。

其次,镜片固定在腔镜框中,其压力对镜面必须均匀,过大尤其是非均匀压力将直接影响镜面面形的变化量,在结构上采用后端面靠在镶有软垫的镜框内台阶上,前端面用压板压紧,中间同样衬有软垫。若使用硅胶安装镜片,参考靶场系列反射镜的安装办法。

8.3.3 靶场系统设计

随着高功率固体激光装置的不断发展,其结构越来越复杂,保证光束指向性已不再是简单的调整问题,而是在结构设计和工程实施上必须全面考虑和认真把握的问题。保证光束指向性,关键的问题是保证光学元件支撑结构的稳定性。而作为靶场分系统的桁架支撑系统,主要用于反射镜调整架、物理诊断仪器和靶室中心参考系统(chamber center reference system,CCRS)的支撑,因此要求其具有很高的结构稳定性,从而满足神光装置光束指向稳定性的指标要求。另外,支撑桁架系统需要与所支撑的元器件相配合,以满足光束中心的高要求。

1. 桁架支撑系统的结构设计

根据反射镜和各种物理实验仪器的空间坐标,确定桁架的尺寸及基本结构构型。

桁架主体由方钢管分段焊接而成,整体为框架结构。因桁架总体尺寸过大,故分为几个单独的焊接组件,各个焊接组件之间利用螺钉联接。桁架外形采用长方体形状,可有效利用靶场空间,也便于安装各种实验条件下不同位置的反射镜。整体框架根据光路的走向进行设计,完全避免挡光。框架上挡光的部位需进行必要的切除,强度不够的地方要装加强筋。

桁架分为上、中、下三层,下层直接靠各支撑部件用地脚螺钉连接在地面上,中层为了安装方便,应便于安装人员行走及操作,可在行走部分安装可拆卸的镂空钢板,在安装反射镜的部位固定实心钢板。其中镂空钢板设计成在实际使用中根据需要也可替换成实心钢板的结构。

为了提高桁架的结构稳定性,桁架底部的支撑腿内部灌注阻尼减振材料如水泥或发泡材料。桁架其他部分均采用刚性连接。图 8 - 83 所示为靶场桁架系统结构示意图。

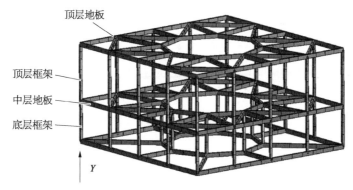

图 8 - 83　靶场桁架支撑系统结构示意图

2. 桁架支撑系统有限元分析与测试

为了满足神光装置光束指向稳定性的指标要求,完成桁架支撑系统的大体结构设计后,需要对其进行结构稳定性分析,确定各结构参数数据,从而完成桁架支撑系统的结构设计方案。

从提高结构稳定性的基本理论出发,采用有限元方法,对靶场桁架支撑系统进行结构稳定性分析。

按照神光装置光束指向稳定性指标要求(在随机振动响应下的最大角度漂移量小于 $0.5\ \mu\mathrm{rad}$),经计算,需要使桁架支撑系统的第三阶扭转模态固有频率大于 19.1 Hz。

为了使桁架支撑系统的固有频率值达到 19.1 Hz,需要寻找合适的尺寸参数进行调整,在靶场桁架系统结构中,能进行修改的尺寸参数为支撑立柱的截面尺寸参数 W_1。

接下来,以支撑立柱的截面尺寸参数 W_1 为自变量,以靶场桁架系统的第三阶固有频率值为目标驱动参数,利用有限元软件中的目标驱动功能,求解适合的截面尺寸值。图 8 - 84 为支撑立柱截面尺寸 W_1 与靶场桁架系统第三阶固有频率之间的关系曲线。

将 19.1 Hz 设定为目标驱动值,可得出满足条件的立柱截面尺寸 $B=300$ mm。

桁架支撑系统经设计、加工、安装后,需要对其结构稳定性进行测试,从而判断测试数据是否与设计数据相符。

结构稳定性测试采用现场测试的方法,测试仪器及分析软件为北京东方振动研究所研制,传感器为美国 PCB 公司生产的高灵敏度加速度传感器,测试结果如图 8 - 85 所示。

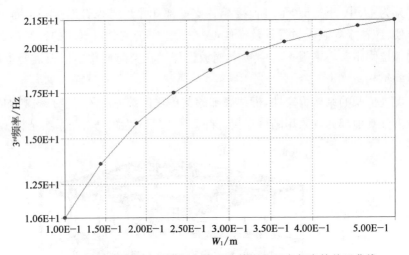

图 8 - 84 立柱截面尺寸与桁架支撑系统第三阶固有频率的关系曲线

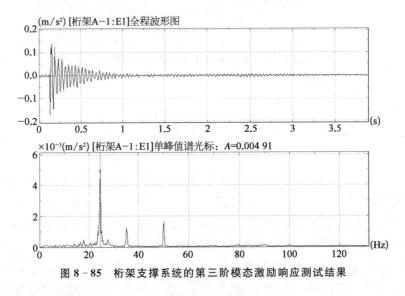

图 8 - 85 桁架支撑系统的第三阶模态激励响应测试结果

从图 8 - 85 的测试数据可知,桁架支撑系统的第三阶固有频率为 24.4 Hz,满足神光装置光束指向稳定性的指标要求。

8.3.4 拍瓦系统设计

8.3.4.1 压缩室设计

神光 Ⅱ 拍瓦系统压缩脉冲输出光强已达到 1 TW / cm²,在光束传输通道上碳氢化合物将不可避免地被电离,并蒸镀于激光束所作用的光栅区域上。这将极大地降低压缩光栅的衍射效率和抗损伤能力,使得原本破坏阈值就相对较低的光栅更易遭受不可逆的破坏。为防止此严重问题的发生,压缩系统必需放置在高真空度的密闭压缩室中。大尺寸压缩室的洁净环境、高真空度以及稳定隔振是确保拍瓦系统安全精密打靶运行的关键因素。

1. 压缩室结构设计

由于拍瓦压缩室长度达到 13 m，而其定位误差要求＜±5 mm，且拍瓦压缩室是真空容器，因此拍瓦压缩室箱体间密封面的平面度以及箱体两密封面的平行度还有密封面相对于安装接口的垂直度要求都非常高；其次，由于箱体宽度达到 4.5 m，高度 3.3 m，箱体在加工时很难保证，且箱体密封面对接的位置也难以保证。为了保证箱体的密封面在对接时无变形，密封面法兰厚度采用 45 mm。由于箱体法兰尺寸超出了现有的钢材尺寸，箱体法兰只能采用拼焊方式，留出加工余量的法兰厚度达到 50 mm，一般的不锈钢焊接很少能够将如此厚度的钢板焊透，而为了保证密封面不漏气，必须将采用拼焊的法兰焊透，为此也在焊接时产生了很大的困难。其次，压缩室箱体的法兰最大直径到 700 mm，总的法兰数量 60 个，包括支撑法兰 20 个、光学法兰 23 个以及辅助安装法兰、物流法兰、真空测量法兰等。因此，箱体的设计需要满足皮秒拍瓦激光脉冲压缩光路及检测光路以及拼接光栅光路等排布、真空对接及真空密封需求、运输和安装等各种需求。

压缩室箱体的结构设计首先满足光束排布的需求，图 8-86 所示为拍瓦压缩光路及缩束测量光路的排布。整个光路分为两层，下层为拍瓦脉冲压缩光路，入射光束经过 4 块光栅压缩之后由一块取样镜和两块反射镜输出；上层光路为缩束测量光路，由主光路中的一块取样镜漏出部分光经过两块反射镜导到上层光路，通过一块取样镜反射，然后经过缩束系统供测量使用，在取样镜后为缩束校准光路。

缩束测量光路

光栅及调整架

压缩光路

图 8-86　拍瓦压缩及缩束光路

压缩室箱体经过多轮的结构优化，最终给的方案如图 8-87 所示，其分段如表 8-11 所示。为了节省材料的成本，箱体材料采用 304 和 16Mn，底板材料采用不锈钢 304，保证箱体内部的洁净，外侧采用高强度的 16Mn。

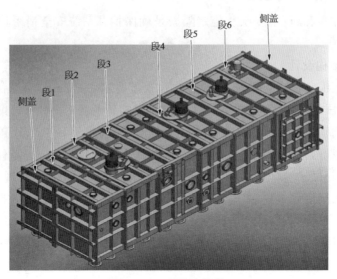

图 8 - 87　压缩室箱体

表 8 - 11　压缩室箱体分段

名　　称	尺寸 /mm	材　　料	名　　称	尺寸 /mm	材　　料
侧盖 1	4 512×3 312×300	5 052	段 4	4 512×3 312×2 000	304+16Mn
段 1	4 512×3 312×1 700	304+16Mn	段 5	4 512×3 312×2 400	304+16Mn
段 2	4 512×3 312×2 000	304+16Mn	段 6	4 512×3 312×2 500	304+16Mn
段 3	4 512×3 312×2 400	304+16Mn	侧盖 2	4 512×3 312×300	304+16Mn

　　箱体内部平台与箱体采用独立支撑的方式,将箱体的外部激励与内部平台隔离,如图 8 - 88 所示。

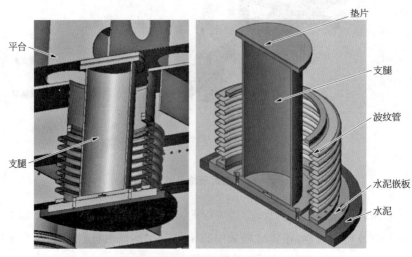

图 8 - 88　压缩室箱体支撑方式

压缩室箱体内部的平台及光路排布如图 8 - 89 所示。

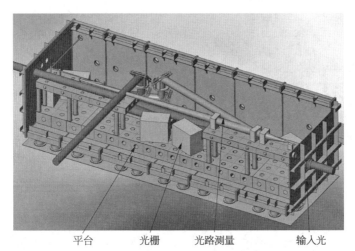

平台　　　　光栅　　　　光路测量　　　　输入光

图 8 - 89　压缩室箱体内部光路及器件排布

2. 压缩室结构分析

对压缩室进行真空耐压分析,真空压力设为 0.1 MPa,箱体的材料分别设置为 304、16Mn 和 5052,箱体的冯·米塞斯应力(Von Mises stress)分布如图 8 - 90 所示,其最大值为 427 MPa,箱体的变形为 5.5 mm。箱体抽真空实测箱体的最大变形为 4.85 mm,理论设计与实验基本一致。

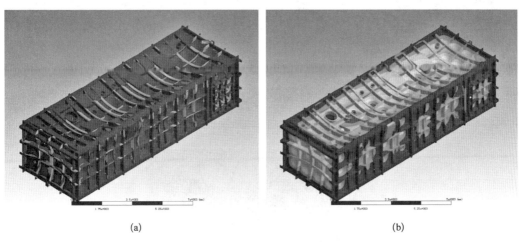

(a) 　　　　　　　　　　　　　　　　　　　(b)

图 8 - 90　压缩室箱体的有限元分析

(a) 箱体的冯·米塞斯应力分布;(b) 箱体的变形。

3. 压缩室内光学平台结构设计与分析

为了保证箱体内整体光路的稳定性、箱体内平台的稳定性,在靶场实测的振动功率谱密度下,台面动态变形角度小于 0.1 μrad,平台固有频率≥20 Hz。

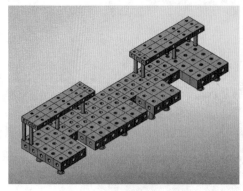

图 8 - 91　压缩室内光学平台

在满足光学镜架的支撑和稳定性的条件下,箱体侧壁及筋板采用 5 mm 镜面不锈钢 304 钢板,上台面厚度为 15 mm,设计的光学平台如图 8 - 91 所示。上层平台采用支撑腿的方式,在保证下层平台内的光路排布下支撑上层光路。箱体的正面和侧面开孔,保证真空抽气。

对压缩室平台进行模态分析,如图 8 - 92、图 8 - 93、图 8 - 94 以及图 8 - 95 所示,去除前六阶的自由模态。

（1）下层平台

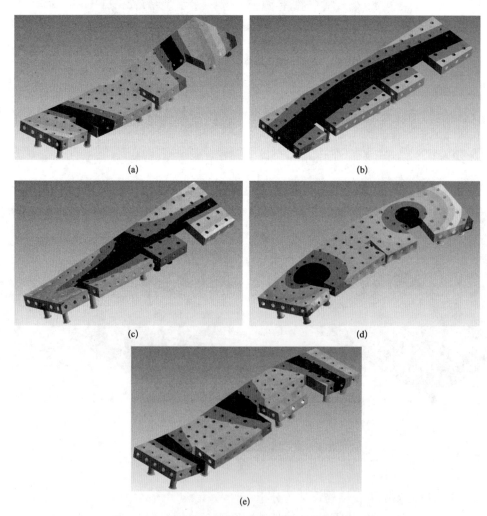

图 8 - 92　下层平台的模态分析（彩图见图版第 42 页）

(a) 第六阶 16.12 Hz;(b) 第八阶 18.7 Hz;(c) 第九阶 29.79 Hz;(d) 第十阶 31.5 Hz;(e) 第十一阶 37.6 Hz。

（2）两层平台自由状态

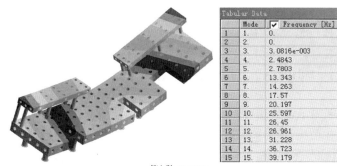

第七阶 14.26 Hz

图 8－93　两层平台的模态分析（彩图见图版第 42 页）

（3）两层平台约束状态

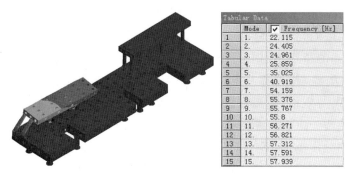

图 8－94　两层平台的模态分析（固有模态，22.11 Hz）（彩图见图版第 43 页）

（4）平台在随机激励 $1E-10\ g^2/Hz$ 条件下随机响应

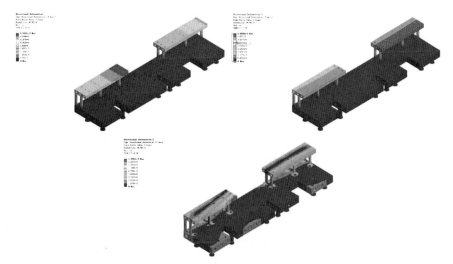

图 8－95　平台在随机激励条件下的响应（彩图见图版第 43 页）

双层平台在最大激励(Max.PSD)作用下,各项指标如下:

	R_x	R_y	R_z	T_x	T_y	T_z
下层平台	4.71E-03	7.82E-03	5.87E-04	3.47E+02	2.17E+02	1.88E+02
上层平台	8.64E-03	1.36E-02	8.21E-04	3.48E+02	2.18E+02	1.89E+02

R_x、R_y、R_z单位：μrad；T_x、T_y、T_z单位：nm。

因此平台能够满足设计指标的要求。

4. 压缩室箱体的无油洁净清洗

由于单段箱体的尺寸达到 2.4 m×4.5 m×3.3 m(长×宽×高),无法采用超声清洗方法,在综合考虑超声清洗、高压水冲洗、擦洗等方法并且考虑专业清洗厂家的意见之后,决定箱体采用混合脱脂剂的高温高压水冲洗、局部高温蒸汽冲洗的方法,解决大型容器的无油清洗,按照局部碳氢溶剂脱脂—高压水冲洗脱脂—去离子水漂洗—去离子水漂洗—局部高温蒸汽冲洗—去离子水漂洗—氮气吹干的流程进行。

对于箱体内部的光学平台,由于最大的平台长度达到 4.5 m,其他的平台长宽达到 2.3 m×3 m,普通的超声清洗池不能放得下,因此定制了内部尺寸为 5 m×2.9 m×1.1 m 的方形清洗池,超声振子根据平台中不同的孔径采用了 200、400、600、800、1 200 和 1 600 W 等规格,清洗方法按照局部碳氢溶剂脱脂—超声波脱脂—去离子水冲淋—超声波漂洗—超声波漂洗—氮气吹干的流程进行。对于平台内的试样抽检,测得各油气成分的分压小于 1E-11 Torr(amu≥40,amu≤200),因此采用的清洗方法是符合设计要求的。油气的测试结果如图 8-96 所示。最大的 amu 为 44,其值为 1.2e-11Torr。

压缩室箱体洁净度设计值为 100 级,使用激光粒子计数器检测箱体工作状态洁净度结果如表 8-12 所示。

表 8-12　箱体工作状态的洁净度检测结果

项　目	0.3 μm	0.5 μm	1 μm	3 μm	5 μm	10 μm
粒子数	15	7	0	0	0	0

5. 压缩室箱体的现场安装

由于箱体总长达到 13 000 mm,而允许的安装误差仅为 5 mm,因此普通划线的方式不能满足要求。对此采用激光跟踪仪,其精度可达到 0.001/1 000 mm,足以满足压缩室的苛刻定位要求。根据安装的需要,首先对 3 号箱体的出口法兰和南侧法兰面定位,在安装过程中实施每道工序之后检测,保证 3 号箱体的定位准确性。然后将 2 号箱体和 1 号箱体依次向北安装。

在 3 号箱体安装完成之后,安装箱体与其内部平台的独立支撑地基的波纹管时,一

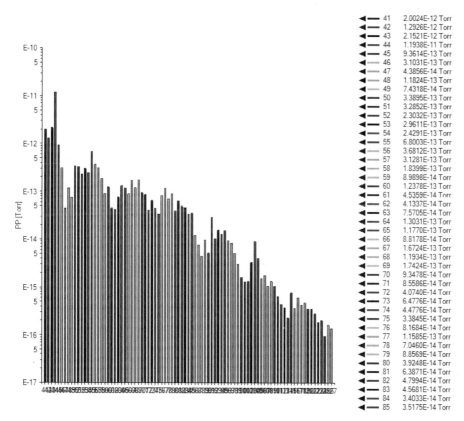

图 8-96 压缩室箱体的油气成分测试(彩图见图版第 44 页)

方面波纹管采用的是膨胀节,刚度较大,一个人无法将压缩后的波纹管送入箱体底部进行安装。据此设计了夹具,在波纹管安装之前将其压缩,然后放入箱体底部,再放开夹具,让其自由伸长,进行箱体和波纹管的密封。

在将 1 号、2 号和 3 号箱体完成定位之后,在 1 号箱体的北侧放置有洁净度<1 000 级的净化排(对箱体内的空气进行净化,去除尘埃),然后进行箱体面上的法兰密封和二次擦洗。之后对箱体进行真空检漏。

完成检漏之后,安装 4 号箱体,用激光跟踪仪检测 4 号箱体的南侧法兰面。

由于实验室现场的空间狭小,6 段箱体安装完成后其内部的光学平台没有空间进行安装,因此在 4 号箱体完成安装之后将一层平台进行粗安装,然后将其余的平台堆放其上。

接下来安装 5 号和 6 号箱体,进行箱体的擦洗、真空检漏、箱体内的平台安装、箱体的净化处理等工作。

实际检测安装之后压缩室箱体的位置如表 8-13 所示。

由此表明,箱体的安装精度达到较高的水平,远远满足设计精度要求。

表 8 - 13　压缩室箱体的安装精度

位　　置	上下方向 /mm	东西方向 /mm	南北方向 /mm
出口法兰	1.3	1.7	0.6
入口法兰	0.3	2	
安装指标	±10		

8.3.4.2　光栅调整架设计

拍瓦激光系统输出皮秒级高功率超短脉冲,压缩器需将纳秒级啁啾脉冲还原为皮秒级短脉冲。压缩器由 4 组大口径介质膜光栅构成,要得到近转换极限脉宽输出,需要对 4 组光栅进行高精度位置、姿态调整,并在打靶周期内保持长时间稳定性。因此,光栅调整架需要为光栅提供高精度的调整和稳定的支撑。

为保证光栅调整架兼容多种规格光栅,由于压缩室空间的限制,光栅调整架尺寸必须限定在一定范围内,高度(调整架底部距顶部)低于 1 000 mm,厚度小于 650 mm,光栅长度方向不能有夹持件及调整部件突出光栅两侧边缘,调整架重量小于 700 kg(不包含光栅)。光栅夹持方式应保证装夹完成后光栅面变形小于 1/10 波长,为保证光栅对之间保持一定精度的面平行和刻线平行,需要对每块光栅整体三维电动旋转和二维手动平移加以调整,平移调整的范围为 ±50 mm,精度 0.1 mm,角度调整范围均为 ±3°,方位角调整精度 1 μrad,俯仰角调整精度 5 μrad,面内旋转调整精度为 10 μrad。整个光栅调整架在现有靶场振动条件下,保证各维的稳定性不超过各维调整精度的 1/2。调整架所有元件都工作在真空环境下,同时为保证光栅不受污染,需严格控制材料的放气以及运动部件等的油污污染。

整体光栅调整架的设计如图 8 - 97 所示。

光栅平移调整采用滑块导轨形式,以保证运动的承载能力,角度调整采用圆弧导轨＋滑块的形式,周向调整采用交叉圆柱圆周导轨实现,所有导轨采用最高等级以保证运动的精密性。驱动采用真空步进电机,通过蜗轮蜗杆细分实现角度调整,推动时采用全刚性的球头连接,以提高光栅调整架的固有频率。

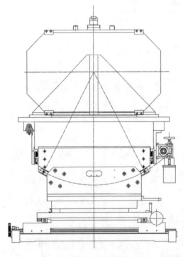

图 8 - 97　光栅调整架结构示意图

8.3.5　参数测控系统设计

大功率激光装置光路传输路径复杂,经过各种器件后最终注入靶室;光路的稳定性、指向准确性、波前等光束指标很大程度上决定了激光器的性能和质量,所以大功率激光装置在光路的多个关键点都布置了测量准直系统,用于监测、分析光束的各种性能指标。性能优异、功能完备的测量准直系统对提升大功率激光装置的最终性能起到了关键作用。

8.3.5.1　测量准直系统的功能

测量准直系统分为两个功能部分：测量和准直。在实际系统中，测量和准直模块可以分开设计成两个系统，也可以集成到一个测量机械系统中。测量准直系统在不同的测量点的主光路中取样测量光路导入系统，在测量系统的不同子模块中完成光束的能量测量、波前测量、近远场测量、时间波形和准直测量等功能。

8.3.5.2　测量准直机械系统性能要求

测量准直系统有三种典型使用环境：真空、洁净密封和普通实验室环境。根据环境不同，对机械系统有不同的设计要求。但是大多数的性能要求对于所有的使用环境都是一致的，比如机械结构的稳定性、角度调节的分辨率和正交性、减少杂散光、可维护性、易用性等。

（1）普通使用环境对测量准直机械系统的要求

① 结构的机械稳定性（如振动时）、热稳定性；

② 减少杂散光：要求结构具有低反射率表面，使用光束陷阱、暗室、光管道等结构；强弱光分离，不同测量功能模块隔离；对于鬼像和强光区域机械结构表面要避开，以免破坏结构表面，产生溅射物；

③ 减少灰尘等对光学元器件表面的影响，例如对于朝上的反射表面尽量不裸露；

④ 光电分离，减少电气元件对测量元器件的影响，防静电和接地良好；

⑤ 调整分辨率、精度和角度调整正交性，例如安装调整、手动调节和电动调节；

⑥ 移入移出的复位精度：水平切入切出、旋转切入切出；

⑦ 测量系统的整体高度和角度调整；

⑧ 机械机构模块化：适应各种不同功能的测量、准直光路，例如水平、垂直光路和折转爬升等不同光路；

⑨ 统一和标准化接口：水、电、气；

⑩ 易操作，易维护。

（2）洁净环境对测量准直机械系统的要求

① 机械结构易清洁，要求表面光洁，少死角，少盲孔；

② 测量系统整体结构密闭，同时要求拆装方便；

③ 空气过滤和洁净维护系统。

（3）真空环境对测量准直机械系统的要求

① 材料低放气率；

② 无封闭腔，例如螺纹孔要求有泄气通道；

③ 表面光洁，达到规定的表面粗糙度；

④ 洁净清洗保证机械结构洁净质量。

8.3.5.3　测量准直系统机械系统的实现和特点

1. 测量桁架

一般情况下测量时准直系统放置于测量桁架之上，根据光路不同，测量桁架的形态各异,有分离组装式、整体式、多层或单层等;当桁架达到一定的尺寸时,桁架的结构稳定性决定了测量的机械稳定性;根据神光Ⅱ实验室使用环境要求,大型桁架的一阶模态要大于 12 Hz。

桁架设计时需要借助有限元分析获得各阶模态,设计时留有一定比例的余量,因为有限元的分析结果一般都比实际的一阶模态要高,并且大型桁架一旦设计定型投入生产就很难修改;一般桁架的位置都要远离激振源,无法避免时要采取主动隔振措施,例如给激振源增加隔振垫,为了减少振幅,可以增加桁架阻尼,例如在桁架型材空腔中注入水泥等。

对于大型桁架的安装,尤其是拼接式桁架,一定要保证有良好的安装定位面以及测量定位装置,定位不准容易导致后续测量系统无法定位于理想位置,或者需要大行程的调整装置,行程越大则装置越不稳定;桁架一般以地脚螺钉固定于地面,并且各桁架支脚用水泥填实封固;水泥表面喷漆或者涂胶,防止水泥表面起尘。

桁架安装完成后,用振动测量系统实际测量桁架主要方向模态频率,如果不能达到使用要求,需要另外采取措施减少振幅或者改变系统模态,例如增加支撑以加强指定方向的刚性,灌特定材料如水泥到型材空腔,增加阻尼以减少振幅。

以下为主放大测量系统(output sensor package,OSP)的桁架实例,如图 8 - 98 所示:测量系统南北对称,中间是导光光路,主桁架分为 6 层,采用拼接结构,单侧桁架尺寸为:3.5 m×0.6 m×3 m,所以此桁架特点是又高又窄,一阶振型和模态频率很重要。

图 8 - 98　多路测量光路系统的桁架实例

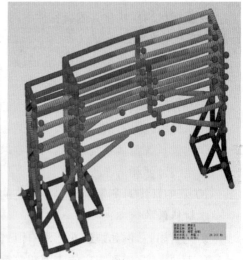

图 8 - 99　某测量桁架的模态分析

图 8 - 99 为 OSP 测量桁架的模态分析,借助有限元软件可以观察各阶模态的方向和频率,分析频率为 26 Hz。在设计过程中,如果第一阶模态频率太低,可以通过在相应振型方向上增加支撑或者改变结构的方法加强相应的刚性;对于刚性或者模态频率很高的

方向,可以通过减少支撑,选择更小的型材等方法减轻重量和简化结构。另外,合理的斜撑往往比增加尺寸更加有效,很有利于减少尺寸和重量。

图 8－100 为 A 构型 OSP 测量桁架的有限元分析结果,此桁架尺寸为 2.7 m× 0.6 m×1.5 m,分析频率为 50 Hz,所以对于模态频率,尺寸是最关键的影响因素,尤其是长(高)宽比,比值越大,一阶模态频率越低。桁架设计时尽量减小长(高)宽比。

2. 测量准直包

测量准直包将主要的测量光路集成于一个箱体内,根据需求包内隔离成不同的功能区块:不同测量功能区、电气单元区等。另外,为了减少干扰和提高信噪比,在

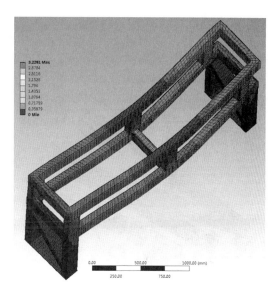

图 8－100　A 构型 OSP 测量桁架有限元分析
(彩图见图版第 44 页)

包外导光阶段就需要将强弱光分离;为了方便调试和使用,测量包需要有离线调试功能,离线调试完成后,只需要简单调整和校对就可以上线使用。

图 8－101 为 A 构型 OSP 测量包实例,分为导光部分和测量包部分。导光部分的在线安装调整,对不同光路采取隔离方式;测量包部分离线调试后上线,通过测量包带有的整体调整功能和一定的包外器件对准入射光即可。

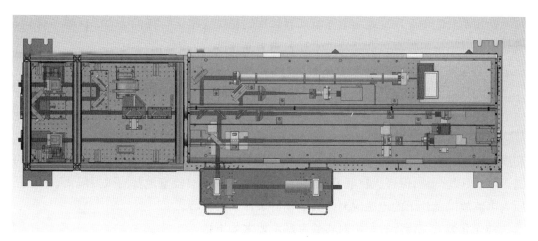

图 8－101　A 构型 OSP 测量包实例

大功率激光装置光程长,布置有很多测量点,不同的测量点要求有不同的测量光路和功能,相应有很多不同的测量包,采用模块化设计能够简化测量机械系统的设计,提高可维护性、易用性。

图 8-102 为多种测量包系统,光束口径及功能各异,但是测量包的结构形式、水电气接口、功能机械子系统都做到了通用处理。

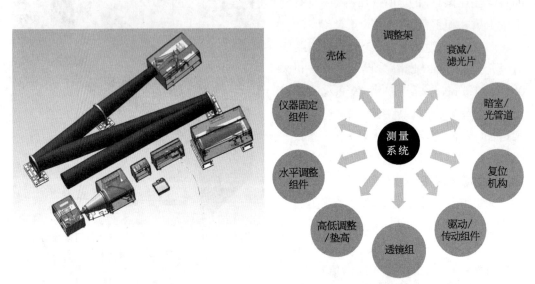

图 8-102　多种测量包系统　　　　图 8-103　测量准直机械系统模块划分

根据系统实际,将测量准直机械系统分为图 8-103 所示的几个模块。

§8.4　通用系统设计

通用系统的主要功能是为激光驱动器装置的稳定安全运行提供必需的保障条件,包括装置及其系统组件运行的环境需求和各类水电气等。

1. 环境需求

激光驱动器装置需要安装于环境条件可控的实验室中,一是保证装置中的光学元件面形不受温湿度影响,二是保证光学元件不受颗粒污染而导致强激光损伤,三是降低外界环境随机激励对光学元件的空间姿态的干扰,四是保证单元模块和设备不受高压放电和高能辐射的影响,因此必须对激光驱动器装置的环境进行控制,保证大空间范围内的温湿度及其均匀性,保证大空间范围内的高洁净度,保证实验室地基的微振隔离,保证高压大电流放电条件下的电磁隔离与高能辐射条件下的屏蔽。

神光Ⅱ装置在建设过程中对实验室环境要求如下:

① 24 h 时间内基本保持温度恒定,20±0.5℃,相对湿度(relative humidity,RH)40%～50%,洁净度(cleanliness,CL)1 000～10 000 级,气流要均匀,保持室内空气新鲜。

② 根据装置系统功能的不同,对各个系统间的环境要求进行相应的设置,例如:

靶场:$T = 20 \pm 0.5℃$　　RH$=55\% \pm 3\%$　　CL: 10 000;

前端：$T=20\pm0.5℃$　　$RH=55\%\pm3\%$　　CL：1 000；

超净：a) $T=20\pm2℃$　　$RH=45\%\pm3\%$　　CL：10 000；

　　　 b) $T=20\pm2℃$　　$RH=45\%\pm3\%$　　CL：1 000；

　　　 c) $T=20\pm2℃$　　$RH=45\%\pm3\%$　　CL：100。

测量控制：$T=20\pm2℃$　　$RH=55\%\pm3\%$　　CL：10 000。

③ 为了改善光束质量,解决气流及人员走动等因素引起的光束抖动,光路传输区域实施精密管道化。

2. 接地要求

激光驱动器装置实验室大厅内要求有良好的高压接地系统和测量接地系统,且相互独立,从而保证激光器运行过程中互不干扰。整个实验室采用三个独立的接地网(能源、动力、测量),接地电阻根据各自的需求进行确定,能源设备的接地电阻不大于 0.2 Ω,其他接地(安全接地、保护接地、防雷接地、防静电接地、屏蔽接地、弱电系统接地等)采用联合接地体方式,接地电阻不大于 0.5 Ω。

3. 管路排布

激光驱动器装置常规运行和维护以及精密装校过程中需要提供各类洁净气体、洁净水,并对相关废气、废水进行合理排放。神光 Ⅱ 装置实验室中各类管道均铺设在实验室地面以上,同时距实验室地面上方 300 mm 处铺设镂空地板,便于人员行走与器件运输。管路排布主要有以下几类。

(1) 洁净氮气进入与排出管道

超纯氮气除了用于片状放大器的冷却、洁净、干燥外,还在部分实验室和实验大厅的某些部位设置多个超纯氮气接出口,用于清洁光学元件表面或光学元器件的干燥储存。除片状放大器的氮气由管道排出外,作其他用途的少量氮气使用后均排放在实验室内。

(2) 抽真空时的废气排放管道

抽真空时的废气必须排入管道,且管道排气输出端口要有排风扇,以利于废气迅速、有效地排出。

(3) 进出水管道

实验室设备冷却用水由管道排入下水道,其他排水如有污染,应作污水处理后方可由管道排入下水道。

(4) 电缆及各类信号线

高压电缆线与其他各类电缆线在较近间距内一起排布时,需做屏蔽隔离,以免相互干扰。

神光 Ⅱ 装置纳秒放大系统所用以上三类管道,在实验室大厅分布如图 8 - 104 所示。

在图 8 - 104 中：

◆ 红实线表示洁净氮气进气管；

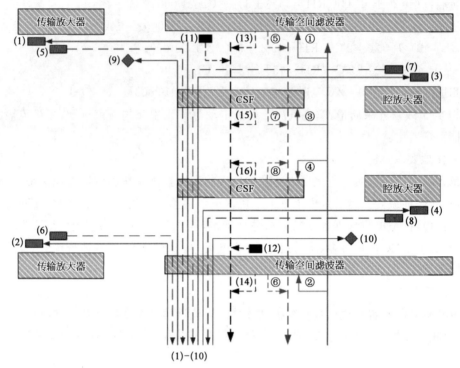

图 8 - 104　神光 Ⅱ 装置纳秒放大系统管道排布示意图（彩图见图版第 45 页）

◆ 红虚线表示氮气出气管；

◆ 黑实线表示真空废气排气管，废气管将与一总管连接，将废气排出；

◆ 绿实线表示真空机组冷却用进水管；

◆ 绿虚线表示真空机组冷却用出水管。

§8.5　安装集成技术

8.5.1　基准体系建立

传统的 MOPA 装置采用离散型的结构布局，采用单程放大方式，单元与单元之间的耦合度低，利用水平仪或经纬仪进行支撑平面的调平，元器件依次摆放，三维安装精度大于 1 mm；利用模拟光对机械件和光学元件进行初步对准，然后通过场图方式逐级对光学元件进行精密修正，最后在末级实现设计所需的指向精度，满足物理实验的需求，整个安装过程对器件的初始定位精度要求很低，同时安装过程中也无绝对的参考坐标系，使得器件在调试维护阶段无法保证获得较高的复位精度，增加后期的维护时间。SG - Ⅱ UP 装置采用多程放大和组合阵列式的技术路线，光束须在同一块光学元件上经过多次传输，同时光束之间有严格的尺寸关系，因此必须保证器件在安装时保证严格的空间位置相互关系，传统的安装方式无法获得器件之间的尺寸传递关系。为了使新一代多程放大激光驱动器能够顺利地安装调试,各国研究人员普遍引入了业界最先进的勘测测量技术、不确定性和误差分析手段,包括使用激光跟踪仪、全站仪、精密数字水平仪和模拟场景测量来保证安装精度和安装坐标系的延续性。常用的高精度测量设备如图 8－105 所示,性能指标见表 8－14。

图 8－105　各类高精度测量设备示例

表 8－14　各类测量设备精度表

类　　别	项　　目	精　　度
三维空间测量精度	静态	5 ppm(5 μm/m)
	动态	10 ppm(10 μm/m)
	坐标重复性	优于 2.5 ppm
干涉仪精度	测量分辨率	1 μm
	测量精度	1 ppm
绝对测距精度	测量分辨率	1 μm
	测量精度	15 μm(10 m 之内) 1.5 ppm (10 m 之外)
STS 传感器	角分辨率	3 arcsec

为了实现安装调试阶段对各类单元器件的精确定位,测量设备必须随时能在最初设计的全局坐标系(global coordinate system,GCS)中进行测量工作,为此需建立起相应的控制网络。LLNL 在项目初期专门成立了精确测量小组,负责建立 NIF 精确测量网络和高精度坐标系,对工程建设及器件安装过程进行精度控制。如图 8－106 所示,在项目正式进入工程实施阶段[27]:

① 首先在建筑物墙基处设置测量网络标识,建立基本控制网络;

② 然后立即在建筑内部铺设大量中间网络标识,并和基本控制网络进行最佳拟合;

③ 最后又在整个建筑内部设置额外的网络标识,完成精确测量网的建立。

在测量工作开始前,还必须注意保证环境控制开始的 36 h,同时测得环境温度基本稳定。

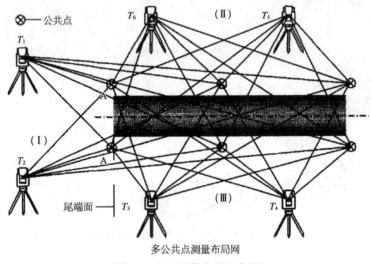

图 8 - 106 测量布局示意图

SG - Ⅱ UP 装置的激光大厅和靶场区域早已完成了配套的基础建设,相对于 NIF 早期的工作来说具有以下优势:环境温度和气压均保持在稳定的状态;地面经过多年的沉降也已经基本稳定,这使得我们可以直接跨过基本网和中间网的建设,直接进入精度测量网的建立。但同时也存在缺陷:大厅墙面为彩钢板结构,无法提供精确的参考基准;地面水平度较差,落差超过 30 mm。为此采用“三步走”的方式来实现高精度测量网络(precision survey network,PSN)的建立,为装置的全局坐标系(GCS)可持续性提供了基础。

第一步:GCS 的建立,利用激光跟踪仪内置的水平仪(精度 2″)建立起一个 xoy 平面呈大地水平的坐标系,再对大厅北墙进行多点测绘,在软件中拟合出北墙面虚拟图,确立虚拟面与 xoy 平面的交线 l,最后将 x 轴绕 z 轴旋转至与 l 平行,这样就完成了 GCS 的建立;按照初始设计,靶心在地面的投影点被选为坐标系原点,对北墙进行多点测绘,利用拟合的虚拟墙面和建立的精度 2″的大地水平面的交线作为 x 轴的平行线,建立全局坐标系,如图 8 - 107 所示。

第二步:地面 PSN 的建设。按照元器件支撑结构的排布图,本着“在任意位置均可建站测量”的原则,我们在大厅地面埋设了近 100 个测量网络标识点(survey network monument,SNM),当 GCS 确立后马上对这些 SNM 进行测量,并经过 6 轮次重复测量迭代拟合,减小误差。初期建立的地面 PSN 精度达到 0.1 mm。地面 PSN 如图 8 - 108 所示。

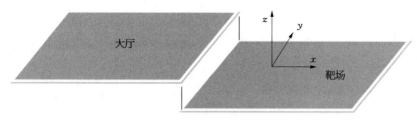

图 8-107　装置坐标简图

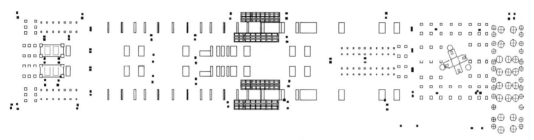

图 8-108　装置桁架及测量基准点排布图

第三步：地面 PSN 向三维空间扩展。随着各类支撑桁架和元器件的进场，地面精确测量网络逐渐被分隔开来，测量设备在指定位置无法利用更多的网络标识进行建站，尤其将来高架地板安装后，地面控制网络将无法使用。为了保证 GCS 的延续性，在桁架和元器件进场安装的过程中，逐步将地面 PSN 向三维空间扩展，将额外的 200 余个 SNM 嵌入桁架和靶场三层结构上，空间 PSN 的整体精度达到 0.2 mm（考虑到形变等因素，这一工作均在各结构组件安装稳定 3 个月后进行）。

8.5.2　单元组件的定位安装与测量

神光 II 升级装置包含大量功能模块，它们的调试方式不尽相同，主要可以分为以下几种类型：

1. 放大器模块、主空间滤波器箱体

放大器及空间滤波器模块的安装涉及其六个自由度的确立，无法直接定位，设计人员采用了定向导柱＋支撑的方式，将六自由度定位的问题进行分解，如图 8-109 所示。

支撑导柱 a 限制了模块两维平移和两维旋转，支撑平面 b 限制了模块一维旋转。利用跟踪仪对 a、b 进行精确定位安装后，模块的定位就变成了一维平移问题，如图 8-110 所示。

2. 主空间滤波器箱内组件

支撑柱 a 为凹球面结构，b 为 V 型槽结构，c 为平面支撑结构，理论上通过 a、b 的定位可将组件六自由度变为绕 ab 轴的旋转，最终通过平面 c 将其位置固定，如图 8-111 所示。

通过在前后箱体两端架设基准光阑，用氦氖光支出空间基准光轴，令其对穿组件上每路前后的两个光阑，跟踪仪实测修正东西位移来完成调整，三维位置精度 0.5 mm，如图 8-112 所示。

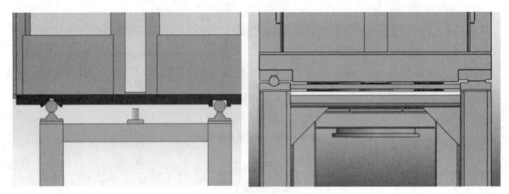

图 8 - 109　放大器及空间滤波器箱体底座图

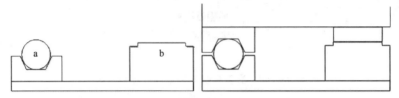

图 8 - 110　放大器及空间滤波器箱体支撑结构图

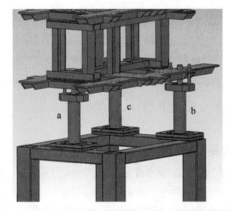

图 8 - 111　空间滤波器箱内组件及支撑结构图

图 8 - 112　空间滤波器箱内组件安装调试图

3. 偏振片和特殊角度反射镜

架设基准光路,穿过基准光阑 1、2,偏正片中心调到位,反射镜中心到位,调节反射镜俯仰角使得光束穿过光阑 3,如图 8-113 所示。

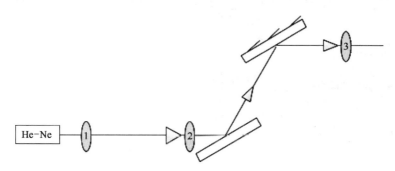

图 8-113 偏振片和特殊角度反射镜调试光路图

4. 基频取样反射镜

利用跟踪仪实测模式,对上下两个红色点位进行测量,调节俯仰角使得两点的 x 坐标值一致,再对两个绿色点位进行测量,调节偏摆角使两点的 x 坐标值偏差为 $a \cdot \sin\alpha$,确定最终姿态,如图 8-114 所示。

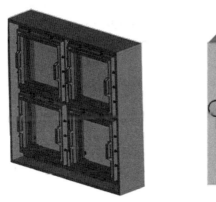 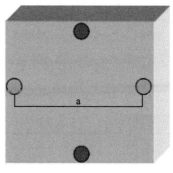

图 8-114 基频取样反射镜测量安装调试图(彩图见图版第 45 页)

5. 45°反射镜

架设两条基准光路,分别穿过基准光阑 1、2 和 3、4,反射镜中心调到位后,关闭一路氦氖光,调节俯仰\偏摆角,如图 8-115 所示。

6. 0°反射镜及 AO

反射镜和 AO 对中心后,利用跟踪仪实测完成另一维平移的调整,之后可通过对镜面的实测,完成俯仰偏摆调整,令其垂直于基准光轴,如图 8-116 所示。

单元组件的安装精度如表 8-15 所列。

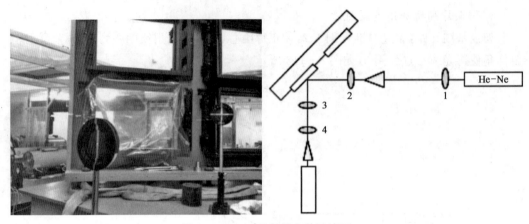

图 8 - 115　45°反射镜安装调试图

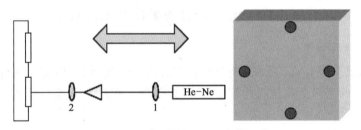

图 8　116　0°反射镜及 AO 安装调试图

表 8 - 15　神光 II 升级各类元器件安装精度表（单位：mm）

组　　件	定位精度	组　　件	定位精度
助推\腔放模块	±0.2	压缩室注入\输出法兰	±1.0
主空间滤波器箱体	±0.2	反射镜	±0.5
各类反射镜架	±0.5	透镜	±0.5
空间滤波器箱内组件	±0.5		

8.5.3　小结

神光 II 升级装置 GCS 的建立，为元器件安装提供了测量基准，PSN 的建立使得 GCS 在今后的调试过程中可以延续使用。装置的顺利通光验证了我们的安装理念是成熟的，各类组件的安装精度是可靠的，是满足装置实验运行要求的。

§8.6　光学元件精密加工工艺

光学元件质量好坏是决定高功率激光装置光束质量和稳定运行的关键问题之一。高功率激光装置需要大量大口径、高精度的光学元件，对于神光 II 升级装置，所需 28 cm×

28 cm 以上的光学元件 600 件以上，其中包括平面元件、球面元件和非球面元件。对这些光学元件的面形和粗糙度要求为：反射波前畸变小于 $\lambda/4$ PV(peak to valley，峰谷比)(@632.8 nm)，透射波前畸变小于 $\lambda/6$ PV(@632.8 nm)，表面粗糙度小于 1 nm RMS。联合室经过数年的研究，已在精密光学加工方面有所突破。

8.6.1　平面光学元件加工工艺

神光 Ⅱ 装置大口径光学元件中，平面元件数量占到 88% 左右，这些大口径平面元件主要依靠环形抛光(continuous polishing，CP)工艺达到面形和表面质量要求。一套环形抛光系统主要包括环形抛光盘、校正板和工件，环形抛光盘为沥青-松香混合材料，校正板一般为质地均匀的优质花岗岩，直径一般为抛光盘的 5/9 左右，抛光盘中央开一圆形孔，孔径约为盘面直径的 1/3。抛光盘主要依靠流变变形，校正板主要依靠被磨削变形，其工作原理为抛光盘环带和校正板对磨，使二者均达到很高的面形精度。由于工件跟随抛光盘的面形，因此也会达到很高的面形精度。抛光盘和校正板对磨，也可能出现一个为凹球面、一个为凸球面的情况。此时工件将演变为球面，解决方法是移动校正板在抛光盘上的径向位置，使盘面内外侧变形速率不同，达到修改面形的目的。

真正实现 CP 稳定的输出工件并不容易，抛光盘面形往往稳不住，盘面直径越大，面形越难控制。一块工件加工好之前，面形往往凹凸变化几个周期，并且一块工件能做好，不代表下一块也能做好。为解决这一问题，经过大量的分析与尝试，提出以下操作方法：

① 明确平衡位置；

② 在工件情况变化的同时调整校正板位置；

③ 采取正确的面形调节方式。

平衡位置很重要，它可以使面形保持不变。校正板推到抛光盘环带外侧，盘面会逐渐变凸，推到环带内侧，盘面会变凹。当加工环境很稳定时，盘面不仅可通过调节校正板位置变凹变凸，且其变化的速率也是确定的，是校正板位置的函数。所以，可以通过实验绘制出变化速率与校正板位置的关系。图 8-117 是在 0.69 m 环形抛光机上的实验结果，工件、校正板和盘面尺寸等参数列于表 8-16。实验所用抛光盘为沥青混合料抛光盘，主要成分为西安♯66 抛光胶，另外添加了适量的蜂蜡和塑料粉；校正板为济南青花岗岩，具有结构均匀、热膨胀系数低的优点；监控工件为熔融石英；抛光液为二氧化铈水基抛光液，浓度为 1%，采用间歇式注液，每 5 min 添加 30 ml；系统转速为 2 r/min；环境保持恒温恒湿，温度维持

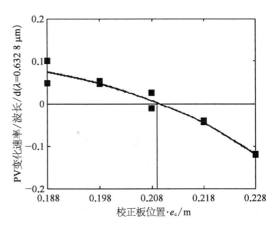

图 8-117　工件面形变化速率与校正板位置的关系

在 22℃,相对湿度维持在 60%。在校正板中心位于盘面径向位置 0.188~0.228 m 范围内每隔 10 mm 测量工件的面形变化,每个点位置测量 2 次,每次测量 3 d,每次改变校正板位置后都等变化速率稳定后才进行测量。图中变化速率为正代表工件面形向凸球面变化,负代表向凹球面变化。可见在 0.188 m 处,工件会变凸;在 0.288 m 处,工件会变凹。测量值可以拟合出一条连续曲线,曲线过零点即为此种情况下对应的平衡位置,约为 0.209 m。

表 8 - 16　0.69 m 环形抛光机加工实验参数

	外径 /mm	内径 /mm	厚度 /mm	密度 /(kg /m³)
抛光盘	690	220	20	1 800
校正板	350	—	30	3 070
工　件	150	—	20	2 500

一般认为抛光盘面形只受校正板调控,抛光盘变凹、变凸只与校正板位置有关,事实并非如此,面形变化还与工件有关。可以将 CP 系统比作杠杆系统,从盘面内侧到外侧即为杠杆,校正板和工件即为杠杆上的两个物体,环带中央为支点。杠杆上一个物体移动或质量改变时,另一物体必须同时移动才能保持杠杆平衡。环形抛光机也一样,当工件位置、尺寸或数量发生变化时,校正板一定要同时移动才能维持盘面面形不变。工件位置、尺寸和数量经常变化,就给实际的操作带来了很大的困难。但校正板位置与工件情况之间还是满足一定关系的,经理论研究与实验发现,工件各种情况的改变只会影响图 8 - 117 中曲线的位置,其形状基本不会改变,这种现象对研究不同工件抛光系统的特性带来了很大的方便。认识到环抛工艺的这些特性,是控制好面形的关键。

当盘面面形被破坏后,不能单纯根据工件面形来推动校正板,这样容易引起过修正。根据盘面面形变化速率与校正板位置的关系,可以实现盘面面形的定量修正,使校正板移动确定的位移、确定的时间后,将校正板推回平衡位置,这是正确的面形修正方法。由于工件的面形可能存在延迟,此时面形不一定到位,但之后会有好转。采用上述操作方法,在实验室 1.6 m 环抛机上抛光 ϕ300 mm 的窗口元件,单面面形长期稳定在 $\pm 1/5\lambda$(@632.8 nm)以内。

8.6.2　非球面光学元件加工工艺[28,29]

高功率激光装置中虽然非球面元件数量不多,但单件却是加工难度最大、成本最高、加工周期最长的。对于中大口径的非球面元件,目前形成了数控铣磨结合磁流变或数控抛光头抛光(computer controlled optical surfacing, CCOS)的专业加工方式。传统的手工修带的方式势必会渐渐退出舞台。但数控方式成本高昂,且加工的元件存在刀路会引起光束衍射的问题,对高功率激光系统产生极大的破坏。传统手修方式元件表面不存在刀路,可以用于高功率激光装置的非球面元件加工,但其经验性太强,表面质量差,加工人员劳动强度极大,且对加工人员要求极高。为发挥手修方式的优势,同时增强其加工的确定性,联合室设计出了类似手臂运动的新型数控抛光方式——数控摆动抛光方式,其基本结构为四杆机构驱动特殊设计的全浮动抛光盘,以此进行抛光。

数控抛光方式抛光头驱动机构的设计尤为重要,目前的设备多采用球铰连接方式驱动,驱动力的作用点在抛光面上方,驱动力与抛光面上的摩擦力形成力矩,导致抛光盘在相对于工件运动方向的前部压力变大,影响去除函数;当抛光盘尺寸较小时,形成的倾覆力矩有可能导致抛光头向前倾倒。这个问题采用传统连接方式不能克服,因为不可能将球铰中心降到工件表面。手修方式存在类似的问题,抛光盘越小,越拿不稳,压力越不均匀,甚至抛光盘一侧翘起,另一侧与工件形成点状的硬接触,很容易划伤工件表面。

在精修过程中,必须使用小抛光盘,解决边缘效应也要使用小抛光盘。为减小倾覆力矩,设计了特殊的抛光盘驱动机构,使抛光盘不仅二维全浮动,并且完全消除了倾覆力矩,其基本原理可通过图 8 - 118 说明。

图 8 - 118 为一维全浮动结构,转动架固定在安装架上,可绕安装架自由转动,抛光盘固定在转动架上,调整抛光盘高度使盘面过转动轴线 a,则抛光盘驱动力在抛光面上,所以抛光盘没有翻倒的趋势,可以驱动尺寸很小的抛光头进行精细抛光,当其尺寸小于工件边缘到通光口径边缘的环带宽度时,就解决

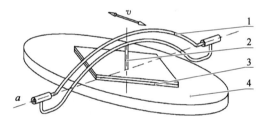

图 8 - 118 一维全浮动抛光头结构示意图
1—安装架;2—转动架;3—抛光盘;4—工件。

了非球面元件抛光的边缘效应问题。实际使用的抛光头为这样的两套结构上下串联实现二维浮动,两根旋转轴线垂直相交。

传统数控抛光方式中,抛光盘在工件不同位置去除函数相同,所以可以用傅里叶变换的方式解驻留时间,但摆动式抛光盘在工件不同环带位置摆动时去除函数不同,不能用传统算法计算,此时解驻留时间的方法为:在一定的摆幅下,计算在各个环带单次摆动的去除函数。将这些去除函数称为基函数,基于这些函数拟合出所要去除的整体的工件面形,每个基函数所占的比例即为在此函数对应的环带上抛光盘摆动的时间所占的比例。针对不同的抛光盘尺寸可以得到不同的基函数集合,对于相同的面形误差就会对应不同的驻留时间。图 8 - 119 表示的是 $\phi300\ mm$ 聚焦透镜从最佳拟合球面开始修磨时所计算的驻留时间,透镜面形为椭球面,面形函数为:

$$x = \frac{-2.097\ 76 \times 10^{-3} \times y^2}{1 + \sqrt{1 - 1.843\ 84 \times 10^{-6} \times y^2}} \tag{8-21}$$

最佳拟合球面 R 值为 483.627 3 mm,最大去除量为 85.4 μm,在半径 106.3 mm 处。

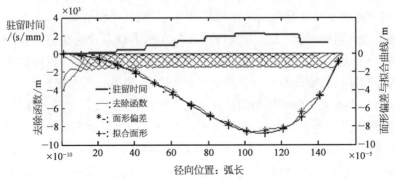

图 8 - 119　驻留时间-计算结果

　　计算基函数时将工件球面母线均匀离散,弧长间隔为 1 mm。约每隔 0.7 mm 环带计算一个基函数。图中采用的研磨盘形状为菱形,长对角线长 26 mm,短对角线长 17 mm,摆幅为 6 mm。图 8 - 119 中,横坐标为工件球面从中心开始的弧长,纵坐标线以下代表去除函数,以上代表研磨盘摆动中心在对应的弧长位置上的驻留时间。类似于正弦形状的曲线族为所计算的基函数,全部数量太多,为绘图清晰,每隔 4 个基函数绘制一个“+”标记的曲线为理论去除量。可以看出,在工件中心和边缘去除量接近零,0.7 带附近去除量最大。“ * ”标记的曲线为由这族基函数拟合出的最接近理论曲线的结果,由于基函数宽度的限制,不能拟合出无误差的理论曲线,在后期精修时,可通过减小抛光盘尺寸和减小摆幅来减小基函数宽度,使拟合结果更精确。图 8 - 120 是抛光过程中拍摄的照片。

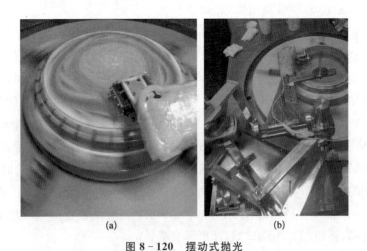

(a)　　　　　　　　　　　(b)

图 8 - 120　摆动式抛光

(a) 加工过程中磨料积累的纹理;(b) 机械臂照片。

　　通过这种方式,传统的手修方式完全通过现代数控方式呈现了出来,表面质量差的问题也有了科学解决的平台。这种方式很适合旋转对称元件的加工,目前已加工出了

$\phi300\text{ mm}$ 的高精度聚焦透镜，$\phi280\text{ mm}$ 口径内透射波前精度达到了 0.031λ（@632.8 nm），图 8-121 是干涉图。若加工方形工件，需先将工件拼盘，目前拟采用这种方式加工 340 mm×340 mm 的方形楔形透镜。

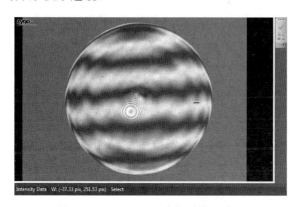

图 8-121　ZYGO 干涉仪测量干涉图

PV0.275λ，RMS0.031λ，通光口径 280 mm。

8.6.3　大尺寸 KDP 晶体加工工艺

1. 概述

磷酸二氢钾（potassium dihydrogen phosphate，KDP）晶体具有较大的非线性光学系数和较高的激光损伤阈值，已被广泛用作泡克耳斯盒和对 $1.064\ \mu\text{m}$ 的激光进行二倍频及三倍频的倍频晶体（也能对染料激光实现二倍频），是一种典型的软脆功能晶体材料，并且可在水溶液中生长得到 400 mm 以上口径的大尺寸晶体。目前 KDP 晶体也是唯一可用于惯性约束核聚变（inertial confinement fusion，ICF）、强激光武器等高功率激光系统中激光倍频、电光开关器件的非线性光学晶体材料。然而它具有脆性高、质地软、易潮解、易开裂、各向异性等一系列不利于光学元件加工的特点，研磨抛光加工时磨料极易嵌入晶体表面，会严重降低激光损伤阈值。单点金刚石切削（single point diamond turning，SPDT）技术加工大口径 KDP 晶体元件，不仅可以克服研磨抛光方法存在的缺陷，还可以减少塌边现象和保证刀具切削方向与晶轴的精确定向，是目前加工 KDP 晶体主要采用的方式。图 8-122 为 SPDT 加工 KDP 晶体的结构示意图。

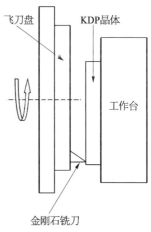

图 8-122　单点金刚石切削加工 KDP 晶体原理

2. SPDT 加工 KDP 晶体工艺流程

随着 ICF 技术的不断发展，对大型激光装置的通量密度提出了更高的要求，在激光装置中，影响装置通量密度的重要光学元件就是 KDP 晶体的表面质量，因此，研究 SPDT

加工 KDP 晶体的工艺,成为突破激光装置高通量密度的关键因素。SPDT 加工 KDP 晶体的工艺流程如下所示:

① 开启空调机组;

② 空调机组达到指标要求后开启空压机组,并检查气压状态;

③ 开启主轴冷却系统;

④ 主轴冷却系统运行稳定后,打开总气阀门;

⑤ 检查机床各气压表状态,正常后开启机床总电源;

⑥ 开启机床控制系统程序主电源;

⑦ 开启机床伺服系统,并进行相位初始化;

⑧ 对机床 X、Z 轴进行 home 位校检;

⑨ 将工件安装于吸盘上,确保工件安装稳定;

⑩ 安装粗切刀具,并进行动平衡调节;

⑪ 调整冷却液喷嘴位置;

⑫ 定义刀具坐标系并进行粗切加工;

⑬ 安装精切刀具,再一次进行动平衡调节;

⑭ 重新定义一次刀具坐标系并进行精切加工;

⑮ 取下工件包装后运输全光学清洗中心进行清洗;

⑯ 运至光学检测中心进行检测并给出测试报告。

3. 影响 KDP 晶体表面质量的因素

KDP 晶体表面质量指标主要包括:表面粗糙度 R_q、中频波纹度 PSD1、透过波前梯度均方根 GRMS 和透过面形 PV_t。针对各项表面质量指标的影响因素如下:

(1) 影响表面粗糙度的主要因素

◆ 环境因素:主要包括地面振动、气流扰动和空气湿度;

◆ 设备因素:机床设备系统的振动及机床主轴系统动平衡状态;

◆ KDP 晶体切向的选择:由于 KDP 晶体各向异性,在各个方向的切削状态也不同,因此需要找到最好切的方向;

◆ 切削参数(切深、进给速度、机床转速等);

◆ 刀具参数(刀具圆弧半径 R、刀具前角、后角、刃倾角等);

◆ 刀具排削状态:刀具排削不好的情况下,切削会对晶体已加工表面产生挤压,从而影响表面粗糙度;

◆ 刀具刃口状态:刀具刃口状态直接影响表面粗糙度,因此在加工前需要用高倍显微镜对刃口状态进行检测,确保刃口完好无损;

◆ 清洗质量:精加工后的 KDP 晶体表面会残留大量微小 KDP 粉尘,如果没有彻底清洗干净,会对晶体表面粗糙度有很大的影响;

（2）影响中频波纹度的主要因素

◆ 设备因素：机床导轨直线度对中频波纹度的影响是最关键的因素；

◆ 低频振动；

◆ 环境温度的变化；

◆ 刀具排屑状态；

◆ 切削参数，主要为进给速度；

◆ 刀具刃口状态。

（3）影响透过梯度的因素

◆ 环境温度的变化；

◆ 刀具排削状态；

◆ 刀具刃口状态；

◆ 机床导轨直线度；

◆ 清洗质量。

（4）影响透过面形的因素

◆ KDP 晶体单面面形；

◆ 晶体表面粉尘；

◆ 吸盘面形；

◆ 温度；

◆ 吸盘表面状态：在装夹晶体前，需对吸盘表面进行深度清理，不能有任何颗粒状粉尘残留在吸盘表面；

◆ 吸盘压力大小；

◆ 清洗质量。

由以上对 KDP 晶体表面质量产生影响的因素可知，需要不断改进加工工艺，尽可能排除各项因素的影响，从而确保能加工出高表面质量的 KDP 晶体。

4. 神光装置中 KDP 晶体的技术指标

随着 ICF 技术的不断发展，神光装置中 KDP 晶体的技术指标要求也不断提高，如表 8-17 所示。

表 8-17　神光装置中 KDP 晶体技术指标

PV $/\lambda$	GRMS1 $/(nm/cm)$	PSD1 $/nm$	R_q/nm
0.5	20	8.0	5.0

高功率激光物理联合实验室的科研人员经过半年多时间的集中技术攻关，现加工的大口径（350 mm×350 mm）KDP 晶体的表面质量技术指标已全部达标，其技术指标如表 8-18 所示。

表 8 – 18　现阶段加工 KDP 晶体的技术指标

PV /λ	GRMS1 /(nm /cm)	PSD1 /nm	R_q/nm
0.229	9.23	4.8	3.0

各项技术指标的具体数据如下所示,见图 8 – 123 至图 8 – 127。

（1）表面粗糙度 R_q

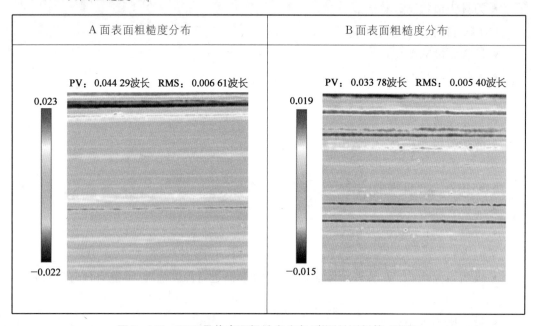

| A 面表面粗糙度分布 | B 面表面粗糙度分布 |

图 8 – 123　KDP 晶体表面粗糙度分布（彩图见图版第 46 页）

（2）中频波纹度 PSD1

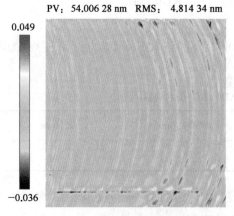

图 8 – 124　KDP 晶体表面透射波前中频波纹度分布（彩图见图版第 46 页）

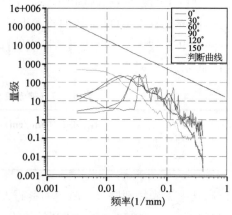

图 8 – 125　透射波前塌陷曲线（彩图见图版第 46 页）

（3）透过梯度 GRMS1

（4）透过面形 PV

PV：33.478 25 nm/cm　RMS：9.235 13 nm/cm

0.053

0.000

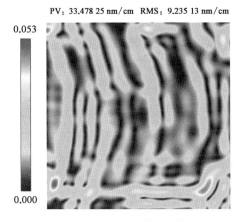

图 8 - 126　KDP 晶体透过梯度
（彩图见图版第 46 页）

PV：0.229 94 波长　RMS：0.030 59 波长

0.136

−0.094

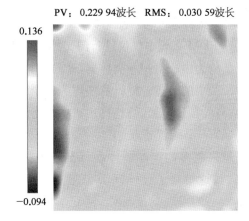

图 8 - 127　KDP 晶体透过面形
（彩图见图版第 46 页）

§8.7　协同设计与工程管理

PDM(production data management)产品数据管理,是指产品研发过程中的数据管理,一般包括如下部分：

（1）文档管理

文档是产品数据中不可缺少的部分,如设计标准及规范、产品的市场需求、产品研发过程产生的需求分析,详细设计等技术文件,甚至包括这些文档的模板,都需要进行良好的管理和标准化的宣贯。当然,为了顺畅进行文档的内容更改记录和结果管理,都需要涉及 PDM 系统与 OFFICE 办公软件的集成。

（2）图纸管理

图纸是产品设计的重要结果数据文件,是 PDM 关注的核心,而在 PDM 逐渐成熟的过程早期,国内市场大量存在的是图文档管理系统。直到现在,很多国产 PDM 系统依然以图文档管理为核心功能。

（3）CAD 集成

为了更好地进行图纸管理,如何顺畅地将图纸信息(甚至包括图面信息的提取)从 CAD 环境传递到 PDM 系统并保持同步性和关联性,就带来了 CAD 集成这样一个重要的实施部分。

（4）可视化管理

由于图文档均被纳入 PDM 的管理数据,并且相应的图文档编辑软件种类极为繁多,PDM 中的使用者(包括各级领导)面临大量不同格式的图文档浏览需要,如果人人都安装各种编辑软件是不可想象的,因此提供统一的、公共的可视化管理成为必需。

(5)物料管理与产品结构管理

在 PDM 系统中仅仅进行图文档的管理是远远不够的。按照 PDM 的传统理念,是以产品结构为中心组织各类数据,产品结构由各种类型的物料所构成,也成为每份图文档文件所依附的节点。物料管理作为一个独立的话题,还面对很多内容,如物料的编码系统、物料的创建申请、物料可用状态的变化等。

(6)产品配置管理

越来越多的产品需要在标准配置或功能的基础上,为客户进行不同程度的个性化定制,这带来了设计环节思路上的重要变化,即产品配置管理。可以为客户提供大量丰富的可选功能部件,满足客户不同的需求,如针对功能的标准型、高级型、豪华型,针对不同地区的型号,针对不同性别年龄的型号等很多角度的产品设计资料的配置。

(7)工作流管理

不论是图纸还是文档、物料以及产品结构,都需要从草稿状态到最终发布生效(甚至是多次的阶段性发布生效),相应的大量签审过程都属于工作流管理的范畴。可以这么讲,工作流驱动机制使得 PDM 能够管理数据状态的不断变化。

(8)其余基础部分(组织管理、权限管理等)

理所当然,为了能够在 PDM 中创建和访问数据,相应地要管理必要的人员组织以及权限等基础性框架,以上提及的是 PDM 的常规涉及范围,而 PLM 则代表了更全面的视角。

Windchill 是 PTC 公司提供的产品生命周期管理(product lifecycle management,PLM)整体解决方案,能够满足全面的产品数据管理。通过采用 Windchill 中的 PROJECTLink、PDMLink、PartsLink、ProductView 和 Workgroup Manager,能够管理和执行产品开发项目,管理和控制产品生命周期每一步中的产品信息和过程,分类和重复使用数据。产品数据的预览和可视化查询以及各种 CAD 软件包括 CREO、Solidworks 等 CAD 软件的设计数据的集成,采用如图 8-128 和图 8-129 所示的文档流程和图纸审签流程。

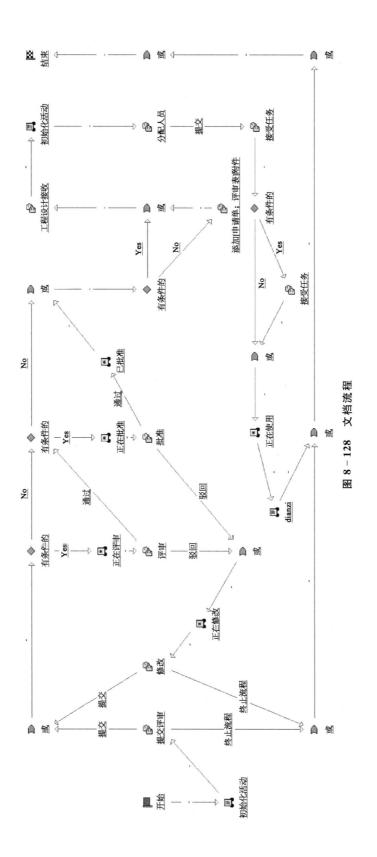

图8-128　文档流程

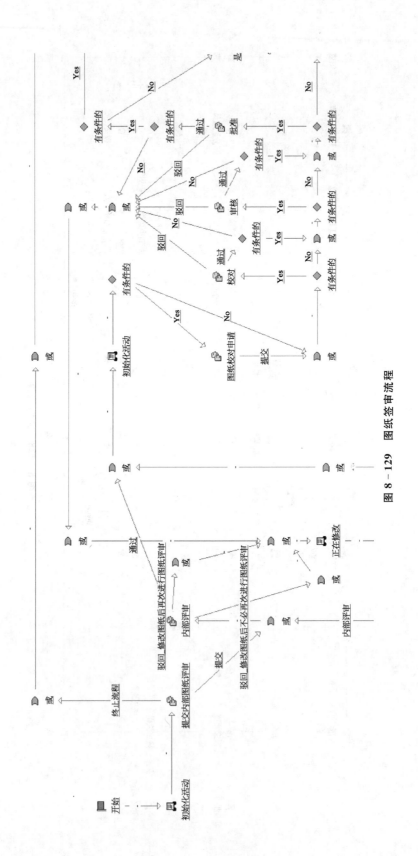

图 8-129　图纸签审流程

参考文献

［1］　Burkhart S C，Bliss E，Nicola P D，et al. National Ignition Facility system alignment［J］. Applied Optics，2011，50(8)：1136 − 1157.

［2］　Sommer S C，Bliss E S. Beam positioning. Proc of SPIE，1998，3459：112 − 135.

［3］　Tietbohl G L，Sommer S C. Stability design considerations for mirror support systems in ICF lasers［J］. Proceedings of SPIE — The International Society for Optical Engineering，1997，3047：649 − 660.

［4］　Honig J. Cleanliness improvements of National Ignition Facility amplifiers as compared to previous large-scale lasers［J］. Optical Engineering，2004，43(12)：2904 − 2911.

［5］　Exarhos G J，Pryatel J A，Gourdin W H，et al. SPIE Proceedings［SPIE Boulder Damage Symposium XXXVII：Annual Symposium on Optical Materials for High Power Lasers- Boulder，CO（Monday 19 September 2005）］Laser-induced damage in optical materials：2005 − clean assembly practices to prevent contamination and damage to optics［J］. Proc SPIE，2005，5991：59910Q.

［6］　Stowers I F，Horvath J A，Menapace J A，et al. Achieving and maintaining cleanliness in NIFamplifiers［C］. SPIE，1999，3492：609 − 620.

［7］　Stowers I F. Optical cleanliness specifications and cleanliness verification［C］. Proc of SHE，1999，3782：525 − 530.

［8］　Sommer S，Stowers I，Doren D V. Clean construction protocol for the National Ignition Facility beampath and utilities［J］. Journal of the IEST，2003，46(1)：85 − 97.

［9］　Bloemhof E E，Lam J C，Feria V A，et al. Extracting the zero-gravity surface figure of a mirror through multiple clockings in a flightlike hexapod mount［J］. Appl Opt，2009，48(21)：4239 − 4245.

［10］　Clark Ⅲ J H，Penado F E，Divitorrio M，et al. Mount-induced deflections in 8 − inch flat mirrors at the navy prototype optical interferometer［J］. Proceedings of SPIE — The International Society for Optical Engineering，2008，7013：70133K.

［11］　Horvath J A. NIF/LMJ prototype amplifier mechanical design［J］. Proceedings of SPIE — The International Society for Optical Engineering，1997，3047：148 − 157.

［12］　Mccarville T J，Stahl H P. NIF small mirror mounts［J］. J. Proc of SPIE，1999，3782：531 − 536.

［13］　Kaufman M I，Celeste J R，Frogget B C，et al. Optomechanical considerations for the VISAR diagnostic at the National Ignition Facility(NIF). Proc of SPIE，2006，6289：628906.

［14］　Howells M R. Theory and practice of elliptically bent x-ray mirrors［J］. Optical Engineering，2000，39(10)：2748.

［15］　孙振,巩岩.透镜主动光学的像差补偿性能［J］.光电工程,2012,039(008)：118 − 122.

［16］　王汝冬,王平,田伟,等.大口径光学元件重力变形补偿的设计分析［J］.中国光学,2011,4(3)：259 − 263.

［17］　姜文汉,龚知本.61 单元自适应光学系统［J］.量子电子学报,1998,15：193.

［18］　Hatheway A E. Overview of the finite element method in optical systems. International Society for Optics and Photonics, 1991, 1532: 2 - 14.

[19] Lemaitre G R. Optical design and active optics methods in astronomy[J]. Optical Review, 2013, 20(2): 103 - 117.

[20] Laslandes M, Hugot E, Ferrari M, et al. Mirror actively deformed and regulated for applications in space: Design and performance. Optical Engineering, 2013, 52: 091803.

[21] Lemaitre G R. Review on active optics methods: What can we do by elastic bending? [C]. International Symposium on Advanced Optical Manufacturing & Testing Technologies: Advanced Optical Manufacturing Technologies: International Society for Optics and Photonics, 2010.

[22] 苏定强,崔向群.主动光学——新一代大望远镜的关键技术[J].天文学进展,1999,017(001): 1 - 14.

[23] Salas L, Gutiérrez, L, Pedrayes M H, et al. Active primary mirror support for the 2.1 - m telescope at the San Pedro Mártir Observatory[J]. Applied Optics, 1997, 36(16): 3708 - 3716.

[24] 金煜坚,王鹏飞,李久喜,等.二极管泵浦固体激光器的热管理研究[J].激光与红外,2006,36 (003): 187 - 189.

[25] 克希耐尔.固体激光工程.北京:科学出版社,2002: 356.

[26] Spaeth M L, et al. Description of the NIF Laser[J]. Fusion Science & Technology, 2016, 69(1): 25 - 145.

[27] Rorke W S Jr. Major Survey of the National Ignition Facility. American Society of Precision Engineering, 1999.

[28] Jiao X, Zhu J, Fan Q, et al. Mechanistic study of continuous polishing[J]. High Power Laser Science & Engineering, 2015, 3(02): 1 - 7.

[29] 焦翔,朱健强,樊全堂,等.环形抛光中倾覆力矩对工件面形的影响及解决方法[J].中国激光, 2015,42(06): 238 - 244.

第三篇

高功率激光技术

第 *9* 章

超短脉冲激光原理与技术

§9.1 引言

  自 1960 年首台激光器发明以来,激光器输出峰值功率通过一系列的新技术被不断提高。先后出现了自由运转激光器、调 Q 及锁模激光器,后两种激光器的峰值功率被提高约三个量级,输出脉冲宽度也相应缩短了同等量级。对于尺寸 1 cm² 的激光束,脉宽为微秒(micro-second,μs)级的自由运转激光的峰值功率在千瓦(kilo-watt,kW)级;调 Q 技术可将脉宽压窄至纳秒(nano-second, ns)级,使激光脉冲的峰值功率达到兆瓦(mega-watt,MW)级;而锁模激光器将输出脉冲进一步压窄至皮秒(pico-second, ps)级,从而使输出峰值功率能达到吉瓦(Giga-Watt,GW)级水平。

  在最近的 20 年中,激光技术更是取得了令人瞩目的发展,激光的输出功率也从过去的吉瓦、太瓦(Tera-Watt,TW)级提高到现在的拍瓦级。世界上第一台拍瓦激光装置由美国 LLNL 于 1996 年建成。LLNL 利用高能钕玻璃激光聚变驱动器"NOVA"装置的一路,实现了 1.5 PW/500 fs 的当时世界最高峰值功率[1],可聚焦功率密度接近 10^{21} W/cm²。由于拍瓦激光系统在惯性约束核聚变"快点火"、超快激光 X 射线产生、电子加速、高密度等离子体、强光场物理等科学研究领域中的重要作用,德国、日本、英国、法国以及欧盟相继建造或设计了拍瓦、数拍瓦、甚至艾瓦(Exa-Watt,EW)级高功率激光系统,促使该领域成为高功率激光研究的国际热点。

  建造拍瓦激光系统需要解决三大难题:高能量输出对应的高负载通量问题、高功率短脉冲对应的宽带放大与传输问题,以及高聚焦峰值功率密度对应的高信噪比问题。首先,激光系统高能量输出的前提,是必须保证过高的能流密度不致破坏光学介质,否则会极大缩短激光系统的使用寿命;其次,在宽带激光脉冲的放大与传输中,由于增益窄化与频移效应导致的宽带受限,会使得终端输出脉冲脉宽增大;其三,针对高峰值聚焦功率密度作用下的物理实验,要求在特定的时间窗口内,预脉冲或者前沿底座脉冲保持足够低的水平,以防止在主脉冲到靶之前造成靶的破坏。聚焦峰值功率越高,则要求信噪比越高。

519

第一台激光器问世后的 20 余年内,虽然通过采用一系列的新技术使激光的输出脉宽持续地被压窄,但高功率激光系统的峰值功率密度却长期停留在 GW／cm² 量级水平,对应的可聚焦功率密度在 10^{15} W／cm² 量级。这是因为当激光功率密度达到 GW／cm² 时,光学介质的非线性折射率 n_2 将发生显著作用,它可以用 B 积分来描述。

$$B = \frac{2\pi}{\lambda}\int_0^l n_2 I(z)\mathrm{d}z \qquad (9-1)$$

当 B 积分值达到 π 量级时,非线性折射率导致激光发生全光束口径自聚焦和小尺度自聚焦,并最终破坏光学介质,从而阻碍激光峰值功率的进一步提高。由此可见,如何对超短脉冲进行有效放大的困难是显而易见的。为有效地从激光放大器提取能量,激光脉冲的能流必须和增益介质的饱和能流 $F = \hbar\nu／\sigma$ 相当,这里的 $\hbar$ 是普朗克常数,σ 是介质的受激发射截面,大多数固体激光介质的饱和能流介于 1 J／cm²(钛宝石)和 6 J／cm²(钕玻璃)之间。对于飞秒脉冲,它相当于要求激光强度为 10^{13} W／cm²,远高于光学介质的破坏阈值。同时,放大介质中每平方厘米上的峰值能量理论值也可以简单给出 $P_{th} = h\nu \cdot \Delta\nu／\sigma$。由公式可知,最高的峰值能量可以由最小的横截面和最大的增益带宽获得。如表 9-1 所示 P_{th} 可由掺钛蓝宝石(Ti∶Sapphire)的 60 TW 增长到掺镱硅酸盐(Yb∶Silica)的 3 000 TW。这是因为 Yb∶Silica 具有小的截面积和宽的增益带宽,从而可实现靶面聚焦功率密度 10^{25} W／cm² 量级。

表 9-1　几种放大介质的理论峰值能量

激光介质类型	作用截面／$(1\times10^{-20}$ cm²)	$\Delta\nu$／nm	T_p／fs	P_{th}／(TW/cm²)
掺钕磷酸盐玻璃	4	22	80	60
掺钕硅酸盐玻璃	2.3	28	60	100
掺钛蓝宝石	30	120	约 8	120
绿宝石	1	100	10	2 000
掺铬氟化铝锶锂	3	50	15	300
掺镱二氧化硅	0.5	200	8	3 000

因此,利用固体放大器直接对皮秒与亚皮秒级脉宽的脉冲进行放大,其能量输出能力是有上限的。为解决上述问题,科学家提出了啁啾脉冲放大技术(chirped pulse amplification, CPA)。1985 年,G.Mourou 等人率先将雷达技术中的啁啾脉冲放大技术应用到超短脉冲放大器中[2]。啁啾脉冲放大的思想首先应用于雷达技术,在宽带雷达的频率扫描过程中,当扫描频率通过宽带雷达的中心频率时,会发出鸟叫的啁啾声音,故频率扫描也可叫啁啾。CPA 的基本思想是首先在时域上将种子脉冲展宽,然后输入放大器中进行放大,最后利用压缩器将放大后的脉冲进行压缩还原,其原理如图 9-1 所示。根据海森堡不确定原理,超短脉冲必然对应于宽带光谱,不同频率的光行进速度不同,而形

成频率扫描;而在时域内,正常色散射介质中,长波成分行进速度快于短波成分,从而形成脉冲的展宽,脉冲时间宽度的加长,可以从放大介质中有效地提取更多能量,而又避免高能量激光脉冲对放大器的损伤。因此,啁啾脉冲对于高贮能密度($1\sim10$ J/cm^2)固体激光介质特别有效。由于 CPA 技术不要求增加光束口径来提高峰值功率,因而保证了激光系统的重复率,降低了造价,使整个激光装置的结构更为紧凑,增强了高功率激光系统的普及应用。因此,目前所有太瓦级以上峰值功率的超快激光系统均采用了 CPA 技术,杰哈·莫罗(G.Mourou)等人也因该技术的贡献,荣获 2018 年诺贝尔物理学奖。

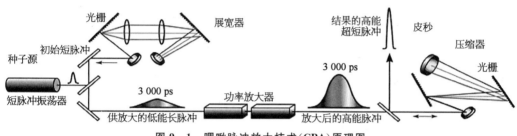

图 9-1　啁啾脉冲放大技术(CPA)原理图

CPA 技术的出现和不断成熟,以及新型激光材料的创新发明及其加工工艺完善,快速促进了超短超强激光装置的建造。1996 年,LLNL 利用 NOVA 装置的一路,首次成功地建造了基于钕玻璃放大介质的 1.5 PW\500 fs 的世界最高峰值功率拍瓦激光系统,该项峰值功率的世界纪录被 LLNL 保持了近 20 年,系统结构如图 9-2 所示[1]。

高功率激光系统的发展对系统输出能力以及关键技术提出了越来越严苛的要求,研究人员发现基于量子实能级结构材料的 CPA 技术在具体应用中存在的一些问题,如增益窄化效应、光谱漂移、热透镜畸变、放大自发辐射和非线性 B 积分等的影响,越来越严重地影响系统的整体性能,限制激光脉冲峰值功率、信噪比以及输出光束质量的进一步提高。针对上述问题,A.Dubieties 等人于 1992 年结合了光参量放大(optical parametric amplification,OPA)技术与 CPA 技术,提出了光参量啁啾脉冲放大(optical parametric chirped pulse amplification,OPCPA)技术的全新概念,又一次突破了限制高功率激光系统发展的诸多技术瓶颈[3]。

OPCPA 是结合 CPA 和 OPA 各自优点的一种全新技术,因此它具有 CPA 和 OPA 技术的共同优点,并充分发挥了传统高功率钕玻璃强激光器现有技术的优势。光参量啁啾脉冲放大技术的主要原理如图 9-3 所示,具体做法是先将作为信号光的飞秒种子脉冲展宽成纳秒级的啁啾脉冲,将该啁啾脉冲与纳秒抽运光脉冲同时注入基于非线性晶体的参量放大器,在晶体中发生三波混频并实现信号光的放大。该技术有着四个明显的优点:其一,在很短的晶体上可以实现很高的能量与功率增益;其二,通过恰当的匹配方式与非线性晶体选择,可以实现高增益条件下的超宽带放大(>100 nm);其三,参量放大器

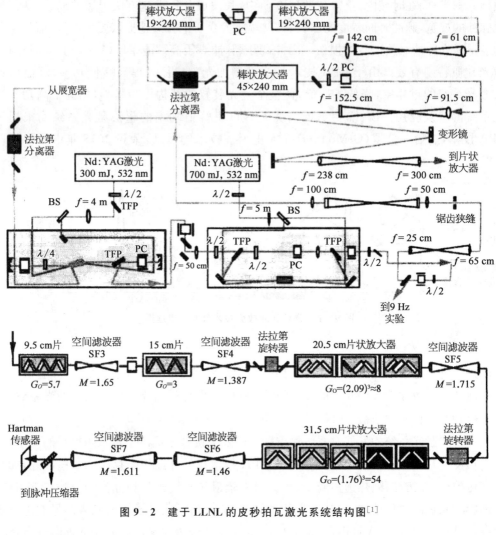

图 9-2 建于 LLNL 的皮秒拍瓦激光系统结构图[1]

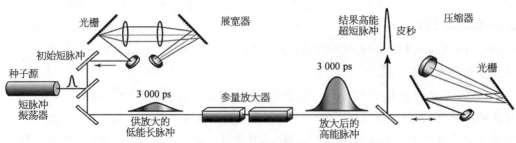

图 9-3 光参量啁啾脉冲放大(OPCPA)技术原理图

仅在泵浦光的脉冲宽度内有增益,故放大后信号光脉冲背底较 CPA 放大器很小,这使得放大脉冲的信噪比较传统的 CPA 系统大大提高;其四,OPCPA 过程的热沉积很小,放大脉冲的热相位畸变也很小,可以将全系统 B 积分限制在极低水平。

OPCPA 技术所具有的优越性,使得它成为近年来高功率激光领域的研究热点。CPA 和 OPCPA 的发展使得高功率激光的输出峰值功率从过去的兆瓦、吉瓦提高到现在的太瓦、拍瓦水平,并使得高功率激光装置的高性能运行成为可能。在激光 ICF 研究中,日本和英国科学家首次利用超短脉冲激光对"快点火"方案的原理做了可行性研究,在实验上将常规的 ICF 中子产额提高了三个数量级[4]。这一演示实验的成功,引发了"快点火"研究的新一轮热潮,对世界范围内的高能皮秒拍瓦激光系统研制产生了深远影响。I.N.Ross在 1997 年对 OPCPA 的原理进行了详尽的描述[5],并且预言通过 OPCPA 放大,可以达到 10PW 的功率输出能力,使得靶面上聚焦功率密度能达到 10^{23} W/cm² 量级。

2006 年,在 Vulcan 激光器中一束能量 350 J 的基频激光经过倍频之后获得了 150 J 的脉冲能量,以此脉冲为泵浦光,建立了以三硼酸锂(LiB_3O_5,简作 LBO)和磷酸二氢钾(potassium dihydrogen phosphate,KDP)为光参量放大晶体的全 OPCPA 系统[6],输出信号光能量为 35 J,整个系统实现了 25% 的转换效率和 10^{11} 的高增益,而且该系统光参量放大过程完整地放大了 70 nm 光谱范围,经不完全压缩之后得到 84 fs 超短脉冲输出。从而验证了 OPCPA 系统良好的稳定性,也证实了 OPCPA 技术在拍瓦级高功率激光系统上的应用潜力,如图 9-4 所示。

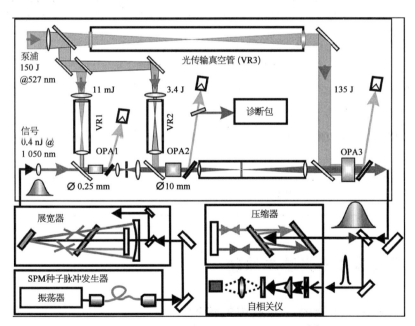

图 9-4 Vulcan 系统的 OPCPA 预放系统[6]

超短超强激光脉冲技术是当前国内外的研究热点,在基础物理、医疗、工业加工等领域存在广泛应用前景。近 20 年以来,OPCPA 在理论和实验上都取得了巨大的成功。当前世界上在建的或者建成的超短超强激光系统已经超过 50 台,都或多或少采用了

OPCPA 技术方案[7]。数太瓦到百太瓦级的桌面小型化装置已达到商品化程度，为数不少的拍瓦级大型激光装置正在建造中，甚至艾瓦级的多路巨型装置都已完成设计[7]。当前国内外的超短超强激光系统研制目标，均集中于单束线 10PW 级原型机，能量数百焦和脉宽数十飞秒，光谱宽度数十到近百纳米，运行模式为单发次或者重复频率，如欧盟 13 国联合建造的 ELI 三大装置之一的 ELI‐Beamline 原型机由美国劳伦斯利弗莫尔国家实验室承建，2017 年初已实现单束重复频率 3.3 Hz、峰值功率 0.5 PW 输出[8]。由于可以兼顾钛宝石 CPA 与非线性晶体 OPCPA 两种技术途径，国内均选择 808 nm 波段，这与 ELI 装置相同。国内在建或建成的大于 1 PW 的飞秒激光装置及其当前实现指标如表 9‐2 所示[9-12]。对于高功率大能量激光系统而言，OPCPA 技术可以实现高功率激光的产生，并且使产生的激光脉冲具有较好的信噪比，以及克服传统 CPA 技术诸如增益窄化效应、光谱漂移等不足之处，但完全采用 OPCPA 技术很难满足产生千焦大能量的要求。因此，较好的方法是在前端预放系统阶段采用 OPCPA 技术，而在后级主放大器上采用传统的高增益介质作为放大器，这种混合放大方式可以同时实现更高能量、高峰值功率超短激光脉冲输出。

表 9‐2　当前国内在建与建成 1~10 PW 飞秒激光装置

单位\装置	波段	前端技术（<1 J）	主放大技术	设计\报道指标
中国工程物理研究院	808 nm	ps NOPCPA+ ns NOPCPA	LBO： OPCPA	15 PW (4.9 PW\91\18 fs, 2017)
高功率激光物理联合实验室	808 nm	ps CPA + XPW + ns NOPCPA	LBO： OPCPA	5 PW\150 J\30 fs (1.7 PW\37 J\21 fs, 2017)
强场激光物理国家重点实验室	808 nm	钛宝石 ps CPA+ XPW+ns CPA	钛宝石：CPA	10 PW\300 J\30 fs (5 PW\138 J\27 fs, 2015)
中国科学院物理研究所	808 nm	钛宝石 ps CPA+ XPW+ns CPA	钛宝石 CPA	1.16 PW\32.3 J\27.9 fs (2011)

§9.2　超短脉冲激光基本原理

9.2.1　超短脉冲激光在介质中的传输

由于超短光脉冲具有极高的峰值功率密度，当超短光脉冲在介质中传输时，其传输过程通常表现出多种非线性效应，如自相位调制效应、自频移效应、自陡峭效应等。在这些非线性效应中，折射率的非线性效应是最基本的，如式 9‐2 所描述。

$$\Delta n = n - n_0 = n_2 I(t) \tag{9-2}$$

上式为由光强引起的附加折射率变化,它是光脉冲包络所决定的时间的函数,其中 n_0 为介质的线性折射率,n_2 为非线性或者克尔系数,I 为激光强度。因此,在考虑折射率的非线性效应之后,光脉冲的不同部位所引起的折射率变化不同。如果折射率的变化是由经历相位调制的信号本身引起的,则称为自相位调制(self phase modulation, SPM)。当 n_2 的弛豫时间 T_r 远远小于脉冲宽度 τ_p,这一瞬态响应过程可写为式 9-3。

$$\Delta n(t) = n_2 I(t) \tag{9-3}$$

如果折射率变化的速度和光信号可以比拟,其结果是脉冲在时域上被附加一个相位包络,即附加相位。脉冲各个部位所引起的附加相位变化为式 9-4。

$$\Delta \phi(t) = kL\Delta n(t) = kLn_2 I(t) \tag{9-4}$$

式中 k 为波数,L 为光脉冲在介质中的传播长度。由相位变化导致的瞬时频率为式 9-5、式 9-6。

$$\omega(t) = \omega_0(t) + \Delta\omega(t) \tag{9-5}$$

$$\Delta\omega(t) = -\frac{\partial}{\partial t}\Delta\phi(t) = -\frac{\partial}{\partial t}[kLn_2 I(t)] \tag{9-6}$$

式中 $\omega_0(t)$ 为没有考虑自相位调制时的瞬时频率,$\Delta\omega(t)$ 为自相位调制效应所引起的附加频率。$\Delta\omega(t)$ 的引入使得脉冲包络的不同部位具有不同的瞬时频率,这种现象称为啁啾效应,描述如式 9-7。

$$c(t) = \frac{\partial\omega(t)}{\partial t} = -\frac{\partial^2}{\partial t^2}[kLn_2 I(t)] \tag{9-7}$$

当 $c(t) > 0$ 时定义为正啁啾,$c(t) < 0$ 时定义为负啁啾。自相位调制效应使脉冲包络的各个不同部位具有不同的瞬时频率,脉冲前后沿具有负啁啾,脉冲中间部分具有正啁啾;由于自相位调制效应,谱带加宽,而且是向原载波频率的高端和低端同时扩展。

自相位调制效应引入的新的附加频率啁啾,改变了脉冲原来的频谱,使得光谱变宽,并且形状发生严重畸变。自相位调制是在时域内对脉冲频率分量进行扫描,引入新的频率成分,但它的作用只是造成脉冲的频谱加宽,对脉冲的时间包络没有影响。这里只考虑了超短脉冲在介质传播过程中的自相位调制效应,实际上任何介质都是具有色散的,其色散系数定义为式 9-8。

$$D = \lambda^2 \frac{d^2 n}{d\lambda^2} \tag{9-8}$$

当啁啾脉冲,即脉冲包络的各不同部位具有不同的瞬时频率的超短脉冲,并在具有色散的介质中传播时,其各部位的传播速度也不同,这样就使得脉冲的不同部位具有展宽或变窄的效应发生。当啁啾和色散同号时展宽,啁啾和色散异号时变窄。当介质具有正色散时,以负啁啾为特征的脉冲前沿和后沿被压窄,而以正啁啾为特征的脉冲中间部分被展宽;当介质具有负色散时,具有负啁啾的脉冲前沿和后沿被展宽,而脉冲的中间部分被压缩,从而导致整个脉冲波形变窄。

早期的 CPA 技术论证实验,正是利用了超短脉冲在光纤中传播时产生的非线性效应来获得其啁啾特征,实现超短脉冲脉宽展宽。当高功率激光脉冲在单模光纤中传播时,将会经历 SPM 和群速度色散(group velocity dispersion, GVD)。自相位调制导致脉冲光谱展宽,脉冲前沿向低频方向延伸即红移,而脉冲后沿向高频方向延伸即蓝移。在正色散单模光纤介质中传播时,超短脉冲的高频即蓝移部分比低频即红移部分经历的时间要长,SPM 和 GVD 同时对超短脉冲作用,导致脉冲时域展宽。而对于脉宽大于 100 fs 的超短脉冲,当它在单模光纤中传输时,脉冲包络振幅满足非线性薛定谔方程,见式 9-9。

$$i\frac{\partial A}{\partial z} = -\frac{i}{2}\alpha A + \frac{1}{2}\beta_2\frac{\partial^2 A}{\partial T^2} - \gamma \mid A \mid^2 A \qquad (9-9)$$

其中 T 为脉冲局域时间,z 为传输介质的归一化长度,γ 为非线性系数,β_2 为群速度色散系数,α 为损耗因子。

9.2.2 光栅对与压缩器

在 CPA 中,脉冲的展宽和压缩总是同时存在,并且它们的作用相反。对于展宽器而

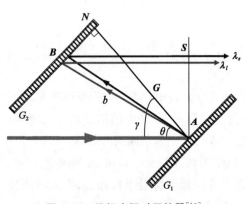

言,它主要是提供正色散使脉冲的不同频率成分以不同的速度传输,从而使脉冲在时域上展宽,以降低放大过程中的峰值功率;而压缩器就是用来提供负色散以补偿展宽器和放大过程中的正色散,从而使展宽放大后的脉冲在时域上压缩,并将输出脉冲峰值功率提高到期望值。由于光栅大的角色散作用,光栅对最适合提供负色散,所以 CPA 系统中一般使用 Treacy 设计的平行光栅对脉冲压缩器,图 9-5 展示了平行光栅对的色散功能[13]。

图 9-5 平行光栅对压缩器[13]

啁啾脉冲从光栅 G_1 入射,经过光栅 G_1 的衍射作用,不同波长的光谱成分在衍射面上展开。一级衍射角 θ 与光谱成分的波长 λ 有关,其大小由光栅衍射公式 9-10 决定。

$$\sin\gamma + \sin\theta_{(\lambda)} = N\lambda \qquad (9-10)$$

其中 γ 为啁啾脉冲的入射角,$\theta_{(\lambda)}$ 为啁啾脉冲一级衍射光线与入射光线的夹角,N 为光栅的线密度,λ 为波长。光栅 G_1 将啁啾脉冲一级衍射到光栅 G_2 上,光栅 G_2 对被光栅 G_1 衍射的啁啾脉冲的光谱成分进行校准,最后从光栅 G_2 平行出射。因此,不同波长的光谱成分在光栅对中经历了不同的时间延迟,由式 9-11 描述。

$$\tau_d = \frac{L_{(\lambda)}}{C} \tag{9-11}$$

式中 τ_d 为啁啾脉冲在光栅对中经历的时间延迟，$L_{(\lambda)}$ 为啁啾脉冲在光栅对中经历的光程，且光程表达式为式 9-12。

$$L_{(\lambda)} = \frac{G(1+\cos\theta)}{\cos(\gamma-\theta)} \tag{9-12}$$

上式中，G 为两个光栅之间垂直距离。啁啾脉冲前沿部分波长长，一级衍射角大，在光栅对中经历的光程长，时间延迟大；而啁啾脉冲后沿部分波长短，一级衍射角小，在光栅对中经历的光程短，时间延迟小，这样就完成了啁啾脉冲的压缩。

从相位上考虑，实际的位相可以表述为 $\phi = \omega L / c$，除此之外，还必须考虑一个由于衍射位置不同而产生的位相差，即位相修正因子。假如以垂点 N 作为参考点，则任何一个波长分量的位相修正因子可以写为 NB 之间的刻痕数乘以 2π，即 $2\pi G\tan(\gamma-\theta)/d$，那么总位相表达为式 9-13。

$$\phi(\omega) = \frac{\omega \cdot G(1+\cos\theta)}{c \cdot \cos(\gamma-\theta)} - \frac{2\pi \cdot G\tan(\gamma-\theta)}{d} \tag{9-13}$$

将式 9-13 对 ω 求一阶、二阶、三阶、四阶导数，得到平行光栅对的群速延迟（group delay，GD）、群速色散（group velocity dispersion，GVD）、三阶色散（third order dispersion，TOD）和四阶色散（fourth order dispersion，FOD）。它们的表达式见式 9-14 到式 9-17。

$$\mathrm{GD} = \frac{\partial\phi}{\partial\omega} = \frac{G(1+\cos\theta)}{c \cdot \cos(\gamma-\theta)} = \frac{G}{c\sqrt{1-\left(\dfrac{\lambda}{d}-\sin\gamma\right)^2}} \cdot \left\{1 + \cos\left[\gamma - \arcsin\left(\frac{\lambda}{d} - \sin\gamma\right)\right]\right\}$$
$$\tag{9-14}$$

$$\mathrm{GDD} = \frac{\partial^2\phi}{\partial\omega^2} = -\frac{G\lambda^3}{2\pi c^2 d^2 \cdot \left[1 - \left(\dfrac{\lambda}{d} - \sin\gamma\right)^2\right]^{\frac{3}{2}}} \tag{9-15}$$

$$\mathrm{TOD} = \frac{\partial^3\phi}{\partial\omega^3} = \frac{3G\lambda^4}{4\pi^2 c^3 d^2} \cdot \frac{\left(1 + \dfrac{\lambda\sin\gamma}{d} - \sin^2\gamma\right)}{\left[1 - \left(\dfrac{\lambda}{d} - \sin\gamma\right)^2\right]^{\frac{3}{2}}} \tag{9-16}$$

$$\mathrm{FOD} = \frac{\partial^4\phi}{\partial\omega^4} = -\frac{\lambda}{\pi c} \cdot \frac{\partial^3\phi}{\partial\omega^3} + \frac{3\lambda^2}{2\pi^2 c^2} \cdot \frac{\partial^2\phi}{\partial\omega^2} \left\{1 + \frac{\dfrac{7\lambda^2}{2d^2} - \dfrac{3\lambda\sin\gamma}{d}}{1 - \left(\dfrac{\lambda}{d} - \sin\gamma\right)^2} + \frac{\dfrac{5\lambda^2}{2d^2}\left(\dfrac{\lambda}{d} - \sin\gamma\right)^2}{\left[1 - \left(\dfrac{\lambda}{d} - \sin\gamma\right)^2\right]^2}\right\}$$
$$\tag{9-17}$$

知道了平行光栅对之间的垂直距离 G、入射角 γ 以及光栅常数 d，代入上面的计算式就可以计算出光脉冲经过压缩器后，任何波长处的各阶色散量。在压缩器的设计中，还有一个量非常重要，那就是啁啾率，即单位波长内的压缩量，它决定了压缩器所能提供的色散量的大小。假设 τ 为时间延迟，则 $\tau = P/c$，将该式两边微分得到：

$$\delta\tau = \frac{\delta P}{c} = \frac{b(\lambda/d)\delta\lambda}{cd[1-(\lambda/d-\sin\gamma)^2]} \tag{9-18}$$

式中 b 是波长为 λ 时的光栅斜距，通过该式可以很迅速地求出压缩器的啁啾率：

$$\frac{\delta\tau}{\delta\lambda} = \frac{b_0(\lambda_0/d)}{cd[1-(\lambda_0/d-\sin\gamma)^2]} \tag{9-19}$$

式中 λ_0 为中心波长，b_0 为中心波长处的光栅斜距。同样，如果知道了压缩器需要提供的啁啾率大小，那么压缩器设计中需要保持的光栅斜距为：

$$b_0 = \frac{(\delta\tau/\delta\lambda)c\lambda_0[1-(\lambda_0/d-\sin\gamma)^2]}{(\lambda_0/d)^2} \tag{9-20}$$

在由光纤和光栅对组成的展宽压缩系统中，作为展宽器的光纤与作为压缩器的光栅对，对于超短脉冲所施加的三阶色散不相匹配，也就是说，光纤和光栅对，它们先后对超短脉冲施加的三阶净色散量不为零，残留的三阶色散使得超短脉冲的前沿或后沿出现预脉冲或次脉冲，严重地影响脉冲的强度对比度和输出质量。而且，超短脉冲在光纤中的展宽比也较小，不能满足更高峰值功率激光对更高展宽比的要求。为此，Martinez 在 Treacy 设计的平行光栅对压缩器的基础上，将光栅对和望远镜成像系统相结合，而设计了新型展宽器，从而充分利用了光栅大的角色散作用。这种展宽器可以提供高达 10^4 的展宽比，而且三阶色散能做到与压缩器很好地匹配，提高了输出脉冲信噪比和光束质量，下文将详述之。

9.2.3　展宽器原理与设计

9.2.3.1　展宽器原理

对于啁啾脉冲放大系统来说，脉冲展宽系统是一个重要的核心部分。展宽系统的好坏，直接决定了整个系统的性能，因此，组建好的展宽系统成为啁啾脉冲放大系统的重要课题之一。可以说，放大系统每一次重要的进步都是由展宽器的发展而引起的，高效的展宽器和合理的设计，对提高整个超短脉冲激光系统的输出光束质量和信噪比水平，是至关重要的，所以近年来，超短脉冲激光领域的大量工作都集中在展宽器的设计与创新上。

展宽器的基本思想是通过一个色散延迟线对啁啾脉冲引入正的色散量，使超短脉冲在放大之前在时域上展宽，以降低放大过程中的激光强度。早期的脉冲展宽采用光纤来进行，由于其损耗过高、展宽率有限、色散与压缩光栅对不匹配、使用不方便等缺点，这种展宽器在20世纪90年代初迅速被透射式望远镜结构的反平行光栅对展宽器所取代。尽管反平行光栅对在理论上可以提供与平行光栅对压缩器完全共轭的色散量,但实际上由于透镜材料本身的色散等原因,这种展宽器很难得到小于100 fs的实验结果。随后,球面反射式望远镜结构展宽器的研制成功,使得透镜的材料色散得以消除,但这样的展宽器仍具有像差,使得展宽系统具有压缩器难以补偿的空间啁啾。此外,在迅速发展的全光纤CPA放大系统中,光纤布拉格光栅展宽系统也是展宽器的一种新的发展方向;同时利用玻璃来作为展宽器也是一种简便易用的方法,不过这种方法的缺点是引入的色散量有限,只适合高重复率放大系统的展宽;棱镜对展宽器由于色散量连续可调、控制简便等优点,也受到广泛应用。

目前常用的展宽器是Martinez于1987年提出的4f系统展宽器,以及在此基础上改进的无像差展宽器和增强像差展宽器(Barty型)。Martinez已经用Fresnel-Kirchhoff积分方法分析了他所提出的展宽器产生的色散,并给出了相应的群速度色散表达式。但是,为了对各种展宽器能有更好的理解,并探索展宽器中色散的真正来源,我们需要一个比较精确的位相色散计算方法。而现有的计算展宽器色散量的公式是直接改动压缩器公式中的符号,或者用一些商用软件利用光线追踪法进行近似计算,这样做会产生很大的误差;同时,这些方法也不能为展宽器提供一个具体实用的数学模型。以下篇幅将采用几何光学的方法,对Martinez展宽器和无像差展宽器进行推导。并为展宽器建立一个实用准确的数学模型,从而有利于实验前的模拟计算和加深对展宽器的理解。

Treacy于1969年提出用平行光栅对作为脉冲压缩器以后的十几年里,实验室一直在使用光纤来实现脉冲展宽。直到20世纪80年代初,Martinez认识到利用光学成像元件形成一个类似于压缩器的平行光栅对,来对脉冲进行压缩的新方法,这种方法的可行性随后就得到了证实。它的基本思想就是在一个光栅对之间放置一个望远镜成像系统,用第一个光栅经过望远镜成像系统所成的像和第二个光栅形成一个虚的平行光栅对,控制像和第二个光栅之间的有效距离,就可以控制色散。当使这个距离在光学上为负值时,色散符号发生反转。在不考虑望远镜系统透镜材料色散的情况下,理论上可以实现展宽器和压缩器的理想匹配,从而使输出脉冲的净色散量为零。图9-6为该展宽器展开后的原理图,其中两个光栅反平行放置,焦距为f的透镜组成一个4f望远镜系统,即望

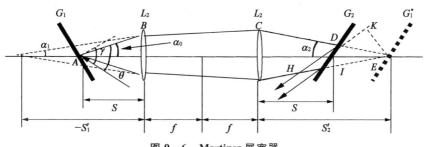

图9-6 Martinez展宽器

远镜系统的放大倍数为 -1。需要特别说明的是，$-S_1'$ 为光栅 G_1 透镜 L_1 所成的虚像像距，S_2' 为光栅 G_1 经过望远镜成像系统所成的像与透镜 L_2 的距离，G_1^* 为 G_1 经过望远镜成像系统所成的像。

展宽器的作用在于使入射啁啾脉冲的不同频率部分经历不同的光程。假设入射光中波长为 λ 的频率成分在展宽器中经历的光程为 P，则展宽器后群速度延时为：$\tau = \mathrm{d}\phi / \mathrm{d}\omega = P / c$，由此可得到展宽器的群速度色散即二阶色散量为

$$\frac{\mathrm{d}^2 \phi}{\mathrm{d}\omega^2} = \frac{\mathrm{d}\tau}{\mathrm{d}\omega} = \left(\frac{\lambda^2}{2\pi c^2}\right)\frac{\mathrm{d}P}{\mathrm{d}\lambda} \tag{9-21}$$

三阶色散等高阶色散量通过对上式依次求导即可求出。所以，对展宽器的分析主要是采用准确的方法计算出啁啾脉冲不同频率成分所经历光程的表达式，并以此为基础求出各阶色散量。下面将采用光线追迹法严格求出光程的表达式。设入射光以 γ 角入射到刻槽周期为 d 的光栅上，入射光与波长为 λ 的一级衍射光的夹角为 θ，波长为 λ 的一级衍射光与光轴的夹角为 α_0。展宽器中望远镜系统的作用在于使光栅 G_1 通过该放大倍率为 1 的系统所成的像与光栅 G_2 形成一个虚拟光栅对，即为 O.E.Martinez 等人所讨论的情况。利用几何光学中的透镜成像公式，采用分步法可以求出光栅 G_1 通过望远镜系统所成像的位置。设光栅 G_1 经过透镜 L_1 所成虚像的像距为 s_1'，代入透镜成像公式

$$\frac{1}{s} + \frac{1}{s_1'} = \frac{1}{f} \tag{9-22}$$

得到光栅 G_1 经过透镜 L_1 所成的虚像相对于 L_1 的距离为 $s_1' = -\dfrac{fs}{f-s}$。此虚像经过透镜 L_2 的第二次成像，最终产生所期望的像 G_1^*，又设像 G_1^* 相对于透镜 L_2 的距离为 s_2'，同样代入透镜成像公式

$$\frac{1}{s} + \frac{1}{s_2'} = \frac{1}{f} \tag{9-23}$$

最后得到 G_1^* 相对于透镜 L_2 的距离为 $s_2' = 2f - s$。另外，为了推导出啁啾脉冲在展宽器中所经历光程的表达式，还需要确定不同波长的光线最后出射的情况。设啁啾脉冲在展宽器中展宽时每段光线对光轴的倾角分别为 α_0、α_1 和 α_2，这里定义沿光线传播的方向，从光轴旋转到光线的方向为逆时针时光轴与光线的夹角为正，顺时针时为负。由图 9 - 6 与三角关系可得到如下公式

$$\frac{\tan\alpha_1}{\tan\alpha_0} = \frac{s}{-s_1'} = \frac{f-s}{f} \tag{9-24}$$

$$\frac{\tan\alpha_2}{\tan\alpha_1} = \frac{2f - s_1'}{s_2'} = \frac{f}{f-s} \tag{9-25}$$

由上面两式即可得知 $\alpha_0 = -\alpha_2$，即光线在第一个光栅处的衍射角与光线经过望远镜系统后在第二个光栅处的入射角相等，因此最后从展宽器中出射的各个波长的光是相互平行的。啁啾脉冲中心波长在光栅与光轴的交点 A 处以 Littrow 入射至光栅，衍射至透镜 L_1 上，则光栅方程为

$$\sin\gamma + \sin(\gamma - \theta) = \lambda / d \qquad (9-26)$$

由费马原理可知，物点和像点间各条光线的光程均相等，对于图 9-6 来说即光程 $P_{ABCDE} = P_0 =$ 常数，所以在展宽器中对于某一个波长而言，它的光程为

$$P = P_0 - P_{DE} + P_{DH} \qquad (9-27)$$

如图 9-6 所示，H 为出射光的波前位置。由于出射光为平行光，在波面上各个波长的相对位置是确定的。而且，引入一个常数相位对各个波长之间的相对位置无影响。为了推导方便，在上式两边各减去常数光程 P_{HK}（K 为光栅 G_1 的像 G_1^* 与光轴的交点 E 与出射光线的反向延长线的交点），则

$$P = P_0 - P_{DE} - P_{DK} = P_0 - P_{DE} \cdot (1 + \cos\theta) \qquad (9-28)$$

在三角形 DEF 中，由正弦定理可得

$$P_{DE} = P_{IE} \cdot \frac{\sin\theta_0}{\sin[180 - (\theta_0 - \alpha_2)]} \qquad (9-29)$$

其中 $P_{IE} = s_2' - s$，则

$$P = P_0 - 2(f - s) \cdot \frac{\sin\theta_0 \cdot (1 + \cos\theta)}{\sin(\theta_0 - \alpha_2)} \qquad (9-30)$$

将上式两边同时对 λ 求导，并应用式 $\alpha_0 = -\alpha_2$ 和光栅方程得到

$$\frac{\mathrm{d}P}{\mathrm{d}\lambda} = 2(f - s) \cdot \frac{\lambda \sin\theta_0}{d^2 \cos^3(\gamma - \theta)} \qquad (9-31)$$

将式 9-31 代入式 9-21 即得到该展宽器的群速度色散表达式为

$$\frac{\mathrm{d}^2\phi}{\mathrm{d}\omega^2} = \left(\frac{\lambda^3 L_g}{2\pi c^2 d^2}\right) \frac{1}{\left[1 - (\lambda/d - \sin\gamma)^2\right]^{\frac{3}{2}}} \qquad (9-32)$$

其中 $L_g = 2(f - s) \cdot \sin\theta_0$ 为光栅 G_1 经过透镜 L_1 和 L_2 组成的望远镜系统所成的像 G_1^* 与光栅 G_2 之间的垂直距离，它即对应于平行光栅对压缩器里两个光栅之间的垂直距离。

　　由于在 Martinez 展宽器中双光栅反平行难以调节和透镜带来材料色散等原因，在实际应用中常采用反射式单光栅展宽器。因此，Martinez 展宽器又被其他一系列新展宽器所替代。目前较为流行的一种展宽器是无畸变 Öffner 脉冲展宽器，其结构如图 9-7，其

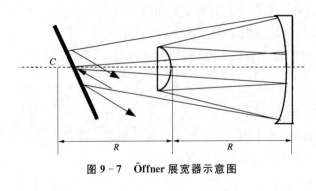

图 9-7 Öffner 展宽器示意图

中凸面镜的半径是同心凹面镜的一半。

它的基本思想是尽量减少展宽器中望远镜系统引入的高阶色散,如透镜的色散导致的三阶色散、球差带来的四阶色散以及透镜的材料色散等。这些高阶色散无法通过平行光栅对压缩器来补偿,而且脉冲通过展宽、放大和压缩后残留的高阶色散,将直接影响脉冲最后的信噪比和输出质量,因而需要望远镜系统无畸变,使得展宽器对脉冲施加的各阶色散与压缩器对脉冲施加的各阶色散能完全匹配。在 Öffner 展宽器中,望远镜系统由同心的二球面镜所形成的 Öffner 无畸变望远镜组成。对称的光学系统中只存在对称的像差,而当反射镜的符号相反且比例为 1:2 时,上述对称的像差被相互消除。在 Öffner 展宽器中,如果光栅位置离开曲率中心不是很远,则基本上是无畸变的。另外,在展宽过程中为了使输出光斑复原,并获得高的展宽倍数,一般都要求一次展宽与二次展宽的光束在垂直方向上错开一定位移。对于球面镜来说,光束偏离光轴太远,会使光束发散,降低光束质量。如果能用柱面镜代替球面镜(下面仍用球面镜组成的展宽器来分析),对光束而言在垂直方向上镜子曲率半径无穷大(相当于平面镜),这样就不会使光束发散,保证了光束质量,而且柱面镜的使用也有利于光路的调节。该展宽器适用于光学介质较少的 CPA 系统,它可以精确地调整二阶和三阶色散量,并控制四阶色散量至可忽略的程度。为了精密地调整四阶色散量,Öffner 展宽器可以和棱镜对结合使用,也可以采用调制的光栅(chirped grating)。

为了求出啁啾脉冲不同波长成分的光在展宽器中的光程,我们仍然采用光线追迹法严格求出光程表达式。为此,将图 9-7 中的展宽器用图 9-8 的等效光路图替代。

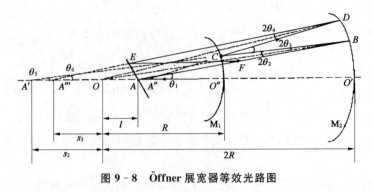

图 9-8 Öffner 展宽器等效光路图

在图 9-8 中,A、O'、O''分别是光栅、凹面镜、凸面镜在光轴上的位置,A'、A'''分别是 BC 与 DE 的延长线与光轴的交点。设光线平行于光轴入射,采用类似于 Martinez 展宽器中的方法,同样可以得出脉冲经过展宽器后出射的不同波长的光也是相互平行的结论。在这里,最终输出光线 EF 也应与光轴平行。利用逐次成像的方法并利用近轴成像公式,可计算出光栅经过凹面镜、凸面镜,再经凹面镜后所成的像与凹面镜的距离。为此,先对反射球面镜成像的普遍物象距公式中的正负号进行如下的约定:

(Ⅰ) 若实物在顶点之左(实物),则 $s > 0$,在顶点之右(虚物),则 $s < 0$;

(Ⅱ) 若像点在顶点之左(实像),则 $s' > 0$,在顶点之右(虚像),则 $s' < 0$;

(Ⅲ) 若球心在顶点之左,则半径 $r < 0$,在顶点之右,则 $r > 0$。

有了上述正负号的约定,傍轴条件下反射球面成像的普遍物像距公式为

$$\frac{1}{s'} + \frac{1}{s} = -\frac{2}{r} \qquad (9-33)$$

焦距公式为

$$f = -\frac{r}{2} \qquad (9-34)$$

设光栅经过凹面镜、凸面镜,再经凹面镜先后成像时的物距分别为 s_1、s_2、s_3,像距分别为 s_1'、s_2'、s_3'。 由图 9-8 可知,光栅第一次经凹面镜成像时的物距为 $s_1 = 2R - l$。 按照上述约定,凹面镜焦距为 $f = R$,代入物像距公式

$$\frac{1}{2R-s} + \frac{1}{s_1'} = \frac{1}{R} \qquad (9-35)$$

可得 $s_1' = \dfrac{R(2R-s)}{R-s} > 0$,由此可知第一次经过凹面镜所成的像为实像,实像距离凹面镜顶点 O' 的距离即为

$$A'O' = s_2 + 2R = s_1' = \frac{R(2R-s)}{R-s} \qquad (9-36)$$

这个实像又要经过凸面镜的第二次成像,对于第二次成像而言,物在凸面镜顶点的左侧符号应该为负且其距凸面镜顶点 O'' 的距离即物距为 $s_2 = -(s_1' - R) = -\dfrac{R^2}{R-s}$,凸面镜焦距为 $f = -\dfrac{R}{2}$,代入成像公式得

$$\frac{1}{s_2'} - \frac{R-s}{R^2} = -\frac{2}{R} \qquad (9-37)$$

由上式同样可求出第二次成像的像距为 $s_2' = -\dfrac{R^2}{R+s} < 0$,由此可知经过凸面镜第二次所成的像也为虚像且位于凸面镜顶点的左侧,这个虚像距离凸面镜的距离 $s_2' = A''O'' = $

$-\dfrac{R^2}{R+s}$。先后经过两次成像后,第二次所成的像再经过凹面镜的成像,最后形成一个

与光栅平行的虚拟光栅。在这次成像中,物距为 $s_3 = -s_2' + R = \dfrac{R(2R+s)}{R+s}$,凹面镜焦距

为 $f = R$,同样代入物像公式

$$\frac{R+s}{R(2R+s)} + \frac{1}{s_3'} = \frac{1}{R} \tag{9-38}$$

最后得到虚拟光栅距凹面镜顶点的距离,即第三次所成的像距为

$$A'''O' = S_3 + 2R = s_3' = 2R + l \tag{9-39}$$

上面利用逐次成像的方法并利用近轴成像公式计算出了光栅经凹面镜、凸面镜,再经凹面

镜后成的像与凹面镜的距离为 $s_3' = 2R + s$。 由图 9-8 可知,光线在展宽器中经历的光程为

$$P = AB + BC + CD + DE + EF \tag{9-40}$$

根据几何关系得到

$$\begin{aligned}
AB \cdot \sin\theta_1 &= 2R \cdot \sin(\theta_1 - \theta_2)\\
A'B \cdot \sin\theta_5 &= 2R \cdot \sin(\theta_1 - \theta_2)\\
A'C \cdot \sin\theta_5 &= R \cdot \sin(\theta_3 + \theta_5)\\
A''D \cdot \sin(\theta_6 + 2\theta_4) &= 2R \cdot \sin(\theta_6 + \theta_4)\\
A''C \cdot \sin(\theta_6 + 2\theta_4) &= R \cdot \sin(\theta_3 + \theta_5)\\
A'''D \cdot \sin\theta_6 &= 2R \cdot \sin(\theta_6 + \theta_4)\\
A'''E \cdot \sin(\theta_6 + 90 - \gamma) &= (S_3 + l) \cdot \sin(90 - \gamma)\\
EF &= (S_3 + R) - A'''E \cdot \cos\theta_6
\end{aligned} \tag{9-41}$$

以上公式中,γ 为光线入射至光栅的入射角,θ_1 为入射角与衍射角之差,θ_2 和 θ_4 分别为

第一次和第二次经过 M_2 时的入射角及反射角,θ_3 为光线经 M_1 时的入射角及衍射角。

各法线与轴线交于曲率中心 O 处,利用 $BC = A'B - A'C$、$CD = A''D - A''C$、$DE = A'''D - A'''E$,就可以求出光程 P 为

$$\begin{aligned}
P &= AB + BC + CD + DE + EF\\
&= 2R \cdot \sin(\theta_1 - \theta_2)\left(\frac{1}{\sin\theta_1} + \frac{1}{\sin\theta_5}\right) - R \cdot \sin(\theta_3 + \theta_5)\left[\frac{1}{\sin\theta_5} + \frac{1}{\sin(2\theta_4 + \theta_6)}\right]\\
&\quad + 2R \cdot \sin(\theta_4 + \theta_6)\left[\frac{1}{\sin(2\theta_4 + \theta_6)} + \frac{1}{\sin\theta_6}\right] - \left[2R \cdot \frac{\sin(\theta_4 + \theta_6)}{\sin\theta_6} - 2R + l\right] \cdot\\
&\quad \frac{\cos\gamma}{\cos(\theta_6 - \gamma)}(1 + \cos\theta_6) + 2R \cdot \left[\frac{\sin(\theta_4 + \theta_6)}{\sin\theta_6} - R\right]
\end{aligned} \tag{9-42}$$

图 9-8 中各角度之间的关系为下面七个方程式：

$$\theta_1 = \theta_5 + 2\theta_2$$
$$2\theta_3 + \theta_5 = \theta_6 + 2\theta_4$$
$$R \cdot \sin\theta_3 = S_2 \cdot \sin\theta_5$$
$$2R \cdot \sin\theta_4 = S_3 \cdot \sin\theta_6 \qquad\qquad (9-43)$$
$$S_2 \cdot \sin\theta_5 = l \cdot \sin\theta_1$$
$$(2R + S_3) \cdot \sin\theta_1 = 2R \cdot \sin(\theta_4 + \theta_6)$$
$$(2R - l) \cdot \sin\theta_1 = 2R \cdot \sin(\theta_2 + \theta_5)$$

对于光栅 G，又有光栅光程 $\sin\gamma + \sin(\gamma - \theta_1) = \lambda / d$，光线以 Littrow 角入射光栅 G，则综合上面所有公式可求出光程 P，光程表达式两边同时对 λ 求导，并利用公式即可求出展宽器的群速度色散即二阶色散量。

9.2.3.2　展宽器脉宽计算

为了直观地得到种子脉冲经过展宽器展宽后的脉冲宽度，假设入射种子脉冲为理想的高斯脉冲，定义 $x = 0$ 处为输入输出平面，则在输入平面上输入展宽器中的含时振幅表达式可以写为

$$E_{in}(0, t) = \exp\left(-\frac{t^2 2\ln 2}{\tau^2} - iC\frac{t^2 2\ln 2}{\tau^2} + i\omega_0 t\right) \qquad (9-44)$$

式中 τ 为高斯脉冲的半高全宽（FWHM），ω_0 为其中心角频率，C 为初始啁啾参数，傅里叶变换后，是角频率为 ω 的高斯函数：

$$E_{in}(0, \omega) = \int_{+\infty}^{-\infty} E_{in}(t)\exp(-i\omega t)\mathrm{d}t = \sqrt{\frac{\pi\tau^2}{2\ln 2(1 + iC)}} \times \exp\left[-\frac{\tau^2(\omega - \omega_0)^2}{8\ln 2(1 + iC)}\right]$$

$$(9-45)$$

假设各个波长在衍射过程中的效率相同，且假设在输出平面上，展宽器引起的空间啁啾完全补偿，则可以只考虑展宽器引起的相移 $\phi(\omega)$。经过展宽器后，在输出平面 $x = 0$ 上，频域内的振幅函数可写为

$$E(0, \omega) = \sqrt{\frac{\pi\tau^2}{2\ln 2(1 + iC)}} \times \exp\left[-\frac{\tau^2(\omega - \omega_0)^2}{8\ln 2(1 + iC)} + i\phi(\omega)\right] \qquad (9-46)$$

式中 $\phi(\omega)$ 可以写成其中心频率 ω_0 处的泰勒展开式：

$$\phi(\omega) = \phi(\omega_0) + \phi^{(1)}(\omega_0)(\omega - \omega_0) + \frac{1}{2}\phi^{(2)}(\omega_0)(\omega - \omega_0)^2$$
$$+ \frac{1}{6}\phi^{(3)}(\omega_0)(\omega - \omega_0)^3 + \frac{1}{24}\phi^{(4)}(\omega_0)(\omega - \omega_0)^4 + \cdots \qquad (9-47)$$

式中 $\phi^{(1)}(\omega_0)$、$\phi^{(2)}(\omega_0)$、$\phi^{(3)}(\omega_0)$、$\phi^{(4)}(\omega_0)$ 分别为中心频率处的群延迟(GD)、群速色散(GDD)、三阶色散(TOD)、四阶色散(FOD)。为获得解析的脉宽表达式,$\phi(\omega)$ 只考虑至二阶色散。将 $E(0,\omega)$ 进行反傅里叶变换,即可获得在输出平面上,经过展宽器啁啾展宽之后的含时振幅表达式为

$$
E(0,T)=\frac{1}{2\pi}\int_{-\infty}^{+\infty}E(0,\omega)\exp[i\phi(\omega)]\exp(i\omega T)d\omega
$$

$$
=\sqrt{\frac{\tau^2}{\tau^2-i4\ln2(1+iC)\phi^{(2)}(\omega_0)}}
$$

$$
\times\exp\left\{\frac{-2\ln2(1+iC)\left[T+\phi^{(1)}(\omega_0)\right]^2}{\tau^2-i4\ln2(1+iC)\phi^{(2)}(\omega_0)}+i\omega_0 T+i\phi(\omega_0)\right\}
$$

$$(9-48)$$

可得通过展宽器后,展宽脉冲的半高全宽为

$$
T_{\text{FWHM}}=\tau\sqrt{\left[1+\frac{4\ln2C\phi^{(2)}(\omega_0)}{\tau^2}\right]^2+\left[\frac{4\ln2\phi^{(2)}(\omega_0)}{\tau^2}\right]^2} \tag{$9-49$}
$$

这就是种子脉冲经过展宽器后,输出脉冲宽度的近似表达式。只要知道展宽器提供的二阶色散量的大小,代入式 9-49 就可以得到展宽脉冲的宽度。

9.2.4　介质色散分析与波形计算

在采用 CPA 技术的拍瓦激光系统中,理想状态就是整个系统的各阶色散量都能得到完全的补偿,也就是说脉冲经过整个系统后外界对它施加的各阶色散量为零,从而使脉冲最可能接近压缩的傅里叶极限。这要求在脉冲的整个光谱内群延迟近似为常量,否则,即使残留的高阶色散量较小,它们仍影响了输出脉冲的强度对比度、光束质量和信噪比,并引起压缩后脉冲时间波形的改变,脉冲被加宽,出现能量不可忽视的某些翼、预脉冲和底座脉冲等。所以,我们必须对拍瓦激光系统中可能产生色散的各种来源进行分析,并力求找到补偿这些色散的方法,才能提高输出脉冲的质量。

超高功率激光的产生经过脉冲的展宽、放大和压缩三个阶段,这也说明了展宽器和压缩器是脉冲各阶色散的主要来源。但是,激光系统中的增益介质和其他光学元件以及脉冲在放大过程中产生的 B 积分,也会给脉冲施加小量的色散;放大介质、光学元件系统的材料色散也会引入色散,从而对激光脉冲的压缩产生影响。

1. 钕玻璃增益介质

在高功率激光中,激光驱动器工作物质的选择必须考虑光学材料和元件的破坏,否则激光系统就不能运转,或者暂时能运转,但很快失效;同时还必须考虑工作物质的转换效率等因素。钕玻璃在这方面有它的特点:首先,它有好的抗破坏能力,由高电压直流放

电测得钕玻璃直流击穿电场强度一般为 $E = 170 \sim 600 \, \text{MV/m}$，由此推出钕玻璃可承受激光强度 $I = 4 \times 10^9 \, \text{W/cm}^2 \sim 4.8 \times 10^9 \, \text{W/cm}^2$；其次，钕玻璃的受激发射截面小，因此可以有效提取能量，并且由于其受激发射截面小，自发辐射相对较弱；其三，当前工艺上可以熔炼成大块的高质量的产品，而且激光转换效率也相对较高，所以在工作波长为 1 053 nm 波段的高功率激光系统中，均采用钕玻璃作为激光驱动器的工作物质。激光脉冲在放大的过程中，增益介质也会给脉冲施加色散，而且这些色散一般很难用展宽器和压缩器来直接补偿。已经知道，玻璃的色散公式一般表示形式为

$$n^2 = A + \frac{B}{C + \lambda^2} + D \cdot \lambda^2 \tag{9-50}$$

式中 A 无单位，B 和 C 的单位为 μm^2，D 的单位为 μm^{-2}。由色散公式可以直接求得表征钕玻璃引入的各阶色散的导数表达式，利用表 9-3 中钕玻璃在不同波长时的折射率实验测量值，通过数值拟合可以计算出参数 A、B、C 和 D，并最终确定各阶色散量的大小。

$$\frac{dn}{d\lambda} = \frac{1}{n} \left[D \cdot \lambda - \frac{B\lambda}{(C + \lambda^2)^2} \right] \tag{9-51}$$

$$\frac{1}{2} \cdot \frac{d^2 n}{d\lambda^2} = \frac{1}{2n} \left[D + \frac{4B\lambda^2}{(C + \lambda^2)^3} - \frac{B}{(C + \lambda^2)^2} - \left(\frac{dn}{d\lambda} \right)^2 \right] \tag{9-52}$$

$$\frac{1}{6} \cdot \frac{d^3 n}{d\lambda^3} = \frac{1}{n} \left[\frac{2B\lambda}{(C + \lambda^2)^3} - \frac{4B\lambda^3}{(C + \lambda^2)^4} - \frac{1}{2} \cdot \frac{dn}{d\lambda} \cdot \frac{d^2 n}{d\lambda^2} \right] \tag{9-53}$$

$$\frac{1}{24} \cdot \frac{d^4 n}{d\lambda^4} = \frac{1}{n} \left[\frac{B}{2(C + \lambda^2)^3} - \frac{6B\lambda^2}{(C + \lambda^2)^4} + \frac{8B\lambda^4}{(C + \lambda^2)^5} - \frac{1}{8} \left(\frac{d^2 n}{d\lambda^2} \right)^2 - \frac{1}{6n} \cdot \frac{dn}{d\lambda} \cdot \frac{d^3 n}{d\lambda^3} \right]$$
$$\tag{9-54}$$

表 9-3 为中国科学院上海光学精密机械研究所钕玻璃检测中心提供的有关 N312 型磷酸盐钕玻璃的折射率。

表 9-3　钕玻璃在不同波长处的折射率

波　长	1.053	0.656 27	0.589 29	0.486 13
折射率	1.531 88	1.537 46	1.539 98	1.545 66

通过数值拟合可以确定参数 A、B、C 和 D 值，利用所求得参数值，钕玻璃的高阶色散公式可以写成

$$n^2 = 2.327\,153\,798\,779\,45 + \frac{0.014\,732\,509\,763\,04}{\lambda^2 - 0.000\,111\,761\,357\,010\,6} - 0.005\,604\,579\,845\,74\lambda^2$$
$$\tag{9-55}$$

通过简单计算,可以得到有效长度为 3 m 的钕玻璃介质引起的色散量,如表 9-4 所示。

表 9-4 有效长度为 3 m 钕玻璃引起的色散量值

总啁啾量/ (ps)	二阶啁啾量/ (ps^2)	三阶啁啾量/ (ps^3)	四阶啁啾量/ (ps^4)	五阶啁啾量/ (ps^5)
−0.360 663	−0.372 741	0.012 078	−6.356 598 1×10^{-6}	2.644 385 1×10^{-8}

2. 透射光学元件

拍瓦高功率激光系统包含大量光学元件,这些光学元件的材料很多都是 K9 玻璃,将引入较大量值的高阶色散量,不能够忽略。表 9-5 给出了 K9 玻璃在不同波长处的折射率测量值。

表 9-5 K9 玻璃在不同波长处的折射率测量值[6]

$\lambda/\mu m$	0.365 01	0.404 66	0.435 84	0.479 99	0.486 13	0.546 07	0.587 56
n	1.535 82	1.529 82	1.526 26	1.522 38	1.521 95	1.518 29	1.516 37
$\lambda/\mu m$	0.589 29	0.643 85	0.656 27	0.706 52	0.632 8	1.053	
n	1.516 30	1.514 30	1.513 89	1.512 48	1.514 66	1.506 26	

与上面采用的方法一样,利用表 9-5 中的数据,采用数值拟合的方法,同样可以获得 K9 玻璃高阶色散公式中参数 A、B、C 和 D 的值,K9 玻璃色散方程可以表示为

$$n^2 = 2.270\ 908\ 958\ 506\ 09 + \frac{0.010\ 625\ 900\ 594\ 01}{\lambda^2 - 0.014\ 713\ 698\ 433\ 98} - 0.010\ 643\ 685\ 149\ 55\lambda^2$$

$$(9-56)$$

同理,通过简单计算可以得到有效长度为 1 m 的 K9 玻璃引起的色散量,如表 9-6 所示。

表 9-6 有效长度为 1 m 的 K9 玻璃引起的色散

总啁啾量/ (ps)	二阶啁啾量/ (ps^2)	三阶啁啾量/ (ps^3)	四阶啁啾量/ (ps^4)	五阶啁啾量/ (ps^5)
−0.285 989	−0.298 361	0.012 372	−1.661 326e−006	7.092 08e−009

3. B 积分引起的色散

由上已知,当激光强度 I 达到 GW/cm^2 时,光学介质的非线性折射率 n_2 将起到显著作用,它的作用通常用 B 积分描述为

$$B(\lambda) = \frac{2\pi}{\lambda} \int_0^L \frac{\gamma \cdot I(\lambda, z)}{n_0(\lambda)} dz \tag{9-57}$$

源于介质非线性折射率 n_2(通常用 B 积分表征)的脉冲 SPM 将影响高功率激光系统

输出脉冲的宽度和脉冲质量。然而,在高功率激光系统中,啁啾脉冲经过多级放大以期获得更高的脉冲能量,同时获得更高脉冲峰值功率,这将不可避免地增加全系统的 B 积分值,最终导致输出脉冲宽度增宽,信噪比降低,峰值功率不能达到期望值。当非线性折射率发生显著作用时,驱动器增益介质产生一附加折射率项,表达为

$$n(\lambda) = n_0(\lambda) + \gamma \cdot I(\lambda) \tag{9-58}$$

式中 γ 为非线性折射率,I 为激光强度。经过长度为 L 的增益介质放大后的总光程为

$$l(\lambda) = \int_0^L n(\lambda)\mathrm{d}z = n_0(\lambda) \cdot L + \int_0^L \gamma \cdot I(\lambda, z)\mathrm{d}z \tag{9-59}$$

假设脉冲光谱分布为高斯型

$$I(\lambda) = I_0(\lambda_0) \cdot \exp\left[-\frac{(\lambda - \lambda_0)^2}{\lambda_T^2}\right] \tag{9-60}$$

定义参数 B_0 为

$$B_0 = \frac{2\pi}{\lambda_0} \int_0^L \frac{\gamma \cdot I_0(\lambda_0)}{n_0(\lambda_0)}\mathrm{d}z \tag{9-61}$$

所以,总光程满足

$$l(\lambda) = n_0(\lambda) \cdot L + \frac{n_0(\lambda_0) \cdot \lambda_0}{2\pi} \sum B_0 \cdot \exp\left[-\frac{(\lambda - \lambda_0)^2}{\lambda_T^2}\right] \tag{9-62}$$

右边第一项已经讨论过,即脉冲在钕玻璃增益介质中放大时引起的附加材料色散,第二项即为 B 积分引起的色散。

4. 色散补偿理论

在 CPA 系统中,为将脉冲压缩至接近变换极限,在整个脉冲带宽范围内,光脉冲的群速延迟必须保持几乎不变。将脉冲谱域位相 $\phi(\omega)$ 对中心频率 ω_0 进行泰勒级数展开:

$$\phi(\omega) = \phi(\omega_0) + \phi_1(\omega - \omega_0) + \phi_2(\omega - \omega_0)^2 + \phi_3(\omega - \omega_0)^3 + \phi_4(\omega - \omega_0)^4 + \cdots \tag{9-63}$$

式中,ϕ_1 是脉冲的群延迟,ϕ_2、ϕ_3、ϕ_4 分别为二阶、三阶和四阶色散量。只有压缩器色散完全补偿展宽器及放大系统的色散,即满足 $\phi^{\mathrm{compressor}}(\omega) = -[\phi^{\mathrm{stretcher}}(\omega) + \phi^{\mathrm{system}}(\omega)]$ 时,才能获得接近变换极限的再压缩脉冲。在考虑四阶色散补偿的情况下,它相当于要求

$$\phi_2^{\mathrm{stretcher}} + \phi_2^{\mathrm{system}} + \phi_2^{\mathrm{compressor}} = 0 \tag{9-64}$$

$$\phi_3^{\mathrm{stretcher}} + \phi_3^{\mathrm{system}} + \phi_3^{\mathrm{compressor}} = 0 \tag{9-65}$$

$$\phi_4^{\mathrm{stretcher}} + \phi_4^{\mathrm{system}} + \phi_4^{\mathrm{compressor}} = 0 \tag{9-66}$$

其中,compressor:压缩器;stretcher:展宽器;system:放大系统。

若上面三个方程中的任何一个未能得到满足,也就是说其中某一阶色散未被完全补偿,则脉冲最后不能压缩到傅里叶变换极限,而是比原始种子脉冲要宽(二阶色散的影响),或具有次峰影响脉冲的信噪比(三阶或四阶色散的影响)等。所以,各种色散补偿的方法都是以此作为判据,并力求使所有的方程都能同时满足。但是,由于啁啾脉冲在放大过程中的非线性效应造成的位相畸变一般为双曲正割或者是高斯型分布,而展宽器和光栅对压缩器仅能提供与 $(\omega - \omega_0)^n$ 成正比的位相,这样就使得脉冲的色散不能得到很好的补偿;另外,展宽系统的像散所产生的高阶色散也难以得到有效补偿。因此,一般压缩后的脉冲都不可能完全还原到种子脉冲的原始宽度。

5. 总色散与脉宽计算

根据 9.2.2 与 9.2.3 节的计算,可以得到高功率激光系统中展宽器与压缩器的各阶色散符号如表 9-7 所示。当具体到特定的结构参数与波段后,展宽器与压缩器各阶色散的量值可通过上文给定的公式得到精确计算。

表 9-7　展宽器和压缩器各阶色散的符号

器　件	GVD	TOD	FOD
展宽器	＋	－	＋
压缩器	－	＋	－

对于脉冲在介质中的传输,色散来源主要为光束通过放大介质和其他光学器件而产生的。如不考虑非线性效应,当脉冲在放大介质中传输时,其群延迟为

$$\phi_1 = \frac{\partial \phi}{\partial \omega} = -\frac{\lambda^2 l}{2\pi c^2} \cdot \frac{\mathrm{d}n}{\mathrm{d}\lambda} \tag{9-67}$$

式中 L 为光在介质中的传输长度,n 为介质折射率,λ 为波长。继续对上式求导,可以求出其群速度色散、三阶和四阶色散表达式

$$\phi_2 = \frac{1}{2} \cdot \frac{\partial^2 \phi}{\partial \omega^2} = \frac{\lambda^3 l}{4\pi c^2} \cdot \frac{\mathrm{d}^2 n}{\mathrm{d}\lambda^2} \tag{9-68}$$

$$\phi_3 = \frac{1}{6} \cdot \frac{\partial^3 \phi}{\partial \omega^3} = -\frac{\lambda^4 l}{24\pi^2 c^3} \left(3\frac{\mathrm{d}^2 n}{\mathrm{d}\lambda^2} + \lambda \frac{\mathrm{d}^3 n}{\mathrm{d}\lambda^3} \right) \tag{9-69}$$

$$\phi_4 = \frac{1}{24} \cdot \frac{\partial^4 \phi}{\partial \omega^4} = \frac{\lambda 5 l}{192\pi^3 c^4} \left(12\frac{\mathrm{d}^2 n}{\mathrm{d}\lambda^2} + 8\lambda \frac{\mathrm{d}^3 n}{\mathrm{d}\lambda^3} + \lambda^2 \frac{\mathrm{d}^4 n}{\mathrm{d}\lambda^4} \right) \tag{9-70}$$

这样,如果 CPA 系统的展宽器和压缩器结构参数可以确定,又知道了光在放大介质中所通过的介质长度和折射率系数以及放大过程中所通过的其他光学器件引入的色散量的估计值,就可以对整个系统的色散补偿进行分析和找到合适的补偿方法。

为精确计算种子脉冲在经历全 CPA 系统的传输与放大之后的脉宽演化,可以将脉冲传输过程看作是先后经历一次傅里叶和逆傅里叶变换。假设初始入射种子脉冲表达

式为 $E(0, t) = A(t)\exp[\mathrm{i}\psi(t)]\exp(-\mathrm{i}\omega_0 t)$，其中 A 为振幅，ψ 为初始相位。先对入射脉冲进行傅里叶变换，可得脉冲初始频域分布

$$E_{输入}(0, \omega) = \int \exp(\omega t)A(t)\exp[\mathrm{i}\psi(t)]\exp(-\mathrm{i}\omega_0 t)\mathrm{d}t \qquad (9-71)$$

定义信号脉冲在整个 CPA 系统中所经历的总位相为

$$\phi_{总} = \Delta\phi_2 + \Delta\phi_3 + \Delta\phi_4 \qquad (9-72)$$

在这里先暂不考虑放大因子，则经过传输之后的频域分布表达为

$$E_{CPA}(0, \omega) = \exp[\mathrm{i}\phi_{总}(\omega)]\int \exp(\omega t)A(t)\exp[\mathrm{i}\psi(t)]\exp(-\mathrm{i}\omega_0 t)\mathrm{d}t \quad (9-73)$$

如果色散能得到完全补偿，则可以压缩到傅里叶变换极限，最后输出脉冲的时域表达式 9-74 为式 9-73 的逆傅里叶变换。

$$\begin{aligned} E_{输出}(0, t') = &\int \frac{\mathrm{d}\omega}{2\pi}\exp(-\mathrm{i}\omega t')\exp[\mathrm{i}\phi_{总}(\omega)] \cdot \\ &\int \exp(\omega t)A(t)\exp[\mathrm{i}\psi(t)]\exp(-\mathrm{i}\omega_0 t)\mathrm{d}t \end{aligned} \qquad (9-74)$$

由此可以看出，脉冲在 CPA 系统中经历的总位相 $\phi_{总}$ 具有重要的意义，输出脉冲能否完全还原以及它的信噪比等，都取决于对这个位相因子的控制。如果 $\phi_{总} = 0$，不难看出，输出脉冲肯定可以完全压缩，否则，未能补偿掉的色散将对傅里叶变换产生影响，也将对输出脉冲时域波形产生影响。

9.2.5　光参量啁啾脉冲放大理论

光参量啁啾脉冲放大（OPCPA）技术利用非线性晶体代替传统 CPA 再生放大技术中的放大介质，通过光参量匹配实现光能量从泵浦光到信号光的耦合转换，原理上完全不同于增益介质内部通过实现高低能级间的粒子数反转和谐振腔选模放大过程，是光放大过程的一种全新手段。OPCPA 结合了 OPA 放大技术优势和 CPA 时域展宽降低峰值功率的思想，因此比传统意义的 CPA 技术更为优越。不仅在世界各大高能皮秒拍瓦激光器中多有应用，更是在建和计划建造的用以研究强场激光物理的几十拍瓦高功率激光器（如 ELI、PEARL、Vulcan 等）的主要技术手段。结构上，单纯的 OPCPA 装置主要包括信号光种子源、泵浦源、展宽器、非线性晶体、压缩五个部分，附属相应的同步控制装置、色散控制系统、信噪比控制系统等。从功能上讲，OPCPA 包括展宽、光参量放大（optical parametric amplification，OPA）和压缩过程。本节主要从理论上论述参量放大过程。

9.2.5.1　啁啾脉冲参数

为了清晰描述 OPCPA 过程，首先需要对啁啾脉冲的特征进行详细介绍。对于电磁

场，如果定义电场强度 $\vec{E}$、磁场强度 $\vec{H}$，则坡印亭矢量 $\vec{S} = \vec{E} \times \vec{H}$，对于简谐振动强度表达为

$$I = \bar{S} = \sqrt{\varepsilon\varepsilon_0 / \mu\mu_0}\, E^2 = nc\varepsilon_0 E_0^2 / 2 \tag{9-75}$$

定义电场强度表达式 $\vec{E} = \vec{A}(x, y, z, t)\exp(-\mathrm{i}\omega_0 t)$，其光强在任一时空坐标处表达为

$$I(x, y, z, t) = nc\varepsilon_0 A_{(x, y, z, t)}^2 / 2 \tag{9-76}$$

具有一定时空分布电磁场，其能量可以表达为

$$W(z) = \frac{1}{2} nc\varepsilon_0 \iiint A_{(x, y, z, t)}^2 \,\mathrm{d}x\,\mathrm{d}y\,\mathrm{d}t \tag{9-77}$$

对于时空分布为高斯型的脉冲，假设沿 z 轴方向传播，其能量表达为

$$W(z) = \frac{1}{2} nc\varepsilon_0 \cdot A_0^2 \cdot t_0 \sqrt{\pi} \cdot x_0 \sqrt{\pi} \cdot y_0 \sqrt{\pi} \tag{9-78}$$

电场强度振幅峰值与能量的关系为

$$A_0 = \sqrt{2W / (nc\varepsilon_0 t_0 x_0 y_0 \pi^{3/2})} \tag{9-79}$$

光功率密度峰值

$$I(0, 0, z, 0) = \frac{1}{2} nc\varepsilon_0 A_{0(0, 0, z, 0)}^2 \tag{9-80}$$

能量与脉冲光功率密度峰值关系

$$W(z) = I(0, 0, z, 0)t_0 x_0 y_0 \pi^{\frac{3}{2}} \tag{9-81}$$

对于一个傅里叶变换极限的高斯脉冲，考虑偏振方向，其复振幅表达式为

$$\vec{A}_{(t)} = \vec{e}\,\sqrt{P_0}\,\mathrm{e}^{-t^2/2t_0^2}\,\mathrm{e}^{-\mathrm{i}\omega_0 t} \tag{9-82}$$

P_0 为脉冲峰值功率，脉冲能量 $E = t_0\sqrt{\pi} P_0$，如果定义脉冲宽度为大于光强峰值 $1/2$ 的时间域，则脉冲宽度 $\tau_0 = 2\sqrt{\ln 2}\,t_0$，光谱宽度 $\Delta\omega = 2\sqrt{\ln 2}/t_0$，或者 $\Delta\lambda = \lambda^2\sqrt{\ln 2}/(\pi c t_0)$，脉宽与谱宽满足关系 $\Delta\omega \cdot \tau_0 = 4\ln 2$。如果定义脉冲宽度为大于光强峰值 $1/e$ 的时间域，则脉冲宽度 $\tau_0 = t_0$；谱宽与脉宽满足 $\Delta\omega \times \tau_0 = 4$。本文中所有涉及的脉宽参数均定义为半高全宽值。

高斯脉冲经展宽器展宽之后，展宽器引入二阶相位修正量 $-1/\mu = \partial^2\phi/\partial\omega^2$，定义系数 $B = -t_0^2/2 + \mathrm{i}/2\mu$，展宽器输出啁啾脉冲的表达式为

$$\vec{B}_{(t)} = \vec{e}\,\sqrt{P_0}\,t_0 / \sqrt{2B}\,\mathrm{e}^{-t^2/4B}\,\mathrm{e}^{-\mathrm{i}\omega_0 t} \tag{9-83}$$

整理为啁啾脉冲一般表达形式 $\exp[-(1+\mathrm{i}C)t^2/2\tau_0^2]$，则输出脉冲为

$$\vec{B}_{(t)} = \vec{e}\sqrt{P_0}\,\frac{t_0}{\sqrt{2B}}\exp\left[-\frac{1+i(-1/\mu t_0^2)}{2}\cdot\frac{t^2}{(1+1/\mu^2 t_0^4)t_0^2}\right]e^{-i\omega_0 t} \quad (9-84)$$

因此啁啾脉冲脉宽 $\tau_0 = 2\sqrt{\ln 2}\,t_0\sqrt{1+C^2}$，是其傅里叶变换极限脉宽的 $\sqrt{1+C^2}$ 倍，当 $C\gg 1$ 时，展宽倍数即是 C。在参数描述中，一个系统的啁啾量常常被表述成"脉宽(s)/谱宽(m)"的形式 $T(\mathrm{s})/D(\mathrm{m})$，与相位因子 C 的关系为

$$C \equiv \sqrt{[TDc\pi/(\lambda_0^2 2\ln 2)]^2 - 1} \quad (9-85)$$

对于所有啁啾特性脉冲可表达为

$$E(t) = E(0)F(t)\exp\{-i[\omega_0 t + f(t)]\} \quad (9-86)$$

其中 $F(t)$ 表示脉冲的时间波形，$f(t)$ 表示时域相位的非线性项，则脉冲瞬时频率

$$\omega_{(t)} = -\frac{\partial\phi}{\partial t} = \omega_0 + \frac{\partial f(t)}{\partial t} \quad (9-87)$$

脉冲时域相位的非线性项决定了脉冲的啁啾特性。

9.2.5.2　双轴晶体非共线光参量放大耦合波方程

非共线相位匹配(non-collinear optical parametric amplification，NOPA)是目前应用最为有效的超宽带匹配技术，由于与共线匹配方式的差别只在于信号光与泵浦光的夹角，因此可将共线匹配方式作为非共线匹配方式的一种特殊情况加以讨论，从而纳入非共线匹配技术的范畴。在经典电磁理论框架下，电磁波产生传输的问题可以从麦克斯韦方程组出发进行讨论。麦克斯韦方程组为

$$\begin{aligned}
&\nabla\cdot\vec{D} = \rho\\
&\nabla\cdot\vec{B} = 0\\
&\nabla\times\vec{E} = -\frac{\partial\vec{B}}{\partial t}\\
&\nabla\times\vec{H} = \vec{j} + \frac{\partial\vec{D}}{\partial t}
\end{aligned} \quad (9-88)$$

对于理想非磁电介质 $(\mu=1)$，相关的物性方程为

$$\begin{aligned}
&\vec{D} = \varepsilon_0\vec{E} + \vec{P}\\
&\vec{B} = \mu_0\vec{H}\\
&\rho = 0\\
&\vec{j} = \sigma\vec{E} = 0
\end{aligned} \quad (9-89)$$

ε_0 和 μ_0 分别为真空的介电常数和磁导率，σ 为介质的电导率，对理想电介质 $\sigma=0$。对公式麦克斯韦方程组第三个公式进行 $\nabla\times$ 的运算，利用其他公式，可得到波动方程

$$\nabla \times \nabla \times \vec{E} + \mu_0 \varepsilon_0 \frac{\partial^2 \vec{E}}{\partial t^2} = -\mu_0 \frac{\partial^2 \vec{P}}{\partial t^2} \tag{9-90}$$

代入 $\nabla \times \nabla \times \vec{E} = \nabla (\nabla \cdot \vec{E}) - \nabla^2 \vec{E}$，以及 $\vec{D} = \varepsilon_0 [1 + \chi^{(2)}] \vec{E} + \vec{P}_{NL}$，波动方程整理简化为式 9-91，方程右边是非线性驱动源。

$$\nabla^2 \vec{E} - \nabla (\nabla \cdot \vec{E}) - \mu_0 \varepsilon_0 \frac{\partial^2}{\partial t^2} [\vec{\varepsilon}^{(1)} \cdot \vec{E}] = \mu_0 \frac{\partial^2 \vec{P}_{NL}}{\partial t^2} \tag{9-91}$$

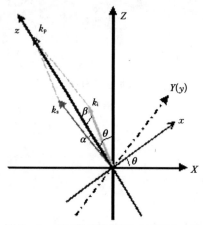

图 9-9 负双轴晶体 *XOZ* 主平面内三波混频波矢关系与自定义坐标系

下面将以负双轴晶体 *XOZ* 主平面内第一类匹配方式 $e_1 + e_1 \rightarrow e_2$ 为例，对 OPA 理论中的具体参数进行详细计算。如图 9-9 所示负双轴晶体 *XOZ* 主平面内参量过程，泵浦光与主轴坐标系 Z 轴夹角为 θ，泵浦光与信号光的非共线夹角为 α，信号光与闲置光夹角为 β。在计算过程中一般采用在非主轴坐标系中描述参量过程，自定义坐标系以泵浦光的波矢方向为 z 轴正方向，主轴坐标系坐标轴 Y 为自定义坐标轴 y，主轴坐标轴 X 与自定义坐标轴 x 夹角为 θ。

根据欧拉坐标变换，两个坐标系坐标变换矩阵为

$$M = \begin{bmatrix} \cos\theta & 0 & \sin\theta \\ 0 & 1 & 0 \\ -\sin\theta & 0 & \cos\theta \end{bmatrix} \tag{9-92}$$

两个坐标系坐标 (x, y, z) 与 (X, Y, Z) 变换关系以及两坐标系之间的偏微分变换关系

$$\begin{bmatrix} x \\ y \\ z \end{bmatrix} = M \begin{bmatrix} X \\ Y \\ Z \end{bmatrix} \tag{9-93}$$

$$\begin{bmatrix} \dfrac{\partial}{\partial X} \\[2mm] \dfrac{\partial}{\partial Y} \\[2mm] \dfrac{\partial}{\partial Z} \end{bmatrix} = M^{-1} \begin{bmatrix} \dfrac{\partial}{\partial x} \\[2mm] \dfrac{\partial}{\partial y} \\[2mm] \dfrac{\partial}{\partial z} \end{bmatrix} = \begin{bmatrix} \dfrac{\partial}{\partial x}\cos\theta - \dfrac{\partial}{\partial z}\sin\theta \\[2mm] \dfrac{\partial}{\partial y} \\[2mm] \dfrac{\partial}{\partial x}\sin\theta + \dfrac{\partial}{\partial z}\cos\theta \end{bmatrix} \tag{9-94}$$

在自定义坐标系 xyz 中，沿 z 轴传播的准单色平面波信号光、闲置光和泵浦光电场分布表达式为

$$\begin{cases} \vec{E}_s(\vec{r}, t) = \vec{e}_s A_s e^{-i(\omega_s t - \vec{k}_s \cdot \vec{r})} \\ \vec{E}_i(\vec{r}, t) = \vec{e}_i A_i e^{-i(\omega_i t - \vec{k}_i \cdot \vec{r})} \\ \vec{E}_p(\vec{r}, t) = \vec{e}_p A_p e^{-i(\omega_p t - \vec{k}_p \cdot \vec{r})} \end{cases} \qquad (9-95)$$

其中空间相位因子表达式

$$\begin{cases} \vec{k}_s \cdot \vec{r} = k_{sx} x + k_{sy} y + k_{sz} z = -k_s x \sin\alpha + k_s z \cos\alpha \\ \vec{k}_i \cdot \vec{r} = k_{ix} x + k_{iy} y + k_{iz} z = -k_i x \sin\beta + k_i z \cos\beta \\ \vec{k}_p \cdot \vec{r} = k_{px} x + k_{py} y + k_{pz} z = k_p z \end{cases} \qquad (9-96)$$

在双轴晶体中电场强度的偏振方向不能直接从自定义坐标系中给出,需要从主轴坐标系出发。主轴坐标系中,慢光与快光的电位移矢量偏振方向表达式 $\vec{b}^{e1}$ 与 $\vec{b}^{e2}$ 标定为

$$b^{e1} = \begin{bmatrix} \cos\theta\cos\phi\cos\delta_i - \sin\phi\sin\delta_i \\ \cos\theta\sin\phi\cos\delta_i + \cos\phi\sin\delta_i \\ -\sin\theta\cos\delta_i \end{bmatrix} \qquad (9-97)$$

$$b^{e2} = \begin{bmatrix} -\cos\theta\cos\phi\sin\delta_i - \sin\phi\cos\delta_i \\ -\cos\theta\sin\phi\sin\delta_i + \cos\phi\cos\delta_i \\ \sin\theta\sin\delta_i \end{bmatrix} \qquad (9-98)$$

其中 δ_i 满足

$$\cot 2\delta_i = \frac{\cot^2\Omega_i \sin^2\theta - \cos^2\theta\cos^2\phi + \sin^2\phi}{\cos\theta\sin(2\phi)} \qquad (9-99)$$

$$\tan\Omega_i = \frac{n_{0(\omega_i)}}{n_{1(\omega_i)}} \left[\frac{n_{2(\omega_i)}^2}{n_{3(\omega_i)}^2 - n_{2(\omega_i)}^2} \frac{n_{1(\omega_i)}^2}{} \right]^{\frac{1}{2}} \qquad (9-100)$$

Ω_i 是光轴角。于是信号光与闲置光电位移矢量可表示为 $\vec{b}_i^{e1} = \vec{b}_s^{e1} = (0, 1, 0)^T$,泵浦光 $\vec{b}_p^{e2} = (\cos\theta, 0, \sin\theta)^T$,根据"姚方法"二[14],可以得到主轴坐标系中三波电场强度偏振方向 $\vec{a}_s^{e1}$、$\vec{a}_i^{e1}$、$\vec{a}_p^{e2}$ 分别为

$$\vec{a}_s^{e1} = \vec{a}_i^{e1} = (0, 1, 0)^T \qquad (9-101)$$

$$\vec{a}_p^{e2} = \left[\frac{(\cos\theta)^2}{n_1^4} + \frac{(\sin\theta)^2}{n_3^4} \right]^{-\frac{1}{2}} \begin{bmatrix} n_1^{-2}\cos\theta \\ 0 \\ n_3^{-2}\sin\theta \end{bmatrix} \qquad (9-102)$$

通过坐标变换关系可以得到在自定义坐标系中三波电场偏振方向分别为 $\vec{e}_s = \vec{e}_i = (0, 1, 0)^T$ 和 $\vec{e}_p = (\xi_1/\sqrt{G}, 0, \xi_2/\sqrt{G})^T \equiv (\cos\rho_p, 0, -\sin\rho_p)^T$,其中 $G = \xi_1^2 + \xi_2^2$,$\xi_1 = n_p^{-2}$,$\xi_2 = \sin\theta\cos\theta(n_3^{-2} - n_1^{-2})$,$\rho_p$ 即是泵浦光走离角。

$$\tan \rho_p = -\frac{\xi_2}{\xi_1} = n_p^2 \sin\theta \cos\theta \left(\frac{1}{\varepsilon_X} - \frac{1}{\varepsilon_Z}\right) \tag{9-103}$$

忽略损耗,光参量放大过程中,非线性晶体内电磁场分布

$$\vec{E}(\vec{r}, t) = \vec{E}_s(\vec{r}, t) + \vec{E}_i(\vec{r}, t) + \vec{E}_p(\vec{r}, t) \tag{9-104}$$

电磁场传播遵循波动方程式 9-91,

$$\nabla^2 \vec{E} - \nabla(\nabla \cdot \vec{E}) - \mu_0 \varepsilon_0 \frac{\partial^2}{\partial t^2} [\vec{\varepsilon}^{(1)} \cdot \vec{E}] = \mu_0 \frac{\partial^2 \vec{P}^{NL}}{\partial t^2} \tag{9-105}$$

在主轴坐标系中,电场强度在三个主轴方向上的三个分量为 (A_{Xl}, A_{Yl}, A_{Zl}),为方便运算,先将波动方程中电场的时间项进行近似

$$\mu_0 \varepsilon_0 \frac{\partial^2}{\partial t^2} [\vec{\varepsilon}^{(1)} \cdot \vec{E}] \approx -\frac{\omega^2}{c^2} \vec{\varepsilon}^{(1)} \cdot \vec{E} \tag{9-106}$$

空间项 $\nabla \times \nabla \times \vec{E}$ 与非线性效应项 $-\mu_0 \partial^2 \vec{P}_{NL} / \partial t^2$ 处理完成后,再将时间的各阶偏导数项加入。将电场强度表达式 $\vec{E} = (A_{Xl}\vec{i} + A_{Yl}\vec{j} + A_{Zl}\vec{k}) \exp(-i\omega t)$ 代入波动方程,得到在主轴坐标系中坐标主轴方向上三个电场分量的波动方程组。

$$\begin{cases} \nabla^2 A_{Xl} - \dfrac{\partial}{\partial X}\left(\dfrac{\partial A_{Xl}}{\partial X} + \dfrac{\partial A_{Yl}}{\partial Y} + \dfrac{\partial A_{Zl}}{\partial Z}\right) + \dfrac{\omega_l^2}{c^2}\varepsilon_{X(\omega_1)} A_{Xl} = \mu_0 \dfrac{\partial^2 \vec{P}_{Xl}^{NL}}{\partial t^2} \\[3mm] \nabla^2 A_{Yl} - \dfrac{\partial}{\partial Y}\left(\dfrac{\partial A_{Xl}}{\partial X} + \dfrac{\partial A_{Yl}}{\partial Y} + \dfrac{\partial A_{Zl}}{\partial Z}\right) + \dfrac{\omega_l^2}{c^2}\varepsilon_{Y(\omega_1)} A_{Yl} = \mu_0 \dfrac{\partial^2 \vec{P}_{Xl}^{NL}}{\partial t^2} \\[3mm] \nabla^2 A_{Zl} - \dfrac{\partial}{\partial Z}\left(\dfrac{\partial A_{Xl}}{\partial X} + \dfrac{\partial A_{Yl}}{\partial Y} + \dfrac{\partial A_{Zl}}{\partial Z}\right) + \dfrac{\omega_l^2}{c^2}\varepsilon_{Z(\omega_1)} A_{Zl} = \mu_0 \dfrac{\partial^2 \vec{P}_{Xl}^{NL}}{\partial t^2} \end{cases} \tag{9-107}$$

在接下来的光参量耦合波方程推导中,为了突出问题的物理实质,并简化推演过程,一般使用以下一些合理的近似。

① 光与非线性介质相互作用时,光是理想的平面波,或是近场振幅按高斯型函数变化,这种近似表现在脉冲表达式的定义中。

② 慢变振幅近似有效:空间上传输过程中,在波长范围内振幅变化满足 $\partial^2 E / \partial z^2 \ll k \partial E / \partial z$;脉冲波形时间范围内,满足 $\partial^2 E / \partial t^2 \ll \omega \partial E / \partial t$。

③ 在电场强度慢变振幅近似成立条件下,二阶非线性项可以处理如下

$$\mu_0 \frac{\partial^2 \vec{P}^{NL}}{\partial t^2} = -\frac{\omega^2}{\varepsilon_0 c^2} P^{NL} \tag{9-108}$$

④ 只考虑二阶非线性光学效应,而更高阶的非线性光学效应可以忽略。此时非线性效应项的非线性极化矢量可以表示为

$$\vec{P}^{NL}(\omega_s) = 2\varepsilon_0 \overleftrightarrow{\chi}^{(2)}(-\omega_s; \omega_p, -\omega_i) : \vec{E}_p \vec{E}_i^*$$

$$\vec{P}^{\text{NL}}(\omega_i) = 2\varepsilon_0 \overset{\leftrightarrow}{\chi}{}^{(2)}(-\omega_i;\omega_p,-\omega_s) : \vec{E}_p \vec{E}_s^*$$

$$\vec{P}^{\text{NL}}(\omega_p) = 2\varepsilon_0 \overset{\leftrightarrow}{\chi}{}^{(2)}(-\omega_p;\omega_s,\omega_i) : \vec{E}_s \vec{E}_i \tag{9-109}$$

如图 9-9 中所示,在负双轴晶体 XOZ 主平面内,分别对作为慢光 e1 的信号光和闲置光,以及作为快光 e2 的泵浦光进行推算,根据波动方程、主轴坐标系中的分量方程,以及慢变振幅近似等条件,可以得到三波耦合方程。

$$\frac{\partial A_s}{\partial z} + \tan\rho_s \frac{\partial A_s}{\partial y} + \frac{1}{2in_s k_{s0}\cos\rho_s}\left(\frac{\partial^2 A_s}{\partial x^2} + \frac{\partial^2 A_s}{\partial y^2}\right)$$
$$+ \frac{1}{v_{gs}\cos\rho_s}\frac{\partial A_s}{\partial t} = \frac{i\omega_s d_{\text{eff}}}{cn_s\cos\rho_s}A_p A_i^* \, e^{-i\Delta\vec{k}\cdot\vec{r}}$$

$$\frac{\partial A_i}{\partial z} - \tan\rho_i \frac{\partial A_i}{\partial y} + \frac{1}{2in_i k_{i0}\cos\rho_i}\left(\frac{\partial^2 A_i}{\partial x^2} + \frac{\partial^2 A_i}{\partial y^2}\right) \tag{9-110}$$
$$+ \frac{1}{v_{gi}\cos\rho_i}\frac{\partial A_i}{\partial t} = \frac{i\omega_i d_{\text{eff}}}{cn_i\cos\rho_i}A_p A_s^* \, e^{-i\Delta\vec{k}\cdot\vec{r}}$$

$$\frac{\partial A_p}{\partial z} + \tan\rho_p \frac{\partial A_p}{\partial y} + \frac{1}{2in_p k_{p0}\cos^2\rho_p}\left[\frac{\partial^2 A_p}{\partial x^2} + \frac{(1-\beta_p)}{\eta}\frac{\partial^2 A_p}{\partial y^2}\right]$$
$$+ \frac{1}{v_{gp}}\frac{\partial A_p}{\partial t} = \frac{i\omega_p d_{\text{eff}}}{n_p c\cos^2\rho_p}A_s A_i \, e^{i\Delta\vec{k}\cdot\vec{r}}$$

其中 v_{gs}、v_{gi}、v_{gp} 是信号光、闲置光和泵浦光的群速度,k_{s0}、k_{i0}、k_{p0} 是真空中信号光、闲置光和泵浦光中心波长处的波数,d_{eff} 是有效非线性系数

$$d_{\text{eff}} = \vec{e}_s \cdot \overset{\leftrightarrow}{\chi}{}^{(2)}(-\omega_s;\omega_p,-\omega_i) : \vec{e}_p \vec{e}_i$$

$$d_{\text{eff}} = \vec{e}_i \cdot \overset{\leftrightarrow}{\chi}{}^{(2)}(-\omega_i;\omega_p,-\omega_s) : \vec{e}_p \vec{e}_s \tag{9-111}$$

$$d_{\text{eff}} = \vec{e}_p \cdot \overset{\leftrightarrow}{\chi}{}^{(2)}(-\omega_p;\omega_s,\omega_i) : \vec{e}_s \vec{e}_i$$

相位失配因子

$$\Delta k = k_i\cos\rho_i + k_s\cos\rho_s - k_p \tag{9-112}$$

参数 η、β_p 分别为 $\eta = n_{pX}^2 n_{pZ}^2/(n_p^2 n_{pY}^2)$,$\beta_p = 1 - (n_{pX}^2\cos^2\theta + n_{pZ}^2\sin^2\theta)/n_{pY}^2$。

高能 OPCPA 系统展宽器展宽量大约 10 000～100 000 倍,这样的展宽量可以将几十飞秒的脉冲展宽到百皮秒甚至纳秒级啁啾脉冲,另外对于超宽带 OPCPA 系统,最优非共线夹角约等于群速度匹配角,所以在上面耦合波方程组中满足 $V_{gp} = V_{gs}\cos\rho_s = V_{gi}\cos\rho_i$。 可以对方程组进行行波坐标变换,变换关系为 $t \to \tau = t - z/V_{gp}$,偏微分关系有 $\partial/\partial z \to \partial/\partial z - 1/V_{gp}$,$(\partial/\partial\tau)(\partial/\partial t) \to \partial/\partial\tau$ 坐标变换之后的耦合波方程组为

$$\frac{\partial A_s}{\partial z} = -\tan\rho_s\,\frac{\partial A_s}{\partial y} - \frac{1}{2in_sk_{s0}\cos\rho_s}\left(\frac{\partial^2 A_s}{\partial x^2} + \frac{\partial^2 A_s}{\partial y^2}\right) + \frac{i\omega_s d_{eff}}{cn_s\cos\rho_s}A_pA_i^*\,e^{-i\Delta\vec{k}\cdot\vec{r}}$$

$$\frac{\partial A_i}{\partial z} = +\tan\rho_i\,\frac{\partial A_i}{\partial y} - \frac{1}{2in_ik_{i0}\cos\rho_i}\left(\frac{\partial^2 A_i}{\partial x^2} + \frac{\partial^2 A_i}{\partial y^2}\right) + \frac{i\omega_i d_{eff}}{cn_i\cos\rho_i}A_pA_s^*\,e^{-i\Delta\vec{k}\cdot\vec{r}}$$

$$\frac{\partial A_p}{\partial z} = -\tan\rho_p\,\frac{\partial A_p}{\partial y} - \frac{1}{2in_pk_{p0}\cos^2\rho_p}\left[\frac{\partial^2 A_p}{\partial x^2} + \frac{(1-\beta_p)}{\eta}\frac{\partial^2 A_p}{\partial y^2}\right] + \frac{i\omega_p d_{eff}}{n_p c\cos^2\rho_p}A_sA_i e^{i\Delta\vec{k}\cdot\vec{r}}$$

$$(9-113)$$

耦合波方程组左边表示三波随 z 轴的变化，右边中第一项对于信号光和闲置光表示传播方向，对于泵浦光表示走离效应，右边第二项表示三波在处置与传播方向上的衍射效应，第一项和第二项都属于线性传输项，体现了三波空间传输过程，彼此之间并无关联；非线性项是代表能量在三波之间的传递，其取值大小和正负随着 z 轴变化，体现了"此消彼长"的耦合意义。

9.2.5.3 耦合波方程求解

同时包括时域和空域的耦合波方程组无法从数学上给出三波解析解，所以只能通过数值模拟给出数值解。对于包含时域空域色散以及非线性过程的方程或方程组，可以通过分步傅里叶算法进行求解。该处理方法基本思想是，将方程分为线性项和非线性项两部分，在传输放大过程中的一小段上，分别在时域和空间频域内对非线性项和线性项进行单独运算，然后将该段运算结果作为下一段的传输放大的初始条件，持续运算直到方程所描述的过程结束。时域内非线性项由算符 $\hat{N}$ 表示，空域内线性项由算符 $\hat{D}$ 表示

$$\begin{cases}\hat{N}_s = \dfrac{i\omega_s d_{eff}}{cn_s\cos\rho_s}A_pA_i^*\,e^{-i\Delta\vec{k}\cdot\vec{r}} \\[2mm] \hat{N}_i = \dfrac{i\omega_i d_{eff}}{cn_i\cos\rho_i}A_pA_s^*\,e^{-i\Delta\vec{k}\cdot\vec{r}} \\[2mm] \hat{N}_p = \dfrac{i\omega_p d_{eff}}{n_p c\cos^2\rho_p}A_sA_i e^{i\Delta\vec{k}\cdot\vec{r}}\end{cases}$$

$$(9-114)$$

$$\begin{cases}\hat{D}_s = -\tan\rho_s\,\dfrac{\partial}{\partial y} - \dfrac{1}{2in_sk_{s0}\cos\rho_s}\left(\dfrac{\partial^2}{\partial x^2} + \dfrac{\partial^2}{\partial y^2}\right) \\[2mm] \hat{D}_i = +\tan\rho_i\,\dfrac{\partial}{\partial y} - \dfrac{1}{2in_ik_{i0}\cos\rho_i}\left(\dfrac{\partial^2}{\partial x^2} + \dfrac{\partial^2}{\partial y^2}\right) \\[2mm] \hat{D}_p = -\tan\rho_p\,\dfrac{\partial}{\partial y} - \dfrac{1}{2in_pk_{p0}\cos^2\rho_p}\left[\dfrac{\partial^2}{\partial x^2} + \dfrac{(1-\beta_p)}{\eta}\dfrac{\partial^2}{\partial y^2}\right]\end{cases}$$

$$(9-115)$$

方程化简为

$$\partial A_j/\partial z = \hat{D}_jA_j + \hat{N}_j \qquad (j = s,\ i,\ p)$$

$$(9-116)$$

非线性过程求解采用四阶龙格-库塔算法，方程及解分别是

$$\partial A_j / \partial z = \hat{N}_j \quad (j = \text{s, i, p}) \tag{9-117}$$
$$A_j(z + \Delta z) = A_j(z) + \hat{N}_j \cdot \Delta z$$

耦合波方程线性项在空间频域内的表示及解为

$$\partial \tilde{A}_j / \partial z = \tilde{D}_j \tilde{A}_j \qquad (j = \text{s, i, p}) \tag{9-118}$$
$$\tilde{A}_j(z + \Delta z) = \tilde{A}_j(z) \exp(\tilde{D}_j \Delta z) \quad (j = \text{s, i, p})$$

其中 $\tilde{A}_j$、$\tilde{D}_j$ 是 A_j 和 D_j 在空间频域内的表达式

$$\begin{cases} \tilde{D}_\text{s} = \text{i} 2\pi \tan \rho_\text{s} f_\text{y} + \dfrac{\lambda_\text{s}}{\text{i} n_\text{s} \cos \rho_\text{s}} (f_x^2 + f_y^2) \\[3mm] \tilde{D}_\text{i} = -\text{i} 2\pi \tan \rho f_\text{y} + \dfrac{\lambda_\text{i}}{\text{i} n_\text{i} \cos \rho_\text{i}} (f_x^2 + f_y^2) \\[3mm] \tilde{D}_\text{p} = \text{i} 2\pi \tan \rho_\text{p} f_\text{y} + \dfrac{\lambda_\text{p}}{\text{i} n_\text{p} \cos^2 \rho_\text{p}} \left[f_x^2 + \dfrac{(1 - \beta_\text{p})}{\eta} f_y^2 \right] \end{cases} \tag{9-119}$$

　　对耦合波方程的理论推导和数值求解算法问题已经解决,脉冲在整个时空的运动变化过程可以得到理论上的描述。按照该理论模型,可以利用 Matlab 语言编写程序来分析光参量放大过程中的大部分问题:脉冲光束质量、空间-时间波形、光谱特性、能量转换效率、系统稳定性等。可以用来指导 OPCPA 系统的设计,检验 OPCPA 新技术的可行性。由于准四维过程的时空取样点非常多,在空间截面 xoy 平面以及时域上取样点 $128 \times 128 \times 128$ 时,循环程序运行过程中处理的数据量巨大,所以不能对时域进行更小的取样,这会使得该程序无法完成展宽与压缩模拟,因此无法分析系统信噪比。

　　对于几十飞秒到几百飞秒级的超短脉冲脉宽完整的 OPCPA 过程模拟,包括展宽、放大、压缩三个过程,只能进行一维时域的分析建模。这是因为啁啾脉冲纳秒级的脉宽决定了时域取样点的范围很大,而种子脉冲几十飞秒级的脉宽决定了取样步长只能处于几个飞秒的量级,这二者的差距导致采样点数量庞大;另外,几个飞秒的取样步长所决定的频域宽度,已经达到泵浦光与信号光中心频率之差,降低了程序运行的稳定性。

9.2.5.4　非共线相位匹配技术与匹配参数

　　根据上文推算耦合波方程可以得到影响参量放大过程的因素有:共线夹角 ρ_s、有效非线性系数 d_eff、相位失配因子 Δk、泵浦光走离角 ρ_p。这些影响因素的分析即是相位匹配技术。通过相位匹配技术的分析可以更加快速直观地了解一种晶体应用于 OPCPA 系统所能够获得的最优结构和应用潜能,因此相位匹配技术对于 OPA 系统设计至关重要。相位匹配技术源自耦合波,在实际应用中,这二者的关系可以概括为:相位匹配技术用于建立一个系统,耦合波方程用于分析一个系统。所以对于理解 OPA 技术,这二者都是不可或缺的。下面将以负单轴晶体第一类匹配方式 o + o → e 为例,对 OPA 理论中的具体参数进行详细计算。双轴晶体主平面中的第一类匹配参数表达式,可以通过单轴晶体参数表达式代换相应折射率得到。

1. 相位匹配角

光参量放大是典型的三波混频过程,在负单轴晶体内,非共线匹配的信号光、闲置光

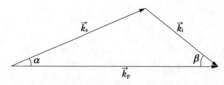

和泵浦光如图 9-10 所示。其中 $\vec{k}_p$、$\vec{k}_s$、$\vec{k}_i$ 分别代表泵浦光、信号光和闲置光的光矢量,α 表示信号光与泵浦光的夹角,即非共线夹角,β 代表闲置光与泵浦光的夹角。坐标系选择光轴与光轴的垂直方向,匹配角 θ 是光轴与泵浦光的夹角。

图 9-10　具有普遍意义的三波混频矢量图

对于所有参量过程,参与混频的光波都满足能量守恒与动量守恒。考虑到相位失配情况,相位失配因子表示为 $\Delta \vec{k}$。

$$h\omega_p = h\omega_s + h\omega_i$$
$$\vec{k}_p = \vec{k}_s + \vec{k}_i \qquad (9-120)$$
$$\Delta \vec{k} = \vec{k}_p - \vec{k}_s - \vec{k}_i$$

当三波中心频率完全满足相位匹配关系,即相位失配为零的时候,泵浦光与光轴的夹角即是相位匹配角 θ_{pm}。非寻常光在负单轴晶体内的波法线方程(传统上称为折射率椭球方程)表示为

$$\frac{1}{n_{(\theta)}^{e2}} = \frac{\cos^2 \theta}{n^{o2}} + \frac{\sin^2 \theta}{n^{e2}} \qquad (9-121)$$

综合上式,可得到最优匹配是作为 λ_p、λ_s、α 函数的相位匹配角 θ_{pm} 表达式

$$\theta_{pm} = \sin^{-1} \left\{ \frac{\dfrac{n_p^{o2}}{\lambda_p^2} - \left[\dfrac{n_{s(\lambda_s)}^o}{\lambda_s} \cos \alpha + \dfrac{n_{i(\lambda_i)}^o}{\lambda_i} \cos \beta \right]^2}{n_p^{o2} - n_p^{e2}} \right\}^{\frac{1}{2}} \frac{n_p^e}{\dfrac{n_{s(\lambda_s)}^o}{\lambda_s} \cos \alpha + \dfrac{n_{i(\lambda_i)}^o}{\lambda_i} \cos \beta}$$

$$(9-122)$$

2. 最佳非共线角与最佳匹配角

由匹配角表达式可知,匹配角 θ_{pm} 是 λ_p、λ_s、α 三个参数的函数,对于一个 OPA 系统泵浦光,信号光中心波长确定,必须使中心波长具有最大的增益,否则便会导致输出脉冲中心波长偏移,因此要求在信号光中心波长处实现完全的相位匹配,则 $\theta_{pm} = \theta_{pm}(\lambda_p, \lambda_s, \alpha)$。 最佳非共线角的定义是,在满足中心波长处相位失配因子为零的前提下,使得尽量多的频谱成分相位失配尽量小的非共线夹角。以泵浦光波矢方向为基准,在其平行与垂直方向上分解相位失配因子得到

$$\Delta k_\perp = \frac{2\pi n_s}{\lambda_s} \sin \alpha - \frac{2\pi n_i}{\lambda_i} \sin \beta \qquad (9-123)$$

$$\Delta k_\parallel = \frac{2\pi n_{p(\theta)}}{\lambda_p} - \frac{2\pi n_s}{\lambda_s} \cos \alpha - \frac{2\pi n_i}{\lambda_i} \cos \beta \qquad (9-124)$$

其垂直方向上的分量 $\Delta k_\perp \equiv 0$，即有

$$\beta = \arcsin\left(\frac{n_s}{n_i} \cdot \frac{\lambda_i}{\lambda_s}\sin\alpha\right) \tag{9-125}$$

将相位失配因子平行分量在中心波长处做泰勒展开

$$\Delta k_\| = \Delta k(\omega_{s0}) + \frac{\partial \Delta k}{\partial \omega}\bigg|_{\omega_{s0}} \Delta\omega + o(\Delta\omega) \tag{9-126}$$

取其一阶导数为零

$$\frac{\partial \Delta k_\|}{\partial \lambda_s} = \frac{\cos(\alpha+\beta)}{\cos\beta}\left[\frac{1}{v_{gi}\cos(\alpha+\beta)} - \frac{1}{v_{gs}}\right] = 0 \tag{9-127}$$

得到群速度匹配表达式，即是最佳非共线角需要满足的关系

$$v_{gi}\cos(\alpha_{max} + \beta) = v_{gs} \tag{9-128}$$

相应于最佳非共线角的相位匹配角即是最佳匹配角

$$\theta_{pm} = \theta_{(\alpha_m,\lambda_s)} \tag{9-129}$$

3. 泰勒级数近似求解参量带宽

在平面波近似条件下的耦合波模拟结论显示，当相位失配量（相位失配因子与非线性晶体长度乘积）增加到 $\pm\pi$ 的时候，其能量转换效率降低到完全匹配条件下转换效率的 40%。因此参量带宽定义为，在信号光中心波长处实现相位匹配的同时，使相位失配局限在 $(-\pi, \pi)$ 区间之内的波长范围，即满足关系 $|\Delta k \cdot L| < \pi$ 的波长区间，其中 L 表示晶体长度，最佳非共线角可以使匹配带宽最大。由平行方向上相位失配因子的泰勒展开到更高级次表达式为

$$\Delta k_\| = \Delta k_{(\omega_{s0})} + \frac{\partial \Delta k}{\partial \omega}\bigg|_{\omega_{s0}} \Delta\omega + \frac{1}{2}\frac{\partial^2 \Delta k}{\partial \omega^2}\bigg|_{\omega_{s0}} \Delta\omega^2 + \cdots \tag{9-130}$$

得到参量带宽表达式

$$\Delta\lambda_{para} = \begin{cases} \dfrac{\lambda_s^2}{c}\dfrac{|u_{si}|}{l_c}, & \dfrac{1}{u_{si}} \neq 0 \\[4mm] \dfrac{0.8\lambda_s^2}{c}\sqrt{\dfrac{1}{l_c\,|g_{si}|}}, & \dfrac{1}{u_{si}} = 0 \end{cases} \tag{9-131}$$

其中，系数 u_{si}、g_{si} 表达式为

$$\frac{1}{u_{si}} = \frac{1}{v_{gi}\cos[\alpha + \beta_{(\alpha,\omega_s)}]} - \frac{1}{v_{gs}} \tag{9-132}$$

$$g_{si} = \frac{1}{2\pi v_{gs}^2}\tan(\alpha+\beta_0)\tan\beta_0\left[\frac{\lambda_s}{n_s}+\frac{\lambda_i\cos(\alpha+\beta_0)}{n_i}\right]-(g_s+g_i) \quad (9-133)$$

4. 接收角

接收角是指在中心波长处,最佳匹配角附近,使相位失配量局限在$(-\pi,\pi)$区间的匹配角偏移量。接收角又称为失谐角,接收角越大,说明相位匹配条件对匹配角越不敏感,在 OPA 系统中的非线性晶体可以容忍越大的装校误差。接收角是微小量,可以通过级数展开近似求解。将相位失配因子在$(\theta_{pm}、\lambda_{s0}、\alpha_{max})$处泰勒展开,得到表达式如下

$$\Delta k_{\parallel} = \Delta k_{(\theta_{pm})} + \frac{\partial \Delta k}{\partial\theta}\bigg|_{\theta_{pm}}\Delta\theta + o(\Delta\theta) \quad (9-134)$$

$$\frac{\omega_p}{c}\frac{\partial n_{p(\theta)}^e}{\partial\theta}\Delta\theta = \frac{2\pi}{l_c} \quad (9-135)$$

$$\frac{\partial n_{p(\theta)}^e}{\partial\theta} = -0.5 n_{p(\theta)}^{e\,3}\left(\frac{1}{n_p^{e2}}-\frac{1}{n_p^{o2}}\right)\sin(2\theta) \quad (9-136)$$

接收角 $\Delta\theta$ 满足

$$\Delta\theta = 2\lambda_p n_{p(\theta)}^{e\,-3}\big/\left[l_c(n_p^{o-2}-n_p^{e-2})\sin(2\theta)\right]\big|_{\theta_{pm}} \quad (9-137)$$

5. 单轴晶体有效非线性系数

所有非线性晶体中,两个光场 $\vec{E}_{(\omega_1)}$ 和 $\vec{E}_{(\omega_2)}$ 互作用,诱导产生二阶极化张量 $\vec{P}_{(\omega_3)}$,假设 a_i、a_j、a_k 分别是 $\vec{P}_{(\omega_3)}$、$\vec{E}_{(\omega_1)}$、$\vec{E}_{(\omega_2)}$ 的单位矢量,d_{ijk} 是晶体二阶极化张量。

$$d_{eff} = a_i d_{ijk} a_j a_k \quad (9-138)$$

三波耦合过程,由于 $d_{ijk}=d_{ikj}$,故 d_{ijk} 可以写成一个 3×6 矩阵,表达为

$$d_{ijk} = \begin{bmatrix} d_{11} & d_{12} & d_{13} & d_{14} & d_{15} & d_{16} \\ d_{21} & d_{22} & d_{23} & d_{24} & d_{25} & d_{26} \\ d_{31} & a_{32} & d_{33} & d_{34} & a_{35} & d_{36} \end{bmatrix}$$

$$(9-139)$$

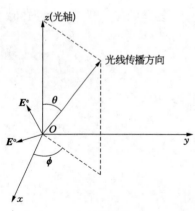

图 9 - 11 负单轴晶体中 o 光和 e 光偏振方向

如图 9 - 11 所示,在负单轴晶体中,寻常光 o 光和非寻常光 e 光的偏振方向可以表示为 $a_i = (\sin\phi, -\cos\phi, 0)^T$ 和 $b_i = (-\cos\theta\cos\phi, -\cos\theta\sin\phi, \sin\theta)^T$。

在不同匹配类型中,三波偏振态组合不同。第一类匹配情形,三波偏振方向为 bp $= (-\cos\theta\cos\phi, -\cos\theta\sin\phi, \sin\theta)$、as $= (\sin\phi, -\cos\phi, 0)$ 和 ai $= (\sin\phi, -\cos\phi, 0)$,有效非线性系数

$$d_{\text{eff}} = b_i d_{ijk} a_j a_k = \begin{bmatrix} -\cos\theta\cos\phi \\ -\cos\theta\sin\phi \\ \sin\theta \end{bmatrix}^{\text{T}} \begin{bmatrix} d_{11} & d_{12} & d_{13} & d_{14} & d_{15} & d_{16} \\ d_{21} & d_{22} & d_{23} & d_{24} & d_{25} & d_{26} \\ d_{31} & d_{32} & d_{33} & d_{34} & a_{35} & d_{36} \end{bmatrix} \begin{bmatrix} \sin^2\phi \\ \cos^2\phi \\ 0 \\ 0 \\ 0 \\ -\sin(2\phi) \end{bmatrix}$$

$$(9-140)$$

上式整理简化为

$$d_{\text{eff}} = (-\cos\theta\cos\phi - \cos\theta\sin\phi\sin\theta) \begin{bmatrix} d_{11} & d_{12} & d_{16} \\ d_{21} & d_{22} & d_{26} \\ d_{31} & a_{32} & d_{36} \end{bmatrix} \begin{bmatrix} \sin^2\phi \\ \cos^2\phi \\ -\sin(2\phi) \end{bmatrix} \quad (9-141)$$

6. 单轴晶体走离角

由耦合波方程推算过程可知,走离效应产生的物理解释是能流方向对相位传递方向的偏离。在负单轴晶体中,这种情况只有 e 光存在。晶体中传播的电磁场,其能流方向垂直于电场强度,而相位传播方向垂直于电位移矢量,二者不平行,但是都处于波矢与光轴所确定的平面内,走离角又等于电场强度方向与电位移矢量的夹角,$\rho = \vec{S}$,$\vec{k} = \vec{D}$,$\vec{E}$ 表达为

$$\tan\rho = \frac{1}{2} \cdot \frac{n_e^2 - n_o^2}{n_o^2 \sin^2\theta + n_e^2 \cos^2\theta} \sin(2\theta) \quad (9-142)$$

7. 单轴晶体增益以及增益带宽

OPCPA 系统中,非线性晶体的增益特性决定了系统能量转换效率,增益带宽决定了被放大脉冲的带宽,从而决定其时域傅里叶变换极限。小信号增益情况下,泵浦光的消耗可以忽略不计,增益特性可以表达为

$$G = 1 + (\Gamma^2 / \gamma^2) \sinh^2(\gamma L) \quad (9-143)$$

对于大增益情况,光参量放大过程增益特性由表达式给出

$$G = \frac{1}{4} \exp\left\{ 2\left[\Gamma^2 - \left(\frac{\Delta k}{2}\right)^2 \right]^{\frac{1}{2}} L \right\} \quad (9-144)$$

其中各个系数

$$\Gamma = 4\pi d_{\text{eff}} \sqrt{I_P / 2\varepsilon_0 n_p n_s n_i c \lambda_s \lambda_i \cos(\alpha - \rho)\cos(\beta - \rho)} \quad (9-145)$$

$$\gamma = \sqrt{\Gamma^2 - (\Delta k / 2)^2} \quad (9-146)$$

增益带宽被定义为增益满足大于等于 1/2 中心波长增益条件的波长范围,即满足关系式

$G = 0.5G_{(\triangle k=0)}$ 的波长范围。

8. 负双轴晶体匹配参数

对于负双轴晶体非共线 I 类匹配,在 XOZ 平面内的匹配角求解过程中,只需将负单轴晶体匹配角公式中的折射率交换即可

$$n_p^o \rightarrow n_{xp} 、 n_p^e \rightarrow n_{zp} 、 n_s^o \rightarrow n_{ys} \Leftrightarrow n_s^{el} 、 n_i^o \rightarrow n_{yi} \Leftrightarrow n_i^{el} 、 n_{p(\theta)}^e \rightarrow n_{p(\theta)}^{e2}$$

在 XOY 平面内非共线 I 类匹配的匹配角求解过程中,只需将负单轴晶体匹配角公式中的折射率交换即可:

$$n_p^o \rightarrow n_{yp} 、 n_p^e \rightarrow n_{xp} 、 n_s^o \rightarrow n_{zs} \Leftrightarrow n_s^{el} 、 n_i^o \rightarrow n_{zi} \Leftrightarrow n_i^{el} 、 n_{p(\theta)}^e \rightarrow n_{p(\theta)}^{e2}$$

§9.3 高功率超短脉冲激光关键技术

9.3.1 大口径光栅

CPA 系统要对脉冲进行展宽和压缩,这都需要采用衍射光栅来实现。因此,衍射光栅是高能拍瓦激光装置的核心元件。高功率超短激光装置需要输出超短(皮秒或者飞秒)、大能量(百焦~千焦)的超短脉冲,要求压缩器用到的光栅必须具备高损伤阈值、大物理尺寸和高衍射效率等特点。目前应用于高功率超短脉冲压缩的衍射光栅有两类:镀金全息光栅和多层介质膜光栅。

镀金全息光栅是在光刻胶周期性光栅浮雕表面镀上金反射膜,依靠金属的高电导率来获取高衍射效率,利特罗角入射时一阶衍射效率一般为92%。然而金属的欧姆损耗使得镀金全息光栅表面积聚热量,从而导致低损伤阈值。在皮秒脉冲作用下,损伤阈值约为 $0.2\,\text{J}/\text{cm}^2$。拍瓦级超短脉冲激光的脉冲压缩对镀金全息光栅的物理尺寸提出了很高的要求。制备大尺寸镀金全息光栅时要求同时保证高衍射效率和高均匀性,在制备工艺等方面存在诸多挑战,其中包含光刻胶膜层的涂制、长时间全息曝光条纹稳定性和光强分布、显影过程光栅槽形控制等诸多因素,此外,还存在大口径玻璃基板制作的问题。

多层介质膜光栅由基底、高反射率介质膜系和顶层周期性光栅浮雕结构构成。高反射率介质膜选用高低折射率材料交替沉积,膜层数非常大,因此可以获得高衍射效率,当利特罗角入射时一阶衍射效率一般在95%以上。由于介质材料对光的吸收要比金属材料小很多,因此多层介质膜光栅具有比镀金全息光栅更高的损伤阈值,在皮秒脉冲作用下约为 $1.2\,\text{J}/\text{cm}^2$。相比镀金全息光栅,多层介质膜光栅的损伤阈值尽管有很大的提升,但较之发展高能拍瓦激光驱动装置的需求,大尺寸光栅制备依然是一大问题。

9.3.2 大口径非线性晶体

大口径非线性晶体是超短脉冲激光放大链路中最基本的核心元器件。大口径非线

性晶体的关键技术包括：晶体生长技术、晶体加工技术、晶体镀膜技术、晶体装夹技术、晶体在线调试技术五个方面。高质量、高性能的非线性晶体，需要具备后述基本的光学、机械与化学性能特征，且要求生长周期短、生长口径大、非线性系数高、透过波段与工作波段光谱范围大、大口径内光学均匀性高、晶体机械加工性能好、不易潮解、破坏阈值高、热沉积小等。因此，用于激光系统的晶体，会具有如下工作参数：大的有效非线性系数（高倍率功率增益）、超宽带增益光谱（支持超短脉冲压缩）、大接收角（易于装调与稳定输出）、高负载通量（适用于高能主放大器的增益介质）。

　　当前开展的超短、超强激光装置研制，集中在 808 nm 波段、910 nm 波段与 1 053 nm 波段，分别对应的主放大器非线性晶体与掺杂玻璃包括：无机非线性晶体如高掺氘率 DKDP（氘化磷酸二氢钾）、LBO、YCOB（三硼酸氧钙钇）晶体与钛宝石晶体，中等掺氘率的 DKDP 晶体，混合钕玻璃三类。严格意义上讲，如果非线性晶体的尺寸以满足 1 PW（30 J / 30 fs）输出能力为标准，则当前可用的大口径（＞50 mm）晶体仅有三种：DKDP 晶体、LBO 晶体与 YCOB 晶体。

　　DKDP 为氘化磷酸二氢钾，化学式为 KD_2PO_4，英文名称 potassium dideuterium phosphate，为负单轴晶体，属点群 $\overline{4}2\,m$，密度 2.355 g / cm³，莫氏硬度 2.5，激光诱导体损伤阈值很高，当前可切割晶体口径 400 mm 级。在不同含氘量条件下，透过率曲线如图 9 - 12 所示。

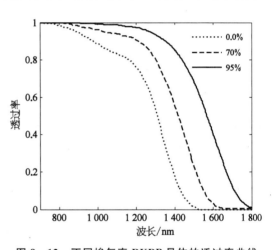

图 9 - 12　不同掺氘率 DKDP 晶体的透过率曲线

　　个同参考书给出的 DKDP 色散方程不同。以 O 计透过范围 0.2～2.1 μm，线性吸收系数、双光子吸收系数可以参考 V. G. Dmitriev 的《非线性光学晶体手册》。不同含氘量 DKDP 晶体的色散方程表达式为

$$n_{o,e}^2(D,\lambda)=\left[\frac{n_{o,e}^2(0.96,\lambda)-0.04n_{o,e}^2(0,\lambda)}{0.96}\right]D+(1-D)n_{o,e}^2(0,\lambda)$$

$$(9-147)$$

其中 $n_{o,e}(D,\lambda)$ 表示含氘量为 D 的 DKDP 晶体在波长 λ 处的主轴折射率，$n_{o,e}^2(0.96,\lambda)$ 与 $n_{o,e}^2(0,\lambda)$ 分别是

$$n_o^2(0.96,\lambda)=2.240\,921+\frac{2.246\,956\lambda^2}{\lambda^2-11.265\,91^2}+\frac{0.009\,676}{\lambda^2-0.124\,981^2}$$

$$n_e^2(0.96,\lambda)=2.126\,019+\frac{0.784\,404\lambda^2}{\lambda^2-11.108\,71^2}+\frac{0.008\,578}{\lambda^2-0.109\,505^2} \tag{9-148}$$

$$n_o^2(0, \lambda) = 2.259\,276 + \frac{13.005\,22\lambda^2}{\lambda^2 - 400} + \frac{0.010\,089\,56}{\lambda^2 - (77.264\,08)^{-1}} \tag{9-149}$$

$$n_e^2(0, \lambda) = 2.132\,668 + \frac{3.227\,992\,4\lambda^2}{\lambda^2 - 400} + \frac{0.008\,637\,494}{\lambda^2 - (81.426\,31)^{-1}}$$

LBO 为三硼酸锂,化学式 LiB_3O_5,英文名称 lithium triborate,负光性双轴晶体,点群 mm2,密度 2.47 g/cm³,莫氏硬度 6,以 0 计透过波段 0.155～3.2 μm,1 053 nm/1.3 ns 波段激光诱导体损伤阈值很大,>18.4 GW/cm²,当前生长口径 150 mm。色散方程为

$$n_x^2 = 2.454\,2 + \frac{0.011\,25}{\lambda^2 - 0.011\,35} - 0.013\,88\lambda^2$$

$$n_y^2 = 2.539\,0 + \frac{0.012\,77}{\lambda^2 - 0.011\,89} - 0.018\,48\lambda^2 \tag{9-150}$$

$$n_z^2 = 2.586\,5 + \frac{0.013\,10}{\lambda^2 - 0.012\,23} - 0.018\,61\lambda^2$$

YCOB 晶体,学名三硼酸氧钙钇,化学式 $YCa_4O(BO_3)_3$,英文名称 yttrium calcium oxyborate,负光性双轴晶体,点群 m。2006 年,生长出 7.5 cm×25 cm 的梨状 YCOB 单晶块,可以切割出来截面为 5.5 cm×8.5 cm 的晶片板。YCOB 晶体具有良好的光热性质,使其不仅可以应用于单脉冲高能高功率系统,也可以在重复频率 10 Hz 激光系统中实现平均功率千瓦(kW)输出。YCOB 晶体的内部损伤阈值要低于表面损伤阈值,在 1 064 nm\532 nm 波段对 3 ns 脉宽的脉冲,体破坏阈值为 4～5 J/cm²;对于表面损伤阈值,10 ns 脉宽的 1 064 nm 激光脉冲,其破坏阈值为 15 J/cm²,对相同脉宽的 532 nm 十阶超高斯脉冲,破坏阈值为 10 J/cm²。

2010 年,在 Texas 大学拍瓦激光系统的前端预放系统中,利用口径为 25 mm×30 mm×15 mm 的两块 YCOB 晶体在 1 053 nm 波段,在商用 532 nm 泵浦源且能量 4 J 的 OPA 放大器中实现脉冲能量自 45 mJ 放大到>1 J(稳定运行 700 mJ)的输出。最终经过混合玻璃放大实现 1.1 PW[15]。2011 年高功率激光物理联合实验室对 808 nm 波段的 OPA 特征进行了理论分析[16]。2012 年,我国强场激光国家重点实验室利用口径 63 mm×68 mm×23 mm 的 YCOB 晶体获得焦耳级 OPA 输出[17]。YCOB 晶体具有很大的透过谱(200 nm～2 500 nm),如图 9-13 所示[18]。

色散方程为(λ: μm;$T=293$ K,354.7 nm<λ<1 907.9 nm)式 9-151。

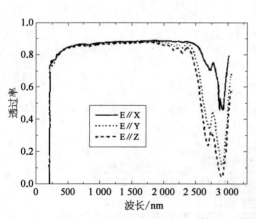

图 9-13 YCOB 晶体透过谱

$$n_x^2 = 2.769\,7 + \frac{0.020\,34}{\lambda^2 - 0.017\,79} - 0.006\,43\lambda^2$$

$$n_y^2 = 2.874\,1 + \frac{0.022\,13}{\lambda^2 - 0.018\,71} - 0.010\,78\lambda^2 \qquad (9-151)$$

$$n_z^2 = 2.910\,7 + \frac{0.022\,32}{\lambda^2 - 0.018\,87} - 0.012\,56\lambda^2$$

9.3.3　基于 DKDP 晶体的 OPCPA 示例

国内外目前正在建造中的是设计指标在 10 PW 级的单光束原型机,其最终目标是通过多路光组束技术,实现亚 EW 甚至更高功率的短脉冲输出。超短脉冲激光装置的快速建造,得益于三个主要原因:其一,优质增益介质的发明及其制造加工工艺的逐步完善,比如大口径光学非线性晶体(DKDP、YCOB、LBO)、钛宝石与钕玻璃等;其二,先进激光放大技术被提出且其应用日趋成熟,包括啁啾脉冲参量放大技术以及再生放大技术;其三,为进行激光惯性约束核聚变研究,建造了大批高能纳秒脉冲激光装置,这为超短脉冲激光放大提供了优质的泵浦源与可靠的大口径光学元器件。

尽管非线性晶体生长技术取得了很大进步,但建造单束 10PW 级参量放大系统,在非线性晶体方面,DKDP 是当前唯一能够快速生长的大口径非线性晶体,因此在 910 nm 波段被英国与俄罗斯的装置采用。在 808 nm 波段,不同氘化率 DKDP 晶体内,当用 526.5 nm 抽运光时,光参量放大过程中的匹配参数,对同一长度为 30 mm 的 DKDP 晶体,对应于 30%、70%、85%、90%、93% 以及 95% 六种氘化率情况,图 9-14 给出了相应的参量带宽随非共线夹角的变化曲线。

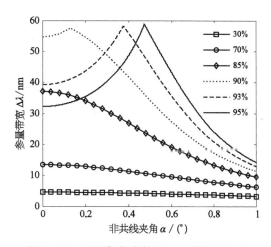

图 9-14　不同氘化率的 30 mm 长度 DKDP 晶体中参量带宽随非共线夹角的变化

从图 9-14 中各条曲线可以看出,总是存在一个最佳非共线夹角(α_{opt}),使得参量带宽取得最大值($\Delta\lambda_{\mathrm{p}}$)。六种氘化率的 DKDP 晶体所对应的非共线夹角与参量带宽分别是(0°, 5 nm)(0°, 13 nm)(0°, 37 nm)(0.13°, 57 nm)(0.376°, 58 nm)(0.473°, 59 nm)。氘化率低于 85% 的 DKDP 晶体在共线匹配中获得最大参量带宽,而且带宽小于 40 nm。考虑到一定冗余度,氘化率低于 85% 的 DKDP 晶体不适合应用于 808 nm 波段当前发展中的低于 50 fs 输出的超短超强激光系统,所以下文仅考虑氘化率高于 90% 的 DKDP 晶体。图 9-15 给出了三种氘化率以及相应最佳非共线夹角条件下的匹配曲线,相位匹配角分别是 36.89、36.80、36.73°。

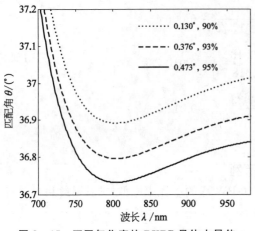

图 9 - 15 不同氘化率的 DKDP 晶体中最佳非共线夹角对应的匹配曲线

图 9 - 16(a)给出了三种氘化率的 DKDP 晶体中接收角随非共线夹角的变化曲线,对应于三个最佳非共线夹角,晶体的接收角只有约 0.46 mrad／30 mm;在同一波段的可用晶体 BBO、LBO 与 YCOB 的接收角与对应长度分别是(0.37 mrad, 15 mm)、(1.95 mrad, 20 mm)、(0.78 mrad, 20 mm), DKDP 晶体较小的接收角是其工程应用中的缺点。图 9 - 16(b)曲线表示抽运光在三种氘化率晶体中的走离角变化,在最佳非共线夹角处三个走离角约 −25.4 mrad;作为对比,BBO、LBO 与 YCOB 的接收角与对应长度分别是 −57.81、8.40、−19.79 mrad,上述数据处于同一个量级。由于走离效应导致的放大效率的降低程度与走离长度有关,而对于口径为 100 mm 级的大口径光束参量放大系统,DKDP 晶体的走离长度大于 6 m。对于能够获得更大口径的 DKDP 晶体而言,该数值远远大于几十毫米的实际晶体工作长度,所以走离效应的影响可以忽略不计。

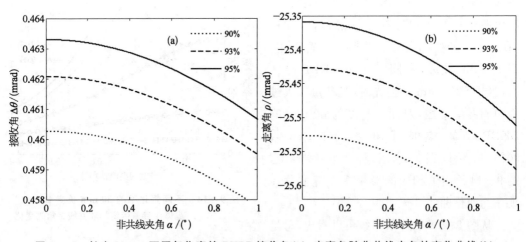

图 9 - 16 长度 30 mm 不同氘化率的 DKDP 接收角(a)、走离角随非共线夹角的变化曲线(b)

氘化率 96％的 DKDP 晶体的非线性系数 $d_{36}(1.064\ \mu m) = 0.37$ pm／V,那么根据有效非线性系数表达式 $d_{ooe} = d_{36} \sin\theta \sin 2\phi$,方位角 ϕ 取值 45°,计算得到 $d_{eff} = 0.221\ 3$ pm／V。通过相位匹配技术的讨论可以得到结论:氘化率要超过 90％的 DKDP 晶体参量带宽接近 60 nm,该带宽数值在高斯波形下对应的傅里叶变换限是 16 fs,但其接收角较小,增加了工程应用的难度;氘化率 95％的 DKDP 晶体匹配参数如表 9 - 8 所示。

表 9 - 8　氘化率 95%DKDP 晶体非共线参量放大过程匹配参数

参量	L /mm	α_{opt} /(°)	θ /(°)	$\Delta\theta$ /mrad	ρ /mrad	d_{eff} /(pm /V)	$\Delta\lambda_p$ /nm
数值	30	0.473	36.73	0.46	−25.4	0.221 3	59

OPA 输出脉冲光谱及其可压缩极限,可以由耦合波方程组模拟得到,且依据抽样定理,需要对纳秒级啁啾脉冲进行到步长小于数飞秒级的离散化,如此生成大量的数据,因此时域模拟耦合波方程组模拟得到 OPCPA 放大之后的压缩曲线如图 9 - 17 所示,C1 与 C2 表示不同的啁啾率,分别取值 $C1 = 1.040 \times 10^5$ 与 $C2 = 1.663 \times 10^5$。

由图 9 - 17 可以看出,在 808 nm 波段以 DKDP 晶体作为增益介质的参量放大器设计边界,以 526.5 nm 窄带脉冲作为抽运光时,利用参量放大耦合波方程组,分析了参量放大器的输出特性及其压缩特性,结果显示,对

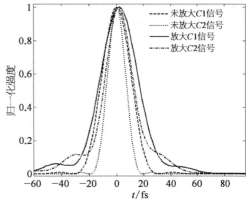

图 9 - 17　压缩脉冲波形对比

未放大且啁啾率为 C1(虚实线),未放大且啁啾率为 C2(虚线),放大且啁啾率为 C1(实线),放大且啁啾率为 C2(点划线)。

于压缩脉冲脉宽约 30 fs 的超短脉冲激光系统,氘化率 90% 以上的 DKDP 晶体具有足够的增益带宽与较高的能量增益,晶体在闲频光波段的损耗不会造成信号光转换效率的明显影响。DKDP 晶体的缺点在于接收角较小,系统调节难度相对较大。

9.3.4　信噪比提升技术

对于提高信噪比的方法,目前已经研究的措施很多,如等离子体镜、二倍频、饱和吸收、双共焦多通放大、双啁啾脉冲放大(double chirped pulse amplification,DCPA)、强度相关偏振旋转和 OPCPA 等。选择适当的技术用在大型激光装置上,既提高信噪比又不影响其他性能,还需要更多研究和实践。

9.3.4.1　等离子体镜技术

等离子体镜(plasma mirror,PM)技术是在系统终端有效提高超强超短激光脉冲信噪比的方法,其原理为:当一定强度的超强超短脉冲激光入射透明光学介质材料的表面时,低功率密度的预脉冲透射出去,同时达到一定功率密度的脉冲前沿会在基片表面产生等离子体;当等离子体的密度超过临界电子密度后,透明介质将会从对该激光波长高透的固体,瞬间变为反射率接近于 1 的等离子体,反射主脉冲,从而形成极快的等离子体镜效应[19]。

等离子体镜改善超强超短脉冲信噪比的研究分为两个方向:① 研究等离子体镜的镜面反射率以及获得的信噪比改善结果;② 研究等离子体镜对反射光束质量的优化效

　　果。这两方面对于研究等离子体镜技术及其在激光系统中的有效应用是至关重要的。

　　1994年,D.M.Gold将616 nm/130 fs的激光脉冲聚焦到10^{16} W/cm^2,以布儒斯特角入射到基片上,实验原理如图9-18(a)所示,实验测得等离子体镜的反射率为50%,而基片的冷反射率为0.1%,脉冲的信噪比提高了625倍,其结果如图9-18(b)所示[20]。文章还对光束质量进行了分析,实验结果显示等离子体镜对反射光束具有空间滤波的作用,光束得到了平滑,实验结果如图9-19所示,(a)为滤波前的光场分布图;(b)为经过等离子体镜反射之后的光场分布图。

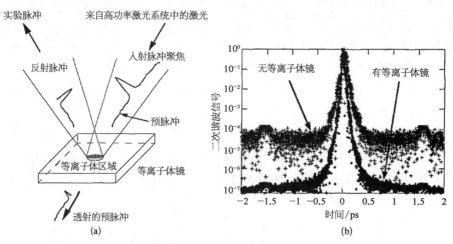

图9-18　等离子体镜提高信噪比的原理图(a)以及实验结果图(b)[20]

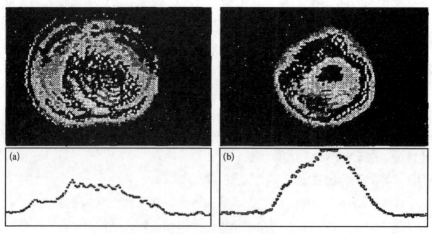

图9-19　等离子体镜对光束的空间滤波作用[20]

　　实际上,文献[20]中的研究结果只对中等功率的脉冲激光有效,如果激光功率较低,要达到实验所需的功率密度,只需采用适当的聚焦光学系统对其进行聚焦,在远场位置就可以利用等离子体镜改善脉冲激光的信噪比。D.M.Gold在实验中测量了等离子体镜改善脉冲信噪比的效果,并对结果进行了分析,等离子体镜提高超短脉冲激光信噪比的研究和应用由此开始飞速发展。

2002 年,B.Dromey 等人将等离子体镜分别置于近场和远场位置,研究了等离子体镜的反射率和反射光的光束质量[21,22]。图 9 - 20 给出了文献[22]中的实验光路图、等离子体镜表面反射率随功率密度的变化曲线图、远场图像以及信噪比改善曲线。从图中可以看出:等离子体镜可以将脉冲的信噪比提高 2～3 个数量级。同时文中也提到当功率密度超过 10^{18} W / cm^2 时,共振吸收和真空加热等因素会引起反射率的急剧涨落。

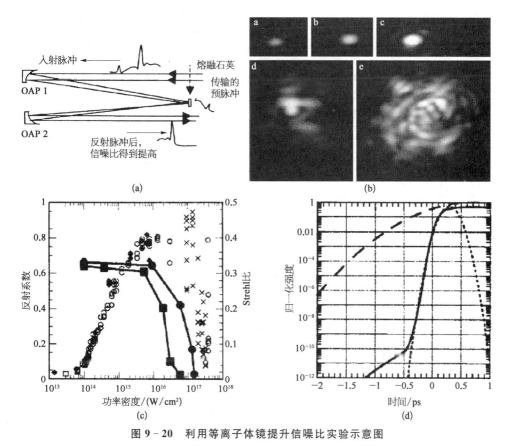

图 9 - 20　利用等离子体镜提升信噪比实验示意图

(a) 等离子体镜实验光路图;(b) 远场结构;(c) 反射率随功率密度的变化曲线;(d) 等离子体对信噪比的改善效果图[5]。

随着激光功率的进一步提高,当预脉冲的聚焦功率达到 10^{18} W / cm^2 时,等离子体镜将会提前工作,反射预脉冲,这将收不到消去预脉冲、提高信噪比的效果。为了解决这个问题,可以采用双等离子体镜甚至级联等离子体镜结构,来改善入射激光脉冲的信噪比。

双等离子体镜系统(double plasma mirror, DPM)[23]是近几年所提出的利用等离子体镜来提高信噪比的一种新型系统。它由两个以不同角度、不同距离放置在光路上的相同等离子体镜构成。系统中的第二个等离子体镜将对第一个等离子体镜反射输出的脉冲激光再次加以净化和压缩,从而进一步提高输出激光脉冲的信噪比。

　　2007 年,A. Lévy 等人在 10TW 的激光器输出端上间距 4 cm 平行放置两个等离子体镜,如图 9-21(a)所示,基片采用镀有减反膜的 BK7 材料[24]。实验发现,当焦点位于两镜中心位置时反射率最大,达到 50%。信噪比的改善效果是两个单等离子体镜系统改善效果的叠加,达到 10^4;而对于系统来说,信噪比达到 10^{10}。具体的双等离子体镜、单等离子体镜对提高信噪比的效果曲线如图 9-22 所示,经过等离子体镜后,脉冲激光的空间分布如图 9-21(b)所示。

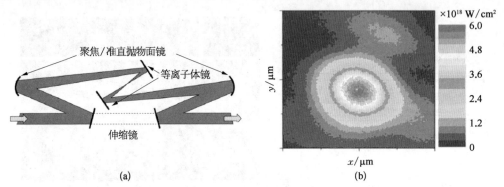

图 9-21　双等离子体镜结构图(a)以及实验后的空间分布(b)[24](彩图见图版第 47 页)

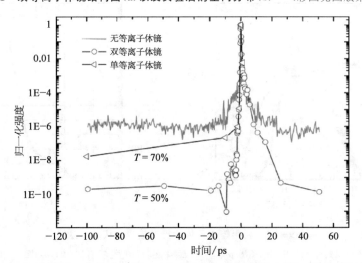

图 9-22　双等离子体镜、单等离子体镜对提高信噪比的效果曲线[24](彩图见图版第 47 页)

　　总之,目前国际上对等离子体镜技术的研究主要集中在以下三个方面:
　　① 产生等离子体镜的材料:材料要具有更高的电离阈值,并且对入射光具有极高的透过率;
　　② 入射角度以及摆放位置的选择:主要是研究等离子体镜对光束质量的影响,以及反射率随这些参数的变化关系;
　　③ 级联等离子体镜技术:随着激光功率的进一步发展,输出端所采用的单等离子体镜将不能满足实验的要求,需要采用级联形式来提高输出激光脉冲的信噪比。进而开发

出一套实用的级联等离子体镜系统,使之模块化,从而极大地方便实验操作。

这三个方面的共同目的,就是通过研究揭露等离子体镜技术的基本物理内涵,掌握相关参数,并最终达到实用化。

9.3.4.2 双共焦多通放大技术

双共焦多通放大(double-confocal multipass amplifier)技术采用两个共焦的多通放大器对振荡器产生的激光脉冲进行有效放大,从而在达到足够的输出激光能量的前提下,实现高信噪比、高光束质量的脉冲输出。

文献[25]中 J.Wojtkiewicz 和 C.G.Durfee 建立了一套高信噪比、高光束质量的双共焦多通的钛宝石激光放大系统,该系统能产生 10 mJ 的能量输出,该放大器的结构如图 9−23 所示,其压缩的输出光束的 M^2 因子达到 1.15,通过使用可饱和吸收体,输出脉冲的信噪比达到 10^9。

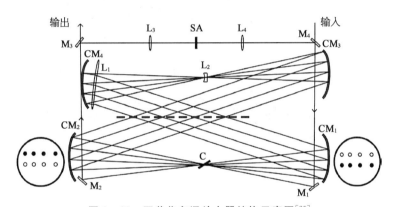

图 9−23 双共焦多通放大器结构示意图[25]

9.3.4.3 双啁啾脉冲放大技术

双啁啾脉冲放大(DCPA)技术采用两个 CPA 联合起来一起使用,文献[26,27]中提出的 DCPA 装置结构如图 9−24 所示。从图中可以看出,该结构在第一个 CPA 之后放置了一个非线性滤波器,其目的是将叠加在主脉冲中的自发辐射放大(amplified spontaneous emission,ASE)信号滤除掉,滤除效果如图 9−25 所示,可以看出 ASE 信号得到有效的滤除。经过滤除之后,纯净的脉冲进入第二个 CPA 再次得到放大,从而得到高信噪比的脉冲输出。文献中的实验结果如图 9−26 所示,从图中可以看出,采用 DCPA 技术相对于单 CPA 技术,信噪比提高了 3 个数量级,使系统最终的对比度输出达到 10^{10}。

9.3.4.4 强度相关偏振旋转技术

强度相关偏振旋转技术是提高信噪比的有效手段。文献[28,29]中的相关研究分别在实验中采用了该技术,其结构如图 9−27 所示,都取得了良好的实验效果,如图 9−28 所示。二者都达到了提高信噪比的目的。

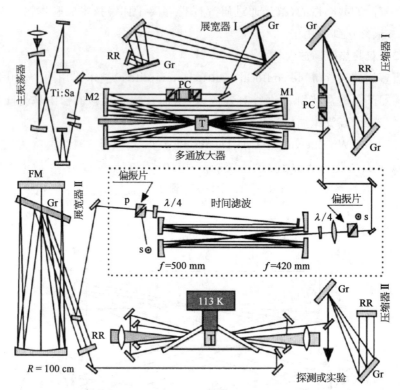

图 9-24　DCPA 实验装置图[27]

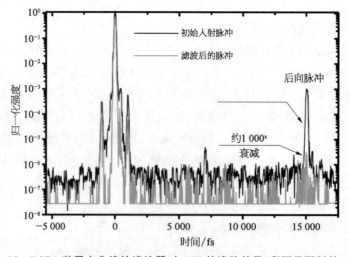

图 9-25　DCPA 装置中非线性滤波器对 ASE 的滤除效果(彩图见图版第 47 页)

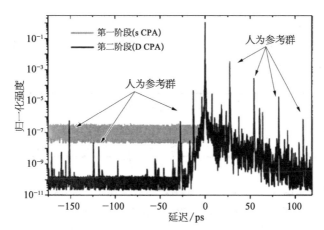

图 9 - 26　DCPA 对信噪比改善的效果图

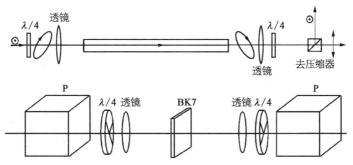

图 9 - 27　基于强度相关偏振旋转提高信噪比的实验结构图[28,29]

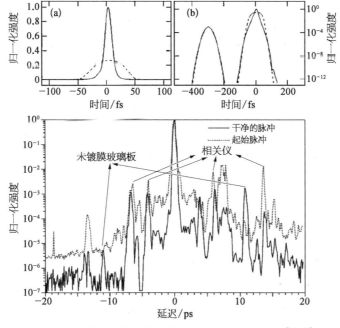

图 9 - 28　强度相关偏振旋转提高信噪比的效果图[28,29]

在采用偏振光旋转提高输出脉冲信噪比的技术中,还有一类叫交叉偏振波产生(cross-polarized wave,XPW)技术[30,31],该技术对信噪比的提高,效果非常明显,为当前高功率激光系统前端预放系统所普遍采用。

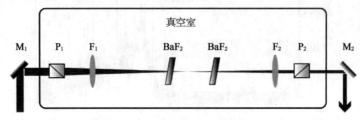

图 9 - 29　XPW 滤波实验光路图

其中 M_1、M_2 是 45°宽带全反镜,P_1、P_2 是一对正交放置的 Glan 棱镜,F_1、F_2 分别是焦距为 800 mm 和 200 mm 的正透镜。

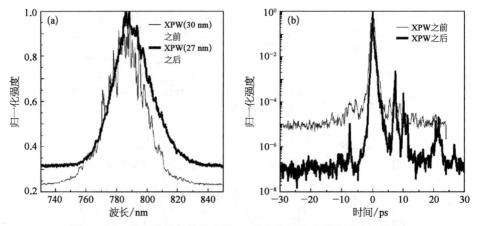

图 9 - 30　XPW 滤波前后的光谱(a)及皮秒量程内的信噪比比较(b)

(a)中细、实线为 XPW 滤波之前的光谱,粗实线为 XPW 滤波之后的光谱;(b)中细实线为 XPW 之前的皮秒信噪比,粗实线为 XPW 之后的皮秒信噪比。

XPW 技术的原理如下:当激光功率密度达到一定强度时,线偏振激光的波矢沿着特定方向经过非线性晶体后,由于三阶兼并的非线性过程,由此而产生的与原来偏振方向垂直的波称为交叉偏振波。由于对振幅的三次方的依赖效应,以及三阶非线性系数的量级极小,产生 XPW 所要求的功率密度一般在 10^{12} W/cm^2 量级,这样才能保证有较高的转换效率。如果在光路中放置一对正交的偏振片,主脉冲通过偏振片以后,由于功率密度相对较高,经过 BaF_2 晶体后的 XPW 波就会透过正交的偏振片;而脉冲中的预脉冲和 ASE 成分由于峰值功率密度远远低于主峰强度,不会产生噪声 XPW 波,因此不能透过正交的偏振片,从而被过滤掉。基于这样一种原理,XPW 技术可以有效地提高超强激光脉冲的信噪比。在 XPW 滤波技术中通常选用 BaF_2 晶体,因为 BaF_2 晶体的三阶非线性系数较高,与其他晶体相比可以得到更高的转化效率,并且没有明显的自相位调制效应。除此之外,从紫外到红外波段该晶体都有很高的透过率,并且其禁带能量很高(9.07 eV),可以忽略多光子吸收效应,从可见光到近红外波段范围内的三阶非线性系数不发生变化[13]。图 9-31 给出了将超强脉冲的信噪比由 10^6 提高到 10^{10} 的实验结果[14]。图 9-29 为中国科学院物理研究所光物理重点实验室的刘成、魏志义等在"极光Ⅲ"装置中采用 XPW 技术提高信噪比的实验光路图,该实验达到良好的效果,信噪比从 10^5 提高到 10^7(见图 9-30),有力地证明了 XPW 技术确实能有效提高飞秒超强激光的信噪比。

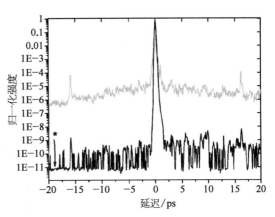

图 9-31　XPW 滤波前后信噪比的比较

§9.4　总结与展望

超短脉冲激光技术未来的发展,主要服务于实现更高功率的超短脉冲激光系统。当前,超短脉冲激光系统的输出功率已经从太瓦级提高到数拍瓦级,下一步的发展目标是建造百拍瓦以至艾瓦输出的激光系统,因此在激光技术方面,不但要求完善现有的技术,而且还要发展新的技术,从而使未来的超短脉冲激光系统可以输出更短的激光脉宽和更高的激光能量,进一步突破现有功率极限,满足强场物理实验的需求。

本章内容主要介绍了超短脉冲激光系统基本理论与原理,包括展宽器、放大器、压缩器以及短脉冲传输中的其他效应的作用原理,给出了详尽的方程推演。针对激光系统的关键单元器件与全局化信噪比问题,综述了当前的发展情况以及主要技术路线。本章内容构成了下面两章所介绍皮秒拍瓦激光装置与飞秒数拍瓦激光装置的基础。

参考文献

［1］ Perry M D, Pennington D, et al. Petawatt laser pulses［J］. Optics Letters, 1999, 4(3): 160-162.

［2］ Strickland D, Mourou G. Compression of amplified chirped optical pulses［J］. Optics Communications, 1985, 56(3): 219-221.

［3］ Dubietis A, Jonusauskas G, et al. Powerful femtosecond pulse generation by chirped and stretched pulse parametric amplification in Bbo crystal［J］. Optics Communications, 1992, 88(4-6): 437-440.

［4］ Mima K, Tanaka K A, et al. Present status and future prospects of laser fusion research at ILE Osaka university［J］. Plasma Science & Technology, 2004, 6(1): 2179-2184.

［5］ Ross I N, Matousek P, et al. The prospects for ultrashort pulse duration and ultrahigh intensity using optical parametric chirped pulse amplifiers［J］. Optics Communications, 1997, 144(1-3): 125-133.

[6] Chekhlov O V, Collier J L, et al. 35 J broadband femtosecond optical parametric chirped pulse amplification system[J]. Optics Letters, 2006, 31(24): 3665 – 3667.

[7] Danson D H C, Hopps N, Neely D. Petawatt class lasers worldwide[J]. High Power Laser Science and Engineering, 2015, 3: 1 – 14.

[8] LLNL. Livermore Lab hits petawatt milestone. http://optics. org/news/8/1/48, 2017.

[9] Zhu J Q, Xie X L, Sun M Z, et al. Analysis and construction status of SG – Ⅱ 5PW laser facility [J]. High Power Laser Science and Engineering, 2018, 6: e29.

[10] Chu Y, Gan Z, Liang X, et al. High-energy large-aperture Ti: sapphire amplifier for 5 PW laser pulses[J]. Opt Lett, 2015, 40(21): 5011 – 5014.

[11] Wang Z, Liu C, Shen Z, et al. High-contrast 1. 16 PW Ti: Sapphire laser system combined with a doubled chirped-pulse amplification scheme and a femtosecond optical-parametric amplifier[J]. Opt Lett, 2011, 36(16): 3194 – 3196.

[12] Zeng X M, Zhou K N, et al. Multi-petawatt laser facility fully based on optical parametric chirped-pulse amplification[J]. Optics Letters, 2017, 42(10): 2014 – 2017.

[13] Treacy E B. Optical pulse compression with diffraction gratings[J]. IEEE Journal of Quantum Electronics, 1969, 5(9): 454 – 458.

[14] Yao J Q, Sheng W D, et al. Accurate calculation of the optimum phase-matching parameters in 3 – wave interactions with biaxial nonlinear-optical crystals[J]. Journal of the Optical Society of America B-Optical Physics, 1992, 9(6): 891 – 902.

[15] Gaul E W, Martinez M, et al. Demonstration of a 1.1 petawatt laser based on a hybrid optical parametric chirped pulse amplification/mixed Nd: glass amplifier[J]. Applied Optics, 2010, 49 (9): 1676 – 1681.

[16] Sun M Z, Ji L L, et al. Analysis of ultra-broadband high-energy optical parametric chirped pulse amplifier based on YCOB crystal[J]. Chinese Optics Letters, 2011, 9(10).

[17] Yu L H, Liang X Y, et al. Experimental demonstration of joule-level non-collinear optical parametric chirped-pulse amplification in yttrium calcium oxyborate[J]. Optics Letters, 2012, 37 (10): 1712 – 1714.

[18] Aka G, KahnHarari A, et al. Linear- and nonlinear-optical properties of a new gadolinium calcium oxoborate crystal, $Ca_4 Gd_0 (BO_3)_{(3)}$ [J]. Journal of the Optical Society of America B-Optical Physics, 1997, 14(9): 2238 – 2247.

[19] 刘辉,等.离子体镜提高超短脉冲激光对比度研究[D].武汉: 华中科技大学,2008.

[20] Gold D M. Direct measurement of prepulse suppression by use of a plasma shutter[J]. Opt Lett, 1994, 19(23): 2006 – 2008.

[21] Dromey B, Kar S, Zepf M. High contrast for TW-PW lasers-plasma mirrors operated in the near field[R]. Central Laser Facility Annual Report, 2002/2003: 76 – 77.

[22] Dromey B, Kar S, Zepf M, et al. The plasma mirror-A subpicosecond optical switch for ultrahigh power lasers[J]. Rev Sci Instru, 2004, 75(3): 645 – 649.

[23] Watts I, Zepf M, Clark E L, et al. Measurements of relativistic self-phase-modulation in plasma

[J]. Phys Rev E，2002，66：036409：1－6.

[24]　Lévy A，Ceccotti T，D'Oliveira P，et al. Double plasma mirror for ultrahigh temporal contrast ultraintense laser pulses[J]. Opt lett，2007，32(3)：310－312.

[25]　Wojtkiewicz J，Durfee C G. High-energy，high-contrast，double-confocal multipass amplifier[J]. Opt Express，2004，12(7)：1383－1388.

[26]　Kalashnikov M P，Risse E，Schonnagel H，et al. Characterization of a nonlinear filter for the front-end of a high contrast double-CPA Ti：sapphire laser[J]. Opt Express，2004，12(21)：5088－5097.

[27]　Kalashnikov M P，Risse E，Schonnagel H，et al. Double chirped-pulse-amplification laser：A way to clean pulses temporally[J]. Opt Lett，2005，30(8)：923－925.

[28]　Homoelle D，Gaeta A L，Yanovsky V，et al. Pulse contrast enhancement of high-energy pulses by use of a gas-filled hollow waveguide[J]. Opt Lett，2002，27(18)：1646－1648.

[29]　Zhang C M，Wang J L，Li C，et al. Pulse temporal cleaner based on nonlinear ellipse rotation by using BK7 glass plate[J]. Chin Phys Lett，2008，25(7)：2504－2507.

[30]　刘成，王兆华，李伟昌，等.交叉偏振滤波技术提高飞秒超强激光信噪比的研究[J].物理学报，2010,59(10)：7036－7040.

[31]　Jullien A，Albert O，Burgy F，et al. 10－10 temporal contrast for femtosecond ultraintense lasers by cross-polarized wave generation[J]. Opt Lett，2005，30(8)：920－922.

第10章
神光Ⅱ皮秒拍瓦激光

§10.1 概述

神光Ⅱ皮秒拍瓦激光设计实现大于1 kJ能量、1～10 ps脉宽的高能超短激光脉冲，并实现聚焦打靶。前期以开展激光惯性约束核聚变"快点火"[1,5-10]物理研究为首要目标。神光Ⅱ皮秒拍瓦与神光Ⅱ平台的关系布局如图10-1所示。

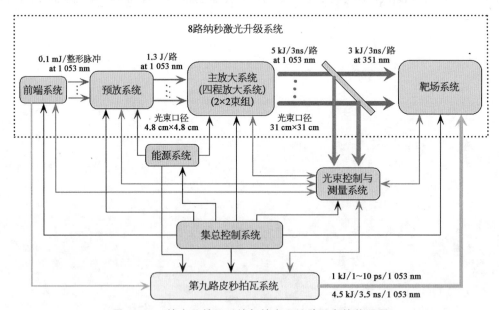

图10-1 神光Ⅱ拍瓦系统与神光Ⅱ纳秒平台的关系图

通常快点火要求皮秒拍瓦激光驱动器满足以下三个基本条件：

（1）高能量、短脉冲

"快点火"物理过程的理论分析表明："点火"（超短脉冲激光）脉冲的能量至少要大于10 kJ才能实现热斑区的点火加热。高能量激光脉冲的获得，要求激光介质必须具有较长的荧光寿命来实现高储能，考虑到"点火"物理过程对于脉冲波长的要求，钕玻璃激光介质几乎是目前唯一的选择;另一方面,"点火"激光的脉宽需要小于预压缩状态的维持时间(约 100 ps),但是脉宽太短将降低能量沉积效率,比较合理的"点火"激光脉宽应控制在 1~10 ps。

(2)高功率密度

"快点火"前期基础物理实验需要将 1 kJ 的能量沉积在一个 α 粒子的射程范围内,同时"点火"激光的脉冲宽度应大于电子-离子耦合时间(250 fs)且小于燃料解体时间(100 ps),由此可以得出满足点火的功率密度应该是大约 10^{20} W/cm^2 量级[2,3]。

(3)高信噪比

对"点火"脉冲高信噪比的要求同样源于"快点火"物理实验的要求。10^{12} W/cm^2 的激光光强足以产生低密度预等离子体,从而破坏激光主脉冲"点火"的动力学过程。对于"点火"主脉冲高达 10^{20} W/cm^2 的聚焦光强,激光主脉冲前 10 ps 处的信噪比必须大于 10^8。

神光Ⅱ-皮秒拍瓦激光总体设计上以神光Ⅱ装置第九路为主放大器,通过增加光栅压缩系统和自适应光学系统,改造前端分系统、预放分系统及靶场分系统,实现千焦级拍瓦激光输出。

总体设计的技术路线,是啁啾脉冲放大(CPA)技术[4],这是实现高能量、高峰值功率激光输出的技术手段。从激光技术来看,由于光学介质的非线性折射率 n_2 将导致自聚焦效应造成光学介质破坏,限制激光峰值功率的进一步提高,故采用直接放大实现拍瓦激光输出是非常困难的。啁啾脉冲放大技术的提出,避免了激光放大过程中高峰值功率的出现。通过对展宽后的啁啾脉冲进行放大,CPA 技术极大地降低了激光介质非线性破坏的可能性。在充分利用增益带宽的同时,有效地从放大器中抽取储能,实现高增益放大输出。可以说 CPA 技术的发展是获得高峰值功率输出的重要途径。

神光Ⅱ皮秒拍瓦激光系统在总体设计上采用啁啾脉冲放大技术(见图 10－2)。以 1 053 nm 的超短脉冲作为种子光,引入 OPCPA 系统作为高增益预放系统,然后在钕玻璃放大器中实现能量放大,最后,通过拼接光栅所组成的压缩系统将纳秒级啁啾脉冲压缩到超短脉冲,获得千焦拍瓦激光能量输出。为了得到高聚焦功率密度,采用自适应光学系统控制波前畸变,改善光束质量,聚焦系统采用离轴抛物面镜避免像差和非线性破坏问题,保证聚焦功率密度。

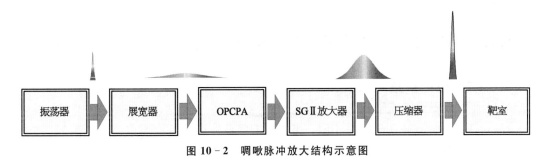

图 10－2　啁啾脉冲放大结构示意图

　　"聚变点火"驱动器技术指标的实现,将以关键支撑单元技术为依托。图 10-3 列出了神光 Ⅱ 皮秒拍瓦激光技术指标实现的原理图。受光栅较低损伤阈值的限制,千焦能量的输出必须采用米级大口径光栅,拼接多块小尺寸光栅作为大口径光栅是重要的技术途径之一,这将是神光 Ⅱ 皮秒拍瓦激光系统必须突破的关键技术之一;啁啾脉冲经过放大后再压缩回超短脉冲,不仅要求光谱必须保持一定的宽度,而且光谱的形状也非常重要,但是受增益窄化、光谱剪切以及增益饱和等因素的影响,经放大后光谱的形状和谱宽都将发生变化,控制光谱畸变将是一项非常重要的内容,具体技术手段将通过确保各单元系统足够的通过带宽,并辅以 OPCPA 技术以及光谱整形技术来实现;"聚变点火"对于激光束的可聚焦能力提出了非常高的要求,即激光束必须具有良好的光束质量,神光 Ⅱ 第九路装置目前的光束质量大约是十倍衍射极限,需要采用自适应光学系统进行波前位相补偿;神光 Ⅱ 皮秒拍瓦激光系统的高信噪比输出将主要通过 OPCPA 和其他信噪比辅助提升手段来实现,高增益的 OPCPA 前端可以有效地抑制预脉冲,而主脉冲延伸旁瓣的抑制则可以通过多种非线性手段实现。总之,通过多个单元支撑技术的突破,才能获得高能、高质量的激光束输出,最终达到"聚变点火"驱动器的技术指标。

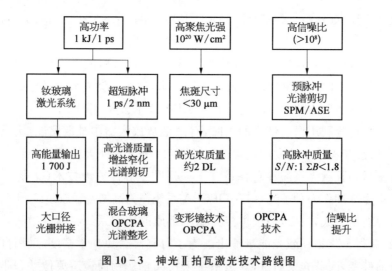

图 10-3　神光 Ⅱ 拍瓦激光技术路线图

　　SPM：self-phase modulation，自相位调制；ASE：amplified spontaneous emission，放大自发辐射。

§10.2　神光 Ⅱ 皮秒拍瓦激光的总体与功能

10.2.1　设计参数

（1）主放大器输出能量

满足压缩脉冲到靶能量大于 1 kJ。考虑到啁啾脉冲压缩过程将经光栅衍射四次,单次衍射效率选取 92%,同时考虑到末级空间滤波器 94% 透过率、窗口玻璃 1.5% 的透过损耗及旋转偏振和导入、导出反射镜的表面损耗,主放大器啁啾脉冲的输出能量必须大于 1.7 kJ。

（2）压缩脉冲的谱宽

为了确保啁啾脉冲压缩到 1 ps(对应的谱宽约为 1.8 nm),放大器必须保持足够的通过带宽。考虑到非线性及高信噪比的因素,需要设计一定的冗余量。为此,系统有效通过带宽必须大于 3 nm。

（3）B 积分累积

非线性克尔效应在空间域表现为自聚焦效应,其结果是造成元器件的破坏。对于纳秒脉冲,级间 B 积分累积取值为 1.8 是系统安全工作的约束条件;另一方面,克尔效应在时间域将导致自位相调制,进而使压缩脉冲宽度显著变宽,由图 10-4 可能看出,B 积分累积达到 2 的情况下,压缩后的脉冲宽度将接近信号光脉冲的两倍,这意味着需要 2 倍大的能量才能达到同样的峰值功率。所以,理论上全系统 B 积分累积越小越好,考虑到系统安全的原因,这里首先要求全系统 B 积分累积必须小于 1.8。

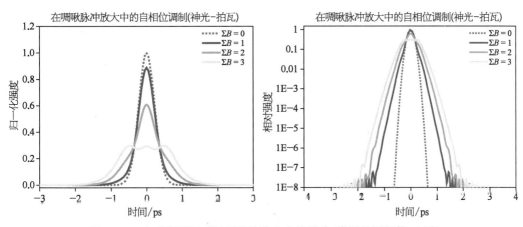

图 10-4　自位相调制对于压缩脉冲宽度的影响(彩图见图版第 48 页)

（4）啁啾率

对于谱宽相同的激光脉冲,大的啁啾率将要求更大的光栅尺寸和光栅对间距。考虑到神光Ⅱ皮秒拍瓦激光压缩室场地的限制(总长度 14 m),对于单程四块光栅的压缩器构型,第二、三块光栅的间距必须控制在 12 m 左右,即脉冲最大可展宽到 3.5 ns,所以相应的啁啾率选取需小于 500 ps/nm(振荡器输出谱宽 7 nm)。

（5）光束质量

实现 10^{20} W/cm² 聚焦功率密度,要求将光束 50% 能量聚焦在 25 μm 的范围内。短焦距聚焦有利于获得小焦斑,但带来溅射防护及机械安装的困难。图 10-5 给出了光束质量(衍射极限倍数)与聚焦镜焦距间的关系。为了得到 25 μm 的焦斑,同时兼顾抛物面镜的安装等问题,选取 F♯ 在 2.5～3.0 之间,对应的光束质量为 2～3 倍衍射极限。

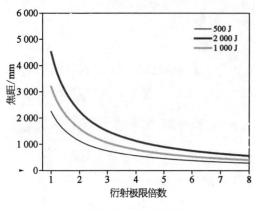

图 10-5　光束质量与聚焦镜焦距的关系
（彩图见图版第 48 页）

图 10-6　主放大器输入能量和输出能量的关系
（彩图见图版第 48 页）

（6）OPCPA 系统

采用大能量 OPCPA 前端输出将有利于减少主放大器的增益窄化效应，降低 B 积分累积，同时还可以提高光束质量。图 10-6 的计算结果显示，为了得到 1.7 kJ 的能量输出，注入主放大器的能量必须大于 40 mJ。

（7）展宽比

对于激光能量的提取而言，脉宽展宽越大，则越有利于提取能量和降低 B 积分累积。但是，展宽比选取越大，则压缩器所要求的光栅尺寸就越大，在考虑选取较大展宽比的同时，必须兼顾光栅尺寸及压缩器空间尺寸的限制。对于神光 II 皮秒拍瓦激光系统，啁啾脉冲的时间宽度为 3～3.5 ns。表 10-1 给出了展宽脉冲宽度为 3 ns 时的能流计算结果。

表 10-1　增益及 B 积分计算结果（激光脉冲被展宽到 3 ns）

放大级	光束口径 /mm	输出能量 /J	能流密度 /(J/cm²)	增益	B 积分增量	B 积分累积
$\phi 40$	30	0.72	0.1	14.5	0.007	0.007
$\phi 40$	30	9.40	1.33	15.3	0.11	0.117
$\phi 70$	60	49.9	1.76	5.9	0.25	0.367
$\phi 100$	90	289	4.54	6.4	0.62	0.99
$\phi 200$	190	708	2.49	3.2	0.37	1.36
$\phi 350$	320	2 128	2.64	4.4	0.51	1.87
$\phi 350^{*}$	320	1 698	2.11	3.1	0.37	1.72

注：* 表示计算中 8 片的 350 mm 片状放大器仅使用 7 片方式工作。

（8）系统设计指标

各单元系统设计指标见表 10-2，图 10-7 为神光 II 拍瓦激光系统总体光路排布示意图。

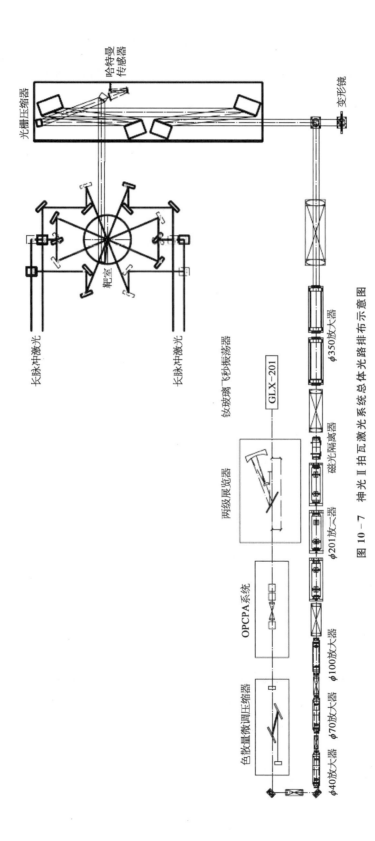

图 10-7　神光Ⅱ拍瓦激光系统总体光路排布示意图

表 10 - 2　神光 Ⅱ 皮秒拍瓦激光总体设计及单元指标

神光 Ⅱ 总体指标		主放大器单元指标		参量放大器工作指标		备　注
激光波长	1 053 nm	能量输出	1.7 kJ	信噪比	$>10^8$	注 * 表示计算值
聚焦能量	1 kJ	B 积分累积	约 1.8	啁啾率	3 ns／7 nm	
功率密度	1×10^{20} W／cm²	光束口径	320 mm	能量	50 mJ	50% 能量于 25 μm
脉冲宽度	1 ps	输入脉宽	3.0 ns	带宽	8 nm *	
光谱宽度	>2.5 nm	输出脉宽	1.6 ns			
聚焦尺寸	25 μm	填充因子	0.6			
光束质量	<3 DL	钕玻璃	N31			
抛物面镜	F／2.5	变形镜				

（9）前端系统

前端系统包括振荡器、脉冲展宽器、OPCPA 预放系统和色散量微调压缩器。展宽器采用两级展宽实现，其优点是可以采用较小口径的光栅实现，并确保足够的通过带宽以实现高信噪比。激光脉冲经展宽器被展宽到 3.2 ns，经 OPCPA 放大后再由色散量微调压缩器实现色散量的精细调节，色散量精细调节量控制在 200 ps。进入钕玻璃放大器时，脉冲宽度将被控制在 3 ns。

10.2.2　系统设计边界

用于"快点火"前期物理实验的点火激光驱动器具有高能量、高光束质量和高脉冲质量的特点。

1. 高能量输出

宽频带激光传输以及放大的计算由麦克斯韦波动方程出发，并分别考虑时间域和频率域的作用。在时间域中计算粒子数反转和自位相调制，在频率域中计算色散和增益窄化；传输过程则采用薄片近似。

程序计算所用参数严格依据神光 Ⅱ 第九路系统的运行参数计算，入射激光脉冲的参数则选取钕玻璃锁模激光振荡器的典型参数。

（1）材料参数

N31 型磷酸盐钕玻璃的折射率：$n_0 = 1.532$；

N31 型磷酸盐钕玻璃的非线性折射率：$n_2 = 1.15 \times 10^{-13}$ esu；

受激发射截面：$\sigma = 3.8 \times 10^{-20}$ cm²；

上能级热化时间：$T_h = 100$ ns；

下能级排空时间：$T_r = 0.25$ ns；

静态吸收系数：$\alpha_0 = 0.001\,5$ cm⁻¹；

动态吸收系数：$\alpha = 0.004\,5$ cm⁻¹；

有效带宽：$\Delta\lambda = 12\ \text{nm}$。

（2）入射光束参数

注入脉冲能量：$10\sim50\ \text{mJ}$；

激光脉冲宽度：200 fs；

脉冲时间波形：标准高斯型；

光束空间分布：均匀平顶。

（3）放大器参数

神光Ⅱ皮秒拍瓦激光系统各级放大器的参数如表 10-3 所示。

表 10-3　各放大级材料长度及增益

放　大　级	光束口径 /mm	有效长度 /cm	小信号增益 /（cm^{-1}）
$\phi40$	30	38	0.081 3
$\phi40$	30	38	0.078 8
$\phi70$	60	38	0.046 0
$\phi70$	60	38	0.059 4
$\phi100$	90	2.99×12	0.069 8
$\phi200$	190	4.78×3	0.058 1
$\phi200$	190	4.78×3	0.058 1
$\phi200$	190	4.78×3	0.063 9
$\phi350$	320	5.38×2	0.037 7
$\phi350$	320	5.38×2	0.046 5
$\phi350$	320	5.38×2	0.046 5
$\phi350$	320	5.38×2	0.046 5

（4）元件损耗

法拉第隔离器透过率：80%；

空间滤波器透过率：94%；

窗口玻璃透过率：98.5%。

计算过程仅针对主放大器的能流计算，没有涉及 OPCPA 预放系统中非线性过程的处理，但是为了能衡量最后压缩脉冲的形状和信噪比等参数，输入激光脉冲采用振荡器输出的无啁啾高斯型脉冲，然后经光栅色散展宽到纳秒级的啁啾脉冲，进入主放大器计算。

2. 能量放大能力

表 10-1 列出了神光Ⅱ第九路系统放大器对于啁啾脉冲进行放大的能流计算结果。输入能量为 50 mJ，激光脉冲被展宽到 3 ns。考虑到神光Ⅱ第九路系统放大器具有 5 kJ 窄带长脉冲的工作能力，对于由 8 片钕玻璃组成的 350 mm 片状放大器分别计算 8 片工作方式和 7 片工作方式。对于主放大器而言，啁啾率选取越大，越有利于放大器能量的提取和降低 B 积分的累积。同时给出了计算的激光脉冲宽度和光谱形状（见图 10-8），在 B 积分累积较小的条件下，光谱形状的畸变不太严重，可以保证压缩至 1 ps 的光谱宽度。

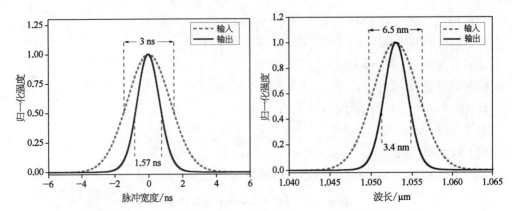

图 10-8 压缩前激光脉冲的形状和光谱形状(彩图见图版第 48 页)

3. 光束质量控制

神光 Ⅱ 拍瓦激光系统光束质量的控制,是通过提高前端预放系统的光束质量,并辅以自适应光学系统补偿主放大器所造成的波前畸变来实现的。

神光 Ⅱ 拍瓦激光系统必须采用高稳定、高增益前端预放系统(增益>10^8)提高激光光束质量。光参量啁啾脉冲放大(OPCPA)采用非线性晶体取代传统的激光粒子数反转介质,其增益可以达到 10^8 以上,避免了传统 CPA 激光的 B 积分问题,并且可以将热效应降到最低,因此可以达到近衍射极限的光束质量。另一方面,对于相同能量输出的情况,高增益、高能量输出的前端系统可以相应降低主放大器的工作能力,减少主放大器所造成的各种位相畸变,有利于保持好的光束质量。

自适应光学系统的应用是神光 Ⅱ 拍瓦激光系统中提高光束质量的重要技术手段。激光束传输放大中的热效应、非线性效应及光栅压缩过程中的面平行问题,都将造成激光束严重的波前畸变,导致焦斑发散,能量集中度低,可聚焦能力下降。采用主动的自适应光学系统可实时有效地补偿放大链路中的各种动态和静态的波前畸变,进而达到"快点火"实验所要求的聚焦功率密度。对于神光 Ⅱ 拍瓦激光系统,自适应系统的波前采样传感器位于压缩器导出反射镜位置,变形镜系统则置于光栅压缩器导入反射镜位置,波前采样传感器和变形镜系统通过透镜构成共轭关系。

4. 增益窄化效应

激光脉冲放大过程中的增益窄化效应会造成多方面的不利影响,不仅导致激光脉冲的光谱变窄,从而使得最后压缩脉冲的脉宽度变宽,降低峰值功率,而且使啁啾脉冲的时间宽度变小,降低能量提取效率,同时还增加 B 积分累积。对于高斯型的增益曲线在一阶近似条件下,增益窄化的程度可以表示为:

$$\frac{1}{\Delta\lambda_{out}^2} = \frac{1}{\Delta\lambda_{in}^2} + \frac{\ln G}{\Delta\lambda_g^2} \tag{10-1}$$

$\Delta\lambda_{in}$、$\Delta\lambda_{out}$ 代表入射和出射激光脉冲的带宽,$\Delta\lambda_g$ 表示增益曲线的宽度,G 为增益。如图

10 - 9 所示,针对神光Ⅱ皮秒拍瓦激光的主放系统,对于 10^6 的增益,输出脉冲的光谱宽度为 2.9 nm,而对于 10^5 增益,谱宽为 3.2 nm。图 10 - 10 为神光Ⅱ皮秒拍瓦激光系统主放输出的光谱曲线。

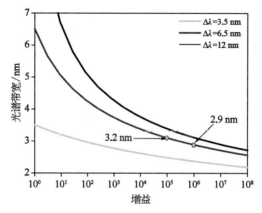

图 10 - 9　增益窄化效应的影响
(彩图见图版第 49 页)

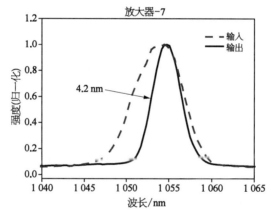

图 10 - 10　10^5 增益时的输出光谱形状
(彩图见图版第 49 页)

5. 空间滤波器的色差问题

神光Ⅱ第九路空间滤波器是针对窄带激光脉冲设计,对于宽频带激光的传输,其透镜所产生的色差将限制通过滤波器小孔的频率,为此,需要计算各空间滤波器小孔的通过带宽。

计算结果表明,对于空间滤波器 SF3、SF4、SF5、SF6,可确保±6 nm 带宽,对于空间滤波器 SF7 可确保±4 nm 的通过带宽,而对于滤波器 SF8 可确保±3 nm 的带宽。所以,对于神光Ⅱ第九路空间滤波器不需要进行太多的结构改造就可以实现啁啾脉冲的传输。

6. 脉冲信噪比控制

"快点火"所要求的 10^8 信噪比(激光主脉冲前 10 ps)使点火驱动器更加复杂。由于

激光预等离子体的产生膨胀时间约为 10 ps,故信噪比可以定义为

$$\text{SNR}(T) = \frac{\text{激光主脉冲峰值光强}}{T \text{ 时刻背景光强(ASE, Pedestal \& Prepulse)}} \quad (10-2)$$

T 在这里定义为激光主脉冲前 10 ps,产生激光预等离子体的"噪声"可以是主放大器中造成的受激自发辐射(ASE)、激光主脉冲上升沿的延伸台阶(Pedestal)或者是来自激光振荡器的脉冲序列(Prepulse)。

为了获得高信噪比,一方面,必须保证足够的通过带宽,避免传输放大中发生光谱剪切和光谱畸变,这可通过增加展宽光栅的面积,控制空间滤波器的色差以及放大器近饱和放大等办法实现;另一方面,采用非线性光学方法提升前端系统的信噪比,通过谐波转换或参量放大的方法提升振荡器系统的信噪比。激光预脉冲的抑制可以通过提高前端OPCPA 系统的增益来实现,对于激光主脉冲的延伸台阶脉冲,则可以通过快饱和吸收体甚至等离子体镜等方式。但是,信噪比的提升存在转换效率的问题,往往伴随着大量能量的损失,需要在系统设计时予以权衡。

§10.3 神光 Ⅱ 皮秒拍瓦激光单元设计[16-33]

10.3.1 展宽器设计

脉冲展宽器是拍瓦激光装置的重要组成部分,神光 Ⅱ 皮秒拍瓦激光系统终端输出信噪比在理论上设计为大于 10^8:1,激光脉冲宽度小于 1 ps,单脉冲能量大于1 kJ,这些参数的确定与神光 Ⅱ 皮秒拍瓦激光系统主要是用来开展 ICF"快点火"基础研究有关。其中尤其是高信噪比参数对激光系统的各个组成部分提出了十分严格的要求,从设计的角度考虑,首当其冲的就是全系统的色散控制部分,而展宽器是拍瓦系统色散控制的第一个环节,因此它的合理设计非常重要,关系着拍瓦激光全系统整体色散量与压缩器的匹配情况、色散量的调节方式,以及剩余色散量对全系统信噪比的影响程度等。为了达到优化设计,展宽器的设计和构造必须满足的要求可参阅 648—649 页。

展宽器设计指标:展宽器采用刻线密度为 1 740 线/mm 的全息光栅,设计展宽量为3.2 ns/7 nm,激光入射角为 70°。为了保证高信噪比的要求,设计展宽器输出光谱底宽为17 nm,即终端主放大器输出光谱宽度的 5 倍。

展宽器技术路线:目前在大能量高功率拍瓦激光装置中所使用的展宽器,主要有两种结构,一种为马丁内兹型展宽器,另一种为 Öffner 展宽器。两种展宽器各有优缺点,所以各国在拍瓦激光装置的设计中,两种展宽器都有应用。例如最早的美国 LLNL 实验室的拍瓦装置中所采用的展宽器即为马丁内兹型展宽器;日本大阪大学的拍瓦装置和美国得克萨斯大学的拍瓦装置中采用的展宽器也为马丁内兹型展宽器;另外,英国卢瑟福实

验室的 Vulcan 拍瓦装置和法国 Luli 实验室的拍瓦装置中采用的展宽器为 Öffner 展宽器。以下是两种展宽器的优缺点。

A. 马丁内兹型展宽器

（1）优点

调节方便、快捷；

稳定度高。

（2）缺点

凹面镜会引入一定的像差；

占用的空间较大（4f configuration）。

（3）改进方法

为了减小展宽器引起的像差，采用了由反射镜构成的望远镜系统。为了避免球差，通常也用抛物面式柱面镜代替球面反射镜。

B. Öffner 展宽器

（1）优点

占用空间较小（6f configuration）；

凹面镜和凸面镜的共心设计使得系统无像差（aberration free）。

（2）缺点

光路复杂，调节困难。

对凹面镜和凸面镜的曲面的面形要求非常高，必须严格保证凹面镜的曲率半径为凸面镜曲率半径的两倍，加工难度很大。

10.3.1.1 Öffner 展宽器

设计首选方案：采用 Öffner 展宽器。设计理由如下：Öffner 展宽器具有如下优点：其一，在同样啁啾率的条件下，占用空间较小；其二，凹面镜和凸面镜的共心设计使得系统无像差。所以备选方案采用 Öffner 展宽器，其示意图如图 10-11 所示。

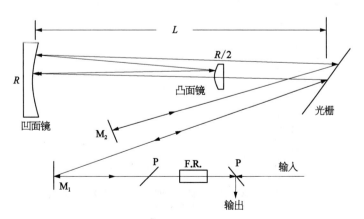

图 10-11　Öffner 展宽器的结构模型

以入射光束的口径为 3 mm 计算,长度为 390 mm×190 mm 的光栅容许通过的光谱底宽为 21.6 nm,即 1 040.9 nm～1 062.5 nm 的光谱可以通过展宽器。

各器件的尺寸如下:

光栅:390 mm×190 mm×40 mm;

柱型凹面反射镜:380 mm×150 mm×40 mm,曲率半径为 3.2 m;

柱型凸面反射镜:160 mm×30 mm×40 mm,曲率半径为 1.6 m;

平面反射镜:160 mm×50 mm×20 mm。

1. 参数确定

根据拍瓦系统中对啁啾率的要求来确定展宽器"等效光栅对"的距离。

神光Ⅱ拍瓦系统中,种子激光的时间脉冲宽度为 200 fs,中心波长为 1 053 nm,光谱的半高全宽为 7 nm;光栅的刻线密度为 1 740 线/mm,此时利特罗角为 66.363 9°;按照 3.2 ns/7 nm 的啁啾率进行设计,采用入射角 70°入射,此时需要的有效光栅对的距离为

$$b = \frac{c \Delta \tau \lambda \left[1 - (\lambda n - \sin \gamma)^2\right]}{\Delta \lambda (\lambda n)^2} = 1.093\ 7 \times 8 (\text{m}) \tag{10-3}$$

如果采用四通的展宽器,则展宽器中"等效光栅对"的距离为 1.093 7×4＝4.374 8 m;

如果采用八通的展宽器,则展宽器中"等效光栅对"的距离为 1.093 7×2＝2.187 4 m。

2. 光栅尺寸的确定

神光Ⅱ拍瓦系统中如果展宽器采用八通结构,则有效光栅对的距离为 2.187 4 m。选取光栅长度为 390 mm,则通过展宽器的有效谱宽度为 21.56 nm≈6.34×3.4 nm;此时,1 040.9 nm～1 062.5 nm 的光谱可以通过,通过展宽器的光谱约为输出脉冲光谱宽度的6.34倍;如果选取光栅长度为 245 mm,则通过展宽器的有效谱宽为 13.6 nm≈4×3.4 nm;此时通过展宽器的光谱约为输出脉冲光谱宽度的 4 倍。

具体光栅的长度与通过的光谱宽度如图 10-12 所示。如前所述,为了减小光谱剪切对输出信噪比的影响,最终选择 390 mm×190 mm 的全息光栅。

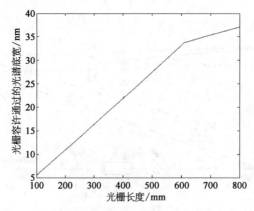

图 10-12　光栅的长度与通过的光谱宽度的变化关系曲线

10.3.1.2　Öffner 展宽器参数的确定

从前面的分析可知,如果采用八通的展宽器,则展宽器中"等效光栅对"的距离为 2.187 4 m,即 $R-L=1.093\,7$ m。采用 70°角入射(配合压缩器),光栅采用 1 740 线/mm 的刻线密度和 390 mm×190 mm 的口径。进而需要确定柱型凹面反射镜的曲率半径和各器件的尺寸大小。

1. 确定柱型凹面镜的曲率半径

Öffner 型展宽器为无像差展宽器,但是它的消像差特性,主要是指在远距离情况下,即光栅处于凹面反射镜的中心位置时才是消像差的;在近距离情况下,凹面与凸面反射镜引入的像差还是无法完全消除的,其影响会随着色散阶数的增加逐步体现出来,且对长波长的影响相对要大一些。可见,减小 L 虽然增大了系统的二阶色散,增大了展宽倍数,但是,随着 L 的减小,不仅增大了系统像差,而且三阶色散和四阶色散也会增加。

为了取得系统的平衡,柱形凹面反射镜的曲率半径取为 3.2 m,柱形凸面反射镜的曲率半径取为 1.6 m,此时 $R/L=0.658$。

2. 确定各器件的横向尺寸

图 10-13 为 Öffner 展宽器的光线追迹图。从图中可以看出,各器件的横向尺寸可以通过以下的表达式来计算:

$$光栅的横向长度:D_{光栅}=2\mid\overline{AE}\mid_{\max}=2\left|\frac{(R-L)\sin(\theta_1+2\theta_3-4\theta_2)+R\sin\theta_2}{\sin(\theta_0+\theta_1+2\theta_3-4\theta_2)}\right|_{\max}$$

$$(10-4)$$

$$凹面镜的横向长度为:D_{凹面镜}=2\mid\overline{O_1D}\mid_{\max}=2\mid R(\theta_1+2\theta_3-3\theta_2)\mid_{\max}$$

$$(10-5)$$

$$凸面镜的横向长度为:D_{凸面镜}=2\mid\overline{O_2C}\mid_{\max}=2\left|\frac{R}{2}(\theta_1+\theta_3-2\theta_2)\right|_{\max} \quad (10-6)$$

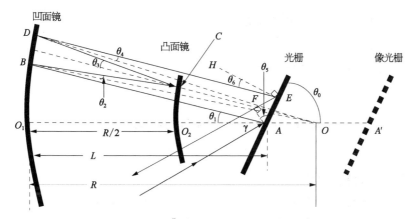

图 10-13　Öffner 展宽器的光线追迹图

平面反射镜的横向长度为

$$D_{反射镜} = 2 \mid \overline{AF} \mid_{max} = 2 \mid \overline{AE} \cos\theta_5 \mid_{max} = D_{光栅} \mid \cos\theta_5 \mid_{max} \quad (10-7)$$

其中，

$$\theta_0 = \frac{\pi}{2} - \arcsin(\lambda_0 n - \sin\gamma); \ \theta_1 = \frac{\pi}{2} - \theta_0 - \arcsin(\lambda n - \sin\gamma); \quad (10-8)$$

$$\theta_2 = \arcsin\left(\frac{R-L}{R}\sin\theta_1\right); \ \theta_3 = \arcsin(2\sin\theta_2); \quad (10-9)$$

$$\theta_4 = \theta_2; \ \theta_5 = \arcsin[\lambda n - \cos(\theta_0 + \theta_1 + 2\theta_3 - 4\theta_2)] \quad (10-10)$$

以 1 062.5 nm 和 1 040.9 nm 分别代入计算，光栅长度为 390 mm×190 mm；此时需要的柱型凹面镜的宽度为 355.6 mm，柱形凸面镜的宽度为 132.5 mm，平面反射镜 M 的宽度为 136.6 mm。考虑到冗余量，柱形凹面镜的宽度取 380 mm，柱形凸面镜的宽度取 160 mm，平面反射镜 M 取 160 mm。

3. 确定各器件的纵向尺寸

图 10-14 为 Öffner 展宽器纵向光路的排布图。从图中可以看出，对各器件纵向的要求并不是十分严格，只要光路不被凸面镜遮住就行。另外，为了尽量减少空间啁啾，应使入射光线与水平面的仰角控制在 1°以内，且入射角向下仰。因此，取柱形凸面反射镜的纵向尺寸为 30 mm，柱形凹面反射镜的纵向尺寸为 150 mm，光栅的纵向尺寸为 190 mm，平面反射镜的纵向尺寸为 50 mm。

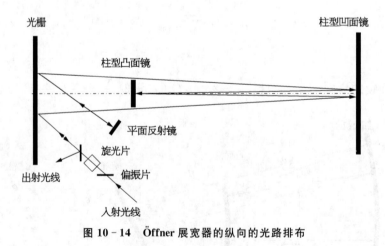

图 10-14 Öffner 展宽器的纵向的光路排布

10.3.2 放大器系统

神光Ⅱ皮秒拍瓦激光系统总体设计方案中，要求 OPCPA 单元具有高增益（增益大于 10^8）、高能量（大于 50 mJ）输出的能力，且对信噪比、稳定性以及光束质量提出了较高的要求。相对于再生放大器，由于 OPCPA 具有高增益、宽带宽、高信噪比及热效应低等特点，OPCPA 技术成为拍瓦系统中放大啁啾脉冲的理想手段。对 OPCPA 系统而言，获得高增益、高稳定性与高信噪比的输出是这一工作的重点。

1. 设计指标

拍瓦系统能量放大链中，OPCPA 环节是主要组成部分，放大倍数要在 10^8 以上，高增益是该环节必须达到的指标。

输出信号稳定性是整个拍瓦系统稳定输出的关键环节，输出能量的高稳定性与频谱的高稳定性是 OPCPA 系统的关键，也是难点。

OPCPA 系统输出要求最大限度抑制参量荧光等因素的影响，以保证输出信号具有高的信噪比。

系统要求放大后的啁啾脉冲具备很高的光束质量，系统设计指标如下：

◆ 输入参量

脉冲宽度：3.2 ns；

频谱半高宽度：7 nm；

能量：0.1～0.4 nJ；

光束口径：3 mm；

信噪比：10^6。

◆ 输出指标

输出能量：大于等于 50 mJ（增益大于 10^8）；

能量稳定性：小于等于 3%（RMS）；

光束质量：2 倍衍射极限；

信噪比（压缩后）：大于等于 10^8。

2. 技术路线

OPCPA 放大系统采用 LBO 晶体非共线两级 OPCPA 的结构，泵浦源整形为时间与空间脉冲形状均为近平顶的高阶高斯脉冲，泵浦源稳定性达到 2%～3%（RMS），通过控制晶体长度与泵浦强度使得 OPCPA 系统工作在稳定区内，以得到稳定的 OPCPA 输出。

OPCPA 晶体采用 LBO 晶体，各级泵浦能量的分配如图 10-15 所示。采用两级Ⅰ类匹配 OPCPA 放大结构、非共线泵浦的方式；飞秒脉冲经展宽器展宽为约 3.2 ns 的啁啾脉冲，中心波长 1 053 nm，输入能量约 0.1 nJ，经由第一级两块 LBO（5 mm×5 mm×30 mm）参量放大，第一级放大增益为 4×10^6～8×10^6；再经第 2 级 OPCPA 放大后，输出能量≥50 mJ（稳定性≤3%RMS）；第二级采用闲置光注入的方式，采用 I 级和Ⅱ级之间加入空间滤波器，以保证信噪比与提高光束质量。

对于 50 mJ 输出能量的 OPCPA 单元，要求泵浦源为一时间与空间上均整形为平顶形状的激光器。为此需研制一台时间空间都经过整形、输出焦耳级的泵浦激光器，以满

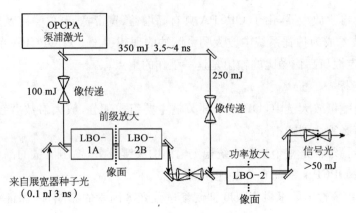

图 10 - 15　两级 OPCPA 系统示意图

足参量放大的要求,主要技术指标如下:

输出能量:约 400 mJ(532 nm);

输出稳定性:2%～3%(RMS);

外触发同步精度:约 15 ps(RMS);

重复工作频率:0.1～1 Hz;

脉冲宽度:3～4 ns。

LBO 晶体设计参数如下:

$\theta = 90°, \phi = 11.4°$,端面楔角 2°;

5 mm×5 mm×30 mm(第一级);

7 mm×7 mm×15 mm(第二级)。

图 10 - 16 为两级 OPCPA 光路排布图。泵浦光经分束镜分束后,能量分别为 100 mJ 与 250 mJ;经过空间滤波器,I 路 OPCPA 两个凸透镜焦距分别为 1.5 m 和 0.5 m;II 路 OPCPA 两个凸透镜的焦距为 1 m 与 0.5 m;一级 OPCPA 放大后,输出闲置光经过空间滤波器后注入二级 OPCPA 系统,同时将光束口径扩大 3 倍,以保证在三级 OPCPA 单元

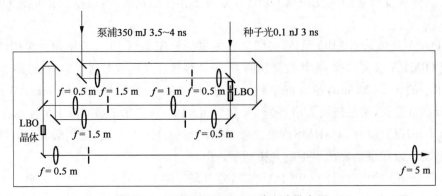

图 10 - 16　两级 OPCPA 系统光路排布图

中，信号光与参量荧光在空间上充分匹配，以提高能量转换效率。最终输出光经过空间滤波器，扩束后得到光束口径约 30 mm、输出能量大于 50 mJ 的输出信号。

10.3.3　脉冲压缩系统

神光 Ⅱ 皮秒拍瓦激光系统总体技术路线拟采用啁啾脉冲放大技术，因此脉冲压缩系统是最终实现拍瓦激光功率输出的关键环节。它包含脉冲压缩器和光栅压缩室两部分，其中，脉冲压缩器由脉宽微调压缩器（简称微调压缩器）和拼接光栅对脉冲主压缩器（简称主压缩器）组成。

1. 脉冲压缩器

压缩器是由表面及条纹均平行的光栅对组成。宽频带啁啾脉冲通过平行光栅对后，由于不同频率分量会产生不同的角色散延迟效应，啁啾脉冲在前端展宽过程中所获得的正色散将被压缩器引入的适当负色散完全补偿，使得放大后的千焦纳秒激光脉冲被重新压缩回皮秒尺度，完成最终拍瓦输出的功率设计目标。神光 Ⅱ 皮秒拍瓦激光系统的压缩器将分为小口径脉宽微调压缩器和大口径拼接光栅对脉冲主压缩器两部分。它们分别位于前端光参量啁啾脉冲放大系统及主放大器后。其中，脉宽微调压缩器的主要功能是完成整个拍瓦系统色散的精确控制，实现拍瓦系统输出脉宽的方便、快捷、精密调节；而主压缩器将完成对整个啁啾脉冲放大系统色散的补偿任务。这样的设计有效地避免了靠单一大口径光栅压缩器同时完成色散补偿和脉宽精确控制的调整困难。

2. 功能要求

（1）微调压缩器

完成整个拍瓦系统色散的精确控制；实现拍瓦系统输出脉宽精密调节。

（2）主压缩器

完成啁啾率为 3 ns／7 nm 千焦啁啾脉冲的时间压缩，实现输出脉宽为 1 ps 的总体设计指标要求；结合展宽器的设计，合理分配压缩过程的光谱剪切量，确保 10^8 输出脉冲信噪比的技术指标要求。

3. 设计指标

（1）微调压缩器

中心波长：1.053 μm；

压缩啁啾率：0.2 ns／7 nm；

脉宽调节范围：±100 ps；

脉宽调节精度：100 fs；

光栅条纹密度：1 740 g(groove，刻槽数)／mm；

光栅面工作通量：0.5 J／cm²；

光栅尺寸：100 mm×50 mm×20 mm(大)；

　　　　　　30 mm×50 mm×20 mm(小)；

光栅无剪切带宽：17 nm；

入射角：70°；

入射光束口径：3 mm；

光栅对中心距离：276 mm±138 mm。

（2）主压缩器

中心波长：1.053 μm；

压缩啁啾率：3 ns/7 nm；

输出脉宽：1 ps；

输出脉冲信噪比：10^8；

光栅条纹密度：1 740 g/mm；

拼接光栅尺寸：1 220 mm×350 mm×80 mm；

拼接光栅有效通光口径：1 200 mm×330 mm；

光栅无剪切带宽：6.8 nm；

光栅面工作通量：0.5 J/cm²；

入射角：70°；

入射光束口径：320 mm；

光栅对中心距离：4 106×2 mm。

针对神光Ⅱ拍瓦系统总体 3.2 ns/7 nm 展宽啁啾率设计指标，脉冲压缩过程中微调压缩器和主压缩器将分别完成 0.2 ns/7 nm 及 3 ns/7 nm 压缩啁啾率的补偿工作，以实现脉宽为 1 ps 的千焦压缩脉冲输出。

4. 主压缩器

压缩器设计过程中存在 4 个基本参数及 3 个可控变量。4 个基本参数确定了千焦拍瓦压缩器设计的边界条件，它们分别为：① 输出能量，要求大于 1 100 J/1 ps；② 光束空间排布，要求不能挡光；③ 光栅对斜距离，需满足可利用空间场地限制；④ 第二块光栅尺寸，要求最小。3 个可控变量提供了实现压缩器设计的选择途径：① 入射角；② 光栅常数；③ 光束口径。而其中光束口径可认为已由放大器 320 mm 口径确定。下面将重点分析压缩器设计过程中，入射角和光栅常数的选择依据。

（1）光栅入射角

在压缩器中光栅入射角工作方式选择大于利特罗角或小于利特罗角状态，是由压缩器的边界性条件决定的。首先对于入射角小于利特罗角的情况，由图 10－17 和图 10－18 可知，在保证压缩器输出能量大于 1 100 J 的同时又要满足整个压缩器结构不挡光是不可能的［考虑到在这种情况下，整个拼接光栅调整架是插在光路中的（见图 10－19A），其厚度为 650 mm］。因为这两种情况所对应的光栅条纹密度无论是在入射角小于利特罗角 3°还是 6°的条件下，都不存在交叉区域。据此，可以作出神光Ⅱ拍瓦系统的压缩器不能工作在入射角小于利特罗角状态的判定。

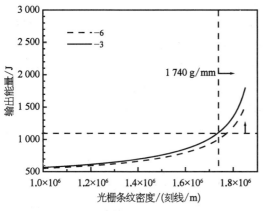

图 10 - 17　入射角小于利特罗角时压缩器
　　　　输出能量与光栅条纹密度关系

图 10 - 18　入射角小于利特罗角时压缩器
　　　　空间排布与光栅条纹密度关系

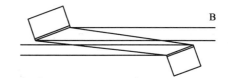

图 10 - 19　压缩器两种基本入射方式

对于入射角大于利特罗角的情况,图 10 - 20 和图 10 - 21 同样给出了输出能量和光路排布不挡光的变化情况[考虑到在这种情况下,整个拼接光栅调整架是背向光路(见图 10 - 19B)的,预留 100 mm 的光束到光栅边沿的间距]。据图 10 - 19 可知,在大于利特罗角 3°和 6°时二者都有非常大的光栅条纹密度相交区域,从 1 600 g/ mm 到 1 830 g/ mm。这说明神光Ⅱ皮秒拍瓦激光系统压缩器应选择入射角大于利特罗角的工作状态。

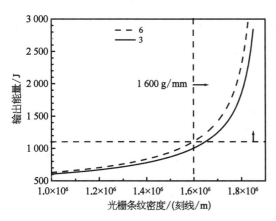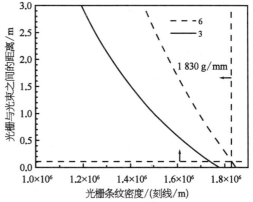

图 10 - 20　入射角大于利特罗角时压缩器
　　　　输出能量与光栅条纹密度关系

图 10 - 21　入射角大于利特罗角时压缩器
　　　　空间排布与光栅条纹密度关系

（2）光栅常数

根据以上分析，光栅条纹密度应在 1 600 g/mm 到 1 830 g/mm 范围内作进一步选择，这将由光栅对斜距离和第二块光栅尺寸两个约束性条件来决定。图 10-22 提供了完成 3 ns/7 nm 啁啾率补偿时光栅对斜距离随条纹密度变化的关系曲线。神光Ⅱ皮秒拍瓦激光系统压缩器可利用空间场地长为 12 m。同时结合第二块光栅尺寸随条纹密度变化情况（见图 10-23），最终可以确定拍瓦系统压缩光栅工作在 1 740 g/mm 时，第二块光栅尺寸最小，约为 1 200 mm。此时为确保最终 10^8 压缩脉冲信噪比的实现，在第二块光栅尺寸选择上遵循了二倍带宽完全通过的原则。

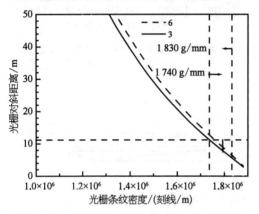

图 10-22　光栅对斜距离与光栅条纹密度关系　　图 10-23　第二块光栅尺寸与条纹密度关系

（3）设计方案

受光栅有效曝光口径 480 mm 限制，神光Ⅱ皮秒拍瓦激光系统将选用拼接光栅来构建压缩器。为了充分利用光栅有效曝光口径，同时减少拼接光栅的块数，拼接光栅将选用子光栅曝光，拼接后光栅高 350 mm、长 1 220 mm，有效通光口径为 330 mm×1 200 mm。

在充分考虑拼接光栅技术难点的基础上，主压缩器最终选择了双光栅对结构。这种构型将有助于光栅拼接在线监测系统的空间排布，降低拼接光栅对的调整难度。整个压缩器及导光和诊断系统占有的空间为长 12.3 m、宽 3 m，此时光栅入射角为 70°。

（4）微调压缩器

神光Ⅱ皮秒拍瓦激光系统设计输出脉冲宽度为 1 ps，为了实现压缩脉宽精密调节以及满足不同实验对输出脉宽变化的要求，在光参量啁啾脉冲放大系统后将设置微调压缩器。其光栅常数和入射角的选取完全与主压缩器一致。微调压缩器结构采用双通式光栅对构型（见图 10-24），通过调节处于同一条道轨上的光栅对中的大光栅，即可完成输出脉冲精度为 100 fs、脉宽为 ±100 ps 的适时、快捷、方便调节。这种微调压缩器加主压缩器的设计结构，将有效地降低大口径主压缩器的安装调整难度。

5. 真空压缩室

神光Ⅱ拍瓦系统压缩脉冲的输出光强已达到 1 TW/cm²，因此在光束传输通道上的

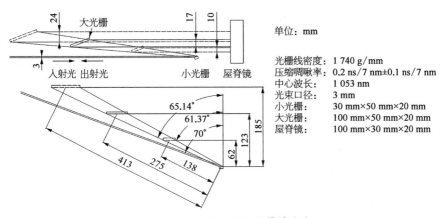

单位：mm

光栅线密度：1 740 g/mm
压缩啁啾率：0.2 ns/7 nm±0.1 ns/7 nm
中心波长：1 053 nm
光束口径：3 mm
小光栅：30 mm×50 mm×20 mm
大光栅：100 mm×50 mm×20 mm
屋脊镜：100 mm×30 mm×20 mm

图 10-24　微调压缩器的设计方案

碳氢化合物将不可避免地被电离。其中碳离子将吸附在光栅表面上,最终会完全被蒸镀于激光束所作用的光栅区域上。这将极大地降低压缩光栅的衍射效率,使整个拍瓦系统的输出能力下降,从而导致设计要求的聚焦功率密度无法实现。另一方面,也是最致命的,由于光栅表面被碳离子污染,削弱了压缩光栅的抗损伤能力,使得原本破坏阈值就相对较低的光栅更易遭受不可逆的破坏。为防止这一严重问题的发生,压缩系统需放置在高真空度的压缩室中,以便有效地保护光栅表面。大尺寸压缩室的环境保障、高真空度以及稳定隔振是确保拍瓦系统安全及精密打靶运行的关键因素。

10.3.4　自适应光学系统

自适应光学(adaptive optics,AO)系统主要用于实时补偿低阶动态和静态波前畸变,从而提高整个装置的光束传输质量、倍频效率和物理实验打靶焦斑质量,最终达到高通量打靶运行的要求。

自适应光学系统主要有以下几个组成部分：① 变形镜(deformable mirror),对入射波前畸变进行校正;② 波前传感器(wavefront sensor),直接或间接测量入射波前相位畸变;③ 参照波前(wavefront reference),提供波前传感器测量焦斑的基准位置;④ 波前控制器(wavefront control system),根据波前传感器测量得到的波前相位畸变信号,计算变形镜的控制信号并实施波前校正,最终实现 AO 系统闭环控制。其主要的工作原理如图10-25 所示。

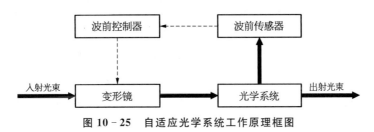

图 10-25　自适应光学系统工作原理框图

10.3.4.1 自适应系统设计指标

为了保证神光Ⅱ拍瓦系统的总体任务的实现，我们需要在拍瓦系统中引入能够长期稳定工作的闭环控制自适应光学系统，从而有效地补偿整个系统低阶波前畸变，提高光束传输质量，保证在物理打靶实验过程中靶面具有 10^{20} W/cm^2 的功率密度。其技术指标如下：

输入能量：1 700 J；

光束口径：ϕ320 mm；

能量密度：2.1 J/cm^2；

输入脉冲宽度：1.6 ns；

功率密度：1.32×10^9 W/cm^2；

能量损伤阈值（填充因子 0.6）：大于等于 4.2 J/cm^2；

功率损伤阈值：2.6×10^9 W/cm^2；

变形镜变形量（PV 值）：±3 μm；

主要校正空间频率：低频；

变形镜入射角度：小于等于 10°。

神光Ⅱ拍瓦系统中哈特曼波前传感器的主要技术指标如下：

光束入射口径：ϕ40 mm；

阵列数：约 20×20；

波前测量动态范围（PV 值）：大于等于 10 μm；

波前测量测量精度：约 0.2 μm（RMS）。

10.3.4.2 技术路线和结构排布

根据拍瓦系统的总体设计原则，自适应光学系统应该具有高的破坏阈值、准确有效的波前畸变补偿以及长期稳定工作的特点。因此，在设计和研制过程中，如图 10 - 26 所示，主要有以下几个方面的工作：

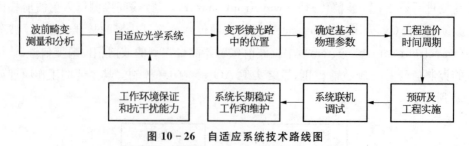

图 10 - 26 自适应系统技术路线图

根据神光Ⅱ拍瓦系统的设计特点和自适应系统自身的制备约束条件，确定自适应系统的整体布局；

准确解析两套装置的动态和静态波前畸变组成部分，确定变形镜的物理指标及工作参数；

评估自适应光学系统的预研、工程造价和时间周期；

对大口径平板石英玻璃进行高精度加工与镀膜；

变形镜耦合制动器结构设计及动力学控制模型的建立；

自适应系统单元集成和有效闭环控制；

系统工作的可靠性以及抗干扰能力的保证。

布局方面,国内外采用 AO 技术的高功率固体激光装置中,AO 系统布局基本都采用共轭方法,即变形镜和波前传感器之间采用匹配成像光学系统以达到双方具有成像共轭关系。一般情况下,AO 系统按照其波前畸变补偿方式的不同,可分为小口径变形镜预补偿方式、多个变形镜分段补偿方式、大口径变形镜二次补偿方式、终端焦斑控制四种布局方式。

神光 Ⅱ 拍瓦系统的放大链是采用主控振荡器的功率放大器(master oscillator power amplifier,MOPA)结构,即光束以像传递的单程放大形式进行传播。激光主脉冲信号从前端振荡器(oscillator)输出后,依次经过展宽器(stretcher)、光参量啁啾脉冲放大器(OPCPA)、钕玻璃主放大器(Nd:glass amplifier)、大口径光栅压缩器(compressor)后到达靶面。因此,自适应系统在光路中的排布与整个升级装置中的波前畸变以及光束的像传递是紧密相关的。在 NIF 和 PHELIX 装置中,都将变形镜置于像传递平面上,从而减少光束传输过程中由于强度调制而引起近场强度分布的强烈不均匀性,避免光学器件表面、膜层以及其内部受到破坏。

为确定自适应系统在拍瓦系统中具有合理的布局,我们首先进行了膜层损伤阈值的实验,测量结果如表 10-4 所示。

表 10-4　膜层损伤阈值实验结果

	1 ns /(J /cm²)	400 ps /(J /cm²)	1 ps /(J /cm²)
成都光电所样品	8.8	4	1
上海光机所样品	13	7.3	3

备注:1 ns 未考虑填充因子,400 ps 和 1 ps 考虑了填充因子。

实验结果表明,目前自适应系统变形镜的损伤阈值不能满足放置在光栅压缩器之后的要求;并且成都光电所制备的变形镜的压电陶瓷驱动器在真空中工作时存在打火的现象。考虑到上述两个因素,最终选定变形镜位于最后一级空间滤波器 SF8 的共轭像平面位置,即距离其出射透镜 13 m 处。此种布局不仅满足损伤阈值要求,同时也保持了MOPA 结构像传递的特征。

光束口径为 ϕ320 mm 的主光束从主放输出后,电场偏振方向为水平方向,而光栅压缩器要求输入光束偏振方向为垂直方向,因此光束到达变形镜之前需要进行偏振转换,即光束电场水平偏振改变为垂直方向。光束偏振改为垂直方向后入射到变形镜。此处变形镜的主要作用为补偿主放大链的波前畸变,同时对光栅压缩器引入的波前畸变进行预补偿。光束入射角度不大于 10°，波前传感器位于拍瓦装置的参数测量系统诊断包内。该诊断系统利用压缩器内最后一块反射镜的漏光对主激光的有关参数进行测量，漏光比例为 0.5%，光束口径缩束比为 8∶1。参数测量系统要求在缩束系统引入衰减，因而进入参数测量诊断包的光强约为 90～180 mJ，光束口径为 ϕ40 mm。波前测量与 9 路升级装置相类似，同样需要匹配成像光学系统，使变形镜与波前传感器具有共轭关系。整个系统实现实时闭环控制，有效补偿静态和动态波前畸变。

整体布局如图 10‑27 所示。偏振转换的工程设计如图 10‑28 所示。

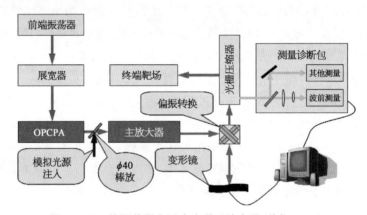

图 10‑27　拍瓦装置自适应光学系统布局（单位：mm）

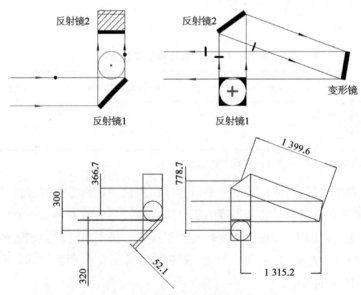

图 10‑28　拍瓦装置 SF8 后偏振转换工程布局（单位：mm）

10.3.4.3　AO 相关单元技术

（1）大口径变形镜

拍瓦装置变形镜空间尺寸为：口径约 ϕ500 mm，厚度 400 mm，光束有效口径约 ϕ350 mm。

（2）大口径平板玻璃加工和镀膜：大口径平板玻璃加工和镀膜后，面形残余像差指标为 PV 值 $1/2\lambda$，RMS 值 $1/8\lambda$。

（3）驱动单元设计和布局：驱动器单元设计要保证刚性强度连接要求，保证变形镜最大校正动态范围；驱动单元布局及数量由波前畸变的空间特性和允许的波前拟合误差所决定。待系统波前畸变测量后，利用模拟计算确定布局和数量。

（4）大口径变形镜动力学模型的建立：可采用直接斜率法建立动力学模型，使驱动电压、驱动器响应函数及波前畸变建立起矩阵对应关系。

（5）参考波前

大口径高位相质量光源，光束口径约为 $\phi320$ mm 高位相质量的光源，主要用于将标定光束缩束到 $\phi40$ mm，以及加入多级衰减后引入波前畸变。这些器件包括缩束光学器件、衰减片以及透镜成像等。

（6）波前传感器

缩束和成像共轭系统（包括衰减）长度：约为 1 200 mm，入射能量：$0.5\sim2.5~\mu J$。

（7）闭环控制系统

◆ 波前畸变校正程序：主要针对波前畸变的主要组成部分和变形镜动力学模型，建立相应的驱动程序。

◆ 计算机控制接口卡：提供计算机与变形镜以及哈特曼传感器之间的对话，实现闭环控制。

◆ 驱动电压放大电路：把计算机低压控制信号转变为变形镜压电陶瓷驱动高电压信号。

◆ 抗干扰与保护系统：电信号屏蔽保护，屏蔽微电路之间窜扰发生，减少噪声，以及隔离高压信号，避免发生打火放电。

◆ 光学器件防护：避免在高能物理打靶过程中，由于空气电离生成的颗粒尘埃污染变形镜及哈特曼传感器等光学器件。

10.3.5　激光聚焦系统

1. 聚焦系统的功能

神光Ⅱ拍瓦系统中，聚焦系统的作用是将压缩后的超短激光脉冲聚焦到靶面，使靶面中心区域平均光功率密度大于 10^{20} W/cm^2，满足快点火物理实验的技术要求。

2. 聚焦能力

设入射拍瓦激光能量约为 1 000 J，脉宽约 1 ps，则要求聚焦系统把拍瓦光束聚焦后，在靶面中心区域 $\phi25~\mu$m 面积内集中的能量大于 500 J，激光功率密度大于 10^{20} W/cm^2。

3. 靶瞄准精度

要求聚焦系统必须具备五个自由度的高精度调节能力，配合靶面成像光学系统，使光束焦点能够准确落在靶面上。

4. 聚焦系统的设计

离轴抛物面镜能够以简单的面形产生高质量的中心无遮拦的聚焦光束,其突出优点主要表现为:① 与纳秒长脉冲的透镜聚焦方式相比,抛物面镜可以消除透过型元件的色散、光学非线性对超短脉冲宽度的影响;② 作为反射型元件,抛物面镜消除了色差;③ 无穷远处与焦点是一对齐明点,不会产生单色像差;④ 与同轴抛物面镜相比,离轴抛物面镜能够产生无中心遮挡的聚焦光束,靶及相关探测器不会对入射光形成遮挡。因此,离轴抛物面镜特别适合作为拍瓦系统的靶场聚焦元件。

由于离轴抛物面镜置于靶室高真空环境内,并且要求达到很高的调整精度,因此初步确定采用步进电机作为驱动元件,并实现计算机远程控制。

5. 离轴抛物面镜的几何参数

由于要求靶、相关探头不能遮挡入射的拍瓦光,因此离轴量必须大于 160 mm(入射光束半径)。下面给出了离轴量在 160～500 mm 范围变化时各几何参数与离轴量的关系(设定入射光束口径 ϕ320 mm,抛物面镜焦距 f＝800 mm,$F\sharp 2.5$)。

离轴抛物面镜各几何参数的定义如图 10-29 所示,D 为抛物面镜实际口径,2ϕ 为离轴角,b 为离轴量,f' 为焦距。

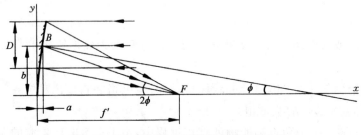

图 10-29　离轴抛物面镜几何参数的定义

(1) 离轴角与离轴量的关系

如图 10-30 所示,当离轴量取最小值 160 mm 时,离轴角为 11.4°;离轴量取 300 mm 时,离轴角为 21.2°。

(2) 非球面度与离轴量的关系

非球面度是指抛物面偏离标准参考球面的尺度,它代表了加工离轴抛物面镜时的实际研磨量,非球面度的大小反映了加工周期的长短和加工的难度。

最大非球面度随着离轴量的增加而明显变大(见图 10-31)。当离轴量取最小值 160 mm 时,最大非球面度为 80 μm;离轴量取 300 mm

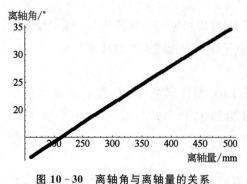

图 10-30　离轴角与离轴量的关系

时,最大非球面度达到 $280\ \mu\mathrm{m}$。

由数值计算结果可知:① 当离轴量变大时,非球面度也明显增大;② 当焦距变短时,非球面度也会增大。离轴抛物面镜的加工周期主要由非球面度决定,非球面度增大会延长制作周期,增加制作难度。因此,应该尽量减小抛物面镜的离轴量,并适当增大焦距,这有利于缩短加工周期、减小制作成本。

1) 表面深度与离轴量的关系

离轴抛物面镜凹面最低处深度约为 8 mm,随离轴量的变化不大(见图 10 - 32)。

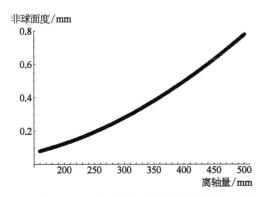

图 10 - 31　非球面度与离轴量的关系

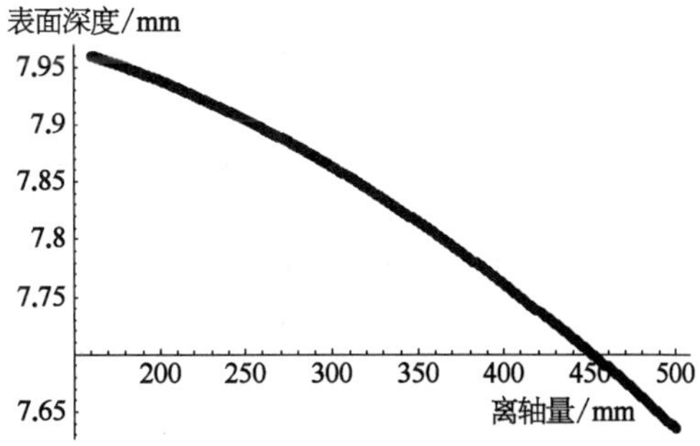

图 10 - 32　表面深度与离轴量的关系

2) 光束局部入射角与离轴量的关系

对于确定的一个离轴量,抛物面镜表面各处的局部入射角是不同的(如图 10 - 33 所示)。有一个分布范围,最大入射角与最小入射角相差 11°左右,即入射角分布在 ±5.5°范围内。因此,在为离轴抛物面镜设计全反射膜时,必须考虑在中心入射角 ±5.5°范围内保持一致的高反射率。

6. 离轴抛物面镜的聚焦特性

(1) 靶面聚焦功率密度与光束质量的关系

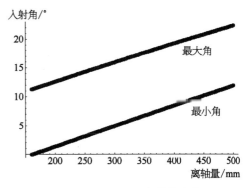

图 10 - 33　入射角与离轴量的关系

靶面聚焦功率密度 ρ、脉冲能量 E、脉冲宽度 Δt、焦斑半径 r 满足以下关系

$$\rho = \frac{E}{\pi r^2 \Delta t} \tag{10 - 11}$$

可以看出,聚焦功率密度 ρ 与脉冲能量 E、脉冲宽度 Δt 是一次方关系,而与焦斑半径 r 则是平方关系,所以减小焦斑半径对于提高聚焦功率密度更加有效。

改善光束质量也有利于提高靶面聚焦功率密度。设入射光束口径 $\phi 320$ mm,分别计算了 $F\sharp 3.0$、$F\sharp 2.5$ 条件下靶面聚焦功率密度与光束质量的关系。

对于 $F\sharp 3.0$ 的离轴抛物面镜,7 DL(衍射极限)的光束质量才能保证聚焦功率密度大于 10^{20} W/cm²(见图 10-34)。

而对于 $F\sharp 2.5$ 的离轴抛物面镜,9 DL 的光束质量就能够保证聚焦功率密度大于 10^{20} W/cm²(见图 10-35)。

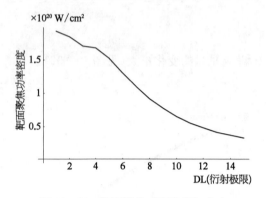

图 10-34　靶面聚焦功率密度与光束
　　　　质量的关系($F\sharp 3.0$)

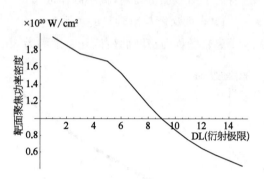

图 10-35　靶面聚焦功率密度与光束
　　　　质量的关系($F\sharp 2.5$)

(2) 离轴抛物面镜的调整敏感度

基于几何光学,用光线追迹原理计算了各种调整偏差对聚焦光斑形态的影响(焦距取 800 mm)。

绕 X 轴的角度偏差引起焦斑半径(RMS radius)的变化如图 10-36。当角度偏差增加到 0.014°时,聚焦光斑半径由零增加到 25 μm。

绕 X 轴的角度偏差引起焦斑中心位置的变化如图 10-37。当角度偏差增加到 0.002°时,聚焦光斑中心位置移动达到 35 μm。

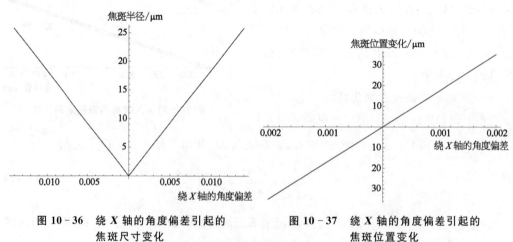

图 10-36　绕 X 轴的角度偏差引起的
　　　　焦斑尺寸变化

图 10-37　绕 X 轴的角度偏差引起的
　　　　焦斑位置变化

绕 Y 轴的角度偏差引起焦斑半径的变化如图 10-38。当角度偏差增加到 0.06°时,聚焦光斑半径由零增加到 25 μm。

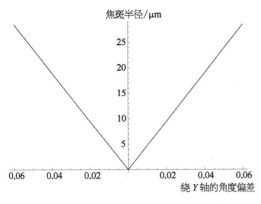

图 10-38　绕 Y 轴的角度偏差引起的
焦斑尺寸变化

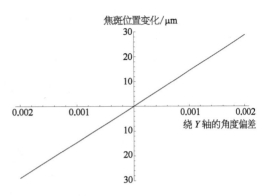

图 10-39　绕 Y 轴的角度偏差引起的
焦斑位置变化

绕 Y 轴的角度偏差引起焦斑中心位置的变化如图 10-39。当角度偏差增加到 0.002° 时，聚焦光斑中心位置移动达到 29 μm。

沿 Z 方向(对称轴方向)平移偏差 62.5 μm 时，聚焦光斑尺寸由零增加到 25 μm，同时聚焦光斑也移动 62.5 μm。沿 X 方向或者 Y 方向平移偏差 25 μm 时，聚焦光斑相对靶面中心的位移为 25 μm。

7. 离轴抛物面镜参数的确定

由于靶室及其延伸的附属机构整体尺寸较大，若将离轴抛物面镜置于靶室外，焦距将接近 1.6 m，$F\sharp$ 约增大到 5。焦斑会变得很大，直接导致焦点处的聚焦功率密度大大降低，因此将离轴抛物面镜置于靶室内是非常必要的。

另一方面，若离轴抛物面镜焦距太短、$F\sharp$ 太小，又会出现以下不良影响：① $F\sharp$ 越小，由于加工误差引起的像差会越大；② 在光束口径一定的前提下，焦距越短，抛物面镜所占用的空间立体角越大，对探测器、其他光束的位置影响越大；③ 焦距越短，非球面度越大，增加了加工制作的难度；④ 离轴抛物面镜距离靶心越近，越容易受到靶面溅射物的破坏。

由于要求靶球、相关探头不能遮挡入射的拍瓦光，所以离轴量至少要大于 160 mm（入射光束半径）。

综合以上考虑，并结合方案设计依据中的数值计算结果，以及多种打靶方式的要求、靶室具体结构等，确定离轴抛物面镜的位置、参数如下：离轴抛物面镜位于靶室内，入射光束口径 $\phi320$ mm，离轴量 300 mm，焦距 $f=800$ mm，$F\sharp2.5$。拍瓦光与靶心等高水平入射，入射光先投射到对面的离轴抛物面镜上，再反射聚焦到靶面(见图 10-40)。

8. 离轴抛物面镜的保护方法

离轴抛物面镜的防溅射保护方法：拟采用防溅射板保护离轴抛物面镜。

但是防溅射板的引入可能会带来以下不良影响：① 使超短脉冲略为展宽；② 使焦斑

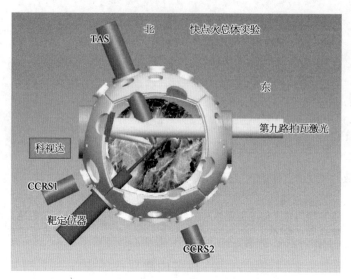

图 10-40　离轴抛物面镜的位置(俯视图)

TAS：target alignment sensor：靶调整传感器；CCRS：chamber center reference system：靶中心参考系统。

尺寸扩大：如果防溅射板厚度为 10 mm，且位于离轴抛物面镜附近时，焦斑直径将会增大 5 μm 左右；③ 光路中增加了额外的光学表面，使波前畸变、能量损失增加。

若防溅射板对焦斑尺寸、压缩脉宽的影响过大，有可能导致靶面聚焦功率密度低于 10^{20} W/cm^2。备选方案可以考虑在离轴抛物面镜之后增加一块平面全反射镜，完成第二次反射。

9. 五维精密调整架的设计要求

若以 8 μm 作为焦斑位置和尺寸改变量的判据，并向各个调整自由度进行分解后，可以大致确定每个自由度的允许调整偏差约为 2 μm。由前面对离轴抛物面镜调整敏感度的分析可以得出以下初步设计要求：① 绕 X 轴的转动调整偏差应小于 0.4″左右；② 绕 Y 轴的转动调整偏差应小于 0.5″左右；③ 沿 X、Y、Z 方向的移动调整偏差应小于 2 μm 左右。

拟采用五维精密调整架(两维转动＋三维平移)对离轴抛物面镜的姿态进行调节，采用步进电机作为驱动元件，可以达到上述调整精度的要求。调整过程大致分两步：① 首先调整两维转动，使离轴抛物面镜的对称轴与光束轴线平行，此时像差最小，焦斑也最小；② 然后调节三维平移，使焦斑准确落在靶面上。

10.3.6　皮秒参数测量系统

10.3.6.1　功能和设计指标

激光参数测量系统是神光Ⅱ拍瓦系统的重要组成部分，它对拍瓦系统的各部分性能参数进行实时监测和有选择抽测,从而对拍瓦系统的运行特性和激光束的传输质量进行全面监测。

1. 功能要求

激光参数测量系统的主要功能是在拍瓦系统调试和运行期间,完成激光束在传输、放大、压缩等过程中各个关键位置的参数测量结果,保证装置运行的稳定性,并向物理实验方提供实时、准确的装置打靶运行参数。

2. 设计指标

神光Ⅱ拍瓦激光系统总体技术对其参数测量系统的主要技术指标进行了界定。参数测量系统中的每一项技术指标对应着拍瓦系统中的一个关键性能。通过对这些指标进行精确的诊断和测量,保证拍瓦系统运行的有效性和可靠性,并为物理实验方提供参数。这些技术指标按用途可以分为物理实验类、参数诊断类和装置运行类这样三类,下面将详细说明。

(1) 物理实验类:本部分技术指标是指提供给 ICF 物理实验方使用的一些关键参数,反映拍瓦系统的输出性能。其指标如下:

脉冲能量:绝对精度优于 5%;

皮秒级时间波形:时间分辨率优于 5%。

(2) 参数诊断类:本部分技术指标用于对拍瓦系统全系统的运行状态进行测量和诊断,以保证整个放大链和压缩光栅的正常工作。其指标如下:

为保证激光传输过程中的能量增长比例,以及顺利压缩成皮秒脉冲,对参数测量的要求为:

纳秒级时间波形:时间分辨率 150 ps;

信噪比:动态范围优于 10^8(包含纳秒级和皮秒级);

光谱:测量精度优于 5%(末级输出 2.5 nm 谱宽)。

为保持最佳运行性能,对光束的近场诊断系统的要求为:

近场分布:空间分辨率优于 1%光束口径。

为保证全光束聚焦性能的精密诊断,对远场焦斑诊断系统的要求为:

焦斑测量:动态范围优于 10^8。

(3) 装置运行类:本部分技术指标是为保证拍瓦系统的顺利运行。为增强参数测量系统使用的方便和快捷性,提高工作效率,参数测量系统应尽量采用自动化技术,同时具备现场独立控制和远程集中控制的功能;

为减少调试时间,各个模块和组件必须能够进行离线标定和在线检测,并结合适当的机械设计,减少模块、单元及其组件的更换和校准时间;

采用成熟和可靠的技术方案,实现参数测量系统的高的运行成功率。

激光参数测量系统的设计必须满足以上三类技术指标的要求,这些指标也是拍瓦系统性能的最终体现。因此,必须对各指标的测试方法和测试精度进行详细的分析。

3. 技术路线

激光参数测量系统是拍瓦激光装置的重要组成部分,如图 10-41 所示。

根据神光Ⅱ拍瓦系统的总体技术要求,在激光束的传输过程中设置了 1 个抽测点、3 个实时监测点。每个切入点均对应着拍瓦装置重点考虑的关键性能指标的输出位置,在光路中的位置如图 10-41 所示。

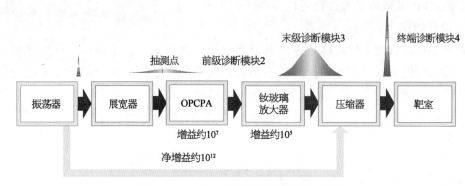

图 10-41 拍瓦系统的参数测量切入点

(1) 抽测点的定位和作用

图中第一个切入点,检测经过展宽器之后的激光脉冲达到预定的展宽目标。

(2) 实时监测点的定位与作用

◆ 前级诊断模块:图中第二个切入点,完成经过 OPCPA 放大之后的激光脉冲的参数测量和诊断;

◆ 末级诊断模块:图中第三个切入点,完成经过主放大器之后的激光脉冲的参数诊断和测量;

◆ 终端诊断模块:图中第四个切入点,完成经过压缩器之后的皮秒激光脉冲的参数诊断和测量。

对于各个实时监测点,需要监测的项目设置如表 10-5 所示。

表 10-5 各个实时监测点的监测项目

监 测 项 目	前级诊断模块	末级诊断模块	终端诊断模块
脉冲能量	√	√	√
时间波形	√		√
光谱	√	√	√
信噪比	√		√
近场分布	√	√	√
远场焦斑			√

针对以上需要监测的项目,采用的技术路线如下:

皮秒级信噪比诊断:采用高灵敏度的单次三阶自相关仪进行测量。压缩之前的纳秒级脉冲的信噪比诊断,采用硅光开关进行测量。

能量诊断:采用反射镜取样,结合不同口径的能量计,测量不同位置处的激光能量。

时间波形诊断:采用频率分辨光学开关法测量仪(frequency-resolved optical gating,FROG)测量皮秒级脉冲。拍瓦系统中展宽之后、压缩之前的长脉冲诊断,采用快响应示波器、快响应光电二极管组成的系统测量纳秒级脉冲。

光谱诊断:采用高分辨率的精密光谱仪进行测量分析。

近场和远场诊断分析:分别采用近场仪和远场仪进行测量。

根据神光Ⅱ拍瓦系统总体技术的指标要求,将参数测量系统分为三部分:前级诊断模块、末级诊断模块、终端诊断模块。每一部分对应拍瓦系统上的一个实时监测点,将每个监测点处的参数测量项目集成在相应的综合诊断包中。下面分别给出各个诊断模块详细的结构排布。

(3)诊断模块

前级诊断模块。

(4)系统功能要求

用于安装激光参数诊断单元,以实现激光参数测量功能,完成经过参量放大器(OPCPA)放大之后的主要激光参数的精密诊断。

4. 系统设计要求

(1)前级诊断模块

能够完成激光参数精密诊断功能,即实现能量、时间波形、信噪比、光谱、近场分布等参数的测量。

模块光路与结构设计能够处理好与 OPCPA、扩束系统、主放大器等系统的主要组件的接口关系。

1)系统主要技术指标

工作波长:1.053 μm;

取样方式:取样反射镜;

诊断数束:1 束/套;

脉冲能量:50 mJ(测量精度:绝对精度 5%);

时间波形:约 3 ns(时间分辨率:150 ps);

信噪比:10^8(动态范围:大于 10^8);

光谱宽度:7 nm(测量精度:绝对精度 5%);

近场分布:填充因子约 0.6(空间分辨率:1%)。

2)技术路线与结构排布

前级诊断模块分为三个组成部分,即诊断单元、机械结构单元、电气单元,分别实现光、机、电功能。

① 诊断单元

该诊断单元的作用是完成能量、时间波形、近场、光谱、信噪比等参数的诊断测量。该单元的设计要求,一是对取样得到的激光束功率密度进行适当的衰减,以适合参数测量仪器和设备的接收范围,防止饱和与破坏;二是综合考虑多项激光参数的同时测量,在光路上占用最小空间,做到结构紧凑;三是针对近场测量设计杂散光防护,防止放大链中氙灯泵浦的影响。

该单元的结构示意如图 10 - 42 所示。

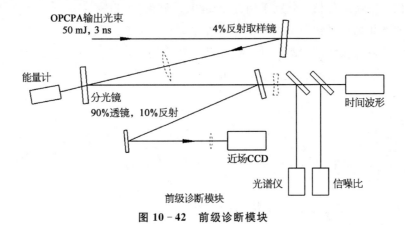

图 10 - 42　前级诊断模块

CCD：charged coupled device：电荷耦合元件,可以称为图像传感器。

② 机械结构单元

机械结构单元用于完成前级诊断模块的支撑以及光路的调整。其基本要求如下:

◆ 支撑架的高度应与前级诊断单元相匹配;

◆ 支撑架上有模块定位固定装置和模块移动装置,以方便模块的检修更换;

◆ 诊断单元箱体上应有相应的安装固定装置;

◆ 采用竖直摆放的结构,以方便模块以及各个光学元件的调试。

③ 电气单元

电气单元用于完成前级诊断模块的电气系统的安装和控制。其基本要求如下:

◆ 为诊断模块中的所有电气设备提供洁净的电源;

◆ 为参数测量系统提供同步、采集、传输控制;

◆ 单元具有现场独立控制和远程集中控制的功能。

④ 关键单元技术

在现有神光 Ⅱ 第九路研制的基础上,开展符合拍瓦系统的参数诊断测量技术的研究,分为两类:一、诊断包的集成优化技术:对模块进行完整的光学设计,减少模块的体积,保证光束传输的稳定性,提高数据测量的精度;对机械结构进行优化设计,减小模块的体积,保证小型化的要求,同时保证满足安装调整、维修和更换的要求;对电气系统进行优化设计,提高模块的抗干扰能力和稳定性。二、参数诊断模块的精密化:优化参数测量的仪器设备,提高参数测量的可靠性和精度;优化参数测量方法,选择技术成熟的高精度参数测量方法;完善参数测量系统的误差分析,提高测量数据的置信度。

3) 主要接口关系

前级诊断模块的接口包括与 OPCPA 的接口和数据采集控制系统的接口。

◆ 与 OPCPA 的接口:采用取样反射镜从主光路中获取取样光束。通过紧凑合理的机械结构设计,减少模块的体积,实现诊断模块与光束传输系统的结合。

◆ 与数据采集控制系统的接口:实现参数的诊断测量功能,需要通过计算机实现数据的采集、处理和远程传输。

(2) 末级诊断模块

1) 系统功能要求

用于安装激光参数诊断单元,以实现激光参数测量功能,完成经过主放大器之后的主要激光参数的精密诊断。

2) 系统设计要求

结合现有诊断模块,完成激光参数精密诊断功能,即实现能量、光谱、近场分布等参数的测量。

模块光路与结构设计能够处理好与主放大器、压缩池等系统的主要组件的接口关系。

3) 系统主要技术指标

工作波长:1.053 μm;

取样方式:取样透射镜;

诊断束数:1 束/套;

脉冲能量:1 700 J(测量精度:绝对精度 5%);

光谱宽度:3.4 nm (测量精度:绝对精度 5%);

近场分布:填充因子约 0.5(空间分辨率:1%);

4) 技术路线与结构排布

末级诊断模块分为三个组成部分,即诊断单元、机械结构单元、电气单元,分别实现光、机、电功能;

诊断单元:该诊断单元的作用是完成能量、光谱、近场等激光参数的测量;该单元的设计要求,是在现有诊断模块基础之上进行改进,综合考虑各项参数的同时测量。

经过光路的重新设计,取样方式采用反射式。在原有的导光反射镜之前插入一块取样反射镜,进行 4% 的能量取样,并对取样光进行诊断。在诊断光路中,还需要在时间波形测量光路之前插入一块分光反射镜,为光谱仪提供激光信号。

它的结构示意如图 10 - 43 所示。

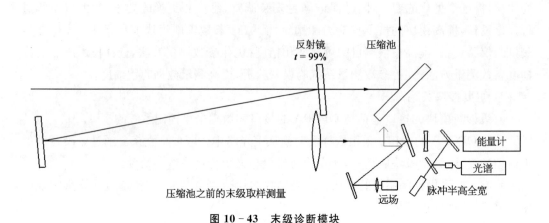

图 10 - 43　末级诊断模块

机械结构单元：机械结构单元用于完成末级诊断模块中光谱仪的支撑以及光路的调整。其基本要求如下：

支撑架的高度应与现有末级诊断单元相匹配；

支撑架上有模块定位固定装置和模块移动装置，以方便模块的检修更换；

诊断单元箱体上应有相应的安装固定装置；

采用竖直摆放的结构，以方便模块以及各个光学元件的调试。

电气单元：电气单元用于完成末级诊断模块，特别是新增加的光谱测量仪器的电气系统的安装和控制。其基本要求如下：

为诊断模块中的所有电气设备提供洁净的电源；

为参数测量系统提供同步、采集、传输控制；

单元具有现场独立控制和远程集中控制的功能。

5）关键单元技术

在现有神光Ⅱ第九路的参数测量系统基础上，开展拍瓦系统的参数诊断测量技术的研究，主要是针对光谱仪的设置，发展诊断包的集成优化技术：

在现有诊断设备的基础上，对相关的组件进行完整的光学设计，减少模块的体积，保证光束传输的稳定性，提高数据测量的精度；在现有诊断设备的基础上，对相关的机械结构进行优化设计，减小模块的体积，同时保证安装调整、维修和更换的要求；对电气系统进行优化设计，提高模块的抗干扰能力和稳定性。

6）主要接口关系

末级诊断模块的接口包括与主放大器的接口和数据采集控制系统的接口。

与主放大器的接口：采用取样透射镜从主光路中获取取样光束。通过紧凑合理的机械结构设计，减少模块的体积，实现诊断模块与光束传输系统的结合。

与数据采集控制系统的接口：实现参数的诊断测量功能，需要通过计算机实现数据的采集、处理和远程传输。

（3）终端诊断模块

1）系统功能要求

用于安装激光参数诊断单元，以实现激光参数测量功能，完成经过光栅压缩之后的皮秒脉冲主要激光参数的精密诊断。

2）系统设计要求

能够完成激光参数精密诊断功能，即实现能量、时间波形、信噪比、光谱、远场焦斑、近场分布等参数的测量。

模块光路和结构设计能够处理好与压缩池系统的接口关系。

3）系统主要技术指标

工作波长：$1.053\ \mu m$；

取样方式：取样反射镜；

诊断束数：1 束／套；

脉冲能量：1 000 J（测量精度：绝对精度 5%）；

时间波形：1 ps（时间分辨率：50 fs）；

信噪比：10^8（动态范围：大于 10^8）；

光谱宽度：2.5 nm（测量精度：绝对精度 5%）；

远场焦斑：3 DL（动态范围：10^8）；

近场分布：填充因子约 0.5（空间分辨率：1%）。

4）具体技术路线与结构排布

终端诊断模块分为三个组成部分，即诊断单元、机械结构单元、电气单元，分别实现光、机、电功能。

◆ 光束取样传输单元：终端光束取样传输单元的作用，是完成压缩后 1 ps 脉冲光束的综合诊断光束的取样。其设计要求如下：

• 实现小口径、低功率密度的激光束的输出，避免在压缩池上使用大口径的玻璃窗口；

• 通过光学设计的优化，减小取样传输单元的占用体积，降低压缩池的成本；

• 通过测量光路的合理选择，提高光路能量传输的稳定性，减小能量测量的误差。

图 10 - 44 是光束取样传输单元结构示意图。

◆ 诊断单元：该诊断单元的作用是完成能量、时间波形、信噪比、光谱、近场和远场焦斑的测量。该诊断单元的设计，采用组合式紧凑结构，充分利用平面反射镜的透射光束和反射光束，同时兼顾近场和远场的测量要求。

图 10 - 45 是诊断单元结构示意图。

◆ 机械结构单元：机械结构单元用于完成终端诊断模块的支撑以及光路的调整。其基本要求如下：

• 支撑架的高度应与终端诊断单元相匹配；

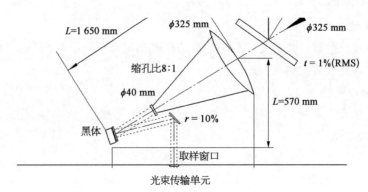

图 10 - 44   终端诊断模块的光束取样传输单元

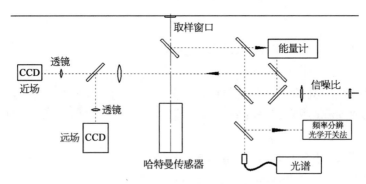

图 10 - 45   终端诊断模块的诊断单元

- 支撑架上有模块定位固定装置和模块移动装置,以方便模块的检修更换;
- 诊断单元箱体上应有相应的安装固定装置;
- 采用竖直摆放的结构,以方便模块以及各个光学元件的调试。

◆ 电气单元:电气单元用于完成终端诊断模块的电气系统的安装和控制。其基本要求如下:

- 为诊断模块中的所有电气设备提供洁净的电源;
- 为参数测量系统提供同步、采集、传输控制;
- 单元具有现场独立控制和远程集中控制的功能。

◆ 关键单元技术:在现有神光 II 第九路研制的基础上,开展符合拍瓦系统的参数诊断测量技术的研究,分为两类:一、诊断包的集成优化技术,对模块进行完整的光学设计,减少模块的体积,保证光束传输的稳定性,提高数据测量的精度;对机械结构进行优化设计,减小模块的体积,保证小型化的要求,同时保证安装调整、维修和更换的要求;对电气系统进行优化设计,提高模块的抗干扰能力和稳定性。二、皮秒级的信噪比单次测量技术的研究,研究并试制皮秒级信噪比单次测量系统,实现大能量的单次打靶即可获取多个时间点的信噪比测量数据。具体的分析和阐述在下面相关章节。

5）主要接口关系

终端诊断模块的接口包括与压缩器的接口和与数据采集控制系统的接口。

◆ 与压缩器的接口：采用取样透射镜从主光路中获取取样光束。通过紧凑合理的机械结构设计，减少模块的体积，实现诊断模块与光束传输系统的结合。

◆ 与数据采集控制系统的接口：实现参数的诊断测量功能，需要通过计算机实现数据的采集、处理和远程传输。

10.3.6.2　皮秒脉冲测量技术

1. 宽度测量技术

皮秒脉冲的宽度，采用频率分辨光学开关法测量仪（FROG）进行测量。

频率分辨光学开关法的基本过程是，首先使被测光束经过导光反射镜进入 FROG 测量仪，入射光脉冲分为两束，其中一束作为探测光，另一束作为开关光，并对作为开关的光束引入一个时间延迟 τ，然后再让两束光通过非线性介质产生相互作用，经光谱仪进行光谱展开后，用 CCD 进行测量，从而得到相互作用后的光强信息。在此结果基础上利用脉冲迭代算法就可以得到关于入射光脉冲比较详细的信息。

频率分辨光学开关法基本原理，是将入射光分为探测光 $E(t)$ 和光开关 $g(t-\tau)$，其中 τ 为两束光之间的相对延时，这样探测光与光开关相互作用所产生的信号光 $E_{sig}(t, \tau)$ 可表示为

$$E_{sig}(t, \tau) = E(t) \cdot g(t - \tau) \qquad (10-12)$$

经傅里叶变换后，其频率分辨的强度为

$$I_{FROG}(\omega, \tau) = \left| \int_{-\infty}^{\infty} E_{sig}(t, \tau) \exp(-i\omega t) dt \right|^2 \qquad (10-13)$$

此即为实际探测到的信号光强度分布。约束在非线性过程中脉冲场严格为 $E(t)$，同时我们约束了强度是一维傅里叶变换的平方，可以看出这是一个与时间和频率有关的二维函数，对此结果的迭代运算即可同时得出脉冲的宽度和光谱信息。

在位相迭代算法中，如果已知开关函数 $g(t-\tau)$，可以先假定一个初始脉冲电场 $E(t)$（如高斯脉冲），得到信号场 $E_{sig}(t, \tau)$，从而算出强度分布 $I_{FROG}(\omega, \tau)$，然后再与实验测量到的强度分布 $I(\omega, \tau)$ 比较，修改由计算得到的强度分布 $I_{FROG}(\omega, \tau)$，如用 $|I_{FROG}(\omega, \tau) - I(\omega, \tau)| / 2$ 代替 $I_{FROG}(\omega, \tau)$。再对修改后得到的信号值作反傅里叶变换，得到一个新的脉冲电场 $E(t)$，完成一次迭代（傅里叶变换得到的实部为强度值，虚部为相位）。然后利用新得到的电场 $E(t)$ 重复上述步骤，直到计算出的强度分布 $I_{FROG}(\omega, \tau)$ 与测量得到的强度分布 $I(\omega, \tau)$ 之间的均方根误差足够小，最终能得到一个非常接近实际脉冲形状的电场。

一般的 FROG 方法中，延迟变化是通过延迟装置实现的，每次只能得到一个延迟值，

所以每次只能得到一个光谱图。因此,为了得到 FROG 谱图,这些方法需要通过多次延迟以达到要求。为了解决测量精度及实现单脉冲及连续脉冲的测量,采用了一种基于 SHG – FROG 原理的 Grenouille 法来测量时间波形,如图 10 – 46 所示。

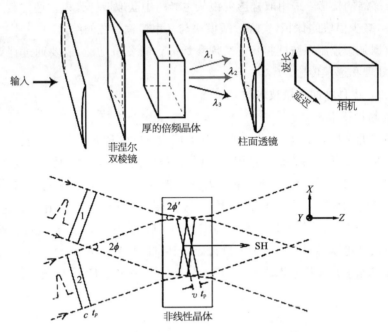

图 10 – 46 基于 FROG 原理的 Grenouille 法测量原理图

Grenouille:简化的频率分辨光学开关法;λ:波长;c:光速;t_p:p 时刻的时间;v: 晶体中速度;ϕ:两束光的夹角;SH:倍频信号。

将一激光脉冲分为两束,与普通的不同的是此时的光束更宽(直径几毫米),然后通过圆柱透镜聚焦光束,使两束光以大角度同时入射到非线性晶体中重合。两束光在非线性晶体中夹角为 ϕ',由此可以得到最大延迟及延迟 τ 与坐标 x 关系为

$$\Delta\tau = 2(d/c)\tan(\phi'/2) \approx d\phi'/c \tag{10 – 14}$$

$$\tau(x) = 2(x/c)\sin(\phi'/2) \approx x\phi'/c \tag{10 – 15}$$

d 为光束直径,ϕ' 为小角度。延迟范围及延迟 τ 与坐标 x 关系在不同的非线性晶体中略有不同,但对于小角度近似表达式都是一样的。设两束光的时间强度分布分别为 $I_1(t)$ 和 $I_2(t)$,则在晶体中的坐标 Z_0 处,瞬时二次谐波的信号强度正比于 $I_1(t-\tau)I_2(t+\tau)$,其中 τ 为两束光的时间延迟。由于探测器对二次谐波的响应是一个对时间的积分过程,所以探测器所接收到的光信号 $S(z)$ 为

$$S(z) \propto \int_{-\infty}^{+\infty} I_1(t-\tau)I_2(t+\tau)\mathrm{d}t \propto G_2(2t) \tag{10 – 16}$$

测量 CCD 最终记录的是二次谐波的强度相关曲线,利用 FROG 的迭代运算原理,对此结果进行运算即可得到脉冲的宽度。实际的 FROG 测量仪结构如图 10 - 47 所示。

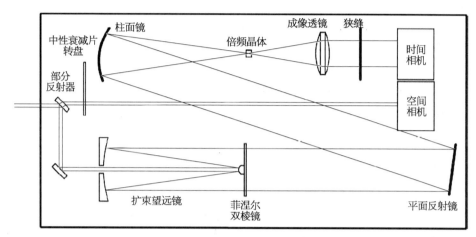

图 10 - 47　FROG 测量仪内部结构

在 FROG 测量仪中,二次谐波的产生转换效率取决于晶体长度。在二次谐波的产生过程中,一个频率为 ω_1 的入射波产生谐波的过程必须看作经过两步:首先产生频率为 $2\omega_1$ 的二次谐波的极化波,该极化波在介质中的相速度和波长取决于基波的折射率 n_1,即 $\lambda_p = c/(2\nu_1 n_1)$;第二步,能量从极化波转移到频率为 $2\nu_1$ 的电磁(electromagnetic,EM)波,该电磁波的相速度和波长取决于倍频光的折射率 n_2,即 $\lambda_2 = c/(2\nu_2 n_2)$。 为使能量有效转换,这两个波必须同相,这意味着 $n_1 = n_2$。 几乎所有的材料在光频域内都有正常色散,所以辐射通常会滞后于极化波。对于共线光束,极化波与电磁波之间的相位失配常以波数差表示为

$$\Delta k = 4\pi(n_1 - n_2)/\lambda_1 \tag{10 - 17}$$

如果针对在非线性介质中传播的耦合基波和二次谐波来解出麦克斯韦方程,则得二次谐波产生的功率和入射基波的功率之比为

$$\frac{P_{2\omega}}{P_{1\omega}} = \tanh^2 \left[lK^{\frac{1}{2}} \left(\frac{P_\omega}{A} \right)^{\frac{1}{2}} \frac{\sin(\Delta kl/2)}{\Delta kl/2} \right] \tag{10 - 18}$$

式中 $K = 2\eta^3 \omega_1^2 d_{\text{eff}}^2$,$l$ 为非线性晶体长度,A 为基波光束面积,$\eta = \sqrt{\mu_0/(\varepsilon_0 \varepsilon)} = 377/n_0 [V/A]$,为平面波阻抗,$\omega_1$ 为基频光束的频率,d_{eff} 为非线性极化率张量 $X^{(3)}$ 的有效非线性系数。

对于 Grenouille 方法,晶体厚度选择是关键要素。在一般的测量装置中包括非线性光学测量,为了避免由于转换效率产生额外的信号,非线性晶体的相位匹配带宽必须大于脉冲带宽。得到充分的相位匹配,等同于要求实现最小群速度失谐(group velocity mismatching, GVM；假设入射光交迭于整个二次谐波晶体）：$GVM \equiv 1/V_g(\lambda_0/2) - 1/V_g(\lambda_0)$[$V_g(\lambda)$ 是在波长 λ 时的群速度, λ_0 是基频波长]。假设测量过程中测量光束完全覆盖非线性晶体，则 GVM 须满足

$$GVM * L \ll \tau_p \qquad (10-19)$$

L 是非线性晶体长度, τ_p 为脉冲宽度。

对于 Grenouille 法测量装置，由于采用二次谐波频率分辨光学开关法，相反的情况却仍然符合，即非线性晶体的相位匹配带宽必须小于脉冲带宽。为了解决频谱相位匹配带宽，必须

$$GVM * L \gg \tau_p \qquad (10-20)$$

此公式保证基波和二次谐波在离开晶体前停止交迭，然后同时起到频率滤波的作用。与其他脉冲测量一起相比，Grenouille 对高色散晶体操作是最好的。从另一方面考虑，同时晶体也不能太厚，否则群速度色散（group velocity dispersion, GVD）会引起脉冲在时间展开上扭曲，即

$$GVD * L \ll \tau_c \qquad (10-21)$$

其中 $GVD \equiv 1/V_g(\lambda_0 - \delta\lambda/2) - 1/V_g(\lambda_0 + \delta\lambda/2)$, $\delta\lambda$ 为脉冲带宽, τ_c 为脉冲相干时间。

考虑通常情况下 GVD < GVM,

$$GVD(\tau_p/\tau_c) \ll \tau_p/L \ll GVM \qquad (10-22)$$

当 GVM 和 GVD 同时满足 GVD/GVM ≫ TBP（时间带宽积）时，晶体长度 L 同时满足这些条件。这样就可以给出一定晶体长度下的 Grenouille 装置测量带宽。图 10-48 显示了对不同固定晶体厚度的 Grenouille 装置带宽的峰值限制（GVD 决定）和谷值限制（GVM 决定），Grenouille 装置可以用于封闭的脉宽区域。如果输入脉冲脉宽大于峰值脉宽，则输入脉冲将由于群速度散射（GVD）而引起脉冲在晶体中展开扭曲，同时如果输入脉冲宽度小于谷值脉宽，群速度失配（GVM）将使得晶体不能完整充分地展现被测脉冲的光谱信息。

通过透射取样镜输出的激光束进入测量仪的探测小孔，设置对应的波长参数，即可进行皮秒级时间波形的诊断。通过 FROG 测量仪对亚皮秒超短钛宝石激光放大系统中的再生放大

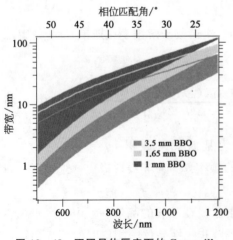

图 10-48　不同晶体厚度下的 Grenouille 装置应用范围

器输出激光脉冲进行了测量,测量结果与钛宝石激光器的指标基本一致,强度准确率误差范围在 2% 左右,空间特性准确率<0.2%,表明测量结果准确可信。图 10 - 49 是在亚皮秒激光系统上测量得到的实验数据。

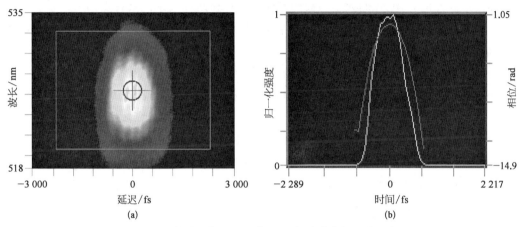

图 10 - 49　实验测到的 FROG 谱图(a)与脉冲电场强度及相位(b)

Grenouille 装置是基于 FROG 的工作原理,因而具有很高的精度,同时具有很好的灵敏度。因为使用了厚晶体代替薄晶体,使得对于输入脉冲的强度要求降低,同时整体的装置十分紧凑,使测量过程中的调节观察十分简单,可以实时提供详细的脉冲强度、宽度和相位信息,同时还可以测量脉冲的啁啾和脉冲前沿倾斜。但同时由于采用厚晶体,对于非常短的脉冲测量就比较困难,因为随着脉冲变窄,GVD 接近 GVM。目前 Grenouille 测量只能达到 10 fs 左右。

对于神光Ⅱ拍瓦系统的皮秒脉冲,其测量精度优于 5%(50 fs)。

2. 光谱测量技术

(1) 测量方法

为了保证拍瓦激光在传输过程中的光谱宽度和形状,需要实现光谱宽度的精确监测。采用的测试方法,是通过商品化的光谱仪对取样光束进行测量,给出测量结果。

(2) 精度分析

取样光束进入光谱仪之后,通过准直透镜投射在反射光栅上,不同频率成分的光束具有不同的反射角。然后再使用一块凹面镜将发散的不同波长的光束在远场成像。在聚焦反射镜的焦平面上放置线阵 CCD 以接收光谱信息,并加以分析处理,得到测量的结果。

光谱仪使用对应的光栅,将具有一定光谱宽度的入射光分开之后,通过线阵 CCD 采集光谱信号。为了测量 1.053 μm 波段,需要采用 1 200 mm^{-1} 的光栅结合 5 μm 狭缝的工作,对应的实际分辨率优于 0.085 nm,而被测信号,即压缩后的皮秒脉冲,其光谱宽度预计为 2.5 nm,因此测量精度优于 5%(0.125 nm)。

3. 纳秒脉冲信噪比测量技术

（1）测量方法

采用硅光电子开关作为光电探测器，直接测量噪声信号的能量。激光照射到硅材料表面时，产生光电导，电导的大小与被照光能之间存在线性关系。其特点如下：

光电转换的开关速度，理论上限约 1 ps，同步精度好，在几何因子很小、光脉冲宽度很窄的情况下，其开关速度接近极限值；

光电转换灵敏度高，目前得到的硅光电子开关效率可以达到 90%；

偏加电压可变，设置的偏压越高，光电响应的灵敏度越好。因此可以选择合适的偏加电压以满足实际需要；

存在饱和电压输出值，依据原理，饱和值不能大于偏加电压的 1/2，因此输出的电压信号不会对后续电路产生瞬时高压而造成损坏；

硅光电子开关被光照后产生的电信号是一个能量积分过程，表现为阶梯形状；

对波长的响应，满足硅材料的光谱响应分布。

（2）精度分析

采用已有的成熟技术，通过衰减片、快响应光电管、数字示波器组合，即可实现信噪比测量。

在精密测量中，基频衰减片的衰减倍率标准偏差 5.6%（RMS），硅光电子开光的误差小于5%（RMS），示波器产生的误差小于 5%（RMS），这些都不会使噪声或者信号产生数量级上的变化。因此，信噪比的动态范围大于 1×10^8。

4. 纳秒脉冲宽度测量技术

（1）测量方法

采用神光Ⅱ及其第九路上的成熟技术进行测量，具体的技术方案为快响应光电二极管、屏蔽信号线、衰减器、快响应数字示波器组成时间波形测量系统，使取样反射镜输出的被测光束进入快响应光电二极管，进行纳秒级的时间波形诊断。

为了保护快响应光电二极管 R1328U - 51，需要使用衰减片减弱进入光电管的入射光功率。经过测量基频衰减片的工作性能见表 10 - 6。

表 10 - 6　基频衰减片工作性能检测（1.053 μm 波长）

衰减片：LB4	透 过 率	衰 减 倍 率	RMS
1	1.76	56.82	
2	1.85	54.05	
3	1.98	51.51	5.6%
4	1.81	55.25	
5	1.67	55.88	

经过适当衰减的激光,进入光电管,在偏置电压的作用下产生光电流,经过系统内阻转换为电压信号输出。通过屏蔽信号线 SUJ－50－7 将电压信号输入快响应示波器,测量时间波形。

（2）精度分析

采用 R1328U－01 型快响应光电管、带宽 5G 数字示波器、电缆转接头（带宽 18G）、3 m 屏蔽信号线组成的测量系统。上升沿响应时间分别为 60、70、20、15 ps。

示波器的带宽和上升沿时间关系为

$$t_r = \frac{350}{B(\mathrm{GHz})}(\mathrm{ps}) \qquad (10-23)$$

纳秒级时间波形测量系统,采用带宽 3G 的数字示波器,时间响应为

$$t_r = \sqrt{60^2 + 70^2 + 20^2 + 20^2 + 15^2} = 98 \ \mathrm{ps} \qquad (10-24)$$

测量系统中,改用带宽 3G 的数字示波器,系统响应时间为

$$t_r = \sqrt{60^2 + 117^2 + 20^2 + 20^2 + 15^2} = 135 \ \mathrm{ps} \qquad (10-25)$$

当被测激光波形脉宽约为 1 000 ps,上升时间大于 300 ps 时,测量得到的脉宽和上升时间误差小于 10%。上升时间可以计算得到

$$t_{r实际} = \sqrt{t_{r测}^2 + t_{r0}^2} \qquad (10-26)$$

数字示波器测量系统的误差分析为:示波器测量系统响应时间造成的不确定度为 1%;3 GHz 示波器的采样时间和自动补点功能引入的不确定度 4%;激光器角漂 5″和测量系统的光路准直造成的不确定度 1%。因此,系统的不确定度为

$$\delta = \sqrt{1^2 + 4^2 + 1^2} = 4.6\% \qquad (10-27)$$

5. 能量测量技术

（1）测量方法

稳定、可靠的能量计是完成能量测量的最基本设备。我们用于测量高功率激光的能量计是体吸收能量计。其工作原理是基于热力学定律,利用热电检测器件的热效应,即器件吸收入射辐射产生温升引起材料物理性质的变化,输出响应的电信号,从而检测入射辐射的大小。输出信号的形成有两个阶段:第一阶段,将辐射能转换为热能;第二阶段,将热能转换为电能。通过精密纳伏计,测量出能量计输出的电压信号,就可以得到入射辐射的能量。

能量的取样测量方式有透射式和反射式两种。反射式取样,是采用一块前表面不镀膜、后表面镀增透膜的玻璃平板。不镀膜表面反射的取样光束经过导光反射镜进入能量计进行测量。其原理是光束在介质表面的光强反射率公式

$$\begin{cases} R_{p} = \dfrac{\tan^2(\theta_1 - \theta_2)}{\tan^2(\theta_1 + \theta_2)} \\[3mm] R_{s} = \dfrac{\sin^2(\theta_1 - \theta_2)}{\sin^2(\theta_1 + \theta_2)} \end{cases} \tag{10-28}$$

在拍瓦系统中是 p 偏振情况,采用式 10-27 中第一式进行分析。反射式取样,需要注意的是采用小角度取样,即光束的入射角在 5°以内。这是因为在 5°以内的情况下,由于不稳定因素带来的角度变化所导致的反射率变化非常小。从 0°位置的 4%反射率到 5°位置的3.95%,仅仅变化了 1%。在入射角 3°位置,角度变化 1°造成的反射率变化不超过 3.8×10^{-3}%;而在布儒斯特角附近,反射角 1°的变化造成的反射率变动超过 12%。因此,虽然布儒斯特角附近能够获得 1%以下的光强反射率,但对角度变化非常敏感,不适合能量测量的取样。

平板反射取样测量能量,取样比例不会受到膜层反射率变化的影响,主要应用于激光能量在千焦以下、严格要求测量精度的位置。在千焦以上的光路中,4%的反射式能量取样被放弃,原因之一是主光路中的能量损失太大,之二是皮秒脉冲经过大口径取样镜之后产生的 B 积分非常严重。在拍瓦激光经过 35 mm 厚度的大口径反射镜上增加的 B 积分为 1.06×10^3,会造成严重的自聚焦和材料损坏。而 OPCPA 之后的纳秒级、吉瓦级脉冲下使用的 1 mm 厚的取样镜造成的 B 积分只有 2.59×10^{-2}。

透射式取样是对反射式取样方式的补充,它采用导光反射镜之后漏过的少量光束能量进行测量。在镀膜中,反射率越高,需要的膜层越多。通常 99%反射膜为 20 层,95%反射膜为 13 层,增透膜为 2 层。由于膜层之间的缺陷,会留存有少量的水分。在高功率激光的作用下,这些水分会挥发并使反射率发生变化。因此,膜层数量越少,稳定性越高。Vulcan 装置早期采用 95%的反射率,对应 5%的透过率。为了减小误差,提高稳定性,在提出镀膜要求时应当将重点放在 0.5%的透过率的稳定性及均匀性上。

(2) 精度分析

联合室研制的多种规格的体吸收能量计,经过中国计量院的测试标定,在灵敏度、均匀性、稳定性等方面有良好表现。目前使用的激光能量计,其绝对精度为 4%。ϕ400 mm 能量计的激光灵敏度按 73.0 μV/J 计算(2004 年 11 月),检验的结果如图 10-50 所示,其线性优于 1%。

取样测量时考虑 4% 反射取样引入的两个能量计之间的传递不确定度为 1%;激光器角漂 5″和测量系统的光路准直造成的不确定度小于 1%。

综合考虑这些因素之后,系统的不确定度

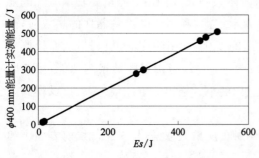

图 10-50 ϕ400 mm 口径的能量计的线性响应性能

$$\delta = \sqrt{4^2 + 1^2 + 1^2 + 0.65^2} = 4.29\% \tag{10-29}$$

能量测量精度优于 5%。

10.3.6.3　近场\远场测量技术

1. 测量方法

近\远场分布是反映激光束空间特性和传输特性的重要参数。

近场仪的设计需要考虑的五个原则是：① 易于准直和调试原则，反射镜的使用不能过多，以免造成调制信号太弱，重影过多，衰减片的使用不能改变光轴的方向；② 光束近场分布无畸变情况下大倍率衰减原则；③ 严格计算全部光学元件可能在 CCD 上形成的重影或者鬼像，通过增透膜、平板楔角等技术改善成像质量；④ 背景光和杂散光的控制原则；⑤ 偏振光不敏感原则，介质膜需要考虑 s 偏振和 p 偏振透过率的差别，并进行合理设计，避免光束偏振面的旋转造成近场分布的改变。

激光的远场分布反映焦斑的特性，决定了激光束总体光束质量和可聚焦能力，同时提供靶面激光焦斑和旁瓣强度的分布。远场诊断仪的设计思想，一是把大口径光束通过高质量的缩束系统转换为小口径光束，便于保证光学质量；二是通过精密加工的衰减片对缩束之后的小口径光束进行衰减，这样不会引起像散，同时保证远场 CCD 测量得到合适的功率；三是在衰减片周围放置基频吸收玻璃，降低反射的杂散光对 CCD 测量面的影响。

考虑到 CCD 相机的动态范围有限，不能够获得激光束焦斑的准确远场图像，因此发展了远场焦斑旁瓣诊断技术。先分别测量焦斑主瓣和旁瓣信息，再通过数字图像处理技术，将主瓣和旁瓣拼接起来，就可以得到远场焦斑的完整分布。拍瓦系统的远场焦斑诊断，将继续采用这种方法实现精密化远场强度分布诊断的目标。

2. 精度分析

(1) 激光近场分布测量

拍瓦系统全口径的近场测量的分辨率要求是分辨率优于 1% 光束口径。OPCPA 输出、进入后续放大器之前的光束口径为 $\phi 40$ mm，采用 512×512 像素的科学级 CCD 相机，图像以 3×3 像元为最高分辨率，CCD 接收口径为 10 mm×10 mm，则系统的理论分辨率为 0.24 mm，优于 1% 光束口径(0.4 mm)。

末级和终端输出的光束口径为 $\phi 320$ mm，采用 512×512 像素的科学级 CCD 相机，图像以 3×3 像元为最高分辨率，CCD 接收口径为 10 mm×10 mm，则系统的理论分辨率为 2 mm，优于 1% 光束口径(3.25 mm)。

(2) 激光远场焦斑测量

激光的远场焦斑测量的要求是动态范围优于 1×10^8。

在远场测量中，采用组合透镜成像法，将焦斑放大后进行测量。其诊断对象是光束的焦斑轮廓和旁瓣分布,经过显微物镜放大后,使用 16 位的 CCD 测量焦斑的精细结构。25 μm 的焦斑放大 20 倍后直径为 500 μm,放大 40 倍之后为 1 000 μm,而科学级 CCD 的像素大小为 24 μm,可以实现 40 个像素的测量诊断。

根据历史数据,通过可聚焦功率数值处理方法得到的靶面峰值功率密度的精度优于 5%(RMS)。

为了实现更高动态范围的远场焦斑测量,需要采用更高动态范围的科学级 CCD,结合聚焦光斑旁瓣诊断技术来实现。16 位 CCD 的灰度级是 6.5×10^4,使用聚焦光斑旁瓣诊断技术之后,焦斑"主瓣"和"旁瓣"的两次测量结果相加,最高可以实现 10^9 的动态范围。因此,其动态范围优于 1×10^8。

§10.4 关键技术

10.4.1 OPCPA 技术

OPCPA 技术的产生得益于 OPA 技术与 CPA 技术的结合。1962 年,Armstrong 提出光参量放大技术,并于 1965 年得到 C.C.Wang 等人的实验验证,但是在 20 世纪 80 年代中期以前,高功率固体激光器的发展受制于光学元件的损伤阈值 GW/cm^2 量级,以及光学材料中非线性效应引起的自聚焦和成丝造成的光束质量下降。有效的技术手段主要是扩大光束口径。1985 年,CPA 技术被提出,其核心思想是首先将小能量窄脉冲展宽成啁啾脉冲(可以展宽 4~5 个数量级),再进行放大,然后压缩回短脉冲。这样,在长脉冲情况下放大,既可以有高的激光通量以获得高的能量抽取效率,又保持足够低的功率密度从而避免非线性效应,巧妙地把激光峰值功率提高了数个量级。

在高能激光系统中,以钕玻璃放大系统为例,传统 CPA 技术存在极大的缺点:首先是光谱增益窄化效应,限制了输入脉冲的光谱宽度,影响着再压缩后所能得到的脉冲宽度,而且随着放大能量的提高,这种影响越发严重;其次是其放大过程中始终伴随着较高的自发辐射放大,这种自发辐射放大会降低放大后脉冲的信噪比,并降低能量提取效率。在钛宝石放大系统中,放大过程中单通增益低,必须进行多级多通放大,从而导致实验不但结构复杂,而且非常困难,系统成本很高。

1992 年,Dubietis 提出 OPCPA 技术并进行了实验验证,其原理可参照图 10-51。其后,I.N.Ross 等人对 OPCPA 中的主要问题从理论上进行了分析,并于 2000 年利用该技术放大纳焦级飞秒脉冲实现太瓦级脉冲输出。OPCPA 技术结合了 CPA 技术和 OPA 技术的优点:首先,相比传统放大器,参量放大支持更大的增益带宽,通过特定匹配技术,理论上可以获得数百纳米的带宽,可以产生脉宽达到光学周期的脉冲;其次,OPCPA 在相对较短的晶体长度上,提供更高的增益,降低了 B 积分,并使桌面小型化装置构建成为可能;再次,参量放大过程受限于泵浦光时空窗口,限制了自发辐射放大,并消除了存在于种子脉冲中的预脉冲放大,提高信噪比;最后,热沉积小,大大降低了光束波前畸变,提高了光束质量。

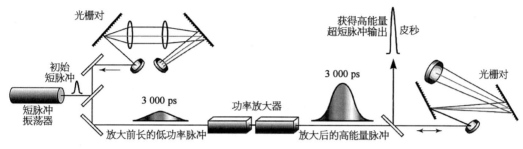

图 10 - 51　OPCPA\CPA 原理与装置结构示意图

总体来讲 OPCPA 技术有三个重要应用方向:其一,在激光惯性约束核聚变"快点火"方案中,作为千焦级拍瓦激光装置的前端预放级,实现输出几十到几百毫焦啁啾脉冲,光谱宽度十几纳米;其二,超宽带脉冲放大,光谱达到数百纳米,实现压缩之后输出能量在焦到百焦、平均功率百太瓦到十拍瓦之间的纯 OPCPA 系统;其三,用于超宽带脉冲放大,光谱宽度达到百纳米甚至数百纳米、压缩之后输出平均功率高达拍瓦到百拍瓦、能量几十焦到几百焦、数个飞秒的脉冲。

目前世界范围内包括已经建成的以及在建的超短超强激光系统已超过了 50 个[11-15],不少装置的最终输出功率已达到拍瓦级,更有甚者朝着艾瓦级迈进。在用于建造短脉冲激光系统的技术路线中,光参量啁啾脉冲放大(OPCPA)技术由于具备大增益带宽、低 B 积分、低热沉积等优势而被广泛应用于该类激光装置的前端预放,并有不少实验室设计建造了基于全 OPCPA 放大链的超短超强脉冲激光系统。具有代表性的有欧盟的极光基础设施(Extreme Light Infrastructure,ELI)装置、英国的 Vulcan - 10 拍瓦装置、法国的 Apollon - 10 拍瓦装置,以及美国 LLNL 的 OPAL 装置等。超短超强脉冲激光器前端的设计非常重要,其性能参数会直接影响激光最终的输出和物理实验能力。高性能前端种子需要大谱宽、高信噪比、高稳定性等性能特征,上文所述激光系统参数和技术已列表如表 10 - 7 所示。

表 10 - 7　国际上数拍瓦级高功率超短脉冲激光系统的设计方案对比

名　　称	中心波长	放大链路线	单束指标	前端技术路线
俄罗斯 XCELS Pearl - 10 PW	910 nm	OPCPA	30 fs／300 J	光电同步 NOPCPA＋XPW
欧盟 ELI - NP	808 nm	OPCPA＋CPA	30 fs／300 J	光学同源 ps-NOPCPA
法国 Apollon - 10 PW	808 nm	OPCPA	15 fs／150 J	光学同源 ps-NOPCPA＋XPW

（续表）

名　　称	中心波长	放大链路线	单束指标	前端技术路线
英国 Vulcan	910 nm	OPCPA	30 fs／300 J	光学同源 ps-NOPCPA
美国 LLNL－OPAL	808 nm	OPCPA	30 fs／150 J	光学同源 超连续谱 WLC ＋ps-NOPCPA

　　国内在建或建成的＞1 拍瓦的飞秒激光装置及当前实现指标如表 10-8 所示。

表 10-8　当前国内在建与建成 1～10 拍瓦飞秒激光装置

单位\装置	波段	前端技术（＜1 J）	主放大技术	设计\报道指标
中国工程物理研究院	808 nm	ps NOPCPA＋ ns NOPCPA	LBO： OPCPA	15 PW （4.9 PW／91／18 fs，2017）
高功率激光物理联合实验室	808 nm	ps CPA＋XPW＋ ns NOPCPA	LBO： OPCPA	5 PW／150 J／30 fs （1.7 PW／37 J／21 fs，2017）
强场激光物理国家重点实验室	808 nm	钛宝石 ps CPA＋ XPW＋ns CPA	钛宝石：CPA	10 PW／300 J／30 fs （5 PW／138 J／27 fs，2015）
中国科学院物理研究所	808 nm	钛宝石 ps CPA＋ XPW＋ns CPA	钛宝石：CPA	1.16 PW／32.3 J／27.9 fs （2011）

　　从前端技术路线来看，高性能前端普遍采用光学同源同步、皮秒 OPCPA，以及交叉偏振波技术（XPW）。以法国 Apollon－10 拍瓦的前端系统的前端为例，其设计如图 10-52 所示，首先采用 XPW 技术将振荡器输出的信号光的信噪比提升至 10^{10}～10^{11} 量级，再运用皮秒脉宽的 OPCPA 进行放大，可将信噪比进一步提升。皮秒 OPCPA 平台需将泵浦源与信号种子同源，即光学同步，才能保证参量放大的激光脉冲同步。不过，皮秒 OPCPA 中激光脉冲的高阶群速度失配会较大程度影响参量过程的转换效率，从而间接导致信号光的信噪比变差，并且由于晶体不能过长，增益一般较小。

　　前端系统的谱宽主要与 OPCPA 本身有关，国际上普遍使用的是非共线光参量啁啾脉冲放大（NOPCPA）技术。该技术支持的增益带宽能够满足数个飞秒的周期级脉冲压缩，而且综合来看，目前只有 NOPCPA 方法被实际用于研制毫焦至数十焦的参量放大器。此外，近年来为了提升 OPCPA 的性能，也有许多针对 OPCPA 结构的研究。2005 年，N. IshⅡ等人运用反射镜反射后制成双通 NOPCPA，经过两块 BBO 晶体获得了能量 8 mJ、带宽 100 THz 的信号光输出，还通过降低泵浦光能量的方式抑制在较长非线性晶体中的参量荧光；随后不久，I. Jovanovic 等人运用准相位匹配进行双通 OPCPA 获得了

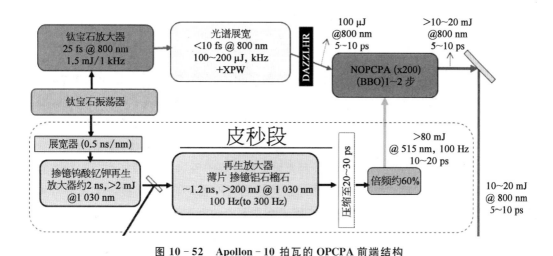

图 10 - 52　Apollon - 10 拍瓦的 OPCPA 前端结构

图中 NOPCPA：非共线的光参量啁啾脉冲放大；DAZZLHR：声光色散滤波器的品牌。

高增益、高能量稳定性、高光束质量的信号光输出；2009 年，西安光学精密仪器研究所的
H. Y. Wang 等人提出了三通 NOPCPA 放大结构的参量放大器，并运用 BBO 晶体在
795 nm 波段做了实验验证；2013 年 G. Mennerat 等人在实验上演示了运用五束泵浦光
进行泵浦的 NOPA，其实验中转换效率为 27％；2016 年，J. Ahrens 等人研制成功了
100 kHz 的多通 OPCPA 超短脉冲激光器，输出脉冲脉宽 8.7 fs，能量 18 μJ。他们在
OPCPA 过程中使用了厚度为 5 mm 的 BBO 晶体，由于晶体较薄，其支持的参量带宽可
达 400 nm（650～1 100 nm）。综合上述研究方案和技术来看，提高 OPCPA 放大的通数
是增加放大器性能的一个可行方案，但若仅仅是增加信号光和泵浦光来回经过非线性
参量晶体的通数，并不一定能起到提升 OPA 转换效率的作用，因为 OPA 存在能量逆
转换过程，还会产生参量荧光等噪声影响信噪比，因此需将其他技术结合起来，并设计
合理参数，优化多通 OPCPA 的结构设计来达到目的。OPCPA 的转换效率也是关注
重点之一，在最理想的条件下，只考虑泵浦光将能量转换为信号光和闲置光这一单
向过程，理论上极限转换效率为 66％，但实际转换效率要低很多，主要限制因素是放
大过程中会出现信号光、闲置光同泵浦光的逆转换过程。针对这一点，钱列加等人
提出了准参量放大（quasi-parametric amplification，QPA）技术来进一步提升转换效
率。该技术的主要思想是通过在晶体中掺杂，使得参量放大过程中产生的闲置光因
被大量吸收而维持在低强度水平上，从而抑制逆转换过程的发生，以提高 OPA 的转
换效率。在实验中使用了掺杂稀土元素钐（Sm^{3+}）的 YCOB 晶体，实现了 41％的
OPA 转换效率。

　　总体上讲，当前以及今后很长一段时间内，OPCPA 技术已经成为超短超强激光系统
最主要的技术路线，其研究方向将集中在适应于大型激光系统需求的高重复频率、高光
束质量、高信噪比、高转换效率、高稳定性的放大器应用研究。在未来面向聚变研究与强

场物理研究的大型激光基础设施中发挥核心作用。

10.4.2 宽带光谱整形技术

由于增益介质对中心频谱的增益大于边缘频谱的增益,随着激光脉冲的逐渐放大,谱宽会变得越来越窄,导致压缩后的超短脉冲脉宽增加,从而降低脉冲功率。所以,需要引入光谱预补偿技术来对种子啁啾脉冲进行光谱整形,即通过降低种子啁啾脉冲的中心频谱强度,来补偿放大器增益介质的光谱增益不均匀性,从而减小增益窄化的程度。

为解决窄带脉冲的光谱整形问题,利用展宽器中啁啾脉冲的光谱具有空间排布的特点,采用空间光强度调制器对该啁啾脉冲进行空间强度整形,从而间接地实现窄带种子脉冲的光谱整形。石英晶体平凸透镜空间光强调制器,是利用石英晶体的旋光效应来实现激光束空间强度整形的,因此不会引起相位畸变,而且该调制器具有空间滤波器的结构,可以提高光束的质量,在展宽器的输出端获得光谱呈平顶分布的种子啁啾脉冲。

图 10‐53 为高功率啁啾脉冲激光放大系统的四通展宽器。图中 M1、M2 和 M3 为平面反射镜,R 为凹面镜,P 和 FR 分别为偏振片和法拉第旋光器。种子光束经光栅两次衍射后在反射镜 M2 处光谱具有空间排布的特点。因此,可以在 M2 之前插入空间光强调制器来实现光谱的整形。

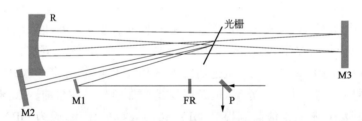

图 10‐53　四通展宽器示意图(彩图见图版第 49 页)

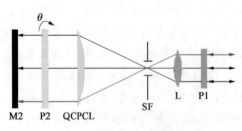

图 10‐54　石英晶体平凸透镜空间光强调制器(彩图见图版第 49 页)

用于光谱整形的空间光强调制器结构如图 10‐54。图中 QCPCL(quartz crystal plano‐convex lens)为石英晶体平凸透镜,SF(spatial filter)为空间滤波小孔,偏振片 P1 的透偏方向与入射光束的偏振方向相同,这样使得光束整形前后的偏振方向保持一致。偏振片 P2 的透偏方向与 P1 的透偏方向夹角为 θ,因此该调制器的空间光强调制函数为

$$M(r) = \cos^4\left\{\alpha(\lambda) \cdot \left[\sqrt{R^2 - r^2} - \sqrt{R^2 - \left(\frac{D}{2}\right)^2}\right] - \theta\right\} \tag{10‐30}$$

式中 r 为该点距离中心轴的径向距离(mm),$\alpha(\lambda)$ 为旋光率(°/mm),R 为石英晶体平凸

透镜的球面半径(mm)，D 为石英晶体平凸透镜的口径(mm，直径)。

石英晶体是单轴双折射晶体，光沿着石英晶体的主轴传播时，o 光和 e 光的折射率一致，即不出现双折射现象，而发生旋光现象。为了避免由双折射现象导致的干涉条纹，要求光束在石英晶体中沿着晶体的主轴传播，所以将石英晶体透镜做成平凸结构，且以凸面迎光的方式放置。

超短脉冲具有一定的谱宽，而石英晶体的旋光率 $\alpha(\lambda)$ 与波长有关，因此，需要对比分析该空间光强调制器对超短脉冲各光谱成分的调制效果。在常温下，石英晶体的旋光率与波长的关系满足

$$\alpha(\lambda) = \frac{9.563\,9}{\lambda^2 - 0.012\,749\,3} - \frac{2.311\,3}{\lambda^2 - 0.000\,974} - 0.190\,5 \qquad (10-31)$$

式中入射光波长 λ 的单位是 μm。取石英晶体平凸透镜口径为 50 mm、凸面曲率半径为 45 mm、$\theta = 0°$ 来模拟计算波长分别为 1 047、1 053 和 1 059 nm 的空间光强调制曲线，计算结果如图 10-55 所示。计算结果显示空间光强调制器对该种子脉冲的各波长成分的调制曲线形状一致，而不同光谱成分之间存在的微小差异对光谱整形的影响是可以忽略的。为便于分析，可取中心波长 1 053 nm 的旋光率来计算调制器对该超短脉冲的整形效果。

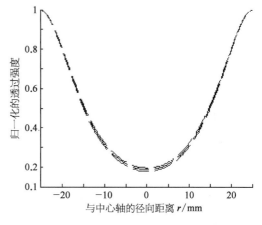

图 10-55　入射激光波长分别为 1 047、1 053 和 1 059 nm 的空间光强调制曲线

从超短脉冲光谱整形的效率和效果考虑，要求在衰减种子脉冲中心频谱成分的同时，尽可能地保留脉冲的侧翼光谱成分。因此，根据图 10-55 所示的光强调制函数曲线，要求入射到石英晶体透镜上的光束口径与透镜的口径相当，这样可实现种子脉冲的侧翼光谱成分高效率地通过，而中心频谱成分被大幅衰减。图 10-54 所示的空间光强调制器中的普通透镜 L 和石英晶体平凸镜构成一共焦系统，通过匹配两透镜的焦距，该结构可实现任意光束口径的空间啁啾脉冲的光谱整形。

如图 10-54 所示，在石英晶体平凸透镜空间光强调制器中，偏振片 P1 的透偏方向固定，保持与原光束的偏振方向一致，而偏振片 P2 的透偏方向是可变的，通过绕光轴旋转偏振片 P2，可以方便地改变该光强调制器的调制效果。图 10-56 为偏振片 P2 的透偏方向与 P1 的透偏方向夹角分别为 0°、±5°、±10°时的调制曲线，其中正号表示 P2 的旋转方向与石英晶体的旋光方向一致，负号表示 P2 往石英晶体旋光方向相反的方向旋转。可见，通过旋转 P2 即可方便地改变光强的调制曲线，从而实现光谱整形的可调谐性。

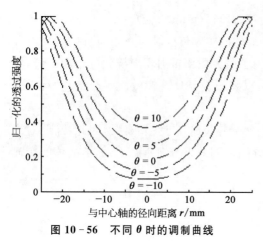

图 10 - 56　不同 θ 时的调制曲线

图中 θ 为偏振片 P2 的透偏方向与 P1 的透偏方向夹角。

采用的石英晶体平凸透镜口径为 50 mm，凸面曲率半径为 45 mm，镀有增透膜。利用计算机仿真模拟具有高斯型光谱分布的超短脉冲光谱整形的效果如图 10-57(a)所示，通过光谱整形可获得平顶甚至中心凹陷的输出光谱，通过调节偏振片 P2 可改变输出光谱的峰值和带宽，降低光谱中心的强度可获得更大的带宽，但降低了光谱整形的效率。

利用光纤光谱仪在展宽器输出端测得的未经光谱整形的实际光谱曲线如图 10-57(b)所示，光谱中心的强度大于侧翼光谱的强度，具有类似高斯型的分布。在实验中，对于偏振片 P2 的透偏方向与 P1 的

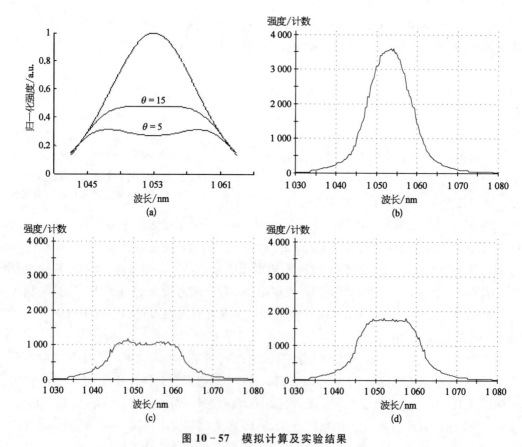

图 10 - 57　模拟计算及实验结果

（a）光谱整形的模拟计算效果；（b）未经整形的超短脉冲光谱曲线；（c）$\theta=5°$时的整形光谱；（d）$\theta=15°$时的整形光谱。

透偏方向夹角,我们选取了仿真模拟中的 5°和 15°,经光谱整形后,由于中心光谱的衰减程度大于边缘频谱的衰减,在展宽器输出端获得了平顶光谱的啁啾脉冲,如图 10 - 57(c)(d)所示。对比实验中测得的初始光谱和整形后的光谱,成功地实现了钕玻璃高功率啁啾脉冲激光放大系统中窄带种子脉冲的光谱整形。

10.4.3　光栅拼接技术

10.4.3.1　系统设计

光栅拼接技术是将几块参数相同的小口径的光栅,拼接排列成一块大口径光栅,用这种光栅组合替代光栅压缩器的单块光栅,从而提高压缩器的有效口径,提高整个 CPA 系统的能量水平。

(1) 光栅拼接系统设计要求

光栅拼接检测系统,能够实时检测主激光通过拼接光栅压缩器之后的等相位面空间姿态。光栅拼接调整系统根据检测系统测量的信息,实时调整各个子光栅的姿态,使最后通过拼接光栅压缩器的光束脉冲宽度与远场分布,满足打靶的要求,并且能长时间稳定在这一状态。光栅拼接检测调整系统与光栅压缩器系统以及其他单元系统能够完美结合。

(2) 系统主要技术指标

① 单组拼接光栅压缩器初步调整精度

面内旋转与面旋转调整精度:5 μrad;

前后位移(piston)调整精度:2 μm。

② 单组拼接光栅精调调整精度

面内旋转与面旋转调整精度:1 μrad;

前后位移调整精度:$1/30\lambda$(λ 为检测或使用波长,下同);

通过光栅压缩器系统的主激光脉冲宽度:小于理想压缩脉冲宽度的 110%;

通过光栅压缩器系统的主激光等相位面前后位移偏差:小于 $1/20\lambda$。

10.4.3.2　拼接系统方案

光栅拼接检测调整系统的方案主要组成部分是:前后位移(PISTON)检测光源、旋转偏差检测光源、焦斑监测分析系统、干涉仪以及分析软件,还有光栅拼接调整架。这些元器件构成一个完整的相位面信息采集分析反馈系统,将从光栅压缩器出来的主激光相位面信息采集分析之后,反馈给光栅拼接调整架,通过调整架的高精度调整,能够实施控制拼接光栅压缩器系统的空间姿态,从而保证通过拼接光栅压缩器的主激光光束最后的远场焦斑在空间上与时间上都能够满足总系统的要求。

偏差检测测光系统如图 10 - 58。PISTON 探测光光源波长 1.064 μm,线宽小于0.5 nm,口径约为 50 mm,分光成三组光束。第一组光束探测的是主激光光束相位面因光栅 G10 与 G11 以及 G41 与 G40 之间的拼缝产生的 PISTON 偏差之和;第二组光束探测的是主激光光束相位面因光栅 G20 与 G21 以及 G31 与 G30 之间的拼缝产生的

PISTON 偏差之和;第三组光束探测的是主激光光束相位面因光栅 G20 与 G22 以及 G32
与 G30 之间的拼缝产生的 PISTON 偏差之和。三组光束中,入射光线与光栅面坐标系
中 x-z 轴平面的夹角 β 与为利特罗角,入射光与 y-z 轴平面的夹角 α 为 5.5°。

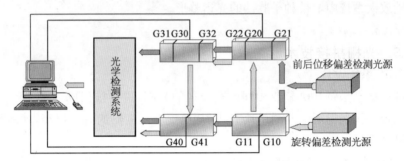

图 10 - 58 光栅拼接系统方案设计

拼接光栅组坐标系如图 10-59 所示。旋转探测光波长 $1.053\ \mu m$,与主激光相同,入
射光线与光栅面坐标系中 x-z 轴平面的夹角 β 跟主激光入射角相同,入射光与 y-z 轴
平面的夹角 α 为 2°(见图 10 - 60)。旋转探测光光束截面为椭圆形,长轴沿水平方向为
290 mm,短轴为 100 mm。经过第一组压缩器之后,旋转探测光会与主激光分离,分离之
后插入探测系统,探测第一组压缩器对相位面姿态的影响。然后,再以同样的方式入射
第二组光栅压缩器。测量从第二组压缩器中出来的旋转探测光,得到的是两组压缩器对
相位面姿态影响的总和。

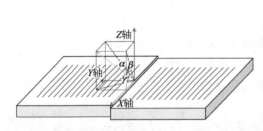

图 10 - 59 拼接光栅坐标系(彩图见图版第 49 页)

绿色矢量为光线,左边光栅为标准光栅,右边为拼
接子光栅。

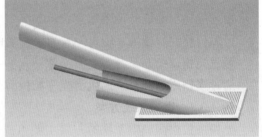

**图 10 - 60 旋转探测光与 PISTON 探测光以及主
激光入射第一块拼接光栅**(彩图见图版第 49 页)

黄色光束是旋转探测光,红色光束是 PISTON 探测
光,绿色光束是主激光。

检测系统检测两种探测光对相位面姿态的信息,将信息传送到计算机,计算机计算
分析并且分解出拼接子光栅的各项偏差,驱动精调系统进行精细调整。

光栅拼接技术最大的难点有两个,一个是光栅拼接调整检测精度要求非常高,最高
精度要求 10 nm,如此高的精度和稳定性要求,对检测手段、机械结构、环境条件等都提出
了相当苛刻的要求;二是光栅拼接的自反馈调整系统需要的是五维高精度调整,整个系

统的稳定性就非常难实现。

光栅拼接检测调整方案,就是在试图减小光栅拼接难度的前提下提出来的。主要的思想是利用光栅压缩器之间的光栅与光栅之间可以互相补偿对方偏差的原理,减少高精度调整子光栅的数目,从而减小拼接难度。这种方法需要可靠的跟踪监测系统作为基础,检测光系统方案就是至关重要的。我们对提出的检测光系统做了相当多的理论计算,证明了这个检测方案的理论可行性。

10.4.3.3　拼接系统调整方法

1. 调整步骤

调整步骤分为三步,首先调整所有光栅的大致姿态,保证主激光所有频率成分通过压缩器的时候,第一组拼接光栅拼接缝与第四组拼接光栅拼接缝对齐,而第二组拼接光栅拼接缝与第三组拼接光栅拼接缝对齐。调整精度为 5 μrad,拼接光栅前后偏差调整精度 2 μm,左右偏差小于等于 4 mm。

通过初步调整,当主激光(带宽为 3 nm)通过光栅压缩器系统之后,主激光任何一个频率成分的光束截面如图 10-61 下图所示,分成了 4 个子光束。子光束之间因为拼接光栅的各种偏差,存在相位面姿态偏差与相位面前后偏差,造成最后聚焦焦斑的分离或分裂。子光束 B1,通过的光栅有:G10、G20、G30、G40;B2 通过的光栅有 G11、G20、G30、G41;B3 通过的光栅有:G10、G21、G31、G40;B4 通过的光栅有 G11、G22、G32、G41。以子光束 B1 为标准,调整子光栅 G41 的各项偏差,调整子光束 B2 的相位面姿态。调整子光栅 G31、G32 各项偏差,调整子光束 B3、B4 的相位面姿态。调整精度为 1 μrad。

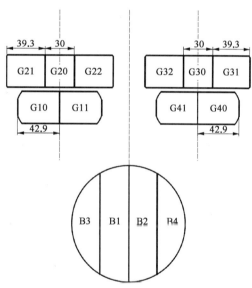

图 10-61　拼接光栅组(上图)以及从压缩器中出来的光束截面(下图)

经过中等精度的调整,四束子光束相位面之间相互平行,只存在前后位移偏差。通过调整 G41、G31、G32 的前后位移偏差,将各束子光束相位面之间的前后位移偏差减小到波长的 1/20。调整精度为 10 nm。

2. 光栅拼接检测

(1) 前后位移偏差检测原理

根据上面的调整原理,我们知道对于光栅拼接技术,如何检测从光栅压缩器中出来的各束子光束的相位偏差是至关重要的。如图 10-62 所示,拼接光栅已经调整为面平行与刻线平行,而存在前后位移偏差时,前后位移偏差造成入射光束光程差由下面公式得到

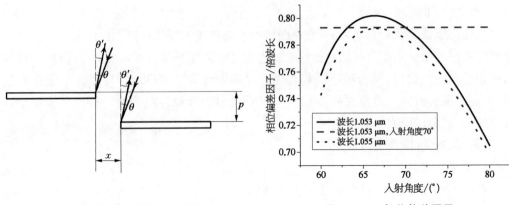

图 10 - 62　拼接光栅前后位移偏差　　　　　图 10 - 63　相位偏差因子

$$\text{OPD} = p(\cos\theta + \cos\theta') - x(\sin\theta - \sin\theta') \tag{10-32}$$
$$= p(\cos\theta + \cos\theta') - x\lambda/d$$

p 是光栅前后位移偏差，t 是光栅拼缝宽度，推导出两个子光束之间的相位差为

$$\Delta\phi = 2\pi p(\cos\theta + \cos\theta')/\lambda - 2\pi x/d \tag{10-33}$$

设定相位偏差因子

$$Q = \frac{\cos\theta + \cos\theta'}{\lambda_0} \times \lambda \tag{10-34}$$

λ 为入射光波长，λ_0 是主激光波长。图 10 - 63 是 1.053 μm 波长激光与 1.055 μm 波长激光的相位偏差因子与入射角的关系。从上面的公式可以推导出，如果主激光的 Q 因子与探测光的 Q 因子相等，则探测光与主激光的前后偏差相等。如果探测光不是在主面入射，即 α 角度不为零，则 Q 因子的表达式应为

$$Q = \frac{\dfrac{\cos^2\beta}{\sin\gamma} + \dfrac{\cos^2\beta'}{\sin\gamma'}}{\lambda_0} \times \lambda \tag{10-35}$$

这里 α、β、γ 的定义见图 10 - 59，α'、β'、γ' 则是出射光束的角度值。这样，只要选定了波长，就能够找到一个合适的 α 角，使得在探测光 α 角为利特罗角的时候，探测光的 Q 因子与主激光的 Q 因子相等。通过计算，选择 1.064 μm 波长激光，入射角度 $\alpha = 5.5°$，β 角度为利特罗角，Q 因子的斜率为 0。也就是说，此时 Q 因子的值随入射角度 β 变化得最缓慢，误差最小。这也是我们希望 β 角度为利特罗角的原因。

（2）旋转探测光探测原理

通过理论计算，真正理论上的探测光是不存在的，但是通过计算发现，主激光在 α 方向上如果有个小的偏角，拼接子光栅旋转偏差对两束子光束的相位之差的影响相当小。因此，选取探测光与主激光在 α 角度方向有小偏角，β 角度相同，主激光两束子光束之间的夹角与探测光子光束之间的夹角之差几乎为 0。

（3）前后偏差检测误差

前后偏差检测方案理论计算中的前提是光栅拼接组之间没有其他偏差,在实际调整检测中这种情况是不存在的。我们计算了在光栅拼接对中存在各种偏差时,PISTON 检测光的检测误差(相位偏差因子变化),如图 10 - 64 至图 10 - 68 所示。

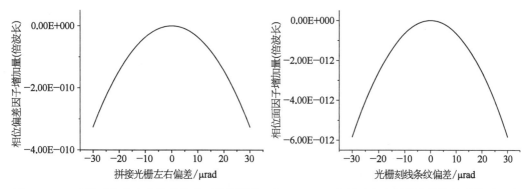

图 10 - 64　光栅对存在左右旋转偏差时检测误差　　图 10 - 65　光栅对存在刻线旋转偏差时检测误差

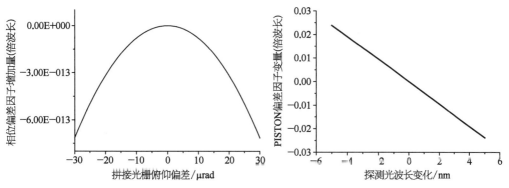

图 10 - 66　光栅对存在俯仰旋转偏差时检测误差　　图 10 - 67　检测光波长存在偏差时检测误差

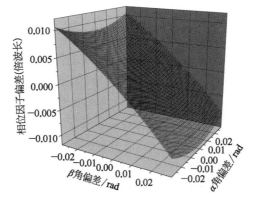

图 10 - 68　当主激光入射角存在偏角时的检测误差

从各图可以看出：当初步调整精度在 30 μrad 以内，前后位移初步调整在 2 μm 以内，探测光的探测误差非常小，远小于要求的 1/20 波长。而探测光的波长误差控制在 1 nm 之内，探测光因波长偏差引起的误差也远小于 1/20 波长。主激光入射角度偏差控制在 30 mrad 以内，探测光的误差也在系统要求的精度内。

(4) 旋转探测光检测误差

旋转探测光本身是一个理论近似的结果，必然存在检测系统误差。我们计算在光栅存在各种旋转偏差的情况下，探测光的测量误差如图 10-69 所示。我们可以得到当各种偏差初步调整控制在 30 μrad 内，探测光探测误差小于 0.04 μrad，满足系统要求的精度。

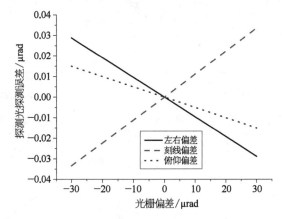

图 10-69 当拼接光栅组存在各种偏差时的测量误差

以同样的计算，当主激光入射 β 角度与探测光入射 β 角度有偏差，偏差小于 10 mrad 时，探测光探测误差小于 0.05 μrad。

§10.5 总结与展望

神光Ⅱ皮秒拍瓦激光，于 2008 年立项，由中国科学院、中国工程物理研究院和国家"863 高技术"三方共同投资，由高功率激光物理联合实验室承担研制，该装置 2013 年实现 380 J、5 ps 输出，2015 年实现最初的设计目标：1 kJ、1 ps 的输出，并通过验收，目前已经成为神光Ⅱ高功率激光综合实验平台的一部分，每年为物理实验提供上百发次的发射任务。该系统是世界上仅有的几台 1 μm 波段的超短脉冲激光器之一。这几台激光器是：英国的火神皮秒拍瓦激光系统、美国得克萨斯大学的混合钕玻璃升级系统、美国利弗莫尔实验室的 ARC 系统以及神光Ⅱ皮秒拍瓦激光系统。

与更短的飞秒级的超短脉冲激光不同，皮秒级的超短脉冲激光系统不仅有较高的可聚焦输出功率密度，同时输出的激光脉冲也具有较大的能量，这一点是 ICF 快点火研究所必不可少的条件，因此皮秒级拍瓦激光器已经成为 ICF 快点火驱动的唯一选项，同时在等离子体和高能粒子诊断、ICF 背光照明、高能量密度物理以及实验室天体物理实验方面也有着广泛的应用。由于其较高的脉冲能量,因此可以获得与飞秒级拍瓦激光不同的结果。

相比于飞秒级拍瓦激光,由于皮秒拍瓦激光对输出能量的要求,系统的规模一般较大,因此世界上只有大型的激光实验室才有可能建造这类激光系统,这也是目前该类系统数量稀少的原因。神光 Ⅱ 皮秒拍瓦激光作为世界上仅有的 4 台之一,可以预期会在相关的研究领域起着无可替代的作用。

参考文献

[1] Tabak M. Ignition and high gain with ultrapowerful lasers[J]. Physics of Plasmas,1994,1 (5):1626.

[2] Basov N G,Krokhin O N. The conditions of plasma by the radiation from an optical generation of radiation. Proceeding of Third International Congress on Quantum Electronics,1964:373.

[3] Dawson J M. On production of plasma by giant laser pulse lasers[J]. Phys Fluids,1964,7: 981 - 987.

[4] Strickland D,Mourou G. Compression of amplified chirped optical pulses[J]. Opt Commun, 1985,56 (3):219 - 221.

[5] Rosen M D. The science applications of the high-energy density plasmas created on the nova laser [J]. Physics of Plasma,1996,3:1803.

[6] Perry M D. Crossing the petawatt threshold. Science and Technology Review,1996,9 (28): 4 - 11.

[7] Perry M D,Pennington D,Stuart B C,et al. Petawatt laser pulses[J]. Optics Letters,1999,24 (3):160 - 162.

[8] Seka W,Soures J M. OMEGA EP Project[R]. Progr Rep Lab for Laser Energetics,2003.

[9] Kitagawa Y,Kodama R,H. Yoshida. Gekko Ⅻ petawatt module project. ILE Osaka Univ Ann Progr Rep,1998:17.

[10] Kitagawa Y,Fujita H,Kodama R,et al. Prepulse-free petawatt laser for a fast ignitor[J]. IEEE J Quantum Electronics,2004,40(3):281 - 293.

[11] Danson C N,Brummitt P A,Clarke R J,et al. Vulcan petawatt-an ultra-high-intensity interaction facility[J]. Nucl Fusion,2004,44:S239 - S246.

[12] Blanc C Le,Felix C,Lagron J C,et al. The petawatt laser glass chain at LULI:From the diode-pumped front end to the new generation of compact compressors. IFSA2003,Monterey,Sept 7 - 12,2003[C]:608 - 611.

[13] Neumayer P,Bock R,Borneis S,et al. Status of PHELIX laser first experiments. Laser and Particle Beams,2005,23:385 - 389.

[14] 谢兴龙,朱健强,刘凤翘,等.20TW 亚皮秒激光系统(SPS)与中子产生实验研究[J].中国激光, 2003,30(10):865 - 872.

[15] Xu G,Wang T,Li Z Y,et al. 1 kJ petawatt laser for SG - Ⅱ - U program. Proceeding of APLS

2008，The Review of laser Engineering，2008，Supplemental Volume：1172 - 1175.

[16] 李朝阳.千焦高能拍瓦激光装置脉冲压缩器特性分析[D].绵阳：中国工程物理研究院硕士学位论文,2008.

[17] 田金荣,孙敬华,魏志义,等.Öffner 展宽器高倍率展宽脉冲的理论与实验研究[J].物理学报，2005,54(3)：1200 - 1207.

[18] Treacy E B. Optical pulse compress with diffraction gratings[J]. IEEE J Quantum Electron，1969，QE - 5(9)：454 - 458.

[19] 杨鑫.拍瓦装置前端展宽器的设计与高阶色散的研究[D].上海：中国科学院上海光学精密机械研究所,2005.

[20] Lemoff B E，Barty C P J. Quintic-phase-limited，spatially uniform expansion and recompression of ultrashort optical pulses[J]. Opt Lett，1993，18(19)：1651 - 1653.

[21] Cheriaux G，Rousseau P，Salin F，et al. Aberration-free stretcher design for ultra-short pulse amplification[J]. Opt Lett，1996，21(6)：414 - 416.

[22] Gaul E W，Ditmire T，Martinez M D，et al. Design of the Texas petawatt laser. Conference on Lasers and Electro-Optics 2005，Baltimore，Maryland，United States，May 2005：22 - 27.

[23] Banks P S，Perry M D，Yanovsky V，et al. Novel all-reflective stretcher for chirped-pulse amplification of ultrashort pulses[J]. IEEE J Quantum Electronics，2000，36(3)：268 - 274.

[24] Blanchot N，Behar G，Berthier T，et al. Overview of PETAL，the multi-petawatt project on the LIL facility. Plasma Phys Control Fusion，2008，50：124045.

[25] 张向东,徐至展,王晓方.展宽器群速度色散的几何光学方法分析[J].中国激光,2002,29(2)：127 - 130.

[26] Zhang Z G，Yagi T，Arisawa T. Ray-tracing model for stretcher dispersion calculation[J]. Applied Optics，1997，36(15)：3393 - 3399.

[27] 孙大睿,宋晏蓉,张志刚,等.用于飞秒脉冲放大器的马丁内兹展宽器与欧浮纳展宽器性能比较[J].物理学报,2003,52(4)：870 - 874.

[28] 孙振红,柴路,张志刚,等.马丁内兹型啁啾脉冲放大系统高阶色散的混合补偿[J].物理学报，2005,54(2)：777 - 781.

[29] Ross I N，Collier J L. Improved contrast and power from a chirped pulse amplification laser system[R]. Central Laser Facility Annual Report-Vulcan Petawatt，1999/2000：224 - 226.

[30] Trentelman M，Ross I N，Danson C N. Finite size compression gratings in a large aperture chirped pulse amplification laser system[J]. Applied Optics，1997，36(33)：8567 - 8573.

[31] 杨鑫,谢兴龙,李美荣,等.展宽器元件失调及带通分析[J].中国激光,2005,32(2)：170 - 174.

[32] Williams W，Auerbach J，Hunt J，et al. NIF optics phase gradient specification. UCRL - ID - 127297，1997：1 - 9.

[33] Hong K-H，Hou B，Nees J A，et al. Generation and measurement of >108 intensity contrast ratio in a relativistic kHz chirped-pulse amplified laser[J]. Appl Phys B，2005，81：447 - 457.

第*11*章
神光 Ⅱ 飞秒拍瓦激光

§11.1 引言[1-9]

超强超短激光科学不仅具有重大的前沿学科意义,大大推动了现代光学、原子分子物理、等离子体物理、高能物理与核物理、凝聚态物理、天体物理、理论物理等传统物理学领域的发展,拓宽了传统基础学科的研究视野,而且催生了超快化学动力学、微结构材料科学、超快信息光子学等一大批前沿交叉学科。在未来脉冲的峰值功率可能会超过 10 拍瓦级甚至达到艾瓦级,激光的聚焦强度也有望随之突破 10^{23} W/cm^2,从而推动激光与电子相互作用的研究领域进入"夸克"时代。

近年来超强超短激光系统的迅猛发展,对基础学科、前沿交叉学科乃至重要高技术领域的发展,起到了不可估量的推动作用。目前国内外很多研究机构都在竞相开展研究。一方面,为响应高能量密度物理研究与可控聚变能开发的需求,各科技强国发展了一系列的高能高功率固体激光装置,诸如美国的国家点火装置(NIF)、法国的兆焦激光装置(LMJ)、日本的 Gekko Ⅻ 以及中国的神光系列(SG)皆属此类。另一方面,自啁啾脉冲放大(CPA)技术被提出后,瞄准强场物理研究领域,具体包括高功率激光和物质的相互作用、带电粒子激光等离子体加速实验、强 X 射线源和 γ 射线源、强场真空结构非线性研究、光核物理研究、实验天体物理学研究、艾瓦(1 EW=10^{18} W)与泽瓦(1 ZW=10^{21} W)光源特性研究等方面。世界上正在发展一系列超短超强激光装置,输出脉冲宽度在数十飞秒(1 fs=10^{-15} s)、峰值功率从数百太瓦(1 TW=10^{12} W)到百拍瓦级(1 PW=10^{15} W)。该类型装置包括:欧洲 13 国联合建造中的 Extreme Light Infrastructure (ELI)、俄罗斯应用物理研究所在建的 Exawatt Center for Extreme Light Studies (XCELS)、法国的 Apollon、英国 Vulcan 的 10 PW 装置、美国罗彻斯特大学在 OMEGA EP 的基础上正计划建造的单路 10 PW 级装置等。

由于物理实验对激光装置打靶的多样性需求,比如多种波长脉冲与多种脉宽脉冲组合打靶与超短脉冲诊断等,因此包含高能量、高功率、超快、重复频率、多频段以及多波长等多种激光输出类型的大型综合性激光物理实验平台,是未来强激光发展的一个趋势,高功率

激光物理联合实验室神光Ⅱ飞秒拍瓦激光和神光Ⅱ皮秒拍瓦激光就是实验室为配合神光
Ⅱ系统实现多样化打靶方式而研制的飞秒和皮秒高功率超短脉冲激光系统。

§11.2 神光Ⅱ飞秒拍瓦激光的总体与功能

11.2.1 总体设计

神光Ⅱ飞秒拍瓦激光的研制,依托我国现有的神光Ⅱ钕玻璃大型激光系统,利用全
OPCPA放大方案,最终实现150 J、30 fs的5 PW打靶激光脉冲,并提供给强场物理实
验。设计的原则是:

① 依托高功率激光物理联合实验室神光Ⅱ装置以及第九路激光;

② OPCPA技术有利于在啁啾脉冲放大过程中保持带宽,不会带来明显的增益窄
化,热效应也不会明显影响输出指标;

③ 百毫焦级小光斑输出OPCPA技术已比较成熟,可实现稳定的输出,1 J泵浦源技
术也比较成熟;

④ 从工程实施方面来说,现有8路与第九路装置运行稳定高效,对1 053 nm波段的
大口径倍频技术也很成熟,可以很方便地对8路与第九路进行改造,使之成为OPCPA技
术后级实现大能量输出的泵浦光源,利用神光Ⅱ第八路与第九路现有的激光,不但可以
规避风险,同时可以节约投资;

⑤ 大口径OPCPA晶体的发展,预期可支持神光Ⅱ飞秒拍瓦激光超短脉冲放大的要求;

⑥ 在大口径光束放大方面,CPA技术由于钛宝石晶体的横向自激振荡,会带来荧光
噪声和系统效率的降低,而OPCPA技术可以减少前级系统带来的不可压缩激光噪声。

神光Ⅱ飞秒拍瓦激光的功能定位包括:

◆ 促进和发展超高功率高能超短脉冲激光技术;

◆ 支撑超强场物理研究;

◆ 推动与ICF快点火有关的激光技术以及物理实验研究;

◆ 带动关键单元技术的公关;

◆ 支撑我国超短脉冲总体方面的发展。

神光Ⅱ飞秒拍瓦激光总体设计采用OPCPA结构方案,其特点是,展宽器输出的啁啾
脉冲首先在OPCPAⅠ放大器中增益至百毫焦级,之后,该信号光脉冲在OPCPAⅡ中放
大至十焦级,在OPCPAⅢ中放大至百焦级,OPCPAⅡ和OPCPAⅢ泵浦光分别为8路与
第九路放大链的倍频光。该技术方案可有效保持信号在系统中的带宽,并提高整个拍瓦
系统压缩输出脉冲的信噪比。

激光系统总体结构如图11-1所示,宽带啁啾信号放大链路包括三个部分:前置放
大—中级放大—末级放大。前置放大级中,采用两级OPCPA结构,将啁啾信号放大至
180 mJ;中级放大输出到信号OPCPA光路中,该级工作区设定在稳定区内,输出能量约

30 J,稳定性指标约 5%(RMS);末级放大采用大口径 OPCPA 结构,泵浦光由第九路 1 053 nm 倍频得到。该放大链最终输出能量大于 250 J,输出带宽约 70 nm。

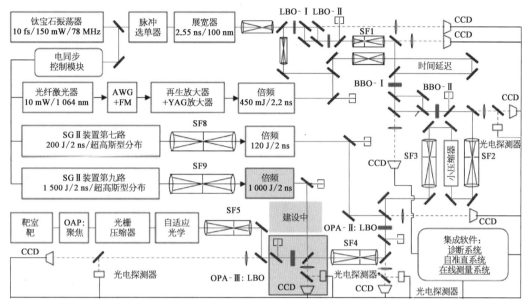

图 11 - 1　神光Ⅱ飞秒拍瓦激光系统结构框图

神光Ⅱ飞秒拍瓦激光装置与现有的神光Ⅱ 8 路激光装置安置在同一激光大厅内,整体排布如图 11 - 2 所示,在实现上分为三个阶段。

(1) 前端:首先振荡器选择 808 nm、10 fs 的商品化超短脉冲激光器,单脉冲能量大约 4.0 nJ,经展器之后,啁啾脉冲宽度 2.0 ns,脉冲能量大约 1.0 nJ。

预放系统采用两级 OPCPA 偏硼酸钡($\beta - BaB_2O_4$,BBO)系统,最终实现百毫焦级、光谱宽度 80 nm(支持 10~20 fs 脉冲宽度的输出)、啁啾脉冲宽度约为 2.5 ns、重复频率为

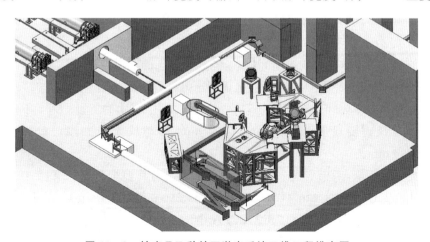

图 11 - 2　神光Ⅱ飞秒拍瓦激光系统三维工程排布图

1 Hz 的脉冲,提供给第二阶段。

(2) 0.5~1 PW 的放大

第二阶段中,利用 8 路倍频光作为泵浦光源,以 OPCPA 技术实现信号光放大输出,达到 30 J 脉冲输出,光谱宽度大于 60 nm。

(3) 神光Ⅱ飞秒拍瓦激光的 OPCPA 放大

利用第九路倍频光作为泵浦光源,以大口径 OPCPA 放大技术,将脉冲能量提升到 260 J,经过压缩之后,获得大约 150 J、30 fs 的脉冲输出,实现大约 5 PW 的输出功率。

系统总体参数如下:

工作波长:808 nm;

激光束数:1 束;

光束口径:290 mm×290 mm;

压缩前能量:250 J;

压缩后能量:150 J;

压缩脉冲宽度:30 fs;

光谱宽度:40 nm(FWHM);

输出功率:5 PW;

聚焦:2 DL 范围内集中 50% 能量;

聚焦功率密度:约 1×10^{21} W/cm^2;

信噪比:约 1×10^8。

11.2.2　性能与参数

1. 能流分析

飞秒超短脉冲激光系统中,最容易破坏的光学元件就是压缩光栅。光栅面所能承受的最大输出能力,决定了整个系统的设计输出指标,因此系统的能流分析,应该从光栅的承受能力上着手。通常这类系统采用的压缩光栅为镀金全息光栅,光栅面上的安全的能量密度为 0.4 J/cm^2。在纳秒长脉冲的情况下,其安全的光栅面上的能量密度应该小于 0.2 J/cm^2;在飞秒短脉冲的情况下,其安全的光栅面上的能量密度应该小于 0.1 J/cm^2;在满足 150 J、30 fs 总体要求的情况下,考虑到压缩过程中的损耗(单光栅 92% 的衍射效率),在压缩总体效率为 60% 的情况下,需要放大链提供 250 J 的能量。为了不破坏光栅,入射光束的口径需要设置为 290 mm×290 mm,即与放大链的接口口径也设定为 290 mm×290 mm。

为满足上述需求,考虑到进入压缩器前由于滤波与其他损耗,放大链系统需要将啁啾信号光由 0.2 nJ(2 ns、3 mm)放大至 260 J(2 ns、290 mm×290 mm)。基于现有第九路与 8 路成熟的技术指标,后级大能量 OPCPA 中泵浦光分别用 8 路和第九路的 1 053 nm 输出光束倍频后注入 OPCPA 系统。

在末级 OPAⅢ单元中,采用损伤阈值高的三硼酸钾(LiB$_3$O$_5$,LBO)晶体,最容易出现损伤的是分离膜层,镀膜要求为 45°入射角、中心波长 527 nm 全反膜,0° 808 nm 宽带全透,损伤阈值为 5~6 J/cm^2。受此条件制约,泵浦光的工作点设定为 4 J/cm^2;大口径 LBO 晶体目前短期内有可能达到的尺寸为 150 mm×150 mm,我们设定末级晶体尺寸为 150 mm×150 mm,相应的通光口径为 145 mm×145 mm,并将泵浦光尺寸也设定为 145 mm×145 mm,按 30%转换效率,泵浦光的能量要求 900 J,可实现 260 J(2 ns)的啁啾脉冲输出。考虑到大尺寸晶体成本与厚度可能带来的影响,该级工作状态只设定在放大区,末级 OPCPA 中信号光输入能流指标设定为 0.18 J/cm^2。经过该级 OPCPA 系统放大,信号光能量由 30 J 放大至 260 J。输出信号光束功率密度为 0.7 J/cm^2,扩束为 290 mm×290 mm,与后级系统相接。

OPAⅡ单元设计与上面过程类似,泵浦光由北 8 路中一路信号放大倍频后注入,泵浦光能流密度设定为 4 J/cm^2,能量 150 J,泵浦光束口径设定为 60 mm×60 mm;注入信号光能量为 126 mJ,光束口径预设为 85 mm,输入能流密度约为 0.0017 J/cm^2;放大后输出光能量有预定为 30 J,光束尺寸为 60 mm×60 mm,光束扩束为 145 mm×145 mm 后,与后级系统相接。

小压缩器的能量转换效率设定为 70%,需要注入小压缩器的信号光能量设定为 180 mJ,光束口径为 24 mm,能流密度设定为 0.04 J/cm^2。前置 OPCPA 系统泵浦光工作能流密度设定为 1 J/cm^2,泵浦光与信号光光束口径设定为 12 mm,在该单元中经两级 OPCPA 放大,输出信号能量为 180 mJ。通过后级扩束系统与后续放大链相接。

各级能流密度指标如表 11-1 所示,从表中可以看出,各级放大器输出的能流密度可以保证晶体在安全运行的情况下实现设计指标。

表 11-1　神光Ⅱ飞秒拍瓦激光系统各级的能流密度

		输入光束口径 /mm	输入能量 /J	输入的能流 /(J/cm^2)	输出光束口径 /mm	输出能量 /J	输出能流密度 /(J/cm^2)	增　益
OPAⅠ	泵浦光	12	0.9	1	—	—	—	—
	信号光	12	0.1×10^{-9}	约 10^{-10}	24	0.18	约 0.004	约 109
小压缩器		24	0.18	0.04	24	0.13	0.03	0.7
OPAⅡ	泵浦光	60×60	150	4	—	—	—	—
	信号光	85	130×10^{-3}	1.7×10^{-3}	60×60	30	0.8	约 102
OPAⅢ	泵浦光	145×145	900	4	—	—	—	—
	信号光	145×145	29	0.18	145×145	260	0.7	约 10
压缩器		290×290	250	0.3	290×290	150	0.18	0.6

2. 光谱窄化分析

在神光Ⅱ飞秒拍瓦激光系统中,光谱的窄化主要表现为展宽器和压缩器中的光谱剪切以及 OPCPA 中的光谱增益窄化,其中光谱的增益窄化主要针对光谱的半高全宽。在整个系统中,展宽器的光谱剪切为系统提供一个统一的光谱底宽。通过模拟发现,该光谱底宽在整个放大压缩过程中几乎不变,光谱的变化主要为半高全宽和幅度的变化。其模拟结果如表 11-2 所示,系统各级的光谱输出可以支持系统最终 30 fs 压缩脉冲输出。

表 11-2 神光Ⅱ飞秒拍瓦激光系统的光谱窄化情况表

		能量/口径	光谱半/底宽	信号增益
展宽器		0.2 nJ/2 mm	80 nm/128 nm	*
OPA Ⅰ	BBO-1	900~1 000 μJ/4 mm	60 nm/128 nm	$10^5 \sim 10^6$
	BBO-2	180 mJ/12 mm	100 nm/128 nm	200
小压缩器		130 mJ/24 mm	90/128	0.7
OPA Ⅱ	LBO	30 J/60 mm	90 nm/128 nm	300
OPA Ⅲ	LBO	260 J/145 mm	75 nm/128 nm	8.7
压缩器		150 J/400 mm	60 nm/128 nm	0.6

3. 信噪比分析

为了确保啁啾脉冲压缩到 30 fs(对应光谱的半高全宽约为 32 nm),展宽、放大和压缩过程中必须保持足够的光谱带宽。理想情况下,在光谱函数为高斯函数的情况下,展宽器中 4 倍的无畸变光谱带宽可以保证 10^{-10} 的对比度,模拟结果如图 11-3 所示。在采用 OPCPA 放大的系统中,光谱带宽一般会保留下来,不会发生增益窄化,同时由于后级 OPCPA 一般会进入饱和区,使啁啾脉冲输出的光谱变为超高斯分布,这将有利于系统信噪比的提升。例如当光谱函数为二阶超高斯函数时,保留 3 倍的光谱带宽即可实现 10^{-10} 的对比度,模拟计算结果如图 11-4 所示。

图 11-5 和图 11-6 分别模拟了在光谱函数分别为高斯函数和二阶超高斯函数两种情况下,压缩器中光谱剪切以及该光谱剪切对输出脉冲对比度的影响。从图中可以看出,压缩器中的光谱对输出脉冲几乎不产生什么影响,系统的光谱剪切主要取决于展宽器中的光谱剪切,同时当输出脉冲光谱函数为超高斯光谱函数时,其输出脉冲对比度明显优于高斯函数的情况。

基于以上分析可以看出,从光谱的角度来看,目前系统的光谱设计完全能满足系统最终信噪比的要求。

4. 聚焦特性分析

聚焦特性包括聚焦能力保障和强激光靶面焦斑精密诊断两方面的内容。

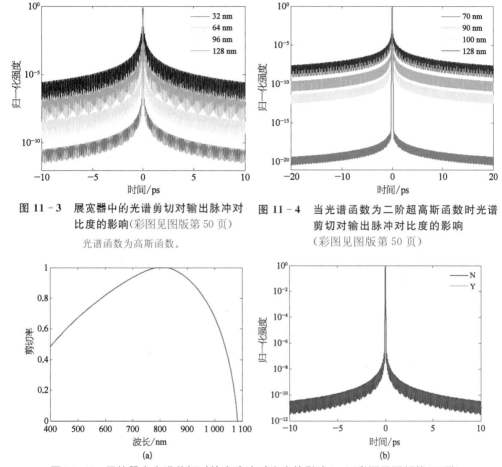

图 11-3　展宽器中的光谱剪切对输出脉冲对比度的影响（彩图见图版第 50 页）

光谱函数为高斯函数。

图 11-4　当光谱函数为二阶超高斯函数时光谱剪切对输出脉冲对比度的影响（彩图见图版第 50 页）

图 11-5　压缩器中光谱剪切对输出脉冲对比度的影响（一）（彩图见图版第 50 页）

压缩器中的光谱剪切(a)在考虑与不考虑压缩器中的光谱剪切两种情况下对输出脉冲对比度的影响(b)，光谱函数为高斯函数，光谱半高全宽为 32 nm，底宽为 128 nm。

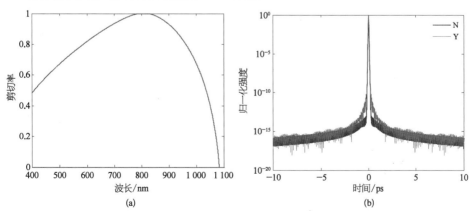

图 11-6　压缩器中光谱剪切对输出脉冲对比度的影响（二）（彩图见图版第 50 页）

压缩器中的光谱剪切(a)在考虑与不考虑压缩器中的光谱剪切两种情况下对输出脉冲对比度的影响(b)，光谱函数为二阶超高斯函数，光谱半高全宽为 50 nm，底宽为 120 nm。

根据像差理论,2 倍衍射极限(2 DL)内集中 50%的激光能量,要求注入聚焦镜的激光波前相位梯度均方根(gradient root-mean square,GRMS)不大于 60 nm/cm。然而,由于光学元件的材料不均匀、加工误差、夹持应力、光路装校误差、气流扰动等不利因素的影响,波前 GRMS 通常达 90 nm/cm 以上,因此有必要实施下文所述的技术方案以保障激光的聚焦能力。

另外,在神光Ⅱ飞秒拍瓦激光装置中,光束波前特征不仅对激光聚焦的能力和峰值功率产生影响,光束的波前畸变也将降低装置远场焦斑信噪比和光栅压缩器的脉冲压缩能力。计算得到,保证远场焦斑具备 $10^8:1$ 的信噪比,波前畸变的 PV 值要小于 0.5 波长。

靶面焦斑强度分布是激光物理实验的关键参数,准确获得功率密度高达 10^{21} W/cm^2 的靶面焦斑强度分布数据是一项必不可少的研究内容。X 射线针孔相机和经典的采样测量方法都不能满足装置的测试要求,为解决强激光靶面焦斑的精密诊断问题,我们将采用光场复振幅焦斑演算技术。

神光Ⅱ飞秒拍瓦激光装置是采用多级 OPCPA 放大技术实现几十飞秒短脉宽超短脉冲的激光系统,其聚焦远场焦斑要求 2 DL 范围内集中 50%以上的能量,峰值功率达到 10^{21} W/cm^2。远场焦斑由于 CCD 检测噪声和检测光路的固有像差,难于直接准确测量。根据夫琅和费衍射理论,远场焦斑的强度分布对应近场电场强度的傅里叶变换,也与测量得到的光束波前特性具有一致性。因此,神光Ⅱ飞秒拍瓦激光装置需要对光束波前畸变加以准确控制,使聚焦光束波前接近理想波面,远场焦斑才能达到近衍射极限。神光Ⅱ飞秒拍瓦激光装置由于采用 OPCPA 放大技术,系统像差中静态波前将占主要成分,动态波前主要来源于少量热沉积和气流扰动等因素。光束静态波前畸变主要来源于光学元件的材料不均匀、加工误差、夹持应力、光路装校误差。另外,像差理论得到光束波前 GRMS 与远场聚焦能力具有对应关系,因此,首先要对光学元件的面形进行严格控制,特别是 GRMS 的指标要求。

5. 光学件面形质量控制

光学件波前误差是造成激光系统像差的主要原因,因此光学件在上线安装前均应满足一定的波前质量参数。用于表征光学件波前质量的参数可分为空域参数和频域参数两类,空域参数主要是峰谷值(peak-to-valley,PV)、均方根值(RMS)和 GRMS,频域参数主要是功率谱分布(power spectral density,PSD)以及低、中、高频谱占比。低频成分的划分依据取决于由变形镜驱动器数量及空间排布决定的面形空间拟合能力,而高频成分的划分则依据空间滤波器的截断频率,剩余部分即为中频成分。

一般地,应首先对光学件波前数据进行低通滤波处理后再计算 GRMS 值,计算如下:

神光Ⅱ飞秒拍瓦激光装置远场聚焦技术指标 50%的激光能量集中到 2 DL,依据装置构型和元件数量评估光学件面形。预放输出远场技术指标为 50%的激光能量集中于1.2 DL 内,主放大及终端压缩和聚焦光学组件完成 2 DL 集中 50%的激光能量。首先,以此为依据计算预放前小口径光学元件面形要求。在神光Ⅱ飞秒拍瓦激光装置前端，展宽器和预放大器组件中光学元件数量多，光束在这些光学元件表面反射接近 100 多次，同时多次经过单一光学镜面，如展宽器组件中的反射镜和屋脊镜。对于神光Ⅱ飞秒拍瓦激光装置小型光学元件的面形指标可依据下面公式得小口径光学元件 GRMS 应小于 8.5 nm／cm，λ／75／cm（$\lambda=633$ nm）。

$$\sigma_{xy} \leqslant \frac{\Omega}{\sqrt{-2N_e \ln(0.2)}} \tag{11-1}$$

大口径光学元件面形技术指标需要依据 50％集中到 2 DL 以内的技术指标和波前数据开展模拟分析。图 11-7 所示为神光Ⅱ激光装置单束激光系统静态输出波前（a）和波前校正后残差（b）以及通过傅里叶变换后它们对应的远场焦斑。

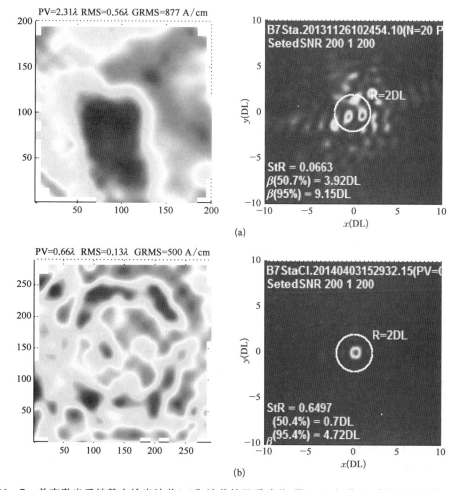

图 11-7　单束激光系统静态输出波前（a）和波前校正后残差，及（b）远场焦斑（彩图见图版第 51 页）

SrR：斯特列尔比；β：环围能量因子。

不难看出,根据像差理论和神光Ⅱ飞秒拍瓦激光装置波前数据 2 DL 集中 50% 激光能量的要求,注入聚焦镜的激光波前相位梯度均方根(GRMS)不大于 60 nm/cm。假定主放大及终端压缩和聚焦光学组件的大口径光学件面形符合平方公差法(root-sum-square, RSS)统计规律。150 mm 口径光学元件中,反射件 4 块,透射件 4 块;290 mm 口径光学元件中,反射件 13 块,透射件 2 块。以 150 mm 口径光学元件为参考,单个大口径光学元件的面形 GRMS 应为小于 6.9 nm/cm, $\lambda/90$/cm($\lambda = 633$ nm);以 290 mm 口径光学元件为参考,单个大口径光学元件的面形 GRMS 应为小于 8.2 nm/cm, $\lambda/77$/cm ($\lambda = 633$ nm)。综合上述计算结果,神光Ⅱ飞秒拍瓦激光装置单个大口径光学元件的面形 GRMS 应为小于 7.5 nm/cm, $\lambda/85$/cm($\lambda = 633$ nm)。

神光Ⅱ激光系统中大口径光学件的波前质量统计数据显示:大口径光学元件 GRMS 技术指标的加工平均水平为 10 nm/cm,因此目前大口径光学元件的加工水平不能完全保证神光Ⅱ飞秒拍瓦激光装置具备 2 DL 集中 50% 激光能量的要求。同时光学元件由于材料不均匀、加工误差、夹持应力、光路装校误差、气流扰动等不利因素影响,波前 GRMS 累计通常达 90~120 nm/cm 以上。因此,有必要在主放和终端光学元件中引入自适应光学光束波前主动校正技术,以满足 2 DL 集中 50% 激光能量和峰值功率达到 10^{21} W/cm^2 的技术指标要求。

6. 激光链路精密装校技术

除了应用传统的装校技术外,我们在大型激光系统的工程研制中所发展的波前像差模式分析算法和波前传输衍射模型,可用于进一步提升激光链路的装校水平。

初级像差是影响光束聚焦能力的主要像差,利用哈特曼波前传感器获得激光系统的波前像差数据。根据像差模式分析算法,准确提取离焦量、像散和彗差等由装校误差引起的初级像差。根据离焦量可实现空间滤波器透镜的准确对焦,根据彗差可修正滤波器透镜的偏轴,而根据像散可指导反射镜的低应力安装。

7. 强激光靶面焦斑精密诊断技术

根据衍射光学理论可知,由激光近场复振幅可以准确计算靶面焦斑数据。复振幅包含光束近场强度和波前相位两部分,其中近场强度比较容易测得,而在采集光路的像差得到准确标定的条件下,可以获得激光的波前相位,因此可以获得测量取样点位置强激光的光场复振幅数据。例如,我们在大型激光系统的工程研制中所开发的远场焦斑演算技术,理论计算和实测结果比较一致。图 11-8 为我们针对实际激光系统的一组焦斑测量的数据和理论计算的对比结果。考虑到工程可行性,终端光学组件像差对靶面焦斑的影响可以借鉴我们在大型激光系统研制中所发展的像差标定技术和波前传输衍射计算模型相结合的技术方案。

8. 色散控制与光谱整形

在啁啾脉冲放大系统中,压缩器不仅要补偿脉冲经过展宽器形成的啁啾。并且要补偿在放大过程中由于增益介质以及各种光学元件的色散特性而形成的啁啾,为了补偿这

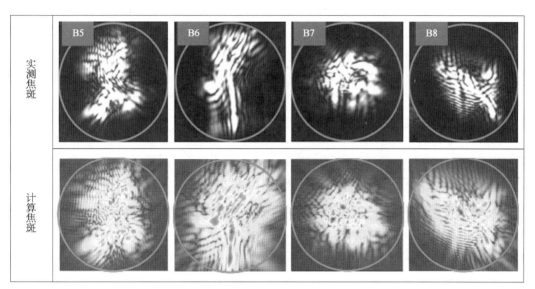

实测焦斑

计算焦斑

图 11-8 大型激光系统输出焦斑实验值与计算值对比(彩图见图版第51页)

些啁啾,可以通过改变压缩器中光栅对的斜距离、入射角以及光栅刻线密度来实现,但是在飞秒数拍瓦激光系统中,压缩器要通过大口径光栅来实现,本身调整就非常困难,所以不可能通过它的调节来实现全系统色散的补偿,而展宽器因为要求实现的展宽量非常大,光路非常复杂,也不方便通过它的调节来实现全系统的色散补偿。

为了实现全系统的色散控制与补偿,最好固定好展宽器和压缩器的各参数,即第一次调节好后,就不再进行改变,而通过在展宽器的后面追加一个微调压缩器来实现全系统的色散控制与补偿。在这里,因为展宽器和压缩器提供的啁啾率都非常大,是啁啾脉冲放大系统中最大的两个色散器件,所以最好使二者的光栅刻线密度、入射角相同,这样更有利于二者色散的匹配,最后系统剩余的少量色散通过调节小压缩器光栅斜距离和入射角来实现。

同时可以通过棱镜对的调节来实现系统剩余高阶色散的独立调节。

通过以上色散控制单元还未补偿掉的高阶色散和光谱畸变,通过光谱整形单元来实现。

表 11-3 啁啾脉冲放大系统中展宽器、介质材料以及压缩器的色散符号

	GDD	TOD	FOD
展宽器	+	−	+
微调压缩器	−	+	−
棱镜对	−	+	−
介质材料	+	+	+
压缩器	−	+	−

GDD:group delay dispersion,群延迟色散;TOD:third order dispersion,三阶色散;FOD:fourth order dispersion;四阶色散。

为了直观地看出全系统各部分的色散特性,表 11 - 3 列出了啁啾脉冲放大系统中展宽器、介质材料、微调压缩、棱镜对以及压缩器的各阶色散符号。在神光Ⅱ飞秒拍瓦激光超短脉冲激光系统中,为了达到系统色散的有效控制,需要合理设计小压缩器的调整量,通过调节小压缩器中光栅的斜距离和入射角来实现全系统的二阶色散调节和补偿,最后通过棱镜对实现系统三阶剩余色散的独立调节。

9. 光束波前畸变与信噪比及脉冲压缩分析

神光Ⅱ飞秒拍瓦激光装置光束波前畸变对装置远场聚焦时间的特性和信噪比产生影响。在 Apollon、ELI 和 OMEGA 等超短脉冲激光装置中,都在压缩器输入端和输出端利用大口径变形镜提升光束波前质量,也提升装置聚焦脉宽信噪比和脉冲压缩的能力。下文以神光Ⅱ装置第九路波前畸变为例,开展波前畸变与信噪比及脉冲压缩的分析。

关于激光系统参数,中心波长 808 nm,光谱如图 11 - 9(a)所示,时间形状为高斯分布,脉宽(full width at half maxima,FWHM)为 30 fs,如图 11 - 9(b)所示。空间形状为

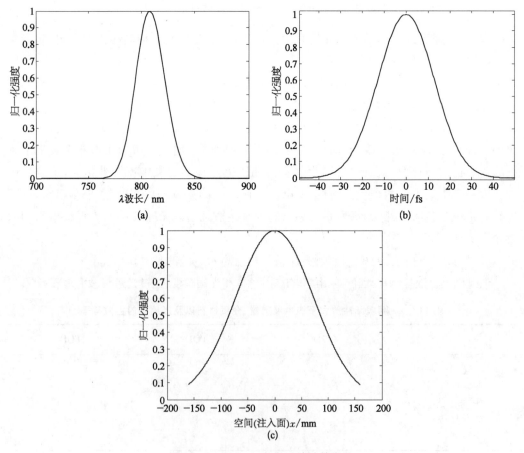

图 11 - 9 808 nm 激光系统计算参数

(a) 注入光谱;(b) 时间曲线;(c) 空间曲线。

高斯分布,直径(1/e²)为 290 mm,计算模拟空间一维分布,如图 11 - 9(c)所示。

(1) 光谱 (b)时间形状为高斯分布,脉宽(FWHM)为 30 fs(c),空间形状为高斯分布,直径(1/e²)为 290 mm。

波前畸变数据采用神光Ⅱ第九路实验数据,分别取动态波前 x 方向、动态波前 y 方向、静态波前 x 方向、静态波前 y 方向的数据进行模拟,如图 11 - 10 所示。可以看出,实际波前残差分布主要为中间凹陷、两边突出的形状,x 方向 PV 值较小,约为 1λ,y 方向 PV 值较大,约为 2λ。

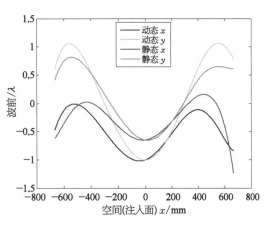

图 11 - 10　神光Ⅱ第九路波前畸变
(彩图见图版第 52 页)

由于波前残差曲线趋势相同,采用起伏较大的动态 y 方向进行计算模拟预测,聚焦焦距为 800 mm,图 11 - 11(a)为初始脉冲时空分布,图 11 - 11(b)为动态波前 y 方向的残

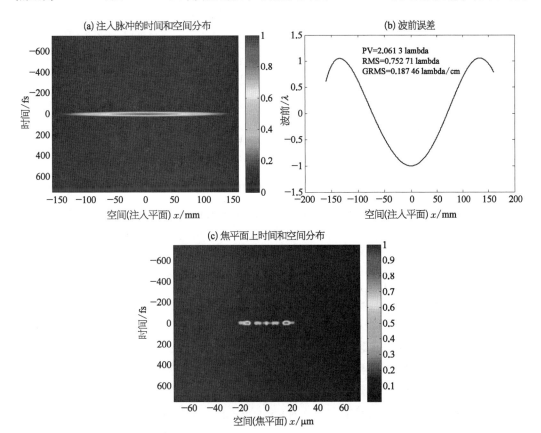

图 11 - 11　依据神光Ⅱ第九路波前畸变入射神光Ⅱ5PW 聚焦时空特征(彩图见图版第 52 页)

(a) 初始脉冲时空分布;(b) 动态波前 y 方向的残差;(c) 聚焦后脉冲时空分布。

差,PV 值 2.061 3λ、RMS 值 0.75λ、GRMS 值 0.187 6λ/cm,图 11-11(c)为聚焦后脉冲时空分布,波前误差的引入,在焦斑处对时间与空间分布产生影响。

（2）空间特性

引入波前误差后的焦斑形态如图 11-12(a)蓝线所示,相比无波前误差的情况(绿线)。如图 11-12(b)的波前误差导致光斑中心强度减弱,光斑旁瓣强度增加,光斑直径(1/e²)变大,由理想聚焦的 5 μm 增加到存在波前畸变时的 60 μm。计算结果表明,存在波前畸变时,50%能量的环围尺寸为 10.41 倍衍射极限(ϕ28 μm),81%能量的环围尺寸为 13.07 倍衍射极限(ϕ34 μm),95%能量的环围尺寸为 15.67 倍衍射极限(ϕ42 μm)。如图 11-12(b)所示,理想入射波前聚焦条件下,2 倍衍射极限(ϕ5.5 μm)包含 95%的能量。

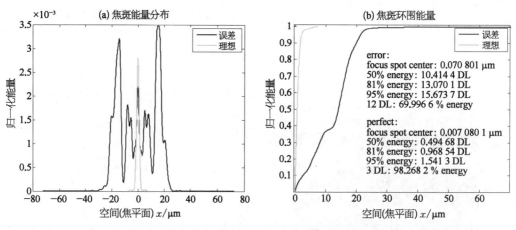

图 11-12　入射光束存在波前畸变的空间特性(彩图见图版第 53 页)

(a) 引入波前误差后的焦斑形态;(b) 聚焦环围能量。

（3）时间特性

模拟分析同时对入射光束存在波前畸变时的压缩时间特征进行了计算,时间波形结果如图 11-13(a)所示,聚焦后脉冲脉宽(FWHM)为 30 fs,信噪比时间窗口取 500 fs,信噪比(139 422)优于 10⁵,对比完美聚焦情况主峰前 500 fs 处信噪比(4 033 136)退化到 1/29。脉宽在横向空间上(x 方向)的分布如图 11-13(b)所示,脉冲宽度在横向分布上基本保持 30 fs 的水平。信噪比在横向空间上(x 方向)的分布如图 11-13(c)所示,可以看出中心处的信噪比退化严重,退化两个数量级,光斑边缘保持优于 10⁵ 的水平。信噪比退化的机理可以理解为:由于引入了波前误差在大口径上的分布,空间上分布的光脉冲产生不同角度的衍射,在空间不同位置的光脉冲在聚焦过程中将经历不同的光程,从而造成脉冲达到焦平面的时间有先后,最终导致了超短脉冲聚焦过程中时空上的耦合,对最终的聚焦脉冲的时间特性产生影响,使得脉冲信噪比受到调制,并大幅度退化。

（4）小结

神光Ⅱ飞秒拍瓦激光装置聚焦光束存在较大的波前畸变,对激光系统产生如下影响:

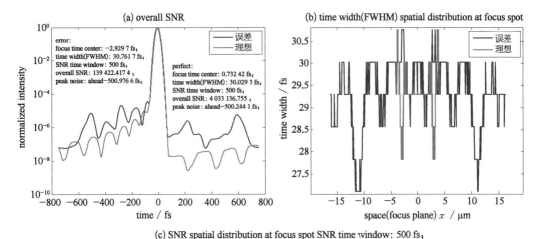

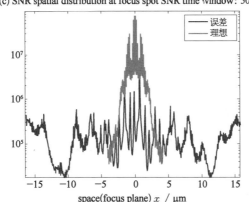

图 11-13　入射波前畸变对神光 II 飞秒拍瓦激光系统中聚焦时间特性的影响（彩图见图版第 53 页）

（a）时间波形；（b）脉宽在横向空间上（x 方向）的分布；（c）信噪比在横向空间上（x 方向）的分布。normalized intensity：归一化强度；Overall SNR：全域信噪比；peak noise：ahead：峰值噪声：主脉冲前；Error：有波前畸变；Perfect，无波前畸变；Focus time center：聚焦时间中心；Time width（FWHM）：时间宽度（半高全宽）；SNR time window：信噪比时间窗口；Overall SNR：全窗口信噪比；time：时间；space（focus plane）：空间分布（焦平面）。

◆ 在远场焦瓣空域上，产生高强度的旁瓣，光斑直径变大；

◆ 在远场焦瓣时域上，虽然时间主脉冲宽度受影响不大，但时间信噪比受影响非常显著，500 fs 时间窗口退化到 1/29，光斑中心信噪比退化非常严重。

§11.3　飞秒拍瓦激光单元设计

11.3.1　前端设计

前端分系统包括种子源单元、展宽器单元和色散调节单元，主要实现如下功能：

第一，为系统提供稳定可靠的种子飞秒脉冲；第二，将飞秒脉冲展宽到纳秒级；第三，对全系统的色散进行微调控制；第四，对系统的光谱进行整形和对系统的高阶色散进行补偿。

11.3.1.1 种子源

目前飞秒种子振荡器有商业化的产品,且性能指标都能满足要求,故该方案中种子振荡器拟采用商业的飞秒种子振荡器,图 11 - 14 为奥地利 FEMTO LASERS 公司提供的一款 10 fs 的种子振荡器的内部结构图,指标如下:

脉冲宽度:小于 10 fs;

工作波长:808 nm;

重复频率:75 MHz;

输出功率:大于 150 mW;

光谱宽度:90 nm~100 nm(FWHM)。

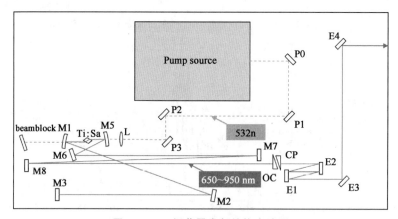

图 11 - 14　振荡器内部结构光路图

pump source:泵浦光源;beamblock:光挡;OC:output coupler(输出耦合器);E1 & E2:ECDC module (ECDC 模块,啁啾调制镜);CP:compensation plate(补偿板)。

11.3.1.2　展宽器

1. 展宽器功能

脉冲展宽器系统是神光Ⅱ飞秒拍瓦激光装置的重要组成部分,拍瓦系统终端输出信噪比在理论上设计大于 10^8 : 1,激光脉冲宽度小于 30 fs,单脉冲能量大于 150 J。这么高的信噪比参数对激光系统的各个组成部分提出了十分严格的要求,从设计的角度考虑,首当其冲的就是全系统的色散控制部分,而展宽器是神光Ⅱ飞秒拍瓦激光系统色散控制的第一个环节,因此它的合理设计非常重要,关系着拍瓦激光全系统整体色散量与压缩器的匹配情况、色散量的调节方式,以及剩余色散量对全系统信噪比的影响程度等。

为了达到优化设计,展宽器的设计和构造必须满足如下要求:

(1) 保证展宽器与压缩器相匹配,即保证展宽器各阶色散量的符号与压缩器各阶色散量的符号相反,这样才能保证展宽之后的脉冲能够被压缩器压缩回去。由于飞秒拍瓦激光的压缩器将采用大口径的光栅,尺寸庞大,处于真空之中,同时还要求有复杂的在线监视单元,因此全系统色散量的调节,从工程的角度上来看,应该放在前端小尺寸的器件上。这样的安排具有结构简单和可靠的优点。

(2)综合系统的各种色散量,优化展宽器的结构参数,从而达到最佳的输出脉冲信噪比的效果。为了获得高的信噪比,展宽器的设计必须考虑光谱的空间啁啾和全系统光学件的总色散,从而使展宽器的色散匹配压缩器和整个系统的总色散量,最终满足高信噪比要求。

(3)尽量减少展宽器的光谱剪切,保证足够的光谱宽度通过放大器,到达压缩器,以得到最佳输出脉冲信噪比。

(4)必须合理地控制系统的高阶色散量,剩余高阶色散量将会严重影响激光脉冲的信噪比。展宽器的设计必须与压缩器完全一致,才能做到完全补偿。因此它的设计,将以压缩器的设计为基础进行优化。

2. 展宽器组成

展宽器采用 Öffner 结构,该结构由一块反射式光栅、一块凹面镜、一块凸面镜、一对屋脊反射镜等光学元件组成。

3. 展宽器设计指标

中心波长:808 nm;

啁啾率:25.5 ps/nm;

光栅刻线:1 740 线/mm 的镀金光栅;

入射角:56°;

展宽量:2.04 ns/80 nm;

保留的光谱宽度:32 nm×4＝128 nm。

4. 展宽器的设计

目前在超短脉冲激光装置中,展宽器基本采用 Martinez 构型或者 Öffner 构型,或者这两种构型的变形结构。本方案中展宽器拟采用 Öffner 构型,设计理由如下:① 在同样啁啾率的情况下,Öffner 展宽器构型相对 Martinez 展宽器构型占用的空间更小;② Öffner 展宽器构型中凹面镜和凸面镜的共心设计使得系统无像差;③ Öffner 展宽器构型在综合性能上(尤其在提高信噪比方面)优于 Martinez 展宽器构型,所以展宽器方案采用 Öffner 展宽器构型。

具体的工程方案如图 11 - 15 所示,其中图 11 - 15 (b) 为展宽器的立体结构示意图;图 11 - 15(a) 为展宽器在竖直方向的结构图。图中 Grating 为光栅,光栅的刻线方向为垂直方向,所以当入射光线的偏振方向为垂直方向进入时,光栅衍射效率最高;Convex 为凸面反射镜;Concave 为凹面反射镜;Flat₁ 和 Flat₂ 组成一对屋脊镜;Output 和 Input 为输出镜和输入镜。

表 11 - 4 列出了神光 II 飞秒拍瓦激光装置中所采用的四通 Öffner 展宽器光学件的参数设计结果,其展宽器平台横向和纵向的光路排布分别如图 11 - 16 和图 11 - 17 所示。

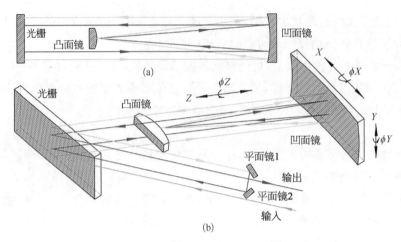

图 11 - 15　Öffner 展宽器的结构模型

（a）展宽器在竖直方向的结构图；（b）展宽器的立体结构示意图。

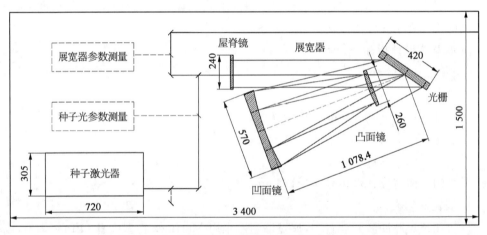

图 11 - 16　展宽器平台横向光路排布（单位：mm）

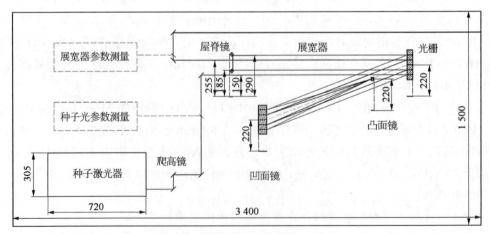

图 11 - 17　展宽器平台纵向光路排布（单位：mm）

表 11 - 4　Öffner 展宽器光学件参数设计

中文名称	规格参数	材料	图纸编号
展宽器光栅	420 mm×210 mm×40 mm，PV<1/4λ，刻线：1 740 线/mm，镀金光栅，光谱范围：750 ～ 850 nm，p 偏振		
展宽器凹面镜	570 mm × 200 mm × 60 mm，$R=1\,600$ mm，PV<1/4λ，GRMS<1/75λ/cm	K9	SGⅡ-L31-光 01
展宽器凸面镜	260 mm × 20 mm × 20 mm，$R=-800$ mm，PV<1/4λ，GRMS<1/75λ/cm	K9	SGⅡ-L31-光 02
展宽器屋脊镜	240 mm×20 mm×20 mm，PV<1/6λ，GRMS<1/75λ/cm	K9	SGⅡ-L31-光 03
展宽器平面镜	$\phi30×8$ mm，PV<1/6λ，GRMS<1/75λ/cm(30 的楔板)，B 面打毛	K9	SGⅡ-L31-光 04
展宽器平面镜	$\phi50×8$ mm，PV<1/6λ，GRMS<1/75λ/cm，B 面打毛	K9	SGⅡ-L31-光 05
平面取样镜	$\phi30×6$ mm(3°的楔板)，$PV_A<1/6λ$，$PV_B<1/6λ$，GRMS<1/75λ/cm，加工 AB 面	K9	SGⅡ-L31-光 06

11.3.1.3　色散调节单元

在该系统中，展宽器和压缩器都很巨大，其调节都很复杂，所以最终色散的微量调节不能通过展宽器和压缩器的调节来实现，而应该有独立的、调节简单的装置来实现。同时由于最终压缩脉冲的宽度仅为 30 fs，全系统的色散调节最好通过两步来实现：第一，通过中等精度的色散调节，实现全系统的色散调节和色散的粗补偿，将脉冲补偿到皮秒级；第二，通过高精度的色散调节，实现全系统色散的高精度补偿，将脉冲补偿到飞秒级。

1. 中等精度色散调节

通过中等精度的色散调节实现全系统的色散调节和色散的粗补偿，将脉冲补偿到皮秒级。中等精度的色散调节装置拟采用四通的微调压缩器构型，其结构如图 11 - 18 所示，图中 ϕ 为入射光束的口径，H 为第一块光栅的横向长度，K 为第二块光栅的横向长度，G 为平行光栅对之间的垂直距离，γ 为入射角，e 为入射光束与光栅之间的间隔。放置位置：前置 OPCPA 之后。设计指标如下：

中心波长：808 nm；

啁啾率：-420 ps/100 nm（即：-4.2 ps/nm）；

脉宽调节范围：±15 ps；

光栅刻线：1 740 线/mm 的镀金光栅；

入射角：56°；

入射光束口径：24 mm；

光栅无剪切带宽：100 nm；

光谱底宽：120 nm；

光栅对中心斜距离：171.8 mm；

输入能量：180 mJ；

输出能量：126 mJ；

光栅对中心斜距离：171.8 mm±6 mm。

（第二块光栅在 808 nm 波长衍射方向可前后移动 6 mm。）

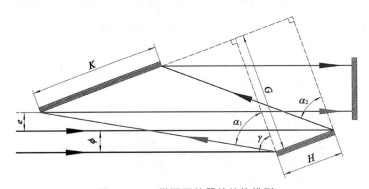

图 11 - 18　微调压缩器的结构模型

2. 高精度色散补偿

高精度色散调节单元,实现系统剩余色散的高精度调节。

高精度色散补偿装置拟采用棱镜对构型,其结构如图 11 - 19 示,图中 ϕ 为入射光束的口径,γ 为入射角,α 为棱镜对的顶角,棱镜对的底边为 B,M_1 和 M_2 为屋脊反射镜,P_1

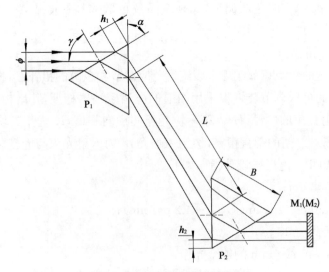

图 11 - 19　棱镜对的结构模型

和 P_2 为两相同的棱镜对, h_1 为第一块棱镜入射位置离顶点之间的距离, h_2 为第二块棱镜入射位置离顶点之间的距离, L 为棱镜对之间的斜距离。放置位置为种子光源之后。设计指标：

　　中心波长：808 nm；

　　脉宽调节范围：0～300 fs；

　　调节精度：3 fs；

　　棱镜对的材料采用：SF10。

　　根据高精度色散补偿装置的设计指标,通过模拟计算可以得到棱镜对各光学件的参数,表 11 - 5 列出了神光Ⅱ飞秒拍瓦激光装置中所采用的棱镜对光学件的参数设计结果。

表 11 - 5　棱镜对光学件参数设计

	棱镜（P_1 和 P_2）	反射镜（M_1 和 M_2）
外形尺寸	$\alpha = 60.6^0$, $B = 50$ mm, $d = 30$ mm	50 mm × 20 mm
表面面形加工精度	PV$<1/4\lambda$, GRMS$<1/75\lambda/$cm	PV$<1/4\lambda$, GRMS$<1/75\lambda/$cm
玻璃材料	SF10	K9

11.3.1.4　光谱整形单元

光谱整形单元实现系统的光谱整形和高阶色散补偿。

光谱整形可以通过可编程的声光色散滤波器（the acoustic-optic programmable filter, AOPDF）来实现,AOPDF 是基于共线的声光相互作用,其中衍射光脉冲的谱振幅由声波信号的强度来控制,通过调制声波信号的强度可以控制光波的衍射效率,从而控制光脉冲的频谱幅度。同时,声波的频率还是时间的函数,对衍射光脉冲的群延迟进行控制,可以控制声波和光波在晶体中相互作用的位置,从而达到控制脉冲光谱的群延迟的目的,其原理如图 11 - 20 所示。AOPDF 的光谱与色散的补偿都可以通过计算机软件控制来实现,可视化强,操作方便,目前已有成熟的商业化产品,例如由 FASTLITE 公司生产的型号为 DAZZLER ^{TM} HR45 650 - 1100 的 AOPDF 产品就能很好满足系统的设计要求。设计指标：

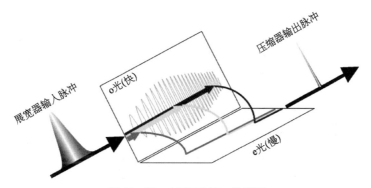

图 11 - 20　AOPDF 的工作原理

中心波长：808 nm；

光谱调谐范围：740～860 nm；

光谱调谐带宽：128 nm；

光谱分辨率：0.2 nm；

光谱幅度控制的动态范围：大于 40 dB；

最大的延迟：14 ps；

衍射效率：50%（100 nm 的带宽范围内）。

11.3.2　放大器系统设计

为提高放大链系统的输出能力及运行可靠性，放大链诸模块须满足宽带宽、高增益、高信噪比、高稳定的啁啾脉冲放大输出的要求。高增益、高稳定性、宽带宽与高信噪比是这一工作的几个重点指标。目前宽带啁啾信号高能量放大输出的技术路线主要有两种，即以钛宝石为工作物质的啁啾脉冲放大（chirped pulse application，CPA）技术与以非线性晶体为工作物质的光参量啁啾脉冲放大（optical parametric chirped pulse application，OPCPA）技术。OPCPA 所具有的高增益、宽带宽、高信噪比及低的热效应等优点，使其成为让啁啾脉冲放大的理想手段。

11.3.2.1　OPCPA Ⅰ 放大

1. OPCPA Ⅰ 单元的功能

在该单元中，由展宽器输入的啁啾信号能量得到约 10^9 的放大增益。在经过两级参量放大后，信号光由 0.1 nJ 放大至 180 mJ，通过将 OPCPA 工作条件设定在稳定区内，输出信号光具有宽带宽（80～90 nm）的特性与良好的能量稳定性——约 2%（RMS）。

2. OPCPA Ⅰ 单元的组成

OPCPA Ⅰ 单元中主要包括信号光、泵浦光与非线性晶体（BBO）三个主要部分。如图 11-21 所示，由 1 J 泵浦源输出的 532 nm 泵浦光分为两路，各自缩束后作为前后两级OPCPA 光路的泵浦源，由展宽器展宽后的啁啾脉冲在 BBO1 与 BBO2 中能量被有效放

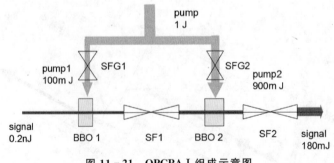

图 11-21　OPCPA Ⅰ 组成示意图

signal：信号光；pump：泵浦；SFG：泵浦光空间滤波器；BBO：β-BaB$_2$O$_4$晶体；SF：空间滤波器。

大至 180 mJ。

3. OPCPA Ⅰ 单元的设计指标

（1）信号光输入接口参量

能量：0.1～0.4 nJ；

波长：808 nm；

脉冲宽度：约 2 ns；

频谱半高宽：80～90 nm；

光束口径：3 mm。

（2）泵浦光输入接口参量

输出能量：1 J；

波长：532 nm；

脉冲宽度：约 3 ns(方波)；

光束口径：12 mm；

近场分布：近平顶；

远场能量集中度：3～4 DL(80%)；

能量稳定性：约 2%(RMS)；

工作频率：1 Hz；

束间同步精度：±50 ps(包括与 8 路、第九路的同步)。

（3）信号光输出接口参量

输出能量：约 180 mJ；

波长：808 nm；

脉冲宽度：约 2.5 ns；

频谱半高宽：大于 90 nm；

输出光束口径：12 mm；

近场分布：近平顶；

远场能量集中度：1.5 DL(80%)；

能量转换效率：大于 20%；

能量稳定性：约 2%(RMS)；

信噪比：10^5～10^8；

工作频率：1 Hz。

4. OPCPA Ⅰ 放大单元信号光

如图 11-22 所示，OPCPA 单元光路分布采用 BBO 或 LBO 晶体、非共线多级 OPCPA 的结构。泵浦源整形为时间与空间脉冲形状均为近平顶的高阶高斯脉冲，泵浦源稳定性达到 2%(RMS)左右。通过控制晶体长度与泵浦光强使 OPCPA 系统工作在稳定区内。系统采用两级 Ⅰ 类匹配 OPCPA 放大结构、非共线泵浦的方式。飞秒脉冲经展宽器展宽为约 2 ns 的啁啾脉冲,中心波长 808 nm,输入能量约 0.2 nJ,经由第一级两块晶体的参量放大,第一级放大增益为$(5\sim10)\times10^6$;再经第二级 OPCPA 放大后,输出能量约 180 mJ,稳定性约 2%RMS,级和级之间加入空间滤波器,以提高光束质量并抑制参量荧光。

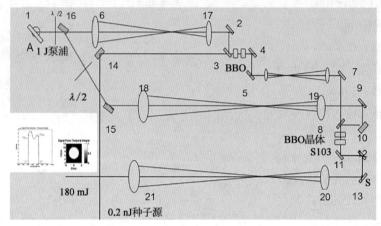

图 11 - 22　OPCPA Ⅰ 放大单元的光路图

1、2、9、10 为 532 nm 45°反射镜;14、4、5、7、11、12、13 为 808 nm 45°反射镜;15、16 为 532 nm 偏振片;3、8 为 0°808 nm 全透、532 nm 45°全反镜;6、17、18、19 为 532 nm 缩束透镜,对 532 nm 双面增透;20、21 为 808 nm 扩束透镜,对 808 nm 双面增透。

532 nm 光分束为 Ⅰ 路与 Ⅱ 路,分别缩束后为两级参量放大提供泵浦源。输出信号光经过空间滤波器(约 1.5 倍衍射极限)扩束后注入小压缩器系统,信号光束经预压缩后扩束注入后级放大链中。

5. OPCPA Ⅰ 放大单元泵浦光

(1) 功能和作用

该单元为 OPCPA Ⅰ 级(光参量啁啾脉冲放大)系统提供一个高稳定度、高时间同步精度、时间和空间均经过整形的单纵模 1 J/532 nm/3 ns 激光泵浦脉冲,如图 11 - 23 所示。

(2) 主要技术指标

输出能量:1 J;

工作波长:532 nm;

工作频率:1 Hz;

脉宽:3 ns(方波);

近场分布:近平顶;

能量稳定性:约 2%(RMS);

束间同步精度:±50 ps(包括与 8 路、第九路的同步);

偏振:线偏振;

光束口径:约 12 mm;

远场能量集中度:3～4 DL(80%);

光谱宽度：单纵模。

1 J/532 nm/3 ns 激光器主要包括三大部分：单纵模光纤前端、LD 泵浦的再生放大器、三级氙灯泵浦的单程放大器。

单纵模光纤前端输出脉冲能量约 1 nJ，然后由再生放大器放大到约 1.5 mJ，再由三级氙灯泵浦的单程放大器放大到约 2 J，最后倍频得到 1 J 532 nm 3 ns 激光脉冲。

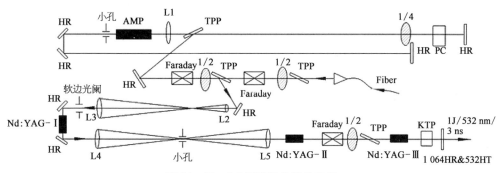

图 11-23　1 J 泵浦源光路排布图

HR：高反射镜；TPP：偏振片；ND：YAG：Nd：$Y_3Al_5O_{12}$ 钇铝石榴石晶体；Faraday：法拉第隔离器；AMP：放大器。

（3）关键技术

1）输出能量稳定性

再生放大和最后一级单程放大中采用饱和放大，大大提高系统输出能量稳定性。

2）时间同步精度

采用高速光电转换及时钟锁定技术，实现约 10 ps 级的同步精度。

3）激光脉冲时间波形预补偿

由于系统中增益饱和效应非常明显，为了在输出端得到近平顶时间波形，需要在单纵模光纤前端事先进行脉冲时间波形预补偿。

11.3.2.2　OPCPAⅡ放大单元

1. 功能

在该单元中，由小压缩器输入的啁啾信号能量得到约 10^9 的放大增益。在经过参量放大后，信号光由 130 mJ 放大至 30 J，通过将 OPCPA 工作条件设定在稳定区内，输出信号光具有宽带宽（80～90 nm）的特性与良好的能量稳定性（约 4%RMS）。

2. 组成

OPCPAⅡ单元中主要包括信号光、泵浦光与非线性晶体（LBO）三个主要部分。如图 11-24 所示，泵浦光由 8 路引出，经放大与倍

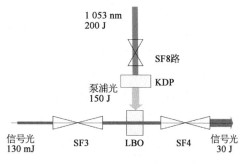

图 11-24　OPCPAⅡ 组成示意图

SF：空间滤波器。

频后得到 527 nm\150 J 泵浦光源，并注入 OPCPA II 单元 LBO 晶体中；由小压缩器输出的啁啾脉冲经扩束后注入 LBO 晶体中，在其中啁啾脉冲能量被有效放大至约 30 J。

3. 设计指标

(1) 信号光输入接口参量

能量：约 130 mJ；

波长：808 nm；

脉冲宽度：2～2.3 ns（近平顶）；

频谱半高宽度：约 90 nm；

光束尺寸：85 mm；

近场分布：近平顶；

远场能量集中度：1～2 DL(80%)；

能量稳定性：约 2%(RMS)；

工作频率：1 Hz。

(2) 8 路泵浦光输入接口参量

能量：150 J；

波长：527 nm；

脉冲宽度：2.2 ns（近平顶）；

光束尺寸：60 mm×60 mm；

填充因子：大于 0.65；

远场能量集中度：5 DL(80%)；

输出能量稳定性：5%～6%(RMS)；

工作频率：1/1 h。

(3) 信号光输出接口参量

输出能量：约 30 J；

波长：808 nm；

脉冲宽度：约 2 ns；

频谱半高宽度：约 90 nm/128 nm；

输出光束尺寸：60 mm×60 mm；

填充因子：大于 0.6；

远场能量集中度：2 DL(80%)；

输出能量稳定性：4%～5%(RMS)；

能量转换效率：大于 20%；

信噪比：10^9～10^{11}；

工作频率：1/1 h。

4. OPCPAⅡ放大单元信号光

OPAⅡ单元中,采用 OPCPA 单元技术实现 30 J 啁啾脉冲放大输出。如图 11 - 25 所示,前级 OPAⅠ输出的信号光经由小压缩器预压缩后脉宽由 3 ns 压缩至 2~3 ns,进入 OPAⅡ单元放大至 30 J,经扩束后注入后级放大单元。

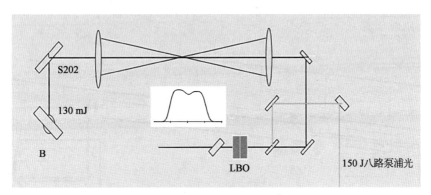

图 11 - 25　OPAⅡ放大光路图

OPCPAⅡ单元光路拟采用非共线Ⅰ类匹配单级光参量放大结构,如图 11 - 25 所示。拟采用两块 LBO 晶体(80 mm×80 mm×13 mm)串联结构,泵浦脉冲由 8 路输出的 2.2 ns 平顶基频脉冲经倍频与缩束后提供,光束缩束为 60 mm×60 mm,泵浦光能量 150 J,像传递面设定在晶体表面处;参量放大的工作区设定在稳定区内,经由 LBO 放大后,输出能量>30 J,稳定性 4%~5%(RMS)。

5. OPCPAⅡ放大单元泵浦光

该单元为 OPCPAⅡ级系统提供一个高稳定度、高时间同步精度、时间和空间均经过整形的单次单纵模 150 J/527 nm/2.2 ns 激光泵浦脉冲。

（1）组成

该单元由 8 路引出光路、片放装置、KDP 倍频与空间滤波器四部分组成。由 8 路北 4 路上层 ϕ100 片状放大器后引出的 1 053 nm 脉冲,经放大后,光束口径为 60 mm× 60 mm,输出能量约 200 J,经空间滤波器后,8 路像传递面落在倍频晶体附近,倍频后得到 527 nm/150 J 的 OPCPAⅡ级泵浦光源。

（2）指标

能量:150 J;

波长:527 nm;

脉冲宽度:2.2 ns(近平顶);

光束尺寸:60 mm×60 mm;

填充因子:大于 0.65;

远场能量集中度:5 DL(80%);

输出能量稳定性:5%~6%(RMS);

工作频率：1/1 h。

如图 11-26 所示，由 8 路引出的 1 053 nm 的 60 mm×60 mm 的基频光信号经一级片放的放大后，能量被放大至 200 J(2.3 ns)左右。SF8 路是比例为 1∶1 的空间滤波器，其输出像面落在倍频晶体 KDP 上面，采用Ⅰ类匹配的方式，输出倍频光的能量约 150 J(2.2 ns)，输入基频光的偏振方向为水平偏振，倍频光的偏振方向为垂直偏振方向。

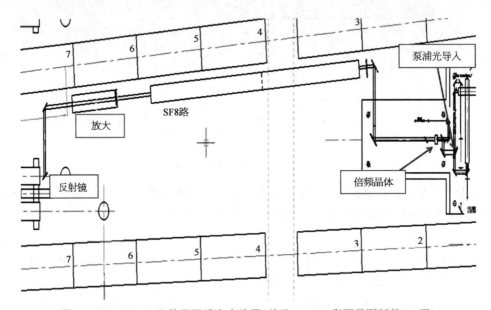

图 11-26　OPCPAⅡ单元泵浦光光路图(单元：mm)(彩图见图版第 54 页)

11.3.2.3　OPCPAⅢ单元

1. 功能

在该单元中，由 OPCPAⅡ扩束后输入的啁啾信号能量从 30 J 放大至 260 J，将 OPCPA 工作条件设定在放大区内，信号光带宽保持在 70～80 nm。

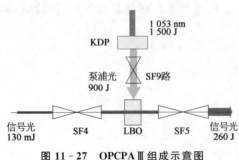

图 11-27　OPCPAⅢ组成示意图

2. 组成

OPCPAⅢ单元中主要包括信号光、泵浦光与非线性晶体(LBO)三个主要部分。如图 11-27 所示，泵浦光由第九路引出，倍频后缩束得到 145 mm×145 mm 口径的 527 nm／900 J 泵浦光源，并注入 OPCPAⅢ单元 LBO 晶体中；扩束后信号光脉冲在 LBO 晶体中能量被放大至 260 J。

3. 设计指标(输入输出接口)

(1) 信号光输入接口参量

能量：约 28 J；

波长：808 nm；

脉冲宽度：2～2.3 ns(近平顶)；

频谱半高宽度：约 90 nm；

光束尺寸：145 mm×145 mm；

近场分布：近平顶；

远场能量集中度：2 DL(80%)；

能量稳定性：4%～5%(RMS)；

工作频率：1/1 h。

(2) 第九路泵浦光输入接口参量

能量：900 J；

波长：527 nm；

脉宽：2.2 ns(近平顶)(2～3 ns 可调节能力)；

近场分布：近平顶；

能量稳定性：3%～5%(RMS)；

束间同步精度：±50 ps；

光束尺寸：145 mm×145 mm；

远场能量集中度：5～7 DL(80%)；

偏振方向：垂直偏振；

填充因子：大于 0.6；

脉冲上(下)升沿：约 200 ps。

(3) 信号光输出接口参量

输出能量：220～260 J；

波长：808 nm；

脉冲宽度：约 1.7 ns；

频谱半高宽度：约 75 nm/128 nm；

输出光束尺寸：145 mm×145 mm；

填充因子：大于 0.6；

远场能量集中度：2～3 DL(60%)；

输出能量稳定性：5%～6%(RMS)；

能量转换效率：约 30%；

信噪比：10^8～10^{10}。

4. OPCPAⅢ放大单元信号

末级 OPAⅢ放大单元中,采用 OPCPA 单元技术实现 260 J 啁啾脉冲放大输出。如图 11-28 所示,放大后信号经扩束注入后级自适应光学单元。

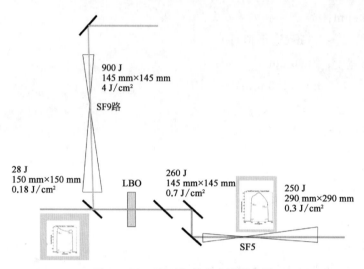

900 J
145 mm×145 mm
4 J/cm²

SF9路

28 J
150 mm×150 mm
0.18 J/cm²

LBO

260 J
145 mm×145 mm
0.7 J/cm²

250 J
290 mm×290 mm
0.3 J/cm²

SF5

图 11-28　OPAⅢ 放大光路示意图

OPCPAⅢ放大单元光路分布,采用 LBO 晶体非共线单级 OPCPA 的结构,OPCPA 系统如图 11-28 所示。OPCPA 单元光路拟采用非共线Ⅰ类匹配单级光参量放大结构。拟采用大尺寸 LBO 晶体(150 mm×150 mm×12 mm),泵浦脉冲由第九路输出的 2.3 ns 平顶基频脉冲经倍频与缩束提供,光束缩束为 145 mm×145 mm,泵浦光能量 900 J,像传递面设定在晶体表面处;经扩束后信号光光束尺寸为 290 mm×290 mm;参量放大的工作区设定在放大区内,经由 LBO 放大后,输出能量 260 J,稳定性 4%～5%(RMS)。

放大级之间加入空间滤波器,保证光束相传递与抑制参量荧光。输出信号光经扩束系统注入主压缩器。

5. OPCPAⅢ放大单元泵浦光

(1) 功能

该单元为 OPCPAⅢ级系统提供一个高稳定度、高时间同步精度、时间和空间均经过整形的单次单纵模 900 J/527 nm/2.2 ns 激光泵浦脉冲。

(2) 组成

该单元由第九路引出装置、KDP 倍频与空间滤波器缩束三部分组成。

由第九路引出的 1 053 nm 脉冲,光束口径为 210 mm×210 mm,输出能量约 1 500 J (2.3 ns),经 KDP 倍频晶体倍频后,得到 527 nm/900 J/2.2 ns 的 OPCPAⅢ级泵浦光,经缩束后光束尺寸为 145 mm×145 mm,由反射镜导入 OPCPAⅢ光路中。

(3) 输出指标

能量:900 J;

波长：527 nm；

脉冲宽度：2.2 ns(近平顶)(2～3 ns 可调节能力)；

近场分布：近平顶；

光束尺寸：145 mm×145 mm；

填充因子：大于 0.6；

远场能量集中度：5～7 DL(80%)；

输出能量稳定性：5%～6%(RMS)；

工作频率：单次；

偏振方向：垂直偏振；

束间同步精度：±50 ps；

脉冲上升(下降)沿：约 200 ps；

角漂：小于 20 μrad/15 min。

如图 11-29 所示，由第九路主光路输出的 1 053 nm 基频光的能量为 1 500 J(2.3 ns)，光束尺寸为 210 mm×210 mm，光束距地面高度为 1.9 m；经 KDP 晶体后，产生约 900 J(2.2 ns) 527 nm 的倍频光，该光束拔高到 2.3 m 后，经 SF9 路缩束，得到光束尺寸为 145 mm×145 mm 的泵浦光，KDP 晶体与 OPCPAⅢ中 LBO 位置互成物像传递关系。

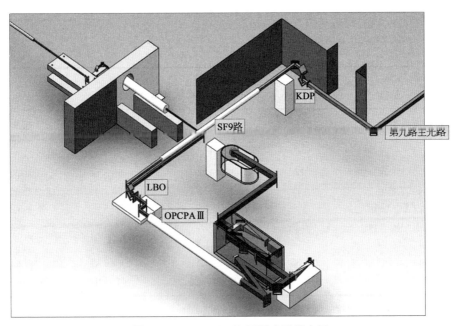

图 11-29　OPCPAⅢ 泵浦光路排布图

11.3.2.4　空间滤波器

1. 功能

OPCPA 放大链中空间滤波器的作用有三个方面。一是具有像传递功能，在设计中将倍频晶体与参量放大晶体放置在像传递面的位置，以保护晶体表面不易受损；二是利用合适的小孔滤波，去除光束中的高频成分，使输出光强均匀化；三是通过不同的扩（缩）束比，使信号光在逐级 OPCPA 单元放大晶体面上，泵浦光与信号光的光束口径相互匹配。

2. 组成

空间滤波器由真空管道、滤波小孔、输入输出透镜和真空机组组成。

按口径区分的信号光空间滤波器有五级，分别为 SF1、SF2、SF3、SF4、SF5。

泵浦光空间滤波器有四组：SFG1、SFG2、SF8 路、SF9 路。

相应的各级空间滤波器的设计参数如表 11-6 与表 11-7 所示。

表 11-6　信号光空间滤波器设计参数一览表

空间滤波器型号	SF1	SF2	SF3	SF4	SF5
扩束比	1:3	1:2	1:3.54	1:2.5	1:2
输入光斑尺寸/mm	4	12	24	60×60	145×145
输出光斑尺寸/mm	12	24	85	145×145	290×290
物距(U)（空气中）/m	0.2	0.5	0.5	1.7	2.45
像距(V)（空气中）/m	0.7	2.5	0.7	9.47	7.36
输入 f_1/m	0.2	0.75	0.4	2.35	2.86
输出 f_2/m	0.6	1.5	1.5	5.68	5.72
滤波小孔	2 DL	—	3 DL	5 DL	7 DL

表 11-7　泵浦光空间滤波器设计参数一览表

空间滤波器型号	SFG1	SFG2	SF8 路	SF9 路
扩束比	3:1	1:1	1:1	1.45:1
输入光斑尺寸/mm	12	12	60×60	210×210
输出光斑尺寸/mm	4	12	60×60	145×145
物距(U)（空气中）/m	1.5	1.7	5	5.1
像距(V)（空气中）/m	0.3	0.7	5	3.3
输入 f_1/m	1.05	1.1	5	5.4
输出 f_2/m	0.35	1.1	5	3.9
滤波小孔	—	—	10 DL	10 DL

注：SF8 路与 SF9 分别为 8 路与第九路泵浦光缩束空间滤波器。

泵浦光空间滤波器 SFG1 与 SFG2 为 1 J 泵浦源的两光束的缩束装置，其物面选择在泵浦光的倍频晶体上，其像传递面分别落在 180 mJ 的第一路 OPCPA 与第二路 OPCPA 的 BBO 晶体面上。OPCPA 输出光束经 SF2 扩束后进入小压缩器，再经过 SF3 后注入中级 OPCPA 的 LBO 晶体（像传递面）；中级 OPCPA 单元的泵浦缩束空间滤波器的像面设定在 KDP 倍频晶体处,该位置与 8 路像传递面耦合;OPCPAⅡ输出光束经 SF4 传输至 OPCPAⅢ单元,像传递面分别设定在晶体位置处,同时第九路倍频光的像传递面分别设定在倍频晶体与 LBO 晶体表面,OPCPAⅢ输出光束经 SF5 扩束到达 AO,像传递面落在 AO 表面。

(1) 透镜材料的选择

SF1—SF5、SFG1、SFG2、SF8 路与 SF9 路的输入输出透镜、滤波小孔水平方向观察窗口和观察滤波小孔所使用的 45°反光板均采用 K9 玻璃。

(2) 透镜焦距的精度要求:

所有透镜的加工误差<0.3%。

(3) 镀膜要求:

要求所有透镜增透膜增透率>99.5%。

3. 空间滤波器真空设计

(1) 真空获得技术

清洁空气的击穿阈值为 10^7 W/cm^2,当激光的功率密度超过这个值的时候,需要抽低真空 5×10^{-1} Pa,当激光的功率密度超过 10^9 W/cm^2 时,需要抽高真空 5×10^{-4} Pa,低真空使用机械泵,高真空使用分子泵预抽,离子泵维持。

前级机组采用 8 L/s 的机械泵,级联一台 500 L/s 的分子泵,每根空间滤波器均使用 1~2 台 30 L/s 的离子泵,为了减少真空机组振动对滤波器中各光学元件稳定性的影响,真空机组与管道的连接需使用波纹管和法兰,机组底座也需要采取有效的减振措施,具体方案见表 11-8 所示。

表 11-8 各级空间滤波器真空配备方案

	机械泵/台	分子泵/台	离子泵/台
SF2	1(8 L/s)	1(500 L/s)	1(30 L/s)
SF3	与 SF2 共用	与 SF2 共用	1(30 L/s)
SF4	与 SF2 共用	与 SF2 共用	2(30 L/s)
SFG1	与 SF2 共用	与 SF2 共用	1(30 L/s)
SFG2	与 SF2 共用	与 SF2 共用	1(30 L/s)
SF5	与 SF2 共用	与 SF2 共用	2(30 L/s)
SF8 路	与 SF2 共用	与 SF2 共用	2(30 L/s)
SF9 路	与 SF2 共用	与 SF2 共用	2(30 L/s)

SF2—SF4、SFG1、SFG2 各使用 1 台 30 L/s 离子泵维持真空;其他空间滤波器(SF5、SF8 路、SF9 路)拟合采用 2 台 30 L/s 离子泵维持真空。

考虑到 SF2—SF4 以及 SFG1—SFG2 管道尺寸较小,体积不大,因此不设置放气阀门。

真空抽口阀门尺寸为：CF50；

二级式离子泵（30 L/s）的法兰口径为：CF63。

（2）真空管道材料

所有空间滤波器管道均采用不锈钢（IC218Ni9Ti）制造，SF2—SF3、SFG1 与 SFG2 为圆柱形桶，其他待定，要求管道内外表面无瑕疵，无凹道，光滑明亮。

（3）真空管道密封

空间滤波器管道的法兰接口、透镜、观察窗口均采用氟橡胶密封，高真空管道的总漏率要求$<10^{-5}$ Pa・L/s・cm²。

（4）真空检测

低、高真空检测采用数字式复合真空计，使用金属热偶管检测系统的低真空，用金属电离规管检测系统的高真空度，上述两种真空管的口径相同，具体可参照神光Ⅱ8路空间滤波器的现有结构。

（5）真空管道的洁净度

对管道内部法兰焊接过程中产生的油迹、油污要彻底清洁干净，力求管道内具有很高的洁净度，同时，为了防止预抽真空过程中产生的油雾对实验室环境的污染，排污管道要求密封性能良好，不泄漏。SF2—SF3、SFG1 与 SFG2 真空预抽均采用干泵。

11.3.3　压缩器设计

（1）压缩器单元的功能

压缩器是由平行的光栅对组成。宽带啁啾脉冲通过平行光栅对后会引入负色散，该负色散正好补偿前端展宽器引入的正色散，从而使放大后的纳秒激光脉冲压缩回飞秒尺度，完成最终输出高功率的设计目标。

在神光Ⅱ飞秒拍瓦激光系统的色散子系统设计过程中，其工作点的设定是以压缩器的设计为基础的，而压缩器工作点的设定是以光栅为基础的，而光栅的主要参数为刻线、尺寸以及破坏阈值。

（2）压缩器单元的组成

压缩器构型采用平行光栅对组成的四通结构，如图 11-30 所示，图中 ϕ 为入射光束的口径，H 为第一块光栅的横向长度，K 为第二块光栅的横向长度，G 为平行光栅对之间的垂直距离，γ 为入射角，e 为入射光束与光栅之间的间隔。

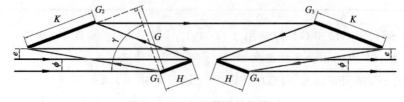

图 11-30　压缩器的结构模型

（3）压缩器单元的设计指标

中心波长：808 nm；

啁啾率：－2.13 ns／100 nm（即－21.3 ps／nm）；

输出脉冲宽度：30 fs；

光栅刻线：1 740 线／mm 的镀金光栅；

入射角：56°；

入射光束口径：290 mm×290 mm；

光栅无剪切带宽：11.6 nm；

光谱底宽：128 nm；

光栅对中心斜距离：872 mm；

输入能量：250 J；

输出能量：150 J；

功率密度：5 PW。

（4）压缩器单元的光学设计

图 11－31 为压缩器的横向光路图，表 11－9 为压缩器设计结果中的相关参数。

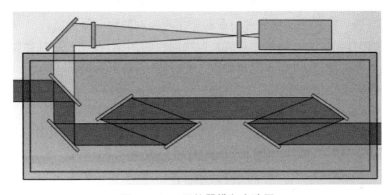

图 11－31　压缩器横向光路图

表 11－9　压缩器的设计结果

光 栅 参 数	压缩器结构参数	输入和 输出能量	光栅面上的 能量密度
光栅尺寸： 360 mm×565 mm×40 mm （1，4） 360 mm×565 mm×40 mm （2，3） 刻线密度：1 740 线／mm 光栅类型：镀金光栅	光栅间距：872 mm 中心波长：808 nm 入射角：56° 光束口径： 290 mm×290 mm 啁啾率：21.3 ps／nm 输出脉冲宽度：30 fs 空间：1 700 mm×4 900 mm	输入：250 J 输出：150 J	1∶0.17 J／cm² 4∶0.1 J／cm²（30 fs）

　　根据压缩器的设计指标,通过模拟计算可以得到压缩器各光学件的参数,表 11-10 列出了神光Ⅱ飞秒拍瓦激光装置中所采用的四通压缩器光学件的参数设计结果。

表 11-10　压缩器光学件参数设计

	光栅 G_1 和 G_4	光栅 G_2 和 G_3	平面反射镜
外形尺寸长度/(mm×mm×mm)	360×565×40	360×565×40	460×350×50
表面面形加工精度	PV<1/4λ GRMS<1/75λ/cm	PV<1/4λ GRMS<1/75λ/cm	PV<1/6λ GRMS<1/75λ/cm
玻璃材料	K9	K9	K9

11.3.4　靶室和聚焦单元设计

　　聚焦单元的功能是使压缩器输出的口径为 29 cm×29 cm、脉宽为 30 fs、能量为 150 J 的强激光脉冲聚焦到靶上,使聚焦功率密度达到 10^{21} W/cm²,以满足强场激光物理实验的要求。

　　由于激光平均强度达到 5.94×10^{12} W/cm²,且光谱底宽达 92 nm,为避免非线性效应和色差问题,聚焦镜采用同类装置中普遍采用的离轴抛物面反射镜。

　　为避免激光打靶实验时溅射物对离轴抛物面镜的污染,在靶和离轴抛物面镜之间插入高透过率、低色差薄片,以起到隔离作用,该薄片称为防溅射板。

　　因此,聚焦系统由离轴抛物面镜、防溅射板及其相应的机械件组成。

　　关于聚焦单元的设计,阐述如下。

　　(1) 离轴抛物面镜的表示方法

　　离轴抛物面镜的表示包括通光口径、离轴量、离轴角、轴上焦距、有效焦距等参数,如图 11-32 所示。图中 F 为焦点,f 为母抛物线焦距(轴上焦距),B 为离轴抛物面镜的中心,B 点与母抛物线光轴的距离 b 称为离轴量,BF 与母抛物线光轴的夹角 2ϕ 称为离轴角,BF 为离轴抛物面镜的焦距,a 为 B 点的矢高,D 为口径。

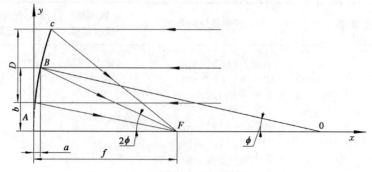

图 11-32　离轴抛物面镜的结构示意图

从中可见,各参数间具有如下关系

$$b^2 = 4fa \tag{11-2}$$

$$\tan(2\phi) = \frac{b}{f-a} = \frac{b}{f - \dfrac{b^2}{4f}} \tag{11-3}$$

$$BF = \frac{b}{\cos(2\phi)} \tag{11-4}$$

（2）离轴抛物面镜参数设计

依据 2 倍衍射极限集中 50% 的能量且功率密度达到 $10^{21}\ \mathrm{W/cm^2}$ 的指标要求,在到靶脉冲宽度为 30 fs 的条件下,列出该计算公式

$$\frac{\dfrac{150\ \mathrm{J} \times 50\%}{30\ \mathrm{fs}}}{\pi \cdot (2 \times \lambda F^{\#})^2} \geqslant 10^{21}\ \mathrm{W/cm^2} \tag{11-5}$$

计算得 $F^{\#} \leqslant 5.52$,即离轴抛物面镜的焦距不得超过 160 cm。

激光束自东向西的方向从北侧注入 X 射线靶腔,原 X 射线靶腔东西、南北方向的尺寸分别为 100 cm 和 120 cm,靶点位于靶室中心正东侧 26.5 cm 处。若以此尺寸设计靶室光路,会造成离轴抛物面焦距太短易被溅射污染,且离轴角和非球面度太大,加工质量难以保证且加工费用昂贵,F 数太小也给加工检测带来很大的困难。此外,空间过于狭小无法设计离轴抛物面反射镜光学调整架,因此需要在西侧加上一个长度为 50 cm 的接圈,该接圈需要设计相应的支撑结构,以保持受力平衡。考虑到离轴抛物面反射镜的加工以及空间排布,确定离轴抛物面反射镜的有效焦距为 80 cm,离轴角为 21.64°,离轴量为 29.5 cm。

（3）防溅射板设计

防溅射板的材料应具备非线性系数低、破坏阈值高和低色差的特点,为了降低非线性效应及其对聚焦能力的影响,防溅射板的厚度应尽可能地薄。基于上述考虑,防溅射板的材料为肖特 Borofloat 33,置于近离轴抛物面镜,尺寸为 370 mm×370 mm×2 mm,透过波前误差 PV 值小于 $0.2\ \mu\mathrm{m}$。

11.3.5　激光参数测量单元设计[10-22]

数拍瓦激光参数测量系统的主要功能为在系统调试和运行过程中,对系统各部分性能参数进行实时监测和有选择的抽测,完成激光束在传输、放大、压缩等过程中各个关键位置的参数测量结果,保证装置运行的可靠性和稳定性,并向物理实验提供实时、准确的装置打靶运行参数。

根据数拍瓦激光装置的总体设计指标和装置运行监测诊断的要求,可对各被测激光

参数技术指标要求进行分解,每个指标都代表着装置的一个关键性能,通过对每个技术指标的精确控制和诊断,可以保证装置运行的可靠和稳定。各个指标的测量要求如下:

① 激光能量:绝对精度±5%;

② 纳秒时间波形:时间分辨率≤150 ps;

③ 飞秒时间波形:时间分辨率≤5 fs;

④ 光谱:绝对精度2%;

⑤ 远场:数据处理精度≤5%;

⑥ 信噪比:相对精度≤10%。

1. 系统组成

神光Ⅱ飞秒拍瓦激光系统总体技术指标对其参数测量系统的技术指标进行了界定。参数测量系统中的每一项技术指标对应着神光Ⅱ飞秒拍瓦激光系统中的一个关键性能,通过对这些指标进行精确测量,可以保证系统运行的有效性和可靠性,并为物理实验提供参数。

图11-33中对数拍瓦激光系统中各个测量单元的位置进行了标注,表11-11中列举了测量系统中各个测量单元的诊断内容,表11-12列举了各个测量诊断包对应主光路位置处的激光参数。

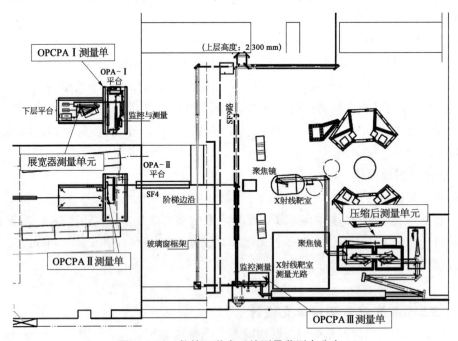

图 11-33　数拍瓦激光系统测量监测点分布

2. 展宽器测量单元

展宽器测量单元包括进入展宽器种子光的参数测量和展宽器之后的参数测量,主要用于监测进入展宽器的种子光输出参数和展宽器输出参数。

表 11‐11　各个测量单元的诊断内容

监测项目	展宽器之后	OPAⅠ后	OPAⅡ后	OPAⅢ后	压缩后
激光能量	—	实时	实时	实时	实时
时间波形	抽测	实时	实时	实时	实时
光　谱	抽测	实时	实时	实时	实时
近场分布	—	实时	实时	实时	实时
远场分布	—	实时	实时	实时	实时
信噪比	—	—	—	—	抽测

表 11‐12　各个测量诊断包对应主光路位置处激光参数

监测项目	展宽器之后	OPAⅠ后	OPAⅡ后	OPAⅢ后	压缩后
常规运行能量	2 nJ	180 mJ	30 J	250 J	150 J
调试测试能量	0.6~1.4 nJ	1.8 mJ	300 mJ	2.5 J	1.5 J
时间波形	2 ns	2 ns	2 ns	1.5 ns	30 fs
光谱	808±64 nm	808±64 nm	808±64 nm	808±64 nm	808±64 nm
近场	—	0.6	0.6	0.6	0.6
远场	—	2 DL	2 DL	2 DL	2 DL
信噪比	—	—	—	—	约 10^8
口径	$\phi3$ mm	$\phi12$ mm	60 mm×60 mm	145 mm×145 mm	290 mm×290 mm
测量波长	808 nm	808 nm	808 nm	808 nm	808 nm

　　因为种子光和展宽器输出的激光一般都比较稳定，所以该部分的参数测量工作采用抽测形式，其取样镜 1 和取样镜 2 如图 11‐33 所示，机械上采用推入推出形式，即完成测量任务后，将取样镜推出。

　　种子激光飞秒脉冲时间脉宽测量采用重复频率的自相关仪，该仪器由美国 FEMTOCHROME 公司生产，型号为 FR‐103MN，图 11‐34 为其测量光路，该结构采用二阶自相关，加上低重频结构后，可以实现 4 Hz 以上飞秒脉冲的时间脉宽测量，时间分辨率小于 5 fs，光谱范围 410~1 800 nm，最大的脉冲宽度 90 ps。

　　展宽器输出纳秒脉冲的测量采用光电探头＋示波器的形式，由于展宽器输出的能量仅在 0.6～1.4 nJ 之间，采用通用的日本滨松光子生产的 R1328‐51 的光电探头无法探测到信号，需要采用 PIN 管进行探测，其型号为 ET‐4000，波长范围为 450～870 nm，其上升沿的时间为 30 ps，示波器采用美国力科公司生产的 LECO WM8500（有四个通道，带宽 5 GHz，上升时间为 70 ps），配合低损耗高带宽的电缆线，这样整个脉冲时间波形测量系统的响应时间（上升时间）约为 76 ps，可以满足纳秒时间波形时间分辨率≤150 ps 的要求。

　　种子光和展宽器输出后的激光脉冲由于光谱比较宽，在 100 nm 级，因此光谱的测量

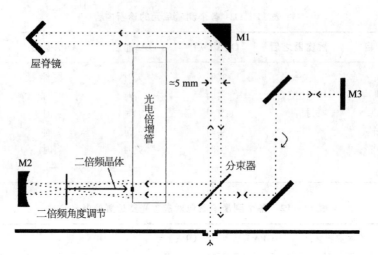

屋脊镜

光电倍增管

≈5 mm

M1

M3

M2

二倍频晶体

二倍频角度调节

分束器

图 11 - 34　重复频率飞秒脉冲脉宽的测量光路

精度在 0.3 nm 就足够了,在此情况下,光谱的测量可以采用光纤输入的光栅光谱仪,例如海洋公司目前生产的光谱仪中就很容易找到适合本方案的光谱仪,本方案中拟采用的海洋光学公司产品的型号为 HR2000+,该光谱仪测量的光谱范围为 650~1 050 nm,光谱分辨率为 0.3 nm 以下。

3. OPCPA I 输出测量单元

OPA I 输出测量单元的参数测量,主要用于监测进入 OPA I 输出参数,与OPCPA I 自准直监测点共用。

(1) 取样方式:透射式取样

取样镜参数设计:直径 ϕ50 mm,厚度 5 mm,平行度＝0.5°,前表面镀膜 R(808 nm,45°,p 偏振,带宽 200 nm)＝(98±2)％;后表面镀膜 R(808 nm,45°,p 偏振,带宽 200 nm)＜1％。

(2) 诊断参数:能量、脉宽、近场、远场

诊断特点:近远场与自动准直单元共用科学级 CCD;

诊断包 I - A 集成功能:能量、脉宽、测量近场、准直近场。

光路结构如图 11 - 35 所示。

能量测量模块中,能量计型号为 Ophir PE25,工作范围 1~20 mJ,附加一个远程传输模块;

时间波形模块中,光电管型号为 R1328U,滤光片规格为 ϕ35 mm×2 mm,滤光片套筒内径为 ϕ36 mm;

近场模块中,科学级 CCD 型号初步确定为 512 型,衰减片采用远程控制方式,实现发射前的准直功能和发射中的测量功能的分时复用;

诊断包 OPA I - B 集成功能:远场,衰减片采用远程控制方式。

光路结构如图 11 - 36 所示。

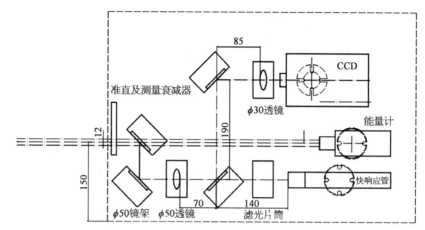

图 11-35　诊断包 OPA-Ⅰ-A(单位：mm)

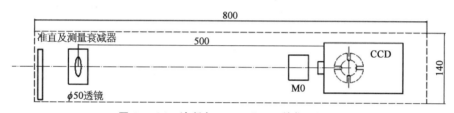

图 11-36　诊断包 OPA-Ⅰ-B(单位：mm)

远场模块兼顾准直功能。科学级 CCD 的型号初步确定为 2048 型，绕 z 轴旋转 45° 放置，同时监测信号光和泵浦光。透镜直径为 $\phi50$ mm，焦距为 500 mm。信号光与泵浦光夹角 1.2°，在 CCD 上的分离量为 10 mm；CCD 像素为 7.4 μm，对应的角分辨率为 14.8 μrad(3″)，小于 0.002°(7″)的精度要求。

4. OPCPAⅡ输出测量单元

OPAⅡ输出测量单元的参数测量，主要用于监测进入 OPAⅡ的输出参数，与 OPCPAⅡ 自准直监测点共用。

(1) 取样方式：透射式取样

取样镜参数设计：直径 $\phi150$ mm，厚度 15 mm，平行度＝0.5°，前表面镀膜 R (808 nm，45°，p 偏振，带宽 200 nm)＝(98±2)％；后表面镀膜 R(808 nm，45°，p 偏振，带宽 200 nm)＜1％；

(2) 缩束系统

60 mm×60 mm 转换为 28 mm×28 mm，考虑色差影响，光路中无实焦点；

透镜组 1 直径 120 mm，通光口径 110 mm，焦距 1 500 mm；

透镜组 2 直径 60 mm，通光口径 50 mm，焦距－750 mm；

光谱带宽 808 nm±60 nm；

缩束比 2∶1。

（3）诊断参数：能量、脉宽、近场、远场

诊断特点：近远场与自动准直单元共用科学级 CCD；

诊断包 OPA-Ⅱ-A 集成功能：能量、脉宽、测量近场、准直近场。

光路结构如图 11-37 所示。

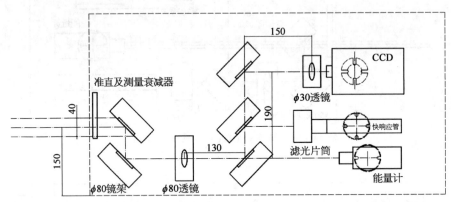

图 11-37 诊断包 OPA-Ⅱ-A（单位：mm）

能量测量模块中，能量计型号为 ϕ50 mm 卡计，测量范围 0.1～30 J；远程传输模块为电缆线＋微伏计；

时间波形模块中，光电管型号为 R1328U，滤光片规格为 ϕ35 mm×2 mm，滤光片套筒内径为 ϕ36 mm；

近场模块中，科学级 CCD 型号定为 512 型，衰减片采用远程控制方式，实现发射前的准直功能和发射中的测量功能的分时复用；

诊断包 OPA-Ⅱ-B：远场，衰减片采用远程控制方式。

光路结构如图 11-38，各元件参数与 OPA-Ⅰ-B 诊断包一致。

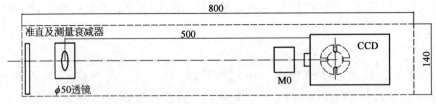

图 11-38 诊断包 OPA-Ⅱ-B（单位：mm）

5. OPCPAⅢ输出测量单元

OPAⅢ输出测量单元的参数测量，主要用于监测进入 OPAⅢ输出参数，与 OPCPAⅢ自准直单元监控点共用。

（1）取样方式：透射式取样

取样镜参数设计：直径 ϕ300 mm，厚度 30 mm，平行度＝0.5°，前表面镀膜 R（808 nm，45°，p 偏振，带宽 200 nm）＝（98±2）％；后表面镀膜 R（808 nm，45°，p 偏振，带

宽 200 nm)<1%。

(2) 缩束系统

第一部分为色分离系统;

第二部分为消色差缩束系统,将 145 mm×145 mm 转换为 28 mm×28 mm,考虑色差影响,光路中无实焦点。

透镜组 1:直径 250 mm,通光口径 240 mm,焦距 2 500 mm;

透镜组 2:直径 60 mm,通光口径 50 mm,焦距 1 250 mm;

光谱带宽:808 nm±60 nm;

缩束比:5.2∶1。

(3) 诊断参数:能量、脉宽、近场、远场

诊断特点:近远场与自动准直单元共用科学级 CCD;

诊断包Ⅲ集成功能:能量、脉宽、近场、远场。

光路结构与 OPAⅡ相同,如图 11-39 所示。

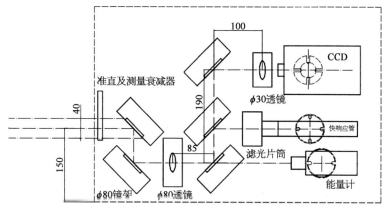

图 11-39　诊断包 OPA-Ⅲ-A(单位:mm)

能量测量模块中,能量计型号为 φ50 mm 卡计,测量范围 0.1~30 J;远程传输模块为电缆线+微伏计;

时间波形模块中,光电管型号为 R1328U,滤光片规格为 φ35 mm×2 mm,滤光片套筒内径为 φ36 mm;

近场模块中,科学级 CCD 型号为 512 型,衰减片采用远程控制方式,实现发射前的准直功能和发射中的测量功能的分时复用。

诊断包Ⅱ-B:远场,衰减片采用远程控制方式。

光路结构如图 11-40 所示。

远场模块兼顾准直功能。科学级 CCD 的型号初步确定为 2048 型,绕 z 轴旋转 45°放置,同时监测信号光和泵浦光。透镜直径为 φ50 mm,焦距 500 mm。信号光与泵浦光夹角 1.2°,在 CCD 上的分离量为 10 mm;经过 5.2∶1 缩束系统之后夹角变为 6.24°,在

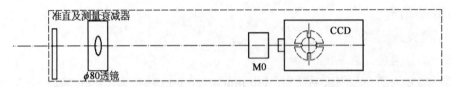

图 11 - 40　诊断包 OPA - Ⅱ - B

CCD 上的分离量为 52 mm，需要在 CCD 接收面之前加一个反射镜，泵浦光在其上掠入射，然后进入 CCD 接收面上。CCD 像素为 7.4 μm，对应的角分辨率为 14.8 μrad($3''$)，小于 $0.002°$($7''$)的精度要求。

6. 压缩输出能量、近远场测量单元

压缩输出测量单元的参数测量，主要用于监测进入压缩输出的参数。

（1）取样方式：透射式取样

取样镜参数设计。

（2）缩束系统

290 mm×290 mm 转换为 28 mm×28 mm，考虑色差影响，光路中无实焦点。

（3）诊断参数：能量、近场、远场

诊断特点：近远场采用独立的科学级 CCD。

压缩脉冲诊断包光路结构如图 11 - 41 所示。

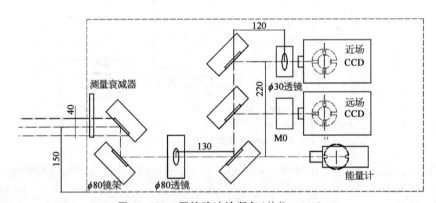

图 11 - 41　压缩脉冲诊断包（单位：mm）

能量测量模块中，能量计型号为 ϕ50 mm 卡计，测量范围 0.1～30 J；远程传输模块为电缆线＋微伏计；

近场模块中，科学级 CCD 型号初步定为 512 型，衰减片采用远程控制方式；

远场模块中，科学级 CCD 型号初步定为 512 型，衰减片采用远程控制方式。

7. 压缩输出脉宽、信噪比、光谱测量单元

（1）取样方式为三种取样方式：部分口径取样测量（如图 11 - 42 中 A 所示）、全口径取样测量（如图 11 - 42 中 B 所示）和聚焦后全口径标定测量（如图 11 - 42 中 C 所示）。

（2）取样参数设计：部分口径取样镜口径：ϕ50 mm×6 cm；全口径取样镜：510 mm×

380 mm×60 mm。

（3）诊断参数：脉宽、信噪比和光谱。

诊断光路如图 11－42 所示。

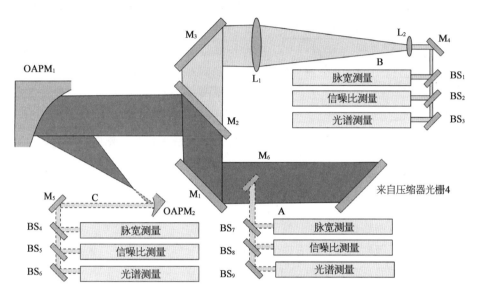

图 11－42　压缩后脉宽、信噪比和光谱测量方案

OAPM：off axis parabolic mirror，离轴抛物面镜；BS：beam splitter，分光镜。

脉宽测量方案中，采用自制的飞秒单次脉冲测量仪。

信噪比测量方案，拟采用互相关仪 Sequoia，实现抽测功能。

光谱测量方案，拟采用海洋光学的光纤光谱仪，配合外同步信号，实现抽测功能。

11.3.6　相关单元设计

11.3.6.1　时间同步单元

（1）功能

时间同步系统的作用是实现 1 J／532 nm／3 ns 激光器、8 路前端、第九路前端三者与 800 nm 飞秒激光器的精确同步，以保证系统各个 OPCPA 单元中信号光与泵浦光之间的精确同步。

（2）设计指标

时间同步精度：±50 ps。

信号光脉冲与 1 J 泵浦源、8 路泵浦光和第九路泵浦光之间时间抖动，也包括泵浦源之间的时间抖动。

（3）组成

如图 11－43 所示，从 800 nm 飞秒激光器分出一部分光束，其锁模脉冲经过展宽、选

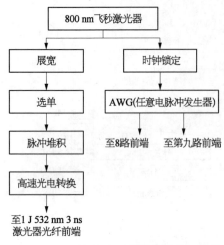

图 11-43　时间同步系统实现模块示意图

单、脉冲堆积和高速光电转换单元后,去触发 1 J / 532 nm / 3 ns 激光器的光纤前端。另一方面,在 800 nm 飞秒激光器和任意电脉冲发生器(arbitrary electric wave generator, AWG)之间采用时钟锁定技术,从而实现 800 nm 飞秒锁模脉冲与 8 路前端、第九路前端的精确同步。

时间同步系统组成一个机柜,宽 75 cm 深 75 cm 高 1 800 cm。

11.3.6.2　自动准直单元

空间滤波器小孔准直精度:小于等于 5.0%/小孔直径;

主要元件近场平移准直精度:小于等于 1.0%/光束口径;

输出光束指向调整精度:小于等于 1.5 μrad;

输出光束旋转调整精度:小于等于 20 mrad;

全装置准直时间:小于等于 0.5 h。

每条光路采用一套自动准直系统对光路进行自动准直,其中光路的前端镜有一近场监测点,后端镜有一远场监测点,通过前端镜和后端镜反复的调节,实现整个光路的准直。

对于 OPCPA I 单元,自准直主要目标是保证进入参量放大非线性晶体中的信号光与泵浦光的相对夹角保持稳定。如图 11-44 所示,自准直系统在前级 OPCPA 与后级 OPCPA 后用 CCD1 与 CCD2 监测信号光与泵浦光的远场位置,通过调节 S1 与 P1 反射镜,S2 与 P2 反射镜,实现对 OPCPA I 系统的自准直功能。同时 CCD2 位置也是 OPCPA I 单元测量单元指标的位置。

对于 OPCPA II 单元,SF3 空间滤波器前后设置近场(CCD3)与远场(CCD4)的监测点,同时也是单元指标测量位置,该部分自准直通过控制 S3 与 S4 反射镜片实现自准直;OPCPA II 泵浦光的近远场监测位置如图 11-45 所示,通过调节 8 路前端 P3 与 P4 镜,实现泵浦光路的自准直功能;经过 OPCPA II 放大后的信号光取样,经过缩束集在 30 J 信号光监测点,测量其远近场,同时也监测泵浦光的远场位置,通过调节 S5 与 P5,使进入参量放大非线性晶体中的信号光与泵浦光的相对夹角保持稳定。OPCPA II 的主光路自动准直如图 11-46 所示。

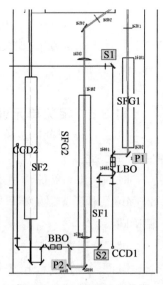

图 11-44　OPCPA I 单元自准直系统

SF4 段自准直近场监测与 30 J 信号光监测点共用,远场由 CCD6 监测。通过调节 S5 与 S6 反射镜,实现该段光束的自准直,如图 11-47 所示。

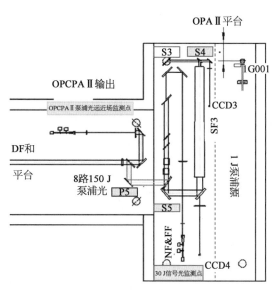

图 11-45　OPCPAⅡ单元自准直系统

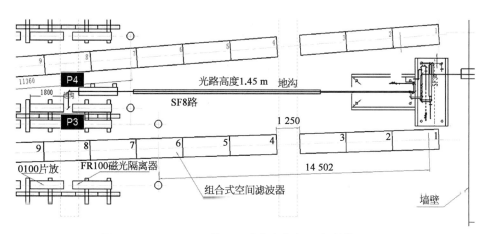

图 11-46　OPCPAⅡ单元泵浦光自准直系统(单位：mm)

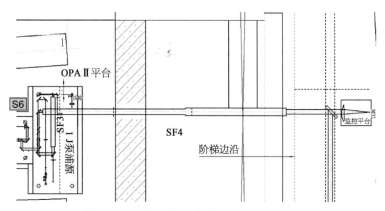

图 11-47　OPCPAⅡ单元 SF4 自准直单元

第九路基频光倍频后拔高至 2.3 m 高度，近场设在分光反射镜 P7 后，远场采用 LED 照明小孔的方式，通过调节 P6 与 P7 反射镜，实现泵浦光在 SF9 路一段的自准直控制，如图 11 - 48 所示。

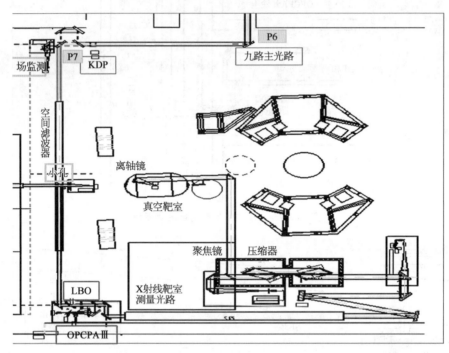

图 11 - 48　OPCPAⅢ 单元 SF9 路自准直单元

CCD8 与 CCD9 分别监测 OPCPAⅢ 中信号光与泵浦光的远场，通过控制 S8 与 P8 反射镜，使进入参量放大非线性晶体中的信号光与泵浦光的相对夹角保持稳定。SF5 段远场由 LED 照明 SF5 小孔位置来确定，近场在 CCD7 位置监测，同时也是 250 J 信号光参数测量位置。通过调节 S9 与 S10 来实现 SF5 段的自准直。AO 参量测量点同时提供远近（AO 表面位置）场的数据，通过控制 S11 与 S12，实现该段光路的自动准直控制，如图 11 - 49 所示。

关于电控以及集总系统的设计要求如下。

1. 供电系统设计要求

神光Ⅱ飞秒拍瓦激光装置的供电，根据装置的特点要求分为以下几个不同的区域，实现独立（或分路）供电：

① 空调设备的供电系统，保证激光系统的使用环境满足湿度及洁净度等方面的要求；

② 激光能源系统，满足激光系统满负荷充电要求；

③ 激光现场设备供电，保证装置正常运转；

④ 中控室设备供电；

⑤ 实验室照明及应急用电。

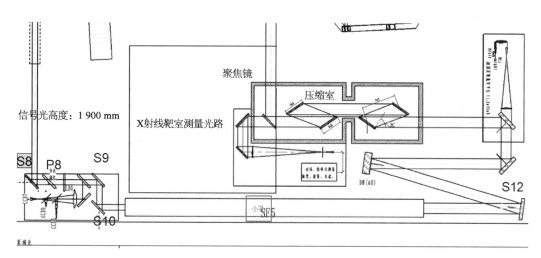

图 11 - 49　OPCPAⅢ 单元自准直单元

2. **集总控制系统设计要求**

神光 Ⅱ 飞秒拍瓦激光系统按功能可分为前端分系统、器件分系统、能源分系统、靶场分系统、自动准直分系统、参数测量分系统以及安全管理分系统。集总控制系统任务是对上述分系统进行监控,在中央控制室或分控制室随时掌握装置各种运行信息,形成一个完整的操作控制系统,实现装置激光发射控制,完成正常运行、调试、维护所需要的监测、控制与数据采集、分析、管理任务。所以,控制系统需实现以下四大功能目标:

① 完成装置的开机、关机程序;

② 提供一套完整的控制系统来实现装置激光发射、靶场耦合及参数诊断等功能;

③ 完成各分系统的监控及调试,使装置输出性能符合指标要求;

④ 为物理用户提供良好的输入输出接口。

3. **系统的设计指标**

参考同类装置集总控制系统,提出集总控制系统设计指标:

① 全系统大能量发射控制流程完成时间:小于等于 1 h;

② 发射后全数据采集时间:小于等于 15 min;

③ 状态更新速率:小于等于 5 s／次;

④ 故障率:集总控制系统故障率应小于装置故障的 1%;

⑤ 生命周期:大于 10 年。

4. **控制的对象分类**

神光 Ⅱ 飞秒拍瓦激光装置是巨型激光器,装置包括前端、器件、靶场、能源、自动准直和参数测量等分系统,其涉及的主要控制对象有:

① 步进电机远程控制;

② CCD 图像采集、处理(激光空间分布);

③ 能量测量的远程控制与数据传输;

④ 时间波长的数据采集;

⑤ 真空度监控;

⑥ 圆\直光栅尺读数与数据传输;

⑦ 设备的远程开\关;

⑧ 温湿度远程监测;

⑨ 水冷、气冷控制;

⑩ 充放电控制;

⑪ 放电电流检测;

⑫ 同步控制器。

11.3.6.3　波前控制单元

目前,高功率激光驱动器均采用自适应光学波前控制技术和空间滤波器控制波前畸变,改善激光光束质量,即采用空间滤波器对高频成分加以截止,采用自适应光学技术对波前中的低频成分进行校正,主动控制光束波前质量。其工作原理如图 11-50 所示。

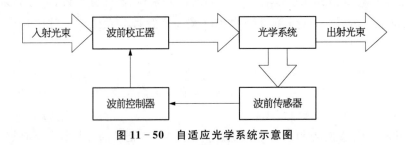

图 11-50　自适应光学系统示意图

自适应光学系统如图 11-50 所示,主要由三个部分组成:① 波前传感器,测出波前畸变;② 波前校正器(变形镜),能够产生共轭波面,从而校正畸变波前;③ 波前控制器(闭环控制器),根据波前传感器测量得到的波前,计算出波前校正器对应的控制信号,控制波前校正器进行波前校正,实现自适应光学系统的闭环控制。

神光Ⅱ飞秒拍瓦激光装置中,波前控制系统中变形镜位于压缩器入口处,校正放大链内静态波前和少量动态波前,另外预校正压缩器和离轴镜波前畸变,以满足二倍衍射极限内集中 50% 能量的技术指标。波前传感器 1 采集压缩器入口波前畸变,波前传感器 2 位于靶室内采集靶场聚焦后的波前畸变,它们都可以通过计算机和变形镜构成闭环控制系统。

神光Ⅱ飞秒拍瓦激光装置小口径光学件需满足 GRMS<8.5 nm/cm 和大口径光学元件面形需满足 7 nm/cm 的加工技术指标。考虑到光学元件的材料不均匀、加工误差、夹持应力、光路装校误差、气流扰动等不利因素,根据神光Ⅱ装置的实测数据,神光Ⅱ飞秒拍瓦激光装置输出光束波前 GRMS 将会达到 100~120 nm/cm 以上,这将难于保证神光Ⅱ飞秒拍瓦激光装置远场聚焦达到二倍衍射极限内集中 50% 能量的技术指标,因此装

置有必要引入自适应光学光束波前主动校正技术,以提高装置的远场聚焦能力。另外,由前文对光束波前畸变与信噪比及脉冲压缩数据的分析中得到,为保证聚焦信噪比和光束压缩的能力,离轴抛物镜聚焦光束波前畸变的残差 PV 值要控制到小于 0.5 波长,这也必须依靠自适应光学光束波前主动校正技术加以保证。自适应光学波前控制总体技术指标如下:

① 远场焦斑:2 DL 范围内集中 50%;

② 聚焦功率密度:约 10^{21} W/cm²;

③ 聚焦光束波前 GRMS(校正后):小于 55 nm/cm;

波前校正残差:PV 值小于 0.5λ。

1. 光路排布和技术路线

在国外类似神光Ⅱ飞秒拍瓦激光装置的研究中,如 Apollon 装置在压缩器前和压缩器后分别安装大口径自适应光学系统,用以满足脉冲压缩特性和离轴镜远场聚焦。在神光Ⅱ飞秒拍瓦激光装置波前控制中,同样需要依据光束口径、像差空间频率、光路排布、器件特征和靶场聚焦等特征,以分段重点补偿的原则进行科学和工程技术的研究并加以实施。目前,压缩器输入端使用的自适应光学系统研制技术较为成熟,可以投入工程应用,而压缩器后自适应光学系统位于真空内,激光脉宽达到 30 fs,峰值功率极高,变形镜膜层的损伤阈值需经过严格测试后确定是否适合工程使用。因此在神光Ⅱ飞秒拍瓦激光装置工程研制中,在压缩器前首先使用 290 mm×290 mm 大口径变形镜,校正放大链的波前畸变并同时预校正压缩器和离轴镜的波前畸变。最终满足离轴抛物面镜(焦距 = 800 mm)聚焦光斑在二倍衍射极限内集中 50% 能量的技术指标。

装置中,神光Ⅱ飞秒拍瓦激光装置波前控制分系统的器件分布排布如图 11 - 51 所示,压缩器输入端排布具备统一远程集成控制的自适应光学系统。变形镜光束口径为 290 mm×290 mm,压缩器入口反射镜透射光束 (1%)进入波前采样光路。波前采集光束经过 290 mm×290 mm 缩束至 40 mm×40 mm,再经过一次 40 mm×40 mm 缩束至 5 mm×

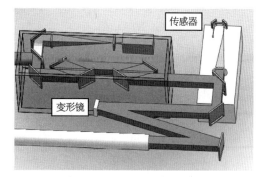

图 11 - 51　神光Ⅱ5PW 装置自适应波前控制器件排布

5 mm 后,入射波前传感器 1 进行波前测量。另外,在离轴镜焦点位置放置波前传感器 2,用于采集远场焦斑和波前数据。波前传感器 1 及波前传感器 2 皆可采集和反馈波前至控制计算机,再施加校正至变形镜完成波前校正。

如图 11 - 52 所示,神光Ⅱ飞秒拍瓦激光装置中,波前控制需依据光束口径、像差空间频率、光路排布、器件特征和靶场聚焦等特征的原则进行科学和工程技术的研究并加以实施,最终满足聚焦光斑在二倍衍射极限内集中 50% 能量的技术指标。首先对激光系统

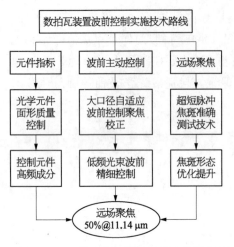

图 11-52　神光Ⅱ飞秒拍瓦激光装置远场焦斑控制实施技术路线图

小口径和大口径元件的面形质量进行控制。随后,采用主动波前控制技术对光束波前畸变进行实时校正,并预校正压缩器后续光学元件波前,保证聚焦光束波前残差为波长量级,达到接近衍射极限的光束质量。最后,着手研究大能量超短脉冲聚焦特性测试和控制新技术,解决关键问题,最终神光Ⅱ飞秒拍瓦激光装置经波前控制后达到最优化和最小的聚焦焦斑,同时保证和提升光栅压缩器的脉冲压缩性能和信噪比。

2. 变形镜设计

变形镜是波前畸变的校正者,是自适应光学系统中最重要和工艺要求最为严格的单元器件。神光Ⅱ飞秒拍瓦激光装置中,光束在变形镜表面进行单次反射,变形镜镜面与激光系统具有共轭成像关系,进而有效提高波前校正能力,提升激光光束波前质量。变形镜驱动单元设计采用刚性连接,驱动器单元布局由神光Ⅱ飞秒拍瓦激光装置波前畸变的空间特性和校正技术指标所决定。在变形镜光学设计中,参照了神光Ⅱ装置静态输出的波前特征并进一步增加了驱动器单元数量以提升校正空间频率和波前校正精细化,以满足神光Ⅱ飞秒拍瓦激光装置波前校正后聚焦波前残差为波长量级,具备近衍射极限的光束波前质量。

依据神光Ⅱ飞秒拍瓦激光装置主激光 150 J / 30 fs,变形镜设计指标如下:

① 中心波长: 808 nm;

② 光束口径: 大于等于 290 mm×290 mm;

③ 能量损伤阈值(考虑填充因子): 阈值≥5 J / cm² (脉宽 2 ns);

④ 波前畸变校正量(PV 值): ±3 μm;

⑤ 校正空间频率: 五阶以下像差(Zernike 多项式描述的前 16 项像差);

⑥ 变形镜入射角度: 小于等于 10°;

⑦ 偏振要求: p 偏振;

⑧ 反射膜层带宽: 70 nm 以上。

依据神光Ⅱ飞秒拍瓦激光装置波前校正总体技术指标,参照神光Ⅱ装置静态输出波前的特征,变形镜通光光束口径大于 290 mm×290 mm,可校正五阶以下像差。变形镜光学设计如图 11-53 所示,设计中对 67 个单元和 77 个单元两种驱动器分布进行了分析,两种分布中驱动器都成正三角形分布。67 单元分布时,最小镜面尺寸约 352 mm×348 mm,驱动器间距约为 43.5 mm。77 单元分布时,最小镜面尺寸 362 mm×314 mm,驱动器间距约为 48.3 mm。图 11-53 中最内侧红框为光束口径 290 mm×290 mm,两种分布驱动器空间周期相近,校正能力基本一致,当光束口径完全充满且较均匀时,两种分布没有实质性区别。但 77 单元分布更适合神光 Ⅱ 飞秒拍瓦激光装置激光光束未完全充满 290 mm×290 mm 口径和光强均匀性较差的情况。

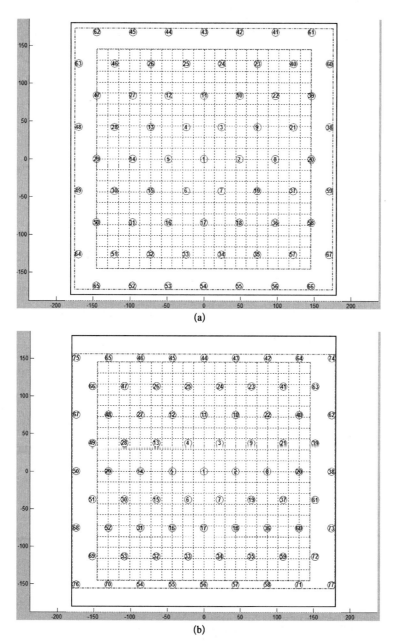

图 11-53　神光 Ⅱ 5PW 装置变形镜驱动器光学设计(彩图见图版第 55 页)

(a) 67 单元；(b) 77 单元。

　　67 单元和 77 单元两种分布的变形镜，均可校正五阶以下像差，对应于 Zernike 多项式前 16 项。光学设计中，在光束全充满且较均匀时模拟计算了 Zernike 多项式前 16 项波前校正能力。计算初始设定第 3 项至第 10 项波前畸变 PV 值为 6 μm，第 11 项至 16 项波前畸变 PV 值为 2 μm。图 11 - 54 所示为计算结果，图中深蓝色条纹为 PV 值，浅蓝色条纹为 RMS，对于 Zernike 多项式第 3 项至第 16 项，两种分布变形镜校正残差 RMS 都可以在 0.1 以下，当光束状态比较理想(孔径充满、光强均匀)时，甚至可以逼近衍射极限的理论值。

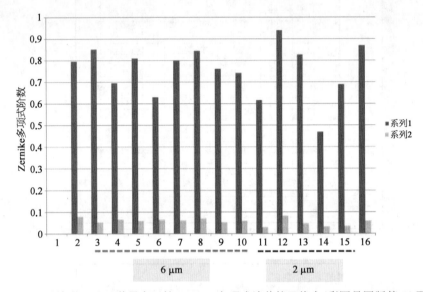

图 11 - 54 神光 Ⅱ 5PW 装置变形镜 Zernike 多项式波前校正能力(彩图见图版第 56 页)

3. 波前传感器设计

波前传感器采集波前信息并反馈至计算机，它是自适应光学系统的"眼睛"。神光 Ⅱ 飞秒拍瓦超高功率激光装置要求聚焦光束波前质量达到近衍射极限的水平，才能达到聚焦能量密度和功率密度的要求，因此准确采集神光 Ⅱ 飞秒拍瓦激光装置波前畸变，对于波前控制和激光装置本身都是至关重要的。

波前传感器技术指标：

(a) 入射光束口径：　　　① 传感器 Ⅰ，光束口径≥5 mm×5 mm；

　　　　　　　　　　　② 传感器 Ⅱ，光束口径≥5 mm×5 mm。

(b) 阵列数：　　　　　　① 传感器 Ⅰ，30×30；

　　　　　　　　　　　② 传感器 Ⅱ，30×30。

(c) 测量动态范围(PV 值)：① 传感器 Ⅰ，≥10λ；

　　　　　　　　　　　② 传感器 Ⅱ，≥10λ。

(d) 测量精度：　　　　　① 传感器 Ⅰ，≤0.05λ；

　　　　　　　　　　　② 传感器 Ⅱ，≥0.05λ。

(e) 提供波前畸变测量图像和 16 项 Zernike 多项式分解系数。

神光 II 飞秒拍瓦激光装置自适应光学系统具有两个波前传感器,它们分别位于压缩器输入端和离轴镜的焦点处。压缩器输入端波前采集组件包括二级缩束系统和波前传感器,并具有准直和近远场测量功能;靶室内波前传感器与离轴镜 F 数相匹配,直接探测远场焦斑波前信息。

(1) 压缩器输入端波前传感器光学设计

压缩器输入端反射镜的透射光(1%)入射到波前采集光路,第一级缩束为第一级由 ϕ435 mm 缩束至 ϕ60 mm(290 mm × 290 mm 缩束至 40 mm × 40 mm);第二级由 ϕ60 mm 缩束至 ϕ7.5 mm(40 mm × 40 mm 缩束至 5 mm × 5 mm)。第一级缩束系统采用伽利略结构,输入口径为 ϕ435 mm,输出口径为 ϕ60 mm,缩束比为 7.25 : 1。第一级缩束系统的总长度约为 1 500 mm。系统的波像差设计值优于 0.1λ,如图 11 - 55 所示。

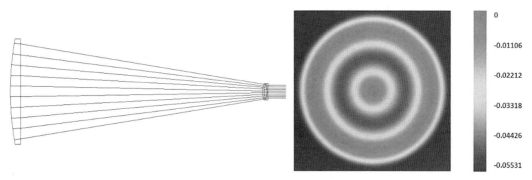

图 11 - 55　压缩器外波前采集第一级缩束系统(彩图见图版第 56 页)

第二级缩束系统采用开普勒结构,输入口径为 ϕ60 mm,输出口径为 ϕ7.5 mm,缩束比为 8 : 1。光路结构如图 11 - 56 所示,缩束系统的总长度约为 900 mm。系统的波像差设计值优于 0.1λ。

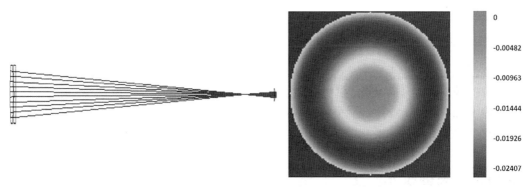

图 11 - 56　压缩器外波前采集第二级缩束系统(彩图见图版第 56 页)

两级缩束系统组合后,输入光束口径 290 mm × 290 mm,输出 5 mm × 5 mm。根据像传递关系,输入像面在缩束系统前端 10~15 m 的位置,对应的像共轭面在缩束系统后端约 90 mm 的位置。

（2）靶室内波前传感器

靶室内波前传感器用于探测聚焦靶点波前畸变，传感器前集成有与离轴镜 F 数相匹配的显微物镜，光束经显微物镜准直后入射波前传感器。目前，靶室和离轴镜光学参数还未完全确定，将在后续工作中对传感器的光学设计进行补充。

4. 闭环控制

闭环控制计算机是自适应光学系统的数据处理中心，相当于"人体大脑"。闭环控制计算机接收传感器主要针对波前畸变主要组成部分和变形镜动力学模型建立相应的驱动程序。闭环控制时，提供计算机与变形镜以及哈特曼传感器之间的对话，发送低压控制信号转变为变形镜压电陶瓷驱动高电压信号。主要由计算机、控制程序、网络协议、数模转化、高压模块等组成。神光 II 飞秒拍瓦激光装置中闭环控制计算机的设计技术指标为：

① 自适应光学系统 8 min 内完成波前闭环校正；

② 波前控制分系统在 15 min 内完成对波前的闭环校正；

③ 波前控制分系统在对波前的闭环控制结束之后的 30 min 时间里自身应保持稳定；

④ 波前控制分系统具有网络远程控制功能。

5. 标定光源设计

自适应光学波前校正中，标定光源不可或缺，它为波前控制提供参考波前数据，标定像差采集光路的附加像差。在神光 II 飞秒拍瓦激光装置中，我们利用 808 nm 光纤光源、光纤准直器和大口径非球面透镜实现标准平面波光束入射测量光路和主光路完成波前传感器标定。标定光源的技术参数如下：

① 输出波长：808 nm；

② 重复频率：连续；

③ 输出功率：大于等于 100 mW；

④ 光束远场分布：基横模，远场光斑接近 1 DL；

⑤ 发散角：小于等于 0.8 mrad；

⑥ 光束口径：小于等于 $\phi600$ mm（光纤准直后）；

⑦ 光束指向稳定性：200 μrad；

⑧ 能量稳定性：小于等于 5%RMS(4 h)；

⑨ 光束近场分布：准高斯型，填充因子 50%。

§11.4　关键技术[23-37]

11.4.1　皮秒域放大技术

1. 功能

种子源单元产生的纳焦级飞秒脉冲经组合导光镜，在展宽到 1 ps 级后，直接注入多通放大器单元,得到放大到百微焦能量的放大脉冲。皮秒放大器一般结合脉冲净化单元,提高在皮秒时间窗口内的信噪比。脉冲净化单元一般是可饱和吸收体或者交叉偏振波(XPW)所产生的被净化的微焦级皮秒脉冲,用于后级展宽并放大,即信噪比提升多通放大技术。对皮秒多通放大器的信噪比的设计要求如表 11 - 13 所示。

表 11 - 13 信噪比提升多通放大器的输出指标和泵浦光要求

信噪比提升多通放大器的输出指标要求		信噪比提升多通放大器的泵浦光要求	
能量	5 μJ	能量	10 mJ
脉冲时间宽度	1 ps	脉冲时间宽度	10 ns
中心波长	808 nm	中心波长	532 nm
光谱宽度	90 nm	光谱宽度	单纵模
光束口径	2.5 mm	光束口径	3 mm
远场能量集中度	80% 2 DL	近场分布	近平顶分布
重复频率	1 Hz	远场能量集中度	80% 2 DL
能量稳定性	2%	重复频率	1 Hz
时间信噪比	10^{-11}	能量稳定性	2%

2. 设计指标

信噪比提升多通放大技术是一项兼具能量放大、脉冲选单与信噪比提升的综合技术,包含一个直接放大种子光的多通放大器、一个电光开关的 1 Hz 选单装置与一块可饱和吸收体(或者 XPW 的 BaF_2 晶体)的信噪比提升装置。

3. 皮秒 CPA 实施方案

图 11 - 57 为信噪比提升多通放大器采用 10～18 通环形腔放大结构,基本技术路线为基于钛宝石晶体的 CPA 放大。脉冲经过前 7 通放入后注入 10 Hz 选单器。炮克耳斯

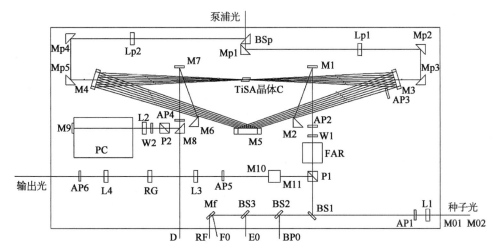

图 11 - 57 信噪比提升多通放大器放大结构

盒 PC 电光开关重复频率为 10 Hz,经反射镜 M9 反射沿原光路返回,并注入多通放大器。脉冲经过后 7 通放大,光偏振发生旋转,从分束器 P1 出射,进入信噪比提升模块。脉冲经聚焦镜 L3 聚焦到可饱和吸收体 RG 上,信噪比提升后的脉冲经准直镜 L4 准直输出。

4. 光学元件需求

信噪比提升单元光学元件的设计参数如表 11 - 14 所示。

表 11 - 14   信噪比提升多通放大器所需光学件参数

光 学 元 件	参　　数
前级导光镜 M01 - 02	ϕ25 mm,镀银反射镜
信号光准直透镜 L1	ϕ25 mm,正球透镜 808 nm 宽带增透膜(650~1 100 nm)
偏振分束器 P1、P2	ϕ30 mm,立方偏振分束器,808 nm 宽带增透膜
测量分束镜 BS1、BS2、BS3	ϕ30 mm,不镀膜 1°楔片
测量反射镜 Mf	ϕ30 mm,镀银反射镜
法拉第旋转器 FAR	ϕ25 mm
半波片 W1	ϕ25 mm,808 nm 半波片
导光镜 M1、M7	ϕ25 mm,镀银反射镜
导光镜 M2、M6	25 mm×15 mm×5 mm,镀银反射镜
凹面反射腔镜 M3、M4	ϕ50 mm,凹面曲率半径 400 mm,PV<1/4λ 532 nm 增透膜,808 nm 宽带高反膜
钛宝石晶体 C	ϕ30 mm×20 mm,布儒斯特角切割, 532 nm、800 nm 宽带增透
平面反射腔镜 M5	100 mm×25 mm×15 mm,808 nm 宽带增透膜
泵浦光分束器 BSp	ϕ30 mm,532 nm 分光
泵浦光反射镜 Mp1 - 5	ϕ30 mm,45° 532 nm 高反
泵浦光聚焦镜 Lp1 - 2	ϕ25 mm,532 nm 高透,f=600 mm
选单器反射镜 M8	ϕ30 mm,45° 808 nm 宽带高反膜
准直矫正镜 L2	ϕ25 mm,正球透镜,808 nm 宽带增透膜
波片 W2	ϕ25 mm,808 nm
泡克耳斯盒 PC	10 Hz
选单器反射镜 M9	ϕ30 mm,0° 808 nm 宽带高反膜
爬升镜 M10、M11	ϕ30 mm,45° 808 nm 宽带高反膜
可饱和吸收体 RG	BaF_2 或者石英玻璃
聚焦镜、准直镜 L3、L4	ϕ30 mm,正球透镜,f=200 mm 808 nm 宽带增透膜

5. 机械设计

整体大小控制在 $1\,000\,\text{mm} \times 500\,\text{mm}$ 的空间内,光学调整架设计应考虑长时稳定性、空间紧凑性等。光路准直方案:

① 调节前级导光镜 M01、M02,使得光通过光阑 AP1、AP2;

② 调节导光镜 M2,使得光通过光阑 AP3;

③ 调节导光镜 M6,使得光通过光阑 AP4;

④ 调节爬升镜 M10、M11,使得光通过光阑 AP5、AP6;

通过观察放大倍率 D,调节 Mp3、Mp5,使得放大效果最佳。

11.4.2　色差控制技术

在高功率超短脉冲激光装置中,空间滤波器通常采用开普勒结构,由于透镜的材料色散,宽带激光脉冲在经过空间滤波器透镜时不可避免地产生色散,导致只有中心波长的激光经过空间滤波器后仍是平行光,其他波长成分发散或会聚。另一方面,由于透镜中心厚、边缘薄,经过透镜不同径向位置的激光脉冲有着不同的脉冲时间延迟(pulse time delay)。大型激光系统通常需要多级空间滤波器级联实现像传递和光束变换功能,如图 11-58 所示。当宽带激光脉冲经过空间滤波系统逐级扩束之后,色差量逐级累积,全系统累积的色差将会使激光终端聚焦性能产生严重的时空畸变:焦斑变大,脉冲时域脉宽变宽,峰值功率密度降低。

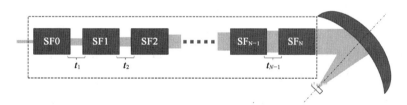

图 11-58　级联空间滤波器及聚焦系统示意图

厚透镜的传输矩阵公式为

$$M = \begin{bmatrix} 1 & 0 \\ -\phi_2 & 1 \end{bmatrix} \begin{bmatrix} 1 & d/n \\ 0 & 1 \end{bmatrix} \begin{bmatrix} 1 & 0 \\ -\phi_1 & 1 \end{bmatrix} = \begin{bmatrix} 1 - \phi_1 d/n & d/n \\ -(\phi_1 + \phi_2 - \phi_1 \phi_2 d/n) & 1 - \phi_2 d/n \end{bmatrix}$$

$$(11-6)$$

其中 $\phi_1 = (n-1)/R_1$,$\phi_2 = (1-n)/R_2$ 分别为透镜前后表面光焦度,R_1、R_2 分别代表前后表面曲率半径,d 为透镜厚度。由于材料折射率 n 与波长 λ 有关,透镜焦距

$$f(\lambda) = \frac{1}{\phi_1 + \phi_2 - \phi_1 \phi_2 d/n} = \frac{R_1 R_2}{n(\lambda) - 1} \{R_2 - R_1 + [n(\lambda) - 1]d/n(\lambda)\} \quad (11-7)$$

空间滤波器的传输矩阵可以表示为

$$M_{SF}(\lambda) = \begin{bmatrix} 1 & 0 \\ -\dfrac{1}{f_2(\lambda)} & 1 \end{bmatrix} \begin{bmatrix} 1 & f_1(\lambda_0) + f_2(\lambda_0) \\ 0 & 1 \end{bmatrix} \begin{bmatrix} 1 & 0 \\ -\dfrac{1}{f_1(\lambda)} & 1 \end{bmatrix} \qquad (11-8)$$

当复色光场经过 N 级空间滤波器后,离焦色散量逐级累积。被焦距为 F_0 的反射聚焦系统会聚后,在焦点位置的离焦量可由传输矩阵求得

$$\begin{bmatrix} y_N \\ k_N \end{bmatrix} = \begin{bmatrix} 1 & F(\lambda) \\ 0 & 1 \end{bmatrix} \begin{bmatrix} 1 & 0 \\ -\dfrac{1}{F_0} & 1 \end{bmatrix} \begin{bmatrix} a & c \\ b & d \end{bmatrix} \begin{bmatrix} y_0 \\ 0 \end{bmatrix}$$

$$= \begin{bmatrix} a(1 - F(\lambda)/F_0) + cD & b(1 - F(\lambda)/F_0) - dF(\lambda) \\ b - \dfrac{a}{F_0} & d - \dfrac{c}{F_0} \end{bmatrix} \begin{bmatrix} y_0 \\ 0 \end{bmatrix} \qquad (11-9)$$

$$\Rightarrow F(\lambda) = \frac{a(\lambda)}{c(\lambda) - \dfrac{a(\lambda)}{F_0}}, \ \Delta F(\lambda) = F(\lambda) - F_0$$

其中 $F(\lambda)$ 为某一波长对应的焦距,离焦色散量为该波长焦距与中心波长焦距之差。由式 11-9 可知,只要确定透镜参数,即可求出级联空间滤波器传输矩阵,从而计算出系统终端焦平面处的离焦量。

介质折射率对波长的一阶偏导,决定了复色光场在介质中传输时群速度与相速度不同。对于正色散介质来说,群速度面滞后于相速度面。将光束通过透镜中心区域与边缘的群延迟之差定义为脉冲传输时间延迟(pulse transmission time delay,PTD)。对于复色光场来说,不同波长所经历的 PTD 各不相同。PTD 的存在使激光脉冲截面不同区域受到不同程度的展宽,而这种不均匀展宽无法被光栅压缩器补偿,其结果使得激光脉冲在聚焦时边缘区域早于中心区域到达焦点,脉冲主脉冲被展宽,时域对比度降低。

级联空间滤波器的传输时间延迟可以表示为

$$\Delta T_{SF}(\lambda, r) = \sum_{i=1}^{N} \Delta T_{lens}(\lambda, r) = \sum_{i=1}^{N} \frac{r_0^2 - r_i^2}{2cf_i[n_i(\lambda) - 1]} \left(-\lambda \frac{dn_i}{d\lambda} \right)_i \qquad (11-10)$$

由式 11-10 可知,光束口径越大,通过透镜次数越多,PTD 累积量越大。

在高功率超短脉冲激光系统中使用的色差补偿手段包括采用全反射式空间滤波器替代透射式滤波器,利用消色差透镜替代单透镜,引入色差补偿单元进行色散预补偿等。

利用消色差透镜取代单透镜是消除色差的传统技术手段。消色差透镜组通常由两片由不同材料制成的正负透镜贴合而成,能够在保证透镜焦距的情况下消除离焦色散。光束通过消色差透镜后的 PTD 由下式决定

$$T_{ach}(\lambda, r) = -\frac{\lambda}{c} \left(d_1 \frac{dn_1}{d\lambda} + d_2 \frac{dn_2}{d\lambda} \right) \qquad (11-11)$$

式 11-11 表明,宽带激光经过消色差透镜后的 PTD 在整个光束截面内相同。

采用消色差透镜尽管能够消除离焦色散和 PTD,但在高功率超短脉冲激光系统中很难采用,主要原因在于大口径消色差透镜材料加工困难,价格昂贵,不利于实际使用。此外,消色差透镜尽管能够消除离焦色散,但由于不同材料的折射率对波长高阶偏导不同,使用过多的消色差透镜往往会引入高阶色散,从而降低系统性能,因此对消色差透镜在实际使用中需要格外慎重。

利用全反射激光扩束系统取代透射式扩束系统在理论上能够完全避免 PTD 和离焦色散的产生。应用较广的全反射激光扩束系统主要包括格里高利系统和卡塞格林系统。相比透射激光扩束系统,全反射扩束系统不仅能够有效避免色差的产生,同时也不会引入次脉冲、笔形光束等杂散光造成脉冲信噪比的下降,且口径大、传输效率高,在高功率超短脉冲激光系统中优势明显。通过精准调节反射镜的角度,不仅能够消除系统色差,同时也能够净化预脉冲,提高系统信噪比。

尽管全反射激光扩束系统能够有效避免色差的产生,但同时也存在如下不足:球面反射系统由于几何尺寸原因不可避免地产生像散;而离轴抛物面镜价格昂贵,加工难度大,且对光路准直异常敏感,特别是当光束口径较大时,离轴抛物面镜的安装调试难度较大,对稳定性要求较高。

消色差透镜组和全反射系统能够有效抑制系统的离焦色散和 PTD 的产生,但在实际使用中有一些局限。因此,目前高功率宽带激光系统大多采用添加色差预补偿单元的方式来校正系统色差。系统色差预补偿技术主要包括基于折射反射的预补偿技术和基于衍射效应的预补偿技术。

采用负透镜加反射元件组合的预补偿单元是系统色差补偿的主要方式之一。常见的补偿结构包括:负透镜球面反射镜组合、负透镜离轴抛物面镜组合、Öffner 结构等。

尽管利用负透镜能够较好地补偿系统色差,但对于宽带高功率拍瓦激光装置来说,由于光束口径较大,通常可达几十厘米,系统累积的色差十分可观。如果采用透射元件补偿系统色差,对负透镜的焦距、材料口径要求较高,在实际使用中往往显得捉襟见肘。

衍射器件具有与折射器件相反的色散特性,被广泛应用于无色差光学系统,在高功率脉冲激光系统中利用衍射器件能够有效地校正系统色差。

菲涅尔衍射透镜具有圆形闪耀分布,在傍轴条件下,其衍射环带的边缘定义为[18]:$\rho_N = \sqrt{f_0 \cdot \lambda \cdot N}$。对于焦距为 $f_0 = \rho_N^2/(N\lambda)$ 的衍射透镜来说,其离焦色散为

$$\frac{\mathrm{d}f}{\mathrm{d}\lambda} = \frac{\mathrm{d}\rho_N^2/(N\lambda)}{\mathrm{d}\lambda} = -\frac{f_0}{\lambda} \tag{11-12}$$

由式 11-10 和式 11-12 可知,衍射透镜引入的脉冲传输时间延迟可以表示为

$$T_{\text{PTD,菲涅尔}} = -\frac{r^2 - r_{\max}^2}{2cf_0} \tag{11-13}$$

式 11-13 表明,衍射透镜提供负色散,且色散量远大于折射透镜。因此,利用衍射透镜可以补偿由折射透镜引起的 PTD。相比折射元件,使用衍射透镜可以在相对较小口径光束下实现色差补偿,特别是在高能拍瓦激光装置中,折射元件由于材料尺寸限制,难以补偿全系统色差,而衍射器件的色散量通常是投射器件的几十倍,能够在神光 II 飞秒拍瓦激光装置上实现全系统色差补偿。

需要指出的是,基于衍射元件的色差预补偿单元色差,目前只见用于皮秒或百分秒脉冲激光系统,尚未有带宽达几十至百纳米的超宽带激光系统采用衍射器件补偿系统色差的报道。一方面,衍射器件的衍射效率受限于激光脉冲带宽;另一方面,对于超宽带激光系统来说,衍射器件尽管能补偿系统中心波长的 PTD,却难以完全补偿透射元件引入的离焦色散。此外,宽带激光脉冲经过衍射器件衍射会产生中高频波前畸变和鬼光束,影响光束质量。因此,目前超宽带脉冲激光系统大多采用折射元件来补偿系统色差。

11.4.3 等离子体镜技术

11.4.3.1 等离子体镜技术意义和现状

随着超短激光和啁啾放大技术的不断发展,超短脉冲飞秒激光光学(10^{-15} s)以及相应的激光啁啾脉冲放大(CPA)技术的飞速发展是激光科学技术领域最激动人心的重大突破。以超短脉冲飞秒激光为基础的全新研究领域已被美国国家研究理事会确认为 21 世纪的优先发展领域。通过对激光脉冲的压缩放大,在最近十几年内激光的峰值功率提高到百太瓦甚至拍瓦级,用于实验的激光聚焦强度可达 $10^{19} \sim 10^{21}$ W/cm^2,激光强度超过 10^{22} W/cm^2 以上的聚焦强度也正在成为现实,开辟了实验室小型化高强度激光等离子体物理研究的新局面。

而在激光与物质相互作用研究中,特别是在高温高密度等离子体的产生、超快 X 射线源、高能离子和电子的产生、惯性约束聚变(ICF)和"快点火"工程相关研究等精密物理实验中,对激光对比度有很高的要求,因为足够高的激光对比度可以保证在主脉冲激光脉冲到达之前,避免在待作用的靶面上形成明显的预等离子体。例如在超快 X 射线源研究中,特别是在使用团簇靶时,预脉冲会影响团簇的形成,导致主脉冲激光与低密度等离子体相互作用。在目前实验中使用的几乎所有靶材,当预脉冲的峰值强度达到 10^{13} W/cm^2 以上时,预脉冲在靶面形成的等离子体的动态膨胀将影响主脉冲直接与靶相互作用,从而严重影响激光与物质相互作用的过程,会导致主脉冲激光与预脉冲产生的预等离子体发生作用。

因此,激光对比度对于高功率激光是非常重要的,关于激光对比度的提升,有许多方法,例如直接控制脉冲相位、光谱或时域窗口技术、可饱和吸收技术、倍频技术,但是实际对于高功率超快激光脉冲作用有限,有效地解决这个问题的方法之一,就是利用自诱导等离子体开关技术,即通称的等离子体镜技术。

1991 年 H. C. Kapteyn 证明了等离子体镜开光可以实现能量压缩但是没有相应的任何测量;1993 年 S. B. Gold 等人测得在垂直入射和以布儒斯特角入射时的反射率分别为 70% 和 38%,能量压缩比为 10 和 400;1994 年 Gold 使用 10^{10} W/cm^2、130 fs 的激光脉冲聚焦到 10^{16} W/cm^2,将 p 偏振光以布儒斯特角入射到基片上,测得反射率(50%)与冷反射率(0.1%),对比度提高 500 倍;2003 年,Ziener 测量了 90 fs 和 500 fs S 脉冲光分别以 6° 到 45° 入射到熔融石英材料的反射率变化情况,反射率随着强度增加而增加,并且在更高强度下发生涨落现象;2004 年 G. Doumy 等人对等离子体镜特性从实验和理论的方法进行了全面的研究和描述。对比度提高了两个数量级,同时脉冲强度和空间光束轮廓没有大的改变。鉴于理论和实验的对比研究结果,2004 年他们将单等离子体镜应用于 10 TW 级的激光器上,对比度提高了 200 倍,并且通过产生的高次谐波说明了对比度的改善;2007 年 Y. Nomura 和 T. Wittmann 等人测量了亚 10 fs 激光脉冲入射到等离子体镜上时的反射光束的空间域和时域分布情况。比较了 p 偏振光和 s 偏振光的反射率曲线,最大反射率分别为 40% 和 65%,冷反射率为 0.5% 和 7.6%。证明只要在基片上镀增透膜,对具有较大反射率的 s 偏振光就可以大幅度提高对比度,改善结果。通过空间域反射聚焦光以及三阶相关仪对时域脉冲轮廓的测量,说明等离子体镜具有空间滤波特性和压缩脉宽作用。

等离子体镜也可以级联使用,2000 年 I. Watts 等人引入第一台平行放置的双级联等离子体镜系统(dual cascade plasma mirror system, DPM),对比度提高了 $10^3 \sim 10^4$ 倍。2005 年 R.S. Marjoribanks 和 T. Wittmann 等人发展了双等离子体镜系统,并对其做了进一步详尽的研究说明。两等离子体镜间距 14 cm 对置,工作在近场条件下。实验和模拟得出每个等离子体镜上的反射率达 70%,对比度提高 200 倍,则总能量衰减 50% 并且对比度提高 4×10^4 倍;2006 年,T. Wittmann 等人在 100 TW 激光器上测试了双等离子体镜作为脉冲压缩器的性能指标。通过改变系统聚焦位置来改变入射强度测得反射率曲线,发现当 PM2 和 PM1 分别处于远场和近场状态下时,空间峰值强度下的反射率最大。该位置下对比度得到进一步改善,达 5×10^4,强度衰减 50%。对光束轮廓的测量发现各个等离子体镜上的光束品质与单等离子体镜近远场性质相同,系统总焦点处的光束质量与 Gold 远场情况相同,说明该系统保证了输出光的聚焦能力。2007 年,A. Lévy 等人在 10 TW 的激光器上间距 4 cm 平行放置两等离子体镜,当焦点位于其中心,传输能量最大,达到 50%,对比度提高量是两个单等离子体镜系统的叠加。

11.4.3.2　等离子体镜基本原理

等离子体镜是自诱导等离子体的反射型光开关,如图 11 - 59 所示,当超短脉冲入射到透明基片材料上,低强度噪声并且脉冲前沿透射基片时,峰值附近强脉冲前沿会激发基片产生等离子体。当等离子体层达到一定电子密度时,等离子体层会从透明介质成为反射率接近 1 的高反状态,类似于镜面将脉冲反射,从而形成极快的等离子体镜效应,得到提高信噪比的效果。

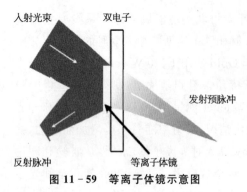

入射光束　　双电子

发射预脉冲

反射脉冲　　等离子体镜

图 11 - 59　等离子体镜示意图

等离子体镜技术是一种用于终端的信噪比提升技术,也是目前终端提高信噪比的最好的手段,具有亚皮秒的相应速度,适用于宽带光源,并且可以在任意放大器后使用以及级联使用,使用方便。等离子体镜每一次都会损伤基片表面,所以每次使用需要更换基片入射位置。

11.4.3.3　等离子体理论基础

当一束激光照射到固态靶材料时,当激光的能量足够大,主脉冲的前沿或预脉冲将靶面汽化,形成一层稀薄的等离子体,后续激光必须穿过等离子体才能达到固体物质,激光传输受到自由电子的制约。激光在等离子体中的色散关系为

$$c^2 k^2 = \omega_0^2 \varepsilon = \omega_0^2 \left[1 - \frac{\omega_p^2}{\omega_0^2 \left(1 - \frac{i\nu}{\omega_0} \right)} \right] \approx \omega_0^2 \left(1 - \frac{\omega_p^2}{\omega_0^2} \right)$$

$$(11 - 14)$$

$$\omega_p = \left(\frac{4\pi N_e e^2}{m_e} \right)^{\frac{1}{2}}$$

式中 ε 是等离子体介电常数,它反映等离子体通过扰动电流对磁场中电场的反影响,此处的介电常数与普通电力学表示的电场和电位移向量间比例系数,都反映束缚电子的偏振对电场的影响。ω_0 是激光频率。ω_p 是等离子体频率,当等离子体中电中性被破坏时的空间电荷振荡成等离子体振荡,其振荡频率称为等离子体频率 ω_p。ν 是碰撞频率,N_e 是等离子体电密度,m_e 是电子质量,e 是电子电荷。

当 $\omega_p \geqslant \omega_0$ 时,波矢小于零,激光便无法穿过等离子体层被反射,此时的电密度称为等离子体临界密度。

$$N_c = \frac{m_e \omega_0^2}{4\pi e^2}$$

$$(11 - 15)$$

因此激光发生反射吸收的区域都在 $N_e \leqslant N_c$ 的区域内。

杜露德(Drude)模型给出等离子体介电常数:

$$\varepsilon(z, t) = n^2 - \frac{N_e(z, t) / N_c}{1 + i / \omega \tau_m}$$

$$(11 - 16)$$

介电常数具有实部和虚部,虚部决定了对能量的吸收损耗。

τ_m 是材料的电子离子平均碰撞时间,它与能量有关,等离子体的动态膨胀导致其密度梯度的降低,电子-离子的碰撞速率也将随之下降,τ_m 增加,因此,τ_m 是随着激光与物质相互作用时间而变化的。

11.4.3.4　等离子体非线性电离

物质在光照射下,会出现电离现象,即原子中的电子吸收单个光子,而后根据选择定则从束缚态跃迁到连续态。而随着激光强度的增加,电离的机制也发生巨大变化。不同强度下,激光照射物质后的电离不同,如从单光子电离到多光子电离。等离子体镜产生的激光强度大致在 $10^{14} \sim 10^{16}$ W/cm^2,因此电离机制主要是多光子电离与雪崩电离。

多光子电离:如图 11 - 60 所示,当低功率密度激光的单光子能量低于物质的禁带宽度即电子跃迁所要吸收的能量时,物质对于该波长的激光表现为透明的;当激光功率密度达到足够大时,尽管其单光子的能量低于电子跃迁的吸收能,只要物质的响应时间短于激光辐射吸收的时间,物质可以同时吸收多个光子,使得其总能量(即被吸收的光子数与单光子能量的乘积)大于

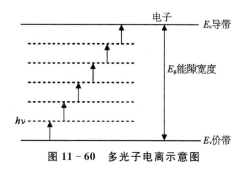

图 11 - 60　多光子电离示意图

物质的禁带宽度,从而使得束缚电子可以从价带激发至导带上。多光子电离是电子跃迁所需要吸收光子数最少的。

多光子电离的电子激发速率方程:

$$W = \sigma_k \mid E(z, t) \mid^{2k}$$
$$\sigma_k = \frac{\mathrm{d}n_e}{\mathrm{d}t} = \left(\frac{2\omega}{9\pi}\right)\left(\frac{m_e\omega}{\hbar}\right)^{3/2} e^{12} \phi\left[2\left(6 - \frac{\lambda_0}{\lambda_{\mathrm{laser}}}\right)\right]\left(\frac{e^2}{16nc\varepsilon_0 m_e E_g \omega^2}\right)^k \tag{11-17}$$

式中电离所需要的多子数为 $K = 1 + \dfrac{E_g}{\hbar\omega}$,

$\phi(z)$ 为 Dawson 公式,$\phi(z) = \exp(-\tau^2)\displaystyle\int_0^z \exp(y)\mathrm{d}y$,$z = \left(2k - \dfrac{E_g}{\hbar\omega}\right)^{\frac{1}{2}}$

式中 n 是在激光频率为 ω_0 时物质的折射率,c 是真空中光的传播速度,ε_0 是真空中的介电常数,$\hbar = \dfrac{h}{2\pi}$,h 为普朗克常数。

雪崩电离:初始存在的导带电子(可能是缺陷、杂质或光电离产生的自由电子)在激光电场中加速,当其能量超过材料物质的禁带宽度时,就会碰撞一个价带电子,使其克服晶格势垒而跃迁到导带底,导带即增加一个自由电子;同时,高能电子也由于能量损失而回到导带底。这个过程反复进行时,导带电子雪崩式地增加。这将导致介质中出入导带上的电子数呈几何级数增加,该现象就是所谓的雪崩电离现象。由导带上的自由电子吸收激光辐射成为高能电子,经与其他离子的碰撞电离后,产生自由电子,如图 11 - 61 所示。

雪崩电离的电子激发速率方程:

$$W = \beta \frac{N}{N_0} \mid E(z, t) \mid^2$$

$$\beta = \frac{0.5e^2\tau_{\mathrm{m}}}{m_e c n_0 E_{\mathrm{g}}(\omega^2\tau^2+1)} \qquad (11-18)$$

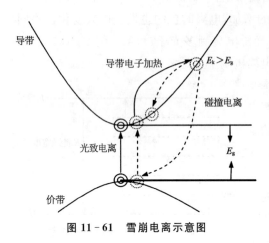

图 11-61　雪崩电离示意图

等离子体镜的产生与电子激发速率有直接关系,激发过程通常采用多光子电离与雪崩电离两种机制共存。激发初始,多光子电离起主导作用;之后随着电子密度上升,雪崩电离成为激光主导。

因此,等离子体镜的总电子激发速率等于多光子电离和雪崩电离共同决定:

$$W = \sigma_k \mid E(z,\ t)\mid^{2k} + \beta\frac{N}{N_0}\mid E(z,\ t)\mid^2$$
$$(11-19)$$

σ_k 和 β 分别为多光子电离和雪崩电离系数。

11.4.3.5　共振吸收

电磁波斜入射到非均匀等离子体时,如果光波的电向量位于入射平面内,这个光波就是 p 偏振光。在 p 偏振光波斜入射的情况下,沿等离子体密度梯度方向激光电场向量总存在一个分量,即 $E\cdot\nabla_{\mathrm{ne}}\neq 0$ 因此能够引起非常强的电荷密度波动,导致静电振荡。当 p 波透过反射点 ($\varepsilon = \sin^2\theta$,其中 θ 规定为波向量与密度梯度方向的夹角)到达临界面 ($\varepsilon = 0$)附近发生共振现象时,这种入射光波的能量转换为静电振荡(电子等离子体波)的现象称为共振吸收。所以激光能量可以在反射点处通过共振吸收的方式传递给等离子体。

在临界密度处由于入射光波激发静电波而被吸收到的份额可以表示为

$$\tau = \left(\frac{\omega L}{c}\right)^{1/3}\sin\theta \qquad (11-20)$$

$$\phi(\tau) = 2.3\exp\left(-\frac{2\omega L}{3c}\right)\left(\frac{\omega L}{c}\right)^{1/3}\exp(-\sin^3\theta)\sin\theta$$

可以看出,p 光的共振吸收份额与频率、角度、等离子体密度标长(L)有关。

对于 p 光,当角度开始增长时,吸收不断增加,直到一个最大吸收角度;之后随入射角度的继续增加而开始减小。

Fedosejevs 等人的实验结果表明,当入射激光强度在 $10^{14}\sim 2\times 10^{15}$ W/cm² 时,激光靶中的吸收和激光偏振、入射角度有关。s 偏振(E 垂直于入射平面)激光的吸收总是随入射角度的增加而减小;而对于 p 偏振(E 平行于入射面内)激光的吸收,先随入射角度的增加而增加,达到某一个角度时,吸收达到最大,然后随入射角度继续增加而开始减小。

11.4.3.6　理论模拟

等离子体镜是一种激光等离子体物理演变的过程,等离子体镜一般分为两个过程,一个是等离子体电密度由于激光电离产生不断集聚从而形成等离子体镜的过程,一个是等离子体镜形成之后影响光传输的过程。集聚数模型以及稳态等离子体镜传播模型分别主要用以阐述与模拟这两个过程的物理研究。

1. 集聚数-等离子体镜物理模型

由于 WKB 近似和菲涅尔方程求解电场在等离子体中传播条件的限制($\omega L \ll 1$),必须使用数值分析求解反射电场大小和反射率系数。该集居数传播模型一方面利用集居数方程描述靶中非线性电离的情况,另一方面则是利用亥姆霍兹方程描述激光在非均匀等离子体中的传播过程,使用数值分析的方法求解出随时间和空间变化的等离子体演化以及随强度变化的反射率曲线。下面首先分别介绍电离等离子体的演化过程的物理描述和激光在等离子体中的传播,再给出具体数值求解等离子体镜作用过程,从而得到反射率曲线的模型设计方法,最后利用该模型计算出一定条件下等离子体的时间空间域的演化规律和反射率曲线。

$$\frac{\partial N}{\partial t} = W(N - N_0) \tag{11-21}$$

$$W = \sigma_k \mid E(z, t) \mid^{2k} + \beta \frac{N}{N_0} \mid E(z, t) \mid^2 (多电子电离 + 雪崩电离)$$

式中 N_0 为熔融石英中初始价电子密度,即分子数密度为 $N_0 = 5 \times 10^{23}$ cm^{-3};W 为电离速率,不同电离模型对应其相应的表达式;激光在等离子体层的传输采用波动方程,介电常数 ε 采用杜露德模型。随着等离子体层电子数的变化,介电常数 ε 发生变化。当 $\varepsilon = 0$,激光无法传输,等离子体镜反射脉冲激光。

等离子体波动方程与光偏振有关。

入射光为 s 偏振光:

$$\frac{\partial^2 E(z, t)}{\partial z^2} + \frac{\omega^2}{c^2} \mid \varepsilon(z) - \sin^2\theta \mid E(z, t) = 0 \tag{11-22}$$

$$\varepsilon(z) = n^2 - \frac{N_e(z, t)/N_c}{1 + i/\omega\tau_m} \text{ 是复介电常数},\tau_m = 1/\tau$$

入射光为 p 偏振光:

$$\frac{\partial^2 G(z, t)}{\partial z^2} + \frac{\omega^2}{c^2} \mid \varepsilon(z) - \sin^2\theta \mid G(z, t) - \frac{1}{\varepsilon(z)} \cdot \frac{\partial \varepsilon(z, t)}{\partial z} \cdot \frac{\partial G(z, t)}{\partial z} = 0$$

$$E(z, t) = \frac{ic}{w\varepsilon} \cdot \frac{\partial H_x}{\partial y} = \frac{\alpha}{\varepsilon(z)} G(z, t) e^{iwt - (iw\alpha y/c)} \tag{11-23}$$

如图 11-62 所示,模型假定为基片材料初始导带电子为 0,入射激光入射到基片中,由于

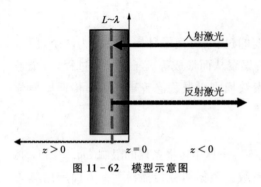

$L \sim \lambda$

入射激光

反射激光

$z > 0$ $z = 0$ $z < 0$

图 11 - 62　模型示意图

基片有复反射率,部分光反射回来,在真空与基片交界处形成驻波

$$E_0(1+r) = E(z=0^+)$$
$$ikE_0(1-r) = \frac{dE}{dz}(z=0^+)$$

(11 - 24)

因为没有 $z=0^+$ 的边界条件,所以需要逆向解亥姆霍兹方程,即从靶材内远离交界面且空间折射率为常数的区域到靶材表面。这样就需要在这个区域的一点 $z=L$(L 为电离深度)上的初始条件。靶材在这一点基本上是均匀的,沿 z 轴正向传播的电场是平面波。这里未知的仅仅是这个波的振幅。若由 $E(t) = A\psi(z, t)$ 和 $|\psi(z=L)|=1$,则 $\psi(z)$ 在点 $z=L$ 的初始条件为

$$\begin{cases} \psi(z=L) = \exp(ik_1 L) \\ \psi'(z=L) = ik_1 \exp(ik_1 L) \end{cases}$$

(11 - 25)

其中 $\psi(z) = \dfrac{d\psi}{dt}$,$k_1 = n_1 \dfrac{\omega}{c}\cos\theta$

重要的一点就是,由于亥姆霍兹方程是线性的,因此 $\psi(z)$ 也遵守此方程。从而可通过从 $z=L$ 到 $z=0$ 解亥姆霍兹方程计算出 $\psi(z)$。只要知道了 $\psi(z)$,就由上式得到复反射率

$$r = \frac{ik_0\psi(z=0) - \psi'(z=0)}{ik_0\psi(z=0) + \psi'(z=0)}$$

(11 - 26)

根据边界条件,实际电场 E 和 ψ 的振幅 A 为

$$A = E_0 \frac{1+r}{\psi(z=0)}$$

(11 - 27)

电场 $E(z, t)$ 完全随时间变化。运用其值来计算 $t+dt$ 时刻的电离率 W 和电子激发密度 $N(z)$。从而得到 $N(z, t+dt)$,就可以利用杜露德模型计算出介电常数 $\varepsilon(z, t+dt)$,接着可以将 $\varepsilon(z, t+dt)$ 代入亥姆霍兹方程中求解时刻 $t+dt$ 的电场。

2. 稳态等离子体镜传播模型

当等离子体镜完全启动之后,在亚皮秒尺度下,等离子体层的扩散可忽略不计,可视为静态。同时,假定激光光强不足以催动等离子体层发生改变。此时等离子体密度分布可近似为一维指数型分布,碰撞系数成平方反比分布。此模型从原理上是集居数模型简易模型,假定了等离子体镜的时间演化过程,着力于研究等离子体镜对激光的传输影响。

采用该模型,可简易模拟不同偏振以及角度光在等离子体层中的传输过程,迭代方

法与集聚数模型一致。

$$N(z) = N_0 \exp\left(-\frac{z}{L}\right)$$

$$\sigma(z) = \sigma_m \left(1 - \frac{z}{L}\right)^2$$

(11 - 28)

σ_m 是碰撞系数,与激光与材料有关。

3. 基于 matlab 模拟

(1) 模型一　集居数模型

一方面利用集居数方程描述靶中非线性电离的情况,另一方面则是利用亥姆赫兹方程描述激光在非均匀等离子体中的传播过程,使用数值分析的方法求解出随时间和空间变化的等离子体演化以及随强度变化的反射率曲线,通过边界条件采用龙格-库塔算法迭代计算,模拟等离子体镜启动过程。

模拟选定 s 偏振光、800 nm、30 fs 脉宽,入射脉冲为理想双曲余弦,材料选择熔融石英,模拟了不同功率密度,入射角度下的 s 光反射率特性、相位特性以及等离子体密度特性(当等离子体密度达到临界密度,激光无法穿透而发生反射)等。

参数设定:

$\lambda = 800\ nm$;　　　　　　　　　　$n_1 = 1.46$(熔融石英折射率);

$\theta = 45°$;　　　　　　　　　　　　$L = 200\ nm$(电离深度);

$s = 30\ mm$(光束口径);　　　　　　$\sigma_k = 9.766^{-77}\ cm^{12}\ s^5\ J^{-6}$;

$I(t) = sech^2(t/tp)$;　　　　　　$\beta = 0.15\ cm^2\ J^{-1}$;

$tp = 15\ fs$;　　　　　　　　　　　$h_1 = 1\ fs$(龙格-库塔时间步长);

$N_0 = 5 \times 10^{23}\ cm^{-3}$(熔融石英体密度);　　$h_2 = 1\ nm$(龙格-库塔空间步长);

$\tau_m = 0.1\ fs$(碰撞时间,假定恒定)。

逆向求解亥姆霍兹方程,通过四阶龙格-库塔算法从 $z = L$ 迭代计算 $z = 0$ 的电场 $E(t)$,与此同时求对应的 $W(z, t)$ 电离率,计算得到复反射率 r,通过 $|r|$ 计算得到反射率,再通过杜露德模型得到 $t + dt$ 的介电常数,重新迭代计算 $t + dt$ 时刻的亥姆霍兹方程,最后得到所有时刻的反射率,图 11 - 63 为 60 fs 等离子体镜启动模拟图。

脉冲峰值功率密度 $5 \times 10^{15}\ W/cm^2$ 条件下,等离子体镜反射率与时间的关系,由于入射脉冲是理想状态,忽略脉冲前沿噪声以及短脉宽,等离子体启动时间在几十飞秒。

当脉冲脉宽设定在 100 fs 时,等离子体镜的启动时间扩大至百飞秒,如图 11 - 64 所示。可见等离子体镜(plasma mirror, PM)启动时间与入射脉冲的脉宽有关,即与入射光的能流有关,能流密度与反射率关系如图 11 - 65 所示。

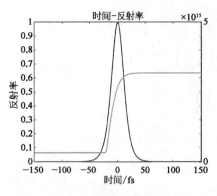

图 11 - 63　60 fs 等离子体镜启动模拟图
（彩图见图版第 57 页）

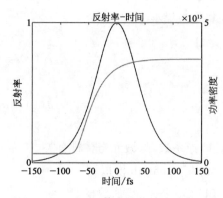

图 11 - 64　100 fs 等离子体镜启动模拟图
（彩图见图版第 57 页）

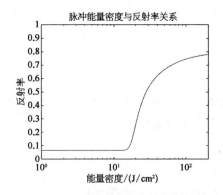

图 11 - 65　脉冲能量密度与反射率模拟图
（彩图见图版第 57 页）

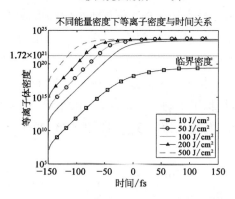

图 11 - 66　脉冲能量密度与等离子体密度模拟图
（彩图见图版第 57 页）

　　PM 反射率与能量密度也有关，如图 11 - 66 所示，只有能量密度达到基片的阈值，PM 才能启动，并且能量密度越大，反射率启动时间越短。

　　如图 11 - 67 所示，当脉冲存在预脉冲时，会提前启动 PM，从而影响 PM 使用的效果。

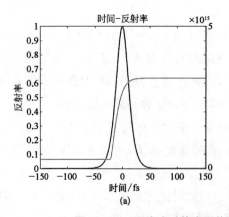

(a)

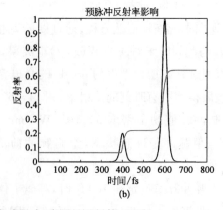

(b)

图 11 - 67　预脉冲对等离子体镜启动影响（彩图见图版第 57 页）
(a) 无预脉冲；(b) 有预脉冲。

等离子体镜同时也会带来相移,如图 11-68 所示,时间相位相移只发生在 PM 启动时段内,当 PM 启动完全后,不发生相移;理论和实验都表明时间相移较小(实验 < 0.1 rad),并且实际入射光脉冲前沿时间尺度更大,PM 启动时刻更早。

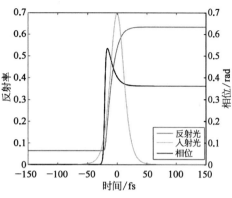

$$C_s = \sqrt{\frac{ZTe}{M}}$$

$$L = C_s \cdot t \qquad (11-29)$$

图 11-68　飞秒等离子体镜相移模拟图
(彩图见图版第 58 页)

功率密度的不同会导致离子声速,从而导致等离子体密度标长(L),其近似等于光程,因此空间上的强度分布不均匀会导致 PM 后产生空间相位畸变。

(2) 模型二　稳态等离子体镜传播模型

利用亥姆霍兹方程描述激光在非均匀等离子体中的传播过程,使用数值分析的方法求解出随空间变化的等离子体演化以及对应反射率,通过边界条件采用龙格-库塔算法迭代计算,模拟等离子体镜启动之后对光束的传输反射能力。

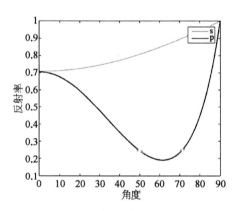

图 11-69　sp 偏振态光入射角度与反射率关系模拟图
(彩图见图版第 58 页)

由图 11-69 所示,可以看出,对于 s 光来说,反射率随入射角度的增大而增大,而对于 p 光,开始随入射角度的增大而减小(由于共振吸收),到达最佳耦合角度之后,反射率随入射角增大而增大。

为了保证反射率,对于 s 光,需要选取较大角度,而对于 p 光,需要选取小角度以避免过多的共振吸收。相同条件下,s 光反射率要大于 p 光反射率。由于等离子体密度层分布采用人为假定,不能详细模拟,但是可以模拟出 s、p 光反射率的趋势分布,以及 s 光与 p 光的对比。

11.4.3.7　实际应用

等离子体镜主要是用于脉冲光的信噪比提升度,除此之外,等离子体镜也可以产生高次谐波以及一定程度上的压缩脉冲脉宽。等离子体镜最显著的作用是适用于提高激光信噪比,尤其是对于高功率激光而言,等离子体镜可以有效提升纳秒和皮秒时间尺度上的信噪比,并且是目前高功率激光装置终端上最有效可行的信噪比提升手段。

1. 使用设计方法

等离子体镜应用中,首先要注意激发光的功率密度,一般与材料有关,功率密度太低无法即时产生等离子体镜效应,使主脉冲损失,而功率密度过大又会导致反射率涨落现象,因此需要合适的功率密度,一般激发功率密度在 $10^{14} \sim 10^{16}$ W/cm^2,并且在 10^{16} W/cm^2 之后出现反射率涨落现象。其次偏振态与入射角对效率也极为重要,一般 s 偏振光的效率要优于 p 偏振光,对于 s 偏振,入射角越大,效率越高,而对于 p 光,效率先随着入射角变大而减小,到达最大效率后随着入射角增大而增大。

同时,信噪比提升度与等离子体镜基片镀膜尤为重要,基片镀增透膜,透过率越高,信噪比提升度越好。

$$c = \frac{R_{\text{plasma}}}{R_c} \tag{11-30}$$

R_c 是基片的冷反射率。

2. 装置应用

等离子体镜装置通常有 AB 两类应用方式,一类是直接打靶式等离子体镜装置(A类),另一类是插入插出式等离子体镜装置(B类)。

A 类装置直接作用于靶材之前的激光信噪比提升,无须再准直,方便直接,效率高,通常直接应用于最终的靶室内。比如图 11-70 中的英国的 Orion 装置、美国的 NIF 装置。一般来说,等离子体镜需要放置在离焦点位置,激光功率越低,离焦位置越近,从而等离子体镜溅射的物质容易影响靶,因此,此类装置需要超高激光功率,并且通常拍瓦级的激光,其等离子体镜所对应的离焦面尺寸很大,此类装置所使用的等离子体镜基片为一次性。

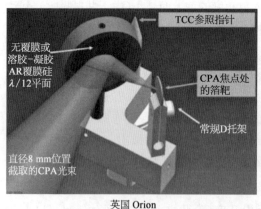

图 11-70 直接打靶式等离子体镜装置

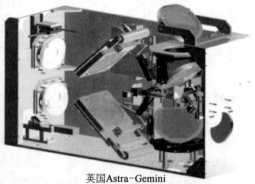

图 11-71 插入插出式等离子体镜装置-Astra-Gemini 装置

B 类装置为插入插出式,将脉冲光输入装置提升信噪比后再准直输出,比如英国的 Astra-Gemini 装置(见图 11-71)、韩国 APRI 装置、德国 JETI 装置(见图 11-72)。此类装置通常小尺寸聚焦在等离子体镜基片,故而其基片通过电控移动可重复多次使用,

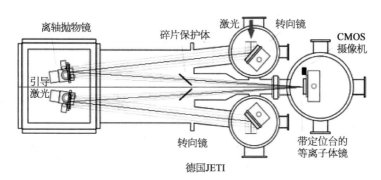

图 11 - 72　插入插出式等离子体镜装置——JETI 装置

方便灵活,同时也可以级联使用,但无法应用于更强的拍瓦级脉冲光。

3. 具体设计方案

光源参数选择:中心 808 nm 的宽带飞秒光,s 偏振光,脉宽 30 fs,功率密度 $10^{14\sim16}$ W / cm^2,入射角度选择 45°,光束口径为 30 mm,能量在 100 mJ 级左右。初始信噪比为大于 10^5。

真空箱体设计:由于 PM 每次启动后,表面会有损伤和污染,需要重新改变入射位置(通过电机控制改变位置)。并且为了防止空气电离对 PM 效果产生影响,需要在真空环境下做实验。

如图 11 - 74,实验装置分为压缩单元、测量单元、近远场检测单元、预脉冲调制单元、PM 箱体(见图 11 - 73)。

光源首先通过压缩单元进行压缩,经过 PM 箱体后通过测量单元以及近远场检测,测量 PM 前后的信噪比反射率情况以及光束质量,并在此基础上加入脉冲调制,通过预脉冲以及 AO 装置来进一步提升经 PM 反射后的光束质量。

实验效果预期:反射率 60% 以上;信噪比提升度 2~3 数量级;近远场无明显光束质量退化;PM 实验平台实现飞秒脉冲激光皮秒乃至纳秒段的信噪比提升能力,实现电控调节等离子体镜的能力;使用 AO 装置,获得高质量的 PM 信噪比提升技术。

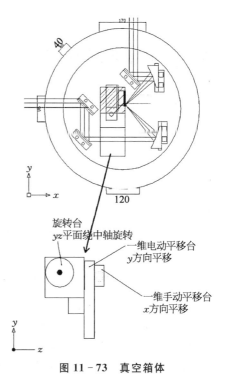

图 11 - 73　真空箱体

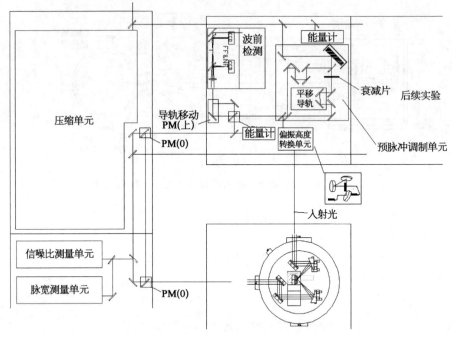

图 11 - 74　实验装置设计

§11.5　总结与展望

　　飞秒级拍瓦激光主要是指输出飞秒脉宽的激光系统,这类系统所追求的唯一指标就是尽可能高的可聚焦功率密度,因此要求其输出脉宽要尽可能短、聚焦焦斑要尽可能小。通常这类激光器可以在实验室内创造出前所未有的超强电磁场、超高能量密度和超快时间尺度内的综合性极端物理条件,因此可以用来研究核爆中心、恒星内部以及黑洞边缘的物理现象,揭示其物理实质。另一方面,在实际的应用中可以用于研究激光质子刀来治疗癌症,研制台式化的电子加速器和产生超快 X 射线源对细胞以及蛋白质进行成像探测。超强超短激光研究,可以推动激光科学、原子分子物理学、等离子体物理、高能物理与核物理等交叉学科的开拓和发展。

　　正因为如此,国际上很多机构和实验室都提出了建造和研制高功率的飞秒超短脉冲激光系统,比较有代表性的就是欧洲的 ELI 计划以及英法的 10 PW 激光系统。我国的飞秒级高功率激光系统的研制,于 2009 年开始,在 863 计划的支撑下,布局了相关的数拍瓦激光系统以及相关技术的研究。正是在此框架下,高功率激光物理联合实验室于 2014 年开始了神光 Ⅱ 飞秒拍瓦激光系统的研制,该系统目前已经实现了接近 2 PW 的激光输出,并成功地用于物理实验,它也将成为联合室神光 Ⅱ 激光物理综合实验平台的一部分。

目前,在飞秒输出数拍瓦激光系统研制的基础上,世界范围内已经提出了构建百拍瓦级激光系统的设想,并开始了相关技术的预研和公关。可以预期,未来的一段时间,飞秒级高功率系统将成为一个引领高功率激光技术以及相关高能量密度实验物理的热点。

参考文献

[1]　Dubietis A, Jonušauskas G, Piskarskas A. Powerful femtosecond pulse generation by chirped and stretched pulse parametric amplification in BBO crystal[J]. Optics Communications, 1992, 88(4 - 6): 437 - 440.

[2]　Perry M, Pennington D, Stuart B, et al. Petawatt laser pulses[J]. Opt Lett, 1999, 24(3): 160 - 162.

[3]　Aoyama M, Yamakawa K, Akahane Y, et al. 0. 85 - PW, 33 - fs Ti: sapphire laser[J]. Opt Lett, 2003, 28(17): 1594 - 1596.

[4]　Yu T J, Lee S K, Sung J H, et al. Generation of high-contrast, 30 fs, 1.5 PW laser pulses from chirped-pulse amplification Ti: sapphire laser[J]. Opt Express, 2012, 20(10): 10807 - 10815.

[5]　Lozhkarev V, Freidman G, Ginzburg V, et al. Compact 0. 56 petawatt laser system based on optical parametric chirped pulse amplification in KD * P crystals[J]. Laser Phys Lett, 2007, 4(6): 421.

[6]　Xie X, Zhu J, Yang Q, et al. Introduction to SG - II 5 PW Laser Facility. Proceedings of the CLEO: Science and Innovations 2016, San Jose, California, United States, June 2016: 5 - 10. https: //doi.org/10.1364/CLEO_SI.2016.SM1M.7.

[7]　Maywar D, Kelly J, Waxer L, et al. OMEGA EP high-energy petawatt laser: Progress and prospects. Journal of Physics Conference Series, 2008, 112(3): 032007. DOI: 10.1088/1742 - 6596/112/3/032007.

[8]　Danson C, Brummitt P, Clarke R, et al. Vulcan petawatt—An ultra-high-intensity interaction facility[J]. Nuclear Fusion, 2004, 44(12): S239.

[9]　Gaul E W, Martinez M, Blakeney J, et al. Demonstration of a 1.1 petawatt laser based on a hybrid optical parametric chirped pulse amplification/mixed Nd: glass amplifier[J]. Applied Optics, 2010, 49(9): 1676 - 1681.

[10]　Sala K L, Kenney-Wallace G A, Hall G E. CW autocorrelation measurements of picosecond laser pulses[J]. IEEE J Quantum Elect, 1980, 16(9): 990 - 996.

[11]　Trebino R. Frequency-resolved optical gating: The measurement of ultrashort laser pulses[M]. Boston: Kluwer Academic Publishers, 2002.

[12]　Etchepare J, Grillon G, Orszag A. Third order autocorrelation study of amplified subpicosecond laser pulses[J]. IEEE J Quantum Elect, 1983, 19(5): 775 - 778.

[13]　Janszky J, Corradi G. Full intensity profile analysis of ultrashort laser pulses using four-wave mixing or third harmonic generation[J]. Optics Communications, 1986, 60(4): 251 - 256.

[14]　Trebino R, Kane D J. Using phase retrieval to measure the intensity and phase of ultrashort

pulses: Frequency-resolved optical gating[J]. J Opt Soc Amer A, 1993, 10(5): 1101 – 1111.

[15] Kane D J, Trebino R. Single-shot measurement of the intensity and phase of an arbitrary ultrashort pulse by using frequency-resolved optical gating [J]. Opt Lett, 1993, 18 (10): 823 – 825.

[16] Kohler B, Yakovlev V V, Wilson K R, et al. Phase and intensity characterization of femtosecond pulses from a chirped-pulse amplifier by frequency-Resolved optical gating[J]. Opt Lett, 1994, 20(5): 483 – 485.

[17] Fittinghoff D N, Bowie J L, Sweetser J N, et al. Measurement of the intensity and phase of ultraweak, ultrashort laser pulse[J]. Opt Lett, 1996, 21(12): 884 – 886.

[18] Akturk S, Kimmel M, O'Shea P, et al. Measuring spatial chirp in ultrashort pulses using single-shot frequency-resolved optical gating[J]. Opt Express, 2003, 11(1): 68 – 78.

[19] Akturk S, Kimmel M, O'Shea P, et al. Measuring pulse-front tilt in ultrashort pulses using Grenouille[J]. Opt Express, 2003, 11(5): 491 – 501.

[20] Bowlan P, Gabolde P, Trebino R. Directly measuring the spatio-temporal electric field of focusing ultrashort pulses[J]. Optics Express, 2007, 15(16): 10219 – 10230.

[21] Bowlan P, Valtna-Lukner H, Lõhmus M, et al. Measuring the spatiotemporal field of ultrashort Bessel-X pulses[J]. Opt Lett, 2009, 34(15): 2276 – 2278.

[22] Bonaretti F, Faccio D, Clerici M, et al. Spatiotemporal amplitude and phase retrieval of Bessel-X pulses using a Hartmann-Shack sensor[J]. Optics Express, 2009, 17(12): 9804 – 9809.

[23] Umstadter D. Review of physics and applications of relativistic plasmas driven by ultra-intense lasers[J]. Phys Plasmas, 2001, 8(5): 1774 – 1785.

[24] Hooker C, Tang Y, Chekhlov O, et al. Improving coherent contrast of petawatt laser pulses[J]. Opt Express, 2011, 19(3): 2193 – 2203.

[25] Dorrer C, Bromage J. Impact of high-frequency spectral phase modulation on the temporal profile of short optical pulses[J]. Opt Express, 2008, 16(5): 3058 – 3068.

[26] Ross I N, New G H C, Bates P K. Contrast limitation due to pump noise in an optical parametric chirped pulse amplification system[J]. Optics Communications, 2007, 273(273): 510 – 514.

[27] Ren H, Qian L, Zhu H, et al. Pulse-contrast degradation due to pump phase-modulation in optical parametric chirped-pulse amplification system[J]. Opt Express, 2010, 18(12): 12948 – 12959.

[28] Kiriyama H, Mori M, NakaI Y, et al. High temporal and spatial quality petawatt-class Ti: sapphire chirped-pulse amplification laser system[J]. Opt Lett, 2010, 35(10): 1497.

[29] Liu C, Wang Z, Li W, et al. Contrast enhancement in a Ti:sapphire chirped-pulse amplification laser system with a noncollinear femtosecond optical-parametric amplifier[J]. Opt Lett, 2010, 35 (18): 3096 – 3098.

[30] Shah R C, Johnson R P, Shimada T, et al. High-temporal contrast using low-gain optical parametric amplification[J]. Opt Lett, 2009, 34(15): 2273.

[31] Dorrer C, Begishev I A, Okishev A V, et al. High-contrast optical-parametric amplifier as a front

end of high-power laser systems[J]. Opt Lett, 2007, 32(15): 2143 – 2145.

[32] Jullien A, Albert O, Burgy F, et al. 10 (– 10) temporal contrast for femtosecond ultraintense lasers by cross-polarized wave generation[J]. Opt Lett, 2005, 30(8): 920 – 922.

[33] Jullien A, Chériaux G, Etchepare J, et al. Nonlinear polarization rotation of elliptical light in cubic crystals, with application to cross-polarized wave generation[J]. J Opt Soc Am B, 2005, 22 (12): 2635 – 2641.

[34] Liu J, Okamura K, Kida Y, et al. Temporal contrast enhancement of femtosecond pulses by a self-diffraction process in a bulk Kerr medium[J]. Opt Express, 2010, 18(21): 22245.

[35] Liang S G, Liu H J, Huang N, et al. Temporal contrast enhancement of picosecond pulses based on phase-conjugate wave generation[J]. Opt Lett, 2012, 37(2): 241.

[36] Homoelle D, Gaeta A L, Yanovsky V, et al. Pulse contrast enhancement of high-energy pulses by use of a gas-filled hollow waveguide[J]. Opt Lett, 2002, 27(18): 1646.

[37] Renault A, Augé-Rochereau F, Planchon T, et al. ASE contrast improvement with a non-linear filtering Sagnac interferometer[J]. Optics Communications, 2005, 248(4 – 6): 535 – 541.

第*12*章
光学元件检测技术

§12.1　概述

　　激光光学元件一般指高能量、高功率激光光学元件，大口径激光光学元件尺寸一般超过 300 mm。高功率激光装置如美国 NIF 装置（见图 12-1）、中国神光系列装置的光学元件属于激光光学元件。基于上述高功率激光装置将讨论激光光学元件的检测，包括技术参数和所依据的技术标准，以及常用的检测仪器与检测方法。重点要讨论干涉仪测量波面误差的原理、检测方法及需要注意的技术问题。期待以干涉仪测量波面误差的讨论，让读者进一步理解和推广运用本章提到的其他检测仪器和检测方法。

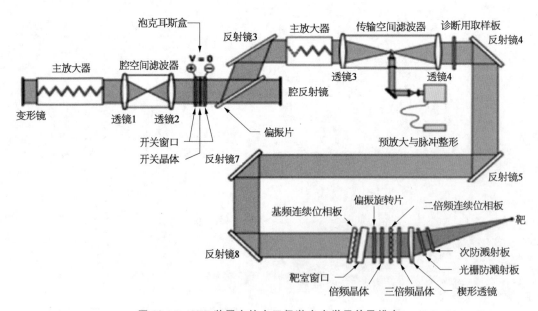

图 12-1　NIF 装置中的大口径激光光学元件及排布

§12.2　激光光学元件技术参数与技术标准

12.2.1　激光光学元件技术参数与技术标准

在大型激光驱动装置中,按光学元件的使用功能可分为:窗口、反射镜、偏振片、取样板、空间滤波器透镜、开关晶体、倍频晶体等;按光学材料可分为:K9、石英、钕玻璃、旋光玻璃、晶体等元件;按透反方式可分为:透过元件、反射元件、透反元件;按有效口径可分为:小口径光学元件(预放大器及其之前光路光学元件,一般有效口径≤100 mm)、大口径光学元件(主放大器及靶场光学元件,一般有效口径≥100 mm)。为了便于按装置系统要求确定光学元件技术指标,将大型激光驱动装置光学元件归类如下:

① 平面类光学元件

◆ 透过式平板(窗口);

◆ 钕玻璃片\棒;

◆ 晶体元件;

◆ 偏振片;

◆ 旋光玻璃;

◆ 波片。

② 球面类光学元件

◆ 空间滤波器透镜;

◆ 非主光路透镜;

◆ 参数测量用非球面透镜;

◆ 靶镜;

◆ 球面反射镜。

平面类元件主要的技术指标是波面误差(低频波面误差:PV、GRMS、中频波面误差:PSD)、表面疵病、表面粗糙度、平行度(或楔角)、塔差。透镜类主要技术指标是波面误差(PV、GRMS、PSD)、表面疵病、表面粗糙度、焦距、曲率半径、弥散圆、中心偏差。

装置中光学元件成品经过光学材料制备、加工、镀膜(涂膜)完成,因此光学元件的主要技术指标有光学材料技术指标、光学加工技术指标、光学镀膜(涂膜)技术指标,除此之外还有与机械件配合的几何尺寸参数,其主要技术指标总结如图 12－2 所示。

几何参数主要包括外形尺寸、楔角\平行度、曲率半径、焦距\截距等,我们主要检验外形尺寸(长、宽、高、直径、直角度)、楔角\平行度、焦距\截距;曲率半径除特殊情况,一般在加工过程中控制。用到的仪器主要有游标卡尺、螺旋测微器、高度表、测角仪、干涉仪、刀口仪、激光测距仪等。

材料的主要性能包括应力双折射、光学非均匀性、气泡度与杂质含量、条纹度、折射

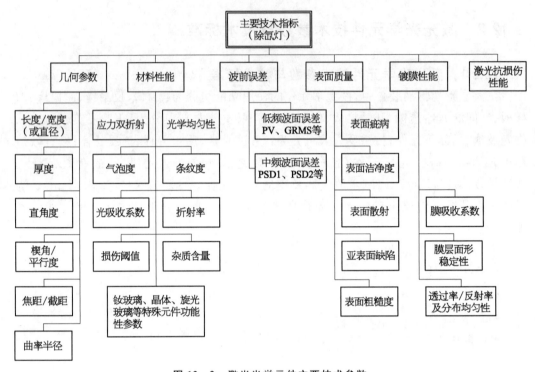

图 12-2　激光光学元件主要技术参数

率、光吸收系数，我们采购光学材料必须确认这些技术参数达到图纸技术要求。特殊光学材料如钕玻璃、晶体，需要材料供货厂商提供其特殊功能性技术指标数据。关于材料的损伤阈值如有特殊需求，需要在激光系统中测试验证。一般采用 1/4 波片法的应力双折射仪测量光学材料的应力双折射，采用四步法的干涉仪测量光学材料的光学非均匀性，采用 V 棱镜法的测角仪测量光学材料的折射率。

光学元件加工后需要检验波前误差和表面质量，其中关于表面质量主要检验表面疵病、表面粗糙度、亚表面缺陷。表面散射和损伤阈值是前三个技术指标的综合影响。主要用到的仪器有干涉仪、光学轮廓仪。

光学元件镀膜后除了需要检验波前误差和表面质量外，还需要检验透过率\反射率等光学性能。膜层损伤需要验证，但不能破坏将要使用的光学元件成品。主要用到的仪器是干涉仪和分光光度计。

目前我国光学制图的国家标准号为 GB/T 13323—2009[1]，基本参照 ISO10110 制定[2]。GB/T 13323—2009 规定了图纸上标注的技术参数代号（见表 12-1）。

光学图纸标注光学元件技术参数以代号表示，镀膜要求写在镀膜符号（GB/T 13323—2009 表 1）后。单件光学元件前表面、材料、后表面的技术参数可以在元件轮廓图上直接以箭头标注；也可列表标注，列表左边一栏是前表面技术要求，中间一栏是材料技术要求，右边一栏是后表面技术要求（见图 12-3、图 12-4）。

表 12 - 1　GB/T 13323—2009《光学制图》规定的图纸上标注的
技术参数代号(与 ISO10110 标准代号相同)

技术参数类别	技术参数	代　　号	相关国家标准	相关国际标准
材料参数	应力双折射	0	—	ISO 10110 - 2[3]
	气泡度	1	GB/T 7661—2009[4]	ISO 10110 - 3[5]
	非均匀性与条纹度	2	—	ISO 10110 - 4[6]
加工镀膜参数	面形偏差	3	GB/T 2831—2009[7]	ISO 10110 - 5[8]
	中心偏差	4	GB/T 7242—2010[9]	ISO 10110 - 6[10]
	表面疵病	5	GB/T 1185—2006[11]	ISO 10110 - 7[12]
	表面粗糙度	$\sqrt{}$		ISO 10110 - 8[13]
	表面处理与镀膜	Ⓐ(ISO)或 ⊕Ⓥ等(GB)		ISO 10110 - 9[14]
	非球面方程	N/A		ISO 10110 - 12[15]
	激光辐射损伤阈值	6	—	ISO 10110 - 17[16]
	波面误差	13	—	ISO 10110 - 17[17]

由于国内光学元件相关标准现已按 ISO 标准编写,因此如在应力双折射、非均匀性与条纹度和激光辐射损伤阈值上国内无相关标准,皆按 ISO 标准执行。

对于项目特殊的要求如 GRMS、PSD 技术指标,属于面形偏差,与其他技术要求写到最后的技术要求栏内。

12.2.1.1　光学材料的技术指标

光学材料在光学方面的主要技术指标有折射率(n_e)、色散系数(ν_e)、光学均匀性、应力双折射、气泡度、条纹度。标注方式如图 12 - 3 所示,填入技术要求栏的材料技术要求栏,或如图 12 - 4 所示,以箭头指向元件内部,引出线标注。

一般激光驱动器光学材料要求如下。

1. 应力双折射(依据 ISO10110 - 2 标准[3])

技术要求为 2~6 nm/cm 时,在图纸上可标注为:0/2 或 0/3、0/4、0/5、0/6 等,确定光学材料应力双折射技术指标可参考表 12 - 2[18]。

2. 气泡度

如技术要求气泡度为 2×0.25,在图纸上可标注为 1/2×0.25,依据 GB/T 7661—2009 标准(等同 ISO10110 - 3 标准)。表 12 - 3 为康宁熔融石英气泡度\杂质的级别(0—2 级)与 ISO - 10110 标准中对光学元件中每 100 cm³ 体积内允许气泡度\杂质最大粒度与个数的分析比较[18]。在这个案例中,任何横截面≤0.08 mm 的杂质都可以忽略不计。以康宁石英级别分类为例,类似的表格经优化可以作为气泡和杂质的技术要求,提供给其他光学材料供应商。表 12 - 4 是明确最大杂质尺寸后的 ISO10110 标准依据等效最大尺寸杂质个数的标注。

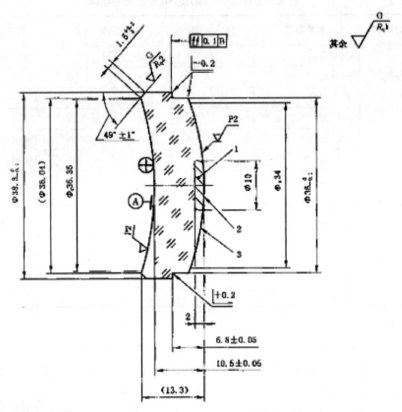

注1：检测区实体内 1/3×0.1；

注2：检测区表面 5/3×0.1，L1×0.04；

注3：待胶合面。

左表面	材料技术要求	右表面
R50.44CC	BK7	R50.17CX
⊕ $\lambda_0=520$ nm	$n_d=1.51872\pm0.001$	待胶合面
保护性倒角：0.2—0.4	$v_d=63.96\pm0.51\%$	保护性倒角：0.2—0.4
3/2(0.5)	0/10	3/3/(1)
4/—	1/5×0.16	4/2′
5/5×0.16；L2×0.04；E0.5	2/1；2	5/5×0.16；L2×0.04；E0.5

标记	处数	分区	更改文件号	签名	年月日			
								(单位名称)
								连 杆

图 12－3　GB13323－2009 技术参数列表方式图纸样本

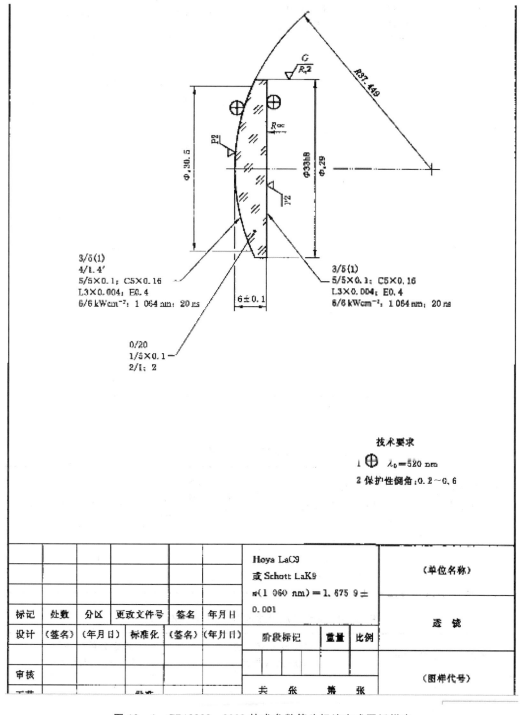

图 12-4 GB13323-2009 技术参数箭头标注方式图纸样本

表 12-2　应力双折射级别选用参考

应力双折射 （nm/cm）	ISO10110 标准	肖特玻璃 规格	典型应用	NIF 应用
≤2	0/2		偏振仪 干涉仪	注入式激光系统 ◆ 激光棒 ◆ 法拉第旋转玻璃
4	0/4	NSSK， PSSK(≤4)	精密光学装置	
5	0/5	NSK(≤6)	精密光学装置 天文光学装置	注入式激光系统 ◆ 望远镜 ◆ 偏光镜 主要激光系统 ◆ 三维滤光透镜 ◆ 放大板 校准侦错系统 ◆ 望远镜 ◆ 分光镜
10	0/10	精密退火后正常 质量	光学摄影装置 光学显微镜	光源校准 ◆ 瞄准仪
20	0/20		放大镜 光学取景器	
无要求	0/—		光学照明器	光源校准 ◆ 光学聚光器

注：NSSK 为附加特殊退火后的正常质量；PSSK 为附加特殊退火后的精密质量；NSK 为特殊退火后的正常质量或精密质量。

表 12-3　气泡度\杂质分类参考表

康宁石英气泡度\ 杂质级别	每 100 cm³ 熔融石英 /mm²	总杂质横截面 每 100 cm³ 熔融石英的 最大杂质尺寸 /mm	ISO10110 （假定体积＝100 cm³）
0	0.00～0.03	0.10	1/3×0.1
1	0.03～0.10	0.25	1/2×0.25
2	0.10～0.25	0.50	1/1×1.5

表 12-4　最大杂质尺寸及 ISO10110 标准标注

最大杂质尺寸 /mm	每部分可存在的 1 个最大杂质尺寸	每部分可存在的 5 个最大杂质尺寸
0.05	1/1×0.05	1/5×0.05
0.10	1/1×0.10	1/5×0.10
0.25	1/1×0.25	1/5×0.25

3. 光学均匀性\条纹

如要求 2×10^{-6}，无可见条纹，则在图纸上可标注为：$2/4;5$，分号后面的 5 是指"不可见条纹"。依据标准 ISO10110-4[6]，光学均匀性与条纹级别分类如表 12-5、表 12-6。

表 12-5 光学均匀性级别

类　别	元件最大允许的折射率变化量（$\times 10^{-6}$）	类　别	元件最大允许的折射率变化量（$\times 10^{-6}$）
0	± 50	3	± 2
1	± 20	4	± 1
2	± 5	5	± 0.5

表 12-6 条纹级别

类　别	导致≤30 nm 光程差的条纹密度（%）	类　别	导致≤30 nm 光程差的条纹密度（%）
1	≤10	4	≤1
2	≤5	5	无可见条纹
3	≤2		

12.2.1.2 光学加工的技术指标

光学加工在光学方面的主要技术指标是面形偏差、中心偏差（透镜）、表面疵病、激光辐射损伤阈值。一般激光驱动器光学材料要求：

（1）面形偏差[7,8]：小口径平面光学元件 PV～$\lambda/8$，在图纸上可标注为 $3/0.1$ (0.25)；$\lambda = 632.8$ nm。透镜元件 Power 可控制在 1λ，则在图纸上可标注为 $3/0.5$ (0.3) 或 $3/0.5(0.25)$；$\lambda = 632.8$ nm。波面误差把代号"3"换为"13"，其他与面形偏差类似[17]。中频波面误差与 PSD 技术要求是激光光学元件的重要技术指标，将在下文详细描述。

（2）中心偏差（依据 GB/T 7242—2010，类同于 ISO10110-6 标准）[9,10]：透镜元件的中心偏差可视具体情况而定，图纸上可标注为如下形式：$4/0.002$ 或 $4/2''$。

（3）表面疵病（依据 GBT1185—2006，类同于 ISO10110-6 标准）[11,12]：图纸上可标注为如下形式：$5/3 \times 0.25$；$L1 \times 0.01$。一般激光驱动器中的光学元件可选用 GBT1185—2006 表 3 第 2 和第 3 列，可认为相当于 GBT1185—74 的 PⅡ 和 PⅢ 级（并非严格一致，判定方法不太一样）。

美军标 MIL-O-13830[19] 通常使用线性尺寸标注麻点，即直径（单位：1/100 mm），通过可见度判定划痕，并非划痕的尺寸。据经验表明，在光学供应商之间对划痕规格的解释并不一致，原因是划痕的可见度取决于检测员的个人解释、对照样板的新旧、光源特点以及观察情况[18]。ISO10110 标准提供了两种判定划痕和麻点的方法。

1) 判定被影响的区域,即说明功能要求。ISO10110 规范为 $5/N \times A$;$LN' \times A''$;EA'''。"$5/$"为表面缺陷的标头。N 为最大允许尺寸的麻点数量。A 为每个麻点的最大尺寸(mm)。"L"为划痕的标头。N' 为划痕的数量。A'' 表示每条划痕的最大宽度(mm)。E 为破边的标头。A''' 为物理边缘的最大破边尺寸(mm)。

2) 基于表面可见度、表述外观要求,判定检测"通过/不能通过"。

当借助通光孔径想要计算表面缺陷区域的数量时,我们发现 ISO10110 标准具有一定的清晰明确性。表 12-7、表 12-8 分别为 LLNL 对 MIL-O-13830A 和 ISO10110(方法1)两标准关于麻点和划痕规格的分析比较[18]。

表 12-7 LLNL 对 MIL-O-13830A 和 ISO10110(方法 1)两标准关于麻点规格的分析比较

最大麻点尺寸 /mm	MIL-O-13830A	ISO10110 方法 1	
		每部分可存在 1 个最大尺寸麻点	每部分可存在 5 个最大尺寸麻点
0.05	5	$1/1 \times 0.05$	$1/5 \times 0.05$
0.10	10	$1/1 \times 0.10$	$1/5 \times 0.10$
0.25	20	$1/1 \times 0.25$	$1/5 \times 0.25$

表 12-8 LLNL 对 MIL-O-13830A 和 ISO10110(方法 1)关于划痕规格的对比分析

最大划痕宽度 /mm	MIL-O-13830A 美国军方图纸 C7641866,Rev. L 划痕标准可见度对比测试	ISO10110 方法 1	
		每部分可存在 1 个最大宽度划痕	每部分可存在 5 个最大宽度划痕
0.001	10	$5/L1 \times 0.001$	$5/L5 \times 0.001$
0.002	20	$5/L1 \times 0.002$	$5/L5 \times 0.002$
0.004	40	$5/L1 \times 0.004$	$5/L5 \times 0.004$

关于表面缺陷的检测方法可参考 ISO14997—2011 标准[20],其中把表面缺陷分成两类,一类是在任意方向照射下都会观测到散射的缺陷,一类是只在某一个或几个方向照射下才能观测到散射的缺陷;定义了划痕等效线宽和麻点等效直径;规定了观测照明方式,推荐了划痕\麻点比对样板;特别规定了针对 $\leqslant 10~\mu m$ 尺度划痕\麻点的测试方法。

(4) 激光辐射损伤阈值(依据 ISO10110-17 标准[16]):技术要求按激光装置系统要求定,图纸上可标注为如下形式:$6/\cdots$。

(5) 表面波纹度\粗糙度(依据 ISO10110-8 标准[13]):直接以倒三角引线标注在表

面上(见图 12-3、图 12-4)。

12.2.1.3 光学镀膜技术指标

镀膜符号代表不同的膜系,镀膜要求的内容可以用箭头指向镀膜符号,也可以如图 12-4 方式,写到图纸下方的镀膜符号后。需要注意的是我国制图国标 GB/T 13323—2009 关于镀膜技术指标的标注与 ISO10110 规定的不同,具体内容可参见各标准规定。

12.2.2 美国 NIF 激光驱动器光学元件相关技术指标演变

了解美国国家点火装置(NIF)激光驱动器光学元件相关技术指标演变,可更深入理解激光光学元件的技术指标与技术标准。

12.2.2.1 第一阶段(初设计)[21-23]

1995 年左右 NIF 系统初设计时,提出了分空间波长范围测量光学元件波前误差的方案,在波纹空间波长范围内进行 1 维和 2 维的 PSD 估算,改变了以往不管空间波长范围、只测 PV 与 RMS 指标的状况。640×480 分辨率及以上干涉仪为这种方案提供了实际可操作性。

假设 L 为空间波长,NIF 光学元件波前误差分为三段空间波长范围:

◆ 波面形状:其中 $L > 33$ mm;

◆ 波纹度:其中 33 mm $> L > 0.12$ mm;

◆ 粗糙度:其中 $L < 0.12$ mm。

上述不同空间波长范围对光束产生不同影响。NIF 的Ⅰ期工程设计报告中提到[21]:

波面形状误差以三种方式表述:即峰-谷(PV)值波面误差(上面讨论过的 $\lambda/3$ 值)、均方根(RMS)值波面误差(通常由 PV 误差值导出)以及波面梯度公差。用梯度公差控制短空间波长范围(267 mm $> L > 33$ mm)使之会聚到最小焦斑尺寸。$(\lambda/90)/$cm 或(等价于)99.8% 斜率误差 $< (\lambda/30)/$cm 的梯度技术规范,符合 NIF 焦斑规定。波面误差评价在第Ⅱ期工程设计初期将得到更详尽的核查和评审。

"波纹度"空间频率范围(33 mm $> L > 0.12$ mm)误差对光束造成辐射噪声。在强辐射状态下,由于非线性折射率的存在,这种噪声又能引发辐射干扰的增长,从而导致光束分裂和形成细丝。光束每次通过空间滤波器小孔时,这一空间频率误差以光损耗形式消失为零。除了 L 略小于 0.12 mm 空间频率范围能对三倍频光学元件产生自聚焦细丝外,"粗糙度"空间频率范围($L < 0.12$ mm)误差并不视为引发非线性的增长源,但粗糙度会导致光损耗。

采用不超过光学表面功率谱密度(PSD)曲线的方式来限定波纹度和粗糙度。根据大量"子束"和其他元件检验表明,由于良好的光学加工实际情况,NIF 的上述技术规范既可实现,又是适当的。

此报告中还提到了离散缺陷和镀膜要求。

1. 离散缺陷

所有光学元件都存在离散缺陷，诸如气泡、杂质以及划痕。这些离散缺陷将使所在部位破坏阈值降低，高密集的缺陷将导致明显的光损耗。该离散缺陷技术规范是依据作为光学技术规范的 ISO10110 标准制定的。

气泡的基本技术要求是 26×0.25。在 ISO 中，这些数字指每个最大面积为 0.25 mm² 的缺陷存在要少于 26 个。任何较少缺陷数目都可用此标准衡量，只要总遮挡面积不超过 26 mm×0.25 mm。不透明杂质通常导致极低的破坏阈值，除非那种杂质能被证明在 NIF 光束传输中并不造成元件破坏，否则不能接受。划痕\坑的技术规范是 100×0.125。长划痕技术规范是 $L1×0.03$，它可以有一根最大长度为 50 mm 划痕，其中 L 指"长划痕"，1 是指允许的划痕数目，而 0.03 则是以毫米为单位的划痕宽度。这样，一根宽 30 μm、长 50 mm 的划痕是允许的（或总宽小于 30 μm、短于 50 mm 长的较窄划痕的任何组合）。

基于因缺陷引发破坏所作的更深层分析和实验，期望在第 Ⅱ 期工程设计中细化并确定这些技术规范。

2. 镀膜

除激光放大器片外，所有 NIF 光学元件都要镀增透膜（透镜、晶体和窗口）或镀高反射多层介质膜（反射镜和偏光镜）。增透膜采用利弗莫尔开发的液体浸没溶胶-凝胶沉淀过程的工艺。新膜层有高破坏阈值，并在基频时每面高达 0.999 的透过率。随着时间的推移，上述性能将略有退降。

反射镜和偏光镜镀膜以批量生产的窗口玻璃镀膜方式提供。反射镜的反射率规定为大于 0.995，传输镜（LM4—LM8）对倍频晶体和三倍频晶体相应必须有 0.25～0.71 和 0.31～0.71 之间的反射率。某些反射镜的透过率还规定了其他几个技术要求。偏光镜入射角 56±0.5°（角宽度 1°）。使用时，规定 s 偏振分量的反射率大于 0.99，而 p 偏振分量的透过率大于 0.98。

关于大口径光学元件波前误差 PV 值的讨论，此报告中建议为 $\lambda/3$，具体内容如下：

根据变形镜可校正波面形状误差的能力，将波面形状误差细分成三档：0～0.5 个环带误差的（$L>800$ mm）99% 可用变形镜校正；0.5～1.5 个环带误差（800 mm$>L>$267 mm）的 90% 可用变形镜校正；1.5～12 个环带误差（267 mm$>L>$33 mm）变形镜不能校正。"环带"指通过 400 mm 孔径的各个周期。

为确定特殊元件的波面形状误差，我们分析如下误差源引起峰谷 PV 值的分布：

（1）加工制造：假定这些误差相对较小：晶体 0.15λ，所有其他光学元件 0.2λ。

（2）透镜的不同轴性：假定一对透镜可调准到焦点上总波面误差 0.25λ，这一误差在空间滤波器 SF1/SF2 角公差引入 0.2λ 的彗差。轻薄的反射镜、晶体元件或激光放大器片的不同轴性,不会影响波面误差。

（3）镀膜：对反射镜和偏光镜而言,基频确定的总反射波面误差对于加工和镀膜均为 0.3λ。

（4）热效应：主要存在于激光放大器片中,由于氙灯瞬时加载与残留温度梯度,预计放大器片中累计影响约 5λ。

（5）环境：镀膜受湿度改变的影响,因此在激光器中把湿度影响限制到小于 0.125λ 波面误差。

（6）结构影响：传输反射镜自重变形引起的波差设为 0.2λ,除激光放大器片的安装误差 0.1λ 外,其余诸传输元件安装误差均可忽略不计。

还要考虑激光束如何多次通过一块元件相关性的累加,及按所含元件数的非相关性误差综合。

上述分析表明,在"波面形状"这一空间频率范围内,波面误差由诸放大器内光泵引起的畸变决定。另外,加工误差可从 $\lambda/6$ 放宽到 $\lambda/3$ 而不会明显影响总波面误差。空间滤波器透镜的调试显著影响累积波面误差。最后,1.5～12 个环带的空间频率波面误差不能被变形镜校正,但通过空间滤波器小孔后,那些较短空间波长的误差将被阻截。

由于干涉仪分辨率的限制,波前误差波纹度段又分为两个部分：以 2.5 mm 为界,>2.5 mm 的波前误差由干涉仪测量,<2.5 mm 的波前误差由表面轮廓仪测量。

NIF 光学元件设计要求报告 $SSDR1.6$,细化了各光学元件的技术要求[22],总结如下：

（7）除 KDP 晶体和衍射光学元件外的光学元件波前误差波纹度要求：

① $PSD<1.05f^{-1.55}\ nm^2 \cdot mm$,空间波长范围 30～0.12 mm；

② $RMS<1.8\ nm$,空间波长范围 30～2.5 mm；

③ $RMS<1.1\ nm$,空间波长范围 2.5～0.12 mm。

（8）破坏阈值：按 2.2 MJ/600 TW Hann 脉冲分配,钕玻璃要求 $>14\ J/cm^2$ 和 $22\ J/cm^2$；腔空间滤波器要求 $>14\ J/cm^2$；输入传输空间滤波器要求 $>23\ J/cm^2$；输出传输空间滤波器要求 $>26\ J/cm^2$；靶镜要求 $>13\ J/cm^2$；变形镜要求 $>3\ J/cm^2$；腔反射镜要求 $>0.3\ J/cm^2$；转接反射镜要求 $>11\ J/cm^2$；光束传输镜要求 $>24\ J/cm^2$；空间滤波器注入镜要求 $>0.5\ J/cm^2$；偏振片要求 $>11\ J/cm^2$（反射）、$0.3\ J/cm^2$（透射）；开关晶体要求 $>13\ J/cm^2$；二倍频晶体要求 $>20.6\ J/cm^2$；三倍频晶体要求 $>20.6\ J/cm^2$；防溅射屏要求 $>12.4\ J/cm^2$；气箱窗口要求 $>22\ J/cm^2$；开关窗口要求 $>13\ J/cm^2$；靶室窗口要求 $>21\ J/cm^2$；衍射光学元件要求 $>13\ J/cm^2$。

（9）真空环境应用的光学元件要求材料在真空负载下峰值应力 <700 psi（新加工）、<800 psi（返修后）（除靶室窗口要求 <500 psi 外）。

（10）在 1 053 nm 波长下,一般反射镜反射率要求 >99.5%,一般透过光学元件透过率要求＞99.9％,钕玻璃片透过率要求＞99.45％,偏振片 p 偏振光透过率要求＞98％、s 偏振光透过率要求＞99％,开关晶体透过率要求＞99.8％;在 351 nm 波长下靶镜透过率要求 ＞99.8％;倍频晶体透过率要求＞99.5％。

12.2.2.2 第二阶段 Ⅱ期工程设计的进一步验证

NIF-Ⅰ期工程设计没有给出的梯度均方根要求,在Ⅱ期工程设计过程中得到充分重视。根据有关 NIF 装置的文献报道[24,25],打靶焦斑分布80％能量占空比部分决定了核心焦斑的形状(500 TW 落在 250 μm 的焦斑内),这取决于输入激光束波面的低频部分,可以用波前梯度均方根 GRMS 描述,空间频率范围为 0～20 μrad;打靶焦斑分布80％～95％能量的集中分布区域取决于输入激光束波前的中频波纹度,可以用 PSD 函数和 RMS 描述,空间频率范围在 20～100 μrad。打靶焦斑分布95％以外能量集中分布区属于高频波纹度部分,主要受近场的调制程度影响。这些调制可能引起元件激光破坏和空间滤波器小孔等离子体释放所造成的堵孔和小孔破坏,其空间频率范围在 100～1 000 μrad。空间频率范围在 1 000 μrad 外的部分属于高频粗糙度部分,其大角度散射主要引起光的损耗,不会对打靶焦斑分布有贡献。

1997 年 W. Williams 的工作报告基于 Beamlet 光学元件的波前误差测试数据统计,建议 GRMS 要在 3～10 nm/cm 间[26]。1998 年 J. K. Lawson 的工作报告中提到 NIF 对光学元件波面误差 GRMS 的技术要求为 7.5 nm/cm(λ/90/cm)[25]。

2000 年还是 J. K. Lawson 的工作报告进一步明确了小口径与大口径光学元件的空间波长范围划分和相应的技术参数(见表 12-9)。这个报告进一步解释了 GRMS 和 PSD 所扮演的角色[27]。

表 12-9 NIF 小口径和大口径光学元件技术参数及所属空间波长范围

光学元件类型	空间尺度	波面误差	技术参数
小尺寸光学元件	有效口径约 2 mm	面形	梯度均方根
	2 mm～15 μm	波纹度	均方差
大尺寸光学元件	有效口径约 33 mm	面形	梯度均方根
	33～2.5 mm	波纹度 1	功率谱密度
		波纹度 2	功率谱密度
	120 μm	表面粗糙度	均方差

12.2.2.3 第三阶段 供货现状遇到的困难与解决方案

LLNL 1999 年季报[28]中提到了之前光学元件材料、加工状况,主要的问题是激光玻璃连续熔炼的稳定性、面形加工的技术措施、三倍频激光破坏石英元件与反射镜的问题、KDP 晶体加工的攻关等。根据光学元件技术难关的攻克与加工的实际状况,对 NIF 的大口径光学元件技术指标作了相应的调整,主要在波前误差技术要求上(见图 12-5),有以下几个方面。

(1) 从原来单纯提出全空间范围 $\lambda/6$ (或 $\lambda/3$) PV, 进行了分解, 根据 2004 年文献[29,30] 报道: 激光玻璃与熔融石英材料均匀性引入的波面误差要求为:

PV (波面误差拟合球面) $\leqslant 0.425\lambda$、PV (波面误差象分散量) $\leqslant 0.220\lambda$ ($\lambda=633$ nm), GRMS $\leqslant 0.120\lambda/$cm, 这意味着加工或镀膜后的技术要求至少要满足上述数据;

(2) 明确了光学元件各空间波长范围内的技术要求, 对 KDP 晶体的技术要求作了更新。

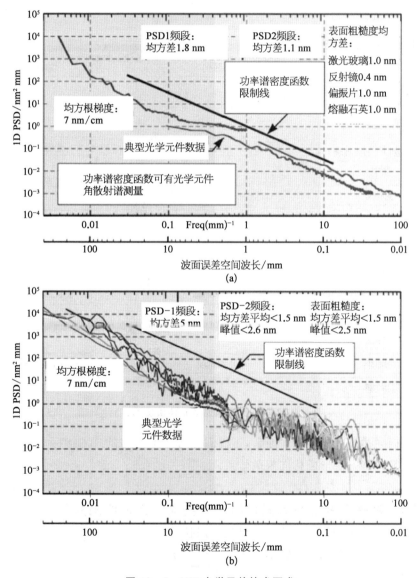

图 12 - 5　NIF 光学元件技术要求

(a) 大口径玻璃类光学元件; (b) 大口径晶体元件。

12.2.3　NIF 光学元件供货状况简介

NIF 的光学元件供货网络如图 12-6 所示,如激光玻璃材料由 Hoya 公司和 Schott 公司提供,加工由 ZYGO 公司完成;熔融石英由三家厂家提供,终端元件采用 Heraeus 公司的材料[30]。

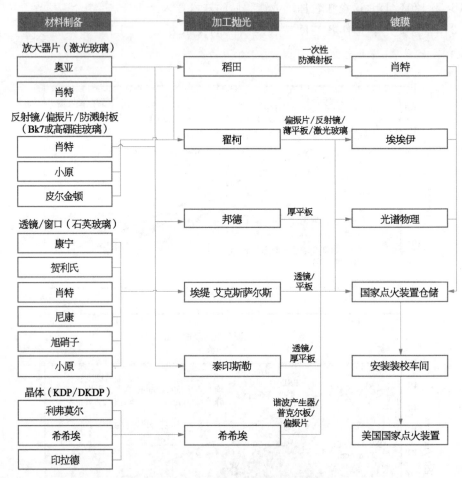

图 12-6　NIF 的光学元件供货网络

对于国内同类装置光学元件而言,工程需要与 NIF 相当的技术指标。目前已针对主要技术参数及检测方法形成标准规范体系。

12.2.4　神光Ⅱ升级光学元件的一般技术要求与技术规范

1. 激光系统光束质量对其光学元件的一般技术要求

高功率激光系统要求远场输出技术指标至少要好于打靶远场输出技术指标,因此在 10 倍衍射极限内有 95% 全能量是基本要求。光学元件技术要求依据上述确定,一般光学元件波面误差 PV 值按理想系统光学元件技术要求确定为 $\lambda/4(\lambda=1.053\,\mu m)$,换算成测试波长技术要求约为 $\lambda/3(\lambda=0.632\ 8\ \mu m)$，由此成品大口径光学元件波面误差设计技术指标参考如下：

① 一般透射类元件透过波面误差 PV 为 $\lambda/3(\lambda=0.632\ 8\ \mu m)$，GRMS 为 $\lambda/75/cm$ $(\lambda=0.632\ 8\ \mu m)$。

② 反射类元件反射波面误差 PV 为 $\lambda/3(\lambda=0.632\ 8\ \mu m)$（面形 PV 为 $\lambda/6$），GRMS 为 $\lambda/75/cm(\lambda=0.632\ 8\ \mu m)$。

③ 透反类元件透过波面误差 PV 为 $\lambda/3(\lambda=0.632\ 8\ \mu m)$，GRMS 为 $\lambda/75/cm(\lambda=0.632\ 8\ \mu m)$；反射波面误差 PV 为 $\lambda/3(\lambda=0.632\ 8\ \mu m)$（面形 PV 为 $\lambda/6$），GRMS 为 $\lambda/75/cm(\lambda=0.632\ 8\ \mu m)$。

④ 钕玻璃棒透过波前 PV 为 $\lambda/3(\lambda=0.632\ 8\ \mu m)$，GRMS 为 $\lambda/75/cm(\lambda=0.632\ 8\ \mu m)$。

考虑近场光束质量和光损耗，表面质量要求设计如下：

⑤ 表面粗糙度 RMS 约 1 nm。

⑥ 表面疵病 PⅡ—PⅢ。

随后薄膜要求：

⑦ 一般透射类元件透过率 99.5%（工作波长）。

⑧ 全反镜反射率 99%（工作波长）。

另外空间滤波器透镜焦距要求偏差≤0.5%，满足机械机构的要求。

需要说明的是，本项目启动时的共识是除 KDP 晶体外的大口径光学元件采用环抛工艺加工，因此实施初期没有对光学元件中频波纹的技术指标作明确规定。

2. 光学元件技术规范参照的技术标准

近几年来国内参照 ISO10110 陆续发布了系列光学元件标准，但在本项目启动时新标准尚未推广，因此本项目的技术规范基于老标准执行，主要参考李林等编著的《光学设计手册》[31]中提到的国家标准，这些标准包括：无色光学玻璃（GB 903—87）、光学制图（GB13323—91）、光学样板（GB 1240—76）、光学零件的中心厚度及边缘最小厚度（GB 1205—75）、光学零件的倒角（GB 1204—75）、透镜中心误差（GB 7242—87）、光学零件气泡度（GB 7661—87）、光学零件表面疵病（GB 1185—2006）、表面粗糙度（GB 1031—83）等。

一方面，我们已逐渐配置了一些国际上新的测试设备；另一方面，国际上相应装置中的光学元件技术要求有一个与国内对应的问题。参照 ISO 和 NIF 的有关资料，基于我们先前的工作，制定了老国家标准基础上增加 PV、GRMS 要求的技术规范。

3. 光学系统对光学元件材料要求

根据以往经验和当前生产能力，按项目申请时国内行业执行的标准，光学系统对光学元件材料的技术指标一般参考表 12-10 选择。

表 12 - 10　大口径光学元件材料一般要求

技术要求项目	高 精 度	中 精 度	一般精度
Δn	1B	2C	3C
$\Delta(n_F - n_c)$	1B	2C	3C
均匀性	2	3	4
双折射	2	2	3
光吸收系数	2	3	4
条纹度	1C	1C	2C
气泡	1C	1C	2C
推荐适用元件	激光靶镜、偏振板、关键性分束镜、近远场物镜等	窗口、空间滤波器透镜、取样板、滤光板等	单平面反射镜、衰减板、观察窗口等

注：表中三档精度是针对类似神光系列装置的光学元件而划分的，与其他光学仪器材料要求无关，以下类同。

再参考上节讨论的光学元件技术要求，相应元件材料的主要技术要求设计如下：

◆ 透射类与透反类元件均匀性要求 2×10^{-6}、应力双折射 $<2\,\mathrm{nm/cm}$、条纹度 1B、气泡度 B、吸收系数 1 类(0.004)。

◆ 反射类元件应力双折射 $<2 \sim 4\,\mathrm{nm/cm}$。

4. 光学系统对光学元件加工技术要求的一般规范

除钕玻璃外的其他大口径光学玻璃的平面光学元件，其精度要求可分为高、中、一般三档，视元件功能及侧重点按表 12 - 11 中的相应项目适当提高或降低数值。表 12 - 11 中仍按国内常规标准方式表示。项目各光学元件技术指标综合考虑激光系统要求和加工镀膜工艺能力进行设计，具体详见图纸。

表 12 - 11　大口径平面光学元件加工的一般要求

加工技术要求项目	高 精 度	中 精 度	一 般 精 度
N	0.10~0.25	0.25~0.50	0.5~3.0
ΔN	0.05~0.03	0.03~0.10	0.1~0.5
ΔR	A	A	B
P	I - 30~ II	III	IV
θ	$\leqslant 2''$	$\leqslant 10''$	$\geqslant 10''$

注：表中 N——光圈数；ΔN——局部光圈数；ΔR——光学样板等级；P：表面疵病级别；θ——平面平板的平行差。

5. 神光 II 升级与专项技术指标的差距

神光 II 升级与现行专项技术指标比较（见表 12 - 12），空间波长范围区分没那么细致，在大口径光学元件空间梯度均方根技术指标上比专项技术指标要求要低些。

表 12 - 12　神光Ⅱ升级与专项技术指标比较

技 术 指 标		神光Ⅱ升级元件	专 项 元 件
波前畸变	单向 PV	全空间波段 $\lambda/3\sim\lambda/4$	$\lambda/3\sim\lambda/4$(空间波长>33 mm)
	梯度均方根 GRMS（低频）	$\lambda/50\sim\lambda/75$	$\lambda/75\sim\lambda/90$(空间波长>33 mm)
	RMS(中频)	$\lambda/300$	1.8 nm(空间波长 33～2.5 mm)、1.1 nm(空间波长 2.5～0.12 mm)
表面疵病		PⅡ（老标准）总挡光面积在 0.35～8.75 mm^2	按新标准典型指标 70×0.125；$L1\times0.03$；总挡光面积为 8.75 mm^2
表面粗糙度 R_a/nm		1.0	1.0*

注*：NIF 为 0.4RMS。

§12.3　光学元件的检验流程

光学元件检验伴随光学元件生产各环节，从材料制备到光学加工，再到镀膜完成。光学元件检验流程如图 12 - 7 所示，材料制备完成后按图纸要求主要检验折射率、色散系数、

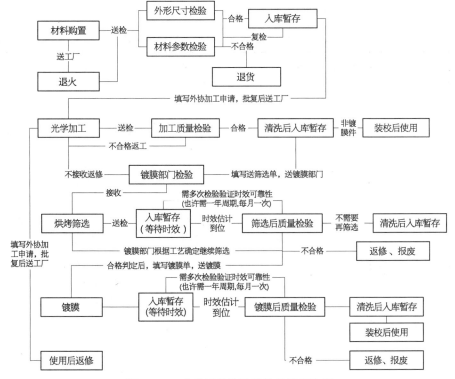

图 12 - 7　光学元件检验涉及的管理流程

光学均匀性、应力双折射、条纹度、气泡度以及特殊材料的功能性技术参数,当然外形尺寸是必须把关的;光学元件粗磨完成后可以进行外形尺寸检验,也可以在光学加工完成后检验;光学元件加工完成后主要按图纸要求进行波前误差和表面疵病、表面粗糙度的检验,有必要的话进行激光破坏阈值抽检;镀膜过程涉及的光学元件检验,包括镀膜前筛选检测和镀膜后变形检测,主要是波前误差与膜光学性能检验,另外表面疵病在交接时必须严格把关。

检验组按送货单接收送检元件,按规程与图纸要求进行波前误差、表面疵病、表面粗糙度及其他技术参数的测量,提供检验报告,必要时进行数据分析,填写出货单并交付检验后的光学元件。

§12.4 激光光学元件常用检测仪器与检测方法

激光光学元件有一系列的技术参数需要用不同的仪器进行检测,典型的如波面误差需要干涉仪来测量,透过率\反射率需要光度计来测量。表 12-13 是 NIF 装置光学元件所使用的仪器和检测方法[32],不少定制的仪器用于光学元件材料和表面缺陷及其对下游光场相位扰动的检测,这些检测手段有效地防范了元件质量缺陷可能引入的激光损伤。除了表 12-13 中提到的仪器外,国内神光系列装置光学元件检测还常用到 7~9 mm 口径泰曼-格林动态干涉仪和 4 英寸动态干涉仪测量球面\非球面元件的波面误差,用基于1/4 波片法的光弹检测仪测量光学材料应力双折射。

表 12-13 激光光学元件的主要检测仪器

仪 器	检测方法	检测口径	检测参数	具 体 描 述
600 mm 干涉仪	菲索干涉仪	全口径	透过\反射波面误差、PSD-1; 光学非均匀性; 透镜面形	2.5~400 mm 空间波长范围内:透过\反射波面误差及其 PV 值、GRMS 值、PSD-1 分布; 1×10^{-6} 量级; 配套标定的大口径球面补偿系统
显微干涉仪	白光干涉仪	取样子口径	反射波面误差 PSD-2、表面粗糙度	0.01~2.5 mm 空间波长范围内:PSD-2,表面粗糙度
侧边照明散射仪	光散射仪	全口径	缺陷全积分散射检测	激光侧边照明检测元件内部、表面、亚表面缺陷的全积分散射像
点衍射干涉仪	点衍射干涉仪	子口径	位相	检测光学材料或膜层中相位缺陷引起的相位扰动,其位相分布用于计算下游光束强度分布及破坏的概率

（续表）

仪　器	检测方法	检测口径	检 测 参 数	具　体　描　述
线扫描成像系统	暗场成像系统	全口径	透过光学元件材料内部或表面缺陷	用于点衍射干涉仪高分辨检测光学元件缺陷检测区域的定位
麻点探测系统	亮场显微镜	子口径	表面缺陷	检测缺陷尺寸可达 1 cm,主要用于倍频晶体的麻点检测
光调制测量系统	衍射	子口径	透过光学元件材料内部或表面缺陷	检测材料内部或表面缺陷下游衍射图样强度分布,尺寸可达 1 cm
扫描成像显微镜	显微镜	子口径	材料内部或表面缺陷	自动扫描测量拼接高分辨率显微镜检测全口径材料内部或表面缺陷的个数和状态
次防溅射板测试仪	共焦显微镜	全口径	毫米尺度面形	测量次防溅射板曲率,分辨率:亚微米,范围:大于 1 mm
三坐标测量仪	接触式轮廓仪	全口径	机械表面轮廓	测量加工过程中楔形靶镜的表面轮廓
光度计	激光比率计	全口径	小光束扫描	在 1 053、527、351 nm 波长下,0～70°角小光束扫描测量反射镜的透过率和反射率
分光光度计	紫外-可见光分光光度计	镀膜样品	光谱性能	膜层透过率与反射率
片检查系统	海丁格干涉仪	全口径	大尺度缺陷	测量钕玻璃片厘米尺度位相缺陷
包裹体探测系统	激光散射仪	全口径扫描	微米尺度包裹体	测量石英片内部微米尺度包裹体
透镜测试系统	菲索干涉仪	全口径	透过波面误差	使用标定球面光学系统测量透镜焦距
椭偏仪	椭偏仪	子口径	偏振特性	使用椭圆偏振光测量膜厚和折射率
衍射光学元件全口径系统测试装置	激光比率计	全口径	光栅衍射效率	测量终端取样光栅的一级衍射效率和一致性
次防溅射板测试系统	激光比率计	全口径	透过率	测量次防溅射板 351 nm 透过率

　　检测激光光学元件的仪器中,干涉仪、显微干涉仪、分光光度计、椭偏仪、应力双折射仪、显微镜、三坐标测量仪等是直接购置的商业仪器,或由购置的商业仪器略作改装,或添置工装、光学系统完善功能。干涉仪是使用最频繁的仪器,可测量光学材料均匀性、面

形、反射\透过波面误差、平行度等,其检测原理和方法将在下一节中详细描述。

光学材料的常用测量方法主要有干涉仪测量光学非均匀性(详见第 12.5 节)、应力双折射测量及内部缺陷测量。折射率等技术参数一般采纳供货商提供的数据。

常用的应力双折射测试仪采用 1/4 波片法(见图 12-8),国内最大尺寸做到 300 mm,也有采用 100 mm 口径扫描测量大口径光学元件。如图 12-8 所示,一个可旋转的起偏器,其透光轴位于角度 θ 处;一个可旋转的 1/4 波片,其慢轴位于角度 ϕ 处,则透射光强可表示为[33]:

$$I = I_0 \sin^2 2(\phi - \theta) \sin^2 \frac{\pi}{4} \tag{12-1}$$

由此可以看出,偏振椭圆的主轴方向取决于 1/4 波片的慢轴方向,椭圆率角在 1/4 波片的方位角和起偏器的方位角之间变化。因此,可以通过旋转起偏器和 1/4 波片得到

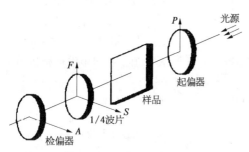

图 12-8 1/4 波片法应力双折射测试仪

偏振椭圆长轴的任意方向,通过改变起偏器相对于 1/4 波片的角度获得任意椭圆率角。可以设置 $\phi - \theta = 45°$,得到圆偏振光,作为仪器空腔的初始状态。放入被测元件,光学材料残余应力由于两偏振光弹性常数差而产生双折射,引入仪器偏振状态变化,再次调整起偏器相对于 1/4 波片的角度,使检偏器观察到偏振状态与仪器空腔的初始状态一致,此时

$\phi - \theta$ 的变化量对应被测元件引入的光程差 Δs。设被测元件厚度为 a,则应力双折射 Δx 为

$$\Delta x = \Delta s / a \tag{12-2}$$

关于非 1/4 波片法测量应力双折射的原理和技术可参考 T. Yoshizawa 编的《光学计量手册——原理和应用》第 25、26 章[33]。

由于石英用于三倍频激光系统,内部微米级缺陷就有产生激光损伤的概率。微米尺度已接近显微镜的衍射极限,因此光散射是可取的检测方法。光散射与表面粗糙度、表面缺陷、亚表面缺陷、材料缺陷等有关,关于光散射检测方法可参考 S. C. John 的专著 *Optical Scattering: Measurement and Analysis*[34]。

椭偏仪测量膜厚和折射率的原理较复杂,需要建立合适的光学模型,其原理和技术可参考 T. Yoshizawa 编的《光学计量手册——原理和应用》第 27 章[33]。

分光光度计的原理基于光度学,首先利用单色仪将紫外\可见光源(氢灯、氘灯、钨灯、碘钨灯等)产生的连续光分成各种单色光,用单色光辐照待测镀膜元件,经过积分球收集到光电探测器,测量镀膜元件对不同波长的吸收率。图 12-9 是 Lambda 950 分光光度计内部结构。

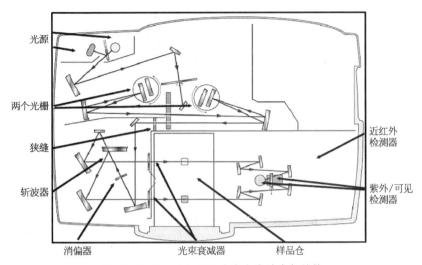

图 12 - 9　Lambda 950 分光光度计内部结构

而定制的激光光度计采用基频(1 053 nm)、倍频(527 nm)、三倍频(351 nm)波长激光扫描测量镀膜元件的透过率和反射率。图 12 - 10 为测量 NIF 镀膜元件的激光光度计。

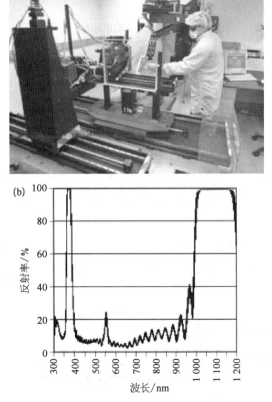

图 12 - 10　定制的激光光度计(a)及测试数据(b)

　　三坐标测量仪具备精密的传动机构，一般采用光栅尺测量移动长度，也有人采用测长干涉仪测量移动长度，一般精度在 10 mm 以内。光学非球面透镜粗磨后，使用三坐标测量仪检测控制外形尺寸，如有着特殊楔角和大非球面度的楔形透镜需要粗磨后使用三坐标测量仪检测，以便更有效地完成后续抛光。

　　材料和表面缺陷一般采用强光投影扫描检测（见图 12－11）。在神光 II 研制过程中，曾采用激光代替白光源投影测量钕玻璃棒、晶体棒气泡、杂质及 KDP 晶体加工波纹（见图 12－12）。

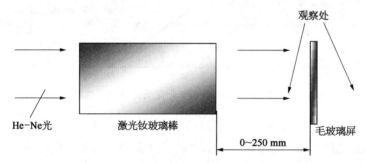

图 12－11　激光扫描测量钕玻璃棒气泡、杂质示意图

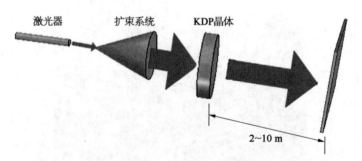

图 12－12　扩束的激光测量 KDP 晶体加工波纹（相位调制）

　　另外，刀口仪也常用于非球面加工过程中弥散圆与焦距的测量（见图 12－13）。

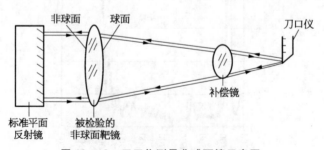

图 12－13　刀口仪测量非球面镜示意图

§12.5　干涉仪测量激光光学元件面形与波面误差

12.5.1　激光光学元件对光学元件波面误差的技术要求

高功率激光系统要求远场输出技术指标至少要好于打靶远场输出技术指标,因此在 10 倍衍射极限内有 95％全能量是基本要求,80％全能量占空比要求的远场发散角更小。光学元件波面误差的梯度均方根(GRMS)影响激光束的会聚能力,假设激光驱动装置中有 N_e 个光学元件,每个元件的 GRMS 值都是独立而非相关影响激光束的会聚波面,则

$$\text{GRMS}^2_{\text{终端}} = \sum_{i=1}^{N_e} \text{GRMS}^2_i \qquad (12-3)$$

设总激光束总发散角为 Ω,根据文献[25]的推导可得到每个光学元件平均 GRMS 技术指标的估算公式为:

$$\text{GRMS}_{\text{单个元件}} \leqslant \frac{\sqrt{2}\,\Omega}{\sqrt{-2N_e \ln 0.2}} \qquad (12-4)$$

假设 Ω 为 20 μrad,N_e 约为 200(预放大器输出后到靶点间激光系统单束激光经过大口径元件的次数),并考虑装校等因素引入影响,则可估算出每个光学元件作为成品验收时的低频波前畸变,至少要满足 GRMS 为 $\lambda/70/\text{cm}(\lambda = 0.632\,8\ \mu\text{m})$。

测量激光光学元件关注不同空间波长范围的光学元件波前误差,方案之一是在波纹空间波长范围内进行 1 维和 2 维的 PSD 估算。假设 L 为空间波长,400 mm 有效口径激光光学元件波前误差分为三段空间波长范围:

- ◆ 低频波面误差:其中 $L > 33$ mm;
- ◆ 中频波纹度:其中 $33\ \text{mm} > L > 0.12$ mm;
- ◆ 高频粗糙度:其中 $L < 0.12$ mm。

上述不同空间波长范围对光束产生不同影响。

采用不超过光学表面功率谱密度(PSD)曲线的方式,来限定波纹度和粗糙度(见图 12-14 并参阅前文有关 NIF 的 I 期工程设计报告的内容)。基于良好的光学加工实际情况,此技术规范既可实现,又是适当的。

GRMS 技术指标基于打靶焦斑分布技术要求考虑,可参见前文对有关 NIF 装置文献报道的概述。

高精度激光光学元件波面误差 GRMS 技术要求达 7.5 nm/cm($\lambda/90/\text{cm}$)。对于高功率激光装置注入激光系统小口径光学元件,推荐的 GRMS 技术指标为:$\lambda/8\text{PV}$、$\lambda/40\text{RMS}$、$\lambda/30/\text{cm}$,空间周期 > 2 mm,这些技术要求是根据光学元件所在注入激光系统技术要求推导的[27]。

光学元件的空间波长范围划分和相应的技术参数见表 12-9,这个表基本明确了

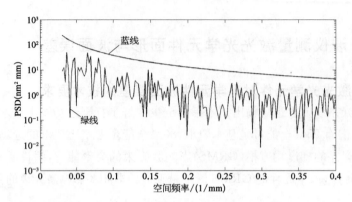

图 12 - 14　PSD 曲线样例(空间波长 0.25～33 mm)

蓝线为技术指标要求,绿线为实测数据。

GRMS 和 PSD 所扮演的角色。

12.5.2　干涉仪的基本原理

一般来说只要是利用干涉的原理来测量的仪器就是干涉仪。测量激光光学元件波面误差的干涉仪,一般是双光束激光干涉仪,常用的类型是菲索干涉仪或泰曼-格林干涉仪。双光束干涉在探测器上形成干涉图样,由干涉图可计算出波面误差。同一光波长 λ 的两束光,光强和初始位相分别为 I_1、I_2 和 α_1、α_2,探测器上的光强分布 I 可由式 12 - 5 表示,其中 $\hat{\alpha}_1$、$\hat{\alpha}_2$ 为沿光传输方向的单位矢量。

$$I = I_1 + I_2 + 2\sqrt{I_1 I_2}\,(\hat{\alpha}_1 \hat{\alpha}_2)\cos(\alpha_1 - \alpha_2) \tag{12 - 5}$$

形成干涉的基本条件是:

① 叠加光波的波长相同;

② 两叠加光波有方向相同的振动分量;

③ 两叠加光波的位相差恒定。

如图 12 - 15 所示,干涉条纹的对比度 V 取决于两叠加光波的光强,可表示为:

$$V = \frac{I_{\max} - I_{\min}}{I_{\max} + I_{\min}} \tag{12 - 6}$$

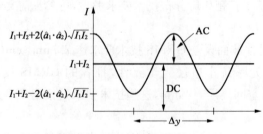

图 12 - 15　干涉条纹对比度

当 $\hat{\alpha}_1\,\hat{\alpha}_2=1$，则 $V=\dfrac{2\sqrt{I_1 I_2}}{I_1+I_2}$。

当两叠加光波是平面波，如图 12-16 所示，光波矢量分别是 $\vec{k}_1$ 和 $\vec{k}_2$，与 x 轴的夹角分别为 θ_1 和 θ_2。则

$$\vec{k}_1=\frac{2\pi}{\lambda}(\cos\theta_1 \hat{i}+\sin s\theta_1 \hat{j})$$

$$\vec{k}_2=\frac{2\pi}{\lambda}(\cos\theta_2 \hat{i}+\sin s\theta_2 \hat{j})$$

$$\vec{r}=x\hat{i}+y\hat{j} \tag{12-7}$$

$$\alpha_1-\alpha_2=\vec{k}_1\,\vec{r}_1-\vec{k}_2\,\vec{r}_2+\phi_1-\phi_2$$

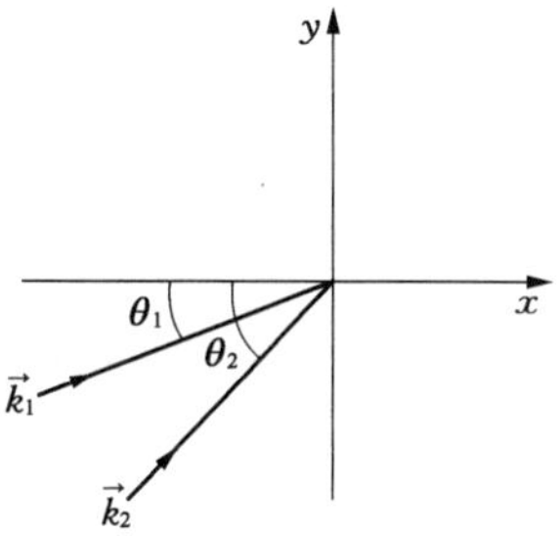

图 12-16　双平面波干涉

设 $\phi_1-\phi_2=0$，则 $\alpha_1-\alpha_2=2\pi m=\dfrac{2\pi}{\lambda}[x(\cos\theta_1-\cos\theta_2)+y(\sin\theta_1-\sin\theta_2)]$ 干涉条纹是亮条纹，$\alpha_1-\alpha_2=\dfrac{2\pi m+1}{2}$ 是暗条纹。

设 $x=0$ 时，条纹间距可表示为

$$\Delta y=\frac{\lambda}{\sin\theta_1-\sin\theta_2} \tag{12-8}$$

条纹间距是干涉仪的基本量度单位。公式 12-8 可用来根据光学元件的两表面自身条纹，计算其平行度或楔角。

干涉仪空间相干性和时间相干性不总是理想的。可从光源大小理解空间相干性。光源不可能是一个几何点，总有一定大小，包含众多的点光源。多个点光源形成的干涉叠加（见图 12-17），造成条纹对比度的下降，下降为零时的光源宽度为临界宽度。实际干涉仪光源宽度取临界宽度的 1/4 可得到好的对比度。

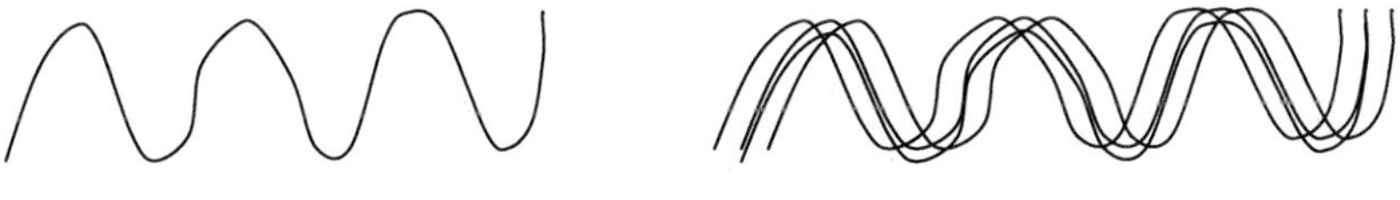

(a)　　　　　　　　　　　　　　(b)

图 12-17　光源大小影响空间相干对比度

(a) 单个光源形成的干涉；(b) 多个光源形成的干涉。

在杨氏干涉实验中（见图 12-18），L 不变及条纹保持一定对比度的情况下，d 是空间相干性的量度：d 越大，则认为空间相干性越好；反之亦然。当光源是点光源时，只要 S1 和 S2 对中心轴对称，不论 d 多大，S1 和 S2 发出的光总能形成干涉条纹。当光源为扩展光源时，平面上具有空间相干性的各点的范围 d 与光源大小 b 成反比。当光源宽度等于临界宽度，即

$$b_c=\frac{\lambda L}{d} \tag{12-9}$$

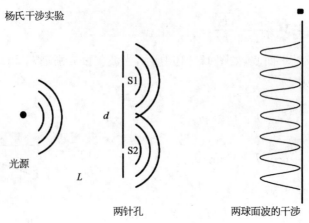

图 12-18 杨氏干涉实验示意图

此时的 d 为横向相干宽度。现代商业干涉仪就是利用增加 d 来抵消相干噪声的影响。

时间相干性可以这么理解：干涉仪使用的光源并不是单一波长,总是含有一定的波长宽度。与光源宽度的影响类似,$\Delta\lambda$ 的变化造成每种波长的光形成一组干涉条纹,并具有各自的条纹宽度。除零级外,相互间均有位移,各组重叠的结果同样会使条纹对比度下降(见图 12-19)。

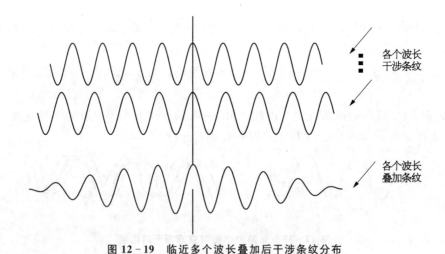

图 12-19 临近多个波长叠加后干涉条纹分布

定义相干长度是光波能够产生干涉条纹的最大光程差,可表示为

$$l = m\lambda = \frac{\lambda}{\Delta\lambda} \tag{12-10}$$

常用干涉仪类型有菲索干涉仪、泰曼-格林干涉仪、马赫-曾德尔干涉仪等。相移干涉仪是在上述干涉仪结构基础上加入相移机构,通过相移采集多幅干涉图来计算面形波面误差,主要步骤有相位步算法、相位解调、多项式拟合(见图 12-20)[35]。

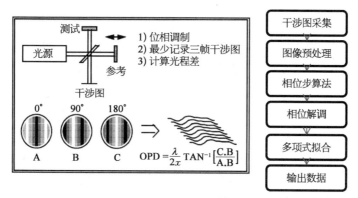

图 12 - 20　相移干涉仪示意图

12.5.3　干涉仪测量光学元件面形与波面误差的方法

光学元件波面误差检测采用光学干涉原理,由激光器出射的光束经扩束、准直后通过分光元件分为两束,一束由标准参考面反射形成标准参考光束,另一束由被测表面反射或透过待检光学元件,由标准反射面反射形成测试光束。标准参考光束与测试光束相互干涉形成干涉条纹,由图像采集得到的干涉条纹经由相位解算算法获得待检光学元件的波面误差,测得的波面误差数据经过数据预处理,最终经过数值计算得到各项评价指标参数。波面误差基本检测流程如图 12 - 21 所示。

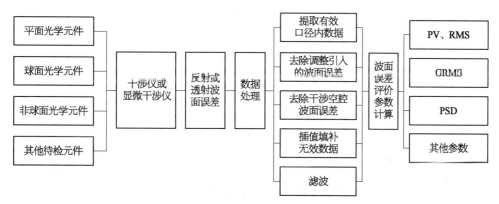

图 12 - 21　光学元件波面误差基本检测流程

12.5.3.1　平面元件测量

平面面形测量如图 12 - 22(a)(b)所示[36],调整被测光学元件与标准镜标准面准直,调出干涉图至 3~5 个条纹或零场,计算面形或反射波面误差数据。

平面透过波面误差测量如图 12 - 22(c)(d)所示,将被测光学元件放置在标准透射镜与标准反射镜之间,调整标准反射镜反射标准面与标准透射镜标准面准直,调出干涉图至 3~5 个条纹或零场,计算透过波面误差数据。

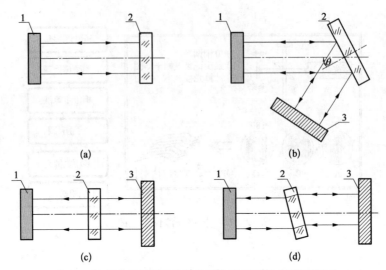

图 12 - 22　平面光学元件波面误差检测基本光路示意图

（a）正入射反射波面误差检测；（b）非正入射反射波面误差检测；（c）正入射透射
波面误差检测；（d）非正入射透射波面误差检测。1—标准透射平面参考镜；2—待检光
学元件；3—标准平面反射镜。

光学均匀性测量四步法基于平面面形与透过波面误差测量的原理，如图 12 - 23 所示，设前表面面形为 S_1，后表面通过被测元件从前表面出射的波面误差为 S_2，被测元件的透过波面误差为 T，干涉仪空腔波面误差为 C，被测元件折射率为 n，被测元件厚度为 d，则光学非均匀性可由式 12 - 11 计算[37]。

$$光学非均匀性 = \frac{(n-1)(S_1 - S_2) + n(T - C)}{d} \quad (12 - 11)$$

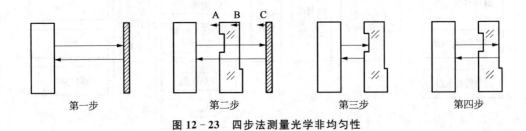

图 12 - 23　四步法测量光学非均匀性

ZYGO MST 干涉仪通过对可在干涉仪视场内形成自身条纹的元件进行测量，基于傅里叶算法直接可计算出两表面面形和光学材料光学非均匀性引入的波面误差，进而计算光学非均匀性[38]。

12.5.3.2　球面面形测量

干涉仪安装 F/N 与待检球面 R/N 匹配的标准球面镜头，调节使待检光学元件与标准球面镜头标准面共焦[见图 12 - 24（a）]，或使待检光学元件反射面曲率中心与标准球面透镜焦点重合[见图 12 - 24（b）]。此时，测试光束经待检光学元件待检表面反射后与标准镜

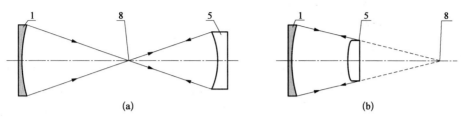

图 12-24 球面面形测量示意图

(a) 凹面反射镜反射波面误差检测光路；(b) 凸面反射镜反射波面误差检测光路。

头标准面参考光束干涉形成干涉条纹，即可得到待检光学元件的波面误差分布[39]。

12.5.3.3 球面\非球面透镜透过波面误差测量

使用标准球面透镜时，调节使待检光学元件与标准球面透镜共焦（见图 12-25）[39]，如果被测球面\非球面透镜引入像差，则需要补偿镜使其到达猫眼位置的点为理想点。此时，测试光束经标准反射平板反射面或待检光学元件待检表面反射后，与标准参考光束干涉形成干涉条纹，即可得到待检光学元件的波前信息。

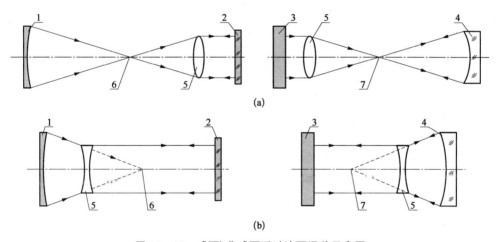

图 12-25 球面\非球面透过波面误差示意图

(a) 球面正透镜透射波面误差检测光路；(b) 球面负透镜透射波面误差检测光路。

图 12-25(a)中左图标准镜头 1、右图标准透射平面镜 3 和凹面标准镜 4 准直后在猫眼位置和测试光学系统中几乎不会引入像差，但被测透镜则会引入像差。如像差不大，还可以完成测量；如像差很大，则无法形成可计算的干涉图，因此需要通过光学设计加入补偿镜。图 12-25(b)凹面透镜除了有上述现象外，猫眼处无实像给准直带来困难，像差很大的情况下同样需要光学设计加入补偿镜。一般情况下很少使用图 12-25(b)的方法检测单个凹透镜。光学设计使图 12-25 球面\非球面透过波面误差测量系统满足理想成像条件即可，非球面则还要考虑测试光波长与使用光波长不同而引入的球差。12.5.3.4节将对像差和理想成像条件作进一步讨论。

12.5.3.4 几何像差与正弦条件

1. 折射定律、旁轴近似、薄透镜近似[40]

几何光学与像差理论是光学设计的基础,所有光学设计都依赖于追踪光线透过系统的能力,为此我们根据折射定律 $n_1\sin i_1 = n_2\sin i_2$ 得知,一条光线以入射角 i_1(相对于表面法线)入射到折射率为 n_1 的介质中,并以相对于表面法线方向折射角 i_2 射入折射率为 n_2 的介质中(见图 12 - 26)。当推广到三维空间时,折射定律是所有光线追踪的基础,但是由三维空间角度正弦条件表达式很难计算出预期的结果,因此需要简化,引入了旁轴近似。如果光线被认为非常接近于光轴,以至于其角度和入射角非常小,导致入射角和正弦值正比于正切值,那么这个区域被称为近轴区域,则折射定律可表示为

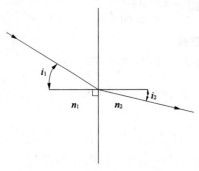

图 12 - 26 表面的折射,折射定律

$$n_1 i_1 = n_2 i_2 \qquad (12-12)$$

旁轴近似非常有用,基于旁轴近似的公式通常会很好地预测焦平面位置、图像尺寸和大致的透镜孔径。旁轴近似能计算初级像差,而且对于七种初级像差,整个透镜总像差是各个表面像差的总和。

当透镜中心厚度近似为零时,成为薄透镜近似。在旁轴近似和薄透镜近似的同时作用下,光学系统可以用简单的线结构描绘。

2. 初级像差[33,40]

单色初级像差主要有五种,分别是球差、彗差、像散、场曲和畸变,可在整个视场和所有孔径内描绘整个透镜(组)的性能。

球差独立于视场,在整个视场中恒定不变。相反,畸变则独立于孔径,因此无论透镜在 $F/1$ 还是在 $F/32$ 下使用,畸变都不变。彗差较少相关于孔径,但线性相关于视场。像散与场曲同孔径的平方(基本上离焦生效)和视场角的平方相关。

一个理想点光源进入透镜(组)后,球差是唯一出现在光轴上的像差,它以一个对称圆形光斑形式出现。根据总像差信号,它在焦点一边是个小圆盘、而在另一边则是一个小亮环(见图 12 - 27)。

图 12 - 27 球差

彗差显示为彗星的小尾巴(见图 12 - 28),标称像点在彗尾上。随着尾部向着远离标称像点的方向增长,尾部会变得更宽。这些变宽的区域是来自透镜孔径外围的光线,因此将透镜从 $F/1$ 关闭到 $F/4$,就会大大减少可见彗差。尽管尾部像点不变,但减小了尾

图 12 - 28　彗差

部范围。

正如已经提到的,初级像差是唯一具有准确对称性的级数项,因此如果小彗尾在上半部分向上,那么在下半部分就会向下,保持对称性。任何不能做到对称性的项,都将从幂级数中排除。这样,彗差项在视场内是线性的,以便在穿过整个光轴时具有对称性的变化。

像散和场曲往往归为一类,因为它们的由来和结果是相互交织的。

考虑一幅由射线和同心圆组成的测试图,如果存在像散,而没有场曲,随着移出视场就逐渐发现,我们可以聚焦于射线或者同心圆,但不能同时聚焦于二者。像散的一个焦点更接近透镜,另一个焦点稍微远离焦平面。

现在,考虑同一幅具有零像散、非零场曲的透镜测试图,随着穿过视场,可以发现同时聚焦于圆和射线,但是当我们移出视场,共同聚焦位置就会远离标称焦平面。好的图像存在焦平面,但它或者凹或者凸,也就是说存在场曲。焦平面是凸还是凹依赖于透镜视场总场曲像差信号。

考虑总像散和总场曲都非零的透镜。在这种情况下,会出现两个不同曲率的弯曲聚焦面。一个弯曲的聚焦面上聚焦射线,而另一个聚焦面则聚焦同心圆。如果不能充分校正像散和场曲,可以另外引入足够的像散和场曲来平衡表面的凹凸性,注意这一点非常有用。也就是说,两个聚焦面对称性地偏离平坦的标称焦平面,一个在焦平面的前面,另一个在焦平面的后面。当不能充分校正像差或场曲时,这种折中常能带来最好的结果。

畸变是放大倍数随着视场角改变的变化量,如果将视场角扩大 2 倍,那么从光轴穿过聚焦面的图像距离也应该近似地扩大 2 倍。失真效果会造成图像比它应该在的位置更远离(或更接近)像平面中心。畸变效果会随着视场角的增大而增强,可能在小视场角时非常不明显,但在视场边缘就变得非常显著。畸变效果未必会小,而且可能非常烦人。

激光光学元件检测光学系统和激光驱动装置的光学系统大部分考虑轴上像差,因此一般常分析的像差是球差,而其光学系统失调时或者说偏离理想系统时则分析像散和彗差。

(1) 球差

球差是轴上点单色像差,是所有几何像差中最简单也最基本的像差,好几种轴外像差均与球差有一定联系。

图 12-29 中,轴上点 A 的理想像为 A_0',由 A 点发出过入瞳边缘的光线 AP 从系统出射后,交光轴于 A'。由于球差,A' 与 A_0' 不重合。若它们的像方截距分别为 L' 与 l',则

$$\delta L' = L' - l' \tag{12-13}$$

为这条光线的球差。球差对成像质量的危害是它在理想平面上引起半径为 $\delta T'$ 的弥散圆。

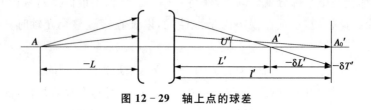

图 12-29　轴上点的球差

球差与孔径有关,可表示为

$$\begin{cases} \delta L' = A_1 h_1^2 + A_2 h_1^4 + A_3 h_1^6 + \cdots \\ \delta L' = a_1 u_1^2 + a_2 u_1^4 + a_3 u_1^6 + \cdots \end{cases} \tag{12-14}$$

其中第一项称为初级球差,此后各项分别称为二级球差、三级球差等。

设 U 为入射光线与光轴夹角,U' 为出射光线与光轴夹角,I 为入射光线与球面法线夹角,I' 为出射光线与球面法线夹角,n 为物方折射率,n' 为像方折射率,L 为物方截距,L' 为像方截距。单个球面(设曲率半径为 r)在三种情况下不产生球差(见图 12-30):

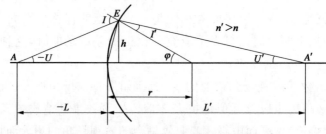

图 12-30　单个球面的齐明点(不晕点)

① $L = 0$,此时 $L' = 0$,即射向球面顶点的光线都从顶点折射而出,不产生球差;

② $\sin I - \sin I' = 0$,此时 $I = I' = 0$,即 $L = r$,物点位于球心,此时物点发出的所有光线均无折射地通过球面,像点仍在球心,即 $L' = r$;

③ $\sin I' - \sin U = 0$ 或 $I' = U$,易于求出对应的物像点位置分别为

$$L = \frac{n+n'}{n} \cdot r, \quad L' = \frac{n+n'}{n'} \cdot r \tag{12-15}$$

可见,这一无球差的共轭点位于球心的一侧,且都在球心之外,只能实物成虚像或虚

物成实像。物像之间关系满足

$$\frac{\sin U'}{\sin U} = \frac{\sin I}{\sin I'} = \frac{n'}{n} = \frac{L}{L'} \tag{12-16}$$

上式表明,不管孔径角多大,这对共轭点的 $\dfrac{\sin U'}{\sin U}$ 和 $\dfrac{L}{L'}$ 均为常数,都不产生球差。这一对共轭点不仅能以任意宽的光束对轴上点成完善像,并且过该点的垂轴平面上与之很靠近的点,也能以任意宽的光束成完善像,故称之为齐明点或不晕点,利用它可达到减小孔径的目的而不产生球差。

如果将情况 2 和情况 3 综合,可构成无球差的单透镜,图 12-31 所示为一无球差透镜,必为实物成虚像或虚物成实像,加同心面得齐明透镜,它们常在面形检测仪器中起改变孔径的作用。

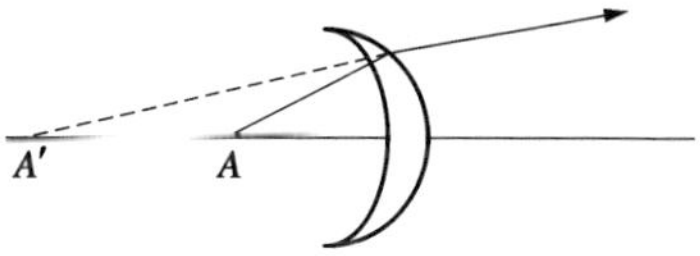

图 12-31　齐明透镜

（2）正弦条件

如果视场较小,其边缘点可认为与轴上点很靠近,这种近轴物点的像差性质要比远轴点简单得多。当光学系统对轴上点成完善像时,使在垂轴方向上与之无限靠近的物点也成完善像的充分必要条件称为正弦条件。这就是说,若光学系统满足正弦条件,就能对小视场物面完善成像。正弦条件可由费马原理导出,具体公式为

$$n'y'\sin U' = ny\sin U \tag{12-17}$$

其中 n、y、U 分别为物方折射率、视场垂直宽度、入射光线与光轴夹角,n'、y'、U' 分别为像方折射率、视场垂直宽度、入射光线与光轴夹角。可以证明,齐明点能够满足正弦条件。

12.5.3.5　波面误差数据处理

1. 波面相位无效数据填补[41]

实际检测过程中,由于光学元件表面存在污染以及干涉仪 CCD 相机存在坏点等原因,测得的波面数据会存在无效点,在原始相位数据中以大整数（如 2.1475×10^9）的形式存储。对于很多计算,这些无效点可以忽略,但是在进行功率谱密度计算的过程中,傅里叶变换要求整个阵列内都是有用的数据。简单地用 0 来替换它们是不够的,因为这些区域在相位图中表现为离散间断点,会引入高频噪声,即使是少量的无效点也会严重改变光谱的形状,因此必须对无效点进行填充。

对于无效点的插值填补,在实际操作中有两种情况。第一种情况即无效点位于波面相位数据内部,即无效点上下左右四个方向均存在有效点。这种情况下,插值填充无效数据点的方法有很多,根据波面相位数据无效点区域较小的特点,双线性插值法是效果较好而且易于实施的方法,如图 12-32 所示。具体思路为:对于无效数据点 $z(x, y)$,在 x 和 y 正负方向分别找到四个有效点 $z(x_1, y)$、$z(x_2, y)$、$z(x, y_1)$ 以及 $z(x, y_2)$,

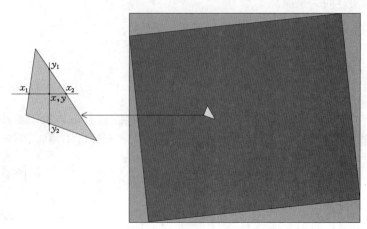

图 12-32 双线性插值原理示意图

它们到 $z(x,y)$ 点的距离分别为 d_1、d_2、d_3 和 d_4，则无效点 $z(x,y)$ 的值可以通过加权平均得到，有

$$z(x,y) = \frac{z(x_1,y) \cdot d_1 + z(x_2,y) \cdot d_2 + z(x,y_1) \cdot d_3 + z(x,y_2) \cdot d_4}{d_1 + d_2 + d_3 + d_4}$$

$$(12-18)$$

第二种情况是针对相位数据边缘的无效点。在实际检测中，有时光学元件倾斜放置或者元件边缘存在圆形倒角，导致相位数据边缘出现无效数据点。同样地，需要对这些

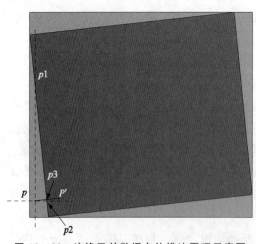

图 12-33 边缘无效数据点外推法原理示意图

无效点进行插值填补。由于边缘无效点不能再利用上下左右四个有效数据，因此在这种情况下，可以使用外推法，其原理示意见图 12-33。从图中可以看出，对于边缘无效区域内任一点 p，如果利用 x、y 两个方向上的第一个有效点 $p2$、$p1$，利用双线性插值的方法可以对无效数据点进行填充，但是这种方法只利用了有效数据边缘点，同样会给相位频谱引入新的噪声。所以这里采用外推法。具体方法如下：由 p 点向 $p1$、$p2$ 所在直线作垂线，交点为 $p3$，即距离 p 点最近的有效点。然后选取一点 p'，使 p 到 $p3$ 的距离等于 $p3$ 到 p' 的距离。然后利用 $p3$ 和 p' 处的有效数据点值推导出 p 点的幅值，计算公式为

$$z(p) = z(p3) + z[p3 - z(p')]$$

$$(12-19)$$

2. 低频波面误差滤波的数值计算方法[41,42]

（1）空域前处理（四镜像拼接）

对波面误差数据中待填补点采用双线性插值法进行填补，将填补完数据点的二维波面误差数据定义为矩阵 A，见式 12 - 20。

$$A = \begin{bmatrix} a(1,1) & a(1,2) & \cdots & a(1,N) \\ a(2,1) & a(2,2) & \cdots & a(2,N) \\ \cdots & \cdots & \vdots & \cdots \\ \cdots & \cdots & a(m,n) & \cdots \\ \cdots & \cdots & \vdots & \cdots \\ a(M,1) & a(M,2) & \cdots & a(M,N) \end{bmatrix} \qquad (12-20)$$

式中：

M，N—矩阵 A 的行和列数；

M，n—矩阵 A 的行和列的序数，m、n 为正整数，$1 \leqslant m \leqslant M$，$1 \leqslant n \leqslant N$；

$a(m,n)$—矩阵 A 第 m 行、第 n 列值：nm。

根据矩阵 A，定义三个 M 行 N 列矩阵 B、C 和 D，见式 12 - 21。

$$B = \begin{bmatrix} a(1,N) & a(1,N-1) & \cdots & a(1,1) \\ a(2,N) & a(2,N-1) & \cdots & a(2,1) \\ \cdots & \cdots & \cdots & \cdots \\ a(M,N) & a(M,N-1) & \cdots & a(M,1) \end{bmatrix}$$

$$C = \begin{bmatrix} a(M,1) & a(M,2) & \cdots & a(M,N) \\ a(M-1,1) & a(M-2,2) & \cdots & a(M-1,N) \\ \cdots & \cdots & \cdots & \cdots \\ a(1,1) & a(1,2) & \cdots & a(1,N) \end{bmatrix} \qquad (12-21)$$

$$D = \begin{bmatrix} a(M,N) & a(M,N-1) & \cdots & a(M,1) \\ a(M-1,N) & a(M-1,N-1) & \cdots & a(M-1,1) \\ \cdots & \cdots & \cdots & \cdots \\ a(1,N) & a(1,N-1) & \cdots & a(1,1) \end{bmatrix}$$

将矩阵 A 对称扩展，得到 $2M$ 行和 $2N$ 列扩展矩阵 E，见式 12 - 22。

$$E = \begin{bmatrix} A & B \\ C & D \end{bmatrix} \qquad (12-22)$$

（2）频域滤波

矩阵 E 经快速傅里叶变换后得到波面误差的频域信息，并与频域滤波窗相乘，相乘结果再进行逆傅里叶变换,取变换结果的实部即可以得到 E 滤波后的波面误差,计算方法见式 12-23。

$$E_{\text{filter}} = \text{Re}\{\text{FFT}^{-1}[\text{FFT}(E) \times \text{Filter}]\} \tag{12-23}$$

式中:

E_{filter} —滤波后的波面误差数据矩阵;

FFT—快速傅里叶变换;

Filter—滤波窗函数;

FFT^{-1} —快速逆傅里叶变换;

Re—取复数的实部。

其中,Filter 带通滤波窗函数和低通滤波窗函数分别见式 12-24 和式 12-25。

$$\text{Filter}(f_x, f_y)$$
$$= \begin{cases} 0.5 \times \left[1 - \text{erf}\left(20\left|\dfrac{f}{f_{\text{low}}} - 1\right|\right)\right] + 0.5 \times \left[1 - \text{erf}\left(20\left|\dfrac{f}{f_{\text{high}}} - 1\right|\right)\right] & f \notin [f_{\text{low}}, f_{\text{high}}] \\ 1 - \left\{0.5 \times \left[1 - \text{erf}\left(20\left|\dfrac{f}{f_{\text{low}}} - 1\right|\right)\right] + 0.5 \times \left[1 - \text{erf}\left(20\left|\dfrac{f}{f_{\text{high}}} - 1\right|\right)\right]\right\} & f \in [f_{\text{low}}, f_{\text{high}}] \end{cases},$$
$$f = \sqrt{f_x^2 + f_y^2}$$

$$\tag{12-24}$$

$$\text{Filter}(f_x, f_y) = \begin{cases} 0.5\left[1 - \text{erf}\left(20\left|\dfrac{f}{f_c} - 1\right|\right)\right] & f > f_c \\ 0.5\left[1 + \text{erf}\left(20\left|\dfrac{f}{f_c} - 1\right|\right)\right] & f < f_c \end{cases} \tag{12-25}$$

式中:

f_x、f_y —波面误差频域行和列方向频率(mm^{-1});

f_{low}、f_{high} —带通滤波低频、高频截止频率(mm^{-1});

f_c —低通滤波截止频率(mm^{-1})。

(3) 空域后处理

取 E_{filter} 左上角的 M 行、N 列矩阵作为矩阵 A 滤波后的波面误差数据矩阵 A_{filter}。

3. 低频波面误差 PV、GRMS 值计算流程

低频段误差又称面形误差,400 mm 口径光学元件对应的空间频率范围为:$2.5 \times 10^{-3} \sim 3.0 \times 10^{-2}$ mm^{-1},一般认为是空间周期大于 33 mm 的部分。该频段误差会影响高功率激光的聚焦性能,降低焦斑的均匀性以及中心点亮度。可以通过控制光学元件表面面形质量或者在多通道空腔尾端放置可变形反射镜来减少这部分波面误差。在检测过程中,通常利用峰谷(PV)值和 GRMS 来评价低频段误差,其计算流程如图 12-34 所示。

PV 值是指被检测光学元件相位畸变最高点和最低点的差值。其原理示意图如

图 12 - 34　低频滤波计算 PV 与 GRMS 值流程图

图 12 - 35所示。利用 PV 值评价光学元件表面误差时,只考虑了最低点和最高点的值,忽略了中间的其他信息,可能会出现两个具有相等大小 PV 值的光学元件,其表面分布形态完全不同。但是在评价面形误差时,仍然具有较高的参考价值,并且使用起来方便快捷。

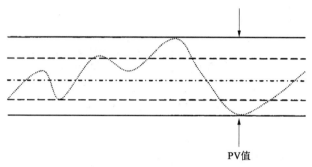

图 12 - 35　PV 值原理示意图

GRMS 是指相位梯度的均方根值。从几何光学的角度来看,光线沿着光学元件波面的法线方向传播,所以相位面的梯度决定了光线传输的方向。研究发现,相位梯度是对焦斑主瓣影响最大的一个参量,能够比较全面地反映由光学元件引入的低频面形误差。关于相位梯度的计算方法,一般采用 M. Henesian 提出的标准五点公式[41],原理如图 12 - 36所示,分别是远离边缘点和边缘附近点的 GRMS 计算方法。

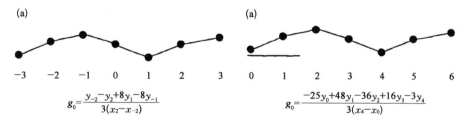

$$g_0 = \frac{y_{-2} - y_2 + 8y_1 - 8y_{-1}}{3(x_2 - x_{-2})}$$

$$g_0 = \frac{-25y_0 + 48y_1 - 36y_2 + 16y_3 - 3y_4}{3(x_4 - x_0)}$$

图 12 - 36　标准五点法计算相位梯度均方根

(a) 除边角外内部点计算公式;(b) 边角点计算公式。

4. PSD 数值计算流程

PSD 的离散化数值计算有助于在实际应用中利用计算机编程的方法进行计算。然而 PSD 计算涉及傅里叶变换过程,其中的某些因素会导致有用信息的丢失或者引入其他虚假信息,比如波面相位数据中无效数据点引入的高频噪声问题、傅里叶变换中的加窗问题以及频率域的滤波等问题。因此必须采用合理的计算方法,以确保中频信息的可靠提取。本小节主要介绍 PSD 数值计算流程,并对二维和一维 PSD 计算中的关键算法进行详细分析和推导。

（1）PSD 数值计算流程概述

在利用功率谱密度度量中频波纹误差的过程中，需要采取合理的计算方法，确保波面中频信息的有效提取，并且尽量减小数据处理过程中虚假信息的引入。对于光学元件反射表面 PSD 的计算，计算流程如图 12-37 所示，主要包括以下几个步骤：

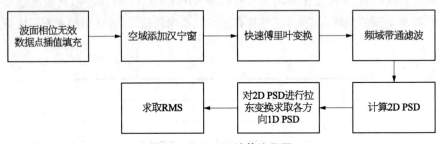

图 12-37　PSD 计算流程图

① 对波面相位无效数据点进行插值填补，主要是为了减少高频虚假信息的引入。

② 空域添加汉宁窗（Hanning）。主要是解决对波面数据直接进行傅里叶变换时，由于矩形窗而导致中高频信息湮没于虚假旁瓣信息中的问题。

③ 利用 MATLAB 中的 FFT 算法对波面数据进行傅里叶变换。

④ 对频域进行带通滤波，只保留所关心频段的信息。

⑤ 根据 PSD 定义以及离散化数值计算公式计算二维 PSD。

⑥ 对二维 PSD 数据，通过拉东变换求取各个方向上的一维 PSD 坍陷。

⑦ 如果需要，可以对一维 PSD 在某空间频率范围内进行积分，求取 RMS 值。

在接下来的几节中，将对 PSD 计算过程中的关键环节，例如添加汉宁窗、频域滤波以及求取一维 PSD 坍陷等进行详细的分析和推导。

（2）汉宁窗及 PSD 计算修正

由于功率谱密度是波面各个傅里叶频谱振幅的平方，因此在计算 PSD 的过程中，不可避免地要进行傅里叶变换。众所周知，信号处理中直接对空域数据进行傅里叶变换，相当于应用了一个矩形窗。由于数据的突然截断导致频域出现吉布斯噪声，会使有用的中高频信号湮没在虚假的旁瓣信息中，因此在进行傅里叶变换之前，要对空域数据进行适当的处理。

（3）汉宁窗定义

傅里叶变换前的空域处理，一般采用添加窗函数。常用的窗函数如三角窗、海明（Hamming）窗、Blackman 窗等，综合考虑各种窗函数频域主瓣宽度、旁瓣高度以及对中频段信息的获取等因素，一般采用汉宁窗对波面空域数据进行处理，以便减小边缘截断效应的影响。

汉宁窗是一个简单的权重函数，在傅里叶变换之前对数据进行处理，它会使边缘数据接近或等于 0，以此来消除相位数据边缘的不连续性。用 M 行 N 列的矩阵定义汉宁

窗函数,则其定义式可写为

$$h(x，y)=\frac{1}{4}\big[1-\cos(\nu_{0x})\big]\big[1-\cos(\nu_{0y})\big] \tag{12-26}$$

式中 ν_{0x} 和 ν_{0y} 的表达式为

$$\nu_{0x}=\frac{2\pi(m-1)}{M-1}，m=1，2\cdots M$$
$$\tag{12-27}$$
$$\nu_{0y}=\frac{2\pi(n-1)}{N-1}，n=1，2\cdots N$$

为了避免在数据的起始点及终点引入零值,实际计算中可用 $M+1$ 代替 $M-1$, $N+1$ 代替 $N-1$。该窗在空域的形状以及用法如图 12-38 所示。可见添加过汉宁窗后的波面相位边缘数据逐渐减小,趋于平滑。

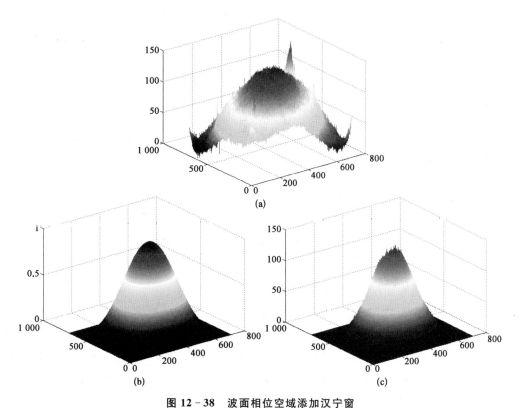

图 12-38　波面相位空域添加汉宁窗

(a) 原始波面;(b) 汉宁窗;(c) 添加汉宁窗后的波面相位。

分别计算原始波面以及添加汉宁窗后波面相位的 2D 和 1D PSD,结果分别由图 12-39 和图 12-40 给出。对比两图可以看出,添加汉宁窗,可以有效减小波面相位边缘数据截断造成的吉布斯噪声,大大提高 PSD 计算的信噪比。

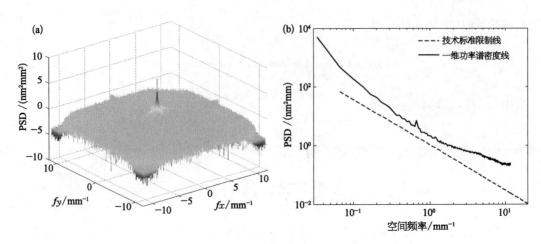

图 12 - 39　原始波面相位 PSD 分布

(a) 2D 功率谱密度(PSD);(b) 1D 功率谱密度(PSD)。

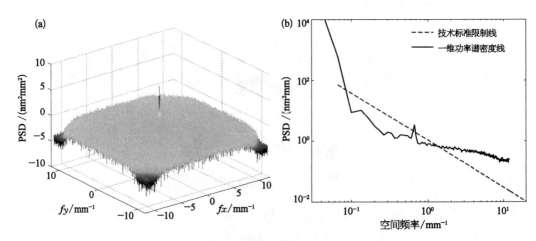

图 12 - 40　添加汉宁窗后波面相位 PSD 分布

(a) 2D 功率谱密度(PSD);(b) 1D 功率谱密度(PSD)。

(4) 单频波面添加汉宁窗 PSD 计算修正

从汉宁窗的定义式可知,汉宁窗是加权函数,中心点为 1,趋向边缘部分逐渐减小,这就会造成计算过程中的能量损失。如果 PSD 仅仅包含和元件孔径相比相对较短的空间波长,对于传统的干涉仪来说该能量损失是一个常量。由于中频波段的低通截止限一般为 33 mm 左右,相对于一般大口径激光光学元件的尺寸是比较短的,因此我们可以对比使用汉宁窗前后 PSD 的变化来将该修正因子推导出来。

在数学上,可以通过考虑单个频率波纹来得到该修正因子,假定波面数据为

$$z(x,\ y)=\cos\Big(\frac{2\pi x}{\mathrm{d}x}+\phi_x\Big)\cos\Big(\frac{2\pi y}{\mathrm{d}y}+\phi_y\Big) \tag{12-28}$$

式 12 - 28 中,$\mathrm{d}x$、$\mathrm{d}y$ 为空间周期;ϕ_x、ϕ_y 为 x、y 方向的相位变化。假设 $Z(\nu_x)$ 为

$z(x)$ 的傅里叶变换方程,则由傅里叶变换性质有

$$\text{FFT}[z(x)\cos(\nu_{0x})] = [Z(\nu_x - \nu_{0x}) + Z(\nu_x + \nu_{0x})]/2 \qquad (12-29)$$

同理在 ν_y 方向也有类似的分解,所以乘上汉宁窗后,单频波纹 (ν_x, ν_y) 将会分裂为 9 个频率。若定义 $G(\nu_x, \nu_y)$ 为波面加上汉宁窗之后的傅里叶变换,则有

$$
\begin{aligned}
G(\nu_x, \nu_y) &= \text{FFT}[z(x, y)h(x, y)] \\
&= \frac{1}{4}Z(\nu_x, \nu_y) - \frac{1}{8}[Z(\nu_x - \nu_{0x}, \nu_y) + Z(\nu_x + \nu_{0x}, \nu_y) \\
&\quad + Z(\nu_x, \nu_y - \nu_{0y}) + Z(\nu_x, \nu_y + \nu_{0y})] \\
&\quad + \frac{1}{16}[Z(\nu_x - \nu_{0x}, \nu_y + \nu_{0y}) + Z(\nu_x + \nu_{0x}, \nu_y + \nu_{0y}) \\
&\quad + Z(\nu_x + \nu_{0x}, \nu_y - \nu_{0y}) + Z(\nu_x - \nu_{0x}, \nu_y - \nu_{0y})]
\end{aligned}
\qquad (12-30)
$$

由冲激函数的性质可知

$$
\begin{aligned}
& |Z(\nu_x - \nu_{0x}, \nu_y)|^2 = |Z(\nu_x + \nu_{0x}, \nu_y)|^2 = |Z(\nu_x, \nu_y)|^2 \\
& Z(\nu_x + \nu_{0x}, \nu_y)Z(\nu_x, \nu_y) = 0
\end{aligned}
\qquad (12-31)
$$

则加窗前后 PSD 比值为

$$\frac{\text{PSD}_{zgh}}{\text{PSD}_z} = \frac{|G(\nu_x, \nu_y)|^2}{|Z(\nu_x, \nu_y)|^2} = \left(\frac{1}{4}\right)^2 + 4\left(\frac{1}{8}\right)^2 + 4\left(\frac{1}{16}\right)^2 = \frac{9}{64} \qquad (12-32)$$

其中 PSD_z 表示原始 PSD,PSD_{zgh} 表示波面加汉宁窗后的 PSD。由此可以看出,在加汉宁窗二维 PSD 数值的计算中,只要将结果乘上常数 $64/9$,即可得到真实的 PSD 值。实际上,干涉检测的波面可以认为是无数个余弦函数的叠加,有

$$\iint\limits_{\text{band}} Z(\nu_x + \nu_{0x}, \nu_y)Z(\nu_x, \nu_y)\mathrm{d}\nu_x \mathrm{d}\nu_y = \iint\limits_{\text{band}} Z(\nu_x, \nu_y)Z(\nu_x, \nu_y)\mathrm{d}\nu_x \mathrm{d}\nu_y$$

$$(12-33)$$

又由于波面均方根 RMS 值与 PSD 有如下关系

$$\text{RMS}_{2D} = \sqrt{\iint \text{PSD}_{2D}(f_x, f_y)\mathrm{d}f_x \mathrm{d}f_y} = \sqrt{\sum\sum \text{PSD}_{2D}(m, n)/\Delta x \Delta y}$$

$$(12-34)$$

可以近似得到

$$\frac{\text{RMS}_{h\cdot z}}{\text{RMS}_z} = \sqrt{\left(\frac{1}{4}\right)^2 + 4\left(\frac{1}{8}\right)^2 + 4\left(\frac{1}{16}\right)^2} = \frac{3}{8} = 0.375 \qquad (12-35)$$

（5）多频波面添加汉宁窗 PSD 计算修正

在实际检测中，光学元件波面相位并非单一频率，因此有必要对多频波面添加汉宁窗计算 PSD 的修正因子进行推导。假设一维理想 PSD 表达式为

$$\text{PSD}_{\text{original}}(f) = A \cdot f^{-B} \tag{12-36}$$

所加窗函数表达式为

$$w(x) = C[1 - \cos(2\pi x)] \tag{12-37}$$

式中 C 为窗函数的系数。加窗后 PSD 可表示为

$$\text{PSD}_{\text{window}}(f) = \text{PSD}_{\text{original}}(f) \cdot |W(f)|^2 \tag{12-38}$$

式中 $W(f)$ 为窗函数的傅里叶变换形式，即

$$
\begin{aligned}
|W(f)|^2 &= C^2 \left| \delta(f) - \frac{1}{2}\delta(f-1) + \frac{1}{2}\delta(f+1) \right|^2 \\
&= C^2 \left[\delta(f) + \frac{1}{4}\delta(f-1) + \frac{1}{4}\delta(f+1) \right]
\end{aligned} \tag{12-39}
$$

则加窗后 PSD 可写为

$$
\begin{aligned}
\text{PSD}_{\text{window}}(f) &= Af^{-B} \cdot C^2 \left[\delta(f) + \frac{1}{4}\delta(f-1) \dotplus \frac{1}{4}\delta(f+1) \right] \\
&= C^2 A \left[\frac{1}{f^B} + \frac{1}{4(f-1)^B} + \frac{1}{4(f+1)^B} \right]
\end{aligned} \tag{12-40}
$$

加窗后 PSD 同原有理想 PSD 的比值为

$$\frac{\text{PSD}_{\text{window}}(f)}{\text{PSD}_{\text{original}}(f)} = C^2 + \frac{f^B}{6(f-1)^B} + \frac{f^B}{6(f+1)^B} \tag{12-41}$$

实际测量中，光学元件波面空间频率远大于汉宁窗的频率，假设汉宁窗空间频率为单位 1，则有 $f \gg 1$。结合公式 5-35，若要使加窗前后 PSD 值基本保持不变，则窗函数系数 $C^2 = 2/3$。同理，对于 2D PSD，窗函数系数需满足：$C = 2/3$。结合汉宁窗定义式可知，若要使加窗后 PSD 值保持不变，则需要乘以

$$\left(\frac{2}{3} \div \frac{1}{4} \right)^2 = \frac{64}{9} \tag{12-42}$$

该结果同单频情况下的公式相一致。

（6）误差方程滤波器

在计算特定空间频率区间的 PSD 或者 RMS 时，需要对傅里叶频谱进行滤波。直接采用边缘较为陡峭的滤波器会产生严重的吉布斯噪声，降低结果的信噪比，所以通常会

选取软边滤波器。可以采用如下的软边滤波器，由误差方程构建，其定义如下

$$F(f_x, f_y) = \begin{cases} 1 - \left\{ 0.5 \times \left[1 - \mathrm{erf}\left(20 \left| \dfrac{f}{f_L} - 1 \right| \right) \right] + 0.5 \times \left[1 - \mathrm{erf}\left(20 \left| \dfrac{f}{f_H} - 1 \right| \right) \right] \right\}, & f \in [f_L, f_H] \\[4mm] 0.5 \times \left[1 - \mathrm{erf}\left(20 \left| \dfrac{f}{f_L} - 1 \right| \right) \right] + 0.5 \times \left[1 - \mathrm{erf}\left(20 \left| \dfrac{f}{f_H} - 1 \right| \right) \right], & f \notin [f_L, f_H] \end{cases}$$

$$(12-43)$$

式中

$$f = \sqrt{f_x^2 + f_y^2} \tag{12-44}$$

其中 f_x、f_y 为 x、y 方向空间频率；f_L、f_H 为带通滤波器的下限及上限截止频率；erf 为误差函数，其定义式为

$$\mathrm{erf}(x) = \frac{2}{\sqrt{\pi}} \int_0^x \exp(-t^2) \mathrm{d}t \tag{12-45}$$

图 12-41 是误差函数分布以及中心截面图。可见滤波器在截止频率处是逐渐降低的，有利于降低吉布斯噪声的产生。图 12-42 给出了带通滤波后一维 PSD 曲线对比图，滤波频率区间为：$0.5~\mathrm{mm}^{-1} < f < 5~\mathrm{mm}^{-1}$。对比图 12-42(a)(b)可以看出，在带通滤波区间外的波面信息得到了有效的抑制，但在带通滤波区间内，PSD 曲线整体都有所下降，这是由于滤去某些频率成分所不可避免的。

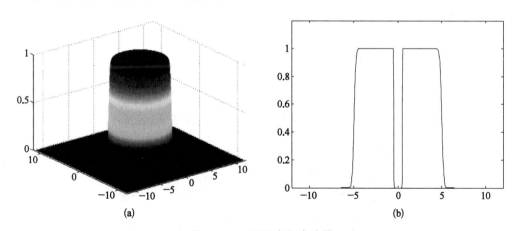

图 12-41　误差方程滤波器

(a) 三维图；(b) 截面图。

(7) 一维 PSD 坍陷

利用二维波面数据计算一维平均 PSD 曲线有两种方法：第一种方法，首先利用每一行(列)波面数据计算一维 PSD，然后对所有一维 PSD 曲线求平均；第二种方法是在任意

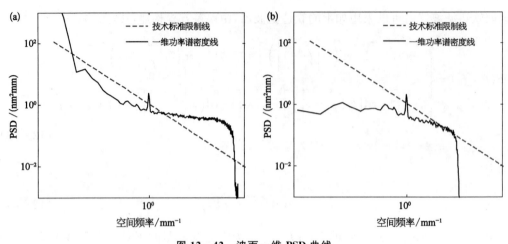

图 12 - 42　波面一维 PSD 曲线

(a) 滤波前；(b) 滤波后。

方向上对二维 PSD 进行拉东（Radon）变换[43]求取一维平均 PSD。也可称为 PSD 坍陷（PSD collapse），即是对二维 PSD 分布在不同角度上进行拉东变换得到的投影。它既利用了光学元件波面的所有有效数据，又沿袭了一维 PSD 简明直观的特点。它的表象和量纲与一维 PSD 一致，仍适用于 ISO10110 - 8 中描述的 PSD 函数模型来评价光学元件波面频谱特性。二维 PSD 的一维坍陷是利用离散拉东变换来完成的。这种操作通常用在 X 射线断层摄影术中，在 X 射线断层摄影术里利用几个投影从不同方向穿过二维图像来重构新的图像。可以对二维 PSD 在任意角度进行投影，然后沿着这些投影角对它们求和。这种方法的原理示意如图 12 - 43 所示。

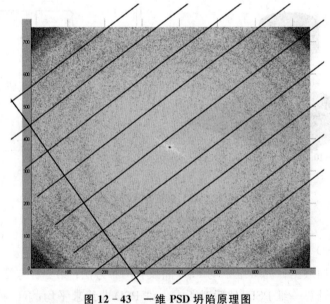

图 12 - 43　一维 PSD 坍陷原理图

具体计算方法如下：一个函数 $f(x, y)$ 的拉东变换是该函数沿包含该函数的平面内的一族直线的线积分，定义为

$$R[f(x, y)] = \iint f(x, y)\delta(t - x\cos\theta - y\sin\theta)\mathrm{d}x\mathrm{d}y = p_\theta(t) \qquad (12-46)$$

特征函数 δ 使积分沿直线 $t = x\cos\alpha + y\cos\alpha$ 进行。二维分布函数 $f(x, y)$ 沿一系列平行线（投影线）的积分就组成了 $p_\theta(t)$，所有的投影组成的集合 $\{p_\theta(t), \theta \in [0, \pi]\}$ 就是拉东变换。

假定光学元件位相的二维 PSD 分布为 $\mathrm{PSD}_{2D}(f_x, f_y)$，并假定从与图像水平频率轴成 α 角度的观测方向构造投影，且沿该投影角求和，得到一维 PSD 坍陷：

$$\mathrm{PSD}_{1D}(\theta, t) = \iint \mathrm{PSD}_{2D}(f_x, f_y)\delta(t - f_x\cos\theta - f_y\sin\theta)\mathrm{d}f_x\mathrm{d}f_y \qquad (12-47)$$

离散形式为

$$\mathrm{PSD}_{1D}(\theta, t) = \sum_M \sum_N \mathrm{PSD}_{2D}(m, n)\delta(t - m\cos\theta/L_x - n\sin\theta/L_y)\Delta f_x\Delta f_y$$
$$(12-48)$$

式中 t 为拉东变换后的空间频率，频率增量 $\Delta f_x = 1/L_x$，$\Delta f_y = 1/L_y$。当角度 θ 一定时公式 12-48 表示一维 PSD 关于 t 的一维分布曲线。因为公式 12-48 中的 δ 保证积分是沿着一条直线进行的，所以公式 12-48 中的二维积分实际上是一维积分，是直线 t 上的二维 PSD 的值与相应方向上的 Δf 乘积再求和。典型地，当 $\theta = 0$ 时，公式 12-48 变成

$$\mathrm{PSD}_{1D} = \sum_n \mathrm{PSD}_{2D}/L_y \qquad (12-49)$$

式中 $\Delta f_y = 1/L_y$，对于任意角度 θ，频率增量 Δf 为

$$\Delta f = \sqrt{\left(\frac{1}{L_x}\sin\theta\right)^2 + \left(\frac{1}{L_y}\cos\theta\right)^2} \qquad (12-50)$$

如图 12-44 所示，(a) 为一块空间主周期为 2 mm 的波纹样品相位图；(b) 为该样品不同方向一维 PSD 曲线。从 (b) 中可以看出，随着投影角度的改变，PSD 曲线尖峰对应的空间频率也随之改变。这种改变是 PSD 坍陷算法所固有的，因为一维 PSD 曲线只代表一个方向上的中频波面信息。在不同的投影角度上，波纹信息在该角度上的投影分量也不同，造成 PSD 尖峰高低以及对应空间频率发生变化。从 (b) 还可以看出，30° 投影角上对应的空间频率为 0.5 mm^{-1}，和空间条纹主周期相一致，而且 30° 正是条纹方向。因此要得到比较准确的 PSD 曲线，需要沿着条纹方向求取一维 PSD 坍陷。而且可以看出，在该方向上 PSD 曲线尖峰对应的空间频率，为各个角度下的最大值。

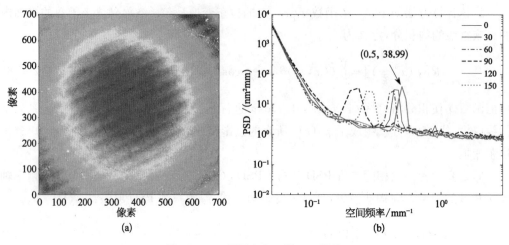

图 12 - 44　不同方向一维 PSD 坍陷

(a) 空间主周期 2 mm 波纹样品波面相位;(b) 不同方向一维 PSD 坍陷曲线。

(8) PSD 和波面孔径的关系

由二维和一维 PSD 的定义及计算公式可知,二维和一维 PSD 坍陷都会和测量孔径尺寸成比例。考虑两种不同面积的孔径,孔径 1 边长分别为 L_x、L_y,孔径 2 边长均为孔径 1 的一半,两个孔径采样间隔相同。对于一个特殊情况,定义单个频率波纹频谱为

$$\Phi_1 = \Phi_2 \tag{12-51}$$

则波面 PSD 为

$$\mathrm{PSD}_{2D,1} = |\Phi_1|^2 \cdot L_x \cdot L_y \tag{12-52}$$

$$\mathrm{PSD}_{2D,2} = |\Phi_2|^2 \cdot \frac{L_x}{2} \cdot \frac{L_y}{2} \tag{12-53}$$

所以

$$\max(\mathrm{PSD}_{2D,1}) = 4 \cdot \max(\mathrm{PSD}_{2D,2}) \tag{12-54}$$

$$\max(\mathrm{PSD}_{1D,1}) = 2 \cdot \max(\mathrm{PSD}_{1D,2}) \tag{12-55}$$

图 12 - 45 为理想的单频余弦条纹,其中白色方框中的部分,边长分别为原条纹面积的 1/2。分别求取全口径单频条纹及白框部分条纹的一维 PSD 曲线,结果由图 12 - 46 给出。可以看出,图 12 - 46(a)(b)中 PSD 曲线尖峰峰值结果约呈 2 倍关系,和公式 12 - 55 相符。

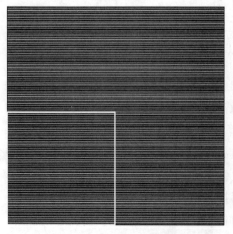

图 12 - 45　单频余弦条纹

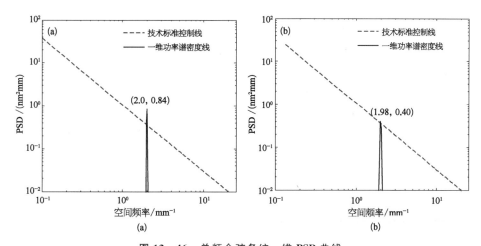

图 12 - 46　单频余弦条纹一维 PSD 曲线

(a) 面积为 $L_x \cdot L_y$；(b) 面积为 $(L_x/2) \cdot (L_y/2)$。

图 12 - 47 是空间主周期为 2 mm 的波纹样品相位图，黑色方框中为 1/4 面积部分。为了验证公式 12 - 55，同样地，分别求取全口径波纹样品及黑框部分条纹的一维 PSD 曲线，结果见图 12 - 48。可以看出，图 12 - 48 中(a)和(b) PSD 曲线尖峰峰值依然约呈 2 倍关系。

以上理论及模拟实验分析表明，不同孔径的光学元件，在采样间隔一致的情况下，即使波面畸变一致，得出的 PSD 也会存在差异，这会影响 PSD 对中频误差进行定量评估，因此利用 PSD 评估中频波面误差时，需要给出检测孔径及采样间隔，不然是无意义的。

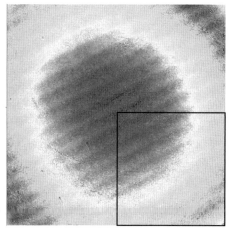

图 12 - 47　波纹样品相位图

由波面 PSD 和 RMS 之间关系

$$\mathrm{RMS}_{1D}(f_1 \rightarrow f_2) = \sqrt{\sum_{f_1}^{f_2} \mathrm{PSD}(f) \cdot \Delta f} \qquad (12 - 56)$$

其中 $\Delta f = 1/L$。可见 RMS 并不受检测孔径的影响。因此可以利用特定空间频率区间的 RMS 值对中频波面误差进行评估，以避免某些情况下元件孔径的影响。

(9) 波面误差功率谱密度函数的计算

基于上文的讨论，对波面误差功率谱密度函数的计算公式总结如下。

1) 二维波面误差功率谱密度函数的计算

二维波面误差功率谱密度函数由加窗矩阵 W 的傅里叶振幅计算得到，计算方法见式 12 - 57。

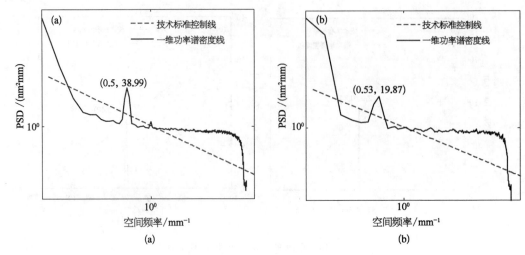

图 12-48　波纹样品一维 PSD 曲线

(a) 面积为 $L_x \times L_y$；(b) 面积为 $(L_x/2) \times (L_y/2)$。

$$\text{PSD}_{2D} = \frac{\Delta x^2 \Delta y^2}{L_x L_y} \mid \text{FFT}(W) \mid^2 \qquad (12-57)$$

式中：

PSD_{2D}—二维波面误差功率谱密度函数（$\text{nm}^2 \text{mm}^2$）；

Δx、Δy—波面误差行、列方向采样间隔（mm）；

FFT—对矩阵进行快速傅里叶变换；

L_x、L_y—波面误差行、列方向采样长度（mm）。

2）一维平均波面误差功率谱密度函数的计算

一维平均波面误差功率谱密度函数定义为二维波面误差功率谱密度函数沿给定方向所有采样线的平均值，计算方法见式 12-58。

$$\text{PSD}_{1D}^{\theta} = \frac{1}{\Delta x \sin^2 \theta + \Delta y \cos^2 \theta} \cdot \frac{\text{Radon}^{\theta}(\text{PSD}_{2D})}{\text{Radon}^{\theta}(\text{ONEs})} \qquad (12-58)$$

式中：

PSD_{1D}^{θ}—沿 θ 方向的一维平均波面误差功率谱密度函数（$\text{nm}^2 \text{mm}$）；

θ—给定方向与 PSD_{2D} 行方向的夹角，$\theta \in (0°, 90°) \bigcup (90°, 180°)$；

ONEs—与 PSD_{2D} 矩阵同等尺寸的全 1 矩阵；

Radon^{θ}—沿 θ 角度的拉东变换。

当给定角度 θ 等于 0°和 90°时，PSD_{1D}^{θ} 的计算见式 12-59 和式 12-60。

$$\text{PSD}_{1D}^{0°}(n) = \frac{1}{L_y} \sum_{m=1}^{M} \text{PSD}_{2D}(m, n) \qquad (12-59)$$

$$\mathrm{PSD}_{1\mathrm{D}}^{90^\circ}(m) = \frac{1}{L_x} \sum_{n=1}^{N} \mathrm{PSD}_{2\mathrm{D}}(m, n) \qquad (12-60)$$

式中：

$\mathrm{PSD}_{1\mathrm{D}}^{0^\circ}$—沿行方向一维平均波面误差功率谱密度函数（$\mathrm{nm}^2\mathrm{mm}$）；

$\mathrm{PSD}_{1\mathrm{D}}^{90^\circ}$—沿列方向一维平均波面误差功率谱密度函数（$\mathrm{nm}^2\mathrm{mm}$）。

3）因加窗口函数引入的振幅修正

对上节中计算的波面误差功率谱密度函数进行振幅修正，修正方法见式 12-61 和式 12-62。

$$\mathrm{PSD}_{2\mathrm{D-correct}} = \frac{64}{9} \mathrm{PSD}_{2\mathrm{D}} \qquad (12\quad61)$$

$$\mathrm{PSD}_{1\mathrm{D-correct}} = \frac{8}{3} \mathrm{PSD}_{1\mathrm{D}} \qquad (12-62)$$

式中：

$\mathrm{PSD}_{2\mathrm{D-correct}}$—修正后的二维波面误差功率谱密度函数（$\mathrm{nm}^2\mathrm{mm}^2$）；

$\mathrm{PSD}_{1\mathrm{D-correct}}$—修正后的一维波面误差功率谱密度函数（$\mathrm{nm}^2\mathrm{mm}$）。

4）频率范围修正

对波面误差功率谱密度函数计算结果进行频率范围修正，修正后的有效频率范围定义见式 5-63。

$$f_\theta \in \left[\frac{3}{L_\theta}, \frac{1}{4d_\theta} \right] \qquad (12-63)$$

式中：

f_θ—沿 θ 方向有效频率（mm^{-1}）；

L_θ—沿 θ 方向采样长度（mm）；

d_θ—沿 θ 方向采样间隔（mm）。

5）关于干涉仪传递函数影响 PSD 测量的讨论[44]

目前主要使用数字移相干涉仪检测光学元件波面误差，通过傅里叶变换获得 PSD 函数分布。由线性系统理论，干涉仪可等效为低通滤波系统；而一般商用干涉仪主要关注低频面形误差，因此在检测波面中高频误差时，会造成有用信息的丢失，导致 PSD 曲线上某些空间频率处的幅值出现偏差，从而影响光学元件质量的判断。在高功率激光系统中，元件中频波面误差 PSD 幅值和近场光束均匀性以及远场焦斑质量有着密切关系，是需要严格控制的质量参数。然而不同干涉仪的仪器传递函数（interferometer transfer function，ITF）存在差异，因此如何获得相对真实的 PSD 分布，是中频波面误差检测中主要关注的问题。有关 ITF 的定义及标定方法介绍如下。

对于一个线性时不变的系统，假设输入信号为 $i(x)$，由线性系统理论可知，输出结果

为输入信号和系统脉冲响应函数的卷积,即

$$o(x) = i(x) \bigotimes h(x) \qquad (12-64)$$

式中 $o(x)$ 为输出信号,$h(x)$ 为系统脉冲响应函数。对式 12-64 等式两边进行傅里叶变换,可得到频域中的对应关系

$$O(\nu) = I(\nu) \cdot H(\nu) \qquad (12-65)$$

其中 $I(\nu)$ 和 $O(\nu)$ 分别为输入和输出信号的傅里叶变换,$H(\nu)$ 为脉冲响应函数的傅里叶变换,即系统的传递函数。对于有限平均功率信号,由于截断效应,公式 12-65 并非精确成立,但随着取样长度 L 的增大,可近似认为有

$$O_L(\nu) \approx I_L(\nu) \cdot H(\nu) \qquad (12-66)$$

结合功率谱密度的定义

$$\mathrm{PSD}_{\mathrm{meas}}(\nu) = \frac{|O_L(\nu)|^2}{L} = |H(\nu)|^2 \cdot \frac{|I_L(\nu)|^2}{L} \qquad (12-67)$$
$$= |H(\nu)|^2 \cdot \mathrm{PSD}_{\mathrm{ideal}}(\nu)$$

式中 $\mathrm{PSD}_{\mathrm{meas}}$ 和 $\mathrm{PSD}_{\mathrm{ideal}}$ 分别表示实测和真实 PSD 分布。由以上关系式可以推导出传递函数定义,即

$$\mathrm{ITF}(\nu) = H(\nu) = \sqrt{\frac{\mathrm{PSD}_{\mathrm{meas}}(\nu)}{\mathrm{PSD}_{\mathrm{ideal}}(\nu)}} \qquad (12-68)$$

则真实 PSD 分布可由下式计算:

$$\mathrm{PSD}_{\mathrm{ideal}}(\nu) = \frac{\mathrm{PSD}_{\mathrm{meas}}(\nu)}{\mathrm{ITF}(\nu)^2} \qquad (12-69)$$

(10) 干涉仪的 ITF 及其标定

目前,用于检测大口径光学元件的干涉仪多使用相干光源,其光学系统可近似认为是相干光学系统。理论上说,相干光学系统为非线性系统,各频率分量相互交叠形成杂散谐波,对检测波面造成影响。所以在实际应用中,期望把干涉仪看作是线性系统,从而可以通过计算调制传递函数(modulation transfer function,MTF)来获得 ITF。De Groot 和 C. de Lega 的研究表明[45,46],当检测表面高度变化 $\ll \lambda/4$ 的元件波面时,光栅衍射能量主要被限制在 -1、0 和 +1 级中,这种情况下干涉仪可近似看作是线性系统。也就是说,当干涉仪检测具有任意深度的衍射结构工件(比如光栅)时,是非线性系统;如果在检测抛光工件表面,中高频波面误差振幅 <30 nm(比如 $<\lambda/20$),此时干涉仪可看作是线性系统,具有低通滤波特性。在测量空间周期处于毫米及亚毫米的中频波面畸变时,将会造成部分频率信息的丢失,即实测 PSD 分布相对于真实 PSD 分布,在不同的空间频

率处有不同的衰减。干涉仪的 ITF 与仪器本身的光学系统、CCD 阵列、信号处理以及软件算法等因素有关。分别计算各个部分对干涉仪 ITF 的影响,在实际操作中是比较困难的。由式 12-69,通常利用相位已知的高精度台阶相位板,以实验的方法对干涉仪中高频部分的响应进行标定,通过比较 PSD_{measu} 分布与 PSD_{ideal} 分布的差异来求取 ITF[47-50]。具体思路为:设计加工出包含丰富频率成分的光学元件样品,并且其频率谱是已知的,比如标准台阶相位板(台阶高度满足 $<\lambda/20$ 的要求)。然后利用待标定的干涉仪检测台阶相位板波面相位,根据式 12-69 求取 PSD_{measu} 和 PSD_{ideal} 比值,即可得到仪器传递函数。

标准台阶相位板的功率谱密度分布形式相对比较简单,和空间频率呈 $1/f^2$ 的关系。假设一标准台阶相位板高度为 H,检测时采样长度为 L,采样点数为 N,采样间隔为 D,则该标准台阶相位板波面功率谱密度可写为

$$PSD(f_m) = \frac{2D}{N} \cdot \frac{W}{\sin^2(\pi D f_m)} \cdot H^2 \qquad (12-70)$$

式中 $f_m = m/ND$,为 m 阶谐波频率。W 是由窗口函数决定的数值修正因子。由公式 12-70 可以看出,功率谱密度和空间频率并非简单的反平方比的关系。假设采样点数取得很大,采样间隔很小,保持总的长度 $L = ND$ 不变,那么公式 12-70 可近似为

$$PSD(f_m) = \frac{2}{L} \cdot W \cdot H^2 \frac{1}{f_m^2} \qquad (12-71)$$

从上式可以看出,PSD 的值和采样长度 L 存在关系,即不同的采样长度将会得到不同的 PSD 值,但 PSD 曲线的整体形状不会改变。为了消除采样长度对 PSD 的影响,可以将每点的 PSD 乘以 L 进行归一化。这样,$PSD(f_m) \cdot L$ 仅仅和台阶高度平方成正比,和空间频率平方成反比。

使用标准台阶相位板标定干涉仪是一种简单有效的方法,但难点在于加工精度方面。目前国内用于标定干涉仪的台阶高度均在百纳米左右,高度 $<\lambda/20$ 的台阶相位板尚未见有报道。除了标准台阶相位板,还可以使用高精度光栅对干涉仪进行标定,基于文献[45]的讨论,周期性光栅的缺点是明显的。

(11) 检测 PSD 的常用仪器

目前常用对 PSD 进行测量的仪器有菲索干涉仪和光学轮廓仪,干涉仪主要测试 PSD1,光学轮廓仪主要测试 PSD2。由于 4D AccuFiz 100HS 和 ZYGO DynaFiz 光学分辨率大大提升,这两类仪器可以达到 PSD2 空间频段的测试要求。需要注意的是菲索干涉仪符合相干成像系统的特性,其 MTF 是一个至频率处截止的矩形,光学轮廓仪符合非相干成像系统的特性[45],其 MTF 是在截止频率附近逐渐衰减的曲线(见图 12-49)。文献[46]给出了使用 640-480 相机的 ZYGO GPI 干涉仪(相干成像系统)的理论 ITF 曲线和实测 ITF 曲线(见图 12-50)。同时也给出了光学轮廓仪(非相干成像系统)在不同倍率下的典型 ITF 曲线(见图 12-51)[46]。

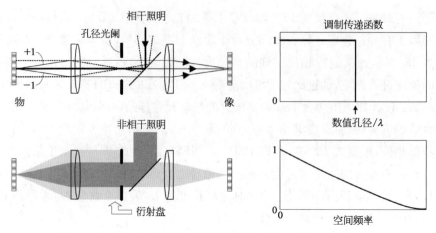

图 12－49　相干与非相干成像系统（左）及其响应 MTF 曲线（右）

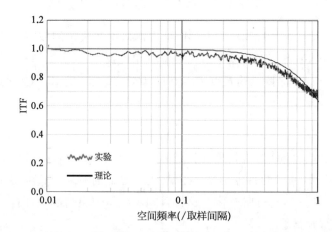

图 12－50　640－480 相机的 ZYGO GPI 干涉仪（相干成像系统）的
理论 ITF 曲线和实测 ITF 曲线

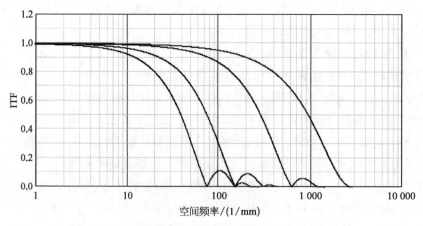

图 12－51　光学轮廓仪不同倍率显微镜的典型 ITF 曲线

4D AccuFiz 有 2 400×2 400 的高分辨率。ZYGO DynaFiz 可以实现 1.0×、1.7×、3.0×三个固定倍率的变焦(Zoom),3.0×Zoom 有极高的分辨率。上述两台高分辨率干涉仪与普通 ZYGO GPI 干涉仪比较的相关参数由表 12 - 14 给出。图 12 - 52 为 4D AccuFiz 和 ZYGO DynaFiz 干涉仪的 ITF 曲线[44,46]。其中 4D AccuFiz 干涉仪 ITF 曲线是利用 ZYGO 公司 ϕ100 mm 标准台阶阵列相位板,在实验室实测环境中标定得出的。

表 12 - 14　几台菲索干涉仪相关参数

干 涉 仪 型 号	测试口径/mm	CCD 像素尺寸长度/mm	取 样 间 隔/mm
4D AccuFiz 100HS	ϕ100	2 400×2 400	0.043
ZYGO DynaFiz 1.0×	ϕ100	1 200×1 200	0.092
ZYGO DynaFiz 1.7×	ϕ58	1 200×1 200	0.054
ZYGO DynaFiz 3.0×	ϕ33	1 200×1 200	0.031
ZYGO GPI	ϕ100	640×480	0.237

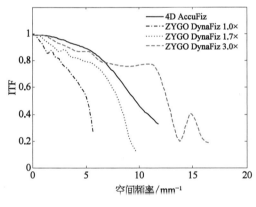

图 12 - 52　4D AccuFiz 和 ZYGO DynaFiz
干涉仪传递函数曲线

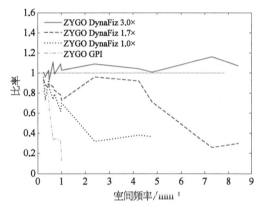

图 12 - 53　三台干涉仪响应度对比

从样品波面误差 PSD 实测结果可以看出,表 12 - 14 中三台干涉仪对 PSD 的响应存在差异,尤其是在高频域(空间波长范围<2 mm),空间频率越大,响应差别也越大[47]。为了更直观地进行对比,鉴于 4D AccuFiz 干涉仪的 ITF 是在实际检测环境中标定得出的,因此以 4D AccuFiz 干涉仪检测结果为基准,分别利用 ZYGO DynaFiz 和 ZYGO GPI 干涉仪测得的 PSD 曲线各尖峰峰值同 4D AccuFiz 干涉仪检测结果作比值,结果如图 12 - 53 所示。从图中可以看出,相对于 4D AccuFiz 干涉仪,ZYGO DynaFiz 干涉仪三个 Zoom 倍率在各频段的响应规律和图 12 - 52 中 ITF 的变化趋势相一致。4D AccuFiz 和 ZYGO DynaFiz 3.0×在中低频段响应度相差不大,但在高频段,后者具有更高的响应度。可见,随着干涉仪分辨率的提高,PSD 响应度也提高。ZYGO GPI 和 ZYGO DynaFiz 1.0×干涉仪的响应曲线随着空间频率的增大迅速降低,二者对中高频波面误差

检测的失真较大,需要对测量值进行修正。

(12) 测量误差及影响因素分析

利用干涉仪检测光学元件波面误差 PSD 分布,结果真实性除了受干涉仪自身低通滤波特性的影响,还有其他很多影响因素。除去温度、振动以及洁净度等环境因素的影响,还存在一些操作方面的因素。如光学元件的放置形式、装夹方式、被测件前后表面自身条纹以及是否离焦等。光学元件倾斜及不恰当的装夹产生低频误差,而自身条纹将会引入高频调制[47]。

在众多影响因素中,离焦是中频波面误差检测中常被忽略也是影响比较严重的。关于离焦的影响,P. Z. Takacs[48] 和 E. Novak[51] 曾做过详细的实验和理论分析。我们也曾做过类似实验,实验结果如图 12-54 所示。图 12-54(a)是利用 ZYGO DynaFiz 1.0×干涉仪,在离开干涉仪成像面的不同位置(离焦程度)下测得的中频波纹样品 PSD 曲线,横坐标为被测平面位置偏离原点的步长,原点为干涉仪成像面位置。可以看出在不同离焦情况下,空间频率为 0.5 mm^{-1} 处 PSD 峰值比较一致,空间频率为 1 mm^{-1} 处出现明显差异。图 12-54(b)中为 1 mm^{-1} PSD 峰值随离焦程度变化的曲线,可见随着离焦程度的增大,PSD 高频段响应逐渐降低[47]。

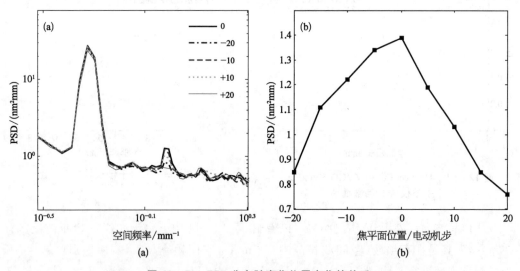

图 12-54 PSD 分布随离焦位置变化的关系

(a) 不同离焦位置 PSD 曲线;(b) 空间周期 1 mm^{-1} 处不同离焦位置 PSD 峰值。

因此在实际检测中,为了得到相对真实的 PSD 分布,要尽量减小这些因素的影响。

12.5.4 案例

12.5.4.1 大偏振片波面误差测量

透反偏振片主放大器是重要的光学元件,长宽比>2,干涉仪测量时大偏振片需要布鲁斯特角放置(见图 12 – 55)。一般反射波面误差和透过误差要求 $PV<\lambda/3$($\lambda=632.8$ nm)、$GRMS\leqslant1/75\ \lambda/cm$($\lambda=632.8$ nm)(空间频率 $\upsilon\leqslant0.033$ mm^{-1}),中频波纹要求 $RMS(PSD1)\leqslant1.8$ nm、PSD1 曲线在限制线 $1.0\times\upsilon^{-1.55}$(空间频率 $\upsilon\in[0.033\quad0.400]mm^{-1}$),$RMS(PSD2)\leqslant1.1$ nm、PSD2 曲线在限制线 $1.0\times\upsilon^{-1.55}$(空间频率 $\upsilon\in[0.400\quad8.333]\ mm^{-1}$),表面粗糙度要求 $RMS\leqslant1.0$ nm(空间频率 $\upsilon<8.333$ mm^{-1})。

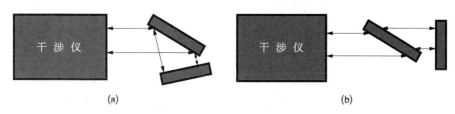

图 12 – 55　干涉仪检测大透反偏振片示意图

(a) 反射波面误差检测光路;(b) 透过波面误差检测光路。

　　空间频率 $\upsilon\geqslant0.4$ mm^{-1} 的波面误差数据通过大口径干涉仪测量,空间频率 $\upsilon\in[0.400\quad8.333]\ mm^{-1}$ 的波面误差数据通过小口径干涉仪测量,空间频率 $\upsilon<8.333$ mm^{-1} 的波面误差数据(表面粗糙度)通过光学轮廓仪(显微干涉仪)测量。数据处理方法如下:PV、GRMS 为 $\upsilon\leqslant0.033$ mm^{-1} 低通滤波的结果,PSD1 为空间频率 $\upsilon\in[0.033\quad0.400]\ mm^{-1}$ 带通滤波结果、PSD2(空间频率 $\upsilon\in[0.400\quad8.333]\ mm^{-1}$ 带通滤波)和表面粗糙度 R_q(空间频率 $\upsilon<8.333$ mm^{-1} 带通滤波)取采样点(采样 9 个点)的平均值。表 12 – 15 列出了一透反偏振片的实测数据,图 12 – 56 给出了干涉仪实测数据各空间频段分析技术指标与分布。

表 12 – 15　一透反偏振片实测数据

元件编号	PV ($\lambda=632.8$ nm)		GRMS (λ/cm, $\lambda=632.8$ nm)		PSD1 /nm		面形 PSD2 /nm		表面粗糙度 R_q /nm	
	反射	透射	反射	透射	反射	透射	A 面	B 面	A 面	B 面
TRPP09	0.276	0.245	0.014 36	0.006 08	1.6	1.4	0.54	1.00	0.43	0.54

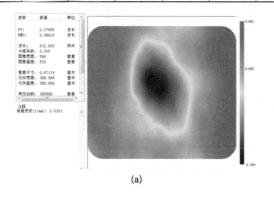

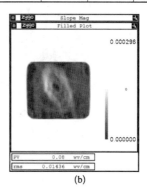

(a)　　　　　　　　　　　　　　　　　(b)

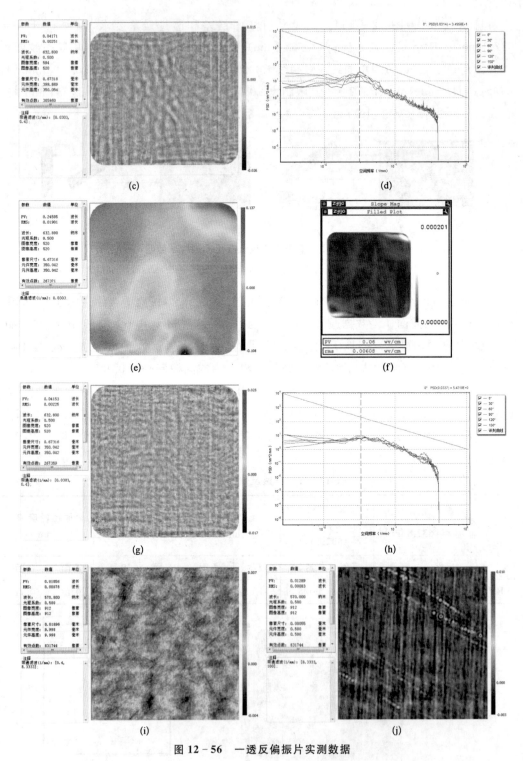

图 12 - 56　一透反偏振片实测数据

（a）反射 PV；（b）反射 GRMS1；（c）反射 PSD1；（d）反射 PSD1 塌陷曲线；（e）透射 PV；（f）透射 GRMS1；（g）透射 PSD1；（h）透射 PSD1 塌陷曲线；（i）PSD2 典型采样区域；（j）表面粗糙度 R_q 典型采样区域。

12.5.4.2　楔形透镜波面误差测量

1. 楔形透镜加工关键技术参数与测量要求分析

楔形透镜是神光Ⅱ升级装置的靶镜,楔形透镜在加工过程中最需要关注的技术参数主要是透镜的楔角误差和透过波面误差大小。其中,楔角误差和塔差需要控制在 $10''$ 之内,透镜的透过波面误差 PV 值应优于 $\lambda/3$($\lambda = 632.8$ nm)。针对磁流体加工工艺,中频波纹 PSD 曲线符合 PSD1 和 PSD2 限制线要求。

楔形透镜楔角的误差主要有两个来源:第一,楔形板初始加工(两个面均为平面)时存在的楔角误差;第二,直角面开球面后,球面偏心间接引起的楔角偏差。球面偏心取不同数值时,等效的平面楔板角度变化量如表 12 - 16 所示。由于楔角最终的误差量需要控制在 $10''$ 以内,考虑到开球面前,两个平面之间的夹角已经有了一定的误差量,因此,透镜的面偏心最好控制在 0.02 mm 之内。

表 12 - 16　面偏心与等效角度变化量对应关系

面偏心量 /mm	0.02	0.03	0.05
等效角度变化量 /($''$)	4	6	10

波面误差包括低频波面误差和中频波面误差。测量低频波面误差时,要求楔形透镜中心光轴和干涉仪光轴的子午面与弧矢面偏差≤$10''$满足时,低频波面误差 PV 值优于 $\lambda/3$($\lambda = 632.8$ nm)。由于磁流体加工间距一般为 1 mm 和 2 mm,易形成 1 mm 或 2 mm 的中频波纹,从图 12 - 50、图 12 - 52 的常用干涉仪 ITF 曲线来看,此空间波长范围需要考虑干涉仪 ITF 的影响。

2. 楔形检测方法简述

楔形透镜的使用波长是 351 nm,而检测波长为 632.8 nm。波长改变时,会发生两个变化:① 平行光注入平凸透镜后,波像差会增大(增大至大于 10λ);② 平行光通过楔形板时,光束方向会发生改变。因此,补偿检测需要同时对波像差与光束方向加以考虑。

对于第一个问题,可以通过 1~2 片正光焦度的补偿透镜来校正像差,如图 12 - 57 所示。

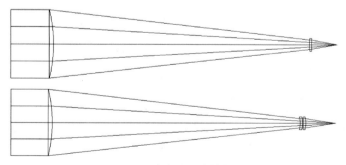

图 12 - 57　波像差补偿检测光路

对于第二个问题,当采用 351 nm 波长时,经过楔形镜后光轴偏折角度为 5.501 7°;当采用 632.8 nm 的检测波长时,该偏折角度变为 5.269 6°。检测时可以依据该角度进行反射平面镜方向的调整。

透过波前检测方案可细化为如下步骤:

A. 通过特定的工装夹具,将楔形透镜与楔形补偿镜贴合在一起,将该组件放置在表面平整的载物台上。一种调整方式是在组件后方放置一台 He-Ne 激光器,定好该组件的光轴,该光轴将作为后续调试的基准。然后分别将补偿透镜与动态干涉仪置入光路,并使其光轴与基准光轴重合,如图 12-58 所示。在该步骤中,楔形透镜与楔形补偿镜组件是固定的,动态干涉仪与补偿透镜放置在五维调整架上。其实在平行光束照明下,楔形补偿镜贴合面会和被测楔形透镜平面贴合面形成干涉,观测并调整此干涉条纹至接近零场,可准直楔形透镜与光轴重合。

图 12-58　波像差检测光路——第一步

B. 撤去楔形补偿镜,在光路后方置入平面反射镜,反射镜的偏转角度预先按照偏折角度理论值进行粗调。然后取下动态干涉仪的球面镜头,利用干涉仪自身输出的小口径平行光束作为光轴基准,对反射镜的两维角度进行细调。最后,安装球面镜头,根据干涉条纹对反射镜角度进行精细调整,完成测试,如图 12-59 所示。

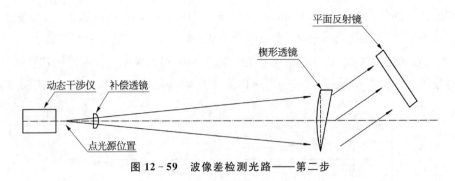

图 12-59　波像差检测光路——第二步

透过波前检测过程中,需要配备以下调整机构:两个五维调整架(用于放置 4D 动态干涉仪及补偿透镜)、表面平整的载物台(用于放置楔形透镜)、两维角度调整架(用于支撑平面反射镜)、一套精密测角仪(用于测量与控制平面反射镜与楔形透镜的角度)。

当然,实际检测过程需要控制的细节复杂得多,图 12-60 是一种楔形透镜检测光路示意图[52]。在这检测光路中楔角与塔差计算,分别描述如下。

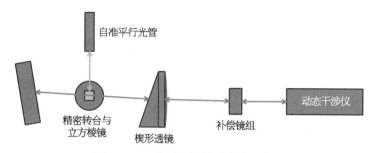

图 12 - 60　楔形透镜检测光路示意图

（1）楔角的计算

如图 12 - 61 所示,沿平行于精密转台旋转轴的视线观测,AB 是楔形透镜后平面,CD 是标准反射镜平面,BD 为折射光线,O 为精密转台的旋转轴位置,PO 为自准直平行光管的光轴。旋转精密转台使反射镜同时与楔形透镜和自准直平行光管准直,则 $OA \perp AB$;沿 O 作小反射镜的法线 HO,由反射定律可知,$\angle POH = \angle AOH$。旋转精密转台使小反射镜同时与标准反射镜和自准直平行光管准直,则 $OC \perp CD$;沿 O 作小反射镜的法线 $H'O$,由反射定律可知,$\angle POH' = \angle COH'$。$\angle HOH'$ 由精密转台读数得到。沿 B 点作线 AB 的法线 QB,$QB \parallel OA$。BD 是楔形透镜的折射光线,同时也是标准反射镜按原光路返回的反射光线,因此 $BD \perp CD$,则可得 $BD \parallel OC$。沿 AO 作延长线到

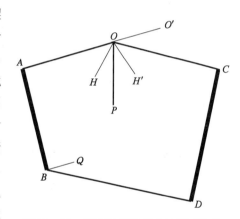

图 12 - 61　楔形透镜折射角计算示意图

O',$BQ \parallel AO'$,则折射角 $\angle QBD = \angle O'OC$,因此按公式 12 - 72 可计算折射角 $\angle QBD$:

$$\angle QBD = 180° - \angle OAC = 180° - 2\angle HOH' \qquad (12-72)$$

根据折射定律,图 12 - 62 中入射角 $\angle RBQ'$ 可由折射角 $\angle QBD$ 计算:

$$n \cdot \sin(\angle RBQ') = \sin(\angle QBD) \qquad (12-73)$$

其中 n 为楔形透镜材料折射率。

如图 12 - 62 所示,RB 为沿光轴从楔形透镜非球面顶点入射的光线,此光线与楔形透镜非球面弦线的交点为 R。在 B 点作法线 QQ',Q' 为此法线与楔形透镜非球面弦线的交点。沿楔形透镜后平面延长线与其非球面弦线延长线相交于 A' 点,$\angle A'$ 即为楔角。

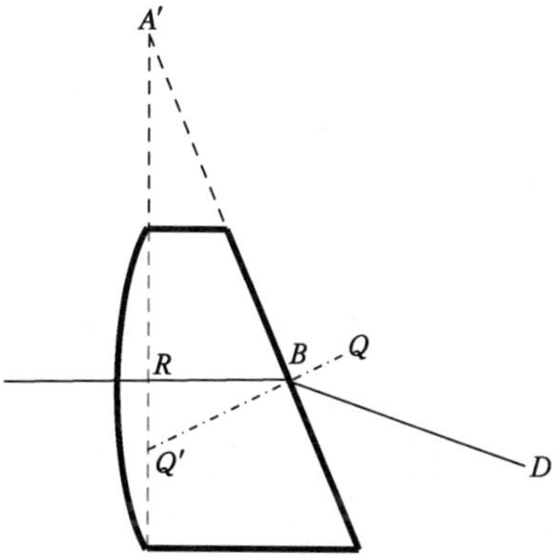

图 12 - 62　折射角计算楔形透镜示意图

从图 12-62 的几何关系很容易得到 $\triangle A'BQ' \cong \triangle RBQ'$，因此楔角 $\angle A'$ 与楔形透镜后平面的入射角 $\angle RBQ'$ 相等：

$$楔角\ \angle A = \angle RBQ' \tag{12-74}$$

（2）塔差的计算

如图 12-63 所示，经过理想楔形透镜非球面顶点光线的光轴为 OO'，沿同时垂直于理想入射光轴 OO' 和楔形透镜理想楔角平面（与楔形透镜理想非球面的弦截面和后平面同时垂直的平面，即垂直于图 12-62 投影面的投影面）的视线观测，由于楔形透镜非球面顶点相对理想位置 A 偏转到 A'，入射光轴从 OO' 偏转到 PP'。此时折射光线也从理想光线 BD 偏转到 BD'。旋转精密转台上的小反射镜使其同时与楔形透镜后平面和自准直平行光管准直，当楔形透镜有塔差存在时，反射光线光轴从 QQ' 偏转到 RR'，在自准直平行光管的观测视场内，光点也随之从理想位置 S 偏转到 S'。从 S' 到 S 的偏离量可计算出偏转角 $\angle D'BO'$。根据折射定律，$n \cdot \sin(\angle PBO) = \sin(\angle D'BO')$（其中 n 为折射率）。由图 12-63 的几何关系可知，塔差 $= \angle PBO$。

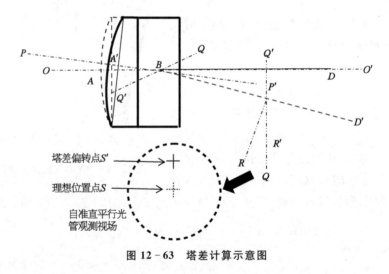

图 12-63 塔差计算示意图

楔形透镜如按一般光学元件的低频波面误差技术要求，除了 PV 值要求，当然还有 GRMS 要求，但是楔形透镜测试光路较长，振动引起的检测光路中各部件相对位置移动大，受气流扰动大，计算得到的 GRMS 值并不可信。如何解决气流和振动的问题需要进一步考虑。

楔形透镜磁流体加工引入的中频波纹无疑会造成装置内光学元件的破坏，测试其中频波纹是必要的。但一般球面干涉仪全口径检测楔形透镜时，无法分辨 1 mm 左右的波纹，因此使用适当 F/N 的标准球面镜头构建如图 12-59 的补偿光路，将全口径光束更换为子孔径光束，提升干涉仪的空间分辨率，如此测量楔形透镜中频波纹是可行的方法。需要注意的是，实测 1 mm 左右的波纹幅度受干涉仪 ITF 衰减。事实上，干涉仪球面镜头猫眼位置满足齐明点要求，如使楔形透镜和补偿镜组合系统符合正弦条件，则是较为理想的状态，可以避免像差引入的传递函数影响 1 mm 左右波纹幅度的准确测量。图 12 – 64 是一实测加工过程中的楔形透镜中频波纹 PSD 曲线,可以看出干涉仪加上合适的补偿系统后,对 PSD1、PSD2 空间频段的响应还是比较充分的(截止频率处的峰是测量引入的噪声)。

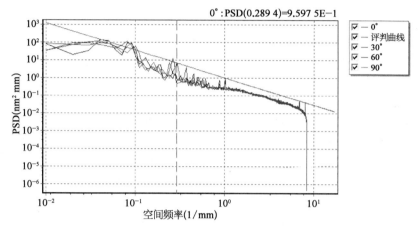

图 12 – 64　楔形透镜中频波纹 PSD 曲线(彩图见图版第 58 页)

评判曲线为 $1.0 \times$ 空间频率$^{-1.55}$。

参考文献

[1]　GB/T 13323 – 2009.光学制图[S].中国国家标准化管理委员会,2009 – 11 – 15.

[2]　ISO 10110 – 1:2006. Optics and photonics – Preparation of drawings for optical elements and systems — Part 1:General[S]. ISO,2006 – 07.

[3]　ISO 10110 – 2:1996. Optics and optical instruments — Preparation of drawings for optical elements and systems — Part 2:Material imperfections — Stress birefringence[S]. ISO,1996 – 03.

[4]　GB/T 7661 – 2000.光学零件气泡度[S].中国国家标准化管理委员会,2009 – 11 – 15.

[5]　ISO 10110 – 3:1996. Optics and optical instruments — Preparation of drawings for optical elements and systems — Part 3:Material imperfections — Bubbles and inclusions[S]. ISO, 1996 – 03.

[6]　ISO 10110 – 4:1997. Optics and optical instruments — Preparation of drawings for optical elements and systems — Part 4:Material imperfections — Inhomogeneity and striae[S]. ISO, 1997 – 08.

[7]　GB/T 2831 – 2009.光学零件的面形偏差[S].中国国家标准化管理委员会,2009 – 11 – 15.

[8]　ISO 10110 – 5:2007. Optics and photonics — Preparation of drawings for optical elements and systems — Part 5:Surface form tolerances[S]. ISO,2007 – 08.

[9]　GB/T 7242 – 2010.透镜中心偏差[S].中国国家标准化管理委员会,2009 – 11 – 15.

[10]　ISO 10110 – 6:2015. Optics and photonics — Preparation of drawings for optical elements and systems — Part 6:Centring tolerances[S]. ISO,2015 – 08.

[11]　GB/T 1185 – 2006.光学零件表面疵病[S].中国国家标准化管理委员会,2009 – 11 – 15.

[12] ISO 10110 – 7: 2017. Optics and photonics — Preparation of drawings for optical elements and systems — Part 7: Surface imperfections[S]. ISO, 2017 – 08.

[13] ISO 10110 – 8: 2010. Optics and photonics — Preparation of drawings for optical elements and systems — Part 8: Surface texture, roughness and waviness[S]. ISO, 2010 – 10.

[14] ISO 10110 – 9: 1996. Optics and optical instruments — Preparation of drawings for optical elements and systems — Part 9: Surface treatment and coating[S]. ISO, 1996 – 03.

[15] ISO 10110 – 12: 2007. Optics and photonics — Preparation of drawings for optical elements and systems — Part 12: Aspheric surfaces[S]. ISO, 2007 – 09.

[16] ISO 10110 – 17: 2004. Optics and photonics — Preparation of drawings for optical elements and systems — Part 17: Laser irradiation damage threshold[S]. ISO, 2004 – 03.

[17] ISO 10110 – 14: 2007. Optics and photonics — Preparation of drawings for optical elements and systems — Part 14: Wavefront deformation tolerance[S]. ISO, 2007 – 09.

[18] Wang D Y, English R E Jr, Aikens D M. Implementation of ISO 10110 optica drawing standards for the national ignition facility. SPIE, 3782: 502 – 508.

[19] MIL – PRF – 13830B. Performance specification — Optical components for fire control instruments[S]. US ARDEC, 1997 – 01 – 09.

[20] ISO 14997: 2017. Optics and photonics — Test methods for surface imperfections of optical elements[S]. ISO, 2017 – 08.

[21] English R E, Laumann C W, Miller J L, et al. Optical system design of the National Ignition Facility[J]. Proc SPIE, 1998, 3482.

[22] English R E. National Ignition Facility Sub System Design Requirements Optics Subsystem. UCRL – 1D – 126989.

[23] Larson D W, et al. National Ignition Facility System Design Requirements Laser System SDR002. UCRL – 1D – 126998.

[24] Aikens D M, English R E, House W, et al. Surface figure and roughness tolerances for NIF optics and the interpretation of the gradient, P-V wavefront, and RMS specifications [J]. Proceedings of SPIE – The International Society for Optical Engineering, 1999, 3782 (1): 510 – 517.

[25] Auerbach J M, Cotton C T, English R E, et al. NIF optical specifications: the importance of the RMS gradient[J]. Proceedings of SPIE – The International Society for Optical Engineering, 1999, 3492: 336 – 343.

[26] Williams W, et al. NIF optics phase gradient specification. UCRL – ID – 127297.

[27] Lawson J K, et al. Optical specifications — their role in the National Ignition Facility. UCRL – JC – 137699.

[28] Campbell J H, et al. Special issue: Optics technology for the National Ignition Facility. ICF Quarter Report, Jan-March 1999, 9(2).

[29] Spaeth, M. L. National Ignition Facility wavefront requirements and optical architecture[J]. Optical Engineering, 2004, 43(12): 25 – 42.

［30］ Campbell J H, et al. NIF optical materials and fabrication technologies: an overview[J]. SPIE, 5341: 84 - 101.

［31］ 李士贤,李林.光学设计手册.北京：北京理工大学出版社,1996.

［32］ Baisden P A, Atherton L J, Hawley R A, et al. Large optics for the National Ignition Facility[J]. Fusion Science & Technology, 2016, 69(1): 295 - 351.

［33］ Yoshizawa T.光学计量手册——原理和应用.苏俊宏,等,译.北京：国防工业出版社,2015：359.

［34］ Stover J C. Optical scattering: Measurement and analysis: 3rd ed. SPIE, 2012: 115.

［35］ 马拉卡拉.光学车间检验.杨力,伍凡,等,译.北京：机械工业出版社,2012：22.

［36］ GJB 8153 - 2013.大口径平面光学元件面形测量方法——斐索干涉法[S].CN - GJB - Z, 2013 - 07 - 10.

［37］ ZYGO 公司.MetroPro 应用软件技术手册: Polished Homogeneity. OMP - 0386B, 2005.

［38］ ZYGO 公司.MetroPro 应用软件技术手册: MST PSurf & MST PHom. OMP - 0486A, 2005.

［39］ GJB9563 - 2018.球面光学元件波面误差斐索干涉检测法[S].CN - GJB - Z, 2019 - 03 - 01.

［40］ 李晓彤,岑兆丰.几何光学·像差·光学设计.杭州：浙江大学出版社,2014.

［41］ Williams W H. NIF large optics Metrology software: Description and algorithms. UCRL - MA - 137950.

［42］ ZWB. 光学元件波面误差检测方法——干涉法[S].未正式发表.

［43］ Galigekere, Ramesh R. Moment patterns in the Radon space: Invariance to blur[J]. Optical Engineering, 2006, 45(7): 077003.

［44］ 杨相会,沈卫星,张雪洁,等.不同干涉仪检测光学元件功率谱密度的比较[J].中国激光,2016,043 (009): 112 - 119.

［45］ Groot P D, Lega X C D. Interpreting interferometric height measurements using the instrument transfer function[C]. International Workshop on Advanced Optical Metrology, 2011, 8126(1): 50 - 58.

［47］ Church E L, Vorburger T V, Wyant J C. Direct comparison of mechanical and optical measurements of the finish of precision machined optical surfaces[J]. Proceedings of SPIE- The International Society for Optical Engineering, 1984, 24(3): 388 - 395.

［48］ Takacs P Z, Li M X O, Furenlid K, et al. A step-height standard for surface profiler calibration [J]. Quality and Reliability for Optical Systems, 1993: 65 - 74.

［49］ Wolfe C R, Downie J D, Lawson J K. Measuring the spatial frequency transfer function of phase-measuring interferometers for laser optics[J]. Proceedings of SPIE - The International Society for Optical Engineering, 1996, 2870: 553 - 557.

［50］ 张蓉竹,许乔,顾元元,等.大口径光学元件检测中的主要误差及其影响[J].强激光与粒子束, 2001,13(2): 133 - 136.

［51］ Novak E, Ai C, Wyant J C. Transfer function characterization of laser Fizeau interferometer for high-spatial-frequency phase measurements[J]. Proc SPIE, 1997, 3134(3134): 114 - 121.

［52］ 邵平,居玲洁,沈卫星,等.楔形透镜的检测装置和检测方法.中国专利：CN103308281 B[P], 2015 - 07 - 29.

第13章
新型光场测量技术及应用

国内外高功率激光驱动器输出性能及高能量密度物理研究需求的不断提升，对光束质量提出了更加严苛的要求。现有检测技术难以满足高光束质量所需的复振幅、高分辨、高动态的测量要求，发展完整表述光束质量的新型光场测量技术迫在眉睫。自2011年起，针对高功率激光脉冲复合光场在线测量难题，提出了以波前编码分束成像为核心的新型光场测量技术，研制出具有自主知识产权的测量仪器，并成功应用于高功率激光装置的在线测量。将围绕光场测量中新原理提出、核心理论体系建立、测量仪器研制和推广应用等方面展开讨论。

§13.1 高功率激光驱动器光场在线测量概述

高功率激光装置是高能密度物理、实验天体物理以及激光与物质相互作用等诸多前沿领域的重要研究平台，是各国竞相发展的尖端技术。激光输出功率和光束质量是衡量高功率激光装置性能的两个最重要参数，二者相互制约并共同决定各类物理实验的最终效果。近年来，强激光装置的输出功率迅速提高，纳秒激光单脉冲能量已经突破10 000焦（1 053 nm），皮秒激光单脉冲输出已达到拍瓦级，对几个拍瓦的飞秒激光也已开展实验研究并取得重大进展。不断提升的光束功率对光束质量提出了愈来愈高的要求，如何在高功率条件下保持良好的光束质量，成为强激光技术下一个研究重点。只有保持良好的光束质量才能实现小焦斑聚焦，有效提高焦斑的功率密度，保证物理实验的成功率；同时也只有保持良好的光束质量，才能降低局域亮斑的出现概率并减少激光损伤的发生，保证装置平稳安全地运行。

皮秒和纳秒激光系统一般由数百个大口径光学元件组成，透射光学介质的总长度达2 m以上，结构非常复杂。受材料均匀性、光学元件加工质量、温度梯度、气流和动态泵浦等诸多因素的影响，激光束容易由于衍射、干涉及非线性等物理效应而产生近场强度调制和远场焦斑弥散，不仅大幅度降低焦斑功率密度，而且可使光束成丝而对光学元件造成灾难性破坏[1]。为了获得良好的光束质量，高功率激光装置需有专用的测量和控制系统对激光束进行在线监测和动态补偿。由于噪声源的复杂性和动态性，激光束的强度调制和波前畸变无法提前预测,监测系统需要实时监控整个装置的运行状态,并准确提供光束指向性、均匀度和能量聚集度等参数,以实现对装置的整体性能分析和数字化反馈,光束在线监测系统对高功率激光装置至关重要。目前的测量方法是在有限几个监测点上对光束近场和远场的强度分布分别进行测量,同时采用哈特曼传感器对低频波前信息进行测量。这些技术虽然解决了部分测量问题,但随着激光输出功率的提升,它们一方面无法获取加工纹理等引入的中高频畸变,对系统光束质量进行全面的诊断;另一方面也不能提供光束复振幅,实现全链路数字化跟踪。

高功率激光束的在线高精度、高分辨监测,是强激光领域一直没能很好解决的国际技术难题。理想的强激光束在线测量技术必须能用足够小巧的结构和单次数据记录实现对大口径光束的高精度、高分辨测量。对于传统测量技术来说,这些要求是彼此制约的,现有的测量设备已经不能满足当前快速发展的强激光技术在测量精准度和灵活性等方面的严苛要求,在一定程度上限制了激光装置综合性能的进一步提升。因此,亟须研究一种新的技术,能够在线且高精度地测量出激光束的复振幅分布(同一位置的强度和相位分布),从而实现激光光场的全面诊断。

1. 传统光束在线测量技术

高功率激光装置光束在线测量具有以下几个显著特点:首先,被测量的光束是单脉冲激光;其次,激光装置内部空间非常有限,不可能摆放用于脉冲同步和波面整形的光学器件;再者,高功率激光装置的光束口径较大,波前畸变中包含了低频、中频、高频等多种信息。目前高功率激光装置中大都采用直接成像法和哈特曼传感器对光束的近远场强度和低频相位进行测量。

(1)基于直接成像法的近远场强度测量

强激光领域普遍采用直接成像的方法来监测光束质量,利用透镜将光束成像到 CCD 上,分别记录光束近场和远场的强度分布,并通过近场强度分布获得光束对比度和高能量密度热点等信息,通过远场强度分布获得焦斑形态、环围能量等信息[2]。此方法简单成熟、测量快速,因此在高功率激光领域得到广泛应用。

直接成像法虽然在高功率激光驱动器中已广泛运用并解决诸多问题,但其不足也很明显。它只提供强度信息,不能反映波前分布,而且由于 CCD 的动态范围有限,远场焦斑中强度很高的中央主瓣和强度很弱的旁瓣很难同时测量。另外,成像系统放大倍率不确定及成像位置不准确所引入的误差是不可避免的。以 NIF 装置为例,由成像系统放大倍率的不确定性带来的焦斑尺寸误差约为 $\pm 6\ \mu m$,焦平面位置误差带来的焦斑尺寸不确定性约为 $50\ \mu m$。综合考虑各种因素,NIF 装置基频光在 500 TW 时,对其焦斑尺寸测量的浮动范围在 $+59 \sim -77\ \mu m$ 之间,相对于可达到的直径 $330\ \mu m$ 的焦斑尺寸以及 $600\ \mu m$ 的设计值,直接成像法带来的测量结果的不确定性能够在一定程度上影响驱动器性能的准确评定。因此发展非传统的焦斑测量方式来规避影响因素并提高测量精度是非常有必要的。

（2）基于哈特曼传感器的低频相位测量

为配合变形镜的使用，哈特曼传感器也用来对光束波前进行测量，二者结合明显提高了光束质量。图 13-1 为哈特曼-夏克波前传感器的结构。传感器主要由透镜阵列和 CCD 构成，光束被透镜阵列分割成不同的子波阵面，在焦平面上得到不同偏移量的焦斑，焦斑偏移量的大小和透镜入射波函数的斜率相关。通过读取焦平面上各个子光斑的质心相对于参考坐标系的位移，根据几何关系可以计算出被分割的子波前的平均斜率。通过这种方式，将波前畸变问题转换成对每个子光斑质心测量的问题，从而获得全波前的相位分布[3]。

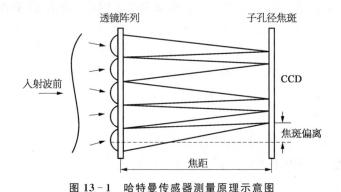

图 13-1　哈特曼传感器测量原理示意图

哈特曼传感器标定方便，工程化程度高，对光源的相干性没有要求，且具有相对较小的体积和快速的数据采集等特点。这些优点使哈特曼传感器能够满足激光驱动器在仪器尺寸和测量速度方面的要求，与变形镜相结合实现光路闭环控制，在 NIF、神光 II 等高功率激光装置的波前测量中得到广泛应用。但是哈特曼传感器的测量性能受到微透镜阵列的限制，由于透镜数量即子孔径数目有限，因此重构出的波前相位只能反映大致的分布情况，空间分辨率不高，对尺度较小的中高频波前畸变测试困难。另外当波前畸变量大时，微透镜的焦点可能会超过识别范围，如果 CCD 记录到的光斑部分重叠，焦点之间相互串扰，或者光斑焦点落在了传感器的探测区域外，此时将无法正确确定光斑质心位置，这限制了传感器的动态范围（即能够精确测量的最大波前斜率）。而且哈特曼传感器提供的相位信息也无法与直接成像法提供的振幅信息对应起来，以合成一个可用于实现全链路数字反演和跟踪的有效复振幅。

此外，径向剪切干涉等技术也被应用于高功率激光装置的光束在线测量。上述测量技术在高功率激光装置的发展过程中，切实解决了很多问题，但随着激光输出功率的提升，光束质量变得更加难以控制，这些传统方法无法获取加工纹理等引入的中高频畸变，也不能提供复振幅信息，以满足数字化测量需求，在测量准确性、灵活性和信息全面性等诸多方面已经难以满足强激光技术发展的需求，在一定程度上限制了激光装置综合性能的进一步提升。

2. 国外光束在线测量技术进展

为实现激光光场的全面诊断，解决目前高功率激光装置中光束测量所面临的问题，国内外科研人员进行了坚持不懈的努力。他们提出将传统相干衍射成像（coherent diffraction imaging，CDI）技术引入高功率激光测量领域。CDI 技术主要应用于 X 射线或者电子束的生物显微成像，具有很高的空间分辨率。不同于干涉法和哈特曼传感器，基于迭代算法的 CDI 是一种相位恢复技术，其基本思想是利用记录的衍射光斑作为主要约束条件，通过迭代计算，获得逐渐逼近真实分布的光束振幅和相位信息。它具有光路简单、动态测量、结构小巧等优点。CDI 及其相位恢复算法提出后，逐渐在波前测量方面得到科研人员的重视，并将其用于入射光场测量、焦斑预测、光学元件检测等。

2000 年，日本原子能研究所的 S. Matsuoka 和 K. Yamakawa 研究员利用单次曝光实现了高峰值功率的 100 fs 的激光脉冲波前测量[4]。通过简单的电荷耦合相机，记录垂直光轴方向上两个平面的强度分布，利用 G-S 算法重建太瓦级超短脉冲激光波前。对比测量得到的远场强度分布，激光脉冲测量结果 PV 值优于 0.36 λ。图 13-2 为两次测量得到 100 fs 激光脉冲在没有柱透镜与柱透镜存在两种情况下的强度分布和重建所获得的波前分布。图 13-2(a) 的波前 PV 值为 0.121 rad，RMS 值为 0.021 rad；图 13-2(b) 的波前 PV 值为 2.071 rad，RMS 值为 0.531 rad。

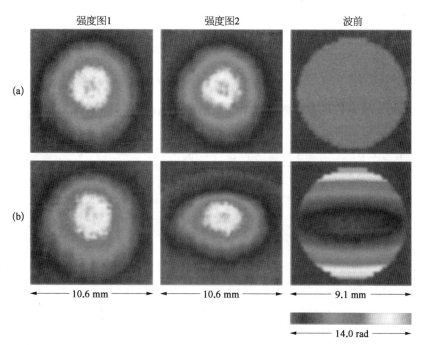

图 13-2　S. Matsuoka 课题组激光脉冲波前测量结果（彩图见图版第 58 页）

　　(a) 当没有柱透镜时记录强度分布和重建所获得的波前分布；(b) 当存在柱透镜时记录强度分布和重建所获得的波前分布。

2008 年，美国罗切斯特大学的 S. W. Bahk 教授课题组提出了一种基于相位恢复的单次曝光焦斑预测技术。高功率激光系统的焦斑质量会受到光路中成百上千光学元件的影响，考虑到极高的能量密度，直接进行焦斑测量难以实现。Bahk 教授通过靶室里面焦斑附近多个平面的强度测量，利用迭代算法实现了相位重建，并据此进行焦斑计算，实现焦斑分布诊断。他们在数拍瓦激光装置上，成功实现了脉宽压缩不对称导致的残余角色散的定量测量[5]。图 13-3 为焦斑预测结果，其中(a)为直接测量到的焦斑分布；(b)为结合了迭代算法计算得到的焦斑分布；(c)为没有通过迭代算法计算得到的焦斑分布。对比发现，使用相位迭代算法可以获得更为真实的焦斑分布，相位恢复技术结合传统的测量技术获得了更为理想的测量效果。

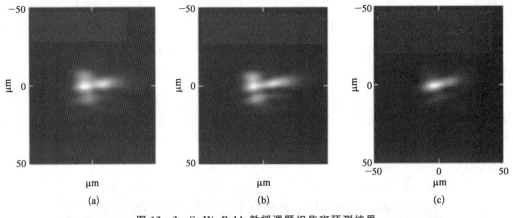

图 13-3　S. W. Bahk 教授课题组焦斑预测结果

2012 年美国罗切斯特大学的 B. E. Kruschwitz 教授等在 OMEGA EP 的拍瓦激光短脉冲线站上发展出了全新的靶场焦斑诊断(focal-spot diagnostics，FSD)系统。通过测量靶面光场强度实现了间接波前测量，并达到了单次曝光测量焦斑的目的。这种方法重复性高，将靶室内 FSD 预测结果和直接的远场测量结果的关联度从 0.78 提高到 0.94[6]。

图 13-4 为 OMEGA EP 短脉冲系统的终端部分示意图，其中显示了单次曝光 FSD 系统的放置区域。99.5% 的激光被反射到主光路中，剩余 0.5% 的透射光用于光束诊断。FSD 中包含了一台高分辨率的哈特曼波前传感器(wavefront sensor，WFS)，整个系统能够提供取样光束的近场振幅与相位(包括时间和平均光谱)，因而能够通过传输计算获得焦斑的能量分布。图 13-5 为取样光的焦斑诊断实验结果。(a)为通过远场 CCD 直接测量的焦斑；(b)为初始的 FSD 系统测量得到的焦斑，其关联度为 0.71；(c)为改进后的 FSD 预测焦斑。通过相位恢复技术，其关联度提升至 0.94，预测的强度峰值也提高了 10% 以内的测量精度。

这套系统在 OMEGA EP 装置上进行了多发次的打靶实验，取得了较为理想的实验效果。为了证明该测量方法的可靠性和稳定性，对历时 18 个月(175 次实验)的测试结果进行了统计分析，如图 13-6 所示。图 13-6(a)为焦斑诊断系统和远场 CCD 测量结果的

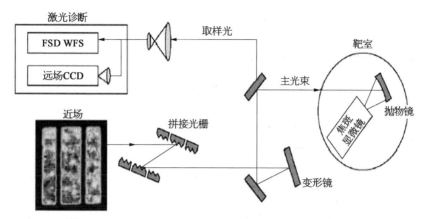

图 13－4　OMEGA EP 装置上的靶场焦斑诊断系统示意图

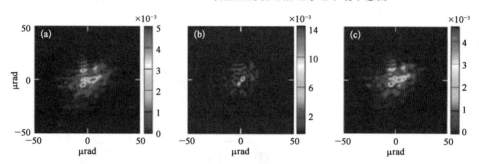

图 13－5　OMEGA EP 装置焦斑诊断结果(彩图见图版第 59 页)

（a）远场 CCD 直接测量的焦斑；（b）初始的 FSD 系统测量得到的焦斑；（c）改进后的 FSD 预测焦斑。

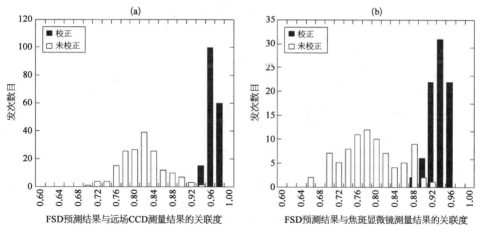

图 13－6　OMEGA EP 装置焦斑预测效果统计分析图

（a）采样光焦斑预测；（b）主光束焦斑预测。

相关系数，平均值由 0.83 提升到了 0.96；图 13－6(b)为焦斑诊断系统预测的靶室内焦斑和实际测量结果之间的相关系数，预测结果略差，但也有 95% 超过了 0.9。目前该系统已成为美国强激光系统的关键设备，但由于它仍然需要哈特曼传感器作为支撑，因此体积较为庞大。不管怎么说,它作为国际上第一个实现强激光束的强度和相位同时测量的系统,解决了强激光领域很多现实的测量难题,对高功率激光系统性能的提高有立竿见影的效果,是强激光检测领域的里程碑式进步。

此外,2006 年美国罗切斯特大学的 G. R. Brady 和 J. R. Fienup 教授提出利用相位恢复技术测量凹球面镜的面形,实验结果表明,通过相位恢复技术测量得到的面形精度在 $\lambda/3\,000$ RMS 以内[7]。图 13-7 所示为凹面镜测量装置示意图,激光器产生的光束通过一个空间滤波器后形成照明光,小孔位于待测凹面镜曲率的中心位置。实验中使用了 1:1 的 F 数为 39 的成像装置,待测凹面镜的曲率为 500 mm,直径为 12.7 mm。从小孔出射的光照射到 3°倾斜放置的反射镜上,通过平移台可以在焦平面附近精确地记录一系列光斑。图 13-8 为通过两个或多个平面记录的光斑所恢复出的相位,(a)和(b)之间的相位差 PV 值为 0.017 4λ。

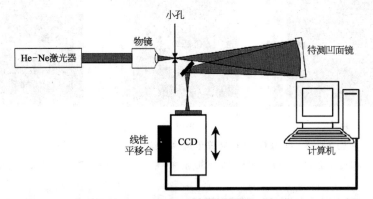

图 13-7 凹球面镜面形测量装置示意图

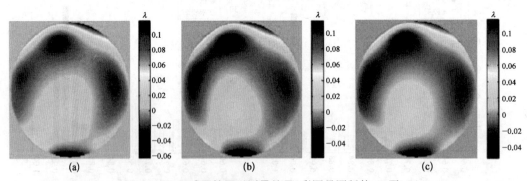

图 13-8 凹球面镜面形测量结果(彩图见图版第 59 页)

(a) 由−15 mm 和 10 mm 平面处光斑恢复出的相位;(b) 由−10 mm 和 25 mm 平面处光斑恢复出的相位;(c) 由−15、−10、15 和 25 mm 平面处光斑恢复出的相位。

3. 新型光场测量技术

从上节的应用结果可以看出,相干衍射成像技术解决了目前高功率激光装置中存在的部分测量难题,一定程度上实现焦斑预测,提高了波前分辨率。尤其是在 OMEGA EP

装置上采用的测量系统,作为国际上唯一得到实用检验的驱动器在线波前精密测量和焦斑预测系统,它对驱动器性能的提高有立竿见影的效果。但是这套系统仍然需要一套哈特曼传感器作为支撑,因此体积庞大,用于全链路的监控还有很大困难。目前,我国"神光"装置的安装调试和运行过程中缺少类似的波前测量工具,外加近来受到广泛关注的三倍频损伤、多波长效应等也使传统的测量方法捉襟见肘,这在一定程度上阻碍了激光装置整体性能的提高。

针对大型高功率激光复合光场在线测量的技术瓶颈难题,实验室自 2009 年开始对国际上新近出现的相干衍射成像技术——PIE(ptychographic iterative engine)进行研究,创新性地提出了基于波前编码分束成像的新型光场测量技术并将其应用于激光束的在线检测,在高功率激光测量领域取得了一系列成果。该方法采用特殊设计的编码分束板对待测光场进行调制,由探测器记录单幅衍射斑阵列,通过迭代计算获得待测光束的振幅和相位分布,实现了单次曝光下的高信噪比波前快速重建,为高功率激光驱动器脉冲光束的在线诊断提供了全新的技术手段。而且该方法具有结构小巧、速度快和精度高等诸多优点,可在高功率激光装置内的任意位置对光束进行实时精密的检测,比 OMEGA EP 上采用的方法具有更大的灵活性,可从根本上解决我国高功率激光系统中缺乏有效波前检测工具的现实问题。表 13 - 1 为高功率激光系统采用的各种测量方法在原理、优势和局限性等方面的对比。

表 13 - 1　高功率激光系统测量方法对比

	高功率激光系统测量设备	测量原理	技术优势	应用局限性
传统测量方法	直接成像法	CCD 成像	技术成熟、直观	不能测量相位
	哈特曼传感器	测量波面坡度	速度快 使用方便	分辨率不满足高功率激光系统检测要求
	干涉仪	干涉测量	分辨率、精度高 技术成熟	设备体积大,不能在线监测
美国 OMEGA EP 装置的 FSD 系统		相位恢复成像	单次复振幅测量精度高	体积大,结构复杂 准实时检测
新型光场测量技术		波前编码分束成像	单次复振幅测量 结构小巧 分辨率和精度高	准实时检测

准实时检测:实时数据采集,参数显示略有滞后。

在新型光场测量技术研制过程中,基于全新的工作原理,解决了实际应用中的诸多关键问题,构建了核心理论体系;突破了仪器化中的工程技术难题,自主研制新型光场测量仪器;并且实现了大型激光装置光场的数字化精密测量,解决了特殊光学元件测量等难题,接下来将对此进行详细描述。

§13.2　测量原理

新型光场测量技术基于波前编码分束的成像原理,实现了单次曝光下的高信噪比光束复振幅快速重建,为高功率激光驱动器脉冲光束的在线测量提供了全新的技术手段。编码分束成像是相干衍射成像技术的一种,融合了 PIE 与相干调制成像(coherent modulation imaging,CMI)的优点,利用波前编码加分束的核心思想解决了相位恢复中最为关键的收敛性难题,同时兼备高信噪比和单次曝光的优势,为新型光场测量技术提供了核心原理。本节将从编码分束成像的技术发展对测量原理进行详细论述,并介绍在实际应用过程中建立的理论体系。

13.2.1　PIE 成像技术

1. PIE 技术来源

相干衍射成像(CDI)最早是为了解决电子显微镜的成像问题而提出的。由于相位分布无法直接被记录,只能记录强度信息,而物体的细节部分主要由相位信息决定,因此找回丢失的相位信息是成像领域必须解决的一个问题。CDI 是利用衍射理论和卷积定理,在满足 Nyquist 抽样定理的条件下,由记录的一幅或者多幅夫琅和费衍射面或菲涅尔衍射面上的光强信息,通过迭代运算找回相位信息的方法。CDI 不需要参考光束,结构简单且对环境稳定性要求低。它作为一种无透镜成像技术,成像质量不受光学元件限制,理论上可以得到衍射极限的分辨率,因此在 X 射线成像、电子束成像、生物医学成像等众多领域具有非常重要的应用。CDI 基本概念在 1970 年左右被提出,最早被普遍接受的是 1972 年 Gerchberg 和 Saxton 提出的 G－S 算法[8,9],该算法后来被 Fienup 改进为广泛应用的误差下降(error-reduction,ER)算法、混合输入–输出(hybrid input-output algorithm,HIO)算法[10]。这些技术在过去的几十年得到很多实际的应用并获得不少突破性的成果,但其技术本身在 Fienup 算法提出以来的相当长时间内没有长足的发展,而且传统的 CDI 技术成像视场小,容易出现图像重建停滞的现象。

直到 2004 年谢菲尔德大学的 Rodenburg 教授结合叠层成像(ptychography)方法和迭代算法提出了一种基于横向扫描的数据记录和重建方法——叠层成像迭代引擎(ptychographic iterative engine,PIE)方法[11,12],CDI 技术才又一次得到快速的发展。Ptychography 这个词源于希腊语,Ptycho 取自希腊语"πτυξ",意为"重叠",Ptychography 方法是一种利用卷积定理通过计算衍射光斑不同部分间的相位关系来恢复光波相位的方法,有着快速、直接的优点。PIE 技术吸收了 ptychography 的思想,通过照明光阵列扫描待测物体,记录各个位置的衍射光斑,同时保证相邻位置之间有一定比例的重叠照明面积,这样在待测物体面不需要施加任何限制条件,便可以对复杂相位物体进行成像。PIE 技术不仅仅是通过横向扫描多次测量,增加已知量的数目,而且在其部分重叠的位置关系中蕴含了干涉等物理机理,因此 PIE 技术相对于其他 CDI 技术在收敛速度和成像质量方面都有质的提高,具有收敛速度快、抗噪声干扰能力强、成像范围可扩展等优点。

2. PIE 基本原理

PIE 的基本光路如图 13-9 所示,照明光 $P(r)$ 入射到分布为 $O(r)$ 的待测样品上,r 为待测样品面的坐标,待测样品固定于二维平移台上,实现样品相对于照明光在垂直于光轴的平面上的逐行逐列的移动,并记录其透射光传播一定距离后在傅里叶面上的光强分布。由于照明光和样品之间的移动是相对的,因此相当于物体不动而照明光在平面内移动。照明光和样品的相对位移为已知量。PIE 成功的关键在于相邻扫描位置之间有一定的重叠,从而重叠的部分相当于全息中的参考光对不同位置处的相位信息进行锁定。

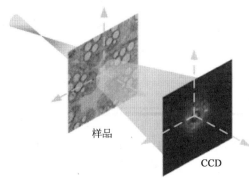

样品

CCD

图 13-9　PIE 原理示意图

PIE 算法的重建过程如下[11]:采集的 J 幅衍射光强按照随机次序 $s(j)$($j=1,2,\cdots,J$)代入迭代,当所有衍射光强都用于一次更新后,视为一次完整的迭代过程。首先给待测样品一个初始的随机猜测 $O_n(r)$,n 表示迭代次数。

① 样品后的透射光场复振幅分布为

$$\phi_n[r,R_{s(j)}]=O_n(r)\times P[r-R_{s(j)}] \tag{13-1}$$

其中 $R_{s(j)}$ 为第 $s(j)$ 个衍射光斑对应的照明光和物体的相对位移。

② 将复振幅 $\phi_n[r,R_{s(j)}]$ 传递到光斑记录面,得到

$$\psi_n[u,R_{s(j)}]=\Im\{\phi_n[r,R_{s(j)}]\}=|\psi_n[u,R_{s(j)}]|\,\mathrm{e}^{i\theta_n[u,R_{s(j)}]} \tag{13-2}$$

其中 u 为光斑记录面的坐标,$\Im$ 代表正向传播过程。

③ 对得到的衍射光斑进行振幅约束,用实际测量的光强开方替代计算所得光场的振幅,并保留相位:

$$\psi_{c,n}[u,R_{s(j)}]=\sqrt{I_{s(j)}}\,\mathrm{e}^{i\theta_n[u,R_{s(j)}]} \tag{13-3}$$

其中 $I_{s(j)}$ 表示第 $s(j)$ 个衍射光斑的光强分布,下标 c 代表更新后的光场分布。

④ 将更新后的衍射光场反传回样品平面,

$$\phi_{c,n}[r,R_{s(j)}]=\Im^{-1}\{\psi_{c,n}[u,R_{s(j)}]\} \tag{13-4}$$

其中 $\Im^{-1}$ 表示逆向传输过程。

⑤ 利用下式对样品透过率函数进行更新:

$$O'_n(r)=O_n(r)+\beta\frac{|P(r-R_{s(j)})|}{|P(r-R_{s(j)})|_{\max}}\cdot\frac{P^*[r-R_{s(j)}]}{\{|P[r-R_{s(j)}]|^2+\alpha\}}(\phi_{c,n}-\phi_n) \tag{13-5}$$

其中,α 为防止 $|P[r-R_{s(j)}]|^2$ 为 0 时分母无意义的参数,β 为调节收敛步长的参数,$*$ 代表复共轭,max 代表最大值。

⑥ 将 $O'_n(r)$ 作为初始输入,对下一个扫描位置重复步骤①—⑤,直到所有位置都进行一次更新后完成一次迭代。计算误差:

$$E_n = \frac{\sum_j \sum_u |\sqrt{I_{s(j)}} - \psi_n[u, R_{s(j)}]|^2}{\sum_j \sum_u I_{s(j)}} \qquad (13-6)$$

若 E_n 足够小,则停止迭代,计算所得的 $O'_n(r)$ 即为最终恢复结果。否则,再重复上述步骤,直到 E_n 的值小于某一设定的阈值。

图 13-10 为 PIE 成像实验结果。实验中采用的是一块南瓜茎生物样品,照明光经过样品调制后,在 CCD 面上形成的衍射斑中包含了样品的信息,随着二维平移台的移动,样品中不同位置的信息形成不同的衍射斑。根据 PIE 算法,由这些记录的衍射斑迭代计算就可以获得样品的振幅和相位,图 13-10(a)中南瓜茎里面的细胞信息被清晰重建。

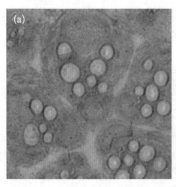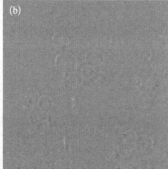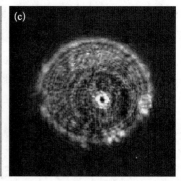

图 13-10　PIE 成像实验结果
(a)(b) 恢复出的待测南瓜茎样品的振幅与相位;(c) CCD 记录的其中一幅衍射光斑。

PIE 算法虽然可以实现快速的样品重建,但是照明光 $P(r)$ 的强度和相位分布需要预先准确知道,而在实际使用过程中,这对于很多实验来说是很难做到的。因此,可以同时恢复照明光和样品分布的 ePIE(extended PIE)算法被提出[13]。ePIE 算法与 PIE 算法类似,唯一的区别在于步骤⑤时,用与式 13-5 类似的公式,同时也对照明光进行更新:

$$P'_n(r) = P_n(r) + \beta \frac{|O[r+R_{s(j)}]|}{|O[r+R_{s(j)}]|_{\max}} \cdot \frac{O^*[r+R_{s(j)}]}{\{|O[r+R_{s(j)}]|^2+\alpha\}}(\phi_{c,n}-\phi_n) \qquad (13-7)$$

照明光能够被重建,这使得光束波前及光学元件的测量成为可能。

3. PIE 数学模型

与传统 CDI 算法类似,PIE 算法的迭代过程同样是使计算得到的衍射光强趋近于采

集到的衍射光强。为了更好地理解 PIE 算法的数学本质,定义方差矩阵 S,

$$S = \sum_u \left[(\mid \psi_n \mid - \sqrt{I_n})^2 \right] \tag{13-8}$$

PIE 的迭代过程可以理解为找到使方差矩阵趋向于零的样品透过率函数。这个过程可以通过梯度下降算法计算,将方差 S 对 ϕ_n 求导,可以得到梯度下降的方向

$$\frac{\partial S}{\partial \phi_n} = 2(\phi_{c,n} - \phi_n) \tag{13-9}$$

将式 13-5 两边同乘上 $P[r - R_{s(j)}]$,可得出

$$\phi'_n = \phi_n + \beta \frac{\mid P[r - R_{s(j)}] \mid}{\mid P[r - R_{s(j)}] \mid_{\max}} (\phi_{c,n} - \phi_n) \tag{13-10}$$

对比式 13-9 和式 13-10 可以看出,PIE 算法在数学本质上相当于一个步长随空间位置变化的最速梯度下降算法所得的照明光强的位置,步长大;照明光弱的位置,步长小,从而降低了噪声的影响。事实上,相位恢复过程就是寻找一组线性方程解的过程。当未知数的个数小于方程数量时,解是唯一的;而若未知数的个数大于方程数量,解就不是唯一的了。PIE 通过记录多幅衍射光斑的方法,增加了已知信息的数量,使得线性方程的数量多于未知数个数,从而获得唯一解。

4. PIE 技术的应用

PIE 技术因其收敛速度快、成像质量高、成像范围可扩展等突出优点,被广泛应用于 X 射线成像、电子束成像、生物医学成像以及超分辨成像等领域。实验室在研究初期将 PIE 用于光学元件检测等,很好地解决了高功率激光驱动器中大口径光学元件的系列测量难题,可测相位梯度范围高于干涉仪,弥补了干涉仪在一些特殊光学元件检测方面的不足。但随着性能更为优越的新型光场测量技术的提出,PIE 逐渐不再被采用,因此本节中的应用主要集中于 X 射线和电子束成像以及生物医学成像。图 13-11 为 PIE 技术的 X 射线成像实验结果[14],样品为一片金制的菲涅尔波带片。其中(a)为扫描隧道显微镜下样品的分布,其中的圆圈代表实验过程中的一部分扫描位置,(b)为与(a)中白色圆圈相对应的衍射光强分布,(c)和(d)分别代表 PIE 技术得到的样品的振幅与相位分布。

PIE 技术还可用于电子束成像领域,如图 13-12 所示。2012 年 Humphry 等使用 30 keV 的电子束作为光源,基于 PIE 方法得到了无成像范围限制的原子量级分辨率成像,并首次证明了 CDI 算法可用于复杂物体的原子量级成像[15]。(a)和(b)分别为金颗粒的振幅和相位重建结果,图中对比度强的位置是由样品上覆盖的石墨化碳的厚度所引入的,导致相位值超过 2π,产生包裹的相位。(c)为同一区域的 TEM 成像结果。

生物样品一般是透明的,不会使透射光的振幅有明显变化,因此在传统的光学显微镜下很难观察到,除非对生物样品进行染色处理,而这样会对样品本身造成破坏,甚至杀死细胞。但是,当入射光透过生物样品时,其厚度或者折射率的变化会引起相位改变,因

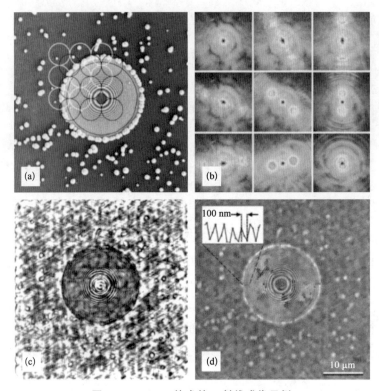

图 13-11　PIE 技术的 X 射线成像示例

（a）扫描隧道显微镜得下样品图像；（b）衍射光斑；（c）（d）PIE 重建得到的振幅与相位分布。

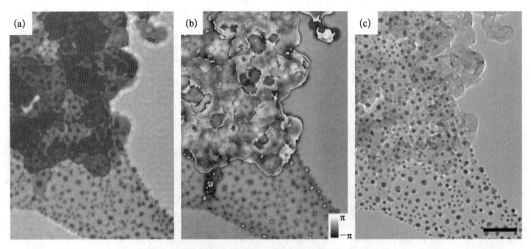

图 13-12　电子束 PIE 成像对金颗粒的重建结果

（a）重建振幅；（b）重建相位；（c）TEM 成像结果。

此可利用相位成像技术对生物样品进行成像。图 13-13 为 Clause 等人用 PIE 方法对癌变细胞和健康细胞成像的结果[16]，二者的差别非常明显，癌变细胞没有规则的细胞核，并且分布密集且形状和大小不统一，而健康细胞分布相对稀疏且有规则的形状和大小。

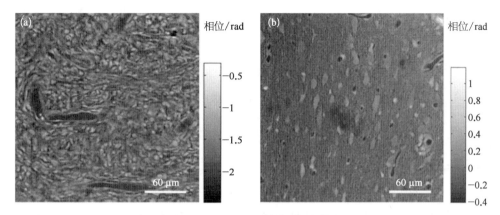

图 13-13　生物细胞相位重建结果

(a) 癌变细胞；(b) 健康细胞。

13.2.2　相干调制成像技术

PIE 成像技术虽然性能优越，但由于需要记录多幅衍射光斑，数据采集时间较长，因此不再适用于不能经受长时间照射的样品或者是相位动态变化的情况，并且 PIE 对二维平移台的稳定性和周围测量环境也有比较高的要求。在实际的高功率激光应用过程中也面临同样问题。PIE 虽然解决了复杂光学元件测量等难题，但不适用于动态变化的波前测量，如脉冲光束的测量、驱动器动态热畸变测量、实时应力形变测量等，如何提高数据采集速度，实现单次曝光测量，是 PIE 成像的一大难点。

2010 年张福才等提出了利用一块随机相位板实现单次曝光的相位恢复技术，称之为相干调制成像（CMI）技术[17]。CMI 基本光路如图 13-14 所示，利用一块结构已知的随机相位板对待测光束进行相位调制，并记录形成的单幅衍射光斑，通过在 CCD 靶面、相位板面和入射窗面之间的迭代来实现待测相位的重建。其基本迭代步骤与传统 CDI 算法类似：假定相位板照明光、相位板出射光和计算得到的衍射光斑分别为 ϕ_k、g_k、G_k，其中 k 表示第 k 次迭代过程。迭代始于对入射窗面出射波 ψ_1 的随机初始猜测，第 k 次迭代过程为：

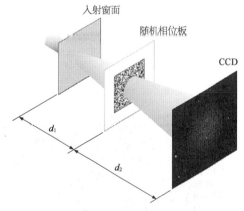

图 13-14　CMI 原理示意图

① 将 ψ_k 传输到相位板面，乘上随机相位板的透射函数得到相位板的出射光 $g_k = \phi_k D = \Im\{\psi_k\}D$，并传播到 CCD 平面得到 $G_k = |G_k|\,\mathrm{e}^{\mathrm{i}\phi_k} = \Im\{g_k\}$。

② 利用记录到的强度 I 进行振幅限制，$G'_k = \sqrt{I}\,\mathrm{e}^{\mathrm{i}\phi_k}$。

③ 将 G'_k 逆传播到相位板面得到更新后的 $g'_k = \Im^{-1}\{G'_k\}$，并对相位板照明光进行更新

$$\phi'_k = \phi_k + \frac{D^*}{|D|^2_{\max}}(g'_k - g_k)。 \tag{13-11}$$

④ 将 ϕ'_k 逆传播到入射窗面得到 ψ'_k，满足空间限制条件后，得到更新后的

$$\psi_{k+1} = \psi_k S + \beta(\psi'_k - \psi_k)(1-S) \tag{13-12}$$

作为下一次迭代过程的初始值。重复上述步骤，并计算误差，直到获得误差满足要求的波函数。

随机相位板的存在是 CMI 算法能够快速收敛的关键，也是与 G-S 算法的最大不同。理论上讲，随机相位板的调制作用越强，在传输过程中的光束限制条件越苛刻，收敛性越好。实验室通过在石英玻璃上面进行深度差异化刻蚀(对特定波长的相位延迟量只有 0 和 π 两个分量，并且分布随机)，加工定制了二元随机相位板，其实物图及对应的振幅和相位如图 13-15 所示。相位图(c)中黑色部分和白色部分针对特定波长的相位差为 π。利用二元随机相位板，对 CMI 技术进行简单验证。将分辨率板 USAF1951 置于入射窗面前，会聚球面波依次通过分辨率板、入射窗面和分布已知的随机相位板，并用 CCD 记录一幅衍射光斑，其结果如图 13-16(a)所示。通过上述迭代算法可以恢复出随机相

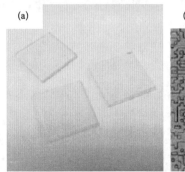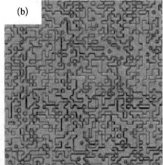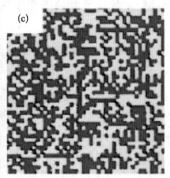

图 13-15　二元随机相位板

(a) 相位板实物图；(b)(c) 相位板对应的振幅与相位分布。

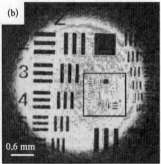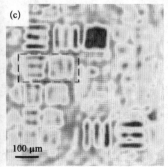

图 13-16　CMI 实验结果(彩图见图版第 59 页)

(a) 记录的衍射光斑；(b) 重建的分辨率板振幅分布；(c) 为(b)中黑色方框的放大图。

位板上的照明光,然后通过传输计算可以得到分辨率板处的透射波函数,其振幅分布如图 13-16(b)所示,其中可以分清的最小线对为 4 组 3 线,20.16 线对/mm,线间隔约为 50 μm。在此条件下获得的空间分辨率为 CCD 靶面像素尺寸的 5 倍左右,由于空间分辨率同分辨率板所在位置有关,上述结果仍有提升的空间。

CMI 技术结构简单,仅包含一个随机相位板和 CCD。待测光场通过相位板调制后,光斑能量以更大角度散射,在记录面更大范围内强度不为零,提高了已知信息量的比例,同时在入射窗面添加了空间限制条件,从而在单幅衍射光斑情况下实现了相位的快速重建。CMI 凭借紧凑的结构、实时的测量特性,被实验室成功应用于激光束的在线检测,并在高功率激光测量领域取得一系列成果。

13.2.3　编码分束成像技术

上节提出的 CMI 技术虽然可以实现实时动态测量,但由于只依赖于一幅衍射光斑,因此受噪声影响较大,从而导致重建结果的可靠性和信噪比较低。PIE 成像技术具有高数据冗余度,可以实现更为可靠快速的重建,但其扫描过程导致数据采集时间过长,对成像系统稳定性也有较高的要求。因此实验室融合单次测量 CMI 与多次测量 PIE 的技术优点,提出了编码分束成像技术,在实现动态测量的同时提高了数据冗余性,从而获得更为快速可靠的光场重建[18-20]。

1. 编码分束成像原理

编码分束成像的基本思路如图 13-17 所示,其光路结构非常简单,只需要一个编码分束板(coded splitting plate, CSP)和 CCD 探测器。待测光场或者是经过待测样品的照明光照射到编码板上,编码板将待测光场分束为不同级次的衍射光,并且对不同级次的波前分别加以调制,进而形成衍射光斑阵列,并由 CCD 记录下来。由于对不同级次的衍射光进行不同的调制,因此记录的衍射光斑阵列中包含充分的待测光场的信息。通过记录的衍射光斑阵列和已知的编码板透过率,即可恢复照射到编码板上的待测光束的振幅和相位。在此基础上,与待测光束的强度和相位相关的物理量,如激光束波前分布、光学元件的透射波前\反射面形、样品的复振幅分布等,都可以从

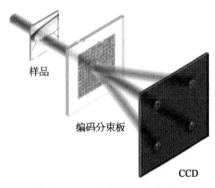

样品

编码分束板

CCD

图 13-17　编码分束成像原理

中提取出来。因此该方法适用于所有以光场分析为技术框架的相关物理量的测量。

编码板除了具备传统意义上光栅的分光能力,还可以对不同级次的衍射光分别进行调制,它的透过函数可以表示为:

$$T(x, y) = \sum_{m, n} P_{mn}(x, y)\exp[i(k_m x + k_n y)] \qquad (13-13)$$

其中 x_0，y_0 是编码板面上的坐标，$(k_m，k_n)$ 代表从编码板出射的第 $(m，n)$ 级衍射光的空间频率，$P_{mn}(x_0，y_0)$ 代表编码板对不同级次衍射光的调制函数。待测光场或者样品的透射光信息经过不同调制函数 $P_{mn}(x_0，y_0)$ 调制后蕴含在记录的衍射光斑阵列中，结合已知的编码板调制函数，便可以通过记录的单幅衍射光斑阵列，对待测光场或样品透射函数进行重建。

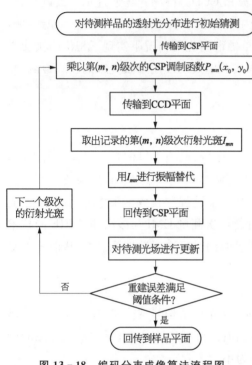

图 13-18　编码分束成像算法流程图

在迭代重建过程中，衍射光斑阵列中的每一个衍射光斑会被移出并放置在一个单独的矩阵中，并分别代入迭代过程，这样可以避免考虑不同衍射级次倾斜因子引入的复杂性。编码分束成像的算法流程如图 13-18 所示，首先对待测样品的透射光分布进行初始猜测 $W(u，v)$，其中 $u，v$ 为样品面的坐标，并将其传输到编码板平面，得到编码板面上的照明光 $U(x_0，y_0) = \Im\{W(u，v)\}$。如果是对波前进行测量的话，可直接猜测照射到编码板面上的照明光分布 $U(x_0，y_0)$。然后利用如下迭代过程，对编码板面上的照明光进行重建：

① 待测照明光经过第 $(m，n)$ 级次的调制得到编码板后的透过光场分布 $V_{mn，i}(x_0，y_0) = U_i(x_0，y_0) \cdot P_{m，n}(x_0，y_0)$，其中，$i$ 代表迭代次数。

② 将 $V_{mn，i}(x_0，y_0)$ 传输到记录平面，得到 $(m，n)$ 级次对应的衍射光斑复振幅分布 $\psi_{mn，i}(x，y) = \Im\{V_{mn，i}(x_0，y_0)\} = |\psi_{mn，i}| \exp(j\phi_{mn，i})$。其中 j 代表虚数符号。

③ 将 $(m，n)$ 级次对应的衍射光斑从记录的衍射光斑阵列中移出到另外一个单独的矩阵中，进而用测得的衍射光强 I_{mn} 的开方代替计算所得的衍射光斑的振幅，即 $\psi^c_{mn，i}(x，y) = \sqrt{I_{mn}} \exp(j\phi_{mn，i})$。其中，上标 c 代表更新后的记录面上的衍射光复振幅分布。

④ 将更新后的衍射光 $\psi^c_{mn，i}(x，y)$ 反传回编码板平面，得到 $V^c_{mn，i}(x_0，y_0) = \Im^{-1}\{\psi^c_{mn，i}(x，y)\}$。

⑤ 利用已知的 $(m，n)$ 级次的调制函数，对编码板面上的待测照明光场进行更新，$U^c_i = U_i + \dfrac{|P_{mn}|}{|P_{mn}|_{\max}} \cdot \dfrac{P^*_{mn}}{|P_{mn}|^2 + \alpha}(V^c_{mn，i} - V_{mn，i})$，其中 * 代表取共轭，$\alpha$ 用于防止分母为零。

⑥ 重复第①—⑤步，直到记录的光斑阵列中的所有衍射光斑均被代入迭代过程。

⑦ 计算类似于式 13 - 6 的重建误差。

当重建误差没有达到给定的阈值时,重复迭代步骤①—⑦。当重建误差小于给定的阈值时,停止迭代。如果是测量波前分布,此时得到的 $U^c(x_0, y_0)$ 即为测量结果,并且通过数值传输计算,可以得到光路中任何位置的波前分布。如果是测量样品的透射函数,则将 $U^c(x_0, y_0)$ 反传回样品平面,即可得到样品后的透射光场分布 $W(u, v) = \mathfrak{F}^{-1}\{U^c(x_0, y_0)\}$。

由此可见,该方法通过单次曝光记录多衍射斑,在实现单次实时测量的同时还具备了高数据冗余性特点,因此具有结构简单、收敛速度快、抗噪声干扰能力强等优点。

2. 编码分束板设计

编码分束成像技术与传统 CDI 技术相比,只多了一块编码分束板。为实现分光并兼备调制功能,此编码板需要经过特殊设计。图 13 - 19 为编码分束板的设计思想:几束分布相同但是具有不同倾斜角的平行光束,分别通过各自的调制物体后,到达记录面并相互干涉。如果光路中没有调制物体,不同光束在记录面上将形成光栅结构。而当光路中放置调制物体时,不同光束的干涉会在记录面上形成扭曲的光栅,也就是所需的编码分束板分布。同理,当用生成的编码板调制待测光场时,待测光会被分束为有着不同空间频率的衍射光束,并且不同的光束将被分别编码而具有不同的分布。

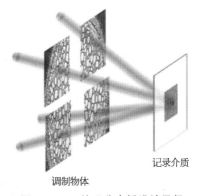

记录介质

调制物体

图 13 - 19　编码分束板设计思想

根据上述描述过程所生成的编码板,往往既有振幅又有相位分布,而在实际加工过程中,很难加工复振幅分布的编码板。借助 G - S 算法进一步将编码板设计为纯振幅或者纯相位分布。这里以纯相位分布为例进行介绍,如图 13 - 20 所示。利用 G - S 算法产生相位型编码板的迭代过程如下:

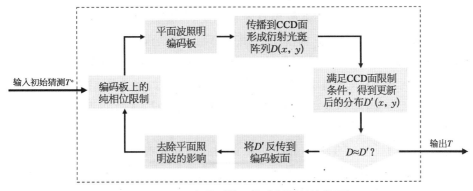

图 13 - 20　相位型编码分束板设计流程图

① 给出一个编码板透过函数的初始猜测 $T^c(x_0, y_0) = \sum_{m, n} P^c_{mn}(x_0, y_0)\exp[i(k_m x_0 + k_n y_0)]$，其中 $P^c_{mn}(x_0, y_0)$ 是对第 (m, n) 级衍射光对应的调制物体的初始猜测。在编码板设计过程中，对用于不同级次衍射光的调制物体并没有特殊要求，通常会使用不同图片，或者一张图片的不同部分作为调制物体的透过率分布 $P_{mn}(x_0, y_0)$，并且调制物体的选择与待测物体或者波前的结构也没有联系。这也就意味着，不需要根据待测样品的结构选择不同的编码板分布。

② 使编码板透过函数满足编码板面上的限制条件，如纯振幅或纯相位分布。若要产生相位型编码板，则需满足纯相位分布限制，得到更新后的编码板透过函数为 $T(x_0, y_0) = \text{angle}[T^c(x_0, y_0)]$，其中 angle 代表纯相位约束。

③ 用一个分布为 $E(x_0, y_0)$ 的平面波照明编码板，该平面波在编码板上的照明范围即为最终优化得到的编码板的尺寸。计算透过编码板后的衍射光在 CCD 面上形成的衍射光斑的复振幅分布为 $D(x, y) = \Im\{E(x_0, y_0) \cdot T(x_0, y_0)\}$，其中 x, y 为 CCD 面上的坐标。此时得到的衍射光斑分布也为衍射光斑阵列，但是各衍射光斑之间存在部分重叠，而不同级次衍射光斑相互之间的干扰是所不希望的，因此需要在 CCD 面上进行限制，使不同级次的衍射光斑相互之间分离。该限制条件表示为 $C(x, y)$，则可以得到更新后的衍射光斑分布 $D'(x, y) = D(x, y) \cdot C(x, y)$。

④ 更新前后衍射光斑阵列的差别为 $E = \sum_{x, y} |D' - D|^2 \Big/ \sum_{x, y} |D|^2$，如果二者间的差别小于某一设定的阈值，则认为此时的编码板分布已经可以满足要求，停止迭代。如果二者之间的差别大于设定的阈值，则继续迭代过程。

⑤ 将更新后的衍射光斑阵列反传到编码板面，并去除照明光 $E(x_0, y_0)$ 的影响，得到此时编码板的透过函数分布 $T^c(x_0, y_0)$。

重复迭代步骤②—⑤，直至 E 小于指定的阈值，此时的编码板分布即为设计得到的纯相位型编码板。

纯振幅板的设计过程与纯相位板类似，只需要在编码板面上将纯相位限制改为纯振幅限制即可。理论上振幅型和相位型编码板在编码分束方法中具有同样的功能，然而它们也有各自的优缺点。振幅板相对容易加工，但是其能量利用率较相位板低，且对光场的调制能力较弱。相位板能量利用率高且对光场调制能力强，但相对较难加工，尤其是在短波长领域。因此，在实际使用过程中，应根据实际情况选择合适类型的编码板。如在光学波段，光刻加工技术已经相对成熟，因此多选用相位型编码板；而在 X 射线等短波长领域，高精度相位板的加工仍然存在难度，因此可以采用振幅型的编码板。

通过上述编码板分布的设计，不仅可以得到纯振幅或者纯相位分布的编码板，还可以使 $P_{mn}(x_0, y_0)$ 的频谱宽度小于相邻两级衍射光斑之间的空间频率间隔。编码板后不同衍射级次的光束对应于不同的调制函数 $P_{mn}(x_0, y_0)$，并在 CCD 记录面上形成包含

$M \times N$ 个衍射光斑的光斑阵列。不同衍射光斑之间彼此独立，并且在记录面上占有一个独立的区域。

3. 测量示例

编码分束成像技术可以利用单幅衍射光斑对待测光场的振幅和相位同时进行精确测量，因而可以实现对生物样品的动态测量，或者波前的实时在线测量。本节针对这两类应用，分别给出验证性的结果。在本节的验证实验中，将前文生成的编码板加载在相位型的空间光调制器（spatial light modulator，SLM）上，在实际使用过程中，可以利用光刻技术对编码板进行加工，从而省去使用空间光调制器所需的附属元件，以简化光路。图 13-21 为使用的具有 3×3 分束功能的相位型编码板的分布。

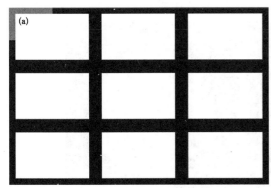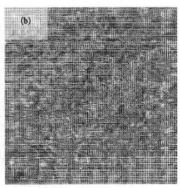

图 13-21　相位型编码分束板的分布

(a) CCD 面上的限制条件；(b) 生成的编码板分布。

图 13-22 为采用空间光调制器实现编码分束功能时的测量光路示意图。此光路可以用于测量样品的复振幅透过率，此时透明圆片代表待测样品；也可以用于测量波前分布，此时没有透明圆片，待测光束直接入射。入射光束经过分光棱镜后，经过加载在 SLM 上的编码分束板调制后，形成 3×3 束对应于不同调制函数的光束，再经过分光棱镜后被 CCD 接收并采集一幅衍射光斑阵列。图 13-23 为测量蜜蜂翅膀时 CCD 记录的衍射光强，可以看出 9 个衍射光斑相互独立并互不相同。在 CCD 面上相互之间的干扰很小，可以忽略。利用编码分束方法重建出照射在编码板平面上的照明光场的振幅与相位分布，如图 13-24(a) 和 (b) 所示。将重建的照明光场反

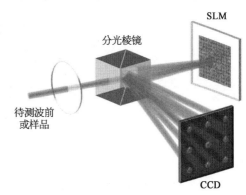

图 13-22　采用空间光调制器的测量光路示意图

向传回样品平面，可以得到样品的透射光场分布，如 (c) 和 (d) 所示。可以看出，蜜蜂翅膀的骨骼结构被清晰地分辨出来。

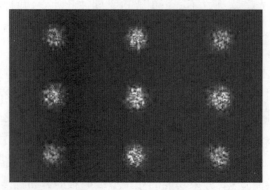

图 13 – 23　测量蜜蜂翅膀时 CCD 记录的衍射光强（彩图见图版第 59 页）

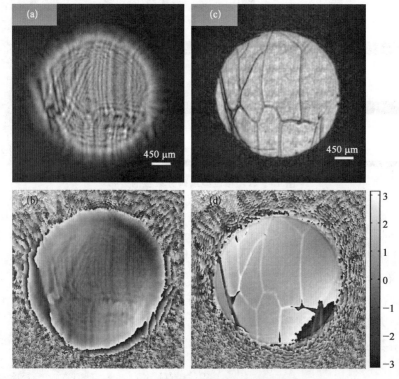

图 13 – 24　测量蜜蜂翅膀时的重建结果

（a）（b）编码板平面上照明光的振幅与相位；（c）（d）样品面透射光场的振幅与相位。

　　波前分布直接反映了激光的光束质量，因此不管在实验研究还是在工业应用过程中，对波前进行准确的测量，是非常重要的。编码分束成像技术同样可以应用于激光波前测量。利用图 13 – 22 所示的验证光路测量小口径球面光束波前，记录的衍射光斑阵列如图 13 – 25(a)所示。图 13 – 25(b)和(c)分别为通过编码分束成像技术得到的编码板平面上照明光的振幅和相位分布。衡量光束质量的一个重要指标为远场焦斑分布，而直接记录的方式对 CCD 动态范围要求高，很容易出现饱和。编码分束成像的一大优点是，在测得待测光场波前分布后,可以通过衍射传输计算得到光路中任意位置的光场分布。因此,在得到图 13 - 25 所示的近场分布之后,可以进一步计算得到远场焦斑分布,如图 13 - 26 所示。由图 13 - 26(a)可以看出该远场分布具有很明显的旁瓣,这与近场中的调制相吻合。图 13 - 26(b)为焦斑分布中某一行的归一化光强分布曲线。

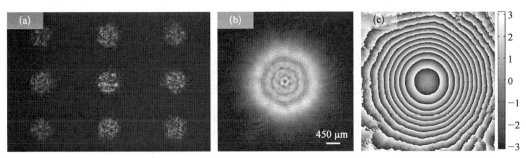

图 13 - 25　待测光束为球面波时的测量和重建结果(彩图见图版第 60 页)

(a) 记录的衍射光斑;(b)(c) 重建的照明光振幅和相位分布。

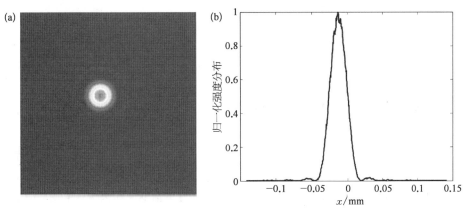

图 13 - 26　预测焦斑分布(彩图见图版第 60 页)

(a) 焦斑二维分布;(b) 归一化强度分布曲线。

13.2.4　核心理论体系

在实际应用过程中,为解决诸多关键测量问题,建立了相位恢复算法的核心理论体系。针对光源相干性不理想的情况,阐明了部分相干条件下的成像理论和物理机理;针对激光驱动器终端光束测量的难题,提出了单次曝光下多波长光场同时测量的方法;提出了数据部分饱和下的全波前信息再现方法,突破探测器动态范围的限制。上述理论体系为测量技术的实际应用提供了核心保障。

1. 部分相干成像理论

相位恢复成像技术皆是基于完全相干照明光的假设,而实际照明光的相干性并没那么理想,例如高功率激光装置中的短脉冲激光就不满足相干照明的要求,因此部分相干对相位恢复成像技术的影响是一个重要的研究课题。而且在实验中发现,用相干性不理想的照明光有时仍可得到恢复质量不错的重建像。针对这一现象,研究分析了光源相干性对相位恢复成像技术的影响[21]。

以弱衍射物体为例,远场衍射斑可以看作是零级场和散射场的相干叠加:

$$I(k) = |A_0(k) + \sum_1^\infty A_n(k)|^2 = I_0(k) + 2\sqrt{I_0(k)I_d(k)}\cos[\phi(k)] + I_d(k)$$

$$(13-14)$$

其中 $I_0(k)$ 为零级场光强,$I_d(k)$ 为散射场光强,$\phi(k)$ 为零级场与散射场的相位差。当照明光为部分相干光时衍射斑的对比度下降,此时的衍射斑分布为

$$I'(k) = I_0(k) + 2\alpha(k)\sqrt{I_0(k)I_d(k)}\cos[\phi(k)] + I_d(k) \qquad (13-15)$$

其中 $\alpha(k)$ 的取值为 $[0,1]$,表示由空间相干性导致的对比度降低。上式可以改写为

$$I'(k) \approx [I_0(k) + \Delta(k)]$$

$$+ 2\sqrt{[I_0(k)+\Delta(k)][I_d(k)-\Delta(k)]}\cos[\phi(k)] + [I_d(k)-\Delta(k)]$$

$$(13-16)$$

$$\Delta = \frac{-[I_0(k)-I_d(k)] + \sqrt{[I_0(k)-I_d(k)]^2 - 4I_0(k)I_d(k)[\alpha^2(k)-1]}}{2}$$

$$(13-17)$$

由上式可以看出,部分相干照明时的衍射场可以看作是光强为 $I_0(k)+\Delta(k)$ 的零级场和光强为 $I_d(k)-\Delta(k)$ 的散射场的相干叠加,在数学上满足了相干性的要求,因此可以对部分相干照明下的远场衍射斑进行再现,而此时再现像与原始物体比较,其相位对比度明显减小。

综上分析,光源相干性不理想情况下,各个频谱的非相干叠加,等效于各个频谱振幅相对调整后的相干叠加,数学上仍然满足算法对相干性的要求。这在理论上给出了部分相干条件下得到收敛再现像的物理机理。由于所得再现像的各个频谱分量相对其真实值有了一定程度改变,且改变随相干系数的降低而明显,因此再现结果并不是原物体的准确再现。同时由于这种频谱分量的改变不具有唯一性,再现结果往往是很多种可能再现像的线性组合,因此实际所得再现结果包含类似于普通图像噪声的变形。

2. 多波长光场测量

在激光驱动器终端系统中,同时存在基频(1 053 nm)和三倍频(351 nm)波长的光束。晶体性能、基频光的光束质量和终端光学元件的状态等因素,都可以影响最终的三倍频光束的质量,并最终影响装置的性能和物理实验结果。如果能同时检测基频和三倍频光场质量,不仅可以从装置性能角度直接衡量物理实验结果,而且能同时对基频光的产生

和放大过程、终端光学元件状态和频率转换中的诸多问题进行深层次的分析。但鉴于传统测量技术的复杂性,这种测量一直没有进行。针对激光装置终端光学系统中同时存在多个波长的光束测量需求,我们提出并实现多波长光场测量[22]。同样只需记录一幅衍射光斑,便可同时恢复基频光和三倍频的光场分布,为解决驱动器中多光束的测量奠定了基础。

相比于单波长光场测量技术,针对双波长光场,设计了多台阶编码板,使其对基频和三倍频光束均有 0 和 π 的随机相位延迟量。图 13-27 为实际加工的多台阶编码板 PIE 标定结果。用基频、三倍频同时照射编码板时,编码板对不同波长光的光谱响应(透射率函数)不同。由于不同波长的光是互不相干的,因此透过编码板后在采集设备上的衍射光斑为两个互不相干的模式的叠加。其光斑采集过程与单波长相同,算法流程由于衍射光斑叠加过程而略有不同,简单描述如下:

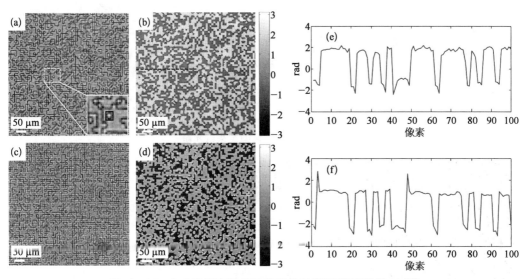

图 13-27 多台阶编码板 PIE 标定结果(彩图见图版第 60 页)

(a)(b)分别为 351 nm 编码板振幅与相位分布;(c)(d)分别为 1 053 nm 编码板振幅与相位分布;(e)为(b)中沿红线的相位分布;(f)为(d)中沿红线的相位分布。

① 不同波长的光束 P_n 经过多台阶编码板后,其透射波函数可分别表示为 $\phi_{k,n}(x, y) = P_{k,n}(x, y) \cdot T_n$,其中 k 为迭代次数,n ($n=1, 2$) 代表不同的波长,T_n 为编码板的透射函数(不同波长光束具有不同的透射函数)。

② 将 $\phi_{k,n}(x, y)$ 分别传播到光斑记录面得到 $\psi_{k,n}(u, v)$,并在记录面上应用振幅限制,保持采集到的光强与计算的两个波长的光强和守恒,$\psi'_{k,n}(u, v) = \dfrac{\sqrt{I}\psi_{k,n}(u, v)}{\sqrt{\sum_{n=1}^{N} |\psi_{k,n}(u, v)|^2}}$,其中 N 代表总波长数,I 为采集到的光强分布。

③ 将 $\psi'_{k,n}(u, v)$ 回传到编码板平面,得到更新后的透射波函数 $\phi'_{k,n}(x, y)$,并移除

编码板的调制作用，$P'_{k,n}(x,y)=P_{k,n}(x,y)+\alpha\dfrac{T_n^*}{\mid T_n\mid^2_{\max}}[\phi'_{k,n}(x,y)-\phi_{k,n}(x,y)]$。

④ 将 $P'_{k,n}(x,y)$ 逆传播到入射窗面得到 $D'_{k,n}(x',y')$，满足空间限制条件后得到更新后的 $D_{k+1,n}=H_{S(k,n)}D'_{k,n}+\beta[1-H_{S(k,n)}](D'_{k,n}-D_{k,n})$，并将其传输到编码板面，重复迭代步骤①—④，直至获得理想的重建结果。

实验光路如图 13-28 所示，利用滤光片滤除入射光束中的二倍频，使基频和三倍频光束同时入射到多台阶编码板上，记录的双波长衍射斑如图 13-29(a)和(b)所示，它是 351 nm 衍射斑和 1 053 nm 衍射斑的非相干叠加。利用提出的双波长重建算法，同时恢复出了 351 nm 和 1 053 nm 波长光的振幅和相位。为确定此方法的准确性，将双波长重建结果与单波长的重建结果进行对比分析，结果表明，双波长重建可以达到几乎与单波

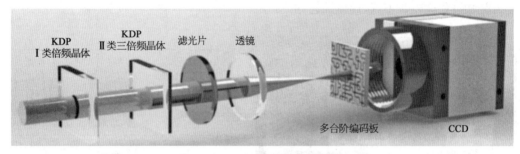

图 13-28 双波长测量实验光路

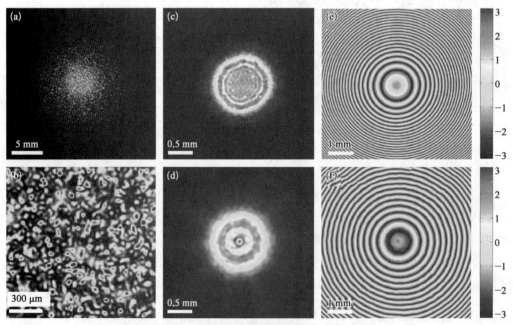

图 13-29 双波长重建结果（彩图见图版第 61 页）

（a）记录的单幅衍射斑；（b）为（a）的局部放大图；（c）（e）分别为重建的 351 nm 光场的振幅和相位；（d）（f）分别为重建的 1 053 nm 光场的振幅和相位。

长重建相同的精度,500 次迭代后误差低于 5%,如图 13-30 所示。该方法结构简单,大大减少了测量仪器的体积,而且具有较高的重建速度和精度。

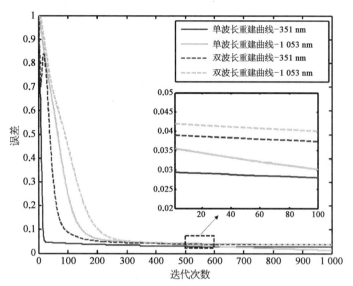

图 13-30　单波长与双波长重建误差曲线对比图(彩图见图版第 61 页)

3. 数据部分饱和下的相位恢复

实际光斑记录过程中,为充分利用 CCD 的动态范围,并降低背景噪声对测量结果的影响,通常将光强调整到仅仅饱和,但在数据记录过程中,样品不同位置处的光强衰减不同,出现饱和现象是不可避免的,因此研究数据(尤其是基频数据)部分丢失情况下的相干衍射成像过程是非常有必要的。

假定待测样品和其照明光的分布分别为 $g(x, y)$ 和 $p(x, y)$,其出射光传播距离 z 后得到的衍射光斑为 $E(u, v)$,则

$$E(u, v) = \frac{e^{ikz}}{i\lambda z} e^{i\frac{k}{2z}(u^2+v^2)} \text{FFT}\left[g(x, y)p(x, y)e^{i\frac{k}{2z}(x^2+y^2)}\right]$$

$$= \text{FFT}[g(x, y)] * \left\{\frac{e^{ikz}}{i\lambda z} e^{i\frac{k}{2z}(u^2+v^2)} \text{FFT}\left[p(x, y)e^{i\frac{k}{2z}(x^2+y^2)}\right]\right\}$$

$$= G(u, v) * P(u, v)$$

其中 $G(u, v)$ 代表物体 $g(x, y)$ 的频谱,$P(u, v)$ 是不存在物体时照明光 $p(x, y)$ 的衍射光斑,* 代表卷积,因此存在物体后的衍射光斑 $E(u, v)$ 即为 $G(u, v)$ 和 $P(u, v)$ 卷积的过程。

该卷积过程可以通过图 13-31 进一步说明[23]。假定 $G(u, v)$ 和 $P(u, v)$ 都是高斯分布,并且 $G(u, v)$ 的全宽为 $2W$。$G(u, v)$ 对 $P(u, v)$ 进行卷积得到图 13-31(b) 中的 $E(u, v)$,并且任意一个值 $E(u_i, v_i)$ 都包含 $P(u_i, v_i)$ 的宽度为 $2W$ 的邻域内所有信

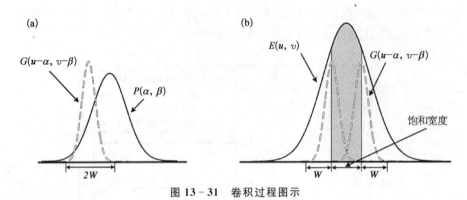

图 13 - 31　卷积过程图示

(a) $G(u, v)$ 与 $P(u, v)$ 的卷积运算；(b) 产生的衍射光斑 $E(u, v)$，其中灰色部分对应于饱和区域，宽度小于 $2W$。

息。当出现中心饱和时，如图 13 - 31(b)中所示的灰色填充区，只要中心饱和区的宽度不大于 $2W$，$G(u, v)$ 和 $P(u, v)$ 的信息由于卷积过程的存在是没有丢失的，虽然信息量变少了，但仍通过卷积过程存储于非饱和区域。当饱和区域大于 $2W$ 时，非饱和区域就不存在任何 $P(u, v)$ 中心区域的信息，因此会导致收敛性变差，甚至不收敛。另外，考虑到无论是增加曝光时间还是增加照明光强度，当基频区域饱和时，较弱的高频信息会得到增强，背景噪声的影响也将进一步降低。在不丢失信息的情况下增加衍射光斑的饱和度，理论上能够进一步增加成像精度。再考虑到 PIE 等技术在数据记录过程中的数据冗余性及在迭代过程中的恢复能力，存在一定的可能性，通过迭代算法将饱和点处丢失的信息找回来，弥补饱和效应。因此提出了针对基频饱和的 PIE 算法，其迭代过程同 PIE 基本相同，只不过在应用强度限制条件时，需要进行一些改动，即将衍射光斑面的更新公式修改为

$$E'_{m, n} = \begin{cases} \sqrt{I_{m, n}} \exp(\phi_{m, n}) & (x, y) \notin S \\ E_{m, n} & (x, y) \in S \end{cases} \tag{13 - 18}$$

其中 S 为记录的光斑 I 的饱和区域。

　　为了量化部分饱和衍射光斑对分辨率的提升能力，重复进行了不同曝光时间下分辨率板 USAF - 1951 的成像实验，结果如图 13 - 32 所示。可以看出，随着曝光时间的增加、饱和点的增加，分辨率得到一定的提升；但超过阈值后完全不收敛。因此存在最优的过饱和曝光时间和允许的最大饱和面积。图 13 - 32(g)最高能分辨 6 组 2 号，71.84 lp/mm，图 13 - 32(e)能够分辨 5 组 4 号，45.25 lp/mm，饱和条件下的分辨率是非饱和条件下的 1.6 倍。

　　通过上述理论推导和实验验证可以看出，由于 PIE 等技术中卷积效应和衍射光斑冗余信息的存在，即使在丢失部分基频光信息的条件下依然能够恢复得到清晰的重建结果，同时基频光的饱和意味着原来比较弱的高频信息相应增强，在一定程度上降低了背景噪声和量化噪声带来的影响，提升了重建精度。其实通过迭代算法，不仅可以通过高

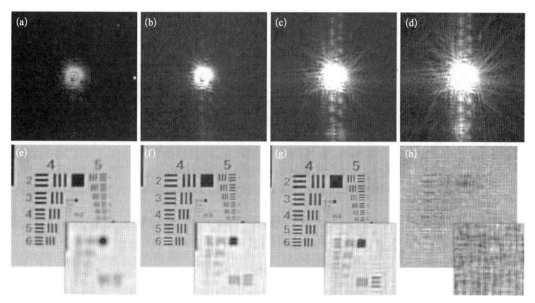

图 13 - 32　不同曝光时间下对分辨率板 USAF - 1951 恢复的结果对比

(a)—(d) 记录的衍射光斑；(e)—(h) 对应重建的振幅分布。

频重建低频,同样可以用低频信息重建得到高频信息,实现超分辨率成像[24]。 这种信息重建能力也是迭代算法的显著优势。

§13.3　新型光场测量技术的应用

新型光场测量技术是原理全新的高性能多功能检测技术,具有结构小巧、速度快和精度高等诸多优点。在实际应用过程中,我们突破了仪器化中的若干工程技术难题,成功研制了波前传感器和新型光场测量仪器,并将其应用于激光在线诊断、波前动静态测量、光学元件检测等领域,实现了大型激光装置光场复振幅的精密测量及拓展应用,开启了我国发展高功率激光数字化光场测量的新历程。

13.3.1　核心测量设备

在新型光场测量技术实际应用以及仪器化的过程中,我们针对不同应用环境及需求,发展出如图 13 - 33 所示的系列波前编码板,并匹配相应重建算法,解决不同应用条件下的波前恢复问题。除上文提及的适用于多波长测量的多台阶相位板以及适用于编码分束成像的分束编码板外,还发展了适用于不同波长测量的振幅板,后者具有加工精度高、不需复杂标定的优点,但透过率低,调制能力弱;发展了透过率高且收敛性好的台阶相位板,形成了大数据量自动设计能力,可以进行批量生产,但其存在高阶衍射;发展了无高阶衍射的高信噪比连续相位板,其设计过程复杂,稳定性差。

	连续相位型		台阶相位型		振幅型
编码板类型	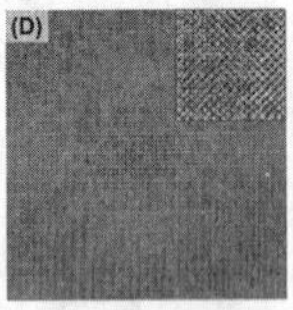 分束编码板	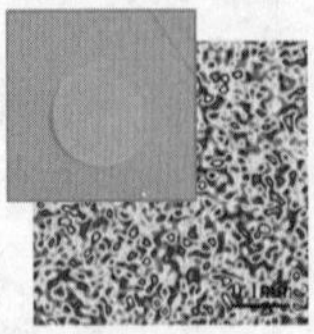 连续相位板	 二台阶相位板	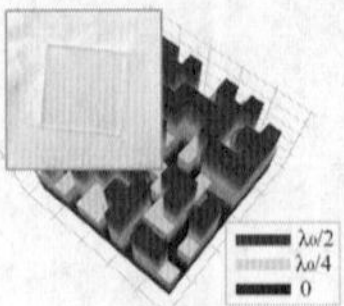 多台阶相位板	 振幅板
特点	分束和编码同时兼顾	1. 无高阶衍射项 2. 信噪比相对高	1. 透过率高 2. 收敛性好 3. 分布可控 4. 有高阶衍射 单波长适用	多波长适用	1. 成本低 2. 适用不同波长 3. 不需要标定 4. 透过率低
制备难点	设计方法	密度控制可重复性	设计、加工		
实现方案	G-S算法优化	全息法 (全息干板)	1. Matlab+CAD 自动设计(>1E5 个随机分布块) + (CAD) → DWG™ 2. 镀铬掩模板——得到振幅板 3. 激光刻蚀(多台阶需要套刻)——得到相位板		

图 13-33 发展的波前编码板系列(彩图见图版第 62 页)

将编码板与 CCD 集成在一起,形成结构小巧紧凑的测量核心设备,如图 13-34 所示。由于其尺寸只相当于一个典型的 CCD 相机,可以用在高功率激光装置的任意位置对光束进行监测,彻底解决了检测设备小型化这一高功率激光领域的关键技术问题。由于新型光场测量技术在重建过程中需要将编码板的透射函数作为已知量,而且测定编码板的透射函数时必须以 CCD 为基准坐标,因此采用与波前编码数据处理方法一致的 PIE 技术对编码板进行标定,降低算法不匹配带来的误差,并利用退火算法和相关算法对其

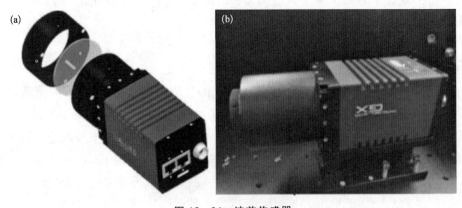

图 13-34 波前传感器

(a) 集成设备示意图;(b) 实物图。

透射函数的位置误差进行校正,进一步提高编码板的标定精度,确保集成设备的测量精度(退火算法与相关算法具体参见文献[25]和[26]),形成高精度紧凑型波前传感器。将其成功应用于激光束的在线检测,并在高功率激光测量领域取得了一系列成果。

新型光场测量技术由于在结构体积、研制成本、测量精度、适用性、波前信息描述能力和对环境稳定性要求等方面具有明显优势,综合能力突出,在仪器化方面具有广泛的发展潜力,因此在开发形成波前传感器后进行了相关的仪器化研究。图 13-35 为在实验室研制的新型光场测量仪。该仪器自带测量光源,可以对口径小于 100 mm 的光学元件进行检测,具备光路校准、光斑记录、波前恢复、数据处理及存储等功能。除此之外,由于新型光场测量技术可以同时提供光束的振幅和相位信息,因此在测量方面能够研发的仪器非常广泛,如光束质量分析仪等。

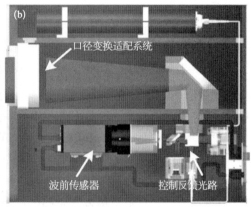
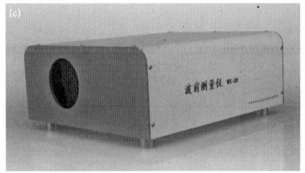

图 13-35　新型光场测量仪

(a) 波前传感器;(b) 光路图;(c) 实物图。

13.3.2　高功率激光光束在线诊断

高功率激光领域普遍采用直接成像的方法来监测光束质量,利用透镜将光束成像到CCD 上,分别记录光束近场和远场的强度分布。该方法简单成熟、测量快速,因此在高功率激光领域得到广泛应用,但它只提供强度信息,不能反映波前分布,而且远场测量的动态范围较低。为配合变形镜的使用,哈特曼传感器也用来对光束波前进行测量,二者结合虽然明显提高了光束质量,但由于子口径个数有限,哈特曼传感器只能测量低频波前信息,精密的中高频信息无法获取。而且哈特曼传感器提供的相位信息也无法与直接成像法提供的振幅信息对应起来,以合成一个可用于实现全链路数字反演和跟踪的有效的复振幅。新型光场测量技术只需要记录单幅衍射光斑就可以实现入射光场振幅与相位的测量,满足脉冲光束测量条件,而且结构紧凑,整个装置占用空间比较小,适用于高功率激光驱动器中的光场测量。基于该技术,实验室建立了国内首个数字化的高功率激光光场在线测量系统[27-29]。

利用新型光场测量技术对高功率激光光束进行在线诊断的光路如图 13 - 36 所示。种子光在经过多级放大到达靶室之前,需要多次经过放大器、空间滤波器、倍频晶体、电光晶体、会聚透镜及大量反射镜等。为实现主激光近远场的同时测量,在终端光学组件前对主激光进行采样,采样光经过会聚透镜后聚焦,将波前传感器(紫框标记部分)置于焦点附近,记录衍射光斑。现场测量装置如图 13 - 37(a)所示,记录单幅衍射光斑[见图 13 - 37(d)]后通过迭代算法即可以得到相位板上入射光的复振幅分布,进一步通过光束逆传输可以得到焦斑分布[见图 13 - 37(c)]以及会聚透镜的出射波函数。对透镜透过率进行补偿后,便可以得到采样光的近场分布[见图 13 - 37(b)]。光束质量评价所需的参量都可以通过测得的近远场强度及相位分布得出,真正实现单光路多参数同时测量的目的,因此该方法在驱动器光束诊断中具有显著的优势。另外,通过主激光采样的方式只能对基频光进行测量。为实现三倍频光的测量,需要对终端组件后的倍频光进行采样,可以实现对靶室内焦斑分布的准确预测。

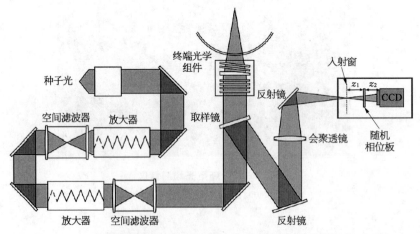

图 13 - 36　高功率激光光束在线诊断光路示意图(彩图见图版第 62 页)

在神光 Ⅱ 高功率激光装置中进行了一系列实验验证工作。在全链路放大器增益全开条件下,对新型光场测量技术在高功率激光驱动器波前在线诊断中的功能与性能进行测试,并与同发次下装置已有方法的测量结果进行对比。激光光束口径为 310 mm×

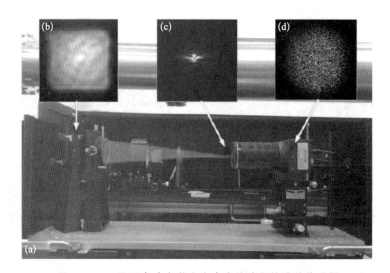

图 13 - 37　用于高功率激光光束在线诊断的波前传感器

(a) 现场测量装置;(b) 记录的衍射光斑;(c) 重建的焦斑分布;(d) 重建的近场分布。

310 mm,波长为 1 053 nm,以编号为 20180628001 的实验发次为例进行说明。图 13 - 38(a)为记录的衍射光斑强度分布,由于相位板的调制作用,衍射光斑非常密集并且主要能量集中在中间 1/2 区域内。经过 400 次迭代计算后,就可以重建得到相位板上照明光 E_b 的复振幅分布,其振幅和相位如图 13 - 38(b)和(c)所示。基于此,通过波前反演可以获得基频光束的近场、远场空间分布特性。

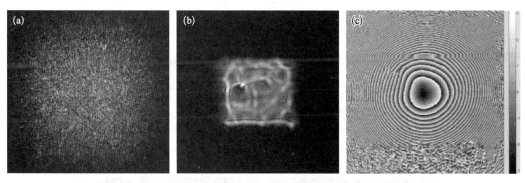

图 13 - 38　发次编号为 20180628001 的高功率激光光束在线诊断实验结果

(a) 记录的衍射光斑;(b)(c)分别为相位板上照明光的振幅和相位分布。

　　对 E_b 进行波前反演计算得到远场焦点面的强度分布,结果如图 13 - 39(a)所示。图 13 - 39(b)为同发次下直接成像远场 CCD 记录的强度分布。由于对入射光衰减比预计不足,并受到 CCD 动态范围限制,直接成像法记录的远场强度分布出现了饱和效应,导致部分信息丢失;而通过新型光场测量技术得到的焦点面强度分布并没有受到实际使用的 CCD 参数(8 bit)的限制,其测量结果的动态范围远远高于直接成像法,能够提供更多

的细节化信息。针对不同技术获得的远场强度分布,分别计算环围能量积分,结果如图
13-39(c)和(d)所示,二者在特征形貌上完全一致。

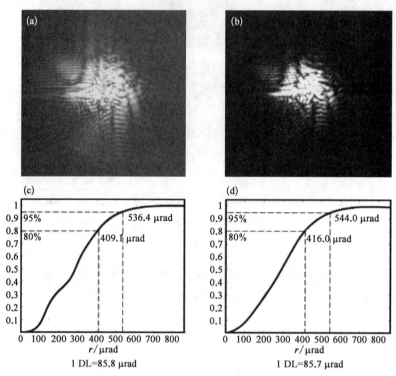

图 13-39 远场测量结果(彩图见图版第 63 页)

(a)(c)分别为用新型光场测量技术得到的远场强度分布及环围能量积分曲线;(b)
(d)分别为用直接成像法得到的远场强度分布及环围能量积分曲线。

对 E_b 进行波前反演、消除标定的会聚透镜透射函数等运算,提取基频近场像面的强
度和相位分布,结果如图 13-40(a)和(c)所示。对比同发次下直接成像近场 CCD 记录
的强度分布和哈特曼传感器测量得到的相位分布,发现新型光场测量技术实现了近场强
度和相位分布测量功能。其中,近场相位像素分辨率为 $460~\mu m$,相比现用哈特曼传感器
提高了 33 倍。

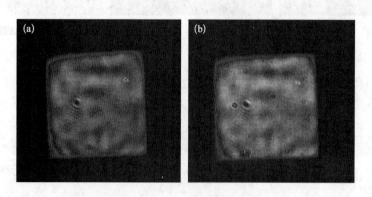

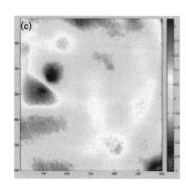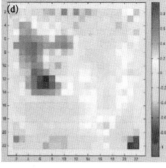

图 13 - 40　近场测量结果(彩图见图版第 63 页)

(a)(c)分别为用新型光场测量技术得到的近场强度及相位分布;(b)用直接
成像法得到的近场强度分布;(d)用哈特曼传感器得到的近场相位分布。

　　为充分说明对比结果,表 13 - 2、表 13 - 3、表 13 - 4 分别给出三个不同发次下远场强度、近场强度、近场相位的测试结果数据,进一步说明新型光场测量技术具备近场\远场强度和近场相位同时在线高精度测量的能力。

表 13 - 2　远场强度分布相关参数测试结果

发次编号	20180625001		20180626003		20180628001	
采用技术	新型光场测量技术	直接成像远场 CCD	新型光场测量技术	直接成像远场 CCD	新型光场测量技术	直接成像远场 CCD
95%环围能量焦斑半径	13.6 DL	12.7 DL	13.45 DL	12.1 DL	6.25 DL	6.34 DL
80%环围能量焦斑半径	9.43 DL	8.7 DL	9.21 DL	8.4 DL	4.76 DL	4.85 DL
动态范围	2.0×10^4	取决记录 CCD 参数	1.4×10^4	取决记录 CCD 参数	1.4×10^4	取决记录 CCD 参数

表 13 - 3　近场强度分布相关参数测试结果

发次编号	20180625001		20180626003		20180628001	
采用技术	新型光场测量技术	直接成像近场 CCD	新型光场测量技术	直接成像近场 CCD	新型光场测量技术	直接成像近场 CCD
近场强度填充因子 FF	0.37	0.30	0.39	0.34	0.39	0.31
近场强度通量对比度 FBC	0.21	0.23	0.19	0.21	0.19	0.21

表 13 - 4　近场相位分布相关参数测试结果

发次编号	20180625001		20180626003		20180628001	
采用技术	新型光场测量技术	哈特曼传感器	新型光场测量技术	哈特曼传感器	新型光场测量技术	哈特曼传感器
近场相位 PV	2.54	2.43	2.11	2.08	2.11	2.08
近场相位 RMS	0.29	0.33	0.29	0.29	0.25	0.27

基于获得的复振幅分布 E_b，通过相干衍射传输计算，还可以实现反演的功能。图 13 - 41 为反演计算获得的焦平面附近强度分布。因为在高功率激光装置中，虽然利用模拟光对直接成像系统的成像面进行了校准，使其位于焦点位置处，但在实际运行过程中，焦斑位置会有所变动，直接成像得到的结果并不一定代表真正的远场分布，实际的焦斑尺寸可能要小于直接成像法测量得到的焦斑尺寸。图 13 - 41 中每相邻两幅图像之间的间隔为 4 mm，新型光场测量技术可以通过反演计算，精确确定真实焦点位置。

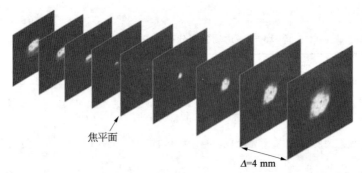

焦平面

$\Delta = 4$ mm

图 13 - 41　反演计算获得的焦平面附近强度分布（彩图见图版第 64 页）

激光光束在线诊断系统是高功率激光驱动器的重要组成部分，而我们发展的新型光场测量技术能够很好地满足驱动器日常运行的多项需求，主要有以下几个显著的优势：① 光路简单：只需要对采样光束进行会聚，而若采用直接成像法，还需对焦斑进行显微成像以完成远场焦斑测量，另外，考虑到现有 CCD 靶面尺寸远小于采样光尺寸，因此为获得近场强度测量，还需要一套额外的缩束系统，测量系统将会复杂许多；② 单光路多功能：即近场和远场测量通过一个测量光路就可以实现，体积至少缩小一半以上；③ 更高的动态范围：目前大部分 CCD 的位数为 8～16 位，动态范围十分有限，特别是焦斑基频能量远远强于高频能量，用直接成像法往往不能兼顾焦斑主瓣和旁瓣的同时测量，但新型光场测量技术虽然衍射光斑的动态范围同样受限于 CCD 位数，却由于波前编码板的强调制作用，记录的散射斑较为均匀地分布于 CCD 靶面，因此能够充分利用 CCD 的动态范围，最终恢复出来的焦斑不会存在基频光饱和的情况，主瓣和旁瓣能够兼顾，测量结果的动态范围大幅提高；④ 更精确的焦斑定位：驱动器日常运行时需要准备半小时甚至更久才能输出一发次高能量光束,因此传统的直接成像法只能先用模拟光对光路进行调整来实现焦平面成像,但随着激光输出能量的提升,焦斑位置往往发生细微变化,因此很难保证 CCD 所在的平面为光斑尺寸最小处,也就无法记录表征驱动器光束质量的最准确焦斑;而采用新型光场测量技术时,得到的是光束的复振幅分布,可以通过对其进行反演计算,实现在不调整光路的情况下焦平面准确定位。

综上,新型光场测量技术在高功率激光驱动器光束在线诊断中具有独特的优势和广泛的适用性。它解决了高功率激光驱动器近场\远场强度和近场相位同时在线高精度测量的难题,实现了大型激光装置光场的数字化精密测量,为激光驱动器性能的精密监测和激光物理实验的精准分析提供了可靠的技术路径。该技术对于激光驱动器的发展具有十分重要的实际意义。

13.3.3　波前动静态测量

新型光场测量技术是对待测光束的复振幅进行测量,因此适用于所有以光场分析为技术框架的相关物理量的测量。或者说,所有能够在待测光束的强度和相位中体现出来的物理量,都可以使用该方法进行测量。由于它只需要记录单幅衍射光斑就可以恢复出入射光场的振幅和相位,因此非常适用于波前动静态测量。目前该技术已应用于重频激光器热畸变测量[30]、光学元件瞬态应力测量、激光等离子体动态诊断等领域,并取得良好效果,促进了相关基础研究的发展。

1. 重频激光器热畸变测量

高功率激光放大器工作在高重复频率的时候,由于增益介质从泵浦光源吸收了一定的能量,由此产生的热沉积引起热光效应,并导致了激光波前畸变的产生,致使激光器的输出难以满足实际应用要求。只有预先测量放大器的热畸变量,才能有效控制或补偿相位畸变。另外,分析放大器的热畸变对于实现高质量的激光输出具有十分重要的意义。

目前对重频激光器进行热分析的主要方法为有限元分析法。即根据放大器的实际工作条件模拟对应的温度和应力载荷等参数,计算其增益介质的畸变量。但是应用有限元法进行热分析很难确定全部影响因素,这会对模拟结果的真实性产生影响。更为理想的方法是通过实际测量输出光束的动态波前变化,来反映热沉积对放大器的影响,但哈特曼传感器及干涉测量法由于热透镜效应以及大的相位变化梯度而在应用时受到限制。

利用新型光场测量技术测量高重频激光器热畸变的光路和实物装置,分别如图 13-42 和图 13-43 所示。在放大器出射窗处放置一会聚透镜,光束经过编码板后,由 CCD 记录得到衍射光斑。实验中放大器的增益介质为六片 55 mm×45 mm×10 mm 的钕玻璃,钕玻璃表面镀对于波长 802 nm 的增透膜,四周被铝板夹持,两片叶片间厚度为 1 mm,高速氦气气流通过叶片表面对增益介质进行冷却。泵浦区域为 45 mm×45 mm,泵浦光源为激光二极管,波长 802 nm,脉宽 500 μs,信号光波长为 1 053 nm。聚焦透镜的焦距为 1 m,焦点到编码板的距离为 14.5 mm,编码板到 CCD 记录面的距离为 51 mm。

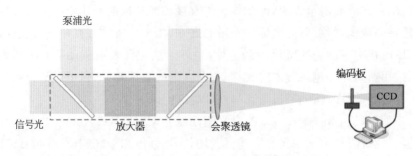

图 13-42 高重频激光器热畸变测量光路图

图 13-43 高重频激光器热畸变测量实物装置

进行测量时首先放大器处于关闭状态,CCD记录单幅衍射光斑图样并通过迭代算法重建编码板上照明光分布,逆传播到会聚透镜后平面,求出此处光场;然后将放大器打开,当其工作在不同重复频率时,分别记录衍射光斑,重建编码板上照明光场,并通过逆传播得到会聚透镜后平面的光场。前后两次测量结果的相位差,即为放大器工作时热量引起的相位畸变。图13-44为高重频激光器热畸变测量结果。可以看出,泵浦频率对放大器近场相位分布影响显著,泵浦频率越高,热畸变效果越明显,7 Hz时的热畸变要明显大于1 Hz泵浦频率下的放大器热畸变,与分析结果相符,验证了新型光场测量技术的动态波前测量能力。

2. 光学元件瞬态应力测量

在大口径光学系统中,光学元件(例如反射镜等)在装校过程中的应力会对元件面形产生影响。采用合理的支撑方式,可以有效弥补光学元件本身或者由重力引入的面形误差,获得较为理想的使用效果。例如高功率激光驱动器中的大口径45°反射镜(见图13-45),装校应力大小与光学元件面形变化之间的关系仅局限在有限元分析,实验上难以开展。

新型光场测量技术通过记录的衍射光斑,可以实现相位的恢复,为该研究提供了一种新的解决方案。如图13-45所示,入射光照射到待测元件上,在对待测元件施加不同

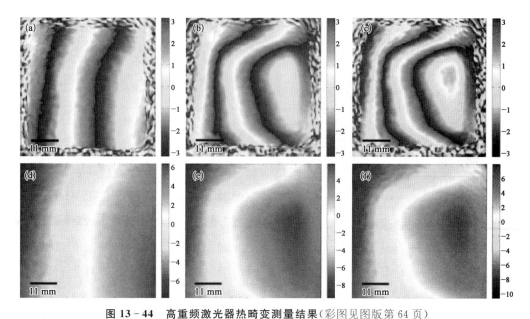

图 13 - 44　高重频激光器热畸变测量结果（彩图见图版第 64 页）

（a）—（c）激光器工作在 1、5 和 7 Hz 时的相位差；（d）—（f）为（a）—（c）解包裹处理后的相位分布。

预紧力时，分别记录衍射光斑，并利用迭代计算重建出编码板上照明光的复振幅，进一步推算出待测元件面形的变化量，从而为分析元件面形随预紧力大小的变化规律提供有效的论证。图 13 - 45 中待测元件为反射镜，结构尺寸为 700 mm×400 mm×100 mm，其他类型的元件也可采用类似方式进行测量。

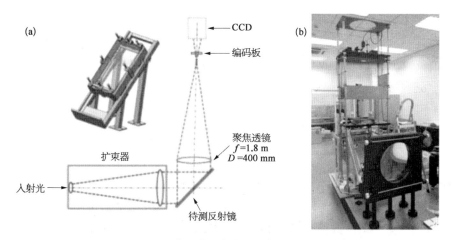

图 13 - 45　光学元件瞬态应力引起的面形变化测量

（a）光路示意图；（b）实验装置。

图 13 - 46 为通过新型光场测量技术获得的通光口径内反射镜面形分布。施加预紧力为 0.4 MPa 情况下，反射镜面形 PV 和 RMS 达到最优，分别为 0.056 9λ 和 0.021 9λ，比未施加预紧力情况下减小 79.6% 和 58.5%，这与有限元法分析的结果趋势吻合（对比见

图 13－47)。因此新型光场测量技术可以用于研究重力和装校应力引起的波前畸变特性,对大口径光学元器件的安装校准提供在线指导,减小因元件形变导致的光束波前变化。

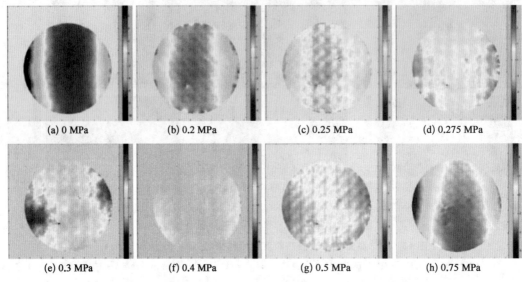

(a) 0 MPa (b) 0.2 MPa (c) 0.25 MPa (d) 0.275 MPa

(e) 0.3 MPa (f) 0.4 MPa (g) 0.5 MPa (h) 0.75 MPa

图 13－46 不同预紧力下的反射镜面形分布(彩图见图版第 64 页)

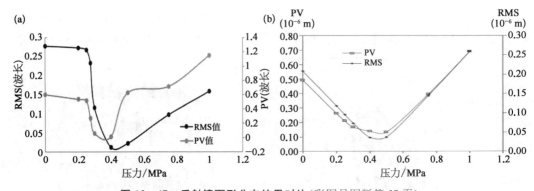

图 13－47 反射镜面形分布结果对比(彩图见图版第 65 页)

(a) 实验结果;(b) 有限元分析结果。

13.3.4 光学元件检测

传统的光学元件检测方法——干涉测量法,在测量精度、灵敏度等方面具有优异的特性,在高功率激光领域得到广泛应用。但干涉仪在解决驱动器中某些大口径特殊元件的测量时依然面临一定挑战。首先干涉仪结构复杂,对空间和环境稳定性的要求较高,研制成本和难度随着测量口径的增加而成倍提升;其次常见的大口径干涉仪一般只能测量相位梯度小于 $2\lambda/cm$ 的光学元件,若将其用于测量大相位梯度的光学元件,则很容易出现信息缺失;而且考虑到高功率激光驱动器中有限的测量空间和复杂的测量环境,干涉仪很难实现光学元件在线测量。新型光场测量技术作为波前测量技术的一种,同样能够应用于光学元件检测中。考虑到其结构简单、对环境稳定性要求低、具有大相位梯度测量能力等特点,该技术在光学元件测量领域具有良好的发展前景。

利用新型光场测量技术对大口径特殊光学元件进行检测的核心思想,是通过测量待测元件引入的光场变化来实现光学元件复透过率的测量。将待测元件紧贴会聚透镜放置,测会聚透镜后表面处光场复振幅分布;移开待测元件再次测量,两次测量结果的相位差即为待测元件的相位分布,如图 13 - 48 所示。采用该技术实现了大梯度连续相位板[31]、列阵透镜[32]、自由曲面等特殊光学元件的测量,有效弥补了现有商业干涉仪在特殊元件测量方面的不足。

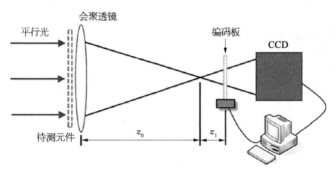

图 13 - 48　光学元件检测装置示意图

高功率激光驱动装置中用于束匀滑的连续相位板(continuous phase plate,CPP)直径为 31 cm,曲面结构复杂,具有大口径、小周期、大深度的特点。设计的 CPP 透射波前最大梯度达到 $8\lambda/cm$,而常用的 $\phi600$ mm 大口径干涉仪所能达到的相位梯度在 $2\lambda/cm$ 左右,因此大口径干涉仪很难实现 CPP 的全口径精确检测,如图 13 - 49(c)所示。利用新型光场测量技术对 CPP 进行测量的结果如图 13 - 49 所示,由图中可以看出测得的 CPP 板分布与设计值十分吻合,最大差值为 2.1 rad,表明了新型光场测量技术具备大口径、大相位梯度光学元件的测量能力。

高功率激光驱动器中另一类特殊的光学元件是列阵透镜,如图 13 - 50(a)所示。它的子透镜的焦距很长,达到十几米甚至几十米。目前,国内外测量列阵透镜焦距的方法主要有千分尺测量法、光强计测量法和转角法等。但是这些方法都有一定限制:千分尺法容易划伤透镜,光强计法只能测量列阵透镜平均焦距,转角法受到平行光管限制并且操作复杂等。利用新型光场测量技术测得列阵透镜的复透过率,在此基础上计算平行光照明时自由空间任一位置处的强度分布,从而获得焦距值,这为长焦距列阵透镜焦距的测量提供了一种解决方案。图 13 - 50(b)为新型光场测量技术测得的列阵透镜的相位分布,(c)为其中一子透镜的相位分布。求出子透镜相位分布后,根据菲涅尔衍射和角谱理论,计算平面波照明下微透镜的透射光场,并观察不同距离处光强分布。如图 13 - 51 所示,(a)—(e)分别为微透镜阵列 39.0、39.1、39.2、39.3、39.4 m 距离处的光强分布,可以看出(c)光强分布最集中,所以判断(c)为焦点位置,焦距为 39.2 m。

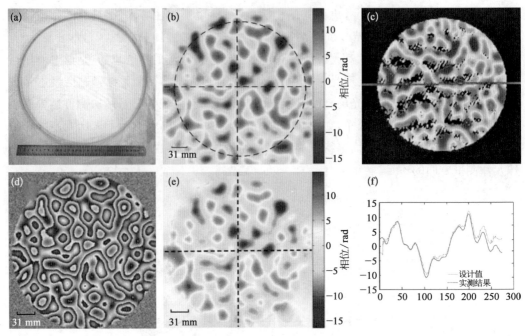

图 13 - 49　CPP 测量结果（彩图见图版第 65 页）

（a）CPP 照片；（b）CPP 设计值；（c）ZYGO 测量结果；（d）（e）新型光场测量技术解包裹前后的测量结果；（f）新型光场测量技术测量结果与设计值的对比。

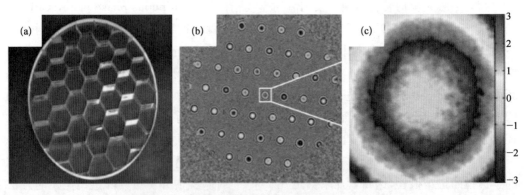

图 13 - 50　列阵透镜测量结果（彩图见图版第 65 页）

（a）列阵透镜实物图；（b）测得的相位分布；（c）其中一子透镜相位分布。

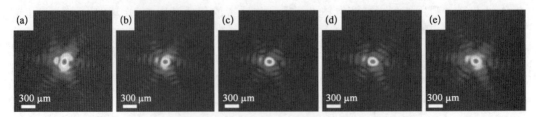

图 13 - 51　微透镜在不同距离处的焦斑分布（彩图见图版第 66 页）

（a）39.0 m；（b）39.1 m；（c）39.2 m；（d）39.3 m；（e）39.4 m。

以上两种应用说明新型光场测量技术能够用于大口径、大相位梯度光学元件的测量。作为一种原理全新的检测手段,能够为提高相关元件加工精度和产品质量提供新的技术支持。为确定该方法的测量精度,与标准的 4 英寸 ZYGO 干涉仪进行比对溯源,在 100 mm 口径光束下测量性能达到国家一级干涉仪标准。

§13.4　总结与展望

随着全球高功率激光驱动器性能及高能量密度物理研究需求的不断提升,光束质量已成为制约发展的重要瓶颈。现有光束质量检测技术无法满足复振幅、高分辨、高动态的测量要求。针对高功率激光脉冲复合光场在线测量的瓶颈难题,提出了以波前编码分束成像为核心的新型光场测量技术;解决了实际应用中的诸多关键问题,建立了核心理论体系;突破了仪器化中的工程技术难题,研制了新型光场测量仪器;成功实现了大型激光装置光场的数字化精密测量及拓展应用。

新型光场测量技术具有结构小巧、速度快和精度高等诸多优点,实现了高功率激光驱动器近场\远场强度和近场相位的同时在线高精度测量,为高功率激光在线测量提供了全新的技术路径,并已成功应用于波前动静态反演、光学元件检测等多领域,促进了光学精密检测技术的进步,比对溯源表明达到了国家一级干涉仪的测量精度水平。目前,高功率激光光场在线测量系统已成功应用于我国神光 II 和首台出口发达国家的大型激光装置的在线测量,保障了上述装置输出的优异性能,为下一代光场智能调控奠定了技术基础。新型光场测量技术具有非常广泛的应用前景,不仅可大规模用于高功率激光装置的光束在线诊断,而且可用于等离子体诊断、M2 因子测量、成像系统调制传递函数测量等。

参考文献

［1］　Haynam C A,Wegner P J,Auerbach J M,et al. National Ignition Facility laser performance status[J]. Applied Optics,2007,46(16):3276-3303.

［2］　Zacharias,R. A. Alignment and wavefront control systems of the National Ignition Facility[J]. Optical Engineering,2004,43(12):2873-2884.

［3］　Jiang W H,Li H G. Hartmann-Shack wavefront sensing and wavefront control algorithm[C]. SPIE,1990,1271:82-93.

［4］　Matsuoka S,Yamakawa K. Wave-front measurements of terawatt-class ultrashort laser pulses by the Fresnel phase-retrieval method[J]. Journal of the Optical Society of America B,2000,17(4):663-667.

［5］　Bahk S-W,Bromage J,Begishev I A,et al. On-shot focal-spot characterization technique using phase retrieval[J]. Applied Optics,2008,47(25):4589.

［6］　Kruschwitz B E,Bahk S W,Bromage J,et al. Accurate target-plane focal-spot characterization in high-energy laser systems using phase retrieval[J]. Optics Express, 2012, 20(19): 20874.

[7] Brady G R, Fienup J R. Measurement of an optical surface using phase retrieval. Optical Fabrication and Testing, 2006: OFWA5. https://doi.org/10.1364/OFT.2006.OFWA5.

[8] Gerchberg R W, Saxton W O. A practical algorithm for the determination of phase from image and diffraction plane pictures[J]. Optik, 1972, 35: 237 - 250.

[9] Saxton W O. Computer techniques for image processing in electron microscopy. Academic Press, 2013.

[10] Fienup J R. Phase retrieval algorithms: A comparison[J]. Applied Optics, 1982, 21(15): 2758 - 2769.

[11] Rodenburg J M, Faulkner H M L. A phase retrieval algorithm for shifting illumination[J]. Applied Physics Letters, 2004, 85(20): 4795 - 4797.

[12] Faulkner H M L, Rodenburg J M. Movable aperture lensless transmission microscopy: A novel phase retrieval algorithm[J]. Physical Review Letters, 2004, 93(2): 023903.

[13] Thibault P, Dierolf M, Bunk O, et al. Probe retrieval in ptychographic coherent diffractive imaging[J]. Ultramicroscopy, 2009, 109(4): 338 - 343.

[14] Rodenburg J M, Hurst A C, Cullis A G, et al. Hard-X-ray lensless imaging of extended objects [J]. Physical Review Letters, 2007, 98(3): 034801.

[15] Humphry M J, Kraus B, Hurst A C, et al. Ptychographic electron microscopy using high-angle dark-field scattering for sub-nanometre resolution imaging[J]. Nature Communications, 2012, 3: 730.

[16] Claus D, Schluesener H, Maiden A, et al. Ptychography: A powerful phase retrieval technique for biomedical imaging[J]. SPIE, 2011, 8338: 83381G.

[17] Zhang F, Rodenburg J M. Phase retrieval based on wave-front relay and modulation[J]. Physical Review B Condensed Matter, 2010, 82(12): 2511 - 2524.

[18] Pan X, Liu C, Zhu J. Single shot ptychographical iterative engine based on multi-beam illumination[J]. Applied Physics Letters, 2013, 103(17):2758.

[19] Yao Y, He X, Liu C, et al. Phase retrieval based on coded splitting modulation. Journal of Microscopy, 2017, 270(2): 129 - 135.

[20] He X, Pan X, Liu C, et al. Single-shot phase retrieval based on beam splitting. Applied Optics, 2018, 57: 4832 - 4838.

[21] Liu C, Zhu J Q, John R. Influence of the illumination coherency and illumination aperture on the ptychographic iterative microscopy[J]. Chinese Physics B, 2015, 24(2): 024201.

[22] Dong X, Pan X, Liu C, et al. Single shot multi-wavelength phase retrieval with coherent modulation imaging. Optics Letters, 2018, 43(8): 1762.

[23] Pan X, Veetil S P, Wang B, et al. Ptychographical imaging with partially saturated diffraction patterns. Journal of Modern Optics, 2015, 62(15): 1270 - 1277.

[24] Maiden A M, Humphry M J, Zhang F, et al. Superresolution imaging via ptychography[J]. Journal of the Optical Society of America A Optics Image Science & Vision, 2011, 28(4):

604－612.

［25］　Zhang F，Peterson I，Vila-Comamala J，et al. Translation position determination in ptychographic coherent diffraction imaging[J]. Optics Express，2013，21(11)：13592－13606.

［26］　Maiden A M，Humphry M J，Sarahan M C，et al. An annealing algorithm to correct positioning errors in ptychography[J]. Ultramicroscopy，2012，120(Complete)：64－72.

［27］　Zhu J，Tao H，Pan X，et al. Computational imaging streamlines high-power laser system characterization[J]. Laser Focus World，2015，51(12)：39－42.

［28］　Pan X，Tao H，Liu C，et al. Applications of iterative algorithm based on phase modulation in high power laser facilities[J]. Chinese Journal of Lasers，2016，43(1)：0108001.

［29］　Pan X，Veetil S P，Liu C，et al. On-shot laser beam diagnostics for high-power laser facility with phase modulation imaging[J]. Laser Physics Letters，2016，13(5)：055001.

［30］　Tao H，Liu C，Pan X，et al. Measurement of thermal distortion of the optical element in high repetition rate laser with coherent modulation imaging[J]. Chinese Journal of Lasers，2016，43(11)：1101002.

［31］　Wang H Y，Liu C，Veetil S P，et al. Measurement of the complex transmittance of large optical elements with ptychographical iterative engine[J]. Optics Express，2014，22(2)：2159.

［32］　Dong X，Wang H，Liu C，et al. Measurement of large optical elements used for inertial confinement fusion with ptychography. Advanced Optical Technologies，2017，6(6)：485－491.

第14章
溶胶-凝胶化学膜

§14.1 概述

溶胶-凝胶法(sol-gel process)又称为低温玻璃合成法或湿化学法。这是一种制备玻璃和非晶态固体材料的方法。溶胶-凝胶基本化学原理就是金属有机醇盐或无机化合物的水解缩聚反应过程。从物质的物理形态方面观察,溶胶-凝胶法的全过程可以分为四个阶段:溶液(液相)-溶胶-凝胶-玻璃(固相),其中溶胶和凝胶中都含有固液两相。从结构角度看,溶胶是线度为 $1\sim1\,000$ nm 的固体颗粒在适当液体介质中形成的分散体系,这些固体颗粒一般由 $10^3\sim10^7$ 个原子组成。当这种固\液分散体系达到一定的聚合度时,溶胶转变为凝胶。相对于整个溶胶-凝胶过程而言,这个胶-凝转变过程是非常短暂的。溶胶-凝胶技术经过150多年的发展,在涂层、超细粉末、纤维和小块体多孔玻璃方面已有较为广泛的应用[1,2]。

14.1.1 溶胶-凝胶技术原理

溶胶-凝胶技术的主要反应机理是亲核反应,但如果反应过程中催化条件不同,其水解、缩聚反应的具体机制会有所差异,所得到的凝胶产物结构也不相同。根据溶胶-凝胶过程中成胶机制的不同,溶胶-凝胶技术可分为以下三类[3]:

◆ 传统胶体型溶胶-凝胶过程;

◆ 无机聚合物型溶胶-凝胶过程;

◆ 络合物型溶胶-凝胶过程。

传统胶体型溶胶的形成是通过调节体系的 pH,使得 OH^- 中和胶粒表面的 H^+。粒子间通过范德华力相互联结形成凝胶网络。这种溶胶-凝胶过程是可逆的,加水可发生水解[4]。该类溶胶-凝胶的先驱体主要是 $M(H_2O)_n^{m+}$、$M(H_2O)_n$,其中 M 表示为可水解的金属离子,如 Cr、Ti、Fe、Zr、Al 等,采用 NH_3、$(CH_2)_6N_4$ 或其他电解质来中和胶粒表面的电荷。形成的凝胶属于物理凝胶,其强度小,逐渐变得失透,凝胶中氧化物含量较高。

无机聚合物型溶胶-凝胶过程主要是利用金属醇盐或类金属醇盐作为先驱体,加水发生水解、缩聚反应,生成一连续的凝胶网络。通过改变反应物的组成比、pH、催化剂种类、温度、湿度等反应条件,可以调节凝胶的结构。

　　根据反应时催化剂的种类不同,其水解、缩聚反应过程的机制又有不同。在中性条件下,发生的水解、缩聚反应为

$$M(OR)_n + mH_2O \Longleftrightarrow (RO)_{n-m}M(OH)_m + mROH \tag{14-1}$$

$$(RO)_{n-m}M(OH)_m + (OH)_l M(OR)_{n-l} \Longleftrightarrow \tag{14-2}$$

$$(RO)_{n-l} - M - O_{(n+m)/2} - M - (OR)_{l-m} + (n+m)/2H_2O$$

其中 M 代表 Si、Ti、Zr、Al、Ta 等元素,R 表示 CH_3、C_2H_5、C_3H_7 等基团。依据此转变过程中物质颗粒的尺寸变化,溶胶-凝胶转变包括以下三个阶段:

- ◆ 单体聚合形成颗粒;
- ◆ 颗粒长大;
- ◆ 颗粒相互连接,形成支链、网络;网络扩展、黏化,形成凝胶。

　　反应进行的难易程度由前驱体中进攻基团的亲核能力、M 的亲核能力、R 的立体结构和拉电子能力以及离去基团的部分电价和稳定性等因素决定。

　　在酸催化条件下,酸能提供质子给负电价的 OR 基团而形成好的去离子基团,同时免除过渡态中质子的转移过程,因而可以加速水解反应。

$$M-OR + H_3O^+ \longrightarrow M^+ \longrightarrow \ :O\overset{H}{\underset{R}{\diagdown}} + H_2O \tag{14-3}$$

同时,因为提供电子的能力按 OR^-、OH^-、O^{2-} 的顺序减小,所以酸催化的缩聚反应偏向生成链的终止基团,而不是链的中间活性基团,导致缩聚反应产物分枝程度不高。

　　在碱性催化条件下,通过 OH^- 的去质子化作用而产生更强的亲核剂。

$$L-OH + \ :B \longrightarrow L-O^- + BH^+ \tag{14-4}$$

其中 L 代表 M、H,B 代表 OH^-、NH_3,该反应可以促进缩聚反应的进行。碱催化的缩聚反应偏向生成活性的链中间基团而非链末基团,因而缩聚反应生成的聚合物,分枝程度高。

　　图 14-1 所示为在酸性和碱性催化条件下的溶胶中反应生成产物的过程示意图。可以看出,在不同催化条件下反应产物的分枝程度不同。图 14-2 所示为不同催化条件下制备得到的凝胶干燥示意图[4],这更进一步说明了催化条件对凝胶产物结构的影响。不同催化条件下,SiO_2 的溶胶-凝胶行为如图 14-3 所示。可以发现,前驱体首先水解形成低聚体,在不同的催化环境下,低聚体以不同的方式缩聚得到不同形态的产物。

　　无机聚合物型溶胶-凝胶过程的主要特点是先驱体发生水解缩聚反应,形成网络型凝胶,此过程是不可逆的。形成的凝胶是化学凝胶,具有一定的弹性模量,可获得透明凝胶,凝胶中氧化物含量较大。

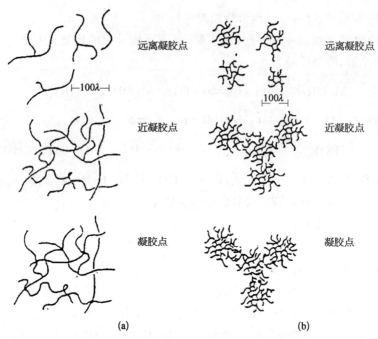

图 14 - 1 不同催化条件下溶胶中反应产物分枝变化[3]

（a）酸性体系；（b）碱性体系。

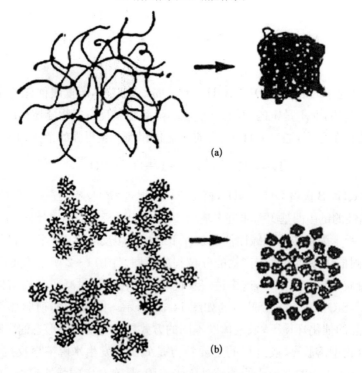

图 14 - 2 凝胶干燥过程示意图[5]

（a）酸催化体系；（b）碱催化体系。

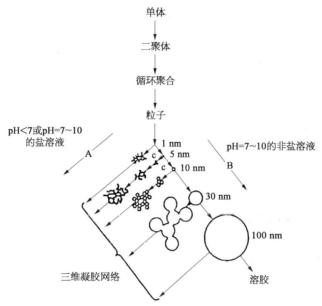

图 14-3 不同催化条件下 SiO₂ 的溶胶-凝胶行为[3]

某些在醇中溶解度较小的金属有机化合物,无法直接作为溶胶-凝胶的先驱体;而要通过加入络合剂,使之成为可溶性产物。随着溶剂的蒸发,这些络合物之间由氢键相联,形成无定型凝胶;或者通过有机络合物基团(如—COOH、HOR 等)间的化学反应,相互联结形成凝胶网络,金属离子处于网络之间。络合物型溶胶-凝胶过程中的络合剂,对凝胶网络的缔合起着决定性的作用,络合剂的种类、数量影响着凝胶的结构[7]。溶胶-凝胶过程是可逆的,形成的凝胶是化学凝胶,凝胶是透明的,凝胶中的氧化物含量较低。

14.1.2 溶胶-凝胶技术特点

溶胶-凝胶技术在近几十年时间里得到了快速发展,主要与其自身的特点密切相关。溶胶-凝胶技术是一种可以制备从零维到三维材料的湿化学制备反应方法。该方法的主要特点是利用液体化学试剂或溶胶为原料,在较低的温度下反应。反应生成物是稳定的溶胶体系,含有人量的液体相,并通过蒸发除掉溶剂,在凝胶状态下即可成型为所需制品。溶胶-凝胶技术的优缺点如下所述[8]。

① 溶胶-凝胶法增进了多元组分体系的化学均匀性,这对于控制材料的物理性能及化学性能至关重要。通过计算反应物的成分,可以严格控制最终合成材料的成分。

② 通过简单的工艺和低廉的设备,即可得到比表面积很大的凝胶或粉末,与通常的熔融法或化学气相沉积法相比,煅烧成型温度较低,并且材料的强度韧性较高。因此,该方法的最大优点是制备过程温度较低。

③ 溶胶-凝胶法制备材料掺杂的范围宽(包括掺杂的量和种类),化学计量准确,且易于改性。

④ 溶胶-凝胶反应过程易于控制,可以实现过程的完全而精确的控制,可以调控凝胶的微观结构。

⑤ 在薄膜制备方面,溶胶-凝胶技术具有优越性,溶胶-凝胶技术不需要任何真空条件和太高的温度,且可在大面积或任意形状的基片上成膜。

⑥ 溶胶-凝胶技术制备的材料组分均匀,产物的纯度很高。

⑦ 溶胶-凝胶技术所用原料大多为有机化合物,相对成本较高。

⑧ 对制备玻璃陶瓷材料而言,溶胶-凝胶方法不能扩大玻璃的熔融温度范围,反而多少有些限制。

14.1.3 溶胶-凝胶技术的应用

基于溶胶-凝胶技术的上述特点,不难看出它在材料制备过程中具有非常广泛的应用。图 14-4 所示为利用溶胶-凝胶技术制备各种不同形态材料过程的简单示意图。溶胶经适当处理可以制备粒度均匀的高活性超细粉体(其尺寸、形状可控);溶胶室温陈化转变得到湿凝胶;湿凝胶经萃取去溶剂、超临界干燥得到气溶胶或者经加热蒸发除去溶剂得到干凝胶;干凝胶经高温烧结得到致密的块体材料;溶胶也可以直接纺丝、成纤维或沉积为涂层,经适当的处理后,得到玻璃纤维或薄膜制品。

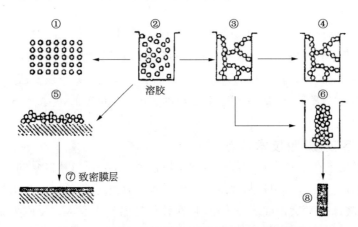

图 14-4 溶胶-凝胶法制备材料的过程示意图[3]
① 超细粉体;② 溶胶液;③④ 气溶胶;⑤ 湿凝胶;⑥ 块体材料;⑦ 薄膜材料;⑧ 纤维。

14.1.4 溶胶-凝胶技术制备薄膜

薄膜是指附着在某一基体材料上起某种特殊作用,且与基体材料具有一定结合强度的薄层材料。溶胶-凝胶过程中,在溶胶尚未转变成凝胶之前,体系达到一定黏度时可以制备薄膜。在陶瓷、玻璃、金属以及塑料等基底上可以运用溶胶-凝胶的特性涂制获得薄膜、涂层,这是该技术最成功也最有前途的应用之一。这些薄膜、涂层可以改善基底的某些性质,如电学特性、光学特性、耐磨损性、耐侵蚀及腐蚀特性和提高机械强度等,还可以赋予基底新的功能。

溶胶-凝胶技术成膜是指以金属、类金属醇盐以及无机氯化物等作为前驱物,在不同催化剂的条件下经水解、缩聚、陈化形成涂膜液,选择适当的涂膜方法将涂膜液沉积在基片上形成凝胶膜,溶剂挥发或经烘烤热处理即可形成薄膜。

酸催化成膜的原理为缩聚反应产物分枝程度不高,聚合物之间是相互缠绕和渗透的,网络的形成是通过链之间的不断交联完成的。沉积的液膜就是这样的无规则网络,平铺在基底上,网络与基板的接触面大。液面经干燥、挥发,有些还经热处理,除去多余的水和乙醇,就形成了溶胶-凝胶膜。在这一过程中,液膜的 M—OH 与玻璃基底的 M′—OH 之间脱水形成 M′—O—M 化学键,这样就把薄膜和基底键合在一起,结合较为牢固。图 14-5(a)所示为酸催化薄膜形成的过程。

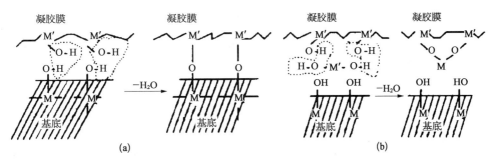

图 14-5　溶胶-凝胶薄膜与基底结合原理示意图

(a) 酸催化薄膜;(b) 碱催化薄膜[11]。

碱催化成膜的原理为:碱性条件下缩聚反应生成的聚合物分枝程度较高,它们是互不纠缠、相互独立的原子基团,碱催化薄膜沉积过程如图 14-5(b)所示。当溶胶沉积在基底上然后形成凝胶时,凝胶呈颗粒堆积在基底上。膜层与基底之间以范德华力结合,结合强度远不如酸催化系统的化学键结合,其结合强度较弱,甚至会发生接触破坏。为了增强膜层与基底的结合强度,可对膜层进行一些特殊处理,如氨处理[9]、高能离子辐照[10]等。

14.1.5　溶胶-凝胶技术制备薄膜特点

利用溶胶-凝胶技术制备薄膜,之所以成为该技术中最成功且最具前途的应用之一,除了溶胶-凝胶技术本身的特点外,主要是与其他传统的镀膜方法相比,该技术制备薄膜具有下列优点。

① 纯度高,均匀性好。由于前驱体的纯度高,且主要为液体,容易进一步提纯,从而使制备薄膜具有很高的纯度和均一性。

② 容易实现薄膜设计。其过程在液相中进行,很容易引入其他组分而得到具有不同功能的薄膜,且膜层的化学计量比准确。

③ 易于大面积成膜,且可进行异型成膜。溶胶为液相,具有很好的流变性,容易得到

大面积均匀薄膜。对于异型样品,用提拉法可方便地成膜,而用其他方法则很难实现。

④ 适于塑料、易碎基底涂膜,室温下涂膜,且膜层的后处理温度较低。

⑤ 抗激光损伤能力强。这是溶胶-凝胶增透膜在高功率激光系统中得到充分应用的主要因素。

14.1.6 溶胶-凝胶薄膜制备方法

溶胶-凝胶制备薄膜的涂膜方法有许多,并且还在不断发展中。常用的溶胶-凝胶技术制备薄膜的方法有以下几种:浸渍提拉法、旋转涂覆法、层流法和喷涂法。根据所需涂膜基片尺寸和形状的不同,可以选择不同的涂膜方法。四种主要方法各有特点,具体如表 14-1 所示。

表 14-1 溶胶-凝胶薄膜沉积方法比较

特　　征	浸渍提拉法	旋转涂覆法	层流法	喷涂法
基底形状	不限	平面或微曲面	平面	平面
基底尺寸	小到大	小	大	大
涂覆面积	双面	单面	单面	单面
溶胶用量	多	少	少	少
设备费用	低到中等	低到中等	中等	中等

1. 提拉法

提拉法是将基片浸入溶胶中,再以一定的速度从溶胶中提升,其表面附着一层溶胶。这部分溶胶在基片上升的过程中主要分为两部分,一部分回流进入涂膜溶胶中,另一部分通过物理吸附沉积在基片表面形成液膜。提拉法涂膜过程如图 14-6 所示。溶剂的挥发及液流的相对运动使得液膜在形成的过程中有一定的线速度,当此线速度与基片的提升速度相同时,即可形成稳定凝胶膜[3]。图 14-7 为溶胶-凝胶膜层的提拉形成过程示意图。在此沉积阶段,影响凝胶膜层厚度的主要因素可归结为以下六个力[3]:向上的黏滞力、重力、凹弯月面处的表面张力、边界层流的惯性力、表面张力梯度和脱离压力(或结合压力)等。

近年来,还研究开发出一种新的倾斜提拉法[12],如图 14-8 所示。倾斜提拉法是将基片以一定的角度从溶胶中提升出来,凝胶膜层厚度与提拉角度之间存在一定关系,其主要目的是为了确保基片两面具有不同的膜层厚度。

2. 旋涂法

旋涂法涂膜的示意图如图 14-9 所示。旋涂法是将溶胶滴于工件表面中心处,通过离心作用,使溶胶展开并形成均匀的液膜,溶剂蒸发后便形成凝胶膜。

对于涂制大尺寸基片,旋涂法所需涂膜液用量少、制备过程快,特别适合多层膜的制备。但由于边缘效应大,对大尺寸、非圆形基片不太合适,膜层均匀性和清洁度也难以保证,仅适合性能良好的牛顿液。

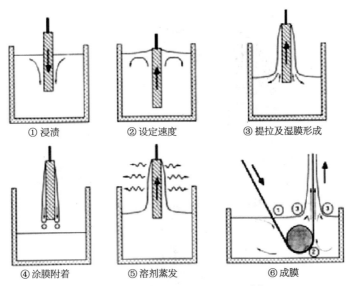

| ① 浸渍 | ② 设定速度 | ③ 提拉及湿膜形成 |
| ④ 涂膜附着 | ⑤ 溶剂蒸发 | ⑥ 成膜 |

图 14-6　提拉涂膜过程示意图[3]

① 将涂膜基片挂在拉膜机上以一定的速度浸入涂膜溶液;② 拉膜机上设置提拉的速度,基片在涂膜液中稳定一段时间;③ 以一定的速度将基片向上提拉出涂膜液;④ 基片在提拉的过程中部分涂膜液附着在基片表面,部分回流至涂膜液容器中;⑤ 基片在向上提拉的过程中溶剂挥发;⑥ 基片离开液面后附着在基片表面的溶胶颗粒成膜。

3. 层流法[13,14]

层流涂膜法也称为弯月面法,是近几年来发展起来的一种专用于大尺寸基片的涂膜方法,类似于水平浸透,基片待涂膜面朝下。弯月面法涂膜的具体过程如图 14-10 所示。涂膜溶胶经泵抽到多孔圆筒中,溶胶从孔流到圆筒外表面,在外表面形成一层连续的液膜。基片置于圆筒上方,并与液膜接触。由于表面张力的作用,形成　弯月面,基片与圆筒相对移动,液膜均匀地铺展在基片上。

4. 喷涂法

空气喷涂法,也称有气喷涂、普通喷涂,是依靠压缩空气的气流在喷嘴处形成负压,将涂料从贮漆罐中带出,使涂料雾化成雾状,在气流的帮助下,涂到被涂物表面的一种方法。

空气喷涂设备简单,操作容易,维修方便,其涂装效率高、作业性好,得到的涂膜均匀美观,每小时可涂装 150～200 m²。

空气喷涂装置包括喷枪、提供压缩空气的空压机、输液装置、喷涂室等。

喷涂法被广泛应用于工业涂膜。可以在外形不规则的压延玻璃、灯具或玻璃容器等上涂膜。飞利浦已经开发了一种旋涂与喷涂结合的工艺,在电视显示器上涂制功能膜层[15],然而在大面积玻璃上制备光学薄膜(厚度变化小于 5％)还没有达到工业级。最近报道了使用平面自动喷涂设备和低压高容量喷枪,可以在 35 cm×35 cm 的玻璃上涂 270 nm 左右厚度的膜层,厚度误差为 5％左右[16]。

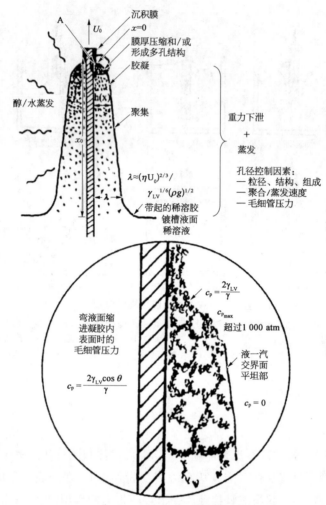

图 14 - 7 溶胶-凝胶膜层的提拉形成过程[3]

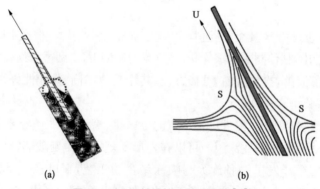

图 14 - 8 倾斜提拉法的示意图[12]

（a）浸渍在涂膜液中的基片以一定的倾斜角度向上提拉。（b）为（a）中画圈部分的放大，基片与涂膜液存在一定角度，基片两侧的涂膜液分别以一定的速度回流至涂膜液容器，形成不同厚度的膜层。

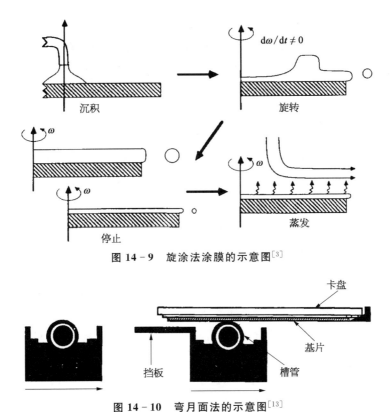

图 14 - 9　旋涂法涂膜的示意图[3]

图 14 - 10　弯月面法的示意图[13]

14.1.7　溶胶-凝胶法制备薄膜的应用

（1）保护膜

用溶胶-凝胶技术可以在基底表面制备得到具有防潮[17]、防腐[18]、耐磨[19-21]等功能的保护性膜层。其防潮膜可以是含有有机疏水基团的有机-无机杂化薄膜，也可以是结构致密的无机涂层[22]，如在易潮解磷酸二氢钾（KDP）晶体表面涂敷的有机硅酮树脂层[23,24]，以及红外氟化物玻璃表面致密的 SnO_2 膜层[25]。将掺铁的 $SiO_2 - TiO_2$ 溶胶-凝胶膜层沉积在不锈钢表面，可以大幅度提高不锈钢的防腐性能[18]。

（2）吸收、着色膜

用溶胶-凝胶技术制备的 $TiO_2 - SiO_2$ 涂层薄膜，在紫外区具有很高的吸收，可以用于紫外屏蔽[26]。在溶胶中掺入高浓度的过渡金属元素（如 Cr、Mn、Fe、Co、Ni、Cu 等），通过不同的光吸收，可以在玻璃表面制备各种不同颜色的涂层[27]。通过钛酸异丙酯和氯化铈，可以制备得到透明的黄色 $TiO_2 - CeO_2$ 涂层，在紫外区具有很高的吸收[28]。

（3）光致、电致变色薄膜

光致变色薄膜是在光激发下，薄膜的吸收发生改变而引起颜色的变化，撤掉激发光后，薄膜的颜色还可维持。主要由光致变色染料和基体组成。在钠铝硼硅酸盐薄膜中掺入 AgCl 纳米粒子制备得到的光致变色薄膜,在紫外光照射下,颜色由褐色变为紫罗兰色[29]。电致变色薄膜在加电场时变色、无电场时褪色。目前,用溶胶-凝胶技术制备的电致变色薄膜很多,品种有 WO_3[30]、V_2O_5[31]、TiO_2[32]、NiO[33]、Nb_2O_3[34]和 IrO_2[35]等,其中 WO_3、TiO_2 与 Nb_2O_3 薄膜为阳极变色,NiO 和 IrO_2 为阴极变色,而 V_2O_5 在两极都显示电致变色性能。

(4) 波导膜

光波导薄膜是光集成电路中很重要的基础元件,一般要求膜层的折射率高而均匀,光损耗小于 1 dB/cm。由于膜层折射率和组分的可调性,溶胶-凝胶技术已成为波导薄膜制备的主要方法之一。制备的波导薄膜包括无源[36]、有源 SiO_2[37]、TiO_2[38]、Al_2O_3[39]、ZrO_2[40]、Gd_2O_3[41]、Y_2O_3[42]以及复合氧化物[43]和有机-无机杂化[44]波导膜,其中有源波导膜主要指各种稀土粒子(Er^{3+}、Eu^{3+}、Ce^{3+}、Cr^{3+})或纳米掺杂的波导膜。

(5) 导电膜

透明的导电氧化物薄膜在光电领域有广泛的应用价值,可以用作显示器中的电极材料、防静电涂层、热反射膜以及薄膜电阻器等。而溶胶-凝胶技术由于具有容易掺杂的特点,被广泛用于制备导电膜。用溶胶-凝胶技术制备导电膜,研究较多的是掺 Sb 的 SnO_2 薄膜[45,46]。

(6) 高反膜

采用溶胶-凝胶提拉法在建筑玻璃表面涂反射膜,可以有效减少太阳光的入射,在夏天节省空调制冷耗电。已经制备的体系有 $In_2O_3 - SnO_2$[47]、$VO_2 - SiO_2$[48]、$PbO - TiO_2$[49]与 $Bi_2O_3 - TiO_2$[49],都能对太阳光产生很好的反射效果。此外,在高功率激光装置中,需要具有较高抗激光损伤性能的高反膜。

(7) 减反膜

用溶胶-凝胶技术制备减反膜是该技术最早的应用之一,可以制备单层、多层以及梯度折射率薄膜。对于单层膜,要达到理想减反效果,膜层折射率必须满足 $n_f = (n_o \times n_s)^{1/2}$,其中 n_f 和 n_s 分别表示薄膜和基底的折射率,n_o 表示入射介质的折射率。所以当入射介质为空气时,对于普通的玻璃基底,n_f 应低于 1.25,用其他方法镀单层膜是无法实现的。Thomas 等[50]用溶胶-凝胶法制备得到折射率为 1.22 左右的多孔 SiO_2 减反膜。但是单层膜往往只能得到一个波段的减反,采用多层膜就可以在多个波段同时实现低反。此外,单层梯度折射率膜层同样可以实现多波段减反,这种膜层的折射率从基底到入射介质是逐渐减小的。对 $Na_2O - B_2O_3 - SiO_2$ 涂层进行选择性侵蚀,就可以制备得到具有宽光谱减反效果的减反涂层[51]。从 SiO_2 溶胶提拉或旋涂制备得到的 SiO_2 薄膜经热处理、侵蚀,也可以制备得到在玻璃基体表面具有宽光谱减反效果的梯度膜层[52]。由于溶胶-凝胶减反膜具有较高的抗激光损伤性能,在高功率激光系统中得到了重要的应用。

除了上面介绍的应用外,溶胶-凝胶薄膜还可以用作铁电膜[53]、荧光膜[54]、非线性光学薄膜[55]以及偏振膜[56]等。

14.1.8　溶胶-凝胶法在高功率激光器中的应用

溶胶-凝胶膜层在高功率激光器项目中是一种不可缺少的支撑类技术。在激光膜层方面,溶胶-凝胶技术与真空技术一样,能够涂制许多种光功能膜层,如减反膜、高反膜、偏振膜和用于制备衍射光学元件的膜层;还能涂制真空技术无法涂制的 KDP 晶体防潮膜。美国 LLNL 于 1999 年启动的 NIF 中,光路通过膜层如减反膜和防潮膜,已采用溶胶-凝胶膜层;高反膜和用于光束均匀化的衍射光学元件也采用溶胶-凝胶膜层技术。

随着高功率激光器装置功率和能量在数量级方面的不断升级,不仅要求激光束数的增加,而且对光学元件和激光工作物质及其膜层的单位面积光能通量的极值——即激光破坏阈值(laser induced damage threshold, LIDT),提出了苛刻的要求。前文已经提到,高功率激光器装置工程需要巨额投资。为了尽量节省资金,必须提高材料的激光破坏阈值。在美国 NIF 装置中,许多光学元件的激光破坏阈值已接近或达到该材料本身的极限。因为溶胶-凝胶减反膜在激光破坏阈值方面取得了很大突破,所以才引起各国科学家的高度重视。高功率激光器几十年的发展历史表明,光学元件及其膜层的激光破坏阈值和光束能量密度分布的均匀化,是决定第三代高功率激光器装置成败的关键因素。

自 1986 年 LLNL 的 Thomas[50]用溶胶-凝胶技术制备得到具有高激光破坏阈值的多孔 SiO_2 增透膜以后,溶胶-凝胶薄膜得到其同行的高度重视,并得到广泛应用。图 14 - 11 和

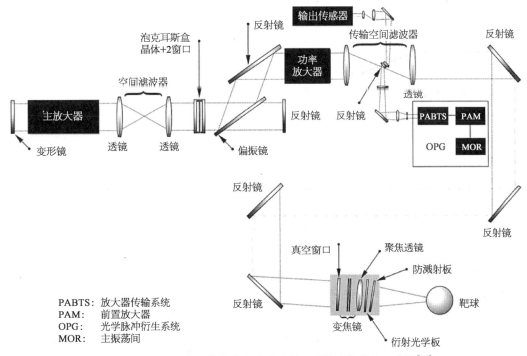

图 14 - 11　NIF 装置中单束光路中光学元件的空间排布示意图[57]

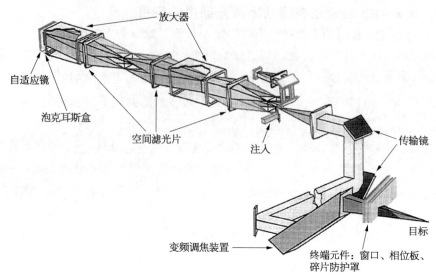

图 14-12 LMJ 装置中单束光路中光学元件的空间排布示意图[58]

图 14-12 所示为美国 NIF 装置[57] 和法国 LMJ 装置中一束光路的光学元件排布示意图[58]，其中部分光学元件需要涂溶胶-凝胶膜层。

1. 美国 LLNL 在溶胶-凝胶膜层领域的发展

Thomas 研究小组的卓越研究工作使得 LLNL 在强激光、大面积实用溶胶-凝胶膜层的研究方面处于全面领先地位。1986 年，Thomas 等[52] 通过 SiO_2 悬胶体制备得到了具有高激光损伤阈值的多孔 SiO_2 减反膜。此后，有关这种多孔减反膜的研究受到前所未有的关注，国内外从事激光研究的实验室都将其应用在各自的高功率激光装置中。通过几十年时间的研究，美国 LLNL 在溶胶-凝胶膜层领域的研究成果有单层多孔 SiO_2 减反膜、KDP 晶体防潮膜、高反膜等。

多孔 SiO_2 减反膜的制备是根据 Stöber 制备 SiO_2 胶体的方法[59-61]，在碱催化条件下，正硅酸乙酯水解、缩聚，在一定条件下制备得到均匀分散的悬胶体，悬胶体中含有颗粒度均匀分布的固体 SiO_2 颗粒。室温下采用浸渍提拉法或旋转涂膜法可以涂制多孔 SiO_2 减反膜，膜层的折射率可以降低到 1.22，对光学元件实现单层膜减反。

制备溶胶-凝胶所用的原材料具有高纯度的特点，由溶胶-凝胶法制备的减反膜结构疏松，在激光损伤特性上与物理膜有明显的差别，溶胶-凝胶减反膜多孔的特性使得其在受到激光辐照时更能承受热能和力学效应的破坏，因此，膜层具有较高激光破坏阈值的优势，具体见表 14-2。表 14-3 和表 14-4 列出了溶胶-凝胶多孔 SiO_2 减反膜改性前后的激光破坏阈值。从表中可以看到，膜层处理优化后，其破坏阈值的提高幅度是非常大的。没有经过优化的 SiO_2 减反膜，其结构疏松，形成膜层的颗粒之间缺少化学键连接，膜层与基底之间同样缺少化学键连接；其机械强度很差，激光破坏阈值也不是很高。经过优化的 SiO₂ 减反膜膜层与基板的结合得到改良,膜层的损伤阈值得到大大提高。

表 14-2　不同方法制备的薄膜的光学膜厚、表面粗糙度和损伤阈值[62]

膜层材料	沉积方式	光学厚度	粗糙度 /nm	损伤阈值 /(J/cm²)
SiO₂	溶胶-凝胶法	$\lambda/4$	2.793	22.5
ZrO₂	溶胶-凝胶法	$\lambda/4$	0.625	24.4
SiO₂	气相沉积法	$\lambda/4$	0.617	12.5
ZrO₂	气相沉积法	$\lambda/4$	0.326	10.8

表 14-3　溶胶-凝胶多孔 SiO₂ 减反膜的激光损伤阈值[63]

激光波长 /nm	脉宽 /ns	SiO₂ 基片 /(J/cm²)	KDP 晶体基片 /(J/cm²)
248	15	4～5	
355	0.6	8.5～10	>4～5
1 064	1.0	10～14	

表 14-4　改性多孔 SiO₂ 减反膜的激光损伤阈值[64]

激光波长 /nm	脉冲宽度 /ns	损伤阈值 /(J/cm²)
1 064	10	>70
	3	50
355	10	30
	3	20

进入 2000 年之后,NIF 装置中的转换晶体要求在不同波段处达到光学性能高效的要求,因此,对元件的入射面和出射面需要涂制不同膜层的减反膜。美国 LLNL 提出了运用旋涂法制备重复性、均匀性良好,低污染而尺寸为 410 mm 口径的光学元件的减反膜[65]。

在方形元件上运用旋涂法制备化学膜,通常会存在边缘效应的问题。由于液体的黏度和表面张力等因素的存在,在液体与基片表面接触时会存在一个角度,致使膜层的最边缘处较厚;由于旋转涂膜时方形基片的边缘线速度不同,在基片的四个角落处会呈现出膜层的不均匀性,在内切圆之外膜厚不同,并且会呈波浪纹形状;基片在高速旋转时最边缘处空气流动分成基片上下两部分,从而在上表面涂膜时产生空气扰动。因此,如何制备均匀的化学膜是一个最大的问题。LLNL 通过改进溶剂的配比及改性,在 370 mm× 370 mm 口径方形元件上制备出了均匀性良好的膜层。表 14-5 和表 14-6 是运用旋涂法制备的减反膜均匀性及性能测试结果。

表 14 - 5　运用不同方法进行涂膜的 37 cm 尺寸晶体的膜层均匀性对比[65]

方　　法	溶　　剂	均匀性 /%
Beamlet -提拉法	乙醇	0.08
Beamlet -旋涂法和提拉法	2 -丁醇和乙醇	0.15
NIF -旋涂法	乙醇	0.1
NIF -旋涂法	2 -丁醇和乙醇(2∶1)	0.04

表 14 - 6　运用 NIF 方法和旋转法涂膜的 37 cm 尺寸 KDP 晶体性能[65]

膜 层 类 型	波长 /nm	反射率 /%	均匀性 /%
双层	1 064	0.47	0.02
双层	532	0.34	0.07
单层	352	0.09	0.02

2. 法国在溶胶-凝胶膜层领域的发展

法国的 Floch 研究小组自 1987 年起开始研制强激光溶胶-凝胶膜层[66-69]。经过几十年的发展,研究成果主要有用于窗口、透镜等的单层化学减反膜,用于 KDP 晶体的双层保护减反膜,用于玻璃组件的双层宽带减反膜,用于激光器腔内末端镜子的高反膜[14,70],用于提高激光脉冲泵效率的灯管放大器板的保护层[70]。针对不同的基片尺寸及产能需求,他们运用了提拉法、旋涂法及层流法进行涂膜。

3. 国内溶胶-凝胶膜层的研究状况

随着国内高功率激光装置的建设,我国从 20 世纪 90 年代开始,就开展了有关溶胶-凝胶膜层的研究工作。1993 年,张伟清等[71]报道了利用旋涂法在玻璃和 KDP 晶体上镀制多孔 SiO_2 减反膜。与国外制备的多孔 SiO_2 减反膜相同,他们制备的减反膜也具有良好的减反效果、高的激光损伤阈值(波长 1 064 nm,脉宽 1 ns 的激光,损伤阈值超过 10 J / cm^2)。后来,张林等[72]在石英透镜表面制备了用于紫外区的多孔 SiO_2 减反膜,涂膜后石英透镜在 350 nm 波长处的透过率超过 98.0%。唐永兴等[73]通过对多种硅树脂原料的成膜条件、薄膜性能、激光损伤阈值等问题的研究,确定了使用甲基三乙氧基硅烷充分水解后的预聚合物来制备防潮保护膜。此种材料与美国的玻璃树脂 GR654L 相似,同样可以制备出具有疏水功能、高激光损伤阈值的均匀防潮保护膜。

进入 21 世纪后,国内更多的科研人员参与溶胶-凝胶化学膜的相关研究,其中具有代表性的有同济大学沈军课题组[74]、山西煤炭化学研究所徐耀课题组[75]等。随着神光系列装置的建成及扩大,对于应用于高功率激光装置中的化学膜层性能要求提高。目前,国内研究人员对于化学膜的研究方向主要集中于 SiO_2 减反膜在真空中的稳定性[76]、涂膜元件高功率激光阈值的提升等。

　　自 1994 年至今,在国家相关部门的持续有力支持下,上海光机所高功率激光物理联合实验室在国内率先开展了化学法制备高激光损伤阈值膜层的研制及小批量生产。在溶胶-凝胶法制备多孔性 SiO₂ 减反膜层等研究方面取得几项突破性成果,高激光损伤阈值减反膜和防潮膜在国内首次应用于高功率激光器领域,多年来高质量地完成了国家相关任务,自主研制的溶胶-凝胶减反膜层比肩国际先进水平。

§14.2　光学玻璃元件多孔 SiO₂ 减反膜

14.2.1　涂膜悬胶体

　　采用溶胶-凝胶方法在碱催化条件下正硅酸乙酯经水解缩聚后可以制备得到均匀分散的悬胶体,悬胶体中含有颗粒度均匀分布的固体 SiO₂ 颗粒。室温下采用浸渍提拉法或旋转涂膜法可以涂制多孔 SiO₂ 减反膜,膜层的折射率可以减小到 1.22[7],对于一般光学玻璃元件(如石英玻璃和 K9 玻璃)只需涂制一层膜即可实现高效减反的效果。多孔 SiO₂ 减反膜不仅可以作为光学玻璃窗口和透镜的减反膜,也可以应用到倍频 KDP 晶体的第二层减反膜。

　　胶体制备:分析纯的正硅酸乙酯、无水乙醇、氢氧化铵、去离子水按不同组分配比成混合物,溶液在磁力搅拌器上连续搅拌 4 h 以上,取样测 pH,密封放置在所需反应温度环境内。在反应过程中,随时取样检测溶液黏度。得到所需黏度的溶液后,回流 24 h 除去胶体中的氨,然后冷藏放置。涂膜前,涂膜液必须通过 0.22 μm 过滤膜,过滤掉大颗粒胶团,采用提拉法涂制膜层。

　　适用于批量涂膜的胶体在使用过程中黏度应该保持稳定,才能保持涂膜的稳定和膜层性质的稳定。当胶体达到涂膜状态后,实验中采用回流方法除去配方中的氨,可以使胶体黏度稳定,如图 14-13 所示。配方克分子比为 TEOS:H₂O:NH₃:C₂H₂OH=1:1.6:0.6:37。反应第九天,黏度为 1.9 mm²/s 时进行回流,并将其与没有回流的溶液进行比较。反应第十四天,与溶液起始黏度相比,回流和不回流溶液黏度分别增加了约 12.8% 和 97.9%。第十八天,不回流溶液已出现固化物,而回流过的溶液至第七十四天,比溶液起始黏度仅增加了 15.9%。

　　反应温度严重影响溶液的反应速度。实验中发现,在室温下,溶液的黏度变化小,延长反应时间作用不大。在一定的提拉速度范围内,膜层厚度只能

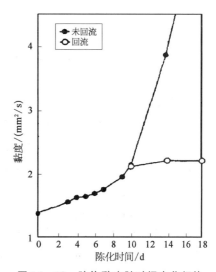

图 14-13　胶体黏度随时间变化规律

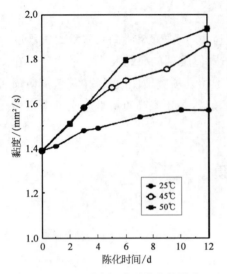

图 14 - 14　反应温度对黏度的影响

适用于短波长激光减反的涂膜液,可适当提高溶液的反应温度而加快反应的进行,使膜层的厚度增大,如图 14 - 14 所示。原料克分子比 TEOS：H_2O：NH_3：$C_2H_2OH=1$：2.2：0.8：37,同一溶液在 25℃反应 10 d 的黏度值与 45、50℃反应 3 d 的约相同。反应至 12 d 时,与溶液起始黏度相比,黏度分别增加了约 37.8%、32.8%、12.1%。提高反应温度加快了正硅酸乙酯的水解缩聚反应速度和涂膜颗粒的形成生长。

14.2.2　多孔 SiO_2 减反膜光学性质

膜层激光破坏阈值即能够承受的最高激光能量密度,对于高功率激光器膜层是极其重要的指标。实用多孔 SiO_2 减反膜需要进行优化和化学改性。LLNL 未优化多孔 SiO_2 减反膜的激光破坏阈值和优化后多孔 SiO_2 减反膜的激光破坏阈值分别见表 14 - 3 和表 14 - 4。

从表中可以看到,膜层处理优化后,其破坏阈值的提高幅度非常大。这种膜层的激光破坏阈值至少是其他方法制备的任何膜层的两倍,满足第三代驱动器 NIF 装置的设计要求。多孔 SiO_2 减反膜应用于石英玻璃元件的透过率曲线如图 14 - 15 所示[7]。可以看到,涂制多层膜的基片的膜层厚度增加,但膜层的透过光学性能没有减小,不同层数的膜层的最高透过率基本接近 100%。

未经优化处理的多孔 SiO_2 减反膜结构是非常疏松的,膜层内部气孔率达到 50%,构成膜层的颗粒之间结合力弱并且膜层与基板自身的结合力也小,激光破坏阈值比真空法减反膜低。改性优化后膜层保持疏松多空的结构,但是膜层内部颗粒之间形成团簇并且膜层与基板的结合得

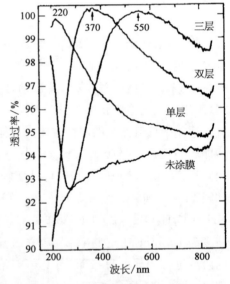

**图 14 - 15　石英玻璃基板上多孔 SiO_2
减反膜的透过率曲线**

到改良,膜层的破坏阈值大幅度提高,达到了与石英玻璃和 K9 光学玻璃表面破坏阈值相当的水平。经过十几年的研究,该膜层的破坏阈值已接近其极限。

法国 Lemeil 国家实验室的 Floch 和 Belleville[9]研究小组研究了膜层 NH_3 气氛处理以及在胶体中加入有机物大分子进行化学改性的技术,膜层破坏阈值也达到了与 LLNL 相当的水平。

14.2.3　多孔 SiO_2 减反膜稳定性

悬胶体制备得到的薄膜是由疏松的纳米尺寸类球形粒子构成,平均直径约为 20 nm。疏松的结构决定了膜层的多孔性,因而膜层具有相对较大的比表面积,吸附性强。膜层中吸附溶剂挥发可从膜层热处理后透过率上升、折射率下降得到验证。影响稳定性的另一个重要因素是膜层结构中含有许多亲水性的 Si—OH 基团,易吸附周围环境的水分子,而水分子的吸附使得膜层的折射率增加,导致透过率降低。在不同相对湿度的环境下,膜层吸附水分子的量不同,透过率降低的程度也不一样。前文讨论了热处理和化学气氛热处理对于膜层稳定性的影响,其中化学气氛热处理原理是通过化学反应尽量除去亲水性 Si—OH 基团,生成疏水性 Si—CH₃ 基团,达到膜层透过率稳定的目的。

1. 热处理[50]

图 14-16 所示为 K9 玻璃基片膜层经 200℃ 热处理 24 h 后置入相对湿度为 30%～40% 的有硅胶的干燥箱内,在不同时间测得的透过率曲线。从图中可以看出,放置 2 个月时透过率峰值降低了 0.461%,6 个月时降低了 0.793%。可见,仅仅采用热处理而不经过其他处理的膜层的透过率,随时间降低幅度很大。

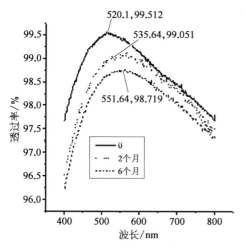

图 14-16　涂膜 K9 玻璃在不同时间的透过率曲线

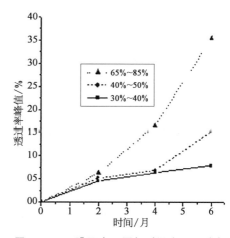

图 14-17　膜层在不同相对湿度下透过率峰值随时间的降低值

图 14-17 所示为 3 块 K9 玻璃基片膜层经 200℃ 热处理 24 h 后分别置于相对湿度为 30%～40%、40%～50%(有除湿机的超净实验室)和 65%～85%(室内大气环境)的环境下,在不同时间的透过率峰值降低值。从图 14-17 可以看出,2 个月时相对湿度为 65%～85% 环境下的透过率峰值降低值,是相对湿度 30%～40% 环境下的 1.35 倍,4 个月时为 2.62 倍,6 个月时为 4.47 倍。所以,膜层透过率对环境的相对湿度十分敏感,在相对湿度较小的环境下,膜层透过率随时间的增加而降低较小;在相对湿度较大的环境下,膜

层透过率随时间的降低非常明显,结果说明膜层透过率稳定性受环境相对湿度的影响很大。

2. 化学气氛热处理[9]

膜层结构中含有亲水性 Si—OH 基团,吸收水分后会导致透过率降低。若将这种极性基团转变为非极性疏水基团,会大大提高膜层的稳定性。采用膜层后处理的方法是在氨水和六甲基二硅氮烷混合气中经 200℃热处理 24 h,希望能够较完全消除膜层结构中的 Si—OH 基团,使之生成疏水基团。采用热处理温度为 200℃是因为涂膜的光学玻璃在这个温度的抛光面形不改变,如果采用更高温度热处理,基片的面形可能会发生变化。

Si—OH 基团在氨水碱性条件下发生的反应为

$$Si\text{—}OH + OH^-(NH_3, H_2O) \longrightarrow Si\text{—}O^- + H_2O \tag{14-5}$$

$$Si\text{—}O^- + HO\text{—}Si \longrightarrow Si\text{—}O\text{—}Si + OH^- \tag{14-6}$$

Si—O$^-$ 可与六甲基二硅氮烷发生的反应为:

$$2Si\text{—}O^- + (CH_3)_3Si\text{—}NH\text{—}Si(CH_3)_3 + 2H_2O \longrightarrow 2Si\text{—}O\text{—}Si(CH_3)_3 + NH_3 + 2OH^-$$
$$\tag{14-7}$$

图 14-18 所示为 K9 玻璃基片膜层经氨气和六甲基二硅氮烷混合气下经 200℃热处理 24 h 后,置于相对湿度为 65%~85%的环境下,在 0 和 6 个月时的透过率曲线。从图 14-18 可以看出,6 个月时透过率峰值降低了 0.356%,而只经热处理的膜层在同样条件下,6 个月时透过率峰值降低了 3.544%,是经氨气和六甲基二硅氮烷混合气热处理的近十倍,可见处理后膜层的稳定性已有很大的提高。图 14-19 所示为 2 块 K9 玻璃基片膜层在氨气和六甲基二硅氮烷混合气下经 200℃热处理 24 h 后分别置于相对湿度为40%~50%和 65%~85%的环境下,在不同时间的透过率峰值降低值。与只经热处理在

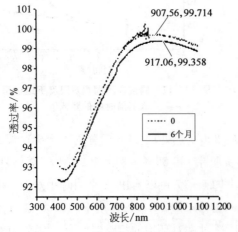

图 14-18 化学气经处理后膜层在不同时间的透过率曲线

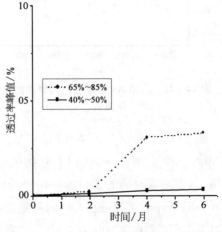

图 14-19 处理后膜层在不同相对湿度下透过率峰值随时间的降低值

同样条件下的降低值相比,图 14-19 中的降低值极小,说明环境的相对湿度对膜层的透过率影响已变得很小,可见处理后膜层稳定性已有大幅度提高。膜层实际使用的环境是 20℃和 55%相对湿度,膜层中吸附的水分在每次激光辐照中都会有部分挥发。采用化学气经热处理的方法可以使膜层保持较高透过率(99%)约 2 年。

经氨气和六甲基二硅氮烷混合气氛下热处理后,膜层中生成 Si—O—Si(CH$_3$)$_3$ 疏水基团,膜层的疏水性应有很大提高。膜层与水的接触角见表 14-7,只经热处理后膜层与水的接触角小于 10°,即膜层是亲水性的;经氨气和六甲基二硅氮烷混合气下经热处理后,膜层与水的接触角为 110°,可见膜层的疏水性有了很大提高。亲水基团转变为疏水基团,阻止膜层从周围环境中吸附水分子,从而提高了膜层的稳定性,延长了膜层的寿命。

表 14-7　膜层与水的接触角

	1#	2#
处理方式	200℃ 24 h	50 ml NH$_3$H$_2$O　50 ml HMDS 200℃　24 h
接触角	<10°	110°

HMDS:六甲基二硅氮烷(hexamethyldisilaza)。

§14.3　激光倍频器磷酸二氢钾(KDP)晶体防潮膜减反膜

KDP 晶体是激光倍频晶体,在 ICF 装置上的功能是把激光工作物质钕玻璃产生的基频激光(1 064 nm)转换成核聚变实验用的三倍频激光(355 nm),是驱动器装置中的核心光学元件之一。KDP 的化学组成是 KH$_2$PO$_4$,极易潮解,热性能和机械性能也很差。为了使 KDP 晶体能够应用于 ICF 装置,必须对其进行防潮处理。各国第一代 ICF 驱动器激光装置上使用的是匹配溶液防潮方法,因为这种方法承受激光能量较低而不能满足第二代装置(如美国 NOVA 和我国神光Ⅱ)的要求。为此 LLNL 首先开展了 KDP 晶体防潮膜的研究,Thomas 研究了有机氟材料[77]和有机硅材料防潮膜[23],有机硅材料是聚甲基硅烷。国内防潮膜[78]的研制工艺可分为五个阶段:

- ◆ 甲基三乙氧基硅烷 CH$_3$Si(OCH$_3$)$_3$ 前驱体的提纯;
- ◆ CH$_3$Si(OCH$_3$)$_3$ 预聚体的合成(关键技术);
- ◆ 根据膜层厚度确定预聚体在乙醇溶剂中的稀释比例;
- ◆ 浸渍提拉法涂膜;
- ◆ 热处理使膜层固化。

LLNL 防潮膜[23]的激光破坏阈值见表 14-8。膜层已应用于 NOVA 装置中。NOVA 装置的运行条件是:相对湿度小于 40%,温度小于 25℃。KDP 晶体涂制防潮膜和减反膜后,不仅可以防止晶体潮解,而且表面反射率由 8% 下降到约 1%。

上海光机所高功率激光物理联合实验室自主研制的 KDP 晶体聚 $CH_3Si(OC_2H_5)_3$ 防潮膜在神光 Ⅱ 上运行 6 年良好,使用期约为 3 年。膜层激光破坏阈值已经达到表 14 - 8 的数据。另外研制开发了适用于磷酸盐激光玻璃棒端面的防潮膜技术。

表 14 - 8　聚甲基三乙氧基硅烷防潮膜的激光破坏阈值

激光波长 /nm	脉冲宽度 /ns	未涂 KDP 晶体 /(J/cm²)	涂制防潮膜后的 KDP 晶体 /(J/cm²)
1 064	10	>40	40
355	10	20~30	20

14.3.1　涂膜工艺控制

膜层不同波段处的透过率随提拉速度的变化而变化。涂膜时,元件提拉速度不同,制得的膜层厚度也不同。在固定溶液黏度的条件下,SiO_2 微粒淀积速率也基本不变。提拉速度越快时,膜层越厚。膜厚的计算公式为

$$d = 0.94xu^{\frac{2}{3}} \tag{14-8}$$

式中 d 为膜层的厚度;x 由溶胶的黏度、表面张力、密度、基片等参量决定;u 为提拉速度。

对于单层膜的反射率为

$$r = (n_0n_s - n)^2/(n_0n_s + n)^2 \tag{14-9}$$

式中 r 为反射率。当 r 为零时,$n = (n_s)^{\frac{1}{2}}$,$n_d = \lambda/4$。其中,λ 为减反区的中心波长。不同的提拉速度,得到不同厚度的薄膜,中心波长也不同,因而可通过控制提拉速度(或几个速度的组合)来控制膜厚,移动减反峰值。根据减反峰值的位置也可以计算出膜层的厚度。图 14 - 20 为膜层透过率随提拉速度的变化。

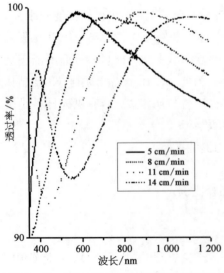

图 14 - 20　膜层透过率随提拉速度的变化

14.3.2　膜层性能

图 14 - 21 和图 14 - 22 所示为 K9 玻璃和 KDP 晶体涂膜前后的膜层透过率。结果表明,SiO_2 - PEG 减反膜可以使玻璃和晶体达到很好的减反效果。在 K9 光学玻璃片两面涂膜,在激

光基频波长 1 064 nm 处可以使减反率稳定在 7.5％左右。KDP 晶体两个通光面涂制防潮膜和减反膜以后,可以使基频(1 064 nm)和二倍频(532 nm)激光减少反射损失 6.5％～7.5％。多孔 SiO$_2$ 减反膜的折射率约为 1.23～1.25。有机硅防潮膜的折射率为 1.41。

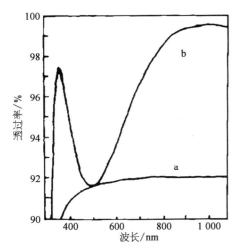

图 14 - 21　涂制多孔 SiO$_2$ 减反膜的 K9 玻璃透过率曲线

a—空白 K9 玻璃;b—K9 玻璃+减反膜。

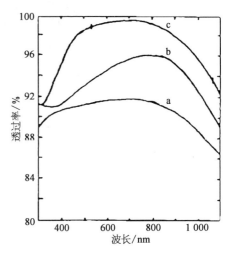

图 14 - 22　KDP 晶体涂膜前后的透过率曲线

a—空白晶体;b—晶体+防潮膜;c—晶体+防潮膜+减反膜。

　　在高功率激光器中,膜层激光破坏阈值指标的重要性起到很大的作用。在测试专用的激光器上进行激光破坏阈值的测试,膜层激光破坏阈值(1 053 nm,1 ns)总结如下[78]:

◆ K9\石英玻璃元件单层减反膜:20 J／cm^2;

◆ KDP 晶体单层防潮膜:12～15 J／cm^2;

◆ KDP 晶体双层防潮膜减反膜:10～14 J／cm^2。

　　未经过化学改性的 SiO$_2$ 减反膜的激光破坏阈值比较低,并且这种膜层比较容易吸收空气中的水分,使元件透过率下降。采用聚乙二醇(polyethyleneglycol,PEG)进行化学改性,不仅可以提高膜层的破坏阈值;而且膜层的化学稳定性有较好的改善,在激光器实际使用条件下(相对湿度小于 60％,温度小于 25℃),该膜层可以较长时间使用。涂膜后对于 SiO$_2$ - PEG 膜层需要进行热处理固化,这种处理方法适宜于酸性的 KDP 晶体,膜层的破坏阈值和化学稳定性均有改善,其中破坏阈值提高了 50％以上。

　　表面具有优良光学均匀性的膜层是保证激光束精密化质量的重要条件之一。提高激光束的质量可以节约资金,增加效率。膜层表面光学均匀性与光学元件的加工质量密切相关,相同的膜层如果元件加工质量好,那么膜层的表面均匀性也比较好。图 14 - 23 是 0.24 mm×0.24 mm 范围涂制防潮膜减反膜 KDP 晶体的表面粗糙度形貌图,其均方根粗糙度是 2.60 nm,能够满足大型激光器精密化的要求。

　　应用于倍频器 KDP 晶体的防潮膜减反膜具有以下特点:

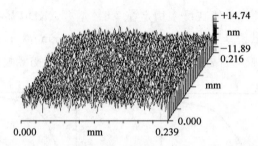

图 14 - 23　涂制防潮膜减反膜的 KDP 大晶体表面形貌

◆ 膜层激光破坏阈值高达 $10\sim14\ J/cm^2$（1 053 nm,1 ns）,能够满足目前国内最高功率激光器的要求,膜层平均使用寿命 3 年。

◆ 具有优良的减反性能,涂制膜后光学元件的双波长 1 053/527 nm 或 527/351 nm 表面反射率从 8% 下降到 0.5%～1.5%。

◆ 有良好的光学均匀性。

◆ 膜层耐擦除性能差,并且较易吸附灰尘。

14.3.3　方形基片旋涂法涂 SiO_2 疏水减反膜

溶胶-凝胶光学薄膜由于其优越的性能在高功率激光实验装置中有着很重要的应用。溶胶-凝胶膜层制备方法主要有旋涂法、提拉法和层流法,其中成熟的涂膜工艺是双面浸渍提拉法,该工艺能够实现涂制双面膜厚相同的减反膜。由于对 KDP 晶体元件光学性能要求的提高,需要对元件双面涂制不同膜厚的减反膜,而单面旋涂法工艺在圆形基片上涂膜应用得比较多,对于方形基片涂膜而言,由于存在几何效应和伯努利效应使得制备的膜层不均匀而影响膜层应用[79]。

同时,在 KDP 晶体元件上涂制运用 Stöber 法制备的减反膜,长时间使用后在晶体的表面会形成腐蚀坑,这些腐蚀坑是由于晶体表面膜层吸附了空气中的水汽而形成的[13,80]。Belleville 等[81]提出解决这一问题的方法是在涂减反膜前先涂一层防潮保护膜。

本节将从溶胶-凝胶制备出发,研究 SiO_2 改性溶胶及疏水减反膜的性能,减少元件膜层对于环境中水汽的吸附。运用单面旋涂法在方形基片上涂制溶胶-凝胶 SiO_2 疏水减反膜,膜层均匀性在原有基础上有很大提高。为在 KDP 晶体上运用单面旋涂法涂制两面不同膜厚的减反膜,提供了一条可行的技术途径。

1. 改性溶胶制备

将优级纯乙醇、氨气、去离子水、电子纯正硅酸乙酯、分析纯癸烷、分析纯六甲基二硅氮烷按图 14 - 24 所示的流程进行制备。正硅酸乙酯、水、氨气和乙醇以 1∶2∶0.9∶34.2 的摩尔比搅拌混合,将混合好的溶胶在 50℃的烘箱中陈化 7 d,陈化后的溶胶中加入六甲基二硅氮烷,在室温中进行搅拌 7 d,然后再将非极性溶剂癸烷加入搅拌 2 d,最后将溶胶在 150℃下进行回流制备,获得以癸烷为溶剂的改性 SiO₂ 溶胶。

2. 改性溶胶性能测试

按照流程所制备获得的改性 SiO₂ 溶胶具有优异的稳定性,图 14-25 所示为通过粒度仪对放置不同时间溶胶进行粒径测试的分布图,可以看到刚制备的溶胶平均粒径为 35.27 nm,而经过 50 d 放置后该溶胶的平均粒径为 37.15 nm,溶胶粒径分布均为单峰,基本没有大尺寸颗粒,这是因为由碱催化制备的溶胶经过回流后已完全去除氨气的存在,颗粒没有长大团聚的趋势。因此,溶胶可以稳定存放达 2 个月之久。运用流变仪对改性 SiO₂ 溶胶进行黏度测试,图 14-26 所示的测试结果为 3.76 mPa·s,是以乙醇为溶剂的常规 SiO₂ 溶胶黏度的两倍左右。改性 SiO₂ 溶胶黏度的增大,主要与溶剂由癸烷代替乙醇有关,且溶胶的 SiO₂ 固相含量增加。

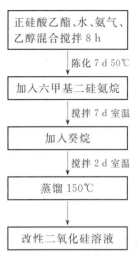

图 14-24　改性 SiO₂ 溶胶制备流程

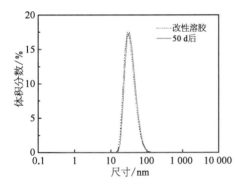

图 14-25　改性 SiO₂ 溶胶粒径分布图
(彩图见图版第 66 页)

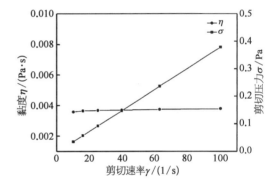

图 14-26　改性 SiO₂ 溶胶黏度测试

3. 膜层性能

通常 SiO₂ 减反膜具有极性羟基基团,经热处理后接触角是 10°[82],容易吸附环境中存在的水汽。通过改性 SiO₂ 溶胶制备的减反膜,由非极性基团取代了极性基团。

图 14-27　疏水减反膜接触角 136°

图 14-27 中的疏水减反膜接触角达到 136°,膜层疏水性得到明显提高。将涂制该膜层的 K9 基片分别置于不同环境下一个月时间,在 50% 和 90% 相对湿度环境下接触角分别为 136° 和 139°,膜层的接触角基本没有发生变化,说明膜层疏水性能良好,不受环境湿度影响。

图 14-28 所示为疏水减反膜经过红外测试的分析谱图,在 2 980、1 295 和 885 cm⁻¹ 处的吸收峰

归属于 Si—CH₃ 上的 CH₃ 基团和 Si—C 键[13]。1 100 和 612 cm⁻¹ 处的振动峰为 Si—O—
Si 键[83,84],818 cm⁻¹ 处为 Si—C 伸缩振动峰,471 cm⁻¹ 处为 Si—O—Si 吸收峰。从红外光
谱图中可以看出由改性溶胶制备的疏水减反膜中存在着 Si—O—Si(CH₃)₃ 基团,甲基基
团完全取代了羟基基团。

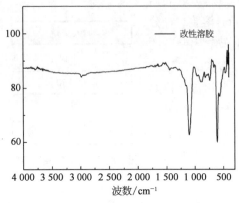

图 14 - 28　疏水减反膜红外光谱图

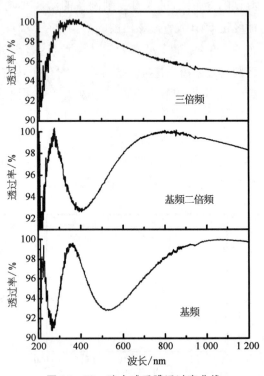

图 14 - 29　疏水减反膜透过率曲线

疏水 SiO₂ 减反膜可以在不同单波段范
围增透,透过率峰值接近 100%,图 14 - 29 中
分别是在方形基片上运用旋涂法制备获得
的基频、基频二倍频、三倍频波段的透过率
曲线。在 50% 和 90% 相对湿度环境下放
置一个月后的膜层透过率依然都高于
99%,膜层透过率受环境湿度影响小。

由溶胶-凝胶制备的多孔性化学膜具有高透过率和高阈值的优势,将改性溶胶干凝
胶粉末进行比表面积及孔径分析测试,BET(Brunauer-Emnett-Teller)比表面积为
584.58 m²/g。大的比表面积意味着所制备膜层的致密度降低,孔隙率增大[85]。从图 14 - 30
测试得到的吸附-脱附曲线中可以看到,该迟
滞回线属于 H2 型,孔径分布相对较宽,是尺寸
较均匀的球形颗粒,说明该 SiO₂ 凝胶粉末是介
孔材料,相应所制备获得的膜层孔隙率较大。

通过上海光机所薄膜中心运用 Raster
Scan 测试方法进行该膜层的阈值测试。
在图 14 - 31 中可以看到当能量小于 10.9 J
时,膜层上未出现损伤点;当能量达到 11.6 J
时,膜层表面上出现了 5 个生长损伤点,该膜
层的测试结果为 10.9 J/cm²(355 nm,3 ns),

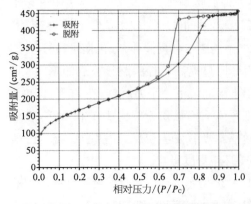

图 14 - 30　改性 SiO₂ 凝胶物理吸附等温线

膜层阈值较高。

4. 方形元件单面旋涂工艺研究

单面旋涂工艺是美国 NIF 装置中制备化学膜的方法之一,用以提高膜层的光学性能[86]。虽然用单面旋涂法在圆形基片上涂膜,运用得比较成熟及广泛,但在该方法的制备工艺中,依旧会存在边缘效应问题,尤其在方形基片上由于存在伯努利效应、几何效应,会造成更严重的膜层不均匀[87]。

根据 Meyehofer 的理论[88],旋涂法制备膜层的最终厚度与溶剂挥发量、溶剂挥发速率、溶胶黏度、基片旋转角速度相关。在自制

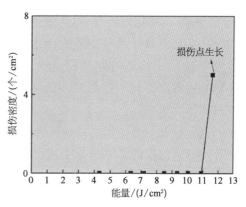

图 14 - 31　改性 SiO$_2$ 膜层阈值测试

大型旋涂机上使用改性 SiO$_2$ 溶胶在方形基片上进行单面旋涂涂膜。方形元件单面旋涂后膜层结果如图 14 - 32 所示,膜层不均匀面积占整个基片的 20% 左右。通过设计一个圆形"类铜钱"金属夹具,旋转法涂膜的均匀性有明显提高,膜层不均匀面积降低到 5% 以下,涂膜效果与实物图如图 14 - 33 所示。将 245 mm 尺寸的方形涂膜基片通过分光光度计选取多个不同的点进行透过率测试,选点位置如图中标识。图 14 - 34 所示的结果表明,各点的透过率曲线重合性良好,说明采用经过改进的单面旋涂方法,膜层均匀性优异。

经改性制备得到的 SiO$_2$ 溶胶黏度高于常规

图 14 - 32　无金属夹具的方形基片旋涂
效果图(彩图见图版第66页)

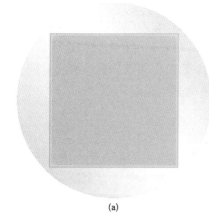

(a)

(b)

图 14 - 33　方形基片使用金属夹具单面旋涂

(a) 效果图;(b) 245 mm 尺寸实物图。

SiO₂ 溶胶,但稳定性能优良,可放置 2 个月时间之久。由改性溶胶制备的疏水减反膜孔隙率高,具有高透过率且稳定性良好,在不同相对湿度环境下膜层的接触角及透过率基本不发生变化。

通过设计一个金属夹具,可以提高方形元件旋涂法涂膜的膜层均匀性,不均匀膜层面积占整个基片面积可由原先的 20% 下降到 5%。为解决在 KDP 晶体上运用单面旋涂法涂制两面不同膜厚的均匀减反膜的问题,提供了一条可行的技术途径。

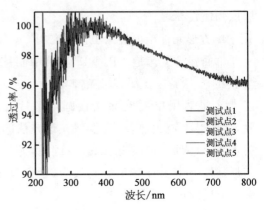

图 14‑34　方形基片旋涂法涂膜多点透过率曲线(彩图见图版第 66 页)

§14.4　掺钕磷酸盐激光玻璃聚二甲基二乙氧基硅烷(DMDEOS)防潮膜[89]

掺钕磷酸盐激光玻璃是 ICF 激光器的工作物质,长时间暴露在空气中易吸水潮解。因为磷酸盐激光玻璃的膨胀系数与 KDP 晶体相差很大,如果适用于晶体的聚甲基三乙氧基硅烷防潮膜涂制于磷酸盐玻璃表面,膜层易开裂。为此,需要开发适用于磷酸盐激光玻璃的聚二甲基二乙氧基硅烷防潮膜。

1. 涂膜液制备及性能

摩尔比 DMDEOS:H₂O:C₂H₅OH:HCl=1:4:1:0.01,在 100~110℃ 条件下回流反应,再蒸馏除水。蒸馏过程中因为首先蒸出乙醇,所以进一步促进了水解缩聚反应。制备得到高浓度的二甲基二乙氧基硅烷(dimethyldiethoxysilane, DMDEOS)涂膜预聚体。预聚体呈黏稠和无色透明。取适量的预聚体与乙醇按 1:4 的体积比混合,得到浓度适当的涂膜液,目的是涂制所需厚度的膜层。磁力搅拌 30 min,密封储存于 20℃ 的环境,取出部分用于涂膜。剩余部分继续搅拌,并对黏度和电导率进行定期跟踪测试。

对涂膜液的稳定性,实验用其黏度及电导率的变化加以研究。陈化时间对涂膜液黏度的影响如图 14‑35 所示。可以看出,涂膜液的黏度在制备后 3~5 d 的时间内有上升趋势,此后趋于稳定,之后的 50 d 内基本不变。

2. 防潮膜性质

掺钕磷酸盐激光玻璃长时间暴露于空气中,会自然潮解。为了测试膜层的防潮性能,实验中对同一片 φ35 mm×4 mm 的掺钕磷酸盐激光玻璃一半涂膜,另一半不涂膜,然后放置于调温调湿箱中,并将调温调湿箱内的环境设置为温度 80℃、湿度 92%。在该环境中静置 21 d 后,裸露的未涂膜部分出现了肉眼可见、大小不等的潮解斑。而涂膜部分则变化不明显,用蘸过无水乙醇的绸布将膜层擦拭掉,在显微镜下一切正常,没有明显

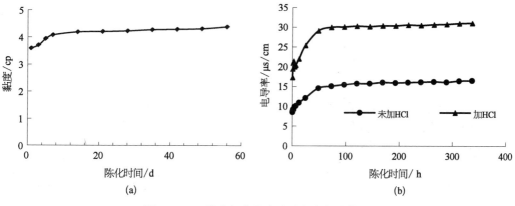

图 14-35 黏度与电导率随时间变化趋势图

(a) 黏度；(b) 电导率。

可见的潮解斑。图 14-36 为放置 21 d 后在光
学显微镜下拍摄的潮解斑，放大倍数为 16 倍。

光学透过率测试时涂膜的基片由 K9 玻璃
晶体代替了掺钕磷酸盐激光玻璃。原因是掺钕
磷酸盐激光玻璃在可见光范围内有强烈的吸收
带，而 K9 玻璃则没有，同时 K9 玻璃和掺钕磷
酸盐激光玻璃的折射率基本相同（1.51～
1.52），所以 K9 玻璃可以代替磷酸盐玻璃进行透
过率测试。防潮膜的透过率曲线如图 14-37 所
示。涂膜后 K9 玻璃片峰值透过率达到
96.5%，比空白基片的透过率提高了 4.5%。因

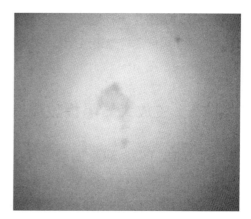

图 14-36 激光玻璃上的潮解斑

为掺钕磷酸盐玻璃棒在光路中使用时端面加工有 5°的劈角，所以两个面的剩余反射光不
会对激光器造成反激光。实际使用时不需要再涂减反膜。

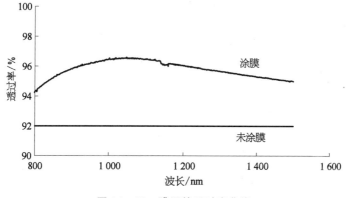

图 14-37 膜层的透过率曲线

膜层表面粗糙度是影响激光束光学质量的重要因素。平滑的表面有利于光束质量的提高和激光器的精密化。固化后膜层表面粗糙度测试结果如图 14-38 所示。测试结果为：防潮膜的均方根表面粗糙度为 1.659 nm。

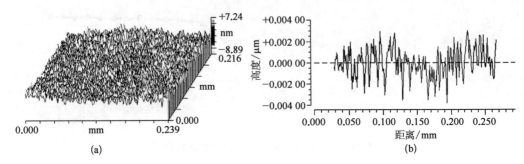

图 14-38 膜层的表面形貌及剖面图

(a) 膜层的微观表面形貌；(b) 断面图。

对破坏阈值测试专用激光器进行了激光破坏实验，测试方法采用概率法。防潮膜的激光破坏阈值在 $10\sim14\,\mathrm{J/cm^2}(1\,053\,\mathrm{nm},1\,\mathrm{ns})$，能够满足我国神光装置的要求。

§14.5 主放大器隔板玻璃宽带减反膜硬膜

14.5.1 TiO_2/SiO_2 宽带减反膜

ICF 激光器主放大器隔板玻璃位于掺钕磷酸盐激光玻璃片和氙灯之间，功能是防止氙灯爆裂时损坏激光玻璃。涂膜的目的是减少氙灯光通过隔板玻璃时产生的反射。法国 Lemeil 国家实验室采用了 Ta_2O_5/SiO_2 硬膜膜系[89]，因为 Ta_2O_5 原材料价格昂贵，所以自主研发的膜层采用了 TiO_2/SiO_2 硬膜膜系[90]。

1. 胶体制备及其性质

TiO_2 胶体制备：钛酸正丁酯(tetrabutyl titanate，TBOT)、乙酰丙酮(acetylacetone，Acac)、去离子水、盐酸以及溶剂无水乙醇按一定比例进行混合制备。由于 TBOT 的反应活性较高，为有效控制其反应速度，TiO_2 溶胶制备采取分步进行，即将无水乙醇分成两等份，一份用于 TBOT 和 Acac 的溶解分散，另一份中加入所需的 H_2O 和 HCl，待两种溶液分散均匀后(约需 0.5 h)，在高速磁力搅拌过程中，将后者缓慢加入前者中(约需0.5 h)，密封，继续磁力搅拌 4 h，室温陈化即可得到 TiO_2 溶胶。

SiO_2 溶胶制备：将原料正硅酸乙酯、无水乙醇、去离子水、盐酸，按摩尔比 1.0：20：4.0：0.01 依次加入玻璃容器，密封磁力搅拌 4 h，室温陈化 3 d 以上得到 SiO_2 涂膜溶胶。

SiO_2 悬胶体制备：将原料 TEOS、无水乙醇、分子量为 200 的聚乙二醇(PEG)、去离子水、氨水按摩尔比 $TEOS：H_2O：NH_3：C_2H_5OH：PEG-200=1：2.0：0.6：34：0.08$ 混合密封，室温磁力搅拌 4 h，在 40℃ 密封陈化 10 d，溶液达到涂膜要求，回流除氨，得到平均粒径 20 nm 的半透明状 SiO_2 悬胶体。

用 HCl 催化 TBOT 水解、缩聚制备 TiO_2 溶胶过程中,水含量(用 r 表示,即[H_2O]/[TBOT]摩尔比)、催化剂用量以及螯合剂 Acac 用量等参数对 TBOT 的水解、缩聚反应速度以及所制溶胶的稳定性影响很大。本节主要利用凝胶时间与黏度变化途径来判断制备涂膜溶胶的稳定性。图 14-39 和图 14-40 表示 r 取 3、Acac 与 TBOT 摩尔比为 0.8 时,溶胶制备过程中黏度与 HCl 用量之间的关系。

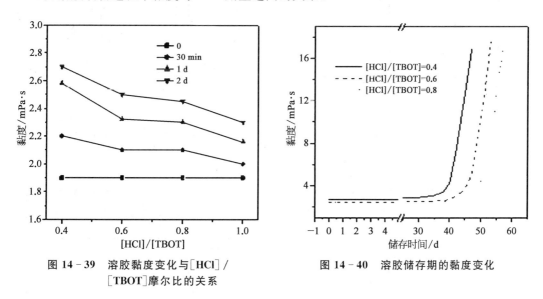

图 14-39　溶胶黏度变化与[HCl]/[TBOT]摩尔比的关系　　图 14-40　溶胶储存期的黏度变化

2. 折射率 1.88/1.40 和 1.90/1.44 双层减反膜的性能

1.88 折射率膜层选用 TiO_2/SiO_2 复合溶胶,1.90 折射率薄膜直接用 TiO_2 溶胶,相应的低折射率膜层分别采用 $CH_3SiO_{1.5}$ 预聚体和 SiO_2 溶胶涂膜液,制备得到 1.88/1.40 和 1.90/1.44 双层减反膜的透过率曲线分别如图 14-41 和图 14-42 所示。与 1.79/1.35 双层减反膜的高折射率膜层相同,图 14-41 和图 14-42 中高折射率薄膜同样通过两次提拉法涂制,中间需要经过适当热处理。从图中可以看出,1.88/1.40 双层减反膜使隔板玻璃的透过率在钕玻璃主吸收波峰处分别提高到 98.5%、96.6%、98.8%、99.4% 和 98.1%,平均提高了约 6.7%;1.90/1.44 双层减反膜使隔板玻璃在钕玻璃主吸收峰的平均透过率提高了约 6.5%。

将表面涂制 1.90/1.44 双层减反膜的隔板玻璃安装在神光 Ⅱ 第九路主放大器中进行高能氙灯辐照实验,结果发现,装置主放大器的增益提高了 5% 以上,氙灯辐照数百次前后隔板玻璃表面减反膜的透过率光谱图如图 14-43 所示。膜层曲线变化趋势与图 14-44 的相近。很显然,经过高能氙灯辐照后,减反膜的透过率光谱基本保持不变,表明这种减反膜具有良好的抗氙灯辐照性能。另外,从氙灯辐照后薄膜的表面破坏程度,也可以推测薄膜的抗氙灯辐照性能。对辐照后薄膜的表面进行仔细观测后,并没有发现破坏迹象。

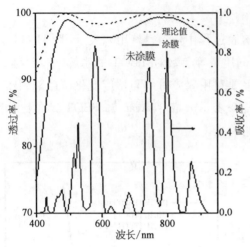

图 14 - 41　折射率 1.88 /1.40 双层减反膜在钕玻璃吸收波段的透过光谱与钕玻璃的吸收光谱

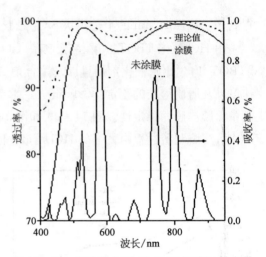

图 14 - 42　折射率 1.90 /1.44 双层减反膜在钕玻璃吸收波段的透过光谱与钕玻璃的吸收光谱

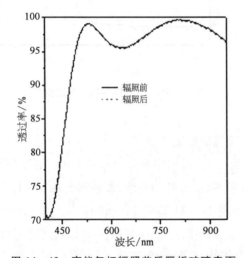

图 14 - 43　高能氙灯辐照前后隔板玻璃表面1.90 /1.44 双层减反膜的透过光谱图

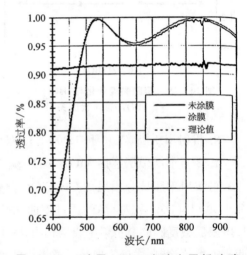

图 14 - 44　法国 Lemeil 实验室隔板玻璃 Ta_2O_5/SiO_2 减反膜

图 14 - 45 所示为隔板玻璃表面 1.90 / 1.44 双层减反膜的表面面形。从图中可以看出,该减反膜的表面起伏较小,表面粗糙度小,其均方根表面粗糙度为 1.201。

14.5.2　隔板玻璃超宽带减反膜

在高功率激光装置中为了防止作为抽运光源的高功率管状脉冲氙灯的突然炸裂对造价昂贵的主放大器造成损伤,主放大器与氙灯之间需要用隔板玻璃隔开,如图 14 - 46 所示。为避免光反射造成能量损失,在隔板玻璃表面需要涂制减反膜[89,91,92]。隔板玻璃

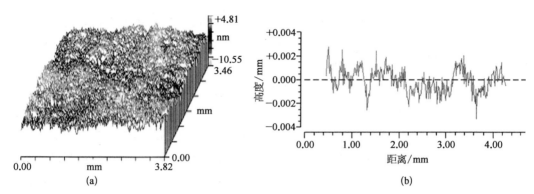

图 14-45 隔板玻璃表面减反膜的形貌(彩图见图版第 67 页)

(a) 薄膜的表面面形;(b) 截面的膜面起伏状况。

通常采用肖特公司的硼硅酸盐玻璃为基板,表面反射严重。为提高主放大器的增益,必须进行表面减反处理。综合考虑图 14-47 所示的钕玻璃的吸收光谱和氙灯的发射光谱,隔板玻璃的减反膜应当在 400~950 nm 波长范围内具有宽光谱减反。此外,膜层还需有一定耐擦除性能、耐热辐照性能、耐水汽冲击和高压水冲洗等性能。具体隔板玻璃双层减反膜涂膜流程如图 14-48 所示。

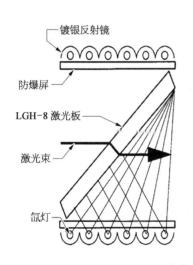

图 14-46 隔板玻璃安装示意图[89]

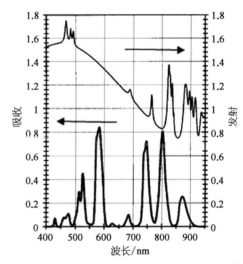

图 14-47 钕玻璃吸收光谱和氙灯的发射光谱[89]

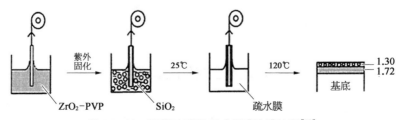

图 14-48 隔板玻璃双层减反膜涂膜流程[68]

　　Yoshida 等[93]在氙灯外壁和隔板玻璃表面涂制 Teflon AF 2400 树脂后,抽运效率提升将近 8%,氙灯外壁减反膜经氙灯 100 次辐照(15.4 J/cm²)后未发现损伤。法国的 Floch 等[68]为隔板玻璃研发了新型双层减反膜,膜层由 λ/2 ZrO₂ 和 λ/4 SiO₂ 膜层组成。为了提高膜层的耐擦除性能,在 λ/4 SiO₂ 膜表面涂上很薄的疏水保护层。这种双层减反膜使主放大器的增益提高了 6.5%~7.2%,经氙灯 1 000 次辐照(10~12 J/cm²)后表面无明显损伤。之后,Prene 等[89]研发了一种 λ/4~λ/2 膜系减反膜,分别采用 Ta₂O₅ 和酸催化 SiO₂ 作为内外层,提拉涂膜后 150℃热处理 30 min,耐擦除性能、辐照性能、高压冲洗性能均满足使用要求,但该膜层在中心(600~700 nm)波长范围内透过率较低(小于 97%),如图 14-49 所示。随着入射角的增加,主放大增益有所增加。为了提升可见光范围透过率,并减少氙灯辐照后的红外热辐射,Monterrat 等[94]在隔板玻璃上引入了一层耐热膜,如图 14-50 所示。

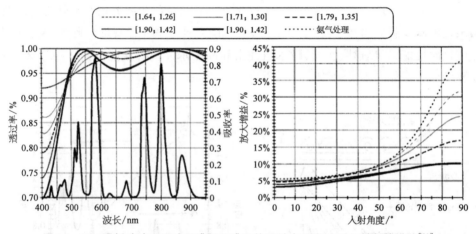

图 14-49　隔板玻璃双层减反膜不同膜系的透过率以及不同入射角的增益[89]

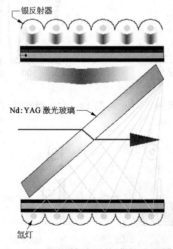

图 14-50　隔板玻璃耐热膜与减反膜[94]

由于氙灯可以看成是连续点光源,应当考虑斜入射的情况。神光Ⅱ隔板玻璃采用提拉法 $\lambda/4\sim\lambda/2$ 膜系 M 型双峰减反膜,在斜入射时透过率曲线会偏移,无法完全覆盖钕玻璃的三个主要吸收峰。随着装置的不断升级改进,开展了第二代 $\lambda/4\sim\lambda/4$ 超宽带多孔性 SiO_2 减反膜的研制工作。研制的 $\lambda/4\sim\lambda/4$ 超宽带减反膜,实现了 $450\sim950$ nm 波段宽带减反以及斜入射时对钕玻璃的三个主要吸收峰的有效覆盖,并且膜层经过高温热处理后可实现化学稳定性和热稳定性的提高,膜层具有一定的耐擦除强度。

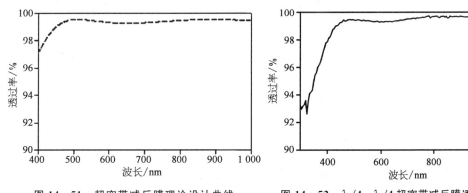

图 14-51　超宽带减反膜理论设计曲线　　　图 14-52　$\lambda/4\sim\lambda/4$ 超宽带减反膜透过率曲线

主要技术方案及关键技术为制备超低折射率 SiO_2 溶胶与高折射率 SiO_2 溶胶。在低折射率溶胶纳米颗粒上缠绕链状的 SiO_2 提高表面膜层的硬度($n=1.2$ 左右),形成 $\lambda/4\sim\lambda/4$(1.2/1.36,石英基片)宽带减反膜,在 $450\sim950$ nm 范围内形成全宽带减反。用薄膜设计软件 TFClac 模拟出该膜层,基片为石英基片,折射率约 1.45,中心波长为 650 nm 左右,此时膜层折射率为 1.36/1.20,如图 14-51 所示,该膜层在 $450\sim950$ nm 波长范围宽带减反,剩余反射率小于 1%。超低折射率 SiO_2 溶胶的制备在引用文献[95]中有详细描述。$\lambda/4\sim\lambda/4$ 超宽带减反膜透过率如图 14-52 所示。通过 500℃ 高温热处理,膜层的硬度、化学稳定性、热稳定性均得到提高。

从图 14-53 不同角度入射光的模拟图可以看到,正入射时,超宽带减反膜的透过率曲线很平坦,且在钕玻璃主要吸收峰处的透过率均比 SiO_2/TiO_2(1.90/1.44)减反膜要

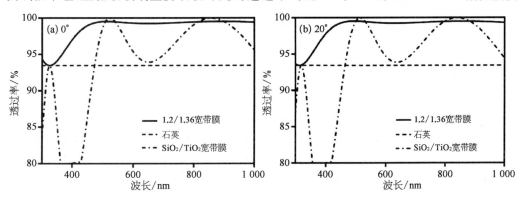

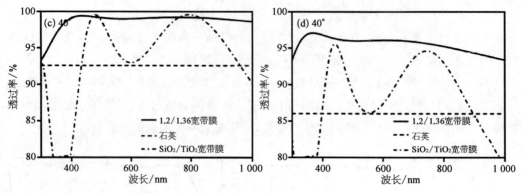

图 14-53　超宽带 $\lambda/4\sim\lambda/4$ 减反膜和空白石英片在不同入射角透过率模拟曲线

(a) 0°入射角；(b) 20°入射角；(c) 40°入射角；(d) 60°入射角。

高。随着入射角的增加，40°入射角时 SiO_2/TiO_2 减反膜的透过率谱线已经不能有效覆盖 570 nm 左右的钕玻璃吸收峰。

§14.6　溶胶-凝胶法制备 ZrO_2/SiO_2 双层减反膜

14.6.1　以有机锆醇盐为前驱体制备 ZrO_2 薄膜

醇盐路线法制备 ZrO_2 膜是以异丙醇锆（或正丙醇锆、叔戊醇锆、丁醇锆等）为原料，加入蒸馏水后在一定条件下控制水解，制得锆溶胶。为了防止胶粒凝聚成团，有的要进行一些特殊的处理。过渡金属如 Ti、Zr、Ta 等的电负性较低、配位数较高，因而其醇盐稳定性较差，极易与水快速反应生成沉淀[96]。为了获得稳定的溶胶，必须严格控制锆醇盐的水解、缩聚过程。以有机酸[97]、α-羟基酮[98]、醇胺[99]、β-二酮[100]、甘醇[101]等有机络合剂对锆醇盐进行化学修饰，可以有效地抑制其水解、缩聚过程，并生成稳定的溶胶。溶胶-凝胶 ZrO_2 高折射率膜层研究的深入，将促进溶胶-凝胶激光多层膜的应用和发展。

1. 碱催化制备溶胶-凝胶 ZrO_2 薄膜及性能研究

本节以 $Zr(OC_3H_7)_4$ 为前驱体，采用二甘醇为络合剂，在氨水的碱性条件下，水解制备 ZrO_2 溶胶，加入有机黏结剂聚乙烯吡咯烷酮（polynyl pyrrolidone，PVP）希望能提高薄膜的激光损伤阈值。研究目的是制备出稳定的 ZrO_2 溶胶和高折射率的薄膜，并对溶胶和薄膜的性能和结构进行研究。

（1）溶胶的制备

用锆酸丙酯为前驱体，以二甘醇为络合剂，在氨水的碱性催化下，于无水乙醇溶剂中水解制备溶胶。在磁力搅拌条件下，按摩尔比 50∶1∶1∶3∶0.1 依次加入无水乙醇、锆酸丙酯、二甘醇、氨水、PVP-360 于玻璃容器中，密封搅拌 5 h，室温陈化 1 d。另配一份加入 PVP-360，PVP-360 与 $Zr(OC_3H_7)_4$ 的摩尔比为 1∶0.1。

（2）溶胶稳定性

溶胶的成膜性能稳定性可通过测试溶胶的黏度随时间变化的规律性来判断。溶胶黏度随时间变化小,则溶胶比较稳定,即溶胶适于涂制均匀薄膜。图 14-54 所示为室温制备的 ZrO_2 溶胶黏度随时间的变化曲线。从图中可以看出,在溶胶配置后 26 d 内黏度变化不大,说明在二十几天内,含不含 PVP 对溶胶的成膜稳定性影响不大。在 26 d 后,含 PVP 和含 PVP 的溶胶黏度开始增大,且不含 PVP 的溶胶黏度增大幅度较小,含 PVP 的溶胶黏度增大幅度很大,PVP 是具有柔性链状结构的聚合物,有较强的形成氢键和形成络合物的能力,它不仅能提高溶胶的黏度,而且在 26 d 后快速导致溶胶的不稳定性。

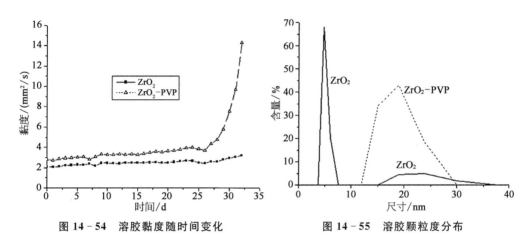

图 14-54　溶胶黏度随时间变化　　图 14-55　溶胶颗粒度分布

图 14-55 所示为溶胶经陈化一周的颗粒度分布情况。可以看出,不含 PVP 的溶胶颗粒粒径主要分布在 4~7 nm 和 15~35 nm 两个范围内,含 PVP 的溶胶颗粒粒径主要分布在 12~30 nm 范围内。可见,ZrO_2-PVP 溶胶颗粒粒径分布比 ZrO_2 溶胶的集中。可能是由于 PVP 的络合作用,含 PVP 的溶胶的颗粒粒径较大,从而导致了溶胶的不稳定性。

（3）薄膜结构分析

图 14-56 所示为 ZrO_2 薄膜经 200℃ 热处理后的红外光谱图。可以看到,605 cm^{-1} 处的吸收峰为 Zr—O 伸缩振动峰,1 105 cm^{-1} 处吸收峰为 Zr—O—C 弯曲伸缩振动峰[102],1 616 cm^{-1} 为 C═C 和 C═O 伸缩振动峰,3 382 cm^{-1} 处的宽光谱吸收峰为 OH 振动吸收峰。从图中可看出,含 PVP 薄膜的 Zr—O—C 弯曲伸缩振动峰比不含 PVP 的明显增强,这主要是因为 PVP 与溶胶中锆醇盐络合生成 Zr—O—C 结构;不含 PVP 薄膜的 1 616 cm^{-1} 吸收峰为二甘醇与锆络合而生成

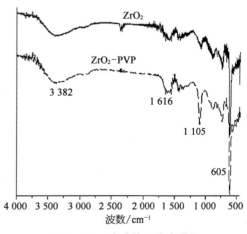

图 14-56　溶胶的红外光谱图

的 C═C 伸缩振动峰,含 PVP 薄膜的 1 616 cm^{-1} 吸收峰略有增强,因为增加了 PVP 中的 C═O。

（4）薄膜折射率变化

图 14-57 所示为膜层的折射率随温度的变化曲线,图中折射率均为在波长 650~750 nm 波段所测。随热处理温度的升高,膜层内有机物分解挥发,缩聚反应程度增加,薄膜收缩致密,折射率也随之升高。由图可看出,ZrO_2 薄膜和 ZrO_2 – PVP 薄膜折射率随温度变化基本一致,可见加入 PVP 对膜层的折射率变化影响不大。在 500℃ 以内,膜层的折射率随热处理温度升高而增高,当热处理温度为 500℃ 时,折射率接近 1.95。

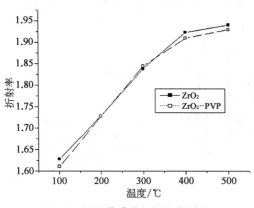

图 14-57　薄膜的折射率变化图

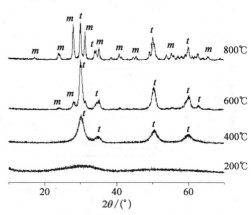

图 14-58　ZrO_2 凝胶粉的 X 射线衍射谱

t：四方晶相；m：单斜晶相。

（5）凝胶热分析

将制备的 ZrO_2 溶胶在 100℃ 恒温干燥 24 h 除去体系中的溶剂和大部分水,使其成为凝胶粉。将 ZrO_2 凝胶粉在不同的温度（分别为 200、400、600、800℃）下进行热处理,降到室温后分别得到黄色、土黄色、灰黑色、白色固体,将其碾碎进行 X 射线衍射（X-ray diffraction,XRD）测试,结果如图 14-58 所示。从图中可以看出,经 200℃ 热处理后,样品为非晶态结构,至 400℃ 热处理后,ZrO_2 呈四方晶相（t – ZrO_2）,经 600℃ 处理后,ZrO_2 呈四方晶相并伴有少量单斜晶相（m – ZrO_2）,而热处理温度为 800℃ 时,单斜晶相显著增加。可见,随热处理温度的升高,ZrO_2 晶型由四方晶相逐渐转变为单斜晶相。

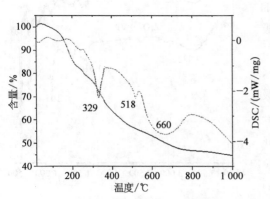

图 14-59　凝胶的 TG/DSC 谱图

将制备的 ZrO_2 凝胶粉进行 TG（thermogravimetric,热重测量）/DSC（differential scanning calorimetry,差示扫

描热测量)热分析,结果如图 14-59 所示。图中凝胶的热失重主要发生在 $100 \sim 800℃$ 范围,为有机物挥发和氧化分解所致,超过 $800℃$ 热失重趋缓。在 $329℃$ 附近有一较窄的放热峰,对应着有机基团的碳化分解放热和结构水的排出,以及 ZrO_2 由非晶态向晶态的转变放热,与图 14-58 中经 $400℃ZrO_2$ 呈四方晶相($t-ZrO_2$)相一致,体系失重比例较大。在 $518℃$ 附近有一较小的放热峰,对应有机基团的燃烧分解放热。在 $660℃$ 附近有一较宽的放热峰,应为有机残留物氧化分解放热。

（6）膜层表面形貌

图 14-60 所示为经 $200℃$ 热处理的 ZrO_2 膜层表面形貌图。从图中可以看出,ZrO_2 的膜层表面比 ZrO_2-PVP 的表面稍为平整些。ZrO_2 的表面平均粗糙度为 0.314 nm,ZrO_2-PVP 的表面平均粗糙度为 0.326 nm。可见,ZrO_2 膜层的表面粗糙度较小,表面均匀平整,而加入 PVP 对膜层的表面影响不大。

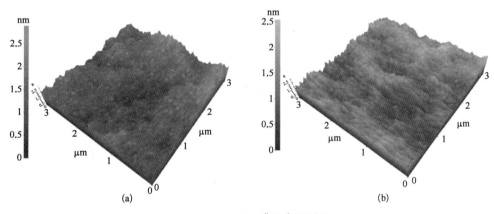

(a)　　　　　　　　　　　　(b)

图 14-60　ZrO_2 膜层表面形貌

(a) ZrO_2;(b) ZrO_2-PVP。

（7）膜层的激光损伤阈值

膜层的激光损伤阈值在高功率激光器研制中是一个极为重要的指标,也是影响高功率激光薄膜元件能否使用以及元件使用寿命的主要原因。在本单位自研的激光损伤阈值测试平台上采用 $1-on-1$ 打点与损伤激光概率的方法测出经 $200℃$ 热处理的 ZrO_2 薄膜的激光损伤阈值,不含 PVP 膜层的激光损伤阈值为 10.2 J/cm^2($1\,064$ nm,1 ns),含 PVP 膜层的激光损伤阈值为 14.17 J/cm^2($1\,064$ nm,1 ns),同时测试的 JGS-1 石英玻璃的激光损伤阈值为 16 J/cm^2($1\,064$ nm,1 ns)。可见,加入 PVP 能有效提高膜层的激光损伤阈值。

2.酸催化制备溶胶-凝胶 ZrO_2 薄膜及性能研究

本节以 $Zr(OC_3H_7)_4$ 为前驱体,采用乙酰丙酮为络合剂,在盐酸的酸性条件下,水解制备 ZrO_2 溶胶,加入 PVP 调节溶胶中成膜物质的结构,制备出稳定的 ZrO_2 溶胶,并对溶胶和薄膜的性能和结构进行了研究。希望能提高薄膜的激光损伤阈值,为研制 ZrO_2/SiO_2 双层减反硬膜提供高折射率膜层。

(1) 溶胶的制备

用锆酸丙酯为前驱体,以乙酰丙酮为络合剂,在盐酸催化下在无水乙醇溶剂中水解制备溶胶。在磁力搅拌条件下,按摩尔比 50∶1∶1∶3∶0.1 依次加入无水乙醇、锆酸丙酯、乙酰丙酮、盐酸于玻璃容器中,密封搅拌 5 h,室温陈化 1 d。另配一份加入 PVP - 360、$Zr(OC_3H_7)_4$,与 PVP 的聚合单体乙基吡诺烷酮的摩尔比为 1∶0.1。

通过水解,锆酸丙酯发生缩聚反应,并生成 Zr—O—Zr 的桥状结构:

$$(OR)_3Zr—OR + H_2O \longrightarrow (RO)_3Zr—OH + ROH \qquad (14-10)$$

$$(RO)_3Zr—OH + HO—Zr(RO)_3 \longrightarrow (RO)_3Zr—O—Zr(RO)_3 + H_2O \qquad (14-11)$$

$$(RO)_3Zr—OH + RO—Zr(OR)_3 \longrightarrow (RO)_3Zr—O—Zr(RO)_3 + ROH \qquad (14-12)$$

其中 R 为 C_3H_7。加入乙酰丙酮来控制水解反应的速度,乙酰丙酮中有两个羰基,能与 Zr 形成稳定的螯合物,螯合反应为

$$\begin{array}{c}
\text{OR} \\
| \\
\text{RO—Zr} \rightarrow \text{OR} \\
| \\
\text{OR}
\end{array}
+ CH_3COCH_2COCH_3 \longrightarrow
\begin{array}{c}
CH_3 \\
| \\
C—O \quad OR \\
// \qquad \backslash \; / \\
HC \qquad Zr—OR + ROH \\
\backslash \qquad / \backslash \\
C=O \quad OR \\
| \\
CH_3
\end{array}$$

$$(14-13)$$

(2) 溶胶稳定性

溶胶的稳定性是溶胶-凝胶技术制备薄膜的重要因素之一。我们以溶胶黏度随时间的变化情况来研究其稳定性。一般溶胶的黏度随时间变化大,则溶胶的稳定性差;而黏度随时间变化小的溶胶的稳定性好,易于控制膜层厚度,得到均匀的薄膜。图 14 - 61 为制备的 ZrO_2 和 ZrO_2 - PVP 溶胶黏度随时间的变化图。从图 14 - 61 可知,含 PVP 的溶胶黏度比 ZrO_2 溶胶的黏度大,因为 PVP 是具有柔性链状结构的聚合物,有较强的形成氢键和形成络合物的能力,它能提高溶胶的黏度。ZrO_2 和 ZrO_2 - PVP 溶胶黏度随时间的变化较小,在四十几天内无明显增大趋势,说明制备的溶胶具有比较好的黏度稳定性。

(3) 薄膜的红外结构

图 14 - 62 所示为 ZrO_2 薄膜经不同温度热处理后的红外光谱图。图中 604 cm^{-1} 处的吸收峰为 Zr—O 伸缩振动峰[103],1 560 cm^{-1}

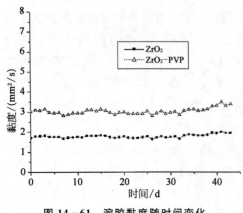

图 14 - 61 溶胶黏度随时间变化

为乙酰丙酮与 Zr 的螯合物中的 C═O 伸缩振动峰[14],3 380 cm⁻¹ 处的宽光谱吸收峰为 OH 振动吸收峰。从图 14-62 可看出,随热处理温度的升高,膜层内有机物质发生氧化分解,C═O 伸缩振动峰和 OH 振动吸收峰逐渐减小至消失。

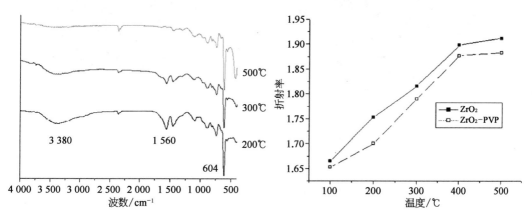

图 14-62　不同温度热处理薄膜的红外光谱图
（彩图见图版第 67 页）

图 14-63　薄膜的折射率随热处理温度变化

（4）薄膜折射率变化

图 14-63 所示为膜层的折射率随温度的变化曲线,图中折射率均为在波长 450～650 nm 波段所测。随热处理温度的升高,膜层内有机物分解挥发,缩聚反应程度增加,薄膜收缩致密,在 500℃ 以内,膜层的折射率随热处理温度升高而增大,当热处理温度为 500℃ 时,ZrO_2 薄膜的折射率接近 1.91。由图 14-63 可看出,ZrO_2 薄膜和 ZrO_2-PVP 薄膜折射率随温度变化基本一致,但 ZrO_2-PVP 薄膜的折射率明显较低。

（5）凝胶热分析

将制备的 ZrO_2 溶胶在 100℃ 恒温干燥 24 h,除去体系中的溶剂和大部分水,使其成为凝胶粉。将制备的 ZrO_2 凝胶粉进行 TG/DSC 热分析,升温速率为 10℃/min,结果如图 14-64。图中凝胶的热失重主要发生在 200～800℃ 范围,为有机物挥发和氧化分解所致,超过 800℃ 热失重趋缓。在 445℃ 附近有一较窄的放热峰,对应着有机基团的碳化分解放热,以及 ZrO_2 由非晶态向晶态的转变放热,体系失重比例较大。在 746℃ 附近有一较宽的放热峰,应为有机残留物氧化分解放热。

（6）薄膜表面形貌

图 14-65 所示为经 200℃ 热处理的 ZrO_2 薄膜表面形貌图。ZrO_2 的表面平均粗糙度为 0.373 nm;ZrO_2-PVP 的表面平

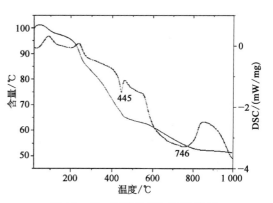

图 14-64　凝胶的 TG/DSC 谱图

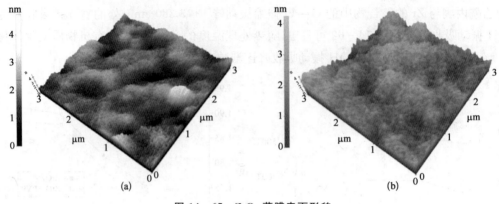

图 14 - 65　ZrO₂ 薄膜表面形貌

(a) ZrO₂；(b) ZrO₂ - PVP。

均粗糙度为 0.529 nm。可见，薄膜的表面粗糙度较小，表面均匀平整，而加入 PVP 对薄膜的表面影响不大。

(7) 膜层的激光损伤阈值

膜层的激光损伤阈值在高功率激光器研制中是一项极为重要的指标，关系到高功率激光薄膜元件能否使用。在专用的激光损伤阈值测试平台上采用 1 - on - 1 打点与损伤激光概率的方法测出经 200℃ 热处理的 ZrO₂ 薄膜的激光损伤阈值，不含 PVP 膜层的激光损伤阈值为 19.6 J／cm²(1 064 nm，1 ns)，含 PVP 膜层的激光损伤阈值为 23.3 J／cm²(1 064 nm，1 ns)。加入 PVP 能提高膜层的激光损伤阈值。

14.6.2　ZrO₂ - PVP 膜层激光损伤性能研究

溶胶-凝胶膜层因具有高的激光损伤阈值而广泛应用于高功率激光装置中。溶胶-凝胶 ZrO₂ 膜层具有高折射率、高阈值和高的热稳定性，已被用于制备高反膜。为了得到更高阈值的 ZrO₂ 膜层，Thomas 将 PVP 加入悬胶体中。PVP 具有的特性为溶于乙醇、高激光损伤性能、不会使悬胶体沉淀。而且，PVP 还被用于阻止膜层在热处理时开裂[6]。

本节主要研究不同分子量的 PVP 对 ZrO₂ 膜层激光损伤性能的影响。与 Thomas 研究的不同之处是，它采用 ZrOCl₂·8H₂O 为前驱体制备 ZrO₂ 膜层，自主研制采用 Zr(OC₃H₇)₄ 为前驱体。以乙酰丙酮为络合剂，水解锆酸丙酯制备 ZrO₂ 溶胶。在 ZrO₂ 溶胶制备过程中加入不同分子量和不同量的 PVP 制备 ZrO₂ - PVP 溶胶。溶胶需搅拌 5 h，室温陈化几天，采用提拉法涂膜，膜层经 200℃ 热处理 3 h。

(1) 溶胶粒径分布

溶胶具有均匀的、粒径分布窄的颗粒，才能制备出具有高性能的薄膜。溶胶粒径分布随时间的变化也可以看出溶胶的稳定性。图 14 - 66 所示为 ZrO₂ 和 ZrO₂ - PVP 溶胶颗粒粒径分布，3 个月后的 ZrO₂ 溶胶颗粒粒径分布在 2 nm 附近的分布没什么变化，在 320 nm 附近的分布消失了。颗粒粒径大小从双分布转变为单分布，并且颗粒大的分布消失,增强了溶胶的稳定性。ZrO_2 – PVP 溶胶颗粒粒径有三个分布区,3 个月后,粒径较大的分布强度明显减小,粒径较小的分布增强。由此可知,ZrO_2 和 ZrO_2 – PVP 溶胶在较长的时间具有好的稳定性。

（2）膜层激光损伤性能

膜层的激光损伤阈值在激光波长为 1 064 nm、脉宽为 12 ns 时测得,ZrO_2 膜层的阈值为 28.6 J/cm^2。采用四种不同分子量的 PVP 制备 ZrO_2 – PVP 溶胶,它们的分子量分别为:K12(MW 3 500)、K16 – 18(MW 8 000)、K29 – 32(MW 58 000)和 K85 – 95(MW 1 300 000),MW 即 molecular weight(分子量)。图 14 – 67 所示为加入四种 PVP 的 ZrO_2 – PVP 膜层的阈值随 PVP 含量的变化,从图 14 – 67 可以看出,加入 PVP(K16 – 18)的膜层阈值明显比加入其他 PVP 的要高,并且膜层阈值随 PVP(K16 – 18)含量的增多而升高。加入 PVP(K12、K29 – 32、K85 – 95)的膜层阈值比 ZrO_2 膜层的低,并且随 PVP 含量的增多而降低。结果说明,PVP(K16 – 18)的加入能提高膜层的阈值,而且与 ZrO_2 膜层的阈值相比,提高得比较大。

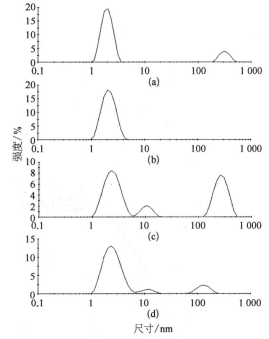

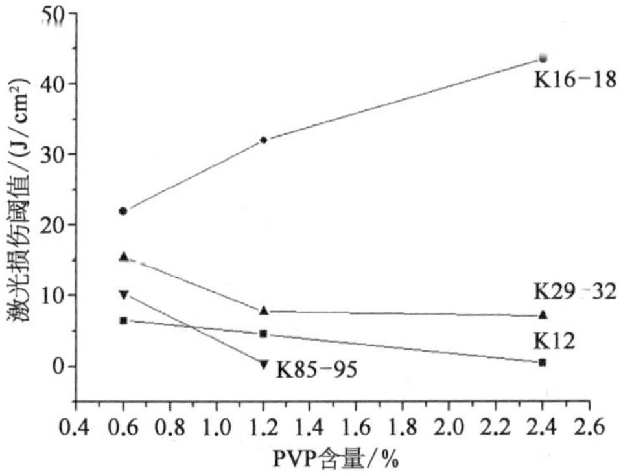

图 14 – 66　ZrO_2 和 ZrO_2 – PVP 溶胶颗粒粒径分布

（a）ZrO_2 溶胶制备后 5 d;(b) ZrO_2 溶胶制备后 3 个月;(c) ZrO_2 – PVP 溶胶制备后 5 d;(d) ZrO_2 – PVP 溶胶制备后 3 个月。

图 14 – 68 所示为不同 PVP(K16 – 18)质量分数含量膜层的激光损伤形貌。可以看出,图 14 – 68(a)的损伤图为两个环状黑斑,而图 14 – 68(b)到(d)的损伤斑相对较均匀。溶胶中 PVP 分子与锆氧团簇以氢键相连,这可以使颗粒连接起来,并可填充颗粒之间的孔隙。随着 PVP(K16 – 18)含量的增大,激光损伤图上的黑斑的边缘逐渐模糊,而且膜层的阈值从 22 J/cm^2 提高到 43.5 J/cm^2。

图 14 – 67　ZrO_2 – PVP 膜层的阈值

14.6.3　ZrO_2/SiO_2 双层减反膜

本节以锆酸丙酯(质量占总溶液的 70%)为前驱体制备高折射率 ZrO_2 膜层,以酸催化 SiO_2 膜层为低折射率膜层,制备 $\lambda/4 \sim \lambda/4$ 双层减反膜,该膜层具有高的减反效果、

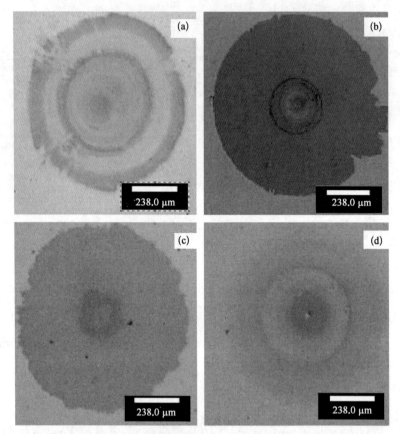

图 14 - 68   不同 PVP(K16 - 18)质量分数含量膜层的激光损伤形貌(彩图见图版第 68 页)

(a) 0;(b) 0.6%;(c) 1.2%;(d) 2.4%。

高的激光损伤阈值和良好的耐擦除性能。

（1）溶胶的制备

ZrO_2 溶胶制备：用锆酸丙酯为前驱体，以乙酰丙酮为络合剂，在盐酸的酸性催化下于优级纯无水乙醇溶剂中水解制备溶胶。在磁力搅拌条件下，将锆酸丙酯、乙酰丙酮、盐酸(化学纯)按摩尔比 1∶3∶0.1 依次加入溶剂无水乙醇中，调节无水乙醇量，制备出质量分数含量分别为 3% 和 6% 的溶胶，密封搅拌 5 h，室温陈化 1 d。

SiO_2 溶胶制备：在磁力搅拌作用下，将正硅酸乙酯、去离子水、盐酸按摩尔比 1∶4∶0.01 依次加入溶剂无水乙醇中，调节无水乙醇量，制备出质量分数含量分别为 3% 和 6% 的溶胶，密封搅拌 5 h，室温陈化 4 d 以上。

（2）膜层折射率

表 14 - 9 为测试算出的膜层折射率值，其中浓度为 3%(质量分数)和 6%(质量分数)的膜层的折射率分别在 351 和 1 053 nm 处测得。由此测得的浓度为 3%(质量分数)膜层折射率与 $\lambda/4 \sim \lambda/4$ 膜系中零反射的条件不匹配，高折射率膜层折射率偏高或低折射率

膜层的折射率偏低。采用 ZrO_2 溶胶与 SiO_2 溶胶复合的方法制备折射率适中的高折射率膜层。

表 14 - 9　膜 层 折 射 率

膜　层	ZrO_2 3%（质量分数）	ZrO_2 6%（质量分数）	SiO_2 3%（质量分数）	SiO_2 6%（质量分数）
折射率	1.81	1.78	1.45	1.44

将浓度为 3%（质量分数）ZrO_2 溶胶与 SiO_2 溶胶按不同的比例混合，密封搅拌 5 h，陈化 2 d 后涂膜。图 14 - 69 所示为膜层的折射率与 SiO_2 体积含量的关系图（薄膜经 200℃ 热处理 5 h）。从图 14 - 69 可以看出，复合膜的折射率随酸催化 SiO_2 含量的增加，基本上呈线性减小趋势。根据 $\lambda/4 \sim \lambda/4$ 膜系的零反射时膜层和基片的折射率关系式，采用的三倍频减反膜高折射率膜层的折射率为 1.75，溶胶中 SiO_2 体积含量为 12.2%。

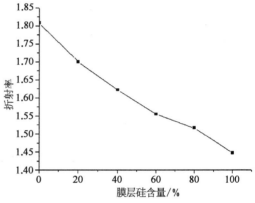

图 14 - 69　膜层折射率随 SiO_2 体积含量变化图

（3）膜层透过率

图 14 - 70 所示为制备的经 200℃ 热处理的三倍频双层减反膜透过率曲线。从图中可以看出，在石英玻璃基片两面涂膜，在激光三倍频波长 351 nm 处透过率达到 99.41%，比未涂膜石英玻璃基片的透过率提高了 6.14%。图 14 - 71 所示为基频双层减反膜透过率曲线，在基频波长 1 053 nm 处透过率达到 99.63%，比未涂膜 K9 光学玻璃基片的透过率提高了 7.67%。结果显示，涂制的 ZrO_2/SiO_2 双层减反膜可以使石英玻璃和 K9 光学玻璃达到很好的减反效果。

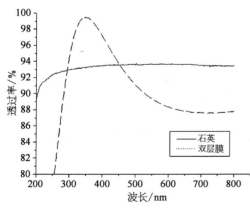

图 14 - 70　三倍频双层减反膜透过率曲线

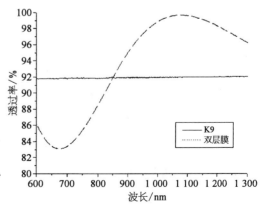

图 14 - 71　基频双层减反膜透过率曲线

（4）膜层的表面粗糙度

膜层的表面粗糙度是大型激光器光束精密化的重要指标。图 14 - 72 所示为基频双层减反膜的面形图。由图 14 - 72 可以看出，膜层的表面起伏较小，表面粗糙度小。测试结果表明，膜层的均方根为 1.038 nm，平均粗糙度为 0.812 nm，测试截面膜的均方根仅为 0.922 nm，平均粗糙度仅为 0.760 nm。膜层的表面粗糙度数据能够满足大型激光器精密化的要求。

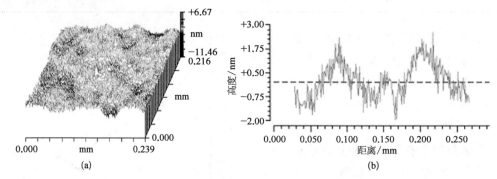

图 14 - 72　膜层面形图（彩图见图版第 68 页）

(a) 表面面形；(b) 截面起伏状况。

（5）膜层的激光损伤阈值

膜层的激光损伤阈值在高功率激光器研制中是一个极为重要的指标，也是影响高功率激光薄膜元件能否使用以及元件使用寿命的主要原因。在专用的激光损伤阈值测试平台上采用 1 - on - 1 打点与损伤激光概率的方法进行测试，在激光波长为 1 053 nm、脉冲宽度为 1 ns 时，测出经 200℃ 热处理的基频双层减反薄膜的激光损伤阈值达到 16.8 J/cm^2。

（6）膜层的耐擦除性能

膜层涂制后，膜面不可避免会粘些灰尘或手印，易影响膜层的减反效果。一般用脱脂棉蘸无水乙醇擦拭，这要求膜层具有一定的耐擦除性。采用蘸无水乙醇的柔软绸布擦拭膜层，并与碱催化多孔 SiO$_2$ 膜层以及经氨气化学处理多孔 SiO$_2$ 膜层[79]的耐擦除性相比较，擦拭结果见表 14 - 10。结果表明，与多孔 SiO$_2$ 膜层相比，制备的 ZrO$_2$/SiO$_2$ 双层减反膜具有良好的耐擦除性能。

表 14 - 10　膜层耐擦除实验结果

膜 层 类 型	多孔 SiO$_2$	多孔 SiO$_2$（氨处理）	ZrO$_2$/SiO$_2$
耐擦除性	容易擦除	擦除困难	没有变化

§14.7　总结与展望

利用溶胶-凝胶技术制备新材料已得到广泛应用，而溶胶-凝胶法制备薄膜是溶胶-

凝胶技术中最有价值、最有前途的应用领域之一。与真空法膜层相比,溶胶-凝胶膜层不仅成膜工艺简单、成本低,而且能够承受更高密度的激光辐照,即具有更高的激光损伤阈值。如今,溶胶-凝胶膜层已经成为高功率激光器发展的关键技术之一。

在惯性约束聚变的激光装置中用此法制光学薄膜已成为一种重要的手段,如应用于空间滤波器窗口、靶室窗口或打靶透镜等减反光学元件上。Thomas 等用溶胶-凝胶工艺制备的减反膜和防潮膜在美国 LLNL 实验室已使用了多年,法国 Lemeil 国家实验室发展了该工艺技术,国外几个以激光核聚变为目标的高功率激光实验室都已将研制高性能的溶胶-凝胶光学膜列为关键技术。我国新一代的惯性约束聚变激光驱动器——神光 II 高功率激光器,最昂贵单元及提供 80% 以上总能量的主放大器,采用了新颖的双程组合式技术路线,其中大量的光学元件需要涂制性能不同的膜层。

上海光机所高功率激光物理实验室重点研制出了应用于玻璃元件、KDP 晶体和隔板玻璃的单层多孔 SiO_2 减反膜、双层 SiO_2 防潮减反膜及宽带减反膜,各类膜层的指标性能良好,能够满足高功率激光装置。同时,开展了 DKDP 晶体化学膜研制工作,采用单面涂膜工艺制备不同厚度需求的防潮减反膜,解决大尺寸元件单面涂膜边缘效应问题,提升晶体类元件光学性能;研究喷涂新工艺,制备新型氙灯及隔板玻璃宽带减反膜,不断优化工艺流程,为高功率激光装置制备高性能优质化学膜。在未来的工作中,将以高质量化学膜的批量制造为指引,高效地制备出工艺稳定、质量优良的膜层,应用于装置中。

参考文献

[1] Aegerter M A. Sol-gel science and technology. Singapore: World Scientific Publication,1989.

[2] Dislich H. Preparation of multicomponent glasses without fluid melt. Argew Chem Int Ed Engl,1971,10:363 – 373.

[3] Brinker C J, Scherer G W. Sol-gel science. Academy Press Inc,1990.

[4] Segal D J. Sol-gel process. J Non-Cryst Solids,1984,63:183 – 184.

[5] 干福熹.现代玻璃科学技术(下册).上海科学技术出版社,1990:403 – 405.

[6] Egger P, Soraru G D, Dire S, et al. Sol-gel synthesis of polymer-YSZ hybrid materials for SOFC technology[J]. Journal of the European Ceramic Society,2004,24(6):1371 – 1374.

[7] Yang J, Weng W, Ding Z. The drawing behavior of Y-Ba-Cu-O sol from non-aqueous solution by a complex process. J Sol-Gel Sci & Techn,1995,4:187 – 191.

[8] 黄剑峰.溶胶凝胶原理与技术.北京:化学工业出版社,2010:13 – 15.

[9] Belleville P F, Floch H. Ammonia-hardening of porous silica antireflective coatings. Proceedings of the SPIE,1994,2288:25 – 32.

[10] Musket R G, Thomas I M, Wilder J G. Enhanced adhesion at oxide interfaces by ion-beam stitching. Applied Physics Letters,1988,52(5):410 – 412.

[11] Fallet M, Mahdjoub H, Gautier B, et al. Electrochemical behaviour of ceramic sol – gel coatings on mild steel. Journal of Non-Crystalline Solids,2001,293:527 – 533.

［12］　Eberle A，Reich A. Angle-dependent dip-coating technique（ADDC）An improved method for the production of optical filters. Journal of Non-Crystalline Solids，1997，218：156 – 152.

［13］　Belleville P F，Floch H G，Berger M. Sol-gel optical coatings processed by the "laminar flow coating" technique. Proc SPIE，1992，1758：40 – 47.

［14］　Belleville P F，Bonnia C，Priotton J J. Room-temperature mirror preparation using sol – gel chemistry and laminar-flow coating technique. Sol-Gel Sci Tech，2000，19：223 – 226.

［15］　Bommel M J V，Bernards T N M. Spin coating of titanium ethoxide solutions[J]. Journal of Sol-Gel Science and Technology，1997，8(1)：459 – 463.

［16］　Aegerter M A，Mennig M. Sol-gel technologies for glass producers and users. Springer，2004：63 – 67.

［17］　Thomas I M，Campbell J H. A novel perfluorinated AR and protective coating for KDP and other optical materials. Proc SPIE，1990，1441：294 – 303.

［18］　Fallet M，Mahdjoub H，Gautier B，et al. Electrochemical behaviour of ceramic sol – gel coatings on mild steel. Non-Cryst Solids，2001，293 & 295：527 – 533.

［19］　Etienne P，Denape J，Paris J Y，et al. Tribological properties of ormosil coatings. Sol-Gel Sci Tech，1996，6(3)：287 – 297.

［20］　Chen Y C，Ai X，Huang C Z. Bonding mechanism and performance of ceramic coatings by sol – gel process. Chinese Science Bulletin，2000，45(14)：1291 – 1296.

［21］　Wen J，Vasudevan V J，Wilkes G L. Abrasion resistant inorganic/organic coating materials prepared by the sol – gel method. Sol-Gel Sci Tech，1995，5(2)：115 – 126.

［22］　Rizzato A P，Pulcinelli S H，Santilli C V，et al. Surface protection of fluoroindate glasses by sol – gel dip-coated SnO_2 thin layers. Non-Cryst Solids，1999，254 & 257：154 – 159.

［23］　Thomas I M. Optical and environmental protective coating for potassium dihydrogen phosphate (KDP) harmonic converter crystals. Proc SPIE，1991，1561：70 – 82.

［24］　Tang Y X，Zhang W Q，Zhou W P，et al. Study of organic silicon resin protective coating with high laser damage thresholds for KDP crystal. Chinese J Laser，1994，B3(5)：469 – 474.

［25］　Rizzato A P，Broussous L，Santilli C V，et al. Structure of SnO_2 alcosols and films prepared by sol – gel dip coating. Non-Cryst Solids，2001，284：61 – 67.

［26］　Dislich H，Hussmann E. Amorphous and crystalline dip coatings obtained from organometallic solutions：Procedures，chemical processes and products. Thin Solid Films，1981，77(1 – 3)：129 – 140.

［27］　Geotti-Bianchini F，Guglielmi M，Polato P，et al. Preparation and characterization of Fe，Cr and Co oxide films on flat glass from gels. Non-Cryst Solids，1984，63(1 – 2)：251 – 259.

［28］　Sainz M A，Durán A，Fernández N J M. UV highly absorbent coatings with CeO_2 and TiO_2. Non-Cryst Solids，1990，121(1 – 3)：315 – 318.

［29］　Mennig M，Krug H，Fink-Straube C，et al. Sol-gel-derived AgCl photochromic coating on glass for holographic application. Proc SPIE，1992，1758：387 – 394.

［30］　Green D C，Bell J M，Smith G B. Microstructure and stoichiometry effects in electrochromic sol –

gel deposited tungsten oxide films. Proc SPIE, 1992, 1728: 26 - 30.

[31] Béteille F, Livage J. Optical switching in VO$_2$ thin films. Sol-Gel Sci Tech, 1998, 13: 915 - 921.

[32] Mignotte C. EXAFS studies on erbium-doped TiO$_2$ and ZrO$_2$ sol - gel thin films. Non-Cryst Solids, 2001, 291: 56 - 77.

[33] Miki T, Yoshimura K, Tai Y, et al. Electrochromic properties of nickel oxide thin films prepared by the sol - gel method. Proc SPIE, 1995, 2531: 135 - 142.

[34] Schmitt M, Heusing S, Aegerter M A, et al. Electrochromic properties of Nb$_2$O$_5$ sol - gel coatings. Sol Energy Mater Sol Cells, 1998, 54: 9 - 17.

[35] Michalak F, Rault L, Aldebert P. Electrochromism with colloidal WO$_3$ and IrO$_2$. Proc SPIE, 1992, 1728: 278 - 288.

[36] Brusatin G, Guglielmi M, Innocenzi P, et al. Microstructural and optical properties of sol - gel silica-titania waveguides[J]. Journal of Non-Crystalline Solids, 1997, 220(2 - 3): 202 - 209.

[37] Nedelec J M, Capoen B, Turrell S, et al. Densification and crystallization processes of aluminosilicate planar waveguides doped with rare-earth ions. Thin Solid Films, 2001, 382: 81 - 85.

[38] Chassagnon R, Marty O, Moretti P, et al. Modification of sol - gel TiO$_2$ planar waveguides by Xe$^+$ irradiation. Nuclear Instruments and Methods in Physics Research, 1997, B122: 550 - 552.

[39] Pillonnet A, Garapon C, Champeaux C, et al. Fluorescence of Cr^{3+} doped alumina optical waveguides prepared by pulsed laser deposition and sol - gel method. Journal of Luminescence, 2000, 87 - 89: 1087 - 1089.

[40] Mikulskas I, Bernstein E, Plenet J C, et al. Properties of CdS nanocrystallites embedded in to thin ZrO$_2$ waveguides. Materials Science and Engineering, 2000, B69 - 70: 418 - 423.

[41] Garcia-Murillo A, Le Luyer C, Dujardin C, et al. Elaboration and characterization of Gd$_2$O$_3$ waveguiding thin films prepared by the sol - gel process. Optical Materials, 2001, 16: 39 - 46.

[42] Lou L, Zhang W, Brioude A, et al. Preparation and characterization of sol - gel Y$_2$O$_3$ planar waveguides. Optical Materials, 2001, 18: 331 - 336.

[43] Zhai J W, Yang T, Zhang L Y, et al. The optical waveguiding properties of TiO$_2$ - SiO$_2$ composite films prepared by the sol - gel process. Ceramics International, 1999, 25: 667 - 670.

[44] Etienne P, Coudray P, Porque J, et al. Active erbium-doped organic-inorganic waveguide. Optics Communications, 2000, 174: 413 - 418.

[45] Sakka S. Sol-gel processing of insulating, electroconducting and superconducting fibers. Non-Cryst Solids, 1990, 121: 417 - 423.

[46] Terrier C, Chatelon J P, Reger J A. Electrical and optical properties of Sb: SnO$_2$ thin films obtained by the sol - gel method. Thin Solid Films, 1997, 295: 95 - 100.

[47] Yamamoto Y, Makita K, Kamiya K, et al. Optical absorption of transition element oxide-silica coating films prepared by sol - gel method. J Ceram Soc Japan, 1983, 91: 222 - 229.

[48] Schmidt H H, Scholze H. Iron(Ⅱ)-or vanadium(Ⅳ)-containing siliceous gels. Non-Cryst Solids, 1986, 82(1 - 3): 373 - 377.

[49] Serra E R, Charbouillot Y, Baudry P, et al. Preparation and characterization of thin films of $TiO_2 - PbO$ and $TiO_2 - Bi_2O_3$ compositions. Non-Cryst Solids, 1990, 121: 323 - 328.

[50] Thomas I M. High laser damage threshold porous silica antireflective coating. Appl Opt, 1986, 25(9): 1481 - 1483.

[51] Herjee S P, Lowermilk W H. Gradient-index AR film deposited by the sol - gel process. Appl Opt, 1982, 21: 293 - 295.

[52] Yoldas B E, Partlow D P. Wide spectrum antireflective coating for fused silica and other glasses. Appl Opt, 1984, 23(9): 1418 - 1424.

[53] Morelhao S L, Brito G E S, Abramof E. Characterization of erbium oxide sol - gel films and devices by grazing incidence X-ray reflectivity. Journal of Alloys and Compounds, 2002, 344: 207 - 211.

[54] Zhu H, Ma Y, Fan Y, et al. Fourier transform infrared spectroscopy and oxygen luminescence probing combined study of modified sol - gel derived film. Thin Solid Films, 2001, 397: 95 - 101.

[55] Koeppen C, Yamada S, Jiang G, et al. Rare-earth organic complexes for amplification in polymer optical fibers and waveguides. J Opt Soc Am B, 1997, 14(1): 155 - 162.

[56] Floch H G, Belleville P F, Pegon P M, et al. Sol-gel optical coatings for lasers, Ⅲ. Am Ceram Soc Bull, 1995, 74(12): 48 - 52.

[57] De Yoreo J J, Burnham A K, Whitman P K. Developing KH_2PO_4 and KD_2PO_4 crystals for the world's most powerful laser. International Materials Reviews, 2002, 47(3): 113 - 152.

[58] Pegon P M, Germain C V, Rorato Y R, et al. Large area sol-gel optical coatings for the megajoule laser prototype. Proceedings of SPIE, 2004, 5250: 170 - 181.

[59] Almeida R M, Pantano C G. Structural investigation of silica gel films by infrared spectroscopy. Journal of Applied Physics, 1990, 68(80): 4225 - 4232.

[60] Floch H G, Belleville P F. Optical thin films from the sol - gel process. Proceedings of the SPIE, 1994, 2253: 764 - 785.

[61] Stöber W, Fink A. Controlled growth of monodisperse silica spheres in micron size range[J]. Journal of Colloid and Interface Science, 1968, 26(1): 62 - 69.

[62] 郑万国,祖小涛,袁晓东,等.高功率激光装置的负载能力及其相关物理问题.北京:科学出版社, 2014: 163 - 169.

[63] Mikulskas I, Bernstein E, Plenet J C, et al. Properties of CdS nanocrystallites embedded into thin ZrO_2 waveguides. Materials Science and Engineering, 2000, B69 - 70: 418 - 423.

[64] Thomas I M.以溶胶-凝胶法制备光学薄膜.强激光技术进展,1997,(4): 17 - 23.

[65] Whitman P K, Frieders S C, Fair J, et al. Improved antireflection coatings for the NIF. UCRL - LR, 1999, 2: 163 - 176.

[66] Floch H G, Belleville P F. Damage-resistant sol - gel optical coatings for advanced lasers at CEL - V. Journal of Sol-Gel Science and Technology, 1993, 2(1): 695 - 705.

[67] Floch H G, Priotton J J. Colloidal sol - gel optical coatings. American Ceramic Society Bulletin, 1990, 69(7): 1141 - 1143.

［68］ Floch H G，Belleville P F，Pégon P. Sol-gel broadband antireflective coating for advanced laser-glass amplifiers. Proc SPIE，1994，2288：14－24.

［69］ Floch H G，Belleville P F，Pegon P M，et al. Sol-gel optical thin films for an advanced megajoule-class Nd:glass laser ICF-driver. Proc SPIE，2633：432－445.

［70］ Belleville P F，Prene P，Bonnin C，et al. How smooth chemistry allows high-power laser optical coating preparation. Proc SPIE，2004，5250(1)：196－202.

［71］ Zhang W Q，Zhu C S，Zhang Q X，et al. Investigation on porous silica anti-reflective coatings with high laser damage threshold. Chinese Journal of Lasers，1993，A20(12)：916－920.

［72］ Zhang L，Du K，Zhou L，et al. Preparation of silica antireflective coating for UV-laser. Acta Optica Sinica，1996，16(7)：998－1001.

［73］ Tang Y X，Zhang W Q，Zhou W P，et al. Study of organic silicon resin protective coating with high laser damage thresholds for KDP crystal. Chinese Journal of Laser，1994，B3(5)：469－474.

［74］ Fu T，Wu G M，Shen J，et al. Preparation of nanoporous broadband antireflective coatings by sol－gel method. Journal of Functional Materials，2003，5(34)：579－584.

［75］ Xu Y，Fan W H，Li Z H，et al. Antireflective silica thin films with super water repellence via a solgel process. Applied Optics，2003，42(1)：108－112.

［76］ Zhang Q H，Zhou L，Yang W，et al. Sol-gel preparation of a silica antireflective coating with enhanced hydrophobicity and optical stability in vacuum. Chinese Optics Letters，2014，12(7)：071601.

［77］ Thomas I M，Campbell J H. A novel perfluorinated AR and protective coating for KDP and other optical materials. Proc SPIE，1990，1441：294.

［78］ 唐永兴,李海元,乐月琴.强激光负载 Sol－Gel 减反膜和防潮膜.稀有金属材料与工程,2004,31(3)

［79］ Carcano G，Ceriani M，Soglio F. Spin coating with high viscosity photoresist on square substrates-applications in the thin film hybrid microwave integrated circuit field. Hybrid Circuits，1993，32：12－15.

［80］ Suratwala T I，Hanna M L，Miller E L，et al. Surface chemistry and trimethylsilyl functionalization of Stober silica sols. Journal of Non-Crystalline Solids，2003，316：349－363.

［81］ Belleville P F，Prene P，Bonnin C，et al. How smooth chemistry allows high-power laser optical coating preparation. Proceedings of SPIE，2004，5250：196－202.

［82］ Li H，Tang Y. Study on stability of porous silica antireflective coatings prepared by sol－gel processing. Chinese Journal of Lasers，2005，32(6)：839－849.

［83］ Brinker C J，Hurd A J，Schunk P R，et al. Review of sol－gel thin-film formation. Journal of Non-Crystalline Solids，1992，147：424－436.

［84］ Xiong H，Li H，Tang Y. Study on stability of SiO_2-based moisture-resistant antireflective coatings. Chinese Journal of Lasers，2010，37(12)：3117－3120.

［85］ Liu X，Zhang W，Liang P. Influence of H_2O on structure and performance of porous silica antireflective coatings. Acta Photonica Sinica，2000，29(11)：1035－1039.

[86] Whitman P K, Frieders S C, Fair J, et al. Improved antireflection coatings for the NIF. UCRL-LR, 1999, 2: 163 - 176.

[87] Gregory A L. Spin Coating for Rectangular Substrates. Berkeley: University of California, 1997.

[88] Meyerhofer D. Characteristics of resist films produced by spinning. Journal of Applied Physics, 1978, 49(7): 3993 - 3997.

[89] Philippe P, Priotton J J, Beaurain L, et al. Preparation of a sol - gel broadband antireflective and scratch-resistant coating for amplifier blastshields of the French laser LIL[J]. Journal of Sol-Gel Science & Technology, 2000, 19(1 - 3): 533 - 537.

[90] 贾巧英,乐月琴,唐永兴,等.溶胶-凝胶法制备耐磨宽带 SiO_2 / TiO_2 增透膜.光学学报,2004,24 (1): 65 - 70.

[91] Belleville P, Prene P. Sol-gel broadband antireflective and scratch-resistant coating for megajoule-class laser amplifier blastshields. SPIE, 1999, 3492: 230 - 240.

[92] Jia Q Y, Tang Y X, Le Y Q. Preparation and performance of broadband antireflective coating for amplifier blastshields. Journal of Functional Materials, 2007, 314.

[93] Yoshida K, Ochi K, Namikawa N, et al. Improvement of pumping efficiency for disk amplifier [J]. Proceedings of SPIE-The International Society for Optical Engineering, 1994, 2114: 609 - 614.

[94] Monterrat E, Marcel C, Prene P, et al. Anticaloric and antireflective coating for blast shield used in the LMJ laser amplifier. Optical Interference Coatings, Optical Society of America, 2004.

[95] Shen B, Li H Y, Xiong H, et al. Study on low-refractive-index sol - gel SiO_2 antireflective coatings. Chin Opt Lett, 2016, 14: 083101.

[96] Belleville P, Prene P, Bonnin C, et al. How smooth chemistry allows high-power laser optical coating preparation. SPIE, 2004, 5250: 196.

[97] Ehrhart G, Capoen B, Robbe O, et al. Structural and optical properties of n-propoxide sol - gel derived ZrO_2 thin films. Thin Solid Films, 2006, 496: 227.

[98] Ohya T, Kabata M, Ban T, et al. Effect of α-hydroxyketones as chelate ligands on dip-coating of zirconia thin films. Sol-gel Sci Technol, 2002, 25: 43.

[99] Mendez-Vivar J, Mendoze-Serma R, Valdez-Castro L. Polyvinylpyrrolidone/ ZrO_2-based sol - gel films applied in highly reflective mirrors for inertial confinement fusion. J Non-Cryst Solids, 2001, 288: 200.

[100] Zhao J P, Fan W H, Wu D, et al. Synthesis of highly stabilized zirconia sols from zirconium n-propoxide-diglycol system. Journal of Non-Crystalline Solids, 2000, 261: 15 - 20.

[101] 李海滨,梁开明,顾守仁.溶胶-凝胶法制备定向排列的纳米结构二氧化锆薄膜.清华大学学报, 2001,41(4/5): 48 - 50.

[102] Tang Y X, Zhu C S, Zhang W Q, et al. A new route for sol - gel high refractive index ZrO_2 coating. Proc SPIE, 1998, 3175: 451 - 455.

[103] Thomas I M. Preparation of dielectric HR mirrors from colloidal oxide suspensions containing organic polymer binders. Proc SPIE, 1994, 2288: 50 - 55.

索　引

后　记

　　激光聚变是一项挑战物理极限的科学探索工程,其物理目标的实现要克服多因素耦合的不确定性,对科学认知极具挑战性。提供物理实验条件的高功率激光驱动器,在各项技术要求都接近光学极限的基础上,还要做到高效、高质量运行,也是风险与技术挑战并存。所以从这个意义上来讲,激光聚变的物理目标具有科学探索性,实现手段具有技术挑战性,综合因素又具有复杂关联性。纵观全世界激光聚变研究50多年的发展历程,可谓是屡战屡败、屡败屡战,而且一个轮回就是数年乃至更长,但全世界的科学家都没有放弃这一将改变人类文明史的科学目标。我们的时代是这一伟大事业的亲历者与实践者,要实现这个世纪科学大目标,"知行合一、开放联合"是必然的。联合室30年不断的发展,从一个侧面佐证了开放联合的重要性。只有做到开放联合,才能保障在重大科研攻关计划中组织一流人才,集智攻关。王淦昌、王大珩两位王老30年前倡导的开放联合精神,在当今仍具有重要的现实意义。

　　在激光技术发展中,30年来,联合室不断推陈出新,引领着技术进步。在激光驱动器总体设计方面,发展了 Laser Design 程序,用于激光放大链路的设计分析,先后完成了多功能激光装置、神光升级装置等;在精密测控方面,实现了高速光束自动准直、大口径能量测量以及集总测控等;在激光工程方面,发展了光传输时空矩阵光学理论,对于光束的随机抖动实现了精密控制,较原先的控制精度提高了数倍,确保了拍瓦激光装置的综合性能。在高功率激光驱动器的种子源——前端,利用高速光通信技术和器件,发展了基于集成波导的激光前端,实现了激光种子脉冲时空可精密调控的全域控制,性能指标达到了世界先进水平;在激光驱动器的主干——激光传输放大中,实现了大口径电光开光四通放大技术;在 350 mm 口径的放大器中,实现了 17.5 kJ 的基频能量输出,且光束质量和能通量都达到国际水平;发展完善了放大器的泵浦耦合技术,为后续的发展需求奠定了技术基础;在激光靶场方面,不断探索激光三倍频损伤难题,实现了 3.5～5 J／cm² 的通量输出,基本理清了激光三倍频损伤的成因和控制措施;利用孔径编码技术,实现了激光光束的复振幅测量,为激光参数综合测试的统一化奠定了基础。值得一提的是在化学镀膜方面,联合室在国内率先实现了增透膜的涂制,并向用户无偿提供了全套技术,实践了开放联合的宗旨。

　　本书的内容是我国激光聚变事业几代人的工作积累。王大珩先生曾在联合室管委会上多次提及联合室的发展要做到"传承辟新,寻优勇进"。早在 2012 年,美国聚变点火遇到的问题已初露端倪,我们已经意识到新一轮的凸显问题就在眼前。学术研讨是科学认知的基础,能否在该领域创办一本英文刊物,全方位地开展学术交流与技术探讨? 在中国科学院和中国科学技术协会的大力支持下,我们和英国剑桥大学出版社合作,创办了 *High Power Laser Science and Engineering* 一刊,被 *SCIE* 全文收录。本书的核心内容,部分也来自实验室在该刊上发表的专题。从 2014 年起,我们还组织举办了以 *High Power Laser Science and Engineering* 期刊冠名的国际学术会议,来研讨激光聚变点火的学术问题。首次会议上,一些专家就对美国激光聚变点火所需的激光能量提出了质疑。通过这些面对面的交流,了解到一般文献中读不到的信息,这对像激光聚变点火这类科研探索工程至关重要。此情况在今年美国 NASA 发表的评述中得到印证。在激光聚变发展的历史中,美国自始至终引领了发展。但如今,美国面对激光聚变点火的现状也是各持己见,一筹莫展。这是对我们研究能力和技术判断能力的考验。

为此,中国科学院今年启动了 A 类先导专项,用于双锥对撞点火的研究,其他部委也同步给予支持。我们在满足物理需求的同时,还在发展新体制的激光驱动器,开展 5MJ 输出的激光驱动器概念设计等。相信在若干年后,我国激光聚变研究将展现一个全新的面貌。

2020 年 11 月 17 日

图　　版

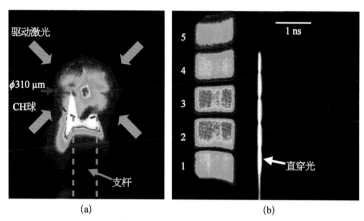

(a)   (b)

图 3 - 7　多通道成像技术实验结果图

（a）CH 球靶自发光时间积分图像；（b）Au 平面靶多通道自发光（无成像）的时间演化过程。

存在磁场的情况   无磁场存在的情况

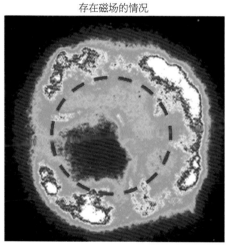 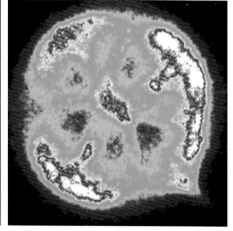

图 3 - 9　分幅相机沿黑腔轴向观测腔内 X 射线发光区域的时间演化过程

　　测量结果表明，与普通黑腔相比，磁化黑腔内部出现了等离子体空泡，表明磁场对腔内等离子体径向运动有抑制作用。

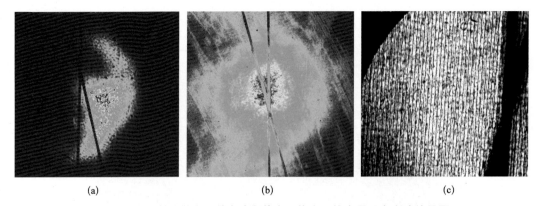

图 3 - 10　X 射线激光及其在诊断等离子体方面的应用研究实验结果图

（a）类镍银 X 射线激光场图；（b）类氖锗 X 射线激光场图；（c）用软 X 射线双频光栅干涉方法获得的静态干涉条纹。

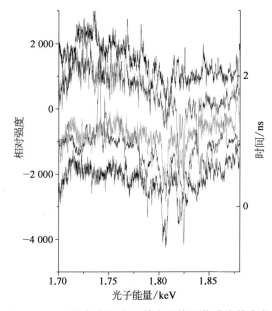

图 3 - 13　不同辐射温度下等离子体吸收谱线的变化

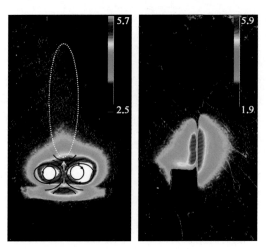

图 3 - 17　等离子体喷流实验结果

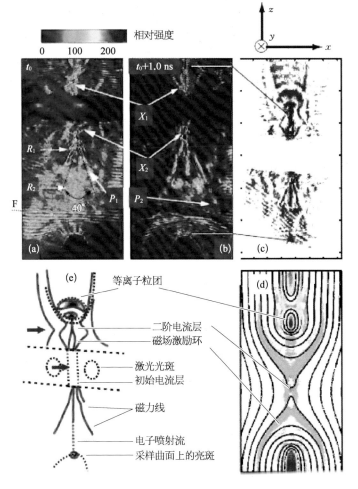

图 3‑19　光学成像的实验结果和 PIC 模拟

　　(a)和(b)分别对应着延时 1 ns 和 2 ns 时刻的干涉原图。电子耗散区(electron diffusion region，EDR)在 X_1 和 X_2 之间。(c)为 2 ns 时刻等离子体自发光像(532 nm)。(d)是粒子模拟结果。(e)是与(c)对应的示意图。上述研究结果发表在《物理评论快报》[Phys. Rev. Lett. 108，215001 (2012)：http：／／link.aps.org／doi／10.1103／PhysRevLett.108.215001]上。

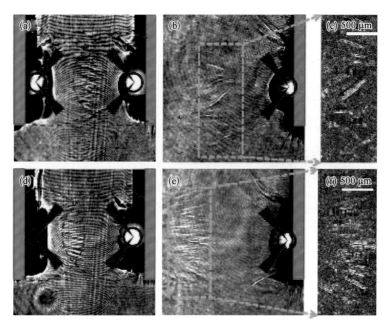

图 3 - 20　延时 5 ns 时利用对称打靶(4 路＋4 路)和非对称打靶(3 路＋4 路)所得到的实验结果

(a)(b)(c)分别为对称打靶得到的干涉图、阴影图以及对(b)图中心区域经过降噪放大处理的阴影图;(d)(e)(f)分别为非对称打靶得到的干涉图、阴影图以及对(e)图中心区域经过降噪放大处理的阴影图。

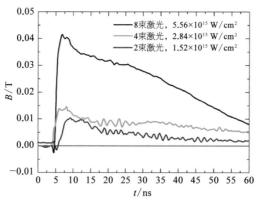

图 3 - 21　不同入射光强下磁场探针测得的磁场变化曲线

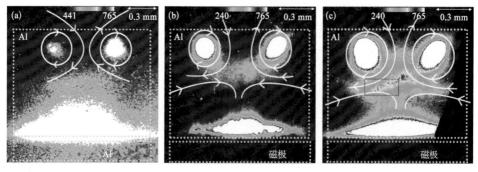

图 3 - 22　X 射线针孔相机成像

(a) 铝柱;(b) 3 000 高斯磁场;(c) 4 000 高斯磁场。

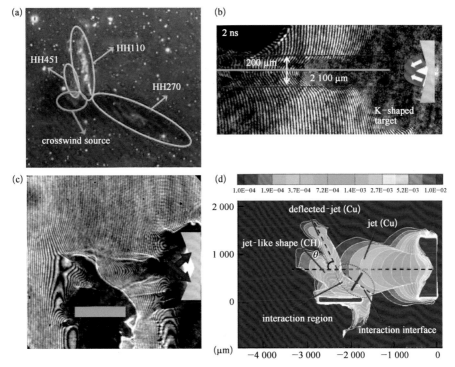

图 3 - 23　喷流偏着现象及物理实验

（a）天文望远镜观测到的 HH 110\270 系统；（b）超音速准直喷流的产生；（c）喷流偏折现象的实验室再现；（d）LARED - S 流体程序模拟结果。HH451 等为宇宙星系编号；crosswind source：侧向风源；K - shaped target：K 形状靶；deflected-jet(Cu)：偏转喷嘴(铜)；jet-like shape(CH)：喷嘴形状结构(碳氢)；jet(Cu)：喷嘴(铜)；interaction region：相互作用区；interaction interface：相互作用界面。

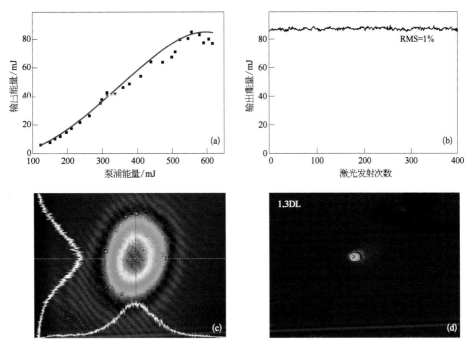

图 3 - 29　OPCPA

（a）能量转换效率曲线；（b）输出稳定性曲线；（c）近场；（d）远场。

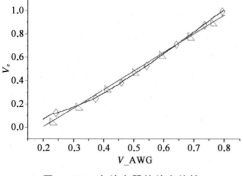

图 4 - 38 电放大器的放大特性

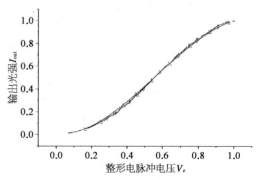

图 4 - 39 振幅调制器的输出特性

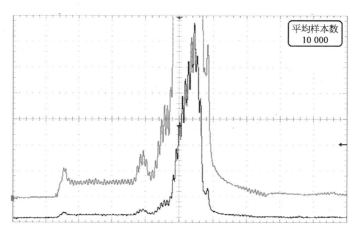

图 4 - 40 AWG 采样间隔的精确标定

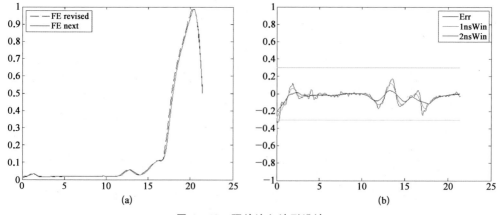

图 4 - 43 预放注入波形设计

（a）预放注入波形；（b）AWG 闭环后的偏差。FE revised：目标波形；FE next：实测波形；Err：误差；1nswin：1 ns 窗口误差分析；2nswin：2 ns 窗口误差分析。纵轴为归一化强度，无量纲；横轴为时间，单位：ns。

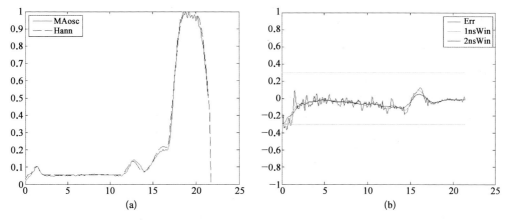

图 4 - 44　主放输出波形及偏差

MAosc：实测主放输出；Hann：高足脉冲；Err：误差；1nswin：1 ns 窗口误差分析；2nswin：2 ns 窗口误差分析。纵轴为归一化强度，无量纲；横轴为时间，单位：ns。

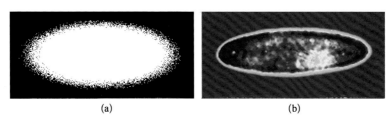

图 4 - 64　椭圆形软边光阑

（a）椭圆软边光阑的设计；（b）拍瓦装置终端输出的椭圆近场分布图。

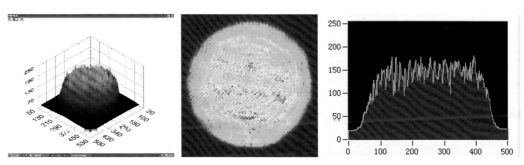

图 4 - 76　OPCPA 泵浦源近场光强空间分布

图 5 - 14　钕玻璃的实物图

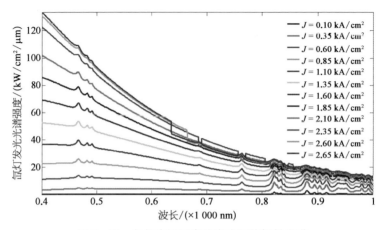

图 5 - 23 氙灯在不同电流密度下的辐射光谱

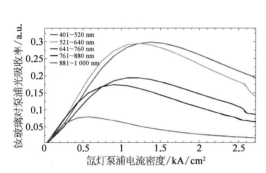

图 5 - 26 不同波段内可吸收的抽运
光能量随电流密度的变化

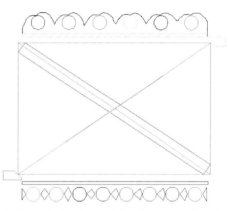

图 5 - 28 400 mm 组合口径片放反射器的
优化结果

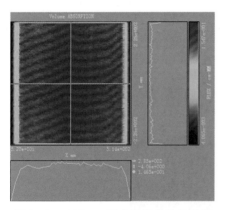

图 5 - 29 400 mm 组合口径片放反射器
优化后的泵浦分布

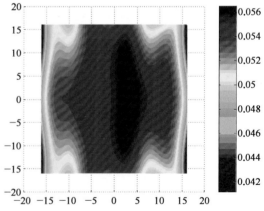

图 5 - 31 350R - SSA 的全口径增益分布

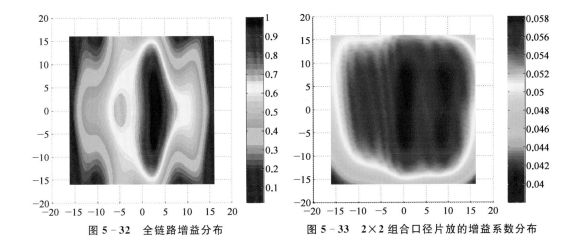

图 5-32　全链路增益分布　　　图 5-33　2×2 组合口径片放的增益系数分布

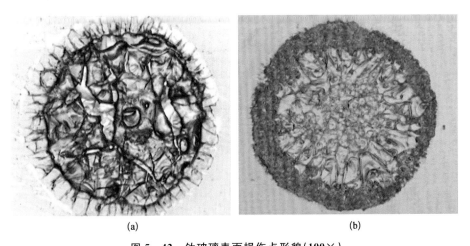

图 5-38　φ130 mm 单口径片状放大器
热波前畸变变化情况

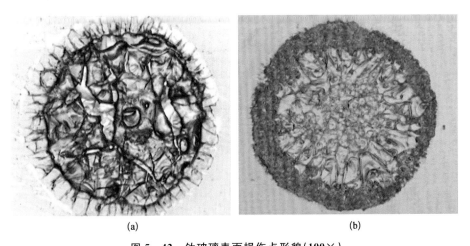

图 5-42　钕玻璃表面损伤点形貌(100×)

(a) 有明显的裂纹核心；(b) 有明显的裂纹中心密集区。

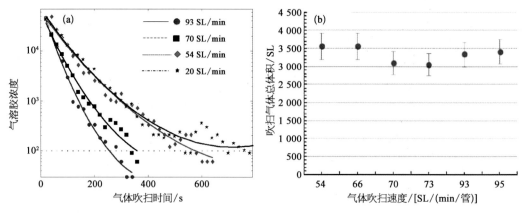

图 5 - 44 不同氮气流速下的吹扫效果图

（a）腔内气溶胶浓度随吹扫时间的变化；（b）不同氮气流速下气溶胶浓度达到 100 级所需的吹扫气体总体积。

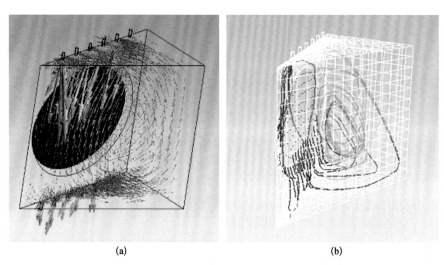

图 5 - 45 片腔内氮气流场图

（a）片腔内氮气流场模拟结果；（b）涡流场内的粒子运动轨迹。

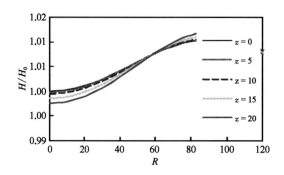

图 5 - 59 神光Ⅱ φ200 mm 法拉第线圈磁场径向分布

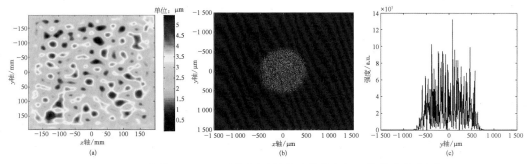

图 5 - 69　小焦斑 CPP 面形分布(a)及焦斑结构(b)、一维强度分布(c)

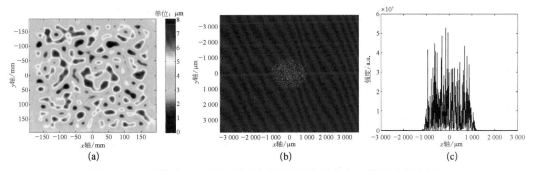

图 5 - 70　大焦斑 CPP 面形分布(a)及焦斑结构(b)、一维强度分布(c)

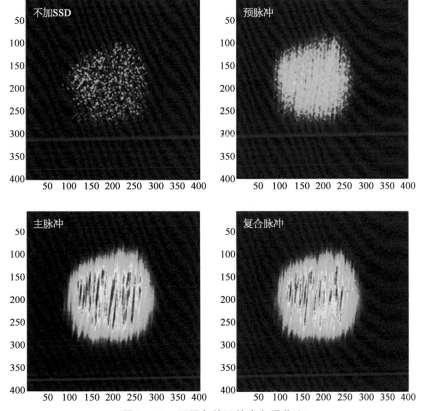

图 5 - 75　不同条件下的束匀滑焦斑

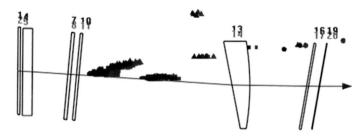

图 6-68　最终优化方案的鬼像分布情况(单位：mm)

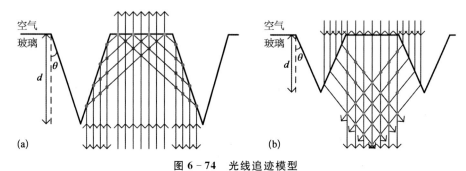

图 6-74　光线追迹模型

(a) 后表面入射；(b) 前表面入射。

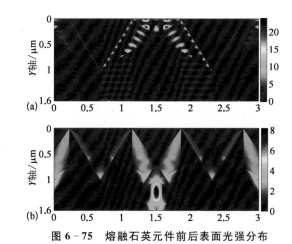

图 6-75　熔融石英元件前后表面光强分布

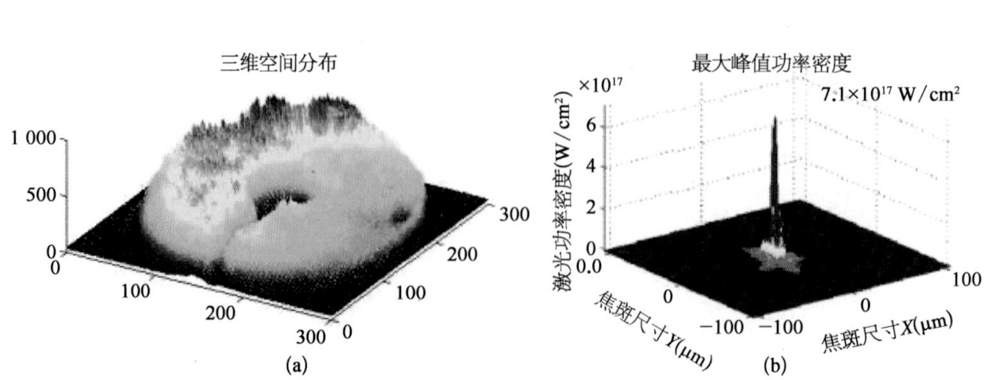

三维空间分布　　　　　最大峰值功率密度

$7.1×10^{17}$ W/cm^2

图 7-16　神光Ⅱ装置的近场(a)、远场(b)分布图

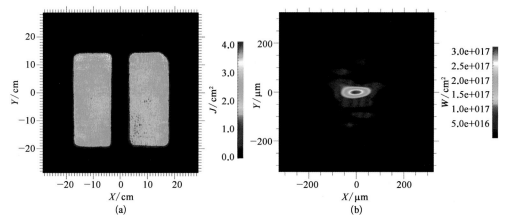

图 7 - 21　ARC 空间分布测量结果

(a) 1 kJ@30 ps 近场分布(左 B 束激光,右 A 束激光);(b) ARC 静态焦斑分布图。

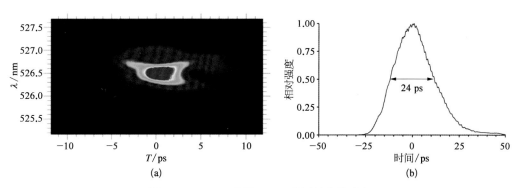

图 7 - 22　ARC 采用 FROG 法测量皮秒脉宽

(a) 原始图像;(b) 计算脉冲波形。

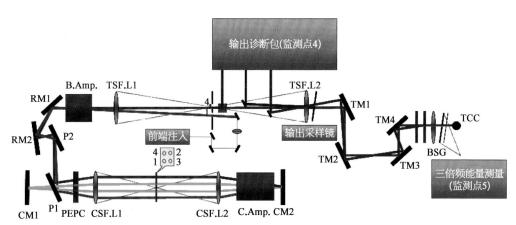

图 7 - 26　基频末级和三倍频监测点的分布

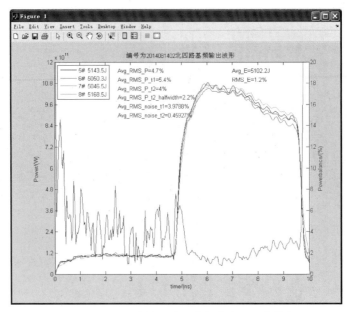

图 7 - 41　北 4 路整形波形束间功率不平衡数据

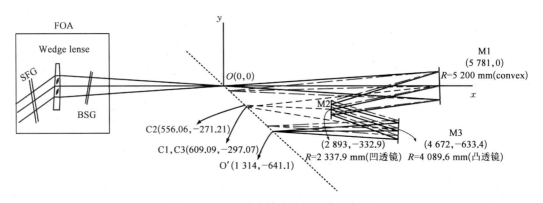

图 7 - 44　3ω 脉冲精密诊断系统示意图

M：反射镜；FOA：终端光学系统；Wedge lens：楔形透镜；BSG：取样光栅；SFG：谐波转换晶体。

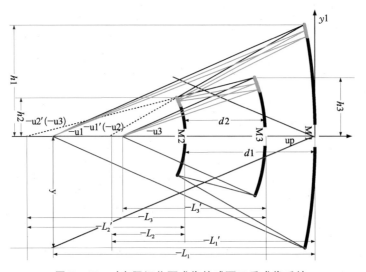

图 7 - 45　对有限远物面成像的球面三反成像系统

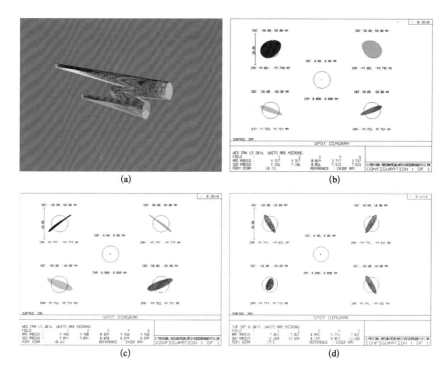

图 7 - 48　离轴三反球面成像系统有限远垂轴物面小视场成像质量 ZEMAX 模拟图

（a）离轴三反球面成像系统结构图；（b）消球差物点对应的不同视场；（c）向前移动 50 mm；（d）向后移动 50 mm。

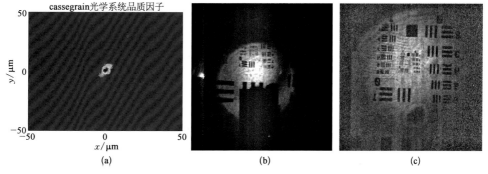

图 7 - 51　三倍频精密诊断系统近远场测量的成像质量在线标定结果

（a）远场品质因子；（b）低分辨率近场；（c）高分辨率近场。

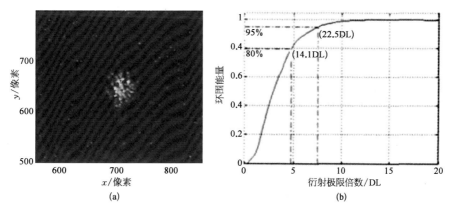

图 7 - 52　采用三倍频精密诊断包第二路三倍频远场焦斑测量结果

（a）三倍频远场焦斑图像；（b）环围能量计算结果。

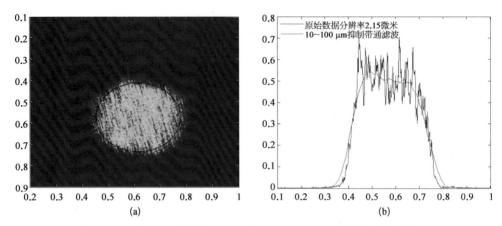

图 7 - 53　第二路大能量(2 055 J@1ω)351 nm SSD 匀滑焦斑测量结果

(a) SSD 焦斑;(b) 匀滑方向一维焦斑轮廓。

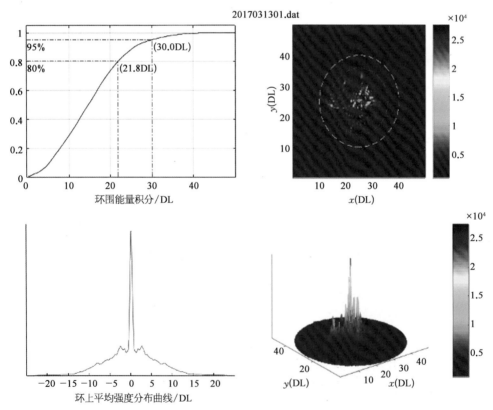

图 7 - 54　3 251 J@3ω 三倍频远场焦斑测量结果

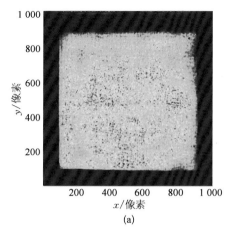

(a)

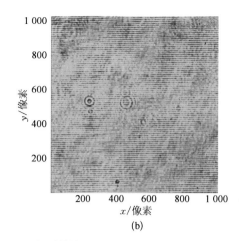

(b)

图 7 - 55　3 251 J@3ω 近场测量结果

（a）低分辨率近场；（b）局部高分辨率近场。

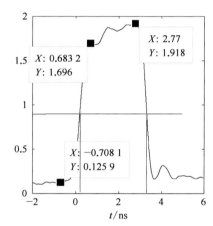

图 7 - 56　3 251 J@3ω 时间波形测量结果

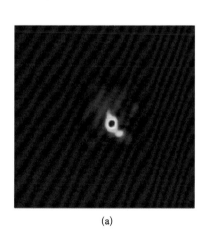

(a)

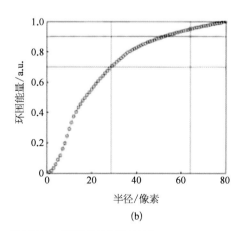

(b)

图 7 - 65　输出能量为 90 J 时远场焦斑测量组件测量结果

（a）测试图像；（b）环围能量曲线。

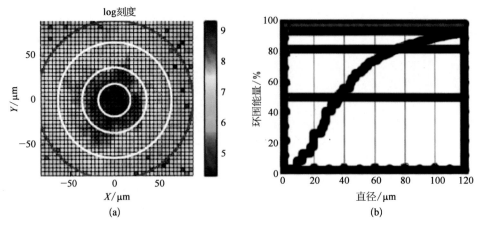

图 7 - 66　输出毫焦时焦斑测量组件测量结果

（a）测试图像；（b）环围能量曲线。

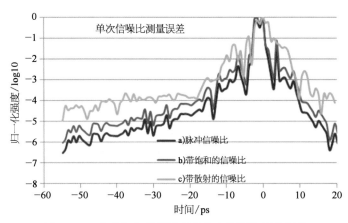

图 7 - 69　由饱和和散射引起的单次信噪比测量误差

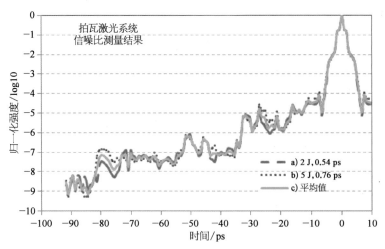

图 7 - 72　实测信噪比曲线

发次	1♯/J	2♯/J	3♯/J	4♯/J	RMS
1	3.79	3.78	3.84	3.88	1.25%
2	3.42	3.42	3.49	3.45	0.96%
3	3.32	3.31	3.37	3.39	1.22%
4	3.28	3.26	3.33	3.35	1.21%
5	3.31	3.31	3.37	3.37	1.00%
6	4.30	4.23	4.21	4.28	0.93%
7	3.61	3.58	3.60	3.66	0.96%
8	3.61	3.58	3.58	3.67	1.19%
9	3.57	3.54	3.57	3.61	0.76%
10	4.41	4.39	4.39	4.43	0.43%
11	4.93	4.91	4.91	4.95	0.39%
12	4.46	4.50	4.62	4.59	1.65%

(a)

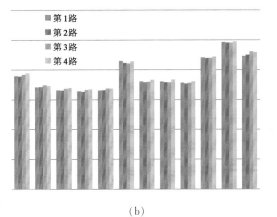

(b)

图 7 - 80　南 4 路注入能量平衡测试数据结果

(a) 连续 10 发 4 路注入能量数据;(b) 南 4 路各发次的能量平衡图。

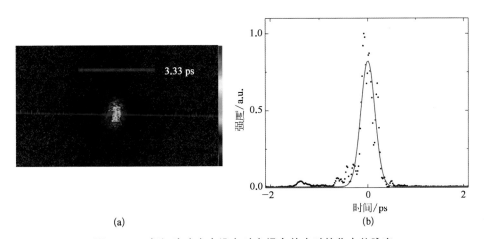

(a)　　　　　　　　　　　　　(b)

图 7 - 84　超短脉冲光束没有时空耦合效应时的焦点处脉宽

(a) 原始图像;(b) 处理后的脉宽结果。

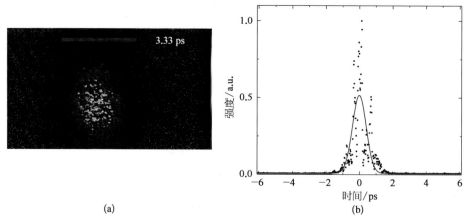

(a)　　　　　　　　　　(b)

图 7 – 85　超短脉冲光束具有脉冲波前倾斜时焦点处脉宽

(a) 原始图像;(b) 处理后的脉宽结果。

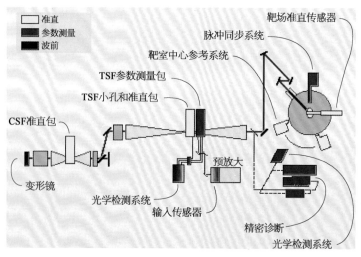

图 7 – 109　NIF 准直系统排布

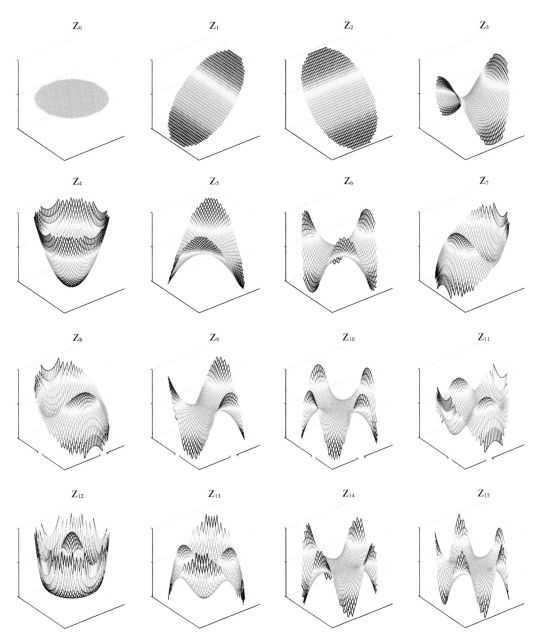

图 7 – 144　单位系数的低阶圆形域 Zernike 多项式三维模拟图

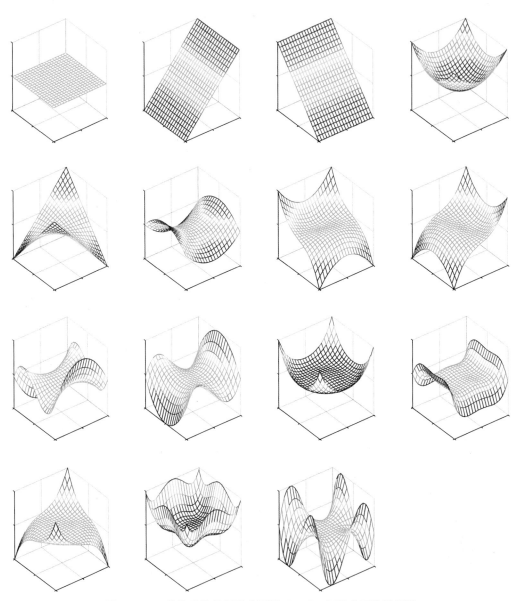

图 7 - 146　单位系数的低阶方形域 Zernike 多项式三维模拟图

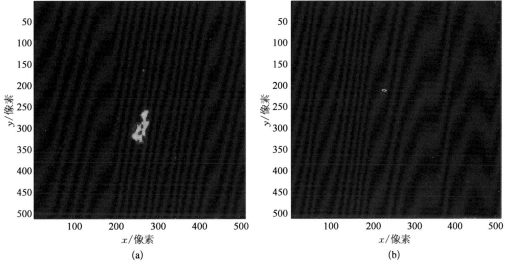

图 7 - 150　神光皮秒装置放大链静态输出远场焦斑

（a）未经波前校正；（b）波前校正。

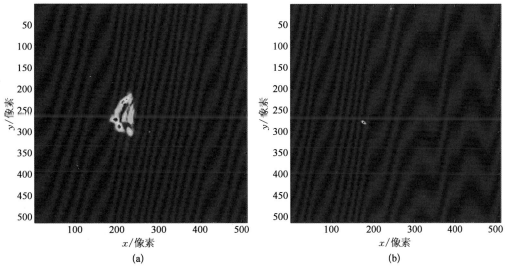

图 7 - 151　神光皮秒装置放大链动态输出远场焦斑

（a）未经波前校正；（b）波前校正。

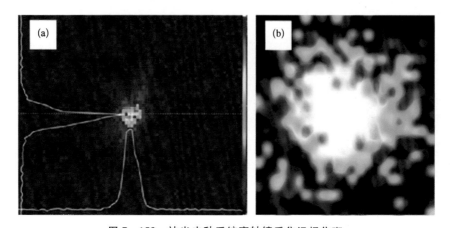

图 7 - 153　神光皮秒系统离轴镜采集远场焦斑

（a）静态波前校正远场；（b）X 射线针孔相机采集大能量发射远场焦斑。

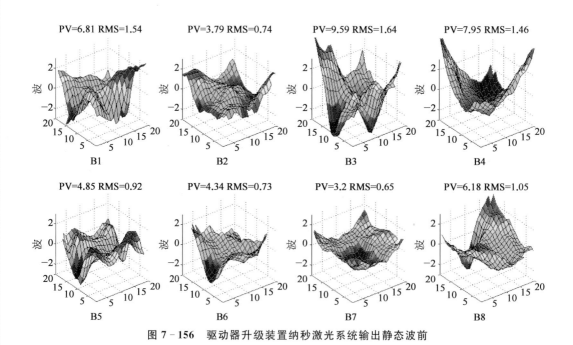

图 7 - 156　驱动器升级装置纳秒激光系统输出静态波前

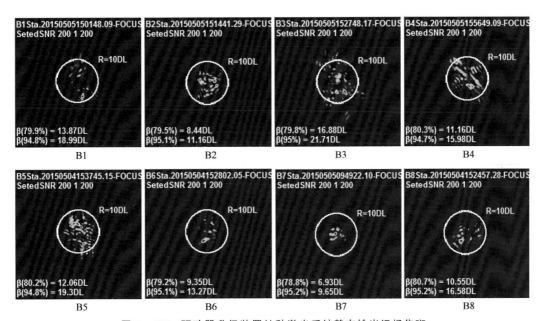

图 7 - 157　驱动器升级装置纳秒激光系统静态输出远场焦斑

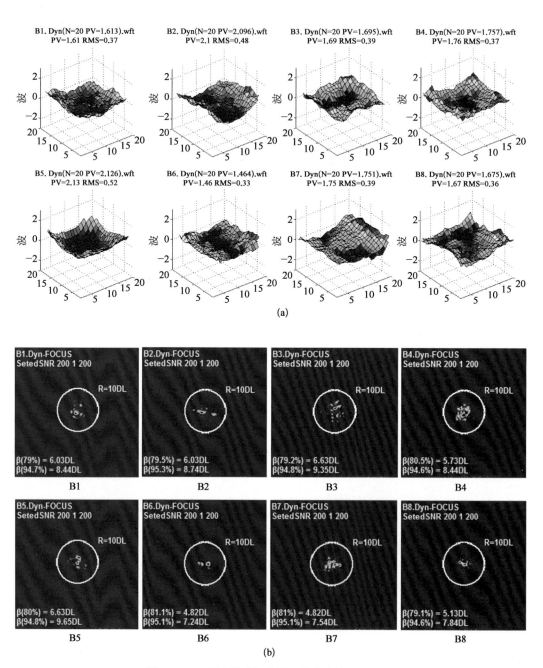

图 7 – 159　驱动器升级装置 8 束激光校正后结果

（a）残余像差；（b）输出远场焦斑。

静态传输TSF 4 输出波前计算值
PV=5.382λ RMS=1.064λ GRMS=1 128 A/cm

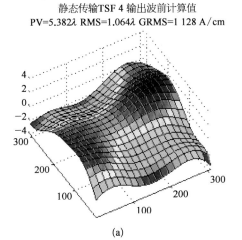

(a)

静态传输TSF 4 输出实验测量结果
PV=4.925λ RMS=0.961λ GRMS=1 171 A/cm

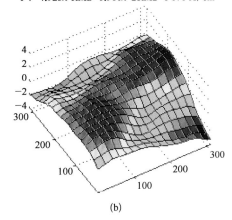

(b)

图 7 - 160　静态传输 TSF4 输出波前计算与实验测量结果对比

(a) 理论计算值；(b) 实验测量值。

发射动态校正时TSF 4 输出波前计算值
PV=2.745λ RMS=0.514λ GRMS=679 A/cm

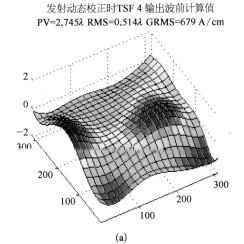

(a)

发射动态校正时TSF 4 输出实验测量结果
PV=2.661λ RMS=0.483λ GRMS=657 A/cm

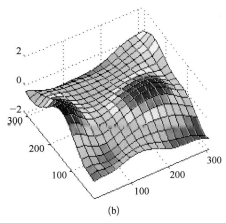

(b)

图 7 - 161　5 135 J 发射动态校正时 TSF4 输出波前计算与实验结果

(a) 理论计算值；(b) 实验测量值。

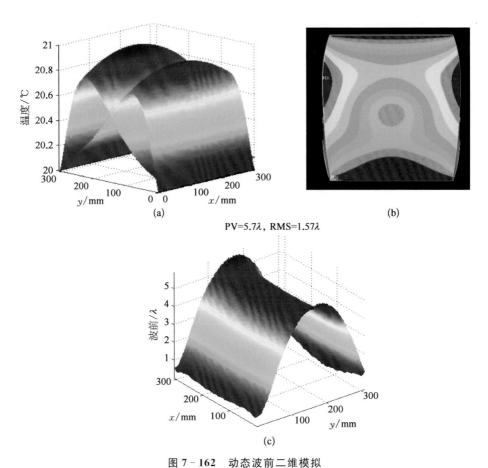

图 7-162 动态波前二维模拟

(a) 表面温度；(b) 片放应力形变；(c) 光程差。

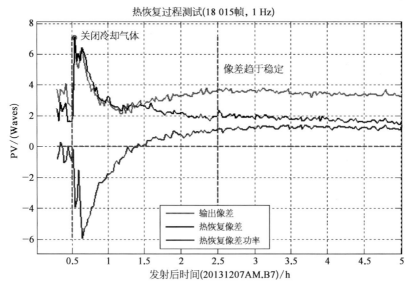

图 7-163 纳秒激光系统的动态波前热恢复特征曲线

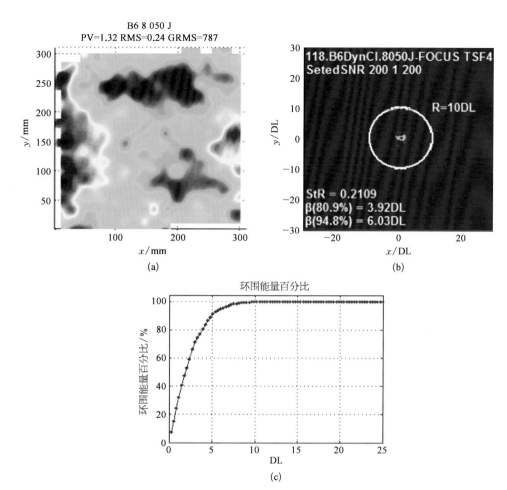

图 7 – 165　升级单束 8 050 J 输出波前和焦斑数据结果

（a）残余像差；（b）远场焦斑；（c）环围能量。

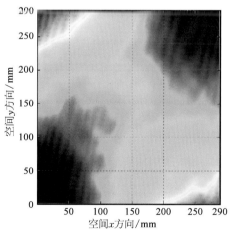

图 7 – 170　主光路波前像差测量结果

PV＝7.080λ，RMS＝1.235。

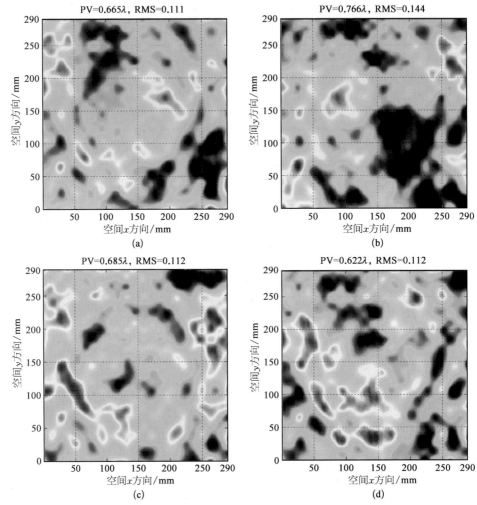

图 7 - 171　波前闭环校正结果

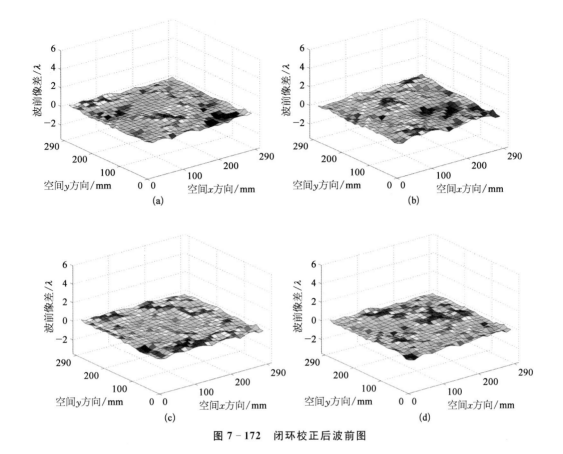

图 7 - 172　闭环校正后波前图

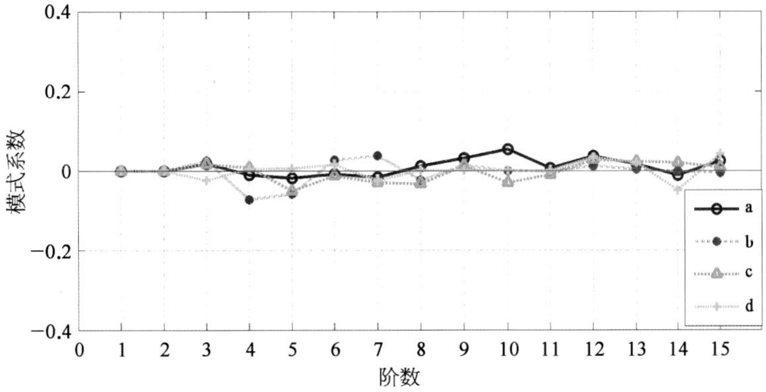

图 7 - 173　闭环校正波前模式系数

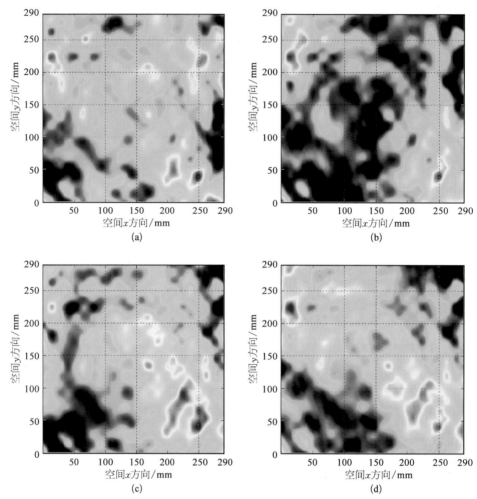

图 7 - 174　全系统波前像差闭环校正结果

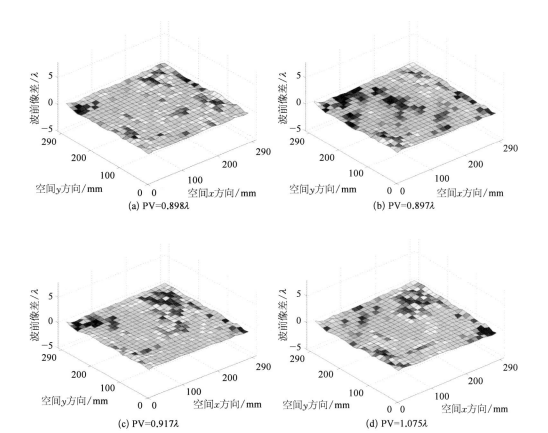

(a) PV=0.898λ

(b) PV=0.897λ

(c) PV=0.917λ

(d) PV=1.075λ

图 7－175　全系闭环校正后波前图

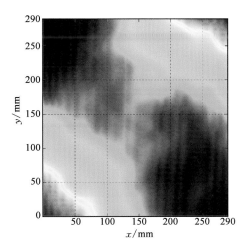

图 7－176　全系统像差测量实验结果

PV＝10.018λ，RMS＝1.767。

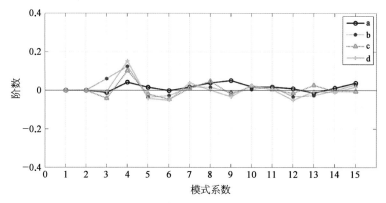

图 7-177 全系统像差 Zernike 模式系数分布

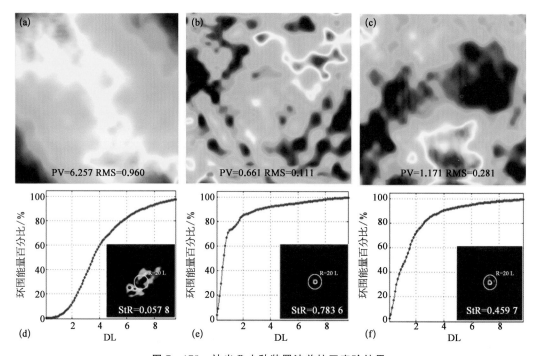

图 7-178 神光 Ⅱ 皮秒装置波前校正实验结果

（a）静态波前；（b）静态波前校正残差；（c）30 J 输出动态波前校正残差；（a）（b）和（c）对应的能量环围曲线、远场焦斑和斯特列尔比显示于（d）（e）和（f）。

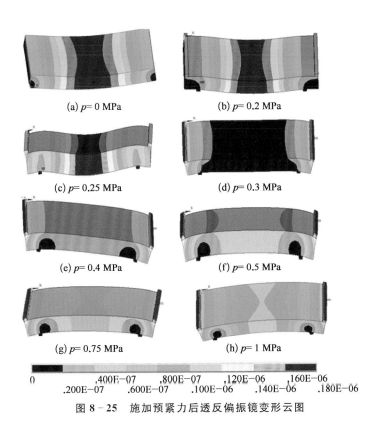

(a) $p= 0$ MPa

(b) $p= 0.2$ MPa

(c) $p= 0.25$ MPa

(d) $p= 0.3$ MPa

(e) $p= 0.4$ MPa

(f) $p= 0.5$ MPa

(g) $p= 0.75$ MPa

(h) $p= 1$ MPa

图 8‑25　施加预紧力后透反偏振镜变形云图

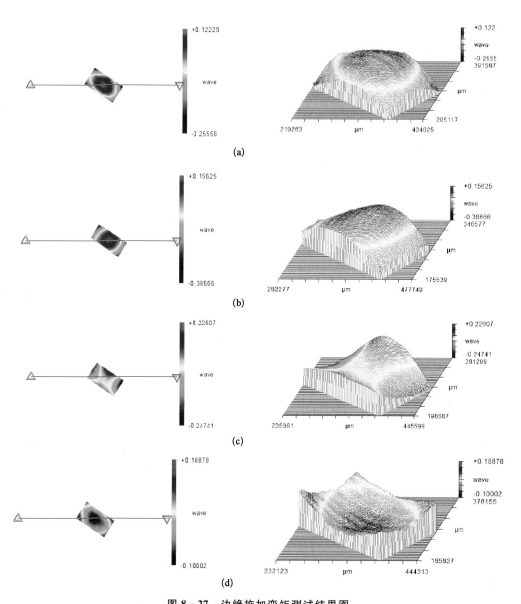

图 8 - 27　边缘施加弯矩测试结果图

a：$p=0$ MPa, b：$p=0.2$ MPa，c：$p=0.275$ MPa，d：$p=0.3$ MPa。

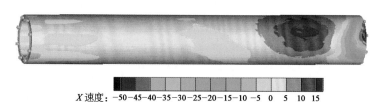

X速度：$-50-45-40-35-30-25-20-15-10-5\ 0\ 5\ 10\ 15$

图 8 - 35　直流式进口 X 方向速度分布图

Y 速度： $-30 -25 -20 -15 -10 -5$ 0 5 10 15 20 25 30 35

图 8 - 36   直流式进口 Y 方向速度分布图

Z 速度： -20 0 20 40 60 80 100 120 140 160 180 200 220 240

图 8 - 37   直流式进口 Z 方向速度分布图

压力： $-8E+07$ $-6E+07$ $-4E+07$ $-2E+07$ $-535\,511$ $-5\,972.42$

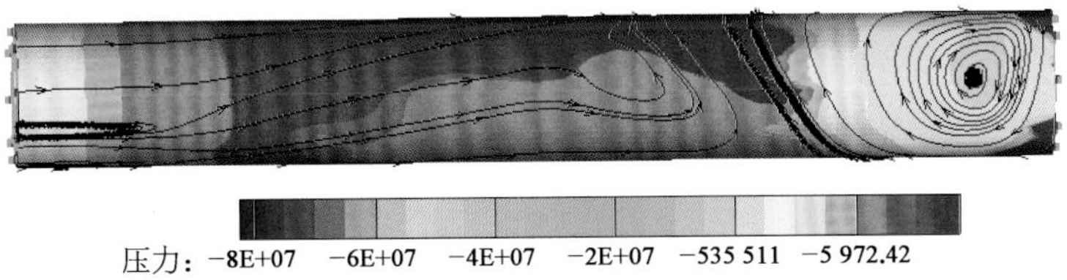

图 8 - 38   直流式进口压力分布图

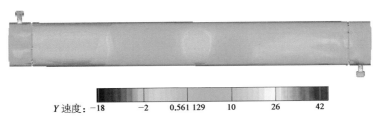

X 速度： -28 -12 $-0.166\,424$ $1.443\,47$ 14 30

图 8 - 39   斜流式进口 X 方向速度分布图

Y 速度： -18 -2 $0.561\,129$ 10 26 42

图 8 - 40   斜流式进口 Y 方向速度分布图

Z 速度： -32 -16 0 $2.570\,29$ 4   20   36

图 8 - 41   斜流式进口 Z 方向速度分布图

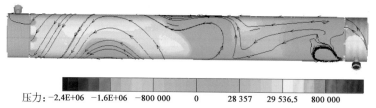

压力: −2.4E+06 −1.6E+06 −800 000 0 28 357 29 536.5 800 000

图 8 − 42 斜流式进口速度分布矢量及压力分布图

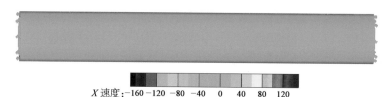

X 速度: −160 −120 −80 −40 0 40 80 120

图 8 − 44 旋流式进出口 X 方向速度分布图

Y 速度: −200 −160 −120 −80 −40 0 40 80 120 160

图 8 − 45 旋流式进出口 Y 方向速度分布图

Z 速度: −60 −20 20 60 100 140 180 220 260

图 8 − 46 旋流式进出口 Z 方向速度分布图

压力: −8.5E+07 −7E+07 −5.5E+07 −4E+07 −2.5E+07 −1E+07 1 436.58

图 8 − 47 旋流式进出口压力及流场分布图

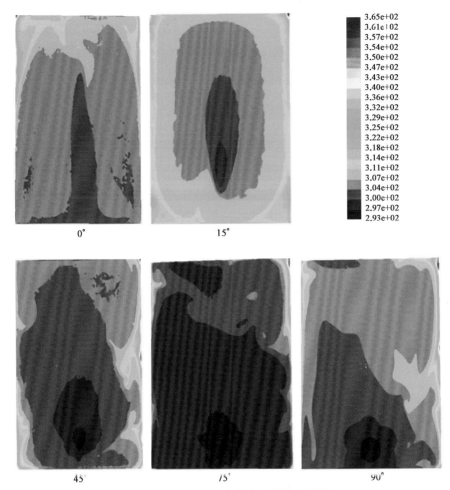

	3.65e+02
	3.61e+02
	3.57e+02
	3.54e+02
	3.50e+02
	3.47e+02
	3.43e+02
	3.40e+02
	3.36e+02
	3.32e+02
	3.29e+02
	3.25e+02
	3.22e+02
	3.18e+02
	3.14e+02
	3.11e+02
	3.07e+02
	3.04e+02
	3.00e+02
	2.97e+02
	2.93e+02

0°   15°

45°   75°   90°

图 8 - 53　不同进气角度下的温度云图

39

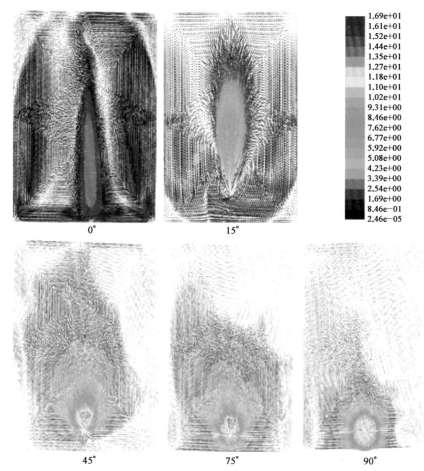

	1.69e+01
	1.61e+01
	1.52e+01
	1.44e+01
	1.35e+01
	1.27e+01
	1.18e+01
	1.10e+01
	1.02e+01
	9.31e+00
	8.46e+00
	7.62e+00
	6.77e+00
	5.92e+00
	5.08e+00
	4.23e+00
	3.39e+00
	2.54e+00
	1.69e+00
	8.46e-01
	2.46e-05

0°　　　　15°

45°　　　　75°　　　　90°

图 8－54　喷嘴与钕玻璃片相对角度改变速度分布图

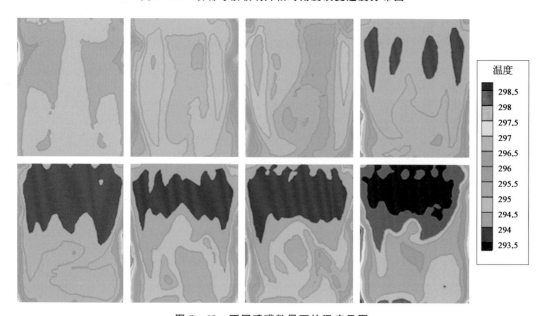

温度	
	298.5
	298
	297.5
	297
	296.5
	296
	295.5
	295
	294.5
	294
	293.5

图 8－60　不同喷嘴数量下的温度云图

从左至右、从上到下喷嘴数量分别为 1、2、3、4、5、6、7、8。

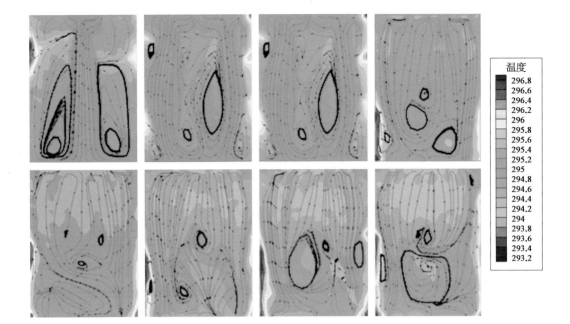

图 8 - 61　流场分布云图

从左至右、从上到下喷嘴数量分别为 1、2、3、4、5、6、7、8。

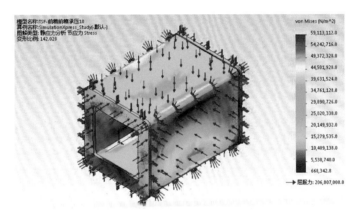

图 8 - 76　箱体应力分布图(最大应力 25.9 MPa)

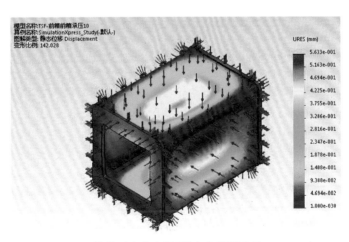

图 8 - 77　箱体形变分布图(最大位移形变量 0.56 mm)

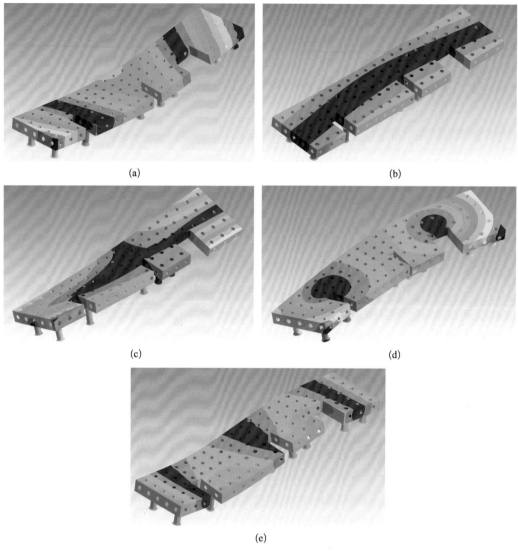

(a)

(b)

(c)

(d)

(e)

图 8-92 下层平台的模态分析

(a) 第六阶 16.12 Hz；(b) 第八阶 18.7 Hz；(c) 第九阶 29.79 Hz；(d) 第十阶 31.5 Hz；(e) 第十一阶 37.6 Hz。

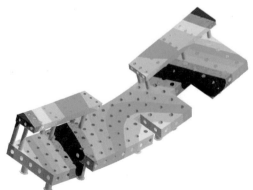

	Mode	✓ Frequency [Hz]
1	1.	0.
2	2.	0.
3	3.	3.0816e-003
4	4.	2.4843
5	5.	2.7803
6	6.	13.343
7	7.	14.263
8	8.	17.57
9	9.	20.197
10	10.	25.597
11	11.	26.45
12	12.	26.961
13	13.	31.228
14	14.	36.723
15	15.	39.179

Tabular Data

第七阶 14.26 Hz

图 8-93 两层平台的模态分析

Tabular Data		
	Mode	☑ Frequency [Hz]
1	1.	22.115
2	2.	24.405
3	3.	24.961
4	4.	25.859
5	5.	35.025
6	6.	40.919
7	7.	54.159
8	8.	55.376
9	9.	55.767
10	10.	55.8
11	11.	56.271
12	12.	56.821
13	13.	57.312
14	14.	57.591
15	15.	57.939

图 8 - 94 两层平台的模态分析(固有模态,22.11 Hz)

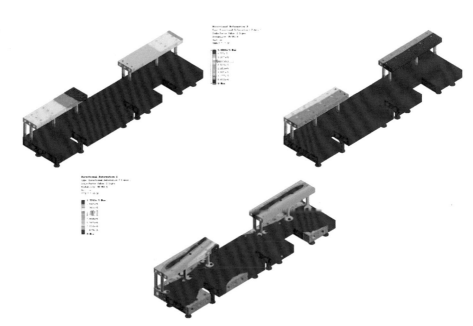

图 8 - 95 平台在随机激励条件下的响应

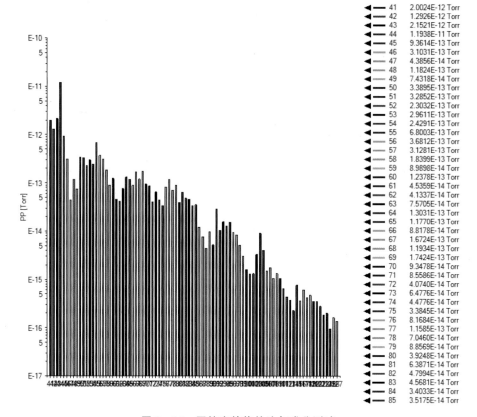

	41	2.0024E-12 Torr
	42	1.2926E-12 Torr
	43	2.1521E-12 Torr
	44	1.1938E-11 Torr
	45	9.3614E-13 Torr
	46	3.1031E-13 Torr
	47	4.3856E-14 Torr
	48	1.1824E-13 Torr
	49	7.4318E-14 Torr
	50	3.3895E-13 Torr
	51	3.2852E-13 Torr
	52	2.3032E-13 Torr
	53	2.9611E-13 Torr
	54	2.4291E-13 Torr
	55	6.8003E-13 Torr
	56	3.6812E-13 Torr
	57	3.1281E-13 Torr
	58	1.8399E-13 Torr
	59	8.9898E-14 Torr
	60	1.2378E-13 Torr
	61	4.5359E-14 Torr
	62	4.1337E-14 Torr
	63	7.5705E-14 Torr
	64	1.3031E-13 Torr
	65	1.1770E-13 Torr
	66	8.8178E-14 Torr
	67	1.6724E-13 Torr
	68	1.1934E-13 Torr
	69	1.7424E-13 Torr
	70	9.3478E-14 Torr
	71	8.5586E-14 Torr
	72	4.0740E-14 Torr
	73	6.4776E-14 Torr
	74	4.4776E-14 Torr
	75	3.3845E-14 Torr
	76	8.1684E-14 Torr
	77	1.1585E-13 Torr
	78	7.0460E-14 Torr
	79	8.8569E-14 Torr
	80	3.9248E-14 Torr
	81	6.3871E-14 Torr
	82	4.7994E-14 Torr
	83	4.5681E-14 Torr
	84	3.4033E-14 Torr
	85	3.5175E-14 Torr

图 8 - 96　压缩室箱体的油气成分测试

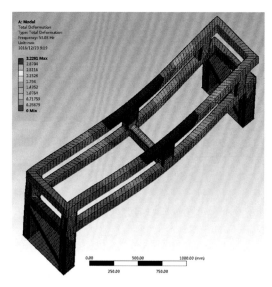

图 8 - 100　A 构型 OSP 测量桁架有限元分析

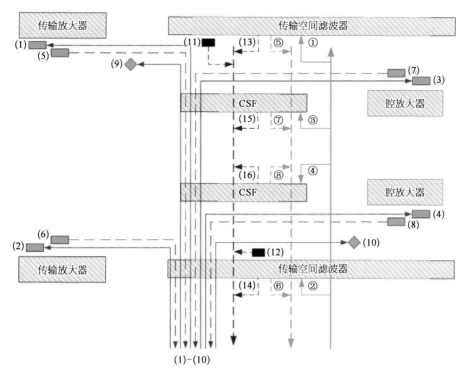

图 8 - 104　神光Ⅱ装置纳秒放大系统管道排布示意图

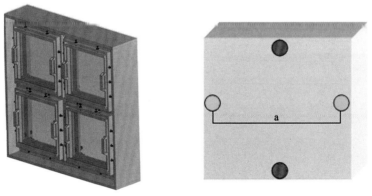

图 8 - 114　基频取样反射镜测量安装调试图

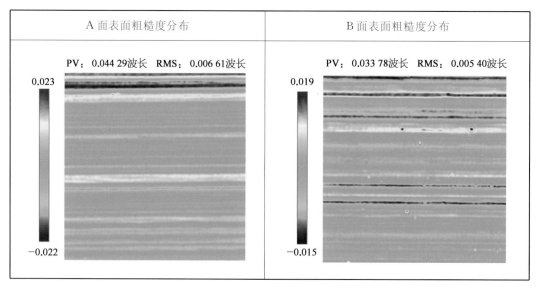

| A 面表面粗糙度分布 | B 面表面粗糙度分布 |

图 8 - 123　KDP 晶体表面粗糙度分布

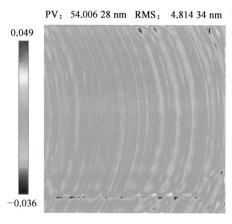

图 8 - 124　KDP 晶体表面透射波前中频波纹度分布

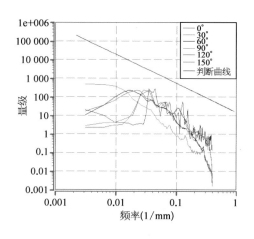

图 8 - 125　透射波前塌陷曲线

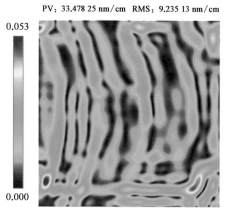

图 8 - 126　KDP 晶体透过梯度

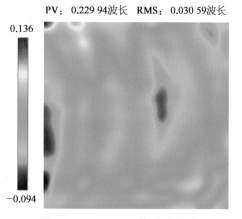

图 8 - 127　KDP 晶体透过面形

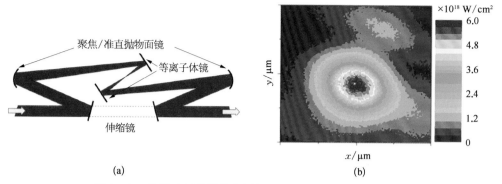

(a)   (b)

图 9 - 21　双等离子体镜结构图(a)以及实验后的空间分布(b)

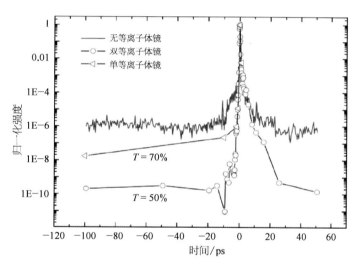

图 9 - 22　双等离子体镜、单等离子体镜对提高信噪比的效果曲线

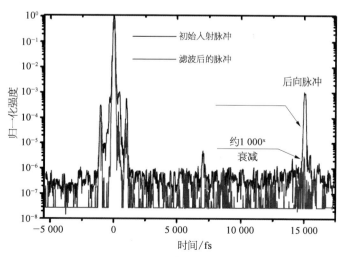

图 9 - 25　DCPA 装置中非线性滤波器对 ASE 的滤除效果

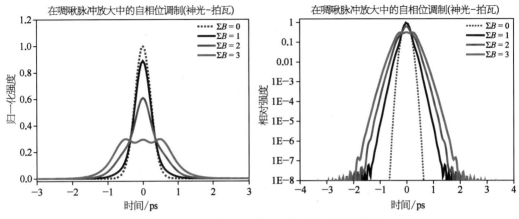

图 10-4　自位相调制对于压缩脉冲宽度的影响

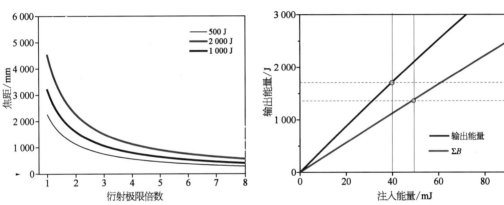

图 10-5　光束质量与聚焦镜焦距的关系　　　图 10-6　主放大器输入能量和输出能量的关系

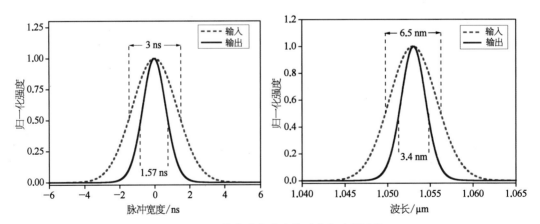

图 10-8　压缩前激光脉冲的形状和光谱形状

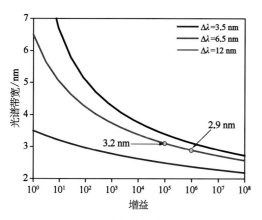

图 10-9 增益窄化效应的影响

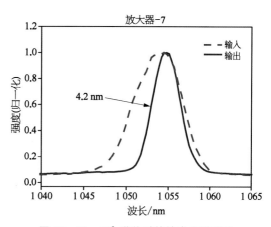

图 10-10 10^5 增益时的输出光谱形状

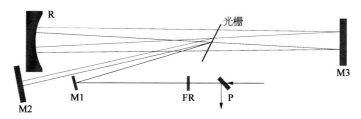

图 10-53 四通展宽器示意图

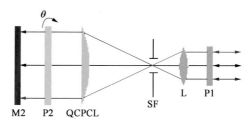

图 10-54 石英晶体平凸透镜空间光强调制器

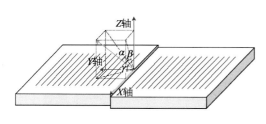

图 10-59 拼接光栅坐标系

绿色矢量为光线,左边光栅为标准光栅,右边为拼接子光栅。

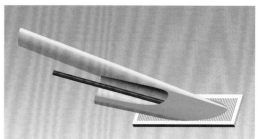

图 10-60 旋转探测光与 PISTON 探测光以及主激光入射第一块拼接光栅

黄色光束是旋转探测光,红色光束是 PISTON 探测光,绿色光束是主激光。

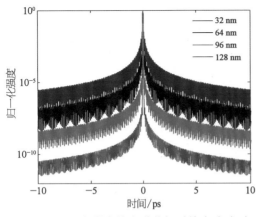

图 11-3 展宽器中的光谱剪切对输出脉冲对
比度的影响

光谱函数为高斯函数。

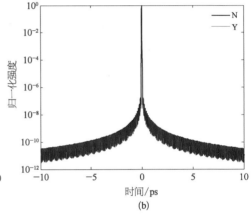

图 11-4 当光谱函数为二阶超高斯函数时光谱
剪切对输出脉冲对比度的影响

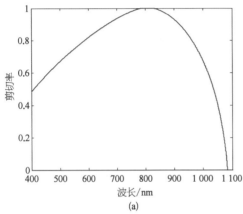

(a)

(b)

图 11-5 压缩器中光谱剪切对输出脉冲对比度的影响(一)

压缩器中的光谱剪切(a)在考虑与不考虑压缩器中的光谱剪切两种情况下对输出脉冲对比度的影响(b),
光谱函数为高斯函数,光谱半高全宽为 32 nm,底宽为 128 nm。

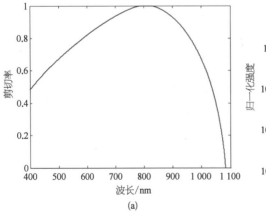

(a)

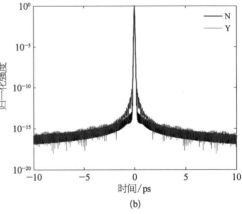

(b)

图 11-6 压缩器中光谱剪切对输出脉冲对比度的影响(二)

压缩器中的光谱剪切(a)在考虑与不考虑压缩器中的光谱剪切两种情况下对输出脉冲对比度的影响(b),
光谱函数为二阶超高斯函数,光谱半高全宽为 50 nm,底宽为 120 nm。

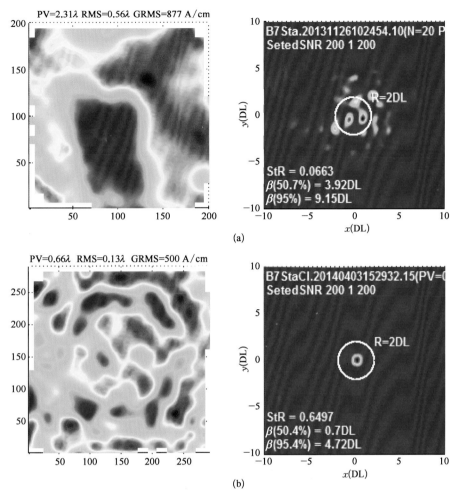

図 11 - 7 单束激光系统静态输出波前(a)和波前校正后残差,及(b)远场焦斑

SrR:斯特列尔比;β:环围能量因子。

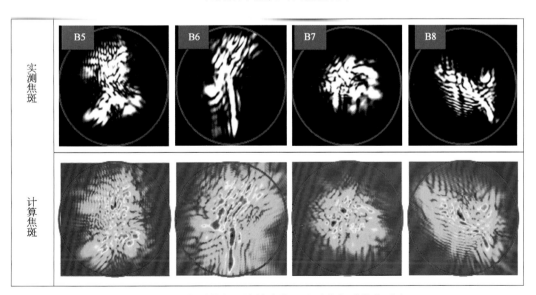

图 11 - 8 大型激光系统输出焦斑实验值与计算值对比

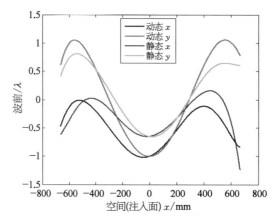

图 11 - 10　神光Ⅱ第九路波前畸变

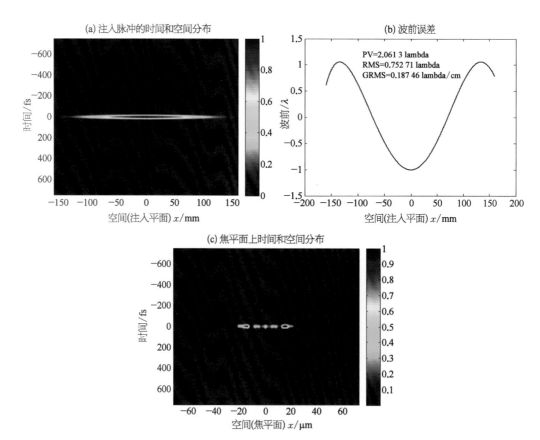

图 11 - 11　依据神光Ⅱ第九路波前畸变入射神光Ⅱ 5PW 聚焦时空特征

（a）初始脉冲时空分布；（b）动态波前 y 方向的残差；（c）聚焦后脉冲时空分布。

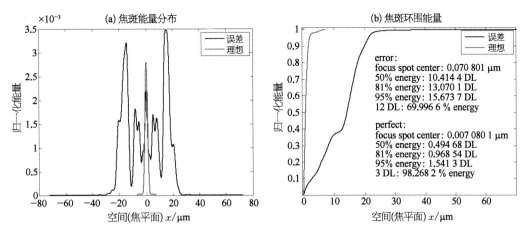

图 11-12　入射光束存在波前畸变的空间特性

（a）引入波前误差后的焦斑形态；（b）聚焦环围能量。

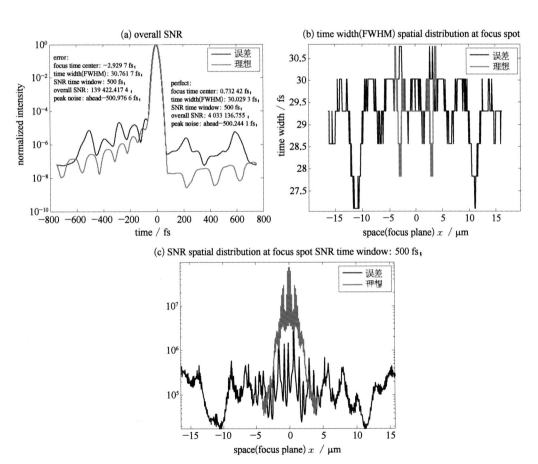

图 11-13　入射波前畸变对神光Ⅱ飞秒拍瓦激光系统中聚焦时间特性的影响

　　（a）时间波形；（b）脉宽在横向空间上（x 方向）的分布；（c）信噪比在横向空间上（x 方向）的分布。normalized intensity：归一化强度；Overall SNR：全域信噪比；peak noise：ahead：峰值噪声：主脉冲前；Error：有波前畸变；Perfect：无波前畸变；Focus time center：聚焦时间中心；Time width（FWHM）：时间宽度（半高全宽）；SNR time window：信噪比时间窗口；Overall SNR：全窗口信噪比；time：时间；space（focus plane）：空间分布（焦平面）。

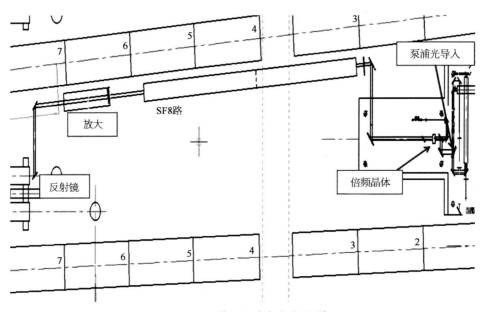

图 11 - 26　OPCPAⅡ单元泵浦光光路图(单元：mm)

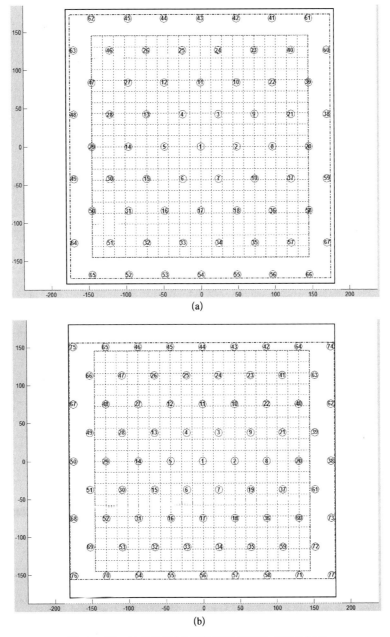

(a)

(b)

图 11 - 53　神光 II 5PW 装置变形镜驱动器光学设计

（a）67 单元；（b）77 单元。

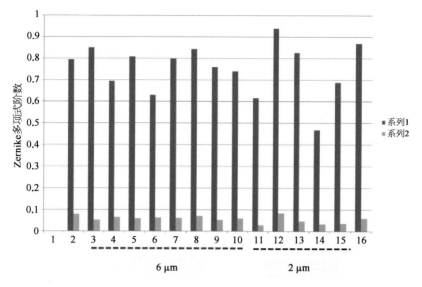

图 11-54　神光Ⅱ 5PW 装置变形镜 Zernike 多项式波前校正能力

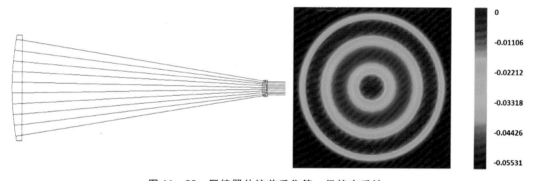

图 11-55　压缩器外波前采集第一级缩束系统

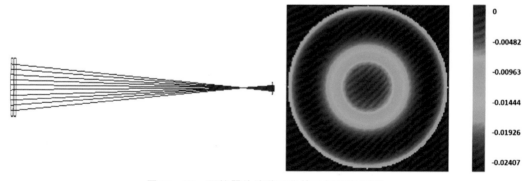

图 11-56　压缩器外波前采集第二级缩束系统

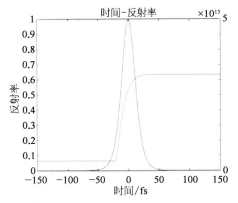

图 11 - 63　60 fs 等离子体镜启动模拟图

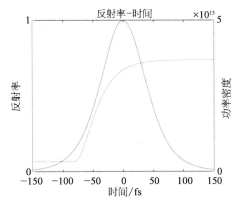

图 11 - 64　100 fs 等离子体镜启动模拟图

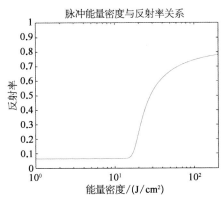

图 11 - 65　脉冲能量密度与反射率模拟图

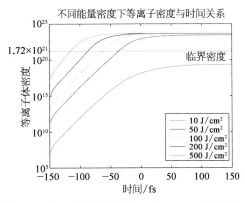

图 11 - 66　脉冲能量密度与等离子体密度模拟图

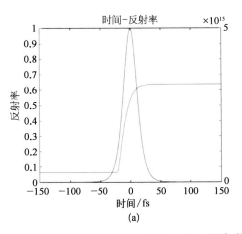

图 11 - 67　预脉冲对等离子体镜启动影响

（a）无预脉冲；（b）有预脉冲。

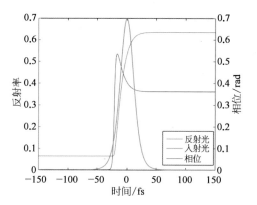

图 11 - 68 飞秒等离子体镜相移模拟图

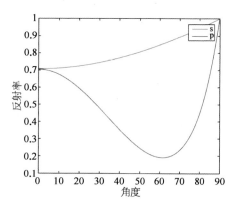

图 11 - 69 sp 偏振态光入射角度与反射率关系模拟图

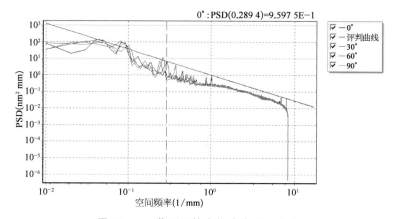

图 12 - 64 楔形透镜中频波纹 PSD 曲线

评判曲线为 $1.0 \times$ 空间频率$^{-1.55}$。

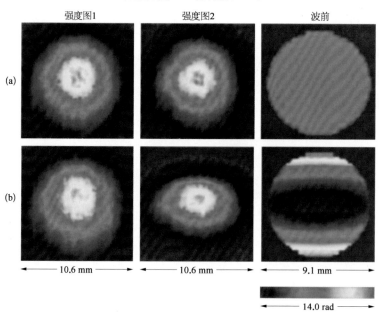

图 13 - 2 S. Matsuoka 课题组激光脉冲波前测量结果

（a）当没有柱透镜时记录强度分布和重建所获得的波前分布；（b）当存在柱透镜时记录强度分布和重建所获得的波前分布。

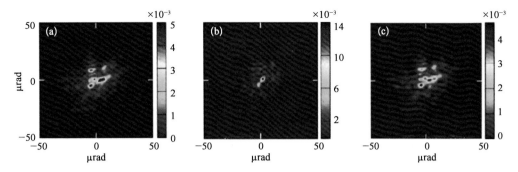

图 13 - 5　OMEGA EP 装置焦斑诊断结果

（a）远场 CCD 直接测量的焦斑；（b）初始的 FSD 系统测量得到的焦斑；（c）改进后的 FSD 预测焦斑。

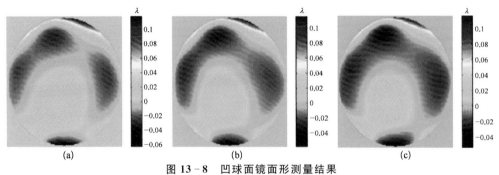

图 13 - 8　凹球面镜面形测量结果

（a）由 -15 mm 和 10 mm 平面处光斑恢复出的相位；（b）由 -10 mm 和 25 mm 平面处光斑恢复出的相位；（c）由 -15 mm、-10 mm、15 和 25 mm 平面处光斑恢复出的相位。

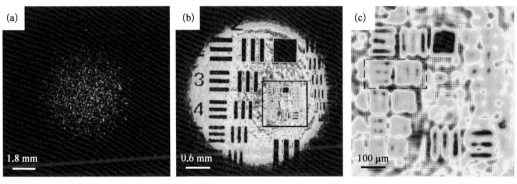

图 13 - 16　CMI 实验结果

（a）记录的衍射光斑；（b）重建的分辨率板振幅分布；（c）为（b）中黑色方框的放大图。

图 13 - 23　测量蜜蜂翅膀时 CCD 记录的衍射光强

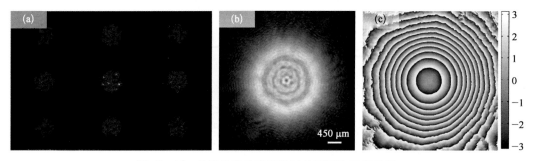

图 13 - 25　待测光束为球面波时的测量和重建结果

（a）记录的衍射光斑；（b）（c）重建的照明光振幅和相位分布。

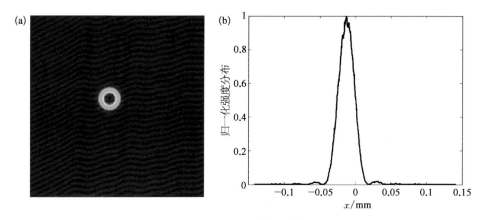

图 13 - 26　预测焦斑分布

（a）焦斑二维分布；（b）归一化强度分布曲线。

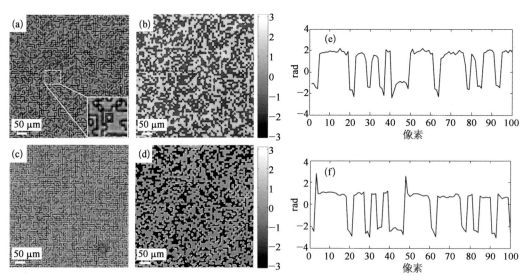

图 13 - 27　多台阶编码板 PIE 标定结果

（a）（b）分别为 351 nm 编码板振幅与相位分布；（c）（d）分别为 1 053 nm 编码板振幅与相位分布；（e）为（b）中沿红线的相位分布；（f）为（d）中沿红线的相位分布。

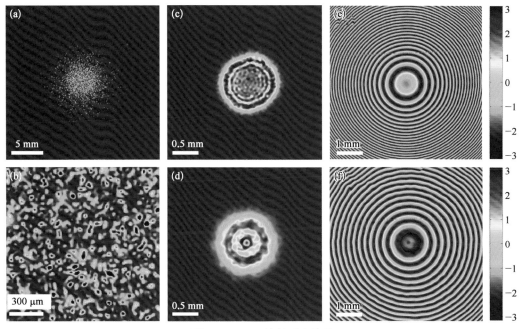

图 13 - 29 双波长重建结果

(a) 记录的单幅衍射斑;(b)为(a)的局部放大图;(c)(e)分别为重建的 351 nm 光场的振幅和相位;(d)(f)分别为重建的 1 053 nm 光场的振幅和相位。

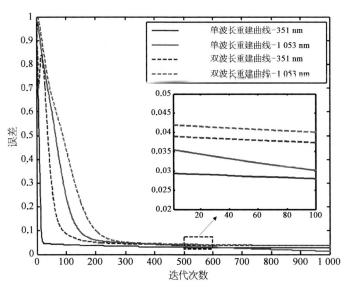

图 13 - 30 单波长与双波长重建误差曲线对比图

	连续相位型		台阶相位型		振幅型
编码板类型	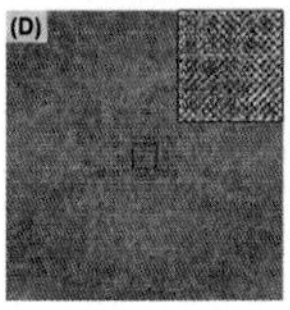 分束编码板	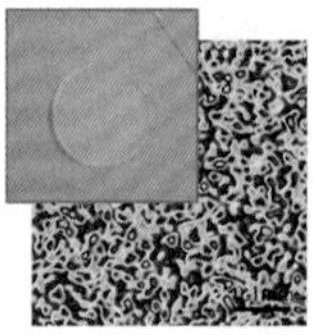 连续相位板	 二台阶相位板	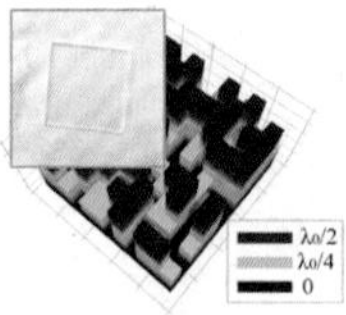 多台阶相位板	 振幅板
特点	分束和编码同时兼顾	1. 无高阶衍射项 2. 信噪比相对高	1. 透过率高 2. 收敛性好 3. 分布可控 4. 有高阶衍射		1. 成本低 2. 适用不同波长 3. 不需要标定 4. 透过率低
			单波长适用	多波长适用	
制备难点	设计方法	密度控制可重复性	设计、加工		
实现方案	G-S算法优化	全息法（全息干板）	1. Matlab+CAD 自动设计（>1E5 个随机分布块） + (CAD) → DWG™ 2. 镀铬掩模板──→得到振幅板 3. 激光刻蚀(多台阶需要套刻)──→得到相位板		

图 13-33　发展的波前编码板系列

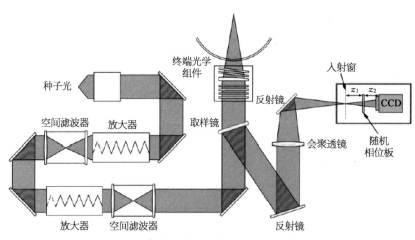

图 13-36　高功率激光光束在线诊断光路示意图

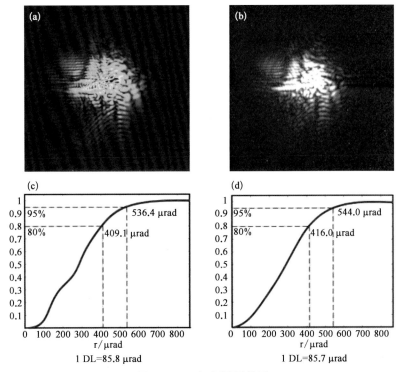

1 DL=85.8 μrad   1 DL=85.7 μrad

图 13-39 远场测量结果

　　(a)(c)分别为用新型光场测量技术得到的远场强度分布及环围能量积分曲线；
(b)(d)分别为用直接成像法得到的远场强度分布及环围能量积分曲线。

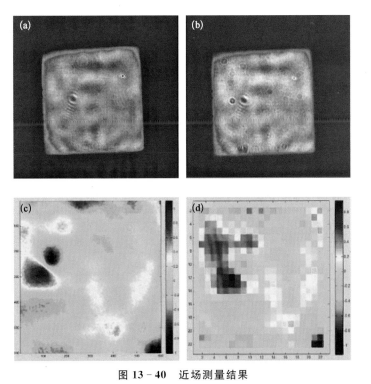

图 13-40 近场测量结果

　　(a)(c)分别为用新型光场测量技术得到的近场强度及相位分布；(b)用直接
成像法得到的近场强度分布；(d)用哈特曼传感器得到的近场相位分布。

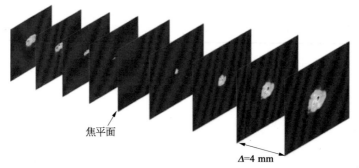

焦平面

Δ=4 mm

图 13-41　反演计算获得的焦平面附近强度分布

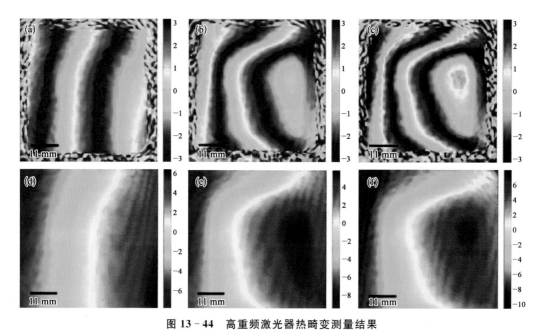

图 13-44　高重频激光器热畸变测量结果

(a)—(c) 激光器工作在 1、5 和 7 Hz 时的相位差;(d)—(f)为(a)—(c)解包裹处理后的相位分布。

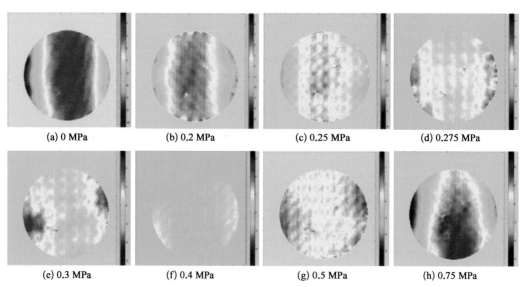

(a) 0 MPa　　　(b) 0.2 MPa　　　(c) 0.25 MPa　　　(d) 0.275 MPa

(e) 0.3 MPa　　　(f) 0.4 MPa　　　(g) 0.5 MPa　　　(h) 0.75 MPa

图 13-46　不同预紧力下的反射镜面形分布

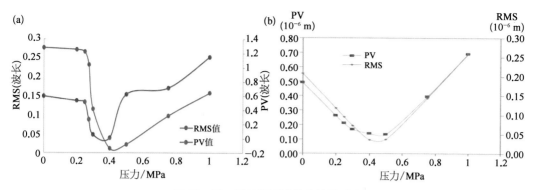

图 13 - 47 反射镜面形分布结果对比

(a) 实验结果；(b) 有限元分析结果。

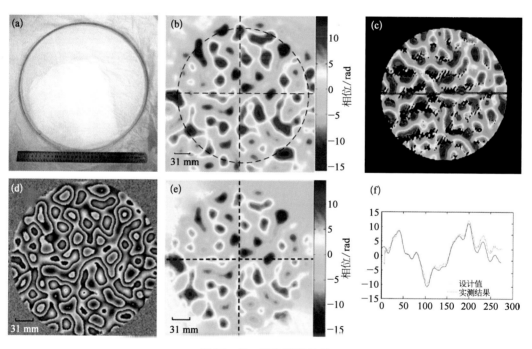

图 13 - 49 CPP 测量结果

(a) CPP 照片；(b) CPP 设计值；(c) ZYGO 测量结果；(d)(e) 新型光场测量技术解包裹前后的测量结果；(f) 新型光场测量技术测量结果与设计值的对比。

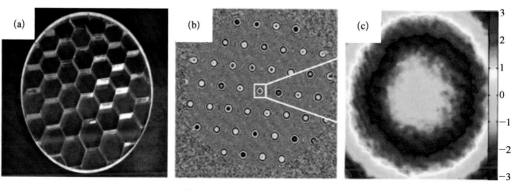

图 13 - 50 列阵透镜测量结果

(a) 列阵透镜实物图；(b)测得的相位分布；(c) 其中一子透镜相位分布。

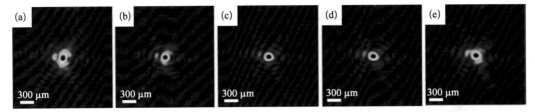

图 13 - 51　微透镜在不同距离处的焦斑分布

(a) 39.0 m;(b) 39.1 m;(c) 39.2 m;(d) 39.3 m;(e) 39.4 m。

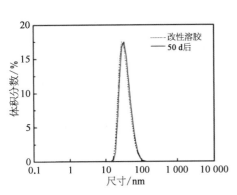

图 14 - 25　改性 SiO_2 溶胶粒径分布图

图 14 - 32　无金属夹具的方形
基片旋涂效果图

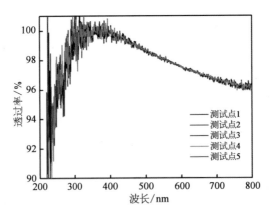

图 14 - 34　方形基片旋涂法涂膜多点透过率曲线

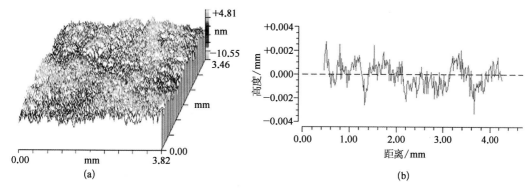

(a)   (b)

图 14 – 45　隔板玻璃表面减反膜的形貌

（a）薄膜的表面面形；（b）截面的膜面起伏状况。

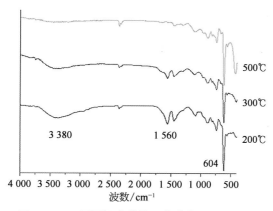

图 14 – 62　不同温度热处理薄膜的红外光谱图

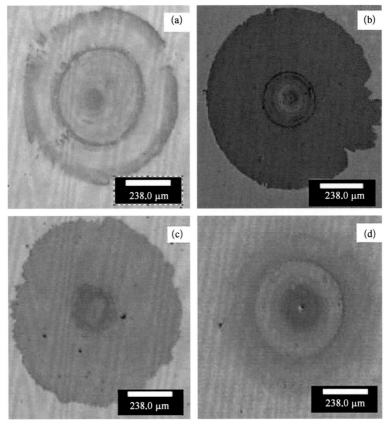

图 14 - 68　不同 PVP(K16 - 18)质量分数含量膜层的激光损伤形貌

(a) 0;(b) 0.6%;(c) 1.2%;(d) 2.4%。

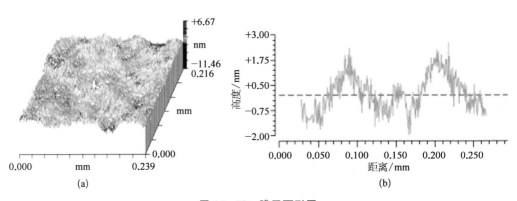

图 14 - 72　膜层面形图

(a) 表面面形;(b) 截面起伏状况。